Für Helga

Perthes GeographieKompakt

Kurt Baldenhofer

Lexikon des Agrarraums

KLETT-PERTHES
Gotha und Stuttgart

Die Deutsche Bibliothek – CIP-Einheitsaufnahme

Baldenhofer, Kurt
Lexikon des Agrarraums/Kurt Baldenhofer. – 1. Aufl.. – Gotha : Klett-Perthes, 1999
(Perthes GeographieKompakt)
ISBN 3-623-00850-8

Anschrift des Autors:
Kurt Baldenhofer
Drosselweg 8
88677 Markdorf

ISBN 3-623-00850-8
1. Auflage

Redaktionsschluss: April 1999
Druck und buchbinderische Verarbeitung: Salzland Druck & Verlag, Staßfurt

Gedruckt auf Papier aus chlorfrei gebleichtem Zellstoff

Vorwort

Agrarisch genutzte Räume repräsentieren den größten Teil der vom Menschen in Wert gesetzten Landfläche. Sie sind in ihrer Vielgestaltigkeit der Ausdruck unterschiedlichster Naturbedingungen und des kulturell und gesellschaftlich verschiedenst geprägten Wirkens des Menschen.

Die Gestaltung wie auch die analytische Betrachtung des Agrarraums ist in den Händen vieler gesellschaftlicher Gruppen, nationaler und transnationaler Unternehmen, Organisationen und politischer Einheiten sowie wissenschaftlicher Fachdisziplinen. Insofern versucht das vorliegende Werk mit seinen Stichworten ein weites Spektrum der auf den Agrarraum wirkenden Einflußfelder einzubeziehen, auch wenn der agrargeographische Blickwinkel überwiegt. Der räumliche Schwerpunkt liegt naturgemäß in Mitteleuropa.

Damit findet sich der Adressatenkreis des Lexikons bei den Studierenden der Agrarwissenschaften, der (Agrar)Geographie und anderer Raumwissenschaften sowie der Wirtschaftswissenschaften. Sicherlich können auch einschlägige Behörden und Journalisten, Besucher der gymnasialen Oberstufe und generell alle, die sich mit Agrarfragen beruflich oder privat befassen, von diesem Band profitieren.

Die Meinung über die Aufnahme oder Nicht-Aufnahme sowie die Länge oder Kürze mancher Stichworte wird vermutlich auseinandergehen. Gerade an diesem Punkt darf ich den Leser um eine konstruktive Rückmeldung bitten, natürlich auch zu inhaltlichen Fragen.

Dem Verlag bin ich sehr dankbar für die Geduld, die er bis zum Abschluß des Manuskripts aufbrachte.

Gleichsam gilt mein Dank vielen Mitarbeitern des Bundesministeriums für Ernährung, Landwirtschaft und Forsten, mehrerer Bundesämter, Firmen, Universitäten, des Deutschen Bauernverbands und der AGÖL, die mir bei Schwierigkeiten weitergeholfen oder mir Unterlagen zur Verfügung gestellt haben. Einbezogen sind all jene, die mich in meiner Arbeit bestärkt und auf irgendeine Weise unterstützt haben, auch wenn sie hier nicht namentlich genannt werden können. Vor allem aber möchte ich Herrn Prof. Dr. Werner Klohn (Vechta) und meinem Lehrer Herrn Prof. Dr. Wolf-Dieter Sick (Denzlingen) herzlich danken für die zeitaufwendige kritische Durchsicht eines vorläufigen Manuskriptes und die gewinnbringende Diskussion einiger strittiger Passagen.

Auch möchte ich meiner Gattin für ihr Verständnis während meiner Arbeit und insbesondere für ihre Unterstützung bei DV-bedingten Problemen sowie für die Erstellung der Grafiken großen Dank bekunden.

Kurt Baldenhofer

ABBAUBARKEIT - AVIZID

A

ABBAUBARKEIT: Der Grad des biologisch (durch natürlich vorkommende Enzyme) erreichbaren Abbaus einer natürlichen oder künstlichen Substanz in anorganische Grundstoffe, wie →Kohlendioxid, Wasser, →Ammoniak und Phosphat bei völliger →Mineralisation oder zumindest in andere Verbindungen (Metabolite). Der Begriff wurde ursprünglich in der Abwassertechnik verwendet und bezog sich nur auf die Abbaubarkeit in Kläranlagen; er wird jetzt aber auch in ökologischen und ökotoxikologischen Testverfahren verwendet. In der →Landwirtschaft hat er Bedeutung bezüglich des Verhaltens ausgebrachter →Agrarchemikalien.

ABDRIFT: Unerwünschtes Verwehen von Pflanzenschutzflüssigkeit bei der Spritzapplikation z.B. in Obst- oder Hopfenkulturen. Die Abdrift beträgt bei herkömmlichen Gebläsespritzen in Niederstamm-Apfelkulturen 20 Prozent der ausgebrachten →Agrarchemikalie, im Sommer 10-15 Prozent. Neuartige Tunnelspritzgeräte vermögen die Abdrift bis auf 1,5 Prozent zu reduzieren. Der hohe Preis (ca. 35 000 DM) soll sich durch die Einsparung an →Pflanzenschutzmitteln allmählich bezahlt machen. Für sinnvoller wird eine Umschichtung von →Subventionen mit negativen →externen Effekten zugunsten dieser Technik gehalten, um deren Akzeptanz rasch zu erhöhen.

ABLEGEBETRIEB: →Betriebsform in der Hühnerhaltung, bei der die Produktion von Eiern im Mittelpunkt steht. Moderne Haltungsformen in vollautomatischen Käfigen oder Batterien haben sich durchgesetzt. Die Belegung der Käfige mit Junghennen aus den Aufzuchtbetrieben erfolgt im →Rein-Raus-Verfahren. Sortier- und Verpackungsstellen sind dem Betrieb angeschlossen.

ABMELKWIRTSCHAFT: →Viehhaltung zur Milcherzeugung, bei der keine eigene Aufzucht der Rinder erfolgt. Bei Nachlassen der Milchleistung werden die Kühe verkauft, um nach Anmästung geschlachtet zu werden.

ABRUFAUTOMAT: Elektronisch gesteuerter Futterautomat zur genauen Zuteilung von →Kraftfutter, mit dessen Hilfe die Tiere sich die ihnen zustehende Tagesration in beliebig vielen Portionen holen können. Für das nötige Identifizierungssystem bestehen zwei Bauarten: der *Transponder* mit einer Frequenz für die Stromversorgung zur Inbetriebnahme und einer Frequenz für die Tiernummer als Antwortsender sowie der *Responder* mit nur einer Frequenz für Stromversorgung und Tiernummer. Abrufautomaten bieten eine optimierte tierindividuelle und ernährungsphysiologisch günstige Kraftfuttergabe. Sie werden vor allem bei Kühen, ansatzweise auch bei der Gruppenhaltung von Säuen und in der Pferdefütterung eingesetzt.

ABSATZORGANISATION: Der organisierte Weg von Agrarprodukten vom Erzeuger zum Verbraucher. Aufgrund des ständigen Wandels der nachgeordneten Bereiche (Lebensmittelhandel, Ernährungshandwerk, -industrie, -handel) ist eine ständige Anpassung der Absatzorganisation erforderlich. Anpassungen erfolgen beispielsweise über →Genossenschaften und →Erzeugergemeinschaften zur Stärkung der Marktposition und über das Konzept der →Vertragslandwirtschaft.
Agrarprodukte können grundsätzlich an Endverbraucher, Großverbraucher im Bereich der Gemeinschaftsverpflegung, die Ernährungsindustrie, den Sammel-, Aufbereitungs- und Versandhandel, den Lebensmitteleinzelhandel bzw. das Ernährungshandwerk und in Ausnahmen an staatliche Interventionsstellen verkauft werden.
Bei den Absatzwegen unterscheidet man zwischen

- *einstufigem* oder *direktem Absatz*, bei dem der Absatz direkt vom Produzenten an den Konsu-

Absatzorganisation

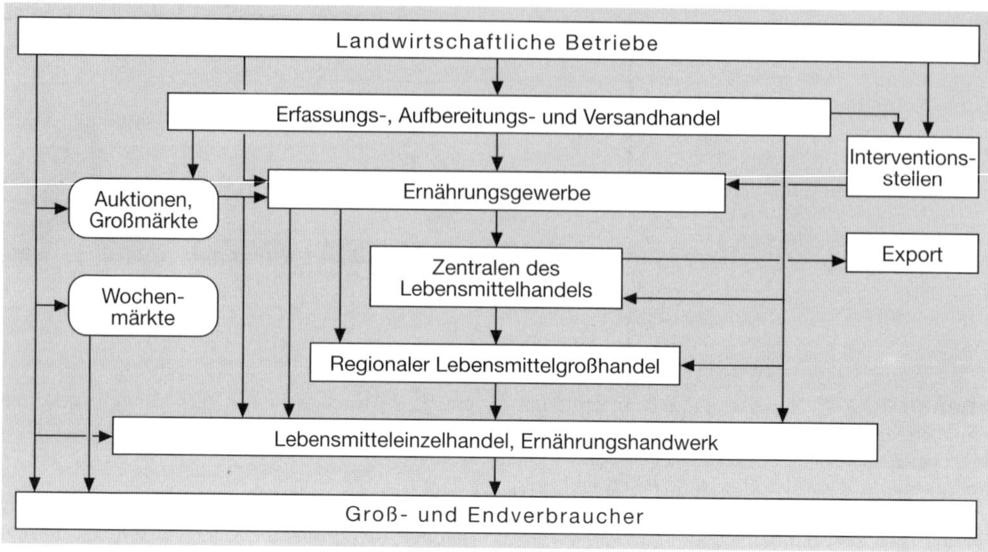

Quelle: Treyer 1996

menten erfolgt und kein Absatzmittler oder -helfer zwischengeschaltet ist (Wochenmärkte, Verkauf ab Hof, Absatz an Großverbraucher) und

- *mehrstufigem* oder *indirektem Absatz*, wenn →Landwirte bei der Distribution Absatzmittler oder Absatzhelfer in Anspruch nehmen.

Landwirte beschreiten häufig beide Absatzwege gleichzeitig. Entscheidend für die Wahl des Distributionsweges sind im wesentlichen die Preise, die Vermarktungskosten und die Konsumreife der Produkte. (→VERMARKTUNG, →VERTRIEBSSYSTEME)

ABSCHÖPFUNG: Eine zollähnliche, flexible Abgabe, mit deren Hilfe bis 1995 in vielen EG-→Marktorganisationen Unterschiede zwischen internen EG-Preisen und den →Weltmarktpreisen für Agrarprodukte ausgeglichen wurden. Die Abschöpfung war eine Regelung des Außenhandels, die sich den Preisbewegungen so anpasste, dass das EG-Preisniveau nicht nachteilig beeinflusst wurde. Abschöpfungen wurden, wenn die Weltmarktpreise unter dem EG-Niveau lagen, bei der Einfuhr aus Drittländern (Einfuhrabschöpfung) oder, wenn die Weltmarktpreise über dem EG-Niveau lagen, bei der Ausfuhr in →Drittländer (Ausfuhrabschöpfung) erhoben. Diese variablen Abgaben kamen seit 1971 vollständig der →EG/EU als Eigeneinnahmen zugute. Sie sicherten den EU-Landwirten hohe Absatzpreise. Das Gegenstück zu den Abschöpfungen sind →Ausfuhrerstattungen beim Export zum Ausgleich des genannten Preisgefälles.

Im Rahmen der letzten GATT-Verhandlungen verpflichtete sich die EU, die Einfuhrabschöpfungen bis auf wenige Ausnahmen in Zölle umzuwandeln. Diese Zölle müssen bis zum Jahr 2001 im Durchschnitt aller Agrarprodukte um 36 %, bei den einzelnen Produkten mindestens aber um 15 % abgebaut sein. Die Ausfuhrabschöpfungen bestehen weiter. (→ERSTATTUNG)

ABSENTISMUS: Die saisonale, unregelmäßig-häufige, längerfristige oder lebenslange Abwesenheit landwirtschaftlicher Grundeigentümer von ihrem Betrieb, der in dieser Situation von Verwaltern oder Pächtern bewirtschaftet wird. Die Grundeigentümer halten sich dabei in der Stadt, im Ausland oder auf anderen Betrieben auf.
Die Folgen dieser räumlichen Trennung von Wirtschaften und Wohnen, von agrarer Produktion und städtischem Konsum bzw. außerlandwirtschaftlicher Investition zeigen sich an beiden Enden des sozioökonomischen Stadt-Land-Gefälles. Der städtischen Kapitalkonzentration und Lebensstandarderhöhung entspricht die finanzielle und kulturelle Auszehrung des →ländlichen Raumes.

ABUNDANZ: Auch "Individuendichte"; sie gibt an, wieviele Individuen einer Pflanzen- oder Tierart in einer Flächen- oder Raumeinheit des untersuchten Gebiets durchschnittlich vorkommen.

ACKER-ALP-BETRIEB: Volkskundliche Bezeichnung für die traditionelle und heute meist nur noch reliktische Nutzungsform der inneralpinen Trockenzonen und des mediterran beeinflussten Südsaums der Alpen bzw. der Alpenregionen mit romanischer Sprache und Kultur.

Merkmale des Acker-Alp-Betriebs:
- nahezu alle Kulturflächen im Dauersiedlungsraum als Ackerflächen genutzt (Getreide, Kartoffeln)
- nur wenige, gewöhnlich die schattigen und feuchten Flächen als →Wiesen genutzt (Winterfutter)
- auch im Bereich der →Maiensäße teilweise Getreideanbau
- →Viehwirtschaft im Sommer auf den →Almen
- häufig kleine Betriebsgrößen und starke Besitzzersplitterung
- System gelegentlich durch →Weinbau ergänzt
- Formen der →Transhumanz treten auf

(→WIESEN-ALP-BETRIEB)

ACKERBAU: Systematisch betriebener Anbau von ein- oder mehrjährigen →Kulturpflanzen auf kultiviertem →Boden. Es werden unterschieden:
- pflugloser Ackerbau (u.a. →Pflanzstock-, →Grabstockbau, →Hackbau)
- →Pflugbau
- →Gartenbau als intensivste Form (häufig wird Gartenbau als eigenständige Form betrachtet)

Verteilung des Ackerlandes und der Ackerflächen nach Kontinenten 1990

Raum	Ackerland [Mio. km²]	Ackerfläche [ha/Einw.]
Afrika	1,87	0,29
Nordamerika	2,74	0,64
Südamerika	1,42	0,48
Asien	4,54	0,15
Europa	1,40	0,27
GUS	2,31	0,80
Ozeanien	0,51	1,90
Erde insgesamt	14,78	0,28

Quelle: UNEP 1991

Aufteilung der eisfreien Landflächen

Gesamtfläche des eisfreien Landes: 130,69 Mio. km², davon

Flächennutzung	Flächenanteil [%]
Ackerland	11
Grasland	25
Wald	31
Andere	33

Quelle: UNEP 1991

ACKERBAUSYSTEM: Feld- oder Fruchtfolgesystem, d.h. die Organisationsform des →Ackerbaues. (→FRUCHTFOLGE)

ACKERBERG: Auch *hohe →Anwand*; anthropogen entstandene wall- oder kammartige Erhöhung in der Ackerflur. Sie entsteht bei der Pflugarbeit durch das Verschleppen von →Boden zu den Parzellengrenzen und das Abfallen von am →Pflug haftender Erde, insbesondere an den Schmalseiten (Anwande) des Ackers, wo der Pflug beim Wenden aus der Erde gehoben wird. Das Vorkommen von Ackerbergen ist wahrscheinlich an Böden mit gutem Haftungsvermögen (→Lößlehm) gebunden. Sie entstehen dann sowohl zwischen Einzelparzellen als auch Parzellenverbänden. Allerdings sind sie auch auf Wüstungsfluren in Mittelgebirgen nachgewiesen. Ackerberge erreichen Höhen zwischen wenigen Dezimetern und eineinhalb Metern.

ACKERBODEN: →Boden unter Ackernutzung, wobei der natürliche Oberboden in einen Ap-Horizont umgewandelt wurde, d.h. in einen durch Pflügen geschaffenen Mischhorizont aus dem ehemaligen A-Horizont und mehr oder weniger größeren Teilen des B-Horizonts.

ACKERBÜRGER: Stadtbewohner, der neben seinem städtischen Beruf noch →Landwirtschaft vorwiegend zur Selbstversorgung betrieb bzw. betreibt.

ACKERFLÄCHE: Abkürzung AF oder Afl., zumeist alljährlich mit →Ackerbau bestellte Fläche. Von den 17,2 Mio. ha →landwirtschaftlich genutzter Flächen der Bundesrepublik Deutschland entfielen 1996 11,8 Mio. Hektar auf Ackerflächen. In der deutschen Agrarstatistik ist der Begriff →Ackerland synonym.
Schätzungen zu Landnutzungen der letzten Jahrhunderte zeigen weltweit einen dramatischen Anstieg der Ackerfläche von 265 Mio. ha im Jahre 1700 bis hin zu 1500 Mio. ha im Jahre 1980. Fast die Hälf-

Entwicklung der Weltbevölkerung und der Ackerflächen seit 1700

Jahr	Weltbevölkerung [Mrd.]	Ackerfläche [ha/Einw.]
1700	0,7	0,39
1850	1,3	0,39
1920	2,0	0,43
1950	2,5	0,47
1980	4,4	0,34
1990	ca. 5,2	ca. 0,25

Quelle: Schug 1996

te der weltweiten Ackerfläche wurde erst im zwanzigsten Jahrhundert in Kultur genommen. In jüngster Zeit schwächte sich die Steigerung merklich ab. Ursachen sind gleichzeitige Umwidmungen von Ackerfläche für Siedlungen, Verkehrswegebau u.a. sowie Verluste durch ➔Bodenversalzung, ➔-erosion und ➔-degradation.

ACKERFUTTER: Im Feldfutterbau gewonnenes ➔Grünfutter bzw. die daraus erzeugten Konservate. Typische Vertreter sind die Futtergräser, Grünmais, ➔Leguminosen, Cruciferen, Sonnenblumen, Topinambur, Phacelia, Buchweizen und die Blätter der verschiedenen Rübenarten. Der Ackerfutterbau hat neben der Erzeugung von ➔Futtermitteln, die den Futteranteil vom ➔Grünland im Interesse hoher Gesamtproduktivität der Tierhaltung ergänzt, eine wichtige Funktion für die Erhaltung und Mehrung der ➔Bodenfruchtbarkeit.

ACKERKRUME: Die oberste, durch organische Abbauprodukte dunkler gefärbte Bodenschicht des ➔Ackerbodens. Sie entspricht weitgehend dem durch Pflügen beeinflussten Teil des ➔Bodens (Ap-Horizont). Die Ackerkrume zeichnet sich durch lockere Lagerung des Bodenmaterials mit guter Durchlüftung aus. Dies erlaubt hohe Zersetzungsraten der eingepflügten ➔Ernterückstände mit der Folge eines günstigen Nährstoffangebotes.

ACKERLAND: In Deutschland alle Flächen, die in die ➔Fruchtfolge einbezogen sind, einschließlich Hopfen und Tabak, ➔Gemüse, Erdbeeren, Zierpflanzen und sonstige Gartengewächse im feldmäßigen Anbau und im Erwerbsgartenbau (auch unter Glas). Auch ➔Ackerflächen mit Obstbäumen zählen zum Ackerland, sofern die Ackerfrüchte die Hauptnutzung darstellen; andernfalls zählen diese Flächen zu den Obstanlagen und werden unter den ➔Dauerkulturen nachgewiesen. Ferner werden dazu gerechnet die ➔Schwarzbrache innerhalb der Fruchtfolge und als ➔Gründüngung zum Unterpflügen bestimmte Fruchtarten, soweit sie nicht als ➔Zwischenfrüchte angebaut werden, sowie vorübergehend stillgelegte Ackerflächen.

1995 betrug die Fläche des Ackerlandes in Deutschland 117.730 km^2, in der EU (15 Mitgliedstaaten) 725.944 km^2, die Zahlen für das ➔Dauergrünland lagen bei 51 695 km^2 und 446 093 km^2.
In der deutschen Agrarstatistik ist der Begriff ➔Ackerfläche synonym. Bei internationalen Vergleichen ist zu beachten, dass die Begriffsabgrenzungen sehr unterschiedlich sind.
Weltweit gesehen umfasste 1993 das Ackerland 13,43 Mio. km^2, dies sind 9,7 % der Landfläche. Im wesentlichen basiert die Ernährung der Menschheit auf dieser Fläche. (➔GRÜNLAND)

ACKERNAHRUNG: Mindestfläche, die für den (dem allgemeinen Lebensstandard in einem Staat einigermaßen entsprechende) Lebensunterhalt einer (vierköpfigen) Familie ohne Zuerwerb notwendig ist. In Deutschland wird diese bei ➔Sonderkulturen schon mit etwa 2 ha, bei gemischtwirtschaftlichen Betrieben erst mit etwa 50 ha erreicht.
In ländlich geprägten Gesellschaften hat die Ackernahrung zusammen mit der Sozialstruktur den Abstand und die Dichte landwirtschaftlicher Siedlungen mitbestimmt.

ACKERPFLANZEN: Ein- oder zweijährige ackerbauliche Fruchtarten für die Ernährung (z.B. Getreide, Kartoffel, Zuckerrübe, Hülsen- und Ölfrüchte), Futtergewinnung (z. B. Futterrübe, Mais) oder Rohstoffproduktion (z. B. Raps, Lein).

ACKERRANDSTREIFENPROGRAMM: Förderprogramme der Bundesländer zur lediglich extensiven Bewirtschaftung eines mindestens 2 Meter breiten Randstreifens von Getreidefeldern. Die Bestimmungen zur Durchführung sind je nach Bundesland etwas unterschiedlich. Gemeinsam ist allen Programmen das Anwendungsverbot für ➔Pestizide (teilweise auch für ➔Mineraldünger oder ➔Gülle). Die Mindererträge werden durch Entschädigungszahlungen ausgeglichen.

ACKERRAIN: Die in Pflugrichtung verlaufende Parzellengrenze. (➔FELDRAIN, ➔STUFENRAIN)

ACKERSCHÄTZUNGSRAHMEN: Grundlage für die ➔Bodenbewertung bei ➔Ackerland. (➔BODENFRUCHTBARKEIT)

ACKERSCHLEPPE: Erosionsbedingte, querliegende Akkumulation von Bodenpartikeln am unteren Rand einer senkrecht zum Hang angeordneten Ackerparzelle.

ACKERTERRASSE: Künstliche Hangverflachung aus Gründen der leichteren Bearbeitbarkeit, des Erosionsschutzes und der besseren Wasserversorgung. Ackerterrassen bestehen aus den Terrassenflächen oder -äckern und den Terrassenhängen oder -rainen. Man unterscheidet:

- Erdterrassen:
  In Gebieten des ➔Regenfeldbaus werden sie konventionell durch hangparallel gerichtetes Pflügen (z.B. in Europa) oder in den Feuchttropen mit der Hacke angelegt, bzw. mit modernen Großraumgeräten geschaffen.

Im ➔Trockenfeldbau dient die Anlage von Erdterrassen der Anreicherung des ➔Bodens mit Wasser durch die Verminderung des Oberflächenabflusses.
In Trockengebieten ist auf der talwärtigen Kante von Bewässerungsterrassen ein niedriger Damm aufgeworfen, der das Wasser zurückhält.
Ähnliche Konstruktionsmerkmale besitzen auch die Reisbauterrassen im asiatischen Monsungebiet. Teils werden sie künstlich bewässert, teils erhalten sie die nötige Feuchtigkeit durch die Monsunniederschläge.

- Steinterrassen:
  Diese beschränken sich auf ➔Sonderkulturen wie ➔Weinbau, ➔Obstbau, aber auch Grabstock- bzw. Hackbauwirtschaft, beispielsweise der Indianerkulturen Altamerikas.
  An steinigen Hängen werden sie angelegt wegen der Verbesserung des Bodenwasserhaushalts, der Verminderung der ➔Bodenerosion und der geländestrukturierenden Wirkung.

ADI-Wert: Abk. von engl. **a**cceptable **d**aily **i**ntake (annehmbare tägliche Aufnahme). Er bedeutet die tägliche Höchstdosis eines Pflanzenschutzmittel-Rückstandes (mg/kg Körpergewicht), die bei lebenslanger Aufnahme ohne Einfluss bleibt.

AGENDA 2000: Im Juli 1997 vorgestellter und im März 1998 den EU-Mitgliedstaaten zur Stellungnahme vorgelegter und präzisierter Entwurf der Europäischen Kommission für die Umgestaltung der ➔Europäischen Union im Hinblick auf die bevorstehenden ➔WTO-Verhandlungen und die Ost-Erweiterung, insbesondere hinsichtlich des Finanzrahmens. Bei der (hypothetischen) Aufnahme aller Bewerber der Ost-Erweiterung nähme die ➔LN der Gemeinschaft um 50 % der Fläche zu, die Anzahl der landwirtschaftlichen Arbeitskräfte verdoppelte sich sogar. Ohne erneute Reform der ➔Gemeinsamen Agrarpolitik befürchtet die Europäische Kommission einen Zusammenbruch des Finanzierungssystems.
Besonderes Augenmerk gilt der Strukturförderung und der ➔Agrarpolitik, da diese Politikbereiche derzeit gut vier Fünftel der Finanzmittel der Gemeinschaft in Anspruch nehmen.
Bislang hat die EU den Weltmarkt vorwiegend als Ventil für die Beseitigung von Überschüssen benutzt. Mit der Agenda 2000 verfolgt die EU nunmehr offen das Ziel einer stärkeren Präsenz auf den Weltmärkten mit der wahrscheinlichen Folge einer weiteren Verschärfung des ➔Strukturwandels.
Das Preisstützungsniveau für Ackerbaukulturen (➔Getreide, ➔Ölsaaten, Eiweißpflanzen), Rindfleisch und Milchprodukte soll gesenkt werden. Statt dessen sollen die direkten ➔Ausgleichszahlungen pro

Ziele der Agenda 2000 im Agrarbereich

- bessere Wettbewerbsfähigkeit auf dem Binnen- und Weltmarkt
- Einbeziehung von Umweltzielen in die ➔GAP
- Sicherung eines angemessenen Lebensstandards für die ➔Landwirte
- umweltverträgliche Produktionsmethoden und artgerechte Tierhaltung
- Schaffung alternativer Einkommens- und Beschäftigungsmöglichkeiten
- Vereinfachung der EU-Rechtsvorschriften
- Lebensmittelsicherheit und -qualität

Hektar und pro Rind aufgestockt werden. Für die Gesamthöhe der Direktbeihilfen, die ein Betrieb als Stützungsmaßnahmen im Rahmen der Marktorganisationen erhalten kann, wird ein degressiver Höchstsatz festgelegt, um eine bessere Verteilung der ➔Beihilfen auf die ➔Landwirte zu gewährleisten. Die Mitgliedstaaten sollen einen größeren Spielraum bei der Vergabe von Ausgleichszahlungen erhalten und eigene Kriterien anlegen können (sog. *Modulation*). Die Milchquotenregelung soll verlängert und vereinfacht werden. Für Junglandwirte sind spezifische Maßnahmen vorgesehen.
Angestrebt wird die Entwicklung einer kohärenten und umfassenden Entwicklungspolitik für den ➔ländlichen Raum, deren Aufgabe es sein wird, die Marktpolitik zu ergänzen und dafür zu sorgen, dass die Ausgaben für die ➔Landwirtschaft stärker als bisher für die Verbesserung der ➔Umwelt und die ➔Raumordnung eingesetzt werden.
Kritiker sehen gravierende, vor allem finanzielle Nachteile für die Landwirtschaft in der EU. Insbesondere im Fall niedriger Weltmarktpreise rechnen deutsche Ackerbaubetriebe mit Einnahmeverlusten.
Eindeutig positiv ist neben der - ob ihres wirklichen Eintretens umstrittenen - *Entlastung des EU-Haushalts* hervorzuheben, dass allgemein den *Agrarumweltinstrumenten* künftig mehr Bedeutung zukommen soll, insbesondere sollen Ausgleichszahlungen für Ackerbaukulturen und ➔Flächenstilllegung an die Einhaltung von Umweltauflagen geknüpft werden (sog. *cross compliance*). Landwirtschaft in benachteiligten Regionen (z.B. Berggebiete) soll mit extensiven Produktionsverfahren erhalten werden, da diese Gebiete als Ergebnis jahrhundertelanger Nutzung und ihrer Naturausstattung häufig ökologisch wertvoll sind.
Mit der Agenda schlägt die Kommission *Ungarn, Polen, Tschechien, Slowenien, Estland* und *Zypern* als erste Beitrittskandidaten vor. Mit deren Aufnahme in die EU nähme die aktive Landbevölkerung um 55 % und die bewirtschaftete Fläche um 25 % zu.

Die Agenda 2000 stößt in wesentlichen Teilen auf die Ablehnung des →Deutschen Bauernverbandes.

AGENDA 21: Aktionsprogramm für das 21. Jahrhundert zur Umsetzung des Leitbildes →*Nachhaltige Entwicklung*. Es wurde 1992 anlässlich der Konferenz der Vereinten Nationen für Umwelt und Entwicklung (UNCED) von 179 Staaten verabschiedet. Das Programm wird in Form von Empfehlungen dargeboten und ist nicht juristisch verbindlich. Die AGENDA 21 gibt in 40 Kapiteln Handlungsbedarf, Maßnahmen, Instrumente und Finanzierungsmechanismen für nahezu alle Politikbereiche an, u. a. für die →Landwirtschaft. Zentrales Ziel einer →nachhaltigen Landwirtschaft ist danach die langfristig gesicherte Ernährung einer ständig zunehmenden Weltbevölkerung.
Bei der Umsetzung der Agenda 21 ist die EU-Agrarpolitik noch weit von dem Ziel einer sozial, ökologisch und ökonomisch nachhaltigen Entwicklung entfernt. Bezeichnend dafür ist, dass Umweltschutz in der →Reform der Gemeinsamen Agrarpolitik lediglich als "flankierende Maßnahme" und nicht als integraler Teil auftritt.

AGGLOMERATIONSVORTEILE: Kostenersparnisse, die sich aus der räumlichen Agglomeration von Betrieben der gleichen →Branche, sowie der Nähe zu Betrieben des sekundären und/oder tertiären Sektors ergeben können.
Hierzu gehören vor allem Fühlungsvorteile, d.h. die Übernahme von Kenntnissen über Produktion und Absatz von anderen nahegelegenen Betrieben. Weitere Agglomerationsvorteile entspringen z.B. aus der Entstehung von Zuliefer- und Verarbeitungsunternehmen, aus der Bildung von Kooperationen beim Absatz (→Erzeugergemeinschaften), aus dem Ausbau der Verkehrs- oder Lagerinfrastruktur sowie aus dem Aufbau von Institutionen, die auf dem Ausbildungs-, Forschungs- oder Vermarktungssektor tätig sind.

AGÖL: Abk. für *Arbeitsgemeinschaft Ökologischer Landbau e.V.*, einer Dachorganisation von Verbänden des →ökologischen Landbaus mit Sitz in Darmstadt. Zu ihren Aufgabenbereichen gehören:

- Öffentlichkeits- und Lobbyarbeit für den Ökologischen Landbau
- Rahmenrichtlinien für die Erzeugung und die Verarbeitung
- internationale Zusammenarbeit mit Partnerorganisationen
- Vermarktungskonzepte, Kommentierung der "EG-Verordnung Ökologischer Landbau", Projekte zum Wasserschutz u.w.
- Verbandsüberprüfungen
- Hilfe für den Verbraucher bei irreführenden Bio-Kennzeichnungen

AGRARAUSSENHANDEL: Die Ein- und Ausfuhr von Agrargütern (land- und ernährungswirtschaftliche Erzeugnisse, in der deutschen Statistik ohne Holz und Holzprodukte) von einem bzw. in einen Staat oder eine Staatengemeinschaft.
Deutschland war 1996 weltgrößter Agrarimporteur (9,4 % aller Weltagrareinfuhren) und gleichzeitig viertgrößter -exporteur (5,7 % der Weltagrarausfuhren). Mit einem Einfuhrüberschuss von 27,5 Mrd. DM war Deutschland zweitgrößter Nettoimporteur nach Japan vor dem Vereinigten Königreich und Südkorea.

Entwicklung des deutschen Agraraussenhandels (bis 1990 nur Alte Bundesländer)

Jahr	Agrarimporte		Agrarexporte	
	[Mrd. DM]	Anteil am Gesamtimport [%]	[Mrd. DM]	Anteil am Gesamtexport [%]
1950	5,0	44,1	0,2	2,3
1960	11,2	26,3	1,1	2,3
1970	20,9	19,1	4,4	3,5
1980	43,4	12,7	18,5	5,3
1990	59,3	10,8	31,1	4,8
1991	68,0	10,8	35,8	5,4
1992	69,6	10,9	37,0	5,5
1993	59,3	10,5	34,7	5,5
1994	66,2	10,7	37,2	5,4
1995	68,1	10,2	38,0	5,1
1996	71,4	9,9	41,8	5,0
1997 (vorl.)	71,5	9,5	41,9	4,7

Quellen: Deutscher Bauernverband 1997; Pressemitteilung BMLF 28. Juli 1998

Import-/Exportanteile des deutschen Agraraussenhandels nach Herkunfts- (Einfuhrwert: 67,8 Mrd. DM) und Zielräumen (Ausfuhrwert 39,5 Mrd. DM) 1996

Herkunfts- bzw. Zielraum	Anteil [%] Import	Export
EU-Staaten	65	68
Mittel- und osteuropäische Länder	4	15
USA	4	3
Entwicklungsländer	18	7
übrige Länder	9	7

Quelle: Deutscher Bauernverband 1997

Deutschlands wichtigste Handelspartner bei landwirtschaftlichen Produkten waren 1997 wie in den Vorjahren mit einem Anteil von zwei Dritteln die Mitgliedstaaten der ➔EU. Besonders intensiv und umfangreich ist der deutsch-niederländische Agrarhandel, mit allerdings negativem Saldo (7,2 Mrd. DM in 1997).

Struktur des deutschen Agraraussenhandels 1995

Produktgruppe	Anteil [%] an den gesamten Agrarimporten	exporten
Fisch, Fischwaren	5	-
Fleisch, Fleischwaren	13	8
Getreide	-	6
Kakao, Kaffee	8	9
Milch, Milcherzeugnisse	7	18
Obst, Gemüse (inkl. Verarbeitung)	13	4
Ölsaaten, -produkte	7	6
Tabak, Tabakwaren	-	6
Wein	4	-
Sonstiges	43	43

Quelle: Deutscher Bauernverband 1997

Allgemein kennzeichnend für den deutschen Agrarexport ist die Ausfuhr von Qualitätsprodukten, vornehmlich hochwertiger Produkte aus der ➔Verede-

Struktur des deutschen Agraraußenhandels mit Entwicklungsländern[1] 1997

Produktgruppe	Import Menge [1.000 t]	Import Wert [Mio. DM]	Export Menge [1.000 t]	Export Wert [Mio. DM]
Lebende Tiere	-	-	-	169
Milch und -erzeugnisse	-	-	166,9	435
Fleisch und Fleischerzeugnisse	102,4	823	49,7	142
Fische und Fischzubereitungen	132,7	795	11,2	29
Fisch- und Fleischmehl	272,6	259	-	-
Getreide (ohne Reis)	133,5	48	781,4	204
Reis	57,0	67	-	-
Müllereierzeugnisse, Malz	-	-	342,8	168
Zucker	6,1	10	592,5	331
Kartoffeln	82,1	55	-	-
Gemüse und sonstige Küchengewächse	134,9	333	-	-
Obst, Südfrüchte	1.984,1	3.624	-	-
Gemüse-, Obstkonserven, Fruchtsäfte und dgl.	675,3	1.331	7,4	25
Ölsaaten und -produkte	3.832,1	2.163	300,0	271
Sonstige Abfallerzeugnisse zur Viehfütterung	404,4	83	-	-
Kakao und -erzeugnisse	319,6	772	10,6	57
Kaffee	788,6	4.416	3,0	38
Tabak und -erzeugnisse	105,2	693	12,9	343
Bier [1.000 hl]	-	-	433,8	55
Branntwein [1.000 hl r. Alk.]	167,2	184	-	-
Wein [1.000 hl]	565,7	111	136,6	47
Lebende Pflanzen und Waren des Blumenhandels	32,8	237	-	-
Güter der Land- und Ernährungswirtschaft	-	17.371	-	3.001

[1] Einschließlich Malta, Ceuta und Melilla, Türkei, Südafrika, China, Nordkorea, Mongolei, Vietnam

Quelle: FAO-aktuell Nr. 32/98

Außenhandel der Europäischen Union mit Drittländern 1995

Staat bzw. Staatengruppe	Agrarhandel [Mrd. DM] Import	Export	Saldo	Gesamthandel [Mrd. DM] Import	Export	Saldo
USA	16,0	9,1	-6,9	194,1	189,0	-5,1
Kanada	3,5	1,5	-1,9	21,9	19,0	-3,0
Lateinamerika	25,6	4,5	-21,2	56,9	60,4	3,5
AKP-Staaten	15,4	4,4	-10,9	37,2	32,7	-4,5
Mittelmeer-anrainerstaaten	7,7	13,0	5,3	86,6	120,4	33,7
alle Staaten	110,6	83,2	-27,4	1020,2	1064,1	43,9

Quelle: Deutscher Bauernverband 1997

lung (vor allem Milchprodukte). Bei den Importwaren dominieren in Deutschland Obst und Südfrüchte.
Im Ausfuhrwert von 41,9 Mrd. DM sind 12,6 Mrd. DM Verkaufserlöse der deutschen →Bauern enthalten. Dies entspricht 21 % der gesamten Verkaufserlöse der deutschen →Landwirtschaft.
Die getrennt vom Agraraußenhandel erfassten Waren der Holz- und Forstwirtschaft erbrachten 1997 einen Ausfuhrwert von 15,1 Mrd. DM. Zugleich wurden Holzerzeugnisse vorwiegend für die Papier- und Möbelindustrie im Wert von 18,1 Mrd. DM eingeführt.
Auch die EU wies für 1997 einen Einfuhrüberschuss von 13,4 Mrd. DM gegenüber →Drittländern auf, was vor allem auf beträchtlichen Zufuhren an Gemüse, →Obst, Fisch sowie an Futtermitteln, →Ölsaaten und -produkten sowie Holz beruht. Die EU ist bedeutender Exporteur vor allem bei Milch und Getreide, jeweils einschließlich von Verarbeitungserzeugnissen, ferner Branntwein, Fleisch und Fleischwaren. Trotz einer, wenn auch mit etwas niedrigeren Raten, wachsenden Bevölkerung, vor allem in den Entwicklungsländern und trotz des ansteigenden Nahrungsbedarfs ist der globale Agraraußenhandel in den vergangenen Jahren um 6 bis 8 %/Jahr, aber weniger stark als der gesamte Welthandel angestiegen. Es ist abzusehen, dass der Weltagrarhandel insgesamt an Bedeutung einbüßen wird. Auf einigen Produktmärkten und für bestimmte Länder und Ländergruppen der Dritten Welt wird er jedoch nach wie vor eine herausragende Bedeutung für den agrar- und gesamtwirtschaftlichen Entwicklungsprozess haben. Die Schwellenländer in Asien und Südamerika werden bei steigender Kaufkraft eine verstärkte Nachfrage nach veredelten Nahrungsmitteln aufweisen, vor allem nach tierischem Eiweiß. Vor allem der ost- und südasiatische Raum, in dem z.Z. etwa die Hälfte der Menschheit lebt, wird sich daher zu einer der wichtigsten Importregionen für (Futter-)Getreide und andere Nahrungsmittel entwickeln.

AGRARBEIHILFE: →Subvention des Agrarsektors, die die →Landwirtschaft selbst, aber auch benachbarte Bereiche (z.B. Handel, Lagerhaltung) betreffen können. In der EU unterliegen nationale Agrarbeihilfen nach der ausdrücklichen Regelung in den →Marktordnungen auch dem allgemeinen Beihilferegime des EG-Vertrages. →Beihilfen werden beispielsweise in Form von →Ausfuhrerstattungen geleistet.

AGRARBETRIEB: 1. Aus agrarökonomischer Sicht eine örtliche, technische und organisatorische Einheit der landwirtschaftlichen Urproduktion, bei der die →Produktionsfaktoren →Boden, Kapital und Arbeit zusammengefasst sind und durch planmäßiges Handeln der Betriebsleitung zielgerichtet kombiniert werden. Demgegenüber ist ein *Agrarunternehmen* eine örtlich nicht gebundene, wirtschaftlich-finanzielle und juristische Einheit, die mehrere Betriebe umfassen kann (*Steinhauser* u.a. 1978).
2. Nach *Andreae* (1983) eine Erwerbswirtschaft aus dem Bereich der Urproduktion, die aus menschlichen Wohnstätten besteht sowie aus →landwirtschaftlich genutzten Flächen, die von jenen aus bewirtschaftet werden. In der Regel, besonders in kühleren Klimaten, gehört zu einem Agrarbetrieb auch ein Wirtschaftshof.
Der Agrarbetrieb gilt als kleinste sozioökonomische Einheit und gleichsam als Baustein des →Agrarraumes. Durch die Berücksichtigung von bestimmten Merkmalskombinationen lassen sich verschiedene →*Betriebsformen* unterscheiden, die dann Ausdruck der Gesamterscheinung eines Betriebes sind.
Dem deutschen Begriff 'Agrarbetrieb' entspricht im angelsächsischen Sprachraum der Terminus →'farm'. Als Spezialformen des Agrarbetriebes bzw. der Farm sind z.B. die →Ranch, die →Pflanzung und die →Plantage anzusehen.

AGRARBEVÖLKERUNG: Jener Teil der Gesamtbevölkerung, der seinen Lebensunterhalt ganz oder überwiegend aus landwirtschaftlicher Tätigkeit bezieht. Auch die Familienangehörigen der in der →Landwirtschaft Tätigen werden dazugerechnet.

AGRARBÜNDNIS: 1989 als Dachverband der *Deutschen Agraropposition e.V.* von mehreren formal parteiunabhängigen Organisationen aus →Landwirtschaft, →Umwelt-, →Natur- und Tierschutz sowie Verbraucher- und Entwicklungspolitik gegründet. Das AgrarBündnis setzt sich für eine umwelt- und sozialverträgliche bäuerliche Landwirtschaft mit artgerechter Tierhaltung, für die Produktion gesunder Lebensmittel und für einen funktionsfähigen →ländlichen Raum ein.

AGRARCHEMIKALIEN: Gesamtheit der in der →Landwirtschaft eingesetzten Chemikalien, also →Dünge- und →Pflanzenschutzmittel sowie Treibstoffe.

AGRARDICHTE: Dichtemesszahl, welche die von der →Landwirtschaft lebende Bevölkerung bzw. die Zahl der landwirtschaftlichen Berufszugehörigen auf die →landwirtschaftliche Nutzfläche bezieht, wobei die Bezugsfläche im Einzelfall die tatsächliche Anbaufläche oder die kulturfähige Fläche ist.

AGRAR(ERWERBS)QUOTE: Eine Messziffer, die den Anteil der in der →Landwirtschaft tätigen Personen an der Gesamtzahl der Erwerbstätigen angibt. (Tab. s. S. 10)

AGRARFABRIK: In Analogie zum gewerblichen Bereich eine größere Produktionsstätte, in der vorzugsweise tierische Erzeugnisse weitgehend ohne Bindung an selbstbewirtschaftete Flächen "produziert" werden. Da diese "Fabrikation" der traditionellen bodengebundenen Landbewirtschaftung mit bäuerlicher Viehhaltung und damit dem Leitbild →"Bäuerlicher Familienbetrieb" widerspricht, wird der Begriff Agrarfabrik eher diskriminierend benutzt. Seine Verwendung in der Fachliteratur ist unüblich. Agrarfabriken sind zwar statistisch nicht exakt zu erfassen, sie sind aber durch ihre vorzugsweise bodenunabhängige tierische →Veredelung sowie die →Spezialisierung auf meist nur einen Viehhaltungszweig mit großer Stückzahl und die vorzugsweise Beschäftigung von Lohnarbeitskräften näherungsweise bestimmbar.
Die ersten Tierfabriken (factory farms) waren Hähnchenmastbetriebe in den USA, die das früher "luxuriöse" Hähnchen (luxury roaster) nach dem Zweiten Weltkrieg allgemein verfügbar machten. (→AGRARINDUSTRIELLES UNTERNEHMEN, →AGRIBUSINESS, →INDUSTRIELLE LANDWIRTSCHAFT)

Die zehn größten agrochemischen Unternehmen der Welt 1995

Firma	Hauptsitz	Umsatz [Mio. US-$]
Novartis (Ciba Geigy u. Sandoz)	Schweiz	4.410
Monsanto	USA	2.472
Bayer	Deutschl.	2.373
Zeneca	UK	2.363
AgrEvo (Hoechst u. Schering)	Deutschl.	2.344
DuPont	USA	2.322
Rhône-Poulenc	Frankr.	2.068
DowElanco	USA	1.910
American Home Products/ American Cyanamid	USA	1.910
BASF	Deutschl.	1.450

Quelle: Rural Advancement Foundation International, aus: Der Kritische Agrarbericht 1998

Primärenergieverbrauch zur Herstellung einzelner Düngemittel (pro kg Reinnährstoff), Pflanzenschutzmittel (pro kg aktive Substanz) und Dieselkraftstoff

Agrarchemikalie	Primärenergieverbrauch [MJ/kg]
N-Dünger	52,82
P-Dünger	38,17
P-Dünger (Rohphosphat)	16,29
K-Dünger	26,79
Ca-Dünger	2,46
Pflanzenschutzmittel	314,97
Dieselkraftstoff	51,46

Quelle: Enquete-Kommission "Schutz der Erdatmosphäre" 1995

AGRARFLÄCHENQUOTE: Eine Messziffer, die den Anteil der Agrarfläche an der Gesamtlandesfläche angibt.

AGRARFONDS: →EUROPÄISCHER AGRARFONDS

AGRARGEBIET: Agrargebiete sind größenordnungsmäßig nicht fest fixierte, individuelle Räume, die sich durch eine spezifische Kombination ihrer Merkmale von ihren Nachbarräumen abheben. Die Kriterien sind mit denen zur Erfassung der →Betriebsformen identisch, so dass man Agrargebiete auch als Räume gleicher oder ähnlicher Betriebstypen definieren kann. Ein weitgehend identischer Begriff ist →*Agrarlandschaft*.

Erhebung über Arbeitskräfte in der Europäischen Union 1996

Staat	Erwerbstätige [Personen]	Erwerbstätigenquote [%]	Anteil Erwerbstätiger [%] Landwirtschaft	Industrie	Dienstleistung
Belgien	3.791	45,6	2,7	27,6	69,6
Luxemburg	165	49,3	2,6	22,9	74,4
Dänemark	2.623	60,7	3,9	26,4	69,7
Niederlande	6.932	55,9	3,8	23,2	73,1
Deutschland	35.782	53,0	3,2	36,0	60,8
Österreich	3.617	55,7	7,4	30,3	62,3
Griechenland	3.868	44,9	20,3	22,9	56,8
Portugal	4.431	53,5	12,2	31,3	56,5
Spanien	12.342	37,9	8,6	29,4	62,0
Finnland	2.064	50,1	7,9	27,1	65,0
Frankreich	22.195	48,8	4,8	26,5	68,6
Schweden	3.988	55,5	3,3	25,9	70,9
Irland	1.308	48,4	11,2	27,3	61,4
Großbritannien	26.177	56,5	2,0	27,4	70,6
Italien	20.014	41,9	6,7	32,2	61,1
Europa (EU-15)	149.295	49,4	5,1	30,0	64,9

Quelle: Eurostat 1997

Merkmalshervorhebungen oder -kombinationen führen zu Typen von Agrargebieten (z.B. alpine Täler mit →Almwirtschaft, tropische Zuckerrohrgebiete). Ein Bestimmungskatalog findet sich bei *Sick*, 1993. Als Beispiele mit ihren Hauptmerkmalen nennt er:

Hauptmerkmale von Agrargebieten

Agrargebiet	Hauptmerkmale
Kaiserstuhl (Südbaden)	Kleinbäuerliches Weinbaugebiet mit Marktorientierung, Feldbau im Randsaum.
Küstenhof von Valencia (Spanien)	Kleinbäuerlich mit vielfältigem →Bewässerungs- und Trokkenfeldbau (Reis, →Agrumen, Baumwolle, Getreide, Gemüse), Kleinviehhaltung.
Oase Ouargla (Algerien)	→Bewässerung mit artesischem →Grundwasser, Dattelpalmenkulturen.
Becken von Quito (Ecuador)	→Haciendas, indianische Kleinbetriebe; →Regenfeldbau mit Mais, Weizen; Viehhaltung.
Pampa (Argentinien)	Regenfeldbau mit Weizen, Mais, Alfalfa, Sonnenblumen u.a.; randlich →Viehhaltung; Großbetriebe und kleinere Pachtbetriebe.

Agrargebiete liegen nach der Größenordnung zwischen den →Agrarbetrieben und den →Agrarregionen.

AGRARGEMEINSCHAFT: Jede Art von Zusammenschluss, die Nutzungsrechte an land- oder forstwirtschaftlichen Grundstücken, Ländereien, Wasser- und Landwegen und anderen Einrichtungen vermittelt. Als tradierte Kooperationsform steht die Agrargemeinschaft den modernen zivilrechtlichen Kooperationsformen (z.B. →Erzeugergemeinschaften) gegenüber. Sie beruht auf alten rechtlichen Bestimmungen, die bei Einführung des BGB unberührt geblieben sind, so die Waldgenossenschaften, der als Realgemeinde bezeichnete Genossenschaftstyp (Grundbesitz im Eigentum der beteiligten Genossen oder der Genossenschaft) und die Interessenschaften mit gemeinsamen bäuerlichen Nutzungsrechten (z.B. Wege, Gräben, Brücken, Kiesgruben u.ä.).
Im wesentlichen lassen sich diese Rechte auf den Begriff der →Allmende zurückführen.

AGRARGEOGRAPHIE: Die Agrargeographie untersucht, beschreibt und erklärt die von der →Landwirtschaft und von mit ihr durch Integration verbundene Wirtschaftszweige gestaltete Erdoberfläche als Ganzes wie auch in ihren Teilen und versucht dieses Wirken in Modellen darzustellen. Sie berücksichtigt dabei die äußere Erscheinung, die ökologische, (agrar-)wirtschaftliche und soziale Struktur sowie die Funktion und gelangt letztlich zu einer räumlichen Differenzierung. Dabei werden die Wechselwirkung dieser Faktoren im Kontext demographischer, (agrar-)politischer und technologischer Rahmenbedingungen und ihr raum-zeitlicher Wandel berücksichtigt. Aus der Verbreitung dieser Faktoren ergeben sich verschiedenartige ➔Agrarräume, Agrarregionen, Landbauzonen o.ä. Der Agrarraum steht sowohl in seiner Gesamtheit, also als Gefüge von Siedlung, ➔Flur, Urproduktion usw. im Blickfeld der Agrargeographie, wie auch mit seinen Einzelaspekten, so z.B. den Betriebsgrößenverhältnissen oder dem ➔Strukturwandel altsozialistischer Staaten Osteuropas.

Die Agrargeographie steht als Teildisziplin der Wirtschafts- und Sozialgeographie in einem Spannungsfeld zwischen den Agrarwissenschaften, den Sozialwissenschaften, der allgemeinen Anthropogeographie, den Geschichtswissenschaften (bezüglich der Unterdisziplinen Historische Agrargeographie und Agrargeschichte) und auch der physischen Geographie.

Das traditionelle Konzept der Agrargeographie mit seiner Beschränkung auf die reine Urproduktion erscheint angesichts des Auftretens ➔agrarindustrieller Unternehmen, die häufig ihre höchsten Umsätze im vor- und nachgelagerten Bereich (Mischfutterwerke, Schlachtereien) tätigen und angesichts der der Landwirtschaft vornehmlich in wohlhabenden Industriestaaten zugewachsenen Aufgaben (z.B. ➔Landschaftspflege, Tourismus in vielfältiger Form, Reitpferdehaltung) nicht mehr haltbar. Verwandte Zweige der Urproduktion (Jagd, Fischerei, Sammel- und Forstwirtschaft) sind meist nicht Gegenstand der Agrargeographie, trotz ihrer häufig engen Verzahnungen mit der eigentlichen Landwirtschaft. Als Beispiele gelten das Waldbauerntum in Mittelgebirgen und Alpen oder die bäuerliche ➔Teichwirtschaft in Franken. Die erwähnten Aufgaben der Agrargeographie sind in dieser Gesamtheit umstritten, auch sind unterschiedliche Gewichtungen anzutreffen.

Teilweise wird alternativ oder als Ersatz zur Agrargeographie die Etablierung einer *Geographie des ländlichen Raumes* gefordert, zumindest für die Länder, in denen es keine "reinen Agrarräume" mehr gibt.

AGRARGESCHÄFT: Alle der ➔Landwirtschaft vor- und nachgelagerten Wirtschaftsbereiche:

- vorgelagerter Bereich: Zulieferindustrien für ➔Futtermittel, Landmaschinen, ➔Agrarchemikalien, eine Vielzahl weiterer ➔Betriebsmittel sowie der entsprechende, unterschiedlich strukturierte Handel
- nachgelagerter Bereich: Vermarktung über ➔Genossenschaften, Landhandel, Viehverwertungsorganisationen sowie Ernährungsindustrie und -handwerk und verarbeitende Industrie von nachwachsenden Rohstoffen. (➔AGRIBUSINESS)

AGRARGESCHICHTE: 1. Die Agrargeschichte befasst sich mit der historischen Entwicklung der ➔Landwirtschaft und des ➔Agrarraums. Sie zeigt die geschichtlichen Zusammenhänge auf, die zu den gegenwärtigen ➔Agrar- und Betriebsstrukturen und Ausprägungen der ➔Agrarlandschaft geführt haben.

2. Die Agrarwirtschaft gilt als *älteste Wurzel der Kulturentwicklung*, das lateinische Wort "cultura" hatte ursprünglich die Bedeutung von Anbau und Bodenpflege. Die Geschichte der Landwirtschaft ist eng verflochten mit der allgemeinen Wirtschafts- und Sozialgeschichte, deren Kenntnis zum Verständnis der heutigen agrargeographischen Strukturen und Funktionen notwendig ist.

Die ältesten Wirtschaftsstufen der Wildbeuter, Sammler, Jäger und Fischer umfassen zwar den größten Teil der Menschheitsgeschichte, sie haben aber den Naturraum noch nicht zum Agrarraum umgestaltet. Auf diesen ersten Stufen benötigte jeder Mensch eine Fläche von etwa 20 km^2, um sich ausreichend mit Nahrungsmitteln zu versorgen.

Der entscheidende Übergang von der *aneignenden* zur *produzierenden* Landwirtschaft mit Anbau (Züchtung der noch heute wichtigsten ➔Kulturpflanzen) und ➔Nutztierhaltung (Domestizierung von Schaf, Schwein und Rind), die das Sesshaftwerden ermöglichte, erfolgte vermutlich erst nach dem Ende der Würmkaltzeit. Die landwirtschaftliche Weiterentwicklung mit einer bescheidenen Überschussproduktion verschaffte einem Teil der Menschen genügend Zeit für mehr kreative Tätigkeiten, die als Voraussetzung für die Entwicklung von Wissenschaft, Technik und Künsten dienten und die Basis für eine allgemeine kulturelle Weiterentwicklung bildeten.

Man nimmt für diese **erste agrare Revolution** (auch "neolithische Revolution" oder "Ackerbaurevolution") mehrere Entstehungszentren an, die alle im tropisch-subtropischen Gürtel der Nordhalbkugel, vorzugsweise an der ökologisch und ökonomisch begünstigten Grenze zwischen Wald und offenem Land, d.h. am Rand der Steppen und Savannen liegen. Verbunden war dieser Übergang mit der Entwicklung einfacher landwirtschaftlicher Geräte (Pflanzstock, Grabstock, Hacke, Axt) und von ➔Umtriebssystemen (➔shifting cultivation). Eine Differenzierung der Gesellschaft, das Aufkommen von Berufen ohne eigene Nahrungsproduktion, Städtebildung, ein schneller Bevölkerungsanstieg und eine deutliche Erhöhung der Nahrungsmittelproduktion waren die Folge.

Regionale Zentren der ersten agraren Revolution:

- *Südasiatischer Raum*, Thailand (Gemüsesaatgut 9.500 v.Chr.), östliches Indien und Südostasien als wichtigstes Genzentrum tropischer Kulturpflanzen mit Knollengewächsen (Yams, Taro), Hülsenfrüchten und Fruchtbäumen (Kokosnuss) bzw. -stau-

Stufen der Wirtschafts- und Gesellschaftsentwicklung nach verschiedenen Theorien

E. Friedrich	H. Bobek	W. W. Rostow	J. Fourastié u.a.
Reflexiv (wirtschaftliche Tätigkeit als Reflex auf die menschlichen Grundbedürfnisse; völlige Abhängigkeit vom Angebot der Natur)	*Wildbeuter*	*Traditionelle Gesellschaft* (Wissenschaft und Technologie noch nicht verfügbar oder nicht genutzt, Mehrheit der Erwerbstätigen in der Landwirtschaft)	*Überwiegend primärer Sektor* (allmähliche Verschiebung des Schwergewichts vom primären agrarwirtschaftlichen zum sekundären, schließlich zum tertiären Sektor)
Instinktiv (Naturzwang noch ausschlaggebend, bessere Anpassung durch Erfahrung)	*Spezialisierte Jäger, Sammler, Fischer*		
Traditionell (planmäßige Anwendung langer Erfahrungen; Arbeitsteilung, neue soziale Organisationsformen)	*Sippenbauern, Nomaden, herrschaftlich organisierte Agrargesellschaft, Rentenkapitalismus*	*Übergang* (gesteigerte Investitionsrate führt zusammen mit technischen Fortschritten zu Produktionserhöhung)	
Rationell (zielbewußte, rationelle, beherrschende Naturnutzung als Folge wissenschaftlicher und technischer Errungenschaften)	*Produktiver Kapitalismus, Sozialismus*	*Take-off-Phase* als entscheidender Durchbruch *Reifestadium* *Massenkonsum*	*Überwiegend sekundärer Sektor, Überwiegend tertiärer Sektor*

Quelle: Sick (1993), ergänzt

den (Bananen), Pflanzenbau mit Grabstock; Reisbau wohl erst später, von Thailand ausgehend.

- *Afrika*, Nordrand des Regenwaldes, Pflanzenbau im 5. Jt. v. Chr.; frühe Zentren der Züchtung, besonders für Hirse im westlichen Sudan und in Äthiopien; möglicher Einfluss SW-Asiens ungeklärt.
- *Amerika* mit Anfängen des Landbaus bis in das 8. Jt. v. Chr. (südliches Mexiko und nordwestliches S-Amerika); Maniok, Süßkartoffeln und Erdnuss aus dem tropischen Tiefland S-Amerikas, Kartoffeln und andere Knollenpflanzen aus dem andinen Hochland, Mexiko als Heimat des Mais, ursprünglich Pflanzstock; zwar eigenständige Entwicklung aber Einflüsse aus SO-Asien nicht auszuschließen.
- *Südwestasiatischer Orient*, dortiger Übergangssaum Wald - Steppe als ältestes Züchtungszentrum (8. Jt. v. Chr.) für außertropische Getreidearten (Emmer, Weizen, Gerste), ➔Hackbau; seit dem 6. Jt. v. Chr. Vorrücken des Anbaus in die Stromniederungen von Euphrat und Tigris, im 4. Jt. v. Chr. auch des Nils; ➔Bewässerungsfeldbau als Gemeinschaftsleistung führt zu den ältesten antiken Hochkulturen; im Orient das bislang einzige bekannte Entstehungszentrum des ➔Pfluges (4. Jt. v Chr.); Einsatz des Pfluges verbunden mit der Züchtung des Rindes als Zugtier; Verknüpfung von Getreidebau, ➔Pflugbau, Großviehhaltung und zusätzlich der ➔Bewässerung macht Vorderen Orient zur Urheimat der höchsten Stufe des ➔Ackerbaus; Innovationsraum mit weiter Ausstrahlung nach Osten und Westen. (➔KULTURPFLANZEN, URSPRUNGSGEBIETE DER)

Das einzige Züchtungsprinzip, das während dieser frühen Phase des Pflanzenbaus angewandt wurde, war die Selektion.

Den Beginn der Landwirtschaft in *Europa* nimmt man für den Beginn des Neolithikums, also vor etwa 9.000 Jahren an. Anhand der C_{14}-Methode konnten einige in einer Grotte bei Béziers in Südfrankreich gefundene Linsen- und Erbsenkörner auf rund 8.770

Jahre datiert werden. Im Raum des heutigen Deutschland hielt eine einfache Landwirtschaft ab ca. 5.400 v.Chr. mit der Bandkeramik-Kultur Einzug und löste die vorher für annähernd 2 Mio. Jahre dominierende Jagd, Fischerei und Sammelkultur ab. Sie wurde zunächst v.a. auf Flussterrassen und Gebieten mit Lößböden betrieben. Die Landnahme geschah durch Waldrodung. Wie allgemein in der "Alten Welt" erfolgte die Ausbreitung von Pflugbau (Ausnahme Schwarzafrika) und Nutzungswechselwirtschaft ab dem 2. Jahrtausend v. Chr. in der Bronze- und Eisenzeit. Zur Steigerung der →Bodenfruchtbarkeit erfolgte nun auch der Einsatz von →Stall- und Plaggenmist, wobei Rasenstücke dem tierischen Dung beigemischt wurden. Verbesserungen dieser Art sind durch Bodenuntersuchungen nach der C_{14}-Methode für die Zeit vor Christi Geburt nachgewiesen.

Die letzten zwei bis drei Jahrtausende brachten Europa eine starke Differenzierung. Der mediterrane Raum wurde in der Antike durch den Anbau von Weizen, Wein und Ölbaum bestimmt, verbunden mit →Viehhaltung in den stark entwaldeten Gebirgen. Dazu traten →Obst- und Gemüsebau, der wie der →Weinbau von den Römern nach Mitteleuropa übertragen wurde. Die Araber führten Baumwoll- und Zuckerrohranbau und Bewässerungstechniken in Spanien ein. Andere Kulturpflanzen Südeuropas wurden teils schon im Altertum (Reis, Zitrone), teils erst in der Neuzeit (Apfelsine) eingeführt. In Mitteleuropa wurde das Kulturland durch Vorgänge der inneren →Kolonisation wie die mittelalterliche Rodung der Waldgebirge, die →Moor- und Heidekolonisation und die Eindeichung ausgeweitet. In Nordeuropa dauerte das Vordringen des Anbaus gegen das Waldland bis in das 20. Jh. Auch in Osteuropa wurde Kulturland aus Wald- wie auch aus Steppengebieten gewonnen, z.T. noch in jüngster Zeit (Kasachstan).

Mit der *europäischen Kolonisation* und der Übertragung europäischer Wirtschaftsformen seit dem Ende des 15. Jahrhunderts begann eine globale Phase zur Gestaltung des Agrarraums:

- großflächiger Getreidebau mit Pflug im östlichen Nordamerika, südöstlichen Südamerika, in Südafrika und Australien/Neuseeland
- Bindung der Viehhaltung an den Ackerbau weniger eng als in Europa
- Ausbreitung der Viehhaltung mit extensiver →Weidewirtschaft vorwiegend in den niederschlagsärmeren Teilen Nord- und Südamerikas, Südafrikas und Australiens
- In den Tropen

  a) z.T. Verstärkung mancher traditioneller Anbaukulturen durch Einbeziehung in die Weltwirtschaft, oft auf Kosten der Selbstversorgung der Bevölkerung,

  b) Entstehen einer neuen, export- und kapitalorientierten Betriebsform, der →Plantagenwirtschaft, vornehmlich in Küstennähe
- Ausbreitungsprozess der Kulturpflanzen und →Nutztiere weit über ihre ursprüngliche Herkunftsgebiete hinaus, entsprechend den Bedürfnissen europäischer Kolonisten, Konsumenten und Kolonialmächte (Übernahme amerikanischer Pflanzen in Europa; Verbreitung europäischer Pflanzen und Tiere in Überseegebieten, oft in Abhängigkeit von der Art der Siedlergruppen, z.B. →Weinbau; Verbreitung tropischer Kulturpflanzen innerhalb der Tropenzone, z.B. Sisal, Ölpalme, Erdnuss, Kautschuk, Baumwolle, Tee, Ananas)

Die **zweite agrare Revolution** begann zwischen 1690 und 1700 in England, setzte sich in den folgenden Jahrzehnten über Mitteleuropa fort und erreichte zwischen 1860 und 1870 Russland. Für Nordamerika wird der Beginn dieser revolutionären Umgestaltung der Agrarproduktion von 1760-1770 angesetzt.

Merkmale der zweiten agraren Revolution:

- Verbesserung vorhandener und die Einführung neuer landwirtschaftlicher Geräte (z.B. Bodenwendepflug, Sämaschine, Hufbeschlag des Pferdes)
- gezielte Auswahl von →Saatgut und Zuchttieren
- Kultivierung von →Ödland
- Reduzierung des Brachlandes durch Übergang zu einem kontinuierlichen Fruchtwechsel
- Einführung neuer Feldfrüchte bzw. deren größere Verbreitung (Rüben, Klee, Raps, Kartoffeln)
- verbreiteter Einsatz von Pferden anstelle von Ochsengespannen führt zu höherer Pflugleistung und größerer Transportgeschwindigkeit für Agrargüter

Die Landwirtschaft in den gemäßigten Breiten arbeitete im 18. und 19. Jahrhundert, z.T. bis in die Mitte des 20. Jahrhunderts hinein in einem ausgewogenen Miteinander von Pflanzenbau und Tierhaltung. Eine geregelte Futterwirtschaft auf Acker- und →Grünland, durch Stallmistwirtschaft weitgehend geschlossene Stoffkreisläufe, systematische, vielgliedrige und abwechslungsreiche →Fruchtfolgen und eine auf langer Erfahrung basierende Berücksichtigung der speziellen Voraussetzungen jedes Betriebes und jedes einzelnen Feldes waren die Grundlagen der *bäuerlichen Landwirtschaft*. Die Erträge lagen deutlich unter dem heutigen Niveau, die Flächenproduktivität war aber um das Zwei- bis Vierfache höher als im ausgehenden Mittelalter. Die Einführung der Kartoffel und von Hülsenfrüchten in die Fruchtfolgen boten eine höhere Ertragssicherheit sowie Vielfalt und Qualität der Nahrungsmittel.

Die Begründung der →Agrikulturchemie, vor allem durch *Justus von Liebig* - in der Mitte des 19. Jahrhunderts, die großtechnische Gewinnung von Stickstoffdüngemitteln (Ammoniaksynthese nach dem

Haber-Bosch-Verfahren seit 1913) sowie die Fortschritte in der Produktionstechnik im Gefolge der Industriellen Revolution und Erfolge in der Pflanzen- bzw. Tierzüchtung waren wesentliche Schritte bei der enormen Steigerung der Produktion. Gleichzeitig öffnete sich die Produktivitätsschere zwischen Gebieten mit moderner und traditioneller Landwirtschaft. War wegen der Bodenknappheit in Mitteleuropa hier zunächst die →Intensivierung mit verstärktem Einsatz von Betriebsmitteln prägend, so setzte sich moderne Agrartechnik wegen der Knappheit an menschlicher Arbeitskraft zuerst in den USA durch. Sie erfasste seit den 30er Jahren dieses Jahrhunderts die übrigen Industrieländer und dringt seit den 60er Jahren in die Entwicklungsländer ein. Geprägt ist diese Phase auch durch große Veränderungen im Transportwesen (z.B. Erfindung des Kühlwagens 1868) und die Verarbeitung von Agrarprodukten. Diese Entwicklungen führten dazu, dass gelegentlich von *mechanischen, biologischen* und *chemischen* Revolutionen gesprochen wird.

Als **dritte agrare Revolution** kann das Einsetzen einer *industrialisierten Landwirtschaft* angesehen werden. Sie vollzieht sich zunächst im Gefolge der Kollektivierung in der Sowjetunion (1928). Dort betrieb man konsequent die Integration der eigentlichen Agrarproduktion in ein staatlich gelenktes Nahrungsmittelsystem. Die Etablierung im Westen vollzog sich zumindest nominell deutlich schwieriger, da eine offensichtliche Diskrepanz besteht zwischen dem real ablaufenden Strukturwandel, der zu immer größeren Produktionseinheiten führte und noch führt und der Agrarpolitik, die sich vielfach dem Ideal des →*bäuerlichen Familienbetriebes* bzw. der *family farm* verpflichtet hat.

Merkmale der dritten agraren Revolution

- zunehmende Kapitalintensität
- →Spezialisierung der Betriebe
- konsequente Nutzung der Agrartechnologie
- Freisetzung von Arbeitskräften durch Maschinen
- Nutzung der Kostendegression
- Ausbildung →agrarindustrieller Unternehmen
- Gewinnmaximierung und →Produktivität im Mittelpunkt des Interesses der Produzenten

Wirklich *große Ertragssteigerungen* haben erst vor ca. 30 Jahren begonnen. Mehr als 70 dt Weizen je Hektar konnten von neugezüchteten Sorten, unterstützt durch verfeinerte Düngetechnik und Sicherung der Standfestigkeit durch →Wachstumsregler sowie durch vorbeugende Maßnahmen zur Erhaltung der Pflanzengesundheit mittels →Pflanzenschutzmitteln erzielt werden. Damit war das Ende der bis dahin notwendigen *horizontalen Expansion* (= Ausdehnung der Anbaufläche in der Horizontalen) erreicht. Der Strukturwandel zu einer →Intensivlandwirtschaft war vollzogen.

Der jüngste **Innovationsschub** für die Landwirtschaft geht von Erfindungen im Bereich der →Biotechnologie aus. Methoden wie die →Gentechnik und die Zellkulturtechnik (massenhafte Vermehrung pflanzlicher Zellen in einem künstlich geschaffenen Milieu mit Hilfe spezieller Nährstoffe) ermöglichen die Entwicklung leistungsfähiger, krankheitsresistenter und anspruchsloser Pflanzen und Tiere oder auch die Großproduktion bestimmter pflanzlicher Inhaltsstoffe.

Zusammenfassend sind die Ertragssteigerungen in der Landwirtschaftsgeschichte im wesentlichen auf folgende Entwicklungen und Maßnahmen zurückzuführen:

- lokale Bodenveränderungen (→Meliorationen)
- Ertragsintensivierung durch →Dreifelderwirtschaft (Mittelalter)
- verbesserte Dreifelderwirtschaft (Neuzeit)
- Einführung neuer →Kulturpflanzen (v.a. 18. Jh.)
- Rationalisierung und Technisierung (nach dem Vorbild der USA)
- Züchtung neuer Sorten
- Einsatz von →Agrarchemikalien
- biotechnische Methoden
- hoher Energieeinsatz

In modernen Industriegesellschaften erfuhr die Landwirtschaft eine **veränderte Stellung** im gesamtgesellschaftlichen Transformationsprozess. Neben die traditionelle Elementarfunktion der Nahrungsmittelversorgung traten - in einzelnen Staaten unterschiedlich bedeutsam - neue Aufgaben: Die Produktion von →nachwachsenden Rohstoffen, die Erhaltung und Pflege von →Agrarlandschaft und →Umwelt sowie die Stabilisierung der Infrastruktur →ländlicher Räume durch die Aufrechterhaltung einer Mindestbesiedlungsdichte.

Trotz der erweiterten Aufgabenstellung der Landwirtschaft erfahren ihre Trägergruppen eine fortlaufende politische und ökonomische Machtreduktion. Gleichzeitig sieht sich unsere gegenwärtige Landnutzung einer zunehmenden Akzeptanzkrise ausgesetzt. Der nicht-landwirtschaftlichen Bevölkerung sind die zu wachsenden ökologischen und sozialen Problemen beitragenden Transferzahlungen immer weniger vermittelbar.

Hauptursachen für den Bedeutungsverlust der Landwirtschaft:

- der Rückgang des Anteils der Nahrungsmittelausgaben an den gesamten Konsumausgaben (→Engel'sches Gesetz)
- der technische Fortschritt und dadurch hohe Ertrags- und Effizienzsteigerungen bei gleichzeitig reduziertem Arbeitskräftebedarf
- die zunehmende Auslagerung von Funktionen aus der Landwirtschaft
- wachsende Importe

Die Entwicklung der Landwirtschaft mit ihren verschiedenen Produktionsweisen ist von unterschiedlichen *ökologischen Auswirkungen* begleitet.
Der Grundprozess der Erzeugung pflanzlicher und tierischer Produkte ist trotz aller technischen Wandlungen und trotz enormer Produktivitätssteigerungen derselbe geblieben, nämlich einmal der flächengebundene, von verschiedenen Naturfaktoren abhängige Anbau von Kulturpflanzen, zum anderen die Erzeugung tierischer Produkte auf der Basis von Kulturpflanzen oder natürlichen Futterflächen. Seit dem Ende des 19. Jh. hat sich in den Industrieländern allerdings die enge räumliche Bindung zwischen Futterfläche und Standort der tierischen Produktion gelockert, als Veredelungsbetriebe auf Futterzukaufbasis ohne eigene Nutzflächen aufkamen. Damit hat sich aber lediglich die Distanz zwischen den Standorten der pflanzlichen und tierischen Produktion auf oft interkontinentale Ausmaße vergrößert, das Grundprinzip blieb unangetastet.
Der verstärkte Nahrungsbedarf in früheren Jahrhunderten bewirkte die oben erwähnte *horizontale Expansion* der Landwirtschaft, gefördert im Rahmen einer "Inneren Kolonisation" durch eine Reihe von staatlichen Maßnahmen (Waldrodung, Heidekultivierung, Moorkultivierung, Eindeichung u.ä.). In dieser Phase wurde einerseits eine *biologisch-ökologische Verarmung* betrieben, andererseits eine *biologisch-ökologische Bereicherung* bewirkt. Moore, Nass- und Feuchtareale oder Heideflächen gingen als Lebensraum ersatzlos verloren, ➔Hecken, Feldgehölze, ➔Feldraine und Wegränder kamen als neue Lebensräume hinzu. Die im Zeitalter der planmäßigen ➔Dreifelderwirtschaft noch relativ homogene Agrarlandschaft erreichte mit der verbesserten Dreifelderwirtschaft und Mehrfelderwirtschaften bis zur Mitte dieses Jahrhunderts eine gewisse Vielfalt, und sie sicherte vielen Pflanzen und Tieren das Leben in dieser Landschaft. Die vielfältigen Felderfolgen und damit die weiten Abstände bis zur Wiederkehr derselben Fruchtart, wesentlich begründet mit einer naturgesetzlich verbürgten Unverträglichkeit der Arten und die empirische Orientierung an ökologischen Kreisläufen, waren prägend für diese ausgeglichene Wirtschaftsweise.
Veränderte ökonomische Rahmenbedingungen, technologische und wissenschaftliche Entwicklungen und Veränderungen im Nachfrageverhalten führten in diesem Jahrhundert zu einer *vertikalen Expansion* der Landwirtschaft, d.h. zu einer Vergrößerung und Verbesserung des durch die Kulturpflanzen nutzbaren Bodenvolumens (u.a. durch ➔Meliorationen, Nährstoffanreicherung, rationelle Bodennutzung). Mit vereinfachten Fruchtfolgen bei gleichzeitig starker Verringerung der Kulturpflanzenvielfalt, mit verbesserter Bekämpfung unerwünschten Konkurrenzwuchses und mit frühzeitiger Bekämpfung tierischer Schädlinge und pilzlicher Schaderreger begann wieder eine *ökologische Verarmung*. Der Anfall von jenen Umweltgütern, die ➔Koppelprodukte der land- wie auch der forstwirtschaftlichen Flächennutzung sind, wurden nachteilig verändert.
Die europäische Landwirtschaft befindet sich gegenwärtig in einer *ökologischen* und in einer *ökonomischen Krise*. Die ökonomische Krise ist das Ergebnis einer agrarpolitischen Entwicklung, bei der wenige Produktionsrichtungen durch Preis- und Absatzgarantien gefördert und andere ins Abseits gedrängt wurden. Als Konsequenz ging die ursprüngliche Vielfalt der landwirtschaftlichen Produktion verloren, und die wenigen am Markt zu ökonomisch vertretbaren Erlösen absetzbaren Erzeugnisse wurden mit einer Intensität erzeugt, bei der ihre Produktion deutlich über den Bedarf anstieg und nunmehr erhebliche finanzielle Anstrengungen zur Bewältigung dieser Überschüsse notwendig sind.
Aus der ökonomischen Krise der Landwirtschaft hat sich ihre ökologische Krise entwickelt. Die hohe Produktionsintensität im Verbund mit einer drastischen Abnahme der Produktionsvielfalt hat zu einem Faktoreinsatz geführt, der zu einer nicht unerheblichen ökologischen Belastung der ➔Agrarlandschaften und außerlandwirtschaftlicher Naturhaushalte beigetragen hat. Zu den am häufigsten erhobenen Anschuldigungen gehören:

- die Nitratbelastung der Gewässer
- das Auffinden von Pflanzenschutzmittelresten im ➔Grundwasser
- die Gülle- und Klärschlammproblematik
- die zunehmende ➔Bodenerosion
- die abnehmende Artenvielfalt sowohl bei den Kulturpflanzen als auch bei der Ackerbegleitflora und
- die Beeinträchtigung der Tierwelt
- Energieintensität

War die Landwirtschaft in den vergangenen Jahrhunderten als Lieferant der in Pflanzen gespeicherten Sonnenenergie eine *Energiequelle*, so wurde sie im Laufe des 20. Jahrhunderts eine *Energiesenke*. Heute verbraucht die Landwirtschaft viel mehr Energie, als die Konsumenten in Kalorienform zu sich nehmen.
Verantwortlich für den erhöhten Energiebedarf sind:

- Produktion und Einsatz von Maschinen
- Bewässerung
- Produktion von Agrarchemikalien
- verstärkte ➔Veredelung
- weltweiter Transport von Agrargütern
- Konservierung, Trocknung, Lagerung, Weiterverarbeitung und Verpackung der Produkte

Die Relation zwischen der in Nahrungskalorien verfügbaren Energie und dem zur Nahrungsmittelproduktion aufgewandten Energieeinsatz (Maß für die

Energieproduktivität) war früher hoch, vermutlich bei zehn. Für Reis, Kartoffeln und Weizen liegt der Wert heute noch zwischen 10 und 2, für Gemüse zwischen 2 und 0,1, für Milch und Eier ebenfalls zwischen 2 und 0,1, für Fleisch von Mastrindern aus der Intensivzucht bei 0,03. Besonders energieintensiv ist in Mitteleuropa angebautes Gewächshaus-Wintergemüse und auch die Hochseefischerei.
Unbestritten sind aber die Erfolge der modernen, in ein System des →Agribusiness eingebundenen Landwirtschaft mit ihrer Fähigkeit, zumindest in marktwirtschaftlich orientierten Industriegesellschaften dauerhaft Lebensmittel sowohl in ausreichender Quantität als auch mit einer Qualität bereitzustellen, die in ihrer Gesamtheit historisch wohl noch nie erreicht war.

AGRARHAUSHALT: 1. Der im Verfügungsbereich des *Bundesministeriums für Ernährung, Landwirtschaft und Forsten* stehende Anteil des Bundeshaushaltes (1998: 11,8 Mrd. DM von 456,8 Mrd. DM).
2. Der für die →Gemeinsame Agrarpolitik der Europäischen Union zur Verfügung stehende Anteil aus dem gesamten EU-Haushalt (1997: 77,2 Mrd. DM von 155,7 Mrd. DM). Nach Abzug der Agrareinnah-

Die Ausgaben der Europäischen Union für die Gemeinsame Agrarpolitik nach ausgewählten Erzeugungsbereichen 1997

Erzeugungsbereich	Ausgaben [Mrd. DM]
Ackerkulturen	30,5
Zucker[1]	3,5
Olivenöl	4,1
Eiweißpflanzen	0,7
Textilpflanzen	1,6
Obst und Gemüse	3,2
Wein	1,6
Tabak	1,9
Milchprodukte	6,9
Rindfleisch	14,1
Schaf- und Ziegenfleisch	3,8
Schweinefleisch	0,4
Eier/Geflügelfleisch	0,2
Sonstiges	4,7

[1] mit Ausnahme der Reexportkosten für AKP-Zucker ausschließlich durch Abgaben der Erzeuger finanziert
Quelle: Deutscher Bauernverband 1997

Entwicklung des Bundesagrarhaushalts (Soll) [Mio. DM]

Posten	1994	1995	1996	1997	1998
Landwirtschaftliche Sozialpolitik	7.141	7.069	7.563	7.846	7.812
davon Alterssicherung	4.030	3.947	4.148	4.104	4.330
Unfallversicherung	615	615	615	754	615
Landabgaberente	253	251	248	241	200
Nachentrichtungszuschüsse	5	3	0	0	0
Krankenversicherung	2.000	2.030	2.190	2.340	2.150
Zusatzaltersversorgung	19	20	21	26	28
Produktionsaufgaberente	199	203	341	382	489
Einkommensausgleich für die Landwirtschaft	940	470	0	0	0
Gasölverbilligung	890	855	835	835	835
Sturmschäden Wald	30	30	0	0	0
Gemeinschaftsaufgabe	2.955	2.720	2.600	2.265	1.709
davon Sonderrahmenplan	375	280	200	64	4
Nationale Marktordnung	428	525	225	156	273
davon Aufgabe der Milcherzeugung	109	0	0	0	0
Förderung nachwachsender Rohstoffe	55	56	51	57	50
Beratungshilfen Mittel- und Osteuropa	27	24	23	13	0
Ministerium, Bundesämter und Forschungsanstalten	604	552	576	565	570
Sonstiges	256	267	262	298	288
abzüglich Haushaltssperre 1994	- 187	-	-	-	-
abzüglich globaler Minderausgabe	-	-	-	- 240	-
Agrarhaushalt insgesamt	13.140	12.568	12135	11.795	11.537
Bundeshaushalt insgesamt	479.950	477.685	451.300	458.600	456.800

Quelle: Deutscher Bauernverband 1997

men (Agrarzölle und Zucker- und Isoglucoseabgaben) verbleiben rd. 72,9 Mrd. DM Nettoausgaben. Dies entspricht einer pro-Kopf-Belastung der EU-Bürger von 200 DM/a.
Kritik am EU-Agrarhaushalt besteht u.a. in folgenden Punkten:

- Einerseits dienen die Agrarausgaben über Preis- und Absatzgarantien und Exportsubventionen dazu, die Ziele der ➔*Römischen Verträge* umzusetzen (Steigerung der Produktion), andererseits über Stilllegungsprämien und Produktionsextensivierungen dazu, die Produktion zu drosseln.
- Der Agrarhaushalt ist nur vordergründig ein Haushalt für die Landwirtschaft, in Wirklichkeit sind die Hauptnutznießer Agrarexporteure, Händler, Transportunternehmen, Nahrungsmittelindustrie und Lagerhallenbesitzer.
- Die Komplexheit der unzähligen Verordnungen und die Höhe der verfügbaren Gelder führte zu einer ausgeprägten Subventionskriminalität.
- Die Subventionierung von Alltagsdrogen über den ➔Weinbau, Tabakanbau und Hopfenanbau ist mit den Bestrebungen der Gesundheitspolitik und deren gegenläufigen Etatposten nicht vereinbar.

3. Allgemein der im Verfügungsbereich des für Landwirtschaft zuständigen Ministeriums bzw. einer vergleichbaren Behörde eines Staatswesens oder einer Wirtschaftsgemeinschaft befindliche Anteil des Gesamthaushalts.

AGRARIMPORTE: Einfuhr von Agrargütern in einen Staat oder in eine Staatengemeinschaft.
Deutschland zählt zu den weltweit größten Importländern für Agrarprodukte. Die ➔EU ist gleichzeitig der weltweit größte Agrarimporteur und -exporteur. 1996 war Deutschland der Welt größter Importeur von Agrargütern. Beim Agrarexport rangierte Deutschland 1996 auf Platz vier nach den USA, Frankreich und den Niederlanden. Mit einem Einfuhrüberschuss von 18,3 Mrd. US-$ war Deutschland zweitgrößter Nettoimporteur nach Japan (40,2 US-$) und vor dem Vereinigten Königreich (9,7 US-$) sowie Südkorea. Am gesamten Weltagrarhandel hatte Deutschland einen Anteil von 9,4 % bei der Einfuhr und 5,7 % bei der Ausfuhr.
1997 entstammten ca. 63 % der deutschen Agrarimporte aus den EU-Staaten. Im Vordergrund der Ag-rarimporte stehen pflanzliche Nahrungsmittel, denen mit relativ großem Abstand die Nahrungsmittel tierischen Ursprungs einschließlich lebender Tiere und die Genussmittel folgten. Fast zwei Drittel der deutschen Agrarimporte aus Drittländern stammte 1997 aus Entwicklungsländern. Von dort wurden Agrargüter im Wert von 17,4 Mrd. DM importiert. Dem standen Exporte im Wert von 3,0 Mrd. DM gegenüber.
1994 betrugen die Agrareinfuhren der EU bereits 124,2 Mrd. DM, eine Steigerung gegenüber 1993 um 18,4 Mrd. DM. Der Einfuhrüberschuss von land- und ernährungswirtschaftlichen Erzeugnissen erhöhte sich damit auf 37,6 Mrd. DM. Gegenüber den USA erhöhte sich 1994 die negative EU-Agrarhandelsbilanz auf 4,8 Mrd. DM. Der Anstieg der Agrarimporte wird als Beweis dafür angeführt, dass der Vorwurf, die EU oder Deutschland strebten auf dem Ernährungssektor eine Autarkie an, nicht zutrifft.

AGRARINDUSTRIELLES UNTERNEHMEN: Eine nach industriewirtschaftlichen Prinzipien, d.h. rationell mit Hilfe moderner Agrartechnik, großer Kapital- und Energieintensität und mit dezentralem, hierarchischem Management betriebene ➔Landwirtschaft

Welthandel mit Agrarprodukten[1] 1996

Größte Importeure			Größte Exporteure		
Staat	Importe [Mrd. DM]	Anteil [%] an Weltimporten	Staat	Exporte [Mrd. DM]	Anteil [%] an Weltexporten
Deutschland	67,3	9,4	USA	99,6	14,3
Japan	62,8	8,8	Frankreich	60,8	8,7
USA	57,0	8,0	Niederlande	56,1	8,1
Frankreich	41,5	5,8	Deutschland	39,8	5,7
Großbritannien	40,1	5,6	Belgien u. Luxemb.	30,1	4,3
Italien	38,5	5,4	Italien	25,4	3,7
Niederlande	31,1	4,3	Australien	24,2	3,5
China (inkl. Taiwan)	26,3	3,7	Großbritannien	23,2	3,3
Belgien u. Luxemb.	25,6	3,6	Kanada	22,1	3,2
Spanien	20,0	2,8	China (inkl. Taiwan)	21,6	3,1

[1] ohne Fischerei- und Forsterzeugnisse, Einfuhr ➔cif, Ausfuhr ➔fob
Quelle: FAO 1996

großen Stils (große Flächen, bzw. große Tierbestände) und großer Produktionsmengen, bei der wissenschaftliche Erkenntnisse gezielt genutzt werden. Der Einsatz betriebsfremder Arbeitskräfte ist die Regel. Der eigentliche Bereich der häufig standardisierten Urproduktion ist dabei gewöhnlich eingebunden in ein System →vertikaler Integration vor- und nachgelagerter Produktionsschritte und verfolgt höchste ökonomische Effizienz. Solche (räumlichen) →Verbundsysteme weisen eine hohe Kongruenz zu industriellen Verbundsystemen auf und benötigen eine ausgefeilte Logistik bis hin zur *just-in-time-Anlieferung.*
Agrarindustrielle Unternehmen bildeten sich zunächst nach dem Zweiten Weltkrieg in den USA. Zwar war diese Entwicklung anfänglich auf einige Produktionszweige beschränkt (Hühnerhaltung, Rindermast, Gemüseanbau), breitete sich dann jedoch auf weitere Bereiche aus. Voraussetzung für diesen-Prozess waren neben agrartechnologischen Entwicklungen, Kapitalverfügbarkeit, verbesserten Transportmöglichkeiten auch rechtliche und steuerliche Voraussetzungen. Von besonderer Bedeutung war das Eindringen von Fremdkapital, das von Futtermittelherstellern, Hybridzuchtunternehmen, Schlachtereien, Geräteherstellern und der Nahrungsmittelindustrie aufgebracht wurde. Die Integration vollzog sich folglich nach unten wie auch nach oben.
Nach 1960 kam es im SW der USA und in Florida zu einem verstärkten Engagement von nichtlandwirtschaftlichen Großunternehmen. Für das Eindringen großer Konzerne (u.a. *Coca Cola, Kaiser Aluminium, Tenneco, Getty Oil*) in den Agrarsektor gab es drei Gründe: Landspekulationen, Steuerflucht und Kontrolle des Marktes durch Entwicklung vollintegrierter Nahrungsketten.
Neben dem Zufluss von Fremdkapital spielten die Aktivitäten von Unternehmerpersönlichkeiten und die von Farmergenossenschaften eine wesentliche Rolle beim Aufbau von agrarindustriellen Unternehmen.
In Deutschland vollzog sich der Aufbau vergleichbarer Strukturen in den sechziger Jahren zunächst in einer eng begrenzten Agrarregion, nämlich in Südoldenburg. Das dortige Entstehen vertikal integrierter Unternehmen in der Hühnerhaltung wurde maßgeblich von Hybridzuchtunternehmen und Geräteherstellern aus den USA beeinflusst. Auch hier spielten Unternehmerpersönlichkeiten eine große Rolle.
Im Bereich der Kälber-, Bullen- und Schweinemast ist eine volle Integration bislang noch nicht erfolgt, wenngleich auch hier mehrstufige Unternehmen (Mast und Schlachterei, Zucht und Mast) vorhanden sind. (→AGRIBUSINESS, →INDUSTRIALISIERTE LANDWIRTSCHAFT)

AGRARKLIMATOLOGIE: Teilgebiet der angewandten Klimatologie, das den Einfluss des Klimas auf Gedeihen und optimale Erträge von →Kulturpflanzen, vor allem von →Sonderkulturen, untersucht. Besonderes Interesse gilt den Bereichen Wind- und Frostschutz, →Beregnung, Schädlingsbekämpfung, Bodenwärme- und Bodenwasserhaushalt und phänologischen Erscheinungen. (→AGRARMETEOROLOGIE, →KLIMASZENARIO (WESTEUROPA) UND LANDWIRTSCHAFT, →TREIBHAUSEFFEKT)

AGRARKOLONISATION: Die Inwertsetzung bisher nur wenig oder nicht genutzter Gebiete für die →Landwirtschaft, gewöhnlich begleitet von Siedlungsneugründungen. Agrarkolonisation ist häufig staatlich gelenkt, kann sich aber auch privat und ungeplant vollziehen. Heutige Erschließungsräume sind innertropische und in geringem Ausmaß boreale Waldgebiete.

AGRARKONJUNKTUREN: Zyklische Schwankungen auf den →Agrarmärkten.

AGRARLANDSCHAFT: Kulturlandschaftstyp als Teil der Erdoberfläche, der durch seine spezifische agrare Nutzung eine gewisse Einheitlichkeit besitzt. Physiognomisch wird die Agrarlandschaft geprägt durch die Art der Bodennutzung und →Viehhaltung, die Parzellierung der →Flur, die Formen, Anordnungen und Positionen der Wohn- und Ökonomiegebäude und die technischen Hilfsmittel (z.B. Karussellbewässerung), wobei diese Merkmale Ausdruck sind einerseits von physisch-geographischen Bedingungen, andererseits von sozialen, religiösen und historischen Gegebenheiten.
Die unterschiedliche Art und die Wechselwirkungen der einzelnen Komponenten formen jeweils ein bestimmtes Landschaftsgefüge, in das sich, je nach Lage zu urbanen Räumen auch andere Gefügeelemente mischen können. Wo solche fehlen, kann von einer *reinen Agrarlandschaft* gesprochen werden.
Die Agrarlandschaft kann in gleicher räumlicher Erstreckung auch als →Agrarökosystem betrachtet werden, bei dem die Betrachtung der Stoff- und Energieflüsse und die Funktionsfähigkeit der Beziehungen zwischen Elementen des Systems im Vordergrund stehen.
In der gegenwärtigen mitteleuropäischen →Kulturlandschaft bestehen neben Agrarlandschaften mit großen Flächen und wenigen Strukturelementen in der Flur, etwa in den →Börden oder auf dem Gebiet der früheren Kollektivwirtschaften, immer noch reich strukturierte Agrarlandschaften, z.B. am Oberrhein oder im Neckarraum.
Die Agrarlandschaft wird wegen der z.B. in weiten Teilen Europas vollzogenen Aufgaben-Segregation als von der *Protektionslandschaft* (→Naturschutzgebiete u.a.) zu unterscheidende *Produktionsland-*

schaft bezeichnet.Der Begriff Agrarlandschaft wird zwar häufig synonym zu ➔Agrargebiet verwendet, doch erscheint es sinnvoll, *Agrarlandschaft* im Sinne einer Unterscheidung von anderen Kulturlandschaftstypen zu verwenden, während der Begriff Agrargebiet eher in das Hierarchieschema ➔Agrarraum - ➔Agrarregion - Agrargebiet - Agrarbetrieb eingebunden ist.

AGRARMARKT: Der ökonomische Ort, der dem Ausgleich von Angebot und Nachfrage von Agrargütern dient. In ihm vollzieht sich die Gesamtheit aller Handelsbeziehungen beim Absatz landwirtschaftlicher Erzeugnisse. Dabei sind bestimmte Marktelemente wie Angebot, Nachfrage, Preisbildung und Wettbewerb wirksam. In der Mehrzahl der Staaten ist das freie Spiel der Marktelemente durch (über-)staatliche Eingriffe in das Marktgeschehen stark eingeschränkt.
Agrarmärkte weisen in vielen Ländern eine sogenannte X-Struktur auf. Dies bedeutet, dass die Marktstruktur hinsichtlich der Zahl von Anbietern und Nachfragern auf den einzelnen Ebenen sehr unterschiedlich ist. Sie reicht von einer großen Anzahl von Betrieben der agrarischen Urproduktion über eine geringe Zahl von Einkaufszentralen für verarbeitete Agrarprodukte bis hin zu einer sehr großen Anzahl von Verbrauchern. In den Übergangsbereichen sind verschiedenste Ebenen des Handels und des Ernährungsgewerbes angesiedelt.
Die *Vermarktungsquote* landwirtschaftlicher Betriebe weist erhebliche räumliche und zeitliche Unterschiede auf. Generell steigt sie mit der volkswirtschaftlichen Differenzierung. Die Extreme liegen einerseits bei den Marktfruchtbetrieben der Industrieländer mit über 90 % und andererseits bei einer völlig fehlenden Marktorientierung in marktfernen Räumen mancher Entwicklungsländer. Außerdem steigt die Vermarktungsquote bei Marktfruchtbetrieben i.d.R. mit der Betriebsgröße.
Der Agrarmarkt lässt sich nach Warengattungen (➔Getreide, ➔Ölsaaten, Vieh) oder nach seiner räumlichen Reichweite (lokal, regional, national, international) untergliedern. Der Begriff *Weltmarkt* bezeichnet die grenzüberschreitenden Güterströme.
Die Nachfrager nach Agrargütern verteilen sich auf 5 Gruppen:

- Direktkonsumenten
- Agrarhandel
- ➔Absatzgenossenschaften, -organisationen der Erzeuger
- handwerkliche und industrielle Be- und Verarbeiter
- ➔Agrarbetriebe (Saatgut, Vieh)

(➔VERMARKTUNG)

AGRARMARKTORDNUNG: ➔MARKTORDNUNG

AGRARMARKTPOLITIK: Politikfeld, das einerseits die landwirtschaftliche Marktlehre und andererseits die Begründung sowie die Instrumente agrarpolitischer Eingriffe in das Marktgeschehen umfasst.

AGRARMETEOROLOGIE: Teilgebiet der angewandten Meteorologie, das sich mit den Auswirkungen von Wetter, Witterung und Klima auf die ➔Landwirtschaft befasst. Zu den Aufgabengebieten der Agrarmeteorologie gehören klimatische Fragen des Pflanzenstandorts und agrarmeteorologische Beratung, u.a. in Form spezieller, über Fax oder Telefon abrufbarer Wetterberichte. Letztere unterstützt sowohl die Dosierung als auch die Wahl des richtigen Zeitpunktes von bestimmten landwirtschaftlichen Maßnahmen, und zwar mit dem Ziel der Einsparung von Energie, ➔Agrarchemikalien und Arbeitskräften sowie zur Minimierung von Umweltbelastungen. Beim Deutschen Wetterdienst (DWD) besteht das modular aufgebaute **a**grar**m**eteorologische **Ber**atungsprogramm AMBER.
Agrarmeteorologische Beratungen betreffen beispielsweise

- den Einsatz von Maschinen (u.a. optimaler Einsatz von Mähdreschern) als Funktion von Boden- oder Pflanzenfeuchte
- Schutzmaßnahmen gegen atmosphärische Gefährdungen (z.B. Frostschutz während der Obstblüte)
- Pflanzenschutz- und Unkrautbekämpfungsmaßnahmen (Festlegungen optimaler Spritztermine, z.B. gegen Kartoffelfäule)
- Düngungsmaßnahmen (Witterungsabhängigkeit der Nährstoffverluste, Windeinflüsse bei Flugzeugdüngung, Berücksichtigung atmosphärischer Stickstoffeinträge)
- Maßnahmen zur ➔Beregnung und ➔Bewässerung

Neuere Entwicklungen sind Formen der Zusammenarbeit beispielsweise zwischen Agrartechnologie-Firmen und dem DWD, bei denen *online-Beratungsdienste* für ➔Landwirte, ➔Lohnunternehmer und landwirtschaftliche Berater angeboten werden. Die Besonderheit liegt in der Wahlmöglichkeit zwischen einer lokalen Vorhersage oder einer individuellen Wettervorhersage, speziell für den Standort des Anwenders. Beispielsweise können ortsbezogene agrarmeteorologische Prognosedaten den Bodenwassergehalt, die Erdbodentemperaturen, die Blattbenetzung, die Kornfeuchte oder die Heu- und Silagetrocknung betreffen. Die Aktualisierung kann täglich zweimal erfolgen, mit einer stündlichen Auflösung der Prognose für die nächsten 72 Stunden. Die Genauigkeit erreicht hohe Werte, da die Vorhersage auf einen Standort mit 6 km Radius bezogen ist.

In der gemeinsamen Entwicklung von DWD und Pflanzenschutzämtern befinden sich computergestützte Entscheidungshilfen für den Pflanzenschutzmittel-Einsatz.
Bei der Datenerfassung zur Lösung der agrarmeteorologischen Aufgaben tritt zur Registrierung der üblichen Wetterfaktoren auch die ➔Phänologie. Sie besitzt besondere Bedeutung für ➔Obstbau, Imkerei und Drogengewinnung.

AGRAR-ÖKO-AUDIT: Entwicklungsoffener Begriff, der z.Z. für ein betriebliches Umweltmanagement im Agrarsektor in Anlehnung an die EG-Öko-Audit-Verordnung gebraucht wird. Noch fehlt ein etabliertes Methoden- oder Verfahrensgebäude, wie auch konkrete praktische Erfahrung.

AGRARÖKOLOGIE: Teil der angewandten ➔Ökologie, der sich praxisorientiert mit den ➔Agrarökosystemen, d.h. den ➔landwirtschaftlich genutzten Flächen befasst.

AGRARÖKOSYSTEM: Durch die Tätigkeit des ➔Landwirts geschaffenes Nutzökosystem, bei dem die funktionale Einheit der Biosphäre als Wirkungsgefüge aus wildwachsenden Pflanzen und ➔Kulturpflanzen, wildlebenden Tieren und vielfach aus ➔Nutztieren besteht. Als wesentliche ökologische Variable nimmt er entscheidend Einfluss auf die Zusammensetzung, das Funktionieren, die Stabilität und die energetischen, stofflichen und informatorischen Wechselbeziehungen des Systems. Die Leistung eines Agrarökosystems ist primär eine Funktion von ➔Boden, Klima und Organismenbestand. Inwieweit Agrarökosysteme in Form und Funktion von unbewirtschafteten ➔Ökosystemen abweichen, hängt von der Art und Intensität der Bewirtschaftung sowie vom Umfang der Stoffzufuhr (➔Düngung) und Stoffentnahme (Ernte) ab.
Historische nachhaltige Agrarökosysteme orientierten sich an der Nährstoffrückführung natürlicher Ökosysteme. Nährstoffentzüge wurden durch weitgehende Rückführung der Pflanzenrückstände und des organischen ➔Düngers sowie durch Fixierung und Verwitterung ausgeglichen. Die moderne ➔Landwirtschaft hat die Erträge durch Zufuhr mineralischer Dünger, durch Schädlings- und Unkrautbekämpfung stark gesteigert, dabei aber den Nährstoffkreislauf aufgebrochen und den Energieeinsatz pro erzeugter Nahrungseinheit stark erhöht.
<u>Unterschiede von Agrarökosystemen gegenüber natürlichen Ökosystemen in einer ähnlichen abiotischen Umwelt:</u>

- weniger komplex hinsichtlich der räumlichen Organisation seiner organischen Komponenten
- geringere Vielfalt an Pflanzen- und Tierarten
- geringere genetische Diversität der ➔Kulturpflanzen
- Vereinfachung der Nahrungskette und Verkleinerung der trophischen Ebenen auf zwei, höchstens drei
- größere ➔Biomasse großer Herbivorer
- weniger pflanzliche ➔Biomasse gelangt über die detritische Nahrungskette in den ➔Boden wegen der Abschöpfung in Form von Nahrungs- oder ➔Futtermitteln
- der Erhalt des Systems ist auf externe biotische Inputs, d.h. die Erneuerung der Kulturart durch ➔Saatgut, angewiesen
- Unterbrechung des natürlichen Nährstoffkreislaufes
- häufig anfälliger für Störungen oder Zerstörung durch extreme Umweltbedingungen wie Dürre, Frost, Krankheitserreger
- wesentlich offenere Systeme:
  - Anzahl und Volumen der Einträge und Austräge sind größer
  - Futtermittel werden in Betrieb A produziert und in Betrieb B verwertet
  - Vieh wird in Betrieb C aufgezogen und in Betrieb D gemästet
- mögliche Überlastung eines Systems durch Eintrag von überschüssigem Dünger oder ➔Pestiziden
- fehlende Fähigkeit sich auf der Basis der bestehenden systeminternen Regulationsmechanismen selbständig zu erhalten, vielmehr angewiesen auf anthropogene Steuerung

Die Agrarökosysteme der Gegenwart sind das Ergebnis einer Entwicklung in mehreren Phasen, die sich als *horizontale Expansion* (Umwandlung bis dahin nicht landwirtschaftlich genutzter Flächen in ➔Acker- und ➔Grünland) und später als *vertikale Expansion* (rationelle Bodennutzung unter dem Einfluss von Marktmechanismen und Technikentwicklungen) beschreiben lassen.
(➔AGRARGESCHICHTE)

AGRARPOLITIK: Gesamtheit der den Zielvorstellungen einer Gesellschaft entsprechenden Maßnahmen von Staat, Verbänden (z.B. Bauernverbände, Verbraucherverbände), Körperschaften des öffentlichen Rechts (z.B. ➔Landwirtschaftskammern, Einfuhr- und Vorratsstellen) und internationalen Institutionen zur Beeinflussung von Ordnung, Struktur und Prozessen in der ➔Landwirtschaft. Demnach spiegelt sich in der Agrarpolitik auch die jeweils herrschende Wirtschaftsordnung: Ein liberales wirtschaftspolitisches System (Markt- oder Wettbewerbswirtschaft) vertraut auf den Markt und die Leistungsfähigkeit einer agraren Selbstordnung. In gebundenen Wirtschaftsordnungen (gelenkte, gesteuerte, staatsgeplante Wirtschaft) liegt eine interventionistische Agrarpolitik vor, die unmittelbar und teilweise dirigistisch in Produktion und Marktgeschehen eingreift. Zum Kennzeichen der vergesellschafteten Zwangswirtschaft gehören die ausschließlich zentralistische Planung und die staatlich kontrollierte Durchführung, wobei alle privatwirtschaftlichen Kräfte ohne Wirkung bleiben.

Vielfach ist die Agrarpolitik so kompliziert geworden, dass sowohl liberale wie gelenkte und dirigistische Elemente unmittelbar nebeneinander stehen, so dass kaum noch zu erkennen ist, welches wirtschaftspolitische Basismodell zugrundeliegt. Die EU-Staaten bieten hierfür ein gutes Beispiel.

Die Prägekraft von Agrarpolitiken ist häufig stärker als die natürlichen, ökonomischen und sozialen Faktoren. Die Großstrukturen kollektivistischer Agrarsysteme oder die steuernde Wirkung der ➔Gemeinsamen Agrarpolitik sind hier ebenso zu nennen wie die Auswirkungen von Agrarkolonisationen (römische ➔Zenturiatsfluren in der Poebene und im Maghreb, mittelalterliche Waldhufensiedlungen in europäischen Mittelgebirgen, ➔Township-System der USA). Die Agrarpolitiken stehen global äußerst unterschiedlichen Problemfeldern gegenüber. Während viele Industriestaaten große Agrarüberschüsse erwirtschaften, leidet ein Großteil der Entwicklungsländer mit ihrem ungelösten Entstehungs-, Verteilungs- und Verwendungsproblem unter chronischer Lebensmittelknappheit. Beide Ländergruppen sehen sich jeweils spezifischen ➔Umweltwirkungen ihres Wirtschaftens ausgesetzt.

Fragwürdige Agrarpolitik macht die Landnutzung in vielen Staaten zunehmend unwirtschaftlich. 1994 waren in Deutschland 600-800 DM an Transferzahlungen pro ha ➔LN und bei Wald 200-300 DM pro ha aufzubringen. Die Landnutzung ist zu einer Subventionswirtschaft geworden. Unsere Landnutzer, wie auch jene der Dritten Welt, sind gezwungen, Nahrungsmittel und organische Rohstoffe zu Preisen zu liefern, die weit unter ihrem Wert liegen. Diese billige Bereitstellung und auch Heranlieferung von Nahrungsmitteln und Rohstoffen ist nur möglich, weil neben den sozialen auch die ökologischen Erfordernisse bei Erzeugung und Transport der von uns genutzten Güter weltweit ignoriert werden. (➔AGRARPOLITIK IN DEUTSCHLAND, ➔EXTERNE EFFEKTE)

AGRARPOLITIK IN DEUTSCHLAND: Historisch lässt sich die **deutsche Agrarpolitik** seit dem 19. Jahrhundert in folgende Etappen gliedern:
bis 1870 ➔Agrarreformen, Übergang von der feudalen zur liberalen Agrarordnung, ➔Bauernbefreiung
1871-1914 Phase der Agrarschutzpolitik wegen zunehmender Agrarimporte aus Russland und Amerika (gesunkene Transportkosten) ca. 1919-1933 Einbeziehung der Landarbeiter in die Sozialgesetzgebung der Industriearbeiter, Produktionssteigerung, ➔Bodenreform, die zwischen 1919 und 1932 zu über 60.000 Neusiedlerstellen mit durchschnittlich 11 ha Land führten; 1933-1945 Totalitäre Agrarpolitik, Bauernstand innerhalb des Staates mit zentraler Funktion, abgeleitet aus der "Blut-und-Boden-Ideologie"; das *Reichserbhofgesetz* sollte die Höfe vor Überschuldung und Zersplitterung im Erbgang schützen; das *Reichsnährstandsgesetz* schuf die Voraussetzungen für eine einheitliche und geschlossene Organisation der Landwirtschaft, dabei Führerprinzip, Autarkiepolitik, zusätzlich ➔Landgewinnung an den Küsten, Urbarmachung von Mooren, Umbruch von Weideland in ➔Ackerland u.w.; öffentliche Bewirtschaftung während des 2. WK; nach 2. WK zwei separate Wege der beiden deutschen Staaten bis zur Wiedervereinigung; dennoch systemunabhängige Parallelitäten, z.B. in den Produktionsstrukturen, Produktionsergebnissen, dem Einsatz industrieller ➔Vorleistungen sowie Gemeinsamkeiten bei den agrar- und ernährungspolitischen Zielen.

Agrarpolitik der DDR als Bestandteil des ökonomischen und ideologischen Systems des Sozialismus mit seiner Zentralverwaltungswirtschaft. Ziele der Agrarpolitik: Produktionssteigerung, Verbesserung der Nahrungsmittelversorgung der Bevölkerung, Sicherstellung der Rohstoffbasis der eigenen Industrie, Angleichung der Lebensbedingungen auf dem Land an jene in der Stadt. Die vier Etappen der agrarpolitischen Entwicklung der DDR:

1945-1952 *Bodenreform* ("Junkerland in Bauernhand"), entschädigungslose Enteignung aller landwirtschaftlichen Betriebe mit mehr als 100 ha LN, Enteignung von Betrieben <100 ha, wenn deren Besitzer Kriegsschuldige, Kriegsverbrecher oder Nationalsozialisten; daraus Schaffung eines staatlichen Bodenfonds mit ca. 3,3 Mio. ha Fläche, d.i. ein knappes Drittel der Gesamtfläche Ostdeutschlands; in der Folge u.a. Einrichtung von 210.276 Neubauernstellen, d.h. Hofstellen für ehemalige landlose Bauern und Landarbeiter sowie Flüchtlinge und Heimatvertriebene (durchschnittlich 8,1 ha Besitz), Verteilung an 82.483 Landarme (mit durchschnittlich 1,5 ha Besitz), Schaffung von 550 ➔Volkseigenen Gütern (VEG), zunächst als Landesgüter; 1949: 813.293 land- und forstwirtschaftliche Betriebe mit rd. 2,2 Mio. Erwerbstätigen; als Folge eine *agrarstrukturelle Transformation* mit auffälligen Veränderungen des Flur- und Siedlungsbildes, stärker im Norden als im Süden; z.B. Wandel der Gutsblockfluren in ➔Langstreifenfluren; dabei ➔Flurzersplitterung; Bau von kostensparenden Eindachhaustypen, die nicht traditionellen ➔Hofformen Ostdeutschlands entsprachen; vorwiegend Anlage von ein- bis zweizeiligen, relativ dichten Reihensiedlungen; extrem polarisierte

Struktur: einerseits viele kleine an Ablieferungspflicht gebundene Privatbauern, andererseits große staatseigene, oft gut ausgestattete Gutsbetriebe; allmählicher Ausbau von Zentraldörfern mit Maschinen-Ausleih-Station, Kulturhaus, Zentralschule u.w.; Zerstörung hunderter Schlösser und Herrenhäuser zur Gewinnung von Baumaterial und zur Beseitigung von Symbolen der "Junkerherrschaft"; letztlich die Wiederherstellung einer bäuerlichen Landschaft, vergleichbar der ostelbischen Agrarlandschaft um 1300. 1952-1960 *Kollektivierung*, komplette Auflösung der bäuerlichen Betriebsstrukturen durch Zusammenschluss der Bauern zu →landwirtschaftlichen Produktionsgenossenschaften (LPG) unterschiedlicher Vergesellschaftungsgrade (Typen I, II, III), zunächst auf freiwilliger Basis, dann mit verschiedenen Vergünstigungen, zuletzt durch wirtschaftlichen, politischen und psychologischen Druck; 1960: 19.345 LPG mit 945.020 Mitgliedern; das Eigentumsrecht am →Boden blieb den kollektivierten Bauern erhalten; hof- und dorfnah 0,5 ha LN pro Familie als Hauswirtschaft privat nutzbar, inklusive maximal 2 Kühe, 2 Schweine, 10 Bienenstöcke sowie Ziegen, Geflügel und Kaninchen; erneuter Flurform- und Landnutzungswandel durch nutzungsmäßige Zusammenlegung der Flurstücke, Folge: eine "Genossenschaftsblockflur"; parallel zur Kollektivierung die "sozialistische Umgestaltung der Dörfer" zur Überwindung der wesentlichen Unterschiede zwischen Stadt und Land", d.h. "Angleichung der Arbeits- und Lebensbedingungen auf dem Lande an diejenigen in der Stadt"; räumliche Trennung des Wirtschaftsbereichs vom Wohnbereich als Hauptmerkmal des sozialistischen Dorfes"; die Dorfmitte mit Funktionen der Verwaltung, sozialer, kultureller, medizinischer und Versorgungsinfrastruktur, am Dorfrand oder von ihm durch Grüngürtel getrennt der gesonderte Wirtschaftsbereich mit schlichten Zweckbauten, möglichst im Schatten der Hauptwindrichtung.1960-1967*Kooperationsphase* mit Festigung der LPG-Strukturen durch Vergrößerung und Zusammenlegung von landwirtschaftlichen Betrieben, der horizontalen Kooperation von mehreren LPG und VEG in Form von Kooperationsgemeinschaften (KOG) und die vertikale Kooperation von mehreren sozialistischen Landwirtschafts-, Produktionsmittelversorgungs-, Verarbeitungs- und Handelsbetrieben in Form von Kooperationsverbänden (KOV) und Agrar-Industrie-Vereinigungen (AIV) jeweils auf vertraglicher Grundlage, außerdem die Einrichtung von flächenunabhängigen Volkseigenen Kombinaten industrieller Mast (VE KIM) mit extremen Tierkonzentrationen sowie von landwirtschaftlichen Dienstleistungsbetrieben mit beträchtlicher Größe, z.B. Kreisbetriebe für Landtechnik (KfL), Agrochemische Zentren (ACZ), Mischfutterwerke, Meliorationsgenossenschaften (MG), Trocknungs- und Pelletieranlagen, Zwischenbetriebliche Bauorganisationen (ZBO); erneute Vergrößerung und Begradigung der "Schlageinheiten", Beseitigung von "funktionslosen" und "störenden" Flurelementen u.ä., Entstehung von ausgeräumten "Leistungslandschaften"; erste ländliche "Siedlungszentren mit städtischem Charakter" (Plattenbauweise).1967-1989/90 *Industrialisierungsphase* mit dem Ziel der Erzeugung pflanzlicher und tierischer Produkte nach dem Typ der industriellen Großproduktion; Schaffung industriemäßiger landwirtschaftlicher Großbetriebe über den Gemeinderahmen hinaus; Einführung von Schichtarbeit, landwirtschaftlichem Berufsverkehr usw.; Herausbildung von Spezialbetrieben wie den Kooperativen Abteilungen Pflanzenproduktion (KAP), Kooperativen Einrichtungen der Viehwirtschaft (KOE), Zwischenbetrieblichen Einrichtungen (ZBE), Zwischengenossenschaftlichen Einrichtungen (ZGE); ab 1975/76 Umwandlung der KAP in LPG und VEG mit der Spezialisierungsrichtung Pflanzenproduktion bzw. Tierproduktion, somit betriebliche Trennung von Pflanzen- und Tierproduktion; neue Dimension der Landschaftsgliederung im Rahmen der Großraumwirtschaft mit Ackerschlägen teilweise >200 ha; nach wirtschaftlichen und ökologischen Krisensymptomen ab Ende der 70er Jahre pragmatische Korrekturen am Industrialisierungskurs.

Ausgehend von der Lehre des Marxismus-Leninismus sollte staatliches und genossenschaftliches Eigentum bestimmend sein und das Privateigentum an Produktionsmitteln (einschließlich Boden) auch in der Landwirtschaft aufgehoben werden. Agrarpolitisches Leitbild war der vergesellschaftete landwirtschaftliche Großbetrieb mit industriemäßig organisierter Massenproduktion, von dessen Überlegenheit gegenüber Klein- und Mittelbetrieben prinzipiell ausgegangen wurde.

Alle Planungs- und Entscheidungslinien zielten von oben nach unten. Jährliche zentrale Planfestlegungen regelten Produktion, Verarbeitung, Absatz, Zuteilung von Maschinen, →Futtermitteln, →Düngemitteln, →Saatgut, Preise, Kredite und Subventionen. Die unteren ausführenden Ebenen trugen die Verantwortung für die Erfüllung der verschiedenen Planvorgaben. Die häufig auftretenden großen Differenzen zwischen Planzielen und Ergebnissen der Produktion, eventuell verbunden mit Versorgungsengpässen, wird auf die schwerfällige Organisation, mangelnde Überschaubarkeit und geringe persönliche Bindung der Bauern an die Betriebe zurückgeführt. Der Leistungsvergleich mit der früheren Bundesrepublik fiel zuungunsten der DDR aus, gegenüber den übrigen RGW-Staaten Mittel- und Osteuropas besaß die DDR eine Spitzenstellung. Umweltschäden (→Gülle, →Nitrifikation, →Bodenverdichtung, →Bodenerosi-

on) als Folge unaufhörlicher Intensivierung der Flächennutzung machten sich mehr und mehr bemerkbar.
Nach der Wiedervereinigung im Jahre 1990 wurden wesentliche Prozesse der DDR-Agrarpolitik überdacht und teilweise revidiert. Insbesondere gilt dies für die Ergebnisse der Phasen der Kollektivierung, der Konzentration und Spezialisierung. Der Übergang von der sozialistischen Planwirtschaft mit der Priorität der nationalen Selbstversorgung zur Marktwirtschaft mit starker Steuerung durch Vorgaben der EU erfolgte rasch und ohne jeden Vorlauf.
Bezüglich der politischen Behandlung der Bodenreform von 1945-1949 bestand bis zum Urteil des Bundesverfassungsgerichts (1991), das die Enteignungen bestätigte, vorübergehend Rechtsunsicherheit. Nach der Einführung des entsprechenden rechtlichen Rahmens (z.B. des noch von der Volkskammer 1990 verabschiedeten und seither mehrfach novellierten →*Landwirtschaftsanpassungsgesetzes*) wurde die frühere Betriebsstruktur der DDR-Landwirtschaft Ende 1991 vollständig abgelöst. Seither zeichnen sich folgende aktuelle *Tendenzen der Umstrukturierung* ab:

- Zunahme der Anzahl und durchschnittlichen Betriebsgröße der Einzelunternehmen und Personengesellschaften bei gleichzeitigem Rückgang der Betriebe juristischer Personen
- Flächenfreisetzungen für Aufforstungen in landwirtschaftlich ungünstigen Standorten sowie für Wohnparks, Gewerbe- und Industriegebiete, Sportanlagen sowie Freizeitparks und Hotels im Umfeld von Städten und in Autobahnnähe
- Angleichung der Anbaustruktur wie der Hektarerträge der neuen an die alten Bundesländer verbunden mit starkem Extensivierungstrend; Verlangsamung des starken Abbaues der Tierbestände
- gewisse Stabilisierung der Marktanteile und anhaltende Verbesserung der Produktqualität
- bedeutende Fortschritte beim Aufbau einer modernen Lebensmittelindustrie
- Fortsetzung des drastischen Rückgangs der landwirtschaftlichen Arbeitskräfte mit positiven Effekten in bezug auf die Einkommenssicherung auf dem Lande
- weiterhin angespannte Situation durch Eigenkapitalmangel, Schwierigkeiten der Kreditbeschaffung und Schuldenbelastung

(→AGRARSTRUKTUR IN DEUTSCHLAND)
<u>Drei Etappen der Agrarpolitik im Gebiet der früheren Westzonen/Bundesrepublik:</u> 1945-1950/52 Verzicht auf die konsequente Reagrarisierung (Morgenthau), Zwangswirtschaft bis zur Gründung der Bundesrepublik; Wiederaufbau, auch mit Hilfe von Marshallplan-Krediten und -Zuschüssen, rasche Steigerung der landwirtschaftlichen Produktion zur Versorgung der Bevölkerung mit Nahrungsmitteln, Ansätze einer Bodenreform; Preisschutzmechanismus für diverse Agrarprodukte 1950/51; Beitritt zu OEEC, →FAO, →GATT ab 1953/55nationale Ausgestaltung einer modernen Agrarpolitik mit dem *Landwirtschafts-* und dem *Flurbereinigungsgesetz*, umfassende staatliche Förderung der landwirtschaftlichen Produktion, Verbesserung der sozialen Lage der in der Landwirtschaft tätigen Menschen, Leitbild des →bäuerlichen Familienbetriebes; parallel zu bundesweiten Maßnahmen seit 1950 landwirtschaftliche Regionalprogramme um Entwicklungsdisparitäten auszugleichen; Einflüsse einer gemeinsamen Agrarpolitik nach dem EWG-Beitritt 1957; Einsetzen eines →Strukturwandels (Rückgang der Beschäftigtenzahl in der Landwirtschaft, Vergrößerung der Einzelbetriebe, Aussiedlung, Rückgang der Betriebsanzahl, Spezialisierung, höhere Maschinisierung, Vergetreidung usw.), Anpassungshilfen zur Verbesserung der Agrarstruktur ab Mitte der 60er Jahre Prägung durch die →gemeinsame Agrarpolitik der EWG, heute EG/EU; EWG →Marktordnungen mit einheitlichen →Richtpreisen für wichtige Agrarprodukte, Steuerung der →Agrarimporte durch sogenannte →Abschöpfungen und der Exporte durch →Erstattungen; Mansholt-Plan (1968) zur Forcierung des Modernisierungs- und Schrumpfungsprozesses, gleichzeitig Aufgabe jeglicher Rücksicht auf gewachsene und regional sehr verschiedene Agrarstrukturen; Plan in seiner ganzen Schärfe nicht umgesetzt, wirkt in seinem Inhalt aber bis heute.
Undurchschaubares Verordnungswirrwarr, Aufblähung der Brüsseler Agrarbürokratie.
EG-Agrarsystem mit seinen garantierten Mindestpreisen führt zu →Überproduktion, zu Beginn der 80er Jahre Finanzkrise der EG, Mitte der 80er Jahre Maßnahmen zur Minderung der Agrarüberschüsse (→Flächenstillegungen, Quotenregelung = Garantiemengenregelung für Milch und Milchprodukte), Ansätze zu einer Ökologisierung der Landwirtschaft (Extensivierungsprogramm, Förderung des →Ökologischen Landbaus).
Die **aktuelle deutsche Agrarpolitik** hat vor allem die Ziele,

- die Lebensverhältnisse im 'ländlichen Raum zu verbessern sowie die Teilnahme der Erwerbstätigen in der Land- und Forstwirtschaft an der allgemeinen Einkommens- und Wohlstandsentwicklung zu sichern ("Verteilungsziel" und "Paritätsziel"),
- die Bevölkerung zu angemessenen Preisen mit hochwertigen Agrarprodukten zu versorgen,
- die natürlichen Lebensgrundlagen zu sichern bzw. wiederherzustellen sowie
- die Außenwirtschaftsbeziehungen im Bereich der

Landwirtschaft und die Welternährungslage zu verbessern.

Diese Ziele lassen sich nach Auffassung der Bundesregierung am besten im Rahmen des Europäischen Binnenmarktes und der ➔Gemeinsamen Agrarpolitik verwirklichen. Die angestrebte weitere Verbesserung und die wettbewerbsfähige Gestaltung der Agrarstruktur, die auch Rücknahmen in der Anzahl der Betriebe, im Umfang landwirtschaftlich genutzter Flächen und Extensivierungen einschließt. Ernährungs- und ➔Agrarsozialpolitik sind dabei eng verflochten, gleichzeitig werden weitere Fortschritte bei einer umweltverträglichen Agrarproduktion, der Nutzung neuer ➔Biotechnologien, der Förderung des Anbaues und Einsatzes von ➔nachwachsenden Rohstoffen und des ➔integrierten bzw. ➔ökologischen Landbaues angestrebt.

Zu den wichtigsten agrarpolitischen Maßnahmen in der Bundesrepublik Deutschland zählen die als ➔*Gemeinschaftsaufgabe von Bund und Ländern* durchzuführenden Regionalen Aktionsprogramme zur "Verbesserung der Agrarstruktur und des Küstenschutzes".

Aus *raumordnungspolitischer Sicht* liegt der Stellenwert der Landwirtschaft in ihrem Beitrag

- zur Aufrechterhaltung einer tragfähigen Siedlungs- und Beschäftigungsstruktur in ländlichen Räumen
- zur Gestaltung der Freiräume in den Verdichtungsräumen und ihren Randgebieten
- zum Erhalt und zur weiteren Entwicklung der ➔Kultur- und Erholungslandschaft mit vielfältigen Formen einer umweltverträglichen Bodennutzung und damit Sicherung der Biotop- und Artenvielfalt
- als Nahrungsmittelproduzent zur regionalen Marktversorgung, damit zur Verringerung des überregionalen Verkehrsaufkommens.

Seit der ➔*Reform der Gemeinsamen Agrarpolitik* von 1992 werden die landwirtschaftlichen Einkommen verstärkt durch direkte und produktionsunabhängige ➔Beihilfen, z.T. in Verbindung mit der Stilllegung landwirtschaftlich genutzter Flächen, gesichert. Die Agrarreform mit deutlichen Preissenkungen vor allem für Getreide und Rindfleisch sowie mit direkten Mengenbegrenzungen für landwirtschaftliche Produkte führt auch dazu, dass die sogenannte ➔Intervention - der teure und unwirtschaftliche Ankauf landwirtschaftlicher Überschussprodukte zu garantierten Preisen durch den Staat - zunehmend an Bedeutung verliert. Die Reform leistete darüber hinaus einen wichtigen Beitrag zum erfolgreichen Abschluss der ➔GATT-Verhandlungen im Jahre 1994. Die GATT-Vereinbarungen sind Grundlage für eine umfassende Verbesserung der Handelsbeziehungen in der Welt. Eine erneute Reform der GAP ist Bestandteil der 1997 vorgelegten ➔Agenda 2000.

Kritik an der aktuellen deutschen und europäischen Agrarpolitik zielt u.a. auf den Umstand, dass sie sich nicht an den Leitlinien einer umweltverträglichen und bauernfreundlichen Landwirtschaft, sondern an den Forderungen einer auf bloßes quantitatives Wachstum fixierten Wirtschaftspolitik orientiert.

Für eine vielfach geforderte stärkere **Ökologisierung der Agrarpolitik** ist die Offenlegung ihrer ➔externen Kosten vonnöten. Bislang war sie weitgehend abgekoppelt von Zielen des ➔Naturschutzes und der Erhaltung der ➔Kulturlandschaft, während sie fast ausschließlich die Erwerbsinteressen landwirtschaftlicher Erzeuger im Blick hatte. Eine Agrarpolitik, die den Anforderungen einer *dauerhaft-umweltgerechten Nutzung* und den Erhalt einer *ökologisch wertvollen Landschaft* miteinander verbindet, kann im wesentlichen auf folgenden Maßnahmen basieren:

- Schaffung von gezielten Anreizen zur Verminderung der Umweltbelastungen durch die Landwirtschaft durch
  - schrittweisen Abbau der Subventionierung von fossilen Energieträgern
  - Verteuerung des Düngemitteleinsatzes durch Einführung einer Stickstoffabgabe
- Verschärfung des Ordnungsrechts durch
  - Verschärfung der Umweltanforderungen in der ➔Düngeverordnung,
  - durchgängige Begrenzung des Viehbesatzes, d.h. Durchsetzung der Flächenbindung und präzisere Festschreibung der Grundsätze und Maßstäbe der guten fachlichen Praxis sowie deren ordnungsrechtliche Überprüfbarkeit
  - Verschärfung der Zulassungs- und Anwendungsbestimmungen für ➔Pflanzenschutzmittel,
  - Abbau der substantiell weiterbestehenden Privilegierung der Landwirtschaft im Naturschutzrecht
- Eröffnung neuer Produktions- und Erwerbsmöglichkeiten für die Landwirtschaft außerhalb der traditionellen Nahrungsmittelproduktion durch
  - die Honorierung ökologischer Leistungen (Internalisierung positiver Umwelteffekte der Agrarproduktion)
  - die Schaffung von Möglichkeiten für ➔Erwerbskombinationen im Rahmen einer aktiven Strukturpolitik für den ländlichen Raum und
  - die Bereitstellung von erneuerbaren Energien (➔Energiepflanzen, Windkraftanlagen)

AGRARPRIVILEG: Der Begriff beschreibt die früher formal und inhaltlich bestehende Ausnahmestellung der ➔Landwirtschaft im früheren ➔*Bundesnaturschutzgesetz*, nach dem die ordnungsgemäße landwirtschaftliche (aber auch forst- und fischereiwirtschaftliche) Bodennutzung nicht als Eingriff in Natur und ➔Landschaft anzusehen und insoweit nicht den naturschutzrechtlichen Vorschriften unterworfen war. Das Agrarprivileg der sogenannten ➔Landwirtschaftsklauseln im BNatSchG ist zwar formal entfernt, besteht substantiell in abgeschwächter Form aber weiter. (➔ORDNUNGSGEMÄSSE LANDWIRTSCHAFT, ➔UMWELTWIRKUNGEN)

AGRARPRODUKTE: 1. Im engeren Sinne solche Produkte, die
a) von der ➔Landwirtschaft erzeugt werden und in unverarbeitetem, frischem Zustand zum Verbraucher gelangen (frische Lebensmittel, Blumen, Zierpflanzen), in Deutschland sind dies lediglich 4 % der Agrarprodukte, sowie solche die
b) von landwirtschaftlichen Betrieben erzeugt und in anderen Produktionsbetrieben als Rohstoffe weiterverwendet werden. Produktionsziele können dabei sein Lebensmittel, Produkte des non-food-Bereiches (z.B. Textilien aus Naturfasern, technische Öle) oder ➔Betriebsmittel für die Landwirtschaft (➔Futtermittel, ➔Saatgut).
2. Im weiteren Sinne auch die von den nachgelagerten Be- und Verarbeitungsunternehmen hergestellten Erzeugnisse (z.B. Brot).

AGRARPROTEKTIONISMUS: Zumeist in Industrieländern anzutreffende Form der Agrarpreispolitik, bei der der Inlandpreis über dem relevanten ➔Weltmarktpreis liegt. Die im internationalen Vergleich hohe Agrarprotektion in der EU hat ihren Ursprung in der langen Tradition des Agrarschutzes in den meisten europäischen Ländern, die bis zum Ende des letzten Jahrhunderts zurückreicht (z.B. *Bismarcks* Getreidezölle).
Kritik am Agrarprotektionismus gipfelt in der generellen Forderung nach einer Liberalisierung des internationalen Agrarhandels.

<u>Mögliche Auswirkungen des Agrarprotektionismus:</u>
- Sicherung der heimischen Nahrungsmittelver- sorgung
- Konservierung einer bäuerlichen ➔Agrarstruktur
- Erhaltung einer vielgestaltigen ➔Kulturlandschaft
- Schutz vor Agrarimporten aus Staaten mit niedrigeren Sozial- und Umweltstandards
- profitabel für die Landwirtschaft als Ganzes, allerdings Bevorteilung von größeren Betrieben und Bodeneigentümern
- häufige Fehlallokationen von Ressourcen und damit Wohlstandsverluste im Inland
- falsche Investitionsanreize für den Agrarsektor
- steuergleiche Wirkung für die Verbraucher
- Einnahmen des Staates bei Importsituationen
- steigende Ausgaben für Exportsubventionen bei wachsenden Agrarüberschüssen
- Wertverluste durch Lagerung bei Interventionen
- negative Umwelteffekte über den Anreiz zu Intensivierung und Spezialisierung
- Erschwerung einer ökologischen Neuorientierung der Agrarpolitik
- großer Ressourceneinsatz für Verwaltung und Kontrolle
- Förderung des Lobbyismus und des ➔rent seeking
- Senkung der Weltmarktpreise und damit Benachteiligung von Exportländern
- internationale Handelskonflikte

AGRARQUOTE: Anteil der in der Landwirtschaft Beschäftigen an der Gesamtbeschäftigtenzahl eines Wirtschaftsraumes (➔Agrarerwerbsquote) oder der Anteil der ➔Landwirtschaft an der Wirtschaftsleistung einer Region.

AGRARRAUM: Übergreifender und maßstabsmäßig nicht einzuordnender Begriff, der den gesamten, auf

Anteil der land- und forstwirtschaftlich genutzten Flächen an der Landfläche der Erde 1994

Gebiet	GF[1] [Mio. km²]	LF[2] [Mio. km²]	Anteil [%] GF[1]	Flächenanteil [%] Ackerland GF[1]	Ackerland LN[2]	Dauerkult. GF[1]	Dauerkult. LN[2]	Weideland GF[1]	Weideland LN[2]	Wald GF[1]	Sonst. GF[1]
Afrika	30,31	10,77	35,5	5,6	15,8	0,8	2,1	29,2	82,1	23,5	38,7
Asien[3]	31,75	16,04	50,5	15,8	31,3	1,8	3,5	33,0	65,3	17,6	29,1
Austr.	7,74	4,69	60,6	6,1	10,0	0,0	0,0	53,5	88,4	18,7	19,9
Europa[4]	22,99	4,96	21,6	13,0	60,4	0,7	3,5	7,8	36,1	41,2	35,6
N-Amer.[5]	22,39	6,33	28,3	11,6	41,0	0,3	1,2	16,3	57,7	36,8	30,4
S-Amer.	17,87	6,76	37,8	5,2	13,8	1,1	2,9	27,7	73,2	52,1	12,0
Rußland	17,08	2,20	12,9	7,6	59,3	0,1	0,9	5,1	39,8	44,9	41,2
Erde	133,87	49,06	36,6	10,3	28,0	0,9	2,6	25,4	69,3	31,2	29,7

[1] GF: Gesamtfläche [2] LF: Landwirtschaftlich genutzte Fläche [3] ohne Rußland [4] inkl. Rußland [5] inkl. Mittelamerika
Quelle: http://www.fao.org

irgendeine Weise landwirtschaftlich genutzten Teil der Erdoberfläche bezeichnet. Sein Umfang wird auf der Grundlage von einzelstaatlich sehr unterschiedlichen Erhebungskriterien von der →FAO für 1993 mit 48,1 Mio. km² angegeben, das sind rund 32 % des festen Landes. Der Agrarraum in globaler Sicht ist Gegenstand der →Agrargeographie.
Etwa 14,5 Mio. km² oder 10% der Festlandsfläche werden als →Ackerland genutzt, während auf das sogenannte →Dauergrünland 33,6 Mio. km² entfallen. Darunter ist vorwiegend extensiv genutztes Weideland zu verstehen. Lediglich 10 - 12% des Dauergrünlandes besteht aus gedüngtem und z.T. melioriertem Kulturgrasland. Gleichzeitig werden 28% des Ackerlandes (4 Mio. km²) zur Produktion von Ackerfutter für die tierische →Veredelung eingesetzt. Berücksichtigt man noch die Nebenprodukte der pflanzlichen Produktion, die in der Tierernährung eingesetzt werden (u.a. Stroh, Ölkuchenschrote, Treber, →Melasse), so sind ca. 3/4 des gesamten Agrarraums der Erzeugung tierischer Produkte gewidmet. Hinsichtlich bislang noch nicht genutzter Reserven an potentiellem Ackerland geht die FAO von zusätzlichen 3,5 Mio. km² aus. Davon entfallen 48% auf Lateinamerika und 44% auf das subsaharische Afrika. Südasien und der Vordere Orient verfügen kaum noch über Landreserven. Etwa die Hälfte des zusätzlichen Flächenpotentials ist mit →Wald bestockt, dessen Rodung aus ökologischen Gründen problematisch ist. Weitere Teile sind Gebirgsland oder ertragsarme Böden. Realistisch erscheint der FAO eine Ausweitung der landwirtschaftlichen Nutzfläche bis zum Jahre 2010 um lediglich 90 Mio. ha. Daraus ergibt sich die Notwendigkeit, den Nahrungsbedarf der zunehmenden Weltbevölkerung ganz überwiegend aus Ertragssteigerungen zu decken.
Begünstigte Teile des Agrarraums lassen sich im Vergleich zu weniger begünstigten - gleicher technischer Entwicklungsstand vorausgesetzt - nach folgenden Kriterien abgrenzen:

- hohe pflanzliche Bruttoproduktion je Flächeneinheit als Funktion von Ertragskraft der 'Böden und der Länge der thermischen und hygrischen Vegetationszeit
- hohe Variationsbreite der Produktionsmöglichkeiten
- geringes Ertragsrisiko
- langfristige Stabilität des →Ökosystems

Die *Außengrenzen* des Agrarraums der Erde lassen sich mit einiger Sicherheit nur auf der Grundlage des Anbaus von →Kulturpflanzen angeben, da die Grenzen der viehwirtschaftlichen Nutzung allzu unsicher sind und erheblichen jährlichen und jahreszeitlichen Schwankungen unterliegen. Zwischen der Grenze des →Ackerbaus (agronomische Grenze) und den landwirtschaftlich nicht mehr nutzbaren Trocken- und Kältezonen erstreckt sich eine Zone - in den Gebirgen eine Höhenstufe -, die ausschließlich viehwirtschaftlich genutzt wird. Sie ist in unterschiedlichen Intensitätsstufen ausgebildet. In graswüchsigen kühlgemäßigten Klimaten dient die Futterfläche der Gras- und Heugewinnung bei hohem Arbeits- und Kapitalaufwand. An der →Trockengrenze und in tropischen und subtropischen Gebirgen dominieren dagegen extensive Weidewirtschaftssysteme auf der Basis natürlicher Pflanzengesellschaften, ähnlich wie die Rentierhaltung an der →Polargrenze.
Es sind vorrangig klimatische Faktoren, welche die absoluten (biologischen) →Anbaugrenzen in Form von Trockengrenze, Polargrenze und →Höhengrenze bestimmen. Demgegenüber hat die Grenze des Agrarraums gegenüber dem Wald anthropogene Ursachen, d.h. sie hängt überwiegend von sozioökonomischen und technischen Faktoren ab, hat daher keinen Absolutheitscharakter und ist folglich weniger konstant als die klimabedingten Grenzen. Die klimabedingten Anbaugrenzen sind durchweg als *Grenzsäume* mit folgenden Merkmalen ausgebildet:

- abnehmende Zahl von 'Kulturpflanzen und Nutztieren und dementsprechend eine reduzierte Zahl von Betriebszweigen
- abnehmende Flächenerträge
- zunehmendes Ernterisiko (Ertragsschwankungen).

Die Außengrenzen des Agrarraums, insbesondere des Anbaus unterliegen aus historischer Sicht Expansions- aber auch Kontraktionsphasen. Weltweit lässt sich eine generelle Ausweitung der ackerbaulich genutzten Flächen seit der Jungsteinzeit feststellen. Als Höhepunkt gilt dabei die Kultivierung der ektropischen Wald- und Grasländer Nord- und Südamerikas, Australiens, Südrusslands und Sibiriens. Gegenwärtig überwiegt wieder die Kontraktionsrichtung.
Der Agrarraum wird von einem regional unterschiedlichen Wirkungsgeflecht ökologischer, ökonomischer, politischer, kultureller und sozialer Faktoren gestaltet, das man unter dem Begriff "agrarräumliche Struktur" zusammenfasst. Über eine Klassifizierung derartiger Strukturen versucht die Agrargeographie zu einer (z.T. hierarchischen) Regionalisierung von Agrarraumeinheiten zu gelangen (vgl. *Arnold* 1997). *Sick* (1997) vertritt eine praktikable Einordnung definierter Agrarraumeinheiten in drei größenabhängige Ordnungsstufen.

Ordnungsstufen von Agrarraumeinheiten

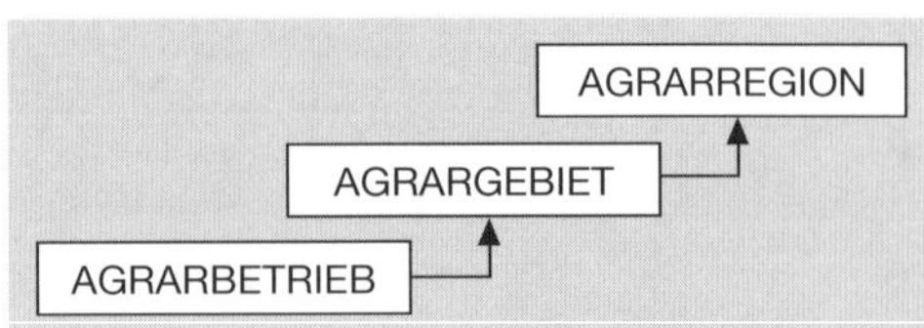

Gleichzeitig verdeutlicht er, dass eine flächendeckende hierarchische Gliederung des gesamten Agrarraums nach diesem Ordnungsprinzip nicht möglich ist, da viele Raumeinheiten sich nicht eindeutig zuordnen lassen und zwischen ihnen zahlreiche Übergänge bestehen.
(➔AGRARBETRIEB, ➔AGRARGEBIET, ➔AGRARREGION)

AGRARRECHT: Für Deutschland entzieht sich der Begriff einer feststehenden Definition, da das Agrarrecht keine in sich geschlossene Rechtsdisziplin darstellt. Zu seinem Wirkungsbereich gehören:

- Landwirtschaftliches Sondererbrecht
- Landwirtschaftlicher Grundstücksverkehr
- Landpachtrecht
- Recht des landwirtschaftlichen Kredits
- Recht der ➔ländlichen Siedlung
- Agrarstrukturrecht
- Agrarwirtschaftsrecht
- Steuerrechtliche Bezüge
- Arbeitsrechtliche Bezüge
- Sozialrechtliche Bezüge

AGRARREFORM: Grundlegende Änderung der (besitz-)rechtlichen, politischen, sozialen, und wirtschaftlichen Ordnung im ➔ländlichen Raum, die nicht nur die Betriebsgröße, sondern auch die agroinstitutionelle Organisation bis hin zu den Vermarktungsbedingungen einbezieht. Ferner sind die Arbeitsverfassung, das ➔Erbrecht, die Eigentumsstruktur u.w. betroffen. Eine Agrarreform soll der Überwindung von Hindernissen dienen, die einer wirtschaftlichen und sozialen Entwicklung im Wege stehen.
Da Agrarreformen eine stärkere Eingliederung benachteiligter sozialer Gruppen erreichen sollen, treten neben Eigentumsänderungen auch Wandlungen der Produktionsverhältnisse, des Erziehungswesens usw. Als Unterscheidungskriterium ist z.B. auch die Differenzierung nach kapitalistischen und sozialistischen Prinzipien von Agrarreformen von Bedeutung. Letztere sind beispielsweise in der VR China (ab 1949), in Kuba (ab 1959) und Algerien (ab 1961) angewandt worden. Kapitalistisch ausgerichtete Agrarreformen fanden in Ländern wie Mexiko (ab 1917) mit verschiedenen Phasen und Konzepten, Taiwan (ab 1949), Südkorea und Indien (ab 1950), Ägypten, Bolivien und Guatemala (ab 1952), Irak (ab 1958), Venezuela (ab 1959), Kolumbien (ab 1961), Iran, Costa Rica und Chile (ab 1962), Philippinen und Dominikanische Republik (ab 1963), Ecuador und Peru (ab 1964) statt.
Die Begriffe *Agrarreform* und *Agrarrevolution* werden häufig nicht sauber getrennt. Sie unterscheiden sich auch weniger hinsichtlich ihrer Ziele als in der Radikalität und im Tempo ihrer Ausführung. Beide sind bei der Agrarrevolution in stärkerem Maße ausgeprägt, dafür fehlt ihr die Planung und damit viel an politischer Gestaltungsmöglichkeit. Beide Begriffe können distributive wie auch kollektivierende Ziele haben.
(➔AGRARPOLITIK, ➔AGRARSOZIALREFORM, ➔BODENREFORM)

AGRARREGION: 1. Oberbegriff für alle mit Hilfe agrarwirtschaftlicher Merkmale abgegrenzten Arten

Agrarregionen

- gemischte traditionelle Agrarwirtschaft der Tropen
- Nassreisanbau, vorwiegend bewässert
- stationäre extensive Weidewirtschaft (➔Ranch, Estancia), stellenweise ➔Ackerbau
- spezialisierte Landwirtschaft (➔Farmwirtschaft)
- intensive Grünlandwirtschaft
- tropischer Regenwald mit ➔Landwechselwirtschaft
- extensive Wanderweidewirtschaft, z.T. ➔Nomadismus
- gemischte ➔Landwirtschaft der Subtropen
- gemischte Landwirtschaft der gemäßigten Breiten
- borealer Nadelwald mit Holzwirtschaft und Jagd
- nicht nutzbare Gebiete

Quelle: Sick 1993

Varianten der Kennzeichnung von Agrarregionen

Allgemeine Variante	Spezielle Variante
Ackerbaugebiete in der Feudalregion des Orients	Bewässerungsfeldbau unter Rentenfeudalismus im Peshawarbecken
Hackfruchtbauzonen mit Bauernwirtschaft in Westeuropa	Zuckerrüben-Familienbetriebe in der Hildesheimer Börde
Ranchzonen der europäischen Siedlungsgebiete Südafrikas	Karakulfarmen im südlichen Namibia
Dauerkulturregionen im kapitalistischen Südostasien	Kautschuk-Plantagenzone Malaysias

Quelle: Andreae 1983

Agrarregionen der Erde

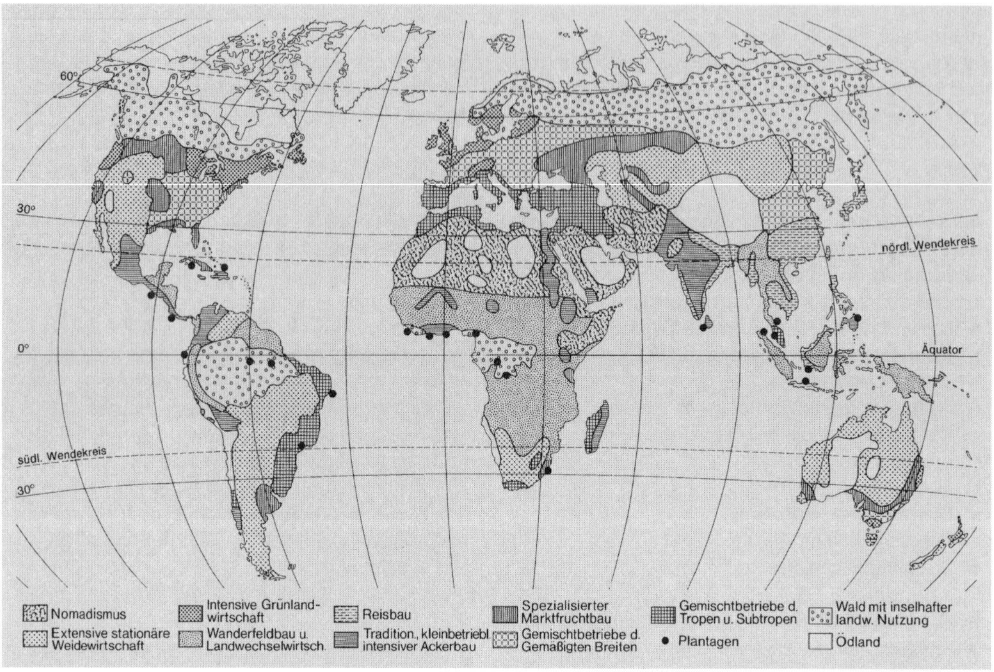

Quelle: Arnold 1997

räumlicher Ausschnitte der Erdoberfläche. So kann beispielsweise nach naturräumlich definierten, ethnisch bestimmten, wirtschaftstechnischen oder nach durch spezielle Bodennutzungssysteme geprägten Agrarregionen unterschieden werden.
2. Nach *Sick* (1993) u.a. die oberste Stufe der agrarräumlichen Gliederung der Erde innerhalb einer Hierarchie aus ➔*Agrarbetrieb* - ➔*Agrargebiet* - *Agrarregion*. Der Maßstabsbereich der Agrarregionen geht über die staatliche Dimension hinaus. Zur Bestimmung der Agrarregionen muss unter starker Generalisierung auf die ➔Betriebsformen und ihre Merkmalskombinationen zurückgegriffen werden.
3. *Andreae* (1983) schlägt zur Bezeichnung von Agrarregionen die Einhaltung der Reihenfolge *Betriebsform - Agrarsystem - geographische Lage* vor. Bei seinen Beispielen gibt er eine allgemeine und eine spezielle Variante. Bei diesem Vorgehen wird deutlich, dass die Beispiele seiner speziellen Kennzeichnungen sich bereits auf der Ebene der Agrargebiete (vgl. 2.) befinden.
Der Begriff 'Agrarregion' für große, evtl. oberste agrarisch geprägte Raumeinheiten erscheint auch wegen des gleichsinnigen Gebrauchs in der englischsprachigen Literatur als angemessen (*Arnold* 1997).
Auf der Grundlage verschiedener Quellen entwarf *Arnold* eine Karte der Agrarregionen der Erde.

AGRARROMANTIK: Nach *Gollwitzer* (1977) die Idealisierung der bäuerlichen und landwirtschaftlichen Realität, das Festhalten an anachronistischen Standpunkten und Repristinierungsversuchen, die Vorspiegelung einer heilen Welt auf dem Lande, insbesondere die Meinung, der Beruf des ➔Landwirts sei der 'natürlichste', der gesündeste und gewissermaßen Gott wohlgefälligste, und das Gedeihen von Staat und Gesellschaft hänge primär von der sozialen und wirtschaftlichen Gesundheit des Bauernstandes ab.

AGRARSOZIALE SYSTEME: Wirtschafts- und Gesellschaftssysteme mit unterschiedlichster Prägung. Sie können zugleich als Entwicklungsstufen gesehen werden, die sich mit den Phasen der gesamten Wirtschaftsentwicklung vergleichen lassen.
In Anlehnung an eine Gliederung von *Planck/Ziche* (1979) lassen sich folgende agrarsozialen Systeme unterscheiden:
• **Tribalistische Agrarsysteme:** Diese sind durch Gemeinschaftseigentum der Sippen, Stämme oder Dorfverbände mit Nutzungsrechten der einzelnen Familien gekennzeichnet. Sie sind mit Wanderviehhaltung, Landwechsel oder traditioneller ➔Bewässerungswirtschaft verbunden. Es handelt sich überwiegend um ➔Subsistenzwirtschaft. Die Marktwirt-

schaft verdrängt tribalistische Agrarsys-teme zunehmend.

• **Feudalistische Agrarsysteme:** Privilegierte Oberschicht mit Bodeneigentum und damit wirtschaftlicher und politischer Macht einerseits, Masse der besitz- und machtlosen Familien andererseits; Überlegenheit der Grundherrschaft durch ständische Ordnungen gefestigt, dazu religiös und durch Abstammung oder Funktionen (Grundherren als Kriegsherren, Gerichtsherren oder Steuer-erheber) begründet; feudalistisches Agrarsystem in Europa vom 9. Jh. bis zu den ➔Agrarreformen des 18. und 19. Jh. in Form der Lehensgrundherrschaft; Lehensgeber (zur Nutzung des ➔Bodens): die Herrenschicht des Landadels und der Geistlichkeit, Lehensnehmer: die bäuerliche Schicht der Voll- und Kleinbauern; im Laufe der Jahrhunderte Ausbildung der unterbäuerlicher Schicht von landlosen ➔Köttern, ➔Seldnern und Hausgenossen. Durch Zwangsarbeitsverfassung Bindung der Hörigen und Leibeigenen an den Grundherren.

Als kolonialistische Form des Feudalismus: Die ➔Hacienda mit einer Verbreitung in großen Teilen Lateinamerikas. Das Hacienda-System ist wirtschaftlich und sozial weitgehend nach außen abgeschlossen. Es besteht aus beherrschenden ➔Latifundien einerseits, zahlreichen abhängigen ➔Minifundien andererseits. Letztere besitzen eine meist minimale Selbstversorgung, die Latifundien erzielen auch Marktüberschüsse. Geringe Kapitalinvestitionen auf den Latifundien entsprechen einer hohen Arbeitsintensität. Die Arbeitsleistung wird von den Minifundienbauern als Entgelt für die Nutznießung des Haciendalandes erbracht, an das sie gebunden sind. Das Haciendasystem lähmt die wirtschaftliche und soziale Entwicklung und nutzt die Produktivkräfte unzureichend. Das Nebeneinander von Groß- und Kleinbetrieben findet seine Beschreibung auch in dem Begriff *Dualistische Individualwirtschaft.*

• **Familistische Agrarsysteme:** Ihre Grundlage ist das Individualeigentum, das durch ➔Pacht und Nutzungsrechte am Gemeinschaftseigentum (z.B. ➔Allmenden) ergänzt werden kann. Produktionsziel ist vorwiegend die Marktbelieferung. Die Familienarbeit wird in beschränktem Umfang durch externe Arbeitskräfte ergänzt. Nach wirtschaftlichen und sozialen Merkmalen kann man zwischen Bauern- und Farmbetrieben unterscheiden.

Bäuerliche Landwirtschaft: Verbreitungsgebiet vornehmlich in großen Teilen West-, Mittel- und Nordeuropas, aber auch in Entwicklungsländern, vornehmlich klein- und mittelbäuerliche Betriebe, Eigentums- und Nutzungsrechte in der Hand von einzelnen Familien, Erhaltung des Hofes als oberstes Wirtschaftsziel ("Hofidee"), persönliche Wünsche und Bedürfnisse den Belangen des Betriebes untergeordnet, Hof als Heimat und Lebensgrundlage der Familie, eventuelle Gewinne zum größten Teil in den Betrieb zurückinvestiert, Ausbildung einer konservativen Grundhaltung aus der steten Verantwortung gegenüber dem Familienerbe, Bevorzugung der gemischten Produktion zur Minderung des Risikos, wirtschaftliches Handeln eher traditionsorientiert, gefühlsmäßig und bedächtig als innovativ, rational, wendig.

Europäisches Hofbauerntum gegenwärtig zunehmend durch Rationalisierung und Gewinnmaximierung sowie durch eine spezialisierte und technisierte Landwirtschaft gekennzeichnet, somit Übernahme von Charakteristika des amerikanischen Farmertums; Individualisierung der Hofmitglieder gewinnt im Selbstverständnis der ➔Bauern allmählich ein höheres Gewicht gegenüber dem tradierten Verantwortungshandeln für Hof und künftige Generationen; aber Weiterbestand des Leitbildes des ➔bäuerlichen Familienbetriebes in Deutschland und Westeuropa.

Farmertum: Eine Weiterentwicklung des europäischen Bauerntums in den überseeischen Kolonisationsgebieten; größere unternehmerische und räumliche Mobilität im Gegensatz zum Bauerntum, höhere Risiko- und Innovationsbereitschaft, häufigerer Betriebswechsel, Betriebsinhaber zeitweilig und im Alter i.d.R. permanent stadtsässig, kapitalorientierte, stark mechanisierte ➔Farm mit wenig Arbeitskräften und hoher Arbeitsproduktivität, weitgehender Verzicht auf Selbstversorgung, Ausrichtung auf den Markt ("commercial farms", Spezialisierung, z.T. bis zur ➔Monokultur, ausgeprägtes Gewinnstreben, meist hoher Lebensstandard, unternehmerische Denkweise, durchrationalisierte Betriebsführung; nachteilig die teilweise Überforderung des Naturhaushaltes, vor allem in anfälligen Grenzgebieten des Feldbaus, schwere Erosions- und Deflationsschäden als Folgen, z.T. "ausgeräumte", großflächige Agrarsteppen.

• **Kapitalistische Agrarsysteme:** Hier beherrscht der Kapitalbesitzer, der sein Kapital wertbeständig und gewinnbringend anlegen will, die landwirtschaftliche Produktion. Im Gegensatz zu den feudalistischen Systemen sind die Arbeitskräfte nicht an den Boden gebunden, sondern mobil. Die Nutzung des Bodens erfolgt über Verträge mit den Kapitalbesitzern.

In Mitteleuropa sind kapitalistische Agrarsysteme vor allem in Form der *Gutswirtschaft* und der *Pächterlandwirtschaft* verbreitet. Nutzungsrechte werden zwischen den Kapitalgebern und den Bebauern des Bodens durch Werk-, Arbeits- oder Pachtverträge geregelt. Die Entwicklung der feudalen Landwirtschaft zur kapitalistischen *Gutswirtschaft* vollzog sich in England und Skandinavien zu Beginn der Neuzeit, in Deutschland seit dem 17. Jh. Besonders in Mecklenburg, Pommern, Teilen Ostpreußens und Schlesiens entstanden - meist nach Dorfauflösungen - große Gutsbetriebe. Diese wurden nach dem Zweiten Weltkrieg durch Bodenreformen bzw. Enteignungen weitgehend aufgelöst. In Westdeutschland gibt es nur wenige Gebiete (z.B. östliches Schleswig-Holstein) mit einer Dominanz von Gutsbetrieben. Die starke soziale Trennung zwischen Gutsbesitzern und Landarbeitern wurde seit dem 19. Jh. erheblich abgebaut. Die Gutsbetriebe haben sich hier von ehemals vielseitigen Betrieben auf hochgradig mechanisierte und spezialisierte →Marktfruchtbetriebe umgestellt. Ihr AK-Besatz ist extrem niedrig, die früher zahlreiche Landarbeiterschaft ist abgewandert.

Die *Pächterlandwirtschaft* ist vor allem in England und den romanischen Ländern weit verbreitet, in Deutschland besitzt sie nur geringe Bedeutung, hier wurden die hörigen Bauern mit der →Bauernbefreiung überwiegend zu Eigentümern gemacht. In Südeuropa hat sich seit der Römerzeit der Typ des →Latifundiums erhalten.

Als moderne Form des Agrarkapitalismus entstand in den Tropen und Subtropen die kapitalintensive →*Plantage* mit einer Inlands- und Weltmarktorientierung. Im Unterschied zu der sich auf die Produktion beschränkende →*Pflanzung*, besitzt die Plantage Verarbeitungseinrichtungen.

Die →Ranches (→Estancias) betreiben im Gegensatz zu den Plantagen extensive Viehwirtschaft.

Bei der *integrierten Landwirtschaft* verbindet sich Inputbeschaffung, Produktion, Verarbeitung und Vermarktung zu einem komplexen System, dem →*Agribusiness*. Die Verknüpfung erfolgt entweder durch Verträge zwischen Agrarproduzenten und vor- bzw. nachgelagerten Betrieben oder durch →vertikale Integration in einem gemeinsamen Betrieb.

Die "*Produktion unter genauer Aufsicht*" entwickelte sich als eine Form der →Vertragslandwirtschaft in den Entwicklungsländern. Die Vorteile der einzelbäuerlichen, genossenschaftlichen und großbetrieblichen Produktion sollen hier verbunden werden. Staat, Gesellschaft oder Privatfirmen legen den Rahmen fest, innerhalb dessen die Vertragsbauern frei und auf individuellem Eigentum wirtschaften. Die Beteiligung am System ist freiwillig, es besteht eine kompetente Leitung nach kommerziellen Grundsätzen, die Leistungsfähigkeit der Bauern findet Berücksichtigung, Innovationen können leichter als unter alleinigem Einfluss der traditionellen Gemeinschaft eingeführt werden.

• **Kollektivistische Agrarsysteme:** Gemeinschaftliche landwirtschaftliche Produktion, Unterscheidung nach dem Grad der Integration des Einzelbetriebs und der Sozialisierung in genossenschaftliche und sozialistische Produktion.

Die *genossenschaftliche Landwirtschaft* ist ein freiwilliger Produktionsverbund selbständiger Landwirte unter Beibehaltung des Privateigentums. Sie besteht in den meisten nichtsozialistischen Ländern. Ansätze zu solchen Zusammenschlüssen finden sich bereits in den mittelalterlichen →Marktgenossenschaften mit gemeinsamer Wald- und Weidenutzung. Moderne →Genossenschaften gehen auf die Tätigkeit F. W. Raiffeisens im 19. Jh. zurück.

In *sozialistischen Agrarsystemen* wurden alle Produktionsmittel vergesellschaftet, d.h. in das Eigentum des Volkes oder Staates überführt. Im Unterschied zum genossenschaftlichen System steht die Agrarproduktion unter staatlicher Planung und Aufsicht, politische und wirtschaftliche Ziele der Gemeinschaft besitzen Vorrang vor den Einzelinteressen der Landwirte.

Durch mehr oder weniger freiwillige Zusammenschlüsse von Landbewirtschaftern unterscheiden oder unterschieden sich die Systeme in den (ehemaligen) sozialistischen Staaten, sowohl durch ihren Zwangscharakter bei der Bildung (ehemalige UdSSR 1929 - 1934, VR China 1951 - 1958, ehemalige DDR 1952 - 1960), wie auch durch den starken Einfluss des Staates auf Führung und Produktion.

Eine Zwischenstellung nimmt der →*Moshav ovdim* Israels ein. Er ist eine Gemeinschaftssiedlung mit 70-100 Einzelbetrieben, in der der Boden Nationaleigentum ist, die Bewirtschaftung der 3 - 5 ha großen Betriebe jedoch in Eigenverantwortung erfolgt bei gleichzeitiger Zuhilfenahme genossenschaftlicher Elemente.

Auch die auf altindianische Tradition zurückgehenden mexikanischen *Ejidos*, die 1915 und 1917 aus Großgrundbesitz geschaffen wurden, können so eingeordnet werden. Bodeneigentümer ist hier die Gemeinde, der ortsansässige Ejidatario hat einen Nutzungsanspruch. Wald und Weideland werden gemeinsam, das Ackerland individuell oder gemeinsam genutzt. Generell spricht man von derartigen indianischen Kollektivwirtschaften, die sich in mittelamerikanischen und andinen Gebieten ehemaliger indianischer Hochkulturen ausgebildet haben, als von *Communidades Indigenas* (etwa: indianische Dorfgemeinschaften).

Der →*Kolchos* der ehemaligen UdSSR ist als Prototyp des sozialistischen Systems anzusehen. Kolchosen gingen durch Kollektivierung aus früher bäuerlichen Siedlungen hervor. Während der Boden in Staatsbesitz verblieb oder überging, gehörten die übrigen Produktionsmittel der Kolchosgemeinschaft. Dem einzelnen Kolchosmitglied verblieb die Hofwirtschaft zur bescheidenen privaten Nutzung. In der ehemaligen DDR fand der Kolchos seine Entsprechung in den →*Landwirtschaftlichen Produktionsgenossenschaften.*

Die →*Sowchosen* in der früheren Sowjetunion und die →*Volkseigenen Betriebe* der DDR waren reine Staatsbetriebe mit sehr großen Einheiten. Sie entstanden aus früherem Adels- und Kirchenbesitz oder wurden in Neulandgebieten (Kasachstan) neu eingerichtet. Die industriemäßige Bewirtschaftung erfolgte durch Agrarexperten auf der Leitungsebene und mit Hilfe von Lohnarbeitern.
Definiert man ein *kommunistisches System* als ein solches, das nicht nur die Produktion, sondern alle Lebensbereiche den Interessen der Gemeinschaft unterordnet, dann zählen dazu auch die *Kibuzzim*, die religiösen Agrarkommunen, z.B. die der Zisterzienser oder Benediktiner oder der Hutterer in Kanada.
Beim israelischen →*Kibbuz* wird der Grundbesitz vom Jüdischen Nationalfonds gepachtet. Die Mitglieder verzichten nach freiwilligem Eintritt auf Privateigentum und Lohn. Planung und Bewirtschaftung erfolgen gemeinsam. Häufig sind industrielle Verarbeitungsbetriebe angeschlossen. Die Versorgung erfolgt in allen Lebensbereichen durch das Kollektiv.
In den sozialistischen Ländern war das kommunistische System wohl am vollkommensten von den *chinesischen* →*Volkskommunen* verwirklicht. Sie entstanden 1958 durch den Zusammenschluss kleinerer Produktionskollektive. In ihrem Bereich organisierten sie nicht nur die Landwirtschaft, sondern auch Erziehung, Gesundheitswesen, Verwaltung und kulturelle Arbeit. Heute existieren sie in der Praxis nicht mehr. An ihre Stelle traten kleinbäuerliche Familienbetriebe auf nach wie vor staatlichem Boden, und ländliche Produktionsgenossenschaften unterschiedlichen Typs.

AGRARSOZIALPOLITIK: Alle Maßnahmen, die direkt darauf abzielen, die soziale Lage der im Agrarbereich tätigen Menschen zu verbessern oder zu stabilisieren.
Die grundgesetzlich vorgegebene sozialstaatliche Ordnung Deutschlands bietet über die Agrarsozialpolitik eine Flankierung des →Strukturwandels, bei dem Menschen häufig zu einer Neuorientierung ihrer Lebensgestaltung gezwungen sind. Für die selbständigen →Landwirte und deren Familienangehörige besteht in Deutschland ein geschlossenes, den besonderen Bedürfnissen der landwirtschaftlichen Bevölkerung angepasstes System der sozialen Sicherung, das sie gegen die Folgen von Krankheit, Arbeitsunfall, Invalidität oder Tod des Ernährers sowie im Alter absichert. Finanziert wird dieses Sicherungssystem durch Beiträge der Landwirte und →Altenteiler (1997 rd. 4,5 Mrd. DM) und einen Bundeszuschuss (1997 rd. 7 Mrd. DM). Die staatlichen Zuschüsse zur Agrarsozialpolitik machen heute mehr als die Hälfte des →Agrarhaushalts des Bundes aus. Ein Grund für diese Entwicklung ist, dass der Agrarsektor als schrumpfender Sektor in der Volkswirtschaft mit einer überalterten Erwerbstätigenstruktur vergleichsweise hohe Risiken in der sozialen Sicherung birgt.
Agrarsozialpolitik wird als Element des sozialen Ausgleichs und dieser zusammen mit marktwirtschaftlicher Dynamik als Garant für Wohlstand und inneren Frieden gesehen.

AGRARSOZIALREFORM: Maßnahmen zur Umgestaltung der Bodenbesitzverhältnisse, innovationshemmender Pachtverhältnisse, des Zugangs zu →Betriebsmitteln (z.B. Bewässerungswasser) als Beitrag zur Erhöhung des ländlichen Lebensstandards oder zum Abbau von Ernährungsproblemen. (→AGRARREFORM, →BODENREFORM)

AGRARSOZIOLOGIE: Gegenstand der Agrarsoziologie sind - aufbauend auf theoretischem und methodischem Grundlagenwissen der allgemeinen Soziologie - gesellschaftsbezogene Merkmale und Prozesse im Bereich der →Landwirtschaft. Heute wird die Agrarsoziologie verstärkt abgelöst durch eine "Soziologie des →ländlichen Raumes".
Dazu gehören u.a. betriebliche Arbeits- und Eigentumsverfassung, wie auch die sozialen Beziehungen, die das produktive, konsumtive und symbolische Handeln von gesellschaftlichen Gruppen bestimmen, welche auf dem Lande oder durch die Nutzung des Landes leben.
Hauptthemen sind:

- →Agrarverfassung
- →Agrarstruktur
- Soziologie des landwirtschaftlichen Betriebs
- Beziehungen zu den übrigen Teilen der Wirtschaft und Gesellschaft
- ländliche Denk-, Verhaltens- und Handlungsweise
- sozialer Wandel
- soziale Konflikte
- Stadt-Land-Beziehung
- Wirtschaftsstruktur
- Bevölkerungsentwicklung
- Abwanderungsproblem

Erkenntnisse in diesen Bereichen liefern Entscheidungshilfen für die Wirtschafts-, →Agrar- und Regionalpolitik.

AGRARSTADT: Funktionelle Übergangsform der Stadt zur ländlichen →Siedlung, mit einem größeren Anteil von Erwerbstätigen in der →Landwirtschaft. Die Agrarstadt ist typisch für gering verstädterte Kulturräume z.B. Ostmitteleuropas und Südosteuropas.

AGRARSTRUKTUR: Gesamtheit der in einer Region zu einem bestimmten Zeitpunkt bestehenden materiellen und immateriellen Bedingungen, unter denen die Landbewirtschaftung und die →Vermarktung von Agrarprodukten stattfinden. Die Agrarstruktur ist das Ergebnis natürlicher, sozio-ökonomischer und politischer Einflüsse auf die Gestaltung der →Landwirtschaft. Die Agrarstruktur bezeichnet als institutioneller Gesamtrahmen, in dem sich Landwirtschaft abspielt

- die verschiedenen Betriebsgrößen
- das Verhältnis von Eigenbesitz und Pachtland
- die landwirtschaftlich relevante Siedlungsform
- die Organisations- und Rechtsformen der Betriebe
- die Betriebsform (z.B. →Marktfruchtbetrieb, →Veredelung)
- den Besatz und die Verwendung von Arbeitskräften und Maschinen
- die räumliche Verteilung der Agrarproduktion
- die Nutzungsart
- die Wirtschaftsweise
- den Intensitätsgrad und
- die Marktstruktur

Es handelt sich dabei nicht um eine statische Größe, denn die Agrarstruktur unterliegt einem ständigen Anpassungsprozess. Zu den wesentlichen Einflussfaktoren auf die Agrarstruktur zählen neben den natürlichen Standortbedingungen die regional voneinander abweichenden Entwicklungen der übrigen Volkswirtschaft, der von der technischen Entwicklung ausgehende Anpassungsdruck und die historisch gewachsenen und durch aktuelle →Agrarpolitik geprägten Besonderheiten der →Agrarverfassung.
Ein modernes Verständnis von Agrarstruktur umfasst zusätzlich die Art und Gestaltung der ländlichen →Kulturlandschaft.
Auch von Seiten der Agrarplanung und -politik wird der Begriff Agrarstruktur nicht mehr vorwiegend produktionsorientiert betrachtet, da der →Strukturwandel in der Landwirtschaft und das umfassendere Aufgabenspektrum der Landwirtschaft (z.B. Pfleger der →Kulturlandschaft) eine erweiterte Auffassung verlangt und die Verbesserung der Agrarstruktur vermehrt als *Querschnittsaufgabe* verstanden wird.
Die Verbesserung der Agrarstruktur ist das Ziel der Agrar(struktur)politik, was durch staatliche Maßnahmen wie →Flurbereinigung und Wirtschaftswegebau unterstützt wird.
(→AGRARSTRUKTURELLE ENTWICKLUNGSPLANUNG, →STRUKTURWANDEL IN DER DEUTSCHEN LANDWIRTSCHAFT)

AGRARSTRUKTUR IN DEUTSCHLAND: In Deutschland gab es 1997 insgesamt 525.101 landwirtschaftliche Betriebe (ab 1 ha →LF) mit einer LF von rd. 17,2 Mio. ha. Davon waren 493.847 Betriebe mit 11,63 Mio. ha LF im früheren Bundesgebiet und 31.254 Betriebe mit 5,25 Mio. ha LF in den neuen Ländern. Die Anzahl der Betriebe ging gegenüber dem Vorjahr um 2,8 % zurück, wobei sich die Zahl der Betriebe in den neuen Bundesländern allerdings um 1,3 % erhöht hat. Viele Betriebe haben keine Hofnachfolger. Auch ist die Anzahl der Auszubildenden in den letzten Jahren deutlich zurückgegangen.

Die Betriebsstrukturen in den neuen Ländern unterscheiden sich vom früheren Bundesgebiet vor allem in der →Betriebsgröße, den →Betriebsformen, den →Rechtsformen der Unternehmen sowie nach den Besitz- und Eigentumsverhältnissen.
Auch zwischen dem Norden und Süden Deutschlands gibt es bedeutende strukturelle Unterschiede, die aus der historischen Entwicklung und den unterschiedlichen natürlichen und wirtschaftlichen Voraussetzungen in diesen Regionen resultieren.
Hinsichtlich der **Betriebsgröße** bewirtschaften sowohl im früheren Bundesgebiet als auch in den neuen Ländern mehr als 45 % der Betriebe zwischen 1 und 10 ha LF. Im früheren Bundesgebiet gibt es rd. 14.000 Betriebe mit einer Betriebsgröße von 100 und mehr ha; sie verfügen über 18,2 % der LF. In den neuen Ländern sind es rd. 8.245 Betriebe, die gut 93 % der LF der neuen Länder bewirtschaften.
Der strukturelle Anpassungsprozess im früheren Bundesgebiet verläuft in Richtung größerer Betriebe. Die →Wachstumsschwelle hat sich kontinuierlich nach oben verschoben und betrug 1996 50 ha. In den neuen Ländern nimmt die Zahl der Betriebe insbesondere in den Größenklassen zwischen 100 bis 500 ha stark zu.
Bei den →**Betriebsformen** überwiegen die →Futterbaubetriebe im früheren Bundesgebiet. Der höhere Anteil von →Marktfruchtbetrieben in den neuen Ländern resultiert aus dem insgesamt niedrigen Viehbestand, insbesondere in den wiedereingerichteten Betrieben.
Hinsichtlich der **Rechtsform** überwiegen nach wie vor Einzelunternehmen, die in der Mehrzahl als Familienbetriebe geführt werden. Vor allem in den neuen Ländern sind daneben auch Betriebe juristischer Personen von Bedeutung. Auf Einzelunternehmen entfallen 97 % aller Betriebe. Diese bewirtschaften 72 % der gesamten LF. Ein Zehntel der Fläche entfällt auf die mehr als 11.100 Personengesellschaften oder 2 % aller Betriebe. Einen noch größeren Anteil an der LF als die Personengesellschaften besitzen die rd. 4.100 juristischen Personen, zu denen 1 % der Betriebe zählt. Mit gut 3 Mio. ha bewirtschaften diese Betriebe, die überwiegend als eingetragene Genossenschaft oder GmbH tätig sind, fast ein Fünftel der gesamten LF in Deutschland.
Die durchschnittliche Flächenausstattung der Agrarbetriebe ist in den verschiedenen Rechtsformen

Arbeitskräfte in der Landwirtschaft (einschließlich Gartenbau) in Deutschland

Jahr	Arbeitskräfte [1000 Personen] Familienmitglieder (inkl. Betriebsinhaber)			Familienfremde Ständige					Betriebliche Arbeitsleistung [1000 AKE[1]]
	Insgesamt	Vollbeschäftigt	Teilbeschäftigt	Insgesamt	Vollbeschäftigt	Teilbeschäftigt	Nichtständige	Insgesamt	
Alte Bundesländer									
1970	2.475,8	877,9	1.597,9	130,6	83,1	47,5	101,4	2.707,8	1.525,6
1980	1.827,9	497,4	1.330,5	92,9	71,0	21,9	85,3	2.006,1	986,7
1990	1.411,8	373,4	1.038,4	84,6	55,5	29,1	73,3	1.569,7	748,7
1991	1.337,3	351,3	986,0	82,6	59,7	22,9	96,9	1.516,8	705,9
1993	1.227,7	312,2	915,5	80,5	56,9	23,6	89,1	1.397,3	646,0
1994	1.170,0	295,0	875,0	75,5	53,0	22,5	83,0	1.328,5	609,0
1995	1.099,2	277,6	821,6	72,0	50,7	21,3	77,2	1.248,4	571,1
1996[2]	1.049,7	265,7	784,0	70,0	49,4	20,6	75,3	1.195,0	546,0
1997	1.010,5	250,5	760,0	92,0	62,0	30,0	75,0	1.177,5	532,5
zum Vorjahr [%]	-4,1	-5,0	-3,8	+13,0	+10,6	+18,7	-1,4	-2,9	-3,4
Neue Bundesländer									
1991	33,2	8,6	24,6	321,1	247,5	73,6	7,6	361,9	312,4
1993	42,0	10,2	31,8	128,1	117,2	10,9	9,0	179,1	146,3
1994	44,1	11,3	32,8	113,0	103,2	9,8	7,6	164,7	132,3
1995	47,8	11,6	36,2	106,2	96,1	10,1	7,4	161,4	127,3
1996[2]	48,5	11,7	36,8	103,6	93,6	10,0	7,4	159,5	125,7
1997	42,5	9,0	33,5	100,5	90,0	10,5	7,5	150,5	118,5
zum Vorjahr [%]	-5,7	-11,9	-3,8	-2,7	-3,2	+2,0	+0,7	-3,4	-3,5
Bundesrepublik Deutschland									
1991	1.370,4	359,9	1.010,5	403,7	307,2	96,5	104,6	1.878,7	1.018,3
1993	1.269,7	322,4	947,3	208,7	174,0	34,7	98,0	1.576,4	792,2
1994	1.214,1	306,3	907,8	188,5	156,2	32,3	90,6	1.493,2	741,3
1995	1.147,1	289,2	857,9	178,1	146,8	31,3	84,6	1.409,8	698,4
1996[2]	1.098,2	277,4	820,8	173,6	143,0	30,6	82,7	1.354,5	671,7
1997	1.053,0	259,5	793,5	192,5	152,0	40,5	82,5	1.328,0	651,0
zum Vorjahr [%]	-4,2	-5,3	-3,8	+4,0	+1,8	+13,8	-1,2	-2,9	-3,5

[1] AKE: Arbeitskrafteinheit [2] geschätzt
Quelle: Agrarberichte 1996, 1997, 1998

unterschiedlich. Während Einzelunternehmen im Durchschnitt über 23 ha LF verfügen, weisen Personengesellschaften mit 123 ha und Betriebe juristischer Personen mit 755 ha eine deutlich höhere Flächenausstattung auf.

Das einzelbetriebliche Wachstum erfolgt in Deutschland über **Flächenzupacht**. 1997 nahm trotz rückläufiger Zahl der Betriebe der Anteil der Betriebe mit Pachtland um 1 Prozentpunkt auf 61,6 % weiter zu. Der Pachtflächenanteil stieg weiter auf 62 %. Der Flächenzupachtanteil ist in Bayern mit 37,4 % am niedrigsten, während in den neuen Ländern rund 90 % der selbstbewirtschafteten LF zugepachtet sind. In den neuen Ländern hat der **→Ackerbau** aufgrund der natürlichen Standortbedingungen eine größere Bedeutung als im früheren Bundesgebiet. Die Anbaustruktur hat sich dem früheren Bundesgebiet angepasst.

Sowohl im früheren Bundesgebiet als auch in den neuen Ländern halten fast 80 % der landwirtschaftlichen Betriebe **Vieh**. Die Viehbestände je Betrieb sind in den neuen Ländern deutlich größer als im früheren Bundesgebiet, wobei es in den neuen Ländern auch eine Vielzahl von Tierhaltern mit sehr kleinen Viehbeständen gibt. Durchschnittlich entfielen auf einen Halter in den neuen Ländern 117 Schweine oder 73 Rinder gegenüber 86 Schweine oder 43 Rinder im früheren Bundesgebiet. Zusätzlich besteht innerhalb des Bundesgebietes ein z.T. ausgeprägtes Nord-Süd-Gefälle.

In den neuen Bundesländern stehen die deutlich überwiegende Zahlen der Milchkühe in Beständen von über 100 Tieren und die Mastschweine in Beständen mit 1.000 und mehr Tieren. Im früheren Bundesgebiet ist der Anteil der Tiere am Gesamtbestand in diesen Größenklassen nur gering.

Die Viehhaltung ist in den neuen Ländern seit 1989 stark zurückgegangen. Insgesamt spiegelt sich dieser drastische Abbau der Tierbestände auch in einem verminderten Viehbesatz wider. Der durchschnittliche Besatz an ➔Großvieheinheiten je 100 ha LF fiel in den neuen Ländern zwischen 1990 und 1992 um 23 GV auf 55 GV. Im früheren Bundesgebiet hingegen sank der GV-Besatz im gleichen Zeitraum um 6 GV auf 106 GV. Bezogen auf die Bevölkerung sind die Viehbestände jedoch vergleichbar: In den neuen Ländern entfielen auf 100 Einwohner etwa 18 GV und im früheren Bundesgebiet 19 GV.

Von den rd. 1,23 Mio. Beschäftigten in den landwirtschaftlichen Betrieben des **früheren Bundesgebiets** wurde 1995 eine Arbeitsleistung von 565.500 ➔Arbeitskraft-Einheiten erbracht. Der **Arbeitskräftebesatz** je 100 ha LF ist dabei mit 4,8 AK-Einheiten mehr als doppelt so hoch wie in den neuen Ländern. Der Anteil der familienfremden Arbeitskräfte an den Arbeitskräften insgesamt betrug 10,4%. 1993 nahm die betriebliche Arbeitsleistung gegenüber dem Vorjahr überdurchschnittlich in Berlin, Saarland und Rheinland-Pfalz ab. Der geringste Rückgang war in Baden-Württemberg zu verzeichnen.

In den **neuen Ländern** ist die Zahl der Arbeitskräfte in der Landwirtschaft ab 1995 deutlich langsamer zurückgegangen als in den Vorjahren. Die 157.100 Beschäftigten in der Landwirtschaft erbrachten eine betriebliche Arbeitsleistung von 129.100 AK-Einheiten. Aufgrund von Wieder- und Neueinrichtungen erfolgte eine deutliche Zunahme bei der Zahl der Familienarbeitskräfte, wobei dieser Anstieg ausschließlich auf die höhere Zahl von teilbeschäftigten Arbeitskräften zurückzuführen ist.

Auch bei der Differenzierung der Arbeitskräfte nach Größenklassen der landwirtschaftlichen Betriebe bestehen weiterhin erhebliche Unterschiede zwischen alten und neuen Bundesländern. 1993 waren im früheren Bundesgebiet nur 3% der Beschäftigten, in den neuen Ländern im Jahr 1994 jedoch 70% aller Arbeitskräfte in Betrieben mit mehr als 100 ha LF beschäftigt.

Von den rd. 600.400 **Inhabern landwirtschaftlicher Betriebe** in Deutschland waren im April 1993 etwa 237.900 mit betrieblichen Arbeiten vollbeschäftigt (39,6%) und 362.500 teilbeschäftigt (60,4%). In den neuen Ländern ist der Anteil der vollzeitig in der Landwirtschaft tätigen Betriebsinhaber deutlich geringer als im früheren Bundesgebiet. Hauptursache sind die günstigeren Produktionsstrukturen und der relativ hohe Anteil von Marktfruchtbetrieben in den neuen Ländern. Während hier auch aufgrund fehlender alternativer Beschäftigungsmöglichkeiten nur etwa jeder dritte Betriebsinhaber einer Beschäftigung in einem anderen Wirtschaftszweig nachgeht, sind dies im früheren Bundesgebiet 45% aller Betriebsinhaber.

Der Anteil der **Frauen** an der betrieblichen Arbeitsleistung der Familienarbeitskräfte betrug 1995 rd. 27. In den neuen Ländern wird fast jeder fünfte Betrieb von einer Frau geleitet, während im früheren Bundesgebiet dies nur auf jeden zwölften Betrieb zutrifft.

Ein **ökonomischer Vergleich** der Betriebe in den neuen Ländern mit dem früheren Bundesgebiet ist nur unter Beachtung aller einschränkenden Faktoren möglich, die in der Phase der Neubildung und Strukturveränderung die Betriebsergebnisse beeinflussen.

Ökonomischer Vergleich der Betriebe in den alten und den neuen Bundesländern

- Die Einzelunternehmen im Vollerwerb in den nBl bewirtschaften nahezu das Vierfache der landwirtschaftlich genutzten Fläche der Haupterwerbsbetriebe in den aBl.
- Bei hohem Pachtanteil ist die Eigentumsfläche kleiner als im Durchschnitt der Vollerwerbsbetriebe im früheren Bundesgebiet.
- Größenbedingt ist der Arbeitskräftebesatz in den neuen Ländern sehr niedrig, z.T. auch eine Folge des geringeren Viehbesatzes.
- Bei etwa gleich hohem Eigenkapital, aber wesentlich höherem Fremdkapital je Unternehmen, liegt die Eigenkapitalquote deutlich niedriger als im früheren Bundesgebiet.
- Die Einzelunternehmen in den neuen Ländern sind schwerpunktmäßig auf den Marktfruchtanbau orientiert und wirtschaften im Vergleich zum früheren Bundesgebiet weitaus extensiver.
- Sie erzielten im Durchschnitt fast die Hälfte des Unternehmensertrages aus der Bodenproduktion, während die Vollerwerbsbetriebe im früheren Bundesgebiet fast zwei Drittel aus tierischen Erzeugnissen erwirtschaften. Ertrag, Aufwand und Gewinn je ha LF waren vergleichsweise gering. Je Unternehmen und je AK wurden jedoch höhere Gewinne erzielt als im Durchschnitt des früheren Bundesgebietes.
- Die größeren Betriebe im früheren Bundesgebiet (60.000 DM ➔Standardbetriebseinkommen und

mehr) erreichten jedoch einen vergleichbaren Unternehmensgewinn.

- Relativ gute wirtschaftliche Ergebnisse erzielten auch die Personengesellschaften, in denen sich vor allem die Betriebsgröße, verbunden mit sehr niedrigem Arbeitskräfteeinsatz, positiv auswirkt.
- In den Betrieben der juristischen Personen waren der Viehbesatz - und damit sowohl Unternehmensertrag als auch der Aufwand je ha LF - deutlich höher als in den Einzelunternehmen und Personengesellschaften. Der wirtschaftliche Erfolg blieb jedoch hinter dem der anderen Rechtsformen zurück.

Der **deutsche Agrarmarkt** ist wie der europäische in vielen Bereichen von hohen Überschüssen gekennzeichnet. Dies trifft in Deutschland insbesondere für Getreide, Zucker, Rind- und Kalbfleisch sowie Milch zu, während die Erzeugung von Obst, Gemüse, Ölsaaten, Schweine- und Geflügelfleisch sowie von Eiern geringer ist als der inländische Verbrauch.

Die in den letzten Jahrzehnten vorangetriebene Verflechtung der Landwirtschaft auf den internationalen Märkten hat dazu geführt, dass mittlerweile auf der Hälfte der deutschen Landwirtschaftsfläche für den Export produziert wird, während umgekehrt die in Deutschland verbrauchten Agrarprodukte nur noch zu etwas mehr als einem Drittel auf inländischen Ackerflächen angebaut werden. Diese Konstellation hat einen beträchtlichen **Transportaufwand** zur Folge. Regionale Produktions- und Konsumtionssyteme könnten diesen Transportaufwand deutlich reduzieren.

Durch die anhaltende Verschärfung der Wettbewerbssituation, sinkende Produktpreise und steigende Produktionsmittelpreise wird verstärkt bei den Produktionsmitteln gespart. Zum einen wird die Anwendung von →Agrarchemikalien reduziert und optimiert (→Extensivierung, →Integrierter Pflanzenbau, →ökologischer Landbau). Zum anderen nehmen die →Maschinengemeinschaften und gemeinschaftlichen Lagerkapazitäten zu. Die Verwendung von zertifiziertem →Saat- und →Pflanzgut nimmt seit längerer Zeit ab. Marginale Standorte (→Trockenrasen, Feuchtgrünland, Steil- und Hochlagen) werden aus der Bewirtschaftung genommen, da sie nur mit hohem Arbeitsaufwand zu bewirtschaften sind. Letzterem wirken allerdings zahlreiche Länderprogramme zur →Landschaftspflege entgegen.

Parallel zu dieser Entwicklung suchen landwirtschaftliche Betriebe verstärkt nach **Alternativen in Anbau und →Vermarktung**. Lieferverträge mit Firmen des verarbeitenden Sektors (→Vertragslandwirtschaft) sollen dazu beitragen, qualitätsbezogene Preise für die landwirtschaftlichen Produkte zu erzielen. Dies betrifft Lebensmittel ebenso wie →nachwachsende Rohstoffe. Die zunehmende Gründung von →Erzeugergemeinschaften dient dem Risikoausgleich der Vertragspartner.

Verstärkt greifen Betriebe zur **→Direktvermarktung**, schalten damit den Zwischenhandel aus und können höhere Preise für ihre Produkte erzielen oder zusätzliche Mengen absetzen. In vielen Fällen wirtschaften die Betriebe mit Direktvermarktung

Landwirtschaftliche Arbeitskräfte in der Landwirtschaft der EU-Staaten 1970/71 bis 1995

Staat bzw. EU	Arbeitskräfte [1000 Personen] im Jahr 1970/71	1975	1979/80	1985	1989/90	1995
Österreich	-	-	-	-	-	547
Belgien	284	221	186	157	141	122
Dänemark	-	236	234	158	139	141
Deutschland	2.735	2.215	1.983	1.740	1.776	1.325
Griechenland	-	-	-	2.070	1.544	1.513
Spanien	-	-	-	-	2.839	2.540
Frankreich	3.835	3.069	2.659	2.246	1.859	1.507
Irland	-	474	469	428	313	299
Italien	5.645	5.390	5.301	5.134	5.287	4.773
Luxemburg	19	16	12	10	9	7
Niederlande	357	332	303	295	289	276
Polen	-	-	1.950	-	1.561	1.172
Finnland	-	-	-	-	-	296
Schweden	-	-	-	-	-	164
Großbritannien	-	758	724	713	659	573
EU	-	-	8.923	-	-	15.258

Quelle: AGRA-EUROPE 36/97

nach den Richtlinien des ökologischen Landbaus. Zunehmend diskutiert wird die Rolle der Landwirtschaft für die Gestaltung und Pflege der →Kulturlandschaft.

AGRARSTRUKTUR DER EU: In der EU-15 führt der anhaltende →Strukturwandel zu einer geringeren Zahl von Betrieben, zu größeren Betriebseinheiten und zu weiterer →Spezialisierung der landwirtschaft-

Anzahl der landwirtschaftlichen Betriebe in den EU-Staaten 1970 bis 1995

Staat bzw.	Landwirtschaftliche Betriebe [1000] im Jahr				
EU	1970	1980	1987	1993	1995
Österreich	-	-	-	-	222
Belgien	184	115	93	76	71
Dänemark	-	123	87	73	69
Deutschland[1]	1.075	850	705	606	567
Griechenland	-	-	953	819	774
Spanien	-	-	1.792	1.383	1.278
Frankreich	1.588	1.255	982	801	735
Irland	-	224	217	159	153
Italien	2.850	2.634	2.784	2.488	2.482
Luxemburg	8	5	4	3	3
Niederlande	185	149	132	119	113
Polen	-	-	635	489	451
Finnland	-	-	-	-	101
Schweden	-	-	-	-	89
Großbritannien	-	269	260	243	235
Europa (EU-6)	5.888	5.007	4.700	-	-
Europa (EU-9)	-	5.623	5.264	-	-
Europa (EU-12)	-	-	8.644	7.264	6.930
Europa (EU-15)	-	-	-	7.814	7.342

[1] vor 1993 nur für die Alten Bundesländer

Quelle: AGRA-EUROPE 36/97

Landwirtschaftlich genutzte Fläche in den EU-Staaten 1970/71 bis 1995

Staat bzw.	Landwirtschaftlich genutzte Fläche [1000 ha] im Jahr					
EU	1970/71	1975	1979/80	1985	1989/90	1995
Österreich	-	-	-	-	-	3.425
Belgien	1.540	1.468	1.421	1.381	1.345	1.337
Dänemark	2.966	2.966	2.920	2.835	2.780	2.727
Deutschland	12.651	12.399	12.212	11.884	17.048	17.157
Griechenland	3.565	-	3.550	4.116	3.661	3.465
Spanien	-	-	-	-	24.531	25.230
Frankreich	29.940	29.464	29.278	28.487	28.186	28.267
Irland	-	5.077	5.049	4.996	4.442	4.325
Italien	17.179	16.486	15.858	15.601	14.947	14.685
Luxemburg	135	136	130	126	126	127
Niederlande	2.143	2.086	2.037	2.026	2.011	1.999
Polen	-	-	3.314	-	4.006	3.925
Finnland	-	-	-	-	-	2.192
Schweden	-	-	-	-	-	3.060
Großbritannien	17.711	16.469	17.098	16.830	16.499	16.449
Europa (EU-15)	-	-	-	-	-	128.370

Quelle: AGRA-EUROPE 36/97

lichen Betriebe bei gleichzeitigem Abbau von Arbeitskräften. Nach wie vor bestehen erhebliche Unterschiede in der Betriebsgrößenstruktur zwischen den EU-Mitgliedstaaten. Die Spannweite reicht nach der Agrarstrukturerhebung von 1995 von 70 ha LF im Vereinigten Königreich bis zu 4,5 ha in Griechenland. Insgesamt lässt sich ein deutliches N-S-Gefälle ausmachen. 57 % aller Betriebe in der EU-15 verfügten über weniger als 5 ha LF, wohingegen nicht einmal jeder dreißigste Betrieb 100 und mehr ha LF bewirtschafteten.

Mehr als die Hälfte der LF (53 %), die von 4,1 Mio. Betrieben bewirtschaftet wurde, zählte zu den benachteiligten Gebieten.

Ohne Berücksichtigung der Saisonarbeitskräfte waren rd. 15,3 Mio. Personen in der Landwirtschaft beschäftigt. Der weitaus überwiegende Teil der Arbeitsleistung wird von Familienarbeitskräften erbracht. Nur etwa 6 % aller in der Landwirtschaft Beschäftigten waren 1995 im Durchschnitt der EU-15 familienfremde Arbeitskräfte.

Die Nutzung der LF in der EU erfolgte zu 57 % als Ackerland, zu 35 % als Dauergrünland und zu 8 % durch Dauerkulturen.

3,9 Mio. oder 53 % aller Betriebe hielten Vieh. Die wichtigsten Länder mit Viehhaltung waren Frankreich, Deutschland, das U.K. und Italien. Insgesamt wurden 1995 rd. 85 Mio. Rinder, darunter 22,4 Mio. Milchkühe sowie 106,9 Mio. Schafe, 10,3 Mio. Ziegen, 111,9 Mio. Schweine und 982,5 Mio. Stück Geflügel gehalten. Bei den einzelnen Tierarten sind deutliche regionale Schwerpunkte festzustellen.

AGRARSTRUKTURELLE ENTWICKLUNGSPLANUNG: Abk. AEP; eine Weiterentwicklung der bis 1997 bestehenden und vorrangig auf die Anpassung der ➔Landwirtschaft an außerlandwirtschaftliche Vorgaben ausgerichteten *agrarstrukturelle Vorplanung* (AVP). Die ganzheitlich und interdisziplinär angelegte AEP soll dazu dienen, die Verflechtungen der Land- und Forstwirtschaft zu den vielfältigen Funktionen ➔ländlicher Räume herzustellen und daraus Schlüsse für Maßnahmen zur Verbesserung der ➔Agrarstruktur ziehen.

Die rechtliche Grundlage ist das Gesetz über die ➔Gemeinschaftsaufgabe "Verbesserung der Agrarstruktur und des Küstenschutzes", daneben das Flurbereinigungsgesetz und das ➔Bau- und Raumordnungsgesetz.

<u>Maßnahmenbereiche der Agrarstrukturellen Entwicklungsplanung:</u>

- Die Sicherung der Belange der Landwirtschaft bei zunehmender Flächeninanspruchnahme durch außerlandwirtschaftliche Funktionen im ländlichen Raum (Infrastruktur, Siedlung, Freizeit und Erholung, ➔Naturschutz)
- die Ausarbeitung von regionsspezifischen Entwicklungskonzepten und Vorschlägen zu umweltverträglicheren Formen der Landbewirtschaftung
- Untersuchungen zur Dorfentwicklung, Feststellung der Dorferneuerungsbedürftigkeit und
- die Ausarbeitung von Entwicklungskonzepten und Vorschlägen für zusätzliche Einkommensmöglichkeiten der Landwirtschaft, z.B. in den Bereichen Freizeit und Erholung und in der ➔Landschaftspflege.

Die AEP besitzt informellen Charakter und stellt daher eher eine Entscheidungshilfe für Fach- und Gesamtplanungen dar. Sie hat sowohl den Charakter eines Gutachtens, darüber hinaus liefert sie aber auch ein Grobkonzept für die Landentwicklung mit inhaltlichen, räumlichen und zeitlichen Prioritäten.

AGRARSTRUKTURFONDS: Als Teil der Strukturfonds der ➔Gemeinsamen Agrarpolitik trägt die Abteilung *Ausrichtung des Europäischen Ausrichtungs- und Garantiefonds* für die ➔Landwirtschaft in den Mitgliedsstaaten zur Finanzierung von Maßnahmen u.a. im Bereich der einzelbetrieblichen Förderung und zur Förderung der benachteiligten Gebiete durch Gewährung der Ausgleichszulage bei. (➔EUROPÄISCHER AGRARFONDS)

AGRARSTRUKTURPLANUNG: Eine auf die landwirtschaftlichen Belange ausgerichtete Regionalplanung als Teil der gesamtwirtschaftlichen Planung. Ihre Schwerpunkte sind: Förderung der ➔Landwirtschaft und Verbesserung der Flächenstruktur sowie Sicherung des Beitrages der Landwirtschaft zur Erhaltung der ➔Kulturlandschaft.

AGRARSTRUKTURPOLITIK: Unter bestimmten ➔Leitbildern und Zielvorstellungen hinsichtlich der einzelnen Elemente der ➔Agrarstruktur stehender Teilbereich der Politik. Sie umfasst vor allem jene Maßnahmen, die auf eine Beeinflussung der Faktoreinsatzstruktur landwirtschaftlicher Betriebe und der räumlichen Verteilung der landwirtschaftlichen Produktion abzielen.

Zentrales Ziel der Agrarstrukturpolitik der Bundesregierung ist es, eine leistungs- und wettbewerbsfähige ➔Landwirtschaft zu sichern, wobei alle Betriebe unabhängig von ➔Betriebsgröße, Organisationsform oder ➔Betriebssystem grundsätzlich gleichrangig zu behandeln sind. Außerdem geht es darum, den ➔ländlichen Raum funktionsfähig zu erhalten und weiterzuentwickeln.

Im Rahmen der Agrarstrukturpolitik setzen sich Bund und Länder dafür ein, dass

- die in der Landwirtschaft Beschäftigten mit ihren Familien an der gesamtwirtschaftlichen Entwicklung teilhaben

- die Lebens- und Arbeitsverhältnisse im →ländlichen Raum sich den gesamtgesellschaftlichen Verhältnissen angleichen
- qualitativ hochwertige Nahrungsmittel und →nachwachsende Rohstoffe erzeugt werden und
- durch eine markt- und standortangepasste Landbewirtschaftung zur Erhaltung der →Umwelt, der Natur und einer vielfältigen →Kulturlandschaft beigetragen wird

Dabei ist eine enge Abstimmung mit anderen Politikbereichen wie →Raumordnung, →Landesplanung, →Natur- und Landschaftsschutz erforderlich. 1996 sah der Bundeshaushalt 2,4 Mrd. DM für die Agrarstrukturpolitik vor. Schwerpunkt war die einzelbetriebliche Investitionsförderung.

An den Maßnahmen der Agrarstrukturpolitik beteiligt sich die EU mit unterschiedlichen Sätzen, die in den einkommensschwächeren Mitgliedsländern höher sind als in den einkommensstarken. Die Finanzierung erfolgt aus der Abteilung Ausrichtung des → Europäischen Agrarfonds (EAGFL). Der Einsatz dieser Mittel ist koordiniert mit denen des *Europäischen Fonds für regionale Entwicklung* und des *Europäischen Sozialfonds.*

Neue Aufgaben für die Agrarstrukturpolitik ergaben sich mit der Wiedervereinigung Deutschlands. Dabei war es wichtig, die gesetzlichen Voraussetzungen für die →Wiedereinrichtung landwirtschaftlicher Einzelbetriebe sowie für die Umwandlung und Umstrukturierung der ehemaligen →Landwirtschaftlichen Produktionsgenossenschaften (LPG) zu schaffen. Damit verbunden war auch der Beginn einer Privatisierung der ehemals volkseigenen land- und forstwirtschaftlichen Flächen und Betriebe, die sich in der Verwaltung der Treuhandanstalt befanden, u.a. 1,9 Mio. ha landwirtschaftliche Fläche.

Zur Gewinnung und Erhaltung der Leistungs- und Wettbewerbsfähigkeit der deutschen landwirtschaftlichen Betriebe wird ein Bündel aufeinander abgestimmter Maßnahmen der einzel- und überbetrieblichen Förderung eingesetzt. Einen Schwerpunkt bildet dabei die →*Gemeinschaftsaufgabe "Verbesserung der Agrarstruktur und des Küstenschutzes"*, deren Maßnahmen von den Ländern durchgeführt, jedoch gemeinsam von Bund und Ländern geplant und finanziert werden; der Bund bringt ca. 60 % auf. Kernpunkte sind:

- Einzelbetriebliche Förderung
- Wasserwirtschaft
- Küstenschutz
- →Flurbereinigung
- →Dorferneuerung

Zusätzlich werden auch Maßnahmen aus der →Reform der Gemeinsamen Agrarpolitik in die Gemeinschaftsaufgabe aufgenommen, beispielsweise die Erstaufforstung oder umweltgerechte landwirtschaftliche Produktionsverfahren.

Trotz dieser umfassenden Konzepte entwickelten sich z.B. in Deutschland tiefgreifende soziale und regionale Einkommensdisparitäten innerhalb des Agrarsektors. Neben diversen innerlandwirtschaftlichen Ursachen und den gesellschaftlichen Rahmenbedingungen sind diese auch auf die nationale und die europäische →Agrarpolitik zurückzuführen. Die unter dem Einfluss der Bauernverbände und des →Agribusiness perfektionierte Agrarmarkt- und Agrarpreispolitik begünstigt weiterhin - ideologisch getarnt als Förderung der →bäuerlichen Familienbetriebe - vornehmlich die mit hohem Machtpotential ausgestatteten großen Landwirte.

In *Entwicklungsländern* liegt der Schwerpunkt der Agrarstrukturpolitik bei der Reform der Eigentums- und Besitzverhältnisse und auf der →Bodenbewirtschaftungsreform zur Steigerung der Produktion.

AGRARSYSTEM: 1. Auch *Agrosystem*; die auf das übergeordnete Wirtschafts- und Sozialsystem ausgerichteten Ausprägungen der institutionellen wirtschafts- und sozialorganisatorischen und -ethischen Verhältnisse in der Landwirtschaft (*H. Röhm*, nach *Andreae* 1983). Der Gebrauch des Begriffes System für die Teile einer solchen Klassifizierung impliziert, dass es dabei zu einem zweckvollen Ineinandergreifen verschiedener Kräfte und Faktoren kommt, die voneinander abhängig sind. Charakteristisch für ein System ist ferner, daß es als Ganzes auf einen Stimulus gegenüber einem beliebigen seiner Teile reagiert. Innerhalb der in obiger Tabelle aufgelisteten großen Klassen von Agrarsystemen kann eine Vielfalt von Subsystemen existieren, die jeweils bestimmte wichtige Merkmale teilen. Agrarsysteme können sich entsprechend ihrer Definition u.a. hinsichtlich der in ihnen praktizierten Lebensweise, ihrer Gebundenheit an bestimmte Regionen oder ihres Auftretens in einem bestimmten Abschnitt der soziokulturellen Entwicklung eines Raumes unterscheiden. Entschei-

Gliederung der wichtigsten heutigen Agrarsysteme unter Betonung der Verhältnisse in der Dritten Welt

- Stammes- und Sippenlandwirtschaft, Wandertierhaltung, →Wanderfeldbau
- Familienlandwirtschaft
- Kapitalistische Landwirtschaft
- Feudalistische →Landwirtschaft, Rentenfeudalismus, Latifundienwirtschaft
- Kollektivistische Landwirtschaft, sozialistische Agrarsysteme, kommunistische Agrarsysteme

Quelle: Kuhnen 1980, zitiert nach Andreae 1984, leicht verändert

Vereinfachte Darstellung des Agrarsystems in Industrieländern

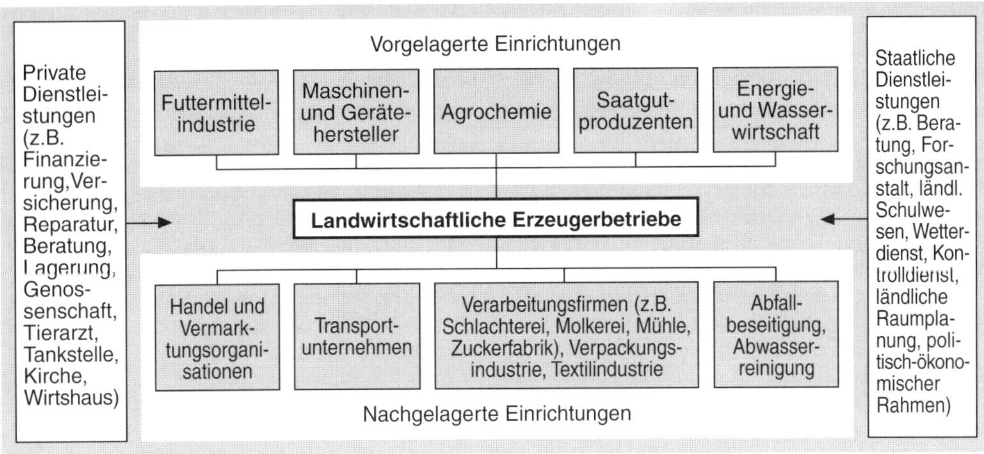

Quelle: nach Spielmann 1989 (verändert)

dend für das Auftreten spezifischer Agrarsysteme ist ein jeweils unterschiedlich zusammengesetztes und gewichtetes Bündel der allgemein für die Landwirtschaft gültigen Standortfaktoren.
In Industrieländern umfasst das Agrarsystem und seine Subsysteme neben den Agrarproduzenten auch die Tätigkeitsfelder der vor- und nachgelagerten Wirtschaftsbereiche (vgl. Abb. oben). In Entwicklungsländern sind Agrarsysteme wegen geringerer gesamtwirtschaftlicher Diversifizierung und Spezialisierung erst in Ansätzen vorhanden. Funktionen, die in Industrieländern nicht (mehr) von der ➔Landwirtschaft wahrgenommen werden, gehören hier noch teilweise zum Aufgabenbereich der ➔Bauern (Herstellung von Werkzeug, Vermarktung, Verarbeitung u.w.)
2. Bezeichnung für die landwirtschaftlichen Funktionseinheiten ('operational units' nach *Spedding*), die unterschiedlichste Varianten hinsichtlich Größe und Komplexität aufweisen können und die dann mit den Begriffen ➔Unternehmen, ➔Farm, ➔Plantage belegt oder auf die Landwirtschaft einer Region oder eines Staates bezogen sein können.
Mögliche Kriterien zur Gliederung der Agrarsysteme und ihrer Anordnung im ➔Agrarraum sind:

- ökologische Aspekte, z.B. aufbauend auf dem Muster der Klima- und Vegetationszonen (Produktionspotential) oder hinsichtlich des Grades menschlicher Eingriffe in ➔Ökosysteme (natürliche, manipulierte, transformierte Ökosysteme)
- ökologisch-/Input-orientierte Kriterien (ressourcenreiche, ressourcenarme, industrielle Landwirtschaft)
- soziale Merkmale (z.B. Eigentums- und Pachtformen, Erbsitten, Betriebsgrößen, Erwerbsfunktion, Arbeitsverfassung)
- Merkmale des Produktionsprozesses (vielgestaltiger Einsatz der ➔Produktionsfaktoren, Produktionsmethoden)
- Merkmale der ➔Produktivität und des Produktionsziels (Flächen- und Arbeitsproduktivität, Vermarktungsquotient, Spezialisierungsgrad)
- Merkmale der ➔Agrarstruktur (z.B. Bodennutzungssysteme, Anteil der tierischen Produktion)

Die genannten Kriterien lassen sich je nach Zielsetzung zu mehr oder weniger komplexen Klassifikationssystemen kombinieren. Allerdings ist festzuhalten, dass eine allgemein anerkannte Klassifizierung aller Agrarsysteme und eine darauf aufbauende Regionalisierung des Agrarraums bis heute noch nicht vorliegt.
Immerhin vermag die Definition eines Agrarsystems, der jeweiligen ➔Betriebsform und der physisch- sowie der kulturgeographischen Lage eine bestimmte ➔Agrarregion zumeist hinreichend zu charakterisieren.

AGRARTRANSFORMATION: Bezeichnung für die Reformbemühungen der ➔Gemeinsamen Agrarpolitik, bei der deren planwirtschaftliche Elemente mit stark produktions-, struktur- und investitionslenkendem Charakter bis 2005 nach und nach abgeschafft und in marktwirtschaftsverträgliche Instrumente umgewandelt werden sollen. Im einzelnen kann dies bedeuten:
1. Deregulierung und Flexibilisierung der Arbeitsmärkte als zentrales Aufnahmemedium für ausscheidende ➔Landwirte.
2. Weitere allmähliche Annäherung der EU-Agrarpreise aller Produkte an das durch die GATT-Beschlüsse sich verändernde Weltmarktpreisniveau.

3. Flexibilisierung und Abschaffung aller Produktionsquoten und quotenähnlicher Mechanismen auf Produkt- und Faktormärkten bis zum Jahr 2005.
4. Verzicht auf handelslenkende administrative Eingriffe für den Fall bindender GATT-Exportquoten auf Einzelmärkten und Verzicht auf Exporterstattungen generell als weitestgehende Entscheidung.
5. Volle Entkopplung der Preisausgleichszahlungen von den aktuellen Produktions- und Faktoreinsatzmengen und zeitliche Befristung der Zahlung.
6. Honorierung nicht-marktbezogener Leistungen der Landwirte und anderer Berufsgruppen nach Maßgabe der gesellschaftlichen Knappheiten und der individuellen Zahlungsbereitschaften für diese öffentlichen Güter.
7. Neuformulierung des Prinzips der finanziellen Solidarität im Sinne einer stärkeren Mitverantwortung der Mitgliedsländer bzw. der Regionen für die Ausgestaltung und Finanzierung von direkten Einkommenstransfers an die →Landwirtschaft.
8. Vorsichtige Öffnung des Agrarmarkts nach Osteuropa; Verzicht auf Übertragung der derzeitigen →Gemeinsamen Agrarpolitik; begrenzte Mitteltransfers für Struktur- und Regionalprogramme; Anreize für private Direktinvestitionen in den MOE-Ländern.
9. Verfolgung umwelt-, regional-, struktur- und beschäftigungspolitischer Ziele mit sektorübergreifenden Politikkonzepten (z.B. Politik für den →ländlichen Raum) und nicht mit der dabei überforderten →Agrarpolitik.
10. Wahl von Instrumenten zur Bekämpfung von Umweltbelastungen unter Beachtung ihrer Wirtschaftsverträglichkeit und ihrer Konsequenzen für alle Umweltschutzgüter; gegebenenfalls monetäre Bewertung und Bilanzierung der verschiedenen Umwelteffekte sowie Nutzung aller bio-, gen- und informationstechnologischen Fortschritte zum umweltgerechteren Produzieren.

AGRARÜBERSCHÜSSE: Bezeichnung für Angebotsüberhänge auf →Agrarmärkten, insbesondere in der →Europäischen Union. Die Höhe der Überschüsse ist eine Folge der protektionistischen Agrarpreispolitik. Sie verursachen Ausgaben der öffentlichen Haushalte für Exporterstattungen.

AGRARUMWELTPOLITIK: Alle politischen Maßnahmen (einschließlich der →Agrarmarkt- und →Agrarstrukturpolitik), die über eine Beeinflussung der landwirtschaftlichen Produktion auf eine Veränderung der Quantität und/oder Qualität von Umweltgütern abzielen und letztlich das Konzept einer →nachhaltigen →Landwirtschaft verfolgen. Zu den Umweltgütern zählen nicht nur die Umweltmedien →Boden, Wasser und Luft, sondern auch die →Landschaften (Nutzungs- und Bewirtschaftungsformen) und →Biotope, sowie die →Artenvielfalt, die durch die Landwirtschaft beeinflusst wird. Prinzipiell gelten für die Agrarumweltpolitik die üblichen umweltpolitischen Prinzipien. Es werden unterschieden:

• *Das Verursacherprinzip* - danach sollen die Kosten der Vermeidung, Beseitigung oder zum Ausgleich von Umweltbelastungen dem Verursacher zugerechnet werden. Es entspricht einer Aufforderung zur Internalisierung negativer →externer Effekte. Damit soll das Interesse an einer Umweltschonung bei jeglichen wirtschaftlichen Aktivitäten zum Eigeninteresse werden. Umgekehrt wird bei positiven externen Effekten eine Honorierung der Umweltverbesserung verlangt. Das Verursacherprinzip gilt insofern als marktwirtschaftliches Prinzip.
Eine strikte Anwendung des Verursacherprinzips im Agrarbereich ist problematisch, da die durch den Umweltschutz erhöhten Kosten z.Z. nicht an die Verbraucher im Produktpreis übergewälzt werden können.

• *Das Vorsorgeprinzip* - danach sollen umweltrelevante Maßnahmen so getroffen werden, dass von vorneherein möglichst sämtliche Umweltgefahren und Risiken, auch für die ungewisse Zukunft, vermieden und damit die Naturgrundlagen geschützt und schonend in Anspruch genommen werden. Das Vorsorgeprinzip dient stark der intergenerationellen Gerechtigkeit.

• *Das Gemeinlastprinzip* - das "herkömmliche" Gemeinlastprinzip als Variante I besagt, dass die öffentliche Hand anstelle der Verursacher tätig wird, um die Umweltbeeinträchtigungen mit öffentlichen Mitteln direkt oder indirekt zu vermindern (Ausgleichszahlungen für Umweltentlastungen). Folglich haben diese Maßnahmen keine Bindung an den Markt. Als ergänzende Strategie besitzt das Gemeinlastprinzip dennoch eine Berechtigung, beispielsweise um politische Widerstände der Landwirtschaft gegen Umweltschutzmaßnahmen zu überwinden und somit die Konsensfindungskosten für langwierige parlamentarische Entscheidungen oder Rechtsstreitigkeiten zu senken oder um hochgradig gefährdete →Biotope noch rechtzeitig zu retten.
Das "Nutznießerprinzip" als Variante II besagt, dass der durch die Umweltbelastung Beeinträchtigte oder Geschädigte für die Reduzierung dieser Belastungen durch Zahlungen sorgen soll. Entsprechend zahlen die Nutznießer einer umweltpolitischen Maßnahme einen Betrag an diejenigen, die durch ihre umweltkonforme Tätigkeit Einkommenseinbußen erleiden.

• *Das Kooperationsprinzip* - es beinhaltet die Mitverantwortlichkeit und Mitwirkung der Betroffenen von umweltbeeinträchtigenden wirtschaftlichen und sonstigen Aktivitäten und die Beteiligung bei geplanten oder durchzuführenden umweltschützenden Maß-

Überblick über die Instrumente der Agrarumweltpolitik

Instrumente der Umweltpolitik	Instrumente der Agrarpolitik
Nicht-fiskalische Instrumente • zwangfreie Instrumente • Änderung umweltrechtlicher Rahmenbedingungen • umweltplanerische Instrumente • Umweltauflagen • sonstige nicht-fiskalische Instrumente *Instrumente mit öffentlichen Ausgaben* • umweltverbessernde Aktionen öffentlich-rechtlicher Institutionen • Induzierung umweltverbessernder Aktivitäten • Finanzierung des institutionellen Umweltschutzes • sonstige Instrumente mit öffentlichen Ausgaben *Instrumente mit öffentlichen Einnahmen* • Lenkungsabgaben • Finanzierungsabgaben • sonstige Instrumente mit öffentlichen Einnahmen	*Preispolitik* • allgemeine Preisänderungen • Preisdifferenzierungssysteme • sonstige preispolitische Instrumente *Strukturpolitik* • Flurbereinigung • Erhaltung bzw. Förderung bestimmter Strukturen • sonstige strukturpolitische Instrumente *Marktpolitik* • Flächenstillegung • Förderung nachwachsender Rohstoffe • Förderung der allgemeinen Extensivierung • sonstige marktpolitische Instrumente *Sozialpolitik* • direkte Einkommenstransfers • Vorruhestandsregelung • sonstige sozialpolitische Instrumente

Quelle: Gottschewski 1994

nahmen. Agrarumweltpolitische Werthaltungen und Ziele, wie sie beispielsweise im Leitbild einer nachhaltigen Landwirtschaft zum Ausdruck kommen, können mit Hilfe eines Bündels von Instrumenten verwirklicht werden.
(➔NACHHALTIGE ENTWICKLUNG IM BEREICH DER LAND- UND FORSTWIRTSCHAFT)

AGRARVERFASSUNG: Die Gesamtheit der rechtlichen und sozialen Ordnungen und Gegebenheiten, die die Beziehungen der agraren Bevölkerung untereinander, zum ➔Boden und zu ihrer Umgebung als Ergebnis historischer Prozesse regelt. Die Agrarverfassung ist somit Teil der rechtlichen und sozialen Ordnung einer Gesellschaft. Als identischer Begriff wird die soziale ➔Agrarstruktur gesehen.

<u>Wesentliche Elemente der Agrarverfassung:</u>

1. ➔*Grundbesitzverfassung*
- Betriebsgrößen
- Art der Verfügungsgewalt über den ➔Boden
  - Individualwirtschaft (natürliche oder juristische Personen)
  - Kollektivwirtschaft (staatliche oder gemeinschaftliche Verfügungsgewalt)
- Bodeneigentums- und Besitzformen

2. *Arbeitsverfassung*
- Familienarbeitsverfassung
  - ausschließliche Beschäftigung von Familienangehörigen
  - zusätzliche Beschäftigung von familienfremden Personen
- Fremdarbeitsverfassung
  - Lohnarbeitsverfassung (dauerhaft oder temporär angestellte Arbeitnehmer, dazu gehören u.a. auch Plantagenarbeiter, ländliche Gelegenheitsarbeiter, Wanderarbeiter, Landarbeiter mit Kleinbetrieben, Kolonen)
  - Arbeitspachtverfassung (Betriebsbewirtschaftung mit Hilfe von Personen, denen ein Teil des Betriebsgeländes zur Eigenbewirtschaftung überlassen und anstelle oder neben der Zahlung einer Pachtsumme eine bestimmte Arbeitsleistung abverlangt wird.)
- kooperative oder kollektive Arbeitsverfassung

3. ➔*Erwerbscharakter* (auch: Erwerbsfunktion)
- ➔Haupterwerbsbetriebe
  - ➔Vollerwerbsbetriebe
  - ➔Zuerwerbsbetriebe
- ➔Nebenerwerbsbetriebe

Aus der Vielfalt der gegebenen Bedingungen und bestehenden Bedürfnisse haben sich historisch und räumlich sehr unterschiedliche Agrarverfassungen entwickelt. Ein ausführliches Merkmalsraster der Agrarverfassung findet sich bei *Planck/Ziche* (1979).

<u>Wichtige Gestaltungskräfte der Agrarverfassung sind:</u>
- naturbedingte Merkmale wie Klima, Bodenverhältnisse, Geländegestalt, wobei das Ausmaß der Naturbeherrschung die Wirksamkeit bestimmt
- gesellschaftliche Merkmale wie politische Überzeugungen und Ideologien, Rechtsordnungen, Stadien wirtschaftlicher Entwicklung, technologische Entwicklung, Bevölkerungsänderungen,

Wirtschafts- und Sozialstruktur, Änderungen der Wertvorstellungen und Erwartungen sowie äußere Einflüsse (Kolonialismus, Neokolonialismus)

In der Agrarverfassung der BR Deutschland, die das Resultat eines evolutionären Prozesses und historisch gewachsener Strukturen (im Teilraum der ehemaligen DDR unterbrochen durch die Episode eines staatsrevolutionären Umbruchs) darstellt, spielt das private Eigentum eine zentrale Rolle. Der existenzfähige ➔*bäuerliche Familienbetrieb*, der einer Familie ausreichendes Einkommen garantiert, war bis vor wenigen Jahren das sozial-ökonomische Leitbild. Mittlerweile benutzt die Bundesregierung die Formel "*bäuerliche Landwirtschaft*", nicht zuletzt eine Reaktion auf die Einrichtung transfamilialer Unternehmensstrukturen in den neuen Bundesländern.

AGRARZONE: Teil des ➔Agrarraums, welcher sich global den Klima- und Vegetationsgürteln anlehnt, aber ebensowenig wie diese breitenkreisparallel angeordnet oder durchgängig ist. Er wird aus diesem Grunde für wenig sinnvoll erachtet. Größenmäßig entspricht er innerhalb einer hierarchischen Gliederung des Agrarraums am ehesten der ➔Agrarregion.

AGRIBUSINESS: Ein auf ein Konzept von *Davis* und *Goldberg* (Harvard School for Business Administration) aus den fünfziger Jahren zurückgehender Begriff, der einen über den traditionellen Agrarsektor hinausgehenden, übergreifenden Produktionskomplex bezeichnet. Agribusiness umfasst danach alle Wirtschaftsbereiche im Zusammenhang mit der ➔Landwirtschaft.

Für Deutschland wurde erstmalig die Bedeutung des Agribusiness näherungsweise auf der Basis des Jahres 1995 ermittelt. Notwendige Schätzungen und die Beschränkung auf die wichtigsten Wirtschaftsbeziehungen machen die Angaben noch unsicher.

Wirtschaftliche Bedeutung des Agribusiness in Deutschland 1995

Wirtschaftsbereiche	Produktionswert [Mrd. DM]	Bruttowertschöpfung [Mrd. DM]	Erwerbstätige [1.000 Pers.]
Vorgelagerte W.	22	7	87
Landwirtschaft W.	61	26	801
Nachgelagerte W.	880	179	3.273
Sonstige	18	8	81
Insgesamt	981	221	4.241

Quelle: Agrarbericht 1998

Auch für den Arbeitsmarkt stellt das Agribusiness eine nicht zu vernachlässigende Größe dar. So waren 1995 rd. 4,2 Mio. Personen in diesem Sektor beschäftigt. Das entspricht 12,2 % aller Erwerbstätigen.

Viele Elemente des Agribusiness finden sich auch in bestimmten Auffassungen des Begriffs ➔*Agrarsystem* wieder, wobei dieser weit über den rein wirtschaftlichen Aspekt hinausgeht.

Die gelegentlich anzutreffende Verengung des Begriffs Agribusiness auf das deutsche Wort "Nahrungswirtschaft" scheint angesichts der zunehmenden Bedeutung der Produktion von ➔nachwachsenden Rohstoffen durch die Landwirtschaft nicht angemessen.

Elemente des Agribusiness-Systems

Vorgelagerter Bereich (Schaffung der technischen Voraussetzungen für den Landbau)	Futter- oder Düngemittel-, Landmaschinen-, Pflanzenschutzindustrie, Landhandel, Teilbereiche von Genossenschaften
Landwirtschaft im weiteren Sinne	Pflanzenbau, Tierhaltung, Anbau von Sonderkulturen, nachwachsenden Rohstoffen; als Begleitkulturen die Binnenfischerei und die Forstwirtschaft
Nachgelagerter Bereich (Absatzwirtschaft für Agrarprodukte, Teile des Lebensmittelhandels und der Gastronomie, Ernährungsindustrie und -handwerk)	u.a. Landhandel, Teilfunktionen von Genossenschaften, Zuckerfabriken, Mühlen, Molkereien, Schlachthöfe, Nahrungsmittelverarbeitung, Brauereien, Brennereien, chemische Industrie als Abnehmer nachwachsender Rohstoffe
Beigeordneter Bereich (koordinierende, kontrollierende, steuernde, beratende Funktionen)	u.a. Agrarverwaltung, Flurbereinigungsbehörde, Wasserwirtschaft, Veterinärmedizin, Genossenschaften, Verbände, Kredit- und Versicherungswesen, Weiterbildung

Merkmale des Agribusiness

- hoher Kapitaleinsatz
- Produktion unter industriellen Maßstäben
- hohe Produktivität
- geringer Gewinn je Einheit
- wenig Arbeitskräfteeinsatz

Das Agribusiness ist als **Ergebnis der fortschreitenden Arbeitsteilung** zu sehen. Im Verlauf dieser Entwicklung hat sich das vielseitige Produktionsprogramm des hauswirtschaftlich-landwirtschaftlichen Betriebes durch Ausgliederungen stark vereinfacht, die Funktion des →Landwirts wurde gleichzeitig auf die des Rohstofferzeugers reduziert. Ohne fachgerechte Homogenisierung, Stabilisierung und Konservierung und ohne Marketingstrategien bzw. moderne Vertriebslogistik, wie sie der Fachhandel und die großen Ladenketten erwarten, kann der Produzent seine Güter allenfalls in Nischenbereichen (z.B. Produkte des →ökologischen Landbaus) absetzen. In der Regel wird die Produktionskette heute von ihrem Ende her gesteuert. In diesem nachgelagerten Bereich werden zugleich bei der Wertschöpfung die höchsten Gewinne erzielt, während in den Anfangsstufen nur noch geringe Gewinne zu erwirtschaften sind.
Daneben gibt es einen - deutlich schwächeren - Vorgang der **Eingliederung von industriellen Prozessen** in die Landwirtschaft (Erzeugung nachwachsender Rohstoffe, Schaffung neuer Produkte).

Der zur Beschreibung des Produktionssystems eigentlich wertneutrale Begriff wurde zur Beschreibung der **Expansion kapitalistischer Produktionsweisen** und dem **Vordringen transnationaler Nahrungsmittelkonzerne** ideologisch befrachtet, so dass "Agribusiness" heute nicht mehr nur für das Produktionssystem, sondern auch für die Institution Verwendung findet, die das System kontrolliert und die Gewinne abzweigt, d.h. insbesondere für die multinationalen Unternehmen (*transnational agribusinesses*). Insbesondere die Rolle, welche diese Agribusiness-Unternehmen in Entwicklungsländern spielen, wird sehr kritisch gesehen.
In den USA beherrschen nach *Sick* (1993) überbetriebliche Unternehmensformen in steigendem Maße den gesamten Produktions- und Vermarktungsprozess und schränken die Entscheidungsfreiheit des einzelnen Farmers, der den hohen Kapital- und Organisationsaufwand nicht mehr leisten kann, ein (*corporate invasion*). Große, z.T. nicht-agrarische Kapitalgesellschaften (*agribusiness firms*) organisieren und finanzieren die →horizontale und →vertikale Integration in der Agrarwirtschaft. Dabei werden die Produzenten durch Verträge (*contract farmers*) gebunden und die Produktionsstufen zentral koordiniert.
Entsprechende Entwicklungen sind auch für Europa zu erwarten. Die europäische Landwirtschaftspolitik (→GEMEINSAME AGRARPOLITIK) arbeitet dem Agribusiness zu. Sie orientiert sich an dem industriellen Modell "rationeller Fertigung": Ein-

Die Bedeutung von multinationalen Agribusiness-Unternehmen bei typischen Agrarprodukten aus der 3. Welt

Agrarprodukt	Unternehmen	Kommentar
Kakao	Cadbury-Schweppes, Gill & Duffus, Rowntree (alle Großbritannien), Nestlé (Schweiz)	Diese 4 Firmen kontrollieren 60-80 % der globalen Kakao-Verkäufe
Tee	Brooke Bond, Unilever; Cadbury-Schweppes, Allied Lyons, Nestlé (alle Europa); Standard Brands, Kellogg, Coca-Cola (alle USA)	Diese Firmen bestreiten ca. 90 % des Tee-Marktes in Westeuropa und in Nordamerika
Kaffee	Nestlé (Schweiz), General Foods (USA)	Zusammen ca. 20 %-Weltmarktanteil
Zucker	Tate and Lyle (Großbritannien)	Diese Firma kauft ca. 95 % des Rohrzuckers ein, der in die EU geliefert wird
Molasse	Tate and Lyle (Großbritannien)	Deren Tochter United Molasses kontrolliert ca. 40 % des Welthandels
Palmöl	Unilever (Großbritannien-Niederlande), Lesieur (Frankreich)	Dominanz von Unilever
Tabak	BAT (Großbritannien), R.J. Reynolds (USA), Philip Morris (USA), Imperial Group (Großbritannien), American Brands (USA), Rothmans (Großbritannien-Südafrika)	Diese Firmen kontrollieren zwischen 89 und 95 % des Welthandels mit Blatt-Tabak
Baumwolle	Velkart, Cargill (USA), Bunge (Durch), Ralli Brothers (Großbritannien), Soga Sosho (Japan), Bambax, Blanchard	Zusammen mit neun weiteren Firmen kontrollieren sie 85-90 % des Welthandels

Quelle: Douglas u.a. 1996

Die zehn größten Nahrungsmittelkonzerne der Welt 1995

Firma	Hauptsitz	Umsatz im Nahrungsmittelbereich [Mio. US-$]	Anteil am Gesamtumsatz [%]
Nestlé SA	Schweiz	46.400	99
Philipp Morris Inc.	USA	33.035	50
Unilever PLC/NV	Großbrit./Niederl.	25.300	56
ConAgra Inc.	USA	20.345	84
Coca-Cola Co.	USA	18.018	100
PepsiCo Inc.	USA	16.123	53
Mars Inc.	USA	13.500	100
Cargill Inc.	USA	12.929	28
Archer Daniels Midland	USA	12.672	100
Kirin Brewery Co.	Japan	12.626	97

Quelle: Rural Advancement Foundation International, aus: Der Kritische Agrarbericht 1998

heitlichkeit, Lagerfähigkeit, große Stückzahlen. Die Effektivität dieser Maßnahmen scheint außer Zweifel, die ha-Erträge steigen seit ihrer Umsetzung.
Die nahbereichsorientierten Wirtschaftskreisläufe, die durch lokal und regional verwurzelte Unternehmen, Genossenschaften, Banken und Vertriebskanäle gesteuert wurden, befinden sich unter dem Einfluss technologischer und organisatorischer Innovationen sowie politischer Rahmensetzungen der EU in zunehmender Auflösung.
Mit Hilfe der ➔**Biotechnologie** wird eine umfassende Kontrolle und Standardisierung agrarbiologischer Systeme angestrebt. Es werden **Technologiepakete** entwickelt, die nur in einer integrierten Anwendung und unter Anleitung und unter Kontrollinstrumentarien der Industrie zum Erfolg führen.
Beispiele für Technologiepakete:
• Saatgut oder Pflanzgut, piliert und mit den dazupassenden Wachstumsförderern und ➔Pflanzenschutz- und ➔Düngemitteln umgeben; standardisierte Anbau-, Spritz-, Dünge- und Erntepläne in Verbund mit den entsprechenden ➔Betriebsmitteln, Diagnoseinstrumentarien auf Biosensor-basis, Grundwasser- und Bodenmanagementpläne und entsprechende Maßnahmen, Varianten des ➔precision farming.

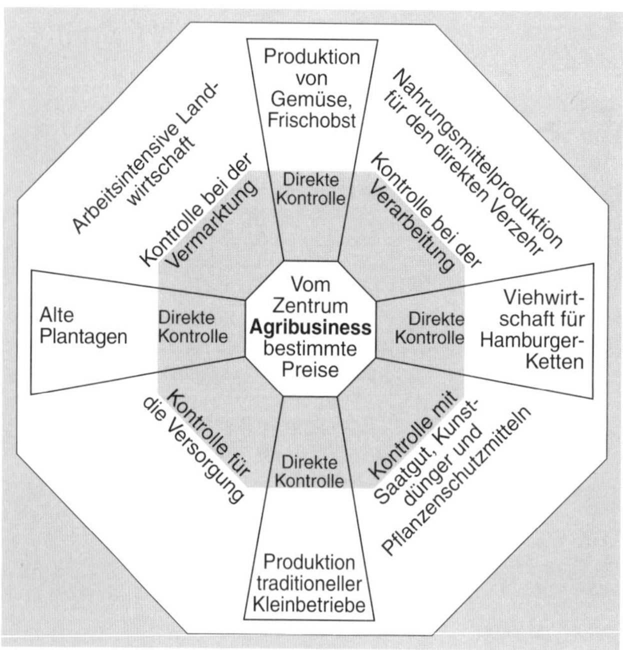

Modell globaler Verflechtungen in der Agrarwirtschaft zwischen Industrie- und Entwicklungsländern mit zunehmenden Kontrollen durch das Agribusiness

Quelle: Mikus, W. 1994, verändert

• Embryos, ertragsoptimiert und standardisiert, neue Tierarzneimittel, Wachstumshormone und optimaler Herdenmanagementplan inklusive der Gesundheitsdienste, Leistungen, die mit bestimmten Substanzen ein- und ausschaltbar sind, dazu kommen ein integrierter Service- und Dienstleistungsbetrieb inklusive der Finanzierung und Versicherung.

Entsprechende Konzepte bestehen auch für den nachgelagerten Sektor des Agrarkomplexes. Beispielhaft hierfür sind folgende zwei Strategien:

• Das "Agro-Raffinerie-Konzept": Es ist charakterisiert durch Ganzpflanzensysteme, die auf hohe Massenerträge abzielen. Die Pflanzen werden dabei in den "Agroraffinerien" in ihre Bestandteile aufgegliedert, und die Zwischenprodukte an die Chemie-, Futtermittel- und Nahrungsmittelindustrie weitergegeben.

• Das "Bio-Factory-Konzept": Hier werden Spezialpflanzen eingesetzt, wobei nur die in ihren Eigenschaften spezifisch veränderten Pflanzenbestandteile in einer Spezialfabrik verarbeitet werden.

Als Folge solcher Konzepte wird die Landwirtschaft in die Konzepte und Strategien der Großindustrie eingegliedert.

U.a. stehen folgende Einwände gegen das System des Agribusiness seiner Effektivität gegenüber:

- Zur Erzielung hoher ha-Erträge werden die Äcker flächendeckend mit ➔Pestiziden behandelt.
- Um die Tierproduktion zu steigern, werden mit der hohen Kaufkraft von Unternehmen aus Industrieländern ➔Futtermittel aus der Dritten Welt importiert. Dort fehlen die Ackerflächen für die Ernährung der Bevölkerung. (➔Futtermittelimporte)
- Die Überschüsse sind so hoch, dass ein bedeutender Teil der produzierten Nahrungsmittel wieder vernichtet werden muss.
- Die intensivierte und chemisierte Landwirtschaft bewirkt eine hohe Umweltbelastung.
- Die Folgen des Einsatzes genmanipulierter Pflanzen sind ungeklärt.
- Die Vereinheitlichung des Saatgutes bewirkt langfristig eine genetische Verarmung.

Das traditionelle Belt-Konzept in den USA

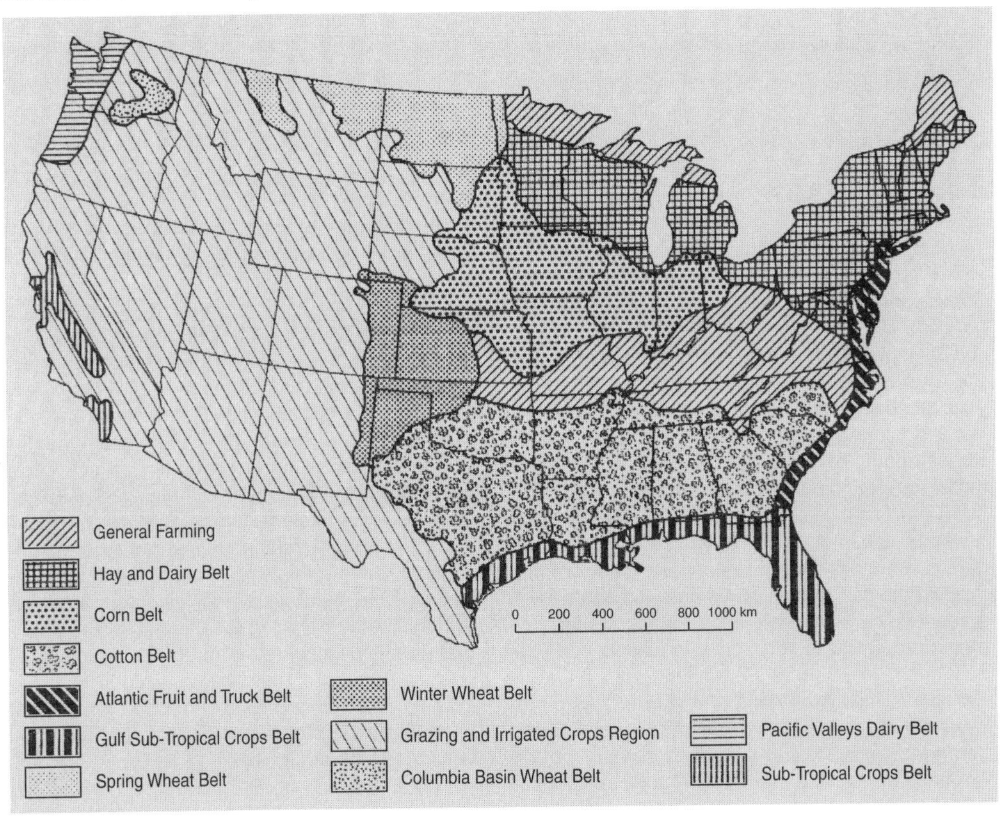

Quelle: Klohn u. Windhorst 1997

Räumliche Struktur der US-amerikanischen Agrarwirtschaft zu Beginn der 90er Jahre

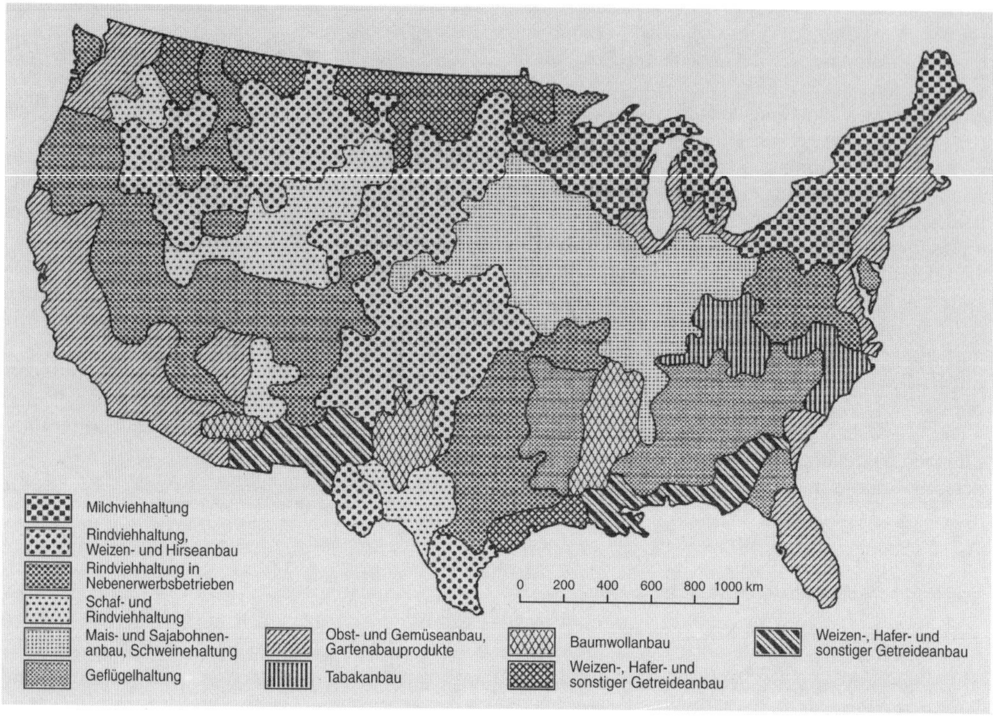

Quelle: Klohn u. Windhorst 1997

AGRICULTURAL BELT: Überholtes Konzept zur Beschreibung und kartographischen Darstellung von Teilräumen der USA mit vermeintlich bestehender einheitlicher Agrarstruktur. Eine derart einheitliche Struktur innerhalb der belts hat aber nie bestanden, so dass die Benutzung des Begriffes *Landwirtschaftsgürtel* falsch oder zumindest irreführend war. Die Entstehung des Konzepts erklärt sich daher, dass für seine Datenbasis in einer County immer nur das Produkt mit der größten Wertschöpfung für die Klassifizierung herangezogen wurde und alle anderen Produkte unberücksichtigt blieben.
Ein neuer Versuch, die räumliche Ordnung der US-amerikanischen Agrarwirtschaft zu erfassen und darzustellen, bezieht auf County-Basis sowohl das Produkt mit dem höchsten Verkaufswert und andere agrarische Güter ein, wie auch Betriebsgröße, Betriebsform, Besitzstruktur und den Einsatz von Produktionsmitteln. Für die Benennung der sich ergebenden Agrarwirtschaftsräume wurden allerdings weiterhin die jeweils dominierenden Agrarprodukte herangezogen. So sind vereinzelt durchaus noch Anklänge an das ehemalige belt-Konzept erkennbar (z.B. *dairy belt*).

AGRIKULTURCHEMIE: Sie umfasst die Chemie des ➔Bodens, der Pflanzen- und Tierernährung, der ➔Düngung und der landwirtschaftliche Nebengewerbe.

AGRIMONETÄRES SYSTEM: In der Zeit vor der Währungsunion ein System zur Umrechnung der in den Agrar➔marktordnungen in ➔ECU festgesetzten Preise in die jeweilige Landeswährung. Das agrimonetäre System hatte zur Aufgabe, die Folgen von Wechselkursänderungen zwischen den verschiedenen Währungen auf die Agrarpreise abzumildern. Es basierte auf der Verwendung landwirtschaftlicher Umrechnungskurse (sogenannter "Grüner Kurse"). Allerdings konnte auch durch dieses System nicht verhindert werden, dass die Wechselkurse der Mitgliedsländer auf den Devisenmärkten schwankten, mit der Folge, dass ➔Landwirte oder Händler bei einer Aufwertung ihrer Landeswährung für die in ECU festgesetzten Preise oder Beträge einen niedrigeren Gegenwert in Landeswährung erhielten.
Mit der Einführung der ➔Europäischen Wirtschafts- und Währungsunion (EWWU) gehören für deren Teilnehmer die agrimonetären Probleme der Vergangen-

heit an. Die ab 1.1.1999 festen Wechselkurse zwischen den Teilnehmerländern machen das spezifische Währungssystem für die ➔Landwirtschaft überflüssig. Preise, Prämien und ➔Ausgleichszahlungen werden in Euro festgelegt und in Euro ausgezahlt. Allerdings soll ab dem 1.1.1999 ein neues System das Verhältnis zwischen den Teilnehmern der Währungsunion und den Nicht-Teilnehmern regeln. Kritiker haben schon bislang das Agrimonetäre System aus verschiedenen Gründen als bürokratischen Anachronismus bezeichnet.

AGROFORSTWIRTSCHAFT: Meist kleinräumige Nutzungsmischung mit stockwerkartigem, die Naturvegetation nachahmendem Aufbau in Waldgebieten der Feuchttropen als nachhaltiges, ökologisch und sozial angepasstes ➔Agrarsystem. Agroforstwirtschaft mit ihren vielfältigen Erscheinungsformen (u.a. ➔alley cropping, ➔Stockwerkkultur, Taungya-System, ➔Waldweide) ermöglicht die Verdoppelung bis Vervierfachung der Flächenerträge gegenüber traditioneller ➔shifting cultivation und erlaubt den Schritt zu permanentem Landbau. Die agrare ➔Tragfähigkeit erhöht sich mit Agroforstwirtschaft von ca. 20 Personen/km^2 auf über 40. Das System ist relativ arbeitsintensiv und kapitalextensiv (*low input system*) und demnach den Bedingungen der autochthonen Bevölkerung entsprechend.
Der Begriff "Agroforstwirtschaft" ist relativ neu, der damit beschriebene Nutzungstyp jedoch sehr alt. Die traditionellen ➔Agrarökosysteme der feuchten Tropen sind häufig durch eine enge Verbindung von Bäumen mit mehr- und einjährigen Pflanzen charakterisiert. Das intensivste agroforstwirtschaftliche System ist das der "Kandy-Gärten" Sri Lankas. Dies sind kleine Farmen, die auf einer engen Verbindung zwischen Kokos-, Kitril- und Betelpalmen basieren. Zudem wachsen dort Gewürznelken-, Zimt-, Muskatnuss-, Zitrus-, Mango-, Rambutan- und Brotfruchtbäume, es gibt eine niedrigere Schicht mit Bananen und kletternden Pfefferpflanzen sowie am Rand eine bodennahe Schicht aus Mais, Maniok, Bohnen und Ananas.
Egger (1989) stellt modellhaft ein Projekt zur Agroforstwirtschaft mit folgenden Elementen vor:

- Integration von Bäumen
  - Baumpflanzungen entlang der Oberkante der im Lande obligatorischen Erosionsschutzwälle oder Gräben
  - diverse einheimische Baumsorten, z.T. durch Exoten erweitert
  - höhenlinienparallele Reihung als Ausdruck moderner Rationalisierung
  - Entnahme von Obst, Bau- und Brennholz (6-10 Kubikmeter Holz pro Jahr) nun in ausreichender Menge möglich
  - 300-400 Bäume auf einem Hektar möglich ohne die Feldproduktion einzuschränken
  - Bäume schließen Tiefennährstoffe auf und führen diese über den Laubfall dem Oberboden zu
  - einige Baumarten fixieren Luftstickstoff in Symbiose mit Bakterien
  - Baumbestand schafft günstiges, ausgeglichenes Mikroklima
- Einbeziehung der Tierhaltung
  - Abkehr vom Weidegang, Übergang zur Tiefstallhaltung
  - verstärkter Einsatz von Schafen und Ziegen anstelle von Rindern
  - Futtergewinnung aus ➔Hecken
  - Umwandlung der sehr ertragsschwachen und übernutzten ➔Weiden in Wald und agroforstliche Flächen
  - als Ergebnis ein agro-sylvo-pastorales System
- Intensive Gründüngung durch kurze Buschbrache (Nährstoffbindevermögen sorptionsschwacher tropischer ➔Böden vorwiegend auf einen hohen Humusgehalt angewiesen, der angesichts der raschen Abbauvorgänge im warmen tropischen Boden nicht allein aus Ernterückständen regeneriert werden kann)
  - 1-2-jährige Intensivbrache gefolgt von zwei Anbaujahren
  - Produktion von 10-25 t Trockenmasse/ha/a
  - Assimilation von 150-300 kg Stickstoff
  - Bodenaufschluss durch tiefe Wurzeln
  - Humusaufbau im Feld selbst und bei Entnahme für Mulch auch in Nachbarfeldern
  - Unterdrückung von ➔Unkräutern
  - Verbesserung des Erosionsschutz und der Wasserrückhaltung
  - Kompostierung und ➔Mulchen
- Wasserrückhaltung durch Gräben, Hecken und Terrassen
- ➔Mischkulturen und Rotation
  - Mischkulturen besitzen eine durchschnittlich 40% höhere Leistung gegenüber Reinkulturen
  - Rotation der Kulturen wird ersetzt durch den Wechsel zwischen Kultur und Intensivbrache
- Moderne technische Hilfsmittel (Geräte, ➔Düngemittel, ➔Pflanzenschutz)
  - Einsatz ist stark von den jeweiligen lokalen Gegebenheiten abhängig
  - wird als vorsichtige Ergänzung zu den erstgenannten Elementen für durchaus sinnvoll gehalten

Das System ist der natürlichen Vegetationsform des jeweiligen Standortes "nachgebaut". Die stufenförmige Stockwerkarchitektur verbindet eine möglichst hohe Arten- und Biotopvielfalt mit einer weitestgehenden Annäherung an die geschlossenen Kreisläufe und ökologischen Rückkoppelungsmechanismen des natürlichen Systems. Es sind alle Systemkomponenten für den Menschen nutzbar:

- Krautzone: Buschbohnen, Erdnüsse, Süßkartoffeln
- Strauchzone: Maniok, Sorghum, Mais, Gründüngungssträucher, ➔Leguminosen, Tierfutter
- Niedrige Baumschicht: Bananen, Papaya, Jungbäume
- Große Baumschicht: Schatten, Erosionsschutz, Brenn- und Bauholz

Oft erfüllen diese agroforstlichen Systeme die Erwartungen nicht. Folgende Gründe werden dafür angeführt:

- Konkurrenz der Gehölzwurzeln mit den Kulturpflanzen um Wasser und Nährstoffe (erhoffte Nährstoffpumpen-Funktion unbedeutender als erwartet, da tiefere Bodenhorizonte stark verwittert, Wurzeln bleiben in oberen Horizonten)
- Lichtkonkurrenz zwischen Gehölzen und Nahrungspflanzen
- Schneiteln der Bäume anstrengend und in den Augen der Bauern nur wenig lohnend
- Gründüngung wenig wirksam, da das Material unter den feuchttropischen Bedingungen rasch zersetzt und die Nährstoffe zu schnell ausgewaschen werden
- Gehölze können ➔Bodenversauerung verursachen und über die Holzernte zum Nährstoffverlust beitragen.

Gut funktionierende Agroforstsysteme sind aus Nord-Kamerun und aus Yucatán bekannt. In Kamerun liegt dies an den fruchtbaren Basaltböden, in Yucatán, wo Kalk als Ausgangsgestein der Böden ansteht, an dem Reichtum an basisch wirkenden Kationen.

Zu den Erscheinungsformen der Agroforstwirtschaft zählt der in den humiden Tropen auftretende und manchmal bis zu 2 ha große *Hausgarten* (*home garden, forest garden, mixed garden*). Varianten treten überall in den Tropen und Subtropen auf. (➔ECOFARMING)

AGROINDUSTRIE: 1. Landwirtschaftliche Betriebe; vor allem solche mit ➔Veredelung und ➔Massentierhaltung, die ihre Produktion nach industriellen Produktions- und Organisationsmethoden betreiben. In Analogie zur Unterscheidung zwischen Industrie und Handwerk hebt sich der Begriff von der bäuerlichen ➔Landwirtschaft ab. ➔*Industrialisierte Landwirtschaft* ist als synonym anzusehen.
2. Industrie, die ihren Rohstoffbedarf überwiegend durch tierische und pflanzliche Rohstoffe, also auch durch solche aus der Forstwirtschaft und Fischerei deckt.

AGROSTADT: In der ehemaligen UdSSR geplanter und teilweise realisierter Stadttyp für die Beschäftigten von landwirtschaftlichen Großbetrieben (➔Kolchosen, ➔Sowchosen). Entsprechend der sozialistischen Ideologie sollten mit ihrer Hilfe die Stadt-Land-Unterschiede in der Lebens- und Wohnweise aufhoben werden.

AGROTHERM: RWE-Projekt (1976-1981) zur Erwärmung landwirtschaftlicher Anbauflächen unter Nutzung von Kraftwerks-Abwärme. Das Projekt sollte klären, inwieweit durch Bodenbeheizung (erdverlegtes Rohrsystem) Vorteile für den Pflanzenbau und ein Ersatz von Kühltürmen erreicht werden könnte. Ernteverfrühungen und bessere Erträge konnten in der Tat erzielt werden. Demgegenüber wurden u.a. eine erhöhte Verdunstung der Bodenfeuchtigkeit sowie ein verstärktes Auftreten von Schadorganismen (Pilze, Wurzelnematoden, Mehltau) festgestellt. Die Aufwendungen für den Ersatz eines Kühlturmes liegen um den Faktor 10 höher als die Kosten für einen Kühlturm entsprechender Leistung.
In Kombination mit dem Projekt ➔Hortitherm wird seit Anfang 1994 eine Bodenbeheizung für die Wärmeversorgung von Spargelbeeten betrieben. Damit wird ein besserer Ertrag und eine frühe Marktreife des Produktes erreicht.

AGRUMEN: Sammelbezeichnung für Zitrusfrüchte wie Apfelsine, Mandarine, Pampelmuse, Zitrone u.w.

AKARIZIDE: ➔Pestizide, die gegen pflanzenschädliche Milben oder tier- und menschparasitierende Milben wirken. Akarizide werden überwiegend im ➔Obstbau eingesetzt. Sie haben oft auch eine insektizide Wirkung. Die chemische Bekämpfung der Spinnmilben ist zum Problem geworden, da durch die Anwendung von ➔Insektiziden meist auch die milben-fressenden Insekten ausgerottet wurden. Ein weiteres Problem liegt in der raschen Resistenzentwicklung vieler Milben, die durch die schnelle Generationenfolge gefördert wird.

AKP-STAATEN: Abkürzung (Afrika-Karibik-Pazifik) für eine Gruppe von Staaten, mit denen die EU einen Assoziierungsvertrag (Abkommen von ➔Lomé) mit gegenseitigen Rechten und Pflichten geschlossen hat. Zu der Gruppe gehören folgende 69 Staaten: Angola, Äquatorial-Guinea, Äthiopien, Benin, Botswana, Burkina Faso, Burundi, Dschibuti, Elfenbeinküste, Gabun, Gambia, Ghana, Guinea, Guinea-Bissau, Kamerun, Kapverdische Inseln, Kenia, Komoren, Kongo, Lesotho, Liberia, Madagaskar, Malawi, Mali, Mauretanien, Mauritius, Mosambique, Namibia, Niger, Nigeria, Ruanda, Sambia, Sao Tomé - Principe, Senegal, Seychellen, Sierra Leone, Simbabwe, Somalia, Sudan, Swasiland, Tansania, Togo, Tschad, Uganda, Zaire, Zentral-Afrika (Afrika), Antigua-Barbuda, Bahamas, Barbados, Belize, Dominika, Dominikanische Republik, Grenada, Guyana, Haiti, Jamaika, St. Christopher-Nevis, St. Lucia, St. Vincent-Grenadinen, Surinam, Trinidad-Tobago (Karibik), Fidschi-Inseln, Kiribati, Papua-Neuguinea, Salomonen, Tonga-Inseln, Tuvalu, Vanuatu, Westsamoa (Pazifik).

ALLEINFUTTERMITTEL: →Mischfuttermittel, die aufgrund ihrer Zusammensetzung ohne Verwendung von speziellem →Kraftfutter den Nahrungsbedarf der Tiere decken. (→FUTTERMITTEL)

ALLEY CROPPING: Auch *Alleeanbau*; Form der →Agroforstwirtschaft, bei der Gehölze in Reihen mit drei bis zehn Meter Abstand gepflanzt und dazwischen annuelle →Kulturpflanzen angebaut werden. Bei einem Anpflanzen von Bäumen ohne erkennbarem Verteilungsmuster wird der Begriff Intercropping verwendet.

Die Gehölze sollen nicht nur Brenn- und Baumaterial liefern, sondern auch →Nährstoffe mit ihren tief im →Boden verankerten Wurzeln nach oben pumpen, wo sie nach dem Streufall die Nährstoffgehalte der Oberböden verbessern. Stickstoffbindende Bäume und Sträucher verbessern besonders die Stickstoffversorgung der Oberböden, vor allem wenn sie regelmäßig geschneitelt werden und die geschneitelte →Biomasse als →Gründüngung eingearbeitet oder zum Mulchen verwendet wird. Neben der Stickstoffanreicherung liefert Heckenschnitt organische Substanz zur Verbesserung der bodenphysikalischen und -chemischen Eigenschaften, er dient als Erosionsschutz und erhöht den Humusgehalt.

Nachteilig wirken sich demgegenüber Beschattung und Wurzelkonkurrenz gegenüber den Feldfrüchten aus. Unterbleibt der Schnitt von Sträuchern und Bäumen, kann ein völliger Ertragsausfall bei der landwirtschaftlichen Kultur eintreten. Die ganzjährig vorhandenen Bäume können einen Unterschlupf für Schädlinge bilden oder eine Quelle für Krankheiten sein.

Ausgehend vom *International Institute of Tropical Agriculture* in Nigeria findet eine Entwicklung und wissenschaftliche Erforschung des Alleeanbaus seit Mitte der siebziger Jahre statt und ist im wesentlichen auf die humiden und subhumiden Tropen beschränkt. Die Übertragung von Forschungsergebnissen von einem Gebiet in ein anderes ist schwierig, besonders wenn standortabhängige Wechselwirkungen zwischen den verschiedenen Elementen des Anbausystems eine wesentliche Rolle spielen.

ALLMENDE: Auch als *Allmanden, Allmat, Gemeine Mark, Gemeinheitsgrund* oder *Gemeinheit* bezeichnet; i.d.R. gemeinschaftlicher Landbesitz einer Siedlung oder einer Gruppe von benachbarten Siedlungen, an dem entweder alle oder ein Teil ihrer Bewohner Nutzungsrechte haben. Es handelt sich um eine weltweit verbreitete Erscheinung, die sich im vorkolumbianischen inkaischen Agrarsystem Südamerikas oder bei den vorspanischen Puebloindianern im südlichen Nordamerika ebenso fand wie in allen Teilen Europas.

Im Gegensatz zum individuell und intensiv genutzten Wirtschaftsland ist das Allmendland (→Weide, →Wald, Wasser, auch Feld) nur extensiv genutzt und liegt meist am Rande der →Gemarkung. Diese Flächen der Gemarkung sind nicht von Besitz- bzw. Eigentumsgrenzen gegliedert. Bei wechselwirtschaftlicher Nutzung, z. B. durch →Feldwald- oder →Feldgraswirtschaft, können jedoch Parzellierungen auftreten. Sie sind gewöhnlich nicht dauerhaft, da durch periodisch vorgenommene Verlosungen eine Neuverteilung der Nutzungsberechtigungen und damit auch eine Neuparzellierung erfolgt.

Die große Bandbreite von verfügungsrechtlichen Möglichkeiten landwirtschaftlichen Gemeinschaftsbesitz zu nutzen, umfasst u.a. folgende Varianten:

- ausschließlich gemeinsame Nutzung eines gemeinschaftlichen Besitzes
- teilweise kollektive, teilweise auch individuelle Nutzung (etwa in Form einer temporären Unterteilung in Nutzungsparzellen)
- ständige Individualnutzung bei periodischer Umverteilung des gemeinsamen Landbesitzes Hinsichtlich der vielfältigen Nutzung von Allmenden sind für Mitteleuropa folgende, vorwiegend historische Möglichkeiten zu nennen:
- *Viehweide,* z.B. Eicheln- und Eckernmast der Schweine
- *Deckung des Futterbedarfs,* z.B. in Ginsterheiden durch Mähen der Krautschicht, Häckseln und Zerschneiden des abgeschlagenen Ginsters; →Mahd von Waldgräsern und Waldkräutern, Laubfutter- und Laubheugewinnung; Riedgräser der Bachauen als Notfutter; Sammeln von Eicheln, Bucheckern und den Wurzelknollen des wilden efeublättrigen Alpenveilchens
- *Streugewinnung:* sog. Rechstreu, also Laub, Moos, Nadeln sowie Schneitelstreu von Bäumen, →Plaggen, Sumpfwiesen (→Streuwiesen)
- →*Mergelgruben* zur Gewinnung von sog. Erddung
- *Steinbrüche* und *Sandgruben* zur Gewinnung von Baumaterial
- *Gewässer* zum Fischfang
- *Wälder* und *Gehölze* zur Gewinnung von Nutz-, Bau- und Brennholz
- *Ginsterheiden* zur Gewinnung von Brennmaterial und Reisig für Faschinen und Besen

- *Wildbeute:* Früchte, Kräuter, Pilze u.ä. zur Ergänzung der menschlichen Nahrung, Wildpflanzenprodukte für technische Zwecke (Wachs bzw. Pech bestimmter Bäume, Bast von Linden zum Verpacken, Binden, Mattenflechten usw.)

Im mitteleuropäischen Bereich sind Allmenden nur noch in Relikten erhalten, vornehmlich als Folge der →Agrarreformen des 18. - 20. Jahrhunderts. Ihre Nutzung betrifft die Bereiche →Weidewirtschaft, Jagd, Fischfang, Holzbeschaffung und Streugewinnung.
Hinsichtlich einer nötigen Intensivierung der →Landwirtschaft stellten die u.a. als →Anger, →Hutung oder →Trift auftretenden und gewöhnlich in der Pflege vernachlässigten Allmenden ein großes Hindernis dar.
Die Allmende zählt nicht zur durch Besitzgrenzen gegliederten →Flur.

ALLMEND(E)AUFTEILUNG: Besitzrechtliche Aufteilung des in einem Gemeindeverband gemeinschaftlich genutzten Besitzes. In Mitteleuropa geschah dies zunehmend seit dem 17. Jahrhundert, mit deutlichem Schwerpunkt im 19. Jahrhundert.

ALM: Auch *Alp*; sommerliches Weideareal eines Talgutes in der Mattenzone der Hoch- oder Mittelgebirge oberhalb der jeweiligen Dauersiedlungsgrenze mit vom Heimgut getrennter Bewirtschaftung.
Almen sind durch die Rodung von Zwergsträuchern und subalpinem Wald talwärts stark ausgedehnt. Selbst inselförmige Weideflächen im →Wald werden als Alm bezeichnet, sofern sie almwirtschaftlich genutzt sind.
Alm ist der bayerische, Alp(e) der alemannische Begriff. Zur Alm gehören auch periodische Alm-Siedlungen, bedingt durch die große Entfernung vom Heimgut. Es dominiert die Einzelsiedlung. Bei einer größeren gemeinschaftlichen Nutzung können auch kleinere Alm-Dörfer entstehen.
Hinsichtlich der *Eigentumsverhältnisse* lassen sich vier Gruppen von Almen unterscheiden:

- Gemeinschaftsalmen: Alm als →Allmende im gemeinschaftlichen Eigentum aller Bauern eines Ortes oder einer Gemeinde, einer Gruppe von Gemeinden oder von einzelnen Orten oder von Gemeindeteilen (sehr häufig im Altsiedelraum)
- Genossenschaftsalmen: Zusammenschluss von Almberechtigten eines Tales oder einer Region zu einer privatrechtlichen Genossenschaft oder Alpkorporation (häufig in der Schweiz und im Altsiedelraum)
- Privatalmen: Almen im Privatbesitz von einzelnen Bauernfamilien (häufig im Jungsiedelraum)
- Berechtigungsalmen: Almen im Besitz ehemaliger Herrschaften (Klöster, Grundherren, Stiftungen), die im 19./20.Jh. an den Staat als Rechtsnachfolger fallen, die aber mit dem Servitut des Weide-, Schwand- und Holzrechtes durch die ehemaligen Untertanen belastet sind (häufig in den bayerischen und österreichischen Alpen)

Die *Nutzungsstrukturen* sind mit den Eigentumsverhältnissen nur zum kleinen Teil identisch und lassen sich in drei Gruppen zusammenfassen:

- Einzelalpung auf Gemeinschafts- oder Genossenschaftsalmen: Jede Bauernfamilie sömmert ihr eigenes Vieh für sich (typisch im Altsiedelraum mit Bestand bis weit ins 20. Jh.)
- Genossenschaftsalpung: Von den Almberechtigten angestelltes Personal betreut die Tiere und übernimmt die Käseherstellung
- Einzelalpung auf Privatalmen: Zusammenfallen von Eigentums- und Nutzungsstruktur

Bezeichnung der Alpen im Allgäu in Abhängigkeit von ihrer Höhenlage

Bezeichnung	Höhenlage der alpmäßigen Bewirtschaftung [m ü. NN]
Landalpe	> 1100
Mittelalpe	1100 - 1400
Hochalpe	> 1400

Abhängig von der geographischen Lage des betreffenden Alpgebietes gibt es für die Alpen in verschiedenen Höhenlagen unterschiedliche Begriffe.
Die verschiedenen Höhenstufen werden als Staffeln (Stafel) oder Läger (Leger) bezeichnet. Es bestehen die Begriffe Niederleger, Mittelleger, Hochleger. Zwischen Heimgut und Alpe sind häufig noch Vor- und Nachweiden (→Maiensässen oder →Asten) vorhanden, auf die das Vieh vor und nach der Älpung getrieben wird. Die Anzahl der Staffeln beträgt meist drei, im Extrem bis zu 32 (Wallis) Staffeln. Die sehr ausgeklügelten traditionellen Staffelsysteme sind durch Rationalisierung in der Almwirtschaft meist verschwunden oder stark vereinfacht worden.
Außer nach den Eigentumsverhältnissen und den Höhenstufen werden die Almen nach der Art der Nutzung eingeteilt. Nach der aufgetriebenen Viehgattung lassen sich Kuhalmen (Melkalme, Sennalmen), Stieralmen, Jungviehalmen, Ochsenalmen, Galtalmen mit Ochsen und Jungtieren, die noch keine Milch geben (mittelhochdeutsch "galt" = trocken), gemischte Almen (Kühe und Jungvieh, Rossalmen, Schaf- und Ziegenalmen unterscheiden. Heute steht im deutschsprachigen Alpenraum die Älpung von Jungvieh weit im Vordergrund.

ALMBESTOSS: 1. Bezeichnung für die Zahl der aufgetriebenen Tiere pro →Alm oder pro ha Almfläche. 2. Bewegungsbegriff für den Vorgang des Auftreibens der Tiere auf die Alm.

ALMWIRTSCHAFT: Extensive ➔Weidewirtschaft auf Hochgebirgsflächen, die oft über der Baumgrenze liegen und nur ca. 90 Tage/J. beweidet werden können. Bei der Almwirtschaft findet im Gegensatz zur ➔Transhumanz im Winter Einstallung mit Fütterung in den Dauersiedlungen statt. Die Höhenweiden, meist über der Waldgrenze gelegen, werden von Frühjahr bis Herbst aufgesucht und gehören als fest abgegrenzte Besitzparzellen zur Betriebs- bzw. Gemarkungsfläche der Heimgüter. Auf den ➔Almen liegen ortsfeste, jahreszeitlich bewohnte Siedlungen für die Hirten, zu denen sich bei gestaffeltem Almauftrieb Zwischenalmen (z.B. Maiensäß) in verschiedenen Höhenlagen gesellen.
Die Bedeutung der Hochgebirgsweidewirtschaft für die Verteilung der Siedlungen und der Bevölkerung liegt darin, dass eine Erweiterung der Wirtschaftsfläche gegeben ist und damit eine Verdichtung von Siedlung und Bevölkerung in den Gebirgstälern stattfinden kann.
Almen und Almwirtschaft mit hier besonderen Nutzungsformen und archaischen Strukturen, die bis ins 20. Jahrhundert erhalten blieben, gelten als Charakteristikum der Alpen. Auch in anderen europäischen Gebirgen gibt bzw. gab es Almwirtschaft (Pyrenäen, Vogesen, Schwarzwald, Skandinavische Gebirge, Dinariden), allerdings mit geringerer Bedeutung und Vielfalt.
Verallgemeinernd zusammengefasst vollzogen sich in den letzten zwei Jahrzehnten im Alpenraum *Entwicklungen*, die in folgenden Punkten zusammenfassbar sind:
- Extensivierung der Almbewirtschaftung (Rückgang der kapital- und arbeitsintensiven Senn- und Melkalmen, Zunahme von Galtviehalmen)
- Zunahme der halterlosen Viehalpung wegen Personalmangel
- Reduzierung der Staffeln
- Zunehmende Bewirtschaftung der Almen vom Heimbetrieb aus aufgrund guter verkehrstechnischer Erschließung
- Almwegebau erlaubt auch häufig die Beaufsichtigung mehrerer Almen durch einen Hirten.
- ➔Sommerung nur von Teilen des Viehbestandes, vornehmlich des Jung- und ➔Galtviehs, als Folge der Intensivierung der Heimfutterflächen
- Zunehmende Bedeutung der Almenbewirtschaftung als Kulturlandschaftspflege unter dem Gesichtspunkt des Tourismus.

Im Zusammenhang mit der Almwirtschaft entwickelten sich wichtige *kulturelle* und *soziale Ereignisse*, die teilweise noch Bedeutung haben, nicht zuletzt durch den Einfluss des Tourismus. Sie sind im Bereich der Wiesen-Alp-Betriebe wegen des größeren Stellenwertes der Viehwirtschaft häufiger als bei den Acker-Alp-Betrieben. Dazu gehören, bzw. gehörten: Almauf- und abtrieb, Kuhkämpfe, Milchmesstage, Alpspenden, Alpsegnungen und Alpruf.

ALPENTLADUNG: Schweizerdeutscher Begriff für Almabtrieb.

ALTBAUER: Vollerwerbslandwirt; eine auf NW-Deutschland bezogene, historische Variante der Bezeichnung ➔Hofbauer.

ALTENTEIL: Der Altenteil ist ein Begriff aus dem ➔Erbrecht und bezeichnet die vertraglich vereinbarten Leistungen für den Erblasser bei einem vorweggenommenen Erbfall, also bei einem Hofüberlassungsvertrag. Zum Altenteil gehört häufig ein separat stehendes kleines Gebäude. Es vermeidet Streitigkeiten, wenn alle vereinbarten Leistungen für den ➔Altenteiler im Altenteil-Vertrag einzeln aufgeführt sind. Synonyme Begriffe sind *Ausgedinge, Austrag, Auszug, Leibgedinge, Leibzucht.*

ALTENTEILER: ➔Landwirt, der seinen Hof an den Hofnachfolger übergeben hat. Die Übergabe bezieht sich auch auf alle Verfügungs- und Entscheidungsrechte. Zum Ausgleich nutzt der Altenteiler das vereinbarte ➔Altenteil.

ALTE SORTEN: Solche derzeit oder früher kultivierten Pflanzenarten, deren Schutzfrist nach dem *Sortenschutzgesetz* abgelaufen ist. Alte Sorten, für deren Handel nach der Artenliste im Anhang des *Saatgutverkehrsgesetzes* eine Zulassung durch das *Bundessortenamt* erforderlich ist, dürfen nach Auslaufen der Zulassung nicht mehr gehandelt werden.

ALTLASTEN: Unter Altlasten werden in der Regel
- stillgelegte Altablagerungen, also ehemalige Deponien
- Altstandorte, also aufgegebene Produktionsstätten
- Rüstungsaltlasten sowie
- militärische Altlasten

verstanden, von denen eine Gefahr für Menschen und/oder ➔Umwelt ausgehen. ➔Bodenbelastungen solcher Art können die regionale wirtschaftliche Entwicklung beeinträchtigen. Insbesondere in den neuen Ländern gelten Altlastenverdachtsflächen als Hemmnis der Privatisierung und können so die Schaffung von Arbeitsplätzen und die Durchführung von Investitionen verhindern.

ALTSIEDELRAUM: Als Altsiedelraum bezeichnet man in Mitteleuropa jene Gebiete, die vor 1.000 n.Chr. erschlossen wurden. Sie sind gekennzeichnet durch ein Vorherrschen von großen Gruppensiedlungen (➔Haufendörfer, ➔Reihendörfer), umgeben von

→Gewannfluren. Die starke →Parzellierung ist u.a. auf die mit Bevölkerungszunahme verbundene →Realteilung und die gemeinschaftliche →Dreifelderwirtschaft zurückzuführen. (→JUNGSIEDELRAUM)

AMELIORATION: →MELIORATION

AMMENKUHHALTUNG: Form der →Mutterkuhhaltung, bei der die Kuh zusätzlich zu ihren eigenen auch fremde Kälber aufzieht.

AMMONIAK: NH_3, ein Gas, das bei der Zersetzung von eiweißhaltigen Stoffen entsteht. Die Ammoniakemissionen in Deutschland stammen zu 95 % (1994) aus der →Landwirtschaft und hier zu etwa 90 % aus der Tierhaltung sowie zu 10 % aus der Mineraldüngeranwendung. Quellen bei der Tierhaltung sind die tierischen Exkremente. Aus dem Harnstoff der Tierfäkalien wird mikrobiell NH_4^+ gebildet, das dann als NH_3 entweicht. Von den Gesamtemissionen in Deutschland werden 70 % der Rinderhaltung, 15 % der Schweinehaltung und 5 % der Geflügel-, Pferde- und Schafhaltung zugeschrieben.
Der Anteil der NH_3-Emissionen aus der Landwirtschaft an den Gesamtstickstoffemissionen beträgt rund ein Drittel.
Bereits im Stall können, je nach Aufstallungssystem, mehr als 10 % des Ammonium in Form von Ammoniak entweichen. Dies könnte durch Biofilter und Luftwäscher vermieden werden, erfordert aber beträchtliche Investitionen.
Eine wesentliche Entlastung brächte eine deutliche Reduzierung der Bestandesdichte.
Beim Lagern von tierischen Ausscheidungen treten Ammoniakverluste von etwa 10 % und mehr auf. Diese Verluste lassen sich durch abgedeckte Behälter weitestgehend vermeiden. Auch über die Futterzusammensetzung (Energie- und Eiweißgehalt) lässt sich die Emission verringern.
Wesentlich schwerwiegender sind die Emissionen beim Ausbringen von →Gülle. Für deren Höhe sind folgende Sachverhalte maßgebend:

- Ammoniakverluste sind temperatur- und pH-Wertabhängig
- Für die Ammoniakverdampfung ist die Geschwindigkeit entscheidend, mit der die Gülle in den →Boden eindringt. Bei der erheblich fließfähigeren Schweinegülle ist die Freisetzung unter denselben Bedingungen häufig um mehr als die Hälfte geringer als beim Ausbringen der zähflüssigen Rindergülle.

<u>Maßnahmen zur Minderung von Ammoniak-Emissionen:</u>

- Ausbringung von Gülle nicht bei sonnigem Wetter und hohen Temperaturen.
- Eignung von Rindergülle zur →Düngung von Getreide, →Grünland und Blattfrüchten vorzugsweise im zeitigen Frühjahr bei Lufttemperaturen unter 10 °C.
- Verringerung der Ammoniakverdampfung um ca. ein Drittel durch Verdünnung der Rindergülle mit Wasser im Verhältnis 1:1.
- Unverzügliche Einarbeitung der Gülle. (Bereits drei Stunden nach Ausbringen kann ein Viertel des gesamten Ammoniumstickstoffs in die Luft entwichen sein. Ohne Einarbeitung können bei Rindergülle Verluste von 50 - 70 % und bei Schweinegülle bis zu 50 % auftreten.)
- Beim Ausbringen vor der Hackfruchtaussaat vermindert das Einarbeiten mit gut mischenden Geräten (Egge, Grubber, Kreiselegge) die Ammoniakverluste auf 5 - 10 %.
- Der Einsatz des Gülledrillverfahrens oder der Schleppschlauchtechnik führt zu wesentlichen Emissionsminderungen.

Ammoniak wird ca. zur Hälfte in der Nähe des Emissionsortes deponiert. Die andere Hälfte reagiert in der Atmosphäre mit säurehaltigen Aerosolen zu Ammonium (NH_4^+). In dieser Form, z.B. als $(NH_4)2SO_4$, kann es wie NO_x über weite Strecken transportiert werden. Die Deposition kann trocken als Gas (NH_3) bzw. als Partikel (NH_4^+) und nass, d.h. als im Niederschlag gelöste Ionen (NH_4^+) erfolgen. Ein Teil des eingetragenen NH_4 wird im Boden zu N_2O umgesetzt, so dass NH_3 letztlich als Vorläufer für N_2O anzusehen ist.
Die Stickstoff-Depositionen haben neben der eutrophierenden auch eine bodenversauernde Wirkung. Ammoniakgase aus der Tierhaltung, vor allem aus der Güllewirtschaft, werden für Waldschäden mitverantwortlich gemacht.

ANBAUBESCHRÄNKUNG: Instrument der staatlichen Agrarpreisstützung durch Reduzierung des Angebots, häufig verbunden mit der Zahlung von Prämien als Ausgleich für die Einkommensverluste.

ANBAUFLÄCHE: In der deutschen Agrarstatistik das →Ackerland, untergliedert nach angebauten Fruchtarten. Die Anbaufläche landwirtschaftlicher →Betriebe wird nach der Fläche folgender Feldfrüchte unterschieden: Getreide, Hülsenfrüchte, →Hackfrüchte, Gemüse, Erdbeeren, und andere Gartengewächse (Feldgemüse und Obst), Handelsgewächse, →Futterpflanzen (Anbau auf dem Ackerland) sowie →Gründüngung, →Schwarzbrache und vorübergehend stillgelegte →Ackerflächen.

ANBAUGRENZEN: Eine bestimmte Nutzungsweise ist an ein bestimmtes Areal gebunden, dessen Grenzen aus dem Zusammenspiel von natürlichen und ökonomischen Faktoren gesetzt werden. Verschlechtert sich das ökologische Standortangebot für eine Pflanze in horizontaler oder vertikaler Richtung, so erreicht sie ihre *biologische Grenze*. Es handelt sich dabei um eine absolute Grenze, die nicht zu verändern ist, es sei denn, dass sich entweder das Standortangebot (Klimaänderung, ➔Bewässerung) oder die genetischen Standortanforderungen der Pflanze, etwa durch züchterische Maßnahmen, ändern. Innerhalb der biologischen Grenze befindet sich die *Rentabilitätsgrenze*, sie ist eine Funktion aus Aufwand und Ertrag und damit starken Schwankungen unterworfen, sie ist also eine relative Grenze. Sie wandert zur biologischen Grenze, wenn sich der Aufwand verringern lässt - etwa durch Fortschritte der Agrartechnologie -, sie zieht sich zurück, wenn der Aufwand steigt, etwa bei Lohnsteigerungen. Ähnliche Wirkungen haben staatliche ➔Subventionen oder Preisveränderungen. So führte während der Weltwirtschaftskrise der 30er Jahre ein Verfall der Weizenpreise zu einem Rückzug der Weizen-Frontier an der ➔Trockengrenze der USA und Australiens. Die *effektive Grenze* umreißt schließlich das tatsächliche Anbaugebiet. In der Regel liegt sie diesseits der Rentabilitätsgrenze.

In der Realität des inhomogenen geographischen Raumes ist die effektive Grenze schwer zu erfassen, ihre Darstellung unterliegt subjektiven Einflüssen - je nachdem, welches Mindestmaß an Anbaufläche man als Untergrenze nimmt. *Trockengrenze*, ➔*Polargrenze* und ➔*Höhengrenze* sind als Grenzsäume ausgebildet, in denen sich drei qualitativ unterschiedliche effektive Grenzen bündeln:

- die Grenze des großflächigen geschlossenen Anbaus,
- die Grenze großflächiger Anbauinseln und
- die absolute Verbreitungsgrenze.

Die effektive Grenze durchläuft aus historischer Sicht Expansions- und Kontraktionsphasen. Diese Oszillation erklärt sich meist aus einem komplexen Wirkungsgefüge der o.g. Einflussfaktoren, zu denen noch folgende Faktoren hinzutreten können:

- demographische Entwicklungen, beispielsweise als Folge von Seuchen und Kriegen (Schrumpfung)
- politische und soziale Faktoren (der Raumgewinn wirtschaftlich-technischer oder machtmäßig überlegener Gruppen führt zur Expansion)
- ökologische Faktoren, z.B. Klimaschwankungen mit Auswirkungen vor allem in Extremräumen (Grönland, Island), anthropogene Umweltschäden wie ➔Bodenerosion, Versumpfung, ➔Bodenversalzung.

ANBAURISIKO: Unternehmerisches Wagnis beim Anbau von ➔Kulturpflanzen. Risiken ergeben sich aus den einer Veränderung unterliegenden ökologischen Rahmenbedingungen des ➔Pflanzenbaus. Das Anbaurisiko wird auch teilweise durch ein Marktrisiko bedingt.

ANBAUTRADITION: 1. Das Festhalten an einer althergebrachten und möglicherweise überkommenen Wirtschaftsweise.
2. Das traditionell bedingte Vorhandensein von Kenntnissen über den Anbau bestimmter Kulturen, zuzüglich der Existenz wichtigster materieller Quellen bezüglich des zum Anbau notwendigen Geräts sowie erster Absatzbeziehungen. Diese Situation erlaubt eine flexible Anpassung an steigende Nachfragen. Anbautradition ist in diesem Sinne kein bewahrendes sondern ein dynamisches Element.

ANBAUVERHÄLTNIS: Es drückt die unterschiedliche Nutzung des ➔Ackerlandes eines Betriebes, eines ➔Dorfes oder eines sonstwie begrenzten Raumes in Prozentzahlen aus.

ANEIGNUNGSWIRTSCHAFT: ➔Bodennutzungssystem einer niederen Kulturstufe, deren Mitglieder sich beispielsweise durch das Sammeln von Wildgetreide, den Fischfang und die Jagd versorg(t)en. Bei stärkerem Bevölkerungsdruck kam es im Verlauf der ➔Agrargeschichte häufig zu primitiven Formen des ➔Ackerbaus und der ➔Viehhaltung. (➔AUSBEUTUNGSWIRTSCHAFT)

ANERBENRECHT: Vom BGB-Erbrecht abweichendes Sondererbrecht für landwirtschaftlichen Grundbesitz. Der Hof geht geschlossen auf einen Erben über, den sogenannten Anerben, meistens der Älteste (Majorat), seltener der Jüngste (Minorat). Es kommt also nicht wie im allgemeinen Erbrecht zu einer Teilung unter sämtlichen Hoferben (fränkische oder ➔Realteilung). Hinter dem Anerbenrecht steht die wirtschaftliche und politische Zielsetzung, einmal die Höfe ungeteilt zu erhalten und damit deren ökonomische Leistungsfähigkeit zu stärken, und zum anderen, die dauerhafte Bewirtschaftung der Höfe in der Generationsfolge der ➔Bauern zu sichern. Diese übergeordneten Zielvorgaben führen zu einer Bevorzugung des Anerben, während die Ansprüche der Miterben begrenzt bleiben. In der Regel erfolgt die sogenannte "Abfindung" der Geschwister durch den Anerben nicht auf der Basis des Verkaufswertes des Hofes, sondern eines erheblich geringeren Wertansatzes, um eine unangemessene Belastung und Verschuldung des Hofes zu verhindern. Indessen können solche finanziellen Lasten auch die Leistungsfähigkeit eines Betriebes beeinträchtigen, wenn die Abfindungen - wie in manchen Regionen üblich - höher und damit auch gerechter waren und sind. Die Abfindungen können in Form von Barabfindungen

Die ländlichen Unterschichten in den Anerbengebieten Mitteleuropas (ohne Gesinde)

Verbreitung	Inhaber ... älterer nichtbäuerlicher Stellen Aufkommen 15./16. Jh. u. früher	seit dem 16. Jh.	jüngerer nichtvollbäuerlicher Stellen seit dem 16. Jh.	Haushaltung ohne eigenes Haus, nachweisbar seit dem 14. Jh.
Nordwestdeutsches Anerbengebiet	Erbkötter, Groß-, Pflug-, Pferdekötter; *Ostfriesland*: Warfsmann; *Ostfalen*: Bardenhauer; *Niederrhein*: Kätner	Markkötter, Mittel-, Klein-, Hand-, Halbkötter, Zuläger	Brinksitzer, -kötter, Kirchhöfner, Anbauer, Bödner, Hoppenplöcker, Straflenkötter, Neuwohner, Dagloner, Dachhuerder	Häusling, Einlieger (Inlieger), Anwohner, Heuerling, Abbauer; *Oldenburg*: Brinkligger, Hüsselte, Husinte, Spykermann
Schleswig-Holstein, zum Teil auch Ostpreußen	Großkätner, Kötter, Wurtsasse, Kotsasse	Kleinkätner, Land-, Kuhinste	Häusler, Bödner, Hausinste	Inste, Insasse, Einlieger
Brandenburg, Pommern, Ostpreußen, Mecklenburg	Kossäte, Kotsasse, Kötter, Kätner	Kossäte, Kotsasse, Kötter	Büdner, Hütter, Häusler	Inste, Einlieger
Sachsen, Thüringen Schlesien, Böhmen	(Groß-) Gärtner, Kossäte, Hintersasse, Chaluppner	(Klein-) Gärtner	(Anger-, Auen-, Kietz-) Häusler, Kätner	Hausgenosse, Einlieger, Herberger
Franken, Oberpfalz, Hessen	*Ostfranken*: Köbler, Gütler, Seldner, Häcker	Seldner, Hintersiedler, Kodener	(Tropf-) Häusler, Hüttner, Tropfseldner	Hausgenosse, Beisasse
Ostschwaben, Altbayern, Tirol	(Groß-, Bau-) Seldner	(Klein-) Seldner; *Steiermark, Kärnten*: Keuschler	(Gnaden-, Leer-, Klein-) Häusler	Hausgenosse, Beisasse, Bei-, Inwohner, Inmann, Herberger
Schweiz, Südbaden, Altwürttemberg, (Vorarlberg, Allgäu)	Schupposer (*Baar*: Stümpler)	*Allgäu*: Huber	*Schweiz*: Tauner (Tagwauner); Häusler, Seldner	Beisitzer, Herberger
Grundbesitzverhältnisse	später meist mit größerem Feldbesitz	später meist mit geringerem Feldbesitz	ohne oder nur mit geringem Feldbesitz	ohne oder nur mit geringstem Feldbesitz
Spannvieh	später z. T. mit Pferde- oder Ochsengespann	i. a. ohne Pferdegespann	ohne Pferdegespann	ohne Gespann
Nutzungsrechte in der Allmende	i. a. mit eingeschränktem Nutzungsrecht		meist ohne Nutzungsrecht	ohne Nutzungsrecht

Quelle: Becker 1998 nach Grees, H.: Ländliche Unterschichten und ländliche Siedlungen Mitteleuropas, 1976, leicht verändert

oder wie in neuerer Zeit als von der Erbmasse abgetrenntes Bau- oder Gartengrundstück erfolgen.
Die Geschlossenheit der Güter, auch im Hinblick auf teilweisen Verkauf, war bis zur ➔Bauernbefreiung durch die auf ihnen ruhenden Lasten bedingt, womit jegliche Mobilität des Grundbesitzes unterbunden wurde. In verschiedenen Teilen Deutschlands hat sich das Anerbenrecht erhalten, es ist in Gebieten mit Realteilung in nationalsozialistischer Zeit im Rahmen der *Erbhofgesetzgebung* sogar wieder eingeführt worden. Das Anerbenrecht hat eine erhebliche *agrar-* und *sozialgeographische Bedeutung*:
Nichterbende oder weichende Erben waren billige Arbeitskräfte, und die Höfe blieben durch die Erhaltung ihrer Besitzgröße auch im Rahmen der ➔Ackernahrung. Die Beständigkeit in der ➔Fruchtfolge und die rationelle Ausnutzung der auf eine Besitzgröße ausgerichteten Hofeinrichtung und Maschinenausstattung blieb gesichert. Heute sind diese Vorteile infolge Rückgangs der Kinderzahl, der Barauszahlung und allgemeinen Mangels an ländlichen Hilfskräften nicht mehr in jedem Falle erhalten, das Anerbenrecht hat aber durch die Erhaltung bestimmter Betriebsgrößen zur räumlichen Differenzierung der ➔Agrarlandschaft besonders beigetragen. In sozialer Hinsicht führte die Existenz der Höfe über die Erbgänge hinweg zu einem festen Schichtaufbau der landwirtschaftlichen Bevölkerung, die Mobilität zwischen den Schichten war gering. Insgesamt bedeutete die Vorrangstellung des Hoferben eine ständige soziale Ungerechtigkeit innerhalb der jeweils nachrückenden Generation. Die nicht erbenden Geschwister blieben früher häufig als ledige und "sozial sterilisierte" Arbeitskräfte auf dem Hof, die übrigen waren gezwungen, abzuwandern. Dennoch wuchs die Bevölkerung in den ländlichen Siedlungen an. Mit den ➔Köttern, ➔Seldnern usw., nach der Bauernbefreiung mit den Tagelöhnern, Wanderarbeitern o.ä. etablierte sich eine neue Schicht im Dorf.
Hauptverbreitungsgebiete des Anerbenrechts in Europa waren und sind: Nordische Länder, Britische Inseln, NW-Deutschland, Niederlande, (Alt-)Bayern. (➔ERBRECHT)

ANGER: Runde, ovale, dreieckige oder rechteckige Straßenerweiterung mit regelhaft-linearer Abgrenzung zu den ➔Hofreiten. Auf ihm können sich ein Teich, Gärten, die Kirche oder kommunale Bauten befinden. Häufig erfolgte eine spätere Bebauung mit Wohn- und Wirtschaftsgebäuden. I.d.R. besitzt der Anger zwei Zugänge, die in ihrer Anordnung zueinander korrespondieren.

ANGERDORF: Planmäßig angelegtes, (mittel-)großes ➔Platzdorf, dessen ➔Gehöfte in lockerem bis mäßig dichtem, selten dichtem Abstand den gemeinschaftlich genutzten ➔Anger umschließen. Angerdörfer sind typisch für Ortsanlagen im Rahmen der deutschen ➔Ostkolonisation. Die englische Entsprechung ist das *green village*.
Vielfach wird der Begriff Angerdorf verwendet für alle Formen von Platzdörfern, die nicht nur in allen Teilen Europas auftreten, sondern auch in anderen Räumen der Erde z.B. in Indonesien, Melanesien und Polynesien.

ANÖKUMENE: Der nicht dauerhaft bewohnbare Teil der festen Erdoberfläche (Hochgebirge, Kälte- und Trockenwüsten). (➔ÖKUMENE)

ANSPÄNNER: Vollerwerbslandwirt; eine regionale und historische Variante des Begriffs ➔Hofbauer.

ANTHROPOGENE BÖDEN: Auch *Kultosole* oder *Kulturböden*; Klasse von terrestrischen ➔Böden, deren Merkmale entscheidend durch menschliche Tätigkeit geprägt sind, z.B. durch ➔Ackerbau, Waldbau, ➔Gartenbau, Freizeitgestaltung. Sie umfassen fünf ➔Bodentypen: ➔Kolluvisol, ➔Plaggenesch, ➔Hortisol, ➔Rigosol und Tiefumbruchboden (➔Treposol). Böden, deren Profile durch die übliche land- und forstwirtschaftliche Nutzung umgeformt werden, zählen nicht zu dieser Klasse.

ANTIBIOTIKA: Von Organismen gebildete niedermolekulare Stoffe, die bei anderen Organismen das Zellwachstum und die Zellvermehrung blockieren, indem biochemische Prozesse gestört werden.
In der ➔Viehhaltung haben Antibiotika als ➔Futtermittelzusatzstoffe mit wachstumsfördernder Wirkung Bedeutung erlangt, da sie Infektionen der Masttiere bekämpfen bzw. nicht erst aufkommen lassen und damit auch eine Leistungssteigerung bewirken; sie dürfen in Deutschland nur begrenzt, z.B. bei der Aufzucht von Jungtieren, verwendet werden. Prophylaktische Therapie ist verboten, erlaubt ist dagegen die Metaphylaxe. Um die ganze Tiergruppe zu behandeln, müssen wenigstens einzelne Individuen Krankheitszeichen haben. Als Futtermittelzusatzstoffe sind in Deutschland nur solche Antibiotika erlaubt, die ihre Wirkung im Darm des Tieres ausüben oder aus anderen Gründen keine Rückstände hinterlassen.
Eine flächendeckende Kontrolle dieser Vorschriften besteht nicht.
Ein unsachgemäßer bzw. ständiger Einsatz kann zur Bildung von resistenten Bakterienstämmen führen, die z.B. beim Verzehr von Rohfleischprodukten auf Menschen übertragen werden können. Bei einer eventuell nötigen Antibiotika-Behandlung eines Menschen bleibt das eingesetzte Mittel dann möglicherweise ohne Wirkung. Mehrfach resistente Magen-Darm-Bakterien haben z.B. in Nordeuropa

wie auch in Deutschland beträchtlich zugenommen. Diese Entwicklung verläuft parallel zum Einsatz von Antibiotika in der Tiermast.
Im deutschen ➔Obstbau kommt seit 1994 zur Bekämpfung des Feuerbranderregers das Antibiotikum *Streptomycin* zum Einsatz, welches in der Medizin zur Behandlung von Tuberkulose verwendet wird, und das für rasche Mutations- und Resistenzbildung bekannt ist.

ANTIOXIDANTIEN: Antioxidantien sind organische Verbindungen, die unerwünschte Oxidationsprozesse (z.B. Ranzigwerden, Verharzen) hemmen oder verhindern. Antioxidantien werden in ➔Futtermitteln eingesetzt.

ANWAND: An der Schmalseite einer Ackerparzelle quer bearbeiteter Streifen, wenn sich mit Schlepper oder Zugtieren das angrenzende Gelände zum Wenden nicht befahren bzw. betreten lässt. (➔ACKERBERG)

APHIZIDE: Spezielle ➔Insektizide gegen Blattläuse bei ➔Kultur- und Zierpflanzen.

AQUAKULTUR: Die Vermehrung und Aufzucht von im Wasser vorkommenden Organismen in einer kontrollierten oder besonders ausgewählten Umgebung mit dem Ziel der Herstellung von Nahrungsmitteln und Industrierohstoffen sowie der Aufstockung natürlicher Bestände. Dabei handelt es sich um Fische, Crustaceen, Mollusken und Wasserpflanzen einschließlich der Algen. Aquakultur wird weltweit in Süß-, Brack- und Meerwasser betrieben. Moderne Aquakultur ist stark industrialisiert und hat einen hohen Kapitalbedarf. Die Ursprünge der Aquakultur werden in der ➔Teichwirtschaft gesehen, die beispielsweise bei den Römern nachgewiesen ist.

ARALSEE-SYNDROM: Das Aralsee-Syndrom steht für ➔Bodendegradationen, die bei großmaßstäbigen Wasserbau- und Landwirtschaftsprojekten durch zentralistische Planung und Großtechnik entstehen. Bei derartigen Projekten werden die ökologischen Potentiale der Region missachtet und dadurch die Lebensgrundlagen für Menschen, Tiere und Pflanzen zerstört. Der Begriff ist Teil einer Klassifikation von Syndromen der Bodendegradation.
Der Aralsee war einmal der viertgrößte Süßwassersee der Erde, abflusslos, gespeist durch zwei Flüsse (Syr Darya, Amu Darya), in einer Region mit wüstenähnlichem Klima. In einer ehemals fruchtbaren, wald- und artenreichen Region wurde Fischfang und ➔Landwirtschaft betrieben. Seit 30 Jahren werden die Zuläufe des Aralsees angezapft (2/3 des Wassers wurden bisher abgeleitet, nur noch etwa 10 % erreichen den See) und dem Kara Kum-Bewässerungskanal zugeführt (Länge 1.300 km). Der Wasserspiegel sank um 16,5 m, die Fläche ging um 45 % zurück, der Salzgehalt stieg an. Die umliegenden, landwirtschaftlich genutzten Flächen sind durch hohe Pestizid- und Düngemittelgaben verseucht und versalzen.
Andere dem Syndrom zuzuordnende Problemkomplexe sind große Staudammprojekte bzw. Eindeichungen, die Bodendegradationen aufgrund der Eingriffe in den Wasserhaushalt bzw. der Ausdehnung der Bewässerungslandschaft zur Folge haben. Regionen mit solchen Problemen sind China (50 % der großen Staudämme der Welt), Indien, Indonesien, die Arabischen Emirate, Libyen und Nordostbrasilien.
<u>Bekannte Großprojekte sind:</u>
- Assuan Staudamm - Ägypten (Bodendegradation, Absinken des Flussbetts, niedrigere Wasserstände, ➔Bodenversalzung, Deposition von Sediment im Staubereich)
- Theri Damm - Indien (geplant), (Austrocknung des Flussbetts aufgrund bereits vorhandenen Kofferdamms zum Ableiten des Flusses);
- Sardor Sarovar Damm - Indien (Überflutung von ca. 40.000 ha Ackerland, etwa 100.000 Menschen verlieren ihr Land)
- Tamil Nadu - Südindien (Grundwasserspiegel sinkt drastisch, Salzwasserintrusion in das ➔Grundwasser)
- "Great man-made river project" - Libyen (200.000 - 240.000 ha Land sollen durch fossiles Grundwasser bewässert werden)
- Eindeichung des Ganges-Unterlaufes - Indien (Weiterleitung der Monsunflutwellen nach Bangladesh mit der Folge von Flutkatastrophen)

<u>Merkmale und Auswirkungen des Syndroms:</u>
- Zunahme der Winderosion, der chemischen Degradation (Nährstoffverarmung, Versalzung, Entwicklung von Salzböden auf ausgetrockneten Flussbetten und ehemaligem Seeboden), der physischen Degradation (Verdichtung und Strukturänderung, Versumpfung) und der Kontamination (➔Pestizide und ➔Mineraldünger in ➔Böden und Grundwasser, Verfrachtung belasteter Stäube auf umliegende und entferntere Flächen)
- regionale Klimaverschiebungen, Veränderungen der Luftfeuchte, der Anzahl der Regentage und der Sturmhäufigkeit
- großräumige Verschiebung des Abflussregimes, starke Veränderungen des Grundwasserspiegels, Kontamination (Verunreinigung) von Oberflächen- und Grundwässern
- Rodung bzw. Überflutung von ➔Wäldern
- ➔Artenrückgang
- Gesundheitsrisiken für die Bevölkerung (s.o.), daher wachsender Migrationsdruck

ARBEITERBAUER: Veraltete Bezeichnung für einen →Landwirt, der nur noch einen kleineren Teil seiner erwerbsmäßigen Tätigkeit in der →Landwirtschaft zubringt. Sein Hauptberuf liegt im sekundären Sektor.

ARBEITSKRÄFTE: Die Arbeitskräfte setzen sich aus Familienarbeitskräften (nicht entlohnt und entlohnt) und familienfremden (Lohn-)Arbeitskräften zusammen, die regelmäßig oder auch nicht regelmäßig im Betrieb arbeiten und mindestens 15 Jahre alt sind.
Die Umrechnung auf →Arbeitskraft-Einheiten (AK) wird in der allgemeinen (deutschen) Statistik anhand der im Betrieb tatsächlich geleisteten Arbeitswochen und der durchschnittlichen wöchentlichen Arbeitsstunden vorgenommen, wobei Daten für einen Berichtszeitraum von vier Wochen - i.d.R. der Monat April - erhoben werden.
Der Anteil der in der →Land-, Forstwirtschaft und Fischerei erwerbstätigen Personen an der gesamten Erwerbsbevölkerung ist im früheren Bundesgebiet seit Jahrzehnten rückläufig. In Gesamtdeutschland sind von 1991 bis 1997 rd. 550.000 Personen (-29 %) überwiegend wiedervereinigungsbedingt aus der Landwirtschaft ausgeschieden. 1997 waren rd. 1,33 Mio. Personen haupt- oder nebenberuflich in landwirtschaftlichen Betrieben tätig.
Während im früheren Bundesgebiet hauptsächlich Familienarbeitskräfte - und diese meist nur mit einem Teil ihrer gesamten Arbeitszeit - in der Landwirtschaft tätig sind, werden in den neuen Ländern überwiegend familienfremde Arbeitskräfte hauptberuflich in der Landwirtschaft beschäftigt.
In den neuen Bundesländern waren 1996 nach einem starken Rückgang noch 3,4 % aller Erwerbstätigen in der Landwirtschaft tätig. Die entsprechende Zahl für Gesamtdeutschland betrug 2,8 % (970.000 Personen).

Anteil der Erwerbstätigen in der Land-, Forstwirtschaft und Fischerei an der gesamten deutschen Erwerbsbevölkerung

Jahr	1950	1960	1970	1980	1995
Erwerbstätigenanteil [%]	25	14	9	5	2,8

Quelle: Deutscher Bauernverband 1997

Aufgrund der Altersstruktur der in Deutschland in der Landwirtschaft Beschäftigten ist in den nächsten 10 - 15 Jahren mit einer deutlichen Verringerung der landwirtschaftlichen Arbeitskräfte zu rechnen.
Die Kosten für einen Arbeitsplatz in der deutschen Landwirtschaft betrugen auf das Jahr 1997 bezogen, ca. 502.600 DM, gegenüber ca. 259.500 DM in der übrigen Wirtschaft. Berechnungsgrundlage ist das Bruttoanlagevermögen zu Beginn des Jahres (z.B. Gebäude, Maschinen, Fahrzeuge, Geschäftsausstattung, aber ohne Grund und Boden) zu Wiederbeschaffungspreisen. (→AGRARSTRUKTUR IN DEUTSCHLAND, →STRUKTURWANDEL IN DER DEUTSCHEN LANDWIRTSCHAFT)

ARBEITSKRÄFTEBESATZ: Der durchschnittliche Bestand an Vollarbeitskräften bezogen auf die →landwirtschaftliche Nutzfläche (LN), bzw. die →landwirtschaftlich genutzte Fläche (LF), ergibt den Arbeitskräftebesatz, der in der Regel in →Arbeitskrafteinheiten je 100 ha LN bzw. LF ausgedrückt wird.

ARBEITSKRAFT-EINHEIT: Bei statistischen Erhebungen und betriebswirtschaftlichen Berechnungen werden die Arbeitskräfte in der →Landwirtschaft vielfach zur besseren Vergleichbarkeit auf Arbeitskraft-Einheiten (AK) umgerechnet. Diese gelten als Maßstab der Beschäftigung im Agrarsektor. Dabei wird die Arbeitsleistung einer mit betrieblichen Arbeiten vollbeschäftigten Arbeitskraft im Alter von 16 bis unter 65 Jahren mit 1,0 AK, im Alter von 15 Jahren mit 0,5 AK und im Alter ab 65 Jahren mit maximal 0,3 AK bewertet. Der Betriebsinhaber selbst und die 65 Jahre und älteren ständig familienfremden Arbeitskräfte erhalten keinen altersabhängigen Abzug. Teilbeschäftigungen im Betrieb werden mit den entsprechenden Bruchwerten berücksichtigt. 1 AK je Person kann im Betrieb nicht überschritten werden.

Arbeitskräfteeinsatz in Deutschland im Vergleich

Kennziffer	Jahr 1989	Jahr 1994
Alte Bundesländer		
Vollarbeitskräfte [1.000 AK]	775	610
Nutzfläche [1.000 ha LF]	11.886	11.797
Arbeitskräftebesatz [AK/100 ha LF]	6,5	5,1
Neue Bundesländer		
Vollarbeitskräfte [1.000 AK]	850[1]	132
Nutzfläche [1.000 ha LF]	6.171	5.436
Arbeitskräftebesatz [AK/100 ha LF]	13,8	2,4

[1] Beschäftigte
Quelle: Deutscher Bauernverband 1996

ARBORIZID: ➔Biozid zur Bekämpfung von Gehölzen.

ARHROUR-BRUNNEN: In Nordafrika verbreiteter traditioneller Zugbrunnen. Über dem Brunnenschacht ist in einem gekreuzten Balkensystem eine Rolle angebracht, über die ein Ledereimer in die Tiefe gelassen wird. Ein zweites Seil, das über eine am Brunnenrand installierte Rolle läuft, ist so in der Länge gebunden, dass er beim Fördern des Ledereimers dessen unteres, ebenfalls offenes Ende abknickt. Erreicht der Eimer diese Rolle, so ändert sich die vertikale in die horizontale Zugrichtung, was die Öffnung des Behälters bewirkt. Das Wasser ergießt sich in ein kleines Bassin und gelangt über kleine Kanäle auf die zu bewässernden Beete. (➔BEWÄSSERUNG, ➔BEWÄSSERUNGSWIRTSCHAFT)

ARRONDIERUNG: Zusammenlegung von Grundbesitz. Arrondierung kann auf privater Basis oder im Rahmen eines amtlich durchgeführten Flurbereinigungsverfahrens erfolgen. Eine Total-Arrondierung bedeutet, dass alle früher verstreut gelegenen Grundstücke eines landwirtschaftlichen Betriebes zu einer Einheit zusammengefasst werden. Eine ➔Aussiedlung ist dabei nicht zwingend erforderlich. (➔FLUBEREINIGUNG)

ARTENRÜCKGANG: Prozess des unwiederbringlichen Verlustes einzelner Arten von Organismen vor allem durch menschliches Wirken.
Die Schätzungen der globalen Artenzahl reichen von 5 bis über 50 Millionen, wobei erst 1,7 Mio. Arten beschrieben sind. Die Schätzungen des Artenverlustes innerhalb der nächsten 50 Jahre (vom Beginn der 90er Jahre an) liegen je nach angewandter Methode zwischen 10 und 50 % der Gesamtartenzahl. Daraus errechnet sich eine Spannweite des Artenverlustes zwischen 3 - 130 Arten pro Tag, welches gegenüber der natürlichen Hintergrundrate eine Beschleunigung um den Faktor 1.000 bis 10.000 bedeutet. Diese Größenordnung ist nur mit dem Artensterben am Ende der Kreidezeit vor 65 Mio. Jahren vergleichbar.
Auch auf der Ebene der Populationen und Gene schwindet die Artenvielfalt (➔Biodiversität). Dieser Trend betrifft nicht nur Wildarten, sondern auch die in ➔Land- und Forstwirtschaft genutzten Arten. Problematisch ist die Verdrängung der ursprünglichen Vielzahl traditionell angebauter Sorten durch wenige Hochleistungssorten ("Generosion"). Weltweit liefern heute rd. 30 Pflanzenarten etwa 90 % der aus Pflanzen gewonnenen Nahrungsenergie, die drei wichtigsten (Weizen, Reis, Mais) allein über 50 %. In Mitteleuropa sind von 1903 bis 1983 insgesamt 97 % der damals bekannten Gemüsesorten nicht mehr im

Ursachen des Artenrückgangs[1] in der Bundesrepublik Deutschland 1988

Ursache	Artenanzahl
Änderung der Nutzung	305
Aufgabe der Nutzung	284
Beseitigung von Sonderstandorten	255
Auffüllung, Bebauung	247
Entwässerung	201
Bodeneutrophierung	176
Abbau und Abgrabung	163
Mechanische Einwirkungen	123
Entkrautung, Rodung, Brand	115
Sammeln	103
Gewässerausbau und -unterhaltung	68
Aufhören von Bodenverwundungen	59
Einführung von Exoten	43
Luft- und Bodenverunreinigung	38
Gewässereutrophierung	36
Gewässerverunreinigung	35
Schaffung künstlicher Gewässer	27
Herbizidanwendung, Saatgutreinigung	26
Verstädterung von Dörfern	22
Aufgabe bestimmter Feldfrüchte	8

[1] angeordnet nach der Zahl der betroffenen Pflanzenarten der Roten Liste. Infolge Mehrfachnennungen der Arten, die durch mehrere Faktoren gefährdet sind, liegt die Summe der angegebenen Zahlen höher als die Gesamtzahl (= 711) der untersuchten Arten.
Quelle: Landschaftsinformationssystem (LANIS), Bundesamt für Naturschutz, Bonn 1988

Verursacher (Landnutzer / Wirtschaftszweig) des Artenrückgangs[1] in der Bundesrepublik Deutschland 1988

Verursacher	Artenanzahl
Landwirtschaft	513
Forstwirtschaft und Jagd	338
Tourismus und Erholung	161
Rohstoffgewinnung, Kleintagebau	158
Gewerbe, Siedlung und Industrie	155
Wasserwirtschaft	112
Teichwirtschaft	79
Verkehr und Transport	71
Abfall- und Wasserbeseitigung	71
Militär	53
Wissenschaft, Bildung, Kultus	40
Lebensmittel- und pharmazeutische Industrie	8

[1] angeordnet nach der Zahl der betroffenen Pflanzenarten der Roten Liste. Quelle: Landschaftsinformationssystem (LANIS), Bundesamt für Naturschutz, Bonn 1988

Angebot und vermutlich verlorengegangen. Von den 7.098 im 19. Jahrhundert gehandelten Sorten sind 6.121 (86 %) verschwunden. Von den ca. 10.000 Weizensorten, die 1949 in China angebaut wurden, sind noch rd. 1.000 in Kultur. In Mexiko sind von fast 2.000 Maissorten, die 1930 genutzt wurden, heute noch 20 % im Anbau.
Dem Verzicht auf bestimmte Kulturpflanzenarten (z.B. Lein und verschiedene ➔Leguminosen) folgte das Verschwinden der entsprechenden Ackerbegleitflora und -fauna. Mit der Vergrößerung der ➔Schläge und dem gleichzeitigen Umbruch der Ackerrandstreifen verloren viele Nützlingsarten ihre Lebensräume.

ARTENSCHUTZ: Darunter versteht man den durch verschiedene, v.a. behördliche Maßnahmen angestrebten Schutz von seltenen und vom Aussterben bedrohten Tier- und Pflanzenarten in der freien Natur, aber auch die Sicherung des Gesamtbestandes an wildlebenden Organismen. Da viele freilebende Arten nur in einer artgerechten, vielfältig strukturierten ➔Umwelt leben können, muss es das Ziel sein, funktionsfähige ➔Ökosysteme und eine hohe Artenvielfalt durch Sicherung genügend großer ➔Biotope mit einem arttypisch gesteuerten Genpotential zu gewährleisten und ggf. auch die Wiederansiedlung einzelner lokal ausgestorbener Arten in Betracht zu ziehen. Artenschutz hilft so die Evolution der Arten sichern. (➔AGRARGESCHICHTE, ➔BIODIVERSITÄT, ➔ARTENRÜCKGANG)

ARTENVIELFALT: ➔AGRARGESCHICHTE, ➔ARTENRÜCKGANG, ➔BIODIVERSITÄT

ARZNEIPFLANZEN: Pflanzen, die in einem oder mehreren ihrer Organe Substanzen enthalten, die für therapeutische Zwecke verwendet werden oder die Vorstufen für pharmazeutisch-chemische Halbsynthesen darstellen.

ASSIMILATION: Fähigkeit der Grünpflanze, mit Hilfe der Sonnenenergie aus energiearmen anorganischen Verbindungen (Kohlendioxid und Wasser) energiereiche organische Verbindungen aufzubauen (Photosynthese); dabei erfolgt die Bildung von Eiweiß, Fett, Stärke, Zellulose u.a.

ASSOZIIERUNG: Auf vertraglicher Basis beruhendes Abkommen, das ➔Drittländern das Recht einräumt, sich an einer Handels-, Zoll- oder Wirtschaftsunion zu beteiligen, ohne selbst (Voll-)Mitglied zu sein. Derartige Verträge bestehen von Seiten der EU mit der Türkei, Zypern, Malta, den 69 ➔AKP-Staaten, Polen, der Tschechischen Republik, der Slowakischen Republik, Ungarn, Bulgarien, und Rumänien (Agrarsektor hierbei weitgehend ausgeklammert). Kooperationsverträge bestehen ferner mit den Maghreb-Ländern (Algerien, Tunesien, Marokko), den Mashrek-Ländern (Ägypten, Jordanien, Syrien, Libanon) und Israel.

ASTEN: Im Zusammenhang mit der ➔Almwirtschaft genutzte, tiefer als die ➔Almen gelegene Flächen, auf die das Vieh zur Vor- und Nachweide aufgetrieben wird. Auf diesen Flächen wird zusätzlich ➔Heu gewonnen, meistens auch dort verfüttert oder zum Heimbetrieb geliefert. Aus Arbeitsmangel kann die Beweidung auch während des Sommers erfolgen und dadurch die ➔Mahd entfallen.

ATMOSPHÄRISCHE DEPOSITION: Die Ablagerung von natürlichen und anthropogenen Stoffen aus der Atmosphäre auf die Erdoberfläche. Auf dem Wege von ihrer Quelle bis zur Deposition können Stoffe unter dem Einfluss von UV-Strahlung chemisch umgewandelt werden. Werden die Stoffe mit den Niederschlägen (Regen, Schnee, Nebel, Tau) gelöst oder partikulär ausgewaschen, spricht man von *nasser Deposition*. Die direkte Ablagerung von Stäuben und die Adsorption von gasförmigen Substanzen bezeichnet man als *trockene Deposition*. Von großem Interesse sind naturgemäß Luftschadstoffe. Die wichtigsten sind *CO*, SO_2, NO_x, *Kohlenwasserstoffe, Staub, Fluor.*
Im Hinblick auf die Auswirkung auf den ➔Boden kommt den Säurebildnern SO_2 und NO_x besondere Bedeutung zu; sie werden beim Transport in der Atmosphäre oxidiert und in Säuren umgewandelt, senken den ➔pH-Wert der Niederschläge (saurer Regen) und bringen beträchtliche Mengen Protonen in die ➔Ökosysteme ein.
Neben den erwähnten ➔Schadstoffen belastet zunehmend ➔Ammoniak die Atmosphäre, welcher größtenteils aus der ➔Landwirtschaft stammt. In der Atmosphäre wird NH_3 zu $(NH_4)2SO_4$ umgesetzt, was zur Neutralisation der Niederschläge führen kann. Die im Boden einsetzende ➔Nitrifikation bewirkt jedoch einen Versauerungsschub.
Die Belastung des Bodens durch atmosphärische Depositionen wirkt sich an Waldstandorten, in Naturwiesen und ➔Mooren bedeutend stärker aus als auf landwirtschaftlich genutzten Flächen. In der Landwirtschaft können die Folgen der atmosphärischen Deposition durch gezielte ➔Düngung gedämpft werden. (➔UMWELTWIRKUNGEN)

ATRAZIN: Atrazin ist ein Vertreter der 1,3,5-Triazine, chemische Summenformel $C_8H_{14}ClN_5$. Die Atrazin-enthaltenden Handelsprodukte wurden (bzw. werden im Ausland noch) als ➔Herbizide verwendet (Handelsnamen z.B. *Gesaprim, Primatol A*). Atrazinhaltige Pflanzenschutzmittel sind seit März 1991 in Deutschland verboten, in erster Linie wegen ihrer schweren →Abbaubarkeit im →Boden. Atrazin kommt nicht natürlicherweise vor. Es war und ist weltweit noch eines der am meisten verwendeten Herbizide, wobei es v.a. als selektives Bodenherbizid im Maisbau verwendet wird.

AUFFRIEREN: Das Auffrieren des →Bodens ist ein mit Volumenzunahme verbundenes Gefrieren von wasserhaltigem Boden. Der Boden friert um so stärker auf, je wasserhaltiger er ist. Die damit verbundenen Bewegungen vermögen die Pflanzenwurzeln zu zerreißen. Als positiver Effekt bewirkt die mit dem Auffrieren verbundene Frostsprengung eine die Gefügebildung fördernde Zerkleinerung von Bodenklumpen (→Frostgare).

AUFLAUFEN: In der →Landwirtschaft das Keimen der →Kulturpflanzen, z.B. bei Getreide, wenn die jungen Pflanzen mit ihren ersten Blättern sichtbar sind.

AUFSTOCKUNG: 1. Die Vergrößerung kleiner landwirtschaftlicher Betriebe durch Zukauf oder →Pacht, um ihre Existenzfähigkeit zu sichern. Diese *äußere Aufstockung* wird meist mit Flächen auslaufender Betriebe vorgenommen, die unterhalb der Aufstockungsschwelle liegen. Die Aufstockungsschwelle ist eine →Betriebsgröße, die für den Bewirtschafter eine gerade noch ausreichende Existenz darstellt. Ohne Aufstockung wären sie gezwungen, künftig einen außeragrarischen Zuerwerb zu suchen. 2. *Innerbetriebliche* oder *innere Aufstockung,* beispielsweise durch den Übergang zu einer intensiveren Bodennutzung und/oder durch eine Ausweitung der Tierhaltung, meist verbunden mit dem Einsatz zugekaufter →Futtermittel. Ziel ist es ebenfalls, die Rentabilität zu verbessern.

AUFTRAGSBODEN: →Anthropogener →Boden, der durch Aufbringen von organischem oder mineralischem Material in ihren Eigenschaften verbessert wurde, und bei dem das aufgetragene Material im wesentlichen an der Oberfläche verblieben ist. (→PLAGGENESCH, →KULTOSOL)

AUJESZKYSCHE KRANKHEIT: Auch *Pseudowut*; eine anzeigepflichtige Tierseuche, die durch ein Virus der Herpes-Gruppe verursacht wird. Neben Schweinen als den Hauptträgern des Virus erkranken Ratten, Hunde, Katzen, Rinder, Schafe, Ziegen, Nerze und Füchse. Menschen scheinen auf natürlichem Infektionsweg nicht gefährdet.

AUSBEUTUNGSWIRTSCHAFT: Charakterisierende Bezeichnung für frühe Formen des →Ackerbaus, bei denen Aspekte der →Bodenfruchtbarkeit unberücksichtigt blieben.

AUSFUHRERSTATTUNG: Ausgleich der Differenz zwischen dem hohen EU-Verkaufspreis für Agrarerzeugnisse und dem niedrigeren →Weltmarktpreis, der den →Landwirten beim Export in →Drittstaaten gewährt wird. Ausfuhrerstattungen sind variable →Subventionen, die den →Bauern einerseits Mindestpreise garantieren, es andererseits ermöglichen, Agrarüberschüsse der →Europäische Union auf dem Weltmarkt abzusetzen. Insofern stellen Exporterstattungen Beseitigungskosten für Überschüsse dar. Ausfuhrerstattungen sind das Gegenstück zu →Abschöpfungen bei der Einfuhr von Agrarprodukten in die EU.

AUSGANGSGESTEIN: Mineralisches (anorganisches) Ausgangsmaterial der Bodenbildung (syn. "Muttergestein"), von dem sich die festen anorganischen Bodenbestandteile ableiten.

AUSGEDINGHAUS: Wohngebäude einer Hofanlage, das dem →Altenteiler im Rahmen eines Hofüberlassungsvertrags auf Lebenszeit zur Verfügung steht.

AUSGERÄUMTE LANDSCHAFT: →Kulturlandschaft, in der gliedernde, ökologisch und hinsichtlich ihrer Wohlfahrtswirkungen wichtige Strukturelemente zum Zwecke einer intensiveren Landnutzung völlig vernichtet (ausgeräumt) sind oder in einen unnatürlichen Zustand versetzt wurden. Die Eingriffe erfolgen durch konventionelle, z.T. industriemäßig betriebene →Landwirtschaft, →Meliorationen, Verkehrswege- und sonstigen Infrastrukturbau sowie →Flurbereinigungen. Betroffen von der Ausräumung sind folgende Landschaftselemente:

- Besitzstrukturen (Zusammenlegung von kleinen →Parzellen)
- vegetative Elemente (→Raine, →Hecken, Baumgruppen u.w.)
- Kleinformen (Terrassen, Böschungen, Hohlwege, Sölle u.w.)
- Kleingewässer (mäandrierende Bäche, Tümpel), →Feuchtgebiete

Der Verlust an Kleinstrukturiertheit und unterschiedlichen Lebensräumen führt zu einem Rückgang an →Biodiversität und gewöhnlich zu einem Attraktivitätsverlust, der besonders in Ebenen markant ist. (→UMWELTWIRKUNGEN)

AUSGLEICHSZAHLUNG: Im Gefolge der →Reform der →Gemeinsamen Agrarpolitik an die →Landwirte erfolgende Zahlungen als Ausgleich für Einkommenverluste im Gefolge der Senkung der Stützungspreise (z.B. →Interventionspreis) bzw. wegen besonderer Belastungen der Landwirtschaft. Bei pflanzlichen Produkten können Ausgleichszahlungen für die gesamte mit ➔Getreide, ➔Ölsaaten, Eiweißpflanzen und Öllein bestellte Fläche oder Teile davon beantragt werden. Bei tierischen Produkten werden solche *Preisausgleichszahlungen* in Form von (erhöhten) Rinderprämien geleistet. Daneben können für stillgelegte Flächen unter Beachtung bestimmter Auflagen *Flächenstillegungsprämien* beantragt werden. Mit der *Ausgleichszulage* in benachteiligten Gebieten (Berggebiete, benachteiligte Agrarzonen) und der *Förderung umweltgerechter landwirtschaftlicher Produktionsverfahren* bestehen noch zwei weitere Typen von Ausgleichszahlungen.

AUSGLEICHSZULAGE: ➔Subvention landwirtschaftlicher Unternehmer in benachteiligten Gebieten zur Sicherung der landwirtschaftlichen Erwerbstätigkeit und zum Ausgleich ständiger natürlicher und wirtschaftlicher Nachteile. In Deutschland gelten 50,6 %, in Österreich 68,6 % der LF als benachteiligte Gebiete. Die Ausgleichszulage trägt so zur Erhaltung einer flächendeckenden Landbewirtschaftung bei. In einem Gemeinschaftsverzeichnis sind alle Gemeinden oder Gemeindeteile, welche auf Kommissions- und Ratsbeschluss in das benachteiligte Gebiet aufzunehmen sind, namentlich aufgelistet.

AUSRICHTUNGS- UND GARANTIEFONDS FÜR DIE LANDWIRTSCHAFT: Fonds zur Finanzierung der ➔gemeinsamen Agrarpolitik. Der Fonds umfasst die Abteilung "Garantie" und die Abteilung "Ausrichtung". Die Abteilung "Garantie" finanziert insbesondere die Ausgaben für die ➔Marktordnung (Interventionskosten, Exporterstattungen, usw.) Die Abteilung "Ausrichtung" leistet unter bestimmten Voraussetzungen Zuschüsse zu öffentlichen, halböffentlichen oder privaten Vorhaben, die der Verbesserung der Produktionsstruktur, der Anpassung der Erzeugung an den Markt, der Hebung der Qualität, der Rationalisierung der Absatzzweige und der allgemeinen Absatzförderung dienen.

AUSSIEDLUNG: Verlegung eines landwirtschaftlichen Betriebes oder nur seines Wirtschaftsteiles (➔Teilaussiedlung) aus geschlossener, in der Regel beengter Ortslage in die freie ➔Feldmark oder an den Ortsrand. Die neue Hofstelle (Aussiedlerhof) liegt dort auf arrondiertem (zusammengelegtem) Besitz. Zur ökonomischeren Versorgung mit technischer Infrastruktur werden häufig Hofgruppen gebildet. Zwischen 1956 und 1965 wurden in der damaligen Bundesrepublik über 16.000 Aussiedlungen staatlicherseits gefördert, viele davon in Verbindung mit einer ➔Aufstockung des Betriebes. Die Aussiedlung zählt zu den klassischen Maßnahmen zur Verbesserung der ➔Agrarstruktur und erfolgt gewöhnlich im Rahmen der ➔Flurbereinigung.
Kritik zielte auf die Zersiedlungswirkung, die unzeitgemäße soziale Isolation der Aussiedlerfamilien und die hohe finanzielle Förderung einzelner Familien.

AUSTAUSCHER: ➔Tonminerale, ➔Huminstoffe und pedogene Oxide und Hydroxide sind in der Lage, sogenannte "Nährionen", vor allem Kationen, reversibel zu binden (in den meisten ➔Böden überwiegen Ionen mit negativer Ladung). Da diese Form der Bindung (Sorption) nur locker ist, sind die Kationen leicht verwertbar. Mineralische "Nährstoffe" werden somit sorptiv gespeichert. Die Menge der austauschbaren Kationen und Anionen wird in mval (Millival) pro 100 g trockenem ➔Boden angegeben. Der Austausch erfolgt gegen H^+ und HCO_3 der Pflanzenwurzel über die freie ➔Bodenlösung oder bei unmittelbarem Kontakt von Zellwandoberflächen und Austauscher in der Zone des gebundenen Wassers.

AUSWASCHUNG DES BODENS: Erscheinung der humiden Klimate. Sie wird veranlasst durch die Schwerkraft, erfasst wasserlösliche oder im Wasser suspendierte Stoffe, und geschieht mit dem durch das ➔Bodenprofil perkolierenden Sickerwasser. Die Auswaschung ist abhängig von Niederschlag, Infiltration, Wasserleitfähigkeit und von der Löslichkeit der Stoffe, sie schließt z.B. an Prozesse der Verwitterung, ➔Bodenversauerung und ➔Mineralisierung an, ist Voraussetzung für die Prozesse der Entkalkung, Tonverlagerung, Podsolierung, Desilifizierung und Entsalzung. Die Auswaschung betrifft z.T. nur einzelne Horizonte, z.T. das gesamte Bodenprofil.

AUTOBAHNBAUER: ➔NEUEINRICHTER

AVIZID: ➔Biozid gegen Schadvögel (z.B. Webervögel in Afrika).

B BASEN - BUNTBRACHE

BASEN: Alkalisch wirkende Verbindungen von Calcium und Magnesium, die Säuren im →Boden neutralisieren.

BAUER: In der →Landwirtschaft tätiger Unternehmer mit einem ausgeprägtem Bewusstsein gegenüber seinem Berufsstand, seinen →Betriebsmitteln und seinem Heimatraum. Mit der heute gebräuchlichen Bedeutung wird der Begriff (auch *Hofbauer*) seit dem Hochmittelalter verwandt.

Weitere Kennzeichen des Bauerntums:

- Wirtschaftliches Streben vorrangig ausgerichtet auf die Verbesserung des Hofes, weniger auf rasche Profitmaximierung
- Langfristige Existenzsicherung hat Vorrang gegenüber kurzfristigen persönlichen Vorteilen
- Selbständigkeit, Eigenverantwortlichkeit, ausgeprägter Familien- und Gemeinschaftssinn, Traditionsverhaftung
- Nachhaltige Bewirtschaftung des →Bodens in Verantwortung gegenüber folgenden Generationen

Die Attribute des Begriffes Bauer werden häufig denen des →*Farmers* (traditionslos, geringe Bodenverbundenheit, ausschließlich marktorientiert, unternehmerisches und geldorientiertes Denken) der angelsächsischen Neusiedlungsländer gegenübergestellt. Inzwischen haben sich beide Typen in ihren Verhaltensmustern stark angenähert. (→BÄUERLICHER FAMILIENBETRIEB, →FARM, →LANDWIRT)

BÄUERLICHER FAMILIENBETRIEB: In der →Landwirtschaft werden unter dem Begriff bäuerlicher Familienbetrieb im allgemeinen jene Betriebe verstanden, in denen

- die →Produktionsmittel ganz oder zum großen Teil Familieneigentum sind
- Flächenzupacht üblich, eine Ganzpacht möglich ist
- die gesamte landwirtschaftliche Arbeit ausschließlich oder jedenfalls zum überwiegenden Teil vom Betriebsinhaber und seiner Frau, gegebenenfalls von weiteren Familienmitgliedern, aber selten von Lohnarbeitskräften geleistet wird
- betriebliche Entscheidungen vom Unternehmer meist in Abstimmung mit der Familie getroffen werden
- die Gesamtabläufe und Zusammenhänge des Betriebes für alle Mitarbeitenden überschaubar sind,
- Familienhaushalt und Betrieb finanziell und hinsichtlich der Arbeit eng miteinander verflochten sind, somit
- eine Aufteilung in verschiedene Lebensbereiche wie Arbeit, Freizeit und Wohnen - noch - nicht ausgeprägt ist
- die Erhaltung der →Bodenfruchtbarkeit und die Berücksichtigung ökologischer Belange besonders ausgeprägt sind und
- häufig eine enge Bindung der Viehhaltung an den →Boden besteht

Der Familienbetrieb wird nicht durch den Umfang der Nutzfläche, sondern nur durch die Arbeits- und Verdienstmöglichkeit charakterisiert, die er einer normalen bäuerlichen Familie zu bieten vermag. Während "Familienbetriebe" durch das Überwiegen der familiären Arbeitsleistung klar abgrenzbar sind, wird der Begriff "bäuerlich" je nach Standort und Zeitpunkt unterschiedlich definiert, entsprechend auch die Kombination beider Worte mit ihrem Leitbildcharakter. Von diesem →Leitbild unterscheidet *Gottschewski* (1994) folgende Ausprägungen:

- das agrarromantisch geprägte Leitbild des bäuerlichen Familienbetriebes konservativer Prägung
- das Leitbild der modernen Agrarwirtschaft
- das Leitbild des →ökologischen Landbaus und
- das Leitbild des →integrierten Landbaus

Seit 1958 ist es erklärtes Ziel der EWG, den landwirtschaftlichen Familienbetrieb zu erhalten und zu fördern.

Von der Politik wird der Begriff dynamisch gesehen, als einer, der sich der allgemeinen Wirtschaftsentwicklung, dem steigenden Lebensstandard, den wachsenden Einkommenserwartungen und den technischen Entwicklungen anpasst. Insofern beinhaltet er auch →Aufstockungen. In Deutschland rückt man ab dem Agrarbericht 1988 schrittweise von einer "strukturellen" Leitbildinterpretation ab, so dass "die Betriebe unabhängig von →Betriebsgröße, Organisationsform, Arbeitsverfassung und →Betriebssystem grundsätzlich gleichrangig zu behandeln sind" (Agrarbericht 1993). Formulierungen in den Agrarberichten kennzeichnen die teilweise Abkehr vom bäuerlichen Attribut und seine flexible Deutung in der Politik. Die fast beliebige Verwendung der hier politischen Vokabel macht ihren Gebrauch in diesem Rahmen fragwürdig.

Teilweise wird das von Regierungen und Bauernverbänden hochgehaltene →Leitbild des bäuerlichen Familienbetriebs oder auch das der US-amerikanischen *family farm* als Mythos kritisiert, da die Realität des ablaufenden Strukturwandels nicht im Einklang mit dem Leitbild steht. Erklärt wird die Persistenz dieses Mythos u.a. mit der breiten Zustimmung, die die Vorstellung eines naturverbundenen, auf eigener Scholle mit Familienarbeitskräften wirtschaftenden →Bauern findet, ebenso wie mit der Zustimmung zu dem *Jeffersonian Ideal*, das die Idee des Farmers als Rückgrat der Demokratie und des ländlichen Lebens sowie als Basis einer beständigen Regierung enthält.

In Deutschland ist das Leitbild vor allem deshalb fragwürdig geworden, weil es den realen Verhältnissen zumindest in Ostdeutschland nicht entspricht, auch wenn manche LPG-Nachfolgeunternehmen als Familienbetriebe geführt werden.

Als Argumente für die Erhaltung bäuerlicher Familienbetriebe werden u.a. folgende Argumente angeführt:

- Ideelle Werte: Bewahrung von Familientradition, Dorfgemeinschaft, ländliches Brauchtum, Naturverbundenheit, Einheit von Arbeits- und Lebensbereich
- Einkommens- und Vermögensverteilung: breite Streuung des Eigentums, vorteilhafte Einkommens- und Vermögensverteilung
- Anpassungsfähigkeit: Flexibilität hinsichtlich des Arbeitspotentials der Familie sowie hinsichtlich des Konsums in Abhängigkeit von der Einkommenslage
- Ökologische Vorteile: umweltschonende Bodenbewirtschaftung, Erhaltung der →Bodenfruchtbarkeit und geringere negative →Umweltwirkungen
- Erhaltung einer agrarisch geprägten →Kulturlandschaft: Gewährleistung einer Mindestbesiedlung →ländlicher Räume
- Qualität der Nahrungsmittel: bessere Qualität und geringere Rückstände als bei Nahrungsmitteln aus →industrialisierter Landwirtschaft

(→AGRARINDUSTRIELLES UNTERNEHMEN)

BAUERNBEFREIUNG: Die Bauernbefreiung war eine wesentliche Reform in der →Landwirtschaft im 18. und 19. Jahrhundert mit dem Ziel, die grundherrschaftlichen Bedingungen abzuschaffen. Daneben wendete sie sich auch gegen Erbuntertänigkeit, Frondienste und Grundherrschaft sowie gegen ständische Gerichtsbarkeit und Polizeigewalt. Sie begann mit der Aufhebung der Leibeigenschaft 1781 in Österreich und erfuhr eine Beschleunigung durch die Französische Revolution. In Preußen erfolgte sie v.a. durch die Reformen des Freiherrn von Stein (1807) und des Staatskanzlers von Hardenberg (1811 und 1816). Die Bauernbefreiung war 100 Jahre nach ihrem Beginn zuletzt in Russland abgeschlossen. Mit der Aufhebung der genannten Bindungen an den Grundherrn unterstanden von nun an die →Bauern dem allgemeinen Recht. Allerdings wurden Eigentumsrechte an Land nur an "spannfähige" Bauern vergeben. Es entstand damit eine Landarbeiterschicht, gleichzeitig wurde der →Großgrundbesitz vermehrt, da an die Grundherren bei Übernahme des Landes durch die Bauern Land als Entschädigung abgegeben werden musste.

In Deutschland wurde die Bauernbefreiung durch Staat und Bürgertum getragen, der Adel versuchte sie zu verhindern, die ländliche Bevölkerung einzelner Gebiete gab ihr durch Unruhen oder Revolten nur indirekt Impulse. Ein wichtiges Motiv für die Bauernbefreiung war die Vorstellung, dass freies Eigentum die wirtschaftliche Aktivität steigert. Tatsächlich äußerte sich die Befreiung vor allem in Gebieten mit Gutswirtschaft in intensiverer Bodennutzung. Hemmend für diese Entwicklung wirkte sich der Ablösemodus für Zinsen und Dienste aus. Der Gutsherr wurde zum Gutsbesitzer, seine Ländereien konnte er durch den Landzuwachs im Zuge der Ablösung beträchtlich vergrößern, Geldabfindungen wurden in Beteiligungen an Bergbau, Industrie und Eisenbahnen oder für den Ankauf von →Gütern investiert. Die Zahlung von Ablösungsrenten für Zehnten, Zinsen und Frondienste verursachten eine wachsende Verschuldung des bäuerlichen Grundeigentums. Daraus folgende Zwangsverkäufe kamen vornehmlich den Gutsbesitzern zugute.

BAUERNLEGEN: Zerschlagung →bäuerlicher Familienbetriebe und Einziehung der Hofstelle durch den Grund- oder Gutsherrn mit den Mitteln der Vertreibung oder des Aufkaufs. Das Bauernlegen wurde insbesondere in England im 15./16. Jh. und in Mittel- und Ostdeutschland im 17./18. Jh. durchgeführt, um in größeren Gutsbetrieben rentabler wirtschaften zu können. Diese bauernfeindliche Vorgehensweise

des Adels setzte vor allem dann ein, als der Landbedarf nicht mehr durch ➔Wüstungen oder extensiv genutzte Areale gedeckt werden konnte. Eine häufig gebrauchte Vorstufe zum Bauernlegen bildete das Zerschlagen von Hufengütern in Nachsiedlerbetriebe, wie z.B. Gärtner- oder Kossätenstellen. Beispielsweise wurden 1621 in Mecklenburg diejenigen ➔Bauern, die kein erbliches Leiherecht an ihren ➔Hufen nachweisen konnten, zu Zeitpächtern erklärt und damit künftigem Bauernlegen schutzlos überlassen.
Neben dem Adel waren es in Altdeutschland seit dem 12. und 13. Jahrhundert Klöster (vor allem Zisterzienser, in geringerem Maße Prämonstratenser u.a. sowie Ritterorden), die durch Bauernlegen neue Gutswirtschaften anlegten. Ein Widerspruchsrecht bestand für die Bauern nicht. Die neu entstandenen oder die vergrößerten Gutshöfe hießen ➔Grangien. Sie wurden i.d.R. von Laienbrüdern, sog. Konversen (von der Welt bekehrte, aber nicht zu Geistlichen werdende Personen) bewirtschaftet. (➔VERGÜTERUNG)

BAUERNMARKT: Form der ➔Direktvermarktung, bei der die ➔Bauern ihre eigenen Erzeugnisse unter Umgehung des Einzelhandels auf Wochenmärkten oder täglich beschickten Märkten direkt an die Verbraucher verkaufen.
In der früheren UdSSR spielten Bauernmärkte (Kolchosmärkte) eine bedeutende Rolle bei der Versorgung der städtischen Bevölkerung. Die Mitglieder von ➔Kolchosen verkauften dort die Erzeugnisse ihres privaten Hoflandes.

BAUERNWALD: Der um 1800 nach einer scharfen Trennung zwischen öffentlichem Wald und reinem Privatwald entstandene klein- und großbäuerliche Waldbesitz. Gegen Ende des 18. und Anfang des 19. Jh. wurde durch Aufteilung von ➔Allmenden Bauernwald im großen Stil geschaffen, wodurch jedoch eine starke Parzellierung mit häufig schlecht strukturiertem Waldbesitz entstand, oft noch verstärkt durch die ➔Realteilung. Hierin liegen heutige Maßnahmen zur Strukturverbesserung im Bauernwald durch forstwirtschaftliche Zusammenschlüsse und forstliche ➔Flurbereinigung begründet. Bauernwald bildet eine z.T. wesentliche Ergänzungsfläche für bäuerliche Betriebe, vor allem in waldreichen Regionen, wo aufgrund natürlicher Ungunstfaktoren die Agrarnutzung zurücktritt (z.B. Mittel- und Nordfinnland).

BAUJAHRE: In ➔Feldgraswirtschaften die Periode der einjährigen ➔Nutzpflanzen; im Gegensatz zu den ➔Grasjahren als der Periode der mehrjährigen ➔Futterpflanzen.

BAU- UND RAUMORDNUNGSGESETZ: Abk. BauROG; Bundesgesetz vom 18.8.1997, das den Rahmen für die ➔Raumordnung in Deutschland absteckt. Es folgt dabei der Leitvorstellung einer "nachhaltigen Raumentwicklung, die die sozialen und wirtschaftlichen Ansprüche an den Raum mit seinen ökologischen Funktionen in Einklang bringt und zu einer dauerhaften, großräumig ausgewogenen Ordnung führt" (§ 1 Abs. 2).
Für die ➔ländlichen Räume sowie die ➔Land- und Forstwirtschaft besitzt das BauROG mit seinen Grundsatzformulierungen der Raumordnung u.a. folgende wichtigen Bezüge:

- Erhaltung und Entwicklung einer großräumigen und übergreifenden Freiraumstruktur bei gleichzeitiger Sicherung bzw. Wiederherstellung der Bedeutung der Freiräume für funktionsfähige ➔Böden, für den Wasserhaushalt, die Tier- und Pflanzenwelt sowie das Klima (§ 2 Abs. 3).
- Die Entwicklung ländlicher Räume als Lebens- und Wirtschaftsräume mit eigenständiger Bedeutung (§ 2 Abs. 6); dabei Förderung einer ausgewogenen Bevölkerungsstruktur, Unterstützung des Zentrale-Orte-Konzeptes sowie Erhaltung der ökologischen Funktionen der ländlichen Räume, auch in ihrer Bedeutung für den Gesamtraum.
- Schutz, Pflege und Entwicklung von Natur(gütern) und ➔Landschaft (§ 2 Abs. 8)
- Schaffung und Sicherung der räumlichen Voraussetzungen für die Entwicklung der Landwirtschaft als bäuerlich strukturiertem, leistungsfähigem und wettbewerbsorientiertem Wirtschaftszweig und für den Beitrag von Land- und Forstwirtschaft zum Schutz der natürlichen Lebensgrundlagen sowie zur Pflege von Natur und Landschaft (§ 2 Abs. 10).
- Schutz flächengebundener Landwirtschaft (§ 2 Abs. 10)
- Schaffung eines ausgewogenen Verhältnisses landwirtschaftlich und als Wald genutzter Flächen in den Teilräumen (§ 2 Abs. 10)
- Sicherstellung der guten Erreichbarkeit aller Teilräume (§ 2 Abs. 12)
- Erhaltung der gewachsenen ➔Kulturlandschaften in ihren prägenden Merkmalen sowie mit ihren Kultur- und ➔Naturdenkmälern (§ 2 Abs. 13)

BEETPFLUG: Scharpflug, der den Erdbalken nur in einer Richtung wendet. (➔KEHRPFLUG, ➔PFLUG)

BEGLEITKULTUR: In einem landwirtschaftlichen Betrieb angebaute ➔Kulturpflanze, die deutlich hinter der ➔Leitkultur zurücktritt. (➔BODENNUTZUNGSSYSTEM)

BEGRENZUNGSFAKTOREN (FÜR PFLANZENERTRÄGE): Zu den Begrenzungsfaktoren für die Pflanzenerträge der ➔Landwirtschaft zählen:
1. *Niedrige Temperaturen* - Der wichtigste begrenzende Faktor für die Landwirtschaft in den gemäßigten Breiten. Die ➔Vegetationsperiode, deren mittlere Tagestemperaturen ständig über dem Schwellenwert von 5, nach manchen Quellen von 6 °C liegen, variiert in den gemäßigten Breiten zwischen fünf und neun Monaten.
2. *Wassermangel* - Weltweit gesehen ist Wasser wahrscheinlich der wichtigste Einzelfaktor, der Pflanzenerträge begrenzt. Maximale Photosynthese findet statt, wenn die Stomata der Pflanze weit geöffnet sind. Dies setzt ständige Wasserversorgung voraus, um die Aufrechterhaltung des Turgordruckes in den Schließzellen zu gewährleisten. Die Effizienz der Wassernutzung von Pflanzen variiert mit den anderen Umweltbedingungen, welche den Ertrag beeinflussen. Allerdings sind die ➔C_4-Pflanzen diesbezüglich i.a. doppelt so effizient wie ➔C_3-Pflanzen.
3. *Nährstoffmangel* - In vielen Entwicklungsländern sind geringe Ernteerträge teilweise auf Phosphor- und Stickstoffmängel zurückzuführen. Besonders in alten, stark verwitterten und ausgelaugten ➔Böden, die sich auf saurem Eruptivgestein oder Sandsteinen formiert haben. In den Industrieländern werden optimale Nährstoffniveaus landwirtschaftlicher Böden durch stete Zufuhren von ➔Düngern aufrechterhalten, vor allem durch Stickstoffdünger. In vielen dieser Böden sind die Kalium- und Phosphatgehalte annähernd stabil und meist ausreichend.
4. ➔*Bodenfruchtbarkeit* - Die für Pflanzen verfügbare Menge an ➔Nährstoffen und Wasser hängt von der physikalischen Beschaffenheit des Bodens ab, vor allem von seiner Kationenaustauschkapazität und seinem Wasserhaltevermögen.
5. ➔*Unkräuter* - Die erfolgreichsten Unkrautarten, welche die größten Ernteverluste verursachen, sind besonders gut adaptierte Pflanzenspezies. Sie profitieren von landwirtschaftlichen Lebensräumen, die der Mensch geschaffen hat und gedeihen dort vitaler als irgendwo sonst. Unkräuter besitzen ein hohes Fortpflanzungspotential, schnelles Wachstum, ein hohes Durchsetzungsvermögen, viele eine ausgeprägte "Mimikry" gegenüber den mit ihnen assoziierten ➔Kulturpflanzen und eine große Toleranz gegenüber Veränderungen der physikalischen Umwelt.
6. *Schädlinge und Krankheitserreger* - Die größte Gruppe der Schädlinge bilden Insekten und Milben, von denen die meisten Pflanzenfresser sind. Eine weitere große Gruppe besteht aus Nematoden (oftmals winzige, unsegmentierte Fadenwürmer). Weitere Schädlinge sind Schnecken und manche Wirbeltiere - vor allem Kleinsäuger (Nagetiere) und Vögel. Pathogene sind krankheitsauslösende Mikroorganismen; dazu gehören Pilze (verantwortlich für die größte Anzahl und Diversität von Pflanzenkrankheiten), Bakterien und Viren.
7. *Wetterungunst* - Die Erträge variieren auch in Abhängigkeit von den Wetterbedingungen bei jeder Wachstumsphase der betreffenden Kulturpflanze, einschließlich der Reifeperiode des Ernteorgans, und insbesondere im Laufe von spezifisch kritischen Phasen (bei Getreide kurz vor und während der Blütenbildung). In den gemäßigten Breiten besteht insbesondere die Gefahr früher oder später Fröste.

BEHAUSUNG: Oberbegriff für alle Formen überdachter menschlicher Unterkünfte einschließlich der eng damit verbundenen Wirtschaftsbauten.

BEIHILFEN: Subventionsgleiche sichtbare Finanzhilfen oder die mit einem Einnahmeverzicht verbundenen unsichtbaren Begünstigungen, vornehmlich steuerlicher Art, die von der öffentlichen Hand bei Erfüllung bestimmter Voraussetzungen gewährt werden.
<u>Formen von Beihilfen für die ➔Landwirtschaft:</u>
- verlorene Zuschüsse
- Darlehen
- Krediterleichterungen
- steuerliche Erleichterungen
- ➔Erstattungen beim Export von Agrargütern
- ➔Gasölverbilligung

Als Folge der ➔Reform der ➔Gemeinsamen Agrarpolitik spielen die Beihilfen eine wichtigere Rolle. Ihre Bedeutung für das Einkommen aus dem Betrieb wächst mit der Betriebsgröße. Das Beispiel Bayerns (1994/5) belegt diesen Zusammenhang: Im Verhältnis zum Gewinn beliefen sich die Anteile der unternehmensbezogenen Beihilfen auf 37,7 % (kleinere Betriebe), 55,7 % (mittlere Betriebe) und 81,3 % (größere Betriebe).

BEIMPFUNG: Im Darm vieler Bodentiere erfolgt eine verstärkte Vermischung und Besiedlung der aufgenommenen Nahrung mit Mikroorganismen. Die abgegebenen Exkremente infizieren weitere Pflanzen- und Tierreste.

BEIZMITTEL: Ein ➔Pflanzenschutzmittel, das die u.a. durch ➔Saatgut übertragbaren Krankheitserreger (v.a. Pilzsporen) abtötet. Im intensiven Getreidebau beispielsweise ist das hohe Ertragsniveau ohne Saatgutbeizung nicht erreichbar. Das Getreidesaatgut wird von der Saat bis nach dem ➔Auflaufen von samen- und bodenbürtigen Pilzkrankheiten, tierischen Schädlingen und Vogelfraß bedroht. So erscheint eine Saatgutbehandlung mit ➔Fungiziden und ➔Insektiziden und der Einsatz von Vergällungsmitteln gegen Vogelfraß unerlässlich. Wirksam, aber

ökotoxikologisch bedenklich, sind die quecksilberorganischen Verbindungen. Sie sind seit 1982 verboten, nachdem die wirksamere Stoffklasse der Azolfungizide entwickelt war. Mit Beizmitteln behandeltes Saatgut darf nicht direkt als Lebensmittel oder ➔Futtermittel verwendet werden.
Ein ökologisch vorteilhafteres und bei großtechnischem Einsatz billigeres physikalisches Verfahren steht vor der Markteinführung. Bei ihm wird Saatgut aus sogenannten Beizgeneratoren mit niederenergetischen Elektronen beschossen, welche die Krankheitserreger auf und in der Samenschale unschädlich machen.

BEREGNUNG: Die regenartige Verteilung von Wasser über ➔Kulturpflanzen, besonders im ➔Garten- und Feldgemüsebau; Beregnungsanlagen können ortsfest und beweglich ausgeführt werden; das Druckwasser kann auch mit ➔Düngern versetzt werden. Auch Beregnung als *Frostschutz* ist möglich. Die Beregnungstechnik gewinnt in tropischen und subtropischen Ländern stark an Bedeutung, breitet sich aber auch im gemäßigten Klima aus. Durch Steuerung des Wuchsfaktors Wasser werden hohe und sichere Erträge erzielt. Bei falscher Anwendung besteht in semiariden und ariden Regionen die Gefahr der ➔Bodenversalzung. (➔BEWÄSSERUNG)

BERGBAUERNPROGRAMM: Das Bergbauernprogramm ist im Rahmen der ➔Gemeinsamen Agrarpolitik ein EU-"Programm zur Förderung der ➔Landwirtschaft in Berggebieten und benachteiligten Gebieten". Diese Richtlinie wurde 1977 vom EU-Ministerrat erlassen, um die Landbewirtschaftung und damit Erhaltung der ➔Kulturlandschaft und ungünstigen Produktionsstandorten dauerhaft zu sichern. Nach diesem Bergbauernprogramm wurden in der damaligen Bundesrepublik folgende Gebiete abgegrenzt:

- Berggebiete (über 800 m NN bzw. 600 m bei mindestens 18 % Hangneigung)
- benachteiligte Agrarzonen
- Kerngebiete der benachteiligten Agrarzonen
- Kerngebiete der benachteiligten Agrarzonen und sogenannte
- kleine Gebiete mit spezifischen Standortnachteilen.

Nach der Wiedervereinigung wurden die Gebietsabgrenzungen von der EG neu festgelegt. Das Bergbauernprogramm gewährt ➔Ausgleichszahlungen je ha Hauptfutterfläche und je ➔Großvieheinheit in Berg- und Kerngebieten sowie in diesen und den anderen benachteiligten Gebieten erleichterte einzelbetriebliche Förderung und höhere Zinszuschüsse.

BERGMÄHDER: Mahdflächen in der alpinen und nivalen Höhenstufe mit regional unterschiedlichen Bezeichnungen (z.B. Wildheuberge in der Schweiz), die nicht beweidet werden, weil sie zu steil, zu trocken oder für das Vieh nicht erreichbar sind. Daneben waren in Tälern, in denen im Dauersiedlungsraum neben Äckern kaum Platz für Wiesen war, die besten Flächen im Almbereich für die Bergmähder vorbehalten, um genügend Winterfutter zu gewinnen (➔Mahdalm). In der traditionellen ➔Landwirtschaft waren die Bergmähder besonders für Kleinbauern und Landlose unverzichtbar. Heute werden nur noch wenige Flächen gemäht (Prämienzahlungen). Als größtes Bergmähdergebiet der Alpen gilt die Seiser ➔Alm in Südtirol.

BESATZ: Auch *Bestoß*; die Gesamtheit des auf ➔Weiden aufgetriebenen Viehs angegeben in Stück, ➔Großvieheinheiten oder anderen Einheiten.

BESITZ: Rechtsbegriff, der die tatsächliche Herrschaft einer Person über eine Sache bedeutet und dem ➔*Eigentum*, bei dem kein tatsächliches, sondern ein rechtliches Verhältnis vorliegt, gegenübergestellt ist. Folglich ist Bodenbesitz im Bereich der ➔Landwirtschaft gleichzusetzen mit Bodenbewirtschaftung. Der Unterschied zwischen Eigentum und Besitz wird beim Begriff ➔*Pacht* am deutlichsten. Der Verpächter bleibt dabei Eigentümer, schränkt aber seine Verfügungsgewalt zugunsten des Päch-ters, also dem Bewirtschafter und Besitzer ein. Eine Ausnahme bildet hier lediglich die Zwischenpacht und der daraus abgeleitete Typ des Zwischenpäch-ters, der zwar als Pächter Besitzer von Grund und ➔Boden ist, diesen aber nicht selbst bewirtschaftet, sondern weiterverpachtet.

BESITZZERSPLITTERUNG: Die Verteilung des Besitzes eines ➔landwirtschaftlichen Betriebes auf viele kleine ➔Parzellen, deren Anzahl im Verhältnis zur Größe des Betriebes sehr groß ist. Bewirtschaftungserschwernisse ergeben sich aus der Streulage, ungradlinigen Begrenzungen, zu langen oder zu schmalen Grundrissen oder nicht isohypsenparallel verlaufender Längsachse bei Hangparzellen. Die Besitzzersplitterung tritt gewöhnlich als Folge der ➔Real(erb)teilung auf.

BESTANDESABFALL: Reste abgestorbener Pflanzen und Tiere (organische Abfälle).

BETRIEB: ➔LANDWIRTSCHAFTLICHER BETRIEB

BETRIEBSEINKOMMEN: ➔Rohertrag minus Sachaufwand, Kostensteuern und Lasten = Einkommen

Durchschnittliches Betriebseinkommen in den Vollerwerbsbetrieben der Alten Bundesländer

Wirtschaftsjahr	Einkommen [DM] je Betrieb	Vollarbeitskraft	ha landw. genutzte Fläche
1984/85	46.959	30.650	1.801
1994/95	68.563	42.195	1.741
Differenz [%]	45,4	37,7	- 3,3

Quelle: Agrarbericht 1996

der →Produktionsfaktoren →Boden, Arbeit, Kapital und Unternehmerleistung.

BETRIEBSFLÄCHE: Die landwirtschaftliche Betriebsfläche umfasst die selbstbewirtschaftete Fläche eines Betriebes, d.h. eigenes und zugepachtetes Land, Altenteiler- und Deputatenland, Forstflächen, Gebäude- und Hofflächen, Wege, Gewässer, Gräben, Kies-, Sand- und Torfgruben, Steinbrüche, →Ödland sowie →Unland abzüglich evtl. verpachteter Fläche.

BETRIEBSFORM: 1. Die Gesamterscheinung eines Betriebes, die sich aus der Kombination folgender Merkmale ergibt:

- Naturgrundlagen
- Produktionsziel
- →Produktivität
- Kommerzialisierung
- Verkehrs- und Marktlage
- Betriebsgröße
- Betriebsorganisation
- Besitzform
- Arbeitsverfassung
- Methoden und Intensität der Bodennutzung
- Ausstattung mit totem und lebendem Inventar

Aus den unterschiedlichen Merkmalskombinationen ergeben sich beispielsweise folgende Betriebsformen: →bäuerliche Familienbetriebe, →Farmen, →Güter, →Plantagen, Produktions→genossenschaften, Staatsgüter wie Domänen, Gestüte oder →Sowchosen.

2. Nach *Andreae* (1983) die auf bestimmte Produktionsbedingungen und Wirtschaftsziele ausgerichtete Ausprägung der einzelbetrieblichen Organisationsform in der Landwirtschaft.

3. Die offizielle *Agrarstatistik* Deutschlands teilt die →landwirtschaftlichen Betriebe produktionsorientiert nach dem Anteil der →Standarddeckungsbeiträge für die Betriebszweige in fünf verschiedene Betriebsformen ein. Bei allen Betrieben der →Landwirtschaft müssen mehr als 75% des Standarddeckungsbeitrages des Betriebes aus der Landwirtschaft stammen. In den

Begriffssystematik der Flächennutzung landwirtschaftlicher Betriebe

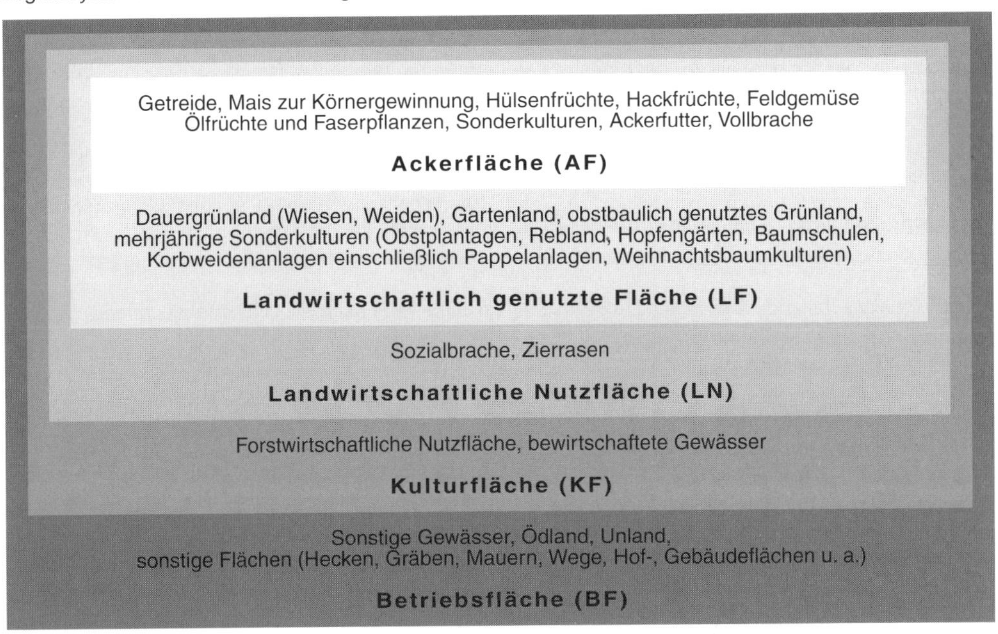

Quelle: Eckart 1998

- Marktfruchtbetrieben müssen zudem mindestens 50 % aus Marktfrüchten (z.B. Getreide, Zuckerrüben, auf leistungsfähigen ➔Böden), in den
- Futterbaubetrieben mindestens 50 % aus dem Futterbau (z.B. Milchviehhaltung, Rindermast, Pferde, überwiegend auf der Basis hoher Grünlandanteile), in den
- Veredelungsbetrieben mindestens 50 % aus der ➔Veredelung (z.B. Schweinemast und -zucht, Geflügelhaltung, zunehmend ohne betriebseigene Flächen; Futterbasis: Erträge aus den Marktfruchtbetrieben bzw. Importfutter), in den
- Dauerkulturbetrieben mindestens 50 % aus Dauerkulturen (z.B. Obst, Wein, Hopfen) entstammen. In den
- landwirtschaftlichen Gemischtbetrieben dürfen weder die Marktfrüchte, noch der Futterbau, noch die Veredelung, noch die Dauerkulturen mehr als 50 % des Standarddeckungsbeitrages erbringen.

Neben diesen Typen des Betriebsbereichs "Landwirtschaft" stehen die "Übrigen Betriebsbereiche" ➔Gartenbau, Forstwirtschaft und die Kombinationsbetriebe. Der Betriebsbereich "Gartenbau" ist seinerseits untergliedert in die Bereiche "Gemüse", "Zierpflanzen", "Baumschulen" und "Gartenbauliche Gemischtbetriebe".

4. Gewöhnlich wird der Begriff gleichbedeutend mit ➔*Betriebstyp* und häufig auch mit ➔*Betriebssystem* verwendet; verschiedentlich bezeichnet "Betriebsform" als Unterscheidung zum Begriff "Betriebstyp" die Eigentumsverhältnisse an den Produktionsmitteln.

BETRIEBSGEMEINSCHAFT: Horizontale Kooperationsform, bei der alle oder ein Teil der betrieblichen Funktionen (einzelne Betriebszweige) gemeinsam durchgeführt werden. Vorteile sind Senkung der Produktionskosten, Erhöhung der Einkommen und Arbeitserleichterung.

BETRIEBSGRÖSSE: Üblicherweise wird die Betriebsgröße nach dem Umfang der bewirtschafteten Fläche angegeben, weil sie ein quantitativ eindeutiges Maß darstellt und weltweit statistisch erfasst ist. Allerdings besteht in der landwirtschaftlichen Betriebslehre kein allgemeingültiger Begriffsinhalt für die Betriebsgröße. Es ist vielmehr erforderlich, in Abhängigkeit von der Art des zu lösenden Problems einen geeigneten Maßstab zur Größenmessung festzulegen. Als optimale Größe eines Betriebes gilt aus betriebswirtschaftlichem Blickwinkel jene, bei der der Gewinn (bzw. die Gewinnkapazität) des betreffenden Betriebes den maximalen Umfang erlangt hat.

Mögliche quantitative Kriterien zur Messung der Betriebsgröße

- Mengeneinsatz von ➔Produktionsfaktoren wie z.B.
  - Umfang der ➔landwirtschaftlich genutzten Fläche
  - Anzahl der gehaltenen Nutztiere
  - Anzahle der beschäftigten ➔Arbeitskräfte
- Werte der eingesetzten Produktionsfaktoren wie z.B.
  - Einheitswert des ➔landwirtschaftlichen Betriebes
  - Aktivvermögen
  - Summe des Betriebsaufwandes
- Ertragskennwerte und Erfolgskennwerte wie z.B.
  - Betriebsertrag
  - Bereinigter Betriebsertrag
  - Gewinn

Eine geringe Aussagekraft für die Größe eines landwirtschaftlichen Betriebes besitzt der jeweilige ➔Arbeitskräftebesatz. Würde man die Betriebsgröße an der Zahl der eingesetzten Arbeitskräfte messen, so müssten beispielsweise die heute in den USA realisierten durchschnittlichen Betriebsgrößen als relativ klein bezeichnet werden.

Der Nutzflächenumfang als Maßstab des Mengeneinsatzes von Produktionsfaktoren in einem landwirtschaftlichen Betrieb ist ebenfalls problematisch geworden, seit sich die Abhängigkeit zwischen der Flächenausstattung und der Ausstattung mit anderen

Betriebsgrößenstruktur der deutschen Landwirtschaft im Jahre 1939 nach dem Nutzflächenumfang

Betriebsgrößenklassen [ha Landwirt. Nutzfläche]	Anteil [%] an den Betrieben			der Landwirtschaftlichen Nutzfläche		
	spätere BRD	spätere DDR	östlich von Oder/Neiße	spätere BRD	spätere DDR	östlich von Oder/Neiße
< 5	61,1	57,7	44,3	18,5	9,2	6,8
5 - 20	32,4	31,7	43,2	46,3	31,8	33,9
20 - 50	5,6	8,2	9,2	24,0	22,4	20,3
50 - 100	0,7	1,4	1,8	6,3	8,4	8,9
>100	0,2	1,0	1,5	4,9	28,2	30,1

Quelle: Wollkopf 1997

Landwirtschaftliche Betriebsgrößenstruktur (Betriebe ab 1 ha landwirtschaftlich genutzte Fläche) in Deutschland 1996

Betriebsgröße [ha Landw. Nutzfläche]	Betriebe Alte Bundesländer Anzahl	Anteil [%]	Neue Bundesländer Anzahl	Anteil [%]	Bundesrep. Deutschland Anzahl	Anteil [%]
1 - 10	228.149	44,8	13.649	44,3	241.798	44,8
10 - 20	92.737	18,2	3.498	11,4	96.235	17,8
20 - 30	59.500	11,7	1.641	5,3	61.141	11,3
30 - 40	39.140	7,7	1.031	3,3	40.171	7,4
40 - 50	26.456	5,2	708	2,3	27.164	5,0
50 - 100	50.148	9,8	2.290	7,4	52.438	9,7
>100	13.002	2,6	8.026	26,0	21.028	3,9
Zusammen	509.132	100,0	30.843	100,0	539.975	100,0

Betriebsgröße [ha Landw. Nutzfläche]	Flächen Alte Bundesländer Größe [1.000 ha]	Anteil [%]	Neue Bundesländer Größe [1.000 ha]	Anteil [%]	Bundesrep. Deutschland Größe [1.000 ha]	Anteil [%]
1 - 10	943,4	8,1	49,9	0,9	993,3	5,8
10 - 20	1.350,6	11,6	50,0	0,9	1.400,6	8,1
20 - 30	1.466,0	12,6	40,4	0,7	1.506,4	8,7
30 - 40	1.355,4	11,6	35,7	0,6	1.391,1	8,1
40 - 50	1.181,5	10,1	31,6	0,6	1.213,2	7,0
50 - 100	3.414,1	29,2	167,0	3,0	3.581,1	20,8
>100	1.961,2	16,8	5.181,3	93,3	7.142,5	41,5
Zusammen	11.672,3	100,0	5.555,9	100,0	17.228,2	100,0

Quelle: Deutscher Bauernverband 1997

Produktionsfaktoren im Verlaufe des wirtschaftlichen Wachstums, der Spezialisierung und der technologischen Entwicklungen zunehmend gelockert hat.
1995 lag die Durchschnittsgröße der landwirtschaftlichen Betriebe auf der Fläche des früheren Bundesgebietes bei 22,3 ha. Dies entspricht einer →Aufstockung um 34,7% gegenüber 1985. Die mittlere Betriebsgröße variiert regional stark, bedingt durch Unterschiede im Erbrecht, in der Topographie und Geschichte. So liegt sie im Süden und Südwesten zwischen 13 und 18 ha, im Nordwesten zwischen 20 und 40 ha und in den neuen Bundesländern zwischen 190 und 360 ha. Im unteren Bereich gibt es zwischen Ost und West kaum Unterschiede. Generell wirtschaften rd. 45% der Agrarbetriebe mit einer Flächenausstattung unter 10 ha →LF. Hingegen gibt es in der Größenklasse über 100 ha LF im früheren Bundesgebiet rd. 9.800 Betriebe, die insgesamt jedoch nur über 12,5% der LF verfügen. In den neuen Ländern dagegen werden über 90% der LF von den rd. 6.500 Betrieben dieser Größenklasse genutzt.
Während sich in den alten Bundesländern ein stabiler Trend zur allmählichen Vergrößerung der Betriebseinheiten durchsetzt (*1949*: 8,1 ha; *1970:* 11,7 ha; *1990*: 18,7 ha; *1995*: 22,3 ha), nimmt die Durchschnittsgröße je Betrieb in den neuen Bundesländern noch von Jahr zu Jahr ab (*1989*: 2.000, *1991*: 284,5 ha; *1993*: 208,7 ha; *1995*: 182,1 ha).
Die Bestimmung einer *optimalen Betriebsgröße* für Mitteleuropa ist angesichts der Vielgestaltigkeit des →Agrarraums und in Ermangelung eines eindeutigen ökonomischen und ökologischen Optimums zumindest bislang nicht möglich. Noch weniger macht sie Sinn in einem globalen Bezug. Ein Optimum ist nur dann zu definieren, wenn man eine Zielhierarchie unter bestimmten Bedingungen und für einen bestimmten Raum vorgibt. So ist die Aussagekraft einer universellen Betriebsgrößen-Klassifizierung in mehrfacher Hinsicht eingeschränkt:

- Die Bedeutung der Betriebsgrößenklassen unterliegt zeitlichen Veränderungen. Angesichts der zunehmenden Konzentration der Betriebe und der damit zusammenhängenden Zunahme der durchschnittlichen Betriebsgröße in Deutschland können beispielsweise Betriebe mit knapp über 20 ha - wie vor wenigen Jahrzehnten noch üblich - heute nicht mehr als Großbetriebe angesehen werden. (→Wachstumsschwelle)

Größenklassen US-amerikanischer Farmen (Studie des U.S. Department of Agriculture)

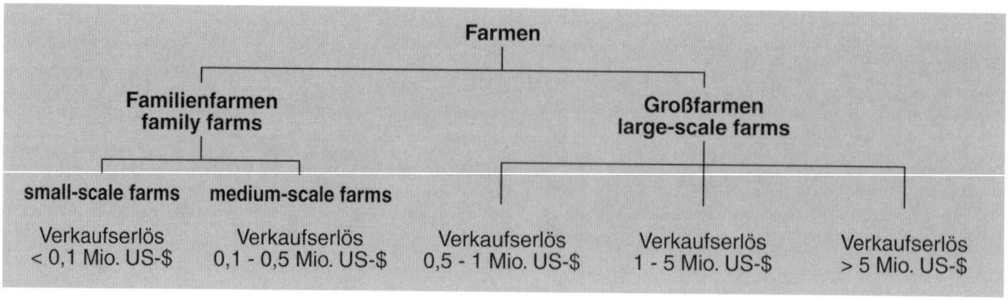

Quelle: Windhorst, 1987

- Die wirtschaftliche Bedeutung von Betrieben gleicher Größe ist sehr unterschiedlich, je nach Ertragsfähigkeit, Produktionsziel und Intensität. Ein Betrieb mit wenigen Hektar ➔Sonderkulturen und hoher Intensität kann einen höheren Gewinn erwirtschaften als ein Weidebetrieb mit 100 ha Fläche. Ebenso lockert die Veredlungswirtschaft mit ➔Futtermittelimporten die Abhängigkeit von der Fläche.
- Gleiche Betriebsgrößen erlangen regional verschiedenes Gewicht, auch wenn das gleiche Produktionsziel vorliegt. So gilt ein Getreideanbaubetrieb mit 50 ha in SW-Deutschland als mittleres, in den USA als kleines Unternehmen.

In den *Ländern der EU* schwankt die durchschnittliche Betriebsgröße zwischen 4 ha in Griechenland und 64 ha in Großbritannien. Zieht man den Kuhbesatz als Kriterium heran, so reicht die Spannbreite von 4 Kühen je Betrieb in Griechenland über 200 Kühe in den neuen Bundesländern zu 865 Kühen im Vereinigten Königreich.

In den USA wird eine Betriebsgrößenklassifizierung nicht nach der Flächenausstattung sondern nach dem Verkaufserlös (annual sales) für Agrarprodukte vorgenommen. Die wesentlich früher und in stärkerem Maße einsetzende Marktorientierung der amerikanischen Farmer und die bessere Vergleichbarkeit der Daten legte eine solche Klassifizierung nahe.

BETRIEBSMITTEL: In der ➔Landwirtschaft alle betriebswirtschaftlichen ➔Produktionsfaktoren einschließlich der Roh-, Hilfs- und Betriebsstoffe, die als Ausgangsstoffe in die Erzeugnisse des landwirtschaftlichen Betriebes eingehen oder die für deren Herstellung nötig sind. Dazu zählen Handelsdünger, ➔Futtermittel, ➔Saatgut, Nutz- und Zuchtvieh, ➔Pflanzenschutzmittel, Treib- und Brennstoffe, Maschinen und Wirtschaftsgebäude. (➔VORLEISTUNGEN)

BETRIEBSSYSTEM: Uneinheitlich, aber häufig synonym zu ➔Betriebsform gebrauchter Begriff zur Klassifikation von ➔Agrarbetrieben. Die Verwendung des Terminus 'System' stellt heraus, dass es sich bei einem ➔landwirtschaftlichen Betrieb um eine komplexe, in ihren Bestandteilen wechselwirkende Einheit handelt, bei der jede Änderung eines Elements Änderungen anderer nach sich zieht. Der Systemcharakter der meisten Agrarbetriebe ist nach *Andreae* (1993) vorwiegend darauf zurückzuführen, dass es sich bei der Agrarproduktion i.d.R. um Verbundproduktion handelt.

Art und Anzahl der herangezogenen Merkmale für Betriebssystem-Klassifikationen unterscheiden sich stark:

1. Unterscheidung nach der Diversifizierung des betrieblichen Produktionsprogramms unter Berücksichtigung des Bodennutzungssystems und der Vermarktungsform (Marktfrucht-, Futterbau-, Veredelungs-, Dauerkultur- und Gemischtbetriebe)
2. Weitere Klassifikationsmerkmale können die Produktionszweige und deren Verbund sowie die Faktorenkombination sein.
3. Die weltweite Grobsystematik von *Andreae* (1983) unterscheidet folgende Betriebssysteme bzw. -formen:

- Sammelwirtschaften
- Dauerkultursysteme (➔Pflanzungen, ➔Plantagen)
- Graslandsysteme (Weidenomadismus, Ranchwirtschaften, intensive Grünlandwirtschaften)
- ➔Ackerbausysteme (➔Wanderfeldbau, ➔Feldgraswirtschaften, Körnerbauwirtschaften, Hackfruchtbauwirtschaften)

BETRIEBSTYP: 1. Meist weitgehend identisch mit ➔Betriebsform gebraucht, demnach Bezeichnung für landwirtschaftliche Betriebe mit vergleichbaren natürlichen, ökonomischen und produktionsstrukturellen Merkmalen.

2. Abstrahierender Begriff zur Zusammenfassung vieler ähnlicher Einzelformen ➔landwirtschaftlicher Betriebe, der für die Charakterisierung eines kleineren oder auch größeren ➔Agrargebietes herangezo-

gen werden kann. Über die Auswahl von einzelnen Merkmalen kommt man beispielsweise zu den Typen des Kleinbauern-, Gartenbau-, Bewässerungs- oder Weidebetriebes. Die Kombination mehrerer Merkmale führt z.B. zu den Typen des *großbäuerlichen Zuckerrüben-Weizen-Milchviehbetriebes* oder des *kleinbäuerlichen Reisbaubetriebes mit Bewässerung.*

3. *Planck/Ziche* (1979) betonen die Bedeutung von sozialen Merkmalen bei der Einstufung von Betrieben in Betriebstypen (z.B. Nebenerwerbsbetrieb, Genossenschaftsbetrieb, Familienbetrieb).

BEWÄSSERUNG: Die Bewässerung dient zum Ausgleich der für die Bodennutzung jahreszeitlich oder ganzjährig fehlenden Niederschläge, häufig auch zur →Düngung durch mitgeführte →Nährstoffe. Sie ermöglicht den Anbau jenseits der Grenze des →Regenfeldbaus, die je nach Temperatur bzw. Verdunstung, Kulturart und Bodenstruktur zwischen 250 und 1.000 mm/a liegt. Zudem wird durch die reichlichere und gleichmäßigere Verfügbarkeit von Wasser eine höhere Flächenproduktivität erzielt, eventuell mit mehreren Ernten pro Jahr. Auch bei geringen Besitzgrößen kann durch Bewässerung die Existenz einer Familie gesichert werden (→Ackernahrung).

Die Profiltiefe eines bewässerungswürdigen →Bodens soll etwa 120 bis 200 cm betragen. Damit ist eine genügende Durchwurzelung und eine normale Feuchtigkeitsreserve gewährleistet. Die Wasserdurchlässigkeit und die Infiltrationsgeschwindigkeit sollten in der Größenordnung von 10^{-3} cm/s liegen.

Der Salzgehalt des Bewässerungswassers kann den Pflanzen schaden. Daher darf die elektrische Leitfähigkeit des Wassers 250 Mikrosiemens nicht überschreiten (ca. 1,5 g Salz pro Liter). Gutes Bewässerungswasser enthält möglichst wenig Natrium, weil dieses das →Bodengefüge zerstört.

Dauerhaft funktionierende Bewässerung setzt voraus:

- hohe Investitionen an Kapital bzw. Arbeit für die Einrichtung und Unterhaltung der Anlagen
- organisierte Zusammenarbeit aller Beteiligten und technische Fähigkeiten
- Wasserrecht zur Regelung des Wasserbezuges und der Arbeitsverpflichtungen zum Unterhalt der Anlagen
- Schutz des Wassereinzugsgebietes vor Vegetations- und Bodenzerstörung zur Erhaltung eines gleichmäßigen Wasserangebotes
- Engagement von →Großgrundbesitz, →Genossenschaften oder staatlichen Organisationen für den Bau größerer Anlagen.

Weniger als zehn Prozent der Weltanbaufläche sind vollständig auf Bewässerung angewiesen, insgesamt könnte man schätzungsweise nicht mehr als 20 Prozent bewässern. Nach Angaben der →FAO sind ca. 500 Mio. ha auf der Erde bewässerungswürdig, ca. 255 Mio. ha (ca. 1/6 der Weltackerfläche) werden bereits bewässert. Zwischen den einzelnen Ländern bestehen große Unterschiede beim Anteil der bewässerten Fläche an der LN (Pakistan 76%, Israel 63%, China 46%, Indonesien 36%, Indien 25%, USA 10%, Australien 4%).

Vom *International Irrigation Management Institute* wird geschätzt, dass die Verluste an Bewässerungsflächen (Absinken des Grundwasserspiegels, Umleitung des Wassers in Städte) die Flächengewinne durch neue Projekte z. Z. übersteigen.

Bewässerung war bei den antiken Hochkulturen schon vor über 5.000 Jahren verbreitet. Mit Hilfe der aus feuchteren Gebirgen stammenden Flüsse Indus, Euphrat, Tigris und Nil wurden die umgebenden Trockengebiete in Wert gesetzt. Um die Zeitenwende wurden in China mehrere 100.000 ha Ackerland bewässert. In Europa, vornehmlich in Spanien, erfuhren die Bewässerungskulturen einen starken Aufschwung, als die Mauren ihre Wasserbautechnik einführten. Auch im vorkolumbianischen Amerika gab es z.B. in der peruanischen Küstenwüste Bewässerung. Diese Gebiete liegen in den wechselfeuchten Subtropen und Tropen, auf die auch heute der größte Teil der bewässerten Flächen entfällt.

Bewässerungskulturen waren wegen erheblicher technischer und organisatorischer Schwierigkeiten nur in straff organisierten Gemeinwesen möglich. Der Zerfall solcher gefestigter Strukturen führte meist auch zum Verfall der Bewässerungskulturen.

Eine effizientere Nutzung von Bewässerungswasser setzt bei den Verlustgrößen an, zunächst bei der Reduzierung der Bodenverdunstung (Evaporation), der Versickerungsrate und des oberflächlichen Abflusses durch geeignete Verfahren und schließlich bei der Transpiration der Pflanzen (Entwicklung neuer Sorten, Einsatz von Transpirationshemmern). (→BEWÄSSERUNGSWIRTSCHAFT)

BEWÄSSERUNGSFELDBAU: Form der landwirtschaftlichen Bodennutzung, bei der den →Kulturpflanzen in niederschlagsfreien oder -armen Zeiten der →Vegetationsperiode durch technische Maßnahmen ausreichende Wassermengen zugeführt werden.

BEWÄSSERUNGSOASE: →Oase, deren Wasser als Quellwasser, →Grundwasser oder Wasser eines Fremdlingsflusses zur →Bewässerung von Kulturland eingesetzt wird.

BEWÄSSERUNGSWIRTSCHAFT: Auf der künstlichen Zufuhr von Wasser beruhende Wirtschaftsweise, die aufwendiger, aber auch flächenproduktiver als →Landwirtschaft auf Regenbasis ist. Sie ist oft mit besonderen Agrarsozialstrukturen verbunden (Aufbau von Kooperations- und Organisationsstrukturen) und von starker Prägekraft für das Erscheinungsbild der →Agrarlandschaft. Künstliche →Bewässerung ist in nahezu allen Klimazonen der →Ökumene anzutreffen, weltweit auf einer Fläche von ca. 255 Mio. ha.

Ein Drittel der weltweit produzierten Nahrungsmittel stammt aus der Bewässerungslandwirtschaft, obwohl der Anteil an der bewässerten Fläche an der gesamtwirtschaftlichen Nutzfläche nur bei ca. 16 % liegt.

Zur Überwindung der Frühjahrstrockenheit erfolgt im norwegischen Gudbrandstal Feldberieselung, ebenso im Wallis und in Südtirol, wo →Wiesen und →Sonderkulturen bewässert werden. Hauptgebiet der Bewässerungswirtschaft sind aber die Subtropen, wo Wasser der Minimumfaktor ist. Auf diese Trockenräume entfallen zwei Drittel der globalen Bewässerungsflächen.

Die größten Bewässerungsflächen der Erde (62 %) liegen in Asien, vornehmlich am Huanghe, Jangtsekiang und Hsikiang in China, ferner in der Ganges- und der Industiefebene in Pakistan und Indien. Außerhalb Asiens sind bedeutend Mexiko, Ägypten, Brasilien und Sudan. Auch der Mittelmeerraum ist ein Zentrum der Bewässerungswirtschaft.

<u>Grundformen der Bewässerungswirtschaft:</u>

Formen mit unkontrollierter Wasserzufuhr (auch "Nassfeldbau" genannt):

- natürliche Überschwemmungsbewässerung
- Regenstaubewässerung umdämmter Feldparzellen
- Nutzung natürlicher Feuchtgebiete

Formen mit kontrollierter Wasserzufuhr ("künstliche" Bewässerung) zu typisieren nach:

- *Wasserherkunft:* Flusswasser, →Grundwasser (über Pumpen, Quellen, artesische Brunnen), fossiles Wasser, Regenstau- oder Auffangbecken (z.B. Tanks in Indien), →Sturzbewässerung
- *Art der Wasserzuleitung:* Schwerkraftbewässerung (eine der am weitesten verbreiteten Methoden sowohl in der traditionellen wie auch in der modernen Landwirtschaft), Hebebewässerung (Überwindung von Niveauunterschieden durch Pumpen, Schöpfräder etc.)
- *Wasserverfügbarkeit:* ganzjährig, temporär
- *Technisierungsgrad, Kapitalintensität:* Antriebskraft (Motorpumpen, menschliche oder tierische Kraft), Gestaltung des Bewässerungssystems (z.B. offene Erdkanäle, unterirdische Grundwasserstollen mit Luftschächten, wie die →Foggaras und →Kanate, geschlossene Rohrleitungen u.a.).

<u>Bewässerungsverfahren:</u>

- *Flächenüberstau* (flooding, basin irrigation): Planierte, umdämmte Flächen werden unter Wasser gesetzt; das Wasser kommt zum Stillstand und versickert allmählich in den →Boden. Weitere Kennzeichen:
  - stetige abwärts gerichtete Bodenwasserbewegung mit einer folglich geringen Versalzungsgefahr des Oberbodens
  - kein Druck zur Verteilung des Wassers nötig
  - Ausbringung nicht vom Wind beeinträchtigt
  - gleichmäßige Verteilung des Wassers durch das Überstauen und den langen Verbleib des Wassers auf der überstauten Fläche
  - nachteilig sind der hohe Wasserbedarf, hohe Verdunstungsverluste und die Gefahr der Bodenverschlämmung.
- *Terrassenbewässerung:* Form des Flächenüberstaus, bei der das Wasser in die oberste Terrassenbank eingeleitet und durch einen niederen Erdwall aufgestaut wird. Es wird anschließend in die nächsttiefere Terrasse geleitet. Terrassenbewässerung kommt bei einer Hangneigung von mehr als 5% in Frage.
- *Rieselbewässerung* (Flächenbewässerung, border irrigation): Wasser fließt mit geringer Geschwindigkeit durch Ackerfurchen oder über leicht geneigte Flächen. Weitere Kennzeichen:
  - Ende der bewässerten Streifen im Gegensatz zum Flächenüberstau nicht abgedämmt, überschüssiges Wasser kann dort ablaufen
  - anwendbar bis zu einer Flächenneigung von 2%
  - effektive und gleichmäßige Wassernutzung setzt eine möglichst ebene Fläche voraus
  - geringer Arbeitsaufwand
  - bei stärker geneigtem Gelände oder leichten Böden nicht anwendbar.
- *Furchenbewässerung* (furrow irrigation): Eine erweiterte Form der Flächenbewässerung. Dabei ist das zu bewässernde Feld in zahlreiche Furchen gegliedert, durch die das Wasser fließt, während die →Kulturpflanzen i.d.R. auf den dazwischenliegenden Dämmen stehen. Weitere Kennzeichen:
  - besonders geeignet für Pflanzen, die in Reihen kultiviert werden (z.B. Baumwolle, Tomaten, Salat)
  - außerdem geeignet für Pflanzen, bei denen die Krone oder der Stengel nicht direkt mit dem Wasser in Kontakt kommen soll
  - anwendbar in ariden Regionen bis zu einem Neigungswinkel von 3%
  - Arbeitsaufwand höher als bei Flächenbewässerung wegen der Anlage von Furchen
- *Konturfurchenbewässerung:* Eine weitere Abwandlung der Oberflächenbewässerung, bei der die Furchen isohypsenparallel angelegt werden.
- *Rillenbewässerung:* Hierbei werden in Neigungsrichtung des Geländes schmale und flache, eng

aneinanderliegende Rillen gezogen. Durch die Vielzahl der Rillen fließt erosionsvermeidend relativ wenig Wasser in den einzelnen Rillen. Weitere Kennzeichen:
- geringe Verdunstungs- und Verschlämmungsgefahr
- Einsatz auch auf stärker geneigten Flächen möglich (max. 10 - 15%)
- für dicht stehende Pflanzen geeignet, die während des Wachstums wenig Pflege benötigen, z.B. Futterklee, Getreide (Befahren zerstört die Rillen)

- *Tröpchenbewässerung* (Tropfbewässerung, Mikrobewässerung, trickle irrigation, drip irrigation): Bewässerung durch perforierte, oberirdisch verlegte Schlauch- oder Rohrleitungen mit kleinen Verteilern (poröse Schlauchstücke), aus denen Wasser nach Pflanzenbedarf dosiert austritt. Dies erfolgt in unmittelbarer Bodennähe. Weitere Kennzeichen:
  - Feuchtigkeit der Wurzelzone weitgehend konstant durch die häufige (i.d.R. tägliche) Zufuhr geringer Wassermengen
  - exakte Dosierung der Wassermenge ermöglicht die genau benötigte Wassermenge
  - Verdunstungs- und Sickerverluste bei diesem Verfahren sehr gering
  - neben höheren Erträgen ist ein gleichmäßigeres Wachstum aller Pflanzen festzustellen, was die maschinelle Ernte begünstigt
  - zwar mit hohen Investitionskosten verbunden (bis zu 2.000 $/ha), doch nach erfolgter Installation wenig arbeitsaufwendig
  - Haltbarkeitsdauer ca. 10 Jahre
  - geringer Wasserverbrauch, da die nicht-durchwurzelten Bereiche zwischen den Pflanzen nicht bewässert werden
  - gezielte Wassergaben vermindern den Aufwuchs von ➔Unkräutern
  - ➔Düngemittel mit der Bewässerung sehr gezielt ausbringbar, somit keine Gefahr des "Verbrennens" der Pflanze
  - geringes Versalzungsrisiko
  - auch auf stark geneigten Flächen und sandigen Böden anwendbar
  - System kann verstopfen, da mit kleinen Öffnungen und mit niedrigem Druck arbeitend
- *Unterflurbewässerung* erfolgt wie die Tröpfchenbewässerung, aber mit unterirdisch, im Wurzelbereich der Pflanzen, verlegten Zuleitungen. Weitere Kennzeichen:
  - auch Kulturen, die maschinell geerntet werden, mit dieser wassersparenden Technik bewässerbar
  - bei einer Variante der Unterflurbewässerung erfolgt Manipulation des Grundwasserspiegels, so dass Kapillarwasser bis zur Wurzelzone gelangt; Nachteil: Versalzungsanfälligkeit des Bodens steigt
  - Praxisergebnisse waren bislang meist enttäuschend
- *Minisprinkler* (mini-sprinkler, misters) sind mit niedrigem Druck betriebene, etwa 10-15 cm hohe Sprinkler. Diese befeuchten eine Zone von bis zu 60 cm Durchmesser. Das sonstige Zuleitungs- und Verteilsystem ist dem der Tröpfchenbewässerung identisch. Ihr Vorteil liegt in der geringeren Verstopfbarkeit und der größeren bewässerten Fläche, sinnvoll z.B. beim relativ großen Wurzelraum von Agrumen-Dauerkulturen.
- *Beregnungsbewässerung* (sprinkler irrigation): Bewässerung mittels mobiler oder stationärer Sprühanlagen. Wasser wird über Rohre oder Schläuche zu den Bewässerungsflächen geleitet und dort über verschiedene Beregnungssysteme verteilt, die weitgehend den natürlichen Regenfall nachahmen. Weitere Kennzeichen:
  - Verwendbarkeit auf allen Böden, gute Dosierbarkeit der Wassermenge, einsetzbar auch auf geneigtem Gelände
  - geringe Gefahr der Bodenverschlämmung wie auch der ➔Bodenerosion
  - seltenere Entwässerungsprobleme als bei der Schwerkraftbewässerung
  - neben der Bewässerungs- auch Kühlungsfunktion bei besonderer Hitze, vor allem in Zitrusfruchtkulturen
  - Möglichkeit, dem Bewässerungswasser ➔Agrarchemikalien beizugeben, dadurch Erzielung einer homogenen Verteilung, Einsparung von Arbeitsgängen, Schonung der Kultur durch selteneres Befahren
  - zusätzlicher Energieaufwand durch die Notwendigkeit eines starken Wasserdrucks
  - starker Wind kann die gleichmäßige Wasseraufnahme behindern und zu hohen Verdunstungsverlusten führen
  - einige Pflanzenarten neigen zu verstärktem Krankheitsbefall, wenn ihr Blattwerk durch Beregnungsbewässerung nass wird (Pilzinfektionen und bakterielle Krankheiten)
  - *Frostschutzberegnung* soll Schäden durch Früh- und Spätfröste, z.B. im ➔Obst- und ➔Weinbau, verhindern; die beim Gefrieren des Wassers freiwerdende Erstarrungswärme lässt die Temperaturen in den von Eis umgebenden Pflanzenteilen nicht unter -0,5 °C absinken.
- *Karussellbewässerung* oder Kreisberegnungsbewässerung (center pivot) erfolgt mit einer Anlage, bei der das Wasser von einer zentralen Wasserabgabestelle in das um dieses Zentrum kreisförmig sich bewegende Rohrgestänge verteilt wird. Diese

Anlagen wurden 1949 in den USA erfunden und werden seit 1953 vertrieben. Weitere Kennzeichen:
- Länge von 60 bis 800 Metern, allerdings sind 400 m lange Einheiten zumindest in den USA am gebräuchlichsten
- Bewässerungsfläche jeweils etwa 53 ha (von 64 ha = eine ➔quarter section)
- zusätzliche Düsen am Ende des Rohrsystems, mit denen auch die Ecken bewässert werden können
- Regulierung der auszubringenden Wassermenge je nach verwendetem Sprinklersystem und Wasserdruck
- bei leistungsfähigen Anlagen kann bei einer 64-ha-Fläche innerhalb einer Minute eine Wassermenge von etwa 4.500 Litern ausgebracht werden
- übliche Umlaufzeit: 24 Stunden
- jedes Rad des umlaufenden Rohrsystems ist mit einem Antrieb versehen, wobei vier Methoden zur Verfügung stehen: Wasserdruck, Öldruck, Luftdruck und Elektromotor
- großer Vorteil der Karussellbewässerung: Arbeitsersparnis.

Der Karussellbewässerung sehr ähnlich ist das *linear-move*-System. Dabei bewegt sich das gesamte System linear vorwärts, wobei die Wasserzufuhr über ein Grabensystem erfolgt.

Fest installierte Beregnungssysteme gibt es in einer Vielzahl von Ausprägungen, die sich jedoch alle sehr ähneln. In der Regel erfolgt die Zuleitung über Rohre bzw. Schläuche und die Verteilung des Wassers über eine Vielzahl von Sprinklern, deren Größe und Leistung sehr unterschiedlich sein können.

Die Bewässerungsverfahren weisen große Unterschiede im Hinblick auf Effizienz, Wasserverbrauch, Kosten und Betriebsaufwand auf. In Entwicklungsländern werden aus Kostengründen meist offene Schwerkraftsysteme angelegt. Diese sind zwar einfach zu implementieren, bringen jedoch Probleme bei Betrieb und Unterhalt mit sich und führen zu erheblichen Wasserverlusten. Für bedeutende Bewässerungsländer wie Indien, Iran, und Pakistan, in denen die Bewässerungslandwirtschaft über 90% des Wasserverbrauchs beansprucht, wird geschätzt, dass nur 40% des abgeleiteten Wassers tatsächlich die Felder erreicht.

Die <u>Effizienz</u> ist bei den einzelnen Technologien wie folgt:
- Schwerkraftbewässerung: 30 - 60%
- Beregnung: 65 - 75%
- Tropfbewässerung: 80 - 90%

<u>Zur weiteren Bewertung von Bewässerung:</u>
- Bei der Nutzung von Grundwasserreserven erfolgt die Wasserentnahme unvermeidlich schneller als das Auffüllen der Grundwasservorräte, auch bei sparsamer Bewässerung. Die Grundwasserabsenkung beeinflusst auch benachbarte Flächen. In Küstenregionen wie Südkalifornien sank der Grundwasserspiegel durch Abpumpen unter den Meeresspiegel. Der Druck des Süßwasserkörpers gegenüber dem des Salzwassers an der Küste sank, Brack- oder Salzwasser (Salinas Valley) drang ein. Bodensenkungen sind ein weiteres Risiko.
- Die Nutzung fossiler Wasserspeicher kann bei deren Erschöpfung zu erheblichen sozioökonomischen Folgen führen. Am Ogallala-Aquifer (Great Plains) zeichnet sich dies ab.
- Eine sinnvolle Kulturen- und Standortauswahl ist über eine ökonomisch-ökologische Beurteilung zu treffen. (Die subventionierte Nutzung eines fossilen Grundwasservorkommens machte das aride Saudi-Arabien 1991 zum sechstgrößten Weizenexporteur der Welt, was einem "Wasserexport" von 6,4 Mrd. m^3/a entspricht.)
- Die Entnahme von Oberflächenwasser entzieht den in den Gewässern lebenden Organismen nötigen Lebensraum.
- Insbesondere in ariden und semiariden Gebieten gehört zur Bewässerung zwingend die *Entwässerung*, ohne die der Boden versumpfen, versauern, versalzen oder verkrusten würde. Auch Erosionsgefahren durch oberflächlich abfließendes Wasser bestünden ohne sie. Stark betroffen von ➔Bodenversalzung sind beispielsweise das Indusgebiet und Arizona.
- Die Preise für Bewässerungswasser sind häufig nicht kostendeckend.
- Bewässerungsmaßnahmen erhöhen nicht nur den Salzgehalt insgesamt, sondern auch das Gleichgewicht zwischen den einzelnen Salzen. Vor allem wenn der Natriumionenanteil auf über 15 Prozent der Kationenaustauschkapazität steigt oder der Bicarbonationenanteil zunimmt, wird der Boden basischer, und die physikalischen Bodeneigenschaften verschlechtern sich. Steigt der ➔pH-Wert über 8,5, werden durch das Natrium die Tonpartikel dispergiert. Dies führt letztlich zum Zusammenbruch der Bodenstrukturen und zur Abnahme der Bodenpermeabilität. Zusätzlich können die dispergierten Tonpartikel ausgewaschen werden und dann einen undurchdringlichen B- Horizont bilden. Auch wird alles organische Material sehr schnell zu einem schwarzen, strukturlosen Schlamm zersetzt. Derartige basische Böden (natürliche und anthropogen beeinflusste) werden als Solonetz bezeichnet. 30% der Bewässerungsflächen in den Trockengebieten (43 Mio. ha) sind bereits stark oder sehr stark degradiert. Pro Jahr gehen hierdurch 1,0 bis 1,3 Mio. ha Anbaufläche verloren.

Durchschnittlicher Wasserverbrauch bei der Erzeugung von Agrarprodukten in Australien

Agrarprodukt	Wasserverbrauch [l]
1 Flasche Wein (Barossa Valley)	250
1 Flasche Wein (Riverland)	450
1 l Orangensaft	550
1 kg Luzerneheu	600
1 l Milch	700
1 kg Reis	1600
1 kg Baumwolle	2200

Quelle: Wolff u. Stein 1997

- Überzogene Bewässerung lässt Flüsse das Meer nicht mehr (regelmäßig) erreichen (der *Huang He* versiegt seit 1972 jedes Jahr für eine immer längere Periode, der *Colorado* erreicht nur selten den Golf von Kalifornien, der *Amu Dar'ya* erreicht oft den Aralsee nicht mehr). (➔Aralsee-Syndrom)
- Weitere ökologische Probleme der Bewässerungswirtschaft resultieren aus der Belastung des Drainagewassers mit Agrarchemikalien.

In **Deutschland** wird Bewässerung in Gebieten intensiver landwirtschaftlicher und gartenbaulicher Nutzung mit geringem jährlichen Niederschlag, insbesondere von weniger als 700 mm, betrieben. In den *alten Bundesländern* wird die Bewässerungsfläche auf etwa 350.000 ha, das sind 2% der ➔landwirtschaftlichen Nutzfläche, geschätzt. Der Schwerpunkt der Bewässerung liegt in Niedersachsen. Als Bewässerungsverfahren wird fast vollständig die Beregnung angewandt. Der Großteil des Beregnungswassers wird aus dem Grundwasser entnommen.
Im Gebiet der *neuen Länder*, wo mit Ausnahme der Mittelgebirge die jährliche Niederschlagshöhe nur 500 bis 700 mm beträgt, wurden bis 1989 über 1,2 Mio. ha bewässert, davon etwa die Hälfte beregnet. Das Bewässerungswasser entsprach häufig nicht den Güteanforderungen. Schadstoffbelastungen des ➔Bodens und des Grundwassers waren die Folge.
In Zukunft wird die Bewässerungsfläche in Deutschland erheblich abnehmen und vorwiegend nur noch in ➔Sonderkulturen betrieben werden.
Die Verregnung von Abwasser wird wegen der großen Gefahren für die ➔Umwelt in Deutschland heute nicht mehr angewendet.

BEWEIDUNG: Im Gegensatz zur Wiesennutzung Nutzungsvorgang im Rahmen der ➔Viehwirtschaft, bei dem das Vieh auf der ➔Weide vorkommende Gräser, Kleearten und Kräuter als Futter aufnimmt. Die Beweidung ist meist eine der extensivsten Formen der Bodennutzung. An der ➔landwirtschaftlichen Nutzfläche nimmt sie anteilsmäßig dort zu, wo sich die natürlichen Ertragsbedingungen der ➔Landwirtschaft verschlechtern und die als Weide genutzten Flächen (jenseits der ➔Anbaugrenzen) keine andere wirtschaftliche Nutzung mehr erlauben. (➔ALMWIRTSCHAFT, ➔TRANSHUMANZ, ➔WEIDEWIRTSCHAFT)

BEWIRTSCHAFTUNGSINTENSITÄT: Die Höhe der Aufwendungen, die bis zur Ernte eines Kulturpflanzenbestandes eingesetzt wurden. (➔INTENSITÄT)

BIFANG: Agrarhistorischer Begriff für ein gewölbtes Ackerbeet mit 2 - 6 Wechselfurchen. Im Unterschied zum ➔Wölbacker wechselten Rücken und Furchen jährlich. 30 Bifänge bildeten früher eine ➔Hufe. Der Begriff ist nicht zu verwechseln mit dem gleichlautenden Terminus aus der Siedlungsgeographie, der für zugerodete ➔Gewanne (sog. Neubruch) verwendet wird.

BINNENFISCHEREI: Die Fischerei in stehenden Gewässern, also in natürlichen oder künstlich angelegten Seen, wie z.B. Stauseen, und die Fischerei in Fließgewässern. Steuerrechtlich zählt die Binnenfischerei zur sonstigen land- und forstwirtschaftlichen Nutzung.

BIODIVERSITÄT: 1. Auch *Biologische Vielfalt*, ein Begriff, der die Anzahl und Variabilität aller lebenden Organismen sowohl innerhalb einer Art (genetische Diversität) als auch zwischen den Arten und ➔Ökosystemen umfasst. Wie die ➔Geodiversität mit ihren abiotischen Bestandteilen stellt die Biodiversität ein Teilmodell der ➔Landschaftsdiversität dar.
2. In der Ökologie wird Diversität vorrangig als Artenvielfalt in einem ➔Ökosystem verstanden.
Die biologische Vielfalt hat einen Eigenwert, stellt aber zugleich durch ihre verschiedenen ökonomischen Werte eine umfangreiche, durch den Menschen nutzbare Ressource dar.
Der besorgniserregende Trend des raschen Rückgangs der biologischen Vielfalt führte zu der 1993 in Kraft getretenen *Biodiversitätskonvention* unter der Ägide der UNEP (United Nations Environmental Programme). Rote Listen - Auflistungen der ausgestorbenen und als gefährdet geltenden Arten - belegen z.B. für Deutschland eine Gefährdung von rund einem Drittel der Farn- und Blütenpflanzen.
In der Konvention ist u.a. vorgesehen, den Export von lebenden modifizierten Organismen vom Einverständnis des Importlandes abhängig zu machen. Informationen über etwaige Umweltrisiken z.B. durch gentechnisch veränderte Organismen werden zu den Pflichten des Exporteurs gehören.

Werte der biologischen Vielfalt

Eigenwert (intrinsischer Wert)	Wert ergibt sich aus der Forderung nach einem Eigenrecht der biologischen Vielfalt auf Existenz
Direkte Nutzwerte	
Konsumwert	- Der noch zu monetarisierende Wert von direkt genutzten Naturprodukten für die Selbstversorgung vor allem in Entwicklungsländern - Freizeit- und Erholungswerte - Soziokulturelle, wissenschaftliche, ästhetische und spirituelle Werte
Produktionswert	- Wert als Grundstoff für die weiterverarbeitende Produktion (vor allem land- und forstwirtschaftliche Erzeugnisse) - Werte für die Ernährungssicherheit und für medizinische oder andere industrielle Zwecke aufgrund der Vielfalt an Genen und biochemischen Produkten aus naturnahen Ökosystemen
Indirekte Nutzungswerte	Werte aus den Funktionen (Leistungen) der Ökosysteme wie Erosionsschutz, Regulierung der biogeochemischen Kreisläufe (z.B. Wasser- und Kohlenstoffkreislauf), photosynthetische Fixierung von Sonnenenergie, Aufrechterhaltung von Nahrungsnetzen und evolutiven Prozessen, die Regulation von regionalem und lokalem Klima, die Aufnahme und der Abbau von Schadstoffen
Optionswerte	Wert der Offenhaltung einer Option auf eine spätere Nutzung (Genpool), auch im Interesse künftiger Generationen (intergenerative Verteilung)
Existenzwerte	Werte aus einer ethischen Dimension, die dem Gefühl der Verantwortung und Fürsorge des Menschen gegenüber seiner lebenden Umwelt entspringt

<u>Mögliche Umsetzungsstrategien der Konventionsziele in Deutschland:</u>

- nachhaltige Landnutzung in allen Bereichen
- Ausweitung von Schutzflächen im Rahmen des europäischen Konzeptes "Natura 2000"
- Novellierung des ➔Bundesnaturschutzgesetzes
- Umsetzung und Anwendung der europäischen Naturschutzrichtlinien (z.B. der Fauna-Flora-Habitat-Richtlinie)
- Vermeidung von Subventionen an falscher Stelle im Agrar- oder Forstbereich (perverse incentives)
- Abstimmung der EU-Agrarsubventionen mit den Zielen und Inhalten der Konvention.

Als Entsprechung zur Biodiversität wurde der Begriff "Agro(bio)diversität" geprägt. Das Wissen über das entsprechende natürliche Potential ist noch gering. Von Hunderttausenden von Pflanzenarten hat der Mensch bisher kaum einige Tausend genutzt, einige Hundert kultiviert, und ein knappes Dutzend dient als Haupternährungsquelle der gegenwärtigen Menschheit und deren Nutztieren. Wie bei der biologischen Vielfalt allgemein, weisen die Länder des Südens (insbesondere die mit Tropenwäldern) auch bei den ➔Kultur- und ➔Nutzpflanzen eine außerordentliche Formenvielfalt auf.

Weltweit betreffen die Gefährdung und der Verlust von Biodiversität der Kulturpflanzen und Nutztiere sowohl das Artenspektrum als auch die genetische Vielfalt innerhalb der Arten. Im Zuge der Intensivierung der ➔Landwirtschaft sind viele Kulturpflanzenarten und -sorten sowie Nutztierrassen verschwunden oder auf Restbestände zurückgegangen. Diese Arten, Sorten und Rassen weisen wichtige regionaltypische Anpassungen auf, deren Verlust in mehrfacher Hinsicht zu Lasten der ➔Umwelt und des verfügbaren Genpotentials für Züchtungen geht. Insofern sind wesentliche Grundlagen für die Ernährungssicherheit der Weltbevölkerung gefährdet. Überdies ist Pflanzenvielfalt der Rohstoff der Biotechnologie-Wirtschaft. Nach Schätzungen der FAO (1998) stirbt weltweit jede Woche eine Nutztierrasse aus. Etwa 30 % aller Nutztiere seien bedroht.

Die Erhaltung und Pflege tiergenetischer Ressourcen in der Landwirtschaft kann durch die Lebenderhaltung, die Kryokonservierung von Sperma und Embryonen oder mit Hilfe von DNA-Banken erfolgen.

Ein wesentlicher Beitrag zur Erhaltung der Pflanzenvielfalt stellt die Erhaltung "on farm" (in situ) dar. Die Erhaltung von genetischem Material in ➔Genbanken (ex situ) stellt lediglich eine zusätzliche Möglichkeit dar. Von Nichtregierungsorganisationen wird als weitere Strategie die Erhaltung und Stärkung der Rechte von ➔Bauern und bäuerlichen Gemeinschaften verfolgt, ➔Saatgut aus der eigenen Ernte zurückzubehalten, weiterzuverwenden, zu züchten und zu vermarkten. Patentmonopole auf Saatgut hätten nicht nur zu Uniformität im Angebot der industriellen Pflanzenzüchter geführt, sondern auch zu →Monokulturen auf den Feldern.

BIOETHANOL: Ethanol, das aus biologischen Prozessen produziert wird bzw. hervorgeht. (→BIOMASSEENERGIE, →NACHWACHSENDE ROHSTOFFE)

BIOFERTILIZER: Auch *Biodünger*; Mikroorganismen, die Luftstickstoff so fixieren, dass er pflanzenverfügbar wird. Die hierbei verwendeten Hauptorganismen sind die sogenannten Knöllchenbakterien der Gattung Rhizobium (in Symbiose mit Hülsenfrüchten lebend), die ebenfalls Knöllchen bildenden Frankia (vorrangig bei Bäumen und Sträuchern der pazifischen Pflanzenfamilie Casuarinae) sowie bestimmte Blaualgen. Freilebende Bakterien können Samen, Schößlingen oder dem →Boden zugefügt werden, eine Technik, die als Inokulation ("Beimpfung") bezeichnet wird. Biodünger ist besonders für Entwicklungsländer sehr attraktiv, weil er mit einfacher Fermentertechnik billig herzustellen ist. Die Blaualge Azolla beispielsweise wird auf mindestens 2 % der Weltanbaufläche für Reis genutzt, Brasilien hat im Sojaanbau fast vollständig auf Biodünger umgestellt.

BIOGAS: 1. natürlich auftretendes Gasgemisch, das meist Sumpfgas oder Faulgas genannt wird und v.a. in Zusammenhang mit Faulschlamm in Gewässern auftritt (65 - 80% Methan).

2. Technisch durch anaerobe Zersetzung von →Stallmist und anderen landwirtschaftlichen Abfällen durch Methanbakterien entstehendes *Gasgemisch*.

Neben den Hauptbestandteilen sind in Biogas sehr geringen Mengen Kohlenmonoxid (CO), Sauerstoff (O_2)

Hauptbestandteile von Biogas

Bestandteil	Anteil [%]
Methan (CH_4)	50 - 70
Wasserstoff (H_2)	1,0 - 10
Kohlendioxid (CO_2)	30 - 45
Stickstoff (N_2)	0,5 - 3

und Schwefelwasserstoff (H_2S) enthalten. Der Energiegehalt des Gases beträgt ca. 25.000 kJ/m³.

Um die Bakterienpopulationen möglichst wenig zu stören, darf das Substrat möglichst keine hemmenden oder toxischen Stoffe enthalten wie chlorierte Kohlenwasserstoffe, Bakterizide, →Pestizide, Tenside, →Schwermetalle oder hohe Salzkonzentrationen.

Moderne Versuchsanlagen arbeiten im westlichen Deutschland inzwischen für Abfälle von mindestens 100 Großvieheinheiten rentabel, wobei ca. 1,5 m³ Biogas (35.000 - 40.000 kJ) pro Großvieheinheit und Tag gewonnen werden können. Biogas ist verwendbar als Heizgas, zum Antrieb von Gasmotoren oder zur Gewinnung elektrischer Energie mittels Brennstoffzellen. Das ausgefaulte Substrat ist weitgehend steril und geruchsarm und kann als →Dünger weiterverwendet werden. (→BIOMASSEENERGIE, →NACHWACHSENDE ROHSTOFFE)

BIOGENE BRENNSTOFFE: Regenerative Brennstoffe aus Biomasse und damit aus Sonnenenergie in chemisch gebundener Form. Biogene Brennstoffe liefern eine bedarfsgerecht nutzbare Energie im Gegensatz zu anderen regenerativen Quellen wie der Windkraft und der Photovoltaik mit nicht nur beschränkt kalkulierbarer Verfügbarkeit.

Energiegewinnung aus biogenen Rohstoffen

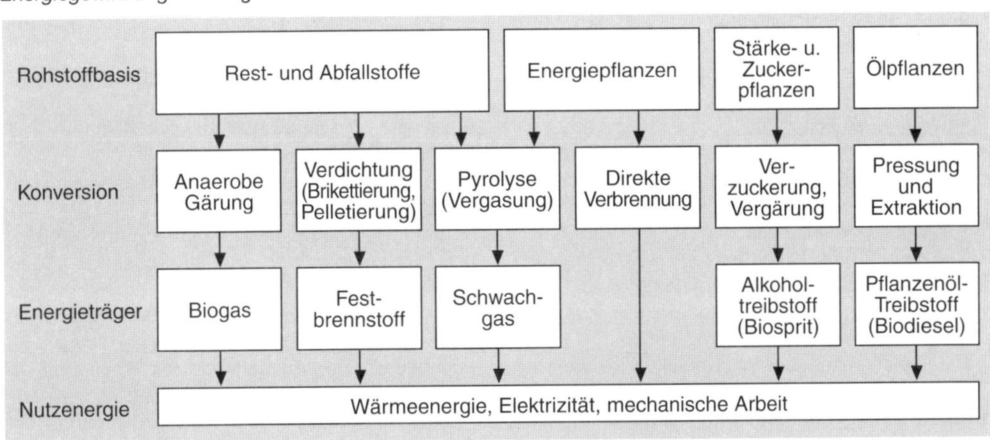

Quelle: Benz u. Ortmaier 1997

Systematik biogener Brennstoffe

1. Feste Brennstoffe

a) sogenannte ➔Energiepflanzen in Form von

- einjährigen Kulturen, z.B. Weizen, Roggen, Gerste, Triticale etc.
- mehrjährigen Kulturen, z.B. Schilfgräser wie Miscanthus oder schnellwachsende Gehölze wie Weiden oder Pappeln

b) Reststoffe in Form von

- ➔Koppelprodukten wie Stroh und Rinde
- Schwachholz (Durchforstungsholz) und Resthölzer aus der forstwirtschaftlichen Nutzung
- Resthölzer aus der industriellen und gewerblichen Be- und Verarbeitung von Holz

c) Landschaftspflegematerial in Form von

- Baum- und Strauchschnitt
- Grünschnitt

2. Flüssige Brennstoffe
   Alkohole und Pflanzenöle
3. Gasförmige Brennstoffe

- Biogas
- Pyrolyse- oder Schwachgas

Biogene Brennstoffe haben bislang einen äußerst unterschiedlichen Grad an Marktreife erlangt. Der mengenmäßige Schwerpunkt bei ihrem Einsatz liegt derzeit eindeutig bei den Festbrennstoffen mit Holz in einer dominierenden Rolle.

BIOLOGISCH-DYNAMISCHER LANDBAU: Wirtschaftsweise mit sogenannten biologisch-dynamischen Präparaten mit dynamischen Wirkungskräften auf ➔Boden und Pflanzen sowie Verwendung von Naturdünger (kompostierter ➔Stallmist und Pflanzenabfälle). Produkte dieses Landbaus werden mit dem Markenzeichen "Demeter" gehandelt. (➔ÖKOLOGISCHER LANDBAU)

BIOLOGISCHE SCHÄDLINGSBEKÄMPFUNG: Biologische Schädlingsbekämpfung ist eine Form der Bekämpfung unerwünschter Organismen unter Ausnutzung biologisch-populationsökologischer Prinzipien.

Formen der Bekämpfung:

- Fördern oder Aussetzen natürlicher Feinde der zu bekämpfenden Organismen, z.B. Vögel, Erzwespen und Rote Waldameise gegen Schadinsekten; Käfer gegen ➔Unkräuter.
- Verbreitung von Krankheitserregern, z.B. Viren gegen Wildkaninchen (Myxomatose).
- Populationsgenetische Verfahren; z.B. das Aussetzen sterilisierter Insektenmännchen.
- Verabreichen des Juvenilhormons bei Insekten zur Verhinderung der Larvenreifung zur Adultform.
- Verwendung von Lockstoffen (v.a. bei Insekten) oder Abschreckstoffen (z.B. Pheromonfalle gegen Borkenkäfer)
- Einpflanzen, Hegen oder Begünstigen von Pflanzen, die als natürliche Gegenspieler fungieren.

Die biologische Schädlingsbekämpfung wirkt im Idealfall artspezifisch. Sie führt gewöhnlich nicht zur völligen Ausmerzung der unerwünschten Art. Bei einer Kombination mit chemischer Schädlingsbekämpfung spricht man von *integrierter Schädlingsbekämpfung*. (➔INTEGRIERTER PFLANZENSCHUTZ)

BIOLOGISCHE VIELFALT: ➔BIODIVERSITÄT

BIOMAGNIFIKATION: Anreicherung von Stoffen im Organismus und deren Weitergabe auf dem Wege über die Nahrungskette. Da Organismen häufig nicht zwischen lebensnotwendigen Aufbaustoffen und ➔Schadstoffen unterscheiden können, kann die Biomagnifikation, insbesondere in höheren Trophiestufen, zu lebensbedrohenden Schadstoffkonzentrationen in Organismen führen.

BIOMASSE: Gesamtmasse einzelner Organismen, Organismengruppen oder der zu einem bestimmten Zeitpunkt vorhandenen Lebewesen je Flächen- oder Volumeneinheit eines Lebensraums in Gramm Frisch- oder Trockengewicht. Etwa 99 % der gesamten in der Biosphäre vorhandenen Biomasse entfallen auf die Phytomasse der autotrophen Pflanzen. Den heterotrophen Pflanzen werden weitere 0,9 % zugeordnet, der Zoomasse nur 0,1 %.

BIOMASSEENERGIE: Aus ➔Biomasse gewonnene Energie zur Wärme- und Stromgewinnung. Zu den wichtigsten, energetisch nutzbaren organischen Rest- und Abfallstoffen und ➔Energiepflanzen gehören

1. die gasförmigen Biobrennstoffe (z.B. ➔Biogas aus Gülle-, Klärschlamm- und Bioabfallvergärungsanlagen),
2. die flüssigen Biobrennstoffe (z.B. Rapsöl oder Ethanol),
3. das bei der Be- und Verarbeitung von Holz anfallende Industrierestholz,
4. die land- und forstwirtschaftlichen Reststoffe (z.B. Stroh und Waldrestholz),
5. die Rückstände aus der ➔Landschaftspflege (z.B. Pflegeheu) und
6. die gezielt angebauten Festbrennstoff-Pflanzen (z.B. Miscanthus und schnellwachsende Baumarten).

Der Anteil der Biomasseenergie in Deutschland liegt gegenwärtig unter 1 %, bezogen auf den Primärenergiebedarf. Eine Ausdehnung der Erzeugung von ➔Energiepflanzen auf ➔landwirtschaftlich genutzten Flächen, die nicht zur Produktion von Nahrungs- und Futtermitteln benötigt werden, könnte langfristig (2030) zu einem Biomasseenergieanteil von rd. 6 %

bis 13% am Primärenergieverbrauch führen. Eine verstärkte Nutzung von Biomasseenergie könnte einen nennenswerten Beitrag zur Verringerung der anthropogen freigesetzten CO_2-Emissionen leisten. (➔NACHWACHSENDE ROHSTOFFE)

BIOPESTIZIDE: Viren und Mikroorganismen oder deren Produkte, die zur Kontrolle von Pflanzenkrankheiten und Schädlingsbefall eingesetzt werden. 90 % des gesamten Biopestizidmarktes werden durch den Bacillus thuringiensis - einem Bakterium, das v.a. gegen Schmetterlingsraupen wirksam ist - abgedeckt. Der US-amerikanische Markt für Biopestizide beläuft sich auf ca. 3% des gesamten Pestizidumsatzes. Die Kosten sind bislang höher als für konventionelle ➔Pestizide. Jedoch können durch einen gezielteren Einsatz der Biopestizide sowie aufgrund der Möglichkeit ihrer Herstellung durch die ➔Landwirte selbst Kosten gespart werden. Die Übertragung des Bacillus-thuringiensis-Toxins in ➔Nutzpflanzen (gewissermaßen als "eingebautes Pestizid") ist eine der fortgeschrittensten Gentechnik-anwendungen in der ➔Landwirtschaft, die bei Mais von *CIBA* und *Sandoz* bis zur Sortenreife geführt wurde. Daneben weisen auch Entwicklungsländer erfolgreiche Entwicklungen auf, z.B. Peru mit Viren gegen Kartoffelkäfer, Kamerun mit Bakterien gegen Mücken oder Brasilien mit Viren gegen den Cassava-Hornwurm. Humantoxische Eigenschaften der verwendeten Biopestizide wurden bislang nicht gefunden. Aus ökowissenschaftlicher Sicht wird die Effizienz einiger Biopestizide skeptisch betrachtet. Eingekreuzte Resistenzen können - erregerspezifisch unterschiedlich - verhältnismäßig schnell durch die Anpassung des Schädlings durchbrochen werden. (➔BIOZIDE, ➔PESTIZIDE)

BIO-PHARMING: Die Erzeugung von für die Humanmedizin wichtigen Pharmazeutika und von transplantationsgeeigneten Organen mit Hilfe von transgenen Tieren. Insbesondere ist geplant, menschliche Proteine aus der Milch von Schafen, Ziegen oder Kühen zu gewinnen. Bei Schweinen wird angestrebt, Eigenschaften so zu verändern, dass man deren Organe für Transplantationen (*Xenotransplantation*) beim Menschen verwenden kann, ohne hyperakute Abstoßungsreaktionen des menschlichen Immun- und Abwehrsystems befürchten zu müssen. (➔GENTECHNOLOGIE)

BIOSPHÄRENRESERVAT: Großflächiger und in geeigneter Weise geschützter Ausschnitt aus ➔Natur- und ➔Kulturlandschaft, der aufgrund seiner Naturausstattung besondere Bedeutung für die weltweit vergleichende angewandte Ökosystemforschung hat. Solche Schutzgebiete werden von der UNESCO seit 1976 zu Biosphärenreservaten erklärt und erfüllen damit eine bestimmte Funktion in dem internationalen Beobachtungs- und Forschungsprogramm "Man and Biosphere". In der neuen Fassung des ➔*Bundesnaturschutzgesetzes* vom 24. April 1998 ist das Biosphärenreservat als neue großflächige Schutzkategorie eingeführt. Damit werden Rechtstraditionen der neuen Bundesländer aufgegriffen, die überwiegend - in Anlehnung an eine entsprechende Regelung im Naturschutzrecht der ehemaligen DDR - eine solche Kategorie in ihre Landesnaturschutzgesetze aufgenommen hatten.

Biosphärenreservate gelten als repräsentative Modelllandschaften für eine nachhaltige Regionalentwicklung mit dem Ziel, die natürlichen Lebensgrundlagen zum Wohl künftiger Generationen dauerhaft-umweltgerecht zu entwickeln. Die Landnutzung soll sich an den gebietstypischen, traditionellen Formen orientieren. Die Entwicklung einer umwelt- und sozialverträglichen Erholungs- und Gewerbenutzung sowie die Erzeugung, ➔Veredelung und Vermarktung naturfreundlich erzeugter Rohstoffe und Nahrungsmittel werden angestrebt, regionale Wirtschaftskreisläufe sollen wiederbelebt werden. Gemeinsam mit den hier lebenden und wirtschaftenden Menschen sind dafür beispielhafte Konzepte zu erarbeiten, erproben und umzusetzen.

<u>Im Einzelnen heißt das:</u>

- Erhaltung der lokalen bzw. regionalen Besonderheit der ➔Landbewirtschaftung (Landschaftsstruktur einschließlich der baulichen Eigenart der ➔Höfe und ➔Dörfer)
- Erhaltung regional seltener Tierrassen (z.B. Rhönschaf)
- Verarbeitung und Vermarktung regionaltypischer Erzeugnisse (Fleisch, Wurst, Backwaren, Wolle, Felle, Kleidung, Korbwaren, Honig, Obsterzeugnisse, Beeren u.ä.)
- Errichtung von Bauernläden, regelmäßig stattfindende ➔Bauernmärkte, Ab-Hof-Verkauf)
- Vermarktung an örtlich verarbeitende Betriebe (Mühlen, Bäckereien, Metzgereien, Gaststätten)
- Einbindung des Gaststättengewerbes in die Aktion durch Anbieten einer regionaltypischen Küche
- Schaffung eines eigenen Markenzeichens für bodenständige Erzeugnisse
- Förderung des Fremdenverkehrs einschließlich "Urlaub auf dem Bauernhof"
- Förderung des Erlebnisangebots im touristischen Bereich (Kutschenfahrten, Brotbacken, Hofbesichtigungen, Kurse über traditionelle bäuerliche Handwerkstechniken u.w.)
- Förderung regionaler musealer Einrichtungen für ➔Land- und Forstwirtschaft, Handwerk und Gewerbe sowie Lebensweise der Bevölkerung

- Durchführung von Landschaftspflegemaßnahmen, Übernahme von Pflegearbeiten u.w.
- Entwicklung eines "Wir-Gefühls"

Biosphärenreservate dienen zugleich der Erforschung von Mensch-Umwelt-Beziehungen, der ökologischen Umweltbeobachtung und der Umweltbildung.
Biosphärenreservate gliedern sich abgestuft nach dem Einfluss menschlicher Tätigkeit in *Kernzone, Pflegezone* und *Entwicklungszone*. 1996 bestand das weltweite Netz aus 337 Gebieten in 85 Staaten. 1998 bestanden 12 in Deutschland mit einer Gesamtfläche von 1.203.739 ha, das entspricht 3,4% der Staatsfläche.

BIOTECHNIK: Die technische Nutzbarmachung biologischer Vorgänge (z.B. Gärungsvorgänge im Molkereiwesen und Braugewerbe) sowie von Mikroorganismen (z.B. in der Abwasserreinigung). Der Begriff charakterisiert demnach die praktischen Verfahrensweisen im Unterschied zur ➔Biotechnologie, die als Wissenschaft zu verstehen ist.
Häufig wird der Begriff Biotechnik in dem der Biotechnologie integriert verwendet.

BIOTECHNOLOGIE: Die Lehre und Wissenschaft von den Methoden und den Verfahren, die im Bereich der ➔Biotechnik angewandt werden. Häufig findet keine Differenzierung zwischen den Begriffen Biotechnik und Biotechnologie statt. Keinesfalls ist Biotechnologie gleichzusetzen mit ➔Gentechnik/➔Gentechnologie, die als Teilgebiete der Biotechnologie gelten.
Gegenstand der Biotechnologie ist somit auch das ganze Spektrum von Techniken und Methoden, die die technische Steuerung und Nutzung biologischer Materialien zur Herstellung von Stoffen und Leistungen zum Ziel haben. Es handelt sich um eine integrierte Anwendung von Biochemie, Molekularbiologie, Mikrobiologie, Züchtung, Chemie, Physik, Informatik und Verfahrenstechnik zur Nutzung des Potentials von Mikroorganismen und Zell- und Gewebekulturen bzw. Teilen von diesen. Anwendung findet die Biotechnologie in Pharmazeutik, Chemie, ➔Land- und Forstwirtschaft, Fischerei, Lebensmitteltechnologie, Rohstoffgewinnung, Abwasserreinigung u.w. Die Biotechnologie besitzt eine hohe Innovationsdynamik, die u.a. daraus resultiert, dass sich aus den Ergebnissen der Grundlagenforschung oft unmittelbar die Möglichkeit praktischer Anwendungen ergibt.
Die Berührungspunkte von Biotechnologie und **Landwirtschaft** haben stark zugenommen, da die Biotechnologie immer mit organischen Substanzen als Roh- und Nährstoffe arbeiten muss, und diese nur aus der Bewirtschaftung natürlicher ➔Ökosysteme stammen können. Damit wird die Land- und auch Forstwirtschaft zu einem Schlüsselsektor für eine breite Anwendung der Biotechnologie.
Die meisten Biotechnologie-gestützten Agrarprodukte werden von großen Konzernen, die im Agrarsektor tätig sind, auf den Markt gebracht (z.B. AgrEvo, Zeneca, BASF, Bayer, Novartis, Monsanto).
In der Vergangenheit fungierte die Biotechnologie hauptsächlich als Abnehmer landwirtschaftlicher Produkte, wobei vor allem Neben- und Abfallprodukte der Agrarproduktion wie Molke oder ➔Melasse, aber auch Primärprodukte wie Gerste oder Weintrauben in Fermentationsprozessen als Rohstoff eingesetzt und zu höherwertigen Nahrungsmitteln veredelt wurden. Zu derartigen biotechnologischen Erzeugnissen gehören u.a. Salami, Schinken, Brot, Brötchen, Käse, Kefir, Joghurt, klarer Fruchtsaft, Bier, Wein, Champagner und Sauerkraut. Neben diesen klassischen Bereichen werden die neuen biotechnischen Methoden verstärkt die Landwirtschaft befruchten.
Kritiker sehen die Landwirtschaft andererseits mit einer künftig eingeschränkten Rolle. Die Landwirtschaft könne auf einen technologischen, arbeitsteiligen und industriellen Prozess reduziert werden, der primär durch die Bereitstellung von technischen Vorleistungen charakterisiert ist und bei dem die ➔Produktionsfaktoren ➔Boden und natürliche ➔Umwelt durch Produktionsfaktoren wie Nährstofflösungen und klimatisierte Glashäuser als substituierbar betrachtet werden, oder bei dem die Tiere nur kleine individuelle Bioreaktoren sind.
<u>Die Rolle der Biotechnologie in der Landwirtschaft:</u>
Pflanzenproduktion:

- Traditionelle Biotechnologien (Nutzung ganzer Organismen)
  - Inokulation (Impfbehandlung) von Pflanzen mit Mikroorganismen (Knöllchenbakterien für die symbiotische Stickstoff-Bindung oder Mykorrhizapilze für die Verbesserung des Phosphataufschlussvermögens durch die Pflanzenwurzeln)
  - Herstellung von biologischen Pflanzenschutzmitteln (➔Biopestizide, z.B. insektizide Bakterien) und biologische ➔Düngemittel (➔Biofertilizer) durch die Verwendung organischer Ausgangs-substrate unter Nutzung von Mikroorganismen
  - Einsatz von Mikroorganismen in Fermentern (Bio-reaktoren) für den Aufschluss von organischen Materialien und die Herstellung von z.B. höherwertigen Rohstoffen.
- Moderne Biotechnologien
  - Zell- und Gewebekulturen als in vitro-Technik (genutzt zur klonalen Vermehrung, zur Produktion von virusfreiem Pflanzmaterial, für die Pflanzenselektion und Züchtungsprogramme)

- Diagnosetechniken als Voraussetzung für die Selektion und Vermehrung von pathogenfreiem ➔Saat- und ➔Pflanzgut
- Gentechnik als kontrollierter Transfer von Genen mit bekannten Eigenschaften mit Hilfe von molekularbiologischen Methoden und unter Ausschaltung der natürlichen Kreuzung

Viehwirtschaft:

- Tiergesundheit (Diagnose, Erzeugung von Impfstoffen u.w.)
- Tierernährung (Aufschlussverfahren für rohfaserreiche Futtermittel, Methoden der Futterbevorratung)
- Tierzucht (Besamung, Zyklus-Synchronisation, ➔Embryotransfer, Steuerung des Geschlechts, Klonierung, Gen-Kartierung, Resistenzfaktorbestimmung)

Zur Einschätzung der Auswirkungen der Biotechnologie auf die Herstellung und Verarbeitung ➔*nachwachsender Rohstoffe* und der entsprechenden Rahmenbedingungen sind u.a. folgende Gesichtspunkte zu berücksichtigen:

- Biotechnologie wird heute zunehmend von transnationalen Unternehmen betrieben, die ihre Entwicklungen weltweit koordinieren und dabei standortspezifische Vorteile voll nutzen können.
- Biotechnologische Verfahren rentieren sich besonders bei hochpreisigen Produkten, die auf anderem Wege nur schwer herzustellen sind. Typisch sind Pharmaka und Impfstoffe. Billigere Produkte, wie Antibiotika, Aminosäuren oder Geschmacksstoffe, finden oft nur dann einen Abnehmer, wenn sie unterhalb einer bestimmten Preisschwelle angeboten werden. Die Verfügbarkeit und der Preis von Rohstoffen kann für die Standortwahl von Anlagen zur biotechnischen Verarbeitung agrarischer Rohstoffe von entscheidender Bedeutung sein. Gegenwärtig wirkt sich die Preisstützung in den EG-Agrarmarktordnungen ungünstig auf die Wettbewerbsfähigkeit einer industriellen Verwendung von Agrarprodukten aus.
- Ein Vorteil biotechnologischer gegenüber chemischer Verfahren liegt in der Herstellung relativ komplexer Verbindungen, die der chemischen Synthese nicht einfach zugänglich sind. Nachwachsende Rohstoffe sind per se schon recht kompliziert geordnete Strukturen, deren biologischer Abbau zu einfachen chemischen Verbindungen ökonomisch wenig sinnvoll ist. Bei der Herstellung einfacher Chemikalien und Polymerstufen, bei der weder schonende Bedingungen noch komplexe Strukturen eine Rolle spielen, sind petrochemische Verfahren i.d.R. kostengünstiger (Bspl.: Ethanol aus nachwachsenden Rohstoffen).
- Wichtige wirtschaftliche Rahmendaten sind die Verfügbarkeit von qualifizierten Arbeitskräften sowie von Risikokapital. Für Deutschland ist diese Frage deshalb von großer Bedeutung, weil es als rohstoff- armes Land auf know-how als entscheidenden Faktor im internationalen Wettbewerb angewiesen ist.
- Biotechnologische Prozesse können mit gesundheits- und umweltpolitischen Risiken und Problemen behaftet sein. Die entsprechenden Auflagen und Regelungen bilden einen wesentlichen Einflussfaktor für Standortentscheidungen, besonders bei international tätigen Unternehmen.
- Andererseits können biotechnologische Verfahren umweltfreundlichere und kostengünstigere Herstellungsweisen erlauben.
- Gesellschaftliche Akzeptanz neuer Technologien hat entscheidenden Einfluss auf ihre Verbreitung.

Für den Biotechnologiemarkt wird bis zum Jahr 2002 ein jährliches Wachstum von mehr als 20 % prognostiziert; 2002 soll er in Europa einen Umsatz von 106,5 Mrd. US-Dollar erzielen. Der Agrarsektor wird dabei einen Anteil von 3,9 Mrd. und der der Nahrungsmittelverarbeitung einen Anteil von 18 Mrd. US-Dollar erreichen. Aufgrund der Internationalisierung der Märkte und der Liberalisierung des Agrar- und Lebensmittelhandels wird davon ausgegangen, dass die Biotechnologie große Bedeutung für die zukünftige internationale *Wettbewerbsfähigkeit* der jeweiligen nationalen Agrar- und Ernährungswirtschaft haben wird.

Das vermutete Veränderungspotential der Biotechnologie für den **Weltagrarmarkt** stützt sich auf die Annahme, dass mit Hilfe biotechnologischer Entwicklungen bestimmte agrarische Rohstoffe billiger als mit traditionellen Methoden und Pflanzen erzeugt werden könnten. Die Produktion von Stoffen in Fermentern und die biotechnologische Veränderung von Pflanzen ermöglichen eine gewisse Entkoppelung der Produktion bestimmter Stoffe von den sie bisher erzeugenden Pflanzen und Organismen. Besonders deutlich wird dies auf dem Gebiet der Erzeugung von pflanzlichen Fetten und Ölen (z.B. Kakaobutter). Es wird angenommen, dass relativ teure Rohstoffe wie Kakaobutter, Erdnuss- und Kokosöl durch die biotechnologische Umwandlung (Enzymbehandlung) billigerer Fettsäuren aus Raps-, Soja- und Palmöl schon bald ersetzt werden könnten. Gegenwärtig ist aber bei vielen Substituten bzw. Substitutionsverfahren eine Rentabilität noch nicht gegeben.

Die Produktion und der Export bestimmter agrarischer Produkte sind auf dem Weltmarkt stark auf einzelne Länder konzentriert, so dass die Auswirkungen einer Reduktion der (insbesondere durch Industrieländer) nachgefragten Rohstoffmengen durch *Substitutionen* für einige Länder gravierend, für andere hingegen kaum spürbar wären. Besonders anfällige Länder sind beispielsweise Côte d'Ivoire,

Ghana, Kongo, Mauritius, Nigeria, die Dominikanische Republik und Bolivien mit ihrer Spezialisierung auf nahezu nur ein Exportgut, meist Kakao oder Zucker.
Deutliche Auswirkungen - in Form konkreter Einnahmeverluste - haben biotechnologische Verfahren bisher für einige zuckerexportierende Entwicklungsländer bereits gezeigt, unter ihnen vor allem die philippinische Zuckerinsel Negros. Grund dafür ist v.a. die verminderte Zuckereinfuhr der USA, nachdem dort die enzymatische Verarbeitung von Maisstärke zu Isoglucose einen Teil des zuvor importierten Zuckerbedarfs deckt.
Unter den Gewürzen ist die Substitutionsmöglichkeit von *Vanillearoma*, bislang ein komplexes und teures Exportgut, am weitesten fortgeschritten. Für Gummi Arabicum, ein Extrakt aus Akazienbäumen, der als Dickungsmittel in der Süßwaren- und Getränkeindustrie eingesetzt wird, ist ein Ersatzstoff entwickelt worden, der als qualitativ hochwertiger gilt als das natürlich produzierte. Senegal, Nigeria und der Sudan sind von der Substitution betroffen.
Hinsichtlich des Naturkautschuks wird an Möglichkeiten zur Biosynthetisierung des natürlichen Stoffes und an der Entwicklung einer natürlichen Kautschuk produzierenden Pflanze für den Anbau in höheren Breiten geforscht.
Unter den Entwicklungsländern werden infrastrukturell gut ausgebaute Länder größere Vorteile durch biotechnologische Methoden und Produkte haben als Länder mit einer schwächeren Infrastruktur, da sie neue Pflanzensorten und biotechnische Methoden schneller entwickeln, anpassen oder etablieren können. Als Beispiel für solche marktwirtschaftliche Mechanismen gilt die momentane Entwicklung der Kakaoproduktion. Hier sind z.Z. Hochleistungssorten verfügbar, die insbesondere auf den malayischen →Plantagen gepflanzt werden und mit 100 - 1500 kg Bohnen/ha einen mehr als doppelt so hohen Ertrag aufweisen, wie die traditionellen Sorten, die v.a. in den westafrikanischen, eher kleinbäuerlichen Produktionssystemen vorherrschen. Bei einer möglichen Anwendung von Gewebekulturen werden Erträge von über 3000 kg für möglich gehalten. Die Entwicklung derartiger Sorten wird nur Staaten mit hoher technologischer Kapazität (einige Länder Asiens) möglich sein, während die weniger entwickelten und armen Länder Afrikas nicht mithalten können.
Wenn verbesserte Erträge bei verschiedenen Agrarprodukten hauptsächlich auf dem Wege kapitalintensiver und arbeitskräftesparender Produktion in Großbetrieben erwirtschaftet werden, kommen diese der Bevölkerung nur bedingt zugute. Sinkenden Preisen für Nahrungsmittel stehen dann Einkommensverluste der Landbevölkerung gegenüber, die in den Ländern der Dritten Welt - anders als während des 19. Jahrhunderts in den westlichen Ländern - keine neuen Einkommensmöglichkeiten in einem wachsenden industriellen Sektor findet.
In Entwicklungsländern muss auch berücksichtigt werden, welche sozialen Folgen die Einführung biotechnologischer Innovationen im familiären und dörflichen Kontext mit sich bringen könnte. Zu denken ist dabei z.B. an die Rolle der Frauen in der →Subsistenzwirtschaft und den möglichen Einkommens- und Statusverlust infolge der Umstellung der Produktion auf neue, marktorientierte Sorten.

BIOTOP: Charakteristischer und gegenüber seiner Umgebung abgrenzbarer Lebensraum einer Gemeinschaft von Pflanzen und Tieren (→Biozönose), die den standörtlichen Bedingungen gut angepasst ist (z.B. →Feuchtwiese, Trockenhang, Almwiese). In Deutschland werden 750 verschiedene Biotoptypen unterschieden. Natürliche Lebensräume bzw. Lebensgemeinschaften kommen hier nur noch auf relativ kleinen Flächen vor, z.B. manche Quellen, Felsen, Hochmoore, das Wattenmeer, einige Wälder, hochalpine Bereiche, die aber auch durch stoffliche Belastungen beeinträchtigt werden. Nach dem →Bundesnaturschutzgesetz unterliegen bestimmte Biotope, die sich durch ihre Seltenheit und auch durch ihren ökologischen Wert auszeichnen, einem gesetzlichen Schutz.

BIOTOPVERBUND: 1. Summe der flächenbezogenen Kontakte zwischen →Biotopen.
2. Räumliche Verbindung von Biotopen, die den auf diese Lebensräume angewiesenen Lebensgemeinschaften Ausbreitung bzw. Austausch ermöglicht. Sie ist unmittelbar, wenn eine gemeinsame Grenze bzw. Übergangszone vorliegt, oder mittelbar, wenn lediglich funktionelle Beziehungen bestehen.

BIOTOPVERBUNDSYSTEM: Räumliche Vernetzung von →Biotopen. Im →Naturschutz werden Biotopverbundsysteme modellhaft eingesetzt, die den Effekten der zunehmenden Flächenreduktion und →Verinselung naturnaher Lebensräume (z.B. Abnahme der Artenzahlen, genetische Effekte der Isolation von Populationen) entgegenwirken sollen.
Maßnahmen innerhalb des Biotopverbundsystems sind:
- Vernetzung über lineare Elemente, wie z.B. →Hecken, Waldsäume, Uferrandstreifen, Acker- und Wiesenrandstreifen sowie Straßenböschungen
- Vernetzung über zwischengeschaltete "Trittsteinbiotope", also kleine Flächen, die bestimmten Arten zeitweise als Lebensraum dienen können

In der praktischen Umsetzung treten allerdings zahlreiche Probleme auf:

- eine sinnvolle Vernetzung ist nur durch gleichartige Ökosysteme möglich
- in der mitteleuropäischen Landschaft gibt es schon zu viele Ausbreitungsbarrieren (Straßen, Siedlungen)
- die Ausbreitungsstrategien der einzelnen Organismenarten sind sehr unterschiedlich
- Vernetzungsstrukturen erfordern einen hohen Pflegeaufwand

BIOTOPVERNETZUNG: 1. Summe der Beziehungen von Organismen innerhalb und zwischen Lebensräumen. 2. Planungsinstrument zur Herstellung von Vernetzungsstrukturen für Lebensräume auf Gemeindeebene, letztlich aber für den gesamten ➔ländlichen Raum.
Ziel der Biotopvernetzung ist die Erhaltung und Entwicklung einer vielfältig strukturierten ➔Kultur- und Erholungslandschaft. Durch die vielfältige Vernetzung und Verknüpfung vorhandener Landschaftselemente schafft sie eine Grundlage für die Bestandssicherung und für die Entwicklung der wildlebenden Tiere und Pflanzen. Es entsteht ein tragfähiges Netz naturnaher Ausgleichsflächen in enger Verzahnung mit der ➔landwirtschaftlich genutzten Fläche.
Die Konzeption des Maßnahmenkatalogs für die Umsetzung (Freiwilligkeitsbasis) wird in enger Zusammenarbeit mit den ➔Landwirten, Bürgern, Gemeinden, Verbänden und Behörden erarbeitet und aus den jeweiligen landschaftlichen Gegebenheiten heraus entwickelt.
Besonders Gebiete mit guten ackerbaulichen Voraussetzungen, die in der Vergangenheit vielfach an Strukturvielfalt verloren haben, bedürfen einer Aufwertung im Sinne der Biotopvernetzung. Es werden dabei die Anpflanzungen von ➔Hecken, Feldgehölzen, Streuobst, Umwandlung von ➔Acker- in ➔Grünland, Umbruchverzicht, Anlage von ➔Feuchtgebieten, Acker- und Gewässerrandstreifen sowie die ➔Extensivierung oder der Nutzungsverzicht auf landwirtschaftlichen Flächen und die Aufforstung auf geeigneten Flächen gefördert.
Auf vielen Grenzertragsstandorten, insbesondere in waldreichen Gebieten, wird zunehmend die landwirtschaftliche Nutzung eingestellt. Folglich stehen dort im wesentlichen Bemühungen zur Offenhaltung der ➔Landschaft und zur Erhaltung traditioneller Bewirtschaftungsformen im Vordergrund.

BIO-VILLAGE: Bezeichnung für drei Versuchsdörfer in Madras, Indien, in denen die ➔Biotechnologie eine zentrale Rolle spielt. Hier wird der Versuch einer Innovation des Produktionssystems unter Beachtung bestehender Strukturen unternommen. Das Programm mit noch ungewissem Ausgang stellt neben dem Zugang zu den Technologien und nötigen Produktionsmitteln auch Beratung über Technologien und Märkte sowie Kredite sicher.

BIOZID: Biozide sind chemische Bekämpfungsmittel zur Vernichtung von unerwünschten Organismen. Von der *Biologischen Bundesanstalt für Land- und Forstwirtschaft* in Braunschweig sind derzeit gut 300 Wirkstoffe mit etwa 1500 Formulierungen (Präparaten) zugelassen, darunter 108 ➔Herbizide (Biozide gegen unerwünschten Pflanzenwuchs), 76 ➔Fungizide (Biozide gegen parasitäre Pilze und nicht erwünschte Mikroorganismen), 83 ➔Insektizide, 41 ➔Akarizide (Biozide gegen Milben) und 17 ➔Wachstumsregler. Pro Jahr werden in Deutschland etwa 28.000 t Biozide ausgebracht, wovon 80% in ➔Land- und Forstwirtschaft sowie im ➔Gartenbau und 20% bei der Haushaltshygiene und auf Nichtkulturland eingesetzt werden.
Weitgehend identisch ist der Begriff ➔Pestizid.

BIOZÖNOSE: Gemeinschaft der in einem ➔Biotop regelmäßig vorkommenden pflanzlichen und tierischen Lebewesen verschiedener Arten, die untereinander und mit ihrer abiotischen Umwelt in Wechselbeziehungen stehen.

BLATTFRÜCHTE: Gruppe von ➔Kulturpflanzen (u.a. ➔Hackfrüchte, Ackerfutter, Hülsenfrüchte, ➔Öl- und Faserpflanzen) im Gegensatz zu den ➔Halmfrüchten als den Getreidearten. Blattfrüchte besitzen eine gute Beschattungswirkung auf Grund einer üppigen vegetativen Entwicklung und einer meistens längeren Vegetationszeit. In der Systematik für Felderfruchtfolgen werden sie als tragende Kulturen eingeordnet, denen andere, sogenannte abtragende Kulturen folgen. Hinsichtlich ihrer pflanzenbaulich-biologischen Wirkung auf den Bodenzustand werden sie untergliedert in:
Extensivblattfrüchte: Pflanzenarten, die sich ähnlich wie eine Brachevegetation positiv auf die Ertragsfähigkeit des ➔Bodens auswirken, den Gehalt an organischer Substanz im Boden erhöhen und einen vergleichsweise geringeren Arbeits- und Düngeraufwand erfordern. Dazu gehören alle Feldfutterpflanzen und Körnerleguminosen.
Intensivblattfrüchte: Pflanzenarten, die den Gehalt an organischer Substanz im Boden belasten, sich nachteilig auf seine Ertragsfähigkeit auswirken können und einen hohen Arbeits- und Düngeraufwand erfordern. Dazu gehören Hackfrüchte, Tabak, Gemüse, Öl-/Faserpflanzen, Gras- und Gemüsesamenbau.

BLATT- UND STENGELGEMÜSE: ➔Kulturpflanzen, deren junge Blätter und Stengel genutzt werden können. Ihr hoher Cellulose- und Fasergehalt schränkt ihre Verwendung als Nahrung ein, doch sind sie wichtige Quellen von Vitaminen und Mineralien sowie anderer Inhaltsstoffe wie Nikotin, Tannin und Koffein.

BLOCKFLUR: →Flurformentyp, bei dem der Parzellenverband überwiegend aus Blöcken besteht. Das Breiten-Längen-Verhältnis liegt dabei unter 1 : 2,5. Blockfluren erhalten eine regelhafte, geometrische Parzellierung durch parallelen Verlauf der Längs- oder Breitengrenzen ihrer Einzelparzellen (Rechteck, Quadrat, Trapez). Schematisch ist die Flureinteilung bei gleicher Größe und Ausrichtung der Blöcke. Regellosen Blockfluren kann eine geradlinige Parzellierung fehlen, die Einzelparzellen weisen oft rundliche oder amorphe Grundrissgestalt auf. Bei einer Differenzierung der Blöcke nach der Größe ergeben sich Groß- und Kleinblockfluren (z.B. Großblöcke von adligen Gütern > bäuerliche Blockparzellen > →Kampf-Fluren nordwestdeutscher →Markkötter). Neben den (in der Literatur unterschiedlichen) absoluten Abgrenzungsgrößen, sind oftmals relative Angaben im konkreten Fall sinnvoller.
Genetisch stellen Blockfluren eine verbreitete alteuropäische Altflur dar. Historische Beispiele für schachbrettartige →Flurformen, die sich noch heute in der Flureinteilung durchpausen, sind die römischen →*Zenturiatsfluren* und die Fluren nach dem japanischen →*Jo-Ri-System.*
Jüngere Blockflurtypen sind die *Gutsflur*, die *Genossenschafts-(Kolchose-)flur* und deren Nachfolgefluren, die *Plantagenflur* und die →*Großblockfluren* im Gefolge der amerikanischen →land ordinance.

BLOCKGEMENGEFLUR: Eine →Gemengelage von Nutzungsparzellen, bei der manche Flurblöcke ungeteilt, andere in kleinere Blöcke und weitere in Blockgewanne zerlegt worden sind. Zur Bildung von Blockgemengefluren kam es z.B. im Bergischen Land und im Siegerland.
(→FLURFORM, →FLURFORMENTYP)

BLOCKGEWANNFLUR: →Flurformentyp, be dem blockartige Urfluren durch Erbteilung zu Blockgewannen (→Kurzgewanne) werden.
(→GEWANNFLUR)

BLUE BOX: Etwa: *Blaue Kategorie*; innerhalb von →GATT/→WTO ein Katalog von →Subventionsleistungen, die in der Höhe vom Produktionsvolumen abhängig sind, deren Wettbewerbsneutralität von den Handelspartnern bezweifelt wird und die die strengen Kriterien der →Green Box nicht ganz erfüllen. Derartige Zahlungen haben nach GATT vorläufigen Charakter und sind bis 2003 von weiteren Kürzungen ausgenommen. Im Rahmen der →Gemeinsamen Agrarpolitik sind die flächen- und tierbezogenen Preisausgleichszahlungen der blue box zuzuordnen ebenso wie die →deficiency payments der USA.

BOCAGE-LANDSCHAFT: Regionaltyp der westeuropäischen Heckenlandschaft. Er ist in den Streusiedlungsgebieten Nordwestfrankreichs (bretonisch-normannische Bocage), aber auch in weiten Teilen des Zentralmassivs verbreitet. Außerhalb Frankreichs treten solche geschlossenen Landschaftsstrukturen in Europa u.a. in Galizien, Großbritannien, Irland, Flandern, den Niederlanden, Schleswig-Holstein, im westlichen Dänemark und auf der skandinavischen Halbinsel auf. (→KNICK)

BODEN: 1. In den **Geowissenschaften** synonym mit *Pedosphäre*. Danach ist Boden die an der Erdoberfläche entstandene, mit Luft, Wasser und Lebewesen vermischte Verwitterungsschicht der Lithosphäre (Gesteinshülle) aus mineralischen und organischen Substanzen, welche sich unter Einwirkung aller Umweltfaktoren gebildet hat und die den Pflanzen als Standort und zur Ernährung dient. Boden existiert also im Durchdringungsbereich aller übrigen Sphären. Die Grenze zwischen Boden und Gestein ist meist unscharf. In Abhängigkeit vom jeweiligen Gestein, Relief, Klima und Alter der →Landschaft bilden sich bestimmte Horizontkombinationen (→Bodenprofile) aus. Boden ist als komplexes kybernetisches System mit ständig ablaufenden dynamischen Prozessen zu verstehen, die ihrerseits den Boden verändern.
Die Böden Mitteleuropas haben sich in den letzten 10.000 Jahren nach dem Ende der letzten Kaltzeit entwickelt. Sie haben eine mittlere Mächtigkeit von 80 cm, d.h. das Bodenprofil hat sich im Durchschnitt um 0,08 mm pro Jahr vertieft.

Bodennutzung in der Bundesrepublik Deutschland (Gesamtfläche 356.970 km²) 1997

Nutzungsart	Flächenanteil [%]
Landwirtschaftsfläche	54,1
Waldfläche	29,4
Gebäude- und Freifläche	6,1
Verkehrsfläche	4,7
Betriebsflächen (ohne Abbauland)	0,2
Friedhofsflächen	0,1
Erholungsfläche	0,7
Wasserfläche	2,2
Abbauland	0,5
Sonstiges	2,0

Quelle: Statistisches Bundesamt 1998

2. In den **Wirtschaftswissenschaften** ein ➔Produktionsfaktor neben Arbeit und Kapital. Er ist Standort für wirtschaftliche Aktivitäten und Nutzungen der Landfläche sowie Träger von Rohstoffen. Hinsichtlich der optimalen Allokation seiner Nutzung (Welche Flächen sind für welche Funktionen am besten geeignet?) und hinsichtlich der Preisbildung nimmt Boden eine Sonderstellung unter den Produktionsfaktoren ein, die sich aus seiner Immobilität, seiner limitierten Vermehrbarkeit (➔Landgewinnung, ➔Meliorationen, Baulanderschließung), seiner steuerlichen Sonderstellung gegenüber anderen Vermögenswerten sowie seiner qualitativen Eigenschaften und geographischen Lagemerkmale ergibt.
Boden ist nach *G. Flemming* wie die Arbeit ein *originärer* oder *ursprünglicher ➔Produktionsfaktor*, im Gegensatz zu dem abgeleiteten Produktionsfaktor Kapital.

3. In der **➔Landwirtschaft** umfasst der Produktionsfaktor Boden die Betriebsfläche des landwirtschaftlichen Betriebes. Dazu gehören die Hof- oder Gehöftflächen, die ➔landwirtschaftlichen Nutzflächen, die Gewässer, der Wald und gegebenenfalls Anteile an der ➔Allmende. Gleichzeitig ist Boden für die Landwirtschaft Produktionsstandort.
4. Wesentliches Charakteristikum von *Boden im weiteren Sinne* ist seine *Multifunktionalität*. Diese Aufgaben lassen sich in drei Gruppen einteilen:
a) *Ökologische Funktionen*. Der Boden ist der Lebensraum für eine Vielzahl von Organismen, die Lebensgrundlage für Pflanzen, Tiere und Menschen, ein effizientes Filter-, Puffer- und Speichersystem sowie ein biologisch-chemischer Reaktor (Abbau und Umsetzung von Streu- und Abfallsubstanzen, Transformation von Schmutz- und Schadstoffen, von organischen ➔Bioziden, Freisetzung und Bindung von ➔Nährstoffen und Bioelementen).

Bodenansprüche[1] verschiedener Kulturpflanzen

Pflanze	Wasserbedarf	Toleranz gegen					Anspruch an			
		Nässe[2]	Trockenheit	schwere Textur	Acidität	Salz	Feinteilgehalt	Boden-Struktur	Calcium	Acidität
Reis	+++	+++	+	+++	+++	+/++	++	+	+	+
Mais	+/++	+	++/+++	+	+	+/++	+	++	+	+
Maniok	++	+	++	++	++	+	++	++	++	+
Sisal	++	++[3]	++	+++[3]	++	++	++	+[3]	++	+
Hevea	+++	+++	+	+++	++	+	+++	+	+	++
Kaffee	++	+	++	+	+	+	+	+++	++	+
Kakao	++	+	++	+	+	+	++	+++	++	+
Tee	++	++	+	+	++	+	+	+++	++	+
Cinchona	+++	++	+	+	++	+	+	+++	++	+
Teak	++	+	++	+++	+	+	++	++	+++	+
Tabak	++	+	++	+	+	+	+	+++	++	+
Dattelpalme	++	+	++	+	?	+++	+	+++	+++	+
Zitrus	++	+	++	++[3]	++	+/++[3]	+	+++	+++	+
Weizen	+/++	+	++	++/+++	+	++	+++	+++	+++	+
Gerste	+/++	+	++/+++	++	++	+++	+	+	+	+
Hafer	++	+++	+	+++	+++	+	+	+	+	+
Roggen	+	+	+/++	+++	+++	++	+	+	+	+
Kartoffel	++/+++	++/+++	+	+	+++	+	+	+++	+	+++
Mangold	+++	+++	+	+++	+++	++	+	++	+	+
Zuckerrübe	+++	++	+	+++	++	++/+++	++	+++	++	+
Pisum sp.	++	+	++	++	+	+[3]	++	+++	++	+
Flachs	++	+	+	+	+	+	++	+++	++	+
Kirsche	++/+	+	++	+/++	++	+	+	++	+	+
Apfel	++/+++	+	+/++	+	+	+	++	+++	++	+
Birne	+++	++	+	++	+	+	+/++	+++	++	+

[1] +: gering, ++: mittel, +++: hoch; [2] entspricht Sauerstoffbedarf; [3] teilweise sortenabhängig
Quelle: nach Franke 1995

b) *Sozioökonomische Funktionen*. Der Boden dient dem Menschen als Produktionsgrundlage für Nahrungs- und Futtermittel sowie pflanzliche Rohstoffe (Fasern, Öle, Heilmittel, Bau- und Brennstoffe). Im weiteren ist er eine Fläche für Siedlung, Produktion, Verkehr, eine Lagerstätte für Bodenschätze und Energiequellen, aber auch für Abfälle; er stellt auch eine Sachwertanlage dar.
c) *Immaterielle Funktionen*. Der Boden ist ein prägendes Landschaftselement und trägt als solches zum Erlebnis- und Erholungswert der Landschaft bei; er stellt ferner ein Archiv der Natur- und Kulturgeschichte dar.

BODENANSPRÜCHE: In einzelne Parameter differenzierbare Bedürfnisse der ➔Kulturpflanzen an den ➔Boden als Teilaspekt des gesamten für das Pflanzenwachstum wichtigen Naturpotentials.

BODENART: Oft synonym gebraucht zu: *Bodentextur, Korngrößenzusammensetzung*, *➔Körnung*; unter Bodenart versteht man die charakteristische Korngrößenverteilung von Gesteinsresten, Mineralen und Mineralneubildungen. Sie ist ein relativ konstantes Kriterium der ➔Bodenbewertung. Man unterscheidet *Feinboden* (Teilchen < 2 mm) und *Grobboden*, das Bodenskelett (Teilchen > 2 mm). Der Feinboden wird in die Korngrößenfraktionen Sand, Schluff und Ton untergliedert.

BODENBEARBEITUNG: Gesamtheit der Maßnahmen zur Vorbereitung des ➔Bodens für seine Funktion als Pflanzenstandort und dabei Schaffung von günstigen Wachstumsbedingungen von der Keimung bis zur Reife. Sie ist an den Einsatz von Geräten und Maschinen gebunden, deren Arbeitswerkzeuge durch Kraftübertragung auf den (bereits urbaren) Boden folgende Bearbeitungseffekte hervorrufen können:

- *Wenden*: Drehen eines abgetrennten Bodenstreifens (auch Bodenbalken)
- *Lockern*: Vergrößern des Porenvolumens
- *Mischen*: Vermengen der Bodenteilchen untereinander und mit zugeführten Stoffen
- *Zerkleinern*: Zerteilen von Bodenaggregaten, unabhängig von den im Boden vorhandenen natürlichen Bruchflächen
- *Krümeln*: Zerteilen des Bodens an seinen natürlichen Bruchflächen
- *Verdichten*: Verringern des Porenvolumens
- *Einebnen*: Reduzieren der Bodenoberfläche durch Ausgleichen von Unebenheiten
- *Ausformen*: Vergrößern der Bodenoberflächen durch Profilierung

Die Kombination dieser Arbeitsschritte wird als *konventionelle Bodenbearbeitung* bezeichnet. Deren wesentliches Kennzeichen ist die alljährliche Lockerung auf Krumentiefe mit dem ➔Pflug und die damit verbundene Einarbeitung von organischen Reststoffen und ➔Unkraut in den Boden.

Wirkungen ausgewählter moderner Bodenbearbeitungsgeräte

Gerät	Wirkung[1]							
	Lockern		Krümeln, Zerkleinern	Mischen	Einarbeiten	Verdichten	Einebnen	Ausformen
	flach	tief						
Scharpflug	+	+	+	-	+	-	-	-
Scheibenpflug	+	+	+	(+)	(+)	-	-	-
Schwergrubber	+	+	+	+	+	-	+	-
Fräse	+	-	+	+	+	-	+	-
Scheibenegge	+	-	+	(+)	+	+	-	-
Spatenrollegge	+	-	+	(+)	+	-	-	-
Rotorhacke	+	-	+	-	-	-	+	+
Zinkenegge	+	-	+	(+)	-	-	+	-
Feingrubber	+	-	+	-	-	-	+	-
Wälzegge	+	-	+	-	-	(+)	-	-
Schleppe	-	-	+	-	-	+	+	-
Walze	-	-	-	-	-	+	+	-
Krumenpacker	-	-	+	-	-	+	+	-
Häufler	+	-	+	-	-	-	-	+
Breitschargrubber	+	+	+	-	-	-	-	-
Stangenkultivator	+	-	-	-	-	-	-	-

[1] +: gut, (+): eingeschränkt, -: keine
Quelle: Francke 1995

Entwicklung des Handelsdünger- und Pflanzenschutzmittelabsatzes in der Bundesrepublik Deutschland

Substanz	Jahr 1950/51	1960/61	1970/71	1980/81	1990/91	1991/92	1992/93
Nährstoff[1] [1.000 t]							
Stickstoff (N)	362	619	1.131	1.551	1.368	1.332	1.271
Phosphat (P_2O_5)	418	662	913	837	509	440	401
Kali (K_2O)	659	1.007	1.185	1.144	739	630	573
Kalk (CaO)[2]	642	544	672	1.138	1.426	1.250	1.202
Nährstoff[1] [kg/ha landwirtschaftlich genutzter Fläche]							
Stickstoff (N)	25,6	43,4	83,3	126,6	115,3	114,1	108,2
Phosphat (P_2O_5)	29,6	46,4	67,2	68,4	42,9	37,1	34,0
Kali (K_2O)	46,7	70,6	87,2	93,4	62,3	53,2	48,4
Kalk (CaO)[2]	47,5	37,5	49,5	92,9	120,8	105,6	105,0
Pflanzenschutzmittel [1.000 t Wirkstoff][3,4,5]							
Herbizide	-	-	-	20,9	17,0	19,0	16,0
Insektizide	-	-	-	2,3	1,5	4,0	4,0
Fungizide	-	-	-	6,5	11,0	10,0	9,0

[1] Gebietsstand: Alte Bundesländer; [2] Ohne Kalk für die Forstwirtschaft; [3] Angaben für Kalenderjahre

[4] Seit 1987 sind Ausfuhr und Inlandsabsatz der Biologischen Bundesanstalt für Land- und Forstwirtschaft zu melden (§ 19 Pflanzenschutzgesetz). Die Angaben sind daher nicht mit denen früherer Jahre vergleichbar.

[5] Gebietsstand: bis 1990/91 Alte Bundesländer, ab 1991/92 Bundesrepublik Deutschland insgesamt

Quelle: Raumordnungsbericht 1993 (Statistisches Bundesamt, Industrieverband Agrar e.V., Biologische Bundesanstalt für Land- und Forstwirtschaft)

Wird die Zahl der Arbeitsgänge durch Kombination oder Verzicht vermindert, spricht man von *reduzierter Bodenbearbeitung*. Bei der *rationellen Bodenbearbeitung* wird die Bearbeitung im weitesten Sinne vage auf ein rationelles, vernünftiges Maß eingeschränkt.
Die *Minimalbodenbearbeitung* beabsichtigt die konsequente Minderung der Bodenbearbeitungsintensität und/oder die gleichzeitige Erledigung mehrerer Arbeitsgänge.
Die →*konservierende Bodenbearbeitung* verzichtet aus Gründen des →Bodenschutzes auf den Pflugeinsatz.
Lediglich sogenannte →*Direktsaatverfahren* verzichten vollkommen auf eine Bodenbearbeitung vor der Einbringung des →Saatguts.
In einem umfassenderen Sinne des Begriffs Bodenbearbeitung lassen sich die Tätigkeiten in drei Gruppen untergliedern:

1) *Urbarmachen, Anlage von →Terrassen, Pflügen*
- Herstellen einer →Ackerkrume
  Roden, Abbrennen (z.B. in semiariden Gebieten), Pflügen
- Tiefbearbeitung
  Untergrundlockerung, Tiefpflügen
- Terrassierung

2) *Wasser konservieren und sammeln* (→*water harvesting*)
- →dry farming
- →Mulchen
- Rillen, Furchen, Gräben, z.B. höhenlinienparallele Furchen (contour ridges) am Hang
- Wassersammel-Parzellen (→micro catchments)

3) *Feinbearbeitung der Ackerkrume*
- Einsatz von →Eggen, →Walzen, Packern
- Besondere Bodendecken, z.B. Mulchdecken oder dünne Sand- und Erdauflagen auf Moorböden

Die Gerätetypen können in den unterschiedlichsten Zusammenstellungen miteinander kombiniert werden, auch mit solchen für die Bestellung. Zum Beispiel folgt beim Pflugsaatverfahren dem Pflug ein Packer, in die von letzterem gezogene Furchen wird von einer Sävorrichtung das Saatgut abgelegt und von Krümlern mit lockerem Boden bedeckt.
Das verbreitetste Bodenbearbeitungsverfahren für landwirtschaftliche →Kulturpflanzen ist die *Flachkultur*. Ein Ausformen der Bodenoberfläche ist meist nur aus technologischen Gründen erforderlich (günstigere Bedingungen für die Ertragsbildung, Erleichterung von Pflege- und Erntearbeiten, Erosionsschutz, Regulierung des Wasserhaushalts, Verhütung von Versalzungsschäden, Einarbeiten von Pflanzenresten bei der Urbarmachung) und besonders bei einjährigen Kulturen, aber auch bei mehr-

jährigen und vereinzelt bei →Dauerkulturen zu finden. In solchen Fällen basiert die Bodenbearbeitung entweder auf einer Flachbearbeitung, der Arbeitsgänge zur Ausformung der Bodenoberfläche vor (*Damm-* und *Hügelkultur*) oder nach (*Häufelkultur*) der Aussaat und der Pflanzung folgen, oder es wird bei der Damm- und Hügelkultur auf eine Flachbearbeitung verzichtet und sofort die Ausformung des Bodens zu Dämmen oder Hügeln vorgenommen. Im Gegensatz zur Hügelkultur bieten die Flach-, Häufel- und Dammkultur bei ausreichender Feldgröße gute Voraussetzungen zur Mechanisierung.

BODENBESITZREFORM: →BODENREFORM

BODENBELASTUNGEN: Die hohe Besiedlungs- und Industriedichte z.B. in der Bundesrepublik Deutschland ist mit einer intensiven Beanspruchung des →Bodens verbunden. Der Boden wird heute punktuell und flächenhaft, u.a. durch ehemalige Deponien und aufgegebene Produktionsanlagen (→Altlasten), durch Luftschadstoffe und durch intensive Landwirtschaftsnutzung belastet und in seiner multifunktionalen Nutzbarkeit beeinträchtigt. Die Sanierung von zerstörten Bodenflächen und der vorbeugende Schutz des Bodens sind daher wichtige Aufgabenbereiche der Bundesregierung.

Während Altlasten eher *punktuelle Bodenbelastungen* darstellen, können *flächenhafte Bodenbelastungen* durch den Lufteintrag verschiedener Nutzungsbereiche (Industrie, Verkehr, →Landwirtschaft), die direkte landwirtschaftliche Nutzung und durch die Flächeninanspruchnahme für Wohnen, Industrie, Gewerbe, Verkehr und sonstige Infrastruktur verursacht werden.

Durch die →Landwirtschaft können Boden- und damit auch Grundwasserbelastungen insbesondere bei nicht fachgerechter Anwendung von →Dünge- und →Pflanzenschutzmitteln sowie bei der Aufbringung von Siedlungsabfällen auftreten. Nährstoffüberschüsse und damit verbundene Gefahren zu hoher Nährstoffeinträge in Böden und Gewässer treten vor allem in Regionen mit einer hohen Viehdichte auf.

Die folgende Tabelle belegt für die letzten Jahre in einigen Bereichen eine Trendwende in der Nachfrage nach →Agrarchemikalien.

Nicht-stoffliche Bodenbelastungen sind das Überbauen, Versiegeln, Zerschneiden oder Abtragen von Flächen in der Folge verkehrlicher und siedlungs-

Stoffliche Bodenbelastungen und ihre Wirkungen

Ursache	Wirkung	Betroffenes Potential
Schadstoffe aus • Verkehr • Industrie und Gewerbe • Wohnen • Schwemmablagerungen in Überschwemmungsbereichen der Flüsse und Seen	• Schadstoffanreicherungen im Boden mit Folgen wie Eutrophierung, Versauerung, Auswaschungen, Verlagerungen, Freisetzung toxischer Metallionen u.a.m. • Schadstoffablagerungen auf Pflanzen • Schadstoffanreicherungen im Grundwasser • Anreicherungen in der Nahrungskette • Änderungen der Artenzusammensetzungen bzw. Zerstörungen von Fauna und Flora	• Natürliches Ertragspotential des Bodens • Arten- und Biotoppotential • Wasserpotential
Düngung (organisch, mineralisch)	• Schadstoffanreicherungen im Boden (Schwermetalle, Nitrat, Phosphate u.a.) • Schadstoffausträge ins Grundwasser • Anreicherungen in der Nahrungskette • Eutrophierung bei Überdüngung • Änderungen in der Artenzusammensetzung • Standortnivellierung	• Natürliches Ertragspotential des Bodens • Arten- und Biotoppotential • Wasserpotential
Biozide	• Schadstoffanreicherungen im Boden • Schadstoffablagerungen auf Pflanzen • direkte Zerstörungen von Flora und Fauna • Anreicherungen in der Nahrungskette • Standortnivellierung	• Natürliches Ertragspotential des Bodens • Arten- und Biotoppotential • Wasserpotential

Quelle: ARUM: Raumordnung und Extensivierung, i.A. des Bundesministeriums für Raumordnung, Bauwesen und Städtebau, Bonn 1990

wirtschaftlicher Nutzung. Die für Wohnen, Industrie und Gewerbe, Verkehr und sonstige Infrastruktur beanspruchten Flächen betragen zwar nur 11,2% der Gesamtfläche des Bundesgebietes, können aber örtlich 70% und mehr erreichen.
Weitere nicht-stoffliche Bodenbelastungen sind ➔Bodenverdichtung, ➔Bodenerosion und Humusabbau infolge standortunangepasster landwirtschaftlicher Bodennutzung. Auch die touristische Übernutzung von ökologisch empfindlichen Landschaften (z.B. der Alpen) kann zu Erosion und Bodenverdichtung führen.
Anders als bei den Umweltmedien Wasser und Luft hat der Boden erst 1985 mit der *Bodenschutzkonzeption* der Bundesregierung, dem anschließenden "*Bericht der Bundesregierung an den Deutschen Bundestag über Maßnahmen zum Bodenschutz*" und dem ➔*Bundesbodenschutzgesetz* von 1998 die Bedeutung und Schutzwürdigkeit als eigenes Umweltmedium erhalten. Inzwischen wurden von der Bundesregierung Maßnahmen zum Bodenschutz in eine Reihe von Rechtsnormen integriert, u.a. in die Klärschlammverordnung von 1992, die entscheidende Verschärfungen der Standards von Klärschlämmen enthält.
Auch wenn der Boden als eigenständig zu schützendes Gut anerkannt ist, so wurden doch durch die sogenannten *Beschleunigungsgesetze* neue Verhältnisse geschaffen, die mit den Zielen der Bodenschutzkonzeption nicht ohne weiteres vereinbar sind.
Zwar sind Böden durch ihre Leistungen und Nutzungen Ressourcen, die dazu beitragen, das Überleben der Menschheit zu sichern, und Böden sind somit im ökonomischen Sinne Güter von globaler Bedeutung. Aber noch immer stehen für die Stellung der Böden in einer umweltökonomischen Gesamtrechnung keine fertigen Konzepte zur Verfügung. Auch fehlt eine Definition des bodenökonomischen Gesamtwertes.

BODENBEWERTUNG: In Deutschland wurde 1934 ein "*Gesetz über die Schätzung des Kulturbodens*" verabschiedet und 1965 in den alten Bundesländern durch das "*Bewertungsänderungsgesetz*" ergänzt. Es ist Grundlage für eine gerechtere Besteuerung der ➔Landwirtschaft, sinnvolle Bodennutzungsplanung, für eine gerechte Bewertung im Rahmen von Beleihungen, Grundstückskäufen, Enteignungen, Entschädigungen bei Nutzungsausfällen von naturschutzwürdigen und daher extensiv zu bewirtschaftenden Flächen u.ä.
Die Bodenschätzung erfolgte im gesamten Reichsgebiet bei Geländebegehungen mit 1 m-Bohrungen im 50 m-Abstand und Aufgrabungen im Beisein ortskundiger Landwirte durch amtlich bestellte Bodenschätzer nach einem relativ einfachen Bewertungsschlüssel.
Während die Bodenschätzung in den alten Bundesländern durch vom Finanzamt bestellte Bodenschätzer bis heute fortgeführt wurde, liegt sie in den neuen Bundesländern teilweise mehr als 50 Jahre zurück.
Nach heutigem Verfahren werden die Bodeneigenschaften eines Ackerstandortes durch die *Bodenzahl* bewertet, eine zusätzliche Berücksichtigung von Klima und Relief ergibt die *Ackerzahl*.
Zur *Bestimmung der Bodenzahl* werden folgende Faktoren herangezogen:

- ➔*Bodenart* (8 mineralische Bodenarten und eine Moorgruppe); von ihr hängen vor allem das Bindungsvermögen für verfügbares Wasser und ➔Nährstoffe ab.
- Entstehung bzw. die *geologische Herkunft* des ➔Bodens; Einteilung in vier Gruppen: Diluviale bzw. pleistozäne und ältere Lockersedimente (D), Alluvial- oder Schwemmlandböden (Al), Lößlehm, Verwitterungsböden (Lö), Verwitterungsböden mit höherem Gehalt an Gesteinstrümmern (V).
- *Zustandsstufe* des Bodens; Erfassung von Krumentiefe und anderer, mit Bodenart und Entstehung nicht erfasster Eigenschaften, die vor allem für Durchwurzelbarkeit, Wasser- und Lufthaushalt von Bedeutung sind. Ackerböden werden 7 Zustandsstufen zugeordnet, wobei die Zustandsstufe 1 einen reichen, humosen, tiefgründigen, nicht entkalkten Boden mit Krümelgefüge und damit den günstigsten Zustand kennzeichnet. Zustandsstufe 7 steht für einen sehr schwach entwickelten flachgründigen Rohboden bzw. für einen stark verarmten und versauerten Boden und damit für den schlechtesten Zustand.

Je nach diesen drei Faktoren haben die Böden im *Ackerschätzungsrahmen* bestimmte Wertzahlen - eben die *Bodenzahlen* - mit mehr oder weniger großen Spannen erhalten. Die Bodenzahlen sind Verhältniszahlen, sie reichen von 7 - 100 (das Optimum liegt bei einigen Schwarzerden der Magdeburger Börde). Das heißt, die jedem Grundstück zugewiesenen Bodenzahlen geben an, in welchem Verhältnis der Reinertrag des geschätzten Grundstückes zum Reinertrag des Bodens mit der Wertzahl 100 liegt. Als Bezugsgrößen wurden die folgenden Klima- und Geländeverhältnisse sowie betriebswirtschaftlichen Bedingungen festgelegt: 8 °C mittlere Jahrestemperatur, 600 mm Niederschlag, ebene bis schwach geneigte Lage, annähernd optimaler Grundwasserstand, weiterhin die betriebswirtschaftlichen Verhältnisse mittelbäuerlicher Betriebe Mitteldeutschlands.
Weichen die Klima- und Geländeverhältnisse von den angeführten Bezugsgrößen ab, so werden an

Beispiel für das gesamte Schätzungsergebnis eines Bodens

L4Al65/70:	**L**ehmboden, Zustandsstufe **4** **Al**luvium Bodenzahl **65** Ackerzahl **70**

den Bodenzahlen Zu- oder Abschläge vorgenommen. Auf diese Weise erhält man die *Ackerzahl* als Maßstab für die durch Ertragsfähigkeit und natürliche Ertragsfaktoren bedingte Ertragsleistung.
Bei der Bewertung des ➔Grünlandes wird die Beurteilung nach Bodenart und Zustandsstufe beibehalten, jedoch weniger differenziert. Das Ergebnis ist die *Grünlandzahl*.
Aus dem Verhältnis der Anteile des ➔landwirtschaftlichen Betriebes an verschieden wertigem ➔Acker- und Grünland ergibt sich die *Ertragsmesszahl* (EMZ) des Betriebes. Dabei werden die einzelnen bewerteten ➔Parzellen für den gesamten landwirtschaftlichen Betrieb in Ar (a) mit der Acker- bzw. Grünlandzahl multipliziert.
Die Ergebnisse der Bodenschätzung liegen für das gesamte Bundesgebiet in Schätzungsbüchern und Schätzungskarten unterschiedlicher Maßstäbe bei den zuständigen Finanzämtern vor.
Die ermittelte Bodenbewertung muss nicht notwendigerweise mit den erwirtschafteten Erträgen korrelieren. So kann auf einem sandigen, also "schlechten" Boden beim Anbau von Spargel ein hoher Erlös erzielt werden. Auch muss für eine optimale Nutzungsplanung zum Schätzungsergebnis noch die Profilbeschreibung sowie eine Analyse der weiteren *Standortfaktoren* (Durchwurzelbarkeit, Wasser-, Luft-, Wärme- und Nährstoffverhältnisse) kommen.
Für *Obststandorte* besteht ein Bewertungsschema, das auf Bodenansprachen (Gründigkeit, Bodenart, Kalkgehalt) und Aufnahme der Wildflora fußt und außerdem Exposition und Inklination sowie Wärme und Spätfrostgefährdung berücksichtigt. Zur Beurteilung von *Rebstandorten* dienen 8 Standortstufen mit den Kriterien Ausgangsgestein, Bodenart, Stein- und Kalkgehalt, nutzbare Feldkapazität, (auch Klima- und Reliefparameter berücksichtigender) ökologisch wirksamer Feuchtegrad und Wärmeverhältnisse.

BODENBEWIRTSCHAFTUNGSREFORM: Eine Vielzahl von Maßnahmen, die die Nutzungsmethoden im Rahmen der ➔Landwirtschaft ändern sollen. Wesentliches Ziel ist, durch Beratung und Ausbildung den ➔Landwirten neue Wege zu öffnen, ihre Betriebe zu reorganisieren oder zumindest die Bodennutzung zu verändern, um eine höhere ➔Produktivität zu erreichen. Entsprechende Maßnahmen sind u.a.:

- Neuorganisation des Kreditwesens
- Flurbereinigungsmaßnahmen
- Schaffung von neuen Vermarktungsorganisationen

(➔AGRARREFORM, ➔BODENREFORM)

BODENDEGRADATION: Auch *Bodendegradierung* genannte dauerhafte oder irreversible Veränderung der Strukturen und Funktionen von ➔Böden oder deren Verlust, die durch physikalische und chemische oder biotische Belastungen durch den Menschen entstehen und die Belastbarkeit der jeweiligen Systeme überschreiten.
Solche negativen Eingriffe äußern sich in bestimmten "Krankheitsbildern" oder "Syndromen", welche sich aus Symptomen wie Winderosion u.a. zusammensetzen (vgl. Tabelle unten *Prozesse* ...). Vom Wissenschaftlichen Beirat der Bundesregierung *Globale Umweltveränderungen* werden plakativ zwölf anthropogene "Bodenkrankheiten" zusammengestellt, die sich an einem ausgewählten geographischen Brennpunkt oder einer markanten Begleiterscheinung orientieren.
<u>Zwölf Syndrome der Bodendegradation:</u>

1. Wandel in der traditionellen Nutzung fruchtbarer Böden: "Huang-He-Syndrom"
2. Bodendegradation durch industrielle ➔Landwirtschaft: "Dust-Bowl-Syndrom"
3. Überbeanspruchung marginaler Standorte: "Sahel-Syndrom"
4. Konversion bzw. Übernutzung von Wäldern und anderen Ökosystemen: "Sarawak-Syndrom"
5. Fehlplanung landwirtschaftlicher Großprojekte: "Aralsee-Syndrom"
6. Ferntransport von Nähr- und Schadstoffen: "Saurer-Regen-Syndrom"
7. Lokale Kontamination, Abfallakkumulation und Altlasten: "Bitterfeld-Syndrom"
8. Ungeregelte Urbanisierung: "São-Paulo-Syndrom"
9. Zersiedelung und Ausweitung von Infrastruktur: "Los-Angeles-Syndrom"
10. Bergbau und Prospektion: "Katanga-Syndrom"
11. Bodendegradation durch Tourismus: "Alpen-Syndrom"
12. Bodendegradation infolge militärischer Einrichtungen: "Verbrannte-Erde-Syndrom"

Die ursachenbezogene Aufgliederung des Gesamtphänomens "Bodendegradation" in global oder regional verbreitete Komponenten ist nicht vollkommen scharf, gewisse Syndrome treten stellenweise gemeinsam auf.
Die Erde verfügt nur noch über wenige (bisher nicht genutzte) zusätzliche Flächen; praktisch alle fruchtbaren oder wenigstens durch extensive

Prozesse der Bodendegradierung

Verlagerung von Bodenmaterial/Erosion durch Wasser	durch Wind	Bodeninterne Umwandlungen/Prozesse Physikalisch	Chemisch	Biotisch
Verlust von Oberbodenmaterial	Verlust von Oberbodenmaterial	Versiegelung und Verkrustung von Oberflächen	Nährstoffverluste (Biomasseexport, Auswaschung)	Wandel der Biozönosenstruktur
Deformation der Oberflächen (Rinnen, Gullies, Täler)	Schädigung der Vegetation	Verdichtung (Bearbeitung)	Versalzung/Alkalinisierung (Bewässerung)	Wandel der Biozönosenfunktion
	Deformation der Oberflächen (Senken, Wehen, Dünen)	Strukturwandel (Dispersion, Humusabbau)	Versauerung (Deposition, Dünger, Biomasseexport)	Entkoppelungen zwischen Zersetzungs- und Produktionsprozessen
		Wasserstau (Verdichtung, Bewässerung)	Toxifikation (Schwermetalle, Organika)	
		Austrocknung (Drainage)	Red/Ox-Veränderungen	
		Sedimentation	Abbau der organischen Substanz	

Quelle: Enquete-Kommission "Schutz der Erdatmosphäre", 1994 (ergänzt)

Weidewirtschaft nutzbare Areale der Erde werden bereits vom Menschen bewirtschaftet (insgesamt 1,3 Mrd. Hektar). Nachdem Ertragssteigerungen durch ➔Düngung und Einsatz von ➔Pestiziden ökologische Grenzen gesetzt sind, erlauben künftig nur neue Züchtungen und eine nachhaltige Bodenbewirtschaftung einen höhere Nutzung der Böden.

Punktuell können sich als Folge von Bodendegradation und ➔Desertifikation soziokulturelle Konflikte (z.B. Viehhalter vs. Ackerbauern) verschärfen und zu innen- und außenpolitischen Problemen führen.
Die Bodendegradation als wichtiger Bestandteil des "globalen Wandels" ist bislang weder in Industrie- noch in Entwicklungsländern ausreichend bewusst geworden. Immerhin gehen jährlich fünf bis acht Mil-

Typologie der Ursachen anthropogener Bodendegradation

Kontinent bzw. Region	Bodendegradation[1] [Mio. ha] infolge Entwaldung	Übernutzung	Überweidung	Landwirtschaftlicher Aktivitäten	Industrieller Aktivitäten
Afrika	67	63	243	121	o
Asien	298	46	197	204	1
Südamerika	100	12	68	64	-
Zentralamerika	14	11	9	28	o
Nordamerika	4	-	29	63	o
Europa	84	1	50	64	21
Ozeanien	12	-	83	8	o
Erde	579	133	679	552	22

[1] o: geringe Bedeutung -: keine Bedeutung
Quelle: Oldemann 1992

lionen Hektar kultiviertes Land alleine durch Versalzungs- und Erosionsprozesse verloren. In der ➔Agenda 21 findet sich die Thematik ➔Bodenschutz nur verstreut in mehreren Kapiteln, nicht in gebündelter Form.
(➔LANDDEGRADATION, ➔WÜSTENKONVENTION)

BODENEROSION: Bodenerosion ist ein an vielen Stellen der Erde auftretender natürlicher Vorgang, unter dem man den Abtrag von Bodenmaterial auf der Erdoberfläche durch Wind oder Wasser versteht. Dieser Prozess tendiert daraufhin, Unterschiede im Schwerkraftpotential der Bodenkörner durch Einebnung des Reliefs auszugleichen. Trotz der Bedeutung der Schwerkraft wird erodiertes Material oft über beträchtliche horizontale Distanzen verfrachtet, insbesondere bei der *Winderosion*. In der ➔Kulturlandschaft ist Erosion unerwünscht, da sie den Oberboden und damit den fruchtbarsten Teil des ➔Bodens erfasst. Ein Boden ist um so erosionslabiler, je geringer seine Kohäsion und je feiner seine Körnung ist. Besonders erosionsgefährdet sind daher unverkittete Schluff- und Feinsandböden.
Die *Winderosion* wirkt vor allem auf ebene Flächen ein, die *Wassererosion* schädigt besonders unbedeckte Ackerflächen in Hanglagen. Es ist daher nicht verwunderlich, dass die Erosion der Böden gerade durch die intensive landwirtschaftliche Nutzung der Ackerflächen vorangetrieben oder primär oft sogar verursacht worden ist. Nach Schätzungen der ➔FAO werden weltweit jährlich ca. 25 Mrd. t Boden weggeschwemmt.
Jeder Prozess, der die Struktur der Bodenoberfläche destabilisiert, wirkt erosionsfördernd, so vor allem der Aufschlag von Regentropfen. Dabei wird die kinetische Energie der Tropfen in Verformungsarbeit und Wärme umgesetzt und durch die Befeuchtung die Kohäsion der Bodenteilchen vermindert. Wegen seines geringen Elektrolytgehaltes wirkt das Regenwasser zudem dispergierend auf ➔Bodenkolloide. Mit der Zerstörung der Aggregatstruktur werden Grobporen zerdrückt; abgelöste Feinpartikel führen zu einer Verschlämmung der Bodenoberfläche. Dadurch nimmt das Infiltrationsvermögen ab, es kommt zum Wasserstau an der Bodenoberfläche und zu Oberflächenabfluss an Hanglagen.
Niederschläge von mehr als 50 mm/h wirken abrupt erosiv. Bei diesem Wasseranfall von über $1{,}4 \times 10^{-3}$ cm/s liegt normalerweise die Durchlässigkeitsgrenze vieler Böden.
Hydrophobe Bodenoberflächen hemmen die Wasserinfiltration. Es bildet sich an der Oberfläche ein frei beweglicher Wasserfilm, der das Austreten der Bodenluft verhindert und erodierendes Oberflächenwasser verursachen kann. Stark ausgetrocknete Humusböden wirken oft hydrophob, sie brauchen längere Zeit, um sich zu benetzen.
Hangwasser, das aus geologischen Schichten austritt, kann den darüberliegenden Boden zum Abrutschen veranlassen, sofern genügend Hangenergie mitwirkt.
Der gleichmäßige Bodenabtrag auf einer horizontalen Fläche mit der Folge verkürzter ➔Bodenprofile wird als *Flächenerosion* bezeichnet. Je stärker die Oberfläche geneigt ist und je mehr sich der Oberflächenabfluss in einzelnen Gerinnen sammelt, um so höher wird die Fließgeschwindigkeit. Mit zunehmender Schleppkraft des Wassers verstärkt und konzentriert sich der Oberflächenabtrag zur *Rillenerosion* und schließlich zur *Grabenerosion*. Je größer die Sedimentfracht des abfließenden Wassers ist, um so größer ist die Reibung an den Gerinnewänden und damit die Erosionswirkung.
Das Erosionsvermögen einer Luftströmung hängt in erster Linie von ihrem Geschwindigkeitsprofil über der Bodenoberfläche ab. Direkt über der Oberfläche befindet sich eine laminar strömende Luftschicht; mit zunehmendem Abstand steigt die Geschwindigkeit, und die laminare Strömung geht in eine turbulente Strömung über. *Winderosion* setzt ein, wenn Bodenpartikel von der turbulenten Strömung erfasst und aufgewirbelt werden. Kleinere Partikel setzen sich langsamer wieder ab als große und werden entsprechend höher und weiter transportiert. Größere Partikel rollen oder springen (Saltation) teilweise nur an der Oberfläche entlang. Beim Wiederaufschlag saltierender oder suspendierter Partikel werden weitere Partikel von der Oberfläche abgelöst und in die turbulente Strömung geschleudert. Die abreibende Wirkung der Luftströmung (Reibung) steigt mit dem Gehalt an suspendierten Festpartikeln, der um so größer ist, je länger die freie Erosionsstrecke des Windes ist ("Lawineneffekt"). Durch Winderosion sind vor allem kohäsionsarme Böden mit vegetationsfreier, trockener Oberfläche gefährdet, z.B. Feinsand- und Schluffböden, sowie feinkrümelige organische Böden. Feuchte bis nasse Böden werden durch Wind kaum erodiert.
Derzeit sind weltweit 1.965 Mio. Hektar (ca. 15 % der gesamten eisfreien Landoberfläche) geschädigt. In den letzten vierzig Jahren ist rund ein Drittel des weltweit nutzbaren Ackerbodens durch Erosion verlorengegangen. Die meisten der betroffenen Areale liegen in Asien (39 %) und Afrika (25 %).
Die *Schäden*, die durch Bodenerosion entstehen, werden für die Vereinigten Staaten von Amerika auf einen jährlichen Betrag von 44 Milliarden Dollar beziffert. Man schätzt, dass ein Fünftel des Geldes, das zur Beseitigung dieser Schäden aufgewendet wird, genügen würde, um die Erosion durch geeignete

Maßnahmen und verbesserte Agrartechniken zu stoppen.

Die unmittelbaren oder mittelbaren Schadfolgen der Bodenerosion:

- Verlust an durchwurzelbarer Bodensubstanz und damit vermindertes Wasserspeicher- und -filtervermögen, mit der Folge erhöhten Oberflächenabflusses
- Verarmung des Bodens an →Humus und Pflanzennährstoffen
- Minderung der Erträge und der Ertragssicherheit
- Verletzung, Entwurzelung und Vernichtung von →Kulturpflanzen
- erschwertes Befahren der Äcker durch tiefe Erosionsrinnen
- zunehmende Uneinheitlichkeit der Schläge
- Überdeckung von Pflanzen
- Anhäufung von Pflanzenschutzmitteln im Anlandungsbereich
- Verschmutzung von Gräben, Wegen und Gewässern (Gewässerverlandung, Nährstoff- und Schadstoffeintrag, Eutrophierung); bundesweit stammen etwa 6 % der Phosphatfracht von Oberflächengewässern aus dem durch Erosion eingetragenen Bodenmaterial; weltweit gelangen mit der Sedimentfracht der Flüsse ca. 1 Mrd. t Kohlenstoff in die Weltmeere
- Bodenerosion mit daraus bedingter verringerter Ertragsfähigkeit des zurückbleibenden Substrats führt zu Expansion der Anbaufläche (auch in sensiblen Bereichen), zu Vegetationszerstörung und weiterer →Bodendegradation

Auf erosionsgefährdeten Standorten sind in *Deutschland* selbst bei durchschnittlichen Klimaverhältnissen Bodenabträge von bis zu 200 t/ha und Jahr gemessen worden. Weltweit werden Höchstwerte von bis zu 500 t/ha ermittelt. Schon 1 mm *Bodenabtrag* entspricht pro ha (10.000 m^2) einem Verlust von durchschnittlich 15 t Boden. Die durchschnittlichen Abtragungsraten durch Erosion liegen in Deutschland bei etwa 10 - 12 Tonnen Bodenmaterial je Hektar und Jahr. Dem steht die *Bodenbildungsrate* gegenüber, die in humiden Klimagebieten 1 - 2 t Boden pro Hektar und Jahr (d.h. 0,1 - 0,2 mm) beträgt.

Während von der Winderosion vor allem die waldarmen Gebiete mit entwässerten Sand- oder Moorböden Norddeutschlands betroffen sind, tritt die Bodenerosion durch Wasser hauptsächlich auf den ackerbaulich intensiv genutzten Flächen des gemäßigt humiden Klimaraumes auf, wie wir sie in Deutschland zum Beispiel in Bayern vorfinden. In diesen Regionen beginnt die Erosion bei Niederschlägen von 10 - 12 mm/h und kann besonders bei Gewitterregen beträchtliche Ausmaße annehmen. Solche Niederschläge werden dann als erosiv bezeichnet und treten besonders im Mai und Juni auf schlecht geschützten Oberflächen auf. Die Erosionswirkung der Regenfälle steigt oberhalb eines Schwellenwertes von 25 mm/h, was dem Auftreffen von circa 250 Tonnen Wasser pro Hektar und Stunde entspricht. Daher drohen in den Tropen wesentlich höhere Risiken der Bodenerosion als in feuchtgemäßigten Regionen.

Der als maximal tolerierbar angesehene Bodenabtrag von 8 t/ha/a wird in Bayern auf 43 % der →Ackerfläche überschritten. Dort sind 66 % der Ackerfläche und in Niedersachsen 26 % der Gesamtfläche als gefährdet eingestuft. In den neuen Bundesländern weisen 50 % der Standorte Degradationserscheinungen auf.

Die Zunahme der Bodenerosion der letzten drei Jahrzehnte in Deutschland hat folgende Ursachen:

- Vergrößerung der →Schläge im Zuge der →Flurbereinigung, insbesondere wenn sie mit der Herausnahme von Hangstufen und der Beseitigung von →Hecken und Gräben verbunden war
- Umwandlung von →Grünland in →Ackerland; dieses trägt dann über eine mehr oder weniger lange Zeit des Jahres keine geschlossene Pflanzendecke
- Zunahme der Früchte mit später und relativ kurzer Bodenbedeckung (Zuckerrüben, Mais) zu Lasten von Früchten mit früher und langer Bodenbedeckung (Klee, Kleegras); auch Kartoffeln, Hopfen, Reben und Feldgemüse zählen zu den erosionsfördenden Kulturen
- intensive Bodenbearbeitung, die den Humusabbau beschleunigt, den Humusgehalt mindert und die Verschlämmung des Bodens fördert
- Strukturschäden durch schwere Maschinen und Transportfahrzeuge, durch welche die Versickerung gehemmt und der Oberflächenabfluss verstärkt wird
- die weitgehende Verwendung von →Gülle als →Düngemittel anstatt der herkömmlichen Stallmistdüngung

Für die *Reduzierung der Bodenerosion* kommt der *Bedeckung* der Bodenoberfläche eine zentrale Bedeutung zu. Zum einen bewirkt die Bedeckung einen direkten Schutz vor der zerschlagenden Wirkung der Regentropfen (Spritzerosion / splash), sie bremst die Windgeschwindigkeit in Bodennähe bei gleichzeitiger Minderung der Turbulenz und verzögert die Austrocknung, zum anderen schafft sie zusätzliche Nahrung und ausgeglichene Lebensbedingungen für die →Bodenlebewesen.

Die Schutzwirkung nur der Kulturen ist beim →ökologischen Landbau schlechter als bei →konventionellem Landbau, weil die Pflanzen i.d.R. langsamer wachsen. Dieser offensichtliche Nachteil wird aber zu einem großen Teil durch den höheren Bestand an Wildkräutern und Mulch aus dem Zwischenfruchtanbau kompensiert, so dass der Erosionsschutz bei beiden Wirtschaftsformen der gleiche sein dürfte.

Maßnahmen zur Vermeidung oder Minderung der Erosion:

- hangparalleles Pflügen (contour ploughing) und geeignete Saatreihenausrichtung
- nichtwendende Bearbeitungsverfahren zur Verbesserung der Wasseraufnahmefähigkeit von Böden
- oberflächennahes Einmulchen organischer Stoffe zur Verminderung der Energie aufschlagender Regentropfen
- Stabilisierung der Bodenstruktur durch Kalken
- geschlossene Pflanzendecke über das ganze Jahr schaffen
- generell Schaffung einer guten Durchwurzelung (➔Lebendverbauung)
- konsequenten Zwischenfruchtanbau einplanen
- Mais-, Zuckerrüben- und Hopfenanbau auf schluffreichen, hängigen Flächen vermeiden
- Untersaaten bei Kulturen mit weitem Reihenabstand, z.B. Mais (Mais erreicht den zur deutlichen Erosionsminderung nötigen Bedeckungsgrad von 30 % erst Anfang Juli)
- Mulchsaat von Mais und Rüben nach Zwischenfrucht mit oder ohne Saatbettbereitung
- vermehrter Anbau mehrjähriger Feldfutterpflanzen oder evtl. auch Umwandlung von Acker- in Grünland
- Begrünung von steilen Hängen im ➔Weinbau
- Einsaat von Schutzstreifen entlang der Hanglinien
- Grünlandansaat in stark erosionsgefährdeten Lagen
- Verkleinerung der Schläge, Anlage bzw. Erhalt von ➔Stufenrainen und Ackerterrassen bei der ➔Flurbereinigung, damit Verkleinerung der Fließstrecken und Wassereinzugsgebiete
- Anlegen von Windschutzhecken und -streifen in winderosionsgefährdeten Gebieten
- Vermeidung von Bodenbearbeitungsmaßnahmen bei zu feuchtem und zu trockenem Boden
- Bearbeitungsrichtung quer zur Hauptwindrichtung
- Bodenverdichtungen vermeiden
- Angepasste Viehdichten auf ➔Weiden
- Anlage von flachen, hangparallelen Erdwällen; diese lassen zwischen sich Absorptionsterrassen entstehen.

Die aufgelisteten Maßnahmen haben nicht nur eine erosionsmindernde Wirkung, sondern beeinflussen auch die ➔Bodenfruchtbarkeit und Nährstoffdynamik positiv. Dies wiederum verringert auch die Nitratbelastung.

BODENFRUCHTBARKEIT: Teilweise auch *Ertragsfähigkeit* oder *Bodenproduktivität*; wissenschaftlich unklarer Begriff, unter dem man üblicherweise die Fähigkeit des ➔Bodens versteht, die Pflanzen kontinuierlich und ausreichend mit Wasser, ➔Nährstoffen und Sauerstoff zu versorgen, ihnen eine gute Durchwurzelbarkeit zu bieten und so optimale Erträge bei geringen Ertragsschwankungen zu bedingen. Als Maß für die Bodenfruchtbarkeit dient gewöhnlich der Ertrag unter festgelegten Rahmenbedingungen. Da jedoch der Ertrag nicht alleine vom Boden bestimmt wird, sondern vom Zusammenwirken aller ➔Standortfaktoren mit dem jeweiligen Bewirtschaftungssystem, kann ein Experiment niemals die Fruchtbarkeit eines Bodens an sich bestimmen, sondern je nach Gestaltung nur einzelne, die Bodenfruchtbarkeit bestimmende Faktoren oder Prozesse.

Aus der Sicht des Bodenschutzes sind heute nicht mehr allein die Merkmale "Fruchtbarkeit und Produktivität" ausschlaggebend, sondern es sind auch die ökologischen Aufgaben des Bodens in ihrer Bedeutung für den Kreislauf der Natur zu berücksichtigen.

Die natürliche Bodenfruchtbarkeit ist das Ergebnis sehr unterschiedlicher Gegebenheiten und Abläufe. Von Natur aus haben sich fruchtbare und weniger fruchtbare Böden entwickelt - abhängig vom Ausgangsgestein, dem Klima, der Verwitterungszeit und der Vegetation.

Die wichtigsten Merkmale fruchtbarer Böden sind:

- gute Durchwurzelbarkeit auch des Unterbodens
- gute Wasser- und Luftführung
- große Fähigkeit, Nährstoffe und Wasser zu speichern (Sorptionskraft des ➔Humus und der 3-Schichttonminerale)
- hoher Anteil an den ➔Basen Calcium und Magnesium
- hoher Nährstoffgehalt
- gute bodenbiologische Aktivität (hohe Anzahl an ➔Bodenlebewesen)
- Fähigkeit, organische Stoffe abzubauen, zu ➔Huminstoffen und Mineralen umzuwandeln und letztere als ➔Nährstoffe pflanzenverfügbar zu machen
- Humusgehalt - den jeweiligen Standortbedingungen entsprechend

Der Wissenschaft ist es gegenwärtig noch nicht möglich, die Wirkung der Bodenfruchtbarkeit auf die Pflanzenproduktion und auf die Umwelt so zu beschreiben, dass verlässliche Voraussagen und daraus sichere Anweisungen für praktisches Handeln möglich wären.

BODENGARE: Bei Kulturböden verwendete Bezeichnung für den für das Pflanzenwachstum günstigsten Zustand des ➔Bodens. Die Gare wird bedingt durch hohe biologische Aktivität der ➔Bodenlebewesen und die ➔Krümelstruktur des Bodens. Voraussetzungen sind: krümelfähiger Boden, z.B.

Lehm, ausreichender Humusgehalt von ca. 2 %, neutrale →Bodenreaktion, optimales Porenvolumen, ausreichende Wasserversorgung, möglichst ganzjährige Pflanzenbedeckung. Als bestes Beispiel für garen Boden gilt ein frischer Maulwurfshügel im →Grünland.

BODENGEFÜGE: Bezeichnung für den inneren räumlichen Bau des →Bodens. Der Begriff ist teilweise identisch mit dem früher gebräuchlicheren Begriff *Bodenstruktur*. Das Bodengefüge ist eine der wichtigsten fruchtbarkeitsbestimmenden Bodeneigenschaften. Man unterscheidet nach der Art der räumlichen Anordnung der festen Bodenbestandteile, die zwischen sich einen unterschiedlich großen Porenraum einschließen, zwischen dem mit dem Mikroskop erkennbaren *Mikrogefüge* und dem mit dem bloßen Auge zu beurteilenden *Makrogefüge*.
Im Bereich des Makrogefüges unterscheidet man nach dem Grad des Zusammenhalts der Bodenpartikel und nach der Art der Verklebung und/oder Absonderung:

- *Einzelkorngefüge*: Teilchen liegen lose nebeneinander
- *Aggregatgefüge*: Teilchen sind miteinander zu größeren Körpern (Bodenaggregate) unterschiedlicher Genese verklebt
- *Kohärentgefüge*: Teilchen bilden durch Verklebung eine kohärente, sehr dichte Packung
- *Hüllengefüge*: Teilchen sind von Häutchen unterschiedlicher Kittsubstanz umhüllt und an Berührungsstellen verkittet.

Das *Krümelgefüge*, ein Untertyp des Aggregatgefüges, gilt als das *erstrebte Gefüge des Saatbettes* und der →Ackerkrume. Es gewährleistet einen für höhere Pflanzen und →Bodenlebewesen günstigen Wasser- und Lufthaushalt. Die Pflanzenwurzeln können sich ungehindert entfalten und die Nährstoffaufnahme sicherstellen. Diese Funktionen kann das Krümelgefüge besonders gut ausüben, wenn Krümel aller Größen vorliegen und dadurch ein günstiges Hohlraumsystem gegeben ist, und ferner, wenn die einzelnen Krümel stark porös und stabil gegen Regenaufschlag sind. Dadurch wird der Regen rasch aufgenommen und Verschlämmung sowie Bodenabtrag weitgehend verhindert. Eine ähnlich positive Wirkung besitzt das *Wurmlosungsgefüge*, ebenfalls ein Untertyp des Aggregatgefüges.
Der wesentliche Baustoff für die Krümel ist der →Humus. Er wirkt direkt durch Verklebung der gröberen Bodenteilchen und indirekt durch die von ihm lebenden Mikroorganismen, welche die Bodenmasse ebenfalls verkleben. Austauschstarke Tonsubstanz mit großer spezifischer Oberfläche fördert die krümelige Aggregierung stärker als austauschschwache.
In der Natur liegt ein Gefüge, das der Forderung nach genügend Grobporen für ausreichende Belüftung in Zeiten des Wasserüberschusses und genügend Mittelporen zur Erhaltung eines großen Wasservorrates entspricht, am häufigsten in Lößböden vor. Das ist vor allem in Schwarzerden aus →Löß der Fall und ist einer der wesentlichsten Gründe für deren hohen →Bodenzahlen von 90 - 100 in der →Reichsbodenschätzung.
Verschlechterungen des Bodengefüges treten insbesondere im →Ackerbau durch die mechanischen Eingriffe der Bodenbearbeitung und Befahrung auf. Die lockernde Bodenbearbeitung führt zu einer Unterbrechung der wasserführenden Poren und setzt die Tragfähigkeit des Bodens herab. Die Befahrung kann je nach Bodenzustand, Witterungsverhältnissen und Bodendruck, der von Reifenart und Radlast abhängig ist, zu erheblichen →Bodenverdichtungen führen. Beides zusammen, Unterbrechung der wasserführenden Poren und Verdichtungen, vermindern die Infiltrationsrate und das Porenvolumen des Bodens. Die Folgen sind neben verminderter Bodenfruchtbarkeit eine erheblich höhere Erosionsgefahr, besonders bei Böden mit hohem Schluffgehalt, die zu Verschlämmungen neigen.

BODENHILFSSTOFFE: Nach dem →*Düngemittelgesetz* sind Bodenhilfsstoffe "Stoffe ohne wesentlichen Nährstoffgehalt, die den →Boden biotisch, chemisch oder physikalisch beeinflussen, um seinen Zustand oder die Wirksamkeit von →Düngemitteln zu verbessern, insbesondere Bodenimpfmittel, Bodenkrümler, Bodenstabilisatoren, Gesteinsmehle".
Synthetische Gefügebildner beispielsweise können durch ihre netzartige Verklebung ein bereits vorhandenes →Bodengefüge stabilisieren oder so fixierte Bodenoberflächen vor Wind- und Wassererosion schützen.
Styromull und *Hygromull* sind weitere synthetische Produkte, die keine Verbindung mit dem Boden eingehen, wohl aber als Flocken in den Boden eingemischt sein Filtergerüst verbessern. Während Styromull weitgehend abbauresistent zur Bodenauflockerung eingesetzt wird, ist Hygromull mikrobiell langsam abbaubar. In gärtnerischen Kultursubstraten, im →Landschafts- und Kulturbau, zur Bodenauflockerung und als Filterstoffe werden diese Produkte eingesetzt.

BODENHORIZONTE: Meist oberflächenparallel verlaufende, durch bodenbildende Prozesse entstandene, einheitliche Merkmale aufweisende Bereiche im →Boden, wie sie dem Betrachter bei der Anlage eines →Bodenprofils auffallen: sie sind streng von "Schichten" im geologischen Sinne zu unterscheiden.

Es wird nach folgenden *Haupthorizonten* differenziert:

- A-Horizont: Oberste Bodenschicht, gewöhnlich reich an zersetzten organischen, humosen Bestandteilen, wegen der stetigen Auswaschung jedoch arm an Ton, Eisen und Aluminium.
- B-Horizont: Unterboden, zusammengesetzt aus angereicherten Substanzen, welche einerseits vom Auslaugen der oberen Schichten und andererseits vom Abbau des darunterliegenden Ausgangsgesteins stammen. Er ist durch Eisen oft rostfarben gefärbt. Der B-Horizont kann in verschiedene Unterschichten unterteilt werden.
- C-Horizont: Anstehendes Gestein in einem mehr oder weniger fortgeschrittenen Verwitterungszustand.

Über dem A-Horizont findet sich häufig ein Auflagehorizont (O) mit einem hohen Anteil organischen Materials und darüber eine Streuauflage (L) aus wenig zersetzter Pflanzensubstanz.

BODENKOLLOIDE: Bodenkolloide sind alle mineralischen (➔Tonminerale, pedogene Oxide und Hydroxide) und organischen (vorwiegend ➔Huminstoffe) Bodenpartikel < 2µm. Kolloide bilden keine in sich geschlossene, chemisch definierte Stoffgruppe. Die Bodenkolloide sind bodenchemisch sehr aktiv und verfügen über eine im Verhältnis zum Volumen große Oberfläche. Sie sind in der Regel negativ geladen und übernehmen die Funktion von ➔Austauschern, was für die Nährstoffspeicherung von hoher Bedeutung ist. Kolloide spielen auch bei der Verlagerung von Stoffen mit dem Sickerwasser eine wichtige Rolle, weil sie in feinste Teilchen peptisieren können, aber bei einer Änderung des ➔pH-Wertes mit der Tiefe auch sofort wieder ausflocken und sich so in tieferen ➔Bodenhorizonten anreichern.

BODENLEBEWESEN: Die Gesamtheit der im ➔Boden lebenden Organismen wird als *Edaphon* bezeichnet und in *Bodenflora* (Bakterien, Pilze, Algen, unterirdische Pflanzenorgane) und *Bodenfauna* (Protozoen, Nematoden, Mollusken, Anneliden, Arthropoden) unterteilt. Eine grobe Einteilung des Edaphons in Mikroflora, Mikro-, Meso- und Makrofauna ist aufgrund der Körpergröße der Organismen möglich. Mikroflora und Mikrofauna bilden zusammen die Gruppe der Mikroorganismen. Die oberirdischen Pflanzenteile stellen aufgrund ihrer Syntheseleistung die Produzenten von organischem Material dar, während viele Bodentiere die ersten Konsumenten (Destruenten) der Pflanzenmasse sind. Bakterien und Pilze wandeln als Reduzenten im letzten Glied dieser Nahrungskette den organischen "Abfall" schließlich zu anorganischen Endprodukten um. Die Stellung jeder Organismengruppe in dieser Abfolge wird als trophische Stufe bezeichnet. Im Stoffkreislauf baut jede Organismengruppe das Substrat weiter ab und gewinnt dabei Energie und Baustoffe für die Produktion ihres Körpers.

Leistungen der Bodenlebewesen:

- Hauptfunktion der Bodenorganismen ist der Ab- und Umbau organischer Substanz aus den Ernterückständen, aus dem Humusvorrat sowie ausgebrachten ➔Wirtschaftsdüngern und die Rückführung der Stoffe in eine anorganische Form, in der sie von Pflanzen wieder aufgenommen werden (Mineralisierung).
- Aufbau von dauerhaften, dunkelgefärbten ➔Humusstoffen (damit Erhöhung der ➔Pufferung bzw. Austauschkapazität)
- Umwandlung und Neusynthese von Stoffen (z.B. Stickstofffixierung durch Knöllchenbakterien oder Cyanobakterien in den Nassreisfeldern)
- Mobilisierung von ➔Nährstoffen
- Durchmischung von Bodenpartikeln
- Verbindung von mineralischen und organischen Bestandteilen (➔Ton-Humus-Komplexe) als Voraussetzung für die Bildung von Mullhumus
- Strukturbildung, z.B. Bildung von Feinaggregaten, Krümelbildung durch die sogenannte ➔Lebendverbauung (somit Einstellung von pflanzengerechten Luft- und Wasseraustauschverhältnissen, Minderung der ➔Bodenerosion)

Individuenanzahl und Biomasse der Lebewesen auf einem Quadratmeter Wiesenboden

Lebewesen	Individuenanzahl	Biomasse [g/m²]
Bakterien[1]	$1 \cdot 10^{13}$	160
Pilze[1]	$12 \cdot 10^{9}$	380
Algen[1]	$1 \cdot 10^{9}$	90
Einzellige Tiere[1]	$6 \cdot 10^{8}$	115
Fadenwürmer[1]	$18 \cdot 10^{5}$	4
Springschwänze[2]	26 000	11
Milben[2]	18 000	10
Kleine Borstenwürmer[2]	10 000	2
Käfer und Käferlarven[2]	800	8
Tausendfüßler[2]	550	20
Ameisen[2]	320	2
Asseln[2]	300	4
Fliegenlarven[2]	240	26
Spinnen[2]	230	2
Regenwürmer[2]	130	145
Schnecken[2]	50	25

[1] mit bloßem Auge nicht sichtbar
[2] mit bloßem Auge sichtbar
Quelle: LBP: Bodenfruchtbarkeit erhalten - Das Bodenleben schonen, 1992

- Verbesserung der Infiltration von Wasser

Unter den zahlreichen im Boden vorkommenden Tieren haben die grabenden edaphischen Arten die stärkste Wirkung auf das Bodengefüge.
Durch die Grabtätigkeit von Regenwürmern und einigen Insektenlarven entstehen im Boden Röhren und Hohlräume. Diese führen dem Boden Luft zu, leiten Oberflächenwasser ab und helfen mit, die Erosion zu verringern. Die Röhren sind auch vorzügliche Wurzelräume und schließen den Unterboden für die Pflanzen auf. Wegen ihrer langjährigen Stabilität in gut belebten Böden können bis zu 400 Regenwurmröhren pro Quadratmeter ausgezählt werden, die Tiefen von 50 bis 70 cm, z.T. auch von einem Meter und mehr erreichen können. Die durch Regenwürmer alljährlich an die Oberflächen von Grasland gebrachten Bodenmengen werden auf 1 kg/m^2 beziffert. Dazu kommen nahezu 25 kg/m^2 Wurmkot im Bodeninneren. In alten Grünlandböden können die oberen Zentimeter fast ausschließlich aus Wurmkot bestehen.
Viele Tierarten können nicht selbst im Boden graben, sie besiedeln verlassene Regenwurmröhren und Hohlräume, die bei der Bodenbearbeitung entstanden sind. Dort ernähren sie sich von eingebrachten Pflanzen- und Tierresten, Kot, Algen, Pilzen und Bakterien. Sie kleiden die Hohlräume mit einer stabilen, krümeligen und porösen Schicht aus Kot und eingemengten Mineralbodenteilchen aus. Hier finden die Wurzeln Nährstoffe und Wasser.
Die wichtigsten Gruppen von Bodenlebewesen sind in extrem hohen Populationsdichten und in einer großen Artenvielfalt anzutreffen. Da in Ackerböden der Gehalt an organischer Substanz geringer ist als in der Krume von Wiesenböden, ist die Besiedlungsdichte von Bodenorganismen auf ➔Grünland entsprechend höher.
Die Biomasse aller Bodenorganismen macht im Durchschnitt bei unseren landwirtschaftlich genutzten Böden etwa fünf Prozent der organischen Substanz aus. Das Gesamtgewicht des Bodenlebens pro Quadratmeter und 30 cm Tiefe beträgt auf Wiesenböden demnach etwa 1 kg. Übertragen auf einen Hektar entspricht dies dem Gewicht von 20 ➔Großvieheinheiten.

BODENLÖSUNG: ➔Bodenwasser mit darin gelösten Substanzen. Art und Konzentration ist vom Niederschlagswasser, Ionenaustauschvorgängen mit der Bodenmatrix und Wurzeln sowie von Auswaschung abhängig.

BODENLUFT: Bodenluft ist Voraussetzung für die Atmung der Pflanzenwurzeln und der Kleinstlebewesen. Sie ist als Wachstumsfaktor so wichtig wie das Wasser. Die Zusammensetzung der Bodenluft weicht wegen der Atmung von derjenigen der Atmosphäre (20,95 Vol% O_2, 0,03 Vol% CO_2) deutlich ab. Sie enthält durchschnittlich etwa 20 Vol% O_2 und 0,2 bis 0,7 Vol% CO_2. Mit einer Verlangsamung des Pflanzenwachtums ist zu rechnen, wenn der O_2-Gehalt unter 10 % sinkt oder der CO_2-Gehalt über 5 % steigt. Das bei der Atmung der Pflanzenwurzeln und der ➔Bodenlebewesen ausgeschiedene ➔Kohlendioxid muss also aus dem ➔Boden heraus- und sauerstoffreiche Luft für deren Bedürfnisse hineinströmen können. Dieser Gasaustausch zwischen Boden und Atmosphäre, die sogenannte *Bodenatmung*, funktioniert nur bei durchlässigen, nicht aber bei verdichteten Böden.

BODENMELIORATION: ➔MELIORATION

BODENMÜDIGKEIT: Ausdruck verminderter ➔Bodenfruchtbarkeit. Die Bodenmüdigkeit ist in der Regel das Ergebnis verminderter Anteile der Spurenelemente infolge ununterbrochener (insbesondere monokultureller) Anbaunutzung desselben Standortes, einer Zunahme von Krankheitserregern und schädlicher pflanzlicher Stoffwechselprodukte (z.B. Wurzelausscheidungen) oder Veränderungen in der Zusammensetzung der ➔Bodenlebewesen.

BODENNUTZUNGSERHEBUNG: In Deutschland die regelmäßige, unter Aufsicht des zuständigen Bundesministeriums durchgeführte Repräsentativerhebung über die Art der Bodennutzung im land- und forstwirtschaftlichen Bereich.

BODENNUTZUNGSSYSTEM: Einteilungsschema zur Kennzeichnung der gesamten Bodennutzung eines landwirtschaftlichen Betriebes, einer Gemeinde oder eines ➔Agrargebietes. In den gemäßigten Zonen werden alle vorkommenden ➔Kulturpflanzen einschließlich des ➔Dauergrünlandes in eine der vier Gruppen *Futterbau* (➔Dauergrünland und Feldfutter), *Getreide*, ➔*Hackfrüchte* (Hackfrüchte, Feldgemüse) und ➔*Sonderkulturen* (meist ➔Dauerkulturen) eingereiht. Die Bestimmung des Bodennutzungssystems erfolgt dann nach der ➔Leitkultur und der ➔Begleitkultur (vgl. Tabelle S. 98).
Jedes Bodennutzungssystem ist ein vom Menschen modifiziertes ➔Ökosystem. Es wird von natürlichen, ökonomischen, technologischen und soziokulturellen Faktoren bestimmt und sollte produktiv, ertragsstabil und nachhaltig sein. Im Vordergrund steht die Nutzung und Erhaltung der ➔Bodenfruchtbarkeit. Eine Wertung ist gegenwärtig nur für Teilbereiche möglich: Dazu gehören agrochemische Kennziffern wie Humus- und Nährstoffgehalt, ➔pH-Wert sowie agrophysikalische Parameter wie Lagerungsdichte und Infiltrationsvermögen.

Mitteleuropäische Bodennutzungssysteme mit ackerbaulicher Komponente in der 1. Hälfte des 19 Jh.

Dauersysteme: Ungeregelte	Dauersysteme: Geregelte	Flächenwechselsysteme	
Einfeldsystem Freie Körnerfolgen Freie Wirtschaft	Felderfolgen Zelgensysteme Fruchtwechselsysteme	Feldgraswirtschaft	1. Wilde Feldgraswirtschaft 2. Egartwirtschaft 3. Acker-Driesch-Folgen
		Feldheidewirtschaft	
		Feldwaldwirtschaft	1. Feldniederwaldwirtschaft 2. Feldmittelwaldwirtschaft 3. Feldhochwaldwirtschaft
		Feldmoorwirtschaft	
		Feldteichwirtschaft	

Quelle: Becker 1998

Bodenprofil einer Parabraunerde aus Löß

Horizont	Bedeutung
Ap	Pflughorizont/➔Ackerkrume: durch ständige Bearbeitung homogenisierter Oberbodenhorizont; häufig mit eingepflügten Teilen des darunter liegenden Horizonts; oft scharfe Untergrenze (➔Pflugsohle)
Al	Fahl-/Tonauswaschungs-/Eluvial-/Lessivierungshorizont (l von lessiver = auswaschen)
Bt	Brauner Tonhäutchenhorizont, Tonausfällungs-/Illuvialhorizont (t von Ton)
Bvt	Verbraunungs-/Braunhorizont (v von verwittern), braune Farbe durch Verwitterung; mit Ton angereichert
Cv	schwach verwitterter Übergangshorizont zum mineralischen Unterboden (v von verwittern)

BODENORGANISMEN: ➔BODENLEBEWESEN

BODENPROFIL: Senkrechter Schnitt durch die Bodenschicht von der Oberfläche bis zum anstehenden Gestein. Das Bodenprofil ist i.d.R. nur nach Aufgrabung einer Profilgrube oder Auffrischung einer Profilwand (Steinbruch, Kiesgrube, Weganschnitt) sichtbar. Es zeigt die Abfolge der durch bodengenetische Prozesse hervorgegangenen ➔Bodenhorizonte.

BODENREAKTION: Die Bodenreaktion ist die im ➔pH-Wert ausgedrückte aktuelle Wasserstoffionen-Konzentration in der ➔Bodenlösung. Sie beeinflusst Vorkommen und Ausmaß bodenbildender Prozesse, die Verfügbarkeit von Pflanzennährstoffen, die biotische Aktivität, die Gefügebildung u.a. Bodeneigenschaften. Die zur Entstehung des jeweiligen Säuregrades führenden H-Ionen haben folgende Quellen und Ursachen:

- Kohlensäure im Wurzelraum (mikrobielle Vorgänge und Wurzelatmung)
- "saure" Niederschläge
- physiologisch saure Dünger (dabei Entstehung von Säuren durch mikrobielle Umsetzung des ➔Düngers)
- ➔Mineralisierung
- ➔Nitrifizierung (Bildung des Nitrats als ➔Nährstoff durch nitrifizierende Mikroorganismen)
- Ionenaufnahme durch die Pflanzen
- Oxidation von Fe2+, Mn2+ und S2-.

(➔BODENVERSAUERUNG)

BODENREFORM: Eine Reform der Agrarsozialstruktur unter Einschluss einer Änderung der Eigentumsverhältnisse an Grund und ➔Boden. Maßnahmen zur Veränderung der Besitzstruktur können durch Enteignungen, freiwilligen Landverkauf oder Landschenkung erzielt werden. Unterscheidbar sind einerseits Reformen, die von unten durch Maßnah-

Anteile des Bodenreformlandes an der land- und forstwirtschaftlichen Gesamtfläche nach Ländern

Land	Flächenanteil [%]
Mecklenburg-Vorpommern	54
Brandenburg	41
Sachsen-Anhalt	35
Sachsen	24
Thüringen	15

Quelle: Wollkopf 1997

Die Empfänger von Land aus dem staatlichen Bodenfonds der Sowjetisch Besetzten Zone (Stand 1.1.1949)

Bodenempfänger Soziale Stellung	Anzahl	Zugeteilte Fläche [ha]	Durchschnittliche Zuteilung [ha]
Landlose Bauern und Landarbeiter	119.530	924.365	7,7
Landarme Bauern	80.404	270.949	3,4
Umsiedler	89.529	754.976	8,4
Kleinpächter	45.403	43.969	1,0
Arbeiter, Handwerker	169.427	111.203	0,7
Altbauern (Waldzulagen)	39.786	62.140	1,6
Insgesamt	544.079	2.167.602	4,0

Quelle: Merkel u. Schuhans 1963

men, die von Bauerngruppen, z.B. durch Besetzung von Flächen, erreicht werden und andererseits die Reformen von oben, bei denen durch revolutionäre Veränderungen, z.B. Regierungswechsel, oder durch geplante Maßnahmen von Regierungen neue Agrarstrukturen geschaffen werden.

Bodenreformen lassen sich auf **drei Grundtypen** zurückführen, die als Reinform oder als Mischform auftreten können:

1. Schaffung individualwirtschaftlicher Familienbetriebe, oft gekoppelt mit dem Versuch, ➔Bauern zu freiwilligem Zusammenschluss in ➔Genossenschaften zu bewegen.

Es werden Besitzgrößen angestrebt, die einer Familie ein "ausreichendes" Einkommen aus der ➔Landwirtschaft sichern. Dieses kann sich z.T. an relativ hohen Einkommensmaßstäben (Lateinamerika) orientieren oder auch am Existenzminimum (afrikanische und asiatische Entwicklungsländer).

Bodenreformen dieses Typs, die nennenswerte Flächenanteile des privaten Landbesitzes betrafen und größere Bevölkerungsanteile begünstigten, wurden nur in Japan (ab 1946), Südkorea (ab 1945), Taiwan (1949-53) und in Ägypten (ab 1952) durchgeführt.

2. Zusammenschluss der Landbevölkerung zu Produktionsgenossenschaften (kollektiver Landbesitz und gemeinsame Landbewirtschaftung) sowie Anlage großer Staatsbetriebe mit Lohnarbeitsverfassung.

Die Einführung sozialistischer Agrarsozialreformen - wenn auch in weiten Teilen der Erde bereits wieder Historie - begann mit der Umgestaltung der Landwirtschaft in der früheren UdSSR (ab 1928). Es folgten Mongolei (ab Anfang 30er Jahre), Ostdeutschland und östliches Europa (ab 1945), Nordkorea (ab 1946), China (ab 1949), Nordvietnam (ab 1954), Kuba (1959), Algerien (ab 1972), Kambodscha-Laos (ab 1975), Äthiopien (ab 1975), Südjemen (ab 1978). Produktivitätshemmende Effekte von unflexibler Planung, Überbürokratisierung und Unterdrückung bäuerlicher Privatinitiative waren und sind (Kuba, Nordkorea) überdeutlich.

3. Kollektivistische Reformen in Anlehnung an traditionelle Agrarverfassungen

Dieser Typ ist vor allem in Mexiko (ab 1917; Schaffung von ➔*Ejidos*) und Tansania (ab 1967; *Ujamaa*-Konzept) verwirklicht.

Mischformen der Bodenreform sind besonders in Peru realisiert, wo die 1969 begonnene Agrarreform versuchte, individualwirtschaftliche, sozialistische und traditionell-kollektivwirtschaftliche Elemente zu verbinden.

Die im Herbst 1945 einsetzende Bodenreform auf dem Gebiet der sowjetisch besetzten Zone (SBZ) hatte sowohl ideologische Gründe wie auch Ursachen, die in der Notlage der Bevölkerung (Einheimische und Flüchtlinge) und der darniederliegenden Nahrungsmittelproduktion lagen. Unter der Losung "Junkerland in Bauernhand" wurden alle Eigentümer von Betrieben über 100 ha Größe und der Grundbesitz von "aktiven Nazis und Kriegsverbrechern" entschädigungslos enteignet. Dabei mussten alle Besitzer ihre Höfe und Heimatkreise in oftmals kürzester Zeit verlassen, die Räumung erfolgte häufig mit großer Brutalität.

Zum Abschluss der Bodenreform waren 3,3 Mio. ha Land (einschl. 1 Mio. ha Wald) dem staatlichen Bodenfonds zugeführt worden. Damit waren über 50 % der landwirtschaftlichen Nutzflächen, und das stark konzentriert in den nördlichen Ländern, in die Bodenreform einbezogen worden. Aus dem Bodenfonds gingen die späteren ➔Volkseigenen Güter (VEG) mit ca. 1,1 Mio. ha Land hervor.

Bei Preisen von 200 RM für einen Sack Kartoffel oder 100 RM für ein Brot konnten die Neubauern zunächst überleben, auf längere Sicht waren die Betriebe mit durchschnittlich 8 ha zu klein ausgelegt. Die Mehrzahl konnte später wegen der schwachen wirtschaftlichen Basis um so leichter in die ➔Landwirtschaftlichen Produktionsgenossenschaften gezwungen werden.

Demgegenüber gab es auf dem Gebiet der früheren Bundesrepublik nach dem Zweiten Weltkrieg lediglich Ansätze zu einer Bodenreform, die Betriebe mit über 100 ha betraf. (→AGRARPOLITIK)

BODENSCHUTZ: Sämtliche Maßnahmen, die den →Boden als Fläche, in seiner Substanz, seiner Produktivität und seinen (ökologischen) Funktionen erhalten, →Bodenbelastungen vermindern oder verhindern und eine ökologisch schonende Bodennutzung fördern. (→BUNDESBODENSCHUTZGESETZ)

BODENTYP: Zusammenfassung von →Böden gleichen Entwicklungszustandes, bei denen unter einer bestimmten Konstellation der bodenbildenden Faktoren die bodenbildenden Prozesse übereinstimmende Merkmale und damit ähnliche Kombinationen von Bodenhorizonten erzeugt haben.
Die Benennung der Bodentypen erfolgt in Deutschland nach einer auffälligen Farbe (z.B. Braunerde) oder nach der Zugehörigkeit zu einer Landschaft (z.B. Marsch oder Moor). Vielfach werden auch ausländische Namen wie Rendzina (poln.), Gley (russ.) oder Dy (schwed.) oder Kunstnamen (z.B. Pelosol) verwendet. International besteht ein unbefriedigendes Nebeneinander mehrerer Boden-Klassifikationssysteme.

BODENUNABHÄNGIGE VIEHHALTUNG: Konzept, bei dem "industrielle" Tiermäster in den sechziger Jahren in Europa damit begannen, die →Viehhaltung in den Ställen von den umliegenden Äckern zu trennen. An die Stelle der relativ naturnahen Kreislaufwirtschaft des alten Bauernhofes, bei der die Äcker und das →Grünland das Futter und das Vieh den Dung lieferten, traten die →Massentierhaltung einerseits und der hochspezialisierte Getreidebetrieb andererseits. Dazwischen entwickelte sich als Teil eines komplexen →Agribusiness eine mächtige, importorientierte Futtermittelindustrie. Die →Spezialisierung der landwirtschaftlichen Betriebe in der Bundesrepublik (alt) war u.a. eine Folge räumlicher und betriebsgrößenbedingter Standortvorteile. Die räumliche Konzentration z.B. der Tierhaltung, insbesondere in der Nähe von Importhäfen, bzw. Binnenschifffahrtswegen, ist auf die Nichteinbeziehung von Importfuttermitteln (→Getreidesubstitute und Eiweißfutter) in das System der →Abschöpfungen der →Marktordnungen zurückzuführen. Gleichzeitig hat die Arbeitsteilung zwischen den Betrieben mit dem Ziel der Ausnutzung größenbedingter Kostenvorteile beträchtlich zugenommen, was die Ausbreitung von einseitigen →Fruchtfolgen begünstigt hat.
Betriebswirtschaftlich bestehen durch die Spezialisierung und Konzentration Risiken durch Krankheiten, Preisverfall, Fäkalienbeseitigung, Zwang zu →Aussiedlung wegen →Immissionen u.w.
Nur bis zu einer Bestandsdichte von 1,5 GVE/ha (1 →Großvieheinheit entspricht einem Tierbesatz von

Anteil der in bodenunabhängiger Produktionsweise produzierten Schweine an der nationalen Gesamtproduktion einiger EU-Staaten

Staat	Anteil [%]
Belgien	9
Deutschland	3,3
Frankreich	5
Italien	5
Niederlande	5
Spanien	25
Großbritannien	5

Quelle: BML-Wochenbericht 29/98

500 kg Lebendgewicht) ist die Tierernährung auf betriebseigener Futtergrundlage ohne zusätzlichen Zukauf/Import von →Futtermitteln möglich. Gleichzeitig ist sichergestellt, dass die →Wirtschaftsdünger sinnvoll verwertet werden können, ohne dass die Gülleausbringung zu einer Abfallbeseitigung verkommt.
<u>Ökologische Folgen der bodenunabhängigen Viehhaltung:</u>

- hohe Nitratwerte im →Grundwasser durch überstarke Ausbringung der anfallenden Mengen von →Gülle
- Emissionen der Gülletanks (→Ammoniak) wirken baum- und waldschädigend
- überdüngte →Böden erzwingen Mais-Monokulturen (Mais ist die einzige Ackerpflanze, die eine permanente →Überdüngung insbesondere mit Stickstoff verträgt; Mais ist zudem die ideale Futterpflanze für die Vermischung mit den überseeischen Eiweißrohstoffen.)
- Mais erfordert wegen seines späten Höhenwachstums (Wärmedefizit dieser subtropischen Pflanze in unseren Breiten) eine intensive, grundwasserbelastende Unkrautbekämpfung
- Maiskulturen ermöglichen eine starke →Bodenerosion.

In der EU gab es 1995 rund 10.000 schweinehaltende Betriebe ohne landwirtschaftliche Flächen (0,9 % aller schweinehaltenden Betriebe). In diesen Betrieben wurden mit rund 6,7 Mio. Schweinen etwa 6 % aller Schweine gehalten.

BODENVERBESSERUNG: →MELIORATION

BODENVERDICHTUNG: Bei der Bodenverdichtung, einer Verringerung des Gesamtvolumens des →Bodens, ist das →Bodengefüge (Bodenstruktur) und die Porung verändert. Sie besteht insbesondere in der Abnahme des Grobporenanteils und besitzt folgende nachteilige Wirkungen:

- Verschlechterung der Durchwurzelbarkeit
- geringere Wasser- und Nährstoffverfügbarkeit
- Sauerstoffmangel und Stickstoffverluste (➔Denitrifikation)
- geringere Infiltration und ➔Perkolation (Regenverdaulichkeit)
- erhöhter Oberflächenabfluss, dadurch stärkere ➔Bodenerosion
- erschwerte Bearbeitbarkeit
- verringerte biologische Aktivität
- Förderung der Verunkrautung

Die genannten Veränderungen bedingen auch andere, dem Pflanzenwachstum abträgliche chemische Prozesse. Beispielsweise führt die verdichtungsbedingte Zunahme der Reduktionsprozesse zu Mangan- und Eisentoxizität. Aufgrund dieser Qualitätsveränderungen wird neuerdings der Begriff "Bodenschadverdichtung" vorgeschlagen.
In der ➔Landwirtschaft können je nach Ausprägungsgrad technogener Schadverdichtungen Ertragsausfälle von 5 - 40 % entstehen.
Auf natürliche Weise kann Bodenverdichtung auftreten nach Entkalkung bei ➔Böden aus Lockergesteinen (Sackungsverdichtung), durch Humusverluste, durch die schlagende Wirkung großer Regentropfen (Verschlämmung) und durch Tonverlagerung (Einlagerungsverdichtung bei der Parabraunerde mit nachfolgender Bildung von Stauwasser und Pseudovergleyung oder beim Solonetz). Meist aber ist sie durch Schwermaschineneinsatz (Kontaktflächendruck, Radlast, Überrollhäufigkeit, Schlupf, Geschwindigkeit) in ➔Land- und Forstwirtschaft bedingt und erfasst sowohl den Unter- (Bildung der ➔Pflugsohle) als auch den Oberboden und erfordert Maßnahmen der ➔Bodenbearbeitung und ➔Melioration. Abgesehen von den genannten Einflussgröße können auch einseitige ➔Fruchtfolgen, z.B. mit hohem Silomaisanteil, die Gefahr von Bodenverdichtungen erhöhen.
Bis vor wenigen Jahrzehnten konnte eine Zusammenpressung des Bodens im Verlauf landwirtschaftlicher Nutzung durch das Pflügen vor jedem Kulturbeginn weitgehend behoben werden. Heute wirkt sich die Last der Maschinen bis in Tiefen im Boden aus, die durch die normale Bearbeitung durch Pflug oder Kultivator nicht mehr erreicht werden.
Bodenverdichtungen lassen sich nicht immer vermeiden. Ökonomische Zwänge, z.B. Erntetermine und Maschinenauslastung, zwingen den ➔Landwirt, auch bei ungünstigen Bodenverhältnissen (Feuchtigkeit) Feldarbeiten durchzuführen.
<u>Maßnahmen zur Vermeidung und Behebung von Bodenverdichtungen:</u>

- Einsatz schwerer Fahrzeuge auf wassergesättigten Böden vermeiden
- Verminderung des Bodendrucks durch Breit-, Zwillings- oder Niederdruckreifen, Gitterräder
- Einsetzen funktionsgerechter Spurlockerer
- weniger häufiges Befahren durch Zusammenfassen von Arbeitsgängen mit Gerätekombinationen
- nichtwendende Bodenbearbeitung
- spezielle Tieflockerungsgeräte nur nach sorgfältiger Prüfung anwenden - ihr Einsatz stellt einen schweren Eingriff in das gewachsene Bodengefüge dar
- schonende, nicht wendende Lockerung
- strukturschonende Anbauverfahren zur Erhaltung der Tragfähigkeit des Bodens, wie Mulchsaat und Direktsaat
- Aktivierung des Bodenlebens durch oberflächennahes Einbringen organischer Substanzen, wie ➔Stallmist, ➔Ernterückstände
- verstärkter Anbau von ➔Zwischenfrüchten
- Anbau von tiefwurzelnden Pflanzenarten auch als Zwischenfrucht
- gute Humus- und Kalkversorgung

Lockerungsarbeiten durch den ➔Landwirt können ähnlich wie der vorangegangene Verdichtungsvorgang die Bodenfauna in Mitleidenschaft ziehen. Nicht nur werden Regenwürmer und andere Tiere zerschnitten, es wird auch die gesamte ursprüngliche Schichtung der ➔Bodenlebewesen durchmischt, d.h. die sauerstoffbedürftigen Organismen nahe der Oberfläche gelangen z.T. in größere Tiefe, anaerob lebende Mikroorganismen werden viel stärker dem Luftsauerstoff ausgesetzt.

BODENVERSALZUNG: Anreicherung von Salzen in oberen Bodenhorizonten oder an der Oberfläche vornehmlich in ariden oder semiariden Gebieten. In humiden Klimaten erfolgt eine temporäre Versalzung der ➔Böden bei ➔Bewässerung mit natriumreichen Abwässern und durch den Einsatz von Streusalzen (Straßenränder).
Zu unterscheiden sind die

- *Niederschlagsversalzung*, bei der durch Niederschläge oder Stäube den Böden Salze zugeführt werden, die
- *Grundwasserversalzung* in ariden Klimaten, die über die Verdunstung kapillar aufsteigenden Wassers in grundwasserbeeinflussten Böden erfolgt (häufig im Bereich der Meeresküsten, z.B. Mangroven, Marschen), schließlich die
- *künstliche Versalzung,* bei der Salze aus ➔Bodenwasser an der Oberfläche durch Verdunstung ausgeschieden werden. Dieser Vorgang erfolgt bei künstlicher ➔Bewässerung. Jedes Bewässerungswasser enthält natürlicherweise eine unterschiedlich große Menge Salze. Hier besteht stets die Gefahr, dass das eingebrachte Wasser als Bodenwasser kapillar aufsteigt, an der Oberfläche

Gehalt an gelöstem Salz in Flüssen semiarider Gebiete

Fluß	Gelöste Feststoffe [ppm]
Indus	250 - 300
Colorado	795
Weißer Nil	174
Euphrat und Tigris	200 - 400
Niger	< 60 - 80

Quelle: Goudie 1994

verdunstet und eine Salzkruste hinterlässt. Am vertikalen Salztransport ist auch die →Evapotranspiration von →Kulturpflanzen beteiligt, deren tiefreichende Wurzeln das →Grundwasser erreichen können. Probleme entstehen, wenn der Grundwasserspiegel auf etwa zwei Meter unter der Oberfläche steigt, da erst ab drei Meter Tiefe eine ausreichende Sickerung und Auswaschung gewährleistet ist, die der Salzakkumulation entgegenwirken.

Der Salinitätszustand eines Bodens wird für landwirtschaftliche Zwecke normalerweise als elektrische Leitfähigkeit in Millisiemens pro Zentimeter Bodenlösung angegeben. Die elektrische Leitfähigkeit ist sowohl der Salzkonzentration als auch dem osmotischen Druck einer Lösung proportional. Ein Boden wird als salin bezeichnet, wenn die elektrische Leitfähigkeit mehr als vier Millisiemens pro Zentimeter beträgt.

Auf durch Salzanreicherung belasteten Flächen lassen sich vielfach salzempfindliche Kulturpflanzen nicht mehr anbauen und es muss ein Wechsel hin zu salztoleranten Pflanzen erfolgen oder die Nutzung der versalzten Flächen muss völlig aufgegeben werden.

<u>Die negativen Auswirkungen von Bodenversalzung:</u>

- Die Pflanzenwurzeln können das Bodenwasser und damit auch die Nährstoffe nicht mehr aufnehmen (osmotischer Druck) mit der Folge von Dürre-Symptomen.

Salztoleranz ausgewählter Anbaufrüchte

Salztoleranz	Anbaufrucht
Sehr gering	Karotte, Erdbeere, Avokado, Pflaume, Mandel, Aprikose, Zitrus, Pfirsich, Grapefruit
Gering	Brokkoli, Gurke, Weintraube, Salat, Kartoffel, Tomate
Mittel	Sojabohne, Weizen
Hoch	Zuckerrübe, Baumwolle

- Natriumionen können Tonpartikel im Boden sprengen.
- Natriumionen verhindern die Adsorption wichtiger Pflanzennährstoffe an Tonmineralien.
- Das Porenvolumen und die Plastizität der Böden nimmt ab.
- Bei Trockenheit entstehen steinharte Schollen, was die Wasseraufnahme stark verringert und die Entwicklung von Wurzeln stark behindert.

Als Gegen- oder Vorbeugungsmaßnahme muss für eine abwärts gerichtete Bodenwasserbewegung gesorgt und die Salze damit fortgewaschen werden. Zu diesem Zweck ist eine größere Menge Wassers aufzubringen als die Pflanzen aufnehmen. Um ein Ansteigen des Grundwasserspiegels zu verhindern, muss das Überschusswasser im Untergrund durch →Drainage abgeführt werden. Derartige Entsalzung des Bodens erfolgt vor der Feldbestellung, damit die empfindlichen Keimpflanzen gut wachsen können.

Eine weniger eingreifende Grundbehandlung ist eine biologische Bekämpfung der Versalzung durch das Absammeln Salz akkumulierender Pflanzen wie zum Beispiel der Sode *Suaeda fructicosa*, eines Gänsefußgewächses.

Eine Umwandlung der Salze geschieht unter Einsatz chemischer Methoden, mit denen man schädliche Salze in weniger schädigende verwandelt. Beispielsweise setzt man natriumhaltigen Böden oft Gips zu, um das ätzende alkalische Carbonat in lösliches Natriumsulfat und das relativ harmlose Calciumcarbonat umzuwandeln.

Zu den wirkungsvollsten Möglichkeiten, die Versalzungsgefahr zu mindern, gehören die verschiedensten regulierenden Maßnahmen, wie etwa weniger verschwenderischer und nachlässiger Gebrauch von Wasser durch die Benutzung von Sprinklern anstelle traditioneller Bewässerungsmethoden, die Auskleidung von Kanälen, um Verluste durch Sickerwasser zu vermindern, die verbesserte Trassierung von Kanälen durch weniger permeable Böden und die Verwendung von Pflanzen mit höherer Salztoleranz. Versalzung erfolgt kaum bei Unterflurbewässerung und in Verbindung mit einer Folienabdeckung, welche die Verdunstung unterbindet oder reduziert.

Anthropogene Versalzungsprobleme wie rezent z.B. im Industal sind eine alte Erscheinung. Schon vor über 4.000 Jahren gab es entsprechende Berichte aus Mesopotamien. Wahrscheinlich spielte Versalzung eine wichtige Rolle beim Zusammenbruch der sumerischen Kultur.

BODENVERSAUERUNG: Vorgang der allmählichen Erhöhung der H-Ionen-Konzentration in der →Bodenlösung. Die Bodenversauerung kann unter **natürlichen Bedingungen** in humiden Klimaten erfolgen durch die Auswaschung basischer Stoffe (Na,

Systeminterne H^+-Produktion und externe H^+-Deposition in landwirtschaftlich genutzten Böden

Prozeß bzw. Quelle	H^+ Menge [kg/ha ·a]	Anteil [%]
Bodenatmung (Wurzeln und Bodenlebewesen)	ca. 10	50 - 82
Bevorzugte Kationenaufnahmen der Pflanzenwurzeln	0,1 - 5,0	1 - 25
Aktive H^+-Exkretion der Pflanzenwurzeln (Protonenpumpe)	1,1 - 2,9	9 - 15
Externe Zufuhr durch saure Depositionen[1]	1,0 - 2,0	8 - 10
Insgesamt	ca. 12 - 20	100

[1] H^+-Deposition über die Säurevorstufen SO_x, NO_x, Cl und CO_2
Quelle: Weigel 1993

K, Ca, Mg), durch Kohlendioxidabgabe der Pflanzenwurzeln und →Bodenlebewesen (Bildung von H_2C_2), durch H-Ionen-Abgabe von Pflanzenwurzeln im Austausch mit Nährstoffionen, durch Säureausscheidungen von Mikroorganismen und Pilzen oder durch Oxidation reduzierter Schwefel- und Stickstoffverbindungen.
Eine (zusätzliche) **anthropogene Bodenversauerung** kommt zustande durch

- die Anwendung von ammonium- oder harnstoffhaltigen →Düngemitteln
- die biologische Stickstoff-Fixierung
- den Nährstoffentzug durch die →Kulturpflanzen
- saure Niederschläge, die mit Schwefeldioxid und Stickoxiden (Industrie, Verkehr) oder NH_4^+ (→Massentierhaltung) belastet sind.

Bei guten Puffereigenschaften des Bodens gegenüber Säuren, also bei nennenswerten Carbonatgehalten, spielt die Bodenversauerung keine Rolle, wohl aber bei Böden mit niedriger Basensättigung und niedriger Kationen-Austauschkapazität.
Stärkere Kalkverluste des Bodens durch starke Säureneinträge bewirken strukturelle Veränderungen. Besonders in Böden mit hohem Tongehalt verlieren die aus feinsten Teilchen gebildeten gröberen Bodenpartikel (Ton-Humus-Kolloide) ihre Stabilität. Sie zerfallen in kleinere Partikel, die die noch vorhandenen, gröberen Poren verstopfen. Der Boden verschlämmt, wird dichter, luftärmer, wasserundurchlässiger und kann dadurch schneller der Erosion anheim fallen.
In kalkfreien Böden besetzen die von Säuren freigesetzten Protonen die Bindungsorte für Metallionen an →Tonmineralen und an Humuspartikeln. Die Sorptions- und Austauschkapazität ist nicht mehr gegeben. Durch →Düngung zugeführte →Nährstoffe können deshalb nicht mehr festgehalten werden.
Durch das gestörte Ionenmilieu im →Boden kann es zu Fehlversorgungen der Pflanzen mit →Nährstoffen und zu Störungen im Wasserhaushalt kommen.

Starke Säuren lösen aus Silikaten Metallionen heraus, die Silikate verwittern. Bei →pH-Werten unter 4 werden auch Al-Ionen freigesetzt, die gegenüber Pflanzenwurzeln und Bodentieren hochtoxisch sind. Schwermetalle (Zn, Mn, Ni, Co) können bei diesem ph-Wert verstärkt ausgewaschen werden und das Trinkwasser belasten.
<u>Hauptwirkungen der Bodenversauerung auf Pflanzen</u>

- Schlechtere Nährstoffversorgung; Ca^{2+}, Mg^{2+} und andere Kationen gehen mit dem Sickerwasser verloren; N, P und S bleiben länger im organischen Material des Bodens festgelegt.
- Erhöhte, toxisch wirkende Konzentration von Metallionen in der Bodenlösung, vor allem von Al-, aber auch von Mn-, Cr-, Cu-, Ni-, und Zn-Ionen
- Verminderte Phosphat- und Molybdataufnahme
- Die Pflanzen nehmen Stickstoff als NH_4 statt als NO_3 auf, weil die →Nitrifikation gehemmt ist.
- Die Stickstoff-Fixierung der →Leguminosen wird in den meisten Fällen gemindert.

Wo die ökologischen Belastungsgrenzen liegen, kann mit den Konzepten der "critical loads" (Kritische Eintragsraten) und "critical levels" (Kritische Konzentrationen) abgeschätzt werden. In der Luftreinhaltepolitik sollen die critical loads/levels dabei helfen festzulegen, wie weit die Schadstoffemissionen reduziert werden müssen.
Die Bodenversauerung als Folge atmosphärischen Säureeintrags gilt als ein wichtiger Faktor für die Entstehung der *neuartigen Waldschäden*. Vergleichbare Bodenschäden sind im Landbau bislang nicht bekannt geworden, weil der hier zum Teil geringere Säureeintrag und die bedeutsamere systeminterne Säureproduktion durch Kalkung bzw. physiologisch-alkalische Düngung ausgeglichen wird.
Ein weiterer Schadensaspekt der immissionsbedingten Bodenversauerung betrifft die Archäologie. Korrosionsschäden an metallischen und Strukturschäden an keramischen Bodenfunden haben in den letzten Jahrzehnten drastisch zugenommen.

BODENVERSIEGELUNG: Überbauen, Betonieren, Asphaltieren und Befestigen von Bodenflächen.

BODENVERWERTUNGS- UND -VERWALTUNGS GmbH: Abk. BVVG; eine Nachfolgeorganisation der Treuhandanstalt und hundertprozentige Tochter der BVS (Bundesanstalt für vereinigungsbedingte Sonderaufgaben) mit dem Auftrag, ehemals volkseigene land- und forstwirtschaftlich genutzte Flächen, Gebäude und bauliche Anlagen in den neuen Bundesländern zu verwalten und zu verwerten. Sie ist beauftragt, die unternehmerische Tätigkeit des Staates so weit wie möglich zurückzuführen und die Wettbewerbsfähigkeit möglichst vieler Unternehmen herzustellen, um Arbeitsplätze zu sichern und zu schaffen.
Wichtige Aufgabenfelder der BVVG:

- Vermögenserfassung und -sicherung
- Verkauf von Flächen für investive Zwecke
- Vertragsmanagement
- Verkauf von land- und forstwirtschaftlichen Flächen nach dem Entschädigungs- und Ausgleichsgesetz und der Flächenerwerbsordnung
- Reprivatisierung

Berechtigt zum Erwerb von landwirtschaftlichen Flächen sind →Wieder- und →Neueinrichter, Agrargesellschaften, deren Gesellschafter sowie unter bestimmten Bedingungen auch nicht selbst wirtschaftende Alteigentümer.

BODENWASSER: Bodenwasser entstammt den Niederschlägen, der Kondensation von Wasserdampf aus der Atmosphäre sowie dem →Grundwasser. Der Wassergehalt eines →Bodens ist derjenige, der bei einer Trocknung von 105 °C entfernt werden kann. Das Bodenwasser hat für den Boden, die bodenbildenden Prozesse und die Bodennutzung entscheidende Bedeutung. Zur Produktion von 1 kg Pflanzensubstanz "verbrauchen" die Pflanzen 200 - 800 kg Wasser. Das Bodenwasser ist Träger der mineralischen →Nährstoffe, die die Pflanzenwurzeln nur in gelöster Form aufnehmen können. In niederschlagsarmen Zeiten ist es wichtig, dass der Boden Wasser im Wurzelraum gespeichert hat, um auch in trockenen Zeiten die Pflanze versorgen zu können. Gute Humuswirtschaft hat ein gutes Wasserspeicherungsvermögen des Bodens zur Folge und ermöglicht die optimale Filterung des in den Boden eingespeicherten Wassers.
Nur ein Teil des Bodenwassers (→*nutzbare Feldkapazität*) ist pflanzenverfügbar. Das *Sickerwasser* folgt der Schwerkraft, es füllt die großen, nicht kapillaren Poren und Hohlräume und ist im Wurzelbereich frei verfügbar. Sein Eindringen in größere Tiefen und damit sein Beitrag zum Grundwasser hängt von der Wasserdurchlässigkeit und damit von der →Bodenart ab. Trifft das versickernde Wasser auf Schichten geringer Permeabilität (Durchlässigkeit), dann kommt es darüber zur vollständigen Auffüllung der Porenräume, zu Staunässe.
Die entgegen der Schwerkraft vom Boden noch gebundene Wassermenge bezeichnet man als *Haftwasser*. Ein großer Teil davon steht den Pflanzen zur Verfügung und gelangt über die *Transpiration* wieder in die Atmosphäre oder verdunstet unproduktiv von der Bodenoberfläche (*Evaporation*). Das Haftwasser setzt sich zusammen aus *Adsorptions-* und *Kapillarwasser*. Das *Adsorptionswasser* wird durch starke Ladungskräfte an die Oberfläche der Bodenteilchen gebunden und kann deshalb von den Pflanzen nicht genutzt werden. Das *Kapillarwasser* wird dagegen in den Kapillaren des Bodens (Porendurchmesser überwiegend < 10 µm) durch Adhäsion und Kohäsion festgehalten. Auch derjenige Anteil des Kapillar- und Adsorptionswassers, der mit Bindungskräften gehalten wird, die unterhalb der artspezifischen Saugkraft der Wurzeln liegen, ist pflanzenverfügbar.
Der Anteil des Bodenwassers, der mit höherer Saugspannung vom Boden gebunden wird als die Pflanzen entfalten können, wird als *Totwasser* oder *Welkefeuchte* bezeichnet. Enthält der Boden nur noch diesen Wasseranteil, so welken die Pflanzen; deshalb gilt dieser Wasserzustand des Bodens als *Welkepunkt*.
Der Totwasseranteil am Bodenwasser steigt i.d.R. mit dem Tongehalt der Böden. In den Trockenperioden kann das Haftwasser durch kapillaren Aufstieg von Wasser aus dem Grundwasser ergänzt werden.
Wasserüberschuss im Boden vermindert die Anbaumöglichkeiten und die Qualität der Produkte. Für den Einzelfall müssen die adäquaten Maßnahmen ermittelt werden: Grundwasserabsenkung, Vorflutkorrektion, Hangwasserfassung, offene Drainagegräben, Röhrendrainage, Steinpackungen, Einpolderung, Untergrundlockerung u.w.

BODENZAHL: Die Bodenzahl bewertet die Bodeneigenschaften eines Ackerstandortes als ungefähres Maß der Ertragsfähigkeit. (→BODENBEWERTUNG)

BONITIERUNG: Feststellung des Bodenwertes als steuerliche Bemessungsgrundlage. (→BODENBEWERTUNG)

BÖRDE: Niederdeutsche Bezeichnung einer fruchtbaren Ackerbaulandschaft, besonders im Lößgürtel zwischen →Geest und Mittelgebirgsrand. Dieser Kulturlandschaftstyp ist flach bis hügelig und erstreckt sich von Flandern bis in den Südteil der Schlesischen Bucht und in anschließende Gebirgsrandbuchten und Talungen. Aus dem →Löß haben sich für die →Landwirtschaft wertvolle Parabraunerden, z.T. Schwarzerden (reliktisch) entwickelt. Bör-

den sind Gebiete mit höchsten →Bodenzahlen (Magdeburger Börde). Die Palette der landwirtschaftlichen Nutzung in den Börden ist wie in ihrer süddeutschen Entsprechung, den →Gäuen sehr vielfältig. Hackfruchtbau (vor allem Zuckerrübe) und Getreidebau (vornehmlich Weizen) sind aber landschaftsbestimmend. Der Name kommt von "boren", "bören" (= tragen, hervorbringen), im Gegensatz zu Geest, abgeleitet von "gust", "güst" (= unfruchtbar bei Land und Tier).
Börden sind Beispiele für →*ausgeräumte Landschaften*. Eine von Natur aus dichtbewaldete →Landschaft wurde in eine eintönige →Kulturlandschaft umgestaltet, die gelegentlich mit dem unpräzisen Begriff →*Kultursteppe* belegt wird.

BORSTGRASRASEN: Ungedüngte, gras- oder zwergstrauchreiche Magerrasen auf trockenen bis staufeuchten, sauren und rohhumusreichen →Böden, überwiegend durch jahrhundertelange Beweidung oder einschürige →Mahd entstanden, teils artenarm, teils buntblumig und artenreich.
Die Borstgrasrasen waren früher als extensives →Grünland vom norddeutschen Flachland bis in die subalpine Stufe der Alpen verbreitet. Sie sind inzwischen sehr selten geworden.

BRACHE: Die aus der Agrarproduktion längerfristig ausgeschiedenen →landwirtschaftlichen Nutzflächen, die keiner anderen Verwendung zugeführt wurden. Nach den Ursachen des Brachfallens unterscheidet man zwischen "→Sozialbrache", "→Grenzertragsbrache", "Rotationsbrache", "→Buntbrache" und "Stillegungsbrache".
Während bei der *Grenzertragsbrache* die Nutzungsaufgabe wegen zu geringer Ertragskraft des →Bodens oder zu hohen Arbeitsaufwandes bei der Bearbeitung erfolgt, ist die *Sozialbrache* auf außerlandwirtschaftliche Faktoren zurückzuführen. Bei der Sozialbrache veranlassen gesamtwirtschaftliche und soziale Faktoren, die sich aus gesellschaftlichen Umschichtungen infolge wirtschaftlicher Wandlungen ergeben, die bisherigen Bewirtschafter dieser Flächen, einer außerlandwirtschaftlichen Tätigkeit nachzugehen, um ihre wirtschaftliche und soziale Lage zu verbessern.
Bei der "*Rotationsbrache*" oder "→*Schwarzbrache*" handelt es sich um planmäßig und vorübergehend unbebautes Land innerhalb einer geregelten Nutzung (z.B. →Dreifelderwirtschaft). Wird der Anbau auf einem Feld mehrjährig unterbrochen, handelt es sich um eine "*Dauerbrache*". Wenn sich bei Dauerbrache die natürliche Vegetation ungestört entwickeln kann, spricht man von "*Sukzessionsbrache*". Die *Buntbrache* dient dem ökologischen Ausgleich. Bei der →*Grünbrache* wird systematisch begrünt.
Stillegungsbrache erfolgt im Rahmen der →Gemeinsamen Agrarpolitik, wenn zur Minderung von Überproduktion →Flächenstillegungen über Prämien gefördert werden.
Während die Flächen, die durch Grün-, Schwarz- oder Stillegungsbrache zeitweise aus der Produktion genommen sind, zur →LF zählen, bleiben die dauerhaft nicht mehr bewirtschafteten Nutzflächen (Sozial- und Grenzertragsbrache) ausgeklammert.

BRANCHE: Eine Menge von strukturell einander sehr ähnlichen Wirtschaftseinheiten die gleichartige Produkte hervorbringen und gegeneinander konkurrieren. (→FORMATION)

BRANDRODUNGSWIRTSCHAFT: Flächenextensive →Landwechselwirtschaft in tropischen und subtropischen Waldgebieten, bei der durch Fällen und anschließendem Verbrennen der Bäume des Primärwaldes →Boden für eine nur kurzfristige Nutzung (rasche Bodenerschöpfung) urbar gemacht wird.

BREITSTREIFENFLUR: →Flurform, die aufgrund der Orientierung nach einer bestimmten Breite eine geringe Parzellierung erfahren hat und durch Längsteilungen die ursprüngliche Streifenbreite nicht oder nur unwesentlich verändert wurde. Charakteristisch für Breitstreifen ist eine zwar nicht streng eingehaltene, aber doch in besonderem Maße gegebene →Einödlage des Besitzes innerhalb des Streifensystems.
Typenbegriffe für Breitstreifenfluren mit Hofanschluss sind die Hufenflurbegriffe →*Waldhufenflur, Marschhufenflur, Hagenhufenflur, Moorhufenflur, Radialhufenflur* u.w. Diese Flurformen verbinden sich mit Reihensiedlungen (→*Waldhufendorf*, →*Marschhufendorf* usw.), und ihre Entstehung geht immer mit planmäßiger Kolonisation einher. Hofanschließende Streifenfluren entstanden in vielen Teilen der Erde.

BRINKSITZER: Auch *Brinkkötter*; Spätsiedler, die ihre Behausungen seit der zweiten Hälfte des 16. Jh. in den Brinken (Baumgärten am Rande der Gehöftgrundstücke nordwestdeutscher Eschsiedlungen) anlegen durften. Sie waren von den vollbäuerlichen Höfen abhängig und an sie durch verschiedene Dienste, vornehmlich handwerkliche Tätigkeiten, gebunden. Brinksitzer unterschieden sich von den →Köttern durch ihren Ausschluss aus dem durch Rechte an der gemeinsamen Mark gekennzeichneten Wirtschaftsverband des Dorfes. (→GÄRTNER, →KÖBLER, →SELDNER)

BRUTTOWERTSCHÖPFUNG: Die Bruttowertschöpfung zu Marktpreisen ergibt sich als Differenz aus →Produktionswert und →Vorleistungen. Aus der

BWS ergibt sich nach Abzug der verbrauchsbedingten, zu Wiederbeschaffungspreisen bewerteten Abschreibungen und der Produktionssteuern sowie nach Addition der für die laufende Produktion gewährten →Ausgleichszahlungen die →Nettowertschöpfung zu Faktorkosten.

BSE: Abk. für *Bovine Spongiforme Encephalopathie*, 1985 erstmals im englischen Kent diagnostizierte Tierkrankheit, von der bis Mitte der neunziger Jahre rund 900.000 Kühe auf der Insel infiziert waren. Von diesen erkrankten im Vereinigten Königreich bis Ende 1996 ca. 165.000 Tiere an BSE, während die anderen Tiere vor dem Ausbruch der klinischen Erkrankung geschlachtet wurden. 30 % der britischen Höfe waren betroffen.

Die Seuche ist benannt nach den Symptomen, denn die Gehirne der betroffenen Rinder weisen im Endstadium ihres Siechtums die Form eines löchrigen Schwamms auf. Dies erklärt auch den englischen Ausdruck "mad cow disease". Der Erreger ist über die Nahrungskette in die Rinderherden eingedrungen. Die Tiere waren mit *Tiermehl* gefüttert worden, wozu auch Schafskadaver verarbeitet wurden, die an der *Traberkrankheit* ("scrapie", 1730 bei Schafen und Ziegen erstmals beschrieben) verendet waren. Rationellere Verfahren mit reduzierten Verarbeitungstemperaturen bei der Fleischmehlproduktion begünstigten das Überleben der Erreger und damit ihre Verbreitung. Die Frage, ob der BSE-Erreger vom Scrapie-Erreger der Schafe und Ziegen abstammt oder ob er schon immer beim Rind auftrat, ist allerdings noch ungeklärt.

Durch die Verarbeitung der Kadaver von erkrankten Kühen zu Tiermehl ist ein eigentlicher Rinderzyklus des Erregers in Gang gesetzt worden. Die Inkubationszeit beträgt durchschnittlich vier bis fünf Jahre. Die Rinderkrankheit hatte sich in den frühen 90er Jahren in mehreren europäischen Ländern ausgebreitet, die Einschleppung durch Tiermehl britischen Ursprungs gilt als gesichert. Die Epidemie kann somit als Folge einer der Irrwege der →Intensivlandwirtschaft angesehen werden. Es besteht mittlerweile ein Verbot in allen EU-Ländern, Tiermehl an Wiederkäuer zu verfüttern. Fleischmehl gelangt aber tonnenweise als Fischfutter in Fischteiche und andere Gewässer. Bei der Mast von Schweinen und Hühnern sind diese unnatürlichen Proteingaben auch in Deutschland übliche Praxis. Neuerdings besteht der Verdacht (*Nature*, Bd. 392, 1998), dass selbst Tierarten, die nicht an BSE erkranken, den Erreger an - BSE-empfängliche - Menschen und Tiere weitergeben.

Es besteht weitgehende Einigkeit, dass die Erreger von Scrapie (für den Menschen ungefährlich), der *Nerz-Encephalopathie*, BSE und beim Menschen der seltenen, aber stets tödlichen *Creutzfeldt-Jakob-Krankheit* (CJD), des *Gerstmann-Sträussler-Scheinker-Syndroms* (GSS) sowie die tödliche *familiäre Schlaflosigkeit* (FFI) eng verwandt sind. Die Symptome sprechen dafür. Die gemeinsame Bezeichnung *Transmissible Spongiforme Encephalopathien* (TSEs) lässt sich mit 'übertragbare schwammartige Gehirnerkrankungen' übersetzen.

Der BSE-Erreger überspringt anscheinend mühelos Artengrenzen. Katzen, Zooantilopen, Zuchtnerze und im Labor Mäuse, Ratten und Hamster wurden infiziert. Offen ist gegenwärtig, ob der BSE-Erreger von der Mutterkuh aufs Kalb übertragen wird, und welcher Erregertypus den Rinderwahn auslöst: Ein Virus oder - wahrscheinlicher - ein falsch gefaltetes Molekül eines im Körper natürlicherweise gebildeten Eiweißes, das sogenannte Prion-Protein (proteinaceous infectious agent). Es provoziert die intakten, baugleichen Membranproteine dazu, sich ebenfalls falsch zu falten. Nach und nach verklumpen die Eiweise, die Nervenzellen sterben ab. Übrig bleibt hochansteckendes Protein in einem schwammartig durchlöcherten Gehirn. Je ähnlicher die Prion-Proteine verschiedener Säugetierarten einander sind, umso niedriger ist auch die Artbarriere bei der Übertragung dieser Erreger.

Die Übertragung auf den Menschen gilt mittlerweile als sehr wahrscheinlich. Spongiforme Hirnleiden beim Menschen haben eine lange Inkubationszeit, bei der CJD beispielsweise von 5 bis 15 Jahren in manchen Formen bis 30 Jahren. Neuerdings sind Prion-Erkrankungen des Menschen aufgetreten, die sich deutlich von der klassischen CJD unterscheiden, vor allem deutlich jüngere Patienten betrafen (nvCJD und im UK bis 1997) zu 21 Todesfällen führten.

Veterinärmediziner und Zoologen hatten schon vor dem Auftreten der BSE vor einer Übertragung von Krankheitskeimen durch den Zusatz von zermahlenen Tierkadavern zum Viehfutter gewarnt.

BSE-Fälle bis September 1997 nach Staaten

Staat	BSE-Fälle
Großbritannien	171.000
Schweiz	258
Irland	215
Portugal	65
Frankreich	26
Deutschland	5
Niederlande	2
Dänemark	1
Italien	1

Quellen: Deutscher Bauernverband 1997, Süddeutsche Zeitung, BML Ref. 333

Die zehn wichtigsten Abnehmer britischen Rindfleisches im Jahre 1994

Staat	Rindfleischabnahme [1000 t]
Frankreich	81,502
Irland	19,922
Italien	18,681
Niederlande	15,521
Südafrika	10,325
Ungarn	6,951
Spanien	5,394
Mauritius	3,809
Belgien	3,134
Irak	2,385

Quelle: The Observer 19.11.1995

Bis Mitte 1994 waren insgesamt 5.193 Rinder - Zuchttiere - aus dem Vereinigten Königreich nach Deutschland eingeführt worden. 1993 importierte Deutschland offiziell 1800 Tonnen Rindfleisch von der Insel. Wieviel auf EG-Umwegen nach Deutschland gelangten, ist nicht bekannt. Bis Anfang 1997 sind in Deutschland 5 BSE-Fälle dokumentiert worden, alle bei aus England importierten Rindern. 95 % der BSE-Fälle traten bei Milchkühen auf, davon 90 Prozent Schwarzbunte. Extensivrassen, wie beispielsweise die zotteligen Galloways erkranken selten. Verbraucher können ihr nicht auszuschließendes Risiko durch den Kauf von Fleisch aus Betrieben, in denen kein Tiermehl verfüttert wird, deutlich senken.

Es ist nicht auszuschließen, dass mittlerweile auch Kosmetika und Medikamente infizierte Rinderbestandteile enthalten.

Weit über 200 *Zoonosen*, krankmachende Keime, die zwischen Tier und Mensch hin- und herpendeln, kennt die Wissenschaft. Fast immer geschieht die Ansteckung über die Nahrungskette. Die WHO sieht in nahrungsmittelbedingten Zoonosen ein erhebliches Gefahrenpotential.

BST: Rinderwachstumshormon (*bovines Somatotropin*), ein Eiweißhormon, das jedes gesunde Rind ausreichend in der Hypophyse produziert. Es reguliert bei Jungtieren die Muskelbildung und bei ausgewachsenen Kühen die Milchbildung.

Das "rBST" (*rekombinantes bovines Somatotropin*), ist mit Hilfe der ➔Gentechnologie hergestellt zur Steigerung der Milchproduktion bei Kühen (sog. *Turbokuh*) um bis zu 25 % sowie zur Steigerung der Mastleistung. Es wirkt streng artspezifisch, d.h. es wirkt nur bei Rindern und nicht bei anderen Tieren oder beim Menschen. In den USA erhalten ca. 15 % der Kühe regelmäßig BST (1998). Hochleistungsbetriebe setzen es sogar fast ohne Ausnahme ein.

Der künftige Einsatz von BST ist in vielen Ländern noch ungewiss. Es wird bislang (1994) nur in folgenden Ländern eingesetzt: USA, Brasilien, Mexiko, Namibia, Zimbabwe, Südafrika, Bulgarien, Tschechische Republik, Slowakien, und GUS. Obwohl in der Anwendung in der EU verboten, wird es für den Export im UK und in Österreich hergestellt. Eine Bewilligung wird nicht aus humanmedizinischen Erwägungen (Wirkstoff wird wie andere Proteine im menschlichen Magen verdaut) verweigert, sondern der eventuelle Einsatz wirft grundsätzliche ökonomische (Überschüsse) und ethische Fragen auf. Kritiker befürchten, dass nur Großbetriebe von der Anwendung Nutzen ziehen und damit der Wettbewerb in der ➔Landwirtschaft weiter verschärft wird. Ferner würden Kühe mit dem Spritzen von BST in ihrer Leistungsfähigkeit über ihr genetisches Potential hinausgeführt. Diese Überlastung der Tiere führt zu einem Rückgang der Nutzungsdauer und in der Folge zu einer höheren Remontierungsrate. Dadurch steigt der Anteil der Jungtiere an der Gesamttierzahl und damit die Futter- und Güllemenge pro Liter Milch. Eine höhere Krankheitsanfälligkeit (häufige Euterentzündungen, Verdauungs- und Fruchtbarkeitsstörungen) und ein damit verbundener verstärkter Medikamenteneinsatz mit möglichen Rückständen in der Milch sind weitere befürchtete Folgen.

B.t.: Ein Protein, das vom Bacillus thuringiensis produziert und das als ➔biologisches Schädlingsbekämpfungsmittel eingesetzt wird. Wenn es von bestimmten Raupen aufgenommen wird, entwickelt es eine für diese tödliche Toxizität.

BUNDES-BODENSCHUTZGESETZ: Abk. BBodSchG; Gesetz vom 17.3.1998 für eine bundeseinheitliche Regelung zum Schutz des ➔Bodens, entsprechend der Gesetze für die anderen Umweltmedien Luft und Wasser. Das BBodSchG besteht aus fünf Teilen:

- Teil 1 regelt Zweck und Grundsätze des Gesetzes sowie Begriffsbestimmungen und den Anwendungsbereich.
- Teil 2 bestimmt die zur Boden- und Altlastensanierung sowie zur Vorsorge (§ 7 Vorsorgepflicht) vor weiteren Beeinträchtigungen zu erfüllenden Anforderungen. Darüber hinaus regelt er die Ermittlung und Bewertung von Gefahren. Die wesentlichen Pflichten und ihre Durchsetzung werden hier näher konkretisiert.
- Teil 3 enthält die im wesentlichen verfahrensbezogenen Vorschriften zum Altlastenmanagement.
- Teil 4 definiert erstmals in einem Bundesgesetz die bei der ➔Landwirtschaft zur Vorsorge vor

schädlichen Bodenveränderungen zu beachtende →gute fachliche Praxis (§ 17) der →Bodenbearbeitung, mit deren Beachtung der in § 7 formulierten Vorsorgepflicht genüge getan sei. Hierbei setzt das Gesetz wegen des ansonsten zu hohen personellen und finanziellen Aufwands auf Kooperation statt auf behördliche Überwachung.

- Teil 5 enthält Schlussvorschriften, u.a. Vorschriften zu Sachverständigen und Untersuchungsstellen, zur Datenermittlung der Länder an den Bund (Aufbau eines länderübergreifenden Bodeninformationssystems), zu landesrechtlichen Regelungen sowie zu Kosten und Bußgeldern.

Die Pflichten des BBodSchG bedürfen noch der Präzisierung durch ein untergesetzliches Regelwerk.

Als wichtigste Kritik wird gegenüber dem Gesetz vorgebracht, dass das *Vorsorge-Prinzip* ungenügend verankert sei, sowie dass hinsichtlich der landwirtschaftlichen Nutzung die Beachtung der in § 17 verfügten Regelungen in das Belieben der →Landwirte gestellt ist. Ferner wird eine Regelung über die Benutzung von →Düngemitteln und von →Pflanzenschutzmitteln und die verbindliche Anwendung der guten fachlichen Praxis in der Forstwirtschaft vermisst.

BUNDES-IMMISSIONSSCHUTZGESETZ: Abk. BImSchG; Gesetz von 1974, zuletzt geändert 1998. Zweck dieses Gesetzes ist zum einen der Schutz vor Luft-, Boden- und Wasserverschmutzungen, zum anderen der Schutz vor Lärmbelästigung. Betroffen sind im landwirtschaftlichen Betrieb die →Viehhaltung, der Bereich der hierbei anfallenden →Wirtschaftsdünger, der Einsatz von Pflanzenbehandlungsmitteln sowie alle Handlungen, die Lärm verursachen.

Ab dem 1.2.1997 gelten für die Tierhaltung neue Genehmigungsgrenzen nach dem BImSchG. Genehmigungspflichtig sind Tierhaltungen nun, wenn sie folgende, heraufgesetzte Grenzen überschreiten: 20.000 Hennenplätze statt bisher 7.000, 40.000 Mastgeflügelplätze statt bisher 14.000, 2.000 Mastschweine statt bisher 700; 750 Sauenplätze einschließlich Ferkelplätze für Jungtiere bis 30 kg statt bisher 250, 20.000 Putenplätze statt bisher 7.000. Die Rinderhaltung ist bereits seit 1993 nicht mehr in die entsprechende Durchführungsverordnung des BImSchG einbezogen.

BUNDESNATURSCHUTZGESETZ: Abk. BNatSchG; (*Gesetz über Naturschutz und Landschaftspflege*); ein 1976 erlassenes und zuletzt 1998 geändertes Gesetz, mit dem der Bund seine vom Grundgesetz (Art. 75) zugewiesene Rahmenkompetenz ausfüllt. In diesem werden die Ziele und die Grundsätze des →Naturschutzes und der →Landschaftspflege festgelegt, die Maßnahmen zur Erreichung dieser Ziele umrissen, sowie die Aufgaben der Behörden und öffentlichen Stellen umschrieben. Die Vorschriften sind zugleich Rahmenvorschriften für die Landesgesetzgebung. Auch die Landkreise und Kommunen nehmen Naturschutzaufgaben wahr. Im Bundesnaturschutzgesetz sind u.a. die Begriffe →Naturschutzgebiet, →Nationalpark, →Landschaftsschutzgebiet, →Naturpark, →Naturdenkmal und in der novellierten Fassung auch der Begriff →Biosphärenreservat gesetzlich definiert. Auch die gesetzlichen Grundlagen des Artenschutzes sind hier festgelegt.

In § 1 BNatSchG ist die Zielsetzung festgehalten: "Natur und →Landschaft sind im besiedelten und unbesiedelten Bereich so zu schützen, zu pflegen und zu entwickeln, dass

1. die Leistungsfähigkeit des Naturhaushaltes,
2. die Nutzungsfähigkeit der Naturgüter,
3. die Pflanzen- und Tierwelt sowie
4. die Vielfalt, Eigenart und Schönheit von Natur und Landschaft

als Lebensgrundlagen des Menschen und als Voraussetzung für seine Erholung in Natur und Landschaft nachhaltig gesichert sind."

Das BNatSchG in der bis 1998 gültigen Fassung enthält sogenannte →*Landwirtschaftsklauseln*, die die →Landwirtschaft in Teilen von der Zielsetzung des Gesetzes befreien (→Ordnungsgemäße Landwirtschaft).

Für den seit 1996 vorliegenden Entwurf einer Neufassung des BNatSchG forderten Umweltsachverständige die Beseitigung der grundsätzlichen Privilegierung der Landwirtschaft im Naturschutzrecht, die Auferlegung von Schutzpflichten für die Landwirtschaft, den Aufbau eines medienübergreifenden *Umweltmonitoringsystems*, die Aufnahme der Schutzkategorie →*Biosphärenreservat*, den Schutz von Flächen gegenüber baulichen Belangen, die Vorgabe von ökologischen Mindeststandards bei Flächennutzung für Erholung und Tourismus sowie eine bundesweite Regelung für die *Verbandsklage*. Den Forderungen ist in der Novellierung nur in Bezug auf die neue Schutzkategorie entsprochen, die wesentlichen Landwirtschaftsklauseln entfallen lediglich formal, bleiben aber inhaltlich in anderer Fassung erhalten.

Für Nutzungsbeschränkungen in der Land- und Forstwirtschaft ist eine *Ausgleichsregelung* vorgesehen, mit der künftig solche Beschränkungen der ausgeübten Bodennutzung kompensiert werden, die nach bisher geltendem Recht im Rahmen der Sozialpflichtigkeit des Eigentums als verhältnismäßig und deshalb ohne Ausgleich hingenommen werden müssen. Diese Nutzungsbeschränkungen (z.B. Beschränkungen des Einsatzes von →Pflanzenschutz- und →Düngemitteln, Auflagen im Hinblick auf Mähzeiten, Beweidungsdichten und →Bodenbearbeitung), die aufgrund von Rechtsvorschriften über Schutzgebiete oder aufgrund behördlicher Anordnungen ergehen können, müssen geeignet sein, die Ziele des Naturschutzes und der Landschaftspflege zu verwirklichen und über das Maß der Anforderungen hinausgehen, die sich aus der →guten fachlichen Praxis ergeben. (→MASSENTIERHALTUNG)

BUNDESWALDGESETZ: *Gesetz zur Erhaltung des Waldes und zur Förderung der Forstwirtschaft* vom 2.5.1975, zuletzt geändert am 27.7.1984. Durch das Gesetz wird der Schutz der Wälder und Forste durch Rahmenvorschriften geregelt. Speziell soll ihre Nutz-, Schutz- und Erholungsfunktion erhalten bleiben. Das Gesetz sieht eine Rahmenplanung sowie ein allgemeines Rodungsverbot, aber auch eine Bewirtschaftungsverpflichtung vor. Einzelne Bundesländer haben spezielle Ausführungsgesetze erlassen.

BUNTBRACHE: Dem ökologischen Ausgleich speziell in Ackerbauregionen dienende →Brache, bei der einheimische Wildkräuter eingesät werden und auf den Einsatz von →Pestiziden und →Düngemitteln verzichtet wird.

C

CABAÑA - CROFTER

CABAÑA: In Südamerika ein kleiner bis mittelgroßer Zuchtbetrieb für Rinder und Schafe mit Weide-Stallhaltung und intensiver Futterwerbung.

CA-LAGER: Von engl. *controlled atmosphere*; Lagerverfahren im Obst-, Gemüse- und Blumenanbau, bei dem das Luftgemisch bzw. der Luftdruck im Lagerraum verändert wird und so haltbarkeitsfördernd die Atmung und die Äthylenbildung verringert wird. Gewöhnlich wird der Sauerstoffgehalt abgesenkt und der CO_2-Gehalt geregelt. Daneben kann auch der Stickstoffgehalt verändert werden. Eine Lagerung bei reduziertem Druck vermindert den Partialdruck von Stickstoff, Sauerstoff, Kohlendioxid und Wasserdampf und setzt infolgedessen die Atmung herab. Außerdem werden die in der Pflanze entstehenden Gase einschließlich Äthylen leichter aus dem Gewebe abgeführt.

CASH CROP: Pflanze, die nicht zur Eigenversorgung, sondern zum Verkauf auf Binnenmärkten oder zum Export angebaut wird. Der Begriff wird häufig im Zusammenhang mit Entwicklungsländern verwendet. Cash crops sind typischerweise Produkte wie Reis, Sorghum, Erdnüsse, Mais, Kakao, Kaffee, Tee, Palmöl, Zuckerrohr, Jute, Kautschuk, Baumwolle, Soja und Tapioka.
Eine verbreitete Argumentation ist, dass der Export von Agrargütern aus Entwicklungsländern für den dortigen Hunger und Unterernährung verantwortlich ist. Die Exportorientierung der ➔Landwirtschaft bindet in vielen Ländern Arbeitskräfte und ➔Boden für den Anbau von Vermarktungsfrüchten, so dass der heimische Nahrungsmittelanbau vernachlässigt wird.
Diese Situation ist jedoch nicht zwingend, wenn folgende Faktoren beachtet werden, die beim Anbau von cash crops für eine verbesserte Nahrungs- und Ernährungssicherheit ausschlaggebend sind:

- Beteiligung und Entlohnung der Bauern
- die erzielbaren Preise, die Stabilität der Preise, die Dauerhaftigkeit der Preise
- keine Konkurrenz zum Anbau von lokal benötigten Nahrungsmitteln, um Land und Arbeitskräfte, d.h. Schutz und Stabilisierung der Subsistenzproduktion
- effektive Organisation der Bauern
- Beteiligung der Bauern am politischen Prozess
- Wechsel von einer Kontrolle der Einkommen durch die Männer hin zu einer Kontrolle durch die Frauen
- angemessene Zusatzmaßnahmen, wie z.B. Gesundheitsdienste, Ernährungsberatung und Bildung

CCPR: Abk. für *Codex Committee on Pesticide Residues*; Komitee der ➔*Codex Alimentarius Kommission* zur weltweiten Festlegung von Toleranzen für Pflanzenschutzmittel-Rückstände auf oder in Erntegütern, errechnet aus den medizinisch duldbaren Höchstmengen und der ➔guten fachlichen Praxis (good agricultural practice).

C_3-/C_4-PFLANZEN: Die Landpflanzen werden im wesentlichen in zwei große Gruppen (C_3- und C_4-Pflanzen) unterteilt, die sich durch die Art der CO_2-Fixierung unterscheiden.
Das Wachstum hängt bei jeder Pflanze von der Differenz zwischen Brutto- und Nettophotosynthese ab - jenem Prozess in dessen Verlauf komplexe organische Verbindungen (Kohlenhydrate) gebildet werden. Sofern kein Wassermangel herrscht, bestimmen die eng miteinander verknüpften Faktoren Temperatur und Licht die Rate und den Umfang des Wachstums. Diese Beziehung ist Grundlage der Unterscheidung zwischen ➔Kulturpflanzen aus verschiedenen Klimazonen. Diese zonale Verbreitung spiegelt sich in unterschied-

lichen biochemischen Prozessen der Photosynthese wider.
Die bevorzugt in gemäßigten Klimazonen verbreiteten C_3-Pflanzen binden das CO_2 an einen Zucker, der fünf Kohlenstoffatome enthält. Die entstandene Verbindung mit sechs Kohlenstoffatomen zerfällt in zwei Zucker, die aus je drei Kohlenstoffatomen (= C_3) aufgebaut sind. Neben der photosynthetischen CO_2-Fixierung bilden diese Pflanzen, ebenfalls im Licht, unter Sauerstoffverbrauch jedoch wieder CO_2. Dieser der Photosynthese gegenläufige Prozess, als Photorespiration bezeichnet, verbraucht in erheblichem Maße Energie. Die Photorespiration addiert sich zu der normalen Atmung (Dunkelatmung in den Mitochondrien) und verschlechtert die Bilanz aus Bruttophotosynthese und Atmung. Die Nettophotosynthese nimmt ab. Da der aktuelle Anstieg der CO_2-Konzentration in der Atmosphäre das CO_2:O_2-Verhältnis in der Pflanze erhöht, werden die Verluste durch Lichtatmung verringert, d.h. die Nettophotosynthese steigt.
Die aus wärmeren und trockeneren Regionen stammenden C_4-Pflanzen zeigen neben einer erheblich höheren CO_2-Fixierungsrate als C_3-Pflanzen im Licht keine CO_2-Entwicklung über Photorespiration. Diese Pflanzen binden das CO_2 zunächst an eine C_3-Verbindung. In dem so entstandenen C_4-Körper (organische Säuren) wird das CO_2 zwischengespeichert und der Photosynthese in einer effizienten Form zugeführt.
C_4-Pflanzen weisen eine geringere Öffnungsweite der Stomata als C_3-Pflanzen auf und besitzen damit eine geringere Transpirationsrate. Daher nutzen sie das zur Verfügung stehende Wasser effizienter aus und sind besser an aride und semiaride Standorte angepasst.
Die C_4-Pflanzen verfügen bei heutigen CO_2-Gehalten in der Luft im Vergleich zu C_3-Pflanzen über einen effektiveren Mechanismus der internen CO_2-Anreicherung. Dies bedeutet gleichzeitig, dass bei künftig steigender CO_2-Konzentration in der Luft bei C_4-Pflanzen eine wesentlich geringere Zunahme der Nettophotosynthese und der Biomasseproduktion zu erwarten ist, als bei den meisten C_3-Pflanzen.
Eine dritte - unbedeutendere - Gruppe von Landpflanzen stellen die *CAM-Pflanzen* (Crasulacean Acid Metabolism) dar. Sie sind an wasserarme Lebensräume adaptiert. Obwohl ihr Photosyntheseweg und ihre Temperaturreaktion denen der C_4-Pflanzen ähneln, können CAM-Pflanzen in der Nacht, während der ihre Spaltöffnungen geöffnet sind, Kohlendioxid absorbieren und speichern. Am Tag betreiben sie bei geschlossenen Stomata Photosynthese. Zu den CAM-Spezies gehören Sukkulenten zahlreicher Familien, aber nur zwei Kulturpflanzen mit landwirtschaftlicher Bedeutung, die Sisalagave und die Ananas.
Wichtige C_3-Kulturarten sind Reis, Weizen, Gerste, Kartoffeln und Bohnen, wichtige C_4-Pflanzen sind Mais, Hirse und Zuckerrohr. Die Mehrzahl aller Kulturarten gehören zu den C_3-Pflanzen. In Europa beträgt ihr Anteil an der Pflanzenproduktion über 90 %.

CENTER-PIVOT-SYSTEM: Nach "pivot" (e./fr.) = Drehpunkt, Kreisbewegung; Bewässerungsverfahren, das sich seit 1970 in den Great Plains ausbreitete und durch seine kreisrunden Bewässerungsflächen das Erscheinungsbild der ➔Agrarlandschaft stark veränderte. Das Funktionsprinzip beruht auf einem horizontalen, auf Rädern kreisförmig rotierenden Sprinklerrohr, das mit einer Länge von 396 m so bemessen ist, dass eine ➔Quarter Section (65 ha, abzüglich der 11 ha Ecken-Anteile) beregnet werden kann. Mittels schwenkbarer Zusatzrohre können auch die Ecken erreicht werden. (➔BEWÄSSERUNG, ➔BEWÄSSERUNGSWIRTSCHAFT)

CIF-PREIS: Die beiden wichtigsten Lieferungsmodalitäten (➔Incoterms) im internationalen Seehandel mit Getreide sind ➔f.o.b. (free on board) und c.i.f. (cost, insurances, freight). Während Verkäufer bei f.o.b.-Verkäufen die Ware an Bord des vom Verkäufer angegebenen Seeschiffes im vereinbarten Verschiffungshafen zum vereinbarten Zeitpunkt liefern muss, muss er bei Verkäufen auf Basis c.i.f. zusätzlich noch den Beförderungsvertrag auf eigene Rechnung in einem Seeschiff bis zum vereinbarten Bestimmungshafen abschließen sowie die Kosten für Fracht und Löschen im Zielhafen tragen.
Der c.i.f.-Preis Rotterdam wurde von der Kommission der EU zur Festsetzung der ➔Abschöpfung benötigt. Die *Weltmarktpreise*, Basis c.i.f.-Rotterdam, werden von der EU-Kommission täglich ermittelt, wobei für die Festsetzung der Abschöpfung die billigste Einkaufsmöglichkeit auf dem Weltmarkt zu berücksichtigen ist. Die unterschiedlichen Qualitäten auf dem Weltmarkt gegenüber dem europäischen Standard werden durch sogenannte Ausgleichskoeffizienten vergleichbar gemacht.

CLIMATE CHANGE: Englische Bezeichnung für die erwarteten regionalen und globalen Veränderungen hinsichtlich Klima und klimabezogenen Parametern wie Temperatur, Niederschlag, Bodenfeuchte und Meeresspiegel. Sie werden als Folge der anthropogenen Einwirkungen auf die Atmosphäre gesehen: einerseits der Erhöhung der Treibhausgas-Konzentrationen (Erwärmungseffekt) und andererseits der regionalen Erhöhung von Aerosol-Konzentrationen (Abkühlungseffekt). Das *Intergovernmental Panel on Climate Change* (IPCC) rechnet mit einer weltweiten

Zunahme der Oberflächentemperatur um 1 - 3,5 °C und einem damit verbundenen Meeresspiegelanstieg um 15 - 95 cm. Die Verlässlichkeit regionaler Vorhersagen ist noch gering.
Die möglichen Auswirkungen auf die ➔Landwirtschaft betreffen u.a. folgende Aspekte:

- CO_2-Düngungseffekt
- Humusverluste
- Auswaschung von ➔Nährstoffen
- ➔Bodenversalzung
- ➔Bodenerosion
- Häufigkeit und Verbreitung von Tierkrankheiten
- Änderungen bezügl. Weideflächen-Produktivität
- Hitzestress für ➔Nutztiere
- Wahrscheinlich erhöhtes Verlustrisiko, durch Unkräuter, Insekten und Krankheiten

(➔KLIMASZENARIO (WESTEUROPA) UND LANDWIRTSCHAFT, ➔KOHLENDIOXID, ➔TREIBHAUSEFFEKT)

CLOS: Französischer Begriff für einen von einer Mauer oder ähnlichem eingefriedeten Weingarten oder Weinberg.

CLOUD SEEDING: ➔REGENERZEUGUNG

CODEX ALIMENTARIUS KOMMISSION: Fachinstitution, die gemeinsam von den beiden UN-Unterorganisationen WHO (Weltgesundheitsorgansiation) und ➔FAO betrieben wird, mit Sitz eines Sekretariats bei der FAO in Rom. 160 Regierungen (Stand 1996) sind Mitglied der 1962 begründeten C.A.K. Ihre zwei, mit Hilfe eines für möglichst alle Nationen geltenden Kodex für Nahrungsmittelstandards angestrebten Hauptziele sind:

- den Welthandel mit Lebensmitteln zu fördern
- die Gesundheit von Verbrauchern zu schützen

Einzelne Fachausschüsse erarbeiten international anzunehmende Standards zum Schutz der Konsumenten. Diese betreffen u.a. die Hygienepraxis, Kennzeichnungsverordnungen, Höchstwerte, Handelsklassen, Zulassungsverfahren sowie Herstellung und Beschaffenheit von Lebensmitteln. Die Standards der C.A.K. lagen bisher fast alle unter den Standards der EG, erklärbar durch die starke Position der Nahrungsmittelwirtschaft.
Eine rechtliche Bedeutung hatten die Standards bis zu den neuen ➔GATT/➔WTO-Vereinbarungen von 1994 nicht. Erst diese stellten die Codex-Standards in den Rang globaler Handelsnormen. Danach haben ausländische Produkte freien Zugang zu nationalen Märkten, wenn sie den Codex-Standards genügen, auch dann, wenn sie gegen restriktivere nationale lebensmittelrechtliche Bestimmungen verstoßen. Zwar wird ein gegenüber den Codex-Standards strengeres nationales Recht vom GATT toleriert, aber schärfere Regeln sind detailliert zu rechtfertigen, und ein darauf basierendes Einfuhrverbot gilt künftig als unzulässiges Handelshemmnis.
Möglicherweise steht künftig der in diesem Rahmen erfolgende Abbau von "technischen Handelshemmnissen" (gewisse lebensmittelrechtliche Bestimmungen) im Konflikt mit der Durchsetzung höherer Werte, wie z.B. umweltverträglicher Entwicklung, Schutz der Gesundheit, kultureller Vielfalt (regionale Ernährungsgewohnheiten) und sozialer Gerechtigkeit. Die C.A.K. wird verschiedentlich ob ihrer Anonymität, ihrer fehlenden demokratischen Legitimation, ihrer weitgehend unbeachteten Verhandlungsweise und gleichzeitig großen Tragweite ihrer Entscheidungen kritisiert.
(➔CCPR, ➔SPS-ÜBEREINKOMMEN, ➔TBT-ÜBEREINKOMMEN)

COGECA: Abk. für franz. *Comité Général de la Coopération Agricole de la CE*; seit 1959 bestehender Zusammenschluss der nationalen Zentralverbände der Agrargenossenschaften auf EU-Ebene.
Diese ➔Genossenschaften umfassen nahezu 14 Mio. Mitglieder und stellen 800.000 Arbeitsplätze in Europa. Sie sind zu über 50 % an der Versorgung der landwirtschaftlichen Betriebe beteiligt und vermarkten mehr als 60 % der europäischen landwirtschaftlichen Erzeugung. Von seiten Deutschlands ist der ➔Deutsche Raiffeisenverband in der COGECA vertreten.
Über ein Büro in Brüssel und über Fachgremien verfolgt die COGECA u.a. folgende Ziele:

- die Vertretung der Interessen der Genossenschaftsunternehmen gegenüber den Institutionen der EU sowie gegenüber der ➔COPA und anderen berufsständischen Organisationen
- die Teilnahme und Mitwirkung an der Gestaltung und Durchführung der Gemeinschaftspolitiken
- die Förderung der zwischengenossenschaftlichen Kooperation in der Union

In seinen Verwaltungsorganen arbeitet die COGECA teilweise eng mit dem Bauernverband COPA zusammen. (➔EFA, ➔GENOSSENSCHAFTEN)

COLTURA MISTA: Italienischer Begriff für die mediterrane Ausprägung der ➔Mischkultur, einer intensiven, bodensparenden Anbauweise von ➔Sonderkulturen, meist auf kleinen ➔Parzellen. Der Anbau erfolgt häufig zwei- oder mehrstöckig. Die aktuelle Bedeutung der coltura mista ist stark zurückgegangen. (➔STOCKWERKKULTUR)

COPA: Abk. für franz. *Comité des Organisations Professionelles Agricoles de la CE*; der 1958 gegründete Ausschuss der berufsständischen landwirtschaftlichen Organisationen der EU. In diesem föderalistischen, flächendeckenden Einheitsverband haben sich die nationalen Dach- bzw. Spitzenverbände der Bauernverbände zusammengeschlossen. Die 30 Mitgliedsverbände vertreten ca. 9 Mio. landwirtschaftliche Betriebsleiter auf EU-Ebene. Aus Deutschland ist der →Deutsche Bauernverband Mitglied. (→COGECA, →EFA)

CRITICAL LOADS-KONZEPT: Konzept zur Messung und Bewertung ökologischer Effekte, das als Weiterentwicklung der mit gesetzlichen Schwellen- bzw. Höchstwerten arbeitenden Verfahren gilt. Während letztere die erlaubte Belastung von Produkten, →Ökosystemen und weiteren definierten Zielsystemen beschreiben, nennt das critical loads-Konzept die tatsächliche und die maximale Belastung von Systemen. Während üblicherweise einzelne ökologische Konfliktfelder (z.B. →*Nitrat und* →*Pflanzenschutzmittel im Trinkwasser* oder →*Schwermetalle in* →*Böden*) für sich betrachtet werden, versucht das critical loads-Konzept bestehende Zusammenhänge zwischen ökologischen Konfliktfeldern zu berücksichtigen. Das Konzept bewertet Stoffein- und -austräge über die Definition von Belastungsgrenzwerten von Ökosystemen.

CROFTER: Regionaler Typ von Nebenerwerbslandwirt in den gebirgigen Randgebieten der britischen Inseln. Ursprünglich war der crofter ein mehr oder weniger landloser Arbeiter, der später von seinem Arbeitgeber das croft in Jahrespacht erhielt. Seit 1866 ging es durch gesetzliche Regelung in Erbpacht über. Heute ist der Begriff crofting zur agrarischen Typenbezeichnung für die Selbstversorger-Kleinbetriebe mit außeragrarischem Nebenerwerb geworden.

D

DAMMKULTUR - DUST-BOWL-SYNDROM

DAMMKULTUR: Auch *Dammsaat*; Anbaumethode bei Nässestau im ➔Boden. Durch entsprechendes Pflügen werden in Richtung des natürlichen Gefälles Furchen und Dämme angelegt. Auf den trockeneren Dämmen kann dann gepflanzt werden. Bei Kartoffelkulturen erfolgt die Dammkultur unabhängig von Fragen der Wasserversorgung zur Erleichterung der Ernte.

DARRE: Beheizter Raum zum Trocknen von Erntegut, z.B. Hopfen.

DAUERGRÜNLAND: Wiesen- oder Weideflächen, die dauerhaft keiner anderen Nutzung (z.B. als ➔Ackerland) zugeführt werden. Nicht hierzu zählen der Grasanbau auf dem Ackerland sowie Grünlandflächen mit Obstbäumen, bei denen das ➔Obst die Hauptnutzung darstellt.
Die ➔Dauerweiden und -wiesen haben weltweit mit etwa 3 Mrd. ha einen Anteil von ca. 2/3 an der für das Futterpotential verfügbaren Fläche. Auf diesen Flächen werden über 60 % der als ➔Futtermittel verfügbaren Pflanzenmasse erzeugt.
Das Dauergrünland ist größtenteils anthropogen, im Gefolge von Waldrodungen entstanden. Gleichermaßen ist seine Erhaltung und die Vermeidung von Verbuschung auf menschlichen Eingriff angewiesen, und zwar durch Weidegang oder ➔Mahd.

DAUERHUMUS: Die Gesamtheit aller sich im ➔Boden durch Humifizierung akkumulierenden, nur sehr schwer abbaubaren ➔Huminstoffe. Der Dauerhumus ist ein wichtiger Bodenbestandteil, weil sein Vermögen zur Wasserbindung und zur Nährstoffionensorption sowie seine gefügebildenden Eigenschaften Bedeutung im Stoffhaushalt haben. (➔HUMUS, ➔NÄHRHUMUS)

DAUERKULTUR: Pflanzenbestand außerhalb der ➔Fruchtfolge, der über mehrere Jahre hinweg genutzt wird und der wiederkehrende Erträge erbringt. Dazu gehören in Deutschland ➔Obst- und Rebanlagen, Hopfengärten, mehrjährige Beerenanlagen, Spargelfelder, Korbweiden- und Pappelanlagen, Baumschulen und Weihnachtsbaumkulturen außerhalb des ➔Waldes. Für den Mittelmeerbereich sind u.a. zu nennen die Flächen für Mandelbäume, Zitruskulturen, Nussbäume, Haselsträucher und Ölbäume. In tropischen Gebieten gehören dazu Kaffeepflanzungen, Teekulturen, Kakaobäume, tropische Fruchtbäume usw.
Dauerkulturen unterscheiden sich betriebswirtschaftlich gesehen von einjährigen Kulturen dadurch, dass zu ihrer Erstellung hohe Ausgaben (Arbeit, Kapital) nötig sind, und dass das investierte Kapital für längere Zeit festgelegt ist. Der Wert des Kapitals wächst zwar bis zur vollen Ertragsfähigkeit der Anlagen, die aber erst nach mehreren Jahren erreicht ist. Dauerkulturen stellen fast immer besondere Standortansprüche. Ihre Erzeugnisse sind meist hochwertig, jedoch schwanken Erträge und Preise oft stärker als bei einjährigen ➔Kulturpflanzen.
Die Produkte der Dauerkulturen eignen sich gewöhnlich nicht für die Grundversorgung der Familien (als Ausnahme gilt Öl aus der Ölpalme). Für die Eigenversorgung tragen Dauerkulturen i.d.R. – wenn überhaupt – nur zusätzlich bei (z.B. bei Obst, Ölbaum, Tee oder Kaffee). Die meisten Produkte erfordern eine Verarbeitung, um das konsumreife Endprodukt zu erzeugen.
Eine Zwischenstellung zwischen Dauerkulturen und einjährigen Kulturpflanzen nehmen mehrjährige Pflanzen ein, wie beispielsweise Zuckerrohr oder Sisalagaven. Eine Zwischenstellung kann auch dem mehrjährigen Anbau von selbstverträglichem Mais und Reis zugesprochen werden.
Merkmale von Dauerkulturen im Unterschied zu Ackerkulturen:

- Langlebigkeit
- starke Bindung an naturbegünstigte Standorte

- Anbau meist in →Monokultur
- hohe Arbeitsintensität, Auftreten ausgeprägter Arbeitsspitzen
- hohe Kapitalintensität
- hohe Ertragsintensität
- hohes Risiko
- komplexe Anbautechniken, die ein hohes Ausbildungsniveau erfordern
- aufwendige Verarbeitungs-, Lager- und Absatzeinrichtungen und Arbeitsorganisationen
- in Europa Dominanz kleiner Familienbetriebe
- starke Überformung der →Kulturlandschaft
- lange Anbautraditionen in vielen Dauerkulturregionen

Die Definition des Begriffes Dauerkultur und die Einbeziehung einzelner Kulturen kann in einzelnen Statistiksystemen variieren.

DAUERWEIDE: Dauerhaft als →Weide genutztes →Grünland, erkennbar beispielsweise an der stabilen Umzäunung und an den hohen Gräsern an Stellen mit Kuhmist.

DAUERWEIDEWIRTSCHAFT: Typ der →Weidewirtschaft mit vielen regionalen Variationen und Größenordnungen, bei dem Betriebe hinreichend Weideflächen besitzen, um den gesamten Viehbestand auf diesen Weideflächen ernähren zu können. Ganzjähriger Weidegang am Standort des Betriebes setzt ganzjährig gemäßigte oder ozeanisch-milde Temperaturen sowie ausreichend Niederschlag ohne lange Trockenzeiten voraus. Diese Bedingungen finden sich optimal in einigen mild-ozeanischen Regionen Irlands, Großbritanniens und der französischen Westküste (Großvieh und Schafe) sowie in Teilen Neuseelands, in den Höhenlagen der zentralamerikanischen und südamerikanischen Kordilleren (Großvieh). Ferner ist in Ostpatagonien eine ganzjährige Schafweidewirtschaft möglich.
Um die Fleischqualität zu erhalten, wird in Regionen mit Trockenzeit vereinzelt ein Teil der Nutzflächen zur Gewinnung von hochwertigem Futter bewässert.

DDT: Abkürzung für *Dichlordiphenyltrichlorethan*. Die chemische Summenformel dieses Kohlenwasserstoffes lautet: $C_{14}H_9Cl_5$. In der Natur kommt DDT nicht vor. Die Verbindung wird als hochwirksames →Insektizid verwendet. In Deutschland ist die Anwendung und auch die Herstellung (außer zu Forschungszwecken) seit 1972 verboten. Als Folge des auch in den Tropen reduzierten Einsatzes kam es zu einer deutlichen Zunahme von Malaria-Fällen.
Die Verbindung gilt als sehr schwer abbaubar und bleibt daher sehr lange in der Umwelt, auch in Form verschiedener Umwandlungsprodukte. Im →Boden und in Nahrungsketten (Vögel, Fledermäuse usw.) sind weiterhin auch in Deutschland DDT-Rückstände aus früheren Anwendungen zu beobachten, wobei diese sich v.a. in fettreichem Gewebe finden. Eine Erbgutveränderung wurde nicht, Krebsauslösung nur bei Labortieren beobachtet.

DEFICIENCY PAYMENTS: In der amerikanischen →Agrarpolitik der Begriff für →Subventionen, die →Landwirten bezahlt wurden, wenn die erzielten Preise unter einem jährlich nach bestimmten Kriterien festgelegten Richtpreis (target price) lagen. Die Deficiency Payments sind wie die →Flächenbeihilfen der →Reform der GAP vom Subventionsabbau im →GATT ausgenommen. Allerdings wurden die Deficiency Payments durch das neue Landwirtschaftsgesetz von 1996 (Farm Bill) außer Kraft gesetzt.

DEICHSCHÄFEREI: Standortgebundene →Betriebsform der Schafproduktion an Küsten. Der tiefe Biss der Schafe fördert die Bestockung der Böschungsbepflanzung. Zusätzlich zur Trittverdichtung trägt dies zu einer erhöhten Standfestigkeit der Deiche bei.

DELOU: Auch *Aghrour, Naora, Tirest*; traditionelles Verfahren der Grundwasserförderung in →Oasen. Dabei fördert ein Tier, das auf einer schiefen Laufstrecke hin- und hergeführt wird und dabei ein Doppelseil zieht, Brunnenwasser mit Hilfe eines am Ende des Seils befestigten Behältnisses (Ledersack). Delous können Wasser bis aus einer Tiefe von 50 - 60 m fördern. In der traditionellen Technik mit Zugtier ist das Verfahren nur noch vereinzelt anzutreffen.

DENATURIERUNG: Verschiedene Verfahren zur Unbrauchbarmachung von Nahrungsmittelüberschüssen für den menschlichen Konsum. Sie werden nicht auf dem Weltmarkt abgesetzt, sondern als Viehfutter verwertet und dazu vorher "denaturiert". Dies geschieht z.B. durch Einfärbung, Beimengung von Fischmehl, Knoblauchpulver oder Eisenoxid. Nach den gegenwärtigen →Marktorganisationen der EU ist nur für überschüssigen Zucker die Möglichkeit zur Denaturierung vorgesehen und dafür auch die Vergabe von Denaturierungsprämien.

DENITRIFIKATION: Freisetzung von gasförmigen Stickstoffverbindungen (N_2, NH_3, NO_x) aus den gebundenen Stickstoff-Formen des →Bodens (→Nitrite, →Nitrate) durch Bodenbakterien bei Luftmangel. Diese Bakterien siedeln - neben zahllosen anderen - auf Bodenteilchen und Steinen sowohl in der Sickerwasserzone als auch im Aquifer. Ihr Stoffwechsel ist darauf eingerichtet, den im →Nitrat (NO_3) gebundenen Sauerstoff zu veratmen. Sie denitrifizieren das Wasser und heißen deshalb auch *Denitrifikanten*. Die

meisten Denitrifikanten verbrauchen dabei außerdem organische Substanz, beispielsweise →Humusstoffe, die mit dem Sickerwasser aus dem Oberboden herausgelöst werden. Andere sind neben Nitrat auf Pyrit angewiesen, eine Verbindung von Schwefel und Eisen. In beiden Fällen ändert sich die Zusammensetzung der im Wasser gelösten Stoffe.
Alle Denitrifikanten haben gemeinsam, dass sie nur dann Nitrat abbauen, wenn das Wasser weitgehend frei von Sauerstoff ist. Da jedes Sickerwasser Sauerstoff enthält, muss dieser zunächst ebenfalls mikrobiell verbraucht werden, bevor Denitrifikation einsetzt. Nach derzeitigen Erkenntnissen werden so in leichten (Sand-)Böden pro Hektar und Jahr 10 bis 20, in schweren (Lehm-)Böden sogar 25 bis 35 Kilogramm Nitratstickstoff umgewandelt. Diese Denitrifikation vorausgesetzt, dürfen aus dem Oberboden dann noch jährlich 40 bis 45 Kilogramm Nitratstickstoff ausgewaschen werden, ohne dass der Nitratgehalt im neugebildeten Grundwasser 50 mg/l übersteigt.
Die Denitrifikation ist für den Pflanzenwuchs ungünstig, da den Pflanzen notwendige Nitrate entzogen werden. Stickstoffverluste durch Denitrifikation schwanken stark je nach Boden- und Klimabedingungen.
(→NITRIFIKATION, →STICKSTOFFKREISLAUF)

DEPUTAT: Früher u.a. in der →Landwirtschaft übliche, zum Entgelt gehörende Sachleistung, wie z.B. der →Naturallohn oder zur eigenen Nutzung überlassene Bodenflächen.

DESERTIFIKATION: Die Gefahr und der Vorgang der Wüstenausbreitung, d.h. der Prozess der Zerstörung von (potentiellen) Nutzflächen in ariden, semiariden und trockeneren subhumiden Zonen durch vermutlich irreversible Reduktion des ökologischen Potentials.
Desertifikation bewirkt eine Degradation von Steppen oder Savannen hin zu wüstenähnlichen Landschaften. Meist ist dieser Vorgang nicht ein ständiges Voranschreiten der Wüstenfront, sondern eine Degradation von einzelnen oft unzusammenhängenden Savannen- oder Steppenflächen.
Indikatoren der Desertifikation:
- Veränderung, Ausdünnung, schließlich Verlust der Pflanzendecke, als Folge
- langfristiger, kaum umkehrbarer Rückgang der Biomasseproduktion (z.B. Verdrängung mehrjähriger Gräser durch einjährige Arten)
- Veränderungen im Wasserhaushalt (→Bodenwasser, →Grundwasser, Verdunstung, Oberflächenabfluss)
- morphologische Veränderungen wie Bodenverlust durch Wind und Wasser, Reaktivierung von Dünenwanderungen sowie Dünenneubildung
- →Bodendegradation (Aridifizierung, verminderte →Bodenfruchtbarkeit, Bodenverkrustung, →Bodenversalzung und Alkalisierung)

Die Ursachen und Verbreitung sind von Kontinent zu Kontinent verschieden. Anthropogene und natürliche Faktoren überlagern und verstärken sich dabei. Beispielsweise werden die Tropfen der im Sahel sehr intensiven Regen bei abnehmender Vegetationsbedeckung nicht mehr gebremst, zerstören die Bodenaggregate, und nachfolgend werden Bodenporen mit Feinmaterial aufgefüllt. Verstärkt durch Krustenbildung bei anschließender Austrocknung wird damit die Bodenoberfläche zunehmend versiegelt, die Infiltration vermindert. Der so verstärkte Oberflächenabfluss besitzt eine höhere erosive Wirkung.
Anthropogene Faktoren:
- Expansion des Anbaus in bevölkerungsdichten Gebieten über die →Trockengrenze hinaus
- Verkürzung der Brache- und Regenerationsphasen
- Gewinnung von (Brenn-)Holz
- →Überweidung
- →Bodenversalzung durch unsachgemäße →Bewässerung
- Übernutzung der Wasserressourcen
- Ausweitung von weltmarktorientierten Kulturen

Natürliche Faktoren:
- Bodendeflation, z.B. nach dem Pflügen; sie führt zu
- Dünenbildung (Nebka-Bildung)
- Dürreperioden (hohe Niederschlagsvariabilität)

Mehr als ein Drittel (ca. 5,2 Mrd. ha) der eisfreien Landoberflächen gelten als Trockenzonen. Zwei Drittel (ca. 3,6 Mrd. ha) dieser Trockengebiete sind bereits durch Desertifikation in Mitleidenschaft gezogen oder verwüstet. Auf 2,6 Mrd. ha ist die Vegetation degradiert (ohne bisher nachweisbare Bodendegradation) und auf etwa 1 Mrd. ha sind auch die Böden degradiert. Jahr für Jahr werden weitere sechs Mio. ha →landwirtschaftliche Nutzfläche vollständig und irreversibel verwüstet. 21 Mio. ha LN/Jahr werden zumindest so stark geschädigt, dass eine weitere ökonomische Landbewirtschaftung nicht mehr möglich ist. Mehr als 850 Mio. Menschen leben in Trockengebieten, 250 Mio. Menschen davon gelten als von der Wüstenausdehnung direkt oder indirekt betroffen.

DESIGNERPFLANZEN: Gruppe von Pflanzen, die vor allem durch gentechnische Eingriffe speziell auf die Bedürfnisse beispielsweise der chemischen Industrie zugeschnitten werden. In den Industrieländern sollen Designerpflanzen durch ihren Einsatz als →nachwachsende Rohstoffe helfen, die Nahrungsmittel-Überproduktion zu mindern. Zum Einsatz kommen voraussichtlich Raps (erhöhter

Laurylsäuregehalt), Sonnenblumen, Soja und Leinsamen.

DESTRUENTEN: Eine Art von Zersetzern, welche die abgestorbene organische Substanz zerkleinern. Diese Abfallfresser (Würmer, Insekten u.a.) leisten die erste Stufe bei der Wiederverfügbarmachung von ➔Nährstoffen für die höhere Vegetation.

DEUTSCHE HOCHMOORKULTUR: Kultivierungsform norddeutscher Hochmoore, bei der ➔Höfe und Äcker auf dem entwässerten, mehrere Meter mächtigen Moorkörper angelegt wurden. Die Nährstoffarmut als der wesentliche ertragsbegrenzende Faktor bei der Hochmoorkultivierung wird durch hohe Düngergaben ausgeglichen. Nach der Entwässerung werden die oberen 20 cm des Torfbodens durch Fräsen aufgelockert, durch Zufuhr von Kalk (bis auf pH 4) neutralisiert und mit Kali, Phosphat und ➔Spurennährstoffen angereichert.
Bei Grünlandnutzung gehen jährlich ca. 0,5 cm der Hochmoorsubstanz durch biochemischen Abbau verloren, bei Beackerung liegen die Verluste gefördert durch Entwässerung, Kalkung und ➔Düngung bei 1 - 2 cm. Dieser Torfschwund wirkt zusätzlich zur entwässerungsbedingten Sackung. Neu einsetzende Vernässung hat intensivere Entwässerung zur Folge.
Torfstich gab es nur auf einem Teil des Besitzes, um den Eigenbedarf zu befriedigen und geringe Mengen auf einem schmalen Kanal oder auf der Straße aus dem ➔Moor hinaus zu befördern.
Die Konzepte der Deutschen Hochmoorkultur und der ➔Deutschen Sandmischkultur entsprangen Forschungsarbeiten der 1877 gegründeten *Preußischen Moorversuchsstation* in Bremen.

DEUTSCHE SANDMISCHKULTUR: Verbreitete Hochmoorkultur, die bei teilabgetorften Hochmooren oder Hochmoorböden mit weniger als 1,30 m Mächtigkeit anzutreffen ist. Auf tiefgreifendes Pflügen folgen Planieren und Meliorationsdüngung. Die guten Eigenschaften machen den ➔Boden zu einem bevorzugten Ackerbau- und Waldbaustandort.

DEUTSCHER BAUERNVERBAND: Abk. DBV; 1948 als Arbeitsgemeinschaft der ehemals zerstrittenen deutschen Bauernverbände gegründeter Dachverband deutscher Agrarproduzenten mit nahezu monopolartiger Stellung. Diese berufsständische Vertretung sollte als parteipolitisch und konfessionell unabhängiger Einheitsverband alle Produktionsrichtungen, Betriebsgrößen und Besitzformen auf freiwilliger und demokratischer Grundlage repräsentieren. Mit diesem Konzept vermied man eine Zersplitterung des landwirtschaftlichen Verbandswesens wie in der Zeit vor 1933. Der ➔Ökologische Landbau vertritt mit seiner Dachorganisation ➔AGÖL seine Interessen außerhalb des DBV.
Der DBV vertritt als ordentliche Mitglieder die 18 *Landesbauernverbände*, den *Bund der Deutschen Landjugend*, den *Deutschen Raiffeisenverband* und den *Bundesverband der Landwirtschaftlichen Fachschulabsolventen* sowie als assoziierte Mitglieder 42 Verbände und Institutionen. Letztere reichen von der *Messe Berlin GmbH* über den *Bundesverband Deutscher Saatguterzeuger e.V.*, die *Vereinigte Hagelversicherung VVaG* bis zum *Zentralverband Deutscher Kaninchenzüchter e.V.* Insgesamt sind mehr als 90 % aller ➔Bauern über ihre Kreis- und Landesverbände dem DBV freiwillig angeschlossen, dies sind 500.000 ➔Landwirte und ihre Familien.
Im Zentralverband der Deutschen Landwirtschaft kooperiert der DBV mit dem *Deutschen Raiffeisenverband*, der *Deutschen Landwirtschaftsgesellschaft* und dem *Verband der Landwirtschaftskammern*. Daneben ist der DBV in Gremien der zentralen genossenschaftlichen Einrichtungen - Banken und Versicherungen - vertreten sowie der landwirtschaftlichen Sozialversicherungen, der Ernährungswirtschaft, Wissenschaft und Entwicklungshilfe.
Der DBV hat laut Satzung die Aufgabe "die agrar-, wirtschafts-, rechts-, steuer-, sozial-, bildungs- und gesellschaftspolitischen Interessen" der ➔Land- und Forstwirtschaft in ihrer Gesamtheit zu vertreten und "die Tätigkeit der Mitgliedsorganisationen in allen wesentlichen Angelegenheiten zu koordinieren". Die Verfolgung der Ziele des DBV geschieht über die Beratung der Mitglieder und die Einwirkung auf politische Organe u.a. durch die Mitarbeit in verschiedenen Gremien. Der DBV ist Mitglied der ➔COPA (Comité des Organisations Professionelles Agricoles de l'UE), dem Organ der repräsentativen nationalen Bauernverbände der EU. Über ein gemeinsames Sekretariat mit der ➔COGECA (Genossenschafts-Dachverband) versucht die COPA in Brüssel die Interessen der ➔Landwirte gegenüber der EU zu vertreten.
Im DBV zeigt sich im Hinblick auf die innerlandwirtschaftlichen Machtverhältnisse eine auffallende Beharrungstendenz zugunsten der kleinen Gruppe von großen Landwirten, auch wenn er sich nach eigenem Bekunden nie als Vertretung landwirtschaftlicher Eliten verstand. Die Inhaber von Führungspositionen entstammen häufig großen umsatzstarken Betrieben, die gleichzeitig am meisten von der propagierten Preisstützungspolitik profitieren und auch über hinreichende Zeit, Kenntnisse und finanzielle Mittel verfügen, um sich mit der komplexen Materie der ➔Agrarpolitik zu beschäftigen (*Henrichsmeyer/Witzke* 1994). Eine bedeutende Rolle spielt auch ihre institutionelle Verflechtung mit angrenzenden Wirt-

schaftsbereichen, politischen Parteien und staatlichen Bürokratien, sowie die hohe Organisationseffizienz und die Fähigkeit, Partialinteressen als Allgemeininteressen auszugeben. Ferner kann sich die Verbandspolitik auf weit verbreitete solidarisierende Gruppenideologien stützen: Der mit dem ➔Strukturwandel einhergehende Verlust an Einkommen und sozialem Status ließ in weiten Kreisen der Landwirtschaft ein Gefühl der Benachteiligung und existentiellen Bedrohung und als Folge ein ausgeprägtes solidarisches Verhalten entstehen.
Historisch gesehen hat aber das landwirtschaftliche Establishment im Gesellschaftsgefüge seit der Gründung des Kaiserreiches an gesellschaftlichem Status, Prestige und Machtchancen eingebüßt.

DEUTSCHER GENOSSENSCHAFTS- UND RAIFFEISENVERBAND: Abk. DGRV; 1972 gegründete Spitzenorganisation des deutschen Genossenschaftswesens mit drei fachbezogenen Bundesverbänden (Bereiche "Banken", "gewerbliche Ware", "ländliche Warengenossenschaften"). Er vertritt die gemeinsamen, übergeordneten Interessen von 7.200 ➔Genossenschaften (1997) mit 15,2 Mio. Mitgliedern im politischen Willensbildungsprozess.

DEUTSCHER RAIFFEISENVERBAND: Abk. DRV; in seiner jetzigen Form 1948 entstandener Dachverband aller Waren- und Dienstleistungsgenossenschaften (1997: 4.446) in der Bundesrepublik Deutschland.
Die einzelnen Mitgliedsgenossenschaften des DRV sind wirtschaftlich und rechtlich selbständige Gesellschaften, die dem genossenschaftlichen Förderauftrag ("Förderung des Erwerbs oder der Wirtschaft der Mitglieder durch gemeinschaftlichen Geschäftsbetrieb" §1 GenG) und den drei genossenschaftlichen Grundprinzipien verpflichtet sind:

- der Selbsthilfe, d.h. Freiwilligkeit des Zusammenschlusses und Übernahme von Genossenschaftsanteilen durch die Mitglieder,
- der Selbstverantwortung, d.h. demokratische Entscheidungsfindung in der Generalversammlung und finanzielle Haftung im Verlustfall und
- der Selbstverwaltung, d.h. Besetzung von Vorstand und Aufsichtsrat aus dem Kreis der Mitglieder.

Neben der Beratung und Betreuung der Mitgliedsorganisationen obliegt dem DRV insbesondere die Vertretung der Mitgliederinteressen in wirtschafts-, rechts- und steuerpolitischen Belangen gegenüber staatlichen Institutionen und der Öffentlichkeit.

Genossenschaftsarten im Deutschen Raiffeisenverband 1997

Genossenschaftsart	Anzahl
Ländliche Waren- und Dienstleistungsgenossenschaften	2.903
Bezugs- und Absatzgenossenschaften	602
Milchgenossenschaften	502
Vieh- und Fleischgenossenschaften	135
Winzergenossenschaften	282
Obst-, Gemüse- und Gartenbaugenossenschaften	146
Sonstige	1.236
Kreditgenossenschaften mit Warengeschäft	645
Agrargenossenschaften	861
Zentralen und Einrichtungen auf Bundesebene	37

Quelle: http://www.agranet.de/drv/profil/statistik.htm

DIELE: Breiter Wirtschaftsraum, in dem früher gedroschen wurde, der z.T. aber auch als Wohnraum (mit Herdfeuer) diente. (➔TENNE, ➔FLUR, ➔ERN)

DIEMEN: Meist um einen Pfahl herum zylinder- bis kegelförmig oder auch mit eckigem Grundriss gestapeltes Erntegut (meist ➔Heu, auch Stroh).

DIREKTBEIHILFE: Unmittelbare Zahlungen des Staates an die ➔Landwirte im Rahmen der ➔Gemeinsamen Agrarpolitik. Direktbeihilfen erhalten heute praktisch alle Landwirte als Ausgleich für die unzureichenden Erlöse beim Verkauf von Agrarprodukten, und zwar über die ➔Ausgleichszahlungen.

DIREKTSAAT: Verfahren zur maschinellen Saatgutablage ohne jegliche ➔Bodenbearbeitung (engl. *zero-tillage*). Dennoch besteht auch der Begriff "pfluglose Bodenbearbeitung". Es werden lediglich Saatschlitze geöffnet, in die das ➔Saatgut abgelegt wird. Zum Anlegen der Saatschlitze dienen je nach Gerätetyp meißelartige Werkzeuge oder ein bis zwei groß dimensionierte Scheiben (➔Drillmaschine). Zur Unkrautbekämpfung werden ➔Herbizide (z.T. teure Spezialpräparate) eingesetzt. Das System führt zu Kosten-, vor allem aber zu Arbeitszeiteinsparungen. In Deutschland wird es jedoch nicht in großem Umfang eingesetzt, weil viele ➔Böden eine herkömmliche Bearbeitung benötigen, damit die Pflanzenreste eingearbeitet werden und ein gutes Saatbett hergestellt werden kann. In anderen Ländern gehört die Direktsaat zu den Techniken, die man als Maßnahmen des Erosionsschutzes einsetzt sowie zur Erhaltung von Bodenfeuchte und zur Vermehrung der organischen Bodenbestandteile.
Weitere Vorteile der Direktsaat

- Intakte Regenwurmröhren verhindern Erosion, indem Oberflächenwasser mit weniger Nitrataus-

waschung schnell in den Untergrund abgeleitet wird
- natürlich statt maschinell entstandene Hohlräume speichern mehr Winterniederschläge für trockene Sommer im Boden
- nicht gelockerter Boden lagert zwar dichter, atmet aber genausoviel wie gelockerter Boden
- der Boden ist besser befahrbar
- mehrere N-Einzelgaben können zusammengefasst werden
- Bodengefüge, Bodenleben und Humusaufbau werden verbessert
- die Auswinterungsgefahr wird verringert
- bei Rüben entsteht weniger Erdanhang
- die Erbsendrusch wird vereinfacht, weil die Ährenheber nicht so viele Wurzeln mit Erde aus dem Boden ziehen
- tiefkeimende Unkräuter werden zurückgedrängt

Für Entwicklungsländer wurden spezielle Saatgeräte für Handbetrieb und tierische oder motorisierte Zugkraft entwickelt. Dabei entspricht das Verfahren im Prinzip herkömmlichen Methoden der tropischen Kleinlandwirtschaft, bei der nach der Brandrodung mit Hilfe eines Pflanzstocks ausgesät wird. Zentrales Element der Direktsaat in Entwicklungsländern ist die Unkrautbekämpfung. ➔Gründüngung, ➔Mulchen und geeignete ➔Fruchtfolgen helfen, den Unkrautwuchs zu unterdrücken. Lediglich in mechanisierten Betrieben werden Herbizide eingesetzt. (➔MINIMAL-BESTELLTECHNIK)

DIREKTVERMARKTUNG: Landwirtschaftliche Direktvermarktung ist der Verkauf von Erzeugnissen unmittelbar an den Konsumenten ohne Zwischenschaltung von Handels- und Verarbeitungsbetrieben. Direktvermarktung bedeutet umgekehrt die *Wiedereingliederung* zahlreicher Funktionen in den landwirtschaftlichen Betrieb (Verarbeitung, Transport, Lagerung, Werbung, Verkauf).

Diese Vermarktungsform findet in den vergangenen Jahren verstärkt Bedeutung.

Gründe dafür sind:
- die landwirtschaftliche Einkommensentwicklung macht die Erschließung neuer Einkommensquellen nötig
- die üblicherweise dem Zwischenhandel zufallenden Gewinne verbleiben dem ➔Landwirt
- weitere Zusatzeinkommen durch die ➔Veredelung der Urprodukte am Hof
- Absatz neuer Produkte, für die keine traditionellen Absatzwege bestehen, für die aber Nachfrage besteht
- Preise erzielbar, die die arbeitsaufwendigeren Produktionsformen im ➔ökologischen Landbau wirtschaftlich rechtfertigen
- verstärktes Bemühen der Erzeuger, Qualitätsprodukte herzustellen
- größeres Maß an selbständiger Handlungskompetenz für die Landwirte (Unternehmerinitiative)
- Bedürfnis von Verbrauchern nach möglichst engem Kontakt zum Produzenten und nach transparenter Produktion
- Wandel in den Ernährungsgewohnheiten der Bevölkerung mit bewusster Ernährung als Form der Freizeitgestaltung

Passende Vermarktungsformen in Abhängigkeit vom Standort des Betriebes

Standort	Vermarktungsform
Ortsnähe u. Stadtrand	• Ab-Hof-Verkauf, Einrichtung von Hofläden • Frei-Haus-Verkauf • Selbstpflückanlage
Befahrene Straße	• Ab-Hof-Verkauf • Selbstpflückanlage • Stand am Straßenrand
Mit PKW erreichbare Stadt oder Siedlung	• Marktstand • Rollender Verkaufsstand • Frei-Haus-Verkauf • Belieferung von Großkunden (Restaurants) • speziell eingerichtete Bauernmärkte
Tourismus- und Freizeitanlagen in der Nähe	• Stände auf Campingplätzen, an Badeseen und Ausflugszielen
Marktferne	• Versand • Verkauf an Händler

Direktvermarktungsübliche Produkte

- Eier
- Gemüse
- Teigwaren
- Brot
- Milchprodukte
- Käse
- Kartoffeln
- Obst
- Wein
- Trinkmilch
- Butter
- Fleisch und Wurst
- Schlachtgeflügel
- Getreide (vornehmlich im ➔ökologischen Landbau)
- Marktnischenprodukte wie Perlhühner, Wachteln, Wild, geräucherte oder frische Fische, Pilze, Zuckermais, Heil- und Gewürzpflanzen
- Sonstige Produkte wie Felle und Häute, Wolle roh oder versponnen, Strickwaren, Honig, Bienenwachs, Weihnachtsbäume, Kaminholz, Trokkenblumen, Gestecke, Erntekronen, Kräuter, Tees, Säfte, Trockenobst, Essig, Branntwein u.s.w.

Häufig besitzen Vermarktungsformen kooperativen Charakter oder sind Element einer Erzeuger-Verbraucher-Gemeinschaft. Letztere beinhaltet den Gedanken, dass die erhöhten organisatorischen Aufgaben, die mit der direkten Vermarktung von Produkten verbunden sind, nicht von den ➔Bauern allein bewältigt werden müssen, sondern engagierte Verbraucher einen Teil dieser Arbeit übernehmen. Deren Tätigkeit erfolgt überwiegend ehrenamtlich und setzt ein hohes Maß an Idealismus voraus.
Landwirtschaftliche Betriebe, die lediglich eine Verkaufsstelle auf ihrem Hof unterhalten, betreiben nach rechtlichen Kriterien kein Handelsgeschäft. Werden dagegen bestimmte Grenzwerte dauernd und nachhaltig überschritten, kann dies zum Übergang vom landwirtschaftlichen zum gewerblichen Unternehmen führen mit Konsequenzen für die steuerliche Behandlung des Betriebes.
Die Direktvermarktung und die Integration von der Erzeugung nachgelagerter Funktionen bewirken in der Regel eine Erhöhung der Wertschöpfung innerhalb eines Betriebes. Diese Tätigkeiten haben damit eine Bedeutung für die ökonomische Stabilisierung eines Teils der landwirtschaftlichen Betriebe.

DISTICKSTOFFOXID: N_2O, auch Lachgas, klimarelevantes Spurengas, das zum zusätzlichen ➔Treibhauseffekt beiträgt und als Mitverursacher des saisonalen Ozonabbaus in der Stratosphäre gilt. Die Emission von Lachgas durch die ➔Landwirtschaft hat ihre Ursache in der (weiterhin zunehmenden) Stickstoffdüngung. Bei einer für die kommenden Jahrzehnte erwarteten Verdoppelung der Emissionen wird das Ozon-Zerstörungspotential des N_2O dem der FCKW entsprechen.
Die wichtigste Quelle für N_2O sind mikrobielle Umsetzungen von Stickstoffverbindungen in ➔Böden (➔Nitrifikation, ➔Denitrifikation). Diese erfolgen sowohl unter natürlichen Bedingungen als auch infolge der Stickstoffdüngung in der ➔Landwirtschaft. Die Landwirtschaft trägt so rd. 34 % der gesamten anthropogenen N_2O-Emissionen in Deutschland bei, global sind es ca. 60 % aller anthropogenen N_2O-Emissionen. Die Beiträge der N_2O-Emissionen aus Böden als Folge mikrobiell umgesetzter Stickstoffüberschüsse aus der Stickstoffdüngung sind bisher besonders unzureichend erforscht. Bekannt ist aber, dass insbesondere bei schweren Böden mit geringen Versickerungsraten und langen Verweilzeiten des ➔Bodenwassers der überwiegende Teil der Stickstoffüberschüsse im Boden (80 - 95 %) nach Umsetzungen in die Luft emittiert wird. Weiterhin von Bedeutung sind Prozesse in der chemischen Industrie sowie in geringem Umfang Verbrennungsprozesse. N_2O entsteht auch bei der katalytischen Reinigung von Kfz-Abgasen.
Der Abbau des N_2O erfolgt im wesentlichen auf photochemischem Wege in der Stratosphäre. Es ist so Mitverursacher des saisonalen Ozonabbaus in der Stratosphäre. (➔UMWELTWIRKUNGEN)

DIVERSIFIZIERUNG: Auch *Diversifikation*; Steigerung der Produktvielfalt, d.h. die Ausrichtung eines Betriebes auf eine größere Zahl verschiedener landwirtschaftlicher Erzeugnisse. Häufig werden unter dem Begriff auch die fünf alternativen Erwerbszweige

- Tourismus,
- Freizeit und Erholung,
- Weiterverarbeitung konventioneller Produkte,
- unkonventionelle Produktionszweige und die
- Umnutzung von Land und Gebäuden verstanden.

DOPPELHOF: 1. Zwei wirtschaftlich selbständige Agrarbetriebs- und Wohneinheiten unter einem Dach oder in relativer räumlicher Nachbarschaft. Der Doppelhof ist eine Übergangsform vom ➔Einzelhof zur Gruppensiedlung. 2. Teilungshof, der vom zugehörigen zweiten Hof durch räumliche Entfernungen von über 1.000 m getrennt sein kann, jedoch Nachbarschaft der ➔Fluren und gleiche Namensgebung aufweist.
Doppelhöfe finden sich häufig in Westfalen und in der Lüneburger Heide.

DORF: Nach geographischer Definition eine ländliche Gruppensiedlung ab einer Größe von ca. 100 Einwohnern bzw. 20 Hausstätten. Das Dorf unterscheidet sich vom kleineren Weiler nicht allein durch seine Größe, sondern auch durch eine Differenzierung in der Ausstattung mit Dienstleistungsangeboten, die teils der Versorgung mit spezifischen Bedarfsgütern der im primären Sektor tätigen Bevölkerung, teils mit ihrem universellen Charakter auch der Versorgung der Nicht-Agrarbevölkerung dienen.
Im allgemeinen Sprachgebrauch ist jedoch der Begriff "Dorf" zu einer Art Synonym für "➔ländliche Siedlung" geworden, der damit auch ländliche Einzelsiedlungen und kleinere Gruppensiedlungen umfasst.
Merkmale von mitteleuropäischen Dörfern:

- mehr oder weniger geschlossene Siedlung im ländlichen Raum
- überschaubar in seiner Siedlungsstruktur und geprägt durch einen ursprünglichen Bezug zur Landschaft
- zu verstehen als eine Siedlungseinheit und nicht als eine Verwaltungseinheit
- dörfliche Struktur im Kern durch die Landwirtschaft geprägt, sei es durch vorhandene Betriebe oder ehemals landwirtschaftlich genutzte Bausubstanz

- erfüllt neben der Funktion "Wohnen" ein Mindestmaß an anderen Daseinsgrundfunktionen

Dorfsiedlungsgebiete sind in Mitteleuropa die altbesiedelten →Börden, die klimatisch günstigen Gäulandschaften Süddeutschlands, die hessischen Senken und die im Zuge der →Ostkolonisation besiedelten Gebiete.

Die Verwendung des Begriffes "Dorf" für heutige nichtzentrale Gruppensiedlungen im →ländlichen Raum Mittel-, Nord- und Westeuropas wird von *Jäger* (1987) aufgrund des starken Funktionswandels und des Fehlens des Begriffes "Dorf" in der aktuellen Gemeindeverfassung in Frage gestellt. Er betrachtet "Dorf" als einen historisch-geographischen Begriff. *Kattler* (1996) sieht den Begriff zu sehr mit emotionalen Bindungen behaftet, als dass er wissenschaftlich definierbar wäre.

(→LÄNDLICHE SIEDLUNG, →LÄNDLICHE SIEDLUNGSFORM)

DORFERNEUERUNG: Maßnahmen zur Verbesserung der Produktions- und Arbeitsbedingungen in der →Land- und Forstwirtschaft, im ländlichen Gewerbe sowie der Lebensverhältnisse der dörflichen Bevölkerung, zur Weiterentwicklung ländlich geprägter →Dörfer in ihrer wirtschaftlichen, ökologischen und kulturellen Bedeutung und zur Erhaltung der Vielfalt →ländlicher Räume. Die Dorferneuerung hat die Siedlungseinheit als unverwechselbares Ganzes im Blick und berücksichtigt die strukturellen und funktionalen Verflechtungen des Dorfes mit seiner Umgebung.

An der Dorferneuerung sind neben der →Flurbereinigung Fachplanungen bzw. Fachbehörden der →Landwirtschaft, des Heimatschutzes und der Denkmalpflege sowie des sog. Städtebaus beteiligt. Sie wird so als integrale politische Aufgabe verstanden. Grundlage für die Dorferneuerung bildet der Dorferneuerungsplan. Er muss in Text und Karte eine Bestandsaufnahme, eine Bestandsbewertung und Entwicklungsprognose sowie ein Planungskonzept mit Maßnahmenkatalog und zu veranschlagenden Kosten enthalten.

Dorfentwicklung und *Dorfsanierung* sind dem Begriff Dorferneuerung untergeordnete Begriffe, die sich auf die Orte selbst beziehen. Die Maßnahme der Dorfsanierung hat sich von einer Modernisierung und teilweisen Beseitigung des Dorfkerns in eine Erhaltungsmaßnahme gewandelt. Diese mündet idealerweise in eine Dorfentwicklung, die darauf abzielt, den alten Dorfkern mit den Neubaugebieten zu verbinden und aus beiden eine ländliche Siedlung mit eigenem Gepräge zu formen.

Bund und Länder fördern seit 1984 im Rahmen der →Gemeinschaftsaufgabe "Verbesserung der Agrarstruktur und des Küstenschutzes" (GAK) gemeinsam Maßnahmen zur Dorferneuerung, zusätzlich auch mit Hilfe von Wettbewerben wie "Unser Dorf soll schöner werden". Die von den Landwirtschaftsministerien betreuten Programme nach der GAK sind noch stark an landwirtschaftlichen Problemstellungen orientiert.

<u>Fördermaßnahmen sollen</u>

- ländliche Siedlungen als Standort land- und forstwirtschaftlicher Betriebe erhalten und verbessern
- die Wirtschaftserschwernisse land- und forstwirtschaftlicher Betriebe mit den Erfordernissen zeitgemäßen Wohnens und Arbeitens in Einklang bringen
- der Abwanderung aus strukturschwachen Regionen entgegenwirken
- nachteilige →Umweltwirkungen auf die land- und forstwirtschaftlichen Betriebe beseitigen oder mildern
- die innerörtlichen Verkehrs- und Gewässerverhältnisse regeln
- Infrastruktur- sowie Freizeit- und Erholungseinrichtungen für den örtlichen Bedarf schaffen
- Lebensräume für Pflanzen und Tiere sichern und verbessern sowie sonstige Maßnahmen zur Verbesserung der Umweltsituation fördern
- die Nutzung regenerativer Energien und umweltfreundlicher Produktionsweisen fördern
- die Identität der Gemeinden und Ortsteile als →ländliche Siedlungen durch ortsbildprägende Erhaltungs- und Gestaltungsmaßnahmen stärken
- erhaltenswerte Gebäude ggf. neuen "dorfgerechten" Nutzungen zuführen
- einer Verödung der Ortskerne entgegenwirken
- die Identifikation der Bürger mit ihrem Dorf stärken (die Initiative und Gestaltung zur Dorferneuerung sollte von den Gemeinden ausgehen und sie sollte vorrangig von den Bürgern betrieben werden)

Für den Zeitraum 1993 - 1996 beispielsweise waren innerhalb der Gemeinschaftsaufgabe rund 1,3347 Mrd. DM Bundes- und Landesmittel (60:40) für Maßnahmen der Dorferneuerung vorgesehen. Daneben bieten mehrere Bundesländer ergänzende Programme zur Dorferneuerung an. Mit deren Hilfe können Maßnahmen des Umwelt-, des Natur- und Denkmalschutzes realisiert werden, Maßnahmen, für die eine Förderung mit Mitteln der Gemeinschaftsaufgabe nicht möglich ist, die aber dennoch zu einer umfassenden Dorferneuerung gehören. Programme der städtebaulichen Erneuerung, die von den Städtebauministerien ausgehen, zielen auf die Beseitigung städtebaulicher Missstände im Sinne des Städtebaurechts. Die Förderung der Dorferneuerung löst Folgeinvestitionen privater und öffentlicher Auftraggeber aus, die ein Mehrfaches der geförderten Investitionssumme erreichen. Die Fördermaßnahmen tragen so auch zur Erhaltung mittelständischer Betriebe und zur Stabilisierung der Wirtschaftskraft in strukturschwachen ➔ländlichen Räumen bei.

DRAINAGE: Drainage ist ein Entwässerungsverfahren (➔Melioration) für grundwasservernässte ➔Böden bei ➔Acker- und ➔Grünland mit dem Ziel, den Grundwasserspiegel auf eine Tiefe abzusenken, die optimales Pflanzenwachstum gewährleistet.
Die Rohrdränung ist das gebräuchlichste Verfahren. Bei den heute üblichen gewellten Kunststoffrohren dringt das Wasser durch Schlitze ins Innere.
Üblicherweise schwankt die Tiefe, bis zu der Gräben gezogen oder Dränrohre gelegt werden, zwischen 70 und 120 cm. Die Zwischenräume beeinflussen die Rate, mit welcher der Grundwasserspiegel steigt oder fällt, sie variieren zwischen fünf und 40 Metern.
Vorteile der Dränung:

- Beseitigung der schädlichen, dauernden Bodenvernässung
- Verbesserung des ➔Bodengefüges
- bessere Bodenbelüftung
- besseres Tiefenwachstum der Wurzeln
- Vermeidung zu starker Grundwasserschwankungen
- schnellerer Wachstumsbeginn im Frühjahr durch bessere Erwärmung
- unerwünschte Salze werden abtransportiert
- bei Rohrdränung rentabler Maschineneinsatz, da kein Zerschneiden durch oberirdische Entwässerungsgräben

Negative Auswirkungen von Drainagen:

- Verringerte Anzahl von ➔Feuchtgebieten
- ➔Artenrückgang
- Oxidation und schließlich Verschwinden von Torfmaterial
- Nachteile für die Wasserversorgung benachbarter Waldflächen
- unter Umständen Ausbildung von Hochwasserspitzen in den Vorflutern

DREIBOCKREUTER: Gerüst aus drei pyramidenförmig angeordneten Pfählen mit Querholmen zur Lufttrocknung von Grasschnitt.

DREIFELDERWIRTSCHAFT: Auch *Dreizelgenwirtschaft*; im Mittelalter (Anfänge werden schon auf den Zeitraum 100 n.Chr. datiert, sichere Belege aus dem 8. Jh. aus dem Raum St. Gallen) entwickeltes Fruchtwechselsystem mit einer gemeinsamen und geplanten Verlagerung der einzelnen Elemente. "Feld" steht dabei nicht für den Acker des einzelnen ➔Bauern, sondern die Gesamtheit aller Äcker einer einheitlich bewirtschafteten ➔Zelge. Jedes Mitglied der dörflichen Gemeinschaft hatte Anteil an jedem Feld und war andererseits bei der Bewirtschaftung engen Grenzen unterworfen (➔Flurzwang).
Es sind zu unterscheiden:
a) Die Alte Dreifelderwirtschaft (8./9. - 18. Jh.) mit der ➔Fruchtfolge ➔*Brache* - ➔*Winterung* - ➔*Sommerung*. Auf dem Bracheschlag wuchsen Ausfallgetreide und ➔Unkraut, die ein dürftiges (Weide-)Futter boten. Diese eingeschobene Rotationsbrache diente zum einen der Bodenerholung (➔Düngung durch Exkremente der Weidetiere, Mineralisierung), zum anderen war sie aus arbeitswirtschaftlichen Gründen nötig: die geringen Anspannkräfte erlaubten nicht die Bewirtschaftung der gesamten ➔Ackerflächen.
Die im Herbst bestellte ➔Winterung waren in der Regel Roggen, häufig auch Dinkel, Spelz oder Weizen. In der im Frühjahr bestellten ➔Sommerung standen meist Hafer oder Gerste u.U. gemischt mit ehemaligen Ackerunkräutern Erbsen und Ackerbohnen. Dieses ➔Bodennutzungssystem ging einher mit einer feudal geprägten Landverfassung. Deren Kennzeichen waren die personenrechtliche Bindung des Bauern an den Grundherrn mit beschränkter Freizügigkeit und der Verpflichtung zu Arbeits- und Naturalleistungen sowie die Nutzung des ➔Ackerlandes in verbindlichen Felderfolgen und die gemeinschaftliche Weidenutzung der ➔Allmende, und des Bracheschlages der Äcker, die zu den sogenannten "Gemeinheiten", d.h. den von der ganzen Dorfgemeinschaft genutzten Flächen, gehörten. Auch die Felder wurden nach der Ernte durch Beweidung genutzt.
Weitere Merkmale der Alten Dreifelderwirtschaft:

- einseitige Ausrichtung des ➔Ackerbaus auf Brotfrüchte
- Vernachlässigung der ➔Viehwirtschaft
- Nährstoffmangel des ➔Bodens und mangelnde Versorgung der Bevölkerung mit Nahrungsmitteln
- Selbstversorgung der ➔Landwirtschaft in allen Belangen; nahezu vollständige Wiederverwendung aller Stoffe im landwirtschaftlichen Betrieb

Dieses mittelalterliche ➔Agrarsystem umfasste auch den ➔Wald, der im 13. Jh. auf eine weit geringere Fläche als heute zurückgedrängt war. ➔Waldweide und vielseitige andere Nutzungen führten zu lichten Waldbeständen, ➔Bodendegradation, Verheidung und Nährstoffverarmung.
b) Die Verbesserte Dreifelderwirtschaft mit der Fruchtfolge *Blattfrucht und/oder Hackfrucht - Wintergetreide - Sommergetreide*.
Die Einführung von stickstoffanreichernden Pflanzen (Luzerne seit 1720, Rotklee seit 1750, Lupinen ab 1780) auf die Ackerbrache wird als größte "grüne Revolution" im Ackerbau West- und Mitteleuropas angesehen. Die Eigenschaft von Rotklee, in Symbiose mit Bakterien atmosphärischen Stickstoff zu binden, war in einer Zeit, zu der Stickstoff der am meisten defizitäre ➔Nährstoff war, von höchster Bedeu-

tung. Die Auswirkungen des Rotklees im Zuge der Überwindung der Alten Dreifelderwirtschaft umfassen ferner folgende Punkte:

- Intensive und tiefe Durchwurzelung der Böden; Folge: Anreicherung organischer Substanz
- Verbesserung der Futterwirtschaft durch regelmäßigen und systematischen Anbau von Ackerfutter, Folgen:
  - Ausdehnung der Viehhaltung und der Tierproduktion,
  - Vermehrte Gewinnung von →Stallmist,
  - Ertragssteigerung aller Fruchtarten im Ackerbau
- Begünstigung des intensiven, humuszehrenden Hackfruchtbaus; Folge:
  - Verbesserung der Ernährungslage
- Wirksame Unterdrückung von →Unkraut
- Erweiterung der Felderfolge, erzwungen durch die starke Selbstunverträglichkeit des Rotklees

Neben den Leguminosen, die zur →Gründüngung oder als Viehfutter genutzt wurden, diente der Anbau von →Hackfrüchten (Topinambur, Runkelrüben ab 1700, Kartoffeln seit dem späten 18. Jh.) direkt der menschlichen Ernährung. Aus einer reinen Getreidewirtschaft war eine Fruchtfolge Getreide-Blattfrucht geworden.
Neu aus Amerika eingeführte Pflanzen (z.B. Kartoffeln), Verbesserungen in der →Bodenbearbeitung und planmäßige Düngeranwendung (Mergel, Kalk) ermöglichten diese Veränderungen.
Die Weiterentwicklung der Verbesserten Dreifelderwirtschaft konnte zu einer *Mehrfelderwirtschaft* führen, in der neben Kartoffeln und Rüben beispielsweise auch Lein und Luzerne auftraten.
Nachdem ab der Mitte des 20. Jahrhunderts verstärkt Verfahren mit hohem Rationalisierungseffekt eingeführt werden mussten, reduzierten sich die Fruchtarten in den relativ kleinen westdeutschen Betrieben. Es entstanden *Neue Dreifelderwirtschaften* und *Neue Zweifelderwirtschaften* mit nur wenigen Fruchtarten, die je nach Region und Betriebsausrichtung kombiniert werden.

DREIKANTHOF: Von drei rechtwinklig zusammenhängenden Gebäuden gebildeter Hof mit durchlaufender Firstlinie. Er ist entweder eine Sonderform des geschlossenen →Dreiseithofes oder eine erweiterte Form des →Winkelhofes.

DREISEITHOF: Von drei mehr oder minder frei stehenden Gebäuden gebildeter Hof ohne durchlaufende Firstlinie. Der Dreiseithof wurde früher auch als fränkisches Gehöft bezeichnet. Mittlerweile ist erwiesen, dass eine Stammesbindung nicht besteht. Seine Verbreitung betrifft weite Teile Deutschlands mit einer Dominanz im mittel- und südwestdeutschen Bereich. Südbayern, der Südschwarzwald und Ostfriesland sind Räume mit fehlender oder nur sehr geringer Verbreitung.

DREIZELGEN(BRACH)WIRTSCHAFT: Die Dreizelgen(brach)wirtschaft ist eine →Dreifelderwirtschaft, bei der jeweils eine →Zelge mehrere →Gewanne umfassen kann. Die Einteilung der Felder in Bezirke gleichartiger Frucht (→Winterung, →Sommerung, →Brache) schließt den →Flurzwang mit ein.

DRIESCHWIRTSCHAFT: Im Westen und Südwesten Deutschlands vorkommende Bezeichnung für die →Feldgraswirtschaft. Das Drieschland war das zeitweise ruhende, zur Selbstberasung (→Weide) sich überlassene →Ackerland.

DRILLMASCHINE: Gerät zum gleichmäßigen Einbringen der verschiedenartigen Saatgutformen und unterschiedlichen Saatmengen in den →Boden. Die Bedeutung der *Drillsaat* liegt vor allem in der Saatguteinsparung, der Verbesserung der Arbeitsqualität sowie einer höheren Flächenleistung gegenüber der Handsaat.
Beim Sävorgang gelangt das Getreide aus dem Saatgut-Vorratsbehälter zum Sämechanismus und von dort über die Saatleitungen und die Drillschare in den Boden. Die Drillschare öffnen im Boden einen Saatschlitz, in welchen das Saatgut abgelegt wird. Drillscharen können meißelartigen Charakter unterschiedlicher Form haben oder aus ein bzw. zwei rollierend-schneidenden Scheiben bestehen.

DRITTLAND: Staaten, die nicht Mitglied der →EU sind, werden von den EU-Ländern als Drittländer bezeichnet.

DRUBBEL: Kleine Gruppensiedlung von 3-15 Höfen am Rande von Altackerland (→Eschen). Der Drubbel wird auch als Eschdorf bezeichnet. Verbreitungsgebiet des Drubbels ist vornehmlich NW-Deutschland.

DRUSCH-SAAT-VERFAHREN: Verfahren bei dem eine Frucht (z.B. Winterweizen) mit dem Mähdrescherteil einer Kombinationsmaschine geerntet und eine Nachfrucht (z.B. Raps) mit dessen Sägerät ausgebracht wird. Die Maschine kann das →Saatgut mit dem Strohteppich abdecken. Derartige Geräte befinden sich noch in der Erprobungsphase.

DRY FARMING: Auch *Trockenfarmsystem* oder *Trockenfeldbau*; dabei wird in den Grenzgebieten des →Regenfeldbaus der mittleren Breiten durch Einschub von →Schwarzbrache in die →Fruchtfolge Wasser gespart (z.B. 1. →Brache - 2. Weizen - 3. Weizen). Vor einem Regenfall wird der →Boden

grobschollig gepflügt, um durch die vergrößerte Bodenoberfläche die Niederschlagsaufnahme zu erleichtern und den Abfluss zu verhindern. Nach dem Regen verringern ➔Eggen und ➔Walzen die Verdunstungsoberfläche und hemmen die Kapillarverdunstung, so dass die Feuchtigkeit länger im Boden bleibt. Gleichzeitig wird durch diesen Bearbeitungsschritt die Verunkrautung bekämpft.
Das Dry-farming-System ist besonders im niederschlagsarmen mittleren Westen der USA verbreitet und ermöglicht dort den Ackerbau noch bei 200-300 mm/a. Dry-farming erfordert große Agrarbetriebe (mehrere hundert ha), da jeweils nur ein Teil der Betriebsfläche effektiv genutzt werden kann. Auch sind die Getreideerträge niedrig (bis ca. 500 kg Weizen je ha). Die Grenze des Trockenfarmsystems führt entlang der agronomischen ➔Trockengrenze (=Grenze des ➔Regenfeldbaus), die bei rund 300 mm Jahresniederschlag liegt.
Dry farming und das Ranch-System sind als Ergebnisse der ökonomischen und technologischen Entwicklungen des 19 Jh. zu sehen:

- Absatzmärkte durch starkes Bevölkerungswachstum in den östlichen USA und im westlichen Europa sowie durch geänderte Konsumgewohnheiten (Weizen statt Roggen und zunehmend Fleisch).
- Abnahme der Schiffsfrachtkosten als Exportbegünstigung für überseeische Agrargüter zusätzlich zu den ohnehin günstigeren Produktionskosten.
- Kühltechnik (Gefrierschiffe seit 1875) und Verarbeitungstechnik (seit 1860 Herstellung von Fleischextrakt, fabrikmäßige Erzeugung von Dosenfleisch seit 1880)
- durch Eisenbahnbau kostengünstige Transporte im Inneren der Kontinente
- Frühe Vollmechanisierung der Ernte bei Weizen (um 1830 McCormicks Erntemaschine, Dampfdreschmaschine um 1830, automatischer Bindemäher 1870)

Beide Systeme fanden weltweit besonders zwischen 1850 und 1930 Verbreitung, danach ist lediglich noch in der ehemaligen UdSSR das dry farming stark ausgeweitet worden. Trotz einer noch großen Bedeutung befinden sich in den übrigen Gebieten beide Systeme heute auf dem Rückzug.

DUAL ECONOMY: Auf den ➔Agrarraum bezogen das Neben- und Miteinander (Dualismus) der traditionellen ➔Subsistenzwirtschaft und des modernen, stärker marktwirtschaftlich orientierten Sektors insbesondere in den Tropen. Beide Sektoren lassen sich wie folgt charakterisieren:
Traditioneller Sektor: reichliche Ausstattung mit dem ➔Produktionsfaktor Arbeit, bei geringer Kapitalverfügbarkeit; meist arbeitsintensive Betriebe; Betonung der Produktion für den Eigenbedarf.
Moderner Sektor: Agrarische Großbetriebe (➔Plantagen oder größere bäuerliche Betriebe); angewiesen auf den kommerziellen, meist weltmarktorientierten Absatz von Exportfrüchten und Rohstoffen (z.B. Kautschuk); Einsatz von Fremdkapital (transnationale Unternehmen); kapitalintensive Produktionsverfahren mit starkem Einsatz von technologischem Know-how.
Heute erscheint ein solcher Ansatz zu vereinfachend. Neuere Konzepte, wie die "strukturelle Heterogenität" oder der "Verflechtungsansatz" beschreiben die agrarischen Strukturen in den Tropen zutreffender. Insbesondere ist der zwischen traditionellem und modernem Sektor als "Schattenwirtschaft" gekennzeichnete "Informelle Sektor" nicht erfaßt.

DUMPING: Den Verkauf von Waren an das Ausland zu Preisen unter dem Inlands- oder dem Produktionskostenniveau bezeichnet man als Dumping. Es stellt eine Wettbewerbsstörung dar. Mit Dumping ist beabsichtigt, neue Märkte zu erobern und/oder Mitbewerber zu verdrängen. Wirtschaftspolitisches Dumping wird durch staatliche Wirtschafts-, Währungs- oder Handelspolitik zur Senkung der Exportpreise verursacht.

DÜNGEMITTEL: Düngemittel sind nach dem ➔Düngemittelgesetz “Stoffe, die dazu bestimmt sind, unmittelbar oder mittelbar ➔Nutzpflanzen zugeführt zu werden, um ihr Wachstum zu fördern, ihren Ertrag zu erhöhen oder ihre Qualität zu verbessern; ausgenommen sind Stoffe, die überwiegend dazu bestimmt sind, Pflanzen vor Schadorganismen und Krankheiten zu schützen oder, ohne zur Ernährung von Pflanzen bestimmt zu sein, die Lebensvorgänge von Pflanzen zu beeinflussen, sowie ➔Bodenhilfsstoffe, ➔Kultursubstrate, ➔Pflanzenhilfsmittel, ➔Kohlendioxid, ➔Torf und Wasser”.
Zur Minderung klimarelevanter Spurenstoffe soll die ➔Düngeverordnung beitragen. In einer vielfach geforderten zusätzlichen EU-weiten Düngemittelabgabe, flankiert von einer Gülleabgabe, wird ein probates Mittel gesehen, die Nährstoffüberschüsse stark zurückzuführen. Aus sozial- und einkommenspolitischen Gründen erscheint es den Befürwortern gleichzeitig sinnvoll, die Einnahmen zum überwiegenden Teil wieder direkt an die ➔Landwirte in Form von Flächenbeihilfen zurückzuführen.
(➔DÜNGER, ➔DÜNGEMITTEL, ➔DÜNGUNG)

DÜNGEMITTELGESETZ: Das 1989 novellierte deutsche Düngemittelgesetz von 1977 regelt die Zulassung von Düngemitteltypen sowie die Anwendung von ➔Düngemitteln, die nur nach ➔"guter fachlicher Praxis" erfolgen darf. Eine Voraussetzung für die Zulassung von Düngemitteltypen ist, dass sie keine schädlichen Auswirkungen auf den Naturhaushalt haben. (➔DÜNGEVERORDNUNG)

DÜNGER: Ein anorganisches oder organisches Produkt, das der ➔Düngung dient. Man kann unterscheiden:

- natürliche Dünger (anorganisch oder organisch; letztere sind beispielsweise ➔Stallmist, ➔Gülle, ➔Jauche, ➔Kompost, Schlamm); (➔WIRTSCHAFTSDÜNGER)
- synthetische Dünger oder ➔Kunstdünger. Diese sind in Deutschland gesetzlichen Regelungen sowie amtlichen Prüf- und Genehmigungsverfahren unterworfen. Synthetische Dünger gibt es beispielsweise als Stickstoffdünger, Phosphatdünger, Kaliumdünger, Kalkdünger usw.

Der durchschnittliche Düngerverbrauch pro Hektar landwirtschaftlich genutzter Fläche in Deutschland lag 1990 etwa bei 125 kg N (Stickstoff), 50 kg P_2O_5 (Phosphat), 67 kg K_2O (Kali), 120 kg CaO (Kalk). Seither hat sich der Gesamteinsatz an Dünger in der deutschen ➔Landwirtschaft deutlich verringert.

DÜNGEVERORDNUNG: Auf das ➔Düngemittelgesetz gestützte Verordnung vom 26.1.1996 (geändert im Juli 1997) in der die Grundsätze der ➔"guten fachlichen Praxis" näher bestimmt sowie gleichzeitig Teile der EG-Nitratrichtlinie zum Schutz der Gewässer - soweit sie die ➔Düngung betreffen - in nationales Recht umgesetzt werden. Grundsätzliche Regelungen, die für die Anwendung von ➔Düngemitteln sowohl auf landwirtschaftlich als auch gartenbaulich genutzten Flächen gelten, beziehen sich auf:

- die Anwendung von Düngemitteln
- die Ermittlung des Düngebedarfs nach ➔Schlägen bzw. Wirtschaftseinheiten und
- die Ermittlung der im ➔Boden verfügbaren Nährstoffmengen durch den landwirtschaftlichen Betrieb

Danach sind u.a. Düngemittel zeitlich und mengenmäßig so auszubringen, dass die ➔Nährstoffe von den Pflanzen weitestgehend aufgenommen werden können und Einträge in Gewässer durch überschüssige Nährstoffe weitestgehend vermieden werden. Geräte zum Ausbringen von Düngemitteln müssen den allgemein anerkannten Regeln der Technik entsprechen und eine sachgerechte Mengenbemessung und Verteilung sowie verlustarme Ausbringung gewährleisten. Für alle landwirtschaftlichen und gartenbaulichen Betriebe besteht die Pflicht, Aufzeichnungen über die Nährstoffbedarfsermittlung, insbesondere die Bodenuntersuchungsergebnisse zu führen und diese 9 Jahre aufzubewahren.

Die besonderen Regelungen umfassen

- das Ausbringen von ➔Wirtschaftsdüngern tierischer Herkunft (z.B. bodennahe Ausbringung von ➔Gülle; Obergrenze von 170 kg Gesamtstickstoff je ha Ackerland, bzw. von 210 kg N je ha Grünland)
- die Verpflichtung, die Düngergaben am Nährstoffbedarf der Pflanzen zu orientieren unter Berücksichtigung der im Boden verfügbaren Nährstoffmenge, des Kalk- und Humusgehaltes des Bodens und weiterer Standortbedingungen und
- die Verpflichtung zur Aufbewahrung von Nährstoffberechnungen.

Danach sind grundsätzlich alle Wirtschaftsdünger tierischer Herkunft wie vergleichbare ➔Mineraldünger anzuwenden. Darüber hinaus sind die Emissionen von ➔Ammoniak insbesondere durch möglichst bodennahe Ausbringung bzw. möglichst schnelle Einarbeitung bei unbestelltem Ackerland zu minimieren. Das erstmals bundesweite Ausbringungsverbot gilt für die Zeit vom 15. November bis 15. Januar. Betriebe mit mehr als 10 Hektar landwirtschaftlich genutzter Fläche sind künftig grundsätzlich verpflichtet, einen Vergleich der Nährstoffzu- und -abfuhren spätestens sechs Monate nach Ablauf des letzten Wirtschaftsjahres aufzustellen.

Die Bundesländer sind ermächtigt, künftig im Einzelfall vorschreiben zu können, welche Abstände zu angrenzenden Gewässern oder zu Naturschutzflächen bei der Düngung einzuhalten sind.

Ein Manko der Düngeverordnung ist u.a., dass für die Ausbringung von Gülle eine moderne emissionsmindernde Technik (Schleppschlauch, Schleppschuh, Injektions- und Schlitzgeräte) und die sofortige Einarbeitung in den ➔Boden nicht verbindlich vorgeschrieben ist. Entsprechendes gilt für die Lagerungstechnik. Immerhin trägt die ➔Landwirtschaft etwa zu 90 % zu den deutschen Ammoniakemissionen bei. Ferner wird zugelassen, dass auch auf Böden mit hoher Phosphorversorgung die Ausbringung von Wirtschaftsdünger zugelassen wird, praktisch als Entsorgungsmethode. Kritiker wie das ➔AgrarBündnis bezeichnen die Düngeverordnung als Rechtfertigung einer ganzjährigen Gülleentsorgung in der intensiven ➔Massentierhaltung.

DÜNGUNG: Unter Düngung versteht man die Zufuhr von mineralischen oder organischen Stoffen zu ➔Boden und Pflanzen über das natürliche Angebot hinaus. Die Mineralstofftheorie von Carl Sprengel (1787-1859) und Justus von Liebig (1803-1873) besagt, dass sich die Pflanzen für ein gutes Wachstum nicht von ➔Humus (Humustheorie von Aristoteles), sondern von Mineralstoffen ernähren.

Die meisten der wichtigen Pflanzennährstoffe (N, P, K) kommen im ➔Boden oft nur in minimalen Konzentrationen vor und sind bei einer Bewirtschaftung rasch aufgebraucht. Da die Feldfrüchte mit Ausnahme der Ernterückstände (➔Streu, Stroh, Stauden) vom Acker

entfernt werden, kann an Ort und Stelle kein Recycling und damit keine Nachbildung von ➔Nährstoffen erfolgen. Deshalb müssen diese Mineralsalze durch Düngung immer wieder nachgeliefert werden.
Heute werden bei bestimmten ➔Kulturpflanzen pro Flächeneinheit mehr als 10fach höhere Pflanzenerträge erzielt als zu Beginn des 19. Jahrhunderts; rund 50 - 60 % dieser Ertragssteigerungen werden durch die Düngung bewirkt. Andererseits erhöhten sich die Erträge nicht in gleichem Maße wie die gesteigerte Düngerzufuhr (➔Ertragsgesetze).
Vom Wirkungsprinzip her können zwei grundsätzliche Möglichkeiten der Düngung unterschieden werden: Organische Düngung mit "Abfällen" aus der ➔Landwirtschaft, Gartenbaubetrieben oder Haushalten und Düngung auf der Basis anorganischer Salze.
Mineralische Stoffe, die ursprünglich aus den Mineralen der Gesteine stammen, werden seit den Anfängen des Ackerbaus zur Verbesserung des Pflanzenwachstums als ➔Dünger verwendet. So dienten z.B. Asche, Mergel oder Schlick zu einer Steigerung der niedrigen Durchschnitterträge, die jahrhundertelang nur bei knapp 10 dt/ha Getreide lag.
Der organische Dünger hat die gleiche Wirkung auf das ➔Edaphon wie die bei natürlichem Bewuchs anfallenden Pflanzen- und Tierreste: Die Tätigkeit der ➔Bodenlebewesen wird gefördert, diese tragen ihrerseits zur Schaffung und Erhaltung einer guten ➔Bodengare bei. Die Mikroorganismen werden außerdem vermehrt, was sich in einer gesteigerten Bodenatmung zeigt. Die Mikroorganismen stellen durch ➔Mineralisation den Pflanzen Nährstoffe zur Verfügung. Hierin unterscheiden sich organische und anorganische Dünger: Bei ersteren geht der Weg der Nährstoffe über die ➔Bodenlebewesen, bis sie für die Pflanzen verfügbar sind, letzterer kann sofort von den Wurzeln aufgenommen werden. In manchen Fällen (Phosphat) muss auch bei mineralischer Düngung der Weg über die Mikroorganismen genommen werden.
<u>Mit der Düngung werden folgende Ziele angestrebt:</u>
- Zeitlich, räumlich und stofflich optimale Ernährung der Pflanzen, d.h. Erzielung optimaler Erträge von hoher Qualität
- Erhaltung und Verbesserung der Fruchtbarkeit und der biologischen Aktivität des Bodens
- Ergänzung der natürlichen, teils mangelhaften Nährstoffversorgung
- Ersatz der mit der Ernte entzogenen Nährstoffe und der an Gewässer und Luft verlorenen Nährstoffe.

Dabei sollten die Hauptziele (Pflanzenertrag und ➔Bodenfruchtbarkeit) mit möglichst geringen Nährstoffverlusten und ohne nachhaltige, negative Auswirkungen auf die ➔Umwelt erreicht werden.
Neben einer Versorgung der Pflanzen mit den notwendigen Nährstoffen bewirkt eine Düngung des Bodens auch eine Veränderung der physikalischen Bodeneigenschaften, der Bodenmikroflora und -fauna. Bei zu großen Düngergaben wächst die Gefahr der ➔Überdüngung, d.h. dass neben den erwünschten Wirkungen auch Schäden durch überhöhte Zufuhr von Düngestoffen an Pflanzen und ➔Ökosystemen entstehen. Dies gilt insbesondere bei einseitiger und unsachgemäßer Düngung. Als Schädigung oder Toxizität kann dabei sowohl die Verringerung an pflanzlicher Produktivität wie auch die Minderung der Qualität des Erntegutes angesehen werden. Weiterhin führt ➔Überdüngung zu Erhöhungen von Pflanzennährstoffen, v.a. Nitrat, im ➔Grundwasser. Auch die Oberflächengewässer können durch oberflächliche Abschwemmung direkt eutrophiert werden.
Der aktive Stickstoffeintrag auf Felder wurde noch Ende des letzten Jahrhunderts in Deutschland vorwiegend mit Stalldung durchgeführt und lag bei 1 - 2 g/m² (10 - 20 kg/ha). Die insgesamt ausgebrachte Menge beträgt aber seit den 1980er Jahren rund 16 - 17 g/m² (160 - 170 kg/ha). (➔GÜLLE, ➔JAUCHE, ➔KOMPOST, ➔MINERALSALZE, ➔SPURENNÄHRSTOFFE, ➔STALLMIST, ➔UMWELTWIRKUNGEN, ➔WIRTSCHAFTSDÜNGER)

DURCHWURZELBARKEIT: Standorteigenschaft, die die Möglichkeit der Erschließung des durch die Gründigkeit begrenzten Wurzelraumes meint und von Porenraum, Gefüge und Steingehalt abhängig ist sowie nach *sehr gut, gut, mäßig und schlecht durchwurzelbar* abgestuft wird.

DUST BOWL: Bezeichnung für den semiariden Teil der *Great Plains*, der während periodisch auftretender Dürren als Folge unangepasster Bodennutzung eine schwerwiegende ➔Bodendegradation durch Winderosion erfuhr. Schwerpunkte lagen räumlich in den Staaten Oklahoma, Kansas und Nebraska, zeitlich in den 30er Jahren dieses Jahrhunderts. Der Name nimmt Bezug auf die in den Plains während Dürreperioden auftretenden Staubstürme (*black blizzards*). Das vom Staat geförderte und vom Export ins kriegsgeschädigte Europa angetriebene sogenannte Dry Farming Program hatte dem Dust-Bowl-Phänomen in den USA den Boden bereitet: Unter massivem Maschineneinsatz wurden die Great Plains in eine monotone "Getreidefabrik" umgewandelt, deren umgebrochene Oberfläche einen signifikanten Teil des Jahres ungeschützt der Witterung ausgesetzt blieb. Windbrechende Strukturen fehlten in dieser ➔Agrarlandschaft.
Dust-Bowl-Ereignisse waren keineswegs auf die dreißiger Jahre beschränkt. 1977 verursachte ein

aus ähnlichen Gründen entstandener Sandsturm in der Gegend des San Joaquin Valley, eines Längstales in Kalifornien, ausgedehnte Schäden und Erosion in einem Gebiet von ca. 2.000 km^2. Über 25 Mio. t ➔Boden wurden binnen 24 Stunden vom Weideland abgedeckt. Auch in der ehemaligen UdSSR nahm die Häufigkeit von Sand-/Staubstürmen nach der Durchführung der Neuland-Programme in den fünfziger Jahren zu.

Kombinations-Ursachen für die Entstehung von Dust-Bowl-Ereignissen:

- Beseitigung der natürlichen Grasnarbe
- unsachgemäße ➔Bodenbearbeitung
- monokulturelle Bodennutzung
- Abbrennen der Stoppelfelder
- ➔Überweidung von Grasflächen
- Dürreperioden
- große Windgeschwindigkeiten in den baumlosen Plains

Folgen von Dust-Bowl-Ereignissen:

- äolischer Abtrag des feinen Materials, insbesondere des an organischen Substanzen reichen A-Horizonts
- Zurückbleiben von gröberen Dünensanden auf den Kulturflächen
- Belastungen durch die Staubstürme: Erschwerung der Atmung, Verkehrsbehinderungen, stundenlange Dunkelheit, Reduzierung der Lichtmenge auch in entfernten (östlich gelegenen) US-Staaten
- Ernteverluste, Missernten

DUST BOWL-SYNDROM: Alle durch die industrielle ➔Landwirtschaft hervorgerufenen Erscheinungen von ➔Bodendegradation. Der Begriff ist Teil einer Klassifikation von Syndromen der Bodendegradation. Die namengebenden Dust Bowl-*Erscheinungen* sind nicht gesamthaft synonym mit den Symptomen und Ursachen des Dust Bowl-*Syndroms*.

In einem erweiterten Konzept wird mit dem Dust-Bowl-Syndrom jener Ursachenkomplex angesprochen, der Umweltschädigungen durch nicht-nachhaltige Nutzung von ➔Boden oder Gewässern als ➔Produktionsfaktor für ➔Biomasse unter hohem Energie-, Kapital- und Technikeinsatz nach sich zieht.

Als Symptome des Syndroms lassen sich ➔Bodenerosion und ➔Bodenverdichtung, Verlust von biologischer Vielfalt sowie Kontamination von Luft und Wasser ausmachen. Die moderne Form der Landwirtschaft zeichnet sich vor allem dadurch aus, dass sie auf den verfügbaren Flächen den größtmöglichen Gewinn zu erzielen sucht. Kennzeichnend ist zum einen die Minimierung des menschlichen Arbeitsaufwandes durch Einsatz einer Palette von Maschinen in großräumig bereinigten ➔Fluren und in Tierfabriken. Ertrag und Leistung werden zu maximieren versucht durch:

- ➔Monokulturen leistungsfähiger Pflanzensorten
- ➔Massentierhaltung
- hohe Gaben von ➔Agrarchemikalien
- intensiver Einsatz von ➔Futtermitteln
- intensive ➔Bewässerung

Die Schwerpunkte dieses Landwirtschaftstyps mit seinen positiven und negativen Konsequenzen lagen ursprünglich im Bereich von Gunstböden, also in Mittel- und Osteuropa, USA, Kanada, Argentinien, Südafrika und Australien. Seit den 60er Jahren breitet sich die industrielle Landwirtschaft allerdings auch in Regionen der Welt aus, welche nicht über vergleichbare Gunstböden verfügen - in den Mittelmeerländern, in Lateinamerika, Ostafrika, im Nahen Osten und Südasien.

Das Dust-Bowl-Syndrom umfasst auch die ähnlich motivierten Formen der Forstwirtschaft (z.B. Pflanzung und nachfolgend Kahlschlag schnellwachsender, geklonter ➔Monokulturen ohne Rücksicht auf Verluste des Bodens oder der ➔Biodiversität) sowie der ➔Aquakultur (➔Eutrophierung bzw. Zerstörung von Küstenökosystemen).

E

EAGFL - EXW

EAGFL: Europäischer Ausrichtungs- und Garantiefonds für die ➔Landwirtschaft (➔EUROPÄISCHER AGRARFONDS)

ECOFARMING: Konzept der kleinbäuerlichen Landbewirtschaftung in den wechselfeuchten und immerfeuchten Tropen, das über die Rückbesinnung auf gelungene traditionelle Agrarkulturen bei weitgehendem Verzicht auf zugekaufte Hilfsmittel die Bodenproduktivität durch standortangepasste, umweltschonende Bewirtschaftungsmethoden zu steigern und langfristig zu erhalten sucht. Das Ecofarming orientiert sich am Mangel in Entwicklungsländern und ist als Alternative zur Technologie der ➔Grünen Revolution entwickelt worden.
Aus vielen tropischen Gebieten liegen Untersuchungen über standortgerechte Wirtschaftsformen vor. Die vielgestaltige naturräumliche Gliederung verbietet es aber, die Ergebnisse zu verallgemeinern und auf andersgeartete Räume zu übertragen. Bereits die autochthonen Intensivsysteme haben eine nachhaltige Erhaltung der ➔Bodenfruchtbarkeit bei Besiedelungsdichten häufig bis zu dreihundert, in einigen Fällen bis fünfhundert Menschen pro km^2 geleistet. In diesen Beispielen ist es der lokalen Bevölkerung gelungen, durch einen ökologisch sinnvollen Methodenwandel den Schritt vom ➔Wanderfeldbau zur permanenten Landnutzung zu vollziehen. Dabei ergeben sich erstaunliche methodische Ähnlichkeiten trotz klimatischer und ethnischer Vielfalt:

- *Permanente ➔Agroforstwirtschaft*: Bäume und Büsche sind in großer Zahl in den ➔Feldbau integriert. Sie haben stabilisierende und produktive Aufgaben.
- *Organische Methoden*: Stets werden pflanzliche und tierische Abfälle als ➔Dünger verwendet (➔Kompost, ➔Mulchen, ➔Gründüngung).
- *➔Mischkulturen*: Die Feldkulturen werden meist in komplizierten, z.T. mehrstöckigen (multistorey) Mischungen angepflanzt.
- *Intensivbrachen*: Kurze, ein bis zwei Jahre dauernde Buschbrachen stehen in Rotation zu den Mischkulturen.
- *Nassreiskultur*: Ihr natürliches Vorbild ist die periodisch überschwemmte Flussaue. Ihr global-ökologischer Wert ist fragwürdig wegen der Entstehung von klimarelevanten Spurengasen (➔Methan).

Egger (1989) empfiehlt, dass jedes Ecofarming-Konzept an diesen Methoden ansetzen und von ihnen das grundsätzliche "Ecodesign" ableiten solle. Eine notwendige standortbezogene Entwicklung in den Tropen stellt den ➔ökologischen Landbau in Kontrast zur Grünen Revolution mit ihrem Technologietransfer aus den Industrieländern. Sinnvoll ist die langsame Methodenentwicklung im Dialog mit lokalen Partnern. Moderne technische Hilfsmittel sollen nur moderat zur Stützung des gewünschten ➔Agrarökosystems eingesetzt werden.
Ziele und Merkmale der tropischen Ökolandwirtschaft:

- Stabilität als Produktionssicherheit für die Bauern. Dabei geht es zunächst um die nachhaltige Sicherung der ökologischen Grundfunktionen (Bodenerhaltung, Wasserhaushalt, Sicherung von ➔Humus und mineralischen ➔Nährstoffen) und damit um eine langfristig verlässliche Produktion.
- Vielfalt als ökologische Lebensvielfalt im bewirtschafteten Gebiet, wie auch die daraus folgende Produktvielfalt.
- Standortgerechtigkeit als Merkmal der ➔Kulturlandschaft, die möglichst viele, dem Standorf entsprechende Elemente aufnimmt.
- Sozialverträglichkeit, d.h. den Zielen der Bauern entsprechend; sie wird abgedeckt durch die Produktionssicherheit und die durch die Produktvielfalt gewährleistete Unabhängigkeit.
- Ausbau innerbetrieblicher Nährstoffkreisläufe
- ständige Bodenbedeckung durch Kulturvegetation, Mulch- oder Bodendecker zur Erhaltung bzw. Steigerung von Bodenhumusgehalt und -feuchtig-

keit sowie zum Schutz des →Bodens vor Auswaschung und Verunkrautung

- verbesserte →Fruchtfolgen, z.B. durch Einschaltung von humus- bzw. bodenschonenden, anspruchslosen Feldfrüchten wie Cassava, Bergreis, Süßkartoffel und Kuherbsen sowie durch Einbindung von N-bindenden Leguminosen wie Erdnüsse und Sojabohnen in den Rotationszyklus
- Anbau ohne tiefgründige →Bodenbearbeitung (*minimum tillage*)
- Mischanbau von →Kulturpflanzen mit unterschiedlichen Nährstoff- und Lichtansprüchen
- Rotationen verschiedener Nutzungen, evtl. im Wechsel mit kurzdauernder Buschbrache
- biologischer oder "integrierter" biologisch-chemischer →Pflanzenschutz
- Einsatz von →Kunstdünger nur so weit, wie zur Bodenfruchtbarkeitserhaltung unbedingt erforderlich
- in Tsetse-freien Gebieten Integration von Großviehhaltung in das →Betriebssystem (Mistgewinnung)
- Maßnahmen zum Schutz gegen →Bodenerosion (Konturanbau, →Hecken, Terrassierung)
- Einbeziehung von Bäumen und Büschen in die Bodennutzung (Lieferung von Nahrungsmitteln, Rohstoffen und Viehfutter, Bereitstellung von organischem Material für Kompostierung und →Mulchen, Schutz des Bodens vor Überhitzung und Auswaschung, Erzeugung von Brenn- und Bauholz, Aufschließung von Nährstoffen in tieferen Bodenschichten).

Standortgerechte Nutzungsformen für die Ungunsträume der immerfeuchten Tropen sind bislang erst unzureichend erprobt. Hier muss die Bodennutzung der natürlichen Vegetation (Tropischer Regenwald) möglichst nahekommen, wenn eine langfristige Ertragssicherung auf den nährstoffarmen Böden erreicht werden soll. Agroforstwirtschaftssysteme kommen dieser Forderung entgegen. Überzeugende Realisationen sind bislang aber weniger aus dem Tieflands-Regenwald bekannt, sondern vielmehr aus Bergwäldern Ostafrikas oder Kameruns. Ein Durchbruch des Eco-Farming-Konzeptes ist bislang nicht erfolgt. Insbesondere ist auf Betriebsebene eine frustrierende Phase des Durchhaltens zu überbrücken, da die Wirkungen des ökologischen Anbaus auf die bäuerlichen Einkommen erst mittelfristig eintreten.

ECU: Bis zur Währungsunion (1.1.99) eine EU-weite Währungseinheit. Der Begriff ist abgeleitet von **E**uropean **C**urrency **U**nit sowie von der Bezeichnung für ein französisches Zahlungsmittel im Mittelalter. Die ECU war zentraler Bestandteil des →Europäischen Währungssystems (EWS) und einer der wichtigsten Bausteine auf dem Weg zur →Europäischen Wirtschafts- und Währungsunion (EWWU). Der europäische *Agrarhandel* vollzog sich fast vollständig auf ECU-Basis. Bei der Währungsunion entsprach ein Euro dem Wert einer ECU. (→AGRIMONETÄRES SYSTEM)

EDAPHON: Sammelbezeichnung für die ständig oder zeitweise in den luft- oder wassergefüllten Hohlräumen des →Bodens lebenden Organismen (Bakterien, Actinomyceten, Algen, Pilze, Tiere, z.B. Nematoden, Regenwürmer, Wühlmäuse).

EFA: Abk. für *Europäische Föderation der Agrarischen Gewerkschaften in der Union*; der Zusammenschluss der nationalen Landarbeiterverbände auf EU-Ebene. Seine Ursprünge gehen in das Jahr 1958 zurück. (→COGECA, →COPA)

EFFIZIENZ-VERORDNUNG: Eine Verordnung auf EU-Ebene, die die Einführung von spezifischen Beihilferegelungen in Gebieten gestattet, in denen die Einführung oder Erhaltung bestimmter landwirtschaftlicher Erzeugungspraktiken zum Schutz der →Umwelt und der natürlichen Ressourcen sowie zur Erhaltung des natürlichen Lebensraumes und der →Landschaft erforderlich sind.

EFTA: 1. **E**uropean **F**ree **T**rade **A**ssociation. →EUROPÄISCHE FREIHANDELS-VEREINIGUNG
2. **E**uropean **F**air **T**rade **A**ssociation, Zusammenschluss europäischer Alternativer Handelsorganisationen mit folgenden Zielsetzungen:

- Direkter Handel mit selbstorganisierten Kleinproduzenten der Dritten Welt und Förderung von "Primärproduzenten" (z.B. Plantagenarbeitern/-innen auf gemeinsam verwalteten →Plantagen)
- Handel zu "fairen" Bedingungen
- Gemeinsame Lern- und Entwicklungsprozesse

Handelsgüter sind Agrarprodukte wie Kaffee, Kakao, Zucker, Gewürze aber auch Handwerksprodukte. Die Arbeit der EFTA ist zu verstehen vor dem Hintergrund eines umfassenden Konzeptes einer →Nachhaltigen Landwirtschaft, das u.a. auch Armutsbekämpfung und Partizipation neben die ökologische Komponente setzt.

EG: →EUROPÄISCHE GEMEINSCHAFT

EG-AGRARREFORM: →REFORM DER GEMEINSAMEN AGRARPOLITIK

EGART(EN)WIRTSCHAFT: Heute seltene Form des →Grünlandes im Wechsel mit Ackerbau in Süddeutschland und im deutschsprachigen Alpenraum mit der Unterscheidung in →Naturegart und →Kunstegart. Der wesentliche Bestimmungsgrund für die Egartwirtschaft wird in der Selbstversorgung gesehen. (→FELDGRASWIRTSCHAFT)

EGGE: Vielgestaltiger Gerätetyp zur Feinbearbeitung der →Ackerkrume mit den Aufgaben, die groben Schollen zu zerkleinern, die Oberfläche einzuebnen, Stoppeln umzubrechen, das Saatbett zu bereiten, →Unkraut zu vernichten oder verdunstungshemmend Kapillaren zu zerstören (z.B. beim →dry farming).
Haupttypen:

- *Zugeggen* - bestehen aus einem starren Rahmen mit Sprossen, bestückt mit Eisenzähnen, die beim Ziehen in den →Boden eingreifen
- *Rotationseggen* - drehen sich bei der Vorwärtsbewegung, was die zerreibende Wirkung erhöht
- *Scheiben- und Spatenrolleggen* - drehen sich vertikal, während sie vorwärts gezogen werden; besonders gute Wirkung bei grobscholligen Böden
- *Schleppen* - bestehen aus kantigen Balken und Ketten, die über den Boden gezogen verebnend und unkrautzerstörend wirken
- *Ackerstriegel* - sind gegliederte (nicht starre) Eggen mit ganzen kurzen Zähnen; er eignet sich zum Säubern der →Wiesen und für die Bearbeitung der →Schwarzbrache.

EG-NITRATRICHTLINIE: Richtlinie zum Schutz der Gewässer vor Verunreinigungen durch →Nitrate aus landwirtschaftlichen Quellen. Zu diesem Zweck werden Normen für die Verwendung von Stickstoffverbindungen auf landwirtschaftlichen Flächen und für bestimmte landwirtschaftliche Produktionsverfahren aufgestellt. U.a. wird ein Grenzwert für organischen Dünger-Stickstoff von 170 kg pro Hektar festgesetzt, der nur unter bestimmten Umständen überschritten werden darf.

EIGENTUM: Rechtsbegriff, der das umfassende Herrschaftsrecht einer natürlichen oder juristischen Person an einer Sache, wie z.B. den →Boden, beschreibt. Die Bodeneigentumsrechte stehen allerdings unter öffentlicher Kontrolle, wobei die Nutzungsrechte über die Sozialpflichtigkeit des Eigentums mehreren Beschränkungen unterliegen können. So gibt es z.B. wasserrechtliche, naturschutz-, straßen-, wegerechtliche und andere Restriktionen, welche die Eigentumsfreiheit von Grund und Boden begrenzen können. (→BESITZ)

EINFIRSTHOF: Auch *Einhaus, Einhof, Eindachhof,* →*Einheitshaus/ -hof, Einfirstanlage*; Hof, der alle wesentlichen Zwecke des bäuerlichen Betriebes unter einem geradlinigen Dach vereinigt. Einfirsthöfe finden sich in Mitteleuropa häufig in mittleren bis höheren Lagen der Gebirge. Ein weiteres Lagemerkmal ist ein relativ ozeanisches Klima mit entsprechend günstigen Bedingungen für die Grünlandwirtschaft.

EINFUHRABGABE: Abgabe bei der Einfuhr der Hauptgetreidearten Hartweizen, Weichweizen, Gerste, Roggen, Mais und Sorghum in das Gebiet der EU. Sie errechnet sich aus der Differenz zwischen dem →Interventionspreis (Einfuhrschwelle) und dem repräsentativen Einfuhrpreis →c.i.f. Rotterdam. Ist der Weltmarktpreis höher als die Einfuhrschwelle, können diese Getreidearten ohne Einfuhrabgabe in die EU importiert werden.

EINGRIFFE IN NATUR UND LANDSCHAFT: Nach § 8 des →Bundesnaturschutzgesetzes Bezeichnung für Veränderungen der Gestalt oder Nutzung von Grundflächen, die die Leistungsfähigkeit des Naturhaushalts oder das Landschaftsbild erheblich oder nachhaltig beeinträchtigen können.

1 a (Ar)	= 100 m^2
1 ha (Hektar)	= 100 a = 2,4691 acres
1 km^2	= 100 ha
1 vha (1 Morgen)	= 0,25 ha
1 acre	= 0,405 ha
1 J (Joule)	= 0,238 cal
1 kcal (Kilokalorie)	= 1000 cal = 4186,8 J
1 kWh (Kilowattstunde)	= 860 kcal
1 W (Watt)	= 1 J/s
1 kW (Kilowatt)	= 1000 W = 1,36 PS
1 PS (Pferdestärke)	= 0,736 kW
1 ppm	= 1 mg/1kg
1 ppb	= 1mg/1t
1 ppt	= 1 mg/1000 t
1 µg	= 0,001 mg = 0,000001 g
1 kg	= 1000 g = 35,27 oz
1 dt (Dezitonne)	= 100 kg = 220,459 lbs = 2,2046 cwt
1 metr. t (Tonne)	= 1000 kg = 1,102 sht = 0,98419 lgt
1 bu (bushel)	= 36,7 l (brit.) bzw. 35,24 l (am.)
1 qr (quarter) (Weizen)	= 480 lbs
1 oz (ounce)	= 28,352 g
1 lb (pound)	= 16 oz = 0,4536 kg
1 cwt (hundredweight) (USA)	= 1 cental = 100 lbs = 45,36 kg
1 sht (shortton)	= 2000 lbs = 907,185 kg
1 lgt (longton)	= 2240 lbs = 1016,058 kg
1 q (quintal)	= 220,459 lbs = 100 kg
1 Pud (russ.)	= 16,38 kg
1 bag	= 200 lbs = 90,72 kg
1 gallon	= 4 qr = 8 pints = 4,546 l (Großbrit./Australien)
1 gallon	= 4 qr = 8 pints = 3,785 l (USA/Canada)

Umrechnungsschlüssel für Bushel [bu]

Produkt	Umrechnung Bushel/Kilogramm	Umrechnung Kilogramm/Bushel
Weizen, Sojabohnen, Erbsen, Kartoffeln	1 bu = 60 lbs = 27,216 kg	100 kg = 3,674 bu
Roggen, Mais, Leinsaat, Milokorn	1 bu = 56 lbs = 25,4 kg	100 kg = 3,937 bu
Gerste, Buchweizen	1 bu = 48 lbs = 21,77 kg	100 kg = 4,593 bu
Gerste (Australien, Neuseeland)	1 bu = 50 lbs = 22,68 kg	100 kg = 4,409 bu
Hafer (USA)	1 bu = 32 lbs = 14,52 kg	100 kg = 6,887 bu
Hafer (Kanada)	1 bu = 34 lbs = 15,42 kg	100 kg = 6,585 bu
Hafer (Australien, Neuseeland)	1 bu = 40 lbs = 18,14 kg	100 kg = 5,513 bu
Reis (Paddy)	1 bu = 45 lbs = 20,41 kg	100 kg = 4,900 bu
Raps	1 bu = 50 lbs = 22,7 kg	100 kg = 4,405 bu

Umrechnungsschlüssel für Quarter [qr]

Produkt	Umrechnung Quarter/Kilogramm	Umrechnung Kilogramm/Quarter
Weizen	1 qr = 480 lbs = 217,728 kg	100 kg = 0,4592 qr
Roggen, Mais	1 qr = 448 lbs = 203,200 kg	100 kg = 0,4921 qr
Gerste (Australien)	1 qr = 400 lbs = 181,440 kg	100 kg = 0,5511 qr
Hafer (Australien)	1 qr = 320 lbs = 145,142 kg	100 kg = 0,6889 qr

Umrechnungsfaktoren für Flächenerträge von [bu/acre] in [dt/ha]

Produkt	Faktor
Weizen, Sojabohnen, Erbsen, Kartoffeln	0,672
Roggen, Mais, Leinsaat, Milokorn	0,627
Gerste, Buchweizen	0,538
Gerste (Australien, Neuseeland)	0,560
Hafer (USA)	0,359
Hafer (Kanada)	0,381
Hafer (Australien, Neuseeland)	0,448
Reis (Paddy)	0,504
Raps	0,560

Quelle: nach Toepfer 1996 (ergänzt)

EINHEITEN: Zu den wichtigsten Maßeinheiten im Bereich der ➔Landwirtschaft gehören:
Weitere Einheiten siehe als entsprechende Stichworte.

EINHEITSHOF/-HAUS: Auch *Einhof/-haus*; landwirtschaftliches Gebäude, das die Wohn- und Wirtschaftsfunktionen unter einem Dach vereint. Gewöhnlich bestehen jedoch kleinere Nebengebäude, wie Geräteschuppen, Ställe, Altenteilerhaus u.ä. Verbreitungsgebiete des Einheitshofes in Mitteleuropa sind Süddeutschland, Norddeutschland, Lothringen, Schweizer Jura und Engadin. Im übrigen Europa findet sich der Einheitshof auf den Britischen Inseln, in Dänemark und in NW-Spanien.
Je nach der Art der Raumerschließung unterscheidet man Längseinheitshof, Quereinheitshof und Zentralbau. In Süddeutschland herrscht der *quergeteilte Einheitshof* vor, bei dem Wohn- und Wirtschaftsgebäude quer zur Firstlinie nebeneinander angeordnet sind, mit Türen und Toren gewöhnlich zur Traufseite. Beispiele sind das Schwarzwaldhaus und das Alpenvorlandhaus.
In Norddeutschland dominieren das *längsaufgeschlossene Einheitshaus* in den Typen des sogenannten *Niedersachsenhauses* und des ➔*Gulf(ein)hauses*, beide auch als *Niederdeutsches Hallenhaus* gekennzeichnet. Besonders bekannter Typ des Gulfhauses ist der *Eiderstedter Haubarg*. (➔HOFFORM)

EINKOMMENSALTERNATIVEN: Zusätzliche Einkommensquellen für landwirtschaftliche Betriebe vornehmlich im Nebenerwerb und Zuerwerb, als Ausgleich für die unzureichenden Einkommen aus der Erzeugung von Nahrungsmitteln im Gefolge der agrarpolitischen Gesamtsituation und des anhaltenden ➔Strukturwandels. Bei der Entwicklung von Einkommensalternativen verfügen bäuerliche Betriebe über ein besonderes Potential, nämlich ihre Flächenausstattung und ihre Betriebsgebäude, die beide für nicht-landwirtschaftliche Zwecke nutzbar sind.
Zu den *eingeführten Einkommensalternativen* zählen:

- Be- und Verarbeitung von landwirtschaftlichen Produkten bis hin zum verbrauchergerechten Angebot (Brot, Wurst, Fleisch)
- →Direktvermarktung (Abruf, Ab-Hof-Verkauf, Zustellung, Straßenverkauf, →Bauernmärkte, Bauernläden)
- Regionale Marketingkonzepte, gewöhnlich unter der Leitung eines Unternehmens (Erzeugerzusammenschluss, Einzelunternehmen, Verband), wobei Handwerk, Großverbraucher und Gastronomie mit eingebunden sein können
- Landschaftspflege (z.B. Weiterbildung zum Fachwirt für Naturschutz und Landschaftspflege oder zum Natur- und Landschaftsführer)
- Sammeln und Kompostieren von Grüngut und anderen organischen Abfällen auf kommunaler oder Landkreisebene
- Abnahme von Klärschlamm, Gartenabfällen usw. einschließlich des Ausbringens auf eigene oder fremde landwirtschaftliche Flächen
- Anbau →nachwachsender Rohstoffe
- Freizeitangebote (Urlaub auf dem Bauernhof, Reitsport, Pensionspferdehaltung)
- Hauswirtschaftliche Dienstleistungen (Unterstützung von Haushalten z.B. bei Festen und Feiern, Urlaub, Umzug, Arbeitsspitzen, Krankheit, Garten-, Haus- und Wäschepflege, familienspezifische Betreuung von Kindern, hauswirtschaftliche Dienste für Unternehmen sowie öffentliche und kirchliche Einrichtungen)

Neue Einkommensalternativen sind:

- Telearbeit unter Einsatz jeglicher Art von Telekommunikation (Arbeit von zu Hause oder von auch im →ländlichen Raum installierten Telezentren oder Satellitenbüros)
- Soziale Dienstleistungen (z.B. Einrichtung von Kurzzeitpflegeplätzen für Senioren, Behinderte und z.T. für Rehabilitanten in Zusammenarbeit mit bestehenden sozialen Einrichtungen)
- Recycling von Elektronikschrott (Zerlegen und Sortieren von Heimelektronik, Computern, Kühlschränken etc. unter Einsatz der großzügigen Flächen- und Gebäudeausstattung)
- Erzeugung von Biogas
- Stromerzeugung mit Hilfe von Windkraftanlagen

Eine finanzielle Förderung erfährt die Entwicklung von Einkommensalternativen z.B. durch das Ziel 5b-Programm der EU, EU-Gemeinschaftsinitiativen oder durch Programme der Bundesländer.

Mit den meisten der o.a. Betätigungsfelder tritt der →Landwirt unmittelbar in Konkurrenz zu gewerblichen Bereichen, wie z.B. dem →Garten- und Landschaftsbau, dem Einzelhandel oder dem Gaststättengewerbe. Aus Gründen der Steuergerechtigkeit müssen die aus diesen Tätigkeiten resultierenden Einkünfte und Umsätze steuerlich korrekt abgegrenzt werden.

EINÖDBLOCKFLUR: →Flurformentyp mit geschlossener Besitzlage und blockförmigen Flurumrissen. Die Mehrzahl der heutigen Einödblockfluren in Mitteleuropa entstand aufgrund von rechtlich-sozialer Differenzierung und von Rationalisierungsbestrebungen der Neuzeit. Mittelalterliche Einödblockfluren entwickelten sich überwiegend zu →Gemengefluren.

EINÖDFLUR: →Flur, die im Gegensatz zur →Gemengeflur durch geschlossene (arrondierte) Lage des Besitzes der einzelnen Betriebe gekennzeichnet ist. Die →Parzellen liegen meist als Blöcke vor. Daneben gibt es aber auch Reihensiedlungen mit Streifeneinödflur. (→EINÖDSTREIFENFLUR)

EINÖDHOF: →EINZELHOF

EINÖDSTREIFENFLUR: →Flurformentyp mit geschlossener Besitzlage und streifenförmigen Parzellenumrissen. Dieser Formentyp entstand vor allem bei gelenkten Rodungen in Wald-, Marschen- und Moorgebieten. (→HAGENHUFENSIEDLUNG, →MARSCHHUFENSIEDLUNG, →MOORHUFENSIEDLUNG, →WALDHUFENSIEDLUNG)

EINSTREU: Streumaterial in Ställen, vornehmlich zur Aufnahme flüssiger und feuchter Darmausscheidungen. Einstreu wird auch heute noch bei allen Festmistverfahren benötigt. Vorwiegend wird Stroh als Streumaterial verwendet, wobei lang- oder kurzgehäckseltes Stroh von →Wintergetreide eine gute Saugfähigkeit besitzt und damit den Zweck erfüllt, die Liegeplätze der Tiere trocken und sauber zu halten. Außerdem dient Einstreu auch zum Warmhalten der Liegeplätze.

EINZELHOF: Darunter wird weltweit ein von anderen →Einzel- und →Gruppensiedlungen abgesondert gelegener landwirtschaftlicher Betrieb verstanden. Er besteht aus dem Grundstück und den darauf gelegenen Wohn- und Wirtschaftsgebäuden mit Stallungen, Scheunen, Schuppen u.ä.

In Europa war und ist der Einzelhof als Siedlungstyp in vielen Teilen verbreitet und wird oft synonym zu *Einzelsiedlung* verwendet. In anderen Sprachen werden Einzelhöfe "ferme isolée" (frz.), "isolated" bzw. "single farm" (engl.), "enkeltgård" (dän.), "einbölt tun" (norw.), "ensamgård" (schwed.) und "casa sparsa" (ital.) genannt. Im Süden des deutschen Sprachraums wird der Einzelhof auch als *Einödhof* (von ahd. einoti = Einsamkeit) bezeichnet.

Der Begriff Einzelhof beinhaltet keine Aussage zur Lage und Form der landwirtschaftlichen Besitzflächen. In Mittel-, West- und Nordeuropa ist mit dem Einzelhof gewöhnlich eine geschlossene Wirt-

schaftsfläche (➔Einödflur) verbunden. Sie ist aus betriebswirtschaftlichen und topographischen Gründen oft in mehrere, zumeist größere, blockförmige Wirtschaftsparzellen gegliedert. Im Mittelmeerraum findet sich häufig trotz Einzelsiedlung eine ➔Gemengelage des Besitzes.
Typische Einzelhofgebiete und Streusiedlungsgebiete (Einzelhöfe in Mischung mit kleinen Hofgruppen) in Mitteleuropa sind das Allgäu, Teile des mittleren Schwarzwalds, Teile Westfalens und der nordwestdeutschen Marschen.
Ältere Theorien erklärten das Auftreten von Einzelhöfen mit ethnischen Gründen. Als entscheidende Faktoren werden seit einiger Zeit Einwirkungen der Obrigkeit, Wirtschaftsform, ➔Betriebsform, Viehhaltungssystem sowie Besitz- und Nutzungsrechte angesehen.
Im Gegensatz zur Alten Welt sind Einzelhofgebiete in vielen Teilen der Neuen Welt - besonders im Gefolge der europäischen Kolonisation - vorherrschend.

EINZELSIEDLUNG: Oft synonym für ➔*Einzelhof* gebrauchter Begriff für eine isolierte Wohn- und Wirtschaftseinheit. Teilweise werden auch in direkter Nachbarschaft liegende "Paarhöfe", "Zwiehöfe", "Hofpaare" oder "Doppelhöfe", die oft aus der Teilung eines Urhofes entstanden sind und eine mit entsprechenden Teilungsmerkmalen versehene ➔Flur nutzen, aber keine gemeinsame Wohnplatzgestaltung besitzen, dazugerechnet.
Einzelsiedlungen standen oft am Anfang von Entwicklungen zu ➔Gruppensiedlungen. Ausschlaggebend für derartige Entwicklungen dürften hauptsächlich ein zunächst vorhandener Mangel an Siedlern und die folgende Zunahme der Bevölkerung gewesen sein. Andererseits sind Einzelsiedlungen auch sekundär durch das Zusammenlegen aller Betriebe von Gruppensiedlungen entstanden.
<u>Ursachen für die Bildung von Einzelsiedlungen:</u>

- Hochwassergefährdung in größeren Talauen erzwang Reihung von Einzelhöfen
- Hofwurten in den Marschen beim frühmittelalterlichen Ausbau
- Lage an Gemarkungsrändern in Endphasen von mittelalterlichen Ausbaumaßnahmen in NW-Deutschland, häufig mit rechtlicher Vorrangstellung, vergleichbar auch im Jungsiedelland SW-Deutschlands (Schwarzwald, Alpenvorland)
- Hervorgehen aus bevorrechtigten Forsthöfen im Mittelgebirge
- auf partiellen Ortswüstungen der spätmittelalterlichen Wüstungsperiode verbliebene Einzelhöfe mit zusätzlicher Landausstattung aus den Wüstungsarealen durch die Grundherren
- Ansiedlung auf Allmend- und Wüstungsland im frühneuzeitlichen Landesausbau
- ➔Vergüterung seit dem 16. Jh.
- Wiederbelebung von Ortswüstungen im Mittelgebirge, überwiegend von Nachsiedlern getragen
- Durch ➔Ackernahrung bedingte Betriebsgrößen in benachteiligten Gebieten verbietet Gruppensiedlung mit Besitzgemenge
- Allmendaufteilungen des 18. und 19. Jh.
- Moderne Einzelsiedlung oft nur mit Teilfunktionen im Zusammenhang mit Kollektivierungen (großskalige Wirtschaftsgebäude von LPGen außerhalb der traditionellen Siedlungsfläche)
- Moderne Einzelsiedlung in Verbindung mit ➔Aussiedlung und Flurzusammenlegungen

Nach *Born* (1977) bildet der Typ Einzelsiedlung in Mitteleuropa keine besonders häufige Form ➔ländlicher Siedlung. Sie steht vor allem im Zusammenhang mit Ausnahmesituationen, wie sie bei Landnahme oder nach Wüstungsvorgängen gegeben sein können, durch bestimmte Naturausstattungen hervorgerufen werden, aus rechtlicher Benachteiligung erwachsen oder sich im Durchsetzen rechtlicher Vorrangstellungen äußern.
(➔STREUSIEDLUNG, ➔GRUPPENSIEDLUNG, ➔LÄNDLICHE SIEDLUNG, ➔LÄNDLICHE SIEDLUNGSFORM)

EJIDO: Kollektivistische Organisationsform in Mexiko nach dem Vorbild traditioneller indianischer Dorfgemeinschaften (communidades indígenas). Ejidos entstanden im Gefolge von ➔Bodenreformen, in denen Mexiko ab 1915 versuchte, Latifundienstrukturen zu zerschlagen und kleinbäuerliche Produzenten zu stärken. Es sind zwei Formen von Ejidos zu unterscheiden:
Individuelle Ejidos: Landeigentümer ist die Ejido-Gemeinschaft. Bauernfamilien haben Nutzungsrechte am ➔Boden und bewirtschaften ihre ➔Parzellen in individual-wirtschaftlicher Form. Betriebsflächen können vererbt, aber nicht verkauft oder verpfändet werden. Mehr als zwei Jahre nicht bewirtschaftetes Gelände kann von der Gemeinschaft zurückgefordert und neu vergeben werden.
Kollektive Ejidos: Das Land gehört der Gemeinschaft und wird kollektiv bewirtschaftet.
Trotz des großen Umfangs hat die mexikanische ➔Agrarreform die gesetzten Ziele nicht erreicht. Noch immer hat Mexiko eine dualistische Agrarsozialstruktur: Offiziell besitzen 2,3 % der Agrarbetriebe rund 45 % der Fläche, wobei die tatsächliche Besitzkonzentration noch höher ist, da viele Großbetriebe, die zulässige Flächenobergrenzen überschreiten, pro forma in mehrere Einheiten aufgeteilt und unter dem Namen von Familienmitgliedern oder Strohmännern registriert wurden.

ELECTRONIC MARKETING: Auch *electronic commerce*; Sammelbegriff für alle marketingrelevanten Bereiche, in denen elektronische Komponenten und Systeme der Informations- und Kommunikationstechnologie zur Anwendung gelangen. Dem (End)Konsumenten von Agrarprodukten kann dieses Marketing-Konzept beispielsweise im Internet (*Online Marketing*) begegnen mit den Elementen *electronic shopping* (ein regionaler Verbund von Produzenten des →Ökologischen Landbaus bietet z.B. online seine Produkte zur Hausanlieferung an), Öffentlichkeitsarbeit (CMA), Werbung (Ländlicher Tourismus) usw.

ELEKTRONISCHE TIERKENNZEICHNUNG: Bisherige, seit 20 Jahren praktizierte elektronische Tierkennzeichnung bei Rindern geschah mit Hilfe von an Halsbändern befestigten Transpondern und Respondern. Sie ermöglichen, eine individuelle Tierversorgung bei gleichzeitiger Gruppenhaltung in Laufställen und sie vereinfachen die individuelle Datenerfassung.
Neue Anforderungen aus dem Bereich der Qualitätssicherung, die eine zweifelsfreie Identifizierung von Tierindividuen verlangt sowie Probleme mit Tierverlusten und Betrug beförderten die Entwicklung von neuen Transponder-Typen, die äußerlich unsichtbar im Tierkörper (im Pansen oder unter dem Schildknorpel) angebracht werden, und die als sehr fälschungssicher gelten.

EL NIÑO: Begriff für die unterschiedlich stark ausgeprägte, großskalige Erwärmung des Oberflächenwassers, die im gesamten äquatorialen Bereich des zentralen und des östlichen Pazifik vor der peruanischen Küste stattfindet (ca. 1/4 des Erdumfangs), und die die atmosphärische Zirkulation weltweit beeinflusst. El Niño erreicht gewöhnlich seinen Höhepunkt um die Weihnachtszeit. Dieser saisonale Anstieg der Meeresoberflächentemperatur markiert das Ende der Fischfangsaison, und peruanische Küstenfischer belegten zunächst dieses jahreszeitliche Signal mit dem Wort El Niño (spanisch für →Christkind→). Die Erwärmung ist seit einigen Jahren allerdings besonders stark und die Fische kehren auch nicht wie üblich am Ende des Frühjahrs wieder. Diese besonders starken Erwärmungen (>5 °C) dauern typischerweise etwa ein Jahr lang an. Heute werden nur noch diese außergewöhnlichen Erwärmungen mit El Niño bezeichnet.
Eine mit El Niño verbundene Erscheinung ist die *Southern Oscillation*, eine in Ost-West-Richtung hin- und herpendelnde Bewegung von Luftmassen zwischen dem Pazifik und den indo-australischen Gebieten. Diese Erscheinung ist grob synchronisiert mit typischen Windströmungen (z.B. schwächere SE-Passate) und mit El Niño und wird mit dem *Southern Oscillation Index* (SOI) dargestellt. Diese Kombination führte zu dem Akronym *ENSO*. Ausgeprägt negative Werte des SOI sind mit warmen Ereignissen verbunden.
Im Durchschnitt tritt El Niño alle 4 bis 5 Jahre auf, und ist mit dieser mehr oder weniger stabilen Regelmäßigkeit wie die meisten atmosphärischen Erscheinungen als ein normales Phänomen anzusehen.
El Niño verursacht besonders im Ostpazifik eine drastische Reduzierung der ozeanischen Primärproduktion, auf der der dortige Fischreichtum (Anchovis) basiert, und beeinträchtigt so die Meeresfischerei erheblich, z.T. bis zum völligen Zusammenbruch (1972). Dies erklärt sich aus der anomal schwachen Ausprägung der SE-Passate, die es nicht vermögen, die küstennahen warmen Deckschichten seewärts zu verfrachten und es folglich nicht zu einem Aufströmen von kaltem und nährstoffreichem Tiefenwasser kommt.
El Niño hat in verschiedenen Teilen der Erde unterschiedliche Auswirkungen, teils nutzbringende (vermutlich wird die Entstehung von Hurrikanen im Atlantik unterdrückt), teils negative (Trockenheit im süd-östlichen Afrika, süd-östlichen Inselasien und im nördlichen bis nord-östlichen Lateinamerika, sintflutartige Regenfälle über dem westlichen Südamerika).
Auswirkungen auf die Volkswirtschaften und die Gesundheitssysteme als Folge dieser Klimaextreme sind nur zu offensichtlich, dazu gehören beispielsweise:

- Anstieg des Kokosölpreises ca. ein Jahr nach einem El Niño-Ereignis (dürrebedingte Missernten in SE-Asien)
- Anstieg von Malaria-Fällen in Kolumbien durch die anomal warm-feuchte Witterung in El Niño-Episoden, die die Vermehrung von Malaria-übertragenden Mückenarten begünstigt
- Anstieg der Anzahl von Ländern mit Nahrungsmittelnotstand
- Anhaltende Buschfeuer in Australien und Waldbrände in SE-Asien
- Geschätzte Verluste für die Weltwirtschaft von 8 Mrd. $ als Folge der El Niño-Episode von 1982-83

Zu den Anpassungsmaßnahmen an El Niño-Episoden gehören der Anbau von Trockenheits-resistenten Pflanzen, Änderungen der Fruchtfolge oder der Aufbau von Beratungs- und Notfallstrukturen, beispielsweise durch die →FAO.
El Niño-Ereignisse sind Teil eines Zyklus, dessen zweites wesentliches Element Phasen sind, in denen die atmosphärisch-ozeanischen Prozesse mit genau umgekehrten Vorzeichen ablaufen. Diese Phasen wurden mit der Bezeichnung *La Niña* versehen. Unter La Niña-Bedingungen verschärft sich der Temperaturkontrast im Pazifik längs des Äquators, und es bildet sich eine weit nach Westen reichende

Kaltwasserzunge aus. Die Folgen sind erhöhte Niederschläge über dem westlichen Pazifik und Teilen Südostasiens, im westlichen Südamerika jedoch ungewöhnlich trockene Verhältnisse. Europa wird von beiden Ausprägungen des Zyklus nur schwach und statistisch unauffällig berührt.
Der El Niño-La Niña-Zyklus besitzt keine strenge Periodizität, doch lassen sich die Oberflächentemperaturen mit einem gekoppelten Ozean-Atmosphäre-Modell für den Zeitraum bis zu einem Jahr recht zuverlässig vorhersagen.

EMBRYOSPLITTING: Züchtungsmethode, bei der sich durch eine hormonell induzierte Superovulation, nachfolgende Besamung und Ausspülung Embryonen gewinnen lassen, die im Labor durch mechanische Mikromanipulation in Einzelzellen aufgeteilt werden können. Die Zellen können in einem geeigneten Nährmedium zu einem Vielzeller heranwachsen und auf andere Tiere übertragen werden.

EMBRYOTRANSFER: Implantation der Embryonen von Spendertieren oder von Embryonen, die durch In-vitro-Befruchtung entstanden sind, in den Uterus des Empfängertieres.
Die Generationenfolge bei den großen Nutztieren ist relativ langsam, was die Zahl der Nachkommen von weiblichen Hochleistungstieren beschränkt. Der große Vorrat an Eiern in den Ovarien wird im Normalfall nicht ausgenutzt. Durch das Proteohormon Gonadotropin kann die gleichzeitige Reifung mehrerer Eier stimuliert werden, welche sich nach der Befruchtung aus dem Uterus herausspülen und in andere, hormonell zur Ei-Aufnahme vorbereitete Tiere überführen lassen. Auch die Aufbewahrung der Embryonen bei tiefen Temperaturen und ihre spätere Implantation ist mit gutem Erfolg (44 %) heutige Routine.
Das Verfahren ermöglicht das Sortieren von männlichen und weiblichen Embryonen und den rationellen Transfer des besten Zuchtmaterials.
Im Vergleich zur künstlichen Besamung ist der Embryotransfer noch von geringer Bedeutung. Lediglich für die Züchtung von Hochleistungstieren ist er heute eine gängige Methode. In günstigen Fällen können ausgehend von einer Kuh innerhalb eines Jahres bis zu 50 Kälber entstehen.
Mit dieser Technik wird als weiteres Element des ➔Strukturwandels auch die Erneuerung und Vermehrung des Tierbestandes aus der ➔Landwirtschaft ausgelagert und der Kontrolle der ➔Bauern weitgehend entzogen.

EMISSION: Abgabe von Stoffen aus Industrie, ➔Landwirtschaft, Siedlung und Verkehr an die ➔Umwelt. (➔UMWELTWIRKUNGEN)

ENCLOSURE: Engl. *Einhegung*; in England im 15. Jh. beginnende und bis ins 19. Jh. reichende Flurneuordnung. Dabei wurden ➔Gruppensiedlungen größtenteils aufgelöst, die ➔Fluren mit ➔Hecken eingehegt, Grundstücke wurden zusammengelegt und aus dem Flurzwangsystem einer genossenschaftlich organisierten Feldgemeinschaft herausgelöst. Es entstand eine ➔Agrarlandschaft mit ➔Einzelhöfen. Teilweise wurde während dieser von verschiedenen Typen von Obrigkeit betriebenen enclosure-Bewegung auch die bäuerliche Bevölkerung verdrängt.
Im Prinzip ging es beim Prozess der enclosure um die Ablösung des älteren open-field-Systems, das mit seinem ➔Flurzwang, der gemeinsamen Viehweide in der Dorfherde dem mitteleuropäischen Zelgensystem entspricht. Individuelle Bewirtschaftungssysteme lösten die open-field-Wirtschaft ab. Das konnten sowohl Viehwirtschaftssysteme (z.B. Schafhaltung) als auch Ackerbausysteme mit betriebsindividueller ➔Fruchtfolge sein.

ENERGIEEINSATZ: Beim Energieeinsatz in der ➔Landwirtschaft ist zwischen direkter und indirekter Energie zu unterscheiden. In den alten deutschen Bundesländern betrug der Gesamtenergieeinsatz 1990/91 412,3 PJ (1 Petajoule = 1015 Joule).

Gesamtenergieeinsatz im Agrarsektor der Bundesrepublik Deutschland (Alte Bundesländer) 1990/91

Energieträger	Anteil [%]
Direkter Einsatz (228,8 PJ)	*55*
Heizöl	23
Kraftstoffe	18
Elektrizität	13
Übrige (Gas u.a.)	1
Indirekter Einsatz (183,5 PJ)	*45*
Stickstoffdünger	19
Futtermittel	14
Dünger (ohne Stickstoff)	5
Maschinen, Schmierstoffe, Gebäude	5
Pflanzenschutzmittel	1
Saat- und Pflanzgut	1

Quelle: Enquete-Kommission "Schutz der Erdatmosphäre", 1994

Für Gesamtdeutschland ist die Land- und Forstwirtschaft mit 2,6 % am Primärenergieverbrauch beteiligt.
Die Produktivität des Energieeinsatzes in der Landwirtschaft hat sich in der Vergangenheit trotz gestiegener Erträge wesentlich verschlechtert. Zwischen

1905 und 1975 verringerte sich das Verhältnis zwischen eingesetzter und "geernteter" Energiemenge um 55 %. 1905 wurden pro eingesetzter Energieeinheit noch 4 Einheiten an Nahrungsenergie erzeugt, 1950 etwa 2,7 Einheiten und 1975 lediglich 1,8 Einheiten an Nahrungsenergie. Die energetische Input-Output-Relation sank beispielsweise im Maisanbau von 1:3,7 (1945) auf 1:2,5 (1970). Sowohl die Erträge (in absoluten Zahlen) als auch die Arbeits- und Flächenproduktivität sind im gleichen Zeitraum dagegen deutlich gestiegen.
Der ➔ökologische Landbau benötigt etwa 6,8 GJ Energieinput pro Hektar und Jahr, die konventionelle Variante etwa 21,6 GJ/ha pro Jahr. Dieser Mehraufwand wird hauptsächlich von dem intensiven Einsatz chemischer ➔Dünge- und ➔Pflanzenschutzmittel sowie vom höheren Zukauf von Fremdfuttermitteln verursacht. Für die gesamte bewirtschaftete Fläche ergibt sich ein Bruttogesamtaufwand an direkter und indirekter Energie von 1,6 PJ pro Jahr im ➔ökologischen Landbau beziehungsweise 410,3 PJ pro Jahr in der konventionellen Bewirtschaftung.
Die CO_2-Emissionen sind beim ➔konventionellen Landbau um den Faktor 2,9 höher als beim ökologischen Landbau.

ENERGIEPFLANZEN: Pflanzen, die mit dem Ziel der Energieerzeugung angebaut werden. Dabei kommt es vorwiegend auf die Erzielung hoher Hektarerträge sowie verwertbarer ➔Biomasse an. (➔INDUSTRIEPFLANZEN, ➔NACHWACHSENDE ROHSTOFFE)

ENERGY FARMING: Die Gewinnung nachwachsender Energieträger aus ➔Biomasse. Der Ertragsfaktor gibt dabei das Verhältnis der Nutzenergie des Brennstoffs zum Energieaufwand an. In Industrieländern mit intensiver ➔Landwirtschaft ist er häufig kleiner als 1, dagegen in Entwicklungsländern, so im Alkohol-Programm in Brasilien größer als 1.

ENGEL'SCHES GESETZ: Nach dem Statistiker *Engel* (1857) bezeichnete Gesetzmäßigkeit, die besagt, dass der relative Anteil der Nahrungsmittelausgaben an den gesamten Verbrauchsausgaben sinkt, wenn das Einkommen steigt. Das Engel'sche Gesetz gilt als eine Erklärung für die Auseinanderentwicklung von landwirtschaftlichen und außerlandwirtschaftlichen Einkommen (Einkommensdisparität).

ENTAGRARISIERUNG: Die Reduktion der Agrarbevölkerung in Richtung auf eine industrielle und schließlich tertiäre Bevölkerung hin als Teil eines gesellschaftlichen Modernisierungsprozesses. Auch die Abnahme des ökonomischen Stellenwertes der ➔Landwirtschaft innerhalb des Bruttosozialproduktes und der Rückgang der Hofstellen im Rahmen des agraren ➔Strukturwandels können als Element dieses Prozesses gesehen werden.

ENTKALKUNG: Wichtiger Verlagerungsprozess bei der Verwitterung carbonathaltiger Muttergesteine bzw. carbonathaltiger ➔Böden des humiden Klimas. Sie besteht in der Lösung (Hydrolyse und Säureangriff) der Carbonate ($CaCO_3$, $CaMg(CO_3)_2$ u.a.) unter Mitwirkung von Wasser und Kohlensäure (im belebten ➔Boden mit starker CO_2-Produktion besonders hoch) und dem Transport als Hydrogenkarbonat mit dem perkolierenden Sickerwasser (➔Perkolation). Dabei besteht die Möglichkeit der Ausfällung im Unterboden (Bildung eines Cc-Horizontes) oder der Verlagerung bis ins ➔Grundwasser.

ERBRECHT: Hier die Gesamtheit der Rechtsnormen, durch die Vermögensrechte und -pflichten aus Anlass des Todes eines ➔Landwirtes auf eine andere Person übergehen sowie die Summe der Berechtigungen des Erben, der in die Rechte und Pflichten des Erblassers eintritt. Die Vererbung des landwirtschaftlichen Grundeigentums erfolgt häufig nach festen Regeln, die durch Sitte oder geschriebenes Recht festgelegt sind. In vielen Teilen Europas wird die Betriebsübergabe bereits zu Lebzeiten des Betriebsleiters durch Hofübergabevertrag vorgenommen. Seit dem WK II haben sich auch Formen einer *vorbereitenden Hofübergabe* entwickelt, die sogenannte gleitende Hofübergabe, bei der beispielsweise im Rahmen von Pacht- und Gesellschaftsverträgen sowohl der alte Landwirt als auch sein Nachfolger an der Betriebsleitung und/oder am Betriebsvermögen beteiligt sind. Verschiedentlich kommen in einzelnen Regionen Europas noch Familiengemeinschaften vor, wodurch eine Teilung des Hofes vermieden werden kann.
Im westlichen Teil Europas ist zwischen Ländern zu unterscheiden, die kein besonderes landwirtschaftliches Erbrecht kennen, in denen sich also ein landwirtschaftlicher Betrieb nach den Regeln des bürgerlichen Erbrechts vererbt, und solchen Ländern mit einem besonderen landwirtschaftlichen Erbrecht. Ganz allgemein lässt sich aber in der Gesetzgebung der europäischen Länder eine Tendenz zur Einführung eines landwirtschaftlichen Erbrechts feststellen. Nachdem ursprünglich ein solches Recht auf die deutschsprachigen Länder Mitteleuropas, auf Dänemark und Norwegen beschränkt gewesen ist, haben beginnend mit Frankreich auch weitere romanische Länder Sondererbrechte eingeführt.
Das Bürgerliche Gesetzbuch (BGB) der Bundesrepublik Deutschland geht in seinem Erbrecht nur an wenigen Stellen auf die besonderen Bedürfnisse der ➔Landwirtschaft ein. Die Bundesländer besitzen die

Bewertung der Vererbungssitten

Anerbensitte	Realteilung
• erhält landwirtschaftlich leistungsfähige Höfe • passt in den aktuellen Trend zur Betriebsvergrößerung • lässt weniger landwirtschaftliche Existenzen zu • bedeutete früher eine Bevorzugung des Anerben (heute bietet ein außerlandwirtschaftlicher Beruf oft eine bessere Existenzgrundlage)	• führt zu Betriebsverkleinerung und zu Zersplitterung der Fluren (Behinderung mechanischer Bewirtschaftungsmethoden) • Betriebe häufig nicht als ➔Vollerwerbsbetriebe führbar • bei ➔Sonderkulturen nicht besonders nachteilig • größere Erbgerechtigkeit

Befugnis zur Gesetzgebung, solange nicht der Bundesgesetzgeber die Materie regelt. So gibt es abweichend vom BGB für manche Regionen die Sonderregelung der geschlossenen Vererbung (➔Anerbenrecht, auch Höferecht), die grundsätzlich von der geteilten Vererbung (➔Realteilung) zu unterscheiden ist. Dazwischen bestehen *Übergangsformen*, etwa dergestalt, dass der Hauptteil des Betriebes geschlossen, besonders attraktive Grundstücke mit Bauerwartungswert aber geteilt vererbt werden, oder dass die Erbteilung zwar vorgenommen, die Felder jedoch von den weichenden Geschwistern einem Erben zur geschlossenen Bewirtschaftung als Pachtland zu günstigen Bedingungen überlassen werden.

Beim *Stockerbenrecht* der Eifel erhält der übernehmende Erbe das Gehöft und jenen Bestand an Grundstücken, den schon der Erblasser einst übernommen hatte, während später durch Heirat, Kauf o.ä. hinzugekommene Äcker unter die übrigen Erben aufgeteilt werden. Bei der Realerbteilung gibt es neben der völligen Gleichstellung aller Erben recht häufig eine Bevorzugung der Söhne gegenüber den Töchtern. Diese Art der Erbfolge ist u.a. im islamischen Orient weit verbreitet. Ein weiteres Beispiel einer Zwischenform ist das patrilineare Erbrecht, wie es u.a. im Dukagjin (nordalbanische Alpen) praktiziert wird. Dort gehört der Grundbesitz unveräußerlich der männlichen Abstammungslinie. Eine Tochter kann den Besitz selbst dann nicht übernehmen, wenn sie das einzige Kind einer Familie ist.

Die Art der Vererbung prägt die Größe, Wirtschaftskraft, Betriebsausrichtung und Sozialstruktur der Betriebe, des weiteren die Größe, Verteilung und Mobilität der Besitzparzellen in der ➔Flur und nicht zuletzt die Dichte und Art der Bebauung in den ➔ländlichen Siedlungen. Ferner wird durch die Vererbungskonvention die Entwicklung des ländlichen Gewerbe- und Kulturlebens beeinflusst.

<u>Die Verbreitung der landwirtschaftlichen Erbsitten in Europa:</u>

- deutlicher Kontrast zwischen Nord und Süd
- Mitte Europas durch Wechsel und Übergänge der beiden Hauptarten gekennzeichnet
- In Nordeuropa Dominanz der geschlossenen Vererbung von Skandinavien über Norddeutschland bis hin zu den britischen Inseln (Ausnahmen: Mittelschweden und Kent mit kleineren Realteilungsbereichen)
- In Mittel- und Westeuropa Anerbenrecht in breitem Gürtel von Österreich, Bayern, der mittleren Schweiz, über Mittel- und Südfrankreich bis hin zu den Pyrenäen in Nordspanien
- Realteilung dominiert in Südeuropa, vor allem in Italien und Spanien, auch in großen Teilen Frankreichs, in Belgien und Niederlande sowie im südwestlichen Deutschland südlich der Linie Mönchengladbach - Lohr am Main (Ausnahmen: die Mittelgebirge Schwarzwald, Odenwald und Spessart mit teilweisem Anerbrecht)

<u>Ursachen für die unterschiedliche regionale Verbreitung der Erbsitten:</u>

- Tragfähigkeit der ➔Böden in Nordeuropa sowie in den Gebirgsräumen Mittel- und Westeuropas relativ gering, somit aus ökonomischen Gründen eine geschlossene Vererbung naheliegend
- klima- und bodenbegünstigte Regionen Süd-, West- und Mitteleuropas boten Lebensunterhalt für dichtere Agrarbevölkerung
- alte, z.T. in frühgeschichtliche Zeit zurückverfolgbare Volksrechte, z.B. das Anerbenrecht in Norddeutschland
- wachsender Bevölkerungsdruck verstärkt Neigung zur Realteilung
- Regelungen durch einzelne Landesherren (z.B. badisches Hofgüterrecht)
- Städtegründungen
- außerlandwirtschaftliche Erwerbsmöglichkeiten

In den alten Bundesländern sind die regionalen Unterschiede zwischen den Gebieten mit vorherrschender Realteilung und vorherrschender geschlossener Vererbung seit dem 19. Jahrhundert bis heute deutlich erkennbar geblieben. Grundsätzlich ist aber ein Rückgang der Realteilung zu beobachten. Industrialisierung und betriebliche Entwicklung in der ➔Landwirtschaft haben diese Tendenz gefördert. Das Reichserbhofgesetz von 1933 versuchte eine rigide Anerbenregelung für das ganze Reich durchzusetzen, es wurde nach dem 2. Weltkrieg aufgehoben. Die neuen Höfeordnungen einzelner Bundesländer respektieren wieder die älteren Erbregelungen, führten den Grundsatz der Freiwilligkeit ein, fördern jedoch den Gedanken der geschlossenen Vererbung. Eine bundeseinheitliche Regelung des Erbrechts für landwirtschaftliches Grundeigentum gibt es in Deutschland bislang nicht.

ERDELOSE KULTURVERFAHREN: Der Anbau von Pflanzen außerhalb des gewachsenen →Bodens unter Verwendung von mehr oder weniger sterilen →Substraten oder in reiner Nährlösung vor allem im →Gartenbau.
<u>Mögliche Gründe für den Einsatz von erdelosen Kulturverfahren:</u>
- Die ursprünglichen Böden sind durch schwer bekämpfbare bodenlebende Schaderreger (z.B. Nematoden) sehr stark verseucht.
- Die Böden sind in ihren physikalischen und chemischen Eigenschaften so stark verändert (z.B. Sauerstoffmangel, Versalzung), dass eine normale Kultur unmöglich ist.
- Die Wasser- und Nährstoffzufuhr kann häufig besser an die Bedürfnisse der Pflanzen angepasst werden.
- Die Wasser- und Nährstoffzufuhr kann verhältnismäßig einfach und sicher automatisiert werden.

<u>Gegen erdelose Kulturen sprechen folgende Risiken und Nachteile:</u>
- höhere Investitionskosten
- Abhängigkeit vom Funktionieren technischer Steuer- und Regelgeräte
- Notwendigkeit regelmäßiger Kontrolle der Nährlösungszusammensetzung und -zufuhr
- geringe Toleranz gegenüber Fehlern (erhöhtes Kulturrisiko)
- mögliche rasche Krankheitsverbreitung über Nährlösungskreislauf

ERDEN: Mischungen aus meist betriebseigenen →Komposten und Zusätzen wie →Torf oder mineralischem →Boden, z.T. angereichert mit →Nährstoffen, die vor allem im →Gartenbau ihren Einsatz finden.
Einheitserde besteht aus kalkfreiem Ton (Montmorillonit), Weißtorf und Mineraldüngerzusätzen in Form eines wasserlöslichen Mehrnährstoffdüngers (14 % N, 16 % P_2O_5, 18 % K_2O, 2 % MgO und Spurenelementen) und/oder Langzeitdüngern.

ERGÄNZUNGSFUTTERMITTEL: →Mischfuttermittel, die dazu bestimmt sind, in Ergänzung anderer →Futtermittel den Nahrungsbedarf der Tiere zu decken. Dazu gehören beispielsweise:
- Melassefuttermittel (unter Verwendung von →Melasse hergestellt, enthält mindestens 14 % Gesamtzucker) und
- →Mineralfuttermittel (überwiegend aus mineralischen Einzelfuttermitteln zusammengesetzt, mindestens 40 % Rohasche enthaltend)

ERN: Mitteldeutsche Bezeichnung für Hausflur (ursprünglich für den Herdraum), der quer zum First liegt.

ERNÄHRUNGSGEWERBE: Gewerbliche Ernährungswirtschaft, die sich in →Ernährungsindustrie, →Ernährungshandwerk, →Ernährungshandel und →Gastgewerbe gliedert.
(→VERTIKALE INTEGRATION)

ERNÄHRUNGSHANDEL: In Groß- und Einzelhandel gegliederter Sektor des Ernährungsgewerbes, der den Ausgleich zwischen Angebot und Nachfrage besorgt. Er umfasst auch Import und Export von Agrargütern sowie von Nahrungs- und Genussmitteln. (→VERTIKALE INTEGRATION)

ERNÄHRUNGSHANDWERK: Relativ eng mit der heimischen →Landwirtschaft verbundener Sektor des Ernährungsgewerbes. Dazu zählen Fleischer, Bäcker, Konditoren, Müller, Mälzer, Brauer und Weinküfer. (→VERTIKALE INTEGRATION)

ERNÄHRUNGSINDUSTRIE: Sektor des Ernährungsgewerbes und umsatzmäßig drittwichtigster Industriezweig Deutschlands. Er verarbeitet ca. 75 % der landwirtschaftlichen Produktion. (→VERTIKALE INTEGRATION)

ERNTERISIKO: Das Risiko von Ernteverlusten durch die Ausweitung des Anbaus einer →Kulturpflanze über deren ökologische Grenzen hinaus sowie durch Schädlingsbefall, Krankheiten, →Unkräuter u.ä.

ERNTERÜCKSTÄNDE: Pflanzenteile, die nach dem Abernten auf den Äckern zurückbleiben (Halme, Blätter, Wurzelstöcke, Stoppeln). Sie werden beim Pflügen in den →Boden eingearbeitet und anschließend größtenteils abgebaut. Die Ernterückstände sind wichtig für die Ausbildung der humusstoffhaltigen →Ackerkrume.

ERSTATTUNG: →Beihilfen im Rahmen der →Gemeinsamen Agrarpolitik zur Förderung von Exporten (→Ausfuhrerstattung), wobei der Unterschied zwischen dem (höheren) EU-Marktpreis und dem (niedrigeren) →Weltmarktpreis ausgeglichen wird. Daneben bestehen Produktionserstattungen, die EG-Er-

Die landwirtschaftlichen Betriebe Deutschlands nach ihrem Erwerbscharakter 1995

Gebiet	**Erwerbscharakter landwirtschaftlicher Einzelunternehmen**			
	Haupterwerb		Nebenerwerb	
	Anteil [%]	Durchschnittl. Fläche [ha LF]	Anteil [%]	Durchschnittl. Fläche [ha LF]
Alte Bundesländer	41,9	38,7	58,1	8,8
Neue Bundesländer	28,1	122,6	71,9	15,0
Deutschland	41,3	41,2	58,7	9,1

Quelle: Agrarbericht 1997

zeugern der Verarbeitungsindustrie gewährt werden, wenn sie EG-Vorprodukte verwenden trotz der Konkurrenz billiger Importe. Exporterstattungen machten 1995 ca. 20 % des ➔Europäischen Agrarfonds aus. Nutznießer beider Erstattungsformen sind vorwiegend Exporteure, Händler, Transportunternehmen, Lagerhausbesitzer und Ernährungsindustrie.

ERTRAGSGESETZE: Als Ertragsgesetze werden die Gesetze bezeichnet, in denen Erkenntnisse der modernen Pflanzenproduktion, also die Bedeutung und Wirkung von Pflanzennährstoffen, formuliert worden sind. Justus von Liebig (1803-1873) war 1855 einer der ersten, der erkannte, dass zum Erlangen von gutem Pflanzenwachstum und Ertrag kein Wachstumsfaktor (Wasser, Luft, Temperatur, Licht etc.) oder Nährelement fehlen darf, da der Mangel eines Faktors nicht durch andere ausgeglichen werden kann. Dies fasste er im *Gesetz vom Minimum* zusammen: Wachstum und Ertrag einer Pflanze werden von demjenigen Nährelement oder Wachstumsfaktor bestimmt, der ihr in geringster Menge (Minimum) zur Verfügung steht. Anders formuliert: Der Ertrag steigt solange proportional mit dem Minimumfaktor an, bis der theoretische Höchstertrag erreicht ist. Das Minimum wird häufig durch die "Minimumtonne" veranschaulicht, bei der die niedrigste Daube den Wasserspiegel begrenzt.
Das Minimumgesetz muss nach heutigen Erkenntnissen im Zusammenhang mit dem *Gesetz vom abnehmenden Ertragszuwachs* (1768 von Turgot formuliert) gesehen werden. Mitscherlich belegte es mit Versuchsreihen und äußert: "Das Pflanzenwachstum und der Ertrag richten sich in erster Linie nach dem im Minimum vorhandenen Nährstoff oder Wachstumsfaktor, doch sind an der Ertragshöhe gleichzeitig noch andere ➔Nährstoffe oder Wachstumsfaktoren mitbeteiligt."
Mit zunehmendem Aufwand der Produktionsfaktoren steigt der ➔Rohertrag zwar zunächst rasch, dann aber nur noch langsam an und lässt sich nicht mehr erhöhen, geht u.U. sogar zurück (z.B. durch ➔Überdüngung oder übermäßigem Einsatz von teuren Maschinen und Arbeitskräften). Dies bedeutet, dass der Reinertrag (Landrente), der nach Abzug aller Aufwandskosten vom Rohertrag bleibt, nur bis zu einem bestimmten Punkt steigt, dann aber sinkt und sogar in Verlust übergeht. Dieser Entwicklung kann nur durch steigende Marktpreise, durch Subventionen oder durch die Umstellung auf eine andere Produktionsrichtung mit günstigeren Ertrags-Kosten-Verhältnissen begegnet werden.
Ökonomisch entscheidend ist nicht so sehr die Nutzungsintensität (= Höhe des Rohertrages), sondern die Landrente (= Reinertrag).

ERWERBSCHARAKTER: Abgrenzung der einzelnen landwirtschaftlichen Betriebe nach sozial-ökonomischen Kriterien. 1997 wurde vom Bundeslandwirtschaftsministerium eine neue Abgrenzung von Haupt- und Nebenerwerbsbetrieben eingeführt, die sowohl in der allgemeinen Agrarstatistik als auch in der Testbetriebsbuchführung angewendet wird. In der Testbetriebsbuchführung entfällt die zusätzliche Unterscheidung der Haupterwerbsbetriebe nach ➔Voll- und ➔Zuerwerbsbetrieben. Die Neudefinition ist nicht kompatibel mit entsprechenden Definitionen der EU.

- Haupterwerbsbetriebe: Betriebe mit 1,5 und mehr Arbeitskräften je Betrieb oder 0,75 bis unter 1,5 Arbeitskräften je Betrieb und mit einem Anteil des betrieblichen Einkommens am Gesamteinkommen von mindestens 50 %.
- Nebenerwerbsbetriebe: Alle anderen Betriebe

ERWERBSKOMBINATION: Gleichzeitige Ausübung von landwirtschaftsbezogenen und außerlandwirtschaftlichen Beschäftigungen. Für die ➔Landwirte kommt es angesichts des fortschreitenden ➔Strukturwandels in vielen Teilen des ➔ländlichen Raumes verstärkt darauf an, die Möglichkeiten der Erwerbskombination beziehungsweise der Mehrfachbeschäftigung konsequent zu nutzen. Dazu bieten sich unter anderem an:

- Aufnahme von Nebenerwerbstätigkeiten in ländlichen Gewerbe- und Dienstleistungsbereichen

- Übergang zum →ökologischen Landbau, wenn die entsprechenden Voraussetzungen (Absatz, Vermarktungseinrichtungen, ausreichendes Arbeitspotential) gegeben sind
- Übernahme von Verarbeitungsaktivitäten und →Direktvermarktung der erzeugten Produkte für Betriebe in der Nähe von Zentren (z.B. Bauernbrot, Frischfleisch, Gemüse)
- Übernahme von Naturschutz- und Landschaftspflegearbeiten (bessere Auslastung vorhandener Maschinen- und Arbeitskapazitäten, Kenntnisse der örtlichen Natur- und Landschaftsbestandteile)
- Übernahme weiterer kommunaler Dienstleistungen, wie z.B. Winterdienste, Betreuung von Infrastruktureinrichtungen, lokale Transportarbeiten
- Tätigkeiten im Bereich Naherholung und Fremdenverkehr (Reitpferdehaltung, Urlaub auf dem Bauernhof, z.T. in Kombination mit der Vermarktung eigener Produkte)
- Nutzung und Ausbau vorhandener, nicht mehr benötigter Wirtschaftsgebäude, z.B. für Wohnzwecke oder zur Vermietung als Wohnwagenstellplatz

Die Mehrfachbeschäftigung von Landwirten soll zum einen zur Stabilisierung ihrer Einkommen und zum anderen zur Versorgung von ländlichen Gebieten mit Dienstleistungen und Infrastruktur beitragen.

ERZEUGERBEIHILFE: Jene →Ausgleichszahlungen, die zum Ausgleich der für die mit der →Reform der →Gemeinsamen Agrarpolitik erfolgten Senkung der Stützungspreise für Getreide, Ölsaaten, Eiweißpflanzen und Öllein gezahlt werden. Weitere Erzeugerbeihilfen sind Zahlungen im Rahmen der quasi obligatorischen →Flächenstillegung, die Ausgleichszulage, →Beihilfen bei der Produktion von z.B. Hopfen, Flachs und Hanf sowie von →Saatgut bestimmter Pflanzen, die Bullenprämie, die Mutterkuhprämie und die Mutterschafprämie.

ERZEUGERGEMEINSCHAFT: Nach dem *Marktstrukturgesetz* ein Zusammenschluss von Inhabern landwirtschaftlicher oder fischwirtschaftlicher Betriebe zu einem horizontalen Verbund, die gemeinsam den Zweck verfolgen, die Erzeugung und den Absatz ihrer Produkte nach Menge, Qualität und Zeitpunkt der Anlieferung den Erfordernissen des Marktes anzupassen (→Gruppenmarketing). Erzeugergemeinschaften für Qualitätsgetreide, für Wein und für Schlachtvieh besitzen die größte Bedeutung.

Eine anerkannte Erzeugergemeinschaft muss eine juristische Person des Privatrechts sein; somit kommen die Rechtsformen der →Genossenschaft als häufigster Fall, der GmbH, der AG und der KGaA in Betracht. Die Merkmale der Genossenschaft gleichen den Anforderungen an die Erzeugergemeinschaft. Für die Wahl der Genossenschaft als Rechtsform bestehen Steuervorteile. Daneben können anerkannte Erzeugergemeinschaften in den ersten fünf Jahren nach der Anerkennung staatliche →Beihilfen erhalten.

Produktbereiche im Marktstrukturgesetz

- Schlachtvieh und Ferkel
- Milch
- Getrocknete Luzerne
- Honig
- Wein
- Arzneipflanzen und Gewürzpflanzen
- Damwild
- Kartoffeln
- Kaninchen
- Baumschulerzeugnisse
- Zuchtvieh
- Wolle
- Tabak
- Eier und Geflügel
- Flachs und Leinsamen
- Forstpflanzen
- Qualitätsgetreide
- Pfropfreben und Edelreiser
- Qualitätsraps
- Blumen und Zierpflanzen
- Pflanzl. Erzeugnisse zur technischen Verwendung oder Energiegewinnung

Die Mitglieder der Erzeugergemeinschaften sind durch das ausschließliche Vermarktungsgebot ihrer Produkte durch die Erzeugergemeinschaften wirtschaftlich stark an diese gebunden. Da sich die Aufgaben einer Erzeugergemeinschaft auf die Vermarktung aber nur eines Produktes oder einer homogenen Produktgruppe beschränken, besteht nur eine hierauf bezogene wirtschaftliche Bindung des →Landwirts. Angesichts der Größe von Erzeugergemeinschaften, die häufig mehr als 50 Landwirte umfassen, hat ein einzelner Landwirt nur geringe Einflussmöglichkeiten auf die Konzeption des gemeinsamen →Marketings. Erzeugergemeinschaften unterscheiden sich damit in der Praxis für den einzelnen Landwirt häufig nur wenig von der Vertragsproduktion für gewerbliche Abnehmer.

ERZEUGERORGANISATION: Zusammenschluss von Gemüse oder Obst produzierenden landwirtschaftlichen Betrieben zu einem horizontalen Verbund. Sie hat die Aufgabe, die Konzentration des Angebotes zu fördern, die Erzeugerpreise zu regulieren, den Erzeugern geeignete technische Hilfsmittel zur Aufmachung und Vermarktung der Obst- und Gemüseerzeugnisse bereitzustellen. Dadurch sollen Erzeugerorganisationen die wirtschaftliche Position der Erzeuger gegenüber den großen Handelsketten und der Verarbeitungsindustrie stärken. Der Betriebsfonds der Erzeugerorganisationen setzt sich je hälftig aus Zuschüssen der EU sowie aus den Mitgliedsbeiträgen der angeschlossenen →Landwirte zusammen. Deutschland handelt es sich i.a. um Absatzgenossenschaften, die die Anforderungen der

→Marktorganisation für frisches Obst und Gemüse erfüllen. Sie sind auch für →Interventionen zuständig. Die dafür nötigen Finanzmittel erhalten sie von der EU. Eine Erzeugerorganisation muss von den nationalen Behörden anerkannt und überwacht werden.

ERZEUGERRING: Erzeugerringe sind horizontale (d.h. auf gleicher Produktionsstufe) und freiwillige Zusammenschlüsse von Erzeugern landwirtschaftlicher Produkte mit dem Ziel, Qualität und Wirtschaftlichkeit der Erzeugnisse zu fördern. Durch z.B. gleiche Sortenwahl und →Düngung oder gleiches Tiermaterial und gleiche Fütterung sollen die Produktion vereinheitlicht und die Produktionskosten gesenkt werden.

ESCH: Nach *Martiny* (1926) eine isoliert in der Wildnis gelegene, der Bodenbeschaffenheit nach begrenzte, häufig sich etwa 1-2 km im Durchmesser ausdehnende Feldfläche, in der die verschiedenen Altbauern ihren Anteil hatten, meist in Streifen. Auch ein hofnahes Auftreten ist möglich. Der Esch unterlag früher dem →Flurzwang, so dass er von allen Besitzern gleichzeitig bestellt und abgeerntet werden musste und nach der Ernte als gemeinsame Wiese diente. Daher durften die einzelnen Anteile nicht in der Art des →Kamps durch Gräben, →Hecken oder Zäune eingefriedigt werden. Der Esch stellt in der weiteren Flurentwicklung die Kernflur dar und wird von jüngeren Flurerweiterungen umgeben. Die sandigen Geestrücken des nordwestdeutschen Flachlandes sind das Hauptverbreitungsgebiet.
Auf den →Eschfluren kam es häufig zu "ewigem Roggenbau", der mit einer intensiven Plaggendüngung verbunden war. (→PLAGGENESCH)

ESCH-DRIESCH-WIRTSCHAFT: Mittelalterliche →Feldgraswirtschaft auf Wechselland in Nordwestdeutschland. Dabei bedeutete "→Esch" nützendes, "Driesch" ruhendes Land. Die Esch-Driesch-Wirtschaft wurde häufig durch Einfelderwirtschaft mit Plaggendüngung, besonders den "ewigen Roggenbau" abgelöst.

ESCHFLUR: Eine mit alten Flurnamen behaftete, oft ortsnahe →Gemengeflur in Nordwestdeutschland und in den östlichen Niederlanden, die dem Getreidebau dient.

ESTANCIA: Großer Betrieb mit →Weidewirtschaft (Rinder, Pferde oder Schafe) in Südamerika, vor allem in den venezolanischen Llanos (Halbwüsten) und besonders in den Pampas Argentiniens, mit einer Flächenausstattung bis über 100.000 ha. Produktionsziel ist vorwiegend die Fleischerzeugung. Der Erschließungsgrad des Weidelandes ist abhängig von den vorhandenen Wasserstellen und der Stärke der Verbuschung. Neben extensiven Formen auf natürlichem Grasland treten auch hochspezialisierte Aufzucht- und Mastbetriebe mit Kunstweiden meist in Großstadtnähe auf.

ETTER: Zaun, der in der Zeit vom Spätmittelalter bis ins 19. Jh. das →Dorf von der →Flur trennte. Der Etter war u.a. im Rahmen der →Dreifelderwirtschaft und der Zelgenwirtschaft mit →Gewannflur bedeutsam.

ETTERDORF: Haufendorf, durch den →Etter genannten Zaun gekennzeichnet, der den bebauten Dorfraum von der →Flur trennt. Etterdörfer waren vor allem in Süddeutschland verbreitet.

EUROPÄISCHE FREIHANDELS-VEREINIGUNG: Abk. EFTA für ***E****uropean* ***F****ree* ***T****rade* ***A****ssociation*; 1960 als Gegenmodell zur EWG von sieben Staaten gegründete und heute eine Island, Liechtenstein, Norwegen, und die Schweiz umfassende Staatengruppe. Sie bildet - mit Ausnahme der Schweiz - seit 1994 mit der EU den →Europäischen Wirtschaftsraum (EWR). Innerhalb der EFTA sind praktisch alle Zölle und Kontingente für die Einfuhr von Waren aus den Partnerstaaten beseitigt. Die Agrarerzeugnisse wurden jedoch nicht in diesen Freihandel einbezogen. Im Gegensatz zur →Europäischen Gemeinschaft hat die EFTA keine gemeinsamen Außenzölle.

EUROPÄISCHE GEMEINSCHAFT: Abk. EG; Sammelbezeichnung für die "Europäische Gemeinschaft für Kohle und Stahl" (EGKS, "Montanunion"; gegründet 1951), die "Europäische Wirtschaftsgemeinschaft" (EWG) und die "Europäische Atomgemeinschaft" (EURATOM); beide 1957 gegründet. Seit der Zusammenlegung der wichtigsten Organe der drei Gemeinschaften im Jahre 1967 wurde zunehmend die Singularbezeichnung Europäische Gemeinschaft (EG) gebräuchlich. Hauptziele sind die politische und wirtschaftliche Integration in Europa, mittels Vertiefung der Beziehung und Erweiterung der Gemeinschaft. Im Handel mit Nichtmitgliedstaaten (sog. →Drittländer) besteht ein einheitlicher Zolltarif.
Alle die Bürger unmittelbar betreffenden Maßnahmen der Europäischen Union haben ihre Rechtsgrundlagen im EG-Vertrag, der Binnenmarkt ebenso wie die anderen Politiken.
Die *ursprünglichen EG-Staaten* sind Bundesrepublik, F, I, B, NL und L. Erweitert wurde die EG bzw. →Europäische Union mit Wirkung vom 1.1.1973 durch den Beitritt des Vereinigten Königreiches, Dänemarks (seit 1.2.1985, ohne Grönland) und Irlands,

Stellung der Landwirtschaft[1] im Vergleich der Europäischen Union

Staat	Anteil [%] am Bruttoinlandsprodukt im Jahr			an den Erwerbstätigen im Jahr		
	1992	1994	1995	1994	1995	1996
Belgien	1,8	1,7	1,7	2,9	2,7	2,7
Dänemark	3,6	3,5	4,1	5,0	4,4	3,9
Deutschland	1,2	1,1	1,1	3,3	3,2	2,8
Finnland	6,7	5,2	4,4	8,6	7,7	7,9
Frankreich	3,1	2,5	2,5	5,2	4,9	4,8
Griechenland	17,0	14,9	14,9	20,8	20,4	20,3
Irland	7,6	8,4	8,0	13,8	12,0	11,2
Italien	3,3	2,9	2,9	7,7	7,5	6,7
Luxemburg	1,7	1,0	1,0	3,2	3,7	2,6
Niederlande	4,0	3,6	3,5	4,0	3,7	3,8
Österreich	3,4	2,3	2,3	6,9	7,3	7,4
Portugal	6,3	5,5	5,1	11,8	11,5	12,2
Schweden	3,1	2,3	2,3	3,4	3,3	3,3
Spanien	3,8	3,7	3,1	9,9	9,3	8,6
Großbritannien	1,5	1,9	1,9	2,1	2,1	2,0
Europa (EU 15)	2,7	2,4	2,5	5,5	5,3	5,1
USA	2,3	1,7	-	3,0	2,9	-

[1] einschließlich Forstwirtschaft und Fischerei
Quelle: Deutscher Bauernverband 1996 und 1997

mit Wirkung vom 1.1.1981 durch den Beitritt von Griechenland, mit Wirkung vom 1.1.1986 durch den Beitritt von Spanien und Portugal und ab 1.1.1995 durch Österreich, Finnland und Schweden. Zur EG/EU gehören folgende *außereuropäische Gebiete*, die Teile von Mitgliedstaaten sind: Madeira und die Azoren (Portugal); die Kanarischen Inseln (Spanien) sowie Ceuta und Melilla (spanische Exklaven in Nordafrika); die französischen Übersee-Departements Guadeloupe und Martinique in der Karibik, Französisch-Guayana in Südamerika und Réunion im Indischen Ozean. Alle übrigen Gebiete in Übersee, die zu Staaten der EG/EU gehören (Falkland-Inseln, St. Helena, Niederländisch-Antillen, Französisch-Polynesien, Saint Pierre et Miquelon) sind nur assoziiert. Nicht zur EG/EU gehören folgende autonomen, halbautonomen oder abhängigen Staatsgebiete, die im Bereich der Union liegen: Andorra, Channel Islands, Färöer, Isle of Man, Monaco, San Marino, Vatikanstadt, Gibraltar.

Offizielle Anträge auf EU-Vollmitgliedschaft liegen gegenwärtig von Bulgarien, Estland, Lettland, Litauen, Malta (Antrag zurückgezogen), Polen, Rumänien, Schweiz (Antrag ruht), der Slowakei, Slowenien, der Tschechischen Republik, der Türkei, Ungarn, und Zypern in Brüssel vor. Als Vorstufe für eine Mitgliedschaft wurden mit diesen Ländern Assoziierungsabkommen abgeschlossen.

EUROPÄISCHE KOMMISSION: Das ausführende Organ (Exekutive) der ➔Europäischen Union. Zu ihren Kompetenzen gehören: Initiativrecht, d.h. das Recht, Vorschläge für "Gemeinschafts-Gesetze" vorzulegen (nur sie ist dazu bislang berechtigt), Kontrolle über die Anwendung des Gemeinschaftsrechts, Durchführungskompetenzen, Beteiligung an der Rechtsetzung, Sprecherin der Gemeinschaft nach außen. Die Kommission setzt sich zusammen aus einem von den Mitgliedstaaten im gegenseitigen Einvernehmen benannten Präsidenten und 20 von den Mitgliedstaaten vorgeschlagenen Kommissionsmitgliedern, die sich als Kollegium der Zustimmung des Parlaments stellen und anschließend von den Mitgliedstaaten einvernehmlich ernannt werden. Die Länder D, E, F, I, UK entsenden je zwei Mitglieder, die anderen Staaten je ein Mitglied in die Kommission. Die Amtszeit der Kommission beträgt fünf Jahre. Jedes Kommissionsmitglied ist in bestimmten Sachgebieten federführend die Beschlüsse werden jedoch von der Kommission als Kollegium gefasst. Die Mitglieder der Kommission sind von den Regierungen der einzelnen Partnerstaaten unabhängig und dürfen von ihnen keine Weisungen entgegennehmen. Nur das Parlament kann der Kommission das Misstrauen aussprechen.

EUROPÄISCHE UNION: Abk. EU; ein Verbund von selbständigen Staaten, die vertraglich den Grad ihrer Zusammenarbeit auf verschiedenen Feldern der Politik geregelt haben, und die der EU bestimmte Souveränitätsrechte übertragen haben. Die EU ist gleichzeitig ein Prozess, sowohl hinsichtlich ihrer Mitgliederzahl, wie auch in bezug auf ihre Ausgestaltung. Somit ist die EU kein fertiges oder in sich geschlossenes Gebilde. Ihre Rechtsgrundlage setzt sich aus vier völkerrechtlichen Verträgen zusammen: EU-Vertrag, EG-Vertrag, EGKS-Vertrag und EURATOM-Vertrag.
War die politische Integration bis 1991 eher ein Ergebnis der wirtschaftlichen Integration der EG, so hat sich die Gemeinschaft mit der Vertragsreform von Maastricht zu einer politischen Union fortentwickelt. Ihr Kern bildet die in den kommenden Jahren fortzuführende bzw. zu schaffende Wirtschafts- und Währungsunion.
Im Gegensatz zur EG hat die EU keine Rechtspersönlichkeit, sie kann also mit ➔Drittländern keine völkerrechtlichen Verträge schließen. Abkommen mit Drittstaaten bedürfen der Ratifizierung in allen beteiligten Staaten.
Als wichtigstes und auch haushaltstechnisch umfassendstes Arbeitsfeld gilt gegenwärtig die ➔Gemeinsame Agrarpolitik.

EUROPÄISCHE WIRTSCHAFTSGEMEINSCHAFT: ➔EUROPÄISCHE GEMEINSCHAFT

EUROPÄISCHE WIRTSCHAFTS- UND WÄHRUNGSUNION: Mit dem Vertrag von Maastricht völkerrechtlich verbindlich beschlossener Baustein der ➔Europäischen Union, der als wesentliche Elemente die Einführung des ➔Europäischen Binnenmarktes und der gemeinsamen Währung (Euro) umfasst.
<u>Landwirtschaftsbezogene Auswirkungen der EWWU:</u>
- Mögliche Kostenvorteile in grenznahen Regionen für den Einkauf sowie Erlösvorteile für den Verkauf im Nachbarland durch die Beseitigung der Wechselkursrisiken und der Aufwendungen beim Umtauschen der Währungen
- Erhöhte Bereitschaft grenzüberschreitende Geschäfte zu tätigen durch die leichtere Vergleichbarkeit der Preise
- Andererseits Angleichung heute noch unterschiedlicher Preisniveaus als Folge der größeren Preistransparenz
- Größere Chancen für landwirtschaftliche Unternehmen und deren Zulieferer und Abnehmer ihre wirtschaftliche Tätigkeit transnational auszuüben
- Verdeutlichung von Wettbewerbsverzerrungen, z.B. durch unterschiedlich strenge Umweltschutzgesetze
- Geringere Gefahr des "Exports" von Arbeitsplätzen und geringerer Rationalisierungszwang wegen des wegfallenden Aufwertungsdruckes auf die D-Mark
- Ökonomische Vorteile aus der Fakturierung in der eigenen (Euro-) Währung, statt wie bisher bei 50 % des Außenhandels in Dollar
- Dadurch erhöhte Chancen, weltweit gewisse Mindeststandards in den Bereichen ➔Umwelt und Soziales zu erreichen, was gerade für die Agrarwirtschaft im Gefolge der aktuellen Liberalisierung der Weltmärkte bedeutsam ist
- Größeres Gewicht der Europäer im Außenhandel und bei den Verhandlungen über Wirtschaftsfragen auf Weltebene (z.B. ➔WTO)

EUROPÄISCHER AGRARFONDS: Kurzbezeichnung des für die EG-Agrarpolitik wichtigen "*Europäischen Ausrichtungs- und Garantiefonds für die Landwirtschaft*". Dieser EAGFL ist der Finanzfonds der europäischen Agrarpolitik. Er ist in zwei Sektionen aufgeteilt. Mit der Abteilung "Garantie" werden die ➔Marktordnungen (Preisstützungsmaßnahmen, ➔Beihilfen, ➔Ausfuhrerstattungen) finanziert, mit der Abteilung "Ausrichtung" Maßnahmen zur Verbesserung der Produktionsbedingungen in den landwirtschaftlichen Betrieben sowie der Verarbeitung und des Absatzes von Agrarprodukten.
Im EU-Haushalt 1997 waren für den Europäischen Agrarfonds rund 40,8 Mrd. ECU (77,2 Mrd. DM) veranschlagt, und zwar 40,828 Mrd. ECU (77,573 Mrd. DM) für die Abteilung "Garantie" und 5,043 Mrd. ECU (9,582 Mrd. DM) für die Abteilung "Ausrichtung". 1997 entfielen rund 50 % des EU-Haushaltes auf den Agrarfonds.
Die Ausgaben über den EU-Etat (Gesamtvolumen 1997: 82,4 Mrd. ECU) werden aus den Einnahmen durch (Agrar-)Zölle, den Zuckerabgaben sowie - als Transferleistungen der Mitgliedstaaten - aus sogenannten Mehrwertsteuer-Eigenmitteln und Bruttosozialprodukt-Eigenmitteln gedeckt.
Der EAGFL bietet im Rahmen der ➔Gemeinsamen Agrarpolitik auch Hilfen bei der Umstellung der Agrarproduktion und der Entwicklung komplementärer Tätigkeiten, um die wirtschaftliche Grundlage ländlicher Gebiete zu verbreitern. Dazu gehören Aus- und Weiterbildungsprogramme im Bereich des Kunsthandwerks, Kurse für Beschäftigte in kleinen und mittleren Betrieben und die Förderung von Existenzgründungen im touristischen Bereich oder anderen Branchen. Ausbildung und Arbeitsplatzbeschaffung sollen so zur Entwicklung und Erhaltung ökonomischer, sozialer und ökologischer Strukturen in ländlichen Räumen beitragen und der ➔Landflucht Einhalt bieten.
(➔STRUKTURFONDS)

EUROPÄISCHER AUSRICHTUNGS- UND GARANTIEFONDS FÜR DIE LANDWIRTSCHAFT: Abk. EAGFL; (➔EUROPÄISCHER AGRARFONDS)

EUROPÄISCHER BINNENMAKRT: Das zur ➔EU gehörende Gebiet, in dessen Wirtschaftsgeschehen sich alle Menschen und Güter (verkaufte Waren, Arbeitssuchende, angebotene Dienstleistungen, Kapital) ohne Grenzen frei bewegen können.

EUROPÄISCHER FONDS FÜR REGIONALE ENTWICKLUNG: Abk. EFRE; auch als *Europäischer Regionalfonds* bezeichnet. Er ist einer der ➔Strukturfonds der ➔EU. Aus dem EFRE werden regionalpolitische Maßnahmen gefördert, insbesondere

- produktive Investitionen der gewerblichen Wirtschaft
- die Errichtung oder Modernisierung von Infrastrukturen, die zur Entwicklung oder Umstellung der betreffenden Region beitragen
- Maßnahmen zur Erschließung des endogenen Potentials der betreffenden Region
- in bestimmten Gebieten auch Investitionen im Bildungs- und Gesundheitswesen

EUROPÄISCHER WIRTSCHAFTSRAUM: Abk. EWR; mit Wirkung vom 1.1.1994 bestehender Wirtschaftsraum aus den EU- und EFTA-Ländern (Ausnahme Schweiz) mit insgesamt über 380 Mio. Verbrauchern. In diesem Raum können sich Waren, Dienstleistungen, Kapital und Arbeitskräfte wie in einem Binnenmarkt ohne Landesgrenzen bewegen. Er übertrifft an Bedeutung die Märkte ➔NAFTA und Japan. Der *Agrarsektor* bleibt vom EWR ausgenommen.

EUROPÄISCHES PARLAMENT: Das Europäische Parlament ist das einzige direkt gewählte Organ der drei ➔Europäischen Gemeinschaften. Es hat in Abhängigkeit vom jeweiligen Politikbereich unterschiedliche Einflussmöglichkeiten im Rechtssetzungsprozess der ➔EU.

EUROPÄISCHES WÄHRUNGSSYSTEM: Abk. EWS; das 1979 errichtete EWS zählt zu den wichtigsten Integrationsleistungen seit Gründung der Gemeinschaft. Es gilt als bewährter Ordnungsrahmen für Fragen währungspolitischer Zusammenarbeit.
Die Währungen der beteiligten Länder waren bis zur Währungsunion festgelegt in ihrem Wert zur europäischen Währungseinheit ➔ECU, einer sogenannten Korbwährung: 1 ECU = 1,92573 DM = 2,16979 hfl (25.11.1996) usw. Damit ergaben sich Kursrelationen zwischen den einzelnen Währungen über den ECU-Wert. Die Währungen der EWS-Länder waren zudem durch feste Wechselkurse untereinander verbunden.
Mit dem Vertrag zur Europäischen Union vom 7.2.1992 hat die EG eine konstitutive Neuschöpfung ins Auge gefasst: Das Europäische System der Zentralbanken mit einer eigenen Währungsbehörde (EZB). Es brachte zum 1.1.1999 die gemeinsame Währung *Euro* für eine europäische Stabilitätsgemeinschaft. Das EWS ist damit jedoch nicht überflüssig, da nicht alle EU-Länder die Kriterien zum Eintritt in die Wirtschafts- und Währungsunion erfüllen können bzw. aus politischen Gründen vorerst nicht teilnehmen. Für diese Staaten werden im Rahmen eines neu zu schaffenden Wechselkursmechanismus (EWS II) die Leitkurse zwischen ihren Währungen und dem Euro festgesetzt.
Preise und Subventionen des EG-Agrarmarktes wurden bislang in ECU festgelegt. Wechselkursänderungen wirkten sich auf die Einkünfte der ➔Landwirte in den betroffenen Mitgliedstaaten aus. Beispielsweise erhielten bei einer der häufigen DM-Aufwertungen die deutschen Bauern bei unveränderten ECU-Preisen und ➔Subventionen weniger D-Mark. Die Einführung des Euro macht die bäuerlichen Einkommen verlässlicher.
<u>Mögliche Auswirkungen der Euro-Einführung auf den Landwirtschaftssektor:</u>

- Es müssen keine aufwertungsbedingten Marktordnungspreissenkungen in Hartwährungsländern mehr vorgenommen werden, die bisher durch das agrimonetäre System erzwungen wurden.
- Andererseits werden keine aufwertungsbedingten Preissenkungen beim Betriebsmitteleinsatz sowie beim Boden- und Kapitaleinsatz mehr stattfinden.
- Die Getreideveredelungsproduzenten können keine aufwertungsbedingten Futterkostenersparnisse mehr erzielen.
- Die deutschen Landwirte erhalten keine wechselkursbedingten Preisausgleichszahlungen mehr.
- Wertveränderungen des Euro gegenüber dem Nicht-Eurogebiet, wozu EU-Mitglieder und auch Nicht-EU-Länder gehören, können sich zu Lasten der deutschen ➔Landwirtschaft auswirken im Vergleich der früheren Situation.

EUTROPH: (gr. eu=gut, trophe=Ernährung, Nahrung) nährstoffreich, Kennzeichnung von Gewässern und ➔Böden mit Reichtum an Pflanzennährstoffen.

EUTROPHIERUNG: Nährstoffübersättigung insbesondere von Gewässern durch häusliche, gewerbliche und industrielle Abwässer sowie durch den Austrag von ➔Dünger aus ➔landwirtschaftlichen Nutzflächen.
Schätzungsweise stammen ca. 46 % der Gesamtbelastung an Stickstoffeinträgen (347.000 t) und 38 Prozent der Phosphoreinträge (34.000 t) in Fließgewässern der Bundesrepublik (alt) aus der ➔Land-

wirtschaft. Der Stickstoff- und Phosphateintrag aus der Landwirtschaft in außerlandwirtschaftliche →Ökosysteme erhöht auch dort die Freisetzung stickstoffhaltiger Spurengase. Daneben führt die Eutrophierung und zusätzlich die Versauerung der Böden durch die Verschiebung des Nährstoffgleichgewichtes, die verstärkte Auswaschung basisch wirkender Nährstoffionen, die Freisetzung von toxischen Schwermetallionen aufgrund der pH-Wert-Absenkung und die Schädigung der Feinwurzelsysteme und der Mykorrhiza zur Minderung der Vitalität und einer direkten Schädigung insbesondere natürlicher oder naturnaher Ökosysteme. Der einseitige Nährstoffüberschuss bewirkt die Förderung und Zunahme einzelner stickstoffliebender Arten und damit eine Änderung der Vegetationszusammensetzung, einer allgemeinen Reduktion der →Artenvielfalt und die Destabilisierung nährstofflimitierter Ökosysteme. (→UMWELTWIRKUNGEN)

EVAPOTRANSPIRATION: Der dampfförmige Wasserverbrauch einer mit Vegetation bedeckten Bodenfläche, bestehend aus der Verdunstung (Evaporation) von der feuchten Boden- und Pflanzenoberfläche, sowie hauptsächlich aus der Wasserabgabe der Pflanzen durch Transpiration. Wälder geben auf diese Weise ca. 50 % der Niederschlagssumme, Grasland ca. 40 %, Heide ca. 20 % an die Atmosphäre ab. Gemessen wird die Evapotranspiration in Litern Wasser pro Flächen- und Zeiteinheit, oder in mm Wasser pro Tag, evtl. pro Monat oder pro Vegetationsperiode. Die potentielle Evapotranspiration setzt ein unbeschränktes Wasserangebot des →Bodens voraus. Die physikalische Struktur der Pflanzendecke und das besondere physiologische Verhalten unterscheiden die potentielle Evapotranspiration von der Verdunstung der freien Wasseroberfläche. Die aktuelle (tatsächliche) Evapotranspiration ist der wirkliche Wasserverbrauch der Kultur, wie er in Großlysimetern gemessen werden kann.

EXPELLER: →Futtermittel, die bei der Verarbeitung von ölreichen zerkleinerten Saaten bzw. fettreichen Rohstoffen in den Ölmühlen über Schneckenpressen gewonnen werden, und noch 4-7 % Rohfett enthalten. Im Unterschied zu →Ölkuchen sind Expeller ca. 1-5 cm lange sowie etwa 1 cm dicke gepresste Bruchstücke. Sie werden fast ausschließlich in der Rinderfütterung eingesetzt. Im Handel sind vorwiegend Kokos-, Palmkern-, Baumwollsaat-, Sonnenblumen- und Leinexpeller.

EXPORTABGABE: Einige →Marktorganisationen für Agrarprodukte der EU enthalten die Möglichkeit, eine Exportabgabe bei der Ausfuhr in →Drittländer zu erheben, wenn die Weltmarktpreise über dem EU-Preisniveau liegen. Diese Abgabe soll eine übermäßige Ausfuhr verhindern und die Versorgung des EU-Binnenmarktes sicherstellen. (→AUSFUHRERSTATTUNG)

EXPORTKULTUR: →Kulturpflanze, deren vermarktbaren Teile für den Export bestimmt sind. (→CASH CROP, →PLANTAGE)

EXTENSIVBETRIEB: Landwirtschaftlicher Betrieb, der mit geringem Kapital- und Arbeitsaufwand wirtschaftet. Nachteilige Eigenschaften von Klima, Bodenqualität, Marktentfernung u.w. verhindern eine intensivere Bewirtschaftung. (→PRODUKTIONSFAKTOREN)

EXTENSIVBLATTFRÜCHTE: Druschleguminosen, Feldfutterpflanzen, →Ölfrüchte; im Gegensatz zu den Intensivblattfrüchten (→Hackfrüchte).

EXTENSIVFRÜCHTE: In der deutschen Betriebssystematik die Bezeichnung für einen gleichnamigen Produktionszweig, der zusammen mit den →Intensivfrüchten die Produktionsrichtung →Marktfrüchte bildet. Zu den Extensivfrüchten gehören: (→BETRIEBSFORM)

• Sommerweizen	• Hartweizen (Durum)
• Triticale	• Sommergerste
• Hafer	• Sommermenggetreide
• Ackerbohnen	• Alle anderen Hülsenfrüchte
• Brache (stillgelegte Flächen)	• Winterweizen, Dinkel
• Roggen	• Wintergerste
• Wintermenggetreide	• Winterraps
• Sommerraps	• Rübsen
• Körnermais	• Corn-Cob-Mix

EXTENSIVIERUNG: Die Reduzierung des ertragsfördernden Betriebsmitteleinsatzes und/oder Arbeit je Flächeneinheit. Dies kann verbunden sein mit gleichzeitiger Ausweitung der Produktion auf größerer Fläche.

Merkmale einer Extensivierung der landwirtschaftlichen Produktion:

- Rücknahme der Intensität von →Düngung und Pflanzenschutzmitteleinsatz
- Verzicht auf Maßnahmen zur Erreichung von Höchsterträgen
- Verzicht auf ertragsfördernde Meliorationsmaßnahmen
- Anbau einer größeren Anzahl von →Kulturpflanzen innerhalb der →Fruchtfolge
- Anbau bisher nicht verwendeter Kulturpflanzen, die mit verringertem Einsatz von →Agrarchemikalien erfolgreich kultiviert werden können

- Eingliederung von Rotations➔brache und Sukzessionsbrache
- Nutzung von ➔Feuchtwiesen als ➔Streuwiesen
- Nutzung von Ödlandrasen und ➔Trockenrasen als ➔Hutung
- Verbesserung des Maschineneinsatzes (Gerätekombinationen zur Reduktion der Befahrfrequenz)
- Übergang zu Tierhaltungsformen, die an das Vorhandensein von extensiv genutzten Futterflächen gebunden sind
- Übergang zu Formen des ➔ökologischen Landbaus
- Wirtschaften unter produktionsbegrenzenden Auflagen

Aufgrund der teilweise erheblichen Produktions- und Marktüberschüsse in der EU-Landwirtschaft wird im EU-Agrarsystem eine deutliche Senkung der Produktionsmengen mit dem Ziel der Marktentlastung angestrebt. In diesem Kontext bedeutet Extensivierung die weniger intensive Nutzung durch die *Verringerung von Betriebsmittelimporten* (insbesondere Stickstoffmineraldünger und Eiweißfuttermittel, letztere über den Dung zur Überlastung führend), ohne die Anbaufläche weiter auszudehnen.

Lösungsansätze zur Verringerung der Betriebsmittelimporte sind Beschränkungen wie flächenbezogene Bestandesobergrenzen, Agrarpreissenkungen oder die Verteuerung der ➔Betriebsmittel. Um die Maßnahmen für ➔Landwirte kostenneutral zu halten, wären gleichzeitig ➔Ausgleichszahlungen vorzusehen. Zusätzlich werden zur Marktentlastung kurz-, mittel- oder langfristig Anteile der bewirtschafteten Fläche stillgelegt. Je nach Grad der Extensivierung könnte die ökonomisch und ökologisch fragwürdige ➔Flächenstillegung vermieden und eine wünschenswerte, flächendeckende Bewirtschaftung aufrecht erhalten werden.

Ein Modell mit flächendeckender umweltentlastender Extensivierung und zusätzlicher Zuordnung von Landschaftspflegefunktionen als Leitbild für die gesamtdeutsche ➔Landwirtschaft wird in der Leitbilddiskussion der neunziger Jahre dem Konzept der ➔Insellandwirtschaft gegenübergestellt.

(➔BODENUNABHÄNGIGE VIEHHALTUNG, ➔MEKA, ➔REFORM DER GEMEINSAMEN AGRARPOLITIK)

EXTERNE EFFEKTE: (U.a. ökologische) Auswirkungen des Handelns eines Wirtschaftssubjekts (Unternehmen, Haushalte, landwirtschaftliche Betriebe usw.) auf ein anderes oder auf die Gesamtgesellschaft, die nicht durch eine Entschädigung oder Vergütung über den Markt ausgeglichen sind. Externe Effekte können *negativen* wie auch *positiven* Charakter haben.

Ein Missverhältnis zwischen dem gesamtgesellschaftlichen Nutzen/Schaden und dem privaten Schaden/Nutzen besteht oft bei den sogenannten ➔öffentlichen oder Kollektivgütern, wie den ➔natürlichen Ressourcen, deren Vorzüge alle Wirtschaftssubjekte in Anspruch nehmen wollen, zu deren Bereitstellung jedoch nur eine geringe Bereitschaft in Form von materiellen und sonstigen Anstrengungen besteht. Es gibt bei Umweltgütern hinsichtlich der Inanspruchnahme knapper Ressourcen eine *Verwendungskonkurrenz* zwischen der gesellschaftlichen Nutzung einer reinen Umwelt (z.B. Trinkwasser, Schönheit der Landschaft, Artenvielfalt) und dem privaten Nutzen einer Beanspruchung der Umweltressourcen zur Produktion von Konsumgütern.

Bei *negativen externen Effekten* müssen Unbeteiligte die Nachteile der wirtschaftlichen Tätigkeit anderer entschädigungslos hinnehmen. Im Bereich der ➔Landwirtschaft zählen zu den negativen externen Effekten Bodenbelastungen, Biotop- und Artengefährdung, negative Veränderungen des Landschaftsbildes, Gewässerbelastungen und ➔Bodenerosion (➔Umweltwirkungen).

Demgegenüber bildet die *Internalisierung* ökologischer Folgekosten von Produktion und Konsum den wesentlichen Gehalt des *Verursacherprinzips* als Kostenrechnungsprinzip und ökonomisches Effizienzkriterium. Umweltnutzung - auch im landwirtschaftlichen Sektor - muss sich danach verstärkt in den Kosten und den Marktpreisen niederschlagen.

Zu den *positiven externen Effekten* (auch: externe Leistungen) der Landwirtschaft gehören u.a. die regulierende Klimafunktion, die verglichen mit Waldflächen höhere Grundwasserneubildung (zumindest in trockenen Gebieten) sowie die Gestaltung und Pflege einer vielfältigen ➔Kulturlandschaft. Diese ökologischen Leistungen begründen sich u.a. auf sinnlichen Präferenzen der erholungssuchenden Bevölkerung für bestimmte ➔Landschaften und Landschaftselemente wie z.B. ➔Biotope, ➔Hecken, Waldabschnitte oder auch vielseitige und vergleichsweise artenreiche Grünland- und Ackerlandschaften. Deren rekreativer Nutzen besteht im Ansprechen der Sinne (*Sehen* - Kulturlandschaft, *Fühlen* - Streichelzoo, *Riechen* - ➔Heu, *Hören* - Kuhglocken, *Schmecken* - Birne). Daneben trägt die Familienbetriebsstruktur aktiv zu einem Wertesystem (Agrarkultur, Bäuerlichkeit, Identifikation etc.) bei. Ausgehend von einer Befragung ergibt sich eine Zahlungsbereitschaft der deutschen Bürger für den Erhalt einer intakten Kulturlandschaft von 2,2 Mrd. DM jährlich.

Bei Nichterfassung der externen Effekte wird die Wertschöpfung der Land- wie auch der Forstwirtschaft über- oder unterschätzt, je nachdem, ob die negativen oder positiven Effekte überwiegen.

Die Tatsache, dass ein landwirtschaftlicher Betrieb eine Umweltleistung erbringt, muss noch nicht zwingend bedeuten, dass diese auch honorierbar ist. Nur

wenn eine Umweltressource (z.B. sauberes Wasser, Vielfalt der Arten) von einer Knappheit gekennzeichnet ist, bzw. eine Knappheit in Zukunft begründet zu befürchten ist, ist eine Veranlassung dafür gegeben, positive Beiträge zum Schutz dieser Ressourcen als honorierbar anzusehen. Als eine weitere Voraussetzung ist die Tatsache anzusehen, dass der ➔Landwirt, um einen gesellschaftlich erwünschten Beitrag zum Ressourcenschutz zu leisten, auf die ökonomisch optimale Form der Landbewirtschaftung verzichtet. Die Umweltleistung darf also kein kostenloses ➔Koppelprodukt der aus dem Gewinnstreben des Landwirtes heraus ohnedies durchgeführten Landbewirtschaftung sein.
Einer Honorierung ökologischer Leistungen steht auch die Auffassung von der "Sozialpflichtigkeit des Eigentums" gegenüber, das den Landwirten als Eigentümer oder Nutzer von Grund und ➔Boden keine uneingeschränkten Verfügungsrechte über die Umweltressourcen einräumt.
Noch liegen keine gesicherten Erkenntnisse über das Verhältnis der beiden gegensätzlichen Effekte vor.
<u>Umweltpolitische Instrumente zur Internalisierung externer Effekte</u>

- Information und Beratung
- Ökonomische Anreize (Umweltsteuern, z.B. Besteuerung des Stickstoff- oder Pflanzenschutzmitteleinsatzes als negative Anreize; Extensivierungsanreize über Subventionen oder Honorierung ökologischer Leistungen als positive Anreize, ökologisch orientierter interregionaler Finanzausgleich)
- Verfügungsrechte über Umweltgüter (Umweltlizenzen, Haftungsrecht)
- Direkte Eingriffe (Umweltauflagen, Landschaftsplanung)
- Bereitstellung von Umweltgütern durch den Staat (z.B. Kauf von Flächen für Natur- und Wasserschutzzwecke)

EXTERNE KOSTEN: ➔EXTERNE EFFEKTE

EXTRAKTIONSSCHROT: Bei der Gewinnung pflanzlicher Öle und Fette anfallende Rückstände unterschiedlicher Zusammensetzung. Ausgangsmaterial sind die Früchte und Samen von mehr als 40 Pflanzenarten. Das Öl wird in kontinuierlich arbeitenden Extraktionsapparaten mittels Fettlösungsmitteln herausgelöst. Extraktionsschrote enthalten meistens weniger als 2 % Fett. Sie werden in der Fütterung vorwiegend ihrer hohen Eiweißgehalte wegen eingesetzt. (➔ÖLKUCHEN, ➔EXPELLER)

EXW: Engl. Abk. für *ex works, plantation, warehouse* usw.; ➔ Incoterm, das den Kosten- und Gefahrenübergang beim Weg der Ware vom Exporteur zum Importeur ab Fabrik, Plantage, Lagerhaus usw. festlegt.

F

FÄBODWIRTSCHAFT - FUTTERWIRTSCHAFT

FÄBODWIRTSCHAFT: Form der Waldweidewirtschaft in Skandinavien, bei der das Vieh im Sommer auf vom Heimgut weit entfernte ➔Waldweiden getrieben wird.

FAHRGASSE: Aussparen von reifenbreiten Fahrspuren bei der Getreidesaat.

FAO: Engl. Abk. für **F**ood and **A**gricultural **O**rganisation of the United Nations; die 1945 gegründete Ernährungs- und Landwirtschaftsorganisation der Vereinten Nationen mit Sitz in Rom. 1997 umfasste sie 171 Mitgliedstaaten.

Unterernährung und Verfügbarkeit von Nahrungsenergie in 98 Entwicklungsländern

Ländergruppen nach Anteil [%] Unterernährter an der Bevölkerung	**Bevölkerung** 1992 [Mio.]	Unterernährte 1990-92 [%]	Unterernährte 1992 [Mio.]	Pro-Kopf-Verfügbarkeit von Nahrungsenergie 1993-95 [kcal/Tag]	Pro-Kopf-Verfügbarkeit von Nahrungsenergie Veränderung [%] 1993-95/1990-92
> 50	124	65	82	1.711	+ 2
40 - 50	126	44	56	2.145	+ 6
30 - 40	400	36	142	2.205	0
20 - 30	1.216	22	269	2.381	+ 2
10 - 20	1.631	15	253	2.689	+ 2
< 10	606	6	38	3.031	0
Insgesamt	4.103	-	840	-	-

Quelle: FAO 1998

Regionale Verteilung der Unterernährung 1992 - 1995

Ländergruppen nach Anteil [%] Unterernährter an der Bevölkerung	Durchschnittliche Pro-Kopf-Verfügbarkeit an Nahrungsenergie [Kcal/Tag]	**Anzahl der Länder** Insgesamt	Afrika	Asien/ Pazifik	Lateinamerika/Karibik	Nahost/ Nordafrika
> 50	1.711	11	9	1	1	0
40 - 50	2.145	10	8	0	2	0
30 - 40	2.205	16	13	2	1	0
20 - 30	2.381	25	7	8	8	2
10 - 20	2.689	17	2	5	7	3
< 10	3.031	19	0	4	5	10

Quelle: FAO 1998

Ziele und Aufgaben der FAO:

- Erzielung einer besseren Ernährung und besserer Lebensverhältnisse
- Verbesserung der Erzeugung und Verteilung von Agrarerzeugnissen
- Schaffung günstiger Lebensverhältnisse für die ländliche Bevölkerung
- Förderung der weltwirtschaftlichen Entwicklung und Überwindung des Hungers in der Welt
- Sammeln, Auswerten und Verbreiten von Informationen über Ernährung, →Land-, Forst-, Fischerei- und Ernährungswirtschaft
- Erstellen von aktuellen Lageberichten
- Förderung und Unterstützung von Entwicklungsprogrammen in den Bereichen Ausbildung, Beratung, Produktion, ländliche Entwicklung, Forschung und Technologie unter besonderer Berücksichtigung der Erhaltung der natürlichen Lebensgrundlagen
- Beratung und Unterstützung der Mitgliedstaaten

Der Zweijahreshaushalt 1994/95 der FAO war mit 653 Mio. $ angesetzt. Davon leistete Deutschland einen Anteil von ca. 11 %, nach denen der USA und Japans der drittgrößte Beitrag.

FARM: 1. Landfläche unterschiedlicher Größe mit den zugehörigen Gebäuden, die zur Produktion von →Kulturpflanzen und/oder Nutztieren dient, und deren Bewirtschafter die Farm als Eigentümer oder Pächter betreibt.
2. In der amerikanischen Agrarstatistik jeder Haushalt, der aufgrund seiner Flächenverfügbarkeit oder seines Nutztierbesatzes in der Lage ist, Agrarprodukte im Wert von mindestens 1.000 $ pro Jahr zu verkaufen. Dabei ist unerheblich, ob dies wirklich erfolgt. Die stark ungleiche Verteilung von Einkünften und Nutzflächen in den USA drücken eine ausgeprägte duale Struktur aus. (→FARMWIRTSCHAFT)

FARMER: Weitgefasster agrarsozialer Typenbegriff für eine vollerwerbslandwirtschaftliche Gruppe mit angemessener Ackernahrung, wie er beispielhaft in den USA vorhanden ist. Die inhaltliche Spannbreite reicht vom historischen *pioneer farmer* über den *subsistence farmer* bis zum *Unternehmer-Farmer*. Einzelhofstruktur und Einödlage des Bodeneigentums sind für ihn typisch. Der moderne Farmer besitzt ein marktorientiertes, unternehmerisches und kapitalorientiertes Denken und gleichzeitig eine lockerere Verbundenheit zum →Boden als ein europäischer →Bauer, auch wenn sich beide Konzepte in den letzten Jahrzehnten angenähert haben.

FARMWIRTSCHAFT: Großbetriebliche Individualwirtschaft, die als typisch für die von europäischen Kolonisten erschlossenen und besiedelten Überseegebiete gilt. Die einzelnen Teilräume liegen im mittleren Westen Nordamerikas, in der Pampa Südamerikas, in Südwest- und Südostaustralien, in Neuseeland, in Süd- und Südwestafrika und neuerdings im Agrargürtel der GUS-Staaten von der Ukraine bis Mittelasien. Betriebe über 100 ha mit Familien- und Lohnarbeitsverfassung herrschen vor. Die Farmwirtschaft besitzt oft einen hohen spekulativen, business-orientierten Charakter, verbunden mit einer starken Mobilität der nicht an Traditionen gebundenen Betriebsinhaber. Der Anteil von Farmbetrieben im Besitz von Agrokonzernen und Kapitalgesellschaften steigt rasch. Traditionelle Bindungen an Hof und Herkunft, Verpflichtungen gegenüber einer in mehr als 1.000 Jahren gewachsenen, vielfältigen →Kulturlandschaft wie sie für weite Teile von Europas →Landwirtschaft noch typisch sind, gibt es in diesen "jungen" Ländern kaum. Diese unterschiedliche Konzeption ist auch der Hintergrund der immer wiederkehrenden *Agrarkonflikte* zwischen EU und den USA. Die Produktion ist spezialisiert auf den großflächigen Anbau weniger Feldpflanzen, besonders auf Weizen und Mais; außerdem erreichen Baumwolle und Tabak (USA), Luzerne und Flachs (Argentinien), Zuckerrüben und Sonnenblumen (Ukraine) Bedeutung. Die Flächenerträge bleiben hinter denen Mittel- und Westeuropas zurück. Die →Viehhaltung spielt eine untergeordnete Rolle, das Großvieh fehlt oft ganz.

FASERPFLANZEN: →Kulturpflanzen, bei denen gewöhnlich aus Stengeln oder Blättern, aber auch aus Flugeinrichtungen der Samen (z.B. bei der Baumwolle), spinnfähige Fasern gewonnen werden.
Einige Pflanzen liefern gleichzeitig Fasern und Öl (z.B. Lein, Baumwolle).

FEED LOT: Nach *to feed* (engl.) = mästen und *lot* (engl.) = Parzelle, Platz; offene Ställe oder Pferche mit arbeitssparenden technischen Einrichtungen zur Versorgung des Viehs und zur Dungbeseitigung im Zusammenhang mit großbetrieblicher →Massentierhaltung. Diese Art von intensiven Rindermastbetrieben ist besonders verbreitet in den Staaten Kansas, Nebraska, Oklahoma sowie Texas. Sie ist verbunden mit dem Engagement von - häufig agrarfremden - Kapitalgesellschaften. Dort werden bis zu 200.000 Rinder gehalten, die man als Jährlinge kauft und sechs Monate mästet. Üblicherweise füttert man Getreidekörner und Zuckerrübensilage.

Gründe für das Aufkommen von feedlots im Südwesten der USA:

- Anstieg der Bevölkerung sowie des Pro-Kopf-Verbrauchs an Rindfleisch nach dem 2. Weltkrieg
- mangelnde Fähigkeit der Farmen im Mittelwesten, die Nachfrage mit ihren traditionellen Produktionsformen zu decken

- Entwicklung leistungsfähiger Pumpen nach dem Zweiten Weltkrieg und Erschließung von Erdgasfeldern zur Bereitstellung billiger Energie, um die tiefen Wasser des (praktisch fossilen) Ogallala Aquifers zu fördern und damit den Bewässerungsfeldbau (zunächst Mais und Hirse) stark auszudehnen
- günstiges Klima der südlichen Plains mit trockenen, nicht zu heißen Sommern und vergleichsweise milden und schneearmen Wintern - günstig besonders im Hinblick auf eine geringe Erkrankungsquote und die geringen Kosten für die Offenställe
- geringe Bevölkerungsdichte erlaubte die Anlage großer Mastbetriebe (ausbleibende Proteste)

Mit dem Eindringen der Computertechnologie, die das exakte Überwachen solcher Großbestände sehr viel einfacher gestaltete, der Bereitstellung von Futterzusätzen, Wachstumsförderern und Medikamenten wurden bei industrie-ähnlicher Produktion Betriebsergebnisse möglich, die von den Farmern im Mittelwesten nicht erreicht werden konnten.

FEHN: Auch Venn; holländisch-flämische Bezeichnung für Moor, insbesondere Hochmoor.

FEHNKULTUR: Kulturmethode des 16./17. Jh. in den Niederlanden und in NW-Deutschland zur Gewinnung von ➔landwirtschaftlicher Nutzfläche auf Moorböden nach vorherigem Torfabbau.
Das Moor wurde zunächst bis fast auf den Sanduntergrund abgetorft, nachdem man vorher die oberen verwitterten Weißtorfschichten, die sogenannte *Bunkerde* abgeräumt hatte. Der unten liegende Schwarztorf wurde als Brenntorf in den Städten und brennstoffarmen ➔Marschen verkauft. Bei der nachfolgenden Kultivierung des Leegmoores wurde der Abbunk mit Sand aus dem Untergrund, aber auch mit Marschenschlick, städtischem Abfall und ➔Stallmist bedeckt und umgepflügt. Es entstand ein guter Ackerboden. Dennoch blieb der wirtschaftliche Erfolg der ➔Fehnsiedlungen bescheiden.

FEHNSIEDLUNG: Siedlungstyp im niederländisch/nordwestdeutschen Hochmoorbereich mit hofanschließender ➔Streifenflur. Das vorrangige Motiv für die Gründung der Fehnsiedlungen bildete der Torfabbau. Die ackerbauliche Nutzung folgte auf dem abgetorften Land. Zum Abtransport des Torfes waren Schifffahrtskanäle erforderlich. Durch die Kanäle wurde eine regelhaft reihenförmige Gehöftverteilung über die gesamte Gemarkung erzwungen. Den Wohnplätzen fehlt deshalb ein deutlicher erkennbarer Ortsmittelpunkt. Die bescheidenen Seitenlängsdielenhäuser wurden mit Backsteinen erbaut, mit denen die Torfschiffe zurückkamen. Die Häuser errichtete man auf dem tragfähigen Mineralboden. (➔FEHNKULTUR, ➔LÄNDLICHE SIEDLUNGSFORM, ➔MOORSIEDLUNG)

FEIERABENDLANDWIRT: Auch *Freizeitlandwirt*; umgangssprachlicher Begriff für einen Nebenerwerbslandwirt, der seinen ursprünglichen Beruf außerhalb der Arbeitszeit seines Hauptberufs im sekundären oder tertiären Sektor ausübt.

FELDBAU: Ackerbauliche Nutzung des ➔Kulturlandes, bei der i.d.R. die Grünlandnutzung nicht einbegriffen ist. Der Begriff ➔Ackerbau ist häufig synonym gebraucht. Man unterscheidet:

- *Dauerfeldbau* bei perennierendem Kulturpflanzenbau
- *Jahreszeitenfeldbau* bei Unterbrechung der Nutzung durch Winterkälte (Sommerfeldbau)
- ➔*Regenfeldbau* bei Unterbrechung der Nutzung durch Trockenheit
- ➔*Bewässerungsfeldbau* bei durch künstliche ➔Bewässerung ermöglichtem Dauerfeldbau

FELDBRANDWIRTSCHAFT: Besondere Art der ➔Feldgraswirtschaft auf dem Außenfeld. Die Feldbrandwirtschaft war bis etwa Ende des 19. Jh. vor allem in SW- und Westdeutschland verbreitet. Bei der Feldbrandwirtschaft dienten die Flurteile nach mehreren Jahren der Weidenutzung für einige Jahre als Ackerland. Dazu wurden die Grassoden abgehoben, zum Trocknen zusammengestellt und dann verbrannt. Die dabei anfallende Asche diente als Dünger. (➔SCHIFFELWIRTSCHAFT)

FELDFUTTERBAU: Anbau von wirtschaftseigenem Grundfutter auf dem ➔Ackerland. Solche Feldfutterpflanzen sind Luzerne, Klee im engeren und von Futterrüben, Futterkartoffeln, Futtergetreide im weiteren Sinne.

FELDGEHÖLZE: Gehölze, die sich aus Bäumen und Sträuchern und ergänzend aus ein- und mehrjährigen krautigen Pflanzen und Gräsern zusammensetzen. Sie liegen als kleinere (i.d.R. weniger als 1 ha), beliebig geformte Flächen inselartig in der landwirtschaftlichen ➔Flur. Feldgehölze besitzen eine ausgeprägte Randzone, die eine waldartige Innenzone umschließt.

FELDGEMÜSEBAU: Landwirtschaftlicher ➔Gemüsebau im Rahmen der üblichen ➔Fruchtfolge. Im Unterschied zum gärtnerischen Gemüsebau bleibt der Feldgemüsebau nicht auf die gleichen Flächen beschränkt.

FELDGRAS(WECHSEL)WIRTSCHAFT: Typ des ➔Wechselgrünlandes mit einer ➔Fruchtfolge, die mehrjährigen Feldgrasbau einschließt. Es stellt dies vermutlich die ursprüngliche Form der Landnutzung dar: 1- bis 2-jähriger Getreidebau im Wechsel mit einer ebensolangen oder noch längeren Brachzeit, wobei die ➔Brache oder das Grasland auch als ➔Weide extensiv genutzt wurde. Ein solcher Wechsel war notwendig, weil die Ertragskraft des ➔Bodens bei Ackernutzung von Jahr zu Jahr nachließ. Unterschiedliche Formen der Feldgraswirtschaft gibt es heute noch im ozeanischen Klimabereich des nordwestlichen Frankreich, auf den britischen Inseln, in den nordischen Ländern sowie in den Hochlagen von Schwarzwald und Schwäbischer Alb.

Alte Feldgraswirtschaft	
1 bis 5 Jahre Feldbau	6 bis 20 Jahre Grünlandnutzung
Moderne Feldgraswirtschaft	
2 bis 3 Jahre Futterbau, Klee, Gras, Luzerne	9 Jahre Feldbau

Die alte Feldgraswirtschaft hat im mehrjährigen Feldgrasbau im Wechsel mit Ackernutzung einen Nachfolger gefunden, nur dass hier das Verhältnis von Futternutzung zu Ackernutzung gerade umgekehrt ist.
Eine eher kontinentale Form der Feldgraswirtschaft hat die Hauptaufgabe,

- die Ertragsfähigkeit des Bodens für den Anbau von Halmfrüchten sicherzustellen und
- strukturiertes Futter zu liefern

Die maritime Form hat mit der Variante ➔Leyfarming die positive Wirkung der Grünlandnutzung auf die nachfolgenden Fruchtfolgen als Hauptaufgabe, bei der Variante ➔Koppelwirtschaft steht die Deckung des Futterbedarfs im Vordergrund.
Feldgrassysteme sind auch in den Tropen und Subtropen anzutreffen, wobei zwischen unregulierter (wilder) und regulierter Feldgraswirtschaft (Feldbau mit nachfolgender Vegetation von gesäten, gepflanzten oder spontan wachsenden Futterpflanzen, die systematisch gepflegt, meist umzäunt und beweidet oder geschnitten werden) unterschieden wird. Geregelte Feldgrassysteme sind in den Tropen selten, in den Subtropen weit verbreitet. (➔EGART(EN)WIRTSCHAFT, ➔KUNSTEGART, ➔NATUREGART)

FELDHEIDE(WECHSEL)WIRTSCHAFT: Periodischer Wechsel von Acker- und Allmendnutzung auf waldfreier Fläche. Der Bezeichnung liegt ein älterer Heidebegriff zu Grunde, der von örtlich vorherrschenden Pflanzenassoziationen weitgehend unabhängig war und allgemein offenes, waldfreies Allmendland bezeichnete. Bekanntestes Beispiel ist die ➔Schiffelwirtschaft des Rheinischen Schiefergebirges.

FELDKAPAZITÄT: Abk. FK; die im ➔Boden maximal vorhandene Haftwassermenge, die sich im Gelände nach längeren Niederschlägen und fehlender Transpiration nach 2 - 3 Tagen einstellt, wenn das Sickerwasser den Boden verlassen hat. Bei diesem Zustand sind alle Mittel- und Feinporen mit Wasser gefüllt (Ø<10 µm). Die FK wird an Proben, die unter FK-Bedingungen im Gelände entnommen wurden oder bei denen FK-Bedingungen simuliert werden, im Labor bestimmt und in mm Regenhöhe, auf eine bestimmte Bodentiefe (Horizont, Wurzelraum oder 1 m) bezogen, ausgedrückt.
Für Pflanzen ist nur ein Teil dieses Wassers nutzbar, da die Saugspannungskräfte für einen Teil des Adsorptions- und Kapillarwassers zu groß werden. Zusammen mit der Kenngröße "➔permanenter Welkepunkt" (PWP) wird die FK zur Berechnung der Speichermengen für pflanzenverfügbares Wasser benutzt. Die Differenz aus dem Wassergehalt bei FK und dem Wassergehalt beim PWP ergibt die sogenannte ➔nutzbare Feldkapazität.

FELDKULTUR: Kultur mit einjährigen (annuellen) Pflanzen, also solchen, deren vegetative Entwicklung, Blütenbildung, Fruchtreife und Absterben sich innerhalb eines Jahres vollzieht.

FELDMARK: Synonym zu ➔Flur.

FELDRAIN: Meist mit Gräsern, Kräutern oder anderen Pflanzen bewachsener Geländestreifen zwischen Weg und Acker oder zwischen Äckern oder sonstigen landwirtschaftlich genutzten Flächen, meist 50 cm breit. Sie bilden oft kleine Geländestufen an Eigentums- und Bewirtschaftungsgrenzen. Wichtig vielerorts als Rückzugsgebiet für Pflanzen und Kleintiere. Gelegentlich wird der Begriff auch nur für die Grenzzone zwischen Feldern verwendet. Diese Definition enthält auch die Nutzung der ➔Raine als Fußwege in der ➔Feldmark.

FELD-TEICH-WECHSELWIRTSCHAFT: Heute in Mitteleuropa erloschenes, aber beispielsweise in den französischen Regionen Dombes und Sologne noch bestehendes Bodennutzungssystem mit ehemals weiter Verbreitung in Karpfenteichregionen. Eine zeitlich und wirtschaftlich überwiegende Nutzung einer Fläche als Fischteich wurde dabei von einer meist nur kurzfristigen Ackernutzung unterbrochen. Die eingeschobene Sömmerung diente üblicherweise nicht dem Zugewinn einer ackerbaulichen Produktionsfläche auf Zeit, sondern der Teichbodenpflege und -verbesserung. Die Bodenbearbeitung soll zur Vernichtung unerwünschten Pflanzenwuchses geführt haben. Allerdings ist auch die gegenteilige Wirkung bekannt, wobei die ausgemähten Wasserpflanzen als ➔Streu durchaus gesucht waren. Daneben verstärkte die ackerbauliche Nutzung nachfolgend die Entwicklung von Plankton, der wichtigsten Nahrungsquelle für Karpfen.

FELDWALD(WECHSEL)WIRTSCHAFT: Feldwald(wechsel)wirtschaft als historische Form (Birkberg-, ➔Hauberg-, ➔Reutberg-Wirtschaft) ist das extensivste Bodennutzungssystem ohne Flächenwechsel, bei dem nach 1-4 Jahren Anbau eine längere Waldnutzung (15-20 Jahre) folgt. Es vollzog sich im Gegensatz zum tropischen ➔Wanderfeldbau (➔shifting cultivation) innerhalb fester Besitzgrenzen. Die Feldwaldwirtschaft war in deutschen ➔Mittelgebirgen und in den Alpen bis in das frühe 20. Jh. weit verbreitet, d.h. in Gebieten mit kurzer Vegetationszeit und hohen Niederschlägen. Die Umtriebszeit dauerte bei Hochwald 40-60, bei Niederwald 15-25 Jahre. Der Niederwald mit seinem Stockausschlag konnte im "Hackwaldbetrieb" zur Gewinnung von Brenn- und Stangenholz, von Rebpfählen, Holzkohle oder in den Eichenschälwäldern von Gerberlohe dienen. Zwischendurch wurden Hafer, Roggen, Kartoffeln oder Buchweizen eingesät.
Dieser arbeitsaufwendige Feldbau stellte häufig eine Schaffung von Ergänzungsflächen zu einer an sich zu kleinen landwirtschaftlichen Nutzfläche dar. Saatgutvermehrung war ein weiteres Motiv für den gelegentlichen Feldbau auf Waldboden, der im Gegensatz zum ➔Ackerland zumindest anfangs frei war von Ackerunkräutern und so weitgehend unkrautfreies ➔Saatgut lieferte.
In Entwicklungsländern (zunächst Burma, später Indien, Indonesien, Ost- und Westafrika) ist in einem beschränkten Umfang während der Kolonialzeit ein *kombinierter land- und forstwirtschaftlicher Anbau* entwickelt worden. Genutzt werden verarmte Sekundärwälder. Bei der Rodung schont man die wertvollen Holzarten. Exportfähige Nutzhölzer wie Mahagoni, Limba oder Teak werden als Dauerkultur neu gepflanzt. Zwischen den Bäumen erfolgt durch Bauern unter Aufsicht der Forstbehörde der Anbau von Knollenfrüchten, Reis, Hirse, Tabak, Baumwolle usw. (➔AGROFORSTWIRTSCHAFT, ➔LANDWECHSELWIRTSCHAFT)

FERNERKUNDUNG: Verfahren zur Ermittlung qualitativer und/oder quantitativer Informationen über Art und Zustand von auf der Erdoberfläche befindlicher Objekte, über die Meeresoberfläche oder die Atmosphäre. Die Fernerkundung bedient sich dabei der elektromagnetischen Strahlung, die von einem beobachteten Objekt abgestrahlt wird. Ein Teil des Strahlungsspektrums beinhaltet signifikante Informationen über Art und Zustand der terrestrischen Umwelt. Dieser Spektrumsbereich, der vom sichtbaren Licht über das sogenannte nahe und ferne Infrarot bis hin zu den langwelligen Radiowellen reicht, wird mit Hilfe von Empfangseinrichtungen in Luft- oder Raumfahrzeugen nutzbar gemacht und dient als Übertragungsmedium zwischen Aufnahmeobjekt (z.B. landwirtschaftlich genutzte Flächen) und Aufnahmeplattform.
Einsatzmöglichkeiten im unmittelbaren Bereich der ➔Landwirtschaft beziehen sich beispielsweise auf agrarstatistische Erhebungen (Erkennung der angebauten Fruchtarten) einschließlich der Möglichkeiten zu frühzeitigen Ertragsschätzungen, die Planung und Lenkung des Agrarmarktes, Nutzungskartierungen und Zustandserhebungen sowie auf die Verfügbarmachung von Informationen beim ➔Lokalen Ressourcen Management und schließlich auch auf die Überwachung von flächengebundenen ➔Ausgleichszahlungen (Monitoring Agriculture with Remote Sensing Techniques, *MARS*). Mit den Fernerkundungstechniken können die Antragsdaten der ➔Landwirte unmittelbar geprüft werden und zwar:
- in bezug auf beantragte Kulturart
- die dazugehörige Flächengröße
- die Einhaltung von bestimmten Stillegungsauflagen
- die Einhaltung der Mindestgrößen der Flächen
- die gleichmäßige Einsaat der Flächen

FESTBRENNSTOFFE: Reststoffe (Stroh, Restholz aus dem ➔Wald und der holzverarbeitenden Industrie) und speziell angebaute ➔Energiepflanzen (Getreideganzpflanzen, schnellwachsende Baumarten, Chinaschilf), die nach einer mechanischen Aufbereitung in Feuerungsanlagen thermisch verwertet werden. (➔NACHWACHSENDE ROHSTOFFE)

FETTWIESE: Eine Wiese von hoher Produktivität, die zwei- bis dreimal im Jahr gemäht werden kann. Auch Beweidung ist möglich. Fettwiesen erfordern zu ihrer Erhaltung eine regelmäßige starke ➔Düngung. Leitart in mitteleuropäischen Tieflagen ist der Glatthafer, in höheren Lagen der Goldhafer. (➔Magerwiese)

FEUCHTGEBIET: Feuchtwiesen-, Moor- und Sumpfgebiete oder Gewässer, die natürlich oder künstlich, dauernd oder zeitweilig, stehend oder fließend mit Süß-, Brack- oder Salzwasser bedeckt sind, einschließlich solcher Meeresgebiete, die eine Tiefe von 6 m bei Niedrigwasser nicht übersteigen. Diese Definition wurde 1971 in Ramsar/Iran im Internationalen Feuchtgebiets-Übereinkommen festgelegt. In Deutschland waren 1998 insgesamt 31 solcher Feuchtgebiete vorhanden, die insbesondere als Lebensraum für Wasser- und Watvögel von internationaler Bedeutung sind.

FEUCHTGRENZE: Grenzsaum in den Tropen zwischen Feuchtsavanne und tropischem Regenwald mit Bedeutung für die agrarische Nutzung. Bestimmte ➔Kulturpflanzen wie Hirse, Sisal, Erdnuss, Tabak und Baumwolle benötigen in der Reifezeit eine charakteristische Trockenperiode; gleichmäßig hohe Feuchtigkeit lässt deren Früchte nur unzureichend gedeihen. (➔ANBAUGRENZEN)

FEUCHTWIESE: Zu dieser Form eines ➔Feuchtgebietes werden auch ➔Streuwiesen, Moor- und Sumpfgebiete sowie Gewässer mit Süß-, Brack- oder Salzwasser gezählt. Die Erhaltung von Feuchtwiesen führt häufig zu Konflikten zwischen den Belangen des ➔Naturschutzes und dem Bedarf an leistungsfähigem ➔Grünland.

FEUDALISTISCHES AGRARSYSTEM: Krasse soziale Differenzierung zwischen Großgrundbesitzern einerseits und Landarmen sowie Landlosen andererseits.

FIAT PANIS: Lat. "Brot für alle", Leitspruch der ➔FAO.

FLÄCHENBEIHILFE: Als Ausgleich für die Senkung der administrativen Stützungspreise im Zusammenhang mit der ➔Reform der ➔Gemeinsamen Agrarpolitik erhalten die ➔Landwirte seit dem Wirtschaftsjahr 1993/94 eine Flächenbeihilfe. Diese ermittelt sich aus dem für die EG festgesetzten Betrag je t, multipliziert mit einem einmalig aufgrund historischer Daten ermittelten regionalen Durchschnittsertrag. Voraussetzung für den Erhalt der Flächenbeihilfe ist grundsätzlich die Teilnahme am konjunkturellen Programm zur ➔Flächenstillegung (ausgenommen ➔Kleinerzeuger). Der Landwirt erhält hierfür eine Flächenstillegungsprämie. Die Flächenbeihilfen werden nur für eine historisch ermittelte Basisfläche gezahlt. Überschreitet die Summe der Anträge der Landwirte die Basisfläche, tritt ein Sanktionsmechanismus in Kraft. Einbezogen in die Flächenbeihilfe-Regelung sind Getreide (einschließlich Silomais), Eiweißpflanzen (einschließlich Frischerbsen) sowie Ölsaaten.
Die Flächenbeihilfe beläuft sich 1993/94 für Getreide je t auf 25 ➔ECU, 1994/95 auf 35 ECU und 1995/96 auf 45 ECU nach einem für die jeweilige Region aus der Ertragsentwicklung der Jahre 1986 bis 1990 abgeleiteten Durchschnittsertrag, der künftig nicht geändert wird. Der Ausgleichsbetrag erhält dadurch den Charakter einer Hektarbeihilfe, die unabhängig vom künftigen Ertrag gewährt wird.

FLÄCHENBILANZ, LANDWIRTSCHAFTLICHE: Auf Deutschland bezogen die Fläche, die Deutschland durch den Konsum landwirtschaftlicher Produkte im In- und Ausland belegt. Diese Fläche setzt sich zusammen aus der im Inland genutzten landwirtschaftlichen Fläche zuzüglich der im Ausland für deutsche Agrarimporte belegten Fläche abzüglich der im Inland für deutsche Exporte genutzten Fläche. 1991 entsprach Deutschlands (inkl. der neuen Bl.) Netto-Beanspruchung landwirtschaftlicher Flächen in anderen Ländern etwa 30 % der inländischen Landwirtschaftsfläche. Für fast die Hälfte der globalen Flächenbelegung Deutschlands war 1991 der deutsche Fleischkonsum verantwortlich.

FLÄCHENBINDUNG: Ökologisch und steuerrechtlich wichtiger Begriff zur Kennzeichnung der Tier-Besatzdichte auf der Bodenfläche, deren Bewirtschaftung im Zusammenhang mit der Tierhaltung und der Futtergewinnung steht. Die wichtigste Vorschrift für die praktische Durchführung der Abgrenzung zwischen landwirtschaftlichen und gewerblichen Tierhaltungen ist in § 51 Abs. 1 BewG zu finden, die weitgehend identisch ist mit § 13 Abs. 1 Nr. 1 EStG. Zur Festlegung der Beziehung zwischen Tierhaltung und Flächengrundlage zur Deckung des Futterbedarfs benutzt der Gesetzgeber den Begriff der ➔Vieheinheit. Deren Bezugsgröße ist die regelmäßig landwirtschaftlich genutzte Fläche.
Die Notwendigkeit einer Abgrenzung zwischen landwirtschaftlicher und gewerblicher Tierhaltung ergibt sich aus der besonderen Begünstigung der ➔Land- und Forstwirtschaft im Deutschen Steuerrecht. Diese Begünstigung dokumentiert sich bei der Einkommensteuer, bei der Umsatzsteuer und vor allem bei der steuerlichen Bewertung.

FLÄCHENNUTZUNG: ➔BODEN

FLÄCHENNUTZUNGSPLAN: Vorbereitender Bauleitplan, der für das ganze Gemeindegebiet die von der Gemeinde angestrebte städtebauliche Entwicklung und beabsichtigte Bodennutzung darstellt.

FLÄCHENSTILLLEGUNG: Um die Überschussproduktion in der ➔Landwirtschaft einzudämmen und die Märkte wirksam zu entlasten, fördert die ➔EG seit 1988 die Stilllegung von Ackerflächen EG-weit (außer Portugal). Die ➔Europäische Kommission legte den Grundsatzrahmen fest, die Ausgestaltung der Flächenstilllegungsprogramme, insbesondere die Prämienhöhe blieb den Mitgliedstaaten überlassen. Erhebliche Durchführungsunterschiede waren die Folge.
Im Rahmen des zunächst fünfjährigen Programms wurden in den Wirtschaftsjahren 1988/89 bis 1991/92 in den alten Ländern der Bundesrepublik 479.270 ha (EG-weit: 1.725.800 ha) aus der Produk-

tion genommen. Im Rahmen des einjährigen Programms kamen 1991/92 noch 301.449 ha hinzu.
Aufgrund der Beschlüsse zur ➔Reform der gemeinsamen Agrarpolitik wurde die bisherige Förderung der Stilllegung von Ackerflächen über das einjährige und das fünfjährige Programm eingestellt. An deren Stelle trat das *konjunkturelle Flächenstilllegungsprogramm*. Dies ist quasi-obligatorisch, da nur die ➔Landwirte Anspruch auf ➔Ausgleichszahlungen für die Preissenkungen im Zusammenhang mit der Reform haben, die 17,5 % (Regelstillegungssatz) ihrer Flächen stillegen. Ausgenommen sind ➔Kleinerzeuger unter 16 ha; dies sind immerhin über 80 % der Betriebe, die zusammen mehr als 40 % der Anbaufläche im früheren Bundesgebiet bewirtschaften. 1995 waren 12 % der deutschen Ackerfläche stillgelegt.
In den kommenden Jahren wird der Flächenstilllegungssatz anhand der Marktentwicklung überprüft und ggf. neu festgelegt, wenn sich die Reduzierung der Überschüsse als nicht ausreichend erweisen sollte.
Anforderungen an die Durchführung einer Flächenstilllegung aus der Sicht des Umweltschutzes:

- Die Flächenauswahl sollte grundsätzlich nach ökologischen Kriterien erfolgen und damit auf ökologisch besonders sensible Flächen gelenkt werden.
- Grundsätzlich sind langfristige Stilllegungsprogramme zu bevorzugen.
- Um schutzwürdige Flächen gegen äußere Einflüsse abzuschirmen, sollten Nutzflächen dort stillgelegt werden, wo sie als Pufferflächen und zur Biotopvernetzung gezielt eingesetzt werden können.

Die letzte Forderung steht der aktuellen Rechtslage und Praxis entgegen. Nach den gegenwärtigen Regelungen ist auf den stillgelegten Flächen der Anbau einer ganzen Palette von ➔Kulturpflanzen für Nichtnahrungsmittel- und Nichtfuttermittelzwecke bei vollem Anspruch auf die ➔Flächenbeihilfen zugelassen:

- Pflanzliche Öle und Fette für den chemisch-technischen Bereich,
- Bioethanol und Biodiesel (Rapsöl und Rapsmethylester) zur direkten Verwendung in Kraftstoffen,
- alle zugelassenen Kulturpflanzen und daraus produzierten landwirtschaftlichen Erzeugnisse und die Folgeerzeugnisse, die durch Zwischenverarbeitung gewonnen werden, wenn sie als Brennstoff in Energieanlagen Verwendung finden.

Bei der Förderung des Anbaus von ➔nachwachsenden Rohstoffen empfiehlt der ➔Umweltrat Zurückhaltung, solange die ökologischen Wirkungen großflächig angelegter Strategien des Anbaus nachwachsender Rohstoffe so unklar sind wie heute, im Zweifel aber eher negativ eingeschätzt werden und solange weiterhin die Wettbewerbsfähigkeit nachwachsender Rohstoffe, insbesondere von ➔Energiepflanzen, bislang und in der absehbarer Zukunft skeptisch beurteilt wird. Dagegen sollte die Anfertigung von ➔*Ökobilanzen* und *Produktlinienanalysen* des Anbaus und der Verwendung von nachwachsenden Rohstoffen einschließlich dazu erforderlicher Feldversuche verstärkt gefördert werden, um über das notwendige Regulierungswissen zu verfügen, sollte tatsächlich einmal der Anbau von Rohstoffen liefernden Pflanzen lohnend sein. Nutzungsmöglichkeiten für nachwachsende Rohstoffe dürften derzeit vorrangig im chemisch-technischen Anwendungsbereich und auf dem Gebiet der Naturstoffchemie zu sehen sein.
Auch aus weiteren ökonomischen und ökologischen Gründen wird die Flächenstilllegung kritisch gesehen. Zusammen mit der Aufgabe der Bewirtschaftung kann sie zur Verödung weiter Landstriche und damit zu einem Verlust von ➔Kulturlandschaft führen, was in Teilen der EU bereits eingetreten ist. Zudem kommt es vorübergehend zur verstärkten Auswaschung von Stickstoff in Grund- und Oberflächengewässer, wenn dieser nicht mehr durch ➔Kulturpflanzen dem Boden entzogen wird. Dieses Problem besteht insbesondere in mitteldeutschen Agrargebieten mit hohem Stickstoffüberschuss aus der früheren "industriemäßigen" Landwirtschaft. Andererseits konzentriert sich die intensive Landwirtschaft in den agraren Gunsträumen mit den Folgen einer ökologischen Überlastung.
Mittelfristig ist es erforderlich, die konjunkturelle Flächenstilllegung generell durch eine ➔Extensivierung der Bewirtschaftung zu ersetzen. Naturschutzziele scheinen mit dieser Strategie eher realisierbar als mit einer Optimierung des Naturschutzes auf wenigen Prozent der Staatsfläche. Eine Extensivierung wird am besten durch Abgaben auf umweltschädigende Betriebsmittel gefördert, durch die das Verursacherprinzip wirkungsvoll umgesetzt wird.

FLAVR SAVR-TOMATE: Mit Hilfe von gentechnischen Verfahren hergestellte und seit 1994 auf dem amerikanischen Markt erhältliche Tomatensorte mit Reifeverzögerung der Fa. Calgene, USA.
Gewöhnlich werden Tomaten wegen ihrer leichten Verderblichkeit im unreifen Zustand gepflückt und dann kurz vor dem Verkauf mit Ethylen begast, das den abschließenden Reifungsprozess einleitet. Solche Tomaten sehen zwar rot und reif aus, sind aber meist geschmacklos und wässrig.
Die Flavr Savr™-Tomate kann am Stock ausreifen, viel Geschmack, Aroma und Inhaltsstoffe entwickeln und behält ihr glattes Aussehen auch 6 - 8 Wochen nach dem Pflücken. Dies wurde durch das Ausschalten des "Matsch-Gens" oder besser der Erbin-

formation für das Enzym Polygalacturonidase (es zerstört in der reifen Tomate Zellbestandteile) erreicht. Der Verbraucher erhält ein Produkt, das sich durch die späte Ernte im Geschmack deutlich von den gewöhnlichen - grün geernteten - Treibhaustomaten unterscheidet. Um die richtig veränderten Tomatenpflanzen zu finden, musste ein sogenanntes Markergen in das Erbgut der Tomate eingebaut werden, das eine Resistenz gegen das Antibiotikum Kanamycin verleiht. Pflanzenzellen, die nach einem Gentransfer untersucht werden sollen, werden in einem Nährsubstrat herangezogen, das mit diesem Antibiotikum versetzt ist. Jene Pflanzenzellen, bei denen kein Gentransfer erfolgte, sterben ab, jene die die neuen Gene aufgenommen haben, überleben. Dieses Antibiotikum wird zwar in der Humanmedizin nur selten eingesetzt, aber eine Verbreitung der Kanamycinresistenz in der Darmflora des Menschen ist nicht auszuschließen.
Eine traditionelle Rückkreuzung um das Markergen wieder zu entfernen, ist nur mit großem Zeitaufwand möglich, da das Gen mit der erwünschten Haupteigenschaft und das Markergen sehr dicht gekoppelt sind.

FLEISCHTIERHALTUNG: Zweig der ➔Nutztierhaltung mit der Produktionsrichtung Fleischproduktion. Durch systematische Fütterung (Mast) wird ein bestimmtes Endgewicht angestrebt.

FAUNA-FLORA-HABITAT-RICHTLINIE: Abk. FFH-RL; EG-Richtlinie 92/43/EWG zur Erhaltung der natürlichen Lebensräume sowie der wildlebenden Tiere und Pflanzen vom 21.5.1992. Durch die FFH-RL werden die Mitgliedstaaten zum Zwecke der Erhaltung der ➔Biodiversität verpflichtet, ein kohärentes ökologisches Netz von Schutzgebieten mit der Bezeichnung "Natura 2000" und darauf bezogene Schutzmaßnahmen zu erlassen. Dazu sind nach in der Richtlinie vorgegebenen fachlichen Kriterien geeignete Gebiete auszuwählen und gegenüber der Kommission als besondere Schutzgebiete vorzuschlagen. Daneben ordnet die FFH-RL für den Bereich des direkten Artenschutzes ein allgemeines Schutzsystem für bestimmte Tier- und Pflanzenarten an. Die FFH-RL wird in Deutschland durch die Novellierungen des Bau- und Raumordnungsgesetzes (1997) und des Bundesnaturschutzgesetzes (1998) in nationales Recht umgesetzt.
Zur Schaffung von Natura 2000 kommen vorrangig Gebiete mit einem hohen Schutzstatus in Frage: ➔Naturschutzgebiete, ➔Nationalparke, FFH-Gebiete und die Kernzonen der ➔Biosphärenreservate.

FLUR: Die gesamte parzellierte, besitzmäßig einem oder mehreren landwirtschaftlichen Betrieben zugeordnete agrarische Nutzfläche (Äcker, ➔Wiesen, ➔Weiden) einer Siedlung oder eines Siedlungs- und Wirtschaftsverbandes. Eng mit der Siedlung verbundene Gärten gehören ebensowenig zur Flur wie auch Allmendland und geschlossenes Waldland.
Grundelement der Flur ist die ➔Parzelle als kleinste Besitzeinheit in der Flur, amtlich heute *Flurstück* genannt. Form und Anordnung der Besitzparzellen der Flur ergeben die ➔Flurform.
Das Erscheinungsbild der Flur wird zusätzlich durch Elemente wie Feldeinhegungen (➔Hecken, Wallhecken, Gräben, Zäune), ➔Ackerterrassen, ➔Raine, Feldscheunen u.a. geprägt. (➔ALLMENDE, ➔GEMARKUNG)

FLURBEREINIGUNG: Die Umgestaltung von zersplitterter oder unwirtschaftlich gestalteter ➔land- und z.T. forstwirtschaftlicher Nutzfläche nach betriebswirtschaftlichen, landschaftsplanerischen und ökologischen Gesichtspunkten.
Die Flurbereinigung, amtlich oft "Umlegung" genannt, ist als traditionsreiches Ordnungsinstrument des Staates eine klassische Maßnahme zur Verbesserung der ➔Agrarstruktur und dies besonders in der Nachkriegszeit. Sie ist bis heute ein wirksames Verfahren zur rechtsverbindlichen Veränderung ländlicher Strukturen in der Zuständigkeit einer Behörde. Damit unterscheidet sie sich stark von der ➔agrarstrukturellen Entwicklungsplanung.
Die traditionelle Flurbereinigung als reine Neuordnung des ländlichen Grundbesitzes wird heute durch Aufgaben zur Förderung der allgemeinen ➔Landeskultur und der ➔Landentwicklung ergänzt. Durch sie soll nicht nur die ➔Gemarkung neu eingeteilt und durch Erbteilungen zersplitterter und unwirtschaftlich gewordener Grundbesitz nach neuzeitlichen betriebswirtschaftlichen Gesichtspunkten zusammengelegt (➔Arrondierung) werden, sondern auch Wege, Gräben und gemeinschaftliche Anlagen sollen neu geschaffen, Meliorationen vorgenommen und die Ortslagen (z.B. durch ➔Aussiedlungen) aufgelockert werden. Hinzu treten nach dem *Flurbereinigungsgesetz* (FlurbG, Fassung vom 16.3.1976, zuletzt geändert durch Gesetz vom 23. 8.1994) auch alle sonstigen Maßnahmen, durch welche die Grundlagen der Wirtschaftsbetriebe verbessert werden, der Arbeitsaufwand vermindert und die Bewirtschaftung erleichtert wird.
Zunehmend sind im FlurbG die Interessen des Umweltschutzes und der ➔Ökologie, aber auch der Erholung, des Denkmalschutzes oder der Landespflege beachtet, wobei die Flurbereinigung verstärkt ➔Biotope schützen soll.
So ist die Flurbereinigung heute eine umfassendes *Instrument zur Entwicklung und zur Verbesserung der strukturellen Bedingungen des ➔ländlichen*

Raumes. Gleichzeitig bietet sie die Möglichkeit, die unterschiedlichen Interessen der Allgemeinheit an den ländlichen Räumen - unter Wahrung der Eigentümerbelange - auszugleichen und Konflikte zu lösen. Die vielfältigen Ansprüche der Gesellschaft an den ländlichen Raum verändern den Neuordnungsauftrag der Flurbereinigung. So gewinnt diese wegen der zunehmenden Inanspruchnahme ländlicher Gebiete und des Bedarfs an Mehrfachnutzungen von Grund und ➔Boden im ökonomischen, ökologischen und sozialen Sinn neue Bedeutung.
Es wird auch die enge Verbindung von Flurbereinigung und ➔Dorferneuerung deutlich. Letztere wird insbesondere wegen des Verfalls der alten Bausubstanz, der fehlenden Attraktivität der Dorfkerne, eines hohen Auspendleranteils, einer selektiven Abwanderung von Bevölkerung, einer sozialen Segregation und eines Verlustes von zentralen Funktionen nötig.
Die in den Jahren 1991 bis 1994 in den **alten Bundesländern** bereinigte Fläche belief sich auf 555.759 ha. Für diesen Zweck wurden in dieser Zeitspanne insgesamt 883,4 Mio. DM an Bundesmitteln und 588,9 Mio. DM an Landesmitteln aufgewandt. Hinzu kamen 1,3 Mrd. DM an Eigenleistungen, Zuschüssen Dritter und Darlehen, so dass die Gesamtaufwendungen 2,7723 Mrd. DM betrugen.
In den **neuen Ländern** sind Verfahren zur Feststellung und Neuordnung der Eigentumsverhältnisse nach dem Landwirtschaftsanpassungsgesetz von großer Bedeutung. Trotz enormer Anstrengungen auf diesem Gebiet ist das getrennte Eigentum von Boden und Gebäuden weiterhin ein großes *Investitionshemmnis*. Als Lösungsinstrumente werden freiwillige Landtausche und Bodenordnungsverfahren zur Zusammenführung von Boden- und Gebäudeeigentum eingesetzt. Ungeklärte Eigentumsverhältnisse sind auch für weitere Aspekte der Agrarraumgestaltung hemmend. So besteht dringender Handlungsbedarf hinsichtlich der Verdichtung des landwirtschaftlichen Wegenetzes, der Bereitstellung ➔landwirtschaftlicher Nutzfläche für Belange des ➔Natur- und Landschaftsschutzes, der Sanierung und des Neuaufbaus von biotischen Landschaftselementen, landschaftsarchitektonischer Aspekte sowie der Sanierung bzw. ➔Renaturierung des ➔Grünlandes und der Gewässer.
Wenn auch die Ziele der Flurbereinigung untereinander gleichrangig sind, bildet die Hilfe für die Land- und Forstwirte und ihre Familien einen Aufgabenschwerpunkt. Die sinnvolle Neuordnung ländlichen Grundbesitzes soll heute die Erfordernisse des Umweltschutzes zur Sicherung der natürlichen Lebensgrundlagen berücksichtigen und damit der Erhaltung und Stärkung einer funktions- und wettbewerbsfähigen bäuerlichen ➔Land- und Forstwirtschaft dienen.
Grundsätzlich bleibt es ein wichtiges Anliegen der Flurbereinigung, mit ihren Maßnahmen zur Senkung der Maschinen- und Betriebskosten sowie zur Verminderung des Arbeitszeitaufwandes zur Existenzsicherung von bäuerlichen Betrieben beizutragen.
Die **Geschichte der Flurbereinigung** ist mehrere hundert Jahre zurückzuverfolgen. Die ältesten Beispiele von Gemarkungsregulierungen findet man in Deutschland im 16. Jh. durch die sogenannte ➔Vereinödung im Raum Allgäu/Oberschwaben. Eine weitere, flächenhafte Verbreitung und Wirkung erlangte die Flurneuordnung in Deutschland erst mit den ➔Agrarreformen des 19. Jahrhunderts. In deren Gefolge kam es zunächst zur Aufhebung bzw. Ablösung der alten Grundherrschaftsrechte und zur Aufteilung des Gemeindelandes (➔Allmende). Zur Überwindung des Flurzwanges stand in den ersten Jahrzehnten der Feldwegebau im Vordergrund. Erst gegen Ende des 19. Jahrhunderts konzentrierten sich die Maßnahmen der Flurbereinigung auf eine Zusammenlegung der in der Flur zerstreuten Feldstücke. Dies geschah auf Länderbasis. Die erste reichseinheitliche Regelung erfolgte durch das Reichsumlegungsgesetz von 1936 und die Reichsumlegungsordnung von 1937.
Zusammenfassung der weiteren Entwicklung:

- Wirkungszeit der Reichsumlegungsordnung (1937 - 1953) gekennzeichnet durch die Autarkiebestrebungen in der Nahrungsmittelversorgung; Maßnahmen: Flurstückszusammenlegung, Auflockerung der Ortslage, Aussiedlung, Veränderung der Bodennutzung (Weideland zu ➔Ackerland), Vergrößerung der ➔LN durch Urbarmachung von ➔Ödland (➔Moore, Sümpfe), ➔Landgewinnung an den Küsten.
- Flurbereinigungsgesetz von 1953 als neue Rechtsgrundlage in der Bundesrepublik (alt); Flurbereinigungsverfahren von Flurbereinigungsbehörden durchgeführt; an den behördlich geleiteten Verfahren nehmen alle betroffenen Grundstückseigentümer und die landwirtschaftliche Berufsvertretung teil; Schwerpunkte bis 1976: Flurstücksarrondierungen, Feldwegebauten, Wasserbauten (Hochwasserschutz, Vorflutregulierung, Begradigung, Dränage), Ortsauflockerungen, Aussiedlungen.
- Beginnender allgemeiner Wertewandel in den 70er Jahren mit neuen Anforderungen an die ➔Landwirtschaft und Kritik an dem damals gültigen Flurbereinigungskonzept; Verantwortungszuweisung für starken ➔Artenrückgang in der Tier- und Pflanzenwelt, Bodenzerstörung, weitgehende Ausräumung und bisweilen Zerstörung ganzer ➔Landschaften (z.B. Aufgabe der kleinparzellierten Terrassenlandschaft mit Hohlwegsystem am Kaiserstuhl im Rahmen der Weinbergflurbereinigung zugunsten von produktionstechnisch günstigen Großterrassen);

Vorwürfe: zu technisch-juristisch, wenig Berücksichtigung der lokalen und regionalen Besonderheiten und Bedürfnisse, Nivellierung der verschiedenen ➔Natur- und ➔Kulturlandschaften.

• Inhaltliche Akzentverschiebung mit der Gesetzesnovellierung von 1976; neu aufgenommen wurden bodenschützende und landschaftsgestaltende Maßnahmen, gestrichen wurde die Ortsauflockerung mit Betriebsaussiedlung und ersetzt durch die Aufgabenstellung einer ganzheitlichen Dorferneuerung; ab Mitte der 80er Jahre zeigt sich die Flurbereinigung als Instrument für Naturschutz und Landschaftspflege, zum Arten- und Biotopschutz, zum Boden- und Erosionsschutz, zur Wasserrückhaltung, zur Erhaltung und Entwicklung der ➔Kulturlandschaft sowie zur Dorferneuerung.

Die Flurbereinigung wird in einem behördlich geleiteten **Verfahren** innerhalb eines bestimmten Gebietes - dem Flurbereinigungsgebiet - unter Mitwirkung der Gesamtheit der beteiligten Grundeigentümer, der Träger öffentlicher Belange und der landwirtschaftlichen Berufsvertretung durchgeführt. Die Flurbereinigungsbehörde ist planerisch, technisch und hinsichtlich der Verwaltung verantwortlich für die Durchführung des Verfahrens.

Die bei der Durchführung eines Flurbereinigungsverfahrens anfallenden Kosten werden unterteilt in *Verfahrenskosten* und *Ausführungskosten*. Verfahrenskosten sind die persönlichen und sächlichen Kosten der Behördenorganisation und werden vom Land getragen. Ausführungskosten sind die der Teilnehmergemeinschaft zur Last fallenden Aufwendungen. Für die Finanzierung von Vorhaben des ➔Naturschutzes und der ➔Landschaftspflege können sowohl die Teilnehmergemeinschaft wie auch öffentliche Stellen herangezogen werden.

FLURFORM: Grundrissgestaltung der ➔Flur, bezogen auf den Verlauf der besitzrechtlichen Grenzen der ➔Parzellen und Parzellenverbände, auch Besitzliniengefüge genannt. Es ist meist nicht identisch mit dem sichtbaren Liniensystem der Nutzungsgrenzen, dem Muster der Landnutzung, denn eine Besitzparzelle kann z.B. mit mehreren Ackerfrüchten besetzt sein, umgekehrt aber kann sich eine Frucht (etwa durch Pacht oder im Rahmen von Zelgenwirtschaft) auch über viele Besitzparzellen erstrecken. Ein Schluss von dem Landnutzungsmuster, wie es sich in Luftbildern anschaulich darstellt, auf die Flurform ist daher nur unter Vorbehalten möglich. Die Flurform erschließt sich zuverlässig nur durch Kataster, Flurbücher und ähnliche Urkunden.

Unterschieden wird nach der *Form* (Blöcke, Streifen), *Größe* (Breit-, Lang-, Kurz-), der *Anordnung* der Parzellen (z.B. gleichlaufend, radial). Ferner sind die *Lage* der Parzellen in der Flur (z.B. ➔Gemengelage), die *Relieforientierung* und die *genetischen Merkmale* (Alter, Art der Entstehung) von Bedeutung:

- Einödflur: Flur, die im Gegensatz zur ➔Gemengeflur durch geschlossene (arrondierte) Lage des Besitzes der einzelnen Betriebe gekennzeichnet ist. Einödhöfe, sind Einzelhöfe, die inmitten geschlossenen Besitzes liegen. Die Parzellen liegen meist als Blöcke vor. Daneben gibt es aber auch Reihensiedlungen mit Streifeneinödflur.
- Gemengelage: im Unterschied zur Besitzeinheit die verstreute Lage von Besitzparzellen in der Flur. Entsprechend fehlt hier i.d.R. der Hofanschluss zur Flur oder er besteht nur teilweise. Oft gehört eine Haufensiedlung zu dieser Form.
- Gewann: Verband gleichlaufender streifenförmiger Besitzparzellen in Gemengelage, die in der Regel keinen Hofanschluss besitzen.
- primäre/sekundäre/tertiäre Flur: Bezeichnung je nach der Erhaltung oder Überprägung der ursprünglichen Flur, z.B. durch Erbteilung oder ➔Flurbereinigung oder gar der vollkommenen Neugestaltung der bestehenden Flur.

Die Entstehung einer Flur ist häufig gekennzeichnet durch die Ausweitung eines Flurkerns oder auch die Reduktion der Fläche. Danach können Kernflur und Ausbauflur, ferner partielle oder totale ➔Flurwüstungen für aufgegebene Fluren bzw. Flurteile unterschieden werden. Kernflur und Ausbauflur unterscheiden sich durch ihre Lage zur Siedlung und durch ihre unterschiedliche Flurformen und häufig auch durch die Anlage des Wegenetzes sowie unterschiedliche Bewirtschaftung.

Die Einflussgrößen, die die Entstehung und die räumliche Verteilung einzelner ➔Flurformtypen bedingen, sind sehr vielfältig. Dazu gehören:

- Ortsformen
- Sozialverfassung
- ➔Erbrecht
- Gerechtigkeitsprinzip
- physische Gegebenheiten
- Bevölkerungsentwicklung
- ökonomische Faktoren
- Landwirtschaftstechnik

FLURFORMENTYP: Kennzeichnung der Flurparzellierung. Reine ➔Flurformen werden durch Addition eines einzelnen Flurformentyps (➔Blockflur, ➔Gewannflur, ➔Waldhufenflur usw.) bestimmt, zusammengesetzte ➔Flurformen durch mehrere Flurformentypen innerhalb einer ➔Gemarkung.

FLURHOLZBAU: Anbau von Gehölzen bevorzugt entlang von Feldgrenzen, bei dem die Produktion von Holz gegenüber anderen Zielen zurücktritt:

- *Korbweidenkultur* mit Rohmaterial für das Korbflechten, das Herstellen von Besen als Winterbe-

schäftigung, und das Anbinden von Reben (in Mitteleuropa weitgehend obsolet)
- *Christbaumkulturen*
- *Klimamelioration* insbesondere als Wind- und als Frostschutz

FLURNAMEN: Alte Flurnamen lassen Rückschlüsse auf Landschaftsgeschichte, Nutzungsformen, topographische und geologische Gegebenheiten sowie historische Rechts- und Besitzverhältnisse zu. Lange Zeit wurden Flurnamen nur mündlich überliefert. Erst in den letzten Jahrhunderten wurden sie u.a. im Rahmen von Flurvermessungen in Katasterkarten behördlich registriert.
Die folgende Übersicht (nach *Nottbohm* 1994) bietet eine gruppierte Auswahl von Flurnamen:
Naturnamen
- *Geländeform*: -tal, -bühl (= -hügel, -berg), -buckel, -kaute/-kaule (= -kuhle, -loch), -schlucht, -klamm, -grund
- *Lage*: Wester-, Norder-, Unter-, Hinter-, Ober-
- *Bodenbeschaffenheit*: Gries- (= Sand-), Ton-, Schiefer-, Mergel-
- *Ausdehnung, Größe und Gestalt des Flurstücks*: Triangel, Sackpfeife (= Dudelsack), Pfannstiel, Schnupftuch (= für kleines Feld)
- *Wald und Busch*: Eich-, Esch-, Buch-, Linden-, Loh- (= Hain)
- *Ödland*: Ödacker, Leerfeld, Driesch (= unbebauter oder erschöpfter Acker)
- *Sumpfland und Gewässer*: -bruch, -born (= Quelle), Aue, Söder (= sumpfige Stelle), Wog, -strut (= Sumpf), Ried

Kulturnamen
- *Rodungen*: -rode, -roda, -rott, -reuthe, -brand, -sang (von absengen), schwand (alle überwiegend in Ortsnamen)
- *Kulturpflanzen*: Hopfengarten, Weinberg/Wingert, Emerfeld, Rübgrund, Flachsrösten, -rotten
- *Acker-, Wiesen-, Weidelandnutzung*: Anger, Pferch, Trift, Koppel, Mast, Hute, Weede/Schwemme, Kandel (= Viehtränke)
- *Besitz- oder Abgabenverhältnisse*: Mönchs-, Kloster-, Pfarr-, Herre-, Meiers Tannen, Almen- u.w.
- *Einfriedungen und Grenzen*: Hagen, Gehag, Gatter, Pferch, Kamp (= umzäuntes Weid- oder Ackerland, auch gehegtes Waldstück). Auf Grenzverläufe weisen auch Namen wie Zollstock, Schlagd (= Schlagbaum) und Landwehr hin. Warten waren im Mittelalter Beobachtungstürme in der Gemarkung weit vor der Stadt an exponierter Stelle (Wartberg, Wartküppel)
- *Rechtsgeschichte*: -stuhl, -gericht, Galgenberg
- *Gewerbe*: Kalk-, Pech-, Ziegelofen, Schindanger (= Abdecker), Glashütte, Köhler-
- *Jagd*: Finkenherd, Entenfang, Hühnerspiel (Beizjagd), Wolfsgrube
- *Wehrwesen*: Landwehr, Warte, -stein (in Ortsnamen häufig für Burg)
- *Wege*: Heerstraße, Rennsteig, Kirchweg, Hochzeitsweg
- *Wüstungen*: -heim, -hausen, -mühle, -hof sowie andere Flurnamen, die auf Ansiedlungen hindeuten. Hofstatt, Hausstatt (kann aber je nach Lage auch Hau-*stätte*, wo Holz geschlagen wurde, bedeuten!)
- *Ereignisse*: Toter Mann, Mord-, Franzosen-, Pestacker, Krug-/Urnenfeld (= vorgeschichtlicher Friedhof, auf dessen Gelände beim Pflügen immer wieder Funde auftauchten)

FLURWÜSTUNG: Total oder partiell aufgelassene ➔Flur. Als absolute Flurwüstung bezeichnet man eine solche unter Wald oder wenn aus früherem Ackerland ➔Ödland wurde; bei einer relativen Flurwüstung hat sich lediglich die Nutzungsintensität verringert. (➔ORTSWÜSTUNG, ➔WÜSTUNG)

FLURZERSPLITTERUNG: Die besitzmäßige Zersplitterung der ➔Flur im Gefolge von Erbfällen und anderen Ursachen. Flurzersplitterung tritt häufig in engem Zusammenhang mit zelgengebundener Wirtschaftsweise auf. Räumlich findet sie sich vor allem im Verbreitungsgebiet der ➔Real(erb)teilung. (➔BESITZZERSPLITTERUNG)

FLURZWANG: In Mitteleuropa wurden die Felderwirtschaften bis ins 19. Jh. im Rahmen der Dorfgemeinschaft auf einheitlich bebauten Flurbezirken (➔Zelgen) durchgeführt, deren Nutzung nach der für alle verbindlichen Rotation jährlich wechselte. Der Flurzwang regelte die Zeiten der Feldbestellung, die Überfahrts- und Beweidungsrechte. In kleinparzellierten ➔Gemarkungen, in denen ein ausreichendes Wegenetz fehlte, waren zelgengebundener Anbau und Flurzwang noch bis in das 20. Jh. verbreitet. Sie hemmten jedoch die Einführung von Maschinen und neuen ➔Kulturpflanzen sowie die selbständige Entwicklung der Betriebe.
In Mittel- und Süddeutschland war der Flurzwang besonders stark ausgeprägt, in Nordwestdeutschland weniger streng, weil dort die Höfe oft einzeln oder in kleinen Gruppen lagen und es sich auf dem armen Sandboden nur um "ewigen Roggenbau" handelte.
(➔DREIFELDERWIRTSCHAFT, ➔FRUCHTFOLGE)

FLÜSSIGMIST: ➔GÜLLE

FOB-PREIS: "free on board"; ➔Weltmarktpreis bei der Ausfuhr eines Produkts, bei dem sich der Preis

aus dem Wert der auszuführenden Ware, den Transportkosten zum Hafen und den Kosten der Verladung auf das Schiff zusammensetzt. Der Ort, auf den sich der Preis bezieht, wird grundsätzlich angegeben. Für den Getreideexport der EU ist "fob Rouen" von besonderer Bedeutung. Die Lieferklausel *fob* schreibt vor, dass der Verkäufer die Waren frei bis an Bord des Schiffes des Ausgangshafens liefert. Die Frachtkosten für den Schiffstransport sind somit bereits vom Käufer zu tragen. Der Gefahrenübergang auf den Käufer vollzieht sich, wenn die Ware auf der Palette oder in der Schlinge in Höhe der Reling über dem Schiff schwebt.
(➔CIF-PREIS, ➔INCOTERMS)

FOGGARA: Traditionelles System der Grundwasseranzapfung mittels unterirdischer Stollen (ar. *Fuggara*), verbreitet im nordafrikanischen und vorderasiatischen Raum sowie in Ostasien und Südamerika. Weitere Bezeichnungen sind *Rhettara, Khettara, Mkoula, Karez, Qanat, Faladsch* u.w. Ihre Anlage ist gewöhnlich an leicht geneigtes Gelände gebunden. In bestimmten Abständen werden Schächte gegraben, die bis in den Grundwasserhorizont reichen. Diese Schächte werden durch einen unterirdischen Stollen, dessen Gefälle geringer ist als das Geländegefälle, miteinander verbunden. In diesem Stollen sammelt sich das Wasser und wird in die ➔Oase geleitet, wo es in offenen Kanälen auf die Felder gelangt.
Die Bedeutung der Foggaras ist beispielsweise in den nordafrikanischen Staaten wegen des Mangels an Arbeitskräften und der Verbreitung von Motorpumpen stark zurückgegangen.
(➔BEWÄSSERUNG, ➔BEWÄSSERUNGSWIRTSCHAFT)

FOOD CROP: ➔Kulturpflanze, die vornehmlich zur Eigenversorgung angebaut wird, und von der lediglich kleinere Mengen auch auf den lokalen Markt gelangen. (➔CASH CROP)

FOOD-NONFOOD-FOOD-SWITCH: Eine Strategie der Landbewirtschaftung, die befristet essbare Pflanzenteile als ➔nachwachsenden Rohstoff für den technischen Sektor einsetzt, aber gleichzeitig die Verarbeitungsanlagen so gestaltet, dass sie jederzeit auf nichtessbare Pflanzenteile umgestellt werden können. Hierdurch wird die Produktionsbereitschaft erhalten, und es kann flexibel künftigen Knappheiten begegnet werden.

FORMATION: Eine Mehrzahl von Betrieben einer ➔Branche in standörtlicher Nachbarschaft, deren Konkurrenz durch synergetische Effekte gemildert wird. Für alle nicht direkt zur Konkurrenz herausfordernden Probleme von Handel, Transport, Kredit, Information, Lagerhaltung, Arbeitsbeziehungen usw. können gemeinschaftliche Lösungen gefunden werden, die allen Beteiligten nützen.

FORTADORF: Typ des ➔Angerdorfs in Dänemark, Angeln und Ostholstein mit einer rechteckigen Platzform, der vermutlich durch die Neuordnung von Siedlung und ➔Flur im 13. Jahrhundert nach den Regeln des "Jütischen Low" entstand.

FREILANDVERSUCH: ➔GENTECHNISCHES FREILANDEXPERIMENT

FREMDTIERHALTUNG: Haltung von fremdem Vieh in ➔landwirtschaftlichen Betrieben in unterschiedlichen Formen. Ursprünglich sollten mit Fremdtierhaltung jahreszeitlich auftretende Futterengpässe durch Ausnutzung von Überkapazitäten anderer Betriebe überbrückt werden.
Häufig ist die Pensionsviehhaltung, bei der der Eigentümer der Tiere einem anderen landwirtschaftlichen Betrieb die vorübergehende oder auch ganzjährige und längerdauernde Aufzucht und/oder Haltung seiner Tiere überlässt. Meist ist diese Form mit einer unmittelbaren Weidenutzung durch das ➔Pensionsvieh verbunden (z.B. Jungviehaufzucht, Pensionspferdehaltung). Andere Formen haben in den vergangenen Jahren verstärkt an Bedeutung gewonnen: die Aufzucht und/oder Mast von relativ großen Tierbeständen in Ställen. (➔LOHNMAST)

FROSTBEKÄMPFUNG: Insbesondere in ➔Sonderkulturen angewandte Maßnahmen zur Vermeidung von Frostschäden. Dazu gehören
- das Beregnen (das Gefrieren des Wassers setzt Wärme frei und verhindert zu starke Abkühlung)
- der Aufbau von Folienzelten (Ausstrahlungsschutz)
- das Räuchern (Nebel als Ausstrahlungsschutz)
- direktes Beheizen

Zu den Maßnahmen, die generell das Klima in Bodennähe verbessern, insbesondere die Temperatur erhöhen sollen, gehört das Bedecken des ➔Bodens mit Matten oder Folien.

FROSTGARE: Günstige Krümelung des Oberbodens von Ackerböden, welche durch die Auflockerung und Zerteilung der Bodenschollen beim winterlichen Gefrieren und Wiederauftauen (Volumenänderung des ➔Bodenwassers) entsteht.

FRUCHTBARER HALBMOND: Sichelförmiges Gebiet, das die hügeligen Randbereiche des südwestasiatischen Gebirgsbogens zwischen Palästina und dem Nordwestiran einschließlich des Zweistromlandes (Euphrat und Tigris) umfasst. Es ist eines der Zentren der neolithischen Revolution. In diesen Gebieten standen als Wildpflanzen Gerste und Weizenarten zur Verfügung, ferner Wicken, Erbse und Lein. Von hier aus gelangte die Kenntnis der ➔Landwirtschaft über Anatolien, Griechenland und die Balkanhalbinsel nach Mitteleuropa.

FRUCHTFOLGE: Auch *Rotation*; geregelte Aufeinanderfolge verschiedener ➔Kulturpflanzen auf ein und demselben Feld mit dem Ziel, die Bodenkräfte bestmöglich auszunutzen und Fruchtfolgeschäden zu vermeiden. Zu diesen zählen starke und oft einseitige Verunkrautung, Gareverluste im ➔Boden und das Ausbreiten bzw. Anhäufen tierischer und pilzlicher Krankheitserreger und Schädlinge. Beispielsweise hat eine zu eng gestellte Fruchtfolge im Zuckerrübenanbau eine problematische Erhöhung des Nematodenbefalls zur Folge. Da die an Zuckerrüben parasitierenden Fadenwürmer weitgehend wirtsspezifisch sind, können sich andererseits in größeren Zeitintervallen des Zuckerrübenanbaus keine hohen, aber dennoch zu fühlbaren Ertragsverlusten führenden Populationsdichten entwickeln.
Die Fruchtfolge wird einerseits durch die Saatzeit-, Bearbeitungs- und Wasseransprüche der Pflanzen, andererseits durch ihre verschiedene ➔Selbstverträglichkeit beziehungsweise die Gefahren der ➔Bodenmüdigkeit bestimmt.
Wichtigste biologische Grundsätze der Fruchtfolge sind:

- größtmögliche Vielseitigkeit
- Trennung des Anbaus unverträglicher Früchte durch möglichst lange Zeiträume
- Gleichgewicht zwischen ➔Blatt- und ➔Halmfrüchten
- kürzestmögliche Brachezeiten (Gegensatz: ➔Monokultur).

Fruchtfolgen sind nicht nur auf das regelmäßig bearbeitete ➔Ackerland, also auf die Feldwirtschaft, begrenzt. Sie sind auch beim Wechsel zwischen Ackernutzung und ausdauernden Pflanzenbeständen erforderlich. Es kann sich dabei um den Wechsel mit ➔Grünland (➔Feldgraswirtschaft), mit ➔Dauerkulturen oder um die Unterbrechung von ➔Monokulturen handeln.
Grundsätzlich unterscheidet man zwischen Fruchtfolgen, bei denen nur Feldfrüchte miteinander abwechseln (Felderwirtschaft) und solchen, bei denen Feldernutzung mit Grasnutzung wechselt (Wechselwirtschaft).
Vor Einführung der Fruchtfolge herrschte bis etwa ins 8. Jh. n.Chr. in unseren Breiten Landwechsel vor. Damals wurde ausschließlich Getreide in ➔Monokultur so lange auf einem Feld angebaut, bis die Erträge zu stark absanken. Daraufhin wurde neues, bisher ungenutztes oder auch mehrere Jahre brachliegendes Land bewirtschaftet.
Die Anfänge der *Alten ➔Dreifelderwirtschaft* fallen in diese Zeit (771 erstmals erwähnt). Sie war im 8. und 9. Jh. (Karl der Große) die übliche Bodennutzungsmethode und wurde im größten Teil Deutschlands bis ins 18. Jahrhundert praktiziert. Sie war durch den ➔Flurzwang gekennzeichnet, aus dem sich für die ➔Landwirte die Einhaltung gemeinsamer Bestellungs- und Erntezeiten in der Dorfflur bei gemeinsamer Fruchtfolge ergab.
Über mehrere Jahrhunderte änderten sich diese Verhältnisse kaum.
Ab Mitte des 18. Jh. begann man mit dem Anbau von Futterpflanzen (wichtigste Brachfrucht war der Rotklee) auf der ehemaligen Brachfläche, gegen

Besondere Ansprüche einiger Kulturpflanzen

Kulturart	Ansprüche[1] an					
	Wasser	Nährstoffe	Wärme	Salzfreiheit	Vorfrucht	Bodenluft
Weizen	++	++	++	++	+++	++
Gerste	+	+	+	+	++	++
Mais	++	++	+++	+++	++	+++
Reis	++++	++	++++	++	+	-
Hirse	-	-	+++	++	+	++
Kartoffel	++	+++	-	+++	++	+++
Cassava	++	+	++++	++	+	++
Banane	+++	+++	++++	+++	-	++
Zuckerrübe	+	++	+	+	++	+++
Zuckerrohr	+++	+++	++++	+	+	++
Klee-Gras-Wiese	+++	+++	+	+++	-	+

[1] -: gering, +: mässig, ++: hoch, +++: sehr hoch, ++++: besonders hoch
Quelle: Frei u. Peyer 1990

Die Fruchtfolge der Alten Dreifelderwirtschaft

Winterung (Roggen, Weizen)
Sommerung (Hafer, Gerste, Hirse)
Brache

Die Fruchtfolge der Verbesserten Dreifelderwirtschaft

Blattfrucht und/oder Hackfrucht (Zuckerrüben)
Wintergetreide (Weizen)
Sommergetreide (Gerste)

Ende des 18. Jh. kam der Kartoffel- und dann der Futter- und der Zuckerrübenanbau dazu. Der Übergang zur *Verbesserten Dreifelderwirtschaft* mit Blattfruchtanbau war somit vollzogen. Sie stellt auch heute noch häufig das Grundschema der Ackernutzung in Deutschland dar.
Die *Mehrfelderwirtschaft* (18. bis Anfang 20. Jh.) stellt eine naturhaushaltlich ziemlich ausgewogene Fortführung der Verbesserten Dreifelderwirtschaft dar. Auch sie bedeutete eine Wirtschaftsweise mit hohem Selbstversorgungsgrad der Landwirtschaft und einer nahezu vollständigen Wiederverwertung aller Stoffe im landwirtschaftlichen Betrieb.
Veränderte ökonomische Rahmenbedingungen vor allem ab der Mitte des 20. Jahrhunderts bedingten eine Spezialisierung und Intensivierung in der Landwirtschaft West- und Mitteleuropas. Dies führte zu einer Verarmung der Felderfolgen (*Neue Dreifelderwirtschaft, Neue Zweifelderwirtschaft*). Zur Zeit werden die Ackerflächen in Deutschland trotz einer Vielfalt seiner Standorte von nur vier Fruchtarten beherrscht: Gerste, Weizen, Mais und Raps. Zuckerrüben und Kartoffeln spielen nur regional eine Rolle.
Als Konsequenz der in der modernen Landwirtschaft vereinfachten Fruchtfolge ergibt sich u.a. eine erhöhte Gefährdung durch Schädlinge und Unkrautvermehrung, die mit chemischen Methoden bekämpft werden. Daraus und aus dem nötigen höheren Düngemitteleinsatz folgen hohe Betriebsmittelkosten für den Landwirt.
Es wird alleine am Beispiel der Stickstoffaufwendungen deutlich, dass eine wirklich durchgreifende Verbesserung der ökologischen Situation in den agrarisch betonten Ökosystemen eine erweiterte Fruchtfolgegestaltungsmöglichkeit für den Landwirt voraussetzt, beispielsweise durch die Einbeziehung von →nachwachsenden Rohstoffen.

Stickstoffaufwendungen bei unterschiedlichen Fruchtfolgen

Fruchtfolge	Stickstoffaufwand [kg/ha]
Ökonomisch notwendige, aber ökologisch bedenkliche Fruchtfolgen	
Zuckerrüben	180
Winterweizen	160
Winterweizen	160
Zuckerrüben	180
Winterweizen	160
Winterweizen	160
Insgesamt	1000
Zuckerrüben	180
Winterweizen	160
Wintergerste	140
Zuckerrüben	180
Winterweizen	160
Wintergerste	140
Insgesamt	960
Ökologisch positive, aber ökonomisch unbefriedigende Fruchtfolgen	
Winterraps	120
Ackerbohnen	-
Wintergerste	120
Kartoffeln	120
Winterroggen	100
Winterweizen	120
Insgesamt	580
Zuckerrüben	120
Öllein	60
Erbsen	-
Wintergerste	120
Silomais	120
Braugerste	60
Insgesamt	480
Zuckerrüben	120
Flachs	-
Winterroggen	100
Ackerbohnen	-
Wintergerste	120
Rotationsbrache	-
Insgesamt	340

Quelle: Dambroth 1993

FRUCHTWECHSELWIRTSCHAFT: Anbau mit der →Fruchtfolge *Blattfrucht-Getreide-Blattfrucht-Getreide*. Fruchtwechsel verändern generell die Umweltbedingungen für Schädlinge und →Unkräuter und verhindern deren Ausbreitung. Zudem wird der →Boden durch die unterschiedlichen Ansprüche der →Kulturpflanzen nicht einseitig ausgelaugt.

FÜNFFELDERWIRTSCHAFT: Im 19. Jh. eingeführtes Fruchtwechselsystem, auch "rheinische Fruchtfolge" genannt. Es ist durch einen 5jährigen Turnus mit folgender ➔Fruchtfolge gekennzeichnet:

Getreide - Getreide - Hackfrucht - Getreide - Hackfrucht

FUNGIZIDE: Chemische ➔Pflanzenschutzmittel, die die Entwicklung von (Schad-)Pilzen an ➔Kulturpflanzen hemmen oder verhindern. In Deutschland werden Fungizide vorwiegend im ➔Obst-, Wein- und Hopfenbau sowie im ➔Ackerbau für Weizen- und Kartoffelkulturen (gegen Kraut und Knollenfäule) verwendet. Nach Befalls- und Anwendungsort kann man Blattfungizide, Bodenfungizide und ➔Beizmittel unterscheiden. Dem Einsatz von Fungiziden wird neben Produktionserhöhungen auch ein verbessertes Lagerungsverhalten und Frischekonservierung zugeschrieben. Positive Wirkungen betreffen auch Geschmack und äußere Erscheinung. (➔PESTIZIDE)

FURCHENSAAT: Anbautechnik, bei der zur Wasserzuleitung die Saat in Rillen tief gesetzt wird. (➔DAMMKULTUR)

FUTTERBAU: 1. Der Anbau von ➔Kulturpflanzen zur Tierernährung. Das Futter (z.B. Luzerne, Klee, Futterkartoffel, Futterrübe) kann frisch, gesäuert oder getrocknet verabreicht werden. In Deutschland finden sich Betriebe mit vorwiegendem Futterbau vor allem in den Alpen, dem Alpenvorland, in den Hochlagen der Mittelgebirge und in den ➔Marschen. 2. In der Betriebssystematik wird die ➔Betriebsform Futterbau aus den Produktionszweigen Milchviehhaltung und Rindermast und dem zugehörigen Pflanzenbau gebildet. (➔FUTTERBAUBETRIEB)

FUTTERBAUBETRIEB: Betriebsform in Deutschland, bei der 50 oder mehr Prozent des ➔Standarddeckungsbeitrages aus dem ➔Futterbau und der damit verbundenen Haltung von Milchkühen, Mastrindern, Schafen, Pferden usw. stammen.

FUTTERMITTEL: 1. Alle Produkte pflanzlicher oder tierischer Herkunft, deren organische und anorganische Inhaltsstoffe durch Tiere ohne Risiko für ihre Gesundheit verwertet werden können. 2. Nach dem *Futtermittelgesetz* gilt ein Stoff als Futtermittel, wenn er vom Verfügungsberechtigten zur Verfütterung bestimmt wird, mit der Bedingung, dass der Zweck der Tierernährung überwiegen muss.
Man unterscheidet vereinfachend *nichtmarktgängige Futtermittel* (Gras, ➔Heu, ➔Silage), die hauptsächlich an Wiederkäuer verfüttert werden, von *marktfähigen Futtermitteln* (Getreide, ➔Getreidesubstitute, ➔Ölkuchen, ➔Mischfutter usw.), die an alle Tiere verfüttert werden können. Diese Trennung ist nicht problemlos, da im landwirtschaftlichen Betrieb erzeugte Futtermittel sowohl den Status von wirtschaftseigenen Futtermitteln als auch von Handelsfuttermitteln (z.B. Getreide, Knollen und Wurzeln, Heu, Stroh, Maissilage) einnehmen.
Gebrauchswert- und einsatzorientierten Aspekten folgt die Einteilung in *Grobfutter* (relativ reich an Gerüstsubstanzen) und *Konzentrate* (hoher Energie- und/oder Proteingehalt). Zum Grobfutter zählen vor allem ➔Grünfutter, Grünfutterkonservate (Silagen, Heu, Trockengrünfutter) und Stroh mit ihrem überwiegenden Einsatz in der Wiederkäuerfütterung. Die Konzentrate bilden vorrangig oder ausschließlich die Komponenten von Futterrationen bzw. -mischungen für Schweine und Geflügel.
Daneben dienen Konsistenz und Wassergehalt (u.a. ➔Rauhfutter, Saftfutter, Trockenfutter), Hauptinhaltsstoffe (energiereiche Futtermittel, eiweißreiche Futtermittel, Mineralfutter) Komponentenzahl (Einzelfuttermittel, Mischfuttermittel) und Verwendungszweck (➔Alleinfutter, Ergänzungsfutter) zur Einteilung bzw. Bildung von ➔Futtermittelgruppen.
Die einzelnen Futtermittel besitzen eine unterschiedliche regionale Bedeutung. Während in den Industrieländern am Anfang der neunziger Jahre ca. 60 % der Getreideproduktion verfüttert wurde, betrug dieser Anteil in den Entwicklungsländern nur ca. 16 %, aber mit schnell steigendem Anteil. Auch zwischen den Kulturarten bestehen global große Unterschiede. Von der Gerste dienten ca. 87 % zur Verfütterung, vom Mais 68 %, vom Sorghum 50 %, vom Weizen

Ration einer Hochleistungsherde Milchkühe[1] in Wisconsin (USA)

Futterkomponente	Trockensubstanz [kg]	Trockensubstanz [%]
Luzernesilage	5,8	20,6
Maissilage	5,8	20,6
Maiskornsilage	4,2	14,9
Körnermais	3,2	11,4
Heile Baumwollsaat	2,7	9,6
Sojaextraktionsschrot	1,5	5,3
Leinextraktionsschrot	1,4	5,0
Maisschlempe	1,4	5,0
Eiweißkonzentrat	0,6	2,1
Blutmehl	0,3	1,1
geschütztes Fett	0,2	0,7
Mineralfutter[2]	1,0	3,6
Insgesamt	28,1	100,0

[1] Milchleistung 12.500 kg pro Kuh und Jahr
[2] Vormischung
Quelle: dlz 5/98

ca. 23 %, bei Berücksichtigung seiner Nebenprodukte (z.B. Kleie) ca. 32 % und beim Reis nur ca. 8 %. Der wertmäßige Anteil der Futtermittel an den ➔Vorleistungen der Landwirtschaft stieg von 17,1 % (1953/54, aBl) auf 27,0 % (1995/96, D).
Insgesamt dienen fast drei Viertel der ➔landwirtschaftlichen Nutzfläche der EU der Erzeugung von Futtermitteln.
In der EU basiert die Fütterung überwiegend auf den im Binnenmarkt landwirtschaftlich erzeugten Futtermitteln sowie den Rückständen der Ölmühlen (eiweißreiche Beiprodukte aus ➔Ölfrüchten, wie z.B. Sojaschrot) der Getreideverarbeitung (Kleie), der Zuckerfabriken (Trockenschnitzel), der Schlachthöfe (Fleischmehl) und der Getränkeherstellung (Biertreber, ➔Schlempe, Trester). Der Import von ➔Getreidesubstituten in die EU, wie z.B. Tapioka, spielt mengenmäßig eine untergeordnete Rolle, obwohl derartige Importe die Preisbildung innerhalb der EU erheblich beeinflussen können.
(➔VEREDELUNG)

FUTTERMITTELIMPORTE: Veränderte Ernährungsgewohnheiten (verstärkte Nachfrage nach tierischen Eiweißen), gestiegene Verkehrskapazitäten, weltweite Marktbeziehungen, Marktmacht von Agrarhandelskonzernen und politischer Druck von Seiten der USA haben seit den 60er Jahren Futtermittelimporte in die ➔EG permanent steigen lassen. Importfutter wird in der Regel zu ➔Kraftfutter, hochkonzentrierten pflanzlichen Eiweißerzeugnissen, zusammengemischt.
Der Einsatz von importierten Futtermitteln stellt einen bedeutenden Eintrag von Nährstoffen in die Nährstoffketten bzw. -kreisläufe dar. Für die alten Bundesländer betrug er in der Mitte der 90er Jahre ca. 500.000 t Stickstoff und 190.000 t Phosphat.
Die Futtermittelimporte sind für die von der Bretagne über die Niederlande, die Region Vechta/Cloppenburg bis nach Dänemark reichenden Intensivmästereien in ihrer gegenwärtigen Struktur unerlässlich. Die dortigen ➔Massentierhaltungen weisen Viehzahlen von ca. 5.000 Schweinen oder 100.000 Hühnern pro Anlage auf. Die Futtervorräte dieser ➔bodenunabhängigen Viehhaltung würden jeweils nur für einige Tage reichen.
Eine Reduzierung der Importmengen zugunsten eines erhöhten Einsatzes europäischer ➔Futtermittel hätte schwere Handelsauseinandersetzungen mit den USA zur Folge. Schon der Einführung der EG-Marktordnungen mit dem Abschöpfungssystem bei Getreide 1967/68 waren Verhandlungen mit den USA vorausgegangen. Dabei hatte sich die EG gegenüber den USA verpflichtet, keine Zölle auf Baumwolle, Sojabohnen, Lein- und Flachssaat sowie Ölkuchen zu erheben. Seitdem hatten alle EG-eigenen Pflanzen, die vordem den Eiweißanteil im Futter stellten, gegen die billigere Soja-Konkurrenz der mächtigen Agrarhandelskonzerne keine Chance mehr. Daneben wurden zollfreie Futtermittel aus den USA (z.B. Maiskleber) zunehmend mit zollpflichtigen Futtermitteln (Getreide) vermischt. Auf eine verstärkte Kontrolle und eine Besteuerung der Importe wurde von der EU aus handelspolitischen Gründen ausdrücklich verzichtet. Bis heute können Futtermittel aus den USA abschöpfungsfrei importiert werden.
Rasch wurde von den Konzernen die *Dritte Welt* als Lieferant für pflanzliches Eiweiß mit einbezogen. Beispielsweise wurden die Anbaugebiete für Tapioka in Thailand oder die für Soja in Brasilien stark ausgeweitet. Millionen Hektar Urwald wurden gerodet, starke ökologische Probleme stellten sich ein. Flächen, die arme Nationen eigentlich für die Nahrungsmittelproduktion der einheimischen Bevölkerung benötigten, wurden für Exportkulturen eingesetzt. Wirtschaftliche Abhängigkeiten entstanden. 1991 stammten 64 % der Futtermittelimporte der ➔EU aus Entwicklungsländern. Ein rascher Verzicht der EU auf Importe aus Entwicklungsländern hätte für diese gravierende ökonomische Folgen.
Brasilien, ein Land, das vor 1964 den Eiweißträger Soja kaum kannte, ist nach den USA zum zweitgrößten Sojaexporteur geworden. Der Grundstock für den Soja-Boom war mit Hilfe von Geldern der Interamerikanischen Entwicklungsbank gelegt worden, nachdem mit wohlwollender Unterstützung der USA die Militärs an die Macht gekommen waren. Eine Untersuchung der Universität São Paulo über die wichtigsten Anbaugebiete im Süden des Landes ergab: 88 % des Soja-Anbaus erfolgen auf Flächen, die früher in der Regel arbeitsintensiven Nahrungsmittelkulturen gewidmet waren, wie z.B. Reis, Bohnen, Maniok, Kartoffeln, Zwiebeln, Milchwirtschaft und Schweinezucht. Auf Flächen, auf denen diese Produkte früher von sieben bis acht Arbeitskräften für den lokalen Markt angebaut wurden, benötigt man heute für den Anbau von Soja in den riesigen ➔Monokulturen nur noch einen Arbeiter.
Die Menge der aus ➔Drittländern importierten Futtermittel (insbes. Eiweißträger und ➔Getreidesubstitute) ging im Zeitraum 1992/96 um 40 % zurück. Hauptgründe hierfür sind der vermehrte Einsatz von Getreide aus europäischer Produktion, Züchtungsfortschritte sowie bessere Fütterungs- und Haltungsverfahren.

FUTTER(MITTEL)-ZUSATZSTOFFE: Auch *Futterergänzungsstoffe*; Stoffe, die dem Futter von ➔Nutztieren zugesetzt werden, um die Produktion zu erhöhen (Ergotropika) und Krankheitsausfälle zu ver-

mindern. Solche Stoffe liefern zwar keine →Nährstoffe, beeinflussen aber u.a. Aussehen, Geruch, Geschmack, Konsistenz oder Haltbarkeit der →Futtermittel, unterstützen oder verbessern die Verarbeitung und den Einsatz der Futtermittel, wirken diätetisch und verbessern die tierischen Leistungen und die Produktqualität. Futter-Zusatzstoffe können die Fresslust der Tiere anregen, die Verdauung und Resorption der Nahrung im Darmsystem fördern, Wachstum, Mast und Milchproduktion erhöhen, Krankheitserreger in den (durch Überzüchtung anfälligen) Tieren bekämpfen, als Beruhigungsmittel dienen, den Verderb der Futtermittel verhindern oder deren Transport- und Verabreichungseigenschaften verbessern. Futterzusatzstoffe vermögen teilweise auch den Ausstoß von Stickstoff und Phosphor zu senken.
Unter anderem unterscheidet man zwischen →Antibiotika, →Antioxidantien, aroma- und appetitanregenden Stoffen, Arzneimitteln, →Hormonen und hormonähnlichen Substanzen, →Konservierungsstoffen, Säureregulatoren und Vitaminen.
In einer umfassenderen Bedeutung zählen zu den Zusatzstoffen auch solche, die wie herkömmliche Futtermittel zur Deckung des Energie- und Nährstoffbedarfs der Tiere dienen.

FUTTERPFLANZE: Als →Grünfutter oder →Silage zur →Viehzucht oder Viehmast verwendete →Kulturpflanzen. Neben den Gräsern auf →Wiesen und →Weiden gehören besonders viele Leguminosen dazu, wie Klee, Lupine, Luzerne, Esparsette, Wicke und Felderbsen, aber auch Roggen vor der Blüte, Grünmais, Markstammkohl, Senf vor der Reife, Spörgel, Buchweizen und Hirsearten.

FUTTERWERBUNG: Die Gewinnung von →Heu und →Gärfutter (→Silage) als Futterausgleichsmethode.

FUTTERWIRTSCHAFT: Gesamtheit aller Maßnahmen, die der Erzeugung, Beschaffung und Lagerung wirtschaftseigener und wirtschaftsfremder →Futtermittel und ihrem zweckbestimmten Einsatz in der →Viehhaltung dienen.

GALTVIEH - GVO

G

GALTVIEH: Alpenländischer Ausdruck für Jungrinder und Ochsen. (➔ALM)

GAME RANCHING: Auch *game farming*; die nachhaltige Nutzung von Wildtieren in deren natürlichem ➔Habitat, die gleichzeitig der gezielten Bestandssicherung und der Bestandslenkung dient. Betroffen davon sind beispielsweise Savannentiere wie Antilopen, Büffel, Strauße, Känguruhs und Elefanten oder Iguanas (pflanzenfressende Echsen) in Panama und Costa Rica. Die Flächenerträge einer solchen extensiven Nutzung von Wildtieren sind höher als die einer vergleichsweise aufwendigeren Haustierhaltung, da die einheimischen Tiere ihre natürlichen Lebensräume adäquat nutzen, also auch langfristig schonen. Das Hauptproblem des game ranching liegt in der Akzeptanz der Produkte und damit in der Vermarktung. Regelmäßig wird z.B. Antilopenfleisch als Rindfleisch deklariert und nach Europa exportiert oder aber Känguruhfleisch zu Hundefutter verarbeitet.
Die beispielsweise in Deutschland verschiedentlich anzutreffende nutztierartige Haltung von einigen Wildtierarten in Gehegen kann nicht unter diesen Begriff fallen.

GAP: ➔GEMEINSAME AGRARPOLITIK

GARANTIEPREIS: Preis, der durch staatliche ➔Interventionen für die landwirtschaftlichen Erzeuger abgesichert ist. Beispiele für Garantiepreise im Rahmen der ➔Marktorganisationen der ➔Gemeinsamen Agrarpolitik sind:

- der Interventionspreis für Getreide (abzüglich der Erfassungs- und Transportkosten bis zur Interventionsstelle)
- die Mindestpreise für Zuckerrüben im Rahmen der Grundquote (98 v.H. des Grundpreises)
- die Ankaufpreise für Obst, Gemüse und Schweinefleisch
- sowie indirekt die Interventionspreise für Butter und Magermilchpulver (die Ankaufpreise sollen nicht unter 90 v.H. des Interventionspreises sinken)

GARANTIEMENGENREGELUNG: Im Wirtschaftsjahr 1984/85 in die ➔Marktorganisation für Milch und Milcherzeugnisse innerhalb der ➔Gemeinsamen Agrarpolitik eingeführte Maßnahme zur Drosselung der Milchmenge auf ein Niveau, das den Finanzierungs- und Absatzmöglichkeiten entspricht. Kern der Garantiemengenregelung ist, dass nur eine bestimmte Menge vom Staat zum festgesetzten Mindestpreis abgenommen wird. In Deutschland wurden den einzelnen milcherzeugenden Betrieben Quoten zugeteilt. Überschreitungen der Quoten werden mit einer Abgabe von 115 % des ➔Richtpreises für Milch sanktioniert.
(➔QUOTENREGELUNG)

GARE: ➔BODENGARE

GÄRFUTTER: Auch ➔*Silage*; ein unter Luftabschluss durch Milchsäuregärung aus Futterpflanzen haltbar gemachtes Viehfutter. Für die Gärfutterbereitung werden hauptsächlich Gras, Kleegras, Grüngetreide, Klee und Luzerne, Mais, Rübenblatt, Erbs-Wick-Gemenge, Raps, Rübsen und Markstammkohl verwendet. Beim Silieren von Pflanzen mit einem Wassergehalt über 70 % entsteht auch ➔Gärsaft (Sickersaft).
Die Gärfutterbereitung erfolgt in verschiedenen Formen von Silos (Hoch- und Tiefsilos, Flachsilos, Folien- und Folienschlauchsilos sowie Pressballensilos). Silos müssen so angelegt und betrieben werden, dass Schädigungen oberirdischer Gewässer oder des ➔Grundwassers ausgeschlossen sind.

GÄRSAFT: Die bei der Bereitung von ➔Gärfutter durch Zellaufschluss oder Pressdruck entstehende säurehaltige Flüssigkeit. Der Gärsaftanfall hängt hauptsächlich vom Trockensubstanzgehalt des zu vergärenden Siliergutes ab. Gärsaft enthält einen hohen Gehalt an ➔Nährstoffen und sauerstoffzehrenden Substanzen. Er enthält außerdem unangenehme Geruchs- und Geschmacksstoffe. Sie machen Trinkwasser ungenießbar, selbst wenn sie nur in Spuren enthalten sind. Krankheitserreger sind nicht enthalten. Diese Stoffe dürfen deshalb weder in oberirdische Gewässer noch in das ➔Grundwasser gelangen. Eine Einleitung von Gärsaft in die Kanalisation ist verboten. Unter Beachtung bestimmter Vorschriften kann er zur ➔Düngung ausgebracht werden. Eine Verfütterung ist trotz des hohen Nährstoffgehaltes nur in Ausnahmefällen möglich, da der Gärsaft eine hohe Säurekonzentration aufweist und an der Luft schnell verdirbt.

Mögliche Auswirkungen von Gärsaft auf Oberflächengewässer:

- Mit dem Anstieg von Temperatur und ➔pH-Wert bildet sich im Gewässer aus dem zugeleiteten Ammonium (NH_4) ➔Ammoniak (NH_3).
- Für den Abbau der organischen Substanz wird sehr viel Sauerstoff benötigt (Sauerstoffzehrung). Im Gewässer kann es dadurch zu Sauerstoffmangel und damit unmittelbar zu Fischsterben kommen. Als Folge des Sauerstoffmangels kommt es zu einem anaeroben (sauerstofffreien) Abbau, der die Lebensgemeinschaften im Gewässer zerstören und Ablagerungen von Faulschlamm sowie Geruchsbelästigungen bewirken kann.
- Die Nährstoffe Phosphat und Stickstoff können in Oberflächengewässern zur Massenentwicklung von Algen und Wasserpflanzen führen.
- Letztlich erfolgt durch den starken Phosphat-Eintrag und die wiederholte Freisetzung des Phosphats aus organischer Masse eine Eutrophierung besonders von langsam fließenden oder stehenden Gewässern.

Mögliche Auswirkungen von Gärsaft auf das Grundwasser:

- Säuren und organische Stoffe des Gärsaftes werden im ➔Boden rasch abgebaut soweit dessen Sorptionskraft ausreicht, die anfallenden Mengen aufzunehmen und genügend Sauerstoff für den Abbau zur Verfügung steht.
- Gelangt bei offener Lagerung von Nasssilagen und beim Auslaufen von Gärsaft ein mehr oder weniger großer Teil des Gärsaftes in den Grundwasserbereich, so wird beim Abbau der organischen Bestandteile dem ➔Grundwasser Sauerstoff entzogen.

Mögliche Auswirkungen von Gärsaft auf Abwasseranlagen:

- Die Säuren im Gärsaft greifen Betonteile der Kanalisation und der Kläranlage an. Sie beeinträchtigen auch die biologischen Abbauvorgänge in der Kläranlage.
- Die sehr hohe Konzentration an organischen Bestandteilen des Gärsaftes überlastet schlagartig die Kläranlage und verschlechtert ihre Reinigungsleistung.
- Das Ammoniak aus dem Gärsaft führt bei Überschreiten bestimmter Konzentrationen zur Abtötung der Mikroorganismen in der biologischen Stufe der Kläranlage.

GARTEN: Intensiv bewirtschafteter Teil der landwirtschaftlichen Nutzfläche, der heute überwiegend der Selbstversorgung einer bäuerlichen oder auch landwirtschaftsfremden Familie mit Gemüse, Obst, aber auch mit Blumen dient. In vergangenen Jahrhunderten gehörten wegen des Flurzwangs u.a. auch Gespinstpflanzen (Flachs, Hanf) und Farbpflanzen (Waid, Krapp), die prinzipiell auch ackerbaulich hätten kultiviert werden können, zu den typischen Gartenpflanzen. Der Name rührt von der früheren Abtrennung des i.d.R. hofnahen Gartens von der Ackerfläche mit Hilfe von Stöcken, d.h. *Gerten*. Diese eigenversorgungsorientierte Gartenfläche wird in Mitteleuropa traditionell nur individualwirtschaftlich genutzt.

GARTENBAU: Ursprünglich der Anbau von ➔Kulturpflanzen auf einem oftmals eingefriedeten Gelände, dem ➔Garten. Dieses Merkmal entfällt heute häufig (vgl. Insel Reichenau). Kennzeichen des modernen Gartenbaus ist seine Arbeits- und häufig auch seine Kapitalintensität. Letztere gilt vor allem, wenn der Gartenbau als Glaskultur auf verbrauchernahem teurem ➔Boden betrieben wird. Der Gartenbau bietet seinen Kulturpflanzen häufig künstliche Bodensubstrate sowie auch eine künstliche atmosphärische Umwelt (Folien, Frühbeete, Treib- und Gewächshäuser). Trockenheitsbedingten Ertragsausfällen wird nahezu immer mit Bewässerungsmöglichkeiten vorgebeugt.

Das Produktionsspektrum des Gartenbaus umfasst u.a. Gemüse, Blumen, ➔Obst, Beeren, Obst- und Ziergehölze (Baumschulen), Heil- und Gewürzpflanzen, Samen und Jungpflanzen.

Die Grenzen zwischen Gartenbau, landwirtschaftlicher Obstproduktion und Feldgemüseanbau sind häufig fließend. Nach der amtlichen Statistik werden in Deutschland solche landwirtschaftlichen ➔Betriebe und Forstbetriebe dem Gartenbau zugerechnet, die in ihrem Produktionsbereich Gartenbau einen ➔Standarddeckungsbeitrag erwirtschaften, der 75 % und mehr des Standarddeckungsbeitrages des Betriebes ist. Der Produktionsbereich Gartenbau umfasst die Produktionszweige Freilandgemüse, Unterglasgemüse, Freilandzierpflanzen, Unterglaszierpflanzen und Baumschulen.

1994 gab es in Deutschland 53.021 Betriebe mit Anbau von Gartengewächsen, die eine Gärtnerische Nutzfläche (GN) von rd. 177.000 ha bewirtschafteten. Von diesen Betrieben haben knapp die Hälfte (47 %) Obstbau betrieben. Über 20.600 Betriebe bauten Gemüse an und 14.600 produzierten Zierpflanzen. Die Zahl der Betriebe mit Baumschulkulturen war mit gut 5.300 zwar relativ gering, diese bewirtschafteten aber mit 23.300 ha rd. dreimal so viel Fläche wie die Betriebe mit Anbau von Zierpflanzen.
In *Handelsgärtnereien* tritt zur Produktions- noch die Verkaufsfunktion. Oft bestehen für Gärtnereien Anbau-, Pflege- und Lieferverträge (*Landschaftsgärtnereien, Friedhofsgärtnereien*) oder sie erfüllen den Gestaltungsauftrag einer Institution (*Stadtgärtnereien, Schlossgärtnereien, Klostergärtnereien*).

GÄRTNER: 1. Agrarsoziale Gruppe von Nachsiedlern in Gebieten der deutschen Ostsiedlung, die in etwa den nordwestdeutschen ➔Köttern entsprach.
2. Im ➔Gartenbau tätiger Arbeitnehmer oder Betriebseigner.

GASÖLVERBILLIGUNG: Erstattung eines Teils der für Dieselkraftstoff entrichteten Mineralölsteuer an die ➔Landwirte in der Höhe von 41,15 Pf/l. Die ➔Landwirtschaft in Deutschland verbraucht im Jahr ca. 2,1 Mrd. l Dieselkraftstoff. Für die Gasölverbilligung wurden 1997 rd. 833 Mio. DM ausgegeben. Zielsetzung dieser ➔Subvention war bei ihrer Einführung die Förderung der Motorisierung und der Rationalisierung in der Landwirtschaft. Zur Rechtfertigung ihres Fortbestehens wird genannt, dass die in Land- und Forstwirtschaft eingesetzten Fahrzeuge nur zu einem geringen Teil (ca. 10 %) auf öffentlichen Wegen verkehren und die Mineralölsteuer eine zu deren Bau und Erhalt überwiegend zweckgebundene Steuer sei. Zudem werden Wettbewerbsverzerrungen gegenüber ausländischen Landwirten, die verbilligtes Gasöl beziehen, angeführt.
Durch die Verbilligung des Energieeinsatzes in der Landwirtschaft wird nicht nur die Luftbelastung, sondern auch die stoffliche Belastung von ➔Böden und Gewässern und die mechanische Belastung des Bodens mit der Folge zunehmender ➔Bodenverdichtung, Gefügezerstörung und Störung des Wasserhaushalts erhöht. Gleichzeitig werden fortschrittliche Entwicklungen zur Kraftstoffeinsparung und von emissionsärmeren Antriebsarten behindert.
Mögliche Folge des Wegfalls der Gasölbeihilfe könnte die Stillegung ökologisch wertvoller Grenzertragsstandorte sein. Ebenso wird bei einer Reduktion der Überfahrten ein gewisser Anreiz zu verstärktem Einsatz von ➔Pflanzenschutzmitteln anstelle von mechanischer Unkrautbekämpfung gegeben.
U.a. *Der Rat von Sachverständigen für Umweltfragen* tritt für eine Streichung der Gasölverbilligung ein und gleichzeitig für eine Kompensation ohne negative ökologische Nebenwirkungen.

GASSENDORF: Kleines ➔Dorf mit wenig ausgeprägter Straße, die im Falle des ➔Sackgassendorfes blind endet.

GATT: Engl. Abk. für **G***eneral* **A***greement on* **T***ariffs and* **T***rade, Allgemeines Zoll- und Handelsabkommen*; das GATT war die bedeutendste zwischenstaatliche Organisation für die Zusammenarbeit in der Handelspolitik bis zu seiner Ablösung durch die neugegründete ➔WTO im Jahre 1995. Ursprünglich ein 1947 gegründetes Provisorium, war das GATT schließlich eine Dauereinrichtung mit 108 Mitgliedsstaaten und umfasste damit 90 Prozent des Welthandels. Es gehörte zu den Sonderorganisationen der UN.
Das **Hauptziel** des GATT war es, den Welthandel zu liberalisieren. Dazu sollten Handelshemmnisse abgebaut werden. Ausnahmen galten für Landwirtschafts- und Fischereiprodukte; hier bestanden Einfuhrkontingente. Die Bestimmungen des GATT wurden schließlich durch die WTO übernommen, ergänzt und von neuen Mechanismen für ihre Durchsetzung flankiert.
Die Vertragsparteien konferierten ein- bis zweimal jährlich. Acht Verhandlungsrunden haben stattgefunden. Bis zur vorletzten haben sich die Schwerpunkte von reinen Zollsenkungsbestrebungen auf den Abbau nichttarifärer Handelshemmnisse verlagert. Auch die Interessen der Entwicklungsländer rückten mehr in den Mittelpunkt (➔LOMÉ-ABKOMMEN).
Wiederholt spielten Agrarhandelsprobleme eine wesentliche Rolle bei GATT-Verhandlungen, so der "Hähnchen-Krieg" und der Getreidepreis-Konflikt zwischen der EWG und den USA in den sechziger Jahren. Die dabei harte Haltung der USA erklärt sich aus der Tatsache, dass die Agrarwirtschaft für die USA seit Jahrzehnten ein wichtiger Devisenbringer ist (Handelsüberschuss bei Agrargütern von 26 Mrd. $ in 1996).
Im Mittelpunkt der GATT-Verhandlungen der frühen neunziger Jahre (Teil der Uruguay-Runde 1986-1994) stand das System des subventionierten Agrarexports. Insbesondere die USA und einige Entwicklungsländer (Cairns-Gruppe) setzten sich für einen Abbau des Agrarprotektionismus der ➔EU ein. Im Kompromiss von 1992 wurden vier Bereiche geregelt:

- *Interne Unterstützung*: Die EU verpflichtet sich in diesem Bereich, die internen Agrarstützungen bis zum Jahr 1999 um 20 % (bezogen auf die Basisjahre

1986/87/88) zu senken. Die in der →Reform der gemeinsamen Agrarpolitik beschlossenen Maßnahmen der direkten Ausgleichsbeihilfen sind von den Kürzungen ausgeschlossen, wenn sie sich im Rahmen einer Politik bewegen, die eine Produktionsbeschränkung zum Ziel hat. Eine Vorzugsbehandlung für Entwicklungsländer verpflichtet diese zu einem Abbau des Unterstützungsniveaus um 13,3 % in 10 Jahren. LLDCs brauchen ihre Agrarpolitik gar nicht zu liberalisieren.
Die Wahl der Referenzperiode hat zur Folge, dass die bisher im Rahmen der →Reform der →GAP festgelegten Preissenkungen und Quotenkürzungen voll angerechnet werden. Da zudem die Kalkulation des Stützungsniveaus aggregiert für den gesamten Agrarbereich vorgenommen wird, hat die EU nur bei einigen Produkten (z.B. Zucker) einen geringen Anpassungsbedarf.
Ausgenommen von der Abbaupflicht sind staatliche Subventionen, von denen angenommen wird, dass sie nur minimale Handelsauswirkungen und keine Auswirkungen auf die Preise haben (Inhalt der sog. →Green Box).

• *Exporterstattungen*: Hier ist eine schrittweise Verringerung der Exportbeihilfen der EU und der anderen GATT-Verhandlungspartner für Agrarprodukte um 21 Prozent (mengenmäßig) bzw. 36 % (wertmäßig) vorgesehen. Als Bezugsrahmen gilt der 5-Jahres-Durchschnitt 1986/90. Die Reduktion gilt für jedes Produkt.
• *Marktzugang*: Ein variables System von Einfuhrabschöpfungen und nichttarifären Handelshemmnissen erschwerte bislang Agrarprodukten aus →Drittländern den Zugang zu EU-Märkten. Festzölle sollen an seine Stelle treten. Zudem sollen die bislang geltenden "Agrarzölle" in mehreren Schritten bis zum Jahr 1999 um durchschnittlich 36 % abgebaut werden. Dabei muss jeder Tarif mindestens um 15 % reduziert werden und den Drittländern wird zumindest ein Minimumzugang mit Zollvergünstigungen von 3 % des Inlandsverbrauchs garantiert (Anstieg auf 5 % bis zum Jahr 2001). Entsprechendes gilt auch für die anderen GATT-Partner.
• *Ölsaaten*: Vereinbarungsgemäß darf die EU-Anbaufläche für Ölsaaten 5,128 Mio. Hektar nicht überschreiten. Als Folge mussten bis 1995 1 Mio. ha Ölsaatfläche stillgelegt werden.

Die **Wirkungen**, die von den Übereinkünften der Uruguay-Runde ausgehen werden, werden unterschiedlich eingeschätzt:

• Die Weltmarktpreise für Agrarprodukte werden ansteigen. Dies hat positive Effekte auf die inländische Produktion und erhöht die Wettbewerbskraft der Agrarexportländer.
• Für Nettonahrungsmittelimporteure treten negative Wirkungen auf. Sie müssen für die Importe höhere Preise zahlen und sind so auf zusätzliche Kredite bzw. auf Nahrungsmittelhilfe zum Ausgleich angewiesen.
• Agrarexperten aus Entwicklungsländern vertreten die Ansicht, dass durch die Handelsliberalisierung Einbußen an ländlichen Arbeitsplätzen und Ernährungssicherheit in vielen Staaten und eine Konzentration des Landbesitzes zu befürchten sind.
• Es wird befürchtet, dass GATT kaum zu einer nennenswerten Einschränkung des Agrardumpings führen wird. Die EU darf z.B. im Jahr 2000 weiterhin 817.000 Tonnen Rindfleisch und nach 2001 jährlich 23,4 Mio. Tonnen Getreide subventioniert exportieren.
• Es ist fraglich, ob die Annahme, dass Getreide aus der EU vermehrt zur Verfütterung eingesetzt wird, zutreffen wird. Dadurch ist auch die Wirkung auf →Futtermittelimporte offen.
• Es wird befürchtet, dass Getreideüberschüsse, die nicht mehr subventioniert werden dürfen, als Nahrungsmittelhilfe exportiert werden, die Nahrungsmittelhilfe wieder stärker von Bedürfnissen der Überschussbeseitigung als der Versorgungssituation in Empfängerländern bestimmt wird und Entwicklungsländer mit Nahrungsmittelhilfe überschwemmt werden.
• Ein höherer Preis von agraren Rohstoffen könnte die Entwicklung effizienterer Produktionsverfahren mit Hilfe der →Biotechnologie und letztlich eine Substitution bestimmter agrarer Rohstoffe begünstigen.
• Die Einstufung von Umweltauflagen, Gesundheitsstandards und Tierschutzbestimmungen als nichttarifäre Handelshemmnisse steht einer umwelt- und sozialverträglichen Landbewirtschaftung entgegen.

GÄU: Auch "Gau"; altbesiedelter, durch →Löß begünstigter Kulturlandschaftstyp in Süddeutschland, der den nördlichen →Börden entspricht. Hierzu gehören *Korngäu, Strohgäu, Kraichgau, Ochsenfurter Gau, Gollach-Gau, Gäuflächen im Maindreieck, Schweinfurter Becken, Grabfeld, Nördlinger Ries und Niederbayerisches Gäu*. Ähnlich wie die Börden weisen die Gäulandschaften ein breites Spektrum landwirtschaftlicher Produkte auf und zählen zu den Kornkammern unseres Landes. Gäue werden fast ausnahmslos zum →Altsiedelraum gerechnet.

GEEST: Eine von der nordischen Vereisung und seinen Schmelzwässern geschaffene, wenig fruchtbare Landschaft aus Altmoränen, Beckensedimenten der Saale-Kaltzeit sowie aus sandreichen Aufschüttungsebenen und -fächern (Sander) in Norddeutschland, die entsprechend ihrer Entstehung mit den Elementen der glazialen Serie eine reiche Gliederung aufweist. Vereinfacht ausgedrückt wird die Geest

von den fruchtbaren Landschaften der →Marschen und Jungmoränengebiete einerseits und den →Börden andererseits eingerahmt.
Sie können Decken aus Geschiebelehm sowie spätglazialen bis holozänen Flugsanden tragen, was im ersteren Fall zur Bildung von Parabraunerden, im zweiten zur Bildung von Podsolen führte. Die wegen der überwiegend unfruchtbaren →Böden einst städtearme und wenig geachtete Geest hat seit der sogenannten Heidebauernzeit vor rund 200 Jahren eine starke Aufwertung erfahren. Große gemeinschaftlich genutzte Heideflächen (→Allmenden) wurden aufgeteilt und privatisiert, Felder in Streulage wurden →Verkoppelungen zugeführt. Heidegebiete wurden zu →Grünland oder →Ackerland umgebrochen oder aufgeforstet. Neue Düngungs- und Landbautechniken, Züchtungserfolge beim Getreide und Vieh haben zu bedeutenden Ertragssteigerungen geführt, die die Geest zu einem agrarwirtschaftlichen Überschussgebiet machten. Als Folge sind die Ertragsunterschiede zwischen Geest und Börde heute weit geringer als noch im vorigen Jahrhundert.

GEFLÜGELHALTUNG: Zweig der →Nutztierhaltung mit dem Produktionsziel Fleisch, Eier und Federn als Nebenprodukt bei einigen Tierarten. Man unterscheidet:

- *Mastgeflügelhaltung* zur reinen Fleischerzeugung (Masthähnchen, Truthühner, Gänse, Enten)
- *Legehennenhaltung* zur vorwiegenden Eierproduktion in sog. *Ablegebetrieben*.

Die vielfältigen →Betriebsformen und →Betriebssysteme der Geflügelhaltung reichen von den kleinen Beständen bäuerlicher Betriebe bis zur →Massentierhaltung in horizontal und vertikal integrierten →agrarindustriellen Unternehmen. Hinsichtlich der Masse erzeugter Hähnchen und Eier herrschen weltweit vollintensive Haltungsformen (Batteriehaltung) vor. Diese sind aus ethischen, tiermedizinischen, seuchenhygienischen und ökologischen Gründen umstritten.

GEHÖFT: 1. Bauernhaustyp aus mehreren Gebäuden und entsprechend getrennten Funktionen als zweiter Grundtyp der →Hofformen neben dem →Ein(heits)haus; in diesem Sinne synonym zu →*Mehrbauhof*. 2. Oft synonym zu →Hof.

GEMARKUNG: Vom Wort Markung = Grenze; das Gemeindegebiet oder das Gebiet eines Siedlungsverbandes ohne ausmärkische Besitzungen. Sie umfasst →Flur, →Allmende mit Gewässern, Wald, →Öd- und →Unland, die Siedlungsfläche sowie Wege und Gewässer.
In der Vergangenheit war die Gemarkung mit ihrer gesamten Wohnfunktion und Wirtschaftsfläche meist identisch mit der Fläche der Gemeinde. Durch die Gebietsreformen der 60er und 70er Jahre ist in Deutschland diese Identität häufig verlorengegangen, da die politischen Gemeinden heute in der Regel mehrere Siedlungen und damit mehrere Alt-Gemarkungen umschließen.

GEMEINE MARK: →ALLMENDE

GEMEINSAME AGRARPOLITIK: Abk. GAP; die GAP der Europäischen Union ist eine sektorale Wirtschaftspolitik, die sich durch eine hohe Eingriffsintensität auszeichnet und als Folge die Entwicklung der →Landwirtschaft in starkem Maße bestimmt. Sie bedeutet die Einbindung der nationalen →Agrarpolitik in zwingende Vorschriften der →EU. *Ziel der EU-Agrarpolitik* nach Artikel 39 des EWG-Vertrags von 1957 ist es,

- die Produktivität der Landwirtschaft zu steigern,
- der landwirtschaftlichen Bevölkerung auf diese Weise eine angemessene Lebenshaltung zu gewährleisten
- die Märkte zu stabilisieren
- die Versorgung sicherzustellen und
- für die Belieferung der Verbraucher zu angemessenen Preisen zu sorgen

Die Gestaltung der GAP vollzog sich vor dem historischen Hintergrund, nach dem in den fünfziger Jahren die Gründerstaaten der Europäischen Wirtschaftsgemeinschaft die *Versorgung der Bevölkerung* mit Agrarprodukten (Selbstversorgungsrate 1962: ca. 80 %) kaum gewährleisten konnten, eine starke *Importabhängigkeit* bestand und die Erinnerung an die *Entbehrungen* der Kriegs- und Nachkriegsjahre noch frisch war.
Die drei wichtigsten Grundprinzipien der europäischen Agrarpolitik zur Erreichung dieser Ziele lauten:

- <u>Einheit des Marktes</u>, ohne den Markt verfälschende Binnenzölle, Mengenbeschränkungen oder →Subventionen, aber mit gemeinsamen Preisen und Handelsnormen, also völlig freier Warenverkehr innerhalb eines einheitlichen Agrarmarktes.
- <u>Gemeinschaftspräferenz</u> als gemeinsamer Außenschutz mit Hilfe von →Abschöpfungen, der das Preisniveau in der Gemeinschaft gegenüber den sogenannten →Drittländern niedriger halten, der Produktion innerhalb der EU Bevorzugung einräumen und den Absatz der EU-Agrarprodukte innerhalb des gemeinsamen Marktes sichern soll.
- <u>Finanzielle Solidarität</u>, ein Begriff, der für den gemeinsam finanzierten (Agrar-)Haushalt der EU steht. Früher wurde dieser direkt aus den Etats der einzelnen Mitgliedsstaaten gespeist; die Staaten waren verpflichtet, Finanzmittel nach festgelegten Schlüsseln entsprechend ihrer Wirtschaftskraft an die Gemeinschaft abzuführen. Heute wird der Ge-

meinschaftshaushalt durch eigene Mittel der EU finanziert. Dazu gehören als sogenannte traditionelle eigene Mittel alle an den gemeinsamen Grenzen erhobenen Zollabgaben, die bei Agrarimporten zu zahlenden Abschöpfungen sowie die von der Zuckerwirtschaft aufzubringenden Zucker- und Isoglucoseabgaben. Ferner zählen dazu die Mehrwertsteuer-Eigenmittel und die Eigenmittel auf der Grundlage des Bruttosozialproduktes aller Mitgliedstaaten. Rund 60 Prozent dieses gemeinsamen Topfes werden für die Agrarpolitik ausgegeben (45.871 Mio. ECU oder 87.155 Mio. DM im Jahre 1996).

Im Wesen war die ursprüngliche GAP zunächst ein System der garantierten Preise bei unbeschränkter Produktion. Die Preise für Gemeinschaftserzeugnisse lagen dabei meist weit über dem ➔Weltmarktpreis. Damit sie dennoch günstiger als importierte Waren angeboten werden konnten, wurden eingeführte landwirtschaftliche Erzeugnisse mit Zöllen oder Abgaben gegenüber den Gemeinschaftserzeugnissen verteuert. ➔Ausfuhrerstattungen sicherten wiederum die Wettbewerbsfähigkeit der europäischen Waren auf dem Weltmarkt.

Kern der Agrarpolitik waren und sind die der Marktregulierung dienenden gemeinsamen ➔Marktordnungen für fast alle in der EU erzeugten Agrarprodukte. Der Rat der EU kann weitere Marktordnungen erlassen, wobei er die EU-Kommission ermächtigt, Detailregelungen auszuarbeiten. Die einzelnen Marktordnungen unterscheiden sich wesentlich; einige enthalten lediglich Handelsregelungen oder Qualitätsnormen, andere sehen preisstützende Maßnahmen vor, während die komplizierteren Marktordnungen vollständige **Preisregulierungssysteme** darstellen.

Hinsichtlich Produktivität und Effizienz war diese Politik äußerst erfolgreich, hat aber eine Vielzahl von sozialen, ökonomischen und ökologischen Problemen verursacht. Dazu gehören:

- permanente, jedes Jahr wachsende Überschüsse (Abnahmegarantien in der Vergangenheit) mit der Folge subventionierter Exporte und damit verbundenen Handelskonflikten
- wachsende Ausgaben für den EU-Agrarhaushalt
- sinkende Betriebseinkommen
- zunehmende Ungleichheiten zwischen den ➔Landwirten der Mitgliedsländer, zwischen den einzelnen Regionen, zwischen den einzelnen Produktionssektoren und zwischen den einzelnen Produzenten (z.B. erhielten 20 % der Betriebe, meist Großbetriebe, bis zu 80 % der EU-Agrargelder)
- negative ➔Umweltwirkungen und ethisch fragwürdige Haltungsformen der ➔Nutztiere.

Die **Selbstversorgungsgrade** lagen Anfang der neunziger Jahre bei einer Reihe von Agrarprodukten in vielen Ländern bzw. EG-weit bei 120 bis 130 %. Bei der Produktion von Gemüse, Obst, Hülsenfrüchten oder pflanzlichen Ölen ist man dagegen - zumindest national - noch weit von einer Selbstversorgung entfernt.

Das Auseinanderklaffen von Verbrauchs- und Produktionsentwicklung führte nicht nur zu hohen Überschüssen, sondern auch zu entsprechend steigenden Kosten für die Marktordnung. Von 1973 bis 1988 stiegen die **Agrarausgaben** der EG um jährlich 7 %. 1997 lag der EU-Agrarhaushalt bei insgesamt 77,2 Mrd. DM (Gesamthaushalt 155,7 Mrd. DM). Von den Agrarausgaben entfiel der größte Teil allein auf

Ertragsentwicklung ausgewählter Produkte im Europa (EU 6) zwischen 1970 und 1990

Staat	Jahr	Produkt Getreide [100 kg/ha]	Zucker [100 kg/ha]	Raps [100 kg/ha]	Milch [kg/Kuhl	Kartoffeln [t/ha]
Deutschland	1970 (1960)	33,4	60,2	21,8	3779	(22)
	1990 (1985)	57,9	69,3	30,2	4803	(29)
Frankreich	1970 (1960)	33,7	67,4	17,5	3316	(14)
	1990 (1985)	60,7	95,1	27,8	4559	(29)
Italien	1970 (1960)	26,9	38,0	18,3	2659	(9)
	1990 (1985)	38,4	55,7	24,3	3557	(17)
Niederlande	1970 (1960)	37,6	63,2	29,1	4170	(26)
	1990 (1985)	69,3	98,6	30,0	5784	(37)
Belgien	1970 (1960)	33,6	61,2	24,8	3640[1]	(22)
	1990 (1985)	59,7	91,2	30,0	4168	(34)
Luxemburg	1970 (1960)	24,0	-	-	-	(19)
	1990 (1985)	38,2	-	30,0	4838	(29)

[1] einschließlich Luxemburg

Quelle: Kommission der Europäischen Gemeinschaften: Die Zukunft unserer Landwirtschaft, 1993

die Marktordnung (➔Intervention, Lagerhaltung, Exporterstattung). Die nationalen und EG-Agrarmarktausgaben kommen somit weit weniger den Landwirten als vielmehr den mit der Marktordnung (Lagerhaltung und Transport, Agrarhandel, und -export, inferiore Verwertung) befassten Unternehmen zugute. Es wird mittlerweile angenommen, dass die Agrarsubventionen die Wertschöpfung aus der Landwirtschaft übersteigen.
Aus diesen Gründen wurde ein umfassendes Programm zur ➔Reform der gemeinsamen Agrarpolitik notwendig.
Zu den Maßnahmen gehören:
- Einfrierung, z. T. Senkung von Agrarpreisen
- Beschränkung von Garantiemengen (d.h. Produktionsquoten)
- Regelungen zur ➔Flächenstillegung
- ➔Ausgleichszahlungen an die Landwirte für Preis- und Produktionseinschränkungen
- Programme für den Umweltschutz, zur Aufforstung und zur Förderung der Inanspruchnahme der Vorruhestandsregelung

Auf die **räumliche Verteilung der Agrarproduktion** hatte bzw. hat die EU-Agrarmarktpolitik teils beabsichtigte, teils unbeabsichtigte Auswirkungen:
- Infolge der hohen Garantiepreise blieb die Landbewirtschaftung auch in Regionen, in denen aufgrund schlechter natürlicher Ertragsbedingungen (Grenzstandorte) oder ungünstiger Agrarstruktur (relativ kleine Betriebe) nur zu hohen Kosten produziert werden kann, weitgehend erhalten.
- Darüber hinaus wurde durch die Quotenregelung eine weitere Konzentration bestimmter Produktionsrichtungen (Milch, Zuckerrüben) auf den dafür geeignetsten Standorten verhindert.
- Andererseits kam es zu einer Konzentration der Veredelungsbetriebe (Schweinemast, Geflügelhaltung) in hafennahen Regionen, da dort - im Vergleich zum in der EG erzeugten, durch die Preisstützung recht teueren Getreide - relativ billige, weitgehend zollfrei importierte ➔Futtermittel (➔Getreidesubstitute) zur Verfügung standen.

Übrigens wurde auch in der nach Autarkie strebenden DDR eine flächendeckende Landbewirtschaftung erzielt, und zwar durch die staatlich festgelegten einheitlichen landwirtschaftlichen Erzeugerpreise.
Neue Herausforderungen für die GAP stellen zum einen die 1999 beginnenden neuen Verhandlungsrunden der ➔WTO (Globalisierungsdruck) und zum anderen die Integration der Landwirtschaft der 11 beitrittswilligen **mittel- und osteuropäischen Länder** (MOEL) dar. Die MOEL haben eine ➔LN von 60 Mio. ha (EU 15 = 140 Mio. ha LN) und eine Bevölkerung von 105 Mio. Einwohnern (EU 15 = 370 Mio.). Die ➔Agrardichte ist in diesen Ländern hoch, ebenso der Anteil der Landwirtschaft am Bruttoinlandsprodukt. Die Landwirtschaft weist aber eine geringe Produktivität und ein niedriges Preisniveau auf und wird derzeit vollständig umstrukturiert. Es ist folglich ein Übergangszeitraum vorgesehen, um eine schrittweise Harmonisierung dieser Länder ohne Destabilisierung der derzeitigen GAP zu ermöglichen. (➔Agenda 2000)

GAP und Dritte Welt:
Kernpunkt der entwicklungspolitischen Zusammenarbeit der EU ist die **Assoziierungspolitik**. Verträge zur Assoziierung von ➔Drittländern haben das Ziel einer Kooperation auf der Grundlage einer Freihandelszone durch gegenseitigen oder einseitigen Zollabbau. Die EU hat Assoziierungsabkommen als Vorstufe einer späteren Vollmitgliedschaft (Türkei), mit den Rest-EFTA-Staaten als Schritt zur Bildung eines Europäischen Wirtschaftsraumes und mit zahlreichen Entwicklungsländern vereinbart. Hierzu gehören z.B. die Verträge mit den MAGHREB-Ländern (Tunesien, Algerien und Marokko), mit den MASCHREK-Ländern (Ägypten, Syrien, Jordanien, Libanon) und mit Israel sowie das ➔Lomé-Abkommen mit den ➔AKP-Staaten. Die Marktöffnung im Bereich der Handelspolitik konnte allerdings nicht die erwarteten Impulse für eine Ausweitung des Außenhandels mit den Entwicklungsländern geben.
Die **Exporterstattungen** der EU-Agrarpolitik haben vielfach ruinöse Auswirkung auf die Landwirtschaft der Dritten Welt. Derart subventionierte, in Europa nicht benötigte Nahrungsmittel tragen zu einem Preisverfall auf dem Weltmarkt bei. Je tiefer dort die Preise sinken, um so mehr Exportsubventionen müssen aufgewandt werden, um die Überschüsse weiterhin absetzen zu können. Der Preisdruck am Weltmarkt geht damit zu Lasten der Länder, die auf die Devisenerlöse zur *Finanzierung* ihres Entwicklungsprozesses angewiesen sind.
In Entwicklungsländern, meist ohne protektionistisches Agrarsystem, stören diese Dumping-Importe das Preisgefüge auf den lokalen Märkten. Die einheimischen Landwirte werden vom Markt gedrängt. Allein 1991 gab die EG 100 Millionen ECU für den Export von Rindfleisch in die westafrikanischen Länder (v.a. Ghana, Elfenbeinküste, Togo, Benin, Senegal) aus, wobei der eigentliche Warenwert 27 Millionen ECU betrug. Das Fleisch wurde rund 50 % billiger als von den ortsansässigen Bauern angeboten. Die unmittelbaren Folgen waren negative Auswirkungen auf die realen Einkommen und damit auf die gesamte materielle Lebenshaltung, die medizinische Versorgung oder die Bildung der Kinder von Nomaden in Mali und in Burkina Faso. Diese deckten traditionell den Fleischbedarf der Küstenländer. Eine Pflanzenproduktion als Ausgleich erlaubt in weiten Teilen des Sahel das Klima nicht. Mittelbare Folgen sind Überweidungseffekte durch die Ausweitung der Be-

Im- und Exporte von Ernährungsgütern der Europäischen Union mit Entwicklungsländern 1994

Import Produktgruppe	Wert [Mio. DM]	Anteil [%]	Export Produktgruppe	Wert [Mio. DM]	Anteil [%]
Genussmittel (Kaffee, Tee, Tabak)	10.937	20,3	Milch und Milcherzeugnisse	4.527	14,7
Futtermittel	8.177	15,2	Getreide und Getreideerzeugnisse	4.276	13,9
Obst einschl. Südfrüchte	5.648	10,5	Bier, Wein, Branntwein	4.597	14,9
Fisch und Fischwaren	7.112	13,2	Fleisch und Fleischwaren	3.064	9,9
Ölsaaten und -produkte	3.571	6,6	Genussm. (Kaffee, Tee, Tabakwaren)	1.190	3,9
Fleisch und Fleischwaren	2.607	4,9	Zucker und Zuckerwaren	2.621	8,5
Obst- und Gemüseerzeugnisse	2.603	4,8	Futtermittel	971	3,2
Zucker und Zuckerwaren	2.255	4,2	Obst- und Gemüseerzeugnisse	945	3,1
Kakao und -erzeugnisse	2.816	5,2	Pflanzenöle und Fette	1.099	3,6
Ernährungsgüter insgesamt	53.799	100,0	Ernährungsgüter insgesamt	30.834	100,0

Quelle: BML: Nahrung für alle, 1996

stände an Rindern als Folge des niedrigen Preisniveaus. Mittelfristig ist nunmehr eine Senkung der Exportbeihilfen beschlossen worden.
In Kenia destabilisierten 1994/95 Billigimporte aus den Industriestaaten den einheimischen Getreidemarkt. Für die kenianischen Bauern fiel der Maispreis innerhalb von fünf Monaten um 38 % bis 57%.
In der zweiten Hälfte der neunziger Jahre wiederholt sich die Problematik der subventionierten Fleischexporte als Folge der BSE-bedingten Rindfleischüberschüsse. Betroffen sind vornehmlich südafrikanische Bauern, die mit dem Importfleisch, das um die Hälfte billiger ist als einheimisches, nicht konkurrieren können. Die Fleischimporte richten nach Angaben der Deutschen Welthungerhilfe in Südafrika Schäden von rd. 200 Mio. DM an, eine Summe, die ungefähr der EU-Entwicklungshilfe für Südafrika entspricht.
Vergleichbare Probleme ergeben sich aus den subventionierten Weizen-Exporten nach Afrika. Der billige Weizen konkurriert zwar in vielen Ländern Afrikas südlich der Sahara nicht direkt mit einheimischem Weizen, da er dort aufgrund von Standortbedingungen nicht angebaut werden kann. Er verdrängt aber indirekt über den niedrigen Importpreis (1994: 1 kg Importweizen à 0,24 DM, 1 kg einheimischer Mais à 0,34 DM) und die Präferenzen der Konsumenten traditionelle Grobgetreidearten wie Hirse, Sorghum und Mais.
Arbeitsplatzverluste und ein Zwang zu Produktionsumstellungen in den traditionellen Lieferländern sowie Preiserhöhungen in der EU ergaben sich auch durch das Inkrafttreten der **EU-Bananenmarktverordnung** 1993. Mit Einfuhrzöllen und Kontingenten werden die Bananenimporte aus mittel- und südamerikanischen Ländern (sog. Dollar-Bananen) beschränkt zugunsten höherer Marktanteile der Bananenproduzenten in der EU (Gran Canaria, Kreta) und ihrer überseeischen Lieferanten. Die Lizenzen für die EU-Importe wurden nicht an die Erzeuger in Lateinamerika, in den AKP-Staaten oder auf den EU-Inseln ausgegeben, sondern an die Importeure, i.d.R. multinationale Konzerne wie *Chiquita* und *Dole* oder die britischen Firmen *Geest* und *Fyffes*. Weder den Erzeugern vor Ort, noch den Händlern in der EU war es möglich, ohne den Besitz einer Lizenz am Bananenhandel teilzunehmen. Eine Machtkonzentration war die Folge. Konzerne passen sich der Situation an und bauen in AKP-Staaten neue Großplantagen auf.
Auch nach der EU-Agrarreform mit ihrem Abbau von Überschüssen steht die Agrar- und Außenhandelspolitik im offenen Widerspruch zur Entwicklungspolitik und verstößt damit gegen das Kohärenzgebot im Maastricht-Vertrag.

GEMEINSCHAFTSAUFGABE "VERBESSERUNG DER AGRARSTRUKTUR UND DES KÜSTENSCHUTZES" (GAK): Die im Grundgesetz (Art. 91a GG) verankerte GAK gilt als zentrales Instrument der deutschen →Agrarstrukturpolitik. Seit dem 1.1.1973 werden in einem jährlich aufzustellenden Rahmenplan die von Bund und Ländern gemeinsam erarbeiteten Rahmengrundsätze für die agrarstrukturelle Förderung sowie die verfügbaren Fördermittel ausgewiesen.
Die Bereitstellung der Finanzmittel durch Bund und Länder erfolgt grundsätzlich im Verhältnis 60:40. Bei Maßnahmen des Küstenschutzes und der Abwicklung von Maßnahmen zur Anpassung an die Marktentwicklung beträgt der Bundesanteil 70 %.
In den 20 Jahren seit Bestehen dieser gemeinschaftlichen Rahmenplanung von Bund und Ländern haben sich die Schwerpunkte der Förderung wesentlich verschoben. Standen zunächst Maßnahmen

zur Verbesserung der →Agrarstruktur im überbetrieblichen Bereich im Vordergrund (z.B. →Flurbereinigung), so rückten in der jüngsten Vergangenheit der EU-weite Abbau von Überschüssen und die Erhaltung der Wettbewerbsfähigkeit durch die einzelbetriebliche Förderung in den Mittelpunkt agrarpolitischer Bemühungen (z.B. Ausgleichszulage). Dabei fanden zunehmend auch ökologische Kriterien Eingang.
→Agrarstrukturelle Entwicklungsplanung, Flurbereinigung und →Dorferneuerung sind nach wie vor aktuelle Instrumente für die Erhaltung, Gestaltung und Entwicklung der →ländlichen Räume. *Einkommenskombinationen*, die die Einkommenssituation von landwirtschaftlichen Betrieben verbessern sollen, stellen ebenfalls einen wichtigen Fördertatbestand in der GAK dar.
Seit 1991 wurden auch die neuen Bundesländer in die Agrarstrukturförderung der Gemeinschaftsaufgabe V.d.A.u.d.K. einbezogen. Mit zahlreichen Sonder- und Übergangsbestimmungen wurde dabei den Erfordernissen beim Übergang von der kollektivierten, zentralen Planwirtschaft zu einer vielfältig strukturierten, leistungsfähigen und im Binnenmarkt wettbewerbsfähigen →Landwirtschaft Rechnung getragen. Für 1997 waren 1,9 Mrd. DM an Bundesmitteln für die Gemeinschaftsaufgabe angesetzt.
Für eine möglichst weitreichende Umsetzung der im Rahmen der →Reform der →Gemeinsamen Agrarpolitik möglichen Extensivierungsmaßnahmen fordert der *Rat der Sachverständigen für Umweltfragen* eine grundlegende ökologische Neuorientierung der Gemeinschaftsaufgabe.
Auf dem Wege dorthin ist in die GAK bereits ein Förderungsgrundsatz "markt- und standortangepasste Landbewirtschaftung" aufgenommen, der eine Förderung von Extensivierungsmaßnahmen auf dem →Acker- und →Grünland sowie den →ökologischen Landbau einschließt.

GEMENGEFLUR: Flurtyp mit vorherrschender →Gemengelage der Besitzparzellen. Bei Gemengefluren unterscheidet man die Kleinblockfluren von den streifenförmigen →Gewannfluren. Kleinparzellierte Gemengefluren bilden die am stärksten verbreitete Flurformengruppe in Mitteleuropa. Es handelt sich um neuzeitliche Sekundärformen, aber auch um Primärformen des Mittelalters und der Neuzeit.
Die für →Einödfluren charakteristische Bindung an Gebiete des →Anerbenrechtes gilt zu einem großen Teil auch für Kleinblockfluren, aber nicht für Gewannfluren. (→FLURFORM)

GEMENGELAGE: Die gestreute, mit dem Besitz anderer Betriebe vermengte Lage des Besitzes. Entsprechend fehlt in der Regel der Hofanschluss zur →Flur oder er besteht nur teilweise, d.h. von einer →Parzelle. Die Aufsplitterung konnte in Regionen Südwestdeutschlands bis zu über 100 Parzellen betreffen. In den Zeiten der Ochsen- und Pferdegespanne wurden für die Zurücklegung der Wegstrecken zwischen 25 und 35 % der gesamten Arbeitszeit benötigt.
Die Streuung der Parzellen stellte und stellt andererseits einen gewissen Risikoausgleich dar, etwa bei Mäusefraß und Schädlingsbefall oder bei ungleich verteilten Witterungsunbilden.
Oft gehört zu dieser Variante der Parzellenlage eine →Haufensiedlung. (→ARRONDIERUNG)

GEMÜSE: Pflanzen, die ganz oder in Teilen vorwiegend der menschlichen Ernährung dienen. Sie werden in Gärtnereien und →Kleingärten, aber auch von →Bauern als →Sonderkultur (Feldgemüse) angebaut.

GEMÜSE(AN)BAU: Anbau von Gemüsegewächsen als übliche Kultur des →Gartenbaus oder als →Sonderkultur des bäuerlichen →Feldbaus. Gemüseanbau kann in Streulage - oft nur der Eigenversorgung, aber beim Feldgemüsebau auch der Marktbeschickung dienend - oder in zusammenhängenden größeren Gebieten auftreten. Der Standort solcher Agglomerationen kann bedingt sein durch Marktnähe, Klimagunst, Transportgunst, →Agglomerationsvorteile (Vermarktungsstrukturen) u.w.
Marktorientierter Gemüseanbau ist oftmals eingebunden in →horizontale und →vertikale Integration. Häufig bestehen Anbauvereinbarungen zwischen gemüseverarbeitender Industrie und Gemüseproduzenten. (→(VERTRAGSLANDWIRTSCHAFT)

GENBANK: 1. In der →Gentechnik: Bezeichnung für eine Sammlung (Bibliothek) von DNA-Abschnitten, die Teile oder gar das gesamte Erbgut eines Lebewesens repräsentieren. 2. In der Züchtung: Sammlung von Samen-, Pollen- und Gewebemustern von Wild- und Kulturvarietäten züchterisch interessanter Pflanzenarten. Genbanken dienen der (ex situ-) Sammlung, Erhaltung und Erforschung von Material der Formenmannigfaltigkeit der →Kulturpflanzen, insbesondere ihrer →Landsorten und Primitivformen sowie der mit ihnen verwandten Wildarten. Für landwirtschaftliche und gartenbauliche Kulturpflanzen bestehen große Genbanken am *Institut für Pflanzengenetik und Kulturpflanzenforschung* in Gatersleben und an der *Bundesforschungsanstalt für Landwirtschaft* in Braunschweig.

GENE FLOW: Engl. für "Genfluss"; die (unbeabsichtigte) Übertragung genetischen Materials von →Kulturpflanzen in verwandte Wildformen ("Auskreuzen") oder auch z.B. in Bodenbakterien. Gerade die "genetic novelties", wie die gentechnisch erzielten Insektenresistenzen oder Toleranzen gegen abiotische Faktoren, können Wildkräuter zu größerer Fitness und damit unter den bestehenden Umweltbedingungen zu einem Selektionsvorteil verhelfen, was eine Einengung der →Biodiversität nach sich ziehen würde.

GENOSSENSCHAFTEN: Vereinigungen von gleichgesinnten und gleich interessierten Personen mit meist wirtschaftlichen Zielen. Sie bezwecken vornehmlich die Förderung des Erwerbs oder der Wirtschaft ihrer Mitglieder mittels gemeinschaftlichen Geschäftsbetriebes, der bestimmte Funktionen, die aus dem Verantwortungsbereich der Mitgliederwirtschaften ausgegliedert worden war, übernahm. Dabei sollen synergetische Effekte genutzt und die Marktschwäche der einzeln Schwachen überwunden werden. Die einzelnen Mitglieder sind gleichzeitig Kunden und Eigentümer.
Genossenschaften entstanden als Selbsthilfeorganisationen wirtschaftlich schwacher Individuen ab Mitte des 19. Jh. und sind praktisch in der ganzen Welt mit dem Namen Raiffeisen (ländliche G.) und Schulze-Delitsch (handwerklich-gewerbliche G.) engstens verbunden. Nach den Prinzipien dieses freien Genossenschaftswesens arbeiten heute weltweit in über 100 Ländern 900.000 Genossenschaften für über 500 Mio. Mitglieder.
In Ziel und Arbeitsweise unterscheiden sich diese Genossenschaften deutlich von den →Landwirtschaftlichen Produktionsgenossenschaften der früheren DDR. Eigentliche Produktionsgenossenschaften auf freiwilliger Basis (z.B. →Kibbuzim in Israel) gibt es in Deutschland nicht, es sei denn als →Maschinenringe.
Ideengeschichtlich stehen hinter dem Begriff "Genossenschaft" Vorstellungen von Herrschaftsfreiheit, Wirtschaftsdemokratie und sozialem Fortschritt. Tatsächlich sind die Genossenschaften im Laufe der Zeit zu einflussreichen Wirtschaftsunternehmen geworden, deren Geschäftspolitik praktisch recht autonom vom Vorstand und/oder Geschäftsführer bestimmt wird. Sie produzieren vornehmlich Dienstleistungen im vor- bzw. nachgelagerten Bereich der →Landwirtschaft.
Gegenwärtig sind in Deutschland 5146 landwirtschaftliche Primärgenossenschaften in 49 regionalen Zentralen, vier Bundeszentralen bzw. 13 Landesverbänden zusammengeschlossen. Dachverband ist der →Deutsche Raiffeisenverband. Während die Anzahl der Primärgenossenschaften aufgrund von Fusionen bzw. Rationalisierung rückläufig ist, sind die Mitgliederzahlen und Umsätze stark gestiegen. Daher wird den Genossenschaften häufig eine gewisse Marktmacht im Wettbewerb mit privaten Unternehmen des →Landhandels und sogar gegenüber den eigenen Mitgliedern unterstellt.
In den 15 Staaten der EU haben sich 16 Mitgliedsorganisationen mit insgesamt 33.000 landwirtschaftlichen und Fischereigenossenschaften zur →COGECA (*Comité Général de la Coopération Agricole de l'Union Européenne*) zusammengeschlossen. (→DEUTSCHER BAUERNVERBAND, →DEUTSCHER GENOSSENSCHAFTS- UND RAIFFEISENVERBAND)

GENTECHNIK: 1. Die Summe aller praktischen Methoden zur Isolierung, Charakterisierung, gezielten Veränderung und Übertragung von Erbgut als Teil der auch die theoretischen Aspekte umfassenden →Gentechnologie.
2. Synonym zu Gentechnologie verwendet oder ohne erkennbare Differenzierung.

GENTECHNIK-GESETZ: Das 1993 novellierte deutsche *Gentechnik-Gesetz* (GenTG) regelt Arbeiten in gentechnischen Anlagen, die Freisetzung von gentechnisch veränderten Organismen und das Inverkehrbringen von Produkten, die gentechnisch veränderte Organismen enthalten; es schreibt Risikoanalysen vor, die von den zuständigen Behörden im Rahmen von Kontrollen und von Anmelde- und Genehmigungsverfahren überprüft werden. Für nationale Anträge auf Freisetzung ist das *Robert-Koch-Institut* (ehemals ein Teil des Bundesgesundheitsamtes) Genehmigungsbehörde.

GENTECHNISCHES FREILANDEXPERIMENT: Der (erste) Anbau einer genetisch gezielt veränderten →Kulturpflanze außerhalb von Labors und Gewächshäusern unter landwirtschaftlichen Bedingungen. Gentechnische Freilandexperimente und das Inverkehrbringen gentechnisch veränderter Organismen müssen seit Juli 1990 nach dem →Gentechnikgesetz vom Robert-Koch-Institut (eine Nachfolgebehörde des Bundesgesundheitsamtes) genehmigt werden. Ebenso wirken die Biologische Bundesanstalt für Land- und Forstwirtschaft bzw. die Bundesforschungsanstalt für Viruskrankheiten der Tiere bei den Genehmigungsverfahren mit. Freisetzungsversuche sind stets zeitlich und räumlich begrenzt und mit Auflagen verbunden. Dadurch soll die Verbreitung lebensfähiger, gentechnisch veränderter Organismen weitestgehend eingeschränkt bzw. verhindert werden.
Weltweit sind bis 1996 ca. 6.000 Freilandversuche mit gentechnisch veränderten Organismen durchgeführt worden, davon rd. 2.500 in den USA. In der EU wurden insgesamt rd. 600 Freisetzungen notifiziert,

Freisetzungsanträge für gentechnisch veränderte Organismen in der Europäischen Union von 1992 bis März 1997

Freisetzungsanträge	Anzahl
Land	
Frankreich	281
Großbritannien	141
Italien	141
Niederlande	89
Belgien	82
Deutschland	69
Spanien	47
Dänemark	30
Schweden	24
Finnland	9
Portugal	7
Griechenland	4
Österreich	3
Eigenschaft	
Herbizidtoleranz	587
Metabolismusveränderung	173
Insektenresistenz	140
Männliche Sterilität	138
Virusresistenz	90
Markergene	49
Pilzresistenz	42
Bakterienresistenz	12
Viraler Impfstoff für Tiere	7
Pflanze bzw. Zielorganismus	
Mais	219
Raps	215
Zuckerrübe	143
Kartoffel	110
Tomate	55
Chicorée	37
Tabak	33
Sojabohne	7
Pappel	7
Melone	7
Sonnenblume	6
Weizen	6
Andere Pflanzen	42
Bakterien	26
Baculoviren	2
Phagen	1

Quelle: ForschungsReport 1/1997

davon 42 in Deutschland. Es handelt sich dabei durchweg um landwirtschaftliche Kulturpflanzen, auf die Krankheits-, Schadinsekten- und Herbizidresistenzen, Veränderungen bezüglich der Zusammensetzung der Inhaltsstoffe sowie männliche Sterilität (bedeutsam für die Erzeugung von ➔Hybridsaatgut) übertragen wurden.

In der EU sind bis Mitte 1995 zwei gentechnisch veränderte Lebendimpfstoffe für Tiere sowie gentechnisch hergestellte herbizidresistente Tabakpflanzen für das Inverkehrbringen zugelassen worden. In den USA haben seit Mitte 1994 eine gentechnisch veränderte Tomatensorte (➔Flavr-Savr™) und 1995 weitere gentechnisch veränderte pflanzliche Produkte (drei weitere Tomatenlinien, Kürbis-, Baumwoll-, Kartoffel- und Sojabohnensorten) die Marktzulassung erreicht. Für das Jahr 1998 rechnet man mit einem 40%-igen Anteil von Sojabohnen aus gentechnischem Saatgut an der gesamten US-amerikanischen Sojabohnenernte.

GENTECHNOLOGIE: Die Gesamtheit von theoretischen und praktischen Aspekten der Anwendung biologischer, molekularbiologischer, chemischer und physikalischer Methoden, die der Analyse, Veränderung und Neukombination von Nukleinsäuren (genetischem Material) dienen sowie dem Einbringen und Vermehren des neukombinierten Erbmaterials in lebenden Zellen. Der Begriff wird häufig synonym zu ➔*Gentechnik* verwendet.

Gentechnologie kann großen Nutzen u.a. in den Bereichen ➔Landwirtschaft oder der biologischen Bodensanierung bedeuten.

Für die **Pflanzenzüchtung** ist die Gentechnik als Instrument aus den folgenden Gründen von Bedeutung:

- sie bietet die Möglichkeiten zur Identifizierung von Genen, die an der Ausprägung pflanzlicher Eigenschaften beteiligt sind, sowie zur Verfolgung der Vererbung solcher Gene in Züchtungsprogrammen;
- sie stellt ein Mittel zur Untersuchung der Struktur und der Funktion einzelner Gene dar;
- sie erlaubt die Isolierung einzelner Gene und deren Übertragung von einem Organismus auf einen anderen, auch über Artgrenzen hinweg (➔transgener Organismus), und
- sie bietet neue Möglichkeiten zur Charakterisierung und Klassifizierung von Pflanzen.

Hinsichtlich der **ökonomischen Nutzung** ergeben sich folgende Anwendungsfelder:

- Ökonomische und ökologische Optimierung im ➔Pflanzenschutz:
  - *Insektenresistenz* durch vom Bacillus thuringiensis synthetisierte toxische Proteine; die ➔Kulturpflanze produziert durch die Übertragung des Bakteriengens den "Schutzstoff" gegen Fraßschädlinge selbst (Tomate, Baumwolle, Mais, Raps, Reis, Kartoffel, Apfel, Walnuss); die Toxine sind unschädlich gegenüber

Bienen und Säugern. Marktreife Produkte liegen vor: In den USA wurde 1996 von rd. 5.600 Farmern auf ca. 720.000 ha Baumwolle angebaut, die gegen den Baumwollkapselwurm resistent ist; dies sind ca. 13 % der gesamten Baumwollanbaufläche.
  - *Virusresistenz* durch Hüllproteine verschiedener Viren (Melone, Gurke, Tomate, Mais, Kartoffel, Luzerne, Zuckerrübe); erfolgversprechende Freilandversuche mit Zuckerrüben wurden durchgeführt, die Sortenentwicklung wird noch einige Jahre in Anspruch nehmen.
  - *Pilzresistenz* durch Chitinase-Expression (Kartoffel); Forschungsstadium
  - *Herbizidtoleranz* (Mais, Raps, Baumwolle, Luzerne, Tomate, Tabak, Zuckerrübe, Soja); 1996 wurden auf 2 % der amerikanischen Sojaanbaufläche herbizidtolerante Sojabohnen angebaut.
  - *Stresstoleranz* gegenüber Temperatur, Trockenheit, Salzen, Gasen, Sonneneinstrahlung
- Herstellung von Wertstoffen und →nachwachsenden Rohstoffen (Pflanzen als Bioreaktoren):
  - *Wertprodukte* wie Antikörper, Humanserumalbumin, Antigene für Impfstoffe, Pharmaka (Produk-tion von Humaninsulin in Tabakpflanzen)
  - *Nachwachsende Rohstoffe* wie reinere Fettsäuren, maßgeschneiderte Fettsäuren, definierte Stärke, Zellulose (Kartoffel, Raps, Baumwolle)
- Verbesserung bzw. Veränderung der Qualität:
  - *Reifung, Lagerstabilität* (Tomate, Melone, Kartoffel, Raps)
  - *Zucker-, Stärkegehalt* (Mais, Reis, Kartoffel, Soja)
  - *Fettsäurespektrum* (Raps, Mais, Soja, Sonnenblume)
  - *Gehalt an Protein, an essentiellen Aminosäuren* (Mais, Getreide)
  - *Vitamingehalt* (Reis mit Provitamin A)
  - *Abbau von pflanzeneigenen Giften* (Blausäure der Cassava)
  - *Futteroptimierung* (in Soja implementierte Enzyme zur besseren Aufschließung des in Soja enthaltenen Phosphats)
  - *Farbeigenschaft* (blaue Baumwolle)
- Verbesserung der Ertragsfähigkeit
  - *Erhöhung der Photosyntheseleistung*
  - *Bessere Nährstoffaufnahme*
  - *Veränderter Stofftransport* in der Pflanze
- Biologische Stickstoffixierung
  - Ausweitung des Wirtsbereiches der Rhizobien (stickstoffixierende, in Symbiose mit →Leguminosen lebende Bakterien) von Leguminosen auf Getreide

Das Ergebnis gentechnischer Veränderungen ist eine "Pionierpflanze", die wieder in den klassischen Züchtungs- und Vermehrungsprozess einfließt. Gentechnologie wird die klassische Pflanzenzüchtung ergänzen, niemals jedoch ersetzen oder überflüssig machen.

<u>Dem Gentransfer zugängliche Kulturen sind:</u>
Weizen, Gerste, Mais, Raps, Kartoffel, Zuckerrübe, Sonnenblume, Flachs, Luzerne, Weißklee, Erbse, ferner Reis, Soja, Zuckerrohr, Baumwolle, Pappel, Tabak, Fichte, Gurke, Chicoree, Salat, Paprika, Blumenkohl, Spargel, Karotten, Meerrettich, Sellerie, Broccoli, Tomate, Melone, Erdbeere, Kiwi, Himbeere, Papaya, Cranberry, Pflaume, Walnuss, Apfel, Wein, Birne, Chrisantheme, Rose, Petunie.

Bis 1997 sind über 100 Pflanzenarten gentechnisch manipuliert worden. Die weltweite Anbaufläche von gentechnisch veränderten Organismen betrug 1997 ca. 100.000 km^2.

In der **Tierzüchtung** ergeben sich im Hinblick auf die →Landwirtschaft folgende mögliche Einsatzgebiete:
- Erhöhung der Krankheitsresistenz
- Entwicklung von Tierimpfstoffen
- Ertragssteigerungen, analog zur Pflanzenproduktion (z.B. →BST)
- Produktion humaner Proteine durch transgene Tiere (Tiere als Bioreaktoren, →Bio-Pharming)
- Beeinflussung der Milch- und Fleischzusammensetzung
- Beeinflussung der Pansen-Mikroorganismen, z.B. hinsichtlich der Begrenzung der Methanbildung

In der **Ernährungswirtschaft** ergeben sich folgende Perspektiven:
- Gewinnung von Hilfs- und Zusatzstoffen mittels gentechnisch veränderter Mikroorganismen, Pflanzen oder Tieren
- Direkter Einsatz von gentechnisch veränderten Mikroorganismen als Kulturen in verschiedensten Lebensmittelverarbeitungsprozessen sowie als Schutzkulturen
- Produkte von Tieren, die einer gentechnischen Manipulation unterzogen wurden
- Erzeugung gentechnisch veränderter Pflanzen bzw. deren Früchte, die direkt für den menschlichen Verzehr bestimmt sind (u.a. Pflanzen, die bestimmte allergieauslösende Substanzen nicht mehr bilden, z.B. glutenfreier Weizen)
- Lebende genetisch veränderte Organismen in Lebensmitteln, z.B. bei der Herstellung von Joghurt, Brot.

<u>Zur weiteren Bewertung der Gentechnologie im Agrar- und Nahrungsmittelbereich:</u>
- Effektive und zielsichere Möglichkeit zum Testen von Pflanzenmaterial auf Qualitätsmerkmale oder Resistenzeigenschaften innerhalb kürzerer Zeit
- Erschließung weiterer Absatzmärkte für landwirtschaftliche Rohstoffe durch gentechnisch veränderte Pflanzen

• Optimierung von Futtermitteln hinsichtlich der besseren Energieaufnahmefähigkeit für die Tiere entlastet über die dann umweltverträglichere Gülle →Boden und →Grundwasser
• Gentechnologisch beeinflusste Farben von Textilfasern mindern den Einsatz von Chemikalien bei der Textilproduktion
• Transgene Nutztiere stellen kein Risiko im Sinne einer unkontrollierten Ausbreitung von neuen Eigenschaften dar. Lediglich für Fische, die z.B. ein Kälteresistenzgen enthalten, muss eine "Freisetzung" ausgeschlossen werden, da diese eventuell einen Selektionsvorteil gegenüber ihren Artgenossen haben.
• Gentechnik stützt die Intensivlandwirtschaft
• Herbizidtoleranz soll zu einem geringeren Einsatz von Herbiziden führen, zu einer Reduktion des Pflugeinsatzes und damit zu geringerem Arbeitsaufwand und zu reduzierter →Bodenerosion.
• Kritiker schließen demgegenüber eine Zunahme statt einer Reduktion von Herbizidanwendungen nicht aus.
• Möglichkeit des (unerwünschten) horizontalen Gentransfers (→gene flow), d.h. von der Kulturpflanze auf die Wildpflanze (Bildung von Bastarden bzw. auch Auswilderung); Gefahr in Mitteleuropa bei Mais und Kartoffeln nicht vorhanden, wohl aber bei Rüben und Raps; bei Raps-Freilandversuchen sind unerwünschte Einkreuzungen bereits aufgetreten.
• Unerwünschter Gentransfer von transgenen auf nicht-transgene Kulturpflanzen bei benachbarten Feldern schadet →Landwirten, die die Gentechnikfreiheit ihrer Produkte garantieren wollen.
• Kritiker bezweifeln, dass - von einigen Ausnahmen abgesehen - mit Hilfe der Gentechnologie das Ertragspotential der Pflanzen entscheidend angehoben werden kann.
• Ein Beitrag der transgenen Hochleistungspflanzen zur Lösung des Welthungerproblems ist unter den gegebenen Weltwirtschaftsbedingungen umstritten. Armut und Unterernährung sind i.d.R. durch andere als pflanzengenetische Faktoren bedingt, z.B. durch mangelnde "Verfügungsrechte", d.h. den unzureichenden Zugang von Bäuerinnen und Bauern zu Land, Krediten und →Saatgut.
• Die mit Hilfe von gentechnischen Methoden gezüchteten Hochleistungspflanzen können angepasste, einheimische →Landsorten verdrängen. Letztere sind von großer Bedeutung für die →Subsistenzwirtschaft der Kleinbauern in der 3. Welt.
• Bei der Weitergabe von Genen für →Herbizidresistenz an →Unkräuter kann es zur Entstehung von Unkrautpflanzen kommen, die durch →Herbizide nicht mehr bekämpft werden können.
• Mit der großflächigen Anwendung der Gentechnik im →Ökosystem muss eine technisch induzierte Störung erwartet werden, deren Größe und die hieraus ausgelösten Folgen nicht einmal abgeschätzt werden können.
• In die Umwelt freigesetzte Mikroorganismen sind nicht rückholbar, aufgrund der weitgehenden Unkenntnis über die mikrobielle →Ökologie, insbesondere des →Bodens ist die Möglichkeit der Rekonstruktion der Kausalverbindung zwischen Ein- und Auswirkung in der Mehrzahl der Fälle nicht zu erwarten.
• Nützlinge nehmen Schaden, wenn sie mit Schädlingen in Kontakt kommen, die an gentechnisch veränderten Pflanzen gefressen haben.
• →Antibiotika können im menschlichen Körper durch die Produkte der Antibiotika-Resistenzgene inaktiviert werden.
• Der verbreitete gentechnische Einsatz des Bacillus thuringiensis in der konventionellen Landwirtschaft führt zu raschen Resistenzen bei den Pflanzenschädlingen, als Folge könnte der →Ökologische Landbau ein wichtiges Biopestizid verlieren.
• Der Verzehr gentechnisch hergestellter Lebensmittel kann Allergien verursachen, wenn der genetische Code für ein allergenes Eiweiß transferiert wird.
• Isolierte Gene ebenso wie transgene Organismen sind patentierbar, obwohl es sich dabei nicht eigentlich um "Erfindungen" handelt.
• Drittwelt-Länder geraten in eine größere Abhängigkeit von den Industrienationen, in denen sich die Patentinhaber fast ausschließlich befinden.
• Drittwelt-Länder verlieren Absatzmärkte, wenn beispielsweise spezielle Fettsäuren, die konventionell aus Kokosnüssen oder Palmkernen gewonnen werden, künftig billiger von transgenen Raps- oder Sojapflanzen aus mittleren Breiten geliefert werden.
• Gentechnologie gilt als Rationalisierungstechnologie: z.B. ersetzt die in einigen Reaktoren hergestellte Vanille deren natürliche Produktion durch Zehntausende von Bauern.
• Die gentechnische Anwendung muss das Arttypische des Tieres respektieren, und es dürfen bei der Ausprägung des Transgenes keine negativen Auswirkungen auf das Tier entstehen.
• Die möglichen langfristigen ökologischen Folgen einer breiten Anwendung dieser Technologien sind z.Z. nicht zu beurteilen.
(→GENTECHNISCHES FREILANDEXPERIMENT, →NOVEL FOOD, →TRANSGENE ORGANISMEN)

GENTER: Auch *Gängar, Dörre*; ein Trockengestell, das wie eine breite Leiter vor der Hauswand angebracht ist (früher besonders im Allgäu).

GEOÖKOSYSTEM: Auch "landschaftliches Ökosystem"; ein Wirkungsgefüge aus Gruppen von Lebewesen und Pflanzen (Biosysteme) und deren anorganischer Umwelt (abiotische Geosysteme), das über eine bestimmte räumliche Ausdehnung verfügt. Als offene Systeme unterliegen Geoökosysteme zahlreichen externen Einflüssen. Die aktivste Wirkung übt dabei der wirtschaftende Mensch aus. Er nutzt die Produktivität von Geoökosystemen zur Nahrungsversorgung und zur Entnahme von organischen und anorganischen Stoffen. Die Nutzung steht im Spannungsfeld zwischen Nachhaltigkeit (sustainability) und Raubbau, zwischen einer Bewahrung der Erneuerungsfähigkeit von Geoökosystemen und ihrer Überlastung, im Extrem ihrer dauerhaften Zerstörung. Für die aktuelle wie für die historische Entwicklung der →Kulturlandschaft finden sich ausreichend Beispiele, dass die forstliche und agrarische Nutzung den geoökologischen Grundlagen oft mehr entnommen haben, als an →Nährstoffen regeneriert wurde.

GERÜSTTROCKNUNG: In europäischen Mittelgebirgen und alpinen Grünlandgebieten seit dem Mittelalter verbreitete Methode der Heutrocknung mit Hilfe unterschiedlicher Gerüstarten, wie z.B. →Heinzen, →Heuhütten, →Schwedenreutern, Schrägwänden oder →Dreibockreutern. Bis Ende der 50er Jahre waren Gerüste die einzige Alternative zur Bodentrocknung mit größerer Unabhängigkeit vom Wetter und besseren Heuqualitäten. Heute sind sie weitgehend durch Belüftungsanlagen verdrängt.

GESAMTFUTTER: In der →Landwirtschaft der Industrieländer üblicher Begriff für die Futterkombination aus →Grundfutter und →Kraftfutter.

GESCHÜTZTE LANDSCHAFTSBESTANDTEILE: Nach § 18 des →Bundesnaturschutzgesetzes rechtsverbindlich festgesetzte Teile von Natur und →Landschaft, deren besonderer Schutz zur Sicherstellung der Leistungsfähigkeit des Naturhaushalts, zur Belebung, Gliederung oder Pflege des Orts- und Landschaftsbildes oder zur Abwehr schädlicher Einwirkungen erforderlich ist. Sie ergänzen wie die →Naturdenkmale die Flächenschutzkategorien des BNatSchG.

GESTELZTES EIN(HEITS)HAUS: Dem →quergeteilten Ein(heits)haus verwandter Grundtyp der →Ein(heits)häuser, da ebenfalls eine Querteilung vorliegt. Seine Besonderheit besteht darin, dass der Wohnteil "gestelzt" ist, d.h. ganz oder überwiegend im ersten Stock untergebracht ist. Dieses sogenannte *Wohnstallhaus* ist seit dem 16. Jh. als Kümmerform aus Gehöften entstanden. Hauptverbreitungsgebiete sind die Baar, die südwestliche Schwäbische Alb und deren Vorland einschließlich des Neckarbeckens.

GETREIDE: Gruppe von annuellen →Kulturpflanzen, die zur Familie der Gramineen (Gräser) gehören und als Körnerfrucht der Ernährung von Menschen und Tieren dienen.

GETREIDEEINHEIT: Abk. GE; Maßstab für die Berechnung der Gesamtproduktion eines landwirtschaftlichen Betriebes oder der →Landwirtschaft eines Gebietes. Dabei dient das Getreide als Ausgangsbasis (1dz Getreide = 1dz GE). Alle anderen pflanzlichen und tierischen Produkte werden nach einem 1970 neu festgelegten Schlüssel in Getreideeinheiten umgerechnet, und zwar nicht nur unter Berücksichtigung des Nährstoffgehaltes, sondern auch nach Maßgabe der zu ihrer Erzeugung nötigen Nährstoffmengen (tierische Erzeugnisse) oder (bei →Sonderkulturen) nach dem zu ihrer Erzeugung notwendigen Arbeitsaufwand im Verhältnis zum Getreide.

Umrechnungsbeispiele für Mengen landwirtschaftlicher Produkte in Getreideeinheiten

1 dz Kartoffeln	=	0,20 dz GE
100 Eier (Gewicht 58 g)	=	0,25 dz GE
1 dz Raps	=	1,70 dz GE
1 dz Wolle (Schmutz-)	=	40,00 dz GE
1 dz Schwein (Lebendgewicht)	=	4,20 dz GE
1 dz Rind, lebend	=	5,00 dz GE
1 hl Vollmilch	=	0,80 dz GE
1 dz Hopfen	=	5,30 dz GE

GETREIDESUBSTITUTE: Kohlehydratreiche →Kraftfuttermittel, die anstatt von Getreide zum Einsatz kommen. Die →EU-Kommission hat insgesamt 14 →Futtermittel zu Austauscherzeugnissen erklärt. Dazu gehören:

- Tapioka (Stärkemehl aus den Wurzeln des Maniokstrauches)
- Corn gluten feed oder dt. Maiskleberfutter (Nebenerzeugnis bei der Maisverarbeitung)
- Maiskeimschrot (Nebenerzeugnis bei der Isoglukose-Herstellung)
- Reiskleie
- verschiedene andere Mühlennachprodukte
- Zitruspülpe und -pellets
- Rückstände aus der Zucker- und Bierherstellung

Da diese Substitute z.T. einen mehr oder weniger höheren Rohproteingehalt als Getreide aufweisen, konkurrieren sie aber auch mit eiweißhaltigen Futtermitteln (z.B. →Ölkuchen). Substitute werden zu einem hohen Anteil in die EU importiert. Da es sich bei vielen Substituten um Nebenprodukte handelt, können diese leicht an sinkende Preise des konkurrierenden Getreides angepasst werden. Ein Hauptlieferland der Substitute stellen die USA dar. Wichtigster Abnehmer in der EU sind die Niederlande, gefolgt von Deutschland. Die flächenunabhängige →Veredelung basiert gerade in diesen beiden Ländern zu einem wesentlichen Teil auf den kostengünstigen Substituten. (→FUTTERMITTELIMPORTE, →KRAFTFUTTER, →UMWELTWIRKUNGEN)

GEWANN: Ein von linearen Längs- und Breitengrenzen begrenzter Verband gleichlaufender, streifenförmiger, gebündelter Besitzparzellen, deren Besitzer ihr Land in →Gemengelage haben. Die in der Längsrichtung der Streifenparzellen, d.h. in der Pflugrichtung verlaufenden Außengrenzen werden als *Raine* bezeichnet. Senkrecht zur Pflugrichtung sind als Außengrenzen die Anwandgrenzen angeordnet; oft handelt es sich dabei um schmale, streifige Anwender-Parzellen, auf denen das Pfluggespann gewendet wird. Gewanne können blockförmig-kompakt oder streifig-langgestreckt sein und sich auch in der Größe beträchtlich voneinander unterscheiden.
Zur Vermeidung unterschiedlicher genetischer Betrachtungen des Begriffes "Gewann" und zur besseren Übertragbarkeit in andere Sprachen wurde der Begriff *Streifengemengeverband* als Ersatz vorgeschlagen.

GEWANNDORF: Großes →Haufendorf mit →Gewannflur, verbreitet in Süddeutschland.

GEWANNFLUR: →Flur, die in eine größere Zahl von →Gewannen mit überwiegend blockförmigem Umriss gegliedert ist. Gewannfluren sind *gleichlaufend*, wenn in der überwiegenden Zahl der Gewanne die →Parzellen bzw. die Pflugrichtung einer Hauptrichtung folgen. In einer kreuzlaufenden Gewannflur weisen die Gewanne verschiedene, z.B. hangsenkrechte und hangparallele Parzellierung auf. Gewannfluren stehen gewissermaßen vermittelnd zwischen regellos gestalteten →Blockfluren und →Streifenfluren mit dem Dominieren von einzelnen oder mehreren Parzellenverbänden.
Genetisch sind die Gewannfluren zumindest in Mitteleuropa überwiegend durch die Parzellierung von großen Blöcken entstandene Sekundärformen. Als Primärform kann sie sich aus der Aufteilung von Allmendland gebildet haben. Gewannfluren finden sich in fast allen Landschaften Mitteleuropas, allerdings mit ungleicher Verbreitungsdichte. In Gebieten der mittelalterlichen deutschen Ostsiedlung waren sie selten, in den südwest- und westdeutschen Realteilungsgebieten wiesen sie eine fast geschlossene Verbreitung auf.
Die langen, schmalen Einzelfelder (Riemenparzellen) hatten unter anderen technologischen Vorzeichen durchaus Positives: Ein von Ochsen gezogener →Pflug konnte ohne Wenden lange Strecken bearbeiten. Für die moderne Großtechnik ist die Schmalparzellierung hingegen sehr hinderlich.
Entsprechend dem Begriff "Streifengemengeverband" für "Gewann" wurde "Streifengemengeverbandsflur" für "Gewannflur" vorgeschlagen.

GEWÄSSERBELASTUNG: Gewerbliche und häusliche Abwässer erfahren zunehmend eine Reinigungsbehandlung. Als Folge verschiebt sich das Schwergewicht vieler Gewässerbelastungen auf die landwirtschaftlichen Anteile. Von den Nährstoffeinträgen stammen zur Zeit etwa 50 - 55 % aller Stickstoff- und 40 - 45 % aller Phosphoreinträge in die Gewässer Deutschlands von den →landwirtschaftlichen Nutzflächen. Für →Pflanzenschutzmittel können bisher noch keine genauen Eintragungsangaben vorgelegt werden. Sie werden aber hauptsächlich für landwirtschaftliche Anwendungen in Verkehr gebracht. Während Pflanzenschutzmittel hauptsächlich durch oberirdischen Abfluss in die Fließgewässer gelangen, sind bei →Nitrat →Grund- und Dränwasser die Haupteintragspfade.
Die mengenmäßig größten Gewässerbelastungen aus der →Landwirtschaft entstehen durch

- Erosion und Abschwemmung von →Böden mit Phosphat und →Pestiziden
- Auswaschung (Grund- und Dränwasser) von löslichen →Düngemitteln (Nitrat) und Pestiziden

Außerdem werden Gewässer belastet durch

- Ammoniakentgasung (und anschließenden Niederschlag) aus Viehställen und bei Güllebreitverteilung
- Direkteinleitungen von Düngemitteln, →Gülle, →Jauche und Pestizidbrühen
- tierpathogene Krankheitserreger aus Abschwemmungen von mit Gülle und Jauche gedüngten Flächen

Alleine für die Nitratbelastung der Nordsee ist die deutsche Landwirtschaft nach einer Studie des Umweltbundesamtes aus dem Jahre 1994 zu 50 % verantwortlich.
In Deutschland sind die Nitratgehalte des Trinkwassers im Verlaufe der letzten Jahrzehnte deutlich angestiegen, so überschreitet in Baden-Württemberg mittlerweile ein Drittel der Quellen den gegenwärtigen EG-Richtwert von 25 mg/l. Seit 1992 deutet sich, vor allem in Wasserschutzgebieten, eine Entspannung der Lage an.
Dieser Entwicklung zu begegnen, ist Aufgabe einer umwelt- und sozialverträglichen Landwirtschaft. Mit dem →*Wasserhaushaltsgesetz*, dem →*Düngemittelgesetz* und dem →*Pflanzenschutzgesetz* sowie den *EG-Richtlinien* über das Inverkehrbringen von Pflanzenschutzmitteln und zum Schutz der Gewässer vor Verunreinigung durch Nitrat aus landwirtschaftlichen Quellen (umgesetzt mit der →Düngeverordnung)

wurden bereits wesentliche rechtliche Regelungen für eine umweltverträgliche ➔Landwirtschaft getroffen, die z.T. jedoch verbesserungs- und konkretisierungsbedürftig sind und vor allem vollzogen werden müssen. Beispielsweise ist auch die Erhebung einer europaweiten "Düngemittelsteuer" denkbar. Mit den Steuereinnahmen können Landwirte gefördert werden, die weniger Stickstoff einsetzen, also beispielsweise die Methoden des ➔ökologischen Landbaus verfolgen.
Gewässerrandstreifen sollten vorrangig dort angelegt werden, wo intensive landwirtschaftliche Nutzungen naturnahe Gewässereigenschaften verdrängt haben und wo im Interesse des Gewässerschutzes der Schutz vor ➔Bodenerosion geboten ist. Die Umwandlung von ➔Ackerland in ➔Grünland, schonende Bodenbearbeitung sowie gewässerbegleitende, standortgerechte Bepflanzung können diese Zielsetzung unterstützen. Die Verfahren des ➔integrierten Landbaus mit ihren Möglichkeiten zum geringen Pflanzenschutzmitteleinsatz sind flächendeckend einzusetzen. Die Förderung des ökologischen Landbaus bietet sich aufgrund weitgehend geschlossener Stoffkreisläufe insbesondere in wasserwirtschaftlichen Problemgebieten an.
Wesentliche Einsparungspotentiale ergeben sich aus der Tierernährung. Beim Stickstoff wird eine Effizienz der eingesetzten Nährstoffe als Verhältnis von Aufwand zur Verwertung von nur 16 % erreicht und beim Phosphor von 32 %. Erhebliche Reduzierungen der Nährstoffausscheidungen sind durch Futterzusatzstoffe zu erzielen, wie z.B. den vermehrten Einsatz von reinen Aminosäuren und verwandten Verbindungen, sowie den Einsatz von Enzymen und schließlich durch optimierte Fütterungsmaßnahmen (z.B. bedarfsangepasste Rationen).

GEWÄSSERRENATURIERUNG: Die Wiederherstellung des Naturhaushaltes an Bächen, Flüssen, Seen und in Auen. Das deutsche *Wasserhaushaltsgesetz* in der Fassung vom 23. 9. 1986 fordert im § 1a sinngemäß, die Gewässer grundsätzlich als Bestandteil des Naturhaushalts zu betrachten und sie zum Wohle der Allgemeinheit und der zukünftigen Generationen soweit wie möglich wieder in einen naturnahen und ökologisch funktionsfähigen Zustand zu bringen. Die Gewässer des ➔ländlichen Raumes befinden sich heute bundesweit nur noch zu 10 - 15 % in einem naturnahen und ökologisch voll funktionsfähigen Zustand. Die Gewässer sind bereits seit dem Mittelalter Gegenstand des landwirtschaftlichen Kultur- und Meliorationswasserbaus. Über Jahrhunderte war man bemüht, ursprünglich flache und krümmungsreiche Bäche kanalartig zu begradigen und zu vertiefen, um von Natur aus nasse und häufig überschwemmte Bachauen landwirtschaftlich besser nutzen zu können. Dies war bis zum Ende des 19. Jahrhunderts eine der wenigen Möglichkeiten, um die geringe Produktivität der ➔Landwirtschaft und die oft sehr bescheidenen Lebensgrundlagen der ländlichen Bevölkerung nachhaltig zu verbessern.
Als *ökologische Funktionen* naturnaher Bach-Aue-Systeme werden angesehen:

- ausgleichende Wirkung auf den Wasserhaushalt (verlangsamter Hochwasserabfluss, Dämpfung der Hochwasserspitzen, Grundwasserrückhaltung, Aufbesserung der Bachwasserführung während Trockenzeiten durch Auengrundwasser)
- Einfluss auf den Stoffhaushalt der ➔Landschaft (Transport und Rückhaltung von Geschieben, Bodenmaterial und organischen Stoffen)
- Bildung vielfältiger Lebensbereiche für Tiere und Pflanzen (dichtes Nebeneinander von Gewässer-, Nass- und Feuchtbiotopen mit teilweise sehr dynamischem Charakter)
- Schaffung feinverzweigter Lebensraumbänder innerhalb der biologischen Vernetzung
- Landschaftsbereicherung
- Wohlfahrtswirkung (z.B. ästhetischer Wert für die Erholung des Menschen)

Die Gewässer können diese Funktionen nur dann umfassend erfüllen:

- wenn sie eine ausreichende Laufkrümmung besitzen und diese nach Bedarf verändern können,
- wenn sie ein reichlich breites und flaches Bett besitzen und dessen Breite nach Bedarf abwandeln können,
- wenn sie eine naturgemäße Ufervegetation und einen breiten Uferstreifen zur Verzahnung von Bach und Aue besitzen,
- wenn sie im ausreichenden Maße die naturgemäßen Fließhindernisse eines Baches besitzen (umgestürzte Bäume, Treibholzansammlungen, Geschiebebänke, Anlandungen).

In den Mittelgebirgs- und Hügellandschaften ist die landwirtschaftliche Nutzung der Bachauen aus heutiger Sicht nur unter folgenden Bedingungen standortgerecht und gewässerverträglich im Sinne des § 1a Wasserhaushaltsgesetz:

- Die von Natur aus feuchten bis nassen Auestandorte sollten standortgemäß durch extensive Wiesen- oder ➔Weidewirtschaft und nicht - standortfremd - durch Ackerwirtschaft genutzt werden.
- Die besonders nassen Bereiche müssen gänzlich von der Nutzung ausgeklammert werden und der natürlichen Entwicklung zu hochwertigen Auebiotopen überlassen bleiben.
- Die Flächenbewirtschaftung der gesamten Aue ist wieder so einzurichten, dass sie die naturgemäße Häufigkeit und Dauer der Überschwemmungen ohne Probleme hinzunehmen vermag.

Zuständig für die Planung und Durchführung von Maßnahmen ist grundsätzlich der Gewässerunterhaltungspflichtige. Die Unterhaltungspflicht richtet sich im einzelnen nach den Wassergesetzen der Bundesländer. Sie obliegt in der Regel den Kommunen oder, wo vorhanden, Wasser- und Bodenverbänden. Auch die notwendigen Flächenbeschaffungen und Umstrukturierungen in der Aue sind in erster Linie Sache des Unterhaltspflichtigen.

GEWÜRZE: Teile einer bestimmten Pflanzenart, die wegen ihres natürlichen Gehaltes an Geschmacks- und Geruchsstoffen als würzende oder geschmacksgebende Zutaten zu Lebensmitteln bestimmt sind.

GHOUT: Auch *Beurda*; Form traditioneller Wasserzuführung in ➔Oasen von Sandwüsten. Dabei erfolgt am Rande von Ergs mit ihren extrem flachlagernden Grundwasserkörpern anstelle einer Wasserzuführung zur Pflanze eine trichterartige Absenkung des Anbauniveaus, so dass das Grundwasser ohne ➔Bewässerung pflanzenverfügbar ist.

GIS: Abk. für *Geographisches Informations-System*; ein rechnergestütztes System, das für die Verarbeitung von großen Mengen geocodierter Raumdaten unterschiedlichster Herkunft konzipiert ist. Ein GIS soll entsprechend der Erfordernisse des Nutzers Daten erfassen, verarbeiten, speichern, analysieren, reorganisieren, verknüpfen und für Zwecke der Raumanalyse und -modellierung alphanumerisch oder (karto)graphisch darstellen. Eine GIS-Nutzung erfolgt u.a. im ➔Natur-, ➔Umwelt- und ➔Bodenschutz, in der Wald- und ➔Landwirtschaft, der ➔Raumplanung, der ➔Fernerkundung und der Biogeographie.
Kontinuierliche Raumbetrachtung und rastermässige Erfassung der verschiedenen Standortfaktoren und Ausprägungen der regionalen Wirtschaftsstruktur können Standort- und Anbauentscheidungen erleichtern. Aus GIS entwickelte Agrar-Umwelt-Informationssysteme vermögen künftig verlässlich Daten beispielsweise zu Fragen der Honorierung von landwirtschaftlichen Wohlfahrtsleistungen oder von Anbaubeschränkungen zu liefern.
Im Konzept des ➔Lokalen Ressourcen Managements leistet ein GIS die notwendige räumliche Verknüpfung und geostationäre Bewertung von Datensätzen. Dies erlaubt zunächst das Erkennen von Wechselwirkungen zwischen den Ertragsdaten und den damit verbundenen bodenspezifischen und ackerbaulichen Variablen. Als Folge wird es möglich, wirkungsvolle Strategien für einen ökonomisch und ökologisch optimierten Einsatz von ➔Dünge- und ➔Pflanzenschutzmitteln zu entwickeln. (➔GPS, ➔PRECISION FARMING)

GPS: Abk. für *Global Positioning System* oder *Globales Positionierungs-System*, ein satellitengestütztes System zur genauen Positionsbestimmung. In der ➔Landwirtschaft hilft es im Rahmen des ➔*Precision Farming* ➔Betriebsmittel ökologisch und ökonomisch optimiert auszubringen. Das System beruht auf insgesamt 24 Ortungssatelliten in ca. 20.000 km Höhe, die auf ihren verschiedenen Bahnen um die Erde kreisen und dabei ständig hochpräzise, synchrone Zeitsignale und ihre jeweilige Orbitposition zur Erde senden. Da die Signale von den Satelliten zu einem bestimmten Punkt auf der Erde eine unterschiedlich lange Zeit benötigen, kann aus der Positionsangabe und der verbrauchten Zeit der Abstand zum Satelliten und über die Winkelrechnung die eigene Position bestimmt werden. Ein GPS-Empfänger auf dem Mähdrescher oder Schlepper kann diese Aufgabe leisten.
Das GPS-Navigationssystem (Navstar-GPS) ist Eigentum des amerikanischen Verteidigungsministeriums. Für die zivile Nutzung wurde ein Positionierungsfehler eingebaut. Damit liegt die Bestimmungsgenauigkeit der Position im Bereich von ca. 100 m und reicht für teilschlagbezogene Tätigkeiten nicht aus. Höhere Genauigkeiten von ca. 1 bis 5 m, also im Bereich einer Arbeitsbreite eines Schleppers oder Mähdreschers, werden mit Hilfe des sogenannten *Differential Global Positioning Systems* (DGPS) erreicht, zu dessen Einsatz eine fest installierte Referenzstation mit DGPS-Empfänger und mindestens drei Satelliten nötig sind. Zwischen dem mobilen Empfänger und der Referenzstation besteht über die Antennen Funkkontakt, dabei korrigiert die exakt ortspositionierte Referenzstation die 'unkorrekten' Funksignale der Satelliten. Ein PC oder Laptop berechnet dann aus den Signalen die jeweilige Position. Die gewonnenen Daten werden auf einer Chipkarte für eine spätere Auswertung am Computer gespeichert. Mit diesen Daten können die Parzellen genau bestimmt, vermessen und ein Lageplan angefertigt werden. Dieser Plan kann mit Informationen über Bodenqualität, Nährstoffgehalt, Ertrag u.ä. befüllt werden und damit die Grundlage für eine teilflächenspezifische Bearbeitung abgeben.
Schwierigkeiten erfährt eine Satellitenortung u.a. durch Signalabschattungen im Wald, an Waldrändern, an Hecken und Feldgehölzen. Für exakte Ortungs- und Navigationsaufgaben werden künftig Stützungssysteme wie Radarsensoren, Radsensoren oder Inertialsysteme (Erfassung der räumlichen Veränderung auf Kreiselbasis) unerlässlich sein.
Neben der teilschlagbezogenen Bewirtschaftung mit einer Navigation für Einzelfahrzeuge, z.B. zur Bodenbeprobung, besteht auch die Möglichkeit zur Nutzung von GPS beim Flottenmanagement eines größeren Fahrzeugparks im überbetrieblichen Ma-

schineneinsatz. In weiterer Zukunft liegt die zielgerichtete Führung von fahrerlosen *Feldrobotern*.

GRABSTOCKBAU: Primitive Form des pfluglosen →Ackerbaus. Der Grabstock als Werkzeug zur →Bodenbearbeitung und Pflanzung ist in einem die ganze Erde umspannenden, vorwiegend tropischen Hackbaugürtel anzutreffen. Angebaut werden hauptsächlich Knollenfrüchte und Getreide. Der Grabstock wurde bereits von Sammlergesellschaften zum Ausgraben von Knollen und Wurzeln verwendet.

GRANDES CULTURES: Statistischer und verwaltungstechnischer Begriff zur Kennzeichnung der Produktgruppen Getreide, →Ölsaaten und Hülsenfrüchte. Er ist vor allem relevant innerhalb der Beihilfe-Systeme der →Gemeinsamen →Agrarpolitik.

GRANGIE: Großer, zu einem Kloster gehörender Agrarbetrieb. Grangien entstanden z.T. in unerschlossenen Räumen, so gelten die Zisterzienser als Rodeorden. Andererseits war bei ihnen, wie auch bei Benediktinern und anderen das →Bauernlegen nicht selten, wenn Grangien in bereits besiedelten Gebieten entstanden.
Von derartigen Vorwerken, auch solcher von Adelsherrschaften lassen sich in Mitteleuropa häufig große →Einzelhöfe ableiten.
Der Name (lat. grangia, grangiae) rührt von granum = Korn; daher eigentlich Getreidescheune oder -speicher.

GRASJAHRE: Periode der mehrjährigen →Futterpflanzen. (→BAUJAHRE)

GREEN BOX: Etwa: *Grüne Kategorie*; ein Katalog mit Ausnahmen von der Abbaupflicht staatlicher →Subventionen innerhalb der Vereinbarungen von →GATT/→WTO, bei denen angenommen wird, dass sie nur minimale Handelsauswirkungen und keine Auswirkungen auf die Preise haben. Dazu gehören u.a. Agrarforschung, phytosanitäre Maßnahmen (zum →Pflanzenschutz bzw. zur Pflanzenbeschau), landwirtschaftliche Ausbildungs- und Beratungsdienste, Vermarktungshilfen und allgemeine ländliche Strukturmaßnahmen.
(→BLUE BOX)

GRENZAUSGLEICH: Eine Ausgleichsabgabe, die innerhalb der →EU bei der Einfuhr bestimmter landwirtschaftlicher Erzeugnisse erhoben werden kann. Sie gleicht durch Wechselkursschwankungen verursachte Preisunterschiede innerhalb der Gemeinschaft aus und stabilisiert damit das gemeinsame Preisniveau.

GRENZBETRIEB: Landwirtschaftlicher →Vollerwerbsbetrieb, der unter wirtschaftlichen Bedingungen nicht mehr rentabel gestaltet werden kann. In den meisten Fällen werden aus diesen Betrieben - wenn sie nicht ganz aufgegeben werden - →Nebenerwerbsbetriebe.

GRENZERTRAGSBODEN: →Boden von geringer natürlicher Ertragskraft, auf dem durch Wirtschaftserschwernisse, insbesondere durch hohen Arbeitsaufwand, die Erträge so gering sind, dass sie die Produktionskosten nicht decken oder nur unwesentlich überschreiten. Dazu zählen sehr hängige, flachgründige und wasserdurchlässige oder feuchte Flächen oder zerstückelte →Fluren.

GRENZERTRAGSBRACHE: Nutzungsaufgabe von Flurteilen wegen zu geringer Ertragskraft des →Bodens oder zu hohen Arbeitsaufwandes bei der Bearbeitung. (→BRACHE)

GRODEN: Deichreifes oder eingedeichtes und entwässertes Marschland, das landwirtschaftlich genutzt wird.

GROSSBLOCKFLUR: Flurform, die geprägt ist durch die Dominanz von großen Blöcken als Parzellengestalt.
Im Gegensatz zu den quadratischen Großblöcken der amerikanischen →*land ordinance*, besitzen Großblöcke in Mitteleuropa eine meist regellose Gestalt. Die Wirtschaftsparzellen sind aber häufig regelmäßig aufgeteilt. Typisch für mitteleuropäische Großblöcke ist, dass zur →landwirtschaftlichen Nutzfläche oft Wald oder ungenutztes Gelände tritt. Die Grenze zur Kleinblockflur liegt - mit regionalen Variationen - bei ca. 15 ha.

GROSS(EIGENTUMS)LANDWIRT: Agrarsoziale Gruppe von selbstwirtschaftenden oder verpachtenden →Landwirten mit großem Bodeneigentum, das eindeutig über der →Ackernahrung liegt. Zu ihnen gehören u.a. Großagrarier (Bodeneigentum > 100 ha, regional nach Intensität der Bewirtschaftung und →Betriebsform variabel), Gutsbesitzer, Eigentümer von →Latifundien oder →Haciendas.
(→KLEIN(EIGENTUMS)LANDWIRT)

GROSSGRUNDBESITZ: Eigentlich Großgrund*eigentum*; Konzentration umfangreichen Landbesitzes auf einen einzigen Eigentümer bzw. eine einzige Familie. In den großen Agrargebieten Außereuropas (z.B. Argentinien, Australien) beginnt Großgrundbesitz in der Regel erst bei 1.000 ha, in Europa bereits ab 100 ha.
(→BESITZ)

GROSSVIEHEINHEIT: Abk. GV; der Viehbestand eines Betriebes wird nicht immer nach Vieharten in Stück, sondern teilweise auch in Großvieheinheiten oder Vieheinheiten angegeben. Die Berechnung des GV-Schlüssels basiert auf dem Lebendgewicht der Tierarten nach Gewicht und Alter unterteilt, im Verhältnis zu einer Milchkuh mit 500 kg Lebendgewicht.

Die festen Umrechnungsschlüssel für die verschiedenen Vieharten

1 Kuh	=	1,0 GV
1 Schlachtschwein (> 50 kg)	=	0,16 GV
1 anderes Rind (> 2 Jahre)	=	1,0 GV
1 Jungschwein (< 50 kg)	=	0,06 GV
1 Jungrind (1 - 2 Jahre)	=	0,7 GV
1 Ferkel	=	0,02 GV
1 Kalb oder Jungrind (< 1 Jahr)	=	0,3 GV
1 Schaf (> 1 Jahr)	=	0,1 GV
1 Zuchtschwein (> 50 kg)	=	0,3 GV
1 Huhn	=	0,004 GV

Bei den ➔Vieheinheiten (VE), die insbesondere für steuerliche Zwecke verwendet werden, wird dagegen der Futterbedarf zugrunde gelegt.
1996 betrug der *durchschnittliche* Tierbesatz in Deutschland 0,87 GV pro ha ➔LF, in den Niederlanden 4,0, Belgien 3,2 und Dänemark 1,6 GV je ha LF. Vom ➔Umweltrat wurde bereits 1985 eine absolute, betriebsbezogene *Obergrenze* von 1,5 bis 2 Dungeinheiten (veraltete Einheit, die der heutigen GV entspricht) pro ha empfohlen, von der Enquete-Kommission "Schutz der Erdatmosphäre" (1994) eine solche von 1,5 GV. Das Umweltbundesamt (1994) schlägt eine Besatzdichte von bundesweit durchschnittlich 0,6 GV/ha ➔LN vor.

GRUBBER: Nicht wendender Hack- oder Wühlpflug, ähnlich dem alten ➔Hakenpflug. Im ➔Ackerbau kommt ihm große Bedeutung zu, wenn es darum geht, die grobe Arbeit des ➔Pfluges zu verfeinern oder in leichteren ➔Böden den Pflug zu ersetzen. Unter optimalen Bedingungen lockert, krümelt, mischt und ebnet der Grubber in einem Arbeitsgang unter Erhaltung der natürlichen Bodenschichtung. Je nach Art der Grubberscharen ist die Arbeit bis 30 cm tief, gewöhnlich jedoch flacher.

GRÜNBRACHE: Ein- oder mehrjährige Unterbrechung des Anbaus von ➔Kulturpflanzen auf dem Acker mit Förderung einer spontanen oder durch Aussaat herbeigeführten Begrünung. Zu Zeiten der ➔Dreifelderwirtschaft musste die Grünbrache als herbstliche Viehweide dienen, wenn ➔Wiesen und Allmendflächen nicht ausreichten.
(➔BRACHE)

GRUNDBESITZVERFASSUNG: Sie beschreibt die ➔Betriebsgrößen, die Art der Verfügungs- und Nutzungsbefugnisse der Agrarbevölkerung über den ➔Boden sowie die Bodeneigentums- und Besitzformen.
<u>Betriebsgrößen</u>:
Hierbei ist eine Differenzierung nach verschiedenen Aspekten möglich, z.B. nach Fläche, Umsatz, Arbeitskräftebestand oder Herdengröße.
<u>Art der Verfügungsgewalt über den Boden:</u>
a) *Individualwirtschaft* (individuell-privatwirtschaftliche Verfügungsgewalt)
- durch natürliche Personen
- durch juristische Personen

b) ➔*Kollektivwirtschaft* (staatliche oder gemeinschaftliche Verfügungsgewalt)
- durch landwirtschaftliche Produktionsgemeinschaften
- durch landwirtschaftliche Kommunen (Wirtschafts- und Lebensgemeinschaften, z.B. israelische ➔Kibbuzim, nordamerikanische Hutterer)
- durch landwirtschaftliche Staatsbetriebe

<u>Bodeneigentums- und Besitzformen:</u>
- Unterscheidung nach *Eigentum* als ausschließlicher und umfassender rechtlicher Herrschaft über eine Sache und *Besitz* als Innehabung der tatsächlichen Gewalt über eine Sache, wobei der Besitzer der Bewirtschafter des Landes ist. Die Kombination beider Formen ist möglich, häufig ist jedoch ein getrenntes Auftreten im Agrarraum, z.B. in Regionen mit ➔Rentenkapitalismus (Großgrundeigentum in viele kleine Besitzeinheiten/Pachtbetriebe unterteilt).
- Die Eigentumsformen sind unterscheidbar nach *individuellen* und *kollektiven* Formen, die Besitzformen sind differenzierbar nach *individueller* oder *gemeinschaftlicher Pacht* sowie der Bodennutzung durch ➔*Squatter*.
- *Formen ohne Eigentums- oder Besitzrechte im europäischen Rechtssinne* in Teilen der Dritten Welt (traditionelle Stammes- und Sippenwirtschaft, tribalistische Agrarsozialformen); die Sippen und Stämme verstehen sich als Treuhänder, die das Land im Namen der Ahnen oder übersinnlicher Kräfte verwalten; die Grenzen der Stammesgebiete sind oft nicht genau festgelegt und unterliegen Veränderungen.

GRUNDDÜNGUNG: Die Versorgung des ➔Bodens mit Phosphaten und Kalisalzen.

GRÜNDIGKEIT (DES BODENS): Der Bereich des potentiellen Wurzeltiefganges, meist identisch mit der Mächtigkeit der Lockerdecke über dem festen Gestein oder einem Verdichtungshorizont. Auch können physiologische Ursachen (in Durchwurzelungsrichtung plötzlich veränderte chemische Bedingungen, z.B. Reduktionszone durch ➔Grund-

oder Stauwasser, Sprung im →pH-Wert durch einsetzenden Carbonat- oder Salzgehalt) begrenzend wirken.

GRÜNDÜNGUNG: Gründüngung bedeutet das Einarbeiten von eigens - meist als →Zwischenfrüchte - angebauten Pflanzen vor deren Samenreife in den →Boden. Gemeinsam mit dem Einarbeiten von →Ernterückständen (z.B. Stroh) dient die Gründüngung dem Bodenleben und der →Bodenfruchtbarkeit. Sie erhöht im Boden den Gehalt an N (bes. →Leguminosen) und →Humus, verbessert u.a. durch Beschattung die →Bodengare, die Bodenstruktur, insbesondere die Krümelstabilität, das Porenvolumen und fördert durch starke Durchwurzelung auch das Bodenleben. Dadurch verhindert sie →Bodenerosion, Nährstoffauswaschung oder auch Krankheiten.
In engen Getreidefruchtfolgen und stallmistfreien bzw. stallmistarmen Betrieben ist die Gründüngung unentbehrlich. Sie sichert einen Fruchtwechsel innerhalb eines Jahres.
Gründüngungspflanzen nehmen den im Herbst mineralisierten bodenbürtigen Stickstoff auf, legen ihn bis zu ihrer Zersetzung biologisch fest und können dadurch die N-Auswaschung während der Wintermonate vermindern. Dieser Effekt ist besonders groß, wenn die Gründüngung erst im Frühjahr eingearbeitet wird.
Gründüngungspflanzen werden entweder als Untersaat oder als Stoppelsaat angebaut.
Zur Gründüngung werden z.B. Stickstoffsammler (Leguminosen mit →Knöllchenbakterien) wie Erbsen, Bohnen, Lupinen, Wicken und Serradella verwendet, allerdings ist ihr Anbau rückläufig. Statt dessen verwendet man vermehrt Raps, Winterrübsen, Senf, Ölrettich, Liho-nova, Lihoraps, Stoppelrüben und Sonnenblumen, da diese Pflanzen eine relativ späte Aussaat vertragen und den Boden gut durchwurzeln. (→DÜNGUNG)

GRUNDFUTTER: Wirtschaftseigenes Futter, das sowohl wasserreiche Futterstoffe wie →Grünfutter und anderes Saftfutter (z.B. Rüben und →Silage) als auch trockenes →Rauhfutter (z.B. →Heu und Stroh) umfasst. Grundfutter ist voluminös mit meist niedrigem Markt- und Futterwert und schlechter Transportfähigkeit. Daher wird es i.a. auf dem eigenen Betrieb erzeugt. Grundfutter muss mit →Kraftfutter so kombiniert werden, dass bei optimaler Ausnutzung der Leistungsfähigkeit eines Tieres die Futterkosten je Leistungseinheit möglichst gering bleiben.

GRUNDWASSER: Unterirdisches Wasser, das Hohlräume der Erdrinde zusammenhängend ausfüllt und dessen Bewegung ausschließlich aus der Schwerkraft und den durch die Bewegung selbst ausgelösten Reibungskräften bestimmt wird. Der *Grundwasserleiter* (Aquifer, wasserführende Schicht) wird nach unten durch eine undurchlässige Schicht begrenzt (Sohlschicht). Die obere Begrenzung des Grundwassers heißt Grundwasseroberfläche.
Das in den →Boden eindringende Wasser wird von der Bodenmasse als →*Bodenwasser* z.T. adsorbiert, ein Teil versickert, wird von einer dichten Gesteinsschicht, der *Grundwassersohle*, aufgehalten und sammelt sich über dieser in den Hohlräumen (Spalten, Poren) des Gesteins als Grundwasser. Je nach Gesteinsbeschaffenheit unterscheidet man Poren-, Kluft- oder Karstgrundwasserleiter. Mehrere wechselnde Abfolgen von Grundwasserleitern und Sohlschichten nennt man *Grundwasserstockwerke*.
Neben der Versickerung von Niederschlag ist für die Neubildung von Grundwasser die seitliche Zufuhr bei Wasserstandsschwankungen aus Seen und Flüssen (unechtes Grundwasser) von Bedeutung.
Der dem Grundwasser zukommende Wasseranteil ist die *Grundwasserspende*. Dieses über der Grundwassersohle stehende, alle Hohlräume ausfüllende Wasser ist das Grundwasser, dessen Menge vom Gesamthohlraum des Gesteins abhängt (Sand und Kies 25 - 40 %, poröser Sandstein 10 - 20 %, fester Sandstein sowie Kalkstein 1 - 5 %, Granit 0,5 - 1 %).
Dichte Gesteine mit sehr kleinen Poren enthalten kein Grundwasser, sondern lediglich kapillar festgehaltene *Bergfeuchtigkeit*.
Das Grundwasser unterliegt im Gegensatz zum adsorbierten Bodenwasser der Schwerkraft, es fließt auf einer geneigten Grundwassersohle zur tieferen Stelle wie das oberirdische Wasser, allerdings mit einer wesentlich geringeren Fließgeschwindigkeit, z.B. in feinen Sanden nur 4 - 5 m/Jahr, in groben Geröllen etwa 15 m/d.
Die Tiefe des Grundwassers hängt vom Gestein und Klima ab. Der Grundwasserspiegel liegt in Mitteleuropa einige Meter, teils einige Zehner Meter tief. Er schwankt in Mitteleuropa im Ablauf des Jahres um 0,5 - 1 m, teils auch mehr, im Winter und Frühjahr herrscht Hochstand und im Spätherbst Tiefstand.
In landwirtschaftlich genutzten Böden kann der Grundwasserstand unter der Oberfläche in Kies, Grobsand und Torfböden auf 50 bis 70 cm liegen. In Lehmböden sollte er auf 1,2 bis 1,5 m abgesenkt werden, falls Acker- oder Gemüsekulturen angebaut werden, bei →Wiesen kann er höher liegen.
Grundwasser kann allerdings auch kapillar aufsteigen, weil das →Kapillarwasser unter einer Saugspannung steht, während das Grundwasser tensionsfrei ist. Die kapillare Steighöhe über das Grundwasserniveau hängt von der Feinporigkeit des Bodens ab. In grobporigen Böden erreicht sie höch-

stens 0,5 m, in feinporigen bis zu 1,5 m. In letzteren ist die geförderte Wassermenge aber nur sehr gering. Das Grundwasser garantiert den Niedrigwasserabfluss der Flüsse, sichert die Versorgung der Vegetation und wird vom Menschen in vielfältiger Weise genutzt. Im Unterschied zu anderen Lagerstätten ist Grundwasser ein Teilglied (Speicher) des Wasserkreislaufs, dessen Inhalt ständig erneuert wird. In dieser Eigenschaft liegen Vor- und Nachteile. Landwirtschaftliche Nutzung trägt i.d.R. zu stärkerer Grundwasser-Neubildung bei als Waldflächen. So führt beispielsweise in Norddeutschland die Ackernutzung im Schnitt zu einer um 100 mm höheren Grundwasserversickerungsrate als natürlicher ➔Wald.
Die Deckschichten und auch der Grundwasserleiter bilden ein natürliches Filtersystem, das das Grundwasser vor Verunreinigungen weitgehend schützt. Die Filterwirkung ist wesentlich abhängig von der Kornzusammensetzung und -größe. Karst-Grundwasser ist i.d.R. erheblich verschmutzungsempfindlicher als Poren-Grundwasser. Naturbelassenes Grundwasser enthält keine pathogenen Keime oder Schadstoffe, so dass es bevorzugt der Trinkwasserversorgung dient.
Die natürliche Reinigungsleistung von Deckschichten und Grundwasserleiter reicht aber bei massiven anthropogenen Verunreinigungen oft nicht aus. Hinsichtlich der Reduktion von Belastungen aus der ➔Landwirtschaft bietet sich für Wasserwerke die Zusammenarbeit mit extensiv oder mit Methoden des ➔integrierten Landbaus wirtschaftenden Agrarbetrieben an. Als Beispiel gelten das nach der Wende auf ➔ökologischen Landbau umgestellte Gut Canitz östlich von Leipzig, eine Tochter der städtischen Wasserwerke oder die Kooperationslösung zwischen Landwirten und kommunaler Wasserversorgung im hessischen Otzberg.
Grundwasser hat im Landschaftshaushalt eine systemverbindende ökologische Funktion. Grundwasser ist selbst ein Lebensraum. Voraussetzung dafür ist seine Bewegung. Hier finden sich arten- und formenreiche Lebensgemeinschaften, die durch ihren Stoffwechsel einen entscheidenden Beitrag zur qualitativen Grundwasserbeschaffenheit leisten.
In Deutschland nehmen nach der flächigen Verbreitung tertiäre und quartäre Lockersedimente mit rund 44 % Oberflächenanteil für die Grundwasserspeicherung eine hervorragende Stelle ein. Entsprechend den günstigen hydraulischen Eigenschaften von Sanden und Kiesen zählen zu den bekanntesten und wichtigsten Grundwasservorkommen in Deutschland die ausgedehnten Schotterablagerungen des Pleistozäns (z.B. Münchener Ebene, Urstromtäler Norddeutschlands, Ober- und Niederrheingebiet u.w.).
Die *umweltpolitische Praxis* und die *Rechtsprechung* betrachtet auf pragmatische Weise alles unterirdische Wasser als Grundwasser.
(➔BEWÄSSERUNG, ➔BEWÄSSERUNGSWIRTSCHAFT, ➔UMWELTBELASTUNGEN)

GRÜNE REVOLUTION: Ein speziell für tropische Regionen entwickeltes Agrarkonzept (GR), das auf Ertragssteigerung von Nahrungspflanzen - vor allem von Weizen und Reis - durch kombinierten Einsatz ("package approach") von *Hochertragssaatgut* (High Yielding Varieties: HYV), ➔*Agrarchemikalien*, *modernen Bodenbearbeitungsmethoden* und ➔*Bewässerung* abzielt.
Der Begriff wurde vermutlich 1968 von *W. Gaud* eingeführt, um zu beschreiben, dass Änderungen in der ➔Landwirtschaft von Entwicklungsländern revolutionären Charakter hatten und ein Wandel nicht mehr innerhalb eines üblichen Evolutionsprozesses stattfand.
Die Züchtung von HYV begann in den 30er Jahren in den USA. 1942 etablierten amerikanische Agrarwissenschaftler aus Mitteln der *Rockefeller Foundation* im Norden Mexikos ein Forschungs- und Ausbildungsprogramm für den landwirtschaftlichen Bereich, mit dem späteren Schwerpunkt Pflanzenzucht. Ziel war die Verschiebung der Biomasseanteile zugunsten des Kornertrags bei Mais- und Weizensorten.
Die traditionellen, noch nicht verbesserten Varietäten der in das Konzept einbezogenen ➔Kulturpflanzen waren groß, besaßen lange, schlaffe Blätter sowie tiefe weitverzweigte Wurzelsysteme und wiesen einen niedrigen Ernteindex auf. Die Erträge waren außergewöhnlich gering und wurden durch unzureichende ➔Bodenfruchtbarkeit sowie vor allem durch einen in den Tropen besonders ausgeprägten Stickstoffmangel begrenzt. Die geringen Erträge wurden teilweise durch die hohe genetische Diversität der Varietäten mit ihren Resistenzen gegenüber Dürre und Krankheiten kompensiert. Aufgrund des Stickstoffmangels und der negativen Folgen größerer Blattbeschattung ließen sich bessere Erträge nicht durch erhöhte Pflanzendichten erreichen. Erhöhte Einträge anorganischer ➔Dünger bewirkten lediglich eine stärkere Blattentwicklung mit zunehmender gegenseitiger Beschattung, sowie verlängerte Stengel, die zunehmend instabiler wurden.
Die wichtigste Errungenschaft der GR war die Produktion zwergwüchsiger oder zumindest kleinerer Varietäten von Getreidepflanzen mit stabilen Stengeln und kleinen, aufrechten Blättern. Diese Sorten ermöglichten dichtes Pflanzen, minimale Beschattung, relativ begrenzte Wurzelsysteme und besitzen das Potential für höhere Erträge. Es handelt sich um ➔Hybridzüchtungen, die aus Kreuzungen von In-

zuchtlinien zur Züchtung einmalig verwendbaren →Saatgutes hervorgehen.
1960 wurde in Los Baños auf den Philippinen ein Institut zur Erforschung von Hochertrags-Reissorten gegründet (*International Rice Research Institute*).
1965 begann die Einführung der HYV von Reis, Weizen und Mais in Nassreisbaugebieten und Getreidebaugebieten mit Nutzungswechsel und Pflugkultur in Asien, Nordafrika und Lateinamerika.
Anfang der neunziger Jahren wurden in Asien auf rd. 36 % der Getreidefläche HYV angebaut, in Lateinamerika auf rd. 22 %. Besonders rasch wurde der mexikanische Weizen von Pakistan und Indien übernommen. 1968/69 wurden in Pakistan ca. 45 % der Weizenfläche mit den neuen Sorten bestellt, in Indien waren es ca. 30 %. Bezogen auf die Weizenflächen der Entwicklungsländer (ohne China) waren 1990 70 % mit HYV bestellt.
Am wenigsten kam das verbesserte Saatgut in Afrika südlich der Sahara zum Einsatz. Nach Angaben der →FAO wird sich dies bis zur Jahrtausendwende nicht wesentlich ändern. Die Erklärung ist in einer Vielzahl von soziokulturellen, politischen, ökologischen und agrartraditionellen Ursachen zu suchen. Während im subsaharischen Afrika mit dem Wanderfeldbau und zunehmend auch mit dem permanenten Trockenfeldbau (bzw. Regenfeldbau) zwei längerfristig wenig entwicklungsfähige Produktionssysteme dominieren, steht der Landbevölkerung Tropisch-Asiens mit der Produktion von Nassreis im Bewässerungsfeldbau eine Form der Nahrungserzeugung zur Verfügung, die sich nicht nur durch ökologische Nachhaltigkeit, hohe Flächenproduktivität und eine enorme Tragfähigkeit, sondern auch durch ein überdurchschnittliches Entwicklungspotential auszeichnet, auf dem die GR erfolgreich aufbauen konnte. (Scholz 1998)
Die Umstellung auf Hochertragssorten in Verbindung mit einer Ausweitung der Bewässerungsflächen und erhöhtem Betriebsmitteleinsatz bewirkte eine erhebliche Steigerung der Weizen-, Reis- und Maisproduktion. Zwischen 1950 und 1984 stiegen die Getreideerträge um jährlich 3 %. Die Getreideproduktion pro Kopf erhöhte sich in diesem Zeitraum um 40 %. In Indien führten die Ertragssteigerungen dazu, dass das Land vom zweitgrößten Getreideimporteur im Jahre 1966 bis zum Ende der 70er Jahre zum autarken Getreideversorger wurde. Weitere Produktionserhöhungen sind möglich, da bislang erst ein Teil der Bauern Agrarchemikalien in nennenswertem Umfang verwendet. Anders als die meisten Agrarbetriebe der Industrieländer könnten Betriebe der Entwicklungsländer mit niedrigem Ertragsniveau und noch geringem Düngereinsatz schon mit relativ kleinen Düngermengen erhebliche Ertragssteigerungen erzielen.
Bedingt durch eine Verringerung des Betriebsmitteleinsatzes durch Abnahme der Anbauflächen infolge von →Bodendegradation kam es zwischen 1984 und 1990 zu einem Rückgang der Zuwachsraten auf weniger als 1 Prozent pro Jahr.
Neben der Ertragssteigerung galt die Züchtungsforschung auch der Verbesserung des Nährwertes, z.B. im Hinblick auf Eiweißgehalt und Eiweißqualität bei Weizen.

<u>Zur weiteren Bewertung der Grünen Revolution:</u>

- Ohne die GR wäre in den Entwicklungsländern die Versorgung einer exponentiell wachsenden Bevölkerung nicht gelungen.
- Die GR erlaubt Doppel- oder Dreifachernten im Jahr.
- Als Folge werden neuerdings Ansätze von Bodendegradation im ewigen Reisbau Asiens beobachtet. (Pingali u.a. 1997)
- Die Nahrungsmittelpreise sanken.
- Die Ernährungsprobleme wurden dennoch nur teilweise gelöst, da viele Hungernde keine Kaufkraft zum Erwerb des Getreides haben.
- Die volle Leistungskraft der HYV kommt nur bei der Verwendung eines optimal abgestimmten Maßnahmebündels (package approach) zur Geltung. Beim Fehlen eines Faktors ist der Anbauerfolg in Frage gestellt. Neuere Züchtungen sollen diese Abhängigkeiten abgemildert haben. Jede Komponente der GR soll nun für sich alleine schon eine deutliche Produktionserhöhung erbringen.
- Es trat eine erhöhte Anfälligkeit gegenüber Krankheiten und Schädlingen auf (Rostinfektion bei Weizen, Viruskrankheiten beim Reis, z.B. der Braune Planthopper).
- HYV benötigen intensiven chemischen → Pflanzenschutz, der die Umwelt belastet und die ländliche Bevölkerung gefährdet. In vielen Nassreisgebieten Südostasiens ergab sich eine Beeinträchtigung oder Zerstörung der traditionellen Fisch- und Wassergeflügelhaltung durch den exzessiven Chemikalieneinsatz. Bestimmte Schädlinge wurden resistent bzw. immun.
- Der Ersatz von traditioneller Naturdüngung durch Mineraldüngung bei gleichzeitigem Beratungsdefizit führte vielfach zu Überdüngungserscheinungen, z.T. zu Ertragsrückgängen.
- Es kam zu schlechten Back- und Verarbeitungsqualitäten bei Weizen und Mais und zu einem hohen Wasserbedarf bei Reis (Folgeforschungen konnten diese Erscheinungen z.T. mildern).
- Energetisch ist die neue Agrartechnologie weniger effektiv als viele traditionelle Anbausysteme.
- Die GR verstärkt den Trend, nur noch wenige, hohe Ernteerträge versprechende Samensorten anzubieten und einzusetzen. Tausende von Sa-

mensorten sind bereits vernichtet und stehen für Zuchtversuche nicht mehr zur Verfügung (Generosion). Die Angebotspalette auch genetisch unterschiedlicher Sorten ist heute allerdings deutlich größer als 1970.

- Ohne die Intensivierung des →Ackerbaus durch die GR wäre die Regenwaldzerstörung vermutlich noch weiter fortgeschritten.
- Hochertragssorten von Weizen, Mais oder Reis und die für sie erforderliche HY-Technologie sind in der gegenwärtigen Ausprägung für eng begrenzte naturgeographische Gunsträume mit guten Böden hoher Austauschkapazität geeignet. Für rd. zwei Drittel der Tropenzone und damit den größten Teil der Dritten Welt bieten sie keine Lösung agrarischer Produktivitätsprobleme.
- Entwicklungsländer befürchten, in die Abhängigkeit von wenigen mit →Gen-Banken und dem Know-how zur →Gentechnik ausgestatteten transnationalen Saatgutunternehmen zu geraten.
- Nationale Forschungseinrichtungen, die die weltweit vorhandenen Sorten an lokale Bedingungen hätten anpassen können, waren nicht vorhanden.
- Bauern werden zunehmend in Agrarsystembeziehungen eingebunden. Dies führt häufig - wenn auch nicht generell - zu Verschuldung und Verschärfung sozialer Disparitäten. Andererseits wird auch ein Aufholen des Produktivitätsvorsprungs der großen Betriebe durch Kleinbauern berichtet.
- Das Hauptverbreitungsgebiet der GR liegt in Ländern mit rentenkapitalistischer Agrarsozialstruktur und höchst ungleichem Ressourcenzugang der Landbevölkerung. Großbauern und Landeigentümer wurden durch HYV-Diffusion begünstigt, da vor allem sie die Möglichkeit zur Beschaffung notwendiger Inputs besaßen. Die Erhöhung der Flächenerträge führte zu unproportionaler Steigerung von Pachtsummen oder zur Vertreibung von Pächtern, weil Landeigentümer die attraktiver gewordene →Landwirtschaft in eigene Regie übernahmen (Verschuldung, Abwanderungen, Wandlungen der Betriebsgrößenstruktur als sozioökonomische Konsequenzen, wirtschaftliche Polarisierung).

Es wird andererseits auch die Position vertreten, dass der Einsatz hochertragreicher Getreidesorten "betriebsgrößenneutral" sei.

- Die Geschwindigkeit der Ausbreitung von Maßnahmen im Rahmen der GR hat sehr markante Disparitäten zwischen einzelnen Regionen entstehen lassen (Regionen mit moderner Agrartechnologie gegenüber Gebieten mit traditioneller Nutzung). In Trockengebieten ohne Bewässerungssysteme konnten die neuen feuchtigkeitsstressempfindlichen Sorten nicht eingesetzt werden. Der Großteil Afrikas wurde daher völlig ausgespart von der GR, ebenso trockene Gebiete in Asien und Südamerika.
- Die Effekte der GR auf den ländlichen Arbeitsmarkt sind bisher noch positiv, da dem erhöhten Arbeitsaufwand eine teilweise erst geringe Mechanisierung entgegensteht. Falls sich der deutliche Trend zur Technisierung und Rationalisierung aber weiter verstärkt, sind erhebliche Arbeitskräftefreisetzungen zu erwarten, die möglicherweise außerhalb der →Landwirtschaft nicht aufgefangen werden können. Andererseits vermag die Mechanisierung bei einer Binnenproduktion der Geräte zu einer Diversifizierung der Volkswirtschaft beizutragen. Auch wirkt die Ausweitung auf 2 bis 3 Ernten pro Jahr einem Arbeitskräfteabbau entgegen.
- Die Außenabhängigkeit von Entwicklungsländern wurde teilweise eher vergrößert als verringert, da die Eigenproduktion von Agrar-Inputs nicht Schritt mit der Nachfragesteigerung hält. Zwar wurde der Bedarf an Nahrungsmitteln reduziert oder beseitigt, doch müssen wachsende Mengen landwirtschaftlicher Produktionsmittel importiert werden, die wegen ungünstiger →Terms of Trade immer höhere Anteile der Agrarexporterlöse aufzehren. Als Gegenbeispiel dient Indonesien mit einer auf die eigenen Erdöl- und Erdgasvorkommen gestützte Düngerfabrikation.
- Die FAO räumt ein, dass die von ihr forcierte GR in den meisten Ländern der Welt die in sie gesetzten Erwartungen nicht erfüllt habe.

Charakteristika und Auswirkungen der GR sind in ihren Ausprägungen ausdrücklich nach Staat bzw. Agrarregion und Zeitabschnitt seit Beginn der GR differenziert zu sehen!

Die Probleme der GR, insbesondere deren räumliche Anwendungsbeschränkungen und agrarsoziale Effekte, führten seit den siebziger Jahren zu einer Reorientierung der Entwicklungsländer-bezogenen Agrarforschung mit dem Ziel einer stärkeren Berücksichtigung der Probleme ressourcenarmer Kleinbauern und der Ausweitung der GR auf bisher nicht berücksichtigte tropisch-subtropische Ungunstgebiete. Zu diesem Zweck erfolgte eine Erweiterung des Netzes landwirtschaftlicher Forschungsstationen, eine Ausdehnung der Züchtungsforschung auf 21 Kulturpflanzen (u.a. Gerste und Hirse) und die Einbeziehung der Tierhaltung in das Forschungsprogramm. Experimentiert wird u.a. auch mit

- Pflanzen- und Tierzüchtungen, die unter ungünstigen Boden- und Klimabedingungen Ertragssteigerungen zulassen und erhöhte Schädlings- bzw. Krankheitsresistenz besitzen,
- Verfahren der integrierten Schädlingsbekämpfung, d.h. Kombination von chemischen Pestiziden mit biologischen und mechanischen Kontrollmechanismen, z.B. gezieltem Einsatz natürlicher

Feinde der Schädlinge, Verminderung der Fortpflanzungsfähigkeit durch Einsatz steriler Männchen, Aufstellung von Duftfallen, Vernichtung befallener Pflanzenteile, Schädlingsregulierung durch Rotationen und →Mischkulturen und der
- Verbesserung der Düngereffizienz durch →Mulchen und Einarbeiten von Pflanzenmaterial (z.B. Unterpflügen von Klee). Die Ertragsfähigkeit Mulch-bedeckter tropischer Böden bleibt auch bei geringem Düngereinsatz wesentlich länger erhalten als bei üblicher Bodenbearbeitung.

Die eben angeführten Versuche zeigen, dass auch ohne hohen Agrarchemikalien-Einsatz Produktionssteigerungen in Regionen traditioneller →Landwirtschaft möglich sind. Hier setzt *grundsätzliche Kritik* am "High-External-Input-Konzept" (Produktionssteigerung durch hohen Einsatz zugekaufter Betriebsmittel) der GR an. Maßnahmen zur Produktionssteigerung orientierten sich bisher zu sehr am Modell des →konventionellen Landbaus in Industrieländern. Sind dort bereits seit längerem die kapital- und energieintensiven und umweltbelastenden Landwirtschaftsformen in die Kritik geraten, so erscheint es um so weniger sinnvoll, sie in ressourcenarme Länder der Dritten Welt zu übertragen. Ziel der →Agrarpolitik muss vielmehr die Entwicklung "standortgerechter", d.h. möglichst sparsamer, umweltschonender und an die wirtschaftliche und soziale Situation ("kleinbauernfreundlich") von Entwicklungsländern angepasster Kulturpflanzen und -tiere, Wirtschaftsformen und Technologien sein. Diese Phase der "after green revolution" ist geprägt von Konzepten der "sustainable agriculture" oder des "→eco-farming", zu denen Anbaumethoden wie die →Agroforstwirtschaft und →Mischkulturen gehören.

<u>Strategien für die Weiterentwicklung der Grünen Revolution:</u>
- Ausweitung der GR auf bislang vernachlässigte Kulturpflanzen, vor allem solcher die im Regenfeldbau angebaut werden können, und die Grundnahrungsmittel in weiten Teilen der Dritten Welt sind. Dazu gehören die Grobgetreidesorten Gerste, Hirse und Sorghum und Hülsenfrüchte, wie Linsen, Bohnen, Erbsen, Kichererbsen und Erdnüsse, ferner Wurzel- und Knollenfrüchte wie Maniok, Yamswurzeln, Kartoffeln, Taro u.w.
- Erhöhung der Toleranz von Feldfrüchten gegenüber ungünstigen Bodenbedingungen durch:
  a) Verminderung des Wasserbedarfs (z.B. durch Herabsetzung der Wasserdampfabgabe durch Blatt und Stengel oder durch kürzere Vegetationszeiten)
  b) Toleranz gegenüber schwermetallhaltigen, versalzten und sauren Böden
- Verminderung des Düngemittelbedarfs
- Verminderung des Pflanzenschutzbedarfs
- Entwicklung arbeitsintensiver Agrartechnologien
- Erzielung von Ertragssteigerungen und Qualitätsänderungen durch →Biotechnologie und →Gentechnologie
- →Agrarreformen zur Schaffung gerechter Bodenbesitzverhältnisse

GRÜNE-REVOLUTION-SYNDROM: Umweltdegradation durch Verbreitung standortfremder landwirtschaftlicher Produktionsverfahren. Das GRS ist Teil eines Syndrom-Konzepts des *Wissenschaftlichen Beirats der Bundesregierung Globale Umweltveränderungen*, das hilft, unerwünschte charakteristische Konstellationen von natürlichen und zivilisatorischen Trends und ihrer Wechselwirkungen geographisch zu identifizieren.
Symptome des GRS sind Verlust an →Biodiversität, genetische Erosion, Grundwasserverschmutzung, →Bodendegradation, Gefährdung der Welternährung, Gesundheitsgefährdung durch →Pestizide, Marginalisierung, →Landflucht, Reduktion kultureller Vielfalt, Verstärkung wirtschaftsräumlicher Disparitäten. (→GRÜNE REVOLUTION)

GRÜNFUTTER: 1. Die in frischem Zustand an das Vieh verfütterten Futterpflanzen. 2. Futterpflanzen, die vor Eintritt der physiologischen Reife geerntet werden. Es besteht somit stets aus stoffwechselaktivem Pflanzengewebe mit mehr oder weniger hohem Wassergehalt. Grünfutter ist deshalb leicht verderblich und nur sehr begrenzt lagerfähig und bedarf, soweit es nicht direkt verfüttert wird, der Konservierung. Zu den Grünfuttermitteln zählen Ernteprodukte des →Grünlandes und des Ackerfutterbaues (z.B. Rotklee, Luzerne, Silomais, Grünroggen, Grünmais, Futterkohl).

GRÜNLAND: Mit Grünland werden sowohl Nutzflächen als auch die darauf stockenden Pflanzenbestände bezeichnet. Die Nutzflächen "Grünland" unterscheiden sich vom →Ackerland durch das Fehlen einer jährlichen Bodenbearbeitungs- und Ansaatnotwendigkeit. Grünland wird durch mehr oder weniger regelmäßige Mahd und/oder Beweidung gehölzfrei gehalten. Synonym sind die Begriffe →*Dauergrünland*, wobei eine Nutzungsdauer von mindestens 4 bis 6 Jahren anzusetzen ist, und *Grasland*, da Gräser neben geringen Anteilen an Leguminosen und Kräutern die Hauptbestandsbildner der Pflanzendecke des *natürlichen Grünlandes* sind. Ackerfutterflächen in Form von ein- und mehrjährigem →Futterbau (Gras-Klee-Gemenge) sind kein Grünland in o.g. Sinne, sondern werden dem Ackerfutterbau zugerechnet.
Der Aufwuchs des Grünlands dient der Ernährung der →Nutztiere, speziell der Rauhfutterfresser. Ein

großer Teil des Aufwuchses wird nicht sofort verwertet, sondern muss für die Winterfütterung konserviert und gelagert werden. Da lediglich ein geringer Teil des Futteranfalls in konservierter Form (z.B. als ➔Grünmehl) vermarktet wird, stellt die Masse des erzeugten Futters das erste Glied einer innerbetrieblichen Verwertungskette dar.
Die Pflanzenbestände des Grünlands bestehen aus meist längerlebigen Pflanzenarten aus Gräsern und Kräutern mit einem unterschiedlich hohen Futterwert. Die floristische Zusammensetzung ist u.a. abhängig von den Standortbedingungen, der Nutzungsart und -intensität.
Nach seinen natürlichen Standortbedingungen unterscheidet man natürliches, absolutes und fakultatives Grünland. *Natürliches Grünland* besteht auf jenen, in Mitteleuropa kleinräumigen Flächen, die ohne den Einfluss des Menschen eine Grünlandvegetation aufweisen. Solche Standorte finden sich am Küstensaum und in der Verlandungszone der übrigen Gewässer, auf nicht waldfähigen Flussauen und Mooren sowie im Gebirge oberhalb der Baum- und Strauchgrenze. *Absolutes Grünland* umfasst Flächen, die wegen hoher Grundwasserstände, Geländeunebenheiten, Substanz- und Strukturschwundes (Moorböden), Erosionsgefahr u.a. nicht ackerfähig sind. *Fakultatives Grünland* lässt vom Standort her ➔Ackerbau zu, wird jedoch - meist aus betriebswirtschaftlichen Gründen - als Grünland genutzt.
Nach der Nutzung wird das Grünland in ➔Wiesen, ➔Mähweiden, ➔Weiden, ➔Wechselgrünland, ➔Hutungen und ➔Streuwiesen unterschieden.
Bei *intensiver* Grünlandbewirtschaftung wird mit verschiedenen Methoden versucht, die Quantität und Qualität des Futterertrags zu erhöhen. Dazu gehören: Bewässern, Walzen, Abbrennen, Kalken, Düngen mit ➔Gülle oder ➔Mineraldünger, Einsaat wertvoller Futtergräser und Kleearten. Im Falle der Neuansaat spricht man von *Saatgrasland*.
Unter *extensiver Grünlandwirtschaft* ist der bewusste Verzicht auf die Ausschöpfung des standortspezifischen Optimalertrages durch verminderten Einsatz von ➔Betriebsmittel und Arbeit zu verstehen.
<u>Ziele extensiver Grünlandwirtschaft sind:</u>

- Marktentlastung
- abiotischer Ressourcenschutz (➔Boden, Wasser, Luft)
- biotischer Ressourcenschutz (Fauna, Flora) sowie
- Wahrung bzw. Verbesserung des ästhetischen Wertes der ➔Kulturlandschaft

Die enge Verzahnung der Grünlandnutzung mit der Tierhaltung führt in den reinen Grünlandgebieten zu einem weitgehend geschlossenen Nährstoffkreislauf. Der Nährstoffabfluss durch den Verkauf von tierischen Produkten wird allerdings durch eine Nährstoffzufuhr (Mineraldünger, Zukaufsfuttermittel) ausgeglichen. Übersteigt bei unangepasst hohem Tierbestand die Nährstoffzufuhr den Abfluss, entstehen auch beim Grünland Umweltbelastungen (➔Bodenunabhängige Tierhaltung, ➔Massentierhaltung, ➔Umweltwirkungen).
Als im Idealfall (extensive Nutzung) *naturnahe* Nutzungsform leistet die Grünlandbewirtschaftung einen wesentlichen Beitrag zur Erhaltung und Bereicherung der offenen ➔Kulturlandschaft. Generell hat die Grasnarbe gegenüber dem Ackerbau ökologische Vorteile:

- Schutz vor Bodenerosion
- Humusanreicherung
- Geringere Anfälligkeit gegenüber Pflanzenschädlingen
- Ausnutzung jeder wachstumsfähigen Stunde in klimatischen Grenzsäumen
- Verträglich gegenüber kürzeren Vegetationszeiten
- Verträglich gegenüber höheren Niederschlägen
- Günstigere O_2-Bilanz

GRÜNLANDSCHÄTZUNGSRAHMEN: Grundlage für die ➔Bodenbewertung von ➔Grünland durch ➔Grünlandzahlen.

GRÜNLANDZAHL: Bewertungszahl für die Ertragsfähigkeit von Grünlandflächen. (➔BODENBEWERTUNG)

GRÜNMEHL: ➔Futtermittel, das durch energie- und technikintensive Heißlufttrocknung von jungen Futterpflanzen gewonnen wird, und dessen Enzyme, welche die Oxidation beschleunigen, durch die Trocknung praktisch unwirksam geworden sind. Beim Trocknungsvorgang treten kaum Nährstoff- bzw. Inhaltsstoffverluste auf, sodass der Futterwert sehr hoch ist. Das ➔Grünfutter wird direkt nach der Trocknung gemahlen und locker gelagert. Wird das Trockengut gepresst, erhält man Presslinge, die je nach Größe, Form und Dichte als ➔Pellets, Cobs und Briketts bezeichnet werden.

GRUPPENMARKETING: Auch *Verbundmarketing*; die gemeinsame Vermarktung landwirtschaftlicher Produkte durch eine Gruppe von ➔Landwirten, z.B. im Rahmen von ➔Erzeugergemeinschaften.

GRUPPENSIEDLUNG: Eine Gruppensiedlung liegt vor, wenn mindestens zwei Wohn- und Wirtschaftseinheiten über einen Wohnplatz mit gemeinsamen Einrichtungen verfügen und eine ➔Flur gemeinsam nutzen. (➔EINZELSIEDLUNG, ➔LÄNDLICHE SIEDLUNG, ➔LÄNDLICHE SIEDLUNGSFORM)

GUANO: Als ➔Dünger genutztes organisches Sediment aus Fäkalien von Seevögeln. Guano wird beispielsweise im wüstenhaften Küstenklima der Pazifikküste Südamerikas akkumuliert. Dort ermöglicht der kühle Humboldt-Strom mit seinem Plankton- und Fischreichtum riesige Populationen von Seevögeln, die vor allem auf den vorgelagerten Inseln nisten.

GULF: Kubischer Ernte-Stapelraum im Mittelbereich des ➔Gulfhauses.

GULF(-EIN)HAUS: Längsaufgeschlossenes, dreischiffiges Einheitshaus in Ostfriesland und südlich sowie östlich angrenzenden Gebieten mit einem zentralen, ebenerdigen, von vier Ständern getragenen Raum (Vierkant), der ohne Zwischendecke bis zum Dach reicht und als Lagerplatz für die Heu- und Getreideernte dient.

GÜLLE: Gülle, auch Flüssigmist genannt, bezeichnet ein bei der landwirtschaftlichen ➔Viehhaltung anfallendes Gemisch von Kot, Harn und feinem Streumaterial, verdünnt mit dem Wasser, das zur Reinigung der Spaltenböden der Boxen von Rindern und Schweinen eingesetzt wird. Gülle kann als ➔Wirtschaftsdünger benutzt werden.
Flüssigmistsysteme ersetzen aus arbeitswirtschaftlichen Gründen zunehmend die unter Emissionsgesichtspunkten (CH_4) weitaus günstigeren Festmistsysteme.
In den viehhaltenden Betrieben Deutschlands fallen jährlich ca. 200 Mio. Tonnen Gülle an. Beim Rind betragen die täglichen Ausscheidungen ca. 8 - 9 % des Körpergewichtes, beim Schwein ca. 10 - 11 %. Kern der Gülleproblematik ist, dass die Güllemengen regional oder örtlich konzentriert anfallen.
Die Schaffung ausreichenden Lagerraums ist die Voraussetzung für Gülledüngung zu optimalen Zeitpunkten. Der Behälterraum soll mindestens für eine sechsmonatige Lagerung ausreichen, um Gülle gezielt während der Wachstumszeit ausbringen zu können. Unter ungünstigen Bedingungen (z.B. lange Winterperiode, hoher Maisanteil in der ➔Fruchtfolge) ist mehr Lagerraum nötig. Die Lagertanks sollten wegen der Stickstoff- und Geruch-Emissionen generell geschlossen sein. Waldschäden um offene Gülletanks in Regionen mit intensiver und ➔bodenunabhängiger Viehhaltung sind belegt. Als Abdeckungen bieten sich an Strohhäckseldecken und Pegülit-Schüttungen, ferner Schwimmfolien und als teuerste und wirksamste Lösung Zeltdächer.
Wieviel Gülle anfällt, hängt hauptsächlich von der Tierart und der zufließenden Wassermenge ab.
Mit Gülle wird viel schnellverfügbarer Stickstoff in Form von Ammonium (NH_4) ausgebracht. Seine Wirkungsweise ist vergleichbar mit der mineralischer N-Dünger. Die Ausbringzeiten von Gülle zu den einzelnen ➔Kulturpflanzen sind daher dieselben wie bei mineralischer N-Düngung. Der organisch gebundene ➔Stickstoff der Gülle wirkt langsam. Dies führt langfristig zur Erhöhung der Stickstoffnachlieferung aus dem ➔Boden. Es ist daher eine geringere mineralische N-Düngung in konventionell wirtschaftenden Betrieben erforderlich. Phosphat und Kali der Gülle wirken gleich wie Phosphat und Kali aus ➔Mineraldünger.
Jeder Nährstoffverlust vermindert die Ertragswirksamkeit der Gülle und erhöht die Belastung der Um-

Nährstoffaussscheidung je Großvieheinheit und Jahr

Tierart	Ausscheidungen [kg] Stickstoff	Phosphat	Kali
Milch- und Jungvieh (hoher Maisanteil)[1]	68	29	90
Milch- und Jungvieh (geringer Maisanteil)[1]	90	34	136
Mastbulle	72	24	56
Mastschwein	104	52	52
Zuchtschwein	88	44	44

[1] im Futter

Quelle: LBP, Bodenfruchtbarkeit erhalten - Umweltgerechter Einsatz der Gülle im Ackerbau, 1991

Durchschnittlicher Gülleanfall verschiedener Tierarten bei 7,5 % Trockensubstanz

Tierart	Gülleanfall [m³] je Großvieheinheit pro Monat	Großvieheinheit in 6 Monaten	Tier pro Monat	Tier in 6 Monaten
Milchvieh (1 Kuh = 1,2 GV)	1,9	11,3	2,3	13,6
Mastbulle (350 kg = 0,7 GV)	1,3	8,0	0,9	5,6
Mastschwein (60 kg = 0,12 GV)	1,5	8,7	0,2	1,1
Zuchtschwein (1 Zuchtsau mit 19 aufgezogenen Ferkeln = 0,46 GV)	1,2	7,4	0,6	3,4

Quelle: LBP, Bodenfruchtbarkeit erhalten - Umweltgerechter Einsatz der Gülle im Ackerbau, 1991

welt. Hohe gasförmige Stickstoffverluste treten bei heißer, windiger Witterung und dickflüssiger Gülle hauptsächlich dann auf, wenn die Gülle nicht schnell in den Boden eindringen kann. Sofort nach der Ausbringung ist die Abgasung von →Ammoniak am größten. Bereits nach wenigen Stunden kann bei ungünstigen Bedingungen der gesamte Ammonium-N verlorengehen. Abhilfe bringt vor allem die sofortige flache Einarbeitung. Ist diese nicht möglich, sollte die Ausbringung bei windstiller, kühler Witterung und bei offenem Boden erfolgen. Zugleich wird dadurch die Geruchsbelästigung beseitigt bzw. vermindert.
Vor allem hinsichtlich der Umwelt- und Düngeaspekte sind neuere Techniken der Gülle-Verteilung, wie Schleppschlauchverteiler, Schleppschuhgeräte oder Schlitzdrillmaschinen den konventionellen Breitverteilern (Prallbleche, Prallköpfe, Schwenkdüsen und Düsenbalken) oder gar der Gülleverregnung deutlich überlegen. Zudem erlaubt ihre Kombination mit Verfahren des →Precision Farming eine räumlich gezielte Ausbringungsmenge in Abhängigkeit vom Nährstoffbedarf oder von der Bodenqualität. Die neuen, bodennahen Ausbringungstechniken sind gegenüber herkömmlichen Techniken mit zusätzlichen Kosten in Höhe von 2 bis 3 DM pro Kubikmeter Gülle verbunden. Dazu kommen u.U. Nachteile wie Verstopfungsgefahr und der Einsatz schwerer Zugmaschinen.
Gülleüberschüsse einzelner Regionen können durch Güllebanken und -aufbereitungsanlagen abgebaut und umverteilt werden. In den Niederlanden wurden 1995 20 Mio. t Gülle umverteilt. Auch in Deutschland gibt es diese Praxis vereinzelt auf Kreisebene.

GÜLLEHOCHLASTFLÄCHEN: Als Güllehochlastflächen werden solche Flächen bezeichnet, auf denen bei land- oder forstwirtschaftlicher Nutzung überdurchschnittlich hohe, den Nährstoffbedarf der Pflanzen wesentlich überschreitende Mengen an Flüssigmist über längere Zeit ausgebracht wurden. Güllehochlastflächen stehen in direktem Zusammenhang mit Tierproduktionsanlagen und sind durch überhöhte Gehalte an leicht löslichem Stickstoff und doppellaktatlöslichem Phosphat (d.h. extrahierbar mit einer durch Salzsäure auf pH 3,6 eingestellten Lösung von Calciumlactat) im →Boden gekennzeichnet. Der Anteil von Güllehochlastflächen in den neuen Bundesländern wird auf ein bis zwei Prozent der →landwirtschaftlichen Nutzfläche, also 60.000 bis 120.000 Hektar geschätzt. Auch in den alten Bundesländern wird in Regionen hoher Viehdichte mit Güllehochlastflächen gerechnet.
Auf Güllehochlastflächen sind Böden, →Grund- und Sickerwässer großflächig mit Pflanzennährstoffen kontaminiert: Akkumuliertes Phosphat und weitere Stoffe werden in benachbarte →Ökosysteme über Erosionsprozesse eingetragen. Das Gefährdungspotential von Güllehochlastflächen bleibt auch nach der Einstellung intensiver Gülleausbringung über einen längeren Zeitraum bestehen. Die Kontamination der Grund- und Sickerwässer ist im Rahmen der →ordnungsgemäßen Landbewirtschaftung nicht auszuräumen. Die Bewirtschaftung dieser Böden muss auf den Abbau der hohen Nährstoffkonzentrationen im Boden und im Sickerwasser ausgerichtet sein. Sanierungsmöglichkeiten sind begrenzt, wenn größere Mengen des zugeführten organischen Stickstoffs bereits aus dem durchwurzelten Raum ausgewaschen und in tiefere Schichten verlagert wurden. Auf besonders gefährdeten Standorten kann beispielsweise die Aufforstung mit tiefwurzelnden Baumarten ökologisch sinnvoll sein. (→UMWELTWIRKUNGEN)

GÜLLESEEN: Umgangssprachliche Bezeichnung für große Sammelbecken von →Gülle, die aus →Massentierhaltungen auf dem Gebiet der ehemaligen DDR (z.B. in Knau, Ostthüringen) errichtet worden waren. Dieses Verfahren belastete Luft, →Boden und →Grundwasser durch Sauerstoffzehrung, H_2S- sowie NH_3-Bildung, Arznei- und Pestizidrückstände und Schwermetallanreicherung.

GUT: Größerer landwirtschaftlicher Besitz, in der Regel ein →Hof mit dazugehörigen Ländereien, der mit Hilfe familienfremder Arbeitskräfte bewirtschaftet wird. Güter gehen häufig auf adeligen Grundbesitz zurück und werden oft als Pachtbetrieb geführt oder durch einen Verwalter bewirtschaftet.
Eine Gutsherrschaft entwickelte sich in Deutschland Ende des 15., insbesondere im 16. Jahrhundert. In Schleswig-Holstein, in der Lausitz, in Brandenburg, vor allem aber in Mecklenburg und Pommern kam es zu wesentlichen Veränderungen der Agrarsozialstruktur, die auch die →ländliche Siedlung und →Flur beeinflussten. Als Voraussetzung für die Gutsbildung wird das Zurückbleiben der Löhne hinter dem im 16. Jh. erfolgenden Anstieg der Getreidepreise, d.h. die Unterbezahlung der Arbeitskräfte angesehen.
Ausgangspunkte für die Gutswirtschaften waren:

- Lokatorenhöfe, die großen Anwesen der Siedlungsvorsteher in der Zeit der →Ostkolonisation
- Güter der Lehensritter
- Besitz des einheimischen Adels in Pommern und in Teilen von Mecklenburg und Schlesien
- Landesherrliche Eigenwirtschaften
- Klösterliche Großbetriebe
- mehrphasige Vergrößerung aus wüstem Land (nach Pestseuchen, dem 30-jährigen Krieg) und durch das frühneuzeitliche →Bauernlegen (z.B. in der Lausitz)

Als Voraussetzungen für die Gutsbildung gelten vier Faktoren: Verkehrsgunst für die Entstehung von

Gutswirtschaften, Kriegszerstörungen, die die traditionellen bäuerlichen Strukturen destabilisierten, Adelsherrschaft, die das ➔Bauernlegen ermöglichte (vorrangig von der 2. Hälfte des 16. bis zum 18. Jh.) und "moderne" ➔Landwirtschaft, wie sie z.B. in Form der ➔Koppelwirtschaft betrieben wurde.
Parallel zum Aufkommen großer Betriebe entwickelte sich die Gutsherrschaft als rechtliche Institution. Die Schwäche landesherrlicher Gewalt führte dazu, dass Gerichtsherrschaft und Steuerrechte auf den Adel übergingen. Bis zur Bauernbefreiung erfolgte die Bearbeitung der Güter vor allem durch erbuntertänige Bauern der Gutsdörfer. Zum Frondienst der Bauern (Scharwerken), kamen die Handdienste der Kleinbesitzer und der Gesindezwangsdienst. Jeder erbuntertänige Bauer eines Gutes war danach verpflichtet, seine Kinder für eine bestimmte Zeit (i.d.R. 1 Jahr) der Herrschaft in den Gesindedienst zu geben.
Als Folge der ➔Agrarreformen des frühen 19. Jh. wurde die herrschende Gutsstruktur östlich von Elbe und Saale noch verstärkt. Reformkonforme Gebietsabtretungen der ➔Bauern an den bisherigen Grundherrn bei der Umwandlung ihrer Nutzflächen in Eigentum brachten den Bauern insgesamt einen Verlust von 1 Mio. ha Land, die in Gutsland umgewandelt wurden. Zahlreiche Bauernstellen mussten wegen zu kleiner Betriebsflächen oder wegen Kapitalmangel aufgegeben werden. Im östlichen Mitteleuropa und in Osteuropa bildeten die Gutsbesitzer bis zu den Kollektivierungen des 20. Jh. die schmale ländliche Oberschicht, ihre Betriebe prägten die ländliche ➔Kulturlandschaft nachhaltig.
Heute kommen in den alten Bundesländern Gutsbetriebe in Streulage vor, lediglich im östlichen Holstein bilden sie die vorherrschende Betriebsart, auch heute noch überwiegend in Adelsbesitz.
Eine Besonderheit sind *Staatsgüter* (Domänen), die oft als Träger der landwirtschaftlichen Forschung dienen.

GUTE FACHLICHE PRAXIS: Vager Begriff zur Beschreibung praxisgerechten landwirtschaftlichen Anbaus, der insbesondere wichtig ist im Zusammenhang mit der Bekämpfung von Schadorganismen und dabei oft euphemistischen Charakter annimmt. Er findet Verwendung im ➔*Düngemittel-* und ➔*Pflanzenschutzgesetz* sowie als Variante ("ordnungsgemäße landwirtschaftliche Bodennutzung") im bisherigen ➔*Bundesnaturschutzgesetz*. Das interpretierungsbedürftige neue ➔*Bundesbodenschutzgesetz* greift Vereinbarungen der Landwirtschaftsminister von Bund und Ländern aus den Jahren 1987 und 1993 auf. Nach dem BBodSchG gehört als Grundsatz zur guten fachlichen Praxis in der landwirtschaftlichen Bodennutzung die nachhaltige Sicherung der ➔Bodenfruchtbarkeit und Leistungsfähigkeit des ➔Bodens als natürlicher Ressource, sowie dass
1. die ➔Bodenbearbeitung unter Berücksichtigung der Witterung grundsätzlich standortangepasst zu erfolgen hat
2. die Bodenstruktur erhalten oder verbessert wird
3. ➔Bodenverdichtungen, insbesondere durch Berücksichtigung der ➔Bodenart, Bodenfeuchtigkeit und des von den zur landwirtschaftlichen Bodennutzung eingesetzten Geräten verursachten Bodendrucks soweit wie möglich vermieden werden
4. Bodenabträge durch eine standortangepasste Nutzung, insbesondere durch Berücksichtigung der Hangneigung, der Wasser- und Windverhältnisse sowie der Bodenbedeckung möglichst vermieden werden
5. die naturbetonten Strukturelemente der Feldflur, insbesondere ➔Hecken, Feldgehölze, ➔Feldraine und ➔Ackerterrassen, die zum Schutz des ➔Bodens notwendig sind, erhalten werden
6. die biologische Aktivität des Bodens durch entsprechende Fruchtfolgegestaltung erhalten oder gefördert wird und
7. der standorttypische Humusgehalt des Bodens, insbesondere durch eine ausreichende Zufuhr an organischer Substanz oder durch Reduzierung der Bearbeitungsintensität, erhalten wird
(➔LANDWIRTSCHAFTSKLAUSELN, ➔ORDNUNGSGEMÄSSE LANDWIRTSCHAFT, ➔UMWELTWIRKUNGEN)

GUTSHAUS: Auch "Herrenhaus"; ein gewöhnlich architektonisch besonders gestaltetes, in "städtischem" Stil errichtetes Wohnhaus eines auf dem Land wohnenden Großgrundbesitzers, oft einer kleinen Residenz vergleichbar (Schloss, Palais, Villa). Das gilt für die vielfach befestigten Bauten der Großgrundbesitzer in den alten Kulturgebieten ebenso wie für die der jungen Kolonialgebiete, wo die Villen der Besitzer und Manager von ➔Plantagen, ➔Hacienden o.ä. ebenso städtischen Stil zeigen.

GUTSHERRSCHAFT: Ausdruck einer feudalen Agrarverfassung, bei der die Besitzer von ➔Gütern und der Staat als Domäneneigner das Privileg besaßen, Arbeitsrente und Produktionsrente (Naturalabgaben) zu beziehen. Dabei wurde der Gutsbetrieb überwiegend mit Frondiensten bewirtschaftet, diese überwogen die Bedeutung der Naturalabgaben bei weitem. Mittelpunkt der Gutsherrschaften waren die eigenen Güter der Feudalherren. Diese standen zwar in Lehnsabhängigkeit von den Landesherren. Ihre Rechtsposition war aber weitgehend unangefochten und vor allem erblich. Der Gutsherr war zugleich Grundherr, Gerichtsherr, Leibherr, Inhaber der unters-

ten Verwaltungshoheit, der sogenannten Polizeigewalt und häufig auch Inhaber der kirchlichen Patronatsgewalt.
Gutsherrschaft war vor allem in den ostelbischen Gebieten verbreitet. Hier war der überwiegende Teil der Bauern durch die Gutsherrschaft erheblich in ihrer Freizügigkeit beschränkt und mit großen Leistungspflichten belastet.

GVO: Gentechnisch veränderte Organismen; Einzeller, Tiere oder Pflanzen, denen mit Methoden der →Gentechnologie veränderte eigene oder aus anderen Organismen stammende Gene übertragen wurden (syn.: transgene und rekombinante Organismen). Der Vorgang der Veränderung wird als *Rekombination, Transformation* oder *genetic engineering* bezeichnet.

H

HABITAT - HYBRIDZÜCHTUNG

HABITAT: Charakteristischer Wohn- oder Standort (auch Fund- oder Sammelplatz) einer Art (oder Gruppe von Arten).

HABITATINSEL: Nicht intensiv genutztes Landschaftselement (oder Teilbereich davon), das als Habitat für Pflanzen- und Tierarten der ➔Agrarlandschaft geeignet ist.

HACIENDA: Landwirtschaftlicher Großbetrieb in von früherer spanischer Kolonialherrschaft beeinflussten Gebieten. Ihre volle Entfaltung erlangte die Hacienda aber erst im 19. und frühen 20. Jahrhundert. Die Hacienda-Wirtschaft war ein System zur Sicherung des Monopols am ➔Boden und der zu seiner Bewirtschaftung erforderlichen Arbeitskräfte. Sie diente vornehmlich dem sozialen Ansehen der Besitzer, während das Produktionsmotiv und die Absicht, materielle Gewinne zu erwirtschaften, zweitrangig war. Lediglich lokale Märkte wurden beliefert. Die Produktionsziele waren regional recht unterschiedlich, wobei es sich häufig um Betriebe mit ➔Viehhaltung, aber auch um solche mit ➔Ackerbau oder ➔Dauerkulturen handelte. Die Arbeitskräfte erhielten eine kleine ➔Parzelle zur ➔Subsistenzwirtschaft. Sie waren verpflichtet, als Gegenleistung drei bis fünf Tage in der Woche für den Grundherrn zu arbeiten, der sich selbst die besten Böden vorbehielt. Ein Teil des Grundbesitzes wurde oft verpachtet, andere Stücke wurden der ➔Brache überlassen. Im Regelfall war der Besitzer stadtsässig und übertrug die Betriebsführung einem Verwalter, blieb aber zusammen mit seiner Familie zentrale Autorität. Dieser traditionelle Typus der Hacienda war vor allem in Mexiko und Bolivien vor den Revolutionen anzutreffen, ebenso in Chile und Peru vor 1970. Heute ist er nur noch vereinzelt in besonders wenig entwickelten Gebieten (z.B. in Kolumbien und Ecuador) anzutreffen. Die brasilianische Entsprechung der Hacienda ist die *Fazenda*. (➔ESTANCIA, ➔LATIFUNDIUM, ➔PLANTAGE)

HACKBAU: Einfache, heute weitgehend in den Tropen verbreitete Form der ➔Bodenbearbeitung mit Hacke, z.T. auch mit dem Grabstock. Beim Hackbau überwiegen die Knollengewächse. Er wird meist von Frauen betrieben. In Kulturen, die auf Hackbau basieren, findet man häufig matrilineare Erbregeln. Weltweit sollen heute noch 75 % der in der Landwirtschaft Tätigen mit Grabstock, Hacke und Spaten arbeiten.

HACKFRÜCHTE: Gruppe von ➔Kulturpflanzen (Knollen- und Wurzelfrüchte), bei denen das Hacken oder eine entsprechende maschinelle ➔Bodenbearbeitung eine wesentliche Kulturmaßnahme zur Erlangung guter Erträge ist. Während Kartoffeln, Zuckerrüben und Möhren vorwiegend zum Verkauf (Feldgemüse, Zuckerherstellung) angebaut werden, dienen Massenrüben, Gehaltsrüben, Kohlrüben und Stoppelrüben nur zu Futterzwecken. Zu diesen ➔Futterpflanzen, die vor allem unterirdisch wachsen, können noch Topinambur und der Maniok-Strauch (Tapioka-Strauch) gezählt werden.

HAFTWASSER: ➔Bodenwasser, das nicht schwerkraftbedingt versickert, sondern durch Bindungskräfte gegen die Schwerkraft gehalten wird. Es wird gegliedert in das an Oberflächen der festen Bodenpartikel wegen seiner Dipoleigenschaften elektrostatisch gebundene *Adsorptionswasser* und das mehr im Inneren der Poren befindliche *Kapillarwasser*. Das Haftwasser ist nur in Fein- und Mittelporen zu finden.

HAGELBEKÄMPFUNG: Eingriff in die wolkenphysikalischen Prozesse bei der Hagelbildung. Hagelkörner entstehen in Kumulonimbuswolken, wenn infolge der starken Vertikalbewegungen die Eiskörner in der Wolke mehrfach auf- und abwärtsgerissen werden und dabei mit unterkühlten Wassertropfen zusammenstoßen. Das Wasser lagert sich an die Eiskörner an und vergrößert sie fortwährend. Dies ist

durch den schalenförmigen Aufbau der Hagelkörner belegbar.
Bei größeren Eiskörnern ist die Wahrscheinlichkeit hoch, daß sie als Hagelkörner die Erdoberfläche erreichen und dort ganze Getreideareale oder Obstkulturen vernichten. Werden sehr viele kleine Eiskerne in der Wolke erzeugt, so kann sich das unterkühlte Wasser in der Wolke an viele kleine Kerne anlagern, anstatt an wenige große. Bei der kleinen Korngröße ist die Wahrscheinlichkeit, dass sie beim Ausfallen schmelzen, recht groß, so dass der Niederschlag als Regen auftritt. Als künstliche Eiskerne werden in der Regel Silberjodidkristalle verwendet, da ihre Struktur denen der hexagonalen Eiskristalle sehr ähnlich ist.

HAGENHUFENDORF: Auch *Hagenhufensiedlung*; dem ➔Waldhufendorf verwandte, im Hochmittelalter z.B. im Weserbergland, in Schaumburg-Lippe, Mecklenburg und nördlich von Hannover eingeführter gereihter Siedlungstyp. Eine Übertragung erfuhr er im Zusammenhang mit der deutschen Ostsiedlung. Hagenhufensiedlungen wurden unter bestimmten Rechtsverhältnissen (Hagenrecht = hochmittelalterliches Rodungsrecht) in Verbindung mit einer ➔Hufenflur realisiert. (➔LÄNDLICHE SIEDLUNGSFORM)

HAKENHOF: ➔ZWEISEITGEHÖFT/HOF

HAKENPFLUG: Alte, aber im primitiven ➔Ackerbau (Subtropen/Tropen) noch heute eingesetzte Pflugform mit bloßer Lockerungsfunktion. Nachteilig sind aus acker-pflanzenbaulicher Sicht neben der geringen Flächenleistung die unzureichende Bekämpfung perennierender ➔Unkräuter sowie die meist zu geringe Arbeitstiefe (10 - 15 cm). Andererseits hat der nur oberflächliche Eingriff in den Boden Vorteile in Trockenräumen, in denen die Nährstoffe sich in den oberen Bodenschichten konzentrieren. Gleichzeitig bleiben die unteren Schichten unberührt, wodurch eine Verdunsten der dort gebundenen Feuchtigkeit verhindert wird.
Mit der Entwicklung des Hakenpflugs konnte der Ackerbau stark ausgeweitet werden. Gleichzeitig ging die Bodenbearbeitung in die Hände der Männer über. (➔BODENBEARBEITUNG, ➔PFLUG)

HALBTROCKENRASEN: Ein trockenes, relativ nährstoffarmes Grasland, das im Gegensatz zum ➔Trockenrasen wiesenähnliche, dichte Bestände bildet und zahlreiche relativ breitblättrige, mehr mesomorphe Pflanzen enthält. Entstehen kann er durch Entwaldung und ➔Beweidung bzw. ➔Mahd.

HALMFRÜCHTE: Die Gesamtheit der Getreidearten zur Unterscheidung von den ➔Blattfrüchten. Halmfrüchte beschatten auf Grund ihrer morphologischen Eigenschaften den ➔Boden nur während einer bestimmten Wachstumsphase in ausreichendem Umfang. Der Boden ist lange dem ungünstigen Einfluss von atmosphärischen Einflüssen ausgesetzt (Austrocknung oder Verschlämmung). Halmfrüchte fördern nicht die Ertragspotenzen des Bodens. Sie werden deshalb als abtragende Kulturen bezeichnet.

HANDELSDÜNGER: Alle diejenigen mineralischen und organischen ➔Düngemittel, die in der Typenliste der ➔Düngeverordnung aufgeführt sind und vom ➔Landwirt gekauft werden müssen. (➔DÜNGEMITTEL, ➔DÜNGER, ➔WIRTSCHAFTSDÜNGER)

HANDELSKLASSE: Beispielsweise von der ➔EG definierte Handelsnorm für verschiedene Agrarprodukte, bei der vor allem Transportfähigkeit, Größe und äußere Makellosigkeit bestimmend sind. Ernährungsphysiologische Qualitäten wie Vitamingehalt oder das Fehlen von Rückständen und Zusatzstoffen kommen in diesen Klassifizierungen nicht vor. Der Grund liegt in der Zwischenschaltung von Elementen des ➔Agribusiness zwischen Agrarproduzent und Verbraucher. Einheitliche, normierte Agrarprodukte entsprechen den Bedürfnissen dieses Komplexes nach reibungsloser Weiterverarbeitung und -verwertung (Eignung zur mechanischen Ernte, zum Tiefgefrieren, zum Transport, zur Lagerfähigkeit, zur Dosenkonservierung).

HAUBARG: Einfirsthof auf der Halbinsel Eiderstedt mit Steildach, 1 - 2 ➔Gulfen, Wohnteil in voller Breite des Wirtschaftsteils und einer nicht durchfahrbaren Diele.

HAUBERGWIRTSCHAFT: Kombinierte Forst-/➔Landwirtschaft (obsolet). Im Eichenniederwaldbetrieb zur Gewinnung von Gerberlohe wurde Getreide (im 19. Jh. meist Roggen, früher Buchweizen) zwischen den Eichenstöcken angebaut, solange die Bestandesdichte noch locker war. Das geschlagene Holz wurde über die Köhlerei vor allem zur Verhüttung von Erzen und ebenso wie der Lohkuchen (in Formen gepresste ausgelaugte Lohrinde) zum Hausbrand genutzt. Die eingeschlagenen Flächen wurden in Brand gesetzt, um für die nachfolgende Getreidekultur einen Düngungseffekt (P und K) zu erzielen. Ab dem 5. Jahr des Stockausschlags wurde eine etwa 1 - 3-jährige Periode des Weidegangs eingeschaltet. Die Haubergwirtschaft war im Rheinischen Schiefergebirge, besonders im Siegerland, verbreitet und dort wegen ihres klugen Umgangs mit knappen Ressourcen jahrhundertelang Garant wirtschaftlicher Sicherheit. (➔FELDWALDWIRTSCHAFT, ➔REUTBERGWIRTSCHAFT, ➔SCHIFFELWIRTSCHAFT)

HÄUFELKULTUR: Landwirtschaftlich angebaute Frucht (z.B. Kartoffel, Spargel), zu deren optimaler Entwicklung die Erstellung von Erddämmen erforderlich ist.

HAUFENHOF: ➔Hofform, bei der eine Trennung der Gebäude nach Funktionen und eine unregelmäßige Anordnung vorliegt. Der Haufenhof ist in den Alpenländern und in Skandinavien verbreitet.

HAUFENDORF: Auch *Haufensiedlung*, teilweise auch *geschlossenes ➔Dorf* als Synonym; es ist der bekannteste Typ flächiger oder geschlossener Wohnplätze mit komplexem, nicht notwendigerweise regellosem Grundriss. Zumindest in Ortsteilen weisen auch Haufendörfer regelhafte Strukturen auf, z.B. bei der Ausrichtung von Hofstätten auf ➔Parzellen mit besonderen Funktionen (Wehrkirchhof). Als geschlossener Rechtsbezirk war der Dorfraum oft mit Zäunen bzw. dem Dorfetter gegen die ➔Flur abgegrenzt.
Geschlossene Dörfer entstanden sowohl in primärer Anlage, als auch durch sekundäre Vorgänge der Verdichtung und des Wachstums.
Sehr dichte und große Haufendörfer finden sich in den Realteilungsgebieten Mittel- und Südhessens oder Württembergs.
(➔LÄNDLICHE SIEDLUNGSFORM)

HAUPTERWERBSBETRIEB: ➔ERWERBSCHARAKTER

HAUPTKULTUR: Bei mehreren auf der gleichen Fläche während des gleichen Vegetationszeitraums angebauten Folgekulturen jene Kultur mit dem höchsten Produktionswert. Sind die Produktionswerte annähernd gleich, so wird die Kultur, die den ➔Boden am längsten beansprucht, als Hauptkultur betrachtet.

HAUSHALT: Ein privater Haushalt ist - analog zur allgemeinen Wirtschaftstheorie - in der agrarökonomischen Theorie eine Gemeinschaft von Personen, die zusammen lebt und gemeinsam im Hinblick auf die Bedürfnisse der Mitglieder wirtschaftet. Typischerweise gehören die Haushaltsmitglieder zu einer Familie, wobei in der ➔Landwirtschaft das Zusammenleben von mehreren Generationen noch eine weitaus größere Bedeutung als in der übrigen Gesellschaft hat. Zwischen Haushalt und ➔landwirtschaftlichem Unternehmen/Betrieb liegt häufig eine enge Verbindung vor. Unternehmensentscheidungen und Haushaltsdispositionen bis zur Freizeitgestaltung sind häufig eng aufeinander abgestimmt. Der Komplex aus Unternehmen und Haushalt wird z.T. als *Familienwirtschaft* oder als *Familienbetrieb* bezeichnet. (➔BÄUERLICHER FAMILIENBETRIEB)

HÄUSLER: Vor allem in SW-Deutschland üblicher Begriff für einen bäuerlichen Kleinstellenbesitzer.

HECKEN: Hecken als Elemente der ➔Flur setzen sich aus verschiedenen Bäumen und Sträuchern und ergänzend aus ein- und mehrjährigen krautigen Pflanzen und Gräsern zusammen. Sie verlaufen mehr oder weniger durchgehend und linienförmig. In der Regel besitzen sie am ➔Boden eine Breite zwischen 2 und 10 Metern. Überwiegend sind sie vom Menschen z.B. zur Feldabgrenzung angelegt und werden mehr oder weniger regelmäßig durch Pflegemaßnahmen in einem bestimmten erwünschten Zustand erhalten. Der Name leitet sich vom altdeutschen Wort *Hag* her, das etwas mit einhegen, einzäunen zu tun hat. (➔KNICK, ➔BOCAGE-LANDSCHAFT)

HECKEN, FELDGEHÖLZE, FELDRAINE: ➔Hecken, ➔Feldgehölze und ➔Feldraine in der landwirtschaftlichen ➔Flur sind keine zufälligen Bestandteile unserer ➔Kulturlandschaft. Sie konnten sich auf schlecht nutzbaren Flächen als wertvolle Lebensräume der Tier- und Pflanzenwelt halten oder neu entwickeln.
Die drei Elemente umschließen Gärten und trennen ➔Weiden von ➔Ackerland, markieren Besitzgrenzen und sichern natürliche Geländekanten. Auf ➔Lesesteinriegeln und künstlichen Böschungen, die sich durch Bewirtschaftung bildeten, konnten sie sich ebenfalls entwickeln. Sie sind also durch die landwirtschaftliche Nutzung entstanden. Ihre Ausdehnung, ihr Verlauf und ihre Größe entwickelten sich in Abhängigkeit von der Bewirtschaftung.
Daraus ergibt sich ihre heutige Gefährdung. Die Technisierung und Rationalisierung in der ➔Landwirtschaft, bislang billige Rohstoffe und die Abwendung vom Selbstversorgungsprinzip ließen Hecken, Feldgehölze und Feldraine zu unproduktiven Bestandteilen werden, die oftmals ersatzlos beseitigt wurden.
Wo es im Jahre 1877 in Deutschland 133,4 m Hecke pro ha gab, waren es 1954 noch 93,75 m und 1979 nur noch 29,1 m. In Großbritannien förderte die staatliche Politik die Vernichtung von etwa 200.000 km Hecke.
Zunehmende Einsicht in die Bedeutung der drei Landschaftselemente tragen heute zu ihrem Erhalt und z.T. ihrer Wiederanlage bei.
Nutzung von Hecken, Feldgehölzen und Feldrainen:
- als Quelle von Nutz- und Brennholz
- als Lieferant von Blüten, Früchten, Winterfutter,
- als Bienenweide

- als Gras- und Heulieferant
- als Kräuterapotheke für wichtige Tee- und Heilpflanzen.

Über diese direkten Nutzungen hinaus erfüllen Hecken, Feldgehölze und Feldraine weitere Aufgaben, die für die pflanzliche Produktion, den Naturhaushalt und das Landschaftsbild von Bedeutung sind. Hierzu gehören:

- Befestigung von Hangbereichen
- Schutz des Oberbodens vor Wasser- und Winderosion
- Verbesserung des Kleinklimas (Schutz vor Kaltluft und Windfrost, Erhöhung der Bodentemperatur in Leelage, andererseits Schutz vor zu hoher Sonneneinstrahlung)
- Filterwirkung zur Luftreinhaltung
- Filterwirkung hinsichtlich der Ausbreitung von Unkrautsamen
- Verbesserung des Wasserhaushaltes
- Ertragssteigerung bei den landwirtschaftlichen Produkten (In Bayern ergab ein Versuch, der auf einem humosen Sandboden über Niederterrassenschotter durchgeführt wurde, hinter einer 6 m hohen Hecke eine durchschnittliche Ertragssteigerung von 20 % im Bereich von 10 - 150 m hinter der Hecke.)
- Erhalt der bäuerlichen ➔Kulturlandschaft
- Schutz vor Lärmeinwirkungen
- Lebensraum für zahlreiche Tier- und Pflanzenarten und Lebensgemeinschaften, naturgemäß für Nützlinge, wie auch für ➔Unkräuter und Schädlinge

Schädlingsbefall in Zuckerrüben in Abhängigkeit vom Flächenanteil von Rainen und Hecken und der mittleren Schlaggröße (Mittelwerte 1987-1988)

Parameter	Gemarkung	
	Massenheim	Gronau
Flächenanteil von Rainen und Hecken [%]	1,1	7,6
Mittlere Schlaggröße [ha]	5,7	1,3
Blattlausräuber je 100 Rüben	22	59
Blattläuse je 100 Rüben	29.933	1.331
Notwendige Insektizid-anwendungen	1 - 2	keine

Quelle: Basedow 1990

HEIDE(LANDSCHAFT): Natürlich und/oder anthropogen bedingte ➔Landschaft mit einer mehr oder weniger lockeren Strauch- bis Zwergstrauchformation auf gewöhnlich armen Standorten. Charakterpflanze ist das Heidekraut (Calluna vulgaris). Klimatisch bedingt kann Heide beispielsweise im nordatlantischen Bereich, am Übergang vom Wald zur Steppe im kontinentalen Bereich, oder an den oberen Waldgrenzen im Hochgebirge auftreten. Als ➔Kulturlandschaft tritt Heide auf, wenn die Holzgewächse durch verschiedene Formen der Landnutzung niedrig gehalten werden.

In der Jungsteinzeit vor ca. 5.000 Jahren entstanden beispielsweise die ersten Calluna-Heiden NW-Deutschlands. Sie besaßen um 1800 ihre größte Ausdehnung. Noch 1832 war etwa die Hälfte des heutigen Niedersachsens Heide.

<u>Elemente der Entwicklung und Erhaltung der Heidelandschaft in NW-Deutschland:</u>

- Holzeinschlag vornehmlich für die Lüneburger Saline
- ➔Waldweide verhindert Nachwachsen aus jungen Keimlingen, auf den kalkarmen ➔Böden bei gleichzeitig hoher Feuchtigkeit Ansiedlung von Torfmoosen mit folgender Ansäuerung des Bodens, starke Ausbreitung der säuretoleranten Heidepflanzen; Verbiss der Heidepflanzen durch Heidschnucken (Fleisch, Wolle) bedingt verstärktes Blühen
- Heideimkerei (Wachs, Honig) verstärkt Bestäubung und Ausbreitung der Heideflora
- Abplaggen von überaltertem Heidekraut mit seinem filzartig verflochtenen Spross- und Wurzelwerk einerseits zur Regeneration der Heide, andererseits zum Decken der Dächer (Wärmedämmung), zum Abdecken von Rüben und Kartoffelmieten und vor allem zur ➔Einstreu (Saugwirkung) mit nachfolgender Ausbringung auf die nährstoffarmen Sandböden als ➔Dünger.

Heute gilt die nur in kleinen Resten erhaltene Heidelandschaft NW-Deutschlands als Museumslandschaft, die Zeugnis gibt über vorindustrielle Lebens- und Kulturformen.

<u>Gründe für den Rückgang der Heide in NW-Deutschland ab ca. 1850:</u>

- Aufteilung der häufig mit Heide bestockten ➔Allmenden und deren Überführung in den Individualbesitz zwecks Intensivierung des Anbaus
- Einführung von Mineraldüngern (ackerbauliche Nutzung der bislang extensiven Heideflächen, Ersatz der Plaggendüngung)
- neue Formen der ➔Bodenbearbeitung, z.B. ➔Bodenmelioration durch ➔Tiefpflügen
- billige Importwolle ab letztem Viertel des 19. Jh. führt zu Preisverfall der Heidschnuckenwolle (Rückgang der Schafe führt zu ausbleibendem Verbiss junger Baumkeimlinge)
- Aufforstung mit Kiefern
- Rückgang der Heideimkerei u.a. wegen der Konkurrenz von Rübenzucker als Süßungsmittel ab dem 19. Jh. (➔PLAGGEN, ➔PLAGGENESCH)

HEINZEN: Gerüste aus Pfählen mit Querholmen zur Lufttrocknung von Grasschnitt.

HERBIZIDE: →Pflanzenschutzmittel zur Bekämpfung unerwünschter Wildkräuter, Wildgräser und Gehölze. Die Herbizide sind die quantitativ bedeutendste Gruppe von →Pestiziden geworden. Herbizide Wirkstoffe werden in Deutschland vorwiegend im Getreide-, Rüben-, Mais-, Raps- und Kartoffelbau angewendet, weniger im →Grünland. Herbizide wirken entweder allgemein ätzend oder aber hemmend auf die Zellatmung, Keimung oder Photosynthese oder sie wirken als Wuchsstoffe. Je nach Zielgruppe unter den zu bekämpfenden Pflanzen kann von *Graminiziden* (gegen unerwünschte Gräser und andere Einkeimblättrige), *Arboriziden* (gegen unerwünschte Holzgewächse) oder *Algiziden* sprechen. Die →Fungizide, die gegen Pilze wirken, werden nicht zu den Herbiziden gezählt, obwohl die Pilze traditionellerweise als Pflanzen betrachtet werden. *Kontaktherbizide* wirken nur an den direkt benetzten Pflanzenteilen. *Wuchsstoffe* führen zu übersteigertem Wachstum, Missbildungen, Stoffwechselstörungen und Absterben der Wildkräuter. Mittel, die nur das Abfallen der Blätter bewirken, heißen Entlaubungsmittel oder *Defolianten*. *Bodenherbizide* wirken überwiegend über die Wurzeln. *Selektivherbizide* richten sich nur gegen bestimmte Pflanzen oder Pflanzengruppen, *Totalherbizide* wirken mehr oder weniger gleichmäßig gegen alle höheren Pflanzen und gelangen z.B. auf Wegen und Gleisanlagen zum Einsatz. Nach dem Zeitpunkt der Anwendung unterscheidet man *Vorsaatherbizide*, *Vorauflaufherbizide* und *Nachauflaufherbizide*. Die meisten Herbizide werden im Nachauflauf-Verfahren angewendet. Dieses hat den Vorteil, dass die Unkrautdichte und das Artenspektrum zum Zeitpunkt der Behandlung bekannt sind, und dass damit entschieden werden kann, welches Herbizid am geeignetsten ist und ob eine Bekämpfung überhaupt nötig und lohnend ist (→Schadschwelle). In der Regel werden Flächenbehandlungen durchgeführt, bei weitstehenden Kulturen (Zuckerrübe, Mais) können auch streifenförmige Bandbehandlungen erfolgen.

HERBIZIDRESISTENZ: Gentechnisch gezielt manipulierte Eigenschaft von →Kulturpflanzen gegen einen neuen Typ von nicht-selektiven (NSH), wirtschaftlich interessanteren und angeblich ökologisch günstigeren →Herbiziden unempfindlich zu sein (z.B. "Basta" oder "Roundup"). Man verspricht sich von der HR-Technik eine genauere Anwendung der Herbizide gegen konkurrierende Wildkräuter, da sie erst dann ausgebracht werden müssen, wenn diese →Unkräuter zu einer ernsthaften Konkurrenz für die Kulturpflanzen zu werden drohen. Die bodenschützende Wirkung der Ackerkräuter bleibt so länger gewährleistet. Außerdem erspart ein Breitbandherbizid das Ausbringen von mehreren Herbiziden gegen ein jeweils kleines Spektrum von unerwünschten Wildkrautarten.
Freisetzungsversuche mit der HR-Technik betreffen in Deutschland Zuckerrüben, Raps und vor allem Mais. Mit transgenem Mais erhofft man sich einen umweltverträglicheren Anbau: Mais reagiert insbesondere im Frühsommer sehr empfindlich auf Konkurrenz durch Unkräuter, die Kultur muss daher bislang sehr früh und über lange Zeit mit Herbiziden behandelt werden. Der so erreichte geringe Bedeckungsgrad des →Bodens führt im Frühsommer häufig zu großen Erosionsproblemen. Durch die sogenannte Mulchsaat von Mais kann dieser Nachteil erheblich verringert werden. Dabei wird der Mais in eine Bodenoberfläche eingesät, die von lebenden oder bereits abgestorbenem Pflanzenmaterial bedeckt ist. Diese "Bodendecker" können bereits im Herbst eingesät werden und schützen den Boden auch während der Wintermonate vor →Bodenerosion. Derartige Mulchsaatsysteme sind bislang mit Mehrkosten und Ertragseinbußen verbunden. Ab dem Zeitpunkt, zu dem die Begrünung zur Konkurrenz für Mais wird, erfolgt der Basta-Einsatz.
Herbizidresistenz erleichtert auch die Einführung der bodenschonenden →Bodenbearbeitung mit →Direktsaat, bei der das u.a. der Unkrautbekämpfung dienende Pflügen entfällt.
Neben dem Erosionsschutz erwarten die Befürworter der HR-Technik auch eine Reduzierung der ausgebrachten Herbizidmengen, da deren Einsatz nicht mehr prophylaktisch, sondern gezielt erfolgen kann.
<u>Positionen zur Beurteilung der HR-/NSH-Technik:</u>
- Das Verhalten der vielseitig wirkenden Herbizide im →Boden sei dem selektiver Herbizide vergleichbar.
- Die Verlagerung der Stoffe ins →Grundwasser, ähnlich wie früher beim Atrazin, lässt sich bei bestimmten durchlässigen Böden nicht ausschließen.
- Möglichkeit der Herbizidanwendung auch bei naher Verwandtschaft zwischen Kulturpflanze und Unkraut
- Gleiches Herbizid für mehrere Kulturpflanzen verwendbar
- Basta z.B. wird im Boden und in den Pflanzen rasch abgebaut, doch ist das Umwandlungsprodukt langlebig.
- Die (toxikologischen) Wirkungen von NSH für Boden, Pflanzen, Mikroorganismen und Menschen sind kaum erforscht.
- Ein Transfer der Fremdgene auf Wildpflanzen und andere Kulturpflanzen ist nicht auszuschließen

(Entstehung von schwer bekämpfbaren Unkrautformen).

- Die Beurteilung der Gefährdung durch diesen Transfer ist kontrovers.
- Mit Veränderungen der Grundstrukturen der mit NSH behandelten Agrophyzönosen wird gerechnet.
- Für die ➔Destruenten sind indirekte Wirkungen über die Veränderung des Nahrungsangebotes (temporäres Überangebot bzw. plötzlich auftretende Verknappung) wahrscheinlich.
- Befürworter erwarten eine Reduzierung der ausgebrachten Herbizidmengen, da deren Einsatz nicht mehr prophylaktisch, sondern gezielt erfolgen kann.
- Gegner befürchten das Gegenteil, insbesondere dann, wenn Transgene über Pollen durch Einkreuzen in verwandte Wildkräuter übertragen werden. Ist ein Teil der Unkrautflora mit NSH nicht mehr zu bekämpfen, müssen zusätzlich weitere Herbizide eingesetzt werden.
- Mit dem Transfer der eingefügten Gene werden auch Markierungsgene übertragen, bei denen es sich meist um Antibiotikaresistenzgene handelt, die auch von einzelnen Bakterien, etwa der menschlichen Darmflora aufgenommen werden. Eine Resistenz des menschlichen Körpers gegenüber medizinisch genutzten ➔Antibiotika wäre die Folge.
- Konzepte wie die HR-Technik führen zu einer Konzentration von Agrarchemikalien-Produktion und Saatguterzeugung bei wenigen Firmen (bessere Abstimmung der einzelnen Komponenten aufeinander und Verkauf als Input-Paket).
- Da NSH die bei selektiven Herbiziden vorhandenen Wirkungslücken schließen, werden die Absatzchancen (und damit das Innovationspotential) von mechanischen Instrumenten der Unkrautbekämpfung beeinträchtigt.
- ➔Landwirte befürchten, voll in die Abhängigkeit von großen (Chemie-)Konzernen zu geraten.
- Mittelständische Saatgutzüchter befürchten, dass sie bei den kostenaufwendigen gentechnischen Entwicklungen nicht mithalten können.
- Die ➔externen Kosten der HR-Technik sind weitgehend ungeklärt.
- Ungelöste ethische Fragestellungen, z.B.: Kann es bei der Anwendung der HR-Technik auf Kulturpflanzen zu einem vertretbaren Einklang zwischen der Selbstzwecklichkeit der Natur und den menschlichen Nutzungsabsichten kommen?

In Nordamerika werden herbizidtolerante Pflanzen bereits großflächig angebaut: Raps 1995 auf rund 40.000 ha Fläche und Sojabohnen auf 25.000 ha.

HERBIZIDTOLERANZ: ➔HERBIZIDRESISTENZ

HETEROSIS: Der Begriff bezeichnet die hohen Erträge und günstigen Eigenschaften bei Hybridsorten. Diese Mehrleistung gegenüber der Elterngeneration tritt in hohem Ausmaß nur in der F_1-Generation auf und ist um so ausgeprägter, je reinerbiger und je weniger verwandt die Kreuzungspartner sind. (➔HYBRIDZÜCHTUNG)

HEU: Grasschnitt, der auf dem Feld oder maschinell getrocknet wird (Futterkonservierung). Feldgetrocknetes Heu hat normalerweise einen relativ geringen und stark schwankenden Futterwert. Der Nährwert von maschinengetrocknetem Heu ist demgegenüber wesentlich höher. Wegen der schwankenden Heuqualitäten und der größeren Witterungsabhängigkeit des Heus wird heute der größte Teil des Grundfutterbedarfs für die Winterfütterung durch ➔Silagen aus ➔Grünfutter gedeckt. Ein völliger Verzicht auf Trockengrundfutter in der Milchviehhaltung und Jungviehaufzucht ist aber nicht zweckmäßig. (➔GERÜSTTROCKNUNG)

HEUHÜTTE: Gerüst aus gegeneinandergestellten Lattenrosten zur Lufttrocknung von Grasschnitt. (➔GERÜSTTROCKNUNG)

HEUERLINGE: Niederdeutsche Bezeichnung für eine agrarsoziale Gruppe, die in der zweiten Hälfte des 16. Jh. entstand. Die oberdeutschen Entsprechungen sind *Kleinhäusler* und ➔*Seldner*. Bei fehlendem oder nur geringem Eigenbesitz wurden von den Heuerlingen kleinere Ländereien der Altbauern als Pachtland bewirtschaftet, die Pachtzahlung bestand in Arbeit auf dem Altbauernhof. Sie wohnten in Nebengebäuden der Altbauerngehöfte und trugen zur Dorfverdichtung bei.

HOF: Die landwirtschaftlichen Wohn- und Wirtschaftsbauten (Bergeraum, Ställe) werden als Hof bezeichnet, soweit sie einen landwirtschaftlichen Betrieb bilden. Dabei ist belanglos, ob sie aus mehreren Gebäuden (Mehr/Vielbauhof, Sammelhof) bestehen oder ob alle Funktionen unter einem Dach (➔Einheitshof/haus, Einhaus) vereint sind. Gelegentlich wird der Begriff ➔Gehöft synonym verwendet.

HOFBAUER: Eher historisch zu verstehender Typ des Vollerwerbslandwirts, der bei entsprechender Bodenausstattung ein angemessenes Einkommen pro Arbeitskraft erwirtschaften kann. Zu seinen wesentlichen Merkmalen zählen die Selbständigkeit bei der Bewirtschaftung und daneben die geschlossene Hofübergabe im Erbfall sowie die Zuordnung zur bäuerlichen Mittelschicht. Ähnlich wie der Vollbauer zeichnet er sich durch eine große Traditionsgebundenheit aus, wobei dieser Wesenszug sich in moderner Zeit hin zu marktorientierten, kapitalistisch-unternehmerischen Verhaltensweisen wandelt. Regionale und historische Varianten zum Hofbauern sind z.B. die Begriffe →Altbauer, →Anspänner, Vollspänner, Pferdner, Bonde, Vollerbe, →Hufner und Vollhüfner.

HOFFORMEN: Durch Größe, architektonische Eigenheiten und Baumaterialien manifestierte Ausdrucksformen von Kräften und Einflussgrößen auf die Gestalt landwirtschaftlicher Anwesen, zu deren wesentlichsten folgende Punkte gehören:
- Wirtschaftsform (funktionelle Betrachtung)
- Traditionsgebundenheit
- Sozialverhältnisse
- obrigkeitliche Einflüsse mit Bauvorschriften
- natürliche Einflüsse durch Relief, vorhandenes Baumaterial, Klima
- Stammesbindungen (Niedersachsenhaus, Fränkisches Gehöft u.a.) - aber: einseitige ethnographische Zuordnungen werden heute überwiegend abgelehnt

Für **Mitteleuropa** allein werden zwischen 16 (Schröder, 1974) und 42 (Gebhard, 1982) Formtypen unterschieden. Entsprechend groß ist auch eine beklagenswerte Definitionsvielfalt mit unzähligen Überschneidungen.
Von *Einheitshaus/→Einfirsthof/Einbauhaus/Einhaus/-hof* spricht man, wenn alle Funktionen unter einem Dach vereinigt sind, im Falle einer Trennung von *Mehrbauhof* oder *Gehöft*.

Einheitshäuser
- *Einheitshäuser mit Längsteilung* (Aufteilung innen parallel zur Längsseite)

- Friesische Haustypen:

Eiderstädter →Haubarg: in →Marschen der Nordsee; größte Bauernhausform; "Vierkant" mit vier Hauptpfosten im Zentrum für Heuspeicherung; Dach bis 15 m hoch; tief herabreichend, ursprünglich Strohbedeckung; Vierkant umgeben von Ställen, Kammern und Abstellräumen unter gleichem Dach. Wohnteil z.T. erst später angefügt; Fehlen von →Tenne und Getreidespeicher
Friesisches →Gulfhaus: eng mit Haubarg verwandt; durch Anfügen weiterer Vierkante gestreckter als Haubarg; in der Mitte der →Gulf für Heu-, aber auch Getreideernte; an Schmalseiten und z.T. Hinterseite Ställe, vorn angefügt Wohnteile mit Diele, Küche und Stuben. Bei beiden Typen relativ geringe Holzverwendung.
Niederdeutsches Einhaus (ehemals Niedersächsisches Haus)
Verbreitung von Küste bis Mittelgebirgsrand (Kernraum Lüneburger Heide, Oldenburg, Unterweser); Ausdehnung mit Kolonisation längs der Ostseeküste
Längsdielenhaus (*Langhaus*): vier tragende Eckpfosten und giebelseitige große Einfahrt; mittlere Diele als Dreschtenne; seitlich Stände für Vieh; darüber Speicherraum; Verbreiterungen durch Seitenschiffe (Kübbungen) unter herabgezogenem Dach (Dreihallenhaus); in Kübbungen Ställe, Kammern, Vorratsräume; an hinterer Schmalseite Fleet (Querdiele) mit ursprünglich offener Feuerstelle; später Einbau von Wohnstuben und eigenem Wohnteil an Schmalseiten
Vierständerhaus: Verbreiterung und Verstärkung des Längsdielenhauses mit vier Ständern an Schmalseiten, besonders in Getreidebaugebieten zur Vergrößerung des Speicherraums

- Ostelbische Formen:

Längsdielenhaus: in Brandenburg und Pommern mit schmaler Mitteldiele, seitlichen Wohn- und Stallräumen, im Dachgeschoss Erntespeicher; kleiner als Niederdeutsches Einhaus
Laubenhaus: in Hinterpommern, Ostpreußen, Schlesien, Wartheland
- *Einheitshäuser mit Querteilung* (Innenaufteilung parallel zur Querseite)

Oberdeutsches Einhaus: Aufschließung von der Trauf- nicht von der Giebelseite; Wohnteil, Scheune und Stallungen nebeneinander unter einem Dach; Speicherraum z.T. auch im Dachgeschoss; Wohnteile mit Querflur, Trennung von Küche und Stube, z.T. auch zweigeschossig; Steinmaterial bei Wohnung und Stall, Scheune und Heuboden z.T. aus Holz und Fachwerk; früher Strohdach, in Gebirgsgebieten Holzschindeln (Landerndach); Verbreitung: dt. Alpenvorland, Schwäbische Alb, westliches Rheinisches Schiefergebirge
Wohn-Stall-Haus (*Unterländer, gestelztes Haus*): auch hier Vereinigung von Wohnteil, Stall und Scheune unter einem Dach, jedoch mit Wohnung über dem Stall; letzterer mit Steinwänden, darüber z.T. Fachwerkgerüst (Stelzung im eigentlichen Sinn); meist kleinbäuerlicher Typ; Verbreitung im mitteldeutschen Gebirge von Saargebiet bis Hessisches Bergland, bes. im Neckarland, auch Bodenseegebiet, vertreten auch im Mittelmeerraum und in den Westalpen; bes. in Gebieten der →Realteilung und des →Weinbaus
Schwarzwaldhaus: mit Wohnteil an Frontseite, dahinter (zum Hang) Ställe, darüber durch ganzes Haus Speicherraum unter tief herabgezogenem Dach; manchmal auch Wohnteil und Scheune (Heuboden) im Obergeschoss über dem Stall im Untergeschoss; Aufschließung von Traufseite; Unterteil aus Stein, darüber Holzaufbau, Holzveranden an Wohnteil; bei Anbau an Berg Hocheinfahrt in Scheuer; verschiedene Unterarten (Heidenhaus, Kinzig- und Gutachtalhaus)
Ostbayerischer Langbau: Mehrstöckiger Bau mit vorderem Wohnteil, dahinter Tenne und Ställe (unten) und Scheune (oben). Steinsockel und Holzaufbau, umlaufende Holzgalerien; Eingang an Giebelseite;

Einflußfaktoren auf die Gestaltung von Bauernhäusern und -höfen

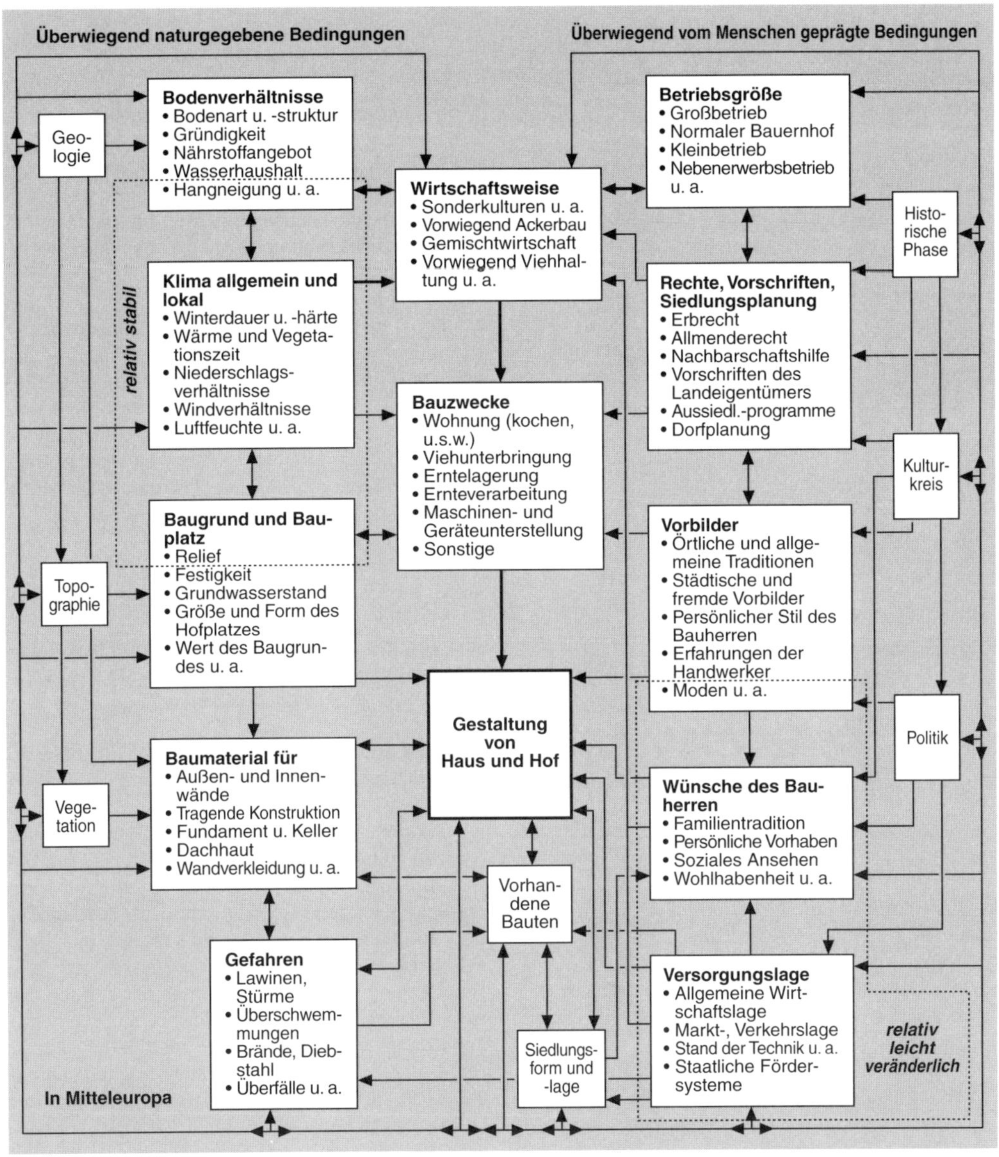

Quelle: Ellenberg 1990, verändert

relativ flaches Dach; ursprünglich Schindeln mit Steinbeschwerung; Verbreitung in Oberbayern und Ostalpen (bes. Salzburg, Tirol)

Lothringer Haus: mit Querteilung und traufseitiger Aufschließung; enge, oft lückenlose Aufreihung an Dorfstraßen, flach geneigtes Dach

Mehrbauhöfe (Gehöfte)

• Ungeregelte Form

Haufen- oder Streuhof: Trennung der Gebäude nach Funktionen mit Wohn-, →Ausgedinghaus, Speicher, Ställen, Scheune, Backofen u.a.; manchmal 20 und mehr Gebäude; Altform! Vorkommen z.T. noch in Nordeuropa, den Alpen, SO-Europa, Mitteleuropa; auch der *Zwiehof* (Paarhof) der Alpen wird dazugerechnet.

• Geregelte Form

Mitteldeutsches Gehöft (ehemals Fränkisches Gehöft):

regelmäßige Anordnung der Wohn- und Wirtschaftsgebäude um den Hof; weitest verbreitete Form von Ober- und Mittelrheingebiet bis östlich der Weichsel, auch in Nordfrankreich, Niederösterreich und Burgenland; bes. häufig in fruchtbaren Getreidebaugebieten mit vielseitiger Wirtschaft
Untertypen nach Anordnung der Gebäude:
Streckhof: hintereinandergeschaltete Gebäudeteile in einer Linie
Zweireiher: zwei parallel stehende Gebäudereihen
Zweiseithof: mit rechtwinklig stehenden Gehöftteilen, bei Verbindung der Teile mit gleicher Firsthöhe *Zweikanthof*; Bezeichnung auch als *Haken*- oder *Winkelhof*
Dreiseithof: mit drei Gebäudeteilen um den Hofplatz; Vorderseite oft durch Mauer oder Zaun mit Tor abgeschlossen; sehr starke Verbreitung im mittleren Deutschland; *Dreikanthof* bei gleichlaufender Firstlinie
Vierseithof: von Gebäuden allseitig umschlossen; *Vierkanter* bei gleichlaufender Firstlinie
Das Hofhaus des Orients sowie das Patiohaus der Mittelmeergebiete und spanisch bzw. portugiesisch kolonisierter Überseegebiete.

Neben diesen Haupttypen gibt es speziell sozial bestimmte Typen:
Seldner- und Kötterhaus: in Dorfrandgebieten mit meist kleinen Wohn- und Wirtschaftsräumen, häufig nur Erdgeschoss
Gutshöfe und Herrenhäuser: umfangreiche Gebäude, angeschlossene Verarbeitungsbetriebe, Landarbeiterhäuser, Parks
Faktoren wie fortschreitende Technisierung, Erfolge in der Pflanzen- und Tierzucht, agrarpolitische und wirtschaftliche Zwänge haben seit Jahrzehnten starke Auswirkungen auf Gestalt und Nutzung traditioneller wie auch neuer Höfe. Zu diesen Vorgängen gehören:

- Dreschtennen und Scheunen sind überflüssig geworden, besonders seit der Mähdrusch allgemein üblich ist.
- Stallscheunen verloren in vielen Gebieten an Bedeutung, weil Viehfutter großenteils siliert und immer seltener als ➔Heu neben oder über den Ställen gestapelt wird.
- Pferdeställe, die am längsten unmittelbar mit der Wohnung verbunden blieben, sind verschwunden, erfahren andererseits unter Freizeitgesichtspunkten verschiedentlich eine Wiederbelebung.
- Das übrige Vieh verlor - außer im ➔ökologischen Landbau - in zahlreichen Gebieten seine einstige Bedeutung für die Nährstoffversorgung von Acker und Grünland. Es wird in erster Linie zur Milch- und/oder Fleischproduktion gehalten, auf die sich manche Betriebe spezialisierten, während andere fast ganz ohne Ställe auskommen.
- Der Bedarf an Maschinen- und Geräteschuppen wuchs dagegen und konnte nur teilweise durch Umwidmung von Scheunen und anderen Wirtschaftsräumen befriedigt werden.
- Konservierend, andererseits auch zerstörend wirkt der Fremdenverkehr auf dörflich-bauliche Besonderheiten.

Die Hofform zusammen mit anderen gewachsenen Formelementen der ländlichen ➔Kulturlandschaft verleihen dieser ihre unverwechselbare Identität. Ihre weitmögliche Bewahrung ermöglicht es den Bewohnern, sich mit ihrem Wohnort zu identifizieren, Heimatgefühl zu entwickeln.
Moderne, neuangelegte Gehöfte der Industrieländer entziehen sich weitgehend einer Klassifizierung. Es sind i.d.R. nach betriebswirtschaftlichen Gesichtspunkten durchplante Anlagen, die Arbeitswege kurz halten und weitgehende Mechanisierung erlauben. Es erfolgt allgemein eine Nachahmung städtischer Bauformen und die Verwendung ortsfremder Baustoffe mit dem Ergebnis eines oft disharmonischen Bildes.

HOFREITE: Auch Hofstätte; die Fläche einer Hofstelle, welche die Gebäude mit Hausgärten und jene Grundstücksteile umfasst, die für hofgebundenes Arbeiten, Kleintierhaltung und Lagerung (z.B. Stallmist, Brennholz) dienen. Sie gilt als die eigentliche Substanz einer ➔ländlichen Siedlung.

HÖHENGRENZE: Die agronomische Höhengrenze ist ihrem Wesen nach eine ➔Kältegrenze (in die sie in hohen Breiten allmählich übergeht); entsprechend nähern sich polwärts die unterschiedlichen Höhengrenzen immer mehr dem Meeresspiegelniveau. Die Höhengrenze ist im Vergleich zu ➔Polar- und ➔Trockengrenzen nur fragmentarisch ausgebildet und scheidet auch nur kleine Gebiete aus dem ➔Agrarraum der Erde aus. Sie spiegelt als komplexe Erscheinung neben dem Wärmemangel auch die Merkmale der jeweiligen Klimazone, wie z.B. hygrische Jahreszeiten und hohe Einstrahlung in den Rand- und Subtropen oder die thermischen Jahreszeiten in den höheren Breiten. Der Verlauf der Höhengrenze kann kleinräumig durch Gesteinsart, ➔Boden, Hangneigung, Exposition zur Sonne und zur Hauptwindrichtung erheblich verändert werden. Auch können sich Risikofaktoren wie Lawinen, Muren, Hangrutschungen, verstärkte ➔Bodenerosion u.ä. modifizierend auswirken. Das Verteilungsbild der ➔Kulturpflanzen in ihrer Gliederung nach Höhenstufen ist jedoch nicht so eindeutig wie die Differenzierung nach Kältegrenzen; z.B. Tee und Sisal haben enge Polargrenzen, aber weitgespannte Höhengrenzen; Rüben, Sojabohne und Erdnüsse breiten sich polwärts stark aus, meiden aber die Höhenlagen.

Die größten Höhen erreicht die agronomische Höhengrenze in den trockenen Randtropen und Subtropen sowie im Inneren großer Gebirge (Bolivien: Kartoffelanbau bis 4.300 m, Tibet: Gerste bis 4.750 m). Weideflächen finden sich in den meisten Gebirgen noch oberhalb der agronomischen Höhengrenze.
(→ANBAUGRENZEN, →LANDNUTZUNG, GRENZEN DER,)

HÖHENLANDWIRTSCHAFT: Landwirtschaftliche Nutzung hochgelegener Gebiete und Gebirgslagen, in denen durch Klima, Relief und →Böden Einschränkungen gegeben sind. Der Anteil von →Ödland und →Unland ist hier im Vergleich zur →landwirtschaftlichen Nutzfläche verhältnismäßig hoch. In den gemäßigten Breiten überwiegt →Dauergrünland mit →Viehwirtschaft gewöhnlich den →Ackerbau. Letzterer ist meist ein ertragsarmer Anbau von Getreide und Kartoffeln. Bedeutendster Zweig der Höhenlandwirtschaft ist die →Almwirtschaft.
Die tropische Höhenlandwirtschaft erlaubt den Anbau von →Kulturpflanzen subtropischer und gemäßigter Breiten sowie die Haltung von Vieh, das die klimatischen Bedingungen der tropischen Tiefländer schlecht verträgt.

HOLLANDGÄNGER: Begriff für Wanderarbeiter in vorindustrieller Zeit aus den Geestgebieten Nordwestdeutschlands in die küstennahen landwirtschaftlichen Intensivgebiete, die Hoch- und Niedermoore sowie (untergeordnet) in die Hafenstädte der Niederlande. Die Hollandgänger entstammten einer landbesitzlosen (allenfalls landarmen) unterbäuerlichen Schicht, den →Heuerlingen. Die saisonale Abwanderung sollte die unzulängliche agrarwirtschaftliche Basis daheim ergänzen. Unter den landwirtschaftlichen Tätigkeiten, denen die Hollandgänger in den Niederlanden nachgingen, stand das Heumachen in den Marschgebieten (seit 17. Jh. spezialisierte Milchwirtschaft) an erster Stelle. (→SCHWABENKINDER)

HOLZFASERSUBSTRATE: →Substrate aus Restschnittholz der Fichten- und Kiefernverarbeitung zum Einsatz im →Gartenbau mit dem Ziel, Weißtorf zu ersetzen. Dazu müssen Holzhackschnitzel durch Dampf bei höheren Temperaturen und Druck aufgefasert und aufgeschlossen werden.

HOMESTEAD ACT: Auch *Familienfarmgesetz* oder *Heimstättengesetz*; ein Landverteilungsgesetz der USA aus dem Jahre 1862, das bei der Westwärtsbewegung die weitestgreifenden Konsequenzen hatte. Jedem über 21-jährigen amerikanischen Bürger und gleichzeitigem Familienoberhaupt wurde gegen eine geringe Gebühr 160 acres (65 ha) zugesprochen, sobald er dieses Areal fünf Jahre bewirtschaftet hatte. Das Gesetz war die Grundlage dafür, dass mehr als 1 Mio. Familienfarmbetriebe in den zentralen Ebenen und Plateaus entstanden. Für die westlich davon gelegenen ariden und semiariden Räume erwiesen sich die 160 acres als zu klein. Nach schweren Dürreperioden wurde für diese Gebiete die Fläche einer Homestead auf 320 acres (1909) bzw. 640 acres (1916) erweitert. Größere Farmbetriebe waren schon vorher dadurch entstanden, dass die gesetzlichen Bestimmungen durch Bodenspekulation unterlaufen wurden.
Parallel zum Heimstättengesetz wurde das erste *Morrill Act* erlassen, nach dem jeder Staat Landflächen zugeteilt erhielt, mit deren Verkaufserlösen Colleges für →Landwirtschaft und Technik geschaffen werden sollten. Diese noch heute bedeutsamen *land-grant schools* dienten der Entwicklung und Verbreitung von wissenschaftlichen Methoden in der Landwirtschaft und der Heranbildung von Technikern.

HOMESTEAD MOVEMENT: Bewegung in der U.S.-amerikanischen Geschichte, die sich für die freie Zuteilung von Land aus öffentlichem Besitz (public domain) an bewirtschaftungswillige Siedler einsetzte. Widerstand gegen diese Bestrebungen kam lange Zeit

- von der Bundesregierung, die im Verkauf öffentlichen Landes eine wichtige Einnahmequelle sah
- von Arbeitgebern im Osten, die einen Verlust an billigen Arbeitskräften befürchteten
- von Landbesitzern im Osten, die mit einem Wertverlust ihres Landes rechneten und
- von Sklavenbesitzern im Süden, die in den homesteaders Gegner der Sklaverei sahen

Die Bemühungen fanden ihren Abschluss im →Homestead Act von 1862.

HORIZONTALE INTEGRATION: Die planmäßige Zusammenarbeit auf einer Produktionsstufe zwischen (i.d.R.) rechtlich und ökonomisch selbständigen Wirtschaftseinheiten - hier →Landwirten - oder der Zusammenschluss von Betriebseinheiten, zum Beispiel bei der Mast, wird heute vielfach als horizontale Integration (auch: *Koordination* oder *Zusammenschluss*) bezeichnet. Ziel eines solchen Zusammenschlusses ist die Realisierung von economies of scale bei der Produktion, der Bereitstellung größerer Mengen eines Produktes für den Markt (Kapazitätsausweitung), der Bereitstellung von größeren einheitlichen Partien zur Stärkung der Position im →Agribusiness oder der Nutzung von Kostenvorteilen beim Einkauf von Rohwaren. Formen dieser Zusammenarbeit stellen die →Erzeugergemeinschaften sowie die ➔Betriebsgemeinschaften dar.

Kooperationsformen in der ➔Landwirtschaft

Zwischenbetriebliche Zusammenarbeit

- ohne dauerhafte vertragliche Bindung
  - Nachbarschaftshilfe
  - ➔Maschinenringe
- mit dauerhafter vertraglicher Bindung
  - Arbeitsteilung im Bereich der Produktion
- mit vertraglicher und institutioneller Bindung
  - Betriebshilfsdienste (gemeinsame Nutzung von Arbeitskräften)
  - ➔Maschinengemeinschaft (gemeinsame Nutzung von Maschinen)
  - Anlagen- und Gebäudenutzungsgemeinschaft
  - Grünlandnutzungsgemeinschaft
  - Erzeuger- und Kontrollringe

Überbetriebliche Zusammenarbeit

- Betriebszweiggemeinschaften
  - Einzelproduktgemeinschaften (Fusion einzelner Produktionszweige)
  - Betriebsgemeinschaften (Mehrproduktgemeinschaften, Fusion mehrerer Produktionszweige)
- Unternehmensgemeinschaften (Vollfusion von Betrieben)

(➔VERTIKALE INTEGRATION)

HORMONE: Botenstoffe im Organismus (Tier oder Pflanze). Als ➔Pflanzenschutzmittel auf Hormonbasis kann man die pflanzlichen ➔Wachstumsregulatoren bezeichnen.
Als ➔Masthilfsmittel sind Hormone, v.a. in Form östrogenwirksamer Substanzen, unerlaubterweise auch für die landwirtschaftliche Tierproduktion (z.B. Kälbermast) eingesetzt worden. Sie bewirken eine Steigerung des Gewichtszuwachses und eine Verringerung des Futterverbrauchs. Die Mastzeit wird um ca. 10 % verkürzt. Die Verwendung natürlicher Hormone für die Gesundheit des konsumierenden Menschen wird unterschiedlich beurteilt; gewisse synthetische Hormone können aber Krebs auslösen oder Missbildungen bewirken.
In der ➔EG ist der Einsatz von Hormonen als wachstumsfördernde Mittel seit 1988 verboten; seit 1989 ist auch die entsprechende Fleischeinfuhr aus Drittländern untersagt. Häufige Zuwiderhandlungen bewogen die EU-Landwirtschaftsminister 1996 die Verstöße schärfer zu sanktionieren. Die Beweislast ist umgekehrt, den Bauern droht der Verlust der Mastprämie. Das Importverbot für hormonbehandeltes Fleisch führte zu einer erfolgreichen Klage der USA bei der ➔WTO und hat möglicherweise einen Handelskonflikt zur Folge. Die USA betrachten hormonbehandeltes Fleisch als nicht gesundheitsschädlich und das Verbraucherschutz-Argument der Europäer als vorgeschoben und letztlich protektionistisch. Hormone werden in den USA bei 70 bis 95 % der Mastrinder regelmäßig verwendet.

HORTISOL: Auch Gartenboden; ➔Bodentyp aus der Klasse der *Anthropogenen* ➔*Böden*. Es sind meist siedlungsnahe Böden mit mächtigen Ah-Horizonten als Folge langjähriger Gartennutzung, d.h. regelmäßiger Düngung und intensiver Pflege.

HORTITHERM: Projekt der RWE zur Beheizung von Gewächshäusern mit Hilfe von unvermeidbar anfallender Niedertemperaturabwärme (28 bis 40 °C) aus dem Kühlwasser von Wärmekraftwerken. Standort des Projekts ist die unmittelbare Nähe des Kraftwerkes Niederaußem im rheinischen Braunkohlerevier. Die niedrig temperierte Abwärme bedingt die enge räumliche Nachbarschaft zum Kraftwerk. Verwandte Projekte sind ➔AGROTHERM und ➔LIMNOTHERM.

Merkmale des Verfahrens sind u.a.:

- langfristige Erbbaurechtsverträge für ansiedlungswillige Gartenbaubetriebe
- von Kühlwasser durchströmte Luftheizung
- Substitution von 600.000 l Heizöl jährlich pro ha Unterglasfläche (Ressourcenschonung)
- Vermeidung von jährlich 1.700 t ➔Kohlendioxid pro ha Gewächshausfläche
- Einsparung von 14,50 DM/m^2 für die Beheizung von Gewächshausanlagen bei den Kosten Mitte der 90er Jahre
- Heizkosten als feste Größe kalkulierbar
- Vermarktung der Produkte über bestehende Großmärkte am Niederrhein und in Holland (Neuss, Köln, Düsseldorf, Straelen, Grubbenvorst und Aalsmeer).

HUANG HE-SYNDROM: Das Huang He-Syndrom beschreibt ➔Bodendegradationen, die durch die Aufgabe ehemals *nachhaltiger Landnutzung* auf begünstigten ➔Böden verursacht wird. Der Begriff ist Teil einer Klassifikation von Syndromen der Bodendegradation.
Der Huang He (Gelber Fluss, Länge 5.500 km) fließt durch das Lößplateau der Provinz Shaanxi in China. Die fruchtbaren Böden dieser Provinz gehören zu den am stärksten erodierenden Flächen der Erde. Seit geschichtlicher Zeit ist dort ➔Bodenerosion zu beobachten, aber seit sich die traditionellen Landnutzungsmethoden wandeln, hat der Bodenverlust katastrophale Ausmaße angenommen.
Die nachhaltigen traditionellen Methoden der ➔Landwirtschaft basieren auf einem hohen Personalaufwand. Arbeitsintensive, kleinräumige Pflegemaßnahmen, wie z.B. die Erhaltung terrassierter Hänge oder Maßnahmen gegen Winderosion werden bei veränderten wirtschaftlichen Rahmenbedingungen tendenziell unrentabel. Sobald die Schutz- und Erhaltungsmaßnahmen vernachlässigt werden, verstärkt sich die Erosion. Ein Ersatz der menschlichen Arbeitskraft durch Mechanisierung der Land-

wirtschaft erfordert hohen Kapitaleinsatz und stößt häufig aufgrund topographischer Gegebenheiten an Grenzen.
Neben der Huang He-Region finden sich weitere durch dieses Syndrom betroffene Gebiete unter anderem auf den Philippinen (Banaue), in Indonesien und auf fruchtbaren Vulkanböden im Bereich des ostafrikanischen Grabens.
Der **Wandel der Landnutzung** wird durch verschiedene, teilweise auch gleichzeitig wirkende Faktoren vorangetrieben. Die finanzielle Belastung der Landnutzer durch Mehrwertsteuerabschöpfung (Kapitalabfluss aus den betroffenen Regionen durch Steuern und Pacht an ortsfremde Eigentümer) ist eine Ursache. Mit der Öffnung der ➔Subsistenzwirtschaft zum Weltmarkt lassen sich oft typische Abläufe beobachten: Zum einen passen sich die lokalen Erzeugerpreise an die niedrigen ➔Weltmarktpreise an, wodurch dann die Rentabilität des arbeitsaufwendigen Landmanagements nicht mehr gegeben ist. Zum anderen wird durch den Übergang zu ertragsunabhängigen Steuern und Pachtzahlungen das Produktions- und Marktrisiko auf die Landnutzer abgewälzt. Durch Akkumulation von Schulden aus ertragsschwachen Jahren kann der Landnutzer in einen "Teufelskreis" von Verschuldung und Eigentumsverlust geraten und letztlich den Einfluss über seine Produktion verlieren. Die Folge ist die Zentralisierung und Kommerzialisierung des Landeigentums. Diese Entwicklungen können schließlich dazu führen, dass *multinationale Agrokonzerne* zunehmend Einfluss auf das Saatgut- und Düngemittelangebot, die Maschinenausstattung sowie die Verarbeitung und das Marketing gewinnen. Damit werden die traditionellen Landnutzungsformen endgültig abgelöst. Hier ist zugleich ein Übergang zum ➔Dust Bowl-Syndrom möglich: auf Gunstböden werden infolge dieser Entwicklung mit hohem Kapitaleinsatz ➔cash crops für den Export produziert. Die Landbevölkerung wird auf marginale Böden abgedrängt, oft mit massiven Bodendegradationsfolgen (➔Sahel-Syndrom).
Wesentliche Auswirkungen des Huang He-Syndroms betreffen die Hydrosphäre, da durch Erosion abgeschwemmter Boden in Flussläufen, Staubecken und auch im Meer erhebliche Schäden verursachen kann (Verschlammung, Überschwemmung, ➔Eutrophierung der anliegenden Küstengewässer). Der Druck richtet sich auch auf die Biosphäre, denn großflächige Veränderungen in der Landnutzung stören das ökologische Gleichgewicht und führen zur Reduzierung der ➔Biodiversität. Beispiele für atmosphärische Auswirkungen sind die vermehrte Emission von Treibhausgasen aus intensivierter Produktion (z.B. ➔Methan aus Reisfeldern) und der mögliche regionale Klimawandel.

HUFE: Auch *Hube*; bäuerliche Besitzeinheit mit Hofstätte und dem zugehörigen Anteil an ➔Flur und ➔Allmende, die sich von einem historischen Ackermaß ableitet. Dieses war Grundlage für die planmäßige Anlage von ➔ländlichen Siedlungen. Die Hufen bildeten an Wegen, Flüssen, Kanälen und Deichen aufgereihte Besitzparzellen.
Die fränkische Hufe besaß 24 ha (z.B. als Maßgröße der ➔Ackernahrung in Rodungsgebieten wie dem Erzgebirge), die flämische Hufe 16 ha (z.B. in Schlesien bei der Anlage von Waldhufensiedlungen) und die Königs- oder Holländerhufe 48 ha (z.B. in der Wesermarsch).

HUFENFLUR: ➔Streifenflur mit ➔Einödlage des Besitzes und Hofanschluss. In einzelnen ➔Landschaften erhielten Hufenfluren durch den Gebrauch eines bestimmten Hufenmaßes eine größenmäßige Normung: Für Hufensiedlungen in der Wesermarsch waren Königs- oder Holländerhufen von rd. 48 ha, für ➔Waldhufenfluren der deutschen Ostsiedlung fränkische Hufen von 24,2 ha charakteristisch. Solche Normungen wurden aber mit unterschiedlicher Sorgfalt umgesetzt. Neben dieser Parzellengestaltung ergeben sich die spezifischen Merkmale verschiedener Typen von Hufenfluren aus den Lagebeziehungen zwischen Flurstreifen und Wohnplatzreihe. So kann sich die Streifenparzellierung an randlich, innen oder zentral-achsial verlaufenden Wohnplatzreihen orientieren, die ihrerseits meist natürlich vorgegebenen Linien folgen oder zu ihnen korrespondieren.

HUFENSIEDLUNG: ➔Reihendorf mit quer zur Siedlungsachse verlaufenden hofanschließenden Streifeneinödparzellen, das vornehmlich in Mitteleuropa während der mittelalterlichen Kolonisationstätigkeit (9.-15. Jh.) entstand, und das nach dem regional sehr unterschiedlich großen Flächenmaß der ➔Hufe angelegt war. Die Hufensiedlung verbindet die Vorteile der - wenn auch lockeren - Gruppensiedlung mit geschlossenem Besitz. Leitlinie der Siedlung bilden Flüsse, Bäche, Wege, Deiche oder Kanäle.
Andere Kontinente weisen Analog- und Übertragungsformen auf.

HUFNER: Eher historische Bezeichnung für Besitzer von (Alt)➔Höfen, die eine volle ➔Ackernahrung gewähren. Hufner besaßen zugleich bevorzugte Rechte der Allmendnutzung und gehörten zur oberen bäuerlichen Schicht. Andere Regionalbezeichnungen waren u.a. Erben und Huber. Besaßen sie als Folge von Erbteilung nur einen halben Althof, sprach man von Halbhufnern, Halberben oder Halbhubern.

HUMINSTOFF: Huminstoffe sind dunkelgefärbte organische Kolloide der Größenordnung < 2µm mit der Fähigkeit, Wassermoleküle und Ionen reversibel zu adsorbieren.
Huminstoffe werden nach ihrem Polymerisationsgrad, nach Farbe, C- und N-Gehalt sowie Löslichkeit in verschiedenen Lösungsmitteln in die folgenden 3 Gruppen mit unterschiedlichen Eigenschaften gegliedert:

- *Fulvosäuren*: Niederpolymer, starker Säurecharakter, wasserlöslich, starke Mobilität im →Boden, geringer N-Gehalt, geringes Wasserhalte- und Adsorptionsvermögen, vorwiegend chemische Entstehung, Vorkommen in sauren, nährstoffarmen, biotisch inaktiven Böden mit Rohhumus.
- *Humine*: Hochpolymer, schwacher Säurecharakter, nicht wasserlöslich, immobil im Boden, Entstehung durch Alterung von Fulvaten und Humaten, geringes Wasserhalte- und Adsorptionsvermögen, Vorkommen in allen Böden.
- *Huminsäuren*: Höherpolymer, mäßiger Säurecharakter, kaum wasserlöslich, mäßige Mobilität im Boden, hoher N-Gehalt, hohes Wasserhalte- und Adsorptionsvermögen, Vorkommen in schwach sauren bis neutralen, nährstoffreichen, biotisch aktiven Böden mit Mullhumus.

Huminstoffe entstehen durch Humifizierung und zwar entweder durch Umwandlung von Pflanzenstoffen, die bereits die zyklische Grundstruktur der Huminstoffe besitzen oder durch Neubildung aus Spaltprodukten, die bei der Verwesung anfallen und bilden den →Dauerhumus. Die Huminstoffbildung wird durch →Bodenlebewesen vorangebracht. Neben der Tätigkeit der Bodentiere als Voraussetzung und Beschleunigung der Huminstoffbildung greift die Mikroflora ein, deren Tätigkeit zu Stoffen führt, die durch chemische Vorgänge (Oxidation, Kondensation, Polymerisation) Huminstoffeigenschaften besitzen. Bei Bodentieren ist vor allem die Tätigkeit ihrer Darmsymbionten bei der Bildung von Huminstoffen bedeutsam.
Die Huminstoffe erhalten im Laufe der Zeit immer mehr sauerstoffhaltige Seitengruppen, wie Säure- und Phenolgruppen. Diese zeichnen sich dadurch aus, dass sie viele Pflanzennährstoffe und andere Moleküle und Molekülgruppen binden und wieder abspalten können. Gegenüber Pflanzennährstoffen, die im Boden als elektrisch geladene Ionen vorliegen, verhalten sich Huminstoffe wie Ionenaustauscher. Huminstoffe bilden deshalb ebenso wie →Tonminerale einen wertbestimmenden Faktor für die →Bodenfruchtbarkeit.

HUMUS: Die organische Substanz des →Bodens ohne das →Edaphon, gelegentlich auch die Bezeichnung für den oberen, humosen Horizont des Bodens.
Unter natürlichen Bedingungen entstammen die pflanzenwichtigen Mineralstoffe im Boden aus zwei Quellen:
1. Aus dem Verwitterungsprozess des anstehenden Gesteins. Sie sind in Ionenform im →Bodenwasser sofort für die Pflanzen zugänglich, sofern sie nicht an →Huminstoffe adsorbiert, an Tonkolloide gebunden (längerfristige Verfügbarkeit) oder durch Auswaschungsvorgänge nach unten verlagert werden.
2. Aus dem Abbau organischer Rückstände. Dieser sogenannte Bestandesabfall erfährt durch Bodentiere und die Bodenmikroflora (Pilze, Bakterien, Strahlenpilze) einen Um- und Abbau, bis hin zur vollständigen Mineralisierung.
Die Zufuhr von Pflanzenresten (→Streu) ist bei Waldböden besonders groß. Bis zu 50 % des jährlich photosynthetisch eingebauten Kohlenstoffs gelangen in den Boden. So beträgt die jährliche Zufuhr von Pflanzenstoffen in unseren Waldgesellschaften 4,5 - 15 t/ha, in tropischen Regenwäldern 100 - 200 t/ha, auf alpinen Wiesengesellschaften 1,1 - 1,3 t/ha. Diese kaum zersetzten organischen Rückstände werden als →*Nährhumus* bezeichnet.
Kulturflächen, denen regelmäßig Pflanzensubstanz entnommen wird, weisen einen geringen Nährhumusanteil auf, sofern die noch vorhandenen Quellen, wie Stoppeln, Stroh und Wurzeln, nicht durch organische Dünger ergänzt werden. Während der Nährhumusanteil von der augenblicklichen Zufuhr an organischem Material abhängig ist, stellt der →*Dauerhumus* den gegen mikrobiellen Abbau widerstandsfähigen Teil dar. Die Bildung von Dauerhumusformen hängt von der Nährhumuszufuhr ab.
Die Huminstoffe des Dauerhumus bestehen aus hochpolymeren organischen Verbindungen von dunkler Farbe. Die Widerstandsfähigkeit gegen raschen mikrobiellen Abbau führt zur Anreicherung dieser Stoffe im Boden. Dieser Vorgang erklärt die dunkle Färbung der oberen Bodenschichten.
<u>Die Bedeutung und Wirkung von Humus:</u>
1. *Physikalische Bodenverbesserung*: Humose Böden sind gut durchlüftet. Die günstige Krümelstruktur kommt durch die Tätigkeit der Bodentiere und durch die →Lebendverbauung der Mikroflora zustande. Pilzhyphen, Bakterien- und Algenausscheidungen verbinden und verkitten einzelne Bodenteilchen zu größeren Krümeln. →Humus erhöht die Wasserkapazität. Er bindet das Drei- bis Fünffache des Eigengewichts. Dadurch können die Pflanzen auch bei hohen Temperaturen und niedriger Luftfeuchtigkeit kontinuierlich Wasser aufnehmen und wachsen. Dieses durch den Humus bewirkte Phänomen nennt man *Welkeresistenz*. Die Dunkelfärbung der humosen Schichten führt zu verstärkter Wärmeadsorption.

2. *Biochemische Bodenbeeinflussung*: Mineralische Nährstoffe werden an den Dauerhumus gebunden. 30 % bis 70 % werden in Form von austauschbaren Kationen gespeichert. Wurzelatmung und Mikroorganismen mobilisieren Austausch-Kationen; sie stellen dazu H^+- und HCO_3^--Austauschionen bereit. Huminsäuren, Aminosäuren und Peptide können als Chelatbildner auftreten. Dies ist der Fall, wenn sie eine Verbindung mit Erdalkali- oder Schwermetallionen eingehen. Diese Komplexbildungen treten in bestimmten pH-Bereichen wasserlöslich auf und spielen somit bei der Spurenelementversorgung der Pflanzen und bei Bodenbildungen eine große Rolle. Daneben ist Humus neben Karbonaten, Tonmineralen und Metalloxiden ein wichtiges Pufferungssystem gegenüber eingetragenen Säuren. Die Zersetzung von Humus liefert CO_2, NH_4^+, NO_3^-, PO_4^{3-} sowie SO_4^{2-} und stellt somit selbst eine Nährstoffquelle dar.
3. *Direkte Auswirkungen von Humusstoffen auf Pflanzen*: Unbestritten ist der Einfluss von Humusstoffen auf bestimmte Enzymsysteme, auf die Plasmapermeabilität, auf Spross- und Wurzelwachstum. So werden z.B. Stickstoffraten verfügbar, die bei geringem Humusgehalt ertragsunwirksam wären. Die Adsorptionsfähigkeit des Humus gilt auch für ➔Pestizide. Humusadsorptionskomplexe stellen somit nicht nur ständig fließende Mineralstoffquellen dar. Auch Giftstoffe gelangen über die Wurzeln in die Pflanze und von da in die weitere Nahrungskette.

HUMUSFORM: Ausdruck für die Erscheinungsform des gesamten Humuskörpers des ➔Bodens. Sie beschreibt die unterschiedliche Kombination, morphologische Ausbildung und Tiefenverteilung der Humussubstanz in den verschiedenen Böden. Man unterscheidet die Trocken-Humusformen *Mull, Moder und Rohhumus* und die Feucht-Humusformen der hydromorphen Böden *Feucht-Mull, -Moder, -Rohhumus, Anmoor* und *Torf*, außerdem noch Unterwasser-Humusformen.
Mull ist die günstige Humusform nährstoffreicher, biotisch aktiver Böden mit ausgewogenem Verhältnis zwischen Mineralisierung und Humifizierung sowie optimaler Einarbeitung von Humus in den Mineralboden. Er ist die Humusform des Tschernosem, der Rendzina, der Pararendzina u.a.
Moder nimmt eine Zwischenstellung zwischen Mull und Rohhumus ein. Er ist die Humusform mancher Braunerden.
Rohhumus ist eine ungünstige Humusform nährstoffarmer, biotisch inaktiver Böden; schwer abbaubare, nährstoffarme Vegetationsrückstände bilden einen Auflagehumus über dem Mineralboden, mit dem es kaum eine Vermischung gibt. Dies ist die Humusform des Podsols.

HÜTEHALTUNG: Eine Betriebsform der Schafhaltung, bei der Schafe nicht in ➔Koppeln sondern von einem Schäfer in offenem Gelände betreut werden. Es wird zwischen standortgebundener Herdenhaltung (z.B. Gutsschäferei, Deichschäferei) und ➔Wanderschäferei unterschieden.

HUTEWALD: Auch Hut-, Hude- oder Hütewald; ein früher der ➔Waldweide von Nutztieren (Schwein, Rind) dienender, durch den Weidegang meist lichter Bestand aus überwiegend Eichen oder/und Buchen.

HÜTTENKALK: Hochofenschlacke, fein gemahlen mit einem Mindestgehalt von 42 % alkalisch wirkenden Bestandteilen (Kalk, Magnesia). Günstige Nebenwirkungen sind durch den P_2O_5-Gehalt und Spurenelemente wie z.B. Mangan und Silizium gegeben.

HUTUNG: Qualitativ weniger gutes, extensiv genutztes Weideland ohne Nährstoffersatz und Weidepflege, meist in ungünstigen Hanglagen gelegen. Hutungen stehen wie ➔Triften oder teilweise auch ➔Almen dem ➔Ödland nahe, d.h. sie sind nicht ackerfähig oder ackerwürdig und werden wegen ihrer armen, flachgründigen ➔Böden, ihres rauhen Klimas und dementsprechend geringen Graswuchses und wegen ihrer weiten Entfernungen von den Siedlungen als ➔Grünland genutzt.
Die vorwiegend in Gemeinschaftsbesitz (Gemeinde, ➔Genossenschaft) befindliche Hutung ist nicht eingezäunt und wird als Magerweide heute nur noch unregelmäßig mit Vieh bestockt. Früher wurden die gewöhnlich Klein- und Nebenerwerbsbauern gehörenden Weidetiere i.d.R. täglich von einem (Gemeinde-)Hirten auf- und abgetrieben und auf der Fläche gehütet. Weidewirtschaftlich haben Hutungen in ihrer ursprünglichen Form im Hinblick auf die Ernährungsansprüche insbesondere der Leistungstiere nur noch geringe Bedeutung. Vielfach sind sie brach gefallen, verschiedentlich unter Naturschutz gestellt oder unter Änderung ihrer Bestände auf umbruchlosem Wege in intensivere Nutzungsformen überführt worden. Ein Minimum an Bewirtschaftungsmaßnahmen bewahrt sie vor der Verbuschung.

HYBRIDSAATGUT: ➔Saatgut, das durch Kreuzen genetisch verschiedener Eltern hergestellt wird. Es liefert erfahrungsgemäß eine zehn- bis zwanzigprozentige Steigerung der Ernteerträge.

HYBRIDZÜCHTUNG: Kreuzung von Inzuchtlinien. Die Nachkommen einer Kreuzung von zwei hochgezüchteten Pflanzensorten sind oft größer, robuster und normalerweise auch ertragreicher als ihre Eltern, ein Effekt, der als ➔*Heterosis* bekannt ist.

Neben der Beeinflussung des landwirtschaftlichen Ertrages hatte die Entwicklung der Hybridzüchtung auch weitreichende sozioökonomische Auswirkungen, indem sie →Saatgut zu einer Ware von kommerziellem Interesse machte. Hybridsorten können aus verschiedenen Gründen nur von speziellen Züchtern hergestellt und vermehrt werden. Einerseits ist die Entwicklung und Erhaltung von Inzuchtlinien kostspielig und erfordert eine besondere Ausbildung. Darüber hinaus zeigen Pflanzen, die aus Samen von Hybridpflanzen entstehen (2. Generation) im Durchschnitt nur 50 % der Vitalität von Hybridpflanzen der ersten Generation (sie "kreuzen aus"). Der Anbau von Hybridsorten erfordert daher die Bereitstellung des Saatgutes aus einer anderen Quelle. Dieser Umstand bildete einen Anreiz für private Unternehmen und bewirkte das Wachstum von kommerziellen Saatgutfirmen. Eine weitere Aufgabenteilung verlagert angewandte Forschung und Saatgutverkauf auf private Unternehmen, während die Grundlagenforschung hauptsächlich in Institutionen ausgeübt wird, die mit öffentlichen Mitteln arbeitet.
(→GRÜNE REVOLUTION, →SAATGUT)

IARC - INTERZEPTION

I

IARC: Engl. Abk. für *International* **A***gricultural* **R***esearch* **C***enter*; es existieren z.Z. 16 von Weltbank und 41 Staaten finanzierte internationale Agrarforschungszentren. Die IARCs sollen durch Nutzung der neuesten agrarwissenschaftlichen Erkenntnisse und Problemlösungsstrategien in Entwicklungsländern eine nachhaltige ➔Landwirtschaft unter dem Aspekt der Nahrungssicherheit fördern. Die Ergebnisse ihrer strategischen und angewandten Forschung stellen sie den nationalen Agrarforschungssystemen kostenlos zur Verfügung.

IMKEREI: Haltung und Züchtung von Honigbienen zur Gewinnung von Honig und Wachs oder zur Produktion von Zuchtköniginnen zum Verkauf. Man unterscheidet gewerbliche Imkerei, Liebhaberimkerei und bäuerliche Bienenhaltung, die durch die Bestäubungsarbeit der Bienen zur Ertragssteigerung bestimmter ➔Kulturpflanzen beiträgt (Raps, Sonnenblumen, Klee, Luzerne, Obstbäume u.a.).

IMMISSIONEN: Immissionen sind aus der Luft austretende Verunreinigungen, ferner Geräusche, Erschütterungen, Licht, Wärme, Strahlen und ähnliche Einwirkungen, die zu Gefahren (objektiven Schäden), erheblichen Nachteilen (vor allem Vermögenseinbußen) oder erheblichen Belästigungen (Störungen des menschlichen Wohlbefindens) für die Allgemeinheit oder für die Nachbarschaft (im juristischen Sinne) führen können. Unter Verunreinigung der Luft ist die Veränderung ihrer natürlichen Zusammensetzung zu verstehen, insbesondere durch Rauch, Ruß, Staub, Gase, Aerosole - Sprühstoffe - Dämpfe oder Geruchsstoffe.
Der Vorgang der Immission beschreibt demnach den Übertritt von luftverunreinigenden Stoffen aus der offenen Atmosphäre in einen Akzeptor (Empfänger).
Die ➔Landwirtschaft ist sowohl Akzeptor wie auch Verursacher von Umweltbelastungen. (➔UMWELTWIRKUNGEN)

INCOTERMS: Engl. Abk. für *International Commercial Terms*; sie stellen eine Zusammenfassung der handelsüblichen, international einheitlich ausgelegten Lieferklauseln dar. Jede Klausel legt den Zeitpunkt des Gefahren- und Kostenübergangs auf dem Weg der Ware vom Exporteur zum Importeur fest. Beispiele sind ➔EXW, ➔FOB, ➔CIF.

INDUSTRIAL FARMING: ➔INDUSTRIALISIERTE LANDWIRTSCHAFT

INDUSTRIALISIERTE LANDWIRTSCHAFT: Typ von Landwirtschaft mit der Verwendung industriespezifischer Produktionsweisen. Kennzeichen derartiger Betriebe sind u.a. ein hoher Spezialisierungsgrad, die Verwendung technischer Verfahren, ein hoher Kapitaleinsatz (d.h. die Substitution von ➔Boden und menschlicher sowie tierischer Arbeitskraft) und der Übergang zur standardisierten Massenproduktion.
Die Entwicklung zur industrialisierten ➔Landwirtschaft betrifft nicht nur einige wenige, im Verlaufe dieses Prozesses entstandenen ➔agrarindustrielle Unternehmen, sondern auch Betriebe, die sich z.B. in Familienbesitz befinden. In den USA ist dieser Prozess für die Mehrzahl der Betriebe vollzogen.
Daraus ergibt sich die Notwendigkeit zu unterscheiden zwischen der Industrialisierung des Produktionsprozesses und der Herausbildung von Betriebsformen, die industriellen Charakter haben, eben den agrarindustriellen Unternehmen.
Ursachen des Industrialisierungsprozesses:

- Agrartechnologische Entwicklungen (Mechanisierung, ➔Agrarchemikalien, verbessertes ➔Saatgut, Hochleistungsfutter, verbesserte Tierarzneimittel, neue Formen der Tierhaltung, neue Lagerungs- und Transporttechnologien u.a.)
- Forschung und Beratung
- Agrarpolitik und Steuergesetzgebung (insbesondere prägend für die Entwicklung in den USA mit

dem Zufluss von Fremdkapital als Folge, aber auch für manche Strukturen in Deutschland, z.B. die vertikal integrierte Legehennenhaltung in Südoldenburg)
- Konzentrationsprozesse in der nachgelagerten Industrie und im Lebensmittelhandel.

Trotz einiger Unterschiede im zeitlichen Ablauf und der Wirkung einzelner Faktoren besteht eine große Übereinstimmung in der Steuerung des Industrialisierungsprozesses der Agrarwirtschaft in den USA und der Bundesrepublik.

In den marktwirtschaftlich organisierten Volkswirtschaften ist es in Verbindung mit der Industrialisierung der Agrarwirtschaft nicht zur Ausbildung von städtischen Agglomerationen gekommen, die für die Industrie charakteristisch sind. Der →Pflanzenbau bietet selbst in Regionen amerikanischer Großbetriebe zu wenige Arbeitsplätze. In der Nutztierhaltung kommt es zumeist aus seuchenhygienischen Gründen bzw. wegen der Notwendigkeit der Beseitigung und Verwertung der tierischen Exkremente nicht zu entsprechenden Verdichtungen.

Demgegenüber ist bei der Bildung von →Sowchosen aus ideologischen Gründen (Auflösung der Unterschiede zwischen Landwirtschaft und Industrie) gezielt die Anlage von Agrostädten betrieben worden.

Eine Auswirkung des Industrialisierungsprozesses, die bislang in der Agrarwirtschaft nicht von großer Bedeutung war, ist die *Überproduktion*. Sie trat in den USA früher auf als in der EG. Folgen sind länger anhaltende Krisen mit Betriebszusammenbrüchen, zunehmende Verschuldung und eine Reduzierung der Produktionseinheiten. Durch die technologische Entwicklung werden immer neue Produktionssteigerungen möglich, so dass sich die Agrarwirtschaft in einer *overproduction trap* befindet.

Die beständige Reduzierung der Zahl der landwirtschaftlichen Betriebe als Folge des Industrialisierungsprozesses kann gravierende soziale und raumstrukturelle Folgen haben. Soziale Isolation der verbleibenden →Landwirte, nahezu völlige Entleerung in manchen Gebieten, wachsende Marginalisierung der Produktionsräume und Identitätsverluste sind deutliche Entwicklungen in den USA. Vergleichbare Entwicklungen werden auch für Deutschland befürchtet.

Zu den ökologischen Auswirkungen gehören in den USA vor allem →Bodenerosion, →Bodenversalzung sowie Einträge von Agrarchemikalien in das Grundwasser, in der Bundesrepublik vornehmlich Probleme mit der Verwendung tierischer Exkremente. Dazu treten ungelöste tierethische Fragen im Zusammenhang mit der →Massentierhaltung.

Von Kritikern wird für die industrielle Landwirtschaft die Gefahr gesehen, dass landwirtschaftliche Produkte mit industriellen Werkstücken auf eine Stufe gestellt werden, die in einer Fabrik am Fließband oder mit Robotern zu jeder Zeit in gewünschter Menge hergestellt werden. Eine solche Auffassung führte zwangsläufig dazu, aus Rohstoffen, Ressourcen und Nutztieren das Äußerste herauszuholen. Die gleiche Befürchtung gilt für manche, nicht der Nachhaltigkeit verpflichtete Formen der internationalen Forstwirtschaft. (→AGRIBUSINESS)

INDUSTRIELANDSCHAFT: Durch die Entwicklung von Gewerbe und Industrie entstandener Landschaftstyp, der durch anthropogene Überprägungen der →Naturlandschaft gegenübersteht und der teilweise als Untertyp der →Kulturlandschaft betrachtet, gelegentlich auch eigenständig neben sie gesetzt wird.

<u>Kennzeichen der Industrielandschaft sind:</u>
- Störung der natürlichen Stoffkreisläufe
- Akkumulation größerer Abfallmengen, Entstehung von großen Abwassermengen
- Aufkommen einer Schadstoffproblematik, z.T. in Bezug auf Stoffe, die in der Natur nicht vorkommen
- Starke Belastungen der drei Medien →Boden, Wasser, Luft
- Lärmbelastungen (→AGRARLANDSCHAFT, →UMWELTWIRKUNGEN)

INDUSTRIEPFLANZEN: →Kulturpflanzen und →Nutzpflanzen, deren Kraut, Wurzeln, Rinde, Früchte oder Saft ganz oder überwiegend als Industrierohstoff Verwendung finden. Ihre Substanzen werden dabei in eine höhere Veredlungsstufe überführt. Industriepflanzen finden sich u.a. in der Gruppe der Faserpflanzen, der →Ölfrüchte sowie der Gewürz- und Genussmittelpflanzen. (→NACHWACHSENDE ROHSTOFFE)

INFILTRATION: Bewegung des in den →Boden (aus Niederschlägen, Beregnung oder Überstauung) eindringenden, der Schwerkraft oder den inneren Bindungskräften folgenden Wassers. Die Infiltrationsrate kennzeichnet den Verlauf der Infiltration und gibt die Wassermenge (in mm oder cm Regenhöhe) an, die je Zeiteinheit in den Boden gelangt.

INSEKTIZIDE: →Pflanzenschutzmittel zum Abtöten von Insekten. Je nachdem, ob sie v.a. zur Bekämpfung der Ei-, Larven- oder Adultstadien eingesetzt werden, unterscheidet man Ovizide, Larvizide und Adultizide. Nach ihrer physiologischen Wirkung kann man zwischen Kontaktgiften, Fraßgiften und Atemgiften unterscheiden. Ein weiteres wesentliches Unterscheidungsmerkmal ist ihre chemische Zusammensetzung.

INSELLANDWIRTSCHAFT: Vorstellung von der inselhaften räumlichen Verteilung landwirtschaftlicher Produktion in Deutschland, vor allem beim Marktfruchtbau. Das Konzept gilt als Konsequenz des gegenwärtig bestimmenden, globalwirtschaftlich erzwungenen Trends einer sich ständig vertiefenden Intensivierung an Gunststandorten und der gleichzeitigen Aufgabe benachteiligter Nutzflächen. Mit diesem Rückzug aus der Fläche wird langfristig eine Entwicklung für möglich gehalten, derzufolge leistungsstarke, international wettbewerbsfähige, subventionsfrei wirtschaftende Agrarbetriebe sich in acht naturräumlich bevorzugten deutschen Regionen konzentrieren werden und der weitaus größere übrige Teil Deutschlands für arbeitsextensive →Landwirtschaft (z.B. →Mutterkuhhaltung statt Milchwirtschaft), für nichtagrarische Nutzungen und →Renaturierung zur Verfügung steht. Die höchstbonitierten Standorte nach der Reichsbodenschätzung liegen vor allem in der den Mittelgebirgen nordwärts vorgelagerten Lößbodenzone sowie im Rhein-Main-Neckar-Talebenenbereich. Der größere Teil des deutschen Territoriums weist natürliche Produktionsbedingungen im Grenzertragsbereich bzw. mit geringem Flächenertragspotential auf. Hierzu gehören vor allem die großflächig verbreiteten grundwasserfernen Geest-, Heide- und Sanderareale, aber auch ertragsschwache, grünlandbetonte Mittelgebirgslagen.
Die Struktur der Landwirtschaft und das Landschaftsbild ändern sich bei diesem Agrarinselkonzept gravierend (deutlich weniger Betriebe, weniger landwirtschaftliche Arbeitskräfte, weniger →Kulturlandschaft, mehr →Naturlandschaft). Die Belastungen der Steuerzahler als auch der Konsumenten wird niedrig sein, mit Außenhandelspartnern ergeben sich weniger Konflikte. Fragen der mit der Intensivierung verbundenen Umweltbelastung bleiben bislang ebenso offen, wie die nach den ausbleibenden positiven →externen Effekten bei einem Rückzug der →Landwirtschaft. (→EXTENSIVIERUNG, →INTEGRATION, →SEGREGATION)

INTEGRATION: 1. Häufig auch →Ökologisierung genanntes Konzept der flächendeckend umweltschonenden - d.h. in der Regel extensiveren - Landbewirtschaftung (*Kombinationsprinzip*). Gleichzeitig wird als Ziel die Einführung des →ökologischen Landbaues auf der gesamten Fläche vorgegeben. Beim *Vernetzungsprinzip* innerhalb des Integrationskonzeptes sind Agrarflächen und die Flächen ungenutzter bzw. ökologisch gezielt bewirtschafteter, naturnaher →Biotope zwar getrennt, aber eng benachbart und letztere konsequent vernetzt. Das Vernetzungsprinzip verspricht einen größeren ökologischen Erfolg als das Kombinationsprinzip, insbesondere hinsichtlich der Artenvielfalt. (→INSELLANDWIRTSCHAFT, →SEGREGATION)
2. Begriff zur Kennzeichnung wirtschaftlicher Organisationsformen in der →Landwirtschaft, welche zunächst in den USA in Verbindung mit dem Entstehen →agrarindustrieller Unternehmen vor allem im Bereich der Nutztierhaltung aufgekommen sind. Es werden unterschieden die →*horizontale* (z.B. →Erzeugergemeinschaft) von der →*vertikalen Integration* (z.B. →Vertragslandwirtschaft). Der Druck zur Integration ergibt sich vor allem aus den Rahmenbedingungen des Marktes. Zu diesen gehören:

- Erschöpfte Absatzpotentiale durch Überschussproduktion
- Veränderte Bedürfnisse/Verbraucherwünsche
- Nachlassende Subventionsbereitschaft des Staates
- Konzentration im Lebensmittelhandel (10 Großunternehmer des Lebensmittelhandels deckten 1996 in Deutschland 81,4 % des Gesamtumsatzes ab)
- Konzentration in der Vermarktung (bundesweit decken von 550 Mühlen knapp 10 Betriebe 70 % des Marktanteils ab; die Zahl der Landhandelsunternehmen belief sich 1980 auf 1603 Unternehmen, 1991 auf 988).
- Zunehmende Auslandskonkurrenz

INTEGRIERTE SCHÄDLINGSBEKÄMPFUNG: Verknüpfung verschiedener Methoden der Schädlingsbekämpfung mit dem Ziel, den Einsatz von chemischen Mitteln zu reduzieren und sie mit der →biologischen oder auch biotechnischen Schädlingsbekämpfung zu kombinieren. Soweit sich die Bekämpfung auf Pflanzenschädlinge bezieht, ist der Begriff gleichbedeutend mit dem des integrierten Pflanzenschutzes. Es wird versucht, die durch Schädlinge und Krankheiten verursachten Ernteverluste unterhalb des Wertes zu halten, der wirtschaftlich als noch akzeptabel gilt. Zu den angewandten Methoden gehören:

- Förderung natürlicher Feinde der Schädlinge
- Aussetzen genetisch geschädigter oder unfruchtbarer Schädlinge
- Aussendung von Hochfrequenztönen zur Vogelabwehr
- Aufstellen von Pheromon- oder Duftstoff-Fallen
- Aufstellen von Hindernissen, wie z.B. Zäunen und Netzen
- Einsatz von resistenten Pflanzenarten
- Anbau von klima- und standortgerechten Pflanzenarten.

Bei Überschreiten der sogenannten (wirtschaftlichen) Schadensschwelle werden chemische Mittel eingesetzt.

INTEGRIERTER LANDBAU: Unter diesem Begriff werden alle standort- und umweltgerechten Pflanzenproduktionssysteme zusammengefasst, die neben ökonomischen verstärkt ökologische Anforderungen an ➔Acker- und ➔Pflanzenbau, Pflanzenernährungs- und Pflanzenschutzverfahren berücksichtigen. Integrierter Landbau heißt weiter, dass alle diese Verfahren gut aufeinander abgestimmt werden, um langfristig sicheren betriebswirtschaftlichen Erfolg zu garantieren. Dabei sind geeignete und vertretbare Verfahren des Acker- und Pflanzenbaues, der Pflanzenernährung und des ➔Pflanzenschutzes stärker als bisher unter umweltverträglichen Aspekten zu betrachten. Der Integrierte Landbau kann als Weiterentwicklung des ➔konventionellen Landbaus gesehen werden.

In der Theorie des Integrierten Pflanzenbaus sind Auflagen berücksichtigt worden, die prinzipiell jede Form der Landbewirtschaftung zum Schutz von ➔Boden, Wasser und Umwelt vor vermeidbaren Beeinträchtigungen mindestens erfüllen müsste, um als ordnungsgemäß gelten zu können. Der Integrierte Pflanzenbau greift die Vorgehensweise ursprünglicher Formen der Landbewirtschaftung wieder auf, die eingebettet waren in die bewusste oder unbewusste Nutzung der natürlichen Möglichkeiten sowie die Akzeptanz der naturgegebenen Grenzen des gesamten ➔Agrarökosystems. Der moderne ➔konventionelle Landbau versuchte dagegen in den vergangenen Jahrzehnten begrenzende Standortgegebenheiten durch teilweise übermäßigen Faktoreinsatz auszugleichen, mit der Folge entsprechender Umweltbelastungen. Das Konzept des Integrierten Pflanzenbaus versucht sich mit der Reduzierung dieser unsachgemäßen, überhöhten Intensität der Landbewirtschaftung dem ➔ökologischen Landbau anzunähern.

Charakteristika des Integrierten Landbaus:

- Beeinflussbarkeit und Kontrollierbarkeit der aus landwirtschaftlicher Sicht wichtigsten Systemgrößen
- Minimierung der künstlichen, umweltbelastenden Eingriffe in den Naturhaushalt durch Förderung auch kleiner natürlicher Regelmechanismen
- Schaffung oder Erhaltung von landschaftsökologisch günstigen Rahmenbedingungen (➔Biotop-Verbundsystem)
- Bevorzugung der mechanischen Unkrautbekämpfung gegenüber dem Einsatz von chemischen Regelungshilfen
- Umfassende Bewertung von ➔Ungräsern und ➔Unkräutern, einerseits mit ihrer Schadwirkung, andererseits mit ihrer Nutzwirkung (➔Bodenschutz, Minderung des Monokulturcharakters der Kulturpflanzenbestände, Alternativnahrung für Schädlinge, Nahrungsquelle für Nützlinge, Durchwurzelung)

Auswirkungen[1] integrierter und ökologischer Bewirtschaftung auf relevante ökologische Konfliktfelder der landwirtschaftlichen Produktion im Vergleich mit ordnungsgemäßer (konventioneller) Landbewirtschaftung

Ökologisches Konfliktfeld	Landbau Integriert	Landbau Ökologisch/ Organisch
Nitratauswaschung	+	++(+)
Ammoniakemission	0	++
Klimarelevanz	+	+++
Gewässerbelastung durch PSM[2]	++	+++
Artenschutz im Acker	(+)	++
Artenschutz im Grünland	(+)	+

[1] Verbesserung gegenüber dem konventionellen Landbau: 0: keine, +: gering, ++: spürbar, +++: sehr deutlich
[2] Pflanzenschutzmittel
Quelle: Institut für Europäische Integrationsforschung e.V. 1994

Insgesamt wirkt das Konzept des Integrierten Landbaus noch vage formuliert, es erscheint als rein verbale Konstruktion, bei der konkrete Definitionen, Grenzwerte, Auflagen o.ä. fehlen. Insbesondere bleibt zu klären, was im Abwägungsprozess zwischen Ökonomie und Ökologie die ökonomischen Erfordernisse sind. Da bisher keine eindeutige Abgrenzung zwischen Integriertem und "ordnungsgemäßem" konventionellem Landbau möglich ist, gibt es derzeit keine Angaben zur Zahl der Betriebe oder den Flächen, die in Deutschland nach den Regeln des Integrierten Landbaus bewirtschaftet werden.

In der Diskussion ist daneben das Konzept der **Integrierten Landbewirtschaftung**, das noch stärker als der integrierte Landbau die *Gleichrangigkeit des ➔Natur- und Umweltschutzes*, der Landschafts- und Flurgestaltung, des Arten-, Gewässer-, und Bodenschutzes gegenüber der Produktionsfunktion betont. Insbesondere will sich dieses Konzept vom *integrierten Pflanzenbau* abheben, bei dem der Kulturpflanzenanbau dominant im Vordergrund steht.

INTEGRIERTER PFLANZENSCHUTZ: Ein Verfahren, in dem alle zur Ertragssicherung zur Verfügung stehenden Möglichkeiten sinnvoll aufeinander abgestimmt und entsprechend gezielt zum Einsatz kommen. Entscheidendes Kriterium hierfür ist, dass dabei die Schadorganismen unter einer wirtschaftlich tolerierbaren Schadensschwelle gehalten werden können, ohne dass es dadurch zu beträchtlichen Ertragsverlusten kommt.

Der chemische Pflanzenschutz bildet zwar nach wie vor einen zentralen Bestandteil des integrierten Pflanzenschutzes, doch richtet sich sein Einsatz hierbei sowohl nach ökonomischen als auch nach ökologischen Gesichtspunkten. Erst wenn der durch den vorliegenden Befall zu erwartende Ertragsverlust die Kosten für die ➔Pflanzenschutzmittel und deren Anwendung übersteigt, sollten diese auch zum Einsatz kommen. Ihre Anwendung ist dann räumlich und zeitlich begrenzt, und ihr Charakter ist selektiv und nützlingsschonend. Der integrierte Pflanzenschutz erfordert daher vom ➔Landwirt zum einen genaue Kenntnisse über die Höhe der wirtschaftlichen Schadensschwelle, zum anderen auch Kenntnisse, inwieweit sich diese durch biologische, ackerbauliche und wirtschaftliche Maßnahmen beeinflussen lässt.

Arbeitszeitaufwand in ausgewählten Produktionsverfahren

Produktions-verfahren	Einheit	Arbeitszeitaufwand[1] im Jahr [h/Einheit/a] 1950	1980
Getreidebau	1 ha	150	< 15
Kartoffelbau	1 ha	326	< 50
Zuckerrübenbau	1 ha	460	< 60
Heugewinnung	1 ha	77	< 15
Milchkühe	1 Tier	145	< 30
Mastschweine	10 Tiere	80	< 15
Legehennen	100 Tiere	500	< 25

[1] bei typischer Mechanisierung

Quelle: Sick 1997 nach KTBL, Darmstadt 1979

INTENSITÄT: Unter Intensität versteht man das mengenmäßige Verhältnis zweier bzw. mehrerer Produktionsfaktoren zueinander, die in einem Produktionsprozess eingesetzt werden. In der ➔Landwirtschaft ist nach *Spielmann* (1989) Intensität die Höhe der Einsatzmenge der ➔Produktionsfaktoren Arbeit und Kapital je Einheit des Produktionsfaktors ➔Boden. Die Verringerung einer Intensität führt immer zum Anstieg anderer Intensitäten. ➔Landwirtschaft geringer Intensität, somit mit einer vor allem den ➔Boden ausnutzenden Bewirtschaftung wird als extensiv bezeichnet.

Man unterscheidet:

- *Arbeitsintensität* - Arbeitsaufwand pro Flächeneinheit, gemessen an der Zahl der Vollarbeitskräfte (AK), Arbeitstage oder Arbeitsstunden pro Hektar. Diesem Verhältnis liegt die Frage nach der gewünschten ➔Agrarstruktur zugrunde (z.B. Abwanderung aus Randregionen bei deutlich arbeitsextensiver Bewirtschaftung). I.a. steigt die Arbeitsintensität vom Getreide- über den ➔Hackbau zu den Sonderkulturen und dem stadtnahen marktorientierten Gartenbau.
- *Kapitalintensität*: Kapitaleinsatz (in Form von ➔Dünger, Futter, Maschinen, Installationen, Pflanzenbestand in ➔Plantagen etc.) pro Flächeneinheit oder pro Arbeitskraft. Im Verhälnis Kapital/Boden liegt die ökologische Problematik der ➔Überdüngung und der viehintensiven, bodenarmen oder ➔bodenunabhängigen Viehhaltung. Der hohe Einsatz von Kapital pro Arbeitskraft wird in der Regel mit hoher Mechanisierung gleichgesetzt. Er findet sich vor allem in Großbetrieben und in Gebieten mit hohen Arbeitslöhnen, aber relativ niedrigen Industriepreisen.

Meist ist Landwirtschaft entweder arbeitskräfte- oder kapitalintensiv.

Als Variante der Kapitalintensität spricht man ferner von *düngerintensiven* oder auch von *viehintensiven* Betrieben (in Hochleistungsmilchbetrieben oder Mastbetrieben).

Bei den viehintensiven Betrieben kann man - ausgehend von der Haltungsform - unterscheiden:

- *Extensivhaltung* - mit Ausnahme der Futterversorgung erfolgt keine weitere Betreuung der Tiere

Entwicklung einiger Intensitäten in der bundesdeutschen Landwirtschaft

Jahr	Intensitätskennziffer					
	Stickstoff/LF[1] [kg/ha]	Arbeit/LF[1] [AK[2]/100 ha]	Kapital/Arbeit [1000 DM/AK[2]]	Vorleistung/ Arbeit [1000 DM/AK[2]]	Vorleistung/ Kapital [DM/DM]	Schlepper/ Arbeit [Schlepper/AK[2]]
1950/51	27	28,8	17,6	2,8	0,16	0,04
1970	87	11,9	80,4	16,4	0,20	0,89
1989	128	6,6	160,6	36,5	0,23	1,80

[1] Landwirtschaftlich genutzte Fläche

[2] Arbeitskraft-Einheit

Quelle: Henrichsmeyer u. Witzke 1991

- *Halbintensivhaltung* - dem →Nutztier wird in Abhängigkeit von der Witterung Auslauf gewährt
- *Intensivhaltung* - vom Nutztier werden Hochleistungen abverlangt, weil es nur der Produktion von Nahrungsmitteln und nicht der weiteren Zucht dient. Die Tiere verbringen wenigstens eine Lebensphase (gewöhnlich die Ablege- oder Mastperiode) in einem optimal ausgestatteten Stall ohne Möglichkeit des Auslaufs.
- *Vollintensivhaltung* - das Nutztier verbringt sein gesamtes Leben von der Geburt bis zur Schlachtung bei besten Haltungsbedingungen in geschlossenen Ställen, eine Haltungsform die in der →Massentierhaltung weltweit verbreitet ist.

Gelegentlich wird der Begriff Intensität mit dem Terminus →Produktivität vermengt, etwa wenn von Flächen*intensität* statt von Flächen*produktivität* gesprochen wird.
Größere Intensität mit dem Ziel eines höheren quantitativen oder qualitativen Leistungsoptimums führt nicht notwendigerweise zu einem wirtschaftlichen Optimum. Intensität und Intensivierung können beispielsweise zu vorzeitiger Bodenermüdung führen oder sie können so hohe Kosten verursachen, dass der Ertrag in einem unbefriedigenden Verhältnis zum Aufwand steht.
Intensität spielt in Standorttheorien (→Thünensche Ringe, Christallers Zentrale-Orte-Konzept) eine wesentliche Rolle.
(→NACHHALTIGE ENTWICKLUNG, →STANDORTFAKTOREN)

INTENSIVBLATTFRÜCHTE: →Hackfrüchte

INTENSIVFRUCHT: In der deutschen Betriebssystematik die Bezeichnung für einen gleichnamigen Produktionszweig, der zusammen mit den →Extensivfrüchten die Produktionsrichtung →Marktfrüchte bildet. Zu den Intensivfrüchten gehören:

- Frühkartoffeln
- Mittelfrühe und späte Industrie- und Speisekartoffeln
- Zuckerrüben
- Tabak
- Gemüse, Spargel, Erdbeeren im Wechsel mit landwirtschaftlichen Kulturen
- Haus- und Nutzgarten
- Rüben und Gräser zur Samengewinnung
- Alle anderen Handelsgewächse

(→BETRIEBSFORM)

INTENSIVKULTUR: Unter dem Begriff Intensivkultur versteht man durch hohen Arbeits- und Kapitalaufwand und Ertrag gekennzeichneten →Pflanzenbau, z.B. Zuckerrüben- und Gemüsebau, Getreidebau und →Sonderkulturen. Intensive Düngungs- und

Energiedichten und Proteinerträge verschiedener Agrargesellschaften

Agrargesellschaft	Energiedichte [GJ/ha]	Proteinertrag [kg/ha]
Wildbeuter (Jäger und Sammler)	0,0	-
Andendorf (Peru)	0,2	0,5
Schaffarm im schottischen Hochland	0,6	1-1,5
Grenzertragswirtschaft	4,0	9
Rinderwirtschaft auf Naturweide	5,0	130
Mischlandwirtschaft in Industrieland	12-15	500
Intensiver Ackerbau	15-20	2.000
Intensive Tiermast	40	300

Quelle: Tivy 1993

Pflanzenschutzmaßnahmen führen zu Umweltbelastungen.

INTENSIVLANDWIRTSCHAFT: Moderne →Landwirtschaft mit dem Ziel, einen möglichst hohen Ertrag pro Flächeneinheit und/oder Tier zu erreichen. Sie ist vor allem durch die Anwendung hochentwickelter, anspruchsvoller Agrartechnik gekennzeichnet. Zu dem Anlagekapital und den Investitionen für Land, Gebäude, Tierbestand und Maschinenpark kommen hohe jährliche Produktionskosten hinzu. Es sind dies einerseits Ausgaben für *direkte Energie* in Form von menschlicher und tierischer Arbeitskraft, fossiler Brennstoffe und Elektrizität, andererseits Ausgaben für *indirekte Energie*, wie →Dünger, Wasser, →Saatgut, →Herbizide, →Insektizide und andere chemische Erzeugnisse.
Eine Möglichkeit um die relative →Intensität der Landwirtschaft auszudrücken ist die Energiedichte,

Der Reisanbau auf den Philippinen und in den USA im Hinblick auf die Energiebilanz und den Ertrag

Kennziffer	Staat	
	Philippinen (traditonell)	USA (technisiert)
Energieaufwand [GJ/ha]	0,2	65
Energieertrag [GJ/ha]	19	87
Relation Aufwand/Ertrag	108	1,34
Reisertrag [t/ha]	1,3	5,8

Quelle: Nentwig 1995

beziehungsweise die Summe der aufgewendeten (direkten und indirekten) Energieäquivalente pro Hektar Land.
Im Vergleich des nordamerikanischen **Maisanbaus** um 1700 (keine ➔Agrarchemikalien, keine Zugtiere oder Maschinen) mit dem von 1983 ergibt sich eine Reduktion des Arbeitsbedarfs von 1.200 auf 10 h/ha. Gleichzeitig erhöht sich der Ertrag von 1,9 t auf 6,5 t/ha. Um dies zu erreichen, müssen jedoch Maschinen (mit fossilem Brennstoff), Dünger und ➔Pestizide eingesetzt werden, teilweise wird künstlich bewässert, das Erntegut wird in großen Anlagen elektrisch getrocknet und für alle Hilfsmittel und Produkte fallen z.T. beträchtliche Transportwege an. Energetisch stehen dem Aufwand um 1700 von 3 GJ/ha (überwiegend in Form menschlicher Arbeit) ein Gewinn von 32 GJ/ha gegenüber, d.h. das Verhältnis von Aufwand zu Ertrag beträgt 10,7. Der moderne Maisanbau benötigt 15mal mehr Energie (44 GJ/ha überwiegend in Form fossiler Energie, u.a. 38 % für Dünger, 21 % für Bewässerung, 12 % für Treibstoff, 10 % für Maschinen, 6 % für Pestizide), um das 3,5-fache zu erwirtschaften, d.h. das Verhältnis von Aufwand zu Ertrag beträgt nur noch 2,5. Zum Teil noch drastischere Differenzen ergeben sich, wenn man den traditionellen Reisbau auf den Philippinen mit dem hochtechnisierten in den USA vergleicht.
Nach einer Modellberechnung wurden (innerhalb der Intensivlandwirtschaft) 80 GJ pflanzliche ➔Biomasse erzeugt, um 3,6 GJ Nahrung für den Menschen herzustellen (Wirkungsgrad 3 %). Da hierfür 35,5 GJ an fossiler Energie benötigt wurden, ergibt sich eine Negativbilanz, bei der gerade der Gegenwert von 10 % der eingesetzten fossilen Energie als Nahrung gewonnen werden konnte.
Im Durchschnitt der US-amerikanischen Landwirtschaft wird seit 1975 mehr Energie verbraucht als erzeugt.

INTENSIVWEIDEN: Alle Nutzungsformen gut gepflegter und gedüngter ➔Weiden. Die Selbstvermehrung der vom Vieh gemiedenen Gräser und Kräuter wird auf Intensivweiden bekämpft.

INTERNALISIERUNG EXTERNER EFFEKTE: Das Einbeziehen der ➔externen Effekte in den Preismechanismus. Damit ist gewährleistet, dass das Wirtschaftssubjekt, das die externen Effekte verursacht, die vollen Konsequenzen seines Handelns trägt. (➔UMWELTWIRKUNGEN)

INTERVENTION: In gemeinsamen ➔Marktorganisationen der EU zur Regelung der Binnenmärkte vorgesehene Ankaufsverpflichtung des Staates für Marktordnungsgüter zum ➔Interventionspreis. Es soll damit ein aus wirtschaftlichen Gründen nicht vertretbares Absinken der Erzeugerpreise für landwirtschaftliche Produkte (z.B. durch Übernahme von Überschüssen, durch Lagerungsbeihilfen u.w.) verhindert werden.

INTERVENTIONSPREIS: Zu Beginn eines jeden Wirtschaftsjahres setzen die Organe der EU die institutionalisierten Preise für Agrarprodukte fest. Für eine Reihe von Marktordnungsprodukten (z.B. Getreide) bildet der Interventionspreis die Untergrenze des Binnenpreisniveaus, zu dem die Aufkaufstellen der EU die angebotenen Mengen aufkaufen müssen. Bei anderen Erzeugnissen (z.B. Schweinefleisch) greifen flexiblere Interventionsmechanismen, wie z.B. Beihilfen für private Lagerhaltung, Verarbeitungsbeihilfen. Durch ➔Intervention wird der Mindestpreis für landwirtschaftliche Produkte garantiert. Die EU-Interventionsbestände (Lagerhaltung der Überschüsse) beliefen sich Ende 1992 u.a. auf 25,3 Mio. t Getreide, 241.000 t Butter, 147.000 t Magermilchpulver und 871.000 t Rindfleisch.
(➔MARKTORDNUNG)

INTERZEPTION: Der von der Oberfläche der Vegetation aufgefangene Teil des Niederschlages, der von dort verdunstet, ehe er den ➔Boden erreicht.

J

JAUCHE - JUNGSIEDELRAUM

JAUCHE: Mit Jauche bezeichnet man das Zersetzungsprodukt des tierischen Harns und der Stallmist-Sickerbrühe (somit eine kotarme →Gülle) nach dem Gärungsprozess in der Jauche-Grube. Jauche wird wie Gülle und →Stallmist als →Wirtschaftsdünger zur →Düngung im landwirtschaftlichen Betrieb eingesetzt. Jauche enthält ca. 0,4 % Stickstoff, 0,8 % Kalium, 0,01 % Phosphorsäure.
Jauche darf nicht - auch nicht indirekt - über Kanalisationen und Kläranlagen in Gewässer eingeleitet werden. Die Ausbringung von Jauche auf →landwirtschaftlich genutzte Flächen ist durch Rechtsverordnungen des Kreislaufwirtschafts- und Abfallgesetzes geregelt.

JAUSENSTATION: Begriff aus dem österreichisch-südtiroler Alpenraum für eine einfache Einkehrmöglichkeit auf Bergbauernhöfen oder →Almen. In Österreich bietet die Jausenstation eine bedeutende Möglichkeit zur →Direktvermarktung hofeigener Erzeugnisse.

JO-RI-SYSTEM: Schachbrettartige →Flurform, die im Zuge einer →Bodenreform zur gleichmäßigen Verteilung des Reislandes unter den Bauern vom japanischen Kaiser im 7. Jh. eingeführt wurde. Auch in der Dorfgestaltung hat sich eine Regelmäßigkeit z.T. bis heute erhalten. Ein quadratisches *Ri* hat 36 *cho*, vergleichbar der amerikanischen →township.

JUNGSIEDELRAUM: Als Jungsiedelräume bezeichnet man Gebiete in Mitteleuropa, die nach 1.000 n. Chr. erschlossen wurden. Dazu gehören Mittelgebirgsräume mit Kleindörfern, →Weilern und →Einzelhöfen, umgeben von unregelmäßigen Kleinblockfluren. Zu den planmäßigen Ansiedlungen gehören →Waldhufensiedlungen in den Mittelgebirgen und auch →Anger-, →Straßendörfer und →Rundlinge in Ostdeutschland im Gefolge der hochmittelalterlichen →Ostkolonisation. Die in Mitteleuropa üblichen Haus- und →Hofformen (Nieder-, Oberdeutsches Einhaus, Mitteldeutsches Gehöft) wurden von den →Alt- in die Jungsiedelräume übertragen.

KAHLFROST - KURZUMTRIEBSPLANTAGE

K

KAHLFROST: Bodenfrost bei Fehlen einer schützenden Schneedecke. Kahlfrost gefährdet überwinternde Saaten wegen des ➔Auffrierens des ➔Bodens und damit verbundenem Zerreissen der Wurzeln.

KÄLTEGRENZE: Grenzsaum, in dem infolge Wärmemangels bestimmte Nutzungen und Lebensbedingungen polwärts und höhenwärts ihre Verbreitungsgrenze finden. Wichtig sind: Waldgrenze (Vorkommen geschlossener Waldgebiete), Baumgrenze (Vorkommen einzelner Bäume bzw. Baumgruppen) und Schneegrenze (Unterscheidung nach klimatischer, orographischer, temporärer Schneegrenze). Kältegrenzen sind für die ➔Landwirtschaft von besonderer Bedeutung.
(➔LANDNUTZUNG, GRENZEN DER)

KAMP: Durch einen Zaun, eine Mauer oder einen (evtl. bepflanzten) Erdwall eingehegte blockförmige ➔Parzelle. Der Begriff ist vor allem in N- und NW-Deutschland gebräuchlich.

KAMPFLUR: Kleinblockflur aus eingehegten Blockparzellen in Einöd- oder ➔Gemengelage.

KANAT: Auch *Qanat*; in Iran und Afghanistan die Bezeichnung für unterirdische Bewässerungskanäle. (➔FOGGARA, ➔BEWÄSSERUNG, ➔BEWÄSSERUNGSWIRTSCHAFT)

KAREZ: Unterirdischer Bewässerungskanal (➔FOGGARA)

KATE: 1. Grundstück, dessen Besitzer nicht ausschließlich von der ➔Landwirtschaft leben konnte, sondern auf andere Erwerbszweige, auf Seefahrt und Fischerei, auf Handwerke und Tagelöhnerarbeiten angewiesen war.
2. Kleines niedriges Haus (im Gegensatz zum Bauernhaus).

KEHRPFLUG: Scharpflug, der den Erdbalken links oder rechts wenden kann. Die gebräuchlichste Form des Kehrpflugs ist der *Volldrehpflug*, der beim Wechseln der Wenderichtung 180° um seine Längsachse gedreht wird. (➔BEETPFLUG, ➔PFLUG)

KHAMMESSAT: Traditionelle ➔Agrarverfassung mit lokalen Varianten im gesamten nordafrikanischen und vorderasiatischen Raum. Grundüberlegung ist, dass die landwirtschaftliche Produktion von fünf Faktoren (ar. Khamsa = fünf) getragen wird, nämlich ➔Boden, Wasser, ➔Saatgut, Arbeitsgerät/Zugtiere und der menschlichen Arbeitskraft. Üblicherweise ergibt sich eine Symbiose aus dem Grundeigentümer, der die vier ersten Faktoren einbringt und dem niedrigen sozialen Schichten entstammenden *Khammes*, der seine Arbeitskraft zur Verfügung stellt. Entsprechend dem Fünftel, das er beisteuert, wird er mit einem Fünftel der Ernte entlohnt. Je höher der Arbeitseinsatz der Khammes ist, umso höher ist auch sein Ernteanteil. So ergibt sich ein recht stabiles System, da die Interessen des Grundeigentümers durch den Einsatz des Khammes automatisch mit gewahrt werden. Andererseits kommt es bei den bescheidenen Löhnen häufig zu Verschuldungen der Khammes. An einer Modernisierung des traditionellen Agrarsektors hat der Grundeigentümer kaum Interesse. Auch die Khammes wenden sich häufig gegen eine Mechanisierung, da sie eine Verringerung ihrer Ernteanteile befürchten. Dieser Hemmeffekt führte in manchen Staaten zu einem Verbot dieser Pachtform.

KIBBUZ: (Mz. Kibbuzim), von hebr. *Siedlung*; Form landwirtschaftlicher Genossenschaftsbetriebe in Israel mit unterschiedlich starkem Vergesellschaftungsgrad, die aus der Verbindung des jüdischen

Geschichtsbewusstseins (Errichtung einer Heimstätte des jüdischen Volkes in Palästina) und der sozialistischen Zukunftsvision von Gleichheit entstand. Alles Eigentum, mit Ausnahme des persönlichen Besitzes, ist Gemeingut. Das Kollektiv tritt als Gesellschaft des öffentlichen Rechts auf und nimmt alle Pflichten und Rechte einer Kommune wahr (Schul- und Gesundheitswesen etc.), wobei die Mitglieder systemkonform keine Kommunalsteuern zahlen. Die Arbeit wird auf kollektiver Basis organisiert. Jedes Mitglied ist verpflichtet, im Rahmen seiner Fähigkeiten und nach Anordnungen der gewählten Gremien für die Kommune zu arbeiten. Umgekehrt ist die Kommune verpflichtet, für sämtliche Bedürfnisse ihrer Mitglieder (Wohnung, Möbel, Kleidung, Essen, Erholung) gemäß ihrer finanziellen Möglichkeiten aufzukommen. Entsprechend ist auch die Verwaltung unmittelbar-demokratisch. Es existiert keine sozial privilegierte Funktionärskaste. Die Ideale des *auf freiwilliger Basis* beruhenden Gemeinschaftslebens werden konsequent gepflegt (gemeinsame Essenseinnahme, Sozialisation der Kinder vornehmlich in ihrer Altersgruppe). Jedes Mitglied hat jederzeit das Recht, das Kollektiv zu verlassen. Die Unterschiede zu realsozialistischen Kommunetypen, etwa der →Kolchose, werden damit überdeutlich.
Die mittlere Größe eines Kibbuz schwankt zwischen 400 und 1200 Einwohnern. Als Wohnort stellt er eine ausgezeichnete Kombination von städtischer Lebensform und ländlicher Umgebung dar. Von der gesamten jüdischen Bevölkerung leben lediglich ca. 3 % in Kibbuzim, was sich wohl aus dem starken Bedarf an ideologischer Motivierung erklärt, die nötig ist, um auf einen großen Teil seiner individuellen Freiheiten zu verzichten.
Wirtschaftlich stellt jeder Kibbuz einen landwirtschaftlichen Großbetrieb dar mit zahlreichen Zweigen, deren Leitung in den Händen von Agronomen mit Hochschulausbildung oder langjähriger Erfahrung liegt. Konsequenterweise sind die Kibbuzim Träger landwirtschaftlichen Fortschritts sowohl hinsichtlich der Produkte, als auch der Produktionsverfahren und -techniken.
Neben der →Landwirtschaft werden in jüngerer Zeit verstärkt industrielle Betriebe aufgebaut, z.T. auch Tourismusangebote gemacht, um der nachfolgenden Generation, den im Gefolge der Mechanisierung freiwerdenden Fachkräften bzw. den Frauen Arbeitsplätze zu sichern und eine Krisenanfälligkeit zu vermeiden.
Kibbuzim wurden häufig als Neusiedlungen von Einwanderern gegründet, oft als Grenzsiedlungen mit Wehrfunktion. Im Kibbuz, dessen erste Realisierung 1909 in Deganya am Kinneretsee erfolgte, drückt sich die Haltung der Neueinwanderer und Siedler aus: Offenheit gegenüber technologischen wie organisatorischen Neuerungen, Freiheit von Traditionszwängen, starke nationale und soziale Motivierung, sozialistische Tendenzen.
Eine Abspaltung der Kibbuzbewegung führte 1920 zur Einführung einer neuen Siedlungsform, dem *Moshav* (Mz. Moshavim). Er besitzt heute eine größere zahlenmäßige Bedeutung. (→AGRARSOZIALE SYSTEME)

KLÄRSCHLAMM: Bezeichnung für den ausgefaulten bzw. auf sonstige Weise stabilisierten Schlamm aus Kläranlagen. Klärschlamm aus häuslichen Abwässern enthält viele →Nähr- und Humusstoffe und kann unter bestimmten Voraussetzungen als →Düngemittel verwendet werden. Einzelheiten regelt die →*Klärschlamm-Verordnung* vom 1.7.1992. Pro Tonne Trockensubstanz enthält Klärschlamm durchschnittlich 70 kg Ca, 40 kg N, 35 kg P, 5 kg Mg, nur sehr wenig K (2 kg); zusätzlich etwa 2 kg Zn, 400 g Cu, 300 g Mn, 40 g B und 10 g Mo. Klärschlamm kann je nach Abwasserart und Behandlungsverfahren umwelt-, bzw. gesundheitsgefährdende Stoffe wie Krankheitskeime und Schwermetalle (z.B. Cadmium, Blei, Quecksilber) enthalten.
Anfang der 90er Jahre mussten rd. 60 Mio. m^3 Klärschlamm entsorgt werden; dies entspricht einer Trockenmasse von etwa 3 Mio. Tonnen.

KLÄRSCHLAMMKOMPOSTIERUNG: Biologische Methode zur Behandlung von →Klärschlämmen, die in Deutschland zur Zeit in etwa 30 Anlagen praktiziert wird. Die Verrottung (aerobe Zersetzung fester organischer Stoffe) kann in Mieten oder in Behältern (sogenannte Bioreaktoren) bei Temperaturen von etwa 65 °C ablaufen. Neben einer Belüftung ist eine Beimengung organischer Kohlenstoffe erforderlich. Der entstehende Kompost ist hygienisch einwandfrei.

KLÄRSCHLAMMVERORDNUNG: Die Verordnung (AbfKlärV) vom 1.7.1992 regelt das Aufbringen von →Klärschlamm aus Abwasserreinigungsanlagen auf →landwirtschaftlich, forstwirtschaftlich oder gärtnerisch genutzte Flächen. Es dürfen nur solche Schlämme verwertet werden, die die Anforderungen der AbfKlärV erfüllen. Die Verordnung bestimmt, dass der Klärschlamm vorher entkeimt sein muss und setzt für sieben Schwermetalle (Blei, Cadmium, Chrom, Kupfer, Nickel, Quecksilber, Zink) Höchstmengen fest. Die Verordnung regelt weiterhin die Zeitabstände, in denen der Klärschlamm aufgebracht werden kann und begrenzt die jährliche Menge. Das Aufbringen von Klärschlamm auf Gemüse- und Obstanbauflächen sowie auf →Dauergrünland und forstwirtschaftlich genutzte →Böden ist verboten.

KLÄRSCHLAMMVERWERTUNG: Etwa 25-30% der in Deutschland anfallenden kommunalen →Klärschlämme werden landwirtschaftlich verwertet (1997). Klärschlämme können in fester und flüssiger Form in der →Landwirtschaft angewendet werden. Mit den Klärschlämmen werden wichtige →Nährstoffe und erhebliche Mengen organischer Substanzen dem →Boden zugeführt und damit die biologische Aktivität des Bodens gefördert sowie die →Bodenfruchtbarkeit erhöht bzw. wieder hergestellt.
Die landwirtschaftliche Klärschlamm-Verwertung stellt kein Konfliktfeld zwischen Landwirtschaft und Umweltschutz dar. Der Nutzen von Klärschlämmen ist für die Landwirtschaft insgesamt gering und leicht durch Alternativen zu ersetzen. (→KLÄRSCHLAMM-VERORDNUNG)

KLEEGRASWIRTSCHAFT: Intensivform der →Feldgraswirtschaft mit nur zwei- bis dreijähriger Nutzungsdauer des →Feld-Futterbaus.

KLEINBAUER: →Landwirt mit geringem Landbesitz, teilweise als Folge von →Realteilung. Sein Einkommen liegt in der Nähe des Existenzminimums. Ein Kleinbauer ist häufig auf Zupacht und hoffremde Arbeit angewiesen.

KLEIN(EIGENTUMS)LANDWIRT: Agrarsoziale Gruppe, die sich in zwei Gruppen unterteilen lässt, nämlich in die Kleinlandwirte mit mittelgroßem Bodeneigentum und mehr oder weniger angemessener →Ackernahrung (→Vollerwerbslandwirte, →Farmer) sowie in die Kleinlandwirte mit geringem Bodeneigentum und einer unter der →Ackernahrung liegenden Bodenverfügbarkeit. (→GROSSEIGENTUMS-LANDWIRT)

KLEINERZEUGER: Kategorie von landwirtschaftlichen Betrieben, die von der Pflicht zur →Flächenstillegung im Rahmen der →Gemeinsamen Agrarpolitik befreit sind. Auf ihrer Anbaufläche dürfen höchstens 92 t Getreide geerntet werden. Kleinerzeuger erhalten für den Anbau von Getreide, Ölsaaten, Eiweißpflanzen oder Öllein nur eine einheitliche (geringere) von Getreide abgeleitete →Ausgleichszahlung.

KLEINGÄRTEN: Gewöhnlich zusammenhängend, aber getrennt vom städtischen Wohnumfeld auftretende →Gärten, die von Pächtern aus Liebhaberei oder nebenerwerbsmäßig genutzt werden. Sie dienen hauptsächlich zur Gewinnung von Obst und Gemüse und zur Erholung. Ihre Fläche soll 400 m^2 nicht überschreiten. Ihre häufige Bezeichnung als →Schrebergarten geht auf den Arzt D. Schreber zurück. Nicht zu den Kleingärten werden gerechnet Eigentümer-, Wohnungs- und Arbeitnehmergärten. (→KLEINGARTENANLAGE)

KLEINGARTENANLAGE: Auch *Kleingarten-* oder *Laubenkolonie*; Konzentration mehrerer kleiner →Gärten, die häufig von den Kommunen verpachtet werden, und die in zur Bebauung ungeeigneten städtischen Randlagen auftreten. Die Nutzung als Ziergarten ergänzt heute die traditionelle Wirtschafts- und Erholungsfunktion. Kleingartenanlagen sind häufig durch Vereine organisiert, die sich auch um den Erhalt bzw. Ausbau der Infrastruktur bzw. um die Bereitstellung billigen →Saat- und Pflanzgutes oder Gartenchemikalien kümmern. Die Anlagen weisen häufig Gemeinschaftseinrichtungen wie Wege, Spielflächen und Vereinsgebäude auf. Dauer-Kleingärten sind im Bebauungsplan ausgewiesen. (→KLEINGARTEN, →SCHREBERGARTEN)

KLIMASZENARIO (WESTEUROPA) UND LANDWIRTSCHAFT: Die folgenden Aussagen des *Bundesumweltministeriums* über die Entwicklung des europäischen Klimas aufgrund der anthropogenen Einflüsse beruhen im wesentlichen auf den Ergebnissen der am Hamburger Max-Planck-Institut und am Hadley Centre in Bracknell, England, erstellten Klimaprognosen mit gekoppelten Ozean-Atmosphäre-Zirkulationsmodellen. Beide Szenarienrechnungen gehen von einer jährlichen Zunahme der CO_2-Äquivalenz-Konzentrationen von 1 Prozent aus.
Temperatur:
Für Westeuropa wird eine Temperaturzunahme von ca. 0,2 °C pro Dekade prognostiziert. Gegenüber der heutigen Mitteltemperatur werden damit im Jahre 2030 die Temperaturmittelwerte um etwa 0,75 °C gestiegen sein. Es wird damit gerechnet, dass die Temperaturerhöhung in östlicher und nördlicher Richtung zunimmt und für Osteuropa +0,35 °C pro Dekade betragen wird. Die winterlichen Perioden extremer Kälte werden zurückgehen und die heißen Sommer häufiger werden. Die natürliche Variabilität der jährlichen Oberflächenmitteltemperatur von etwa 1 °C kann die anthropogene Erwärmung für Westeuropa etwa für 1-2 Dekaden verdecken.
Niederschläge:
In Nord- und Mitteleuropa werden die winterlichen Niederschläge um etwa 20% (max. 40%) zunehmen. Auf der Iberischen Halbinsel wird mit einem Niederschlagsrückgang gerechnet. Die Sommerniederschläge werden nach den gerechneten Modellen für die Gesamtregion zwischen Mittelmeer und Schottland abnehmen.
Insgesamt ist mit einer Zunahme konvektiver Niederschläge (Schauer) zu rechnen, deren stärkere Intensität zu einer Vergrößerung der Niederschlagsmenge bei gleichzeitiger Abnahme der "Tage mit Nieder-

schlag" führen kann. Die natürliche Variabilität der Niederschläge beträgt für Westeuropa etwa 30-40% (max. 60%), so dass erst nach einigen Dekaden klimaänderungsbedingte Trendverschiebungen signifikant nachweisbar sind.

Bodenfeuchte:

Für das Winterhalbjahr wird für Westeuropa keine wesentliche Veränderung der Bodenfeuchte vorhergesagt. Nur auf der Iberischen Halbinsel muss wahrscheinlich mit zunehmender Bodenaustrocknung gerechnet werden. Im Sommer wird besonders in Südeuropa eine fortschreitende Austrocknung der →Böden eintreten, wobei die nördliche Begrenzung dieser Austrocknungszone noch umstritten ist.

Landwirtschaft:

Steigende Temperaturen verlängern die Vegetationsperiode, so z.B. in Europa um schätzungsweise zehn Tage bei einem Temperaturanstieg um 1 °C. Soweit Licht, Wasser und Nährstoffe in entsprechender Menge vorhanden sind, kann sich dadurch die Produktivität eines Standortes erhöhen. Zugleich erweitern sich die Anbaumöglichkeiten besonders wärmeliebender Arten und Sorten. Pflanzenspezifische Minimaltemperaturen für die Keimung, die Blütenbildung oder andere Stadien innerhalb der Pflanzenentwicklung werden auch in höheren Breiten eher erreicht bzw. überschritten. Pro Grad Celsius Temperaturerhöhung verlagern sich die **Anbaugebiete** um 200 bis 300 km polwärts bzw. im Bergland um 200 Meter höher. Weiter im Norden liegen jedoch häufig schlechter entwickelte und weniger fruchtbare Böden. Zudem schränkt die prognostizierte Zunahme extremer Wetterereignisse den erweiterten Spielraum möglicherweise ein, da häufiger Früh- und Spätfröste und andere Wetterextreme auftreten werden.

Durch einen Temperaturanstieg werden außerdem die Anbaumöglichkeiten in niederen Breiten zunehmend eingeschränkt oder zumindest die Erträge deutlich reduziert, da hier vielfach das pflanzenspezifische Temperaturoptimum bereits erreicht oder überschritten ist.

Die Situation höheren Winter- und geringeren Sommerniederschlags trifft auf die nur sehr mangelhafte Fähigkeit von Böden, fehlende Sommerniederschläge durch Speicherung der erhöhten Winterniederschläge auszugleichen. Selbst dort, wo die Niederschläge auch im Sommer ansteigen, wird durch die gleichzeitige Temperaturerhöhung die Verdunstung soweit zunehmen, dass die Niederschlagszunahme meist überkompensiert wird und die Bodenfeuchte abnimmt. Die Nährstoffaufnahme würde dadurch eingeschränkt. Möglicherweise müssen Standorte mit leichten Böden, die heute schon unter Wassermangel leiden, ganz aus der landwirtschaftlichen Produktion genommen werden. Der **Bewässerungsfeldbau** wird als Folge bis in die gemäßigten Breiten hinein massiv zunehmen.

Für die Auswirkungen der zu erwartenden Klimaänderungen auf die Vegetation spielen neben direkten Wirkungen veränderter physikalischer Klimaparameter auch die indirekten Wirkungen einer veränderten stofflichen Zusammensetzung der Atmosphäre mit den daraus resultierenden Änderungen im Stoffaustausch zwischen Atmosphäre und Biosphäre eine mitentscheidende Rolle.

Klimaänderungen führen zu einem Selektionsdruck, dessen Resultat im Rahmen von Anpassungsprozessen wegen der vielfältigen Wechselwirkungen nicht vorhersagbar ist. Sicher ist aber, dass bei diesem Anpassungsprozess die Stabilität des Ökosystemgefüges durch das Auftreten neuer konkurrierender Arten, neuer oder vermehrt auftretender Schädlinge, neuer oder aggressiverer Krankheitserreger, erhöhter Feuergefahr und →Bodenerosion, beeinträchtigt werden kann. Mit zunehmendem Temperaturanstieg wird sich auch das Verbreitungsgebiet tropischer **Krankheitserreger** polwärts ausdehnen und die Zahl der bekannten Schädlinge in vielen Regionen zunehmen.

Von den direkten Wirkungen der stofflich veränderten Atmosphäre stehen die durch den veränderten CO_2-Gehalt hervorgerufenen im Vordergrund.

Aufgrund seines hohen Anteils in der Atmosphäre und wegen seiner Schlüsselrolle in der pflanzlichen Photosynthese kommt dem CO_2 eine besondere Bedeutung zu. In den vergangenen ca. 130-150 Jahren hat der CO_2-Gehalt stetig von 280 auf 355 ppm zugenommen und steigt weiter an.

Da nahezu die gesamte Trockenmasse von Pflanzen aus der Reduktion des atmosphärischen CO_2 zu Kohlehydraten während der **Photosynthese** stammt und die heutige, mittlere CO_2-Konzentration der Troposphäre bei sonst optimalen Bedingungen limitierend auf die Photosynthese - zumindest von →C_3-Pflanzen wirkt - wird sich ein unmittelbarer Einfluss dieses CO_2-Konzentrationsanstiegs auf das Pflanzenwachstum bzw. auf terrestrische Ökosysteme insgesamt bemerkbar machen.

Der oftmals vermutete "**Düngungseffekt**" einer erhöhten CO_2-Konzentration ist umstritten. Gegenwärtig werden lediglich 10 Prozent der Erhöhung landwirtschaftlicher Pflanzenerträge auf diesen, nur C_3-Pflanzen betreffenden Effekt zurückgeführt. Eine deutliche Steigerung wird teilweise erwartet.

Nahezu unbekannt ist die Reaktion mehrjähriger Kulturen (z.B. Dauergrünlandarten, Winterannuelle) auf hohe CO_2-Gehalte der Atmosphäre. Die mehrfach nachgewiesene Stärke- bzw. Zuckerakkumulation im Pflanzengewebe könnte sich z. B. auf die Reservestoffgehalte in den Speicherorganen (Wurzeln, Stoppeln etc.) auswirken und die Widerstandsfähig-

keit gegen Stressperioden im Winter bzw. den Wiederaustrieb im Frühjahr verändern.
Erste Hinweise deuten zudem auf erhebliche Änderungen in der chemischen Zusammensetzung von Pflanzen (z. B. veränderte C/N-Verhältnisse) durch das hohe CO_2-Angebot hin. Inwieweit dies neben einer Minderung der Qualität des Ernteguts bei →Kulturpflanzen Konsequenzen hat für die Aktivität bzw. den Befall mit Fraßinsekten, für die →Bodenlebewesen (aufgrund geänderter Zusammensetzung von Laubstreu und anderen Pflanzenresten) sowie für die Nährstoffumsätze im allgemeinen, ist noch wenig bekannt.
Auch der mit steigenden CO_2-Konzentrationen einhergehende Anstieg der mittleren globalen Temperaturen wird zu Wechselwirkungen dieser beiden Wachtumsfaktoren führen.
Die Auswirkungen einer globalen Klimaveränderung auf die Trockenmassebildung von landwirtschaftlich genutzten Pflanzen sowie auf Wildpflanzen und damit auf die Dynamik der natürlichen Vegetation und auf die Rückkopplungseffekte zwischen der Kohlenstoffbilanz von →Ökosystemen und der CO_2-Konzentration der Atmosphäre können jedoch mit dem heutigen Kenntnisstand noch nicht quantitativ bewertet werden. Auch sind die Kombinationswirkungen veränderter Anteile von Luft- oder Strahlungskomponenten sowie qualitativ veränderten Klimaelementen noch unzureichend bekannt.
Es muss aber davon ausgegangen werden, dass die Geschwindigkeit der Klimaveränderung die **Anpassungsfähigkeit** landwirtschaftlicher und natürlicher Ökosysteme überfordert. Andererseits hält es das Bundeslandwirtschaftsministerium für möglich, die mitteleuropäische Landwirtschaft rein technisch an veränderte Klimabedingungen anzupassen, unklar ist jedoch, wie die damit verbundenen Anpassungsprobleme ökologisch, ökonomisch, strukturell, sozial und handelspolitisch zu bewältigen sind.
Lokale und regionale Ausweich- bzw. Anpassungsmöglichkeiten auf Klimaänderungen (nach *Sauerbeck* 1991):

- Klimaabhängig veränderte Anbaustrukturen bei entsprechendem Regionalausgleich
- Den Hauptproduktionszonen entsprechend veränderte Agrarhandelspolitik
- Ausweichen auf wärme- und trockentolerantere Pflanzenarten
- Wechsel von Sommer- zu Wintergetreide in bisher nicht geeigneten Breiten
- Der verlängerten Vegetationsperiode angepasste Wahl geeigneter Arten und Sorten
- Resistenzzüchtung auf zunehmende oder neue Pflanzenkrankheiten, Trockenheits-, Hitze- und Salztoleranz sowie geringe Lagerneigung
- Züchterische Veränderung der Morphologie zugunsten verwertbarer Pflanzenteile
- Entwicklung von Low-Input-Genotypen und Sorten mit verbessertem Nährstoffaneignungsvermögen
- Selektion auf Qualitätsmerkmale
- Einsatz der Biotechnologie zur Beschleunigung der Züchtungsfortschritte
- Anpassung des Aufwandes an Dünge- und Pflanzenschutzmitteln, der Ausbringetechniken und -verfahren in Abhängigkeit von den zu erwartenden Klimaänderungen
- Bedarfsweise Wiederinbetriebnahme derzeit stillgelegter Ackerflächen

Global gesehen wird bei allen Vorbehalten hinsichtlich aktueller Ertragsmodelle mit sinkenden Erträgen in den niederen Breiten gerechnet, mit regionalen Ertragszuwächsen in den mittleren und höheren Breiten. Insgesamt muss aber mit **klimabedingten Ertragsverlusten** in der Landwirtschaft gerechnet werden. (→KOHLENDIOXID, →TREIBHAUSEFFEKT)

KLON: Kolonie genetisch identischer Zellen oder Organismen, die durch asexuelle Vermehrung aus einer einzigen Zelle (z.B. der befruchteten Eizelle oder einer Zelle, in die durch gentechnische Verfahren Fremd-DNA eingeschleust wurde) entstanden sind.

KLONEN: Pflanzenzüchtung durch vegetative Vermehrung, ausgehend von einer Mutterpflanze; Erzeugung genetisch gleicher Nachkommen.

KNICK: Heckentyp, vor allem in Schleswig-Holstein. Knicks bilden ein Netz dichter Heckenreihen, die auf Erdwällen angepflanzt wurden. Die Höhe der Wälle betrug ca. 1,50 m, ihre Sohlenbreite ca. 2,50 m. Die Böschung wurde durch den Einbau von einzelnen Steinen gesichert. Anschließend deckte man sie mit Soden ab. Der Boden für den Wall wurde seitlich entnommen, wodurch Gräben entstanden. Die Oberfläche des Walls erhielt eine leichte Mulde. Im Abstand von ca. 50 cm wurde der Wall bepflanzt.
Der Name leitet sich vom Umknicken einzelner Zweige der Heckengehölze ab, die dann in die stehenden Gehölze eingeflochten wurden, dass eine Art lebender und dichter Zaun entstand. Die Gehölze wurden auch kurz über dem →Boden geknickt, um das Wachstum in die Breite zu fördern. Auf besseren Böden dominieren Hainbuche, Hasel und Weißdorn, auf ärmeren Eiche, Birke und Espe. Seit dem 18. Jahrhundert wurden sie im Rahmen umfangreicher →Agrarreformen (Aufhebung der Feldgemeinschaften) als Windschutz und zur Brennholzversorgung angelegt. Außerdem grenzen sie einzelne Besitzparzellen gegeneinander ab und hindern das Vieh am Übertreten der Flur-

stücksgrenzen. Zusätzlich bieten die →Wallhecken eine Ablagemöglichkeit für Lesesteine. Verschiedentlich wird die Funktion der Grenzmarkierung als dominierende Funktion herausgestellt.
Jeder →Bauer erhielt dabei seinen eigenen Grund und Boden zugewiesen, den er mit "lebendem Pathwerk" einzukoppeln hatte. Die vor der Agrarreform regellos verstreuten Waldelemente und Buschgruppen wurden nach der →Verkoppelung durch das lineare Knicksystem landschaftsökologisch voll ersetzt. Einer reichhaltigen Pflanzenwelt in den Knicks entspricht eine ebenso reiche Tierwelt. 1.600 - 1.800 Tierarten in einer einzelnen Wallhecke sind möglich. Ihre weitere Bedeutung besteht u.a. in den Punkten:

- Klimatologische Wirkungen (horizontaler Windschutz bis zum Dreißigfachen ihrer Höhe, Erosionsschutz)
- Artenschutz durch die Vernetzung eines intakten Knick-Systems
- Wohlfahrtswirkungen über den landschaftsprägenden und den Erholungswert fördernden Charakter

Auf der Negativseite stehen den positiven Wirkungen gegenüber:

- Verlust an landwirtschaftlicher Fläche
- Beschattung der Kulturen
- Behinderung des Maschineneinsatzes
- Erschwerung von →Flurbereinigungen

Eine jahrzehntelange Rodung der Knicks ist in jüngerer Zeit gebremst, ihren positiven Funktionen wird stärker Beachtung geschenkt.
Entsprechungen zur Knick-Landschaft sind das *enclosed country* in England und die →*bocage-Landschaft* in Frankreich. (→HECKEN)

KNÖLLCHENBAKTERIEN: Knöllchenbakterien gehören zu den stickstoffbindenden Bakterien, d.h. sie können den Luftstickstoff in organische Bindungen überführen und somit für die Pflanzenernährung nutzbar machen. Dabei ist die Leistung der in einer Lebensgemeinschaft mit →Leguminosen vorkommenden Knöllchenbakterien von beachtlicher wirtschaftlicher Bedeutung.

KNOLLENFRÜCHTE: Feldfrüchte mit genießbaren, gewöhnlich sehr stärkereichen Speicherorganen, den Knollen. In Mitteleuropa zählen nur Kartoffel und Topinambur dazu, in tropischen Gebieten Maniok, Batate (Süßkartoffel), Yams, Taro und Pfeilwurz.

KÖBLER: Regionalbezeichnung für einen landwirtschaftlichen Kleinstellenbesitzer in Ostfranken. (→KÖTTER, →SELDNER)

KOHLENDIOXID: CO_2 gilt als das wichtigste anthropogene Treibhausgas, das schätzungsweise zu 50 % zum anthropogenen →Treibhauseffekt beiträgt. Die bedeutendsten anthropogenen Quellen für CO_2 sind die Verbrennung fossiler Brennstoffe (seit Mitte dieses Jahrhunderts dominierend) sowie die großflächige Vernichtung von Wäldern. Der CO_2-Gehalt der Atmosphäre ist seit Beginn der Industrialisierung (ca. 1800) von 280 auf 360 ppm, d.h. um rund ein Viertel angestiegen. Ein Anstieg auf 550 ppm bis zum Jahr 2050 und auf ca. 700 ppm bis 2100 gilt bei unverminderter CO_2-Freisetzung als gewiss.
Der auf den Landmassen, in Meeren und Atmosphäre vorkommende Kohlenstoff wird ständig ausgetauscht, wobei sich deren Reservoire hinsichtlich Größe, Komplexität und Verfügbarkeit sowie ihrer chemischen Zusammensetzung unterscheiden. Der Austausch der einzelnen Komponenten verläuft allerdings auf sehr unterschiedlichen Zeitskalen (Sekunden bis Jahrmillionen).
Der Anstieg der atmosphärischen CO_2-Konzentration wurde vor 1850 nahezu ausschließlich durch die Umwandlung von Waldflächen in landwirtschaftliche oder anderweitig genutzte Flächen hervorgerufen. Die gegenwärtig wichtigsten *Quellen* sind Landnutzungsänderungen (Abholzung von Primärwäldern und Umwidmung der Flächen für →Landwirtschaft, Industrie und Besiedlung) und die Verbrennung fossiler Brennstoffe. Die Ausweitung der →landwirtschaftlichen Nutzflächen erfolgte zunächst vor allem in Europa, den USA und Teilen Ostasiens. Innerhalb der letzten 100 Jahre sind vor allem die Tropen betroffen, wohingegen während der vergangenen Jahrzehnte die Waldflächen in den meisten Industrieländern wieder zunahmen.
Hinsichtlich der *Senken* bestehen noch Unsicherheiten, insbesondere gibt es Hinweise auf noch nicht identifizierte Senken. Gesichert scheint aber die Rolle der Ozeane als wichtigster Senke. In der *Biosphäre* werden durch die Photosynthese große Kohlenstoffmengen im Bereich von 120 Milliarden Tonnen Kohlenstoff jährlich aus der Atmosphäre aufgenommen, in Glukose und andere organische Verbindungen umgewandelt und von Pflanzen, Tieren und Zersetzern wieder zu CO_2 in die Atmosphäre veratmet. Im Gleichgewicht (bei gleichbleibender Vegetation) sind beide Mengen gleich groß, so dass im Mittel keine Veränderung des CO_2-Gehaltes der Atmosphäre eintritt.
Die jährlich emittierte CO_2-Menge von ca. 6 Milliarden Tonnen Kohlenstoff aus fossilen Quellen mag gegenüber den biologisch umgesetzten Mengen klein erscheinen, sie ist es jedoch, die zusammen mit der großflächigen Zerstörung der Wälder, eine Veränderung des atmosphärischen CO_2-Gehaltes bewirkt, gewissermaßen den Überlauf des Reservoirs darstellt.
Während etwa 80 % der oberirdischen Vegetation in Wäldern festgelegt ist, entfallen auf die agrarisch genutzten Flächen nur 0,8 % des Gesamtbiomassevor-

Gesamtemissionen an CO_2 aus der holländischen Landwirtschaft und deren anteilige Herkunft aus den verschiedenen Produktionsbereichen

Produktionsbereich	Gesamtemission [kt]	Gesamtemission [%]	Emissionsanteil [%] Indirekte Energie[1]	Emissionsanteil [%] Direkte Energie[2]	Emissionsanteil [%] Humusabbau[3]
Rinderhaltung	7774	35	62	15	23
Intensive Tierhaltung	6557	30	90	10	-
Glashaus-Gartenbau	5891	27	-	100	-
Marktfruchtbau	1725	8	26	45	29
Insgesamt	21947	100	51	38	11

[1] Energie für externe Vorleistungen
[2] Energieeinsatz im Betrieb selbst
[3] vorwiegend bei kultivierten Moorböden
Quelle: Sauerbeck 1994

rates der Erde. Der an 100 % fehlende Rest besteht aus der nicht verholzten natürlichen Vegetation (z.B. Savannen).

Die in der Landwirtschaft durch Pflanzen aufgenommenen und über Tiere bzw. Produktverwertung abgegebenen CO_2-Mengen kompensieren einander weitgehend. So kann die Landwirtschaft wegen der kurzen Speicherungszeiträume für CO_2 nur indirekt zur Minderung der Emission von CO_2 aus fossilen Quellen beitragen.

Als landwirtschaftliche Quellen für CO_2-Emissionen, die zum zusätzlichen Treibhauseffekt beitragen, können nur auf fossilen Energieträgern beruhende Energieanwendungen und Vorleistungen sowie Freisetzungen aus Kohlenstoffdepots (➔Humus, ➔Torf) bei Boden- und Landnutzungsänderungen (Waldrodung) betrachtet werden.

So hat die Landwirtschaft in Deutschland im Vergleich zu anderen Verursachergruppen eine untergeordnete Bedeutung bei den CO_2-Emissionen, die sich auf 2 - 4 % der deutschen CO_2-Emissionen belaufen. Im Durchschnitt der Haupterwerbsbetriebe werden 1,4 t CO_2/ha freigesetzt, Betriebe des ➔ökologischen Landbaus emittieren im Schnitt nur 0,54 t CO_2/ha.

Einige landwirtschaftliche Optionen für die Minderung von CO_2-Emissionen (vgl. ➔Treibhauseffekt):

- Anbau von ➔Energiepflanzen als Ersatz für fossile Energieträger.
- Anbau von Industriepflanzen, aus denen unter geringerem Einsatz fossiler Energieträger, als dies bei den Syntheseverfahren der Chemie möglich wäre, für die Industrie verwertbare Stoffe isoliert werden können.
- Nutzung landwirtschaftlich erzeugter Reststoffe (tierische Exkremente, Stroh) zur Energiegewinnung.
- Landbauliche Maßnahmen zur C-Bindung im Boden (Humuskonservierung).
- Aufgabe der Brandrodung und vergleichbarer Landnutzungsänderungen

Forstwirtschaft kann direkt und indirekt zur Entschärfung des CO_2-Problems eingesetzt werden. Durch die Produktion von langlebiger Biomasse wird Kohlenstoff sowohl in den Bäumen wie auch nach deren Fällung im gewonnenen Nutzholz teilweise über längere Zeit festgelegt. Durch die Verbrennung von Schwachholz kann fossile Energie substituiert werden.

Durch ein Mehrangebot an CO_2 in der Umgebungsluft wird für die meisten ➔C_3-Pflanzenarten (die Mehrheit aller Wild- und Kulturpflanzenarten) eine Stimulation der Photosyntheseleistung und daraus resultierend eine Förderung der Biomasseproduktion angenommen. Allerdings geht man davon aus, dass der Ertragszuwachs oberhalb von ca. 700 ppm CO_2-Konzentration deutlich abflacht.

Modellrechnungen führen zu dem Schluss, dass bei einer CO_2-Konzentration von 550 ppm und Temperatur- und Niederschlagsverhältnissen, die dem pliozänen Klimaoptimum entsprechen, die Produktivität von C_3-Pflanzen (u.a. Weizen, Gerste, Hafer und Reis) um 30 - 65 % steigen kann. Nach einem paläoanalogen Szenarium werden die mittleren Breiten Eurasiens und Nordamerikas und die Weizengürtel von Australien und Argentinien die produktivsten Regionen werden bzw. bleiben. Die Übertragbarkeit von Versuchen unter Gewächshausbedingungen auf Freilandstandorte und auch die Langzeitwirkung einer erhöhten CO_2-Konzentration sind noch sehr unsicher. Zudem belegen manche Studien, dass in erster Linie die vegetative Pflanzenmasse und nicht unbedingt auch der - ökonomisch viel wichtigere - Frucht- bzw. Samenertrag zunimmt. Auch kann die Ertragsbildung erheblich gestört werden, wenn die Entwicklungsgeschwindigkeit der Pflanze steigt und die Abreife früher einsetzt. Nachgewiesen ist ferner eine nicht unbeträchtliche Veränderung der Gewe-

bestruktur und der stofflichen Zusammensetzung der Pflanzen, vor allem durch die Zunahme der Kohlenhydrate zu Lasten der stickstoffhaltigen Eiweißverbindungen.
Der CO_2-Effekt darf grundsätzlich nicht isoliert, sondern nur im Zusammenspiel mit der Gunst oder Ungunst aller übrigen Wachstumsfaktoren betrachtet werden.
Die Konsequenzen für die landwirtschaftliche Produktion beinhalten demnach viele offene Fragen, z.B. zu folgenden Aspekten:

- Akklimatisations- bzw. Anpassungsphänomene (u.a. Langfristigkeit der Wachstumsstimulation)
- Konsequenzen für den Wasserhaushalt (z.B. vergrößerte transpirierende Oberfläche)
- Konsequenzen für Nährstoffhaushalt und Kreisläufe
- Arten- und Sortenunterschiede (z.B. Konkurrenzverhalten zwischen Kulturpflanze/Wildkraut, C_3/C_4-Pflanzen)
- Chemische Zusammensetzung des Pflanzengewebes (u.a. Folgen für die Qualität von Ernteprodukten, Streuabbau, symbiontische Wechselbeziehungen)
- Konsequenzen für Bodenprozesse
- Wechselwirkungen mit der Temperatur
- Wechselwirkungen mit Stressfaktoren und Schadstoffen

(→KLIMASZENARIO (WESTEUROPA) UND LANDWIRTSCHAFT)

KOLCHOSE: Von der russischen Bezeichnung für Kollektivwirtschaft *kollektivnoe chozjajstvo*; landwirtschaftliche →Betriebsform in der früheren UdSSR und z.T. noch in heutigen GUS-Staaten, die formal eine →landwirtschaftliche Produktionsgenossenschaft darstellt. Die Kolchosbevölkerung selbst tritt dabei als Unternehmer auf. Ihre Produktionsmittel sind, mit Ausnahme des nationalisierten Bodens, Eigentum der Gesamtheit ihrer Mitglieder.
Wie die Mitglieder von →Sowchosen besaß die Kolchosbevölkerung eine persönliche Nebenerwerbslandwirtschaft, die eine erhebliche Bedeutung für die gesamtstaatliche Marktleistung aufwieß.
Gegenwärtig befindet sich die russische Volkswirtschaft und damit auch der Agrarsektor in einem →*Transformationsprozess* von der Planwirtschaft zur Marktwirtschaft. Die Entwicklung der Betriebsstruktur wird von der Privatisierungs- und Bodenpolitik beeinflusst sowie durch neue Preisstrukturen bestimmt. Die Privatisierung hat die Vielfalt der Betriebsformen erhöht und den Anteil des privaten Sektors anwachsen lassen. Der Kollektivsektor ist dagegen geschrumpft. Trotz der Privatisierung war die Entwicklung eines freien Bodenmarktes Mitte der neunziger Jahre nicht abgeschlossen. Formal gilt die Umformung der früheren Kolchosen und Sowchosen in Unternehmens- und Rechtsformen westlichen Typs als weitgehend beendet. Seit Einführung der 1988 eingeleiteten Agrarreform sind aus 28.000 Kolchosen und Sowchosen mit einer Durchschnittsgröße von 7.500 ha LF etwa 300.000 privatbäuerliche Betriebe mit einer Durchschnittsgröße von ca. 36 ha und einem durchschnittlichen Besatz von 3 Arbeitskräften entstanden. Etwa 18.000 ehemalige Kolchosen und Sowchosen, die 1994 durchschnittlich noch 6.000 ha LF bewirtschafteten, existieren überwiegend als GmbHs und AGs geschlossenen Typs weiter. Einen bedeutenden und noch zunehmenden Anteil an der Agrarproduktion besitzen die ca. 39 Mio. persönlichen Selbstversorgungswirtschaften und kollektiven Gärten, die etwa 40 % der gesamten Tierproduktion abdecken und ca. 90 % der Kartoffeln und 67 % des Gemüses erzeugen, im Durchschnitt aber nur über 0,34 ha LF verfügen. Die privaten Erzeuger bedienen sich dabei in beträchtlichem Maße der Faktorausstattung der Großbetriebe.
Mittelfristig werden die ehemaligen Kolchosen und die Sowchosen die der Anzahl und dem Volumen nach dominierenden Produktionseinheiten bleiben. Der Formalvorgang der Privatisierung macht die Kollektivbetriebe zu de jure selbständig entscheidenden Produktionseinheiten, die unabhängig vom Staat geführt werden, de facto bleiben allerdings die Abhängigkeiten der Betriebe, insbesondere auf marginalen Standorten, erhalten. Gleichzeitig hat sich vor allem an der internen Entscheidungsstruktur in diesen Kollektivbetrieben in der Realität nur wenig geändert. Führungskräfte der neuen Rechtsform sind in der Regel ehemalige Direktoren und Vorsitzende. (→KOLLEKTIVIERUNG)

KOLLEKTIVIERUNG: In der früheren DDR die Überführung der Agrarbetriebe in →landwirtschaftliche Produktionsgenossenschaften (LPG) oder in vergleichbare Strukturen in anderen (ehemals) sozialistischen Staaten. Die Kollektivierung in der DDR bedeutete das weitgehende Ende der Besitzgemengefluren, die mit Ausnahme der kleinflächigen Areale der überwiegend in Ortsnähe gruppierten "Persönlichen Hauswirtschaften" zum kollektiven Großblock mit großflächigen Wirtschaftsparzellen umgestaltet wurden. Da die Althöfe in den Dörfern hauptsächlich Wohnzwecken dienten und die Arbeit auf den Ländereien und in den LPG-Zentralen ausgeübt wurde, fehlt die für →Verkoppelungen charakteristische Erscheinung der →Aussiedlung.

KOLLEKTIVWIRTSCHAFT: Gesamtheit der überwiegend in sozialistischen Ländern (früher) üblichen Kooperationsformen. Es sind bzw. waren meist mehr aus staatsideologischen als aus wirtschaftlichen

Entwicklung der Betriebsstruktur im russischen Transformationsprozess

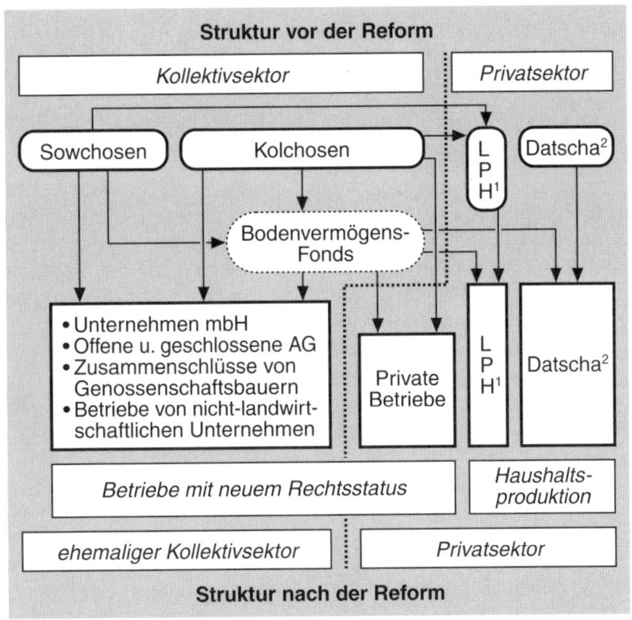

[1] russische Abkürzung für kleine, privat bewirtschaftete Einheiten ("household plots") von Angestellten der Genossenschaftsbetriebe

[2] russischer Name für die von meist städtischen Haushalten bewirtschafteten Gärten

Quelle: tho Seeth u. Wehrheim 1996, leicht verändert

Gründen zusammengeschlossene, große Betriebseinheiten, deren Mitglieder sich zu Facharbeitern spezialisierten. Es lassen sich zwei (historische) Arten von Kollektivwirtschaften unterscheiden:

- die ➔*landwirtschaftlichen Produktionsgenossenschaften* (DDR) mit unterschiedlichem Sozialisierungsgrad und ihre Entsprechung in der UdSSR, die ➔*Kolchosen*
- das *volkseigene Gut* (DDR) und ihre Entsprechungen in der UdSSR, die ➔*Sowchosen* und in der VR China, die ➔*Volkskommunen*.

Daneben existier(t)en in nicht-sozialistischen Staaten unterschiedliche Formen von Kollektivwirtschaften, z.B. ➔Kibbuz, indianische Kollektivwirtschaften oder religiöse Agrarkommunen. (➔AGRARSOZIALE SYSTEME)

KOLLUVISOL: Anthropogene Bodeneinheit, die in der ➔Kulturlandschaft weit verbreitet auftritt. Eigentlich sind Kolluvisole vom Wasser oder Wind umgelagerte, humose Bodensedimente von über 40 cm Mächtigkeit und können die verschiedensten ➔Böden überlagern. Als umgelagerte Ackerböden sind sie oft mit ➔Nährstoffen angereichert.

KOLONISATION: Die Ausweitung des Siedlungs- und Kulturlandes.

KOMMERZIALISIERUNGSGRAD: Der Anteil der Vermarktung am ➔Rohertrag. Eigenbedarfswirtschaft für Familie oder Kleingruppe gibt es nur noch in kleinerem Umfang. Der Wunsch nach Konsumgütern oder finanzielle Verpflichtungen führen in den meisten Entwicklungsländern dazu, dass mehr als 50% der Agrarproduktion vermarktet werden.

KOMPOST: Kompost ist eine Mischung aus organischen, verrottenden Abfällen. Sie werden durch

Die Unterscheidung von Betrieben nach ihrem Kommerzialisierungsgrad

Bezeichnung des Betriebes	Vermarktungsanteil [%]	Zusammenfassende Bezeichnung
Reiner Subsistenzbetrieb Übergangsbetrieb	< 25 25 - 50	• Oft vereinfachend zusammengefasst als *Subsistenz-* bzw. *Selbstversorgungsbetriebe.*
Kommerzialisierter Betrieb Voll kommerzialisierter Betrieb	50 - 75 > 75	• Meist zusammengefasst als *marktorientierte Betriebe.* Mögliche Differenzierung auch nach Export-/Binnenmarktorientierung.

Kompostierung (aerobe Verrottung) im Laufe von 1 - 2 Jahren bei mehrmaligem Umsetzen und Beimengen von erdigen Bestandteilen sowie evtl. ➔Jauche und ➔Handelsdünger zu einem Humusdünger umgewandelt. Die an Kleinlebewesen besonders reiche Substanz dient der Belebung des Kulturbodens.
Es sind zu unterscheiden:

- Grünkomposte aus Mähgut, Schnittgut, Pflanzenresten mit oder ohne Erdreste; Rückstände von ➔Pflanzenschutzmitteln, Industriestäuben u.ä. in wechselnden Mengen
- Biokomposte aus getrennter Sammlung organischer Materialien (Küchenabfälle, Nahrungsmittelreste aus Siedlungsabfällen; wechselnd hohe Salz- und Kaliumgehalte)
- Klärschlammkomposte aus ➔Klärschlämmen, denen organische Materialien wie Sägespäne oder Holzreste beigemischt wurden; z. T. hoch mit Schwermetallen und organischen Verbindungen belastet
- Müllkomposte aus nicht getrennter Sammlung von Hausmüll, bei dem im Nachhinein organische Materialien abgetrennt, kompostiert und auf Korngrößen unter 10 mm abgesiebt wurden; häufig stark verunreinigt (Glas, Kunststoffe).

Eine der ➔Klärschlammverordnung vergleichbare rechtliche Regelung für Komposte gibt es derzeit in Deutschland nicht.

KONSERVIERENDE BODENBEARBEITUNG: Bearbeitungs- und Bestellverfahren ohne wendende Pflugarbeit. Varianten sind z.B. die tieflockernde Bearbeitung mit dem Schwergrubber, die flachlockernde und mischende Bearbeitung mit Scheibenegge, Spatenrollegge, Fräse oder zapfwellengetriebenen Eggen oder die ausschließliche Bearbeitung schmaler Saatstreifen. Die extremste Form beschränkt sich auf das Ziehen einer Saatrille (➔Direktsaatverfahren). Nichtwendende, schonende Lockerung hat ein stabiles tragfähiges ➔Bodengefüge zum Ziel als vorbeugenden Schutz gegen ➔Bodenverdichtung durch nachfolgendes Befahren sowie eine Reduzierung des Energieeinsatzes. Das Belassen von Pflanzenreststoffen der Vor- und/oder ➔Zwischenfrucht nahe oder auf der Bodenoberfläche bewirkt eine (fast) ganzjährige Bodenbedeckung über einem intakten Bodengefüge. Dadurch wird der ➔Bodenerosion und Verschlämmung vorgebeugt.

KONSERVIERUNGSSTOFFE: Im weiteren Sinne Stoffe, die natürlichen oder synthetischen Produkten zugesetzt werden, um die Haltbarkeit zu verlängern. Bei Lebensmitteln und ➔Futtermitteln steht besonders ein Schutz vor Befall durch Mikroorganismen (und evtl. auch höheren Organismen) im Vordergrund.

KONTURPFLÜGEN: Agrartechnische Erosionsschutzmaßnahme, bei der hangparallel gepflügt wird. Dadurch soll der Wasserabfluss unterbrochen und die Einsickerungszeit verlängert werden. (➔BODENEROSION, ➔KONTURSAAT)

KONTURSAAT: Bestellung des Ackers entsprechend dem Verlauf der Höhenlinien zur Verminderung der ➔Bodenerosion. Die Wirkung der Kontursaat kann verstärkt werden durch die Anlage kleiner isohypsenparalleler Dämme. (➔DAMMKULTUR, ➔FURCHENSAAT, ➔KONTURPFLÜGEN)

KONTROLLIERTER ANBAU: Das Warenattribut "Aus kontrolliertem (Vertrags-)Anbau" bedeutet, dass eine Lebensmittel verarbeitende Firma ihre Rohstoffe von ➔Landwirten bezieht, mit denen sie Verträge abschließt über garantierte Abnahmemengen, anzubauende Sorten, bestimmte ➔Fruchtfolgen oder auch den Einsatz von ➔Pestiziden und ➔Düngern. Es besteht kein Bezug zu dem Attribut "kontrolliert biologischer Anbau", welches ökologischen Anbau garantiert.

KONVENTIONELLER LANDBAU: Bezeichnung für die heute vorherrschende, rationelle und durch den Einsatz wissenschaftlich-technischer Entwicklungen geprägte Form der Landbewirtschaftung. Sie umfasst eine Vielfalt verschiedener Produktionsrichtungen und -intensitäten. Lediglich der ➔ökologische Landbau ist hiervon aufgrund seiner exakten Definition und Bewirtschaftungsauflagen eindeutig abgrenzbar. Der konventionelle Landbau beinhaltet die gesamte Bandbreite von einer extensiven Bewirtschaftung in Grenzertragslagen bis hin zur intensivsten flächenunabhängigen ➔Massentierhaltung, von einem integrierten Pflanzenbau bis hin zum intensiven Dünge- und Pflanzenschutzmitteleinsatz in artenarmen ➔Fruchtfolgen oder großflächigen ➔Monokulturen.
Der konventionelle Landbau wird in Gesetzen und Verordnungen zumeist durch die Begriffe "➔gute fachliche Praxis" und "➔ordnungsgemäße Landbewirtschaftung/Landwirtschaft" näher gekennzeichnet, ohne jedoch in der Definition und Regelung der Produktionsweise wesentlich über Formulierungen wie "nach Stand des Wissens und der Technik" hinauszugehen. Da viele nach heutigem Stand des Wissens und der Technik vermeidbare Umweltbelastungen unter der Bezeichnung "ordnungsgemäß" dennoch stetig zugenommen haben, kann die Festschreibung dieser Bewirtschaftungsform in Gesetzestexten mit der Bezeichnung "ordnungsgemäß" als gesetzgeberische Fehlleistung angesehen werden.

Merkmale des konventionellen Landbaus sind:

- kapitalintensive und weitgehend arbeitsextensive (mit Ausnahme der Sonderkulturbetriebe) Betriebsstruktur
- Trennung von →Viehwirtschaft und Pflanzenproduktion
- Vereinfachung der →Fruchtfolge
- →Spezialisierung auf ertragreiche, aber zunehmend schädlingsanfällige Sorten
- prophylaktischer Einsatz von Schädlingsbekämpfungsmitteln
- erntemaximierende →Düngung
- Viehhaltung in Großbeständen
- Einsatz von immer größeren und schwereren Maschinen
- natürliche Regelungen, z.B. von Schädlingen durch Nützlinge, werden nicht gezielt gefördert
- Nebenwirkungen der eingesetzten Mittel werden von der Pflanzenschutzindustrie und vom einzelnen →Landwirt als gering bewertet und als kaum beeinflussbar angesehen

Der konventionelle Landbau erfährt eine zunehmende Akzeptanzkrise. Für die nichtlandwirtschaftliche Bevölkerung wird immer weniger verständlich, dass die hohen →Subventionen zu wachsenden ökologischen und sozialen Problemen führen (Arbeitskräftefreisetzung als Folge des Konzentrations- und Industrialisierungsprozesses).
(→INTEGRIERTER LANDBAU, →ÖKOLOGISCHER LANDBAU)

KOPPEL: Ein von Zäunen, →Hecken oder Mauern eingehegtes Stück Weideland. Daneben wird das eingezäunte, im Rahmen der →Koppelwirtschaft bzw. →Feldgraswirtschaft genutzte Land als Koppel bezeichnet.

KOPPELPRODUKT: Produkt, das bei der Erzeugung eines bestimmten Gutes zwangsläufig mitproduziert wird.

Beispiele für Haupt- und Koppelprodukte

Hauptprodukt	Koppelprodukt
Eier	Suppenhühner
Zuckerrüben	Rübenblatt, Trockenschnitzel
Milch	Kalb, Altkuh, →Stallmist, →Gülle
Getreide	Stroh (z.B. als →biogener Brennstoff oder für Pilzkulturen)
Kulturpflanzen	→Landschaftspflege

In der Kostenrechnung werden Haupt- und Koppelprodukte rechnerisch zu einer Produktionseinheit zusammengefasst und ökonomisch wie andere Einzelprodukte beurteilt.

KOPPELWEIDE: Weidenutzungsform, bei der die Gesamtweidefläche in vier bis sechs Teilflächen (→Koppeln) mit Hilfe massiver Weidezäune unterteilt wird. Es erfolgt eine mehr oder weniger regelmäßig aufeinanderfolgende Beweidung der Teilflächen. Die Bewegungsfreiheit der Weidetiere ist gegenüber →Stand-, Hutungs- oder Almweide deutlich begrenzt. Die Beweidungsintervalle sind in Abhängigkeit von Koppelzahl, Koppelgröße und Besatzstärke auf 1,5 bis 2 Wochen herabgesetzt. Soweit keine Weidepflege erfolgt, kommt es häufig zu sehr starker Verunkrautung und Ausbreitung von vom Weidevieh gemiedenen Grasarten.

KOPPELWIRTSCHAFT: In Norddeutschland gebräuchliche Bezeichnung für die →Feldgraswirtschaft. Bei der Koppelwirtschaft ist die →LN eines Betriebes in →Schläge eingeteilt, die im jeweils regelmäßigen Wechsel als Acker und als →Weide genutzt werden. In Schleswig-Holstein ist die Einhegung der Schläge mit Wallhecken landschaftsprägend. Wesentliches Merkmal der Koppelwirtschaft ist die dauerhafte Parzellierung der Nutzfläche in Betriebsparzellen, die ausschließlich individuell bewirtschaftet werden.
Diese Wirtschaftsweise ist im ganzen Ostseeraum verbreitet. (→VERKOPPELUNG)

KÖRNUNG: Eine der wichtigsten Eigenschaften der Mineralböden. Sie ist Ausdruck für die Zusammensetzung der festen anorganischen Bodensubstanz aus meist mehreren Kornfraktionen. Die Körnung des Ausgangsgesteins und der Verwitterungsgrad bestimmen ihre Ausprägung.
In Deutschland werden folgende Kornfraktionen nach ihrem kugelförmig gedachten Durchmesser unterschieden:
Blöcke und *Geschiebe* (>200 mm), *Kies* (gerundet) und *Steine* (eckig) (200 - 2 mm), *Sand* (S, 2 - 0,063 mm), *Schluff* (U, 0,063 - 0,002 mm) und *Ton* (T, <0,002 mm). Kies und Steine werden in vier, Sand, Schluff und Ton in jeweils noch drei Unterfraktionen gegliedert. Sand, Schluff und Ton bilden zusammen den *Feinboden*.
Der Begriff →*Bodenart* wird mit der Körnung oft synonym verwendet, ist aber ein Ausdruck für die Korngrößenklasse, die vom Prozent-Anteil der Fraktionen S, U und T am Feinboden bestimmt wird. Die Benennung der Bodenart erfolgt nach der dominierenden Fraktion; hinzu kommt die Bodenart *Lehm* (L), die eine Mittelstellung zwischen S, U und T einnimmt.

KÖTTER: Auch *Kotter* oder *Köter*; Regionalbezeichnung für einen landwirtschaftlichen Kleinstellenbesitzer, abgeleitet vom Begriff "Kotten". Die Bezeichnung ist in NW-Deutschland seit dem 15. Jh. üblich, nach manchen Angaben auch früher. Der entsprechende oberdeutsche Begriff ist *Kleinhäusler*. Die Kötter weisen eine geringe Landausstattung auf, so dass ein großer Teil von ihnen als Nebenerwerbslandwirte einzustufen sind. Weitere Bezeichnungen gleichen Inhalts sind *Kätner* und ➔*Gärtner*. Als Nachsiedler (nichterbende Nachkommen von Altbauern, Landlose) standen alle im Gegensatz zu den ➔Hufner, Erben, ➔Anspänner u.ä. genannten Altbauern. Sie hatten i.d.R. verminderte Gemeinderechte (Nutzung der ➔Allmende). (➔KÖBLER, ➔SELDNER)

KRAFTFUTTER(MITTEL): Kraftfutter sind ➔Futtermittel mit einem höheren Energiewert und höherer Nährstoffkonzentration als ➔Grundfutter. Grundlagen für Kraftfutter sind vor allem Sojaschrot aus den Ölmühlen, Schrote und ➔Ölkuchen aus Kokosnüssen, Palmkernen und Erdnüssen sowie Maniok-Schnitzel (Tapioka), Maiskleber (ein Abfallprodukt aus der Stärkeherstellung), Citruspellets als Rückstand aus der Orangensaftproduktion, Obsttrester, Nebenprodukte aus Brauereien und Brennereien, Getreide, Körnermais, Kleie, Futterreis, Kartoffelflocken, ➔Melasse, Ackerbohnen, pflanzliche und tierische Fette, Tier- und Fleischknochenmehl, Fischmehl und fertige Industriemischungen. Kraftfuttermittel sind gut lagerfähig und dadurch für den Handel geeignet. Sie sind zwar teuer, gleichen dies aber durch ihre hohe Nährstoffkonzentration wieder aus.
Kraftfutter und die dafür nötigen ➔Futtermittelimporte sind zusammen mit der Hochleistungszucht und der rationalisierten Viehhaltung Bedingung für die Produktionsergebnisse der europäischen Viehhalter.

KRAL: Auch Kraal; afrikanischer Rundplatzweiler, bei dem sich häufig aus Reisig gefertigte Kegeldachhütten um einen Innenraum gruppieren. Der Begriff wird sowohl für die Gesamtanlage, wie auch für den in seinem Innenraum liegenden Pferch gebraucht. Er stammt aus dem Portugiesischen (corral = eingepferchter Platz) und gelangte dann ins Niederländische.

KREISLAUFWIRTSCHAFT: In der Kreislaufwirtschaft werden die Stoffströme durch alle am Produktzyklus Beteiligten weitgehend so geführt, dass eine möglichst häufige und möglichst emissionsarme und ressourcenschonende Nutzung von Stoffen auf hohem Wertschöpfungsniveau stattfindet. Der Begriff ist insofern missverständlich, als es aufgrund von thermodynamischen Gesetzmäßigkeiten und des Unterschiedes zwischen idealen und realen Prozessen "Kreisläufe" nur unter Energiezufuhr und Ein- und Ausschleußung von Stoffen geben kann, Kreisläufe also nicht geschlossen sind. Werden Produkte aus einer landwirtschaftlichen Betriebseinheit vermarktet, so ist damit die Kreislaufführung der Stoffe bereits teilweise unterbrochen.
Die polare Gegenüberstellung von Kreislaufwirtschaft und *linearer Wirtschaftsform* stellt die beiden Endpunkte der Beurteilung für das Ausmaß an Stoffkreislaufführung in einem landwirtschaftlichen Betrieb dar. In der landwirtschaftlichen Praxis sind hauptsächlich Übergangsformen zwischen diesen beiden Extremen vorzufinden. Beispiel für maximale Annäherung an die lineare Wirtschaftsform sind Betriebe mit ➔bodenunabhängiger Viehhaltung, wo alle Bewirtschaftungsmittel zugekauft und alle Produkte verkauft werden, die tierischen Ausscheidungen hingegen als Abfall resultieren. Ein Beispiel für die maximale Annäherung an die Kreislaufwirtschaft ist ein gemischt wirtschaftender Selbstversorgerbetrieb, in dem keine Bewirtschaftungsmittel zugekauft und keine Produkte verkauft werden.
In der modernen Landwirtschaft wird das Prinzip einer Kreislaufwirtschaft am ausdrücklichsten vom ➔ökologischen Landbau verfolgt.

KREUZUNG: Verfahren zur Erzeugung von Nachkommen mit neuen Merkmalskombinationen durch Paarung zweier Elternorganismen oder durch künstliche Befruchtung.

KRÜMELSTRUKTUR: Lockerer Bodenzustand. Die Krümelstruktur entsteht durch Ausflockung von ➔Bodenkolloiden, die Tätigkeit der Mikroflora und die Aktivität der Bodentiere (➔Beimpfung; Verkittung und Vermischung von ➔Huminstoffen, Bestandesabfall und Mineralbodenanteilen).

KULTOSOL: ➔Anthropogener ➔Auftragsboden mit mineralischem E-Horizont, entstanden bei Kultivierungs- und Bodenverbesserungsmaßnahmen, entweder durch Aufspülen (Überschlickung von Sandböden, Aufspülen von Abraumlöß bei der Tagebau-Rekultivierung), Aufschütten (Übersandung von Mooren, ➔Sanddeckkultur und bei Tiefbauarbeiten), Überschieben und Planieren (➔Flurbereinigung mit Neuterrassierung, z.B. in Lößlandschaften). (➔MELIORATION)

KULTURART: Die Form der landwirtschaftlichen Bodennutzung in Abhängigkeit von naturgeographischen und sozioökonomischen Gegebenheiten. Dazu zählen z.B. ➔Ackerland, ➔Gärten, ➔Wiesen, ➔Weiden, Obstanlagen, Rebflächen.

KULTURARTENVERHÄLTNIS: Es gibt an, welche Prozentanteile ➔Ackerland, ➔Grünland und ➔Dauerkulturen eines →Betriebes, eines →Dorfes oder eines sonstwie begrenzten Raumes haben. (→KULTURART)

KULTURBAU: Gesamtheit der Maßnahmen, die der Herbeiführung und Erhaltung der - vornehmlich agraren - →Kulturlandschaft dienen und den Bodenertrag bei gleichzeitiger Erhaltung der →Bodenfruchtbarkeit zu optimieren versuchen.
Zum Kulturbau gehören:

- →Drainage
- Hochwasserschutz
- →Neulandgewinnung
- landwirtschaftlicher Wegebau
- →Flurbereinigung

KULTURLAND: Der von bestellten Feldflächen eingenommene Teil eines landwirtschaftlichen Betriebes oder einer Gruppensiedlung. Beim Kulturland wird nach →Kulturarten unterschieden.

KULTURLANDSCHAFT: Die vom Menschen gestaltete →Landschaft, die nach bestimmten, vom jeweiligen Betrachter ausgewählten Kriterien abgegrenzt und gegliedert werden kann. Durch die Inwertsetzung der →*Naturlandschaft* verwandelte sie der Mensch seit dem mittleren Neolithikum in die Kulturlandschaft. In Mitteleuropa waren dies wegen der dominierenden Waldbedeckung vornehmlich Eingriffe in die natürlichen Wälder.
Kulturlandschaften bestehen aus einem komplexen Mosaik von →Ökosystemen, die räumlich in einer ganz bestimmten Weise angeordnet sind und in unterschiedlichem Maße vom Menschen beeinflusst werden. Der Mensch schafft Formen, Strukturen und funktionale Zusammenhänge, die es ohne ihn nicht geben würde. Jede Kulturlandschaft ist das Ergebnis einer Auseinandersetzung von Menschen mit der gegebenen Landesnatur und mit historisch überlieferten anthropogenen Strukturen. Insofern sind Großstädte, Autobahnen, Industriegelände und ausgeräumte Agrarlandschaften ebenso "Kulturlandschaft" wie Gebiete mit kleinen Dörfern, →Streuobstwiesen und alten Weinbergen. Wenn aber von Schutz der Kulturlandschaft gesprochen wird, sind i.d.R. letztere gemeint, reich strukturierte Landschaften mit meist extensiven landwirtschaftlichen Nutzungen, die als schön empfunden werden.
Insofern wird häufig die →*Industrielandschaft* von der Natur- und Kulturlandschaft als eigenständiger Landschaftstyp abgehoben.
Von entscheidendem Einfluss auf die Bodennutzungsstruktur und damit auf die Landschaft war der Arbeitseinsatz und in neuerer Zeit der Einsatz fossiler Energie in der →Landwirtschaft. Allgemein gilt, dass mit immer größerem Abstand der Bodennutzung von der Naturlandschaft ein immer höherer Energieaufwand erforderlich ist, um die Bodennutzung aufrecht zu erhalten.
<u>Elemente der menschlichen Eingriffe in die Naturlandschaft sind u.a.:</u>

- Rodung (planmäßige Erschließung abgelegener Gebiete vor allem im Mittelalter)
- Pflanzenbau
- Tierhaltung (z.B. →Waldweide, Laubstreu und von →Plaggen zur Stalleinstreu)
- Forstwirtschaft (z.B. Änderung der Baumgesellschaften, früher fehlendes Nachhaltigkeitsprinzip)
- unbeabsichtigte Importe von allochthonen Tier- und Pflanzenarten
- Eingriffe in die Stoffkreisläufe (z.B. Entnahme bodenverbessernden Materials aus dem Wald)
- Eingriffe in den Wasserhaushalt (z.B. Be-, Entwässerung, Gewässerbegradigungen)
- Umgestaltung der Oberflächenformen (z.B. Anlage von Terrassen, Großtagebau)
- Besiedlung

<u>Kennzeichen der Kulturlandschaft in Mitteleuropa sind u.a.:</u>

- Häufiger Wechsel der Landschaftselemente
- Vegetationsveränderung gegenüber der Naturlandschaft
- Teilweise gestörte natürliche Stoffkreisläufe
- Teilweise geändertes Regionalklima durch Eingriffe in Oberflächengestalt, -bedeckung

Die Entwicklung von Kulturlandschaft vollzieht sich in Deutschland gegenwärtig ohne allgemein akzeptiertes Konzept. Es bestehen →Leitbilder, deren Spannbreite von Inwertsetzung, Raubbau, Vermarktung, Sanierung, Anpassung an moderne Nutzungen auf der einen Seite zu Konservierung, Ressourcensicherung, Museumslandschaft, ökonomischer und ökologischer "Käseglocke" auf der anderen Seite reicht.
Die überlieferte Kulturlandschaft als (teilweises) Gestaltungsmuster zu verwenden, wird häufig mit dem Argument abgelehnt, Kulturlandschaft müsse immer Spiegelbild der aktuellen gesellschaftlichen Verhältnisse sein. Außer im Museum habe die materielle Hülle bzw. Hinterlassenschaft vergangener Lebensformen keine Existenzberechtigung. Demgegenüber stehen viele Argumente, die für eine Leitbildfunktion der überlieferten Kulturlandschaft bei der Gestaltung der Zukunft sprechen.
<u>Gründe für eine (partielle) Leitbildfunktion der überlieferten Kulturlandschaft:</u>

- Kulturlandschaften als Dokumente der Vergangenheit und damit als Fundus für bewährte Erfahrungen, für Umweltforschung und -erziehung
- traditionelle Kulturlandschaften beispielhaft für stabileres ökologisches Gleichgewicht und höhere Artenvielfalt

- traditionelle Kulturlandschaften als Vorbild für realisierte Prinzipien einer standortgerechten, nachhaltigen und energiesparenden Landbewirtschaftung
- traditionelle Kulturlandschaften als Lieferant des ➔Koppelproduktes *Erholung* als Folge ästhetischer und sinnlicher Kontakte und Erlebnisse in der reich strukturierten Landschaft
- traditionelle Kulturlandschaft als Lieferant von "weichen" Qualitäten einer Landschaft wie Geborgenheit, Heimat, Harmonie, Orientierung, Geheimnis, Zauberhaftes, Unheimliches, Besonderes, Individuelles
- überlieferte Kulturlandschaft als wertvolles Erbe, für dessen Weitergabe staatliche Verantwortung besteht

Als schützens- und erhaltenswert gelten folgende national bedeutsame Kulturlandschaftstypen:

1. Strukturreiche / extensive Ackerbausysteme

- Kalkscherbenäcker mit Lesesteinheckensystemen
- ehemalige Reut-Systeme (Brandwechselwirtschaft)
- extensive Sandäcker
- strukturreiche Ackersysteme mit ➔Hecken, Feldgehölzen, Einzelbäumen
- strukturreiche Ackersysteme mit Söllen
- strukturreiche Weinberganlagen auf ➔Löß und ➔Lößlehm
- strukturreiche Steilhangweinbausysteme (z.B. auf Schiefer)

2. Grünlandsysteme mit überwiegender Beweidung

- Zwergstrauchheidenkomplexe
- ➔Trockenrasen-Hutekomplexe
- extensive Feuchtweidenkomplexe
- Wallhecken-Komplexe des norddeutschen Tieflands
- extensive Hochlagenweiden/Almkomplexe

3. Grünlandsysteme mit überwiegender Mahd

- extensive frische Flachlandmähwiesen-Landschaften
- extensive Bergmähwiesenkomplexe frischer Standorte
- feuchte Streuwiesenkomplexe
- trockene Mähwiesenkomplexe
- Offenlandbereiche ehemaliger Militärflächen (jetzt meist Sukzession)

4. Waldökosysteme

- ➔Hutewälder (mit erkennbarem Huteeinfluss)
- Niederwälder
- Mittelwälder

5. Sonderformen

- streuobstreiche Landschaften mit Acker-/Grünlandnutzung
- ➔Teichwirtschaften (relativ extensiv)

KULTURPFLANZE: Eine Kulturpflanze ist eine Pflanze im systematischen Anbau. Sie wird demnach planmäßig gesät bzw. gepflanzt, gepflegt, geerntet und liefert Rohstoffe oder Nahrung. Ihre Leistungsfähigkeit ist gegenüber der Wildform durch Auslese und züchterische Bearbeitung oder genetische Eingriffe ständig gewachsen. Der Begriff sollte strikt unterschieden werden von dem der ➔Nutzpflanze, die keinen systematischen Anbau aufweist (z.B. Beeren und Pilze als Sammelgüter). Meist erfolgt ein Massenanbau einer einzigen ➔Kulturart, lediglich das ➔Grünland besteht als Pflanzengesellschaft, allerdings mit einem gezielt zusammengesetzten Bestand.

Die Menschheit hat in den 10.000 Jahren, für die eine gezielte ➔Landwirtschaft belegt sind, 200-300 Pflanzenarten kultiviert (Mengenangaben schwanken). Dieser Prozess verteilte sich über viele Gebiete und erstreckte sich über Jahrtausende. Zudem verfügen wir heute bei den wichtigsten Kulturpflanzen über tausende Rassen und Sorten. Die Ursprungs-

Inkulturnahme von Pflanzen

Zeitraum	Pflanze
vor 7000 v. Chr.	Gerste, Emmer, Einkorn, Mais, Erbsen, Linsen, Kichererbsen
vor 6000 v. Chr.	Lein, Hirse (Setaria, Panicum), Phasaeolus-Bohnen, Kürbis, Dattel
vor 5000 v. Chr.	Saatweizen, Wicken, Reis, Sorghum, Rüben, Sonnenblumen, Erdbeeren, Feigen, Hasel
vor 4000 v. Chr.	Raps, Rübsen, Hafer, Faba-Bohnen, Wein, Oliven
vor 3000 v. Chr.	Roggen, Kartoffel, Süßkartoffel, Aprikose, Mango, Zwiebel, Knoblauch, Porree, Tee
vor 2000 v. Chr.	Sesam, Maniok, Hirse (Pennisetum), Rizinus, Yams, Wassermelone, Birne
vor 1000 v. Chr.	Zuckerrohr, Soja, Kohl, Gurke, Orange, Pfirsich
vor 0 v. Chr.	Pflaume, Artischocke, Tomate, Erdnuss
bis 1000 n. Chr.	Möhre, Kopfkohl
12. Jh.	Blumenkohl
13./14. Jh.	Rosenkohl
15./16. Jh.	Johannisbeere, Stachelbeere, Himbeere, Brombeere, Kopfsalat, Sellerie, Schwarzwurzel
18. Jh.	Zuckerrübe
20. Jh.	Kulturheidelbeere

Quelle: Keller 1997

Die 20 nach ihrer Anbaufläche[1] weltweit wichtigsten Kulturpflanzen

Kulturpflanze			
Deutscher Name	Wissenschaftlicher Name	Genutztes Pflanzenteil	Hauptverwendungszweck
Weizen	Triticum aestivum	Korn	Nahrung, Futter
Reis	Oryza sativa	Korn	Nahrung
Mais	Zea mays	Korn	Futter
Gerste	Hordeum vulgare	Korn	Futter, Nahrung, Malz
Rispenhirse	Panicum miliaceum	Korn	Nahrung, Futter
Mohrenhirse	Sorghum spp.	Korn	Nahrung, Futter
Sojabohne	Glycine max	Hülsenfrucht	Futter, Nahrung, Öl
Baumwolle	Gossypium spp.	Samen	Fasern, Futter, Öl
Hafer	Avena sativa	Korn	Futter, Nahrung
Gartenbohne	Phaseolus spp.	Hülsenfrucht	Futter, Nahrung
Kartoffel	Solanum tuberosum	Knolle	Nahrung
Erdnuss	Arachis hypogaea	Hülsenfrucht	Öl, Futter, Nahrung
Roggen	Secale cereale	Korn	Nahrung, Futter
Süßkartoffel	Ipomoea batatas	Wurzel	Nahrung
Zuckerrohr	Saccharum officinarum	Stengel	Nahrung, Futter
Maniok	Manihot spp.	Knolle	Nahrung
Erbse	Pisum sativum	Hülsenfrucht	Nahrung, Futter
Kichererbse	Cicer arietinum	Hülsenfrucht	Nahrung, Futter
Weinrebe	Vitis vinifera	Frucht	Nahrung, Getränk
Raps	Brassica napus	Samen	Öl, Futter

[1] Anbauflächenanteil [%]: Getreide 71,0; Ölfrüchte 7,2; Hackfrüchte 5,0; Hülsenfrüchte 4,9; Fasern 4,7; Obst und Gemüse 3,7; Zucker 1,5; Getränke 1,0; Kautschuk 0,4; Tabak 0,4.
Quelle: Tivy, 1993

zentren vieler Kulturpflanzen lassen sich auch heute noch nachweisen und sind fast immer identisch mit den alten Kulturzentren der Menschheit.
Kulturpflanzen lassen sich grob in folgende Gruppen einteilen:

- Nährstoffpflanzen - stark Kohlenhydrate, Eiweißstoffe und Fette enthaltende Pflanzen
- Wirkstoffpflanzen - vitamin-, hormon-, alkaloid- und mineralstoffhaltige Pflanzen (z.B. Gewürz- und Arzneipflanzen)
- Emotionspflanzen - zierende und schmückende Pflanzen aller Art
- Gründüngungspflanzen - bodenverbessernde und stickstoffanreichernde Pflanzen
- Bodenbedecker und -festiger, Schattenpflanzen (z.B. im Kaffeeanbau)
- Hecken- und Stützpflanzen

Spezielle Formen der Nutzung dienen der Erzeugung von Duftstoffen, Farbstoffen, Gerbstoffen, Harzen, Insektiziden, Kautschuk, Saponin, Wachsen, Drogen, Vogelfutter und Treibstoff. Vereinzelt wird eine Kulturpflanzenart auch als Bienenweide angebaut (u.a. Phazelie, Buchweizen).
Ein Großteil der heute in Mitteleuropa für die Ernährung wichtigen Fruchtarten wurde (gemeinsam mit den koadaptierten Beikrautarten) eingeführt. Ein Teil dieser Arten kam bereits als kultivierte Formen in der Frühzeit mit der Ausbreitung der bäuerlichen Wirtschaftsform vom Orient her nach Mitteleuropa. Roggen und Hafer waren vermutlich zunächst Acker-

Anbaufläche wichtiger Kulturpflanzenarten in Deutschland 1994

Kulturpflanze	Anbaufläche	
	[1.000 ha]	[%]
Weizen	2.435	24,7
Gerste	2.070	21,0
Mais	1.551	15,7
Roggen	723	7,4
Hafer	392	4,0
Triticale	208	2,1
Raps	1.058	10,7
Zuckerrübe	500	5,1
Kartoffel	293	3,0
Körnerleguminosen	95	1,0
Grasanbau	212	2,2
Klee und Luzerne	305	3,1

Quelle: Bundesministerium für Ernährung, Landwirtschaft und Forsten: Die Vielfalt der Nutzpflanzen, Bonn 1997

Pflanze	Klima				Wasser	Boden		
	Anforderungen bzw. Einschränkungen	Länge der Wachstumsperiode [Tage]	Temperatur [°C]		Bedarf in Wachstumsperiode [mm]	Ansprüche an		Salz-toleran
			Optimal	Min.-Max.		Textur, Tiefgründigkeit, Entwässerung	Fruchtbarkeit	
Banane	frostempfindlich, Temp. < 8 °C über längere Zeit schädlich; hohe Luftfeuchtigkeit günstig; windempfindlich	300-365	25-30	15-35	1200-2200	leicht-mittel, -tiefgründig, gute Entwässerung	hoch	gering
Baumwolle	empfindlich gegen Frost und starkenoder kalten Wind; Trockenheit während Reifezeit u. Temp. von 27-32 °C während Kapselentwicklung erforderlich	150-180	20-32	16-50	700-1300	mittel-schwer, tiefgründig	mittel-hoch	hoch
Zitrus	empfindlich gegen Frost, starken Wind, hohe Luftfeuchtigkeit; kühle Winter oder kurze Trockenzei tgünstig	240-365	23-30	13-38	900-1200	mittel tiefgründig, gute Durchlüftung und Entwässerung	hoch	gering
Winterweizen	frostresistent (> -18°C), Trockenheit während Reifezeit erforderlich	180-250	15-20	10-25	450-650	mittel-schwer, relativ tolerant gegen hohen Grundwasserspiegel	mittel-hoch	mittel
Kartoffeln	frostempfindlich, Nachttemp. < 15 °C für gute Knollenbildung erforderlich	100-150	15-20	10-25	500-700	leicht-mittel, gute Durchlüftung und Entwässerung	mittel	gering
Reis	frost- u. kälteempfindlich	90-150	22-30	18-42	450-700	schwer	gering	mittel
Sorghum	frostempfindlich, Keimung bei >15 °C	100-140	24-30	15-45	450-650	leicht-schwer, relativ tolerant gegen periodische Staunässe	gering	mittel
Soja	frostempfindlich, einige Varietäten benötigen zur Blüte 24 °C	100-130	20-25	15-45	450-700	leicht-mittel, gute Entwässerung	mittel	mittel
Zuckerrohr	frostempfindlich, trockenes und sonniges Wetter während Reifezeit erforderlich	270-365	22-30	15-35	1500-2500	mittel-schwer tiefgründig gut durchlüftet, relativ tolerant gegen temporär hohen Grundwasserspiegel	mittel-hoch	gering

Klima-, Wasser- und Bodenansprüche ausgewählter Kulturpflanzen
Quelle: Spielmann (1989), gekürzt

unkräuter und erlangten erst in der Bronzezeit Bedeutung als Kulturpflanzen. Im Altertum brachten die Römer die Weinrebe und einige kultivierte Obstarten. In der Neuzeit wurden nach den großen Entdeckungsreisen insbesondere aus Amerika weitere heute bedeutende Kulturpflanzen eingeführt. (➔KULTURPFLANZEN, URSPRUNGSGEBIETE DER)

Der Wert einer Kulturpflanze hängt davon ab, dass sie mehr nutzbares Material produzieren kann als ihr freilebender Vorfahr und leichter zu kultivieren ist. Ihr "Gigantismus" ist einer der auffälligsten und beständigsten Unterschiede zur Wildpflanze. Er zeigt sich insbesondere an demjenigen Pflanzenteil der geerntet wird. Die Samenverbreitung der Kulturpflanzen hat sich als Folge gezielter Selektion verringert (z.B. nichtaufspringende Hülsen bei Erbse, Bohne, Pfeffer usw.). Die Form und die Zusammensetzung der zur Ernte bestimmten Organe hat sich verändert. Toxische Inhaltsstoffe und Bitterstoffe wurden abgeschwächt oder ganz eliminiert. Die relativen Anteile nützlicher Inhaltsstoffe wie Proteine, Öl, Zucker sowie Substanzen, die als Arzneimittel oder Aromastoffe Verwendung finden, wurden deut lich erhöht.

In Wechselwirkung mit den unterschiedlichen Stand-ortbedingungen bildeten sich im Laufe der agrarhis-torischen Entwicklung bei allen Fruchtarten regional adaptierte Landsorten heraus. Gemeinsam mit bewusst eingeführtem Genmaterial bildeten sie die Grundlage einer intensiven Pflanzenzüchtung wie sie in den vergangenen 150 Jahren entstanden ist.

In Anpassung an die Forderungen moderner ➔Landwirtschaft führte die systematische Züchtung zu einer Verringerung der Zahl angebauter Nutzpflanzenarten und -sorten und zu einer Reduktion ihrer genetischen Vielfalt. Von den geschätzten 3.000 Pflanzenarten, die im Verlaufe der Geschichte den Menschen zur Ernährung dienten, werden heute nur durchschnittlich 30 verwendet. Mehr als 90 % des menschlichen Nahrungsangebots stammt von weniger als einem Dutzend Kulturpflanzen.

Von den weltweit ca. 6.000 bekannten Kulturpflanzen (ohne Zierpflanzen) sind in Deutschland etwa 2.000 Arten anbaubar. Davon werden heute ca. 200 Arten von Landwirtschaft und ➔Gartenbau besonders genutzt. Während die Pflanzengesellschaften des Grünlandes überwiegend aus heimischen und sehr früh eingewanderten Arten zusammengesetzt sind, stammt ein Großteil der in Deutschland angebauten Fruchtarten aus anderen geographischen und klimatischen Regionen der Welt.

Universell anwendbare Einteilung der Kulturpflanzen mit den Ernteorganen als Kriterium

Kulturpflanzengruppe	Ernteorgan
Getreide	Samen
Körnerleguminosen	Samen
Hackfrüchte	verdickte Wurzeln und Sproßachsen
Blatt- u. Stengelgemüse	Blätter u Sproßachsen
Obst	Früchte

KULTURPFLANZEN, URSPRUNGSGEBIETE DER: Die in der Pflanzenproduktion bedeutenden Kulturpflanzenarten sind - teilweise unabhängig voneinander an verschiedenen Stellen auf der Erde - meist mehrere tausend Jahre v. Chr. in Kultur genommen worden. Die folgende Übersicht zeigt die ursprünglichen Zuchtgebiete der wichtigsten ➔Kulturpflanzen, deren heutige Verbreitung meistens weit darüber hinausgeht. Im wesentlichen waren diese Kulturpflanzenarten bereits ca. 1.000 bis 2.000 v. Chr. bekannt.

Herkunfts- und erste Domestikationsgebiete von Kulturpflanzen

Gebiet	Pflanze
Nordeuropa	Futter- und Zuckerrüben, Hafer, Roggen
Mittelmeergebiet	Olive, Spargel, Hopfen, Weizen, Hafer, Beta-Rübe
Naher Osten	Weizen, Gerste, Erbse, Linse, Wicken, Lein, Dattel, Feige, Zwiebel, Birne, Apfel
Südwestasien	Emmer, Weizen, Gerste, Lein, Raps, Linse, Erbse, Kirsche, Feige, Mandel, Wein
Zentralasien	Buchweizen, Apfel, Birne, Walnuss, Baumwolle, Mandel, Aprikose
Indien	Dattel, Mango, Tee, Eierpflanze, Kürbis
Südostasien	Zuckerrohr, Reis, Banane, Citrus, Tee, Kokosnuss
China	Sojabohne, Aprikose, Hirsen, Pfirsich, Apfelsine, Maulbeerbaum, Chinakohl, Zwiebel
Westafrika	Hirse, Ölpalme
Äthiopien	Weizen, Gerste, Kaffee
Mexiko-Mittelamerika	Mais, Baumwolle, Sisal, Pfeffer, Vanille, Süßkartoffel (Batate), Kürbis, Tomate, Avokado, Papaya, Sonnenblume, Kakao, Maniok, Phaseolus-Bohnen
Peru	Kartoffel, Süßkartoffel, Mais, Tomate, Papaya, Baumwolle, Tabak
Brasilien	Maniok, Erdnuss, Bohnen, Kakao, Kautschuk
Nordamerika	Sonnenblume, Phaseolus-Bohnen, Kürbis, Erdbeere

Quellen: Geisler, 1988; Nevers, 1991; Sick, 1993

Die Ausfuhr von →Kulturpflanzen aus den Ursprungsländern ihrer Domestizierung brachte sie in eine neue Umwelt, an die sie sich anpassen mussten. So entstand eine Vielfalt von Landrassen, die an die örtlichen Bedingungen angepasst waren und unterschiedlich auf Schädlinge, Krankheiten und Umweltveränderungen reagierten. Während dieses Prozesses wurden auch bestimmte →Unkräuter zusammen mit den Kulturpflanzen verbreitet. Einige erwiesen sich als besonders geeignet für ein Wachstum in der neuen Umgebung und wurden deshalb weiter kultiviert. So wurden Roggen und Hafer als begleitende Unkräuter des Weizens eingeführt und erfuhren eine Aufwertung, als der Anbau von Weizen am rauhen Klima von Nordeuropa scheiterte. (→VAVILOV-ZENTREN)

KULTURSTEPPE: 1. Eine Steppenlandschaft (z.B. Pampa, Prärie), die durch intensive Landnutzung in eine →Kulturlandschaft, hier eine Kultursteppe umgewandelt wurde.
2. Im übertragenen Sinn eine offene, baumlose und auch ansonsten strukturarme, in →Monokultur genutzte →Agrarlandschaft. Diese muss nicht wie eine natürliche Steppe semihumiden Charakter besitzen, andererseits auch nicht Waldgebiet gewesen sein. Sie weist jedoch mit ihrer durch menschliche Einwirkung bedingten Armut an Landschaftselementen (→Ausgeräumte Landschaft) Steppencharakter auf. Beeinträchtigungen des ökologischen Gleichgewichts sind häufige Folgen.
Die Analogie zur natürlichen Steppe ist insofern irreführend, als der Begriff "Steppe" mit dem Begriff der extensiven →Weidenutzung verbunden ist, während es sich bei der Kultursteppe um intensiv genutztes →Ackerland handelt.

KULTURSUBSTRATE: Nach dem →Düngemittelgesetz sind Kultursubstrate "Pflanzenerden, Mischungen auf der Grundlage von Torf und andere Substrate, die den Pflanzen als Wurzelraum dienen, auch in flüssiger Form". Unter anderen gehören folgende Substrate in diese Gruppe:
- Torf
  - langfristig recht stabil
  - günstiges Verhältnis von Wasserspeicherfähigkeit zu Durchlüftungsfähigkeit
  - Zwang zu regelmäßiger Versorgung mit Kalk und →Düngemitteln wegen seines Säuregehaltes
  - Einsatz von Torf zerstört Moorgebiete irreversibel
- Steinwolle
  - sehr schlechtes Wasser- und Nährstoffhaltevermögen, daher nur in Gefäßen verwendbar
- Blähton (gebrannter Ton mit hohem Porenanteil)
  - ähnliche Eigenschaften wie Steinwolle
- Vermiculite (durch Erhitzen porös gewordenes, eisenhaltiges Magnesium-Aluminiumsilikat)
  - ähnliche Eigenschaften wie Steinwolle
- Quarzsand
  - ähnliche Eigenschaften wie Steinwolle

Alle heute bekannten Boden-Ersatzsubstrate eignen sich vorwiegend zur Anzucht kleiner Mengen von Pflanzen in geschlossenen Kulturgefäßen, denen Pflanzennährstoffe als Nährlösung zugeführt wird. Daneben werden durchaus erfolgreich →Kulturpflanzen, wie Tomaten, Gurken u.a. in künstlichen Erdsubstraten angebaut. Diese Kulturen sind aber nur für Früchte lohnend, die einen hohen Marktpreis erzielen, da Nährlösungen teuerer sind als Düngemittel im Feldbau.

KULTURTECHNIK: Technische und ingenieurbiologische Maßnahmen zur Verbesserung landwirtschaftlich nutzbarer →Böden mit Wirkung auf das →Bodenprofil, die Bodenzusammensetzung, den Wasserhaushalt und die Vegetation. Die Kulturtechnik ist als Teil der →Landeskultur zu sehen.

KULTURWECHSELSTUFE: Auch *Kulturgrenzstufe*; besonders auf Lößböden markant ausgebildete Geländestufe, die an den Grenzen zwischen →Ackerland und →Grünland oder Wald auftritt, und die aufgrund unterschiedlicher Abtragung oder Aufschüttung in den Nutzungsarealen entsteht.

KUNSTDÜNGER: →MINERALDÜNGER, →NATURDÜNGER

KUNSTEGART: Alpenländische Form des →Wechselgrünlandes mit künstlicher Feldfutteransaat. Auf eine acht- bis zehnjährige Grünlandnutzung folgt eine ackerbauliche Zwischennutzung, der zumeist ein dreifeldriges Fruchtfolgeglied (Kartoffeln - Sommergerste - Sommerroggen) zugrunde liegt. (→EGARTWIRTSCHAFT, →FELDGRASWIRTSCHAFT, →NATUREGART)

KURZGEWANN: →Gewann, dessen →Parzellen im Mittel unter 200 - 250 m Länge aufweist.

KURZSTREIFENFLUR: →Flur mit überwiegenden Kurzstreifen, die sich in Mitteleuropa nach *Müller-Wille* (1962) bei einem mittleren Grenzwert von 333 m von Langstreifen absetzen lassen. Bei Kurzstreifen erfasst das Streifensystem zudem nicht den Gesamtbereich der →Flur bzw. eines Flurteils (z.B. →Zelge).

KURZUMTRIEBSPLANTAGE: Pflanzung mit schnellwachsenden Baumarten, z.B. Pappeln,

Weiden u.a., die in relativ kurzen Intervallen abgeerntet wird. Der plantagenmäßige Anbau erleichtert die mechanische Holzernte. Aus den verbleibenden Stöcken und Wurzeln kommt der Neuaustrieb für die nächste Ernte. (→NACHWACHSENDE ROHSTOFFE)

L LACHGAS - LÖSS

LACHGAS: ➔DISTICKSTOFFOXID

LADANGKULTUR: In den tropischen Regenwäldern Indonesiens verbreitete Form der ➔Brandrodungswirtschaft.

LÄGERFLUR: Gesellschaft aus großen, üppig wachsenden Pflanzen (z.B. Alpenampfer, Blauer Eisenhut, Große Brennessel), die um Stallungen z.B. auf ➔Almen entsteht, wo durch den Kot des Viehs eine intensive Stickstoffanreicherung im ➔Boden stattfindet. Weil auch nach Auflassen der Weidenutzung die ➔Nährstoffe über viele Jahrzehnte im Boden erhalten bleiben und die Lägerflora sich von selbst stark ausbreitet, sind diese Standorte ohne menschliche Pflegemaßnahmen für andere Pflanzen für lange Zeit blockiert.

LAKTATIONSPERIODE: Zeitabschnitt der Milchproduktion eines Muttertieres nach der Geburt von Nachkommen. Er kann bei Rindern von 230 bis über 650 Tage betragen.

LANDBAU: Wirtschaftliche Nutzung des ➔Bodens in der Form des landwirtschaftlichen ➔Pflanzenbaus. Spezielle Formen des Landbaus sind ➔Gartenbau, ➔Obstbau und ➔Weinbau. (➔INTEGRIERTER, ➔KONVENTIONELLER, ➔ÖKOLOGISCHER LANDBAU)

LANDBEWIRTSCHAFTUNG: Nach einer Definition der *Agrarminister der deutschen Bundesländer* von 1993 umfasst der Begriff Landbewirtschaftung diejenigen Bereiche der ➔Landwirtschaft, die dem ➔Acker- und ➔Pflanzenbau einschließlich der Grünlandbewirtschaftung und der ➔Sonderkulturen (z.B. ➔Garten-, Hopfen- und ➔Weinbau) zuzuordnen sind.
Der Begriff ist trotz prominenten Gebrauchs z.B. in Gutachten allerdings oft sehr vage gehalten.
Ein weiter gefasstes Verständnis sollte die Forstwirtschaft, wie auch ausdrücklich die (extensive) Weidenutzung einbeziehen.

LANDDEGRADATION: Auch "Landzerstörung", ein in der UN-➔Wüstenkonvention gebrauchter Begriff, der die "Verringerung oder den Verlust der biologischen oder wirtschaftlichen Produktivität und der Vielseitigkeit von natürlich oder künstlich bewässerten Anbauflächen oder von ➔Wiesen und ➔Weiden, forstwirtschaftlich genutzten Flächen und Wäldern in ariden, semiariden und trockenen subhumiden Gebieten infolge der Nutzung des Landes oder infolge eines einzelnen oder mehrerer miteinander verknüpfter Prozesse einschließlich solcher, die sich aus menschlichen Tätigkeiten und Siedlungsmustern ergeben", bedeutet.
Der Begriff ist somit enger gefasst als der Begriff ➔*Bodendegradation*. Andererseits beinhaltet er auch den langfristigen Verlust der Vegetation, eine Erscheinung, die auch ohne Degradation von ➔Böden allein durch Wassermangel oder Übernutzung der Pflanzenbestände auftreten kann. Wird der Vegetationsverlust nicht von Bodendegradation begleitet, so ist er reversibel, wenn die Randbedingungen sich ändern.

LANDENTWICKLUNG: Landentwicklung ist der Teil der ➔Raumordnung, der die Planungs- und Entwicklungsstrategien des ➔ländlichen Raumes integriert. Sie umfasst somit die Planung, Vorbereitung und Durchführung aller Maßnahmen, die dazu geeignet sind, die Wohn-, Wirtschafts- und Erholungsfunktionen zu erhalten und zu verbessern.

LANDESKULTUR: Ursprünglich allein die nachhaltige Erhöhung der Fruchtbarkeit und Ertragssicherheit land- und forstwirtschaftlicher Flächen. Nach dem *Flurbereinigungsgesetz* umfasst der Begriff heute auch ökologische Aspekte. Landes-

Ökologische und landeskulturelle Vorrangflächen im Agrarraum

Ökologische und landeskulturelle Vorrangflächen	
Nicht oder kaum genutzt	Auf regelmäßige extensive Nutzung und Pflege angewiesen
• Flächenhafte →Feldgehölze (einschl. Erstaufforstungen) mit standorttypischen Baumarten • →Hecken, Windschutzstreifen, Ufergehölze • Zwergstrauchheiden • Sukzessionsflächen • Weitgehend natürliche Fließ- und Standgewässer • Röhrichte, Groß- und Kleinseggenriede	• Tal- und Bergfettwiesen unterschiedlicher Feuchtestufen • →Trocken- und →Halbtrockenrasen • Bodensaure Magerrasen (z.B. Borstgrasrasen) • →Feucht- und →Nasswiesen, Quellfluren • Streuobstwiesen • →Raine, Feld- und Waldränder u.a. • Regulierte Fließgewässer und Gräben

Quelle: Roth u.a. 1996

kultur ist demnach alles Planen und Handeln, das darauf abzielt, das Naturpotential, insbesondere Wasser und →Boden, bestmöglich zu gestalten und rationell zu nutzen; auch die Erhaltung dieses Potentials in bestmöglicher Qualität und Leistungsreife als Lebensgrundlage für die Allgemeinheit gehört zur Landeskultur. Zur Umsetzung von landeskulturellen Zielen trägt die Erhaltung von sogenannten ökologischen und landeskulturellen Vorrangflächen bei, zu denen sowohl Flächen gehören, auf denen künftig keinerlei landwirtschaftliche Nutzung mehr erfolgt, als auch halbnatürliche Biotope, die auf eine extensive Nutzung angewiesen sind. Gleichzeitig bieten sie zusammen mit der Vielfalt der Flächennutzung ein praktikables Bewertungskriterium für die Biotop- bzw. Artenschutzfunktion und für die Landschaftsästhetik des →Agrarraums.

LANDESPFLEGE: Landespflege ist Bestandteil einer ökologisch gewichteten →Raumplanung und →Raumordnung, der auf den Schutz der Umwelt des Menschen zielt. Arbeitsgegenstand sind neben dem Naturraumpotential auch Wohn-, Industrie-, Forst-, Agrar- und Erholungsgebiete. Die Landespflege möchte einen Ausgleich zwischen den Ansprüchen der Gesellschaft an die Landschaftsökosysteme der Umwelt und dem Leistungsvermögen des Landschaftshaushaltes herstellen.

LANDESPLANUNG: Übergeordnete, überörtliche planende Tätigkeit für das Gebiet eines Bundeslandes oder einer Region auf der Grundlage des *Raumordnungsgesetzes* des Bundes und der *Landesplanungsgesetze* der Länder. Landesplanung stellt Programme und Pläne auf, stimmt raumbedeutsame Vorhaben mit Erfordernissen der →Raumordnung ab.

LANDFLUCHT: Wanderungsbewegung größeren Ausmaßes - meist über eine längere Zeit anhaltend - aus dem →ländlichen Raum in Städte (Urbanisierung) bzw. in Verdichtungsräume. Von Landflucht wird vor allem dann gesprochen, wenn die Wanderung aus wirtschaftlichen Gründen erfolgt und mit einem Berufswechsel aus der →Landwirtschaft in industrielle und gewerbliche Berufe mit besseren Verdienstmöglichkeiten einhergeht.
In Deutschland führte die Landflucht im 19. und frühen 20. Jahrhundert nicht zu einer absoluten Verringerung der ländlichen Bevölkerung sondern zur Abnahme ihrer Zuwachsrate. Gegenwärtig ist Landflucht eines der Hauptprobleme der Entwicklungsländer. Sie stellt die städtischen Agglomerationen vor große Integrationsprobleme.

LANDGEWINNUNG: Die Gewinnung neuer Landflächen vor allem für die →Land- und Forstwirtschaft, aber auch für Industrieansiedlung (z.B. in Japan). Im einzelnen kann die Landgewinnung folgende Maßnahmen umfassen:
1. Das Eindeichen von Flachküstenbereichen
2. Im Binnenland das Trockenlegen, z.T. auch Eindeichen und vor allem Auffüllen von kleinen oder größeren Wasserflächen.
3. Das Urbarmachen von Halbwüsten, Steppen, Savannen und →Ödland, auch wenn nur eine Umnutzung (z.B. Wechsel von extensiver →Weidewirtschaft der Trockengebiete in →Bewässerungs- oder →Regenfeldbau) erfolgt.
4. Durch →Rekultivierung oder →Bodenmelioration können Müllkippen, -deponien, Halden, frühere Industrieflächen oder ähnliche Flächen einer forstlichen oder landwirtschaftlichen Nutzung zugeführt werden.

LANDHANDEL: Großhandelsunternehmen als Elemente des →Agribusiness, die landwirtschaftliche

Erzeuger mit →Saatgut, →Düngemitteln, Maschinen u.a. beliefern und/oder deren Agrarprodukte (Getreide, →Obst, Gemüse, Vieh u.a.) aufkaufen. Bei einer Übernahme der Finanzierung der Einsatzgüter bis zur Ernte bzw. Verkaufsfähigkeit besteht die Gefahr der Abhängigkeit des Erzeugers vom Landhandel. Hierin liegt die Ursache für die Gründung der landwirtschaftlichen Waren- und Verwertungsgenossenschaften.

LANDIMPORT: Bildlicher Ausdruck für die Inanspruchnahme von Agrarflächen im Ausland, von denen Agrarprodukte importiert werden. Beispielsweise importierte das Europa der 12 im Jahr 1990 netto, d.h. nach Abzug des Flächenbedarfs für seine Agrarexporte (ca. 97.000 km^2), ca. 127.000 km^2 fruchtbaren →Bodens. Deutschland benutzt ca. das 1,3-fache der eigenen Agrarfläche, für die Niederlande gilt ein Faktor drei bis vier. Landimport kann im Kontext internationaler Warenströme so lange als unproblematisch angesehen werden, als Prinzipien der →nachhaltigen Entwicklung beachtet werden. Demgegenüber wird als eine der wesentlichen Ursachen für den sudanesischen Bürgerkrieg neben der →Desertifikation und noch vor ethnischen Konflikten die Verdrängung der Kleinbauern aus der →Subsistenzwirtschaft zugunsten von Exportkulturen für den (überwiegend) europäischen Markt angesehen.

LÄNDLICHE SIEDLUNG: Uneinheitlich definierter und gebrauchter Begriff zur Bezeichnung der in großer genetischer, funktionaler, physiognomischer und sozialer Vielfalt auftretenden Siedlungen im ländlich geprägten Raum. Beispielhaft folgen drei jüngere Definitionen:

1. Siedlung, deren Bevölkerung die Pflanzen- und Tierwelt zur Erlangung von Nahrung und Kleidung für die Eigenversorgung nutzt sowie die gewonnenen Erzeugnisse teilweise vermarktet. Die ländlichen Siedlungen umfassen demnach die Lagerplätze der Wildbeuter, die Zeltlager der Jäger und Hirtennomaden, die standfesten Orte der Halbnomaden und die kleineren oder größeren Wohnplätze der Sesshaften, sofern sie auf →Hack- oder →Pflugbau, auf →Garten- oder Plantagenbau, auf Fischfang oder Pelztierzucht beruhen, unter Hinzuziehung der jeweiligen Wirtschaftsfläche. (*G. Schwarz*, 1989)
2. Eine im →ländlichen Raum liegende und mit diesem funktional eng verknüpfte Siedlung, auch wenn sie funktional und physiognomisch nicht von der →Land- und Forstwirtschaft (mit)geprägt ist. (*C. Lienau*, 1995)
3. Von einer ländlichen Siedlung ist in Mitteleuropa zu sprechen, wenn im äußeren Bild der Siedlung das heutige oder frühere Vorherrschen agrarischer Wirtschaftsformen prägend wirkt. Vor allem das Überdauern von Bausubstanz, die ursprünglich "ländlichem" Wohnen und Wirtschaften diente, sollte als kennzeichnendes Merkmal ländlicher Siedlungen angesehen werden. (*G. Henkel*, 1993)

Aus den Eigenschaften des ländlichen Raumes in Mitteleuropa ergeben sich für die dortigen ländlichen Siedlungen folgende *physiognomischen und funktionalen Eigenschaften*:

- besonderer Rechtsstatus in der Vergangenheit und z.T. noch heute in verschiedenen Staaten (in Deutschland ist die sich im Mittelalter entwickelnde rechtliche Differenzierung zwischen Siedlungen mit und ohne bzw. teilweisem Stadtrecht heute weitgehend bedeutungslos)
- geringe Größe (die statistische Grenze zwischen als städtisch bezeichneten und ländlichen Siedlungen ist in den verschiedenen Staaten sehr unterschiedlich festgelegt)
- geringe oder fehlende Zentralität, oft Zentralitätsferne (Dezentralität)
- geringe innere Differenzierung im Vergleich zur Stadt
- Dominanz der landwirtschaftlichen Nutzfläche und sonstiger nicht überbauter Flächen gegenüber der Siedlungsfläche
- geringer Verknüpfungsgrad untereinander, einen hohen bzw. höheren mit den Städten
- eine gegenüber Städten geringere Ausstattung mit industriellen Arbeitsplätzen und eine geringere Vielfalt und Qualität der Arbeitsplätze
- ein Pendlerdefizit
- eine Mindestzahl von landwirtschaftlichen Arbeitsplätzen
- eine insgesamt geringe(re) Wirtschaftskraft und Entwicklungsdynamik
- eine sozial noch überschaubare, wenn auch heute oft stark in sich gegliederte ländliche Gesellschaft, in der Nachbarschaftshilfe einen höheren Stellenwert besitzt, die soziale Kontrolle stärker ist als in der Stadt
- von der Stadt unterschiedene Wohnformen (Überwiegen von Ein- und Zweifamilienhäusern)
- ein Erscheinungsbild, das sich in Grund- und Aufriss der Gebäude und deren Anordnung zueinander aufgrund der anderen sozioökonomischen Funktion und Struktur von der Stadt unterscheidet.

Als *Prozesse* vollziehen sich in den ländlichen Siedlungen eine fortlaufende Entagrarisierung, eine Abnahme der ökonomischen Bedeutung und der Vorgang eines gesellschaftlich obsolet werdenden Wertgefüges des Bauerntums. Sie sind verbunden mit einer wachsenden Statusunsicherheit und einer Identitätskrise.

Hinsichtlich der *Siedlungsgröße* gilt für Mitteleuropa eine Klassifizierung, die im wesentlichen von der Anzahl der Hausstellen ausgeht.

Größenklassen ländlicher Siedlungen in Mitteleuropa

Ländliche Siedlung	
Bezeichnung	Definition
Einzelsiedlung (Einzelhof/-haus)	1 Hausstätte
Doppelsiedlung (Doppelhof)	2 Hausstätten
kleine Gruppensiedlung (Weiler)	10-20 Haus-/Hofstätten, bis 100 Einwohner
kleine bis mäßig große Gruppensiedlung (kleines (Dorf)	< 100 Haus-/Hofstätten, < 500 Einwohner
mittelgroße Gruppensiedlung (Dorf)	< 400 Haus-/Hofstätten, < 2.000 Einwohner
(sehr) große Gruppensiedlung (Großdorf, Stadtdorf)	> 400 Haus-/Hofstätten, > 2.000 Einwohner

Quelle: Lienau, 1995 (verändert)

Die *Wohnstätten* der ländlichen Siedlungen, unter denen die eigentlichen Wohnräume und - sofern vorhanden - auch die Wirtschaftsräume zu verstehen sind, bestimmen durch ihre Form und Lage das Erscheinungsbild der Siedlung und letztlich auch der ➔Landschaft. Baumaterial und Bauform von Hütten, Zelten, Häusern oder Gehöften sind abhängig von der Landschaftsausstattung und den Wirtschaftsformen.

Weitere Unterscheidungskriterien sind die *Lage* der Siedlungen sowie deren *Benutzungsdauer*, die von ephemer (flüchtig) über temporär bis zu permanent reichen kann. Beide sind stark bedingt von der Lebens- und Wirtschaftsform.

Von den ländlichen Siedlungen im eigentlichen Sinne sind eine Vielfalt von Siedlungen der anautarken Wirtschaftskultur zu unterscheiden, die zwischen Land und Stadt stehen. Die folgende Liste differenziert nicht zwischen historischen und aktuellen Typen:

- Bergbau-, Hütten- und Hammersiedlungen
- Waldgewerbliche Siedlungen (Köhler, Flößer, Harzer, Pottaschbrenner, Glasmacher u.a.)
- Fischereigewerbliche, -wirtschaftliche Siedlungen
- Siedlungen des Verarbeitungsgewerbes bzw. der Verarbeitungsindustrie (z.B. Hausgewerbe mit der Herstellung von Bürsten, Körben, Töpfen, Schmuckwaren, Uhren, Nägeln, Webwaren usw.)
- Holzwirtschaftliche Siedlungen (z.B. Sägewerksiedlungen in N-Europa oder Kanada, Siedlungen im Umfeld von Zellulose- und Papierfabriken u.w.)
- Verkehrssiedlungen (z.B. Hospize, Raststationen, Hafenplätze als Ein- und Ausgangspforten binnenländischer Bergbaudistrikte)
- Fremdenverkehrssiedlungen
- Wohnsiedlungen (New Towns)
- Schutz- und Herrschaftssiedlungen
- Kultsiedlungen

Der oben erwähnte Prozess der Entagrarisierung legt die Frage nach der Akzeptanz der Landwirtschaft im Gefüge der ländlichen Siedlung nahe. Eine jüngere empirische Untersuchung (*Nolten* 1998) in 14 west- und ostdeutschen Dörfern belegt diesbezüglich einen nicht unerheblichen Beitrag landwirtschaftlicher Emissionen zu Spannungen zwischen landwirtschaftlichen und nichtlandwirtschaftlichen Bevölkerungsteilen. Als die bedeutendsten Belästigungsfaktoren werden der Geruch von ➔Gülle, ➔Mist oder ➔Silage, verschmutzte Straßen und der Einsatz von ➔Pflanzenschutzmitteln angeführt. Trotz des weit verbreiteten Gefühls der Belästigung durch landwirtschaftliche Emissionen sprechen sich drei Viertel der Befragten gegen eine Trennung der landwirtschaftlichen Betriebe von den dörflichen Wohngebieten und damit für einen Verbleib der Landwirtschaft im Ort aus.

LÄNDLICHE SIEDLUNGSFORM: Darunter versteht man die aus der (Gesamt-)Größe, der Grundrissform von ➔Hofreiten, Straßen, Wegen, Plätzen, Freiflächen und ➔Gärten (zentrales Kriterium), der Anzahl der jeweiligen Elemente, gegebenenfalls vorhandenen Befestigungsanlagen, Zäunen u.ä. sowie der Bebauungsdichte resultierende Siedlungsgestalt. Aufriss und Form der Gebäude finden trotz ihrer Aussagekraft für die Siedlungsentwicklung i.d.R. keine Beachtung, ebensowenig die ➔Flurform. Beides gehört jedoch zu einer Gesamtbetrachtung und Analyse des Siedlungsbildes.

<u>Als Kriterien gelten üblicherweise:</u>

- Anordnung der Grundstücksparzellen zueinander
- Anordnung der Grundstücksparzellen zu bestimmten Leitlinien (Straße, Weg, Bach) oder Flächen (Platz, ➔Anger, Kirchhof)
- Form der Grundstücksparzellen
- Unterscheidung nach Gruppen- und Einzelsiedlung
- Regellosigkeit, Regelhaftigkeit (Ausrichtung der - evtl. auch ähnlich gestalteten - Hofgrundstücke auf Leitlinien), Schemahaftigkeit (geometrische Gestalt zusätzlich zur Regelhaftigkeit)

Die Grundrissform ist das Ergebnis planender Gestaltung (*regelmäßiger Grundriss*) oder spontaner Entstehung und Entwicklung (*unregelmäßiger Grund-*

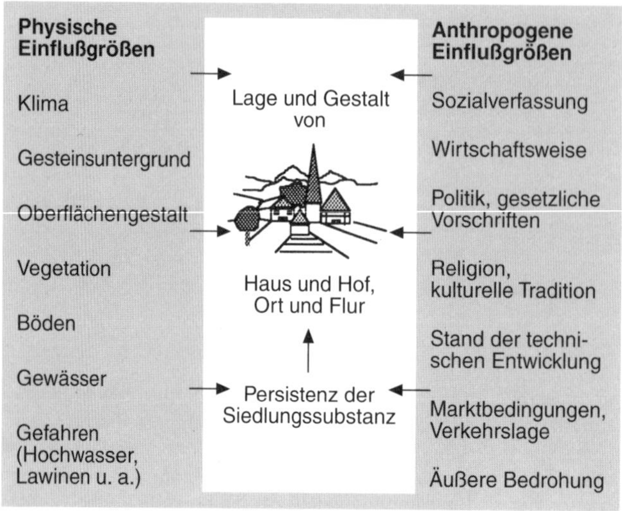

Einflußgrößen ländlicher Siedlungsformen

Quelle: Lienau 1995, leicht verändert

riss), wobei beide Prozesse sich wechselhaft ablösen können. In Mitteleuropa lassen sich ➔Alt- und ➔Jungsiedelräume mit jeweils typischen Merkmalskombinationen unterscheiden.

Nach Art der Anordnung der Behausungsstätten in Verbindung mit den Freiflächen werden von *Lienau* (1995) folgende Grundformen unterschieden:

<u>Lineare Siedlung (Linearsiedlung)</u>

Linear heißt, dass die Haus- und Hofstätten reihenförmig angeordnet sind. Es können eine oder zwei parallele Reihen vorliegen. *Zeilen* sind geradlinige, kurze und dichte Reihen. Bei allen linearen Siedlungsformen muss der Verlauf der die Siedlungsachse bildenden Linie keineswegs geradlinig sein. Sie erhalten regelhaften oder schematischen Charakter aufgrund gleicher Merkmale in Form, Größe und Abstand der Hofreiten und Hausgärten sowie der formalen Gestaltung der äußeren Wohnplatzbegrenzung. Oft folgen die Siedlungen natürlichen Leitlinien wie Tälern, Flussläufen oder Terrassenrändern.

Lineare Siedlungen in außereuropäischen Räumen gehen z.T. auf das europäische Vorbild zurück, so die Flusshufensiedlungen der französischen Kolonisten am St. Lorenz-Strom und am Mississippi.

Für die nach Form, Funktion und Genese unterschiedlichen Typen von Linearsiedlungen bestehen u.a. folgende Begriffe: ➔Reihendorf (-weiler), ➔Waldhufendorf, ➔Marschhufendorf, ➔Hagenhufendorf, ➔Radial(wald)hufendorf, ➔Moorhufendorf, ➔Fehnsiedlung, ➔Straßendorf, ➔Gassendorf, ➔Sackgassendorf.

<u>Platzbestimmte (polare) Siedlung (Platzsiedlung)</u>

Platzsiedlung ist der Oberbegriff für alle Siedlungstypen, bei denen ein Platz (➔Anger) das zentrale Grundrisselement bildet, und um das herum die Behausungen angeordnet sind. Die zentrale, in Gemeinbesitz befindliche Fläche dient den unterschiedlichsten Zwecken (Schauplatz für öffentliches Leben, Kirche, Schule, Löschteich, Allmendweide). Ihre Form kann rund, oval, rechteckig, quadratisch oder schmal und langgestreckt sein. Platzsiedlungen sind gewöhnlich planmäßig angelegt. In der Regel besitzen Platzsiedlungen eine ➔Gemengeflur. Zum Typus Platzsiedlung gehören u.a.: ➔Rundling, ➔Angerdorf, ➔Fortadorf, runde ➔Krale afrikanischer Nomaden.

<u>Siedlung mit flächigem Grundriss (mit unregelmäßigem Grundriss: Haufensiedlung – mit regelmäßigem Grundriss: geregelte Straßennetzanlage)</u>

Das unregelmäßig-flächige ➔Haufendorf ist der häufigste Formentyp überhaupt. Die Straßen- oder Wegeführung kann sternförmig, verschlungen unregelmäßig, sackgassenförmig oder andersförmig sein. Block- oder/und Streifengemengeflur sind typisch. Eine spontane Entstehung und gewachsene Entwicklung kennzeichnet diesen Typus. Zu ihm gehören: ➔Etterdorf, Gewanndorf, Wegedorf, ➔Zellenhaufendorf, Siedlungen ohne eigene Bezeichnung, wie die orientalischen Haufendörfer (Sackgassen, unregelmäßige kleine Plätze) oder die chinesischen und japanischen Haufendörfer (zentrifugale Wegenetze).

Typischer Vertreter flächiger Siedlungen mit regelmäßigem Wege- oder Straßennetz ist die Schachbrettsiedlung. Variationen sind häufig. Verbreitungsräume sind die Neue Welt, in Europa mit flächenhaftem Auftreten nur in jungen Kolonialgebieten (Banat), sonst vielfach nach Wiederaufbau eines durch Krieg oder Brand zerstörten älteren Dorfes.

Zwischen den Grundrisstypen *linear*, *polar* und *flächig* bestehen zahlreiche Übergänge und Kombinationsformen, die insbesondere durch spätere

Überprägung entstanden. Seit dem 19 Jh. erfährt dieses Formengefüge bedeutende Veränderungen. Die traditionellen Formen ländlicher Siedlungen werden als Folge des Bevölkerungswachstums durch meist regelmäßig angelegte Wachstumsspitzen und -ringe erweitert, städtische Haustypen verdrängen bäuerliche Gebäudeformen, letztere erfahren partielle oder totale Funktionswandel. Diese Prozesse vollziehen sich verstärkt im Stadtumland.

LÄNDLICHER RAUM: Begriff zur Bezeichnung eines agglomerationsfernen Raumtyps mit einer regional unterschiedlichen Merkmalsmischung. Als solcher entstammt er der Statistik und zielt mit seinem Singular vor allem auf die allgemeinen Charakteristika des ländlichen Raums. Andererseits verdeckt der Singular 'Ländlicher Raum' die Tatsache, dass eigentlich unterschiedliche Typen ländlicher Räume mit jeweils eigenen Entwicklungsprozessen und Problemen, aber auch spezifischen Entwicklungschancen bestehen. Dem wird der üblich gewordene Gebrauch des Plurals 'Ländliche Räume' gerecht, der gleichzeitig die überfällige Lösung von der Gleichsetzung Ländlicher Räume mit landwirtschaftlicher Produktion erleichtert.
Alleine die vielen Imagevarianten der Ländlichen Räume belegen ein z.T. gegensätzliches, auf jeden Fall sehr diversifiziertes Bild (Mose/Weixlbaumer 1998). Auch in der Realität des europäischen Wirtschaftsraumes sind die Ländlichen Räume meist heterogen und schwer fassbar. Das eindimensionale, persistente Landwirtschaftsimage hat bloß noch bezüglich einiger Teile der Peripherie Europas sowie der potentiellen EU-Beitrittsländer reale Gültigkeit.
Die gebräuchlichen Abgrenzungen umfassen Positivabgrenzungen, die die Raumkategorie bewusst definieren und deren Grenzen direkt feststellen sowie Negativabgrenzungen, die sich zunächst mit dem begrifflichen Gegenstück der interessierenden Raumkategorie befassen und in einem zweiten Schritt den verbleibenden Restraum zur Kategorie 'Ländlicher Raum' erheben. Begriffe und Definitionen zur Binnendifferenzierung haben häufig einen schwammigen Charakter.
Eine allgemein akzeptierte Abgrenzung besteht nicht. Im einzelnen reichen übliche Vorgehensweisen u.a. von

- Abgrenzungen im Sinne von Ländlichen Räumen als Gebiete außerhalb von Verdichtungsräumen
- geographisch-städtebauliche Abgrenzungen (Flächennutzung, Dichte und Geschlossenheit der Bauweise, Art, Geschosszahl und Abstand der Gebäude)
- formalrechtlichen Methoden, wonach Siedlungen ohne Stadtrechte als Dörfer und die dazugehörenden Territorien als ländlicher Raum gelten (z.T. noch heute in England, Wales, Südafrika, Australien, Dänemark, Brasilien u.a.)
- Abgrenzungen anhand von allgemein-strukturellen oder sozio-ökonomischen Kriterien (z.B. Siedlungsstruktur, Einwohner-Arbeitsplatz-Dichte, Pendleranteile, Fremdenverkehrsindikatoren) über
- soziale Konstruktionen mit dem Gedanken der Ländlichkeit und
- agrarstrukturelle Kriterien wie ➔Agrarquoten, bis zu
- funktionalen Abgrenzungen (ländliche Räume übernehmen Komplementärfunktionen für Verdichtungsräume, z.B. Zentrale Orte-Konzept nach Christaller).

Die verständlichste internationale Verwaltungsdefinition ist die auf dem Kriterium der Bevölkerungsdichte basierende Definition der OECD (lokale Gebietseinheiten mit einer Dichte <150 E/km^2 gelten als ländlich, jene mit höherer Dichte als städtisch). Sie gilt für das gesamte Gebiet der Mitgliedstaaten. Die ➔Europäische Union besitzt demgegenüber keine eigene Verwaltungsdefinition, sodass die in den Mitgliedstaaten gebräuchlichen Definitionen sich stark unterscheiden. Hilfsweise können die Interventionsgebiete der EU-Strukturpolitik (➔Strukturfonds) als Parameter für die Abgrenzung herangezogen werden. Danach ergibt sich für die ländlichen Räume ein Prozentsatz von 65 bezogen auf die Gesamtfläche sowie von 20 bezogen auf die Bevölkerung.
Diese Abweichungen bei den Verwaltungsdefinitionen sind weitestgehend das Ergebnis verschiedener Ländlichkeitsvorstellungen, die sich sowohl innerhalb als auch zwischen den Gesellschaften unterscheiden. Zum einen gibt es unterschiedliche historische und zeitgenössische Vorstellungen darüber, wie sich ländliche Gesellschaften und Räume von städtischen unterscheiden; zum anderen versuchen verschiedene Interessengruppen die Öffentlichkeit von ihren eigenen Vorstellungen zu überzeugen - sie stellen den Begriff "ländlich" auf verschiedene, für gewöhnlich widersprüchliche Art dar, z.B. als Produktionsgebiete gegenüber unberührten Naturgebieten.
In Deutschland umfasst der Begriff alle Räume außerhalb der offiziell definierten Verdichtungsräume und deren Randbereiche. Nach rein *siedlungsstrukturellen Kriterien* unterscheidet hier die ➔Raumordnung drei Typen von Ländlichen Räumen.
Die drei Ländlichen Raumtypen, die derzeit rund 90% der Fläche und 53% der Bevölkerung des Bundesgebietes ausmachen, weisen in ihrem sozio-ökonomischen Zustand sowie ihren Entwicklungsperspektiven sehr unterschiedliche Merkmale auf. Somit umfasst der Ländliche Raum rd. 90% der Fläche und 53% der Bewohner Deutschlands. EU-weit entfallen 80% der gesamten Fläche auf den

3 Typen Ländlicher Räume nach siedlungsstrukturellen Kriterien

Typ	Siedlungsstruktur
I	Ländliche Räume innerhalb und am Rande von Regionen mit großen Verdichtungsräumen
II	Ländliche Räume mit leistungsfähiger zentralörtlicher Struktur (Oberzentrum)
III	Periphere, dünn besiedelte ländliche Räume ohne leistungsfähiges Zentrum

Ländlichen Raum, gegenüber 50 % der Bevölkerung. Trotz dieser numerischen Bedeutung ist der Ländliche Raum von der Raumordnungspolitik bislang als "*Restkategorie*" *der Gesellschaft* behandelt worden. Er gilt überwiegend als verfügbare Ressource bzw. als Ausgleichsraum der Industriegesellschaft und hat (bei weniger beachtetem Nachhaltigkeitsprinzip) vorzuhalten bzw. zu erschließen, was jeweils den Verdichtungsräumen fehlt oder sinnvoll erscheint. Gleichzeitig werden die Bedürfnisse und Interessen der ansässigen Bevölkerung häufig nicht ausreichend beachtet.

In Abhängigkeit von den *wirtschaftlichen, infrastrukturellen und natürlichen Standortverhältnissen sowie der Lage zu den Industrie- und Ballungsgebieten* gibt es verschiedene Typen von Ländlichen Räumen. Der *Raumordnungsbericht 1993* unterscheidet 5 Typen von "geringer verdichteten Räumen", die auch in weiteren Publikationen des BMBAU identisch oder variiert vorkommen:

5 Typen Ländlicher Räume nach komplexen Strukturmerkmalen

Typ	Merkmale	Beispiele
1. Räume in günstiger Lage zu den Verdichtungsgebieten und Zentren sowie zu den überregionalen und großräumigen Verkehrsachsen	• relativ gesund und stabil • relativ hohe Bevölkerungsdichte • ländliche Siedlungsstruktur • mittelständische Wirtschaft • stark geprägt von Wohnen und Naherholung • enge Verflechtungen zu nahen Agglomerationen	• die meisten ländl. Räume in Nordrhein-Westfalen • ländl. Raum im Mittleren Neckarbereich • Regionen um München und Hamburg • sog. Berliner Speckgürtel
2. Attraktive Räume für den überregionalen Fremdenverkehr	• landschaftlich besonders reizvoll und abwechslungsreich • zumindest saisonal bedeutende Rolle des Fremdenverkehrs	• Küsten und Inseln der Nord- und Ostsee • Alpen und Voralpenraum
3. Räume mit relativ günstigen Produktionsbedingungen für die Landwirtschaft	• hohe Bodenqualität und Klimagunst • Nähe zu den Absatzmärkten	• Börden, Thüringer Becken • Weinbaugebiete • Oberrhein
4. Gering verdichtete Räume mit industriellen Wachstumstendenzen	• Dominanz von kleinen und mittleren Industrieunternehmen, vom Handwerk und von Dienstleistungsbereichen	• Räume Göttingen, Ingolstadt, Landshut, Emden
5. Strukturschwache periphere ländliche Räume	• sehr geringe Siedlungs- und Einwohnerdichte • hohe strukturelle Arbeitslosigkeit • geringer Anteil an qualifizierten Arbeitsplätzen • Entleerungstendenzen, Abwanderung, Überalterung • geringe Nachfrage im Wohnungsbau u. Gewerbe • Nutzungsbrachen ehem. landwirtschaftlich genutzter Flächen • unzureichende Verkehrsinfrastruktur • niedriges Einkommens- und Vermögensniveau • Kapitalschwäche der Unternehmen	• weite Teile der Neuen Bundesländer • in den Alten Bundesländern die Grenzregionen zu den ehemaligen sozialistischen Ländern

Quelle: BMBAU 1997

Die strukturschwachen ländlichen Räume (Typ 5) sind aufgrund ihrer Uneinheitlichkeit ihrerseits in fünf Typen untergliedert.
Das Interesse der Raumordnung richtet sich im Hinblick auf den Ländlichen Raum vorrangig auf den landwirtschaftlichen →Strukturwandel und die Probleme in jenen peripheren Ländlichen Räumen, die durch Lageungunst, unzureichende Infrastruktur und wenige wirtschaftliche Kristallisationspunkte gekennzeichnet sind. Im Norden und Nordosten der neuen Bundesländer trifft der Wandel der →Agrarstruktur auf besonders ungünstige Rahmenbedingungen. Zu diesen zählen die geringe Bevölkerungsdichte, das geringe Angebot an außerlandwirtschaftlichen Arbeitsplätzen mit der Folge einer geringen Tragfähigkeit notwendiger Infrastruktureinrichtungen. Somit ist der Aufbau eines funktionsfähigen Zentrale-Orte-Systems erheblich erschwert.
Als Merkmale des Ländlichen Raums gelten:

- in einigen Bundesländern eine spezielle rechtlich-administrative Stellung der Siedlungen, z.B. in Rheinland-Pfalz und Schleswig-Holstein
- geringe Siedlungsgröße und kleinteilige Siedlungsstruktur
- negative Wanderungsbilanz in peripheren Räumen der EU und in den neuen Bundesländern,
- relativ geringe Bevölkerungs- und Arbeitsplatzdichte
- ein Vorherrschen land- und forstwirtschaftlicher Produktionsflächen und ein Hervortreten von agraren Berufsgruppen im Vergleich zu städtischen Räumen
- Anfälligkeit für Globalisierungseffekte
- Bedeutungsverlust der →Landwirtschaft
- eine geringe Industriedichte außerhalb der zentralen Orte, geringe Größe der Industriebetriebe, Hervortreten bestimmter Industriearten
- schwach entwickelter Dienstleistungssektor im Vergleich zu städtischen Räumen
- hohes Maß an Fremdbestimmung
- Abhängigkeit von der Stadt in der Versorgung mit höherwertigen Gütern
- Pendlerdefizit im Umfeld von Agglomerationen
- geringe oder fehlende Zentralität der Siedlungen, mit Ausnahme großer Kommunen im Ländlichen Raum
- unzureichende Infrastruktur
- ein Erscheinungsbild der Siedlungen, das sich in Grund- und Aufriss der Gebäude und deren Anordnung zueinander aufgrund der anderen sozioökonomischen Funktion und Struktur von der Stadt unterscheidet
- hoher Eigentumsanteil der Häuser und Wohnungen
- höhere Dichte zwischenmenschlicher Beziehungen, starke soziale Kontrolle
- Landverbundenheit, Heimatzufriedenheit und starke Bindung an die Dorfgemeinschaft als Sublimierungsformen für mögliches Aggressionspotential
- andererseits z.T. Konflikte zwischen Alteingesessenen und Zugezogenen oder ausländischen Bürgern

Aktuelle Entwicklungen bergen *neue Risiken* für den Ländlichen Raum. Zu diesen gehören:

- Die weiter voranschreitende Konzentration im Einzelhandel, vor allem auch über den Bereich des Lebensmitteleinzelhandels hinaus wird zu einer weiteren Zentralisation von Management und Beschaffungsentscheidungen in dieser Branche führen. Lieferanten aus der Konsumgüterindustrie, die überproportional häufig in peripheren Räumen angesiedelt sind, stehen einer wachsenden Nachfragemacht gegenüber. Daneben wird der ländliche Einzelhandel vermutlich Einbußen hinnehmen.
- Der Abbau der Lagerhaltung (zunächst) in der Automobilindustrie durch die sogenannte "just-in-time-Logistik" zwingt die Zubehörlieferanten, sich in räumlicher Nähe der Automobilwerke anzusiedeln. Eine Arbeitsplatzkonzentration an wenigen Standorten und ein Arbeitsplatzabbau an den verstreut liegenden Standorten der Zulieferer wird angenommen.
- Der Fremdenverkehrssektor, der häufig als Hoffnungsträger für ländliche Räume angesehen wird, wird für Investoren aus anderen Branchen und für Kapitalanleger zunehmend interessant. Der bisher niedrige Professionalisierungsgrad der Branche erleichtert es Gastronomiekonzernen, in regionale Märkte vorzudringen. Der zu erwartende Strukturwandel wird vor allem zu Lasten der kleineren Fremdenverkehrsstandorte gehen.
- Häufig ist ein Teil der gewachsenen dörflichen Infrastruktur wie Schule, Rathaus, Polizeiposten, Krankenhaus in der Fläche ausgedünnt und ihre Funktion den zentralen Orten zugewiesen worden.
- Post und Bahn verfolgen eine marktorientierte Preis- und Leistungsgestaltung. Damit ist für den Ländlichen Raum nicht nur mit einer verspäteten Einführung neuer Leistungen, sondern auch mit einer Reduzierung bisheriger Leistungen zu rechnen.
- Die Einführung von Rohstoffkreisläufen durch Recycling ist - wie die Warendistribution - in Ländlichen Räumen zweifellos aufwendiger durchzuführen als in Verdichtungsräumen und könnte bei einer Kostenumlegung nach dem Verursacherprinzip ebenfalls zu einer stärkeren Belastung der Bevölkerung Ländlicher Räume führen.
- Durch die zunehmenden Machtgewinne der Zentralen gegenüber dem Ländlichen Raum entwickelte sich dessen Förderung zunehmend zu einer Fremdsteuerung und Fremdbestimmung.

- Fremdbestimmte und zentrale Leitbilder und Programme führen zu einer Vereinheitlichung und Schablonisierung der Kulturlandschaft bei gleichzeitigem Verlust der regionalen und lokalen Unterschiede, Besonderheiten und Potentiale.
- Die Landwirte geraten zunehmend in die politische und wirtschaftliche Abhängigkeit der zentralen Bürokratien, Futtermittel-, Agrarchemie- und Vermarktungsindustrien.
- Politisch geförderte Konzentrationsprozesse in den der Landwirtschaft vor- und nachgelagerten Bereichen, z.B. Landhandel, Molkereien, Schlachthöfe, entziehen Dörfern und Kleinstädten Arbeitsplätze zugunsten der Mittel- und Großstädte.
- Ein ständig wachsender Überbau an Gesetzen und zentral gelenkten Fachpolitiken untergräbt die kommunale Selbstverwaltung.
- Die Vorschläge der ➔Agenda 2000 scheinen der Entwicklung der Ländlichen Räume nicht förderlich zu sein.

Ländliche und städtische Räume bilden kein voneinander unabhängiges Nebeneinander, sondern ergänzen sich gegenseitig. Sie sind als Produkte der arbeitsteiligen Gesellschaft funktional verbunden. Städte besitzen Versorgungsfunktionen im weitesten Sinne für die Ländlichen Räume, daneben weitere Aufgaben, z.B. in manchen Gesellschaften Wohnsitzfunktion für Grundbesitzer und ➔Farmer. Neben ihren Funktionen als Wohn- und Arbeitsraum mit hoher Lebens- und Umweltqualität für die dort lebende Bevölkerung, die Bereitstellung von Nahrungsgütern und Rohstoffen aller Art sowie als Standort für Industrien und ländliches Kleingewerbe besitzen die Ländlichen Räume überwiegend *Ausgleichsfunktionen* gegenüber den urbanen Räumen.
Diese *Arbeitsteilung* findet in bezug auf die Umweltleistungen der ländlichen Gebiete, die im wesentlichen öffentliche Güter darstellen, keine Entsprechung in den finanzwirtschaftlichen Zahlungsströmen. Andererseits gehen vom Ländlichen Raum auch negative ➔Umweltwirkungen aus, die - analog zu Ballungsgebieten - von wirtschaftlichen Aktivitäten, insbesondere dem ➔konventionellen Landbau herrühren.
Gleichzeitig bestehen negative Umwelteinwirkungen auf ländliche Räume, die von wirtschaftlichen Aktivitäten in Ballungsgebieten herrühren. Dazu gehören u.a. Ozonkonzentrationen, Schwermetallbelastungen, industrielle Einleitungen in Oberflächengewässer und Luftbelastungen.
Konzepte zur ➔Landentwicklung im Ländlichen Raum werden insbesondere über die Instrumente ➔Flurbereinigung, ➔Dorferneuerung, ➔Agrarstrukturelle Entwicklungsplanung, wie auch über länderspezifische Programme (➔MEKAT) verfolgt. Dabei wird zunehmend die bisherige sektorale Planung verlassen zugunsten von integrierten Konzepten der betroffenen Wirtschafts-, Landwirtschafts-, Umwelt-, Sozial- und Kulturpolitik. Verstärkt wird in Fachkreisen die Individualität der einzelnen Ländlichen Gebiete anerkannt und der Abbau zentralistischer Regelungen angestrebt.
Neben nationalen Konzepten sollen auch EU-Strategien die *Strukturschwächen* des Ländlichen Raumes beseitigen oder mindern.
Als Instrumente zur Verwirklichung dieser Ziele dienen diverse Fonds der Gemeinschaft, so der ➔*Europäische Ausrichtungs- und Garantiefonds für die Landwirtschaft* (EAGFL), der ➔*Europäische Fonds für regionale Entwicklung* (EFRE), der *Europäische Sozialfonds* (ESF) und der *Kohäsionsfonds*.

Ausgleichsfunktionen Ländlicher Räume

- *Erholungsräume* für die in den Städten und Stadtregionen lebenden Menschen; in zunehmendem Maße auch Wohn- und Lebensraum für verschiedene, die Städte und Stadtregionen verlassende Bevölkerungsgruppen (z. B. Ruhestandsbevölkerung)
- Allgemeine *Wohlfahrts- und Schutzfunktionen* dienen z. B. der Lufterneuerung, der Wassergewinnung und Wasserspeicherung
- *Raumreserve* für verschiedene Zwecke: Verkehrseinrichtungen, Mülldeponien, Kraftwerke, militärische Einrichtungen usw.
- *Kreislauf- und Recyclingfunktion* für organische Abfälle
- *Ökologische Ausgleichs- und Vorhaltefunktion* (Regenerationsfunktion) für künftige Bedürfnisse (z.B. Artenvielfalt)

Schwerpunkte zur Beseitigung von Strukturschwächen des Ländlichen Raumes

- Bereitstellung von Mitteln für die Modernisierung landwirtschaftlicher Betriebe und Niederlassungsbeihilfen für Junglandwirte im Rahmen der ➔Gemeinsamen Agrarpolitik
- Förderung alternativer Möglichkeiten der wirtschaftlichen Betätigung (Schaffung von Arbeitsplätzen im nichtlandwirtschaftlichen Bereich, Starthilfen für Existenzgründer, Umweltschutzprojekte, Erschließung des Ländlichen Raums für den Fremdenverkehr)
- Ausbau der Infrastruktur für eine wirtschaftliche Neubelebung
- Finanzierung von Aus- und Weiterbildungsprogrammen im Bereich des Kunsthandwerks sowie für Beschäftigte in kleinen und mittleren Betrieben

Für eine *umweltgerechte Raumnutzung* und eine *nachhaltige Entwicklung Ländlicher Räume* fehlt ein langfristig ausgerichtetes Politikkonzept, das eine Mischung aus marktwirtschaftlichen, ordnungsrechtlichen und planerischen Instrumenten enthält.

Auswahl von Handlungsfeldern und Strategien für nachhaltige Regionalentwicklungen im Ländlichen Raum:

- Herstellung von Verbindungen zwischen regionaler Wirtschaft, ➔Kulturlandschaft, Land- und Forstwirtschaft und regionaler kultureller Identität
- Prozess- und Produktinnovationen in kleinbetrieblichen gewerblichen Strukturen (u.a. höhere Wertschöpfung durch Weiterverarbeitung agrarer Produkte im food- und non-food-Bereich)
- Ergänzung regionaler Kreisläufe
- Produkt- und Vermarktungsinnovationen
- Diversifikation der Wirtschaftsstruktur
- Modernisierung vorhandener Bausubstanz
- Landtourismus (Regionalküche, Urlaub auf dem Bauernhof)
- Regionalkultur und regionale Identität
- Innovation und Wissenstransfer
- Energie (Biomasse-Verwertung) und Verkehr
- Stärkung der Funktion zentraler Orte in dünn besiedelten Regionen
- ➔Naturschutz und ➔Landschaftspflege

LÄNDLICHER TOURISMUS: Form des Tourismus, der als Betriebszweig eines landwirtschaftlichen Betriebes einen wesentlichen Beitrag zur Diversifizierung und zur Einkommenssicherung leisten kann. 1997 gab es ca. 19,4 Mio. Übernachtungen auf den Höfen der rd. 20.000 deutschen Anbieter (Urlaub auf dem Bauernhof) mit einem Gesamtumsatz von rund 700 Mio. DM. Zu dieser Summe kamen zusätzliche Ausgaben der Bauernhof-Urlauber in der Gastronomie und für Freizeitaktivitäten im ➔Ländlichen Raum in Höhe von knapp 780 Mio. DM. Der ländliche Tourismus hat in den vergangenen Jahren an Bedeutung gewonnen. Wurde früher diese Urlaubsform vor allem wegen seines günstigen Preises gewählt, so sind heute zunehmend auch andere Kriterien ausschlaggebend, wie Ruhe, und Naturnähe, Erlebniswelt für Kinder, persönliche Atmosphäre und das Kennenlernen ländlicher Traditionen.

Ländlichem Tourismus wird ein hohes Umsetzungspotential von Zielen ➔nachhaltiger Entwicklung im ➔Ländlichen Raum zugeschrieben.

Beiträge des ländlichen Tourismus zu einer nachhaltigen Regionalentwicklung:

- Nutzung regionaler Potentiale (➔Kulturlandschaft, Arbeitskräfte, traditionelle Bausubstanz, Kapital vorwiegend aus der Region)
- Tourismusform, die in das bestehende gesellschaftliche Gefüge integriert werden kann
- Kein Überschreiten der ökologischen Tragfähigkeit, z.B. durch Zersiedlung mit artfremder Überbauung, vielmehr Ansatzpunkte zur Verwirklichung regionaler Kreisläufe von der Produktion, Verarbeitung, Vermarktung bis zum Verbrauch und zur regionalen Wiederverwertung
- Beitrag zur Diversifizierung der regionalen Wirtschaftsstruktur, Schaffung zusätzlicher Arbeitsplätze
- Große Einflussmöglichkeit und Gestaltungsfreiheit der gastgebenden Bevölkerung hinsichtlich der touristischen Entwicklung der Region sowie vergleichsweise hohe Teilhabe an den Gewinnen des Tourismus als Folge der Konzentration vieler touristischer Aufgaben (u.a. Beherbergung, Informationsvermittlung) bei den Gastgebern
- Umwelt- und Bewusstseinsbildung beim Kontakt mit den natürlichen Lebensgrundlagen (Pflanzen- und Tierproduktion), durch umweltverträgliche Freizeitangebote, Kurse zu Vollwerternährung, Hinweise auf Bezugsquellen von ökologisch hergestellten Lebensmitteln, Unterbringung in Gebäuden aus ökologischen Materialien
- Verbesserung und Intensivierung der Beziehungen zwischen Stadt- und Landbevölkerung

LANDNUTZUNG: Häufig nur die Inwertsetzung der Landoberfläche im Sinne einer reinen Bodennutzung. Eine umfassendere Definition untergliedert den Begriff in zwei Kategorien, die eng verflochten sind:

1. Ländliche Landnutzung, die vor allem die ➔ Land-, Forst- und ➔Weidewirtschaft, auch ➔Aquakulturen umfasst.
2. Formen der städtischen und industriellen Landnutzung, die besonders in urbanen Räumen auftreten, aber auch Verkehrswege, Bergbau u.a. umfassen.

LANDNUTZUNG, GRENZEN DER: Ebenso wie die Grenzen der Besiedlung (➔Ökumene/Anökumene)

Globale Veränderungen in der Landnutzung zwischen 1882 und 1991

Nutzung Art	Fläche [Mrd. ha] 1882	1991	Änderung [%] 1882-1991
Ackerland und Daueranbau	0,86	1,5	+ 74
Dauerweiden	1,5	3,2	+ 113
Wald und Forst	5,2	4,1	- 21

Quelle: Manshard u. Mäckel 1995

lassen sich auch die Grenzen der **agrarischen** ➔Landnutzung nur schwer bestimmen. Die tatsächlichen Anbaugrenzen bleiben meist hinter den theoretisch möglichen zurück, weil sie nicht nur von den Naturgrundlagen, sondern auch von der Rentabilität abhängen.
Auf der physiogeographischen Seite sind Klima und Relief die wichtigsten Faktoren der Nutzungsgrenzen, die sich für den **➔Feldbau** am deutlichsten fassen lassen. Andererseits sind klimatische Faktoren keine unverrückbaren Grenzmarken: Durch die Züchtung beispielsweise von in kürzerer Zeit zur Reife gelangender Getreidearten oder Kartoffelsorten kann die ➔Kältegrenze weiter hinausgeschoben werden.
Die *Kältegrenzen* liegen dort, wo mit zunehmender geographischer Breite (➔Polargrenze) oder zunehmender Höhe (➔Höhengrenze) die Temperaturen für den Anbau von ➔Kulturpflanzen zu niedrig werden. Die Polargrenze rückt auf der wintermilden Westseite und im sommerwarmen Inneren der Nordkontinente weiter polwärts vor als im Osten.
Die *Höhengrenze* trennt die höheren Gebirgsteile inselartig von den genutzten tieferen Gebieten und

Polargrenzen von Kulturpflanzen

Pflanze	Grenzbreite [° s. Br./° n. Br.]
Gerste, Hafer, Kartoffel	70
Sommerweizen	63
Zuckerrübe	61
Weinrebe	51
Hirse, Ölbaum, Sojabohne	45
Mais, Reis	45-54
Agrumen, Baumwolle, Tabak, Erdnuss, Batate, Zuckerrohr, Tee	35-42
Kakao, Kaffee, Banane, Maniok, Kautschuk	19-25
Kokospalme, Ölpalme	15-16

geht in hohen Breiten in die Polargrenze über. Die Höhengrenze steigt i.a. mit den Temperaturen von den Polen zum Äquator hin an. Sie wird jedoch nicht nur von der Breitenlage bestimmt, sondern auch durch Niederschlagshöhe, Ozeanität oder Kontinentalität des Klimas, Hangexposition und Massenerhebung der Gebirge variiert. So liegen die höchsten Grenzen des Anbaus nicht in den äquatornahen Feuchttropen, sondern mit weit über 4.000 m in Tibet und im Punablock der Anden, wo das trockenere Klima und der Masseneffekt der Gebirge die Temperaturen erhöhen.
In den warmen Tropen gibt es wegen zu hoher Temperaturen für manche Pflanzen auch eine Untergrenze; so werden z.B. 1.000 m von Weizen und Kartoffeln, 700 m von europäischen Getreidearten oder 500 m von Tee kaum unterschritten.

Höhenrenzen von Kulturpflanzen, die sowohl in gemäßigten Breiten wie auch in tropischen Gebirgen gedeihen

Pflanze	Höhengrenze [m]
Mais	1160 (Alpen)-3850 (Titicacasee)
Weizen	1200 (Alpen)-3950 (Tibet)
Sommergerste	1500 (Alpen)-4600 (Tibet)
Kartoffel	1800 (Alpen)-4400 (Titicacasee)

Höhengrenzen für subtropisch-tropische Gewächse

Pflanze	Höhengrenze [m]
Kakao	1300 (Kolumbien)
Banane	2000 (Ostafrika)
Nassreis	2000 (Indonesien)
Kaffee (arab.)	2350 (Kolumbien)
Baumwolle	2400 (Ecuador)
Zuckerrohr	2500 (Ecuador)
Agrumen	2600 (Ecuador)

Die *Trockengrenze* scheidet innerhalb der Nutzfläche der Erde Räume aus, die infolge geringer Niederschläge und hoher Verdunstung die Agrarwirtschaft verbieten. Die Trockengrenzen der einzelnen Kulturpflanzen richten sich nach dem jeweiligen Wasserbedarf.
Feuchtgrenzen umschließen azonale Gebiete, die durch Überschwemmungen, Moorbildung oder wasserstauende ➔Böden eine Nutzung ausschließen. (➔ANBAUGRENZEN)

Mindestwerte der Niederschlagsmittel für Kulturpflanzen

Pflanze	Mindestniederschlag [mm/Jahr]
Gerste	250
Hirse	250
Erdnuss	300
Weizen	300
Kartoffeln	400
Zuckerrübe	450
Kakao	1300
Zuckerrohr	1500
Banane	2000

LAND ORDINANCE: Allgemein übliche Kurzform für *Ordinance for ascertaining the mode of disposing lands in the western territory*; Bodenvergabeerlass

der USA von 1785 zum Verkauf von bundeseigenen, vermessenen Flächen. Dabei wurden in öffentlichen Auktionen Flächen von einer Mindestgröße von zunächst 640 acres (256 ha) zu einem Mindestpreis von 1 $/acre versteigert. Das Verfahren blieb praktisch unverändert bis zum ➔*Homestead Act* (1862). Nachwirkendes Element der land ordinance ist das von *Th. Jefferson* entworfene, quadratische Landvermessungssystem mit den Einheiten ➔*township* (6 x 6 Meilen), ➔*section* (1 x 1 Meile) und ➔*quarter section* (1/2 x 1/2 Meile). In der Mitte einer township wurde eine section für Schulen und Verwaltungsgebäude freigelassen. Vier weitere sections behielt der Staat, die restlichen 31 sections konnten veräußert werden.
Wie auch in anderen jung kolonisierten, europäisch besiedelten Überseegebieten konnten historisch unbelastete Strukturen geschaffen werden. Die bisherige Wirtschaftsweise der autochthonen Bevölkerung hatte die ➔Naturlandschaft kaum beeinflusst und eine Fixierung von Formalstrukturen der ➔Landwirtschaft (z.B. Parzellengefüge, Wegenetz) fehlte.
Das völlig schematische System wurde, wo immer die Geländeverhältnisse es erlaubten, konsequent umgesetzt. Entsprechend herrschen in der ländlichen ➔Kulturlandschaft der USA Einzelsiedlung und geschlossene Besitzblöcke bei rechtwinklig verlaufenden Besitzgrenzen vor. Wege und Straßen sowie alle Verwaltungsgrenzen verlaufen geradlinig von N nach S und von O nach W. In dieses Gitternetz fügen sich auch die Grundrisse der städtischen Siedlungen ein.
Das township-System umfasst alles Land westlich der Appalachen, d.h. rund 3/4 der Gesamtfläche der USA. Ausgenommen sind Gebiete, in denen zuvor bereits die mexikanische Regierung andere Landvermessungssysteme eingerichtet hatte.
Ähnliche schematische Einödfluren gibt es auch in Südafrika, Australien, Neuseeland und bei den neuzeitlichen Staatskolonisationen in Südamerika.
<u>Vorteile des Systems:</u>
- leichte Durchführbarkeit der Vermessung
- nahezu völlige Ausschaltung von Grenzstreitigkeiten
- betriebswirtschaftlich vorteilhaft
- leichte Orientierungsmöglichkeit

<u>Nachteile des Systems:</u>
- keinerlei Rücksichtnahme auf Bodenverhältnisse, Relief und Mikroklima
- geradliniger Verlauf der Straßen bedingt Umwege zwischen Orten, die nicht auf gleicher Breite oder Länge liegen

LANDSCHAFT: Ein beliebig ausgedehnter räumlicher Ausschnitt aus der Geosphäre, der seine spezifische Charakteristik aus der Einheit der Naturraumbedingungen, deren Beeinflussung und gegebenenfalls ihrer Nutzung durch den Menschen bezieht. Landschaft gilt als offenes stoffliches und/oder energetisches System, das sich in einem dynamischen Gleichgewicht befindet und eine gewisse Amplitude aufweist. In das System kann der Mensch gestaltend oder auch zerstörend eingreifen. Landschaft kann an natürlichen oder anthropogen verursachten Grenzen oder Grenzsäumen von anderen Landschaftseinheiten abgetrennt werden.
Eine integrierende Landschaftsdefinition hat sich in den Naturwissenschaften bislang nicht durchgesetzt. Hingegen orientiert sich die Landschaftsbetrachtung in den Einzelgebieten stark am disziplinären Forschungsgegenstand.
(➔AGRARLANDSCHAFT, ➔KULTURLANDSCHAFT, ➔NATURLANDSCHAFT)

LANDSCHAFTSBEWERTUNG: Vergleich von naturwissenschaftlich ermittelten und definierten Merkmalen und Zahlenwerten mit gesellschaftlich bestimmten Werten. Die Landschaftsbewertung dient der Messung des Erholungs-/Freizeitwertes eines Gebietes anhand definierter Kriterien als Grundlage der ➔Raumplanung. Problematisch ist die Bewertung und Gewichtung der einzelnen Kriterien, da den unterschiedlichen Motivationsstrukturen und Aktivitätsmustern der verschiedenen Nachfragergruppen Rechnung getragen werden muss. (➔LANDSCHAFTSBILD)

LANDSCHAFTSBILD: Die sinnlich wahrnehmbare Gesamtheit der landschaftsprägenden Einzelelemente eines unterschiedlich großen Ausschnittes der Erdoberfläche. Visuell wahrnehmbar sind in ➔Landschaften Größe, Formen, Farben, stoffliche Beschaffenheit, äußere Gliederung, Vielfalt und Abwechslungsreichtum von ➔Landschaftselementen. Zusammen mit von anderen Sinnen aufnehmbare Eigenschaften (Düfte, Gerüche, Aerosole, Lufttemperaturen, Schwüle und Frische, Luftbewegungen) bilden sie die Erlebniswerte der Landschaft und wirken auf die Psyche und den Gesamtorganismus des Menschen ein.
Das Landschaftsbild beinhaltet neben den objektiv darstellbaren Strukturen der realen Landschaft subjektiv-ästhetische Wertmaßstäbe des Betrachters.
Wesentlichen Einfluss auf das Landschaftsbild besitzt seit jeher die ➔Landwirtschaft. Ihre Spezialisierung und Intensivierung führte in den letzten Dekaden - analog zu den Verlusten an ➔Biodiversität seit der Mitte des 20. Jahrhunderts - in vielen ➔Agrarlandschaften zu einem Verlust der landschaftlichen Vielfalt, die zuvor in Jahrhunderten landwirtschaftlicher Nutzung entstanden war. Besonders durch ➔Flurbereinigungen wurden Standortunterschiede

nivelliert, verschwanden belebende und gliedernde Landschaftselemente oder gingen in die Agrarlandschaft eingestreute naturnähere ➔Biotope verloren. Zur Bewertung des Landschaftsbildes, das vor allem für die Erholungseignung von Bedeutung ist, können "objektive" und subjektive Ansätze herangezogen werden. Erstere sind Verfahren, bei denen gewöhnlich aus verschiedenen Parametern eine Kennzahl errechnet wird, die den Landschaftswert ausdrücken soll.

Beispielparameter zur Ermittlung des Landschaftswertes

- Randzahl (Wald- und Gewässerränder [m/km^2]
- freizeitorientierte Infrastruktur und Erreichbarkeit des Gebietes
- Reliefenergie
- Wegenetz
- Nutzungsarten
- Bevölkerungsdichte
- Klimafaktoren
- Lärmfreiheit
- störende Faktoren
- Sehenswürdigkeiten usw.

Auf eine (fragwürdige) Objektivierung wird bei Verfahren der visuellen *Landschaftsbildbewertung* verzichtet. Hierbei werden Testpersonen bestimmte definierte Landschaftsfotos vorgelegt und Wertzuweisungen somit empirisch ermittelt.
Danach leisten bestimmte Landschaftselemente und Landnutzungstypen einen hohen Beitrag zum Freizeit- und Erholungswert einer ➔Landschaft, vor allem dann, wenn sie als Nutzungsmix vorkommen. Aus Untersuchungen wird deutlich, dass eine ➔Landschaft mit hoher Eignung für Erholungszwecke auch weitgehend den Anforderungen des ➔Naturschutzes genügt. (➔LANDSCHAFTSELEMENTE)

Landschaftselemente und Landnutzungstypen, die den Freizeit- und Erholungswert einer Landschaft erhöhen

- vielgestaltiger, naturnaher Wald
- Kleinstrukturen (➔Hecken, Lesesteinhaufen)
- Grünland
- Fließgewässer
- Extensive Bodennutzung (➔Trockenrasen, ➔Feuchtwiesen)
- naturnahe Vegetation (➔Moore, ➔Heiden, besondere Waldtypen)
- Gewässerflächen
- Reliefenergie

LANDSCHAFTSMONITORING: Systematische Beobachtung und Prognose von Zustand und Dynamik natürlich-technischer ➔Ökosysteme (d.h. der ➔Landschaft), die sich auf Landschaftskomponenten wie Vegetationsdecke, Bodendecke, Flächennutzung und räumliche Landschaftsstruktur beziehen. (➔MONITORING)

LANDSCHAFTSPFLEGE: Der Einsatz von Maßnahmen zur Sicherung der nachhaltigen Nutzungsfähigkeit der Naturgüter im Rahmen einer naturverträglichen Landnutzung sowie der Vielfalt, Eigenart und Schönheit von Natur und ➔Landschaft und der Erhaltung der ➔Artenvielfalt.

LANDSCHAFTSPFLEGEVERBÄNDE: Freiwillige Zusammenschlüsse von Naturschützern, Landnutzern, Kommunalpolitikern, gelegentlich auch Vertretern des Fremdenverkehrs mit den Zielen:
- Impulse geben für eine ökologisch orientierte Wirtschaftsentwicklung und umweltverträgliche Landnutzung, die das Besondere der einzelnen Regionen herausarbeitet und ihre Eigenkräfte weckt.
- Der Aufbau eines flächendeckenden Netzes natürlicher Lebensräume, um in allen deutschen ➔Kulturlandschaften die Lebensgrundlagen zu erhalten.
- Verlässliches Zusatzeinkommen für die ➔Landwirtschaft im ➔Naturschutz und Unterstützung bei der Vermarktung gebietstypischer Produkte, um das Brachfallen großer Flächen in benachteiligten Agrarzonen zu verhindern.

LANDSCHAFTSPLANUNG: Ganzheitlich orientierte ökologisch-gestalterische Planung mit Vorsorge-Charakter, die neben dem konservierenden Flächenschutz das wichtigste Instrument der ➔Landespflege darstellt. Als "schutzgutübergreifende" und "querschnittsorientierte" Leitplanung des raumbezogenen Umweltschutzes nimmt sie eine Bündelungsfunktion für zahlreiche Einzelaktivitäten und Fachbeiträge zum ➔Umwelt- und ➔Naturschutz wahr. Wichtigste gesetzliche Grundlagen in Deutschland sind das ➔Bundesnaturschutzgesetz (BNatSchG) und die Naturschutzgesetze der Bundesländer.
Die Schutzgüter des BNatSchG (➔Boden, Wasser, ästhetische Qualitäten usw.) sind zum Teil "freie" Güter, die bei einer Inanspruchnahme nicht bezahlt werden müssen. Da ökonomische Anreize zur nachhaltigen Sicherung der natürlichen Lebensgrundlagen weitgehend fehlen, sind diese Ressourcen besonders durch Übernutzung gefährdet. Dies begründet die Notwendigkeit für die Regelung des Verhältnisses von Naturnutzung und -schutz durch die bestehenden Umweltgesetze und damit auch für die

gesetzliche Verankerung vorsorgender Planung.
Aufgaben der Landschaftsplanung:
1. Analyse von Naturbedingungen bzw. von Schutzgütern, Ermittlung von Naturraumpotentialen, Prüfung der ökologischen und visuellen Verträglichkeit von landschaftsbeanspruchenden Nutzungen, Aufzeigen von Konflikten, Erarbeitung von Zielkonzeptionen und Handlungsprogrammen für den konkreten Raum.
2. Bewahrung bzw. Wiederherstellung der naturraumspezifischen Vielfalt von Arten und Lebensgemeinschaften durch den Schutz und die Entwicklung von für den Arten- und Biotopschutz wichtigen Gebieten und Einzelobjekten einschließlich der hierfür erforderlichen abiotischen Standortbedingungen.
3. Sicherung funktionsfähiger, unbelasteter Böden.
4. Sicherung der nachhaltigen Leistungsfähigkeit des Naturhaushaltes.
5. Aufrechterhaltung der Funktionsfähigkeit der Wasserkreisläufe (Sicherung/Wiederherstellung von unbeeinträchtigten Grund- und Oberflächengewässern sowie von naturnahen Fließgewässern).
6. Entlastung des Bioklimas durch Schutz und Entwicklung von Frischluftentstehungsgebieten und Förderung von Luftaustauschprozessen sowie Schutz des Menschen und wildlebender Tiere vor Lärm.
7. Gewährleistung natur- und kulturraumtypischer Landschaftsbilder sowie erlebnisreicher ➔Landschaften für die freiraumbezogene Erholung.
8. Lieferung von Umweltqualitätszielen und damit von Maßstäben für die Beurteilung der Umweltfolgen in der Bauleitplanung, der Eingriffsregelung und der ➔Umweltverträglichkeitsprüfung von anderen Planungen und Vorhaben.
9. Aufzeigen der Auswirkungen von existierenden und absehbaren Planungen und Nutzungen auf das Landschaftssystem sowie die Rückwirkungen auf die Nutzungen.

Die Ziele und die erforderlichen Maßnahmen, die in der Landschaftsplanung formuliert werden, richten sich an Personen und Institutionen, die beruflich oder privat mit Plänen, Entscheidungen oder Handlungen befasst sind, die mittelbar oder unmittelbar Natur und Landschaft betreffen.

Landschaftspläne sind immer dann notwendig, "sobald und soweit dies aus Gründen des Naturschutzes und der Landschaftspflege erforderlich ist". Dies trifft in der Regel zu

- bei jeder Aufstellung, Änderung oder Ergänzung von Bauleitplänen
- wenn durch Pläne oder Vorhaben raumrelevante Beeinträchtigungen zu erwarten sind
- bei ökologisch besonders wertvollen ➔Landschaften oder Landschaftsräumen
- bei Fremdenverkehrsgemeinden

Landschaftspläne sind bislang noch nicht in befriedigendem Maße umgesetzt worden. Der Hauptgrund wird darin gesehen, dass die vorgeschlagenen Maßnahmen häufig einseitig naturschutzfachlich begründet sind, also kaum Rücksicht auf die Agrarraumfunktion "effiziente Biomasseproduktion" und somit auch nicht auf die Interessen und wirtschaftlichen Möglichkeiten der Eigentümer bzw. Bewirtschafter genommen wird.

LANDSCHAFTSSCHUTZGEBIET: In Deutschland nach dem ➔*Naturschutzgesetz* (§ 15 BNatSchG) ein Schutzgebiet mit einem geringeren Schutzstatus als ➔Naturschutzgebiete und ➔Nationalparke. Sie lassen menschlichen Aktivitäten, z.B. der ➔Landwirtschaft größeren Raum. In Landschaftsschutzgebieten (LSG) soll die ökologische Leistungsfähigkeit des Naturhaushalts erhalten oder wiederhergestellt werden. Die Vielfalt, Eigenart und Schönheit des Landschaftsbildes sollen bewahrt und seine Bedeutung für die Erholung gesichert werden. 1998 bestanden in Deutschland 6.195 Landschaftsschutzgebiete mit einer Gesamtfläche von 8,9 Mio ha, was 25 % der Staatsfläche entspricht.

LANDSCHAFTS(STRUKTUR)ELEMENTE: Auch "ökologische Zellen"; kleinräumige ➔Biotope, die im Gegensatz zum überwiegenden Teil der ➔Agrarlandschaft nicht oder nur extensiv landwirtschaftlich genutzt werden. Solche Elemente sind z.B. ➔Hecken, Baumreihen, Feldgehölze, Baum- und Gebüschgruppen, Einzelbäume, ➔Feldraine, Fließgewässer, Kleingewässer, Hohlwege und ➔Ödland. Ihre ökologische Bedeutung liegt darin, dass sie Lebens- und Rückzugsraum für viele Pflanzen und Tiere bieten, als "Trittsteine" bei der Ausbreitung von Arten wirken, das Ausmaß der ➔Bodenerosion vermindern, als Luftfilter wirken und zur Verbesserung des Kleinklimas beitragen. Darüber hinaus prägen sie das ➔Landschaftsbild und haben Auswirkung auf den Freizeit- und Erholungswert der ➔Landschaft.

LANDSCHAFTSSTRUKTUR: Die stoffliche und formale Struktur einer ➔Landschaft, d.h. die Größe, Formenwelt, Farben, stoffliche Zusammensetzung und damit deren innerer und äußerer Aufbau. Zur inneren Struktur zählt z.B. die Lithosphäre, zur äußeren Struktur die Gliederung durch Strukturelemente, wie Bergrücken, Gewässernetz, Wälder, ➔Hecken, Baumreihen usw.

LANDSCHAFTSWANDEL: Natürlich oder anthropogen bedingte qualitative Umschläge von ➔Landschaften, die von grundsätzlichen Struktur-, Gleichgewichts- und Haushaltsveränderungen begleitet sind.

Beim natürlichen Landschaftswandel sind zu unterscheiden langfristig andauernde Vorgänge (z.B. Meerestransgressionen, Gebirgsbildungen) von kurzzeitig ablaufenden Vorgängen (z.B. Vulkanausbrüche, Erdrutsche).
Der anthropogene Landschaftswandel in Mitteleuropa kann in vier Etappen untergliedert werden:
- Die Etappe der agrarischen Landnahme, einsetzend in der Jungsteinzeit (u.a. erste größere Rodungen)
- Die Etappe des komplexen Landesausbaus der Feudalzeit (u.a. letzte große Rodungen, wesentliche Siedlungs- und Verkehrsstrukturen, starke Eingriffe in Gewässernetz und Wasserhaushalt)
- Das industrielle Zeitalter (u.a. markante Agglomerations- und Exploitationsgebiete bei vergleichsweise weniger intensiven Eingriffen in Agrar- und Waldland, partielle Umweltbelastungen)
- Das wissenschaftlich-technische Zeitalter (u.a. Erhöhung des anthropogen gesteuerten Stoff- und Energiedurchsatzes und des Abproduktausstoßes; sich potenzierende Umweltproblematik, mit regionaler, z.T. zonaler bis globaler Bedeutung)

Der Entwicklungsgang des anthropogenen Landschaftswandels zeigt eine zeitliche Beschleunigung in fast logarithmischer Größenordnung (ca. 6.000-1.000-100-40 Jahre), wobei die Einflussnahmen von zunehmender Vielartigkeit sind. Damit können sich gegenwärtig kaum mehr Gleichgewichtszustände einpegeln, und die Umweltbeeinträchtigungen werden zunehmend unüberschaubarer.
Als wichtige konzeptionelle Gegenmaßnahmen gelten Umweltverträglichkeitsprüfungen, fundierte ➔Landschaftsplanungen und ein angepasstes ➔Landschaftsmonitoring.

LANDSORTE: Durch landwirtschaftliche Selektion an die Umwelt- und Bewirtschaftungsbedingungen in ihrem Anbaugebiet entstandene, nach dem *Sortenschutzgesetz* nicht geschützte Pflanzensorte. Landsorten legten zusammen mit eingeführten Pflanzen in den letzten 150 Jahren die Grundlage einer intensiven Züchtung von ➔Kulturpflanzen. Für heutige Neuzüchtungen sind sie z.B. wichtige Quellen für Resistenzgene. (➔LOKALRASSE, ➔ÖKOTYP)

LANDWECHSELWIRTSCHAFT: Generell der mehr oder weniger regelmäßige Wechsel der Acker-, Grünland- und Waldnutzung auf gegebenen Flächen mit gleichzeitig stationären Siedlungen. In den mittleren Breiten wird die Landwechselwirtschaft durch die ➔*Feldgraswirtschaft* und die ➔*Feldwald(wechsel)wirtschaft* vertreten. In den Tropen wird die Landwechselwirtschaft auch als *semipermanenter* ➔*Regenfeldbau* bezeichnet. Dort geht sie bei einer Reduzierung der verfügbaren Fläche (Bevölkerungswachstum und/oder zunehmender Flächenbedarf für Marktfrüchte) aus dem ➔Wanderfeldbau hervor. Die Grenzen zwischen beiden Formen sind fließend:
Kennzeichen der tropischen Landwechselwirtschaft sind:
- kürzere ➔Brache als bei Wanderfeldbau
- seltenere Verlegung der Felder
- konzentrische Anordnung der Bodennutzung mit nach außen abnehmender Intensität
- feste Infrastruktur möglich
- in Ansätzen Ausbildung von festliegenden Parzellen- und Besitzgrenzen
- Überführung von Stammesbesitz in Privatland
- agrarsoziale Differenzierung durch unterschiedliche Ressourcenverfügbarkeit
- neben Kleinvieh auch etwas Großvieh

(➔SHIFTING CULTIVATION)

LANDWIRT: 1. Bezeichnung für mit leitenden Aufgaben befasste Personen, die als ➔Bauern, Pächter, Eigentümer usw. praktische ➔Landwirtschaft betreiben. Eigentümer von Erwerbsgärtnereien und Nebenerwerbssiedler werden in Deutschland nicht zu den Landwirten gerechnet.
2. Im weiteren Sinne jeder, der eine landwirtschaftliche Ausbildung erfahren hat und für die praktische Landwirtschaft tätig ist (Berater, Fachlehrer, Schätzer). In Deutschland ist der Landwirt Ausbildungsberuf; ein landwirtschaftliches Studium schließt mit dem akademischen Grad *Diplom-Landwirt* ab. Landwirte können sowohl hinsichtlich ihres Betriebes als auch hinsichtlich eines mit der Landwirtschaft verbundenen Nebengewerbes durch Eintragung im Handelsregister *Kannkaufmann* werden. Die Landwirtschaft ist auch dann gewerbesteuerfrei, wenn der Absatz der Erzeugnisse nach kaufmännischen Grundsätzen erfolgt. Gleiches gilt für Gärtnereien, wenn sie nicht überwiegend fremde Erzeugnisse hinzukaufen. Hingegen sind Landschaftsgärtnereien, die sich mit der Anlegung von Gärten befassen und zu diesem Zweck einen Bestand an Pflanzen halten, gewerbesteuerpflichtig, ebenso wie Gartenarchitekten und Friedhofsgärtner.
Landwirtschaftlicher Unternehmer ist der Inhaber (Eigentümer, Pächter) einer Landwirtschaftsunternehmung, der selbständig wirtschaftet und zumindest die wesentlichen Führungsfunktionen wahrnimmt. I.d.R. führt er auch exekutive Aufgaben selbst aus.
Als landwirtschaftlicher Betriebsleiter wird der Leiter (Eigentümer, Pächter, Verwalter) eines Landwirtschaftsbetriebes bezeichnet. Er kann (Eigentümer, Pächter), braucht aber nicht (Verwalter) gleichzeitig landwirtschaftlicher Unternehmer zu sein.

LANDWIRTEPRIVILEG: Das frühere Recht des ➔Landwirts, Samen und Pflanzmaterial aus der eigenen Ernte zum ➔Nachbau weiterverwenden zu dürfen, ohne dass ein weiteres Mal Lizenzgebühren bezahlt werden müssen. Dieses nach dem bisherigen nationalen Sortenschutzgesetz bestehende Recht gibt es nach einer EU-Verordnung von 1994 und der entsprechenden Umsetzung in deutsches Recht nicht mehr. Als Ersatz bestimmt die neue Nachbauregelung, dass Landwirte bei bestimmten Pflanzenarten auch ohne Zustimmung des Sortenschutzinhabers auf ihrem Betrieb erwachsenes ➔Saatgut für den eigenen Bedarf nachbauen dürfen, wenn sie eine Nachbaugebühr entrichten.

LANDWIRTSCHAFT: 1. Landwirtschaft im *engeren agrargeographischen Sinne* umfasst die planmäßige Bewirtschaftung des ➔Bodens sowie die ➔Viehhaltung mit dem Ziel der Gewinnung pflanzlicher und tierischer Produkte zur Bedarfsdeckung der Menschheit. Der Begriff *Agrarwirtschaft* wird häufig synonym verwendet. Als ➔Produktionsfaktoren sind ➔Boden, ➔Nutztiere, Arbeit, Kapital und Know-how beteiligt. Wie andere Bereiche der organischen Urproduktion hat die Landwirtschaft die natürliche Umwelt als primäre Ressourcenbasis. Dabei ist die Photosynthese der grundlegende Prozess. Somit ist die Anbaupflanze als elementare Produktionseinheit anzusehen.
Die Abgrenzung zu ➔Gartenbau, Forstwirtschaft und anderen Zweigen der Tierhaltung (Reit- und Rennpferde, Hunde, Pelztiere usw.) ist fließend.
Je nach Komplexität und Zielrichtung unterscheidet *Arnold* (1997) bei der landwirtschaftlichen Produktion 5 Prozesse (vgl. Grafik unten):
Die Kette A (Kulturpflanze - Mensch) beinhaltet den direkten Verzehr pflanzlicher Produkte. Sie ist der energetisch effizienteste, daher billigste und in den meisten ➔Agrargebieten ökologisch schonendste Produktionsprozess. Er dominiert in Entwicklungsländern mit geringer Kaufkraft. Bei den Ketten B, C, D und teilweise bei E werden Pflanzen in tierische Produkte transformiert (➔Veredelung). Da dabei 70 bis 90 % der im Futter enthaltenen Energie verlorengeht, sind diese Methoden relativ teuer, ausgenommen die Kette D. Diese beinhaltet die Nutzung der ausgedehnten Flächen von absolutem ➔Grünland auf der Erde, die für den ➔Ackerbau ungeeignet sind. Sie ist mit unterschiedlichen ➔Agrarsystemen sowohl in Industrie- wie Entwicklungsländern anzutreffen. Die Verfütterung von Ackerfrüchten (B und C) können sich in großem Maßstab nur wohlhabende Gesellschaften leisten.
Die Kette E stellt die Produktion von ➔nachwachsenden Rohstoffen pflanzlicher und tierischer Herkunft dar. Lange Tradition hat ihre Nutzung zur Selbstversorgung, wohingegen ihr jüngst verstärkter Absatz in der Industrie sich aus der Energie-, Agrar- und Umweltkrise erklärt. Naturgemäß gibt es zwischen den die Nahrungsproduktion und die Produktion von nachwachsenden Rohstoffen betreffenden Ketten vielfältige Überlappungen.
2. Landwirtschaft im *weiteren Sinne* umfasst nahezu die gesamte organische Urproduktion, also auch die Gärtnerei, das Forst- und Jagdwesen, die Binnenfischerei sowie die landwirtschaftlichen Nebengewer-

Die Hauptproduktionsketten von Nahrungsmitteln und nachwachsenden Rohstoffen

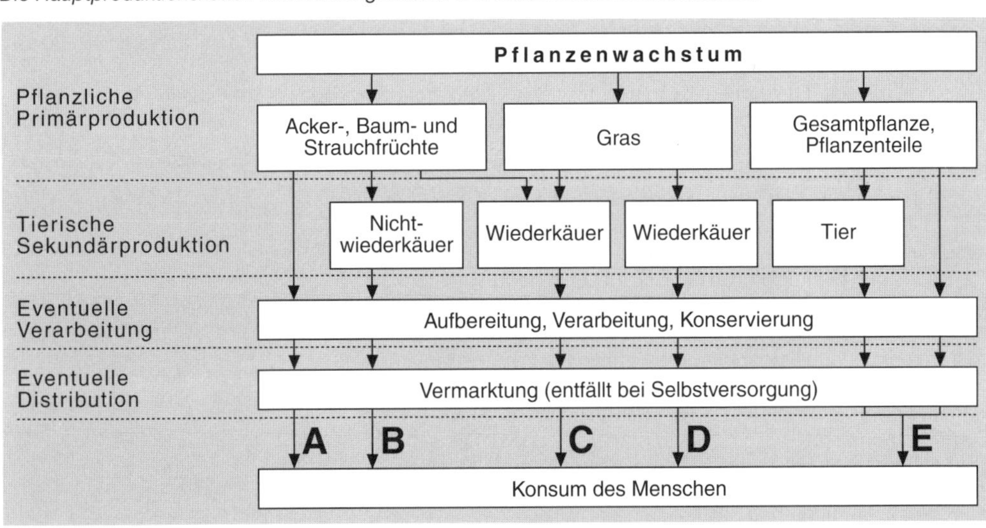

Quelle: Arnold 1997 (ergänzt)

be, einschließlich landespflegerischer Aufgaben. In diesem umfassenderen Sinne steht die Landwirtschaft zusammen mit der Meeresfischerei und dem Bergbau als *primärer* Sektor dem *sekundären* Sektor des produzierenden Gewerbes (Industrie und Handwerk) und dem *tertiären* der Dienstleistungen gegenüber. Die spezialisierte Agrarvermarktung ist bereits dem tertiären Sektor zuzurechnen. Auch bei den der Landwirtschaft neu zugewachsenen Funktionen zur Pflege der →Kulturlandschaft ist die Grenze zum tertiären Sektor überschritten.

3. Nach Auffassung des *Zentralausschusses der Deutschen Landwirtschaft* ist Landwirtschaft "die unter Einsatz von Arbeit und Hilfsmitteln betriebene Bodenbewirtschaftung und die mit der Bodennutzung verbundene Nutztierhaltung, vor allem um pflanzliche und tierische Erzeugnisse zu gewinnen und anfallende Nebenprodukte wieder im natürlichen Kreislauf zu verwerten, sowie die gartenbauliche Erzeugung."

Eine *Legaldefinition* der Landwirtschaft für alle nationalen relevanten Rechtsbereiche (das Recht der Raumordnung und Landesplanung, das Boden-, Bau- und Umweltrecht sowie das Sozial-, Steuer- und Förderungsrecht) existiert nicht. In den Gesetzen des Bundes und der Länder finden sich aber rund 40 teils kongruente, teils unterschiedliche Definitionen; sie werden maßgeblich vom Zweck des jeweiligen Gesetzes bestimmt.

Landwirtschaftliche Produktion vollzieht sich innerhalb des Agrarraums mit einer komplexen Vielfalt von Produkten, Produktionsmethoden und Organisationsformen. Diese extremen räumlich-strukturellen Unterschiede sind ein Hauptmerkmal der Landwirtschaft, die so in keinem anderen Wirtschaftszweig auftreten. Darüber hinaus besitzt insbesondere die moderne Landwirtschaft auch hinsichtlich ihrer Funktionen eine große Vielfalt.

Zwischen diesen Funktionen bestehen teilweise Konflikte, so zwischen der Ernährungsfunktion einerseits - deren Erfüllung u.U. eine gewisse Intensität der Landbewirtschaftung und "Ausräumung" der →Landschaft voraussetzt - und der Habitatfunktion oder der Freizeit- und Erholungsfunktion andererseits.

Die Bedeutung der Funktionen hat sich im Laufe der Zeit infolge veränderter Knappheiten und einer veränderten Fähigkeit der Landwirtschaft zur Erfüllung dieser Funktionen verschoben. Die Funktionen (1) und (2) haben erheblich an Bedeutung verloren, während die Funktionen (3) bis (6) einen deutlichen Zugewinn erfuhren.

Die Landwirtschaft gilt als *weltweit wichtigster Wirtschaftszweig*: 1994 waren 45% der erwerbstätigen Erdbevölkerung in der Landwirtschaft tätig, wohingegen auf den sekundären und tertiären Sektor nur jeweils 20-30% entfallen. Allerdings schwankt die →Agrarquote länderspezifisch sehr stark.

Der weltweit herausragenden Rolle der Landwirtschaft steht ein seit langem anhaltender Bedeu-

Funktionen der modernen Landwirtschaft

1. Erzeugungs- und Versorgungsfunktion
   - Nahrungsmittelproduktion
   - Futtermittelproduktion
   - Erzeugung biogener Rohstoffe
2. Beschäftigungs- und Erwerbsfunktion
   - Direkte Beschäftigungsfunktion
   - Indirekte Beschäftigungsfunktion (Effekte aus dem Betriebsmittelbezug und dem Produktabsatz)
   - Pufferfunktion auf dem Arbeitsmarkt
3. Entsorgungsfunktion (Abnahme von →Klärschlämmen und Müllkomposten)
4. Ausgleichsfunktion: Luftregeneration, Grundwasserneubildung
5. Freizeit- und Erholungsfunktion
6. Raumfunktion
   - Erhaltung der Besiedelung
   - Raumerschließung (z. B. Wegebau)
   - Flächenvorhaltung
   - Flächensicherung (dauernde Produktionsbereitschaft als Krisenvorsorge)
   - Freiflächenfunktion (Trennungs- und Gliederungsfunktion)
   - Erhaltung der Kulturlandschaft
   - Schutz des Lebensraums (= Habitatfunktion; Bereitstellung von Agrarflächen als Lebensraum für wildlebende Arten von Fauna und Flora, →Biodiversität)
7. Kulturfunktion (Wahrung soziokultureller Werte)

Agrarquoten ausgewählter Staaten 1996

Staat bzw. Gebiet	Agrarquote [%]
Großbritannien	2,1
USA	2,6
Deutschland	2,8
Israel	3,2
Südafrika	11,1
Brasilien	17,9
Rumänien	18,5
Bolivien	44,1
Erde	47,1
Indien	61,2
China	71,1
Mali, Niger	80-90

Quelle: FAO 1997

tungsschwund in den Industrieländern gegenüber. Die eigentliche Landwirtschaft beschäftigt in Deutschland nur noch 3,7% der Erwerbspersonen, trägt 1,1% zur Bruttowertschöpfung der Volkswirtschaft bei und leistet 0,4% des Steueraufkommens.
Dieser geringen volkswirtschaftlichen Bedeutung steht eine große Flächeninanspruchnahme durch die Land- und Forstwirtschaft in Deutschland gegenüber. Dieses Missverhältnis täuscht darüber hinweg, dass nach wie vor in den ländlichen Räumen die Agrarwirtschaft die lokalen Wirtschaftssysteme dominiert, andere Tätigkeiten sind ihr direkt zu- und untergeordnet. Ihre heute scheinbar randliche Stellung ist das Ergebnis der Ausgliederung und Verselbständigung zahlloser, einst in den bäuerlichen Betrieb eingebundener Tätigkeiten, die zu selbständigen Gewerben oder Dienstleistungen geworden sind. Die Bauernbetriebe waren im Verlaufe der Intensivierungsprozesse aus einer integrativen, halb-autarken Organisation binnen einer Generation in ein sehr arbeitsteiliges und völlig marktorientiertes Regime hinübergezogen, das ihnen nur mehr kleine Tätigkeitsbereiche als statistisch nachweisbare Leistung lässt. Andererseits sind Landwirte im Deutschen Bundestag, wie einige andere soziale Gruppen (z.B. Beamte und Gewerkschaftsmitglieder), regelmäßig überrepräsentiert. Der Anteil der Abgeordneten, die aufgrund ihrer Ausbildung oder vorherigen beruflichen Tätigkeit als "Agrarier" bezeichnet werden können, lag in den 50er und 60er Jahren noch bei 12%. Im 1990 gewählten Bundestag waren es noch rd. 7,6 % aller Parlamentarier.
Die hohen Agrarquoten mancher Entwicklungsländer zeigen noch die vorindustrielle Situation an. In Industriestaaten weist die Landwirtschaft allerdings eine vielfältige **Verflechtung** mit der übrigen Wirtschaft auf:

- über den Arbeitsmarkt
- über den Kapitalmarkt
- über die Märkte für ➔Betriebsmittel und Investitionsgüter sowie
- über die Produkt- und Rohstoffmärkte

In Deutschland fragt die Landwirtschaft jährlich Vorleistungen und Investitionsgüter im Wert von 50 bis 55 Mrd. DM nach.
Andererseits relativiert sich die Bedeutung der Landwirtschaft wieder, wenn man ➔Nettowertschöpfung einerseits und Erlöse und Subventionen andererseits gegenüberstellt. Nach OECD-Angaben betrug die Nettowertschöpfung der Landwirtschaft in der EU bei 110 Mrd. ECU im Jahre 1991; das entspricht 49% der Erlöse. Der Wert der Transfers nur über die EU-Agrarpolitik betrug im gleichen Jahr 68 Mrd. ECU. Die totalen Transfers unter Einbeziehung der nationalen ➔Subventionen beliefen sich auf 118 Mrd. ECU. Demnach entsprach die Nettowertschöpfung der Landwirtschaft ungefähr dem Totaltransfer an die Landwirtschaft.
Steuerlich wird in Deutschland die Landwirtschaft und auch die Forstwirtschaft durch eindeutige Kriterien von gewerblichen (landwirtschaftlichen) Unternehmen abgegrenzt. Nichtgewerbliche Unternehmen sind i.d.R. landwirtschaftliche Einzelbetriebe (➔Familienbetriebe) und (kleine) Kooperationen, häufig in Form von Personengesellschaften (GbR, KG), die Bodenbewirtschaftung betreiben und deren Tierhaltung (in ➔Vieheinheiten = VE) bezogen auf die vorhandene Fläche, bestimmte Grenzen nicht überschreitet (➔Rechtsform). Diese liegen

- für die ersten 20 ha bei 10 VE/ha,
- für die nächsten 10 ha bei 7 VE/ha,
- für die nächsten 10 ha bei 3 VE/ha
- und für die weitere Fläche bei 1,5 VE/ha.

Darüber hinaus stellt sich die Frage der Abgrenzung der Land- und Forstwirtschaft gegenüber dem Gewerbe insbesondere in folgenden Bereichen:

- beim Zukauf fremder Erzeugnisse für die Weiterveräußerung
- bei land- und forstwirtschaftlichen Nebenbetrieben (Sägewerke, Brennereien, Sand- und Kiesgruben etc.)
- bei der Durchführung von Dienstleistungen (z.B. Maschinenarbeiten) für ➔Landwirte oder Nichtlandwirte
- bei der Be- und Verarbeitung selbstgewonnener land- und forstwirtschaftlicher Erzeugnisse
- bei der gemeinschaftlichen ➔Viehhaltung
- beim Grundstückshandel
- bei Reitbetrieben und bei der Vermietung von Ferienzimmern und -wohnungen

Bei Einzelbetrieben und Kooperationen fallen gewerbliche Tätigkeiten aus Vereinfachungsgründen innerhalb bestimmter Umsatzgrenzen unter die Land- und Forstwirtschaft.
Bei Körperschaften, wie Kapitalgesellschaften (GmbH, AG) und ➔Genossenschaften (eG), handelt es sich um Gewerbebetriebe kraft Rechtsform; d.h. sie bilden auch dann einen gewerblichen Betrieb, wenn die Land- und Forstwirtschaft als flächengebundene Agrarproduktion unter Beachtung der Viehbestandsobergrenzen betrieben wird. Dennoch gelten auch bei Betrieben, die ausschließlich wegen ihrer Rechtsform als Gewerbebetriebe eingestuft sind, einige agrarspezifische Steuerbegünstigungen.
(➔AGRARGESCHICHTE, ➔STRUKTURWANDEL)

LANDWIRTSCHAFTLICH GENUTZTE FLÄCHE: Abk. LF; die LF ist ein betriebswirtschaftlicher Begriff der ➔Bodennutzung und besteht aus der ➔landwirtschaftlichen Nutzfläche (LN) abzüglich der seit einem Jahr und länger nicht beackerten und bewirtschafteten Felder (➔Brache), dem nicht genutzten

Landwirtschaftlich genutzte Fläche der Erde

Erdteil bzw. Gebiet	Festland [Mio. ha]	Landwirtschaftlich genutzte Fläche: Ackerland [Mio. ha]	Ackerland Festland-anteil [%]	Dauerkulturen [Mio. ha]	Dauerkulturen Festland-anteil [%]	Dauergrünland [Mio. ha]	Dauergrünland Festland-anteil [%]
Erde insgesamt	13.079,2	1350,0	10,3	94,2	0,72	3.402,1	26,0
Afrika	2.964,2	163,2	5,5	18,4	0,62	900,2	30,1
Nord- und Zentralamerika	2.137,7	267,1	12,4	6,9	0,32	364,4	17,0
Südamerika	1.752,9	97,9	5,9	16,0	0,91	493,9	28,2
Asien	2.679,0	422,3	15,8	33,4	1,25	759,6	28,3
Europa	472,7	125,0	26,4	14,0	2,95	83,1	17,5
Ozeanien	845,3	49,5	5,9	1,0	0,12	431,7	51,1
Australien	764,4	48,7	6,4	0,2	0,02	417,6	54,6
Ehemalige UdSSR	2.227,3	225,1	10,1	4,5	0,20	369,2	16,6

Quelle: FAO 1992

➔Dauergrünland und der sonstigen nicht mehr genutzten landwirtschaftlichen Flächen. Auch die privaten Parkanlagen, Rasenflächen und Ziergärten sind in der LF nicht erfasst. Angaben zur LF beziehen sich auf den Beginn des Wirtschaftsjahres.
Im Interesse einer Harmonisierung in der EG wurde die Nutzflächenstatistik in Deutschland 1970 von LN auf LF umgestellt.

LANDWIRTSCHAFTLICHE GESAMTRECHNUNG: Im Rahmen der Landwirtschaftlichen Gesamtrechnung (LGR) wird der Beitrag des Agrarsektors zur gesamten Wirtschaftsleistung der Volkswirtschaft ermittelt. Sie ist in das *Europäische System Volkswirtschaftlicher Gesamtrechnungen* (ESVG) integriert, das einheitliche Konzepte, Definitionen und Abgrenzungen für alle EU-Staaten vorschreibt. Der ➔Produktionswert der ➔Landwirtschaft wird durch die Bewertung der erzeugten Mengen ermittelt. Aufbauend auf dem *Konzept des Bundeshofes* werden die gesamte landwirtschaftliche Produktion, die an andere Sektoren geht sowie die ➔Vorleistungen, die von anderen Sektoren an die Landwirtschaft gehen, erfasst. Dabei ist unerheblich, ob die Produktion in einem ➔landwirtschaftlichen Unternehmen, einem ➔Haushalt oder einem gewerblichen Unternehmen erfolgt.
Unberücksichtigt bleiben außerlandwirtschaftliche Tätigkeiten der Erwerbspersonen sowie Einnahmen aus nichtlandwirtschaftlichen Betriebszweigen, wie z.B. aus ➔ländlichem Tourismus, Dienstleistungen für die Kommunen oder aus anderer Erwerbstätigkeit.
Zum Produktionsbereich Landwirtschaft werden auch Lohnunternehmen gerechnet, die Maschinen, Material und Personal für die Durchführung von Lohnarbeiten auf der landwirtschaftlichen Erzeugerstufe bereitstellen. (➔BRUTTOWERTSCHÖPFUNG, ➔NETTOWERTSCHÖPFUNG, ➔SUBVENTION)

Schema der Landwirtschaftlichen Gesamtrechnung

	Produktionswert
-	Vorleistungen
=	***Bruttowertschöpfung zu Marktpreisen***
-	Abschreibungen
=	***Nettowertschöpfung zu Marktpreisen***
-	Produktionssteuern
+	Subventionen
=	Nettowertschöpfung zu Faktorkosten

LANDWIRTSCHAFTLICHE NUTZFLÄCHE: Abk. LN; die landwirtschaftliche Nutzfläche umfasst das ➔Ackerland (AF), das ➔Dauergrünland (Wiesen, Weiden), die ➔Streuwiesen, das Gartenland (auch die Gemüsefläche in Haus- und Nutzgärten), die Obstbauflächen, die Flächen der ➔Sonderkulturen (z.B. Wein, Hopfen, Tabak, Baumschulen, Weihnachtsbaumkulturen). Der prozentuale Anteil der einzelnen Nutzungsarten und der ➔Kulturpflanzen an der LN wird als das Nutzflächenverhältnis bezeichnet. Nach dem Nutzflächenverhältnis können die Betriebe verschiedenen ➔Bodennutzungssystemen zugeordnet werden.
Als Folge der exponentiellen Bevölkerungszunahme auf der Erde ergibt sich ein Rückgang der verfügbaren landwirtschaftlichen Nutzfläche pro Kopf von 5.100 m² im Jahr 1950 über 3.400 m² (1975) auf 1.700 m² im Jahr 2025. Die letzte Zahl entspricht knapp der Größe von einem halben Fußballfeld.

Aktuelle und potentielle Landwirtschaftliche Nutzfläche auf der Erde nach US-amerikanischen Schätzungen

Kontinent bzw. Makroregion	Gesamtfläche [Mio. ha]	Landwirtschaftliche Nutzfläche [Mio. ha]	Gesamtflächenanteil [%]	Potentiell nutzbare Fläche [Mio. ha]	Anteil der Landw. Nutzfl. an der pot. nutzbaren Fläche [%]
Afrika	3.010	158	5,2	734	22
Asien	2.740	519	18,9	627	83
Australien u. Neuseeland	820	32	3,9	153	21
Europa	480	154	32,1	174	88
Nordamerika	2.110	239	11,3	465	51
Südamerika	1.750	77	4,4	681	11
UdSSR	2.240	227	10,6	356	64
Insgesamt	13.150	1.406	10,6	3.109	44

Aktuelle und potentielle Landwirtschaftliche Nutzfläche auf der Erde nach Schätzungen der Weltbank

Kontinent bzw. Region	Landwirtsch. Nutzfläche[1] [Mio. ha]	Maximales Potential [Mio. ha]	Potentieller Zuwachs [Mio. ha]	Potential [%] (Max. Potential/ Landw. Nutzfl.)	Anteil [%] des potentiellen Zuwachses
Entwickelte Länder[2]	660,5	854	193,5	129	18
Lateinamerika	162,8	586	459,2	455	43
Mittelost/Afrika[3] (ölproduzierende Länder)	58,6	87	28,4	148	3
Mittelost/Afrika[4] (arider Trockenraum)	83,2	161	77,8	195	7
Übriges Afrika	92,1	282	189,9	306	17
Asien[5] (Staatshandelsländer)	130,7	201	70,3	154	7
Übriges Asien	278,2	330	51,8	119	5
Insgesamt	1.430,1	2.501	1070,9	175	100

[1] einschließlich Dauerkulturen

[2] Australien, Kanada, Ost- und Westeuropa, Neuseeland, Südafrika, USA und UdSSR

[3] Algerien, Iran, Irak, Libyen, Nigeria und Saudi-Arabien

[4] Tschad, Ägypten, Äthiopien, Israel, Jordanien, Libanon, Mali, Mauretanien, Marokko, Niger, Somalia, Sudan, Syrien, Tunesien, Obervolta

[5] China, Mongolei, VR Korea und Vietnam

Quelle: Mikus 1994 nach Pickart/Ehlers 1989

Weltweit werden die landwirtschaftlichen Nutzflächen unterschiedlich berechnet und verschiedene Länderkategorien gebildet.

LANDWIRTSCHAFTLICHE NUTZUNGSFORM: Begriff zur Beschreibung einer Vielzahl möglicher Formen der Grünland- bzw. Ackernutzung.

LANDWIRTSCHAFTLICHE PRODUKTIONSGENOSSENSCHAFT: Abk. LPG; landwirtschaftlicher Großbetrieb in der ehemaligen DDR nach dem Vorbild der sowjetischen ➔Kolchosen mit vollständiger Integration der ➔Landwirtschaft in das staatliche Planungs-, Leitungs- und Bilanzsystem. Nach dem Zweiten Weltkrieg waren die rund 600.000 bäuerlichen Betriebe von der ehemaligen DDR-Regierung zunächst animiert, dann nach und nach zur Aufgabe der selbständigen Bewirtschaftung gezwungen worden. An die Stelle der ursprünglichen Betriebe traten LPG und ➔Volkseigene Güter (VEG). LPG waren die am stärksten verbreitete ➔Betriebsform.

Zu den Zwangsmaßnahmen dieser modernen Form des ➔Bauernlegens gehörten eine Erhöhung der Pflichtablieferung, die strafrechtliche Verfolgung bei Rückständen, die Erhöhung von Steuern und Abgaben, die Einschränkung von Krediten, die Benachtei-

ligung bei der Versorgung mit →Saatgut, →Düngemitteln und Geräten, ab Ende der 50er Jahre trat offener Terror dazu.
Die LPG unterschieden sich in Ziel und Arbeitsweise deutlich von den westlichen →Genossenschaften, die unter dem Namen ihrer Gründer *Raiffeisen* und *Schulze-Delitsch* bekannt sind. Während die eingetragene Genossenschaft (e.G.) die primäre Aufgabe hat, die individuellen wirtschaftlichen Interessen der Mitglieder zu fördern (Erwerbsstreben), sollten sich die LPG den Interessen der sozialistischen Gesellschaft unterordnen und die Beschlüsse der Sozialistischen Einheitspartei Deutschlands umsetzen.
Gründe für die Bildung der LPG
- Beseitigung der einfachen Warenproduktion auf dem Lande als eine "Quelle des Kapitalismus" und die Schaffung sozialistischer Produktionsverhältnisse
- Überwindung der Agrarproduktion in hunderttausenden bäuerlichen Betrieben, die sich von Natur aus einer zentralen Planung und Leitung widersetzten
- Steigerung der landwirtschaftlichen Produktion und Effektivität durch die Arbeits- und Betriebsorganisation einer Großproduktion, bei konzentriertem Einsatz leistungsfähiger Landtechnik, von Agrarchemikalien und weiterem wissenschaftlich-technischem Fortschritt
- Lösung vieler sozialer Probleme auf dem Land

Die LPG waren geprägt durch die gemeinsame Arbeit ihrer Mitglieder in der Genossenschaft, die durch die Zusammenlegung von Grund und →Boden, des Eigentums ihrer Mitglieder entstanden. Grund und Boden blieben rechtlich Privateigentum, das Nutzungsrecht ging aber auf die LPG über. LPG unterschieden sich nach den Typen I, II und III, jeweils charakterisiert durch das Ausmaß des durch die Bauern eingebrachten Betriebskapitals (Vieh, Zugtiere, Maschinen, Geräte) und der Nutzflächenart.
Die LPG bewirtschafteten Ende der achtziger Jahre über 86% der LN der DDR. Die Genossenschaftsbauern hatten einen Anteil von 81% an den Beschäftigten in der Landwirtschaft, sie produzierten 95% der pflanzlichen sowie 75% der tierischen Erzeugnisse.
Hatten die LPG und VEG in den 60er und 70er Jahren ihre Flächenbasis noch innerhalb einzelner Gemeinden, so stellten sich danach durch die Bildung von Großbetrieben mit Flächen von teilweise mehr als 10.000 ha oder mehr als 10.000 Vieheinheiten, mit innerbetrieblichen Entfernungen von zuweilen 30 bis 40 km, eigenem Berufs- und Pendlerverkehr, eigener Infrastruktur (z.B. Baubrigaden, Kinderversorgung, Gaststätten, Ferienheime) u.w.m. riesige regionale Agrarimperien ein. Damit verbunden waren oft Entfremdungseffekte sowie Bindungs- und Identifikationsverluste der ortsansässigen Arbeitskräfte.
Einige LPG und VEG hatten im Laufe der Zeit gemeinsame Betriebe geschaffen, die sie aus eigenen Mitteln finanziert und mit eigenem Personal beschickten. Derartige Gemeinschaftsbetriebe führten häufig die Bezeichnung "Zwischenbetriebliche" oder "Zwischengenossenschaftliche Einrichtung". Einige Gemeinschaftseinrichtungen waren staatliche Betriebe und trugen die Bezeichnung *Volkseigenes Kombinat Industrielle Tierproduktion* (VE KIM). Derartige Betriebe wurden industrieähnlich geführt.
Die landwirtschaftlichen Betriebe der DDR waren zuletzt meistens spezialisiert als Betriebe der Pflanzen- bzw. der Tierproduktion. Größtenteils hatte sich diese Spezialisierung jedoch ökonomisch und öko-

Betriebe, Landwirtschaftliche Nutzfläche und Anteil der Betriebe an der Landwirtschaftlichen Nutzfläche in der ehemaligen DDR 1988

Betrieb Art	Anzahl	Landwirtschaftliche Nutzfläche [1.000 ha]	[%]
LPG (Pflanzenbau)	1159	5260	85,1
VEG (Pflanzenbau)	79	396	6,4
LPG (Tier)	2696	84	1,3
VEG (Tier)	311	53	0,8
KAP (Kooperative Abteilung) und ZBE (Zwischenbetriebliche Einrichtung Pflanzen)	4	20	0,2
ZBE (der Tierproduktion)	177	-	0,5
GPG (Gärtnerische und andere PG)	199	15	0,2
Insgesamt	4625	5849	94,5
Kircheneigen und privat	-	338	5,5

Quelle: Statistisches Jahrbuch der DDR, 1989

logisch als wenig sinnvoll erwiesen. Konfliktsituationen infolge der strikten Trennung traten beispielsweise bei der Nutzung von Kombinationseffekten auf. Das betraf vor allem die Bereiche der Futterver- und Abproduktentsorgung, aber auch notwendige gemeinsame Investitionen, also generell die Mittelverwendung. Die Zusammenarbeit der spezialisierten Betriebe erfolgte in Kooperationsräten, in denen zwei bis vier Tierproduktionsbetriebe mit einem Pflanzenbaubetrieb ihre gegenseitigen Wirtschaftsbeziehungen abstimmten. Die Kooperationsräte sind nicht zu verwechseln mit den Kooperationsverbänden, die für die Aufbereitung und Vermarktung zuständig waren.

Durchschnittlich bewirtschaftete ein Pflanzenbaubetrieb in den achtziger Jahren über 4.600 ha LN, das entspricht der ➔Gemarkung von etwa sieben Dörfern. Der Arbeitskräftebesatz betrug im Schnitt 240 Personen. Etwa 500 ehemals privat betriebene familienbäuerliche Wirtschaften sind in einem derartigen Großbetrieb aufgegangen.

In einem spezialisierten Betrieb der Tierproduktion arbeiteten im Durchschnitt rund 110 Arbeitskräfte und es wurden etwa 4.500 ➔Großvieheinheiten gehalten, aber nur etwa rund 30 ha je Betrieb bewirtschaftet.

Die geringe Effizienz der LPG hatte vielfältige Ursachen, unter anderen

- die mangelhafte Interessiertheit der LPG-Mitglieder infolge der verhinderten Wahrnehmung der Eigentumsrechte und der mangelnden Verbundenheit der Arbeitskräfte mit dem Boden
- der große Abstand zum Standard des technisch-technologischen know-how
- die übergroßen Betriebseinheiten mit ihren langen Transportwegen und ihrem Überbesatz mit Arbeitskräften
- nur bedingte Berücksichtigung der natürlichen Gegebenheiten durch die planwirtschaftlichen Auflagen für die LPG
- die wenig nachhaltige Nutzung der natürlichen Ressourcen, u.a. mit der Folge von ➔Bodenerosion, ➔Bodenverdichtung und ➔Überdüngung; Gülleproblematik durch Großstallanlagen (➔Umweltwirkungen)
- die Pflicht zur Wahrnehmung vielfältiger landwirtschaftlicher, gewerblicher, kultureller und sozialer Aufgaben durch die LPG

Im Zuge des Aufbaus der LPG wurden während der 60er Jahre einige Bereiche vollständig aus den ursprünglichen bäuerlichen Betrieben herausgenommen und z.T. als genossenschaftliche, z.T. als staatliche Einrichtungen aufgebaut, die Versorgungs- und Dienstleistungsfunktionen für die Agrarbetriebe der DDR übernahmen. Die bekanntesten waren die *Agrochemischen Zentren* (ACZ), die im Auftrag und in Abstimmung mit Betrieben der Pflanzenproduktion einen Teil der Düngungs- und Pflanzenschutzarbeiten durchführten. Dabei war der Einsatz von Agrarflugzeugen üblich, welche sich die ACZ von der Abteilung "Agrarflug" der INTERFLUG charterte. Ein ACZ bediente im Durchschnitt 5 bis 6 Betriebe der Pflanzenproduktion und damit eine Fläche von ca. 24.000 ha. In den insgesamt 264 ACZ der DDR waren 26.500 Personen beschäftigt, ihr Düngemittelumschlag betrug rd. 9 Mio. t/a.

225 *Kreisbetriebe für Landtechnik* (KfL) waren die zentralen Einrichtungen bei der Reparatur und Wartung sowohl der mobilen als auch der stationären Landtechnik. Die übermäßige Konzentration der KfL bewirkte eine zunehmende Verschlechterung der landtechnischen Instandhaltung und führte dazu, dass in den letzten Jahren der DDR wieder dezentrale Stützpunkte in den Landwirtschaftsbetrieben eingerichtet wurden.

Zwischengenossenschaftliche Bauorganisationen (ZBO) waren Betriebe mit durchschnittlich 100 Beschäftigten, die vornehmlich im ländlichen Bauwesen eingesetzt waren.

Die etwa 15.200 Berufstätigen in den 161 *Meliorationsgenossenschaften* hatten überwiegend die Aufgabe, Verbesserungen der Bodenstrukturen zu schaffen sowie Be- und Entwässerungsanlagen zu bauen.

Weitere Organisationen und Institute befassten sich mit

- dem Betrieb von Trockenwerken und Pelletieranlagen
- der Bewirtschaftung von Waldflächen
- der Herstellung und dem Vertrieb vornehmlich organischer ➔Düngemittel
- dem Veterinärwesen

Die Versorgung der Landwirtschaftsbetriebe der DDR mit Maschinen und Geräten erfolgte durch eigene staatliche Einrichtungen mittels "Zuweisungen" über die 15 Bezirksorganisationen für materiell-technische Versorgung. Einen Landmaschinenhandel oder sonstigen Großhandel gab es in der DDR nicht.

Die innerbetriebliche Struktur in den landwirtschaftlichen Großbetrieben der DDR glichen der von Industriebetrieben mit hierarchischen Strukturen vom Vorsitzenden (LPG) oder Direktor (VEB) über Bereiche und Abteilungen bis zu Brigaden. Brigaden waren die kleinste Arbeitseinheit mit fünf bis 25 Beschäftigten. Die Genossenschaften wählten ihren Vorsitzenden in der Regel aus dem Kreis ihrer Mitglieder für die Dauer von drei Jahren.

Die *private Agrarproduktion* fand in der DDR in drei Bereichen statt:

1. Jeder Genossenschaftsbauer sowie jeder Arbeiter und Angestellte der Landwirtschaft hatte An-

Wichtige physiognomische und strukturelle Merkmale der DDR-Landwirtschaft

Merkmal	Ausprägung
Flurbild	Monotonie der uniformen Großblockfluren, ➔ausgeräumte Landschaften
Siedlungsstruktur	Neue Wirtschaftskomplexe am Rand der Ortschaften (große, triste Stallbauten, Großsilos, Dünger- und Maschinenhallen), daneben wenig äußerliche Veränderungen; Funktionswandel der Höfe zu reinen Wohnstätten, teilweise neue Wohngebäude und öffentliche Einrichtungen
Agrarsoziales Gefüge	starke Angleichung der Arbeitsorganisation an industrielle Verhältnisse, Verwischung der sozialen Unterschiede zwischen Stadt und Land, Loslösungsprozess vom eigenen Grund und Boden, Ende der alten Dorfgemeinschaft, ehemals selbständige Bauern waren Lohnarbeiter mit Schichtdienst, festen Arbeits-und Urlaubszeiten, ländliches Pendlerwesen, neue soziale Hierarchie vom LPG-Leiter über die Führer von Brigaden u. ä. zum qualifizierten und einfachen Arbeiter
Bodennutzung	insgesamt bessere Anpassung an die natürlichen Standorte
Betriebsziel	Dominanz der Marktfruchtproduktion entsprechend der Planvorgabe

spruch auf 2.500 m² Land, als Familie auf 5.000 m². Auf dieser *persönlichen Hauswirtschaft* konnte jeder so wirtschaften, wie er mochte. In den privaten Stallungen war ferner Viehhaltung möglich. Kleinviehhaltung und der Anbau von bestimmten - häufig arbeitsintensiven - Obst- und Gemüsesorten waren eine Domäne der persönlichen Hauswirtschaften. Die tierischen Erzeugnisse wurden i.d.R. über die LPG/VEG mit vermarktet, während die pflanzlichen Produkte häufig über *Bäuerliche Handelsgenossenschaften* (BHG) an die Endverbraucher vertrieben wurden.

2. Auch die *Kleinsiedler* und *Schrebergärtner* erzeugten beachtliche Mengen für den Markt insbesondere an Obst und Gemüse. Eigene Aufkauforganisationen des Verbandes der Kleingärtner, Siedler und Kleintierzüchter (VKSK) sorgten für die Vermarktung.

3. Die Agrarerzeugung in den etwa 3.000 *privaten ➔bäuerlichen Familienbetrieben* ist nicht im Detail bekannt.

Anteile der privaten Agrarproduktion der DDR in den späten achtziger Jahren

Agrarprodukt	Privater Produktionsanteil [%]
Honig	99
Eier	33
Obst	33
Wolle	31
Schlachtvieh	13
Gemüse	11

Beim **Handel mit Agrarrohstoffen** gab es unterschiedliche Wege in der DDR. Das "staatliche Aufkommen" umfasste die von der Verarbeitungsindustrie bzw. vom Handel aufgekauften landwirtschaftlichen Erzeugnisse. Dieses Aufkommen wurde i.d.R. von volkseigenen Betrieben auf der Grundlage von Wirtschaftsverträgen aufgekauft (z.B. VE Kombinate Getreidewirtschaft, Zuckerfabriken, VE Kombinat Öl und Margarine, VE Milchhof), an genossenschaftliche Einrichtungen abgegeben (Molkereigenossenschaften) oder an die spezialisierten *zwischenbetrieblichen Einrichtungen* (ZBE) zur Bearbeitung übergeben (Mischfutter-, Trockenwerke).

Die Nahrungsgüterwirtschaft der DDR war branchenbezogen organisiert und unterstand einem eigenen Ministerium.

Zur besseren Erfassung und Bearbeitung sowie schnelleren Vermarktung wurden um 1960 *Kooperationsverbände* (KOV) gegründet, in denen die jeweils nachgelagerten Betriebe vertikal zusammenarbeiteten.

Nach Vollendung der deutschen Einheit im Oktober 1990 wurde die Landwirtschaft in der ehemaligen DDR reprivatisiert. Die Rechtsform der LPG erlosch am 31.12.1991. Trotz vielfach noch ungeklärter Eigentumsverhältnisse haben sich Tausende private Landwirte entschlossen, einen Betrieb auf eigene Rechnung zu führen (➔Wiedereinrichter). Gleichzeitig wurden drei Viertel der ursprünglich rund 4.500 LPG in eingetragene Genossenschaften, Personen- oder Kapitalgesellschaften umgewandelt.

Der Anpassungsprozess und die Integration der ostdeutschen Landwirtschaft in die Europäische Gemeinschaft werden von der Bundesregierung und der EU finanziell gefördert. (➔AGRARPOLITIK, ➔AGRARSTRUKTUR IN DEUTSCHLAND, ➔STRUKTURWANDEL IN DER DEUTSCHEN LANDWIRTSCHAFT)

LANDWIRTSCHAFTLICHE WILDHALTUNG: Junger Betriebszweig der ➔Landwirtschaft, bei dem vor allem Damwild, aber auch Rotwild und artverwandte Hirscharten wie Sika, Wapiti oder Dybowski sowie Muffelwild in Gehegen gehalten werden. Als arbeitsextensiver Betriebszweig ist die Gehegewildhaltung besonders für Zu- und Nebenerwerbslandwirte zur Nutzung von schwer bewirtschaftbarem ➔Grünland oder Restgrünland interessant. (➔GAME RANCHING)

LANDWIRTSCHAFTLICHER BETRIEB: Die an einem bestimmten Ort lokalisierte technisch-wirtschaftliche Einheit, die für Rechnung eines Inhabers (des Betriebsinhabers) bewirtschaftet wird, einer einheitlichen Betriebsführung untersteht, und mit ihrer Hauptproduktionsrichtung landwirtschaftliche und ggf. forstwirtschaftliche Erzeugnisse hervorbringt. Im Unterschied zum ➔landwirtschaftlichen Unternehmen enthält sie nur jene dispositiven Funktionen, die unmittelbar mit den exekutiven verknüpft sind. Insofern fehlen die die Selbständigkeit einer Wirtschaftseinheit ausmachenden Führungsfunktionen. Ein Landwirtschaftsbetrieb ist damit Teil einer Landwirtschaftsunternehmung.
Bei den in der ➔Landwirtschaft der meisten Länder vorherrschenden Familienbetrieben fallen im allgemeinen Betriebsleiter und Unternehmer in einer Person zusammen. Deshalb werden die Begriffe landwirtschaftlicher Betrieb und landwirtschaftliches Unternehmen häufig synonym verwendet. Allerdings machen beispielsweise die neuen Unternehmenskonstrukte im Gefolge der Wiedervereinigung eine Trennung der beiden Begriffe nötig.
Auch liegt in der Landwirtschaft - anders als in anderen Wirtschaftsbereichen - häufig eine enge Verbindung zwischen Unternehmen und ➔Haushalt vor.
Landwirtschaftliche Betriebe werden in Deutschland nach dem ➔Erwerbscharakter (Haupterwerbsbetriebe, Nebenerwerbsbetriebe) unterschieden.
Steuerrechtlich ist ein "landwirtschaftlicher Betrieb" ein Unternehmen, das
(1) Pflanzen und Pflanzenteile mit Hilfe von Naturkräften erzeugt (§ 24 Abs. 2 UStG),
(2) Tierzucht und Tierhaltung betreibt (§ 24 Abs. 2 UStG), soweit die Anzahl der Tiere nicht bestimmte Grenzen überschreitet (§ 13 EStG),
(3) fremde Erzeugnisse mit dem Zweck der Wiederveräußerung nachhaltig nur in Höhe von 30% des Gesamtumsatzes zukauft (Abschn. 134 (4) EStR),
(4) Einnahmen aus Dienstleistungen nur in Höhe von maximal einem Drittel des Gesamtumsatzes erzielt (Abschn. 134 (6) EStR).
Die Überschreitung einer dieser Grenzen bewirkt die steuerliche Einstufung als Gewerbebetrieb, obwohl land- und forstwirtschaftliche Produkte erzeugt werden.
Zu den landwirtschaftlichen Betrieben, aber nicht zur statistischen Kategorie "Landwirtschaft" rechnen der ➔Gartenbau sowie ein Teil der Forstwirtschaft und die Kombinationsbetriebe.
Die statistische Kategorie "landwirtschaftliche Betriebe und Forstbetriebe" wird nach dem Flächenverhältnis zwischen ➔landwirtschaftlich genutzter Fläche und Waldfläche in landwirtschaftliche Betriebe und in Forstbetriebe gegliedert. Beträgt die landwirtschaftlich genutzte Fläche eines land- oder forstwirtschaftlichen Betriebes mindestens 10% seiner Waldfläche, dann ist er ein landwirtschaftlicher Betrieb, ist sie kleiner als 10%, gilt er als Forstbetrieb.

LANDWIRTSCHAFTLICHES UNTERNEHMEN: Eine rechtlich und finanzielle selbständige Wirtschaftseinheit, in der ➔Landwirtschaft betrieben wird. Sie umfasst alle dispositiven und exekutiven Funktionen, die zur Aufgabenbewältigung notwendig sind. Ein landwirtschaftliches Unternehmen kann aus einem oder mehreren ➔landwirtschaftlichen Betrieben bestehen und ist somit im Gegensatz zum Betrieb nicht ortsgebunden.
Unter organisatorischen Aspekten ist das herkömmliche Landwirtschaftsunternehmen als zweistufige Mehrproduktunternehmung anzusprechen: Die Produkte der Primärproduktion (Bodenproduktion) werden oftmals als Produktionsmittel in der Sekundärproduktion (➔Viehhaltung, ➔Veredlung) eingesetzt. (➔HAUSHALT)

LANDWIRTSCHAFTSAMT: Staatliche Einrichtung der Landwirtschaftsverwaltung auf Landesebene (BW, BY, Hessen). In anderen Bundesländern werden deren Aufgaben von ➔Landwirtschaftskammern wahrgenommen. Zum Aufgabenbereich der Landwirtschaftsämter, zu denen auch Tierzucht- und Forstämter gehören, zählen landwirtschaftliche Förderungsmaßnahmen, die praktische Berufsausbildung, die Führung der Landwirtschaftsschulen, die Beratung der landwirtschaftlichen sowie nicht-landwirtschaftlichen Bevölkerung.

LANDWIRTSCHAFTSANPASSUNGSGESETZ: Abk. LwAnpG; am 29. Juni 1990 durch die Volkskammer der DDR verabschiedetes Gesetz über die strukturelle und rechtliche Anpassung der ➔Landwirtschaft in der DDR an die soziale und ökologische Marktwirtschaft. Das LwAnpG wurde im Einigungsvertrag unter Berücksichtigung bestimmter Maßga-

ben übernommen und seither mehrfach novelliert.
Das Landwirtschaftsanpassungsgesetz zielt

- auf die vollständige Wiederherstellung und Gewährleistung des Privateigentums an Grund und →Boden und die auf ihm beruhende Bewirtschaftung durch die Land- und Forstwirtschaft
- auf die Sicherung der Chancengleichheit aller Eigentums- und Wirtschaftsformen im Wettbewerb, also der →bäuerlichen Familienbetriebe ebenso wie der freiwillige von den →Bauern gebildeten →Genossenschaften und anderer landwirtschaftlicher Unternehmen
- auf die "Entwicklung einer vielfältig strukturierten Landwirtschaft und die Schaffung von Voraussetzungen für die Wiederherstellung leistungs- und wettbewerbsfähiger Landwirtschaftsbetriebe, um die in ihnen tätigen Menschen an der Einkommens- und Wohlstandsentwicklung zu beteiligen"

Zentrale Bedeutung hatte die Umwandlung der ehemaligen →Landwirtschaftlichen Produktionsgenossenschaften in eine nach westdeutschem Gesellschaftsrecht mögliche Rechtsform bei gleichzeitiger Sicherung des Austritts- und Haftungsrechts sowie der Möglichkeit, wieder landwirtschaftliche Einzelbetriebe zu bilden, wie sie vor der →Kollektivierung bestanden. Das Prinzip "Rückgabe vor Entschädigung" gegenüber den früheren Eigentümern erschien günstig für die ungehinderte Herausbildung eines freien Grundstückmarktes. In der Praxis ergaben sich hingegen verschiedene Probleme vor allem im juristischen Bereich, deren Lösung teilweise auch heute noch nicht abzusehen ist. Problematisch ist beispielsweise die Zusammenführung von rechtlich getrennten Boden- und Gebäudeeigentums. Neben der betriebswirtschaftlichen Bedeutung hat die Klärung derartiger Rechtsfragen erhebliche arbeitsmarktpolitische Bedeutung; denn erst mit der Zusammenführung wird das Grundvermögen beleihungsfähig und damit die Basis für weitere wirtschaftliche Aktivitäten geschaffen.
Die Privatisierung bzw. Verpachtung der →Volkseigenen Güter (VEG) sowie der 1,3 Mio. Hektar volkseigener landwirtschaftlicher und 0,77 Mio. Hektar forstwirtschaftlicher Flächen erfolgte unter der Regie der *Treuhandanstalt*.
Infolge der den Genossenschaftsmitgliedern verbliebenen Eigentumsrechte und der erweiterten marktwirtschaftlichen Möglichkeiten konnten im Geltungsbereich des LwAnpG wesentlich mehr wettbewerbsfähige Betriebe aus eigener Kraft erhalten werden als bei den VEG. Es bildete sich eine große Vielfalt an →Betriebsgrößen und →Betriebsformen auf privatwirtschaftlicher Grundlage heraus.
(→AGRARPOLITIK, →AGRARSTRUKTUR IN DEUTSCHLAND, →STRUKTURWANDEL IN DER DEUTSCHEN LANDWIRTSCHAFT)

LANDWIRTSCHAFTSKAMMER: Körperschaft des öffentlichen Rechts, die eine Mittelstellung zwischen den Staatsorganen und berufsständischen Organisationen der →Landwirtschaft einnimmt und die in den einzelnen Bundesländern eine unterschiedliche Rechtsstellung und Bezeichnung besitzt. Landwirtschaftskammern bestehen in allen alten Bundesländern mit Ausnahme Baden-Württembergs, Bayerns und Hessens. Die neuen Länder besitzen keine Kammern, lediglich Mecklenburg-Vorpommern verfügt über eine kammerähnliche Einrichtung.
Die Landwirtschaftskammern haben u.a. die Aufgabe, die →Landwirte zu beraten und zu fördern, ihnen bei ihren Rationalisierungsbemühungen zu helfen, für die Aus- und Fortbildung des Nachwuchses und der Betriebsleiter und die Durchführung der Wirtschaftsberatung zu sorgen, sowie Gesetzgebung, Verwaltung und Rechtsprechung gutachtlich zu unterstützen. (→LANDWIRTSCHAFTSÄMTER)

LANDWIRTSCHAFTSKLAUSELN: Passagen in der bis 1998 gültigen Fassung des →*Bundesnaturschutzgesetzes*, die der →Landwirtschaft zusammen mit der Forstwirtschaft und der Fischerei eine bevorzugte Stellung bei der Bodennutzung zubilligen und ihr ein per se umweltgerechtes Verhalten bescheinigen:

- "... der →ordnungsgemäßen Landwirtschaft für die Erhaltung der Kultur- und Erholungslandschaft eine zentrale Bedeutung zukommt und die Landwirtschaft in der Regel den Zielen des Bundesnaturschutzes dient" (§ 1 Abs. 3 BNatSchG).
- "Die im Sinne dieses Gesetzes ordnungsgemäße land-, forst- und fischereiwirtschaftliche Bodennutzung ist nicht als Eingriff in die Natur und Landschaft anzusehen" (§ 8 Abs. 7 BNatSchG).
- "In einem Landschaftsschutzgebiet sind unter besonderer Beachtung des § 1 Abs. 3 und nach Maßgabe näherer Bestimmungen alle Handlungen verboten, die den Charakter des Gebietes verändern oder dem besonderen Schutzzweck zuwiderlaufen" (§ 15 Abs. 2 BNatSchG).
- "Die Vorschriften der Absätze 1 und 2 gelten nicht für den Fall, daß die Handlungen bei der ordnungsgemäßen land-, forst- und fischereiwirtschaftlichen Bodennutzung, bei der Verwertung der dabei gewonnenen Erzeugnisse oder bei der Ausführung eines nach § 8 zugelassenen Eingriffs oder einer nach § 20c zugelassenen Maßnahme vorgenommen werden, soweit hierbei Tiere und Pflanzen der besonders geschützten Arten nicht absichtlich beeinträchtigt werden..." (§ 20f Abs. 3 BNatSchG).

Beispielhaft für andere Kritiker hat *Der Rat von Sachverständigen für Umweltfragen* seit 1985 wiederholt eine Aufhebung der Landwirtschaftsklauseln gefor-

dert, da die Landwirtschaft von den Regelungen des ➔Naturschutzes praktisch ausgenommen ist, und da die Realität der ➔Intensivlandwirtschaft längst nicht mehr den Klauseln entspricht. Eingriffe land- und forstwirtschaftlicher Nutzer dürften nicht anders behandelt werden als die gewerblicher und industrieller Nutzer. Gleichzeitig wird die Aufnahme von Betreiberpflichten für ➔Land- und Forstwirte zum Schutz der natürlichen Lebensgrundlagen vorgeschlagen.
Im novellierten Bundesnaturschutzgesetz sollen die beiden erstgenannten Landwirtschaftsklauseln entfallen. Statt dessen soll künftig folgende vage Formulierung gelten:
"Die land-, forst- und fischereiwirtschaftliche Bodennutzung ist nicht als Eingriff anzusehen, soweit dabei die Ziele und Grundsätze des Naturschutzes und der Landschaftspflege berücksichtigt werden. Die den Vorschriften des Rechts der Land- und Forstwirtschaft einschließlich des Rechts der Binnenfischerei und § 17 Abs. 2 des ➔Bundesbodenschutzgesetzes entsprechende ➔gute fachliche Praxis bei der land-, forst- und fischereiwirtschaftlichen Bodennutzung widerspricht in der Regel nicht den in Satz 1 genannten Zielen und Grundsätzen." Die Änderung hat eher formalen als substantiellen Charakter.
(➔UMWELTWIRKUNGEN)

LANGGEWANN: ➔Gewann, dessen ➔Parzellen im Mittel über 250 m Länge, oft sogar 300-700 m oder mehr aufweisen.

LÄNGSGETEILTES EIN(HEITS)HAUS: Ein Grundtyp des ➔Ein(heits)hauses, als dessen wichtigster Vertreter das Niederdeutsche Hallenhaus gilt. Kennzeichnend ist die Mittellängsdiele, zu deren Seiten die Ställe und in deren Front der Wohnteil liegt. Das Hallen-Einhaus ist der im gesamten nördlichen Mitteleuropa meistverbreitete Bauernhaustyp.

LANGSTREIFENFLUR: Nach *Müller-Wille* (1944) eine von anderen Wirtschaftsflächen umrahmte Gemengefeldflur, die in schmale, lange Streifen gegliedert ist, deren Wachstum sich in den einzelnen Besitzparzellen vollzieht und bei der alle ➔Parzellen ohne Überfahren der Nachbarparzellen von der Schmalseite her zu erreichen sind. Zumindest sollte das Streifensystem für einen markanten Flurteil prägend sein. Querteilungen einzelner Streifen sind durchaus möglich. Die Grenze zu Kurzstreifen liegt in Mittel- und Westeuropa bei ca. 300 m.
Entgegen früherer Auffassung handelt es sich bei der Langstreifenflur nicht um eine Art germanische "Urflur". Ihre Bildung auf dem ➔Esch fällt in den ältesten Ausbau einer ➔Flur im letzten Drittel des ersten nachchristlichen Jahrtausends und ist mit der Herausbildung eines Kleindorfes (➔Drubbel) verbunden. Eine weitere Entwicklungslinie von Langstreifenfluren kann in die karolingische Ausbauphase zurückdatiert und als fränkische Staatskolonisation bezeichnet werden. Ihr Auftreten ist für Dörfer am Hellweg belegt.

LATIFUNDIUM: Von lat. *latus* = weit, ausgedehnt und *fundus* = Grund, Boden, Grundstück; landwirtschaftlicher ➔Großgrundbesitz, der aufgrund seiner oft als unzweckmäßig geltenden Betriebsgröße (i.a. über 1.000 ha) meist nicht als Einheit bewirtschaftet wird. Das Wirtschaftsverhalten des Eigentümers ist gewöhnlich durch sein Desinteresse an eigener Landbewirtschaftung gekennzeichnet. Er verteilt seinen Besitz entweder auf Kleinpächter oder auf einen mit Tagelöhnern arbeitenden Großpächter und lebt von den Pachtzinsen (rentenkapitalistisches Element). So geht er kein Risiko ein und investiert nur, wenn es unbedingt nötig ist. Seinen Wohnsitz hat er meistens in einer Großstadt (➔Absentismus), wo er einem außerlandwirtschaftlichen Erwerb nachgeht. Einem äußerst sparsam verfügbaren Kapital stehen ausgiebig bemessene Landvorräte gegenüber. Infolgedessen sind die feste und bewegliche Hofausstattung dürftig.
Die Latifundienwirtschaft führt zu einer extensiven Nutzung des Großgrundbesitzes, die mit einer total verarmten, sozial und wirtschaftlich abhängigen ländlichen Bevölkerung verbunden ist. Das Latifundium ist so nicht nur eine ➔Betriebsform, sondern auch Ausdruck einer sozialen und politischen Herrschaftsorganisation mit teilweise noch vorkapitalistischen Arbeits- und Abhängigkeitsverhältnissen.
Auf Sizilien gab es oft eine ganze Abhängigkeitskette von Großpächtern, Zwischenpächtern und Unterpächtern (sog. Gabelottisystem). Der Großpächter ("gabelotto") betrieb dabei die ➔Weidewirtschaft in eigener Regie, während er die Weizenfelder parzellenweise unterverpachtete. Die Aufsplitterung kam im äußeren Bild der ➔Agrarlandschaft nicht zum Ausdruck, weil alle Flächen einheitlich bewirtschaftet wurden.
Wurde das Latifundium nicht aufgeteilt und verpachtet, sondern als Großbetrieb für den Eigentümer bewirtschaftet, so sprach man in Italien vom "latifondo capitalistico". Bei dieser vorwiegend im südlichen Festland-Italien verbreiteten Organisationsform kamen neben einem kleinen Stamm fest angestellter Arbeitskräfte zahlreiche Tagelöhner zum Einsatz. Diesem Typus entsprachen in Spanien die Latifundien der Extremadura in ihrer traditionellen Form.
Unter Produktivitätsgesichtspunkten stellen Latifundien meist eine unbefriedigende Form der Bodennutzung dar. Bei geringer Bodenfruchtbarkeit kann diese Wirtschaftsform allerdings die einzige ange-

messene Betriebsorganisation sein. Beispiele sind die Schafzuchtgebiete des Hochlandes in Bolivien und Peru, die Strauchsteppen Patagoniens, der Gran Chaco in Argentinien und die trockenen Grasländer Nordmexikos.

Die Ursachen der Entstehung und die Formen von Latifundien sind unterschiedlich. So führt man z.B. die Latifundien Italiens auf die Sklavenwirtschaft römischer Latifundien, im Falle Süditaliens aber auch auf das Lehenswesen der Normannenzeit zurück. In Südspanien und der Extremadura hat der Latifundienbesitz seine Wurzeln in der Reconquista. In England und im östlichen Mitteleuropa ist die Latifundienwirtschaft eine Folgeform mittelalterlicher Grundherrschaft. Die *Estancien* in den Viehzuchtgebieten Argentiniens sind aus den kolonialzeitlichen *Encomiendas*, auf denen Indianer zur Arbeit verpflichtet wurden, entstanden. Weitere Verbreitungsgebiete sind die Maghreb-Länder.

LEADER: Franz. für *Liaisons Entre Actions de Développement de l'Economie Rurale* (Verbindungen zwischen Aktionen zur Entwicklung der ländlichen Wirtschaft); EU-Programme (Leader I: 1991-93, Leader II: 1994-99), mit denen Bauernfamilien neue Einkommensquellen erschlossen und gleichzeitig das kulturelle und wirtschaftliche Leben in den ➔Dörfern wiederbelebt werden soll. Die Gemeinschaftsinitiative LEADER II greift zum einen in *Regionen mit Entwicklungsrückstand* (Ziel 1-Förderung), zum anderen in *ländlichen Gebieten mit Entwicklungsprobleme außerhalb der Ziel 1-Gebiete* (Ziel 5b-Förderung) ein. Voraussetzung für Zuschüsse ist das Zusammenspiel der verschiedenen Einzelmaßnahmen. Die Maßnahmen müssen innovativ, beispielhaft und als Modell für andere Regionen geeignet sein und sie müssen von der Basis, d.h. von den Bürgern, ausgehen. Deshalb sind bei LEADER sogenannte "Lokale Aktionsgruppen" Voraussetzung, in denen sich interessierte Bürger und Institutionen organisieren können (bottom-up-Ansatz). In Deutschland haben sich bis Ende 1997 143 LEADER-Gruppen gebildet. Mit Leader II können neben lokalen Aktionsgruppen auch staatliche Instanzen initiativ werden.

Auch der Schutz und die Verbesserung der Umwelt gelten als förderungswürdige Maßnahmen. Dies bezieht sich auf das natürliche wie auch das architektonische Erbe. Die Aktionen betreffen den Fremdenverkehr, den ➔ökologischen Landbau, die Verringerung der Umweltverschmutzung, die Wasserwirtschaft, die alternativen Energiequellen, die Anlegung von Parks, den Schutz von Habitaten sowie die Förderung der Schärfung des Umweltbewusstseins.

LEADER II ist eingebettet in ein europäisches Netz für ländliche Entwicklung. Dazu wurde die *Europäische Beobachtungsstelle für Innovation und ländliche Entwicklung* (AEIDL) eingerichtet. Zusätzlich wurden bisher in 11 Mitgliedstaaten nationale Vernetzungsstellen geschaffen. Die deutsche Stelle ist bei der *Bundesanstalt für Landwirtschaft und Ernährung* angesiedelt.

LEBENDVERBAUUNG: Verklebung und Verbindung von Bodenkrümeln durch Bakterienausscheidungen, Algenbewuchs und Myceldurchflechtungen (Pilze).

LEGUMINOSEN: Pflanzen der Gruppe der Schmetterlingsblütler. Sie leben mit ➔Knöllchenbakterien, die sich an den Wurzeln dieser Pflanzen ansiedeln, in Symbiose (Lebensgemeinschaft). Die Knöllchenbakterien sind in der Lage, den Stickstoff aus der ➔Bodenluft aufzunehmen. Sie geben ihn zum Teil an die Wirtspflanze weiter und bauen mit ihm zum anderen Teil ihr eigenes Zelleiweiß auf. Nach der Verwesung dieser Pflanzen wird der Stickstoff für die nachfolgenden Pflanzen verfügbar. Auf diese Weise haben Leguminosen eine besonders gute Vorfruchtwirkung. Zu ihnen zählen u. a. alle Erbsen-, Bohnen-, Wicken-, Lupinen- und Kleearten. (➔GRÜNDÜNGUNG, ➔ZWISCHENFRÜCHTE)

LEITBILD: Die normative Beschreibung eines - mehr oder weniger - widerspruchsfrei anzustrebenden Zustands, hier der ➔Agrarpolitik bzw. der ➔Agrarstruktur. Agrare Leitbilder enthalten langfristige, potentiell wünschbare und grundsätzlich realisierbare räumliche, ökologische wie auch sozio-ökonomische Entwicklungen und Strukturen. Die sich in Leitbildern ausdrückenden agrarpolitischen Ziele sind ihrerseits Bestandteile gesamtwirtschaftlicher Ziele. Dem übergeordneten gesellschaftlichen Ziel Maximierung der gesamtwirtschaftlichen Wohlfahrt entsprechend steht das Ziel einer effizienten Agrarproduktion unter Einbeziehung ihrer ➔externen Effekte im Vordergrund.

Leitbilder können beispielsweise sein die konventionell-moderne ➔Landwirtschaft mit einer Trennung von Flächenbewirtschaftung und ➔Viehhaltung oder die kreislauforientierte regionale Landwirtschaft. Zu Zeiten der deutschen Teilung standen sich das Leitbild des ➔bäuerlichen Familienbetriebes in der Bundesrepublik und der spezialisierte, genossenschaftliche Großbetrieb mit industriemäßiger Produktion in der DDR gegenüber. Nach der Wiedervereinigung wird im Agrarbericht der Bundesregierung zwar nur noch eine bäuerliche Landwirtschaft angestrebt und eingeräumt, dass eine leistungs- und wettbewerbsfähige, marktorientierte und umweltverträgliche Landwirtschaft, die sich in vielfältigen Rechts- und Unternehmensformen organisieren kann, am ehesten wettbewerbsfähig ist. Inzwischen gibt es aber von westdeutschen Bundesländern - insbesondere von Bayern und Nordrhein-Westfalen - Bestrebungen, diese Entwicklungen umzukehren und die Agrarpolitik wieder allein am Leitbild des Familienbetriebes bzw. einer bäuerlich strukturierten Landwirtschaft auszurichten.

LEITKULTUR: ➔Kulturpflanze, die mit ihrem dominierenden Anbau betriebsbestimmend ist. (➔BEGLEITKULTUR)

LESESTEIN: Vom Menschen aus Äckern zusammengetragene (aufgelesene) Steine bis Blöcke, die keine Verbindung mehr zum Herkunftsplatz haben. Lesesteine bilden oft eigene, anthropogene Formen als ➔Ackerraine oder -terrassen. Weitere Formen sind *Lesesteinriegel* (Lesesteinrücken) und *Lesesteinhaufen*.

LEY-FARMING: Intensivform der ➔Feldgraswirtschaft, die vornehmlich im sommerkühlen Meeresklima Großbritanniens verbreitet ist. Mögliche ➔Fruchtfolge: 1.-3. Jahr *ley* (*Grasland mit Kleegrasmischung*), 4. Jahr *Weizen*, 5. Jahr *Sommergerste*, 6. Jahr *Hackfrüchte*, 7. Jahr *Sommergerste*, 8.-10. Jahr *ley*.

LF: ➔LANDWIRTSCHAFTLICH GENUTZTE FLÄCHE

LIMNOTHERM: RWE-Projekt einer Warmwasserfischzucht mit kontrolliertem Kreislaufkühlwasser thermischer Kraftwerke mit Nasskühltürmen. Die Aquakultur-Anlage beim Braunkohle-KW *Niederaußem* nutzt vor allem die hohe Wasserqualität des aus Tiefbrunnen gewonnenen Kühlwassers (Schadstofffreiheit, hoher Sauerstoffgehalt). Die ganzjährig erzielbaren Temperaturen von 22 bis 26 °C bieten optimale Wachstumsbedingungen für viele Fischarten. Produktionsziele sind Speisefische und vor allem Besatzfische für andere Gewässer. (➔AGROTHERM, ➔HORTITHERM, ➔TEICHWIRTSCHAFT)

LN: ➔LANDWIRTSCHAFTLICHE NUTZFLÄCHE

LOHNMAST: Auftragsverhältnis zwischen ➔agrarindustriellen Unternehmen und unabhängigen ➔Landwirten zur Aufzucht von Jungtieren zur Schlachtreife. Der Landwirt bezieht dabei frischgeborene Tiere (Kälber, Schweine, Geflügel), häufig auch das Futter und veterinärmedizinische Betreuung vom Großunternehmer, der die Tiere am Ende der Mastzeit zurückkauft. Lohnmast bietet einerseits dem Landwirt die Möglichkeit, seinen möglicherweise existenzgefährdeten Betrieb zu erhalten, andererseits erspart sie dem agrarindustriellen Unternehmen Investitionen für Stallanlagen, Ausgaben für Sozialleistungen sowie mögliche Auseinandersetzungen mit Gewerkschaften. Ferner spielt bei der Bereitschaft zu dieser Form von überbetrieblicher Zusammenarbeit die Begrenzung der steuerlichen Vergünstigungen des § 24a UStG auf Tierhaltungen bis zu 330 VE eine Rolle. (➔FREMDTIERHALTUNG)

LOHNUNTERNEHMER: Die landwirtschaftlichen Lohnunternehmer sind gewerbliche landtechnische Dienstleistungsbetriebe im ➔ländlichen Raum. Sie stehen mit einem vielseitigen Maschinenpark von Groß- und Spezialmaschinen und geschulter Fachbedienung den Betrieben der ➔Land- und Forstwirtschaft sowie für kommunale Aufgaben im ländlichen Raum zur Verfügung. Dabei ersparen sich Landwirtschaft und Behörden erhebliche Investitionen für Maschinen, deren Auslastung im Betrieb nicht erreicht werden kann.

LOKALES RESSOURCEN MANAGEMENT: Abk. LRM; interdisziplinäres Arbeitsgebiet, in welchem traditionelle Methoden der Feld- und Laborbodenkunde mit modernen Verfahren und Techniken der Geostatistik, der Informationsverarbeitung und der Satellitenortung kombiniert und für praktische Anwendungen zu Standortbewertung, Produktionsmitteleinsatz und ➔Bodenschutz mit dem Ziel einer ➔nachhaltigen ➔Landwirtschaft nutzbar gemacht werden. Der Begriff 'Lokal' steht dabei für den räumlichen Bezug, der Begriff 'Ressourcen' unterstreicht den schutzwürdigen Charakter der die ➔Bodenfruchtbarkeit bestimmenden Merkmale und 'Management' den ökonomisch und ökologisch vertretbaren Umgang mit dem ➔Produktionsfaktor ➔Boden und mit ➔Betriebsmitteln als Ziel verantwortlichen Handelns. Als neues und zukunftsweisendes Konzept des Agrar-Managements, das in den Technologien des ➔Precision Farming seine praktische Umsetzung findet, erlaubt LRM beispielsweise die kleinräumig angepasste Düngerapplikation, die einer umweltbeeinträchtigenden und gewinnschmälernden Überversorgung entgegenwirkt.

LOKALRASSE: Eine durch allmähliche Anpassung an jeweilige Umwelt- und Haltungsbedingungen entstandene regionale Nutztierrasse. (➔LANDSORTE)

LOKATOR: Im Rahmen der ➔Ostkolonisation von der Landesherrschaft (Deutscher Orden oder Landesfürst) beauftragter Organisator von örtlichen, manchmal von kleinregionalen Siedlungen. Die meist adeligen Lokatoren erhielten dazu eine mehr oder weniger große Fläche zugewiesen und waren verpflichtet, hierauf eine bestimmte Dorf- und Bauernhofzahl einzurichten bzw. durch die Siedler einrichten zu lassen. Vorgeschrieben war auch die

Fläche der Hufen, d.h. die Fläche je Hof. Dabei wurde meistens von der fränkischen Hufe mit 24 ha oder von zwei flämischen Hufen mit zusammen etwas mehr als 32 ha ausgegangen. Der Lokator, der selbst nicht Grundherr war, durfte sich die doppelte Fläche eines Bauernhofes oder im Einzelfall noch mehr reservieren.

LOMÉ-ABKOMMEN: In Lomé, der Hauptstadt der westafrikanischen Republik Togo, wurde erstmals 1975 ein Abkommen zur Entwicklungszusammenarbeit zwischen der ➔EG und Ländern Afrikas, der Karibik und des Pazifiks (➔AKP-Staaten) unterzeichnet (worden). Dieses erste Lomé-Abkommen hatte, wie seine Vorgänger und später seine Nachfolger Lomé II und Lomé III, eine Laufzeit von fünf Jahren.
Die Bestandteile des Lomé-I-Abkommens gingen über die früheren Abkommen hinaus. Als wichtigste Neuerung galt das System zur Stabilisierung der Ausfuhrerlöse (STABEX). Dieses sollte den Entwicklungsländern helfen, ihre Exporterlöse für eine Reihe von agrarischen Rohstoffen zu sichern. Weitere Elemente waren die Bereitstellung von Mitteln für regionale Projekte, die Förderung von kleinen Projekten und Kleinbetrieben sowie die Langzeithilfe für die ländliche Entwicklung.
Das Lomé-II-Abkommen fügte dem entwicklungspolitischen Instrumentarium eine weitere Neuerung zu: SYSMIN ("besondere Bergbau-Finanzierungsfazilität"). Analog zum STABEX-System für Agrarprodukte hatte SYSMIN die Aufgabe, die Rohstoffpreise für Erze aus den AKP-Staaten zu stabilisieren. STABEX und SYSMIN konnten jedoch den Preisverfall für Rohstoffe nicht aufhalten. Die daraus resultierende Verschuldungskrise drängte viele AKP-Staaten an den Rand des Überlebens.
Vor dem Hintergrund dieser Erfahrungen legte die Europäische Kommission für das Lomé-III-Abkommen ein neues Konzept vor. Die Schlüsselworte lauteten unter anderem entwicklungspolitischer Dialog sowie Förderung ausgewählter sektoraler Programme.
Das vierte Abkommen, das am 15. Dezember 1989 abgeschlossen wurde, hat eine Laufzeit von zehn Jahren bis zum 28. Februar 2000. In dem Vertragswerk gilt als Grundprinzip unter anderem die Anerkennung der Souveränität der AKP-Staaten und ihrer wirtschaftlichen und politischen Optionen. Ziel bleibt es "die wirtschaftliche, kulturelle und soziale Entwicklung der AKP-Staaten zu fördern und zu beschleunigen und die Beziehungen zwischen EG und AKP im Geiste der Solidarität im beiderseitigen Interesse auszubauen und zu diversifizieren". Der Umweltschutz erhält künftig Priorität unter den Zielen des Abkommens, beispielsweise über ein Checklistenverfahren und Umweltverträglichkeitsprüfungen bei Projekten. Mehr Aufmerksamkeit wird dem Aufbau des Privatsektors geschenkt.
Die AKP-Staaten haben weiterhin grundsätzlich freien Zugang zum EG-Markt für alle gewerblichen und landwirtschaftlichen Produkte, soweit sie nicht der ➔Marktordnung der ➔Gemeinsamen Agrarpolitik unterliegen. Ein Zusatzprotokoll verpflichtet die EU, den AKP-Staaten jährlich ca. 1,4 Mio. t Zucker abzunehmen.

LÖSS: Flächenhaft abgelagertes äolisches Staubsediment von gelber bis gelbgrauer Farbe, dessen Kornstruktur durch Karbonat schwach verfestigt wurde. Löß wird durch den Wind aus Räumen geringer Vegetation und bedeutender mechanischer Verwitterung ausgeweht. Die in Mitteleuropa maximal mehrere Zehner von Metern mächtigen kaltzeitlichen Ablagerungen entstammen den Sandern, Schottern und den Frostschuttzonen des damaligen Periglazialraumes. Unter den rezenten Bedingungen semiarider Regionen, z.B. der Trockengebiete Chinas bilden sich Lößdecken weiterhin. Der aus den innerasiatischen Wüsten stammende Staub ließ mehrere hundert Meter mächtige Lockersedimente entstehen.
Löß ist sehr standfest; durch anthropogen-erosive Einflüsse werden Lößhohlwege und Lößschluchten gebildet.
Fluviatile Erosions- und Sedimentationsvorgänge vermögen den *Fluglöß* (i.d.R. ungeschichtet) zu *Schwemmlöß* (geschichtet) umzulagern.
Unverwitterter Löß besteht im mitteleuropäischen Raum vorherrschend aus den Korngrößen Grob- und Mittelschluff (63 bis 6,3 µm), die bis über 80 Gewichtsprozente betragen können. Der Rest ist zum größeren Teil Ton, zu einem sehr geringen Anteil Sand. In den Körnungsanalysen sind meist nicht die karbonatischen Bestandteile berücksichtigt, die im Mittel um 15 Gewichtsprozent betragen. Der Mineralbestand hängt von dem des Auswehungsgebietes ab, setzt sich aber vorwiegend aus Quarz, Feldspat, Glimmern und Calcit zusammen. Unverwitterter Löß ist relativ unfruchtbar.
Kohlendioxidhaltige Sickerwässer lösen den Kalk und führen ihn in den Unterboden ab. Entkalkung und Tonmineralneubildung lassen den zu Rutschungen neigenden *Lößlehm* entstehen, dessen Mineralgehalt von den Pflanzenwurzeln aufgeschlossen werden kann.
Typische Böden aus Löß sind Schwarzerden (Chernozems) und bei zunehmender Humidität Parabraunerden (Luvisols). Diese lößbürtigen Böden gehören zu den wertvollsten Kulturböden der Erde.
In tieferen Teilen des Lößprofils wird der Kalk häufig in Konkretionen, den Lößkindel wieder ausgefällt.
In Europa zieht sich ein nördlicher Lößgürtel von Nordfrankreich über Belgien, den Nordsaum der deutschen Mittelgebirge nach Südpolen und in die

Ukraine, um sich im Wolgagebiet bis auf 1.000 km Breite auszudehnen. Ein südlicher Gürtel geht mit weiten Ausstrahlungen nach Osten von der Oberrheinebene aus, setzt sich entlang der Donau nach Niederösterreich, Mähren, Ungarn und Rumänien fort und vereinigt sich am Schwarzen Meer mit dem nördlichen Lößgürtel. Schwerpunkte in Deutschland sind die →Börden, die Senken des Niedersächsischen und Hessischen Berglandes im Leinetalgraben, die süddeutschen Gäulandschaften sowie der Raum des Rhein-, Donau- und Elbetales. Der Löß erreicht hier eine Mächtigkeit zwischen einigen Dezimetern und Dutzenden von Metern. Weitere großflächige Lößgebiete liegen in China, Argentinien und den Prärien der USA.

Die Palette landwirtschaftlicher Produkte in Lößgebieten ist breit. In Gebieten höchster Fruchtbarkeit (Schwarzerdevorkommen) dominieren Weizen und Zuckerrüben, bei zusätzlicher Klimagunst und/oder Marktnähe entwickelten sich →Sonderkulturen, so der Obst- und Gemüseanbau der Ville oder der →Weinbau in SW-Deutschland.

M

MAGERWIESE - MUTTERKUHHALTUNG

MAGERWIESE: →Wiese, die nur einmal im Jahr gemäht und kaum gedüngt wird. Leitart auf kalkreichem →Boden in Mitteleuropa ist die *Aufrechte Trespe* und auf kalkarmem Boden das *Rote Straußgras*. (→FETTWIESE).

MAHD: Schnitt der Wiesenvegetation mit dem Ziel, während des Winters Futter oder →Einstreu für das Stallvieh zu haben. Es lassen sich →Magerwiesen mit einmaliger und →Fettwiesen mit zwei- bis dreimaliger Mahd pro Jahr unterscheiden. Die Mahd beeinflusst die Zusammensetzung der Vegetation derart, dass Holzpflanzen zurückgedrängt, Gräser aber begünstigt werden.

MAHDALM: Irreführender Ausdruck für Flächen in der alpinen Höhenstufe, die trotz der Verwendung des Begriffes →*Alm* nicht beweidet, sondern gemäht (→Bergmähder) werden.

MÄHWEIDE: Intensiv genutztes und gedüngtes →Dauergrünland. Es besteht ein geregelter Wechsel zwischen Winterfuttergewinnung und Weidegang innerhalb einer Vegetationsperiode. Eine *Mähweidewirtschaft* hat sich im 20. Jh. vor allem im Alpenraum und im deutschen Alpenvorland ausgebreitet. Die hohen Flächenerträge ermöglichen eine leistungsfähige Milch- und Fleischproduktion. Gewöhnlich werden Mähweiden erst nach dem ersten Grasschnitt beweidet.

MAIENSÄSS: Bei der →Almwirtschaft eine Zwischenweide zwischen *Talweide* und *Hochalm*. Die Maiensäß wird im Frühjahr für wenige Wochen während des Almauftriebs, gelegentlich auch im Herbst beim Almabtrieb benutzt. Im Sommer werden die Maiensäße gemäht.

MANGELERNÄHRUNG: Ein langfristiger oder auch nur saisonal auftretender Mangel an →Nährstoffen, der eine gesundheitliche Einschränkung bei körperlich verminderter Leistungsfähigkeit impliziert. (→UNTERERNÄHRUNG)

MARK: Im agrarhistorischen Sinne das gemeinschaftlich genutzte Land in germanisch-frühmittelalterlicher Zeit. (→ALLMENDE, →MARKGENOSSENSCHAFT, →MIRSYSTEM)

MARKETING: Konzeption der Betriebs-/Unternehmensführung, bei der im Interesse der Erreichung der Unternehmensziele alle betrieblichen Aktivitäten konsequent auf die gegenwärtigen und künftigen Wünsche der Nachfrager ausgerichtet werden. Marketing gilt damit einerseits als eine Philosophie der Unternehmensführung, andererseits auch als gezielte Planung von Maßnahmen zur Erschließung und Pflege von Märkten. Zu den strategischen Instrumenten des Marketing gehören Produktgestaltung und Sortimentspolitik, Distributionspolitik, Preispolitik und Kommunikationspolitik (Werbung, public relations, Verkaufsförderung).

MARKGENOSSENSCHAFT: Bei Germanen und Slawen (→Mir-System) von Sippen gebildeter Siedlungsverband, der die →Mark als Gemeineigentum besaß und bewirtschaftete. Die Markgenossenschaft wurde seit dem Mittelalter durch die zunehmende Grundherrschaft zurückgedrängt. Ein Relikt der Markgenossenschaft ist u.a. die →Allmende.

MARKKÖTTER: Gruppe von Nachsiedlern, die in NW- und N-Deutschland sowie in Gebieten der deutschen Ostsiedlung seit ca. 1450 verstärkt neben die →Altbauern (Meier, Erben, →Anspänner) und spätmittelalterliche Erbkötter traten. Teilweise lassen sie sich bis ins Hochmittelalter zurückverfolgen. Sie unterschieden sich von den anderen bäuerlichen Sozialgruppen nicht so sehr durch Betriebsgrößen und Dienstverpflichtungen, sondern eher durch eine Minderung der Gemeinderechte (Markennutzung) und besondere Siedlungsnutzung. Die Markkötter siedelten meist am Rande bzw. abseits der Kernfluren auf Markenland (nw.-dt. Begriff für Allmendland) in ➔Einzelhöfen. Viele Markkötter waren auf außerlandwirtschaftlichen Zuverdienst angewiesen.

MARKTANBAU: Anbau landwirtschaftlicher Produkte für den Markt (Lokal-, Binnen oder Exportmarkt). (➔CASH CROP, ➔EXPORTKULTUR)

MARKTFRUCHT: 1. Begriff aus der deutschen Betriebssystematik, in der die gleichnamige Betriebsform die Produktionszweige ➔Intensivfrüchte und ➔Extensivfrüchte umfasst.
2. Agrarprodukt, das nicht zur Selbstversorgung (➔Subsistenzwirtschaft), sondern für den Markt angebaut wird (➔cash crop).

MARKTFRUCHTBETRIEB: ➔BETRIEBSFORM

MARKTORDNUNG: Administrative Regulierung des Gemeinsamen Agrarmarktes der ➔EU, als Gegenbegriff zum freien Markt. Die Regulierung äußert sich in 21 Marktordnungen für verschiedene landwirtschaftliche Produkte, die damit staatlich gestützt werden, da deren Preise auf dem freien Markt die Produktionskosten nicht decken würden. Agrarmarktordnungen sind das klassische Instrument zur Verwirklichung einer protektionistischen Agrarpreispolitik in der EU.
Das Konzept besteht aus staatlichen Preis- und Mengeninterventionen, Einfuhrbeschränkungen und Einkommenshilfen mit dem Ziel, den ➔Landwirten in der EU ein ausreichendes Einkommen zu sichern und die Preise vor übermäßigen Schwankungen zu bewahren.
Der Rat der Agrarminister setzt jedes Jahr ➔Richtpreise für eine Vielzahl von Produkten fest. Der Richtpreis ist ein agrarpolitisch erwünschter Erzeugerpreis und dient den Erzeugern als Orientierung. Vom Richtpreis wird der ➔Schwellenpreis abgeleitet, der Mindestpreis für Agrarprodukte aus ➔Drittländern. Unter dem Schwellenpreis liegt der ➔Interventionspreis, zu dem die staatlichen Interventionsstellen in den Mitgliedstaaten Agrarprodukte aufkaufen. Damit wird das Angebot verknappt und der Preis gestützt. Für eine Reihe von Erzeugnissen (z.B. Getreide) bildet der Interventionspreis die Untergrenze, da die Interventionsstellen jede angebotene Menge zu diesem Preis aufkaufen müssen.
So sinnvoll das System der ➔*Intervention* in den Anfangsjahren der Gemeinschaft war, um die landwirtschaftlichen Erzeugerpreise zu stabilisieren, so fatal wirkt es sich heute aus. In der Intervention liegt eine der Ursachen für die Überproduktion von Agrarprodukten in der EU. Der Preis hat seine regelnde Funktion eingebüßt. Die großen Kosten zur Aufnahme der Überproduktion treffen letztlich jeden EU-Bürger in Form von höheren Steuersätzen.
Hohe Ausgaben entstehen auch beim Export, dann nämlich, wenn die teuren EU-Waren auf dem internationalen Markt nicht konkurrenzfähig sind und erst durch ➔Subventionen auf das Weltmarktniveau heruntergedrückt werden müssen (➔Erstattungen).
Grundsätzlich lassen sich die insgesamt 21 Marktordnungen nach drei Organisationsprinzipien unterscheiden:
1. *Marktordnungen mit Preisstützung*: Für etwa 70 % der landwirtschaftlichen Produkte wird neben dem Außenschutz eine Absatz- und Preisgarantie gewährt. Darunter fallen die wichtigsten Getreidearten, Zucker, Milcherzeugnisse, Fleisch, bestimmte Obst- und Gemüsearten sowie Tafelwein. Ware, die zu einem bestimmten Preis, dem ➔Interventionspreis, nicht abgesetzt werden kann, wird durch staatliche Interventionsstellen aufgekauft. Der Interventionsmechanismus ist inzwischen in vielen Marktordnungen dadurch gelockert worden, dass nur dann interveniert wird, wenn der Marktpreis bestimmte Auslöseschwellen unterschreitet, und bei der Intervention auch nicht mehr der volle Interventionspreis gezahlt wird. Die Marktordnungen für Milch und Zucker enthalten außerdem ➔Quotenregelungen.
2. *Marktordnungen mit gemeinsamem Außenschutz*: Etwa ein Viertel der Agrarprodukte werden nur vor der Konkurrenz aus Drittländern geschützt, ohne dass für den Binnenmarkt eine Preisgarantie gewährt wird. Darunter fallen Eier, Geflügel, einige Obst- und Gemüsearten (soweit nicht zur Gruppe 1 gehörend), Zierpflanzen und andere Weinarten als Tafelwein. In der Regel erfolgt der Außenschutz durch Zölle. Unterschreiten die Angebotspreise bestimmte Schwellen, wird zusätzlich eine ➔Abschöpfung erhoben.
3. *Marktordnungen mit direkten Beihilfen*: Seit der ➔Reform der Gemeinsamen Agrarpolitik erhalten die Erzeuger für die aus der Binnenproduktion aufgekauften Mengen eine direkte ➔Beihilfe. Bei Oliven, Tabak und Hartweizen erhalten die Erzeuger eine Beihilfe zusätzlich zu den durch den Außenschutz und Interventionsmaßnahmen gestützten Marktpreisen. Pauschalbeihilfen werden für Erzeugnisse gewährt, die in der Gemeinschaft nur in geringer Menge hergestellt werden. Dazu gehören Flachs, Hanf, Baumwolle, Seidenraupen, Hopfen, ➔Saatgut und Trockenfutter.

MARKTORGANISATION: ➔MARKTORDNUNG

MARKTSTRUKTURGESETZ: 1969 in Kraft getretenes und 1975 novelliertes *Gesetz zur Anpassung der landwirtschaftlichen Erzeugung an die Erfordernisse des Marktes*. Es bildet die Grundlage für die Bildung und Förderung landwirtschaftlicher ➔Erzeugergemeinschaften und deren Vereinigungen. Mit seiner Hilfe soll die Marktposition der deutschen Erzeuger im Hinblick auf die starken Konzentrationstendenzen in den der ➔Landwirtschaft nachgelagerten Bereichen und auf den immer schärfer werdenden Konkurrenzkampf auf den Nahrungsmittelmärkten der Bundesrepublik Deutschland gestärkt werden.

MARKTSTRUKTURPOLITIK: Politikfeld, das sich auf eine Verbesserung der Strukturen im Bereich der Vermarktung und Verarbeitung - hier von Agrargütern - bezieht.

MARSCH: Landschaftstyp, der an flachen Gezeitenküsten und an gezeitenbeeinflussten Flussmündungen durch den Absatz von anorganischem und organischem Feinmaterial entsteht, wobei der natürliche Sedimentationsvorgang durch Maßnahmen der ➔Landgewinnung gefördert werden kann. Durch ➔Bodenmeliorationen können sehr fruchtbare Marschböden geschaffen werden.
Die Marschen sind nicht völlig eben. Im deichnahen Bereich ist das Land der *Jungen Marsch* höher aufgespült und weniger gesackt ("Hochland") als weiter binnenwärts im Gebiet der *Alten Marsch* und der geestnahen *Moormarsch*, das auch *Sietland* ("niedrig gelegenes Land"). Entsprechend wird auf dem Hochland ➔Ackerbau mit anspruchsvollen ➔Kulturpflanzen (Weizen, Gerste, Raps, Gemüse) betrieben, während in der Alten Marsch und im Sietland trotz Entwässerung das ➔Grünland mit Bullen- und Milchviehweiden vorherrscht.

MARSCHHUFENDORF: Durch das Hufenprinzip geprägte Siedlung in Neulandgebieten der Fluss- und Seemarschen. In Deutschland entstanden die ersten Marschhufensiedlungen in der Wesermarsch bei Bremen (Vahr). 1106 oder 1113 überließ der Bremer Erzbischof Holländern Land zur Kultivierung. Die Probleme bei der Erschließung erwuchsen aus der Notwendigkeit des Hochwasserschutzes und der Entwässerung, d.h. dem Bau und dem Unterhalt von Gräben und Deichen. Um die Arbeitsbelastung durch die Pflicht der Deicherhaltung möglichst gering zu halten, wurden die 48 ha großen Hufenstreifen möglichst schmal und lang angelegt.

MASCHINENGEMEINSCHAFT: Horizontale überbetriebliche Kooperation einer relativ geringen Zahl von Betrieben, bei der ein vertraglich geregeltes, gewöhnlich gemeinsames Maschineneigentum besteht. Der Vorteil liegt in der besseren Auslastung der gewöhnlich sehr teuren Landmaschinen. Als Rechtsform liegt eine Gesellschaft des bürgerlichen Rechts vor. In ihrer Arbeitsweise gleichen die Maschinengemeinschaften landwirtschaftlichen ➔Genossenschaften. Die Zahl der Maschinengemeinschaften ist rückläufig, die der ➔Maschinenringe und landwirtschaftlichen ➔Lohnunternehmer dagegen nimmt zu.

MASCHINENRING: Horizontale überbetriebliche Kooperation eines oft sehr großen Kreises von ➔Landwirten, bei der Maschinen im Individualbesitz gegen Bezahlung untereinander ausgeliehen werden. Maschinenringe erlaubt die Erhöhung der Laufzeiten und damit den rationelleren Einsatz von teuren Maschinen. Ihre Rechtsform ist meist die der BGB-Gesellschaft. Die Organisation wird von einem haupt- oder nebenberuflichen Geschäftsführer wahrgenommen.

MASSENTIERHALTUNG: Eine extreme Form der (kapital)intensiven und ausschließlich auf Gewinnmaximierung ausgerichteten ➔Viehhaltung in Betrieben mit geringen oder gänzlich fehlenden Futterbauflächen. Häufig ist diese Form der Viehhaltung konzentriert in einer Region anzutreffen. Sie weist nach *Windhorst* folgende zusätzliche Merkmale auf:
- Konzentration vieler Einzeltiere auf geringem Raum
- häufiger Generationenwechsel
- geringstmöglicher Arbeitseinsatz
- Einsatz mechanischer Einrichtungen zur Fütterung, Versorgung und Entsorgung
- Verfütterung von hochwertigem Zukaufsfutter unter höchstmöglicher Ausnutzung

Als Vorform der bodenunabhängigen Massentierhaltung gelten die Abmelkbetriebe (➔Abmelkwirtschaft) in den europäischen Großstädten des ausgehenden 19. Jahrhunderts, die aber ihre Bedeutung mit dem Aufkommen der Transport- und Kühltechnologien verloren. Als bäuerlich strukturierte Vorläufer sind auch die stark importabhängigen Schweinemastbetriebe im Oldenburger Münsterland zu nennen, die schon vor dem Ersten Weltkrieg über 1.000 Tiere umfassten und vorwiegend mit russischer Gerste und Dorschmehl gefüttert wurden. Eigener Futteranbau bestand noch.
Die technisierte, teilweise bodenunabhängige Massentierhaltung entwickelte sich um 1960 in den USA und wurde - vor allem auf dem Gebiet der Geflügelhaltung - bald nach Europa und in andere Erdteile übertragen.
Ausgelöst wurde die Entwicklung durch eine verstärkte Nachfrage nach preiswerten tierischen Nahrungsmitteln und durch den ökonomischen Zwang zur Substitution der immer teurer werdenden

menschlichen Arbeitskraft. Die von den USA ausgehende Verbreitung von Schnellimbisslokalen trug zunächst zur Nachfragesteigerung nach Geflügelfleisch bei. Besonders bei der Rindermast ist auch das Eingreifen nichtlandwirtschaftlichen Großkapitals in die landwirtschaftliche Produktion für den Trend von Bedeutung, welches auf drei Motive zurückgeführt werden kann: *Landspekulation, Steuerersparnis* und die Entwicklung *vollintegrierter Nahrungsketten*, bei denen die Fleischproduktion nur ein Glied des *agrarindustriellen Komplexes* ist.

Die Konzentration großer Tierbestände auf engem Raum konnte erst erfolgen, als eine Reihe von Problemen auf den Gebieten der Tierzüchtung, Stalltechnik, Tierernährung und Tiermedizin gelöst waren. Auffallendstes Merkmal sind die großen Stallanlagen, ausgestattet mit Klimaanlagen, vollautomatischen - z.T. computergesteuerten - Einrichtungen für Versorgung (Futter, Wasser) und Entsorgung. Spezifisch entwickelte Futtermischungen werden von den einzelnen Tierarten optimal ausgenutzt. Traditionelle ➔Futtermittel (z.B. ➔Heu oder ➔Hackfrüchte) wurden in der Massentierhaltung weitgehend zugunsten hochwertigen und häufig importierten Futters zurückgedrängt. Lediglich in der Rinderhaltung muss eine Grundmenge von ➔Rauhfutter verabreicht werden, sie bleibt daher in gewissem Umfang bodenabhängig.

Die Betriebe der Massentierhaltung sind in der Regel auf eine Tierart spezialisiert. Zudem beschränkt sich die ➔Spezialisierung nicht nur auf eine Tierart, sondern betrifft auch deren Lebensabschnitte, die zu aufeinanderfolgenden Produktionsstufen führen. So lassen sich unterscheiden:

- Zucht- und Vermehrungsbetriebe
- Aufzuchtbetriebe
- Mastbetriebe
- Ablegebetriebe

Auch mehrstufige Betriebe treten auf.

Gewiss hat sich diese industrialisierte Form der tierischen Produktion weit von der bäuerlichen ➔Landwirtschaft entfernt. Insbesondere dann erhält sie einen "agrarindustriellen" Charakter, wenn sie mit den vorgelagerten (Futtermittelfabrik, Stallbaufirmen) und nachgelagerten (Verarbeitung, Vermarktung) Produktionsstufen unter einer einheitlichen Unternehmensführung vereinigt ist. Die bodenunabhängigen Großbestandshalter arbeiten oft auf dem Vertragsweg (➔Vertragslandwirtschaft) mit bäuerlichen Betrieben zusammen, in die Teilfunktionen ausgelagert werden wie z.B.

- die Lieferung von Jungtieren
- der Anbau von Grünmais für die Bullenmast
- die Abnahme von ➔Gülle und ➔Stallmist

Der enorme Kapitalbedarf in der Massentierhaltung kann vielfach nicht mehr von einzelnen Privatpersonen getragen werden, sondern wird von anonymen Kapitalgesellschaften - in den USA oft von multisektoralen Konzernen - aufgebracht. In der Betriebsführung ist hier der Bauer vom Manager abgelöst worden. Infolge der Übernahme von Organisationsformen und Managementmethoden aus der Industrie wird die Massentierhaltung im englischen Sprachraum auch als *factory farming* bezeichnet, in der früheren DDR war der Begriff "*industriemäßige Tierproduktion*" üblich.

Die Standortwahl für Betriebe der Massentierhaltung erfolgt - im Gegensatz zur sonstigen landwirtschaftlichen Produktion - häufig ohne Rücksicht auf natürliche Faktoren. Die vielfach erwähnten naturräumlichen Standortvorteile wie z.B. die hohe Gülle-Aufnahmekapazität leichter Geestböden oder die klimabedingt niedrigeren Stallbaukosten in den Südstaaten der USA sollen allenfalls marginale Kostenvorteile bieten. Andererseits zählt das trockene Klima des amerikanischen Südwestens zu dessen ausdrücklicher Standortgunst, da es die Ausbreitung von Krankheitserregern deutlich mindert. Auch lief die Ausweitung der Rindermast (➔feed lots) in den südlichen und zentralen Plainsstaaten parallel zur Erschließung der Grundwasservorräte des Ogallala-Aquifers.

Auch eine Absatzorientierung ist angesichts des relativ hohen Werts der tierischen Produkte nicht zwingend. Die Entwicklung der Transport- und Kühltechnik hat im Gegenteil die Verlagerung der Schlachtbetriebe aus den Verbrauchszentren in die Produktionsräume ermöglicht, wie der Niedergang der Schlachthöfe von Chicago beweist. Unabdingbare Standortanforderung ist aber eine gute Verkehrsinfrastruktur zum Antransport der Futtermittel und zum Abtransport der tierischen Produkte. Da auf Futter etwa 50% der Produktionskosten entfällt, wird die Nähe der Importhäfen bzw. der Futtermittelwerke gesucht.

Massentierhaltungen sind im früheren Bundesgebiet besonders im Geflügelbereich vielfach in Betrieben ohne nennenswerte landwirtschaftlich genutzte Fläche anzutreffen.

Im Dezember 1995 wurden in Deutschland 58% aller Masthühner in Beständen mit mehr als 50.000 Tieren gehalten. 63,2% aller Legehennen standen in Beständen mit über 30.000 Tieren. In der Mastschweinehaltung hatten die Schweine in Beständen ab 1.000 Tieren einen Anteil am Gesamtbestand von 23,3%, und von den ca. 203.000 Milchkuhhaltern hatten 8,4% 50 und mehr Tiere, was 35,9% aller Milchkühe entspricht. Im Vergleich zu den anderen EU-Mitgliedstaaten ist die deutsche Rinder- und Schweinehaltung klein strukturiert.

Auf dem Gebiet der ehemaligen DDR waren Betriebe mit bis zu 100.000 Tieren (v.a. Schweine) bestückt.

Milchkuhhaltung nach Bestandsgrößenklassen in den Mitgliedsstaaten der Europäischen Union 1995

Staat	Betriebe mit Milchkühen Insgesamt Anzahl [1.000]		Anteil [%] der Betriebe mit ... Milchkühen weniger als 30		30 bis unter 50		50 und mehr	
	Betriebe	Tiere	Betriebe	Tiere	Betriebe	Tiere	Betriebe	Tiere
Belgien	21,9	688,4	53,7	27,3	27,9	33,6	18,4	39,1
Dänemark	16,0	702,5	32,6	11,6	31,5	28,0	35,9	60,4
Deutschland	203,1	5.217,2	74,4	39,3	17,1	24,8	8,4	35,9
Griechenland	27,0	178,1	95,4	66,8	2,9	15,7	1,7	17,5
Spanien	122,7	1.356,8	92,6	62,5	4,9	15,8	2,5	21,7
Frankreich	161,2	4.624,4	56,2	30,8	30,9	39,9	12,9	29,3
Irland	42,4	1.312,1	57,5	27,3	24,9	30,3	17,6	42,4
Italien	114,9	2.173,3	82,6	35,3	7,3	14,4	10,1	50,3
Luxemburg	1,4	48,6	35,0	19,9	50,7	54,8	13,6	25,3
Niederlande	37,5	1.707,9	30,3	10,3	30,1	26,1	39,6	63,6
Österreich	90,1	705,7	99,2	96,2	0,7	3,2	0,1	0,5
Portugal	58,5	381,8	95,4	62,5	2,9	16,2	1,7	21,4
Finnland	32,7	396,1	98,9	96,4	1,1	3,0	0,1	0,4
Schweden	17,6	481,4	66,0	40,3	24,0	32,7	9,9	27,0
Vereinigtes Königreich	38,4	2.555,4	23,4	5,2	21,6	12,8	54,9	82,0
Europa (EU-15)	985,4	22.529,5	73,8	33,9	15,1	24,7	11,1	41,3

Quelle: BML-Wochenbericht 27/98 nach EUROSTAT

Schweinehaltung nach Bestandsgrößenklassen in den Mitgliedstaaten der Europäischen Union 1995

Staat	Betriebe mit Schweinen Insgesamt Anzahl [1.000]		Anteil [%] der Betriebe mit ... Schweinen weniger als 400		400 bis unter 1000		1000 und mehr	
	Betriebe	Tiere	Betriebe	Tiere	Betriebe	Tiere	Betriebe	Tiere
Belgien	12,9	7.241,0	56,4	13,3	25,9	30,9	17,7	55,8
Dänemark	21,4	11.083,9	63,6	13,7	20,5	25,7	15,9	60,6
Deutschland	206,4	24.297,5	91,4	39,3	7,2	37,5	1,4	23,3
Griechenland	32,4	814,1	98,9	28,8	0,6	15,5	0,4	55,7
Spanien	209,9	12.699,8	96,2	24,0	2,3	24,1	1,5	51,9
Frankreich	90,0	14.162,4	87,7	14,1	7,5	30,8	4,8	55,1
Irland	2,4	1.500,7	75,0	4,4	9,4	9,9	15,2	85,7
Italien	279,0	8.060,7	98,7	21,6	0,6	13,4	0,6	65,0
Luxemburg	0,4	72,6	88,1	39,7	9,5	36,0	2,4	24,3
Niederlande	22,4	14.397,5	53,4	13,6	25,7	25,8	20,9	60,6
Österreich	106,4	3.694,8	98,7	79,7	1,3	18,7	0,0	1,5
Portugal	162,4	2.367,9	99,4	37,6	0,3	14,5	0,3	47,9
Finnland	7,5	1.399,8	91,2	71,7	8,1	23,9	0,5	4,4
Schweden	10,7	2.313,5	83,9	32,8	12,1	34,1	3,9	33,1
Vereinigtes Königreich	13,2	7.823,1	68,6	7,2	13,4	14,8	18,1	78,0
Europa (EU-15)	1.177,3	111.929,4	93,7	24,3	4,1	26,8	2,2	48,8

Quelle: BML-Wochenbericht 29/98 nach EUROSTAT

Täglich wurden dabei bis zu 2.500 t ➔Gülle in Fließgewässer oder ➔Gülleseen transportiert. In den Niederlanden wurden "Mistbanken" gegründet, welche Gülle in weniger belastete Regionen absetzen sollen.
Mögliche Probleme der Massentierhaltung:
- Probleme generell weniger als Ergebnis der absoluten Tierzahl, als vielmehr der Tierhaltung und der Aufstallungsform
- Einschränkung der artgemäßen Bewegung, z.B. Mindestfläche bei der Käfighaltung von Legehennen: 450 cm^2, Schnabelkürzen bei Legehennen, Kastrierung von Schweinen ohne Betäubung, zuchtbedingte Veränderung der Körperproportionen, die viele Tiere in ihren normalen Verhaltensabläufen behindert u.ä. (ethische und tierschutzrechtliche Aspekte)
- Beseitigung der Fäkalien
- Krankheiten, erhöhtes Seuchenrisiko (z.B. Europäische ➔Schweinepest, Hühnerpest, Newcastle Disease, ➔Maul- und Klauenseuche, ➔Aujeszkysche Krankheit)
- "Zwang" zum verstärkten Einsatz von ➔Antibiotika, Antiparasitika u.ä., verbunden mit der Gefahr der Bildung von Resistenzen und der Belastung der tierischen Produkte und Ausscheidungen mit Pharmaka
- ➔Emissionen
- betriebswirtschaftliche Gefährdung bei länger anhaltendem Preisverfall.

Die immissionschutzrechtliche Begutachtung landwirtschaftlicher Betriebe mit Intensivtierhaltung erfolgt in Deutschland im Rahmen des ➔Bundesimmissionsschutzgesetzes (BImSchG) unter Berücksichtigung bestehender VDI-Richtlinien. Als relevanter Immissionsparameter wird bei diesen Betrieben derzeit (1998) nur die Geruchsbelästigung angesehen. Für hygienisch wichtige Parameter (z.B. Emission von Stallstäuben mit Ammoniak und allergenen Mikroorganismen) bestehen keine Regelungen. Zudem ist 1996 im Rahmen der EU-weiten Harmonisierung des Umweltrechts die Zahl der Tiere deutlich heraufgesetzt worden, von der ab eine Genehmigung des Betriebes erforderlich ist. Nach der Vierten Verordnung zur Durchführung des BImSchG betrifft die Genehmigungspflicht Anlagen zum Halten oder zur Aufzucht von Geflügel sowie zum Halten oder zur getrennten Aufzucht von Schweinen mit
a) 20.000 Hennenplätzen
b) 40.000 Junghennenplätzen
c) 40.000 Mastgeflügelplätzen
d) 20.000 Truthühnermastplätzen
e) Mastschweineplätzen (Schweine von 30 kg oder mehr Lebendgewicht)
f) 750 Sauenplätzen einschließlich dazugehörender Ferkelaufzuchtplätze (Ferkel bis weniger als 30 kg Lebendgewicht) oder
g) 6.000 Ferkelplätzen für die getrennte Aufzucht (Ferkel von 10 bis weniger als 30 kg Lebendgewicht)
(➔AGRARFABRIK, ➔AGRARINDUSTRIELLES UNTERNEHMEN, ➔AGRIBUSINESS, ➔BODENUNABHÄNGIGE VIEHHALTUNG, ➔FUTTERMITTELIMPORTE, ➔INDUSTRIALISIERTE LANDWIRTSCHAFT, ➔INTENSIVLANDWIRTSCHAFT, ➔UMWELTWIRKUNGEN)

MASTHILFSMITTEL: Chemische Hilfsmittel zur Beschleunigung der Gewichtszunahme von Schlachttieren. Erlaubte Masthilfsmittel sind bestimmte ➔Antibiotika, nicht erlaubt (wegen der Gefährdung der menschlichen Gesundheit) sind ➔Hormone, z.B. Thyreostatika und Östrogene.

MATTEN, ALPINE: Pflanzenrasen in Gebirgen der gemäßigten Zone, hauptsächlich zwischen Waldgrenze und Schneegrenze. Merkmale sind lange Winterruhe, relativ kurze Vegetationszeit, verbreitete Beweidung, physiognomische Einheitlichkeit, floristische Differenzierung und Artenreichtum.

MAUL- UND KLAUENSEUCHE: Eine anzeigepflichtige, hochinfektiöse Tierseuche der Paarhufer, die durch sehr kleine Viren verursacht wird.

MEHRBAUHOF: Eine mehrteilige agrarbäuerliche ➔Behausung, bei der Wohn- und Wirtschaftsfunktion auf mehrere, entweder ganz voneinander getrennte oder mehr oder weniger locker miteinander verbundene Bauten verteilt sind. Der Begriff wird häufig synonym zu ➔*Gehöft* gebraucht.
Als Übergang zum ➔Ein(heits)hof lassen sich Formen klassifizieren, die aus einem mehrgliedrigen Baukörper bestehen, eine Form, die auch als *Sammelbauhof* bezeichnet wird.
Nach der Art der Zuordnung der Gebäude zueinander wird zwischen geregelter und ungeregelter Anlage unterschieden.
Der *ungeregelte Mehrbauhof* (auch *Haufenhof* oder *Streuhof*) besitzt eine regellose Zuordnung der Wohn- und Wirtschaftsgebäude mit einer oft großen Gebäudezahl für die einzelnen Funktionen. Er ist weltweit die am meisten verbreitete Form. Das Siedlungsbild der ländlichen Gebiete Afrikas und Asiens wird von ihr weitgehend beherrscht. In Mitteleuropa war sie ursprünglich weit verbreitet, wich aber aufwendigeren, geregelten Formen. Der Haufenhof findet sich z.T. noch in Nordeuropa, den Alpen, insbesondere in SO-Europa und im Mittelmeergebiet. Hierher gehört auch der Zwiehof (Paarhof) der Alpen.
Bei den verschiedenen Formen des *geregelten Mehrbauhofes* sind die Gebäude aneinandergereiht oder ordnen sich in geometrischer Form um einen Innenraum. Man unterscheidet zwischen *Zwei-*,

Drei- und *Vierseithöfen* (Firstlinie nicht durchlaufend) und *Zwei-, Drei-* und *Vierkantern* (Firstlinie durchlaufend). Letztere sind beispielsweise in Dänemark, Niederbayern und Niederösterreich vertreten. Der in Europa am weitesten verbreitete Typ des geregelten Mehrbauhofes ist das sogenannte *fränkische* oder *mitteldeutsche Gehöft*. Es ist ein Zweiseithof (Hakenhof), Dreiseithof oder Vierseithof, dessen Hofplatz beim Zwei- und Dreiseithof meist durch eine Torwand gegen die Straße abgeschlossen ist. Der Typ reicht bis weit nach SO- und Osteuropa. Das *Hofhaus* des Orients und das *Patiohaus* des Mittelmeergebietes und spanisch bzw. portugiesisch kolonisierter Überseegebiete werden ebenfalls den geregelten Formen des Mehrbauhofes bzw. Sammelbauhofes zugerechnet.
Dem Begriff *ungeregelter Mehrbauhof* entspricht das →*regellose Gehöft*, dem *geregelten Mehrbauhof* das →*Regelgehöft*. (→HOFFORMEN)

MEHRFACHNUTZUNG: Die Produktion von gewöhnlich zwei oder mehr →Kulturpflanzen auf derselben Fläche während einer →Vegetationsperiode (oder eines Jahres, wo dies gleichbedeutend ist), um auf diese Weise die Nutzung sowohl zeitlich als auch räumlich zu intensivieren. Die verschiedenen Kulturpflanzen können gleichzeitig angebaut werden, also als →Mischkultur, oder nacheinander, also in Anbaufolge.
Mehrfachnutzung ist eine sehr alte, global praktizierte Methode. Sie ist in Ländern der humiden Tropen die am weitesten verbreitete Anbaumethode.

MEIEREI: 1. Das →Vorwerk eines →Gutes, in vielen Fällen ein Viehhof.
2. Betrieb zur Verarbeitung von Milch- und Milchprodukten.

MEKA: Abk. für *Marktentlastungs- und Kulturlandschaftsausgleich*, ein Programm des Landes Baden-Württemberg zur Unterstützung der heimischen →Landwirtschaft bei deren landschaftspflegerischen Leistungen und für ihre Beiträge zur Reduzierung von Produktionsmengen. Dem MEKA liegt ein Punktesystem zugrunde, das erbrachte ökologische Leistungen in Abhängigkeit vom Mehraufwand der Arbeit, vom Ertragsausfall und vom landespflegerischen Wert honoriert.
Folgende Leistungen werden u.a. bewertet:
- die extensive Grünlandnutzung
- die Pflege von traditionellen Streuobstbeständen und Steillagen-Weinbergen
- die Erhaltung anspruchsloser, in ihrem Bestand bedrohter Nutztierrassen
- die Begrünungsmaßnahmen im →Ackerbau und bei →Dauerkulturen
- der Verzicht auf chemisch/synthetische →Pflanzenschutz- und →Düngemittel
- der Verzicht auf →Wachstumsregler im Weizen und Roggenanbau
- der Erhalt wertvoller →Biotope durch die Beibehaltung der landschaftlichen Nutzung von Feucht-, Nass-, Mager- und Trockenbiotopen

MELASSE: Bei der Zuckerfabrikation als Nebenprodukt zurückbleibende zähflüssige, schwarzbraune Mutterlauge; sie enthält etwa 50 % Zucker, 20 % Wasser, organische und anorganische Verbindungen und Kaliumsalze. Melasse wird als Viehfutter (Mischfutter, →Melasseschnitzel) und zur Herstellung von Hefe und Alkohol verwendet.
Rohrzucker wurde in früheren Jahrhunderten in Form von Melasse in die Zuckersiedereien der Alten Welt transportiert, da Zucker hygroskopisch ist.

MELASSESCHNITZEL: Das nach der Entzuckerung der zerkleinerten Rüben in Form von Schnitzeln übrigbleibende "Rübenmark", das unter Beifügung von →Melasse getrocknet und zu Pellets gepresst wird. Diese Melasseschnitzel sind ein energiereiches, lagerfähiges Viehfutter.

MELKROBOTER: Automatische Melkanlage, bei der die Kuh, die gemolken werden möchte, aus eigenem Antrieb die Melkbox betritt. Sofern die Daten auf dem Responder (Computerchip am Halsband der Kuh) das Melken erlauben (Datenabfrage z.B. nach dem letzten Melkzeitpunkt oder dem Gesundheitszustand), schließt der Automat die Box und gibt der Kuh zur Belohnung →Kraftfutter. Die Position der Zitzen wird mit einem Laser bestimmt. Nach ihrem Reinigen werden vom Roboterarm die Melkbecher angesetzt, die Kuh wird schonend gemolken. Beim Verlassen der Melkbox wird der Responder der Kuh neu programmiert, die Anlage reinigt sich anschließend selbsttätig.
Weltweit waren Mitte 1998 ca. 150 Melkroboter installiert.
Gegenwärtig sind folgende Aussagen zum Einsatz von Melkrobotern möglich:
- Der Produktionsrhythmus wird nicht mehr vom Menschen, sondern vom Tier selbst bestimmt, das mehrmals zum Melken geht. Dadurch wird eine bessere Eutergesundheit und eine höhere Milchleistung erwartet.
- Der Einsatz des Melkroboters beeinflusst die Milchqualität nicht negativ.
- Die Ställe können konsequent auf die Bedürfnisse des Tieres ausgerichtet werden.
- Voraussetzung für den Einsatz von Melkrobotern ist ein ganztägiger freier Kuhverkehr.

- Der Arbeitsrhythmus einer Bauernfamilie wird nicht mehr von festen Stallarbeitszeiten diktiert. Rasches Reagieren bei Störungen kann z.B. durch einen überbetrieblichen Bereitschaftsdienst ermöglicht werden.
- Die Wirtschaftlichkeit ist derzeit noch schwer beurteilbar.

MELIORATION: Melioration bezeichnet alle Bodenkulturmaßnahmen zur Verbesserung des Bodenwasser-, Bodenluft- und Nährstoffhaushaltes mit dem Ziel der Erhöhung der ➔Bodenfruchtbarkeit und der Ertragssteigerung sowie der Verhinderung von ➔Bodenerosion, ➔Bodenversauerung und ➔Bodenversalzung. Meliorationsmaßnahmen i.e.S. sind Ent- und ➔Bewässerung, Entsteinen, Grünlandumbruch, Tieflockerung, Umverteilung des Substrates (im Falle von Substratschichtung), Einbringung von bodenfremden, z.T. synthetischen Stoffen, Kalkung und Düngung sowie ➔Rekultivierung. Auch die Beseitigung von Kleinbiotopen, die aus der Sicht rationeller Landbewirtschaftung Wirtschaftshindernisse darstellen (Feldgehölze, ➔Hecken, Ufervegetation, Ackerrandstreifen usw.) kann dazu gerechnet werden. Die Maßnahmen können auf betrieblicher und überbetrieblicher Ebene stattfinden.
Der erweiterte Begriff der Standortmelioration als Bestandteil der ➔Landeskultur umfasst auch indirekt verbessernde Maßnahmen wie ➔Flurbereinigung, Wind- und Wassererosionsschutz. (➔BODENHILFSSTOFFE, ➔DRAINAGE)

MERGELGRUBE: Heute aufgelassene, aber in der ➔Landschaft noch gelegentlich erkennbare Abbaugruben von Mergel (Kalk-Ton-Gemisch), der vor der Einführung des ➔Kunstdüngers verbreitet zur ➔Düngung bzw. zur ➔Bodenverbesserung diente. Gewonnen wurden die Materialien üblicherweise im damaligen Allmendland.

METABOLITE: Abbau- und Umwandlungsprodukte von ➔Pflanzenschutzmitteln, Wirkstoffen und organischen Umweltchemikalien.

METATERIA: Süditalienische Form der Teilpacht, bei der nur ➔Parzellen und nicht ganze Höfe verpachtet wurden. (➔MEZZADRIA)

METHAN: Ein sowohl direkt wie auch indirekt treibhauswirksames Spurengas. Methan nimmt pro Molekül im Vergleich zum CO_2 das 30fache an Wärme auf.
Methan (CH_4) entsteht stets dort, wo organisches Material unter anaeroben Bedingungen (ohne Sauerstoff) abgebaut wird. Die wesentlichen *natürlichen Quellen* für Methan sind Feuchtgebiete (Sumpfgas), Ozeane und Seen sowie die Aktivität von Termiten; die *anthropogenen Quellen* sind ➔Nassreisanbau, ➔Viehhaltung, Lagerung und Ausbringung von ➔Wirtschaftsdünger, Biomasseverbrennung und Brandrodung in den Tropen, Erdöl/Erdgas-Förderung und -Verteilung, Kohlebergbau, Abwassersysteme und Mülldeponien.
Die wichtigste Abbaureaktion stellt die Umsetzung mit photochemisch in der Troposphäre gebildeten Hydroxylradikalen (OH) dar. Dabei entstehendes ➔Ozon stellt die indirekte Treibhauswirkung des CH_4 dar. Unbedeutender sind die gleichen Reaktionen in der Stratosphäre. Daneben vollzieht sich ein mikrobieller Abbau in ➔Böden.
In den vergangenen 200 Jahren stieg die atmosphärische Methankonzentration von etwa 0,8 ppmv auf 1,72 ppmv Anfang der neunziger Jahre. Dieser Anstieg verläuft seit längerer Zeit in etwa parallel mit dem Weltbevölkerungswachstum.
Global ist die ➔Landwirtschaft für knapp 60% aller anthropogenen CH_4-Emissionen (jährliche Gesamtsumme etwa 360 Mio. t CH_4) verantwortlich, in Deutschland für 34,2%.
Die Methanbildung in den Reisfeldern erfolgt durch anaerobe mikrobiologische Prozesse beim Abbau organischer Substanzen im Boden. Anoxische Bedingungen im Boden entstehen als Folge der Überflutung. Die Intensität der Methanbildung hängt von Art und Menge der organischen Substanz im Boden ab, zusätzlich von Temperatur, von einem negativen Redoxpotential im Boden sowie vom ➔pH-Wert ab.
Der Verdauungstrakt von Wiederkäuern und anderen pflanzenfressenden Haustieren ist eine der wichtigsten Methanquellen. Die Haustiere sind mit 16% an der gesamten globalen bzw. mit 23% an der anthropogenen Methanemission beteiligt.

Prognose der Methanemission aus tierischen Exkrementen

Jahr	Methan [Mio. t/Jahr]
1990	11,119
2000	18,443
2025	26,108
2100	34,903

Quelle: Enquete-Kommission "Schutz der Erdatmosphäre", 1994

Entsprechend der zu erwartenden Zunahme der Tierbestände zur Versorgung der wachsenden Weltbevölkerung wird auch eine Zunahme der Methanemissionen aus den tierischen Exkrementen prognostiziert.

Möglichkeiten zur Reduktion der in der Tierhaltung anfallenden Methanemissionen:

1. Verbesserung der Futterzusammensetzung und -verwertung
   - Erhöhung der Verdaulichkeit durch mechanische oder chemische Behandlung des Futters
   - Optimale Ausgewogenheit der Futterzusammensetzung durch Zugabe von limitierenden Nähr- und Wirkstoffen
2. Leistungssteigerung durch Tierzüchtung
   - Steigerung der Produktionsleistung und Wachstumsrate
   - Steigerung der Reproduktion
   - Verbesserung der Krankheitsresistenz
3. Veränderung der Pansenmikroflora
   - Gentechnische Veränderung der Pansenmikroorganismen
   - Biotechnologische Beeinflussung durch Zugabe spezifischer Hemmstoffe oder ➔Antibiotika
4. Leistungssteigerung durch Hormonzugabe (v.a. Wachstumshormone)
   - Rinder-Somatotropin (➔BST)
   - Anabole Steroide
5. Verbesserung der Reproduktionsleistung (Beeinflussung der Fortpflanzung)
   - Erzeugung von Zwillingsgeburten
   - Embryo-Transplantation
   - Künstliche Besamung und Brunftsynchronisation

Die drei letztgenannten Maßnahmen sind wegen Gefahren für die menschliche Gesundheit verboten bzw. nur in einigen Ländern zulässig, wie das BST, andere haben technische Grenzen (Veränderung der Pansenmikroflora) oder sind relativ teuer. Eine höhere Einzeltierleistung führt zudem nur dann zu einer Reduktion der Methanemissionen, wenn gleichzeitig die Anzahl der Tiere entsprechend reduziert wird.

Die Methanemissionen aus tierischen Exkrementen als zweite wesentliche Quelle haben vor allem durch die Flüssigmistsysteme, infolge anaerober Lagerungsbedingungen der ➔Gülle und ➔Jauche zugenommen. Weidehaltung führt zu geringeren Emissionen. Die Flüssigmistsysteme in Deutschland verursachen etwa 90% der Methanemissionen.

Mögliche Gegenmaßnahmen sind:

1. Reduktion der Tierbestände
2. Verkürzung der Lagerzeiten von Gülle (Verkürzung der Ausbringungsintervalle durch entsprechende Technik, z.B. Schleppschläuche, und besondere Fruchtfolgegestaltung)
3. Belüftung der Gülle (allerdings mit der Gefahr verstärkter Ammoniakbildung)
4. Biogasnutzung (mit den Vorteilen: Energiegewinnung, Erzeugung organischen Düngers, Geruchsbeseitigung, Teilhygienisierung, Trennung von flüssiger und fester Phase, Vermeidung von Umweltbelastungen)
5. Lagerung unter Luftabschluss

Weniger als 1% der Gülle wird derzeit in Deutschland in Biogasanlagen behandelt. Durch eine weitere Verbreitung von Biogasanlagen könnte die Methanemission aus den Tierexkrementen um 70% vermindert werden.

Ob eine Reduktion der Zahl von (Methan-emittierenden) Zugtieren und ihr Ersatz durch mit fossilen Treibstoffen betriebenen Traktoren die CO_2-Erhöhung in der Klimarelevanz aufwiegt, ist eine noch nicht untersuchte Frage. Immerhin schätzte man für die erste Hälfte der neunziger Jahre, dass 139 Mio. Wasserbüffel, 20 Mio. Kamele, 61 Mio. Pferde, 44 Mio. Esel und 14 Mio. Mulis für Trag- und Zugaufgaben eingesetzt wurden. (➔TREIBHAUSEFFEKT, ➔UMWELTWIRKUNGEN)

MEZZADRIA: Agrare ➔Betriebsform in Italien (vorwiegend Mittel- und Oberitalien), bei dem die stadtsässigen Eigentümer ihr Land in Halbpacht bestellen lassen. Die Halbpächter (Mezzadri) leisten dabei 50% der Pachtzahlung als Naturalabgabe aus den Ernteeinkünften. Es handelt sich i.d.R. um Einzelhöfe, die zur Erhaltung der Leistungsfähigkeit der Betriebe keine Teilung erfahren. Der Eigentümer versucht eine Überbesetzung der Höfe zu vermeiden, so dass die Größe der bewirtschaftenden Familie abhängig ist von der durchaus unterschiedlichen Größe und Naturausstattung der Betriebe. Die Eigentümer sind zwar stadtsässig, verbringen aber häufig im Sommer einige Monate auf dem Besitz zur Erholung und gleichzeitig zur Beaufsichtigung und Kontrolle des Betriebes.

Wesentliche Kennzeichen der Mezzadria sind:

- Verpachtung eines Betriebes mit Hof und Land (de facto eine Erbpacht)
- der Besitzer stellt das erste Saatgetreide und übernimmt die Kosten für ➔Meliorationen, Anlage von Spezialkulturen, für Maßnahmen gegen ➔Bodenerosion usw.
- der Besitzer leitet seine Pächter durch Vorschriften, Rat und Tat an
- die Halbpächter bringen ihre eigene Arbeitskraft und die ihrer Familien sowie die Arbeitsgeräte ein
- alle weiteren Kosten (z.B. Erneuerung der Pflanzen, ➔Düngung, Spritzmittel) werden zwischen Eigentümer und Pächter hälftig geteilt

Durch die starke Einbeziehung des Halbpächters in Entscheidungen, Gewinne und Investitionen besitzt er großes Interesse an den Anbausystemen und nicht zuletzt am Betriebserfolg.

In den letzten Jahrzehnten vollzog sich insbesondere bei den Großbetrieben der bisherigen Mezzadria ein ➔Strukturwandel. Die Eigentümer fassten dabei ihr früher in mehrere Halbpachtbetriebe aufgeteiltes Land zu einem Großbetrieb von 100 bis 1.000 ha zusammen und bewirtschaften ihn "a conto diretto", d.h. auf eigene Rechnung. (→METATERIA)

MICRO CATCHMENT: Kleine Wassersammel-Parzelle von ca. 1-3 Ar Größe, deren Oberfläche komprimiert und eingeebnet ist, damit sich Oberflächenwasser bildet. Dieses fließt den tiefstgelegenen Teilen der →Parzelle zu, wo sich die jeweiligen →Kulturpflanzen befinden. Die Form der Wassersammel-Parzelle ist quadratisch oder streifenförmig, je nach Gelände- und Kulturart. Ihre Größe wird durch die Niederschlagsverhältnisse und den Wasserverbrauch der angebauten Kultur bestimmt. Auf jeden Fall muss der wassersammelnde Teil der Parzelle außerhalb des Wurzelbereiches der Kultur liegen. (→BEWÄSSERUNG, →BEWÄSSERUNGSWIRTSCHAFT, →WATER HARVESTING)

MIETE: Im →Landbau eine Lagermöglichkeit für geerntete Feldfrüchte (vorwiegend Rüben, Kartoffeln) auf der Feldflur; meist am Rande des abgeernteten Feldes. Zur Abdeckung und als Schutz (Frost, Reduzierung der Atmung) wurden früher eine Schicht Stroh und darüber eine Schicht Erde verwendet, heute kommt meist zusätzlich eine Plastikfolie zum Einsatz.

MILCHAUSTAUSCHFUTTERMITTEL: →Mischfuttermittel, die dazu bestimmt sind, unverändert oder mit Flüssigkeit zubereitet an Mastkälber oder, in Ergänzung oder als Ersatz der postkolostralen Muttermilch, an andere Jungtiere verfüttert zu werden.

MILCHQUOTE: Regelung der →Gemeinsamen Agrarpolitik, in der zur Einschränkung der Milchproduktion und damit zum Abbau von Überschüssen seit 1985 jedem Mitgliedstaat die volle Preisgarantie nur noch für eine bestimmte Milchmenge zugesagt wird. Den Mitgliedstaaten obliegt die Aufteilung der Quote auf die einzelnen Betriebe. Bei einer Überschreitung der zugeteilten Produktionsmenge muss der Betrieb eine "Mitverantwortungsabgabe" entrichten.

MILCHTIERHALTUNG: Zweig der Nutztierhaltung zum Zwecke der Milchgewinnung. Hinsichtlich der Marktorientierung ist zu unterscheiden zwischen Milchtierhaltung in

1. Subsistenzwirtschaft mit folgenden Merkmalen:
   - alle laktierenden Nutztiere potentiell als Milchtiere genutzt
   - geringes Ertragsniveau durch mangelnde Zucht
   - primitive Haltungsformen und hohes Alter der Einzeltiere
   - Haltbarmachung und Verarbeitung der Milch für milchlose Zeiten notwendig
2. *kommerzialisierten Landwirtschaftsbetrieben* mit folgenden Merkmalen:
   - wichtigste Milchtiere sind Rinder, Büffel, Schafe, Ziegen
   - Milch teilweise oder vollständig vermarktet
   - Steigerung der Milchleistung und -qualität durch Hochleistungsrassen
   - geregelte →Futterwirtschaft und Haltungsformen durch hohen Mechanisierungsgrad
   - Leistungsnachweis durch Milchkontrolle zielt auf Standard mit hoher Tages- bzw. Jahresmilchmenge
   - allgemeine Leistungssteigerung verkürzt Lebensdauer der Einzeltiere

Spezialisierungen in der Milchtierhaltung und unterschiedliche sozio-ökonomische Rahmenbedingungen führten zu verschiedenen Betriebsgrößen und -organisationen:

- klein- bis mittelbäuerliche Milchtierhaltung: *Milchbetrieb, Milchhof, Milchfarm, dairy farm*
- großbäuerliche Milchtierhaltung: *Milchwirtschaftsbetrieb, Tambo* (in Argentinien)
- milcherzeugender Großbetrieb: *Estancia* (Argentinien), *dairy ranch* (Südafrika)
- genossenschaftliche Milchtierhaltung: *Milchkolonien* (Indien)
- Milchtierhaltung in der Form der *GmbH* und *CoKG*
- (frühere) sozialistische Milchtierhaltung in Großbetrieben: *Milchkolchose*

MILPA-SYSTEM: Mit Brandrodung verbundene Form des →Wanderfeldbaus in Zentralamerika. (→SHIFTING CULTIVATION)

MINDESTPREIS: Vom Staat festgelegte Untergrenze für die Erlöse bestimmter Produkte zum Schutz eines Wirtschaftszweiges. Auch in einigen →Marktordnungen der →Gemeinsamen Agrarpolitik sind Mindestpreise vorgesehen.

MINERALBODEN: 1. →Boden, bei dem die Festsubstanz aller →Bodenhorizonte - mit Ausnahme der Humusauflage - mindestens zu 70%, i.d.R. jedoch zu mehr als 95% aus anorganischen (mineralischen) Substanzen besteht und bei dem entweder keine H-Lagen oder nur solche von <30 cm Mächtigkeit vorliegen.
2. Bodenprofilbereich unterhalb einer Humusauflage, in dem die Gehalte an →Humus unter 30% liegen müssen. (→BODENPROFIL)

MINERALDÜNGER: Entweder direkt verwendete, natürlich vorkommende Mineralstoffe (mineralische Naturdünger) oder zur besseren Aufnehmbarkeit oder Anpassung an den Pflanzenbedarf chemisch aufbereitete Stoffe (viele Phosphat- und Kalidün-

ger). Die meisten N-Dünger werden allerdings synthetisch aus dem Luftstickstoff hergestellt (wobei der organische →Dünger Harnstoff aus gesetzlicher Sicht auch zu den Mineraldüngern zählt). Entsprechend ihrer fabrikatorischen "künstlichen" Herstellung werden die Mineraldünger auch als "Kunstdünger" bezeichnet.
Üblich wurde die Mineraldüngung nach der Begründung der →Agrikulturchemie durch *J. von Liebig* (1803 - 1873). Kunstdünger (Ammoniumsulfat) wurde erst nach 1820 als Nebenprodukt der Verkokung hergestellt. 1855 entstand in Lehrte die erste Superphosphatfabrik in Deutschland. Nachdem 1839 bei Staßfurt Kalisalze erbohrt worden waren, gewann die Kalidüngung nach 1860 rasch an Bedeutung. Der wichtigste Schritt für die Phosphatdüngung erfolgte 1885 mit der Anwendung von Thomasmehl (gemahlene Thomasschlacke). Ab 1910 fand synthetisch gewonnener Stickstoff Verwendung.
Mineralische Düngemittel können in Abhängigkeit von der Herkunft ihrer Rohstoffe oder aufgrund der Herstellungsverfahren mit Schadstoffen belastet sein. Es werden vor allem Cadmium (überwiegend aus Phosphatdüngern) und Chrom, in geringerem Ausmaß Blei, Nickel und Arsen eingetragen. Ein dringend erforderlicher EU-weiter Cadmium-Grenzwert besteht nicht.

MINERALFUTTERMITTEL: →Ergänzungsfuttermittel, die überwiegend aus mineralischen Einzelfuttermitteln zusammengesetzt sind, mindestens 40% Rohasche enthalten und vitaminisiert sowie mit bestimmten Spurenelementen angereichert sein können. Für jede Tierart muss abhängig von der Grundfutterbasis eine gezielte Auswahl des passenden Mineralfuttermittels vorgenommen werden. Fertig gekaufte →Mischfutter enthalten bereits einen leistungsgerechten Mineralausgleich.

MINERALISATION: Auch *Mineralisierung*; biochemische Zersetzung von organischer Masse (Nichthuminstoffe) durch Mikroorganismen im →Boden, wobei die Pflanzennährstoffe (anorganische, mineralische Substanzen) frei und verfügbar werden. Die Mineralisation ist ein Teilprozess der →Verwesung. Dabei wird Energie freigesetzt, was deutlich wird an der Erwärmung von →Stallmist oder →Kompost. Unter aeroben Bedingungen (gute Bodendurchlüftung) handelt es sich um Oxidations- (mikrobielle Veratmung) unter anaeroben Bedingungen um Reduktionsprozesse. Je nach ihren Inhaltsstoffen ist organische Substanz leicht oder schwerer mineralisierbar. Die Mineralisation ist ein wichtiges Glied im Nährstoffkreislauf eines →Ökosystems, da durch sie ein großer Teil der Nährstofffreisetzung und damit die Pflanzenernährung gewährleistet wird.

MINERALSALZE: Unter natürlichen Bedingungen im →Boden enthaltene →Nährstoffe für die Pflanzen. Die wichtigsten sind N, K, Ca, Mg, P, S, auch Hauptnährelemente genannt.
Stickstoff kommt im Boden als →Nitrat oder Ammoniumsalz vor. Das Ammonium entsteht beim Abbau von Aminosäuren, bzw. beim Humusabbau ("ständig fließende Stickstoffquelle"). Daneben können in schlecht durchlüfteten Böden auch →Nitrit, N_2O, NO und NO_2 vorkommen; sie spielen für die Pflanze aber keine große Rolle.
Die wichtigste *Phosphor*quelle im Boden sind die Phosphate, Salze der Orthophosphorsäure. Phosphate können aus natürlichen Mineralphosphaten (= Apatite) durch Verwitterung freigesetzt werden. Sie werden dann von den →Bodenkolloiden oder dem →Humus adsorbiert. Phosphor ist in vielen Naturböden ein →Minimumfaktor, da die Nachlieferung aus Mineralien schlecht ist.
*Kalium*ionen können z.B. aus Feldspat und Glimmer durch Verwitterung freigesetzt werden. Diese Ionen werden dann an Tonmineralen sorbiert. K kann aber im humiden Klima rasch ausgewaschen werden, was in fast allen Böden einen K-Mangel verursacht.
Calcium wird wie Kalium aus vielen Mineralien (Kalke, Dolomite, Gips, Kalkfeldspat u.w.) freigesetzt. Auch Ca^{2+} wird im Boden an Kolloidteilchen sorbiert.
Magnesium kommt im Boden in vielen Mineralien vor. Nach der Freisetzung als Mg^{2+} erfolgt ebenfalls eine Sorption.

MINIFUNDIUM: Landwirtschaftlicher Kleinbesitz mit →Subsistenzwirtschaft, der in vielen Staaten, besonders in Entwicklungsländern weit verbreitet ist. Die Besitzer von Minifundien sind sozial den Landarbeitern sehr nahe, da ihr Betrieb als Existenzbasis meist nicht ausreicht. Häufig sind sie zu einem Zuverdienst auf →Latifundien gezwungen.

MINIMAL-BESTELLTECHNIK: Weitgehend synonym zu *Minimalbodenbearbeitung*; Gesamtheit der Verfahren, die in einem Arbeitsgang, also mit einer kombinierten Maschine, die →Bodenbearbeitung (Saatbettvorbereitung) und Aussaat, teilweise auch die Düngerausbringung durchführen. Die Minimal-Bestelltechnik strebt an, den Gesamtaufwand für die Feldbestellung zu verringern. Sie findet in der Getreidebestellung ihren bevorzugten Anwendungsbereich, regional besonders im maritimen Klimabereich und bei schweren Böden (z.B. in England und Schleswig-Holstein).
Formen der Minimal-Bestelltechnik:

- →Direktsaat - Saatgutablage mit Hilfe von Spezialdrillmaschinen ohne →Bodenbearbeitung
- Bestellsaat - Kombination von (Zapfwellen)Eggen oder Feingrubber mit →Drillmaschine, erfordert

meist eine vorhergehende Grundbodenbearbeitung mit ➔Pflug oder ➔Grubber

- Frässaat - Kombination von Bodenfräse und Drillmaschine, meist ohne vorherige Bodenbearbeitung
- Pflugsaat - meist Packerkombinationen mit aufgebauter Sävorrichtung, erfolgt zugleich mit der Grundbodenbearbeitung

Mit der Minimalbestellung *ohne Pflug* will man nicht nur den Gesamtaufwand senken, sondern auch gravierende Nachteile des Pflügens (Förderung von ➔Bodenerosion, und Verschlämmung, Fäulnisprozesse durch vergrabene organische Substanz, Verdichtungen u.a.) vermeiden. (➔DRUSCH-SAAT-VERFAHREN)

MINIMUMFAKTOR: Umweltfaktor, der jeweils die Wachstumsleistungen der Pflanzen am stärksten begrenzt, bzw. dessen Steigerung die größte Produktionszunahme bewirkt (z.B. Gehalt an pflanzenverfügbarem Phosphor im ➔Boden).

MIR-SYSTEM: In der vorsozialistischen russischen Agrarverfassung die bäuerliche Gemeinschaft, in der die Gemeinschaft der Familienhäupter (Mir) über das Nutzungsrecht am Gemeindebesitz verfügt. Der Mir teilte jedem männlichen Mitglied der Dorfgemeinschaft in jährlichem oder mehrjährigem Turnus aus dem Gemeindebesitz Land zu. Dies geschah im Umverteilungsverfahren und war mit starker ➔Besitzzersplitterung und ➔Flurzwang verbunden.

MISCHFUTTER(MITTEL): Mischungen aus lufttrockenen Einzelfuttermitteln, die zu 80% pelletiert, aber auch mehlförmig in den Handel gelangen. Sie werden als Schüttgüter gelagert und hauptsächlich lose in Silofahrzeuge verladen und zu den Kunden transportiert.

Mischfutter ist das bedeutendste ➔Betriebsmittel für die deutsche ➔Landwirtschaft. Es ist eine notwendige Vorleistung für eine intensive und rentable Tierproduktion. So erfolgt die Fütterung von Schweinen und Geflügel in größeren Anlagen ausschließlich oder weitgehend auf der Basis von Mischfuttermitteln.

<u>Vorteile des Einsatzes von Mischfuttermitteln:</u>

- Berücksichtigung neuer Erkenntnisse der Ernährungsphysiologie und Futtermittelkunde bei der Zusammensetzung der Mischfuttermittel
- Effektive und rentable Versorgung der Tiere mit Nährstoffen entsprechend des Bedarfs
- Im Gemisch treten ungünstige Eigenschaften von Einzelfuttermitteln zurück
- Spezielle Technologien (Zerkleinern, Homogenisieren, Hitzebehandlung, Pressen, Extrudern u.a.) erzielen nicht nur eine Qualitätsverbesserung einzelner Komponenten und der Mischung, sondern es ergeben sich weitere Vorteile, die u.a. den Transport, die Lagerung, die Futterdarbietung und -aufnahme sowie die Fütterungs- und Arbeitshygiene betreffen.
- Ständige Qualitätskontrolle durch den Mischbetrieb und zuständige Behörden.

Die 541 Mischfutterwerke in Deutschland produzierten 19,12 Mio. im Wirtschaftsjahr 1996/97 Tonnen Mischfutter. Geprägt wird die deutsche Mischfutterwirtschaft von vier großen Herstellern mit einer Jah-

Rohstoffverbrauch der Mischfutterhersteller in Deutschland 1997/98 (Gesamtverbrauch: 18,4 Mio t)

Rohstoff	Verbrauchs-anteil [%]
Getreide (vorw. Weizen, Gerste, Mais; seltener Triticale, Hafer, Roggen; ausschließlich EU-Produkte)	34,2
Ölschrote, -kuchen (Nebenprodukte der Ölmühlen; u.a. von Raps, Sonnenblumen; Soja bedeutendes Importgut)	24,4
Mühlennachprodukte (Kleie, Nachmehle, Futtermehle, überwiegend inländisch)	8,3
Maiskleberfutter	7,1
Zuckerhaltige Futtermittel (Zuckerrübenschnitzel, Melassen)	5,6
Zitrus- und Obsttrester	2,9
Hülsenfrüchte (u.a. Futtererbsen, Ackerbohnen)	2,2
Tierische Eiweißfuttermittel (Fischmehl/Tiermehl/Blutmehl)	2,2
Maniokprodukte	0,4
Ölsaaten (Raps, Sonnenblumenkerne)	0,1
Sonstige Futtermittel	12,5

Quelle: Fachverband der Futtermittelindustrie 1996 und pers. Mitteilung

Mischfutterverwendung in Deutschland nach Tierarten 1995

Tierart	Verwendungsanteil [%]
Rinder	44
Schweine	32
Geflügel	21
Pferde	1
Sonstige	2

Quelle: AGRARMARKT 12/1996

resproduktion von ca. 1 Mio. Tonnen und mehr und von sieben weiteren Firmen mit einer Jahrestonnage zwischen 450.000 und 800.000 Tonnen. Der Umsatz der deutschen Mischfutterindustrie beläuft sich auf rd. 8 Mrd. DM, das sind rd. 86% der Umsätze des gesamten Futtermittelbereichs. Der wertmäßige Mischfutteranteil an den ➔Vorleistungen der Landwirtschaft stieg von 5,9% (1953/54, aBl) auf 23,1% (1995/96, D).

MISCHKULTUR: 1. In der ➔Landwirtschaft der gleichzeitige Anbau mehrerer Kulturpflanzenarten mit zeitlich gestuftem Reifeprozess auf derselben ➔Parzelle. Dabei kann die Mischkultur durchaus auch unterschiedliche Produktionsrichtungen auf dichtem Raum kombinieren. Die Anlage einer Mischkultur ist in der Reihe, in Zwischenreihen, in Streifen als ➔Stockwerkkultur oder als ➔Unterkultur möglich. Der Erfolg von Mischkulturen hängt von der ökologischen Verträglichkeit der beteiligten Pflanzen ab und davon, inwieweit sie sich ergänzen oder miteinander um die Nutzung der vorhandenen Umweltressourcen konkurrieren.
Mischkulturen sind vor allem in landwirtschaftlich stark gegliederten Regionen vertreten, in denen der Kleinstbetrieb vorherrscht und deshalb Handarbeit relativ preiswert einzusetzen ist. Global treten sie neben den mit nur einer Kulturart genutzten Parzellen in allen Agrarräumen auf:

- *Gemäßigte Breiten*: die Obstwiesen und -felder
- *Subtropen*: die stockwerkartige Überschichtung von Getreide- oder Gemüsebau unter Fruchtbäumen (z.B. Ölbäumen), z.T. in Kombination mit Weinreben; als ➔*coltura mista* (ital.) im Mittelmeerraum früher weit verbreitet
- *Tropen*: Kaffee- oder Kakaopflanzungen kombiniert mit schattenspendenden Bananen oder Viehweiden unter Kokospalmen und anderen Fruchtbäumen oder einjährige Pflanzen unter Kokospalmen, Kautschukbäumen oder die Mischung aus einjährigen Pflanzen unterschiedlicher Größe; dabei werden die hohen Pflanzen (Mais, Maniok) vor den niedrigen (Süßkartoffel, Mungbohne) geerntet

Die Vorteile von Mischkulturen werden in der vielseitigen und konzentrierten Nutzung gesehen, die zu hohen Flächenerträgen sowie zu Weg- und Zeitersparnis führen kann. Zudem können sich Mischkulturpflanzen gegenseitig stützen, etwa wenn Kletterpflanzen an Getreidestengeln hochranken. Darüber hinaus vermögen sie einander gegenüber starkem Regen, direkter Sonneneinstrahlung und heftigem Wind zu schützen. Außerdem wirkt eine vollständigere Vegetationsdecke der schnell voranschreitenden Erosion entgegen. Sie hilft auch, ➔Unkräuter zu unterdrücken, während die hohe Pflanzendiversität Schädlingspopulationen niedrig hält. Weitere Gewinne entstehen dadurch, dass die Feldfrüchte verschiedene ➔Nährstoffe im ➔Boden ausnutzen oder bestimmte Wechselwirkungen einen Schutz vor Krankheiten bieten. Gegenüber kurzfristigen ➔Monokulturen bieten Mischkulturen für eine längere Zeit eine große Vielfalt an Nahrungsmitteln. Darüber hinaus mindern Mischkulturen die Risiken eines totalen Ernteausfalls durch ungünstiges Wetter während der Vegetationsperiode. Dem steht die Gefahr der raschen Bodenerschöpfung, des eingeschränkten Maschineneinsatzes und der Arbeitsbehinderung bei zu dichtem Stand der Kulturen gegenüber. (➔ECOFARMING)
2. Im Rahmen der Moorkultivierung das Mischen von Resten des Torfs mit dem sandigen Unterboden bei Beendigung des Torfabbaus.

MIST: ➔STALLMIST

MITVERANTWORTUNGSABGABE: Innerhalb der ➔Gemeinsamen Agrarpolitik eine Abgabe im Bereich bestimmter Agrarprodukte, die zur Absatzförderung, Forschung, Qualitätsverbesserung, aber auch als Sanktion zur Einhaltung bestimmter Produktionsmengen eingesetzt werden kann. Zur Zeit wird im Milchsektor für die über die Garantiemenge hinaus erzeugte Milch zur Abschreckung eine Abgabe erhoben, die 115 % des Richtpreises für Milch beträgt.

MOLLUSKIZIDE: ➔Pestizide zur Bekämpfung von Mollusken (vorwiegend Schnecken). In Mitteleuropa werden sie vor allem gegen Nacktschnecken eingesetzt.

MONITORING: Ein System wiederholter Beobachtungen eines oder mehrerer Elemente der natürlichen ➔Umwelt nach Raum und Zeit mit bestimmten vorgegebenen Zeiten entsprechend eines zuvor festgelegten Planes. Es dient der Bewertung und Prognose des Zustandes der natürlichen Umwelt, schließt jedoch eine Steuerung der Qualität der natürlichen Umwelt nicht mit ein und unterscheidet sich dadurch vom Terminus Kontrolle. (➔LANDSCHAFTSMONITORING)

MONOKULTUR: Ständiger Anbau der gleichen ➔Kulturpflanze (Selbstfolge) auf dem gleichen Standort (Feld, ➔Plantage). Bei einjährigen Kulturen lässt sich ein wiederholter Anbau der gleichen Pflanzenart innerhalb eines Jahres oder in jährlichem Abstand vollziehen. Größere Abstände ergeben sich bei mehrjährigen Kulturen. Bei ➔Dauerkulturen sind es Jahrzehnte, die zwischen einem wiederholten Anbau liegen.

Monokultur ist auf Dauer nur möglich, wenn besondere Anbauverfahren und geeignete Pflanzenarten, wie beispielsweise bei der teils seit Jahrhunderten betriebenen Wasserreismonokultur in dicht besiedelten Gebieten Asiens, angewandt werden. Auch beim selbstverträglichen Mais ist aus Südamerika langjährige Monokultur bekannt.
Allgemein ist Monokultur mit einem Ertragsabfall bis zu einem etwa gleichbleibenden niedrigen Ertragsniveau oder auch bis zum völligen Ertragsausfall verbunden.
Wirkungsfaktoren bei durch Monokultur bedingtem Ertragsabfall:

- starke Vermehrung von artspezifischen Schädlingen und Krankheitserregern
- hohe Abundanz artspezifischer →Unkräuter
- verminderte Nährstoffverfügbarkeit durch veränderte biologische Aktivität und eine veränderte Bodenstruktur
- einseitiger Nährstoffentzug
- Einengung des Durchwurzelungsraumes auf Grund einer ständig wiederkehrenden, gleichartigen →Bodenbearbeitung
- Akkumulation artspezifischer Substanzen mit wachstumshemmenden Eigenschaften

(→FRUCHTWECHSEL, →POLYKULTUR)

MONOPRODUKTION: Der dominierende Anbau einer volkswirtschaftlich wichtigen →Kulturpflanze in einem Land.

MOOR: Vom Regen- oder Mineralbodenwasser abhängige Lebensgemeinschaften auf Torfböden in natürlichem oder naturnahem Zustand, einschließlich bestimmter Degenerations- und Regenerationsstadien. Es besteht eine überwiegend waldfreie Formation aus moortypischer Vegetation.
Entsprechend ihrer Entstehung hängt die Verbreitung der Moore in Mitteleuropa eng mit den Klimabedingungen sowie der Oberflächengestaltung nach Rückgang des Inlandeises zusammen:
Hochmoore: in den niederschlagsreichen, küstennahen Gebieten der Nordsee, nördliches, glazial geprägtes Alpenvorland, außerhalb der Vereisungsgebiete kleinere Hochmoore in fast allen Mittelgebirgen
Niedermoore: vor allem im Bereich der Urstromtäler (Warthe-Netze-Oderbruch) und anderen Flussniederungen (Donaumoos).
Weltweit gesehen, haben Moore ihre größte Verbreitung in kühlen Klimaten. Das hängt damit zusammen, dass dort durch niedrigere Temperaturen die Tätigkeit der Streuzersetzer stärker gehemmt ist als der Pflanzenwuchs.
Hochmoore wurden in den vergangenen Jahrhunderten vielfach durch mehr oder minder planlosen Torfstich zur Gewinnung von Brenntorf oder durch extensive →Moorbrandwirtschaft genutzt. Die in Deutschland gebräuchlichsten Verfahren der Niedermoorkultivierung waren die →Schwarzkultur und die →Sanddeckkultur. (→DEUTSCHE HOCHMOORKULTUR, →FEHNKULTUR, →SANDMISCHKULTUR)

MOORBRANDWIRTSCHAFT: Aus Holland im 18. und 19. Jh. in die nordwestdeutschen Moore gelangtes Wechselsystem. Dabei wurde im Herbst die zu nutzende Fläche flach entwässert, die obere Moorschicht aufgelockert, im späten Frühjahr auf ca. 5 - 10 cm Tiefe abgebrannt und in die als →Düngung dienende Asche Sommergetreide (meist Buchweizen, daher auch der Begriff *Buchweizenbrandkultur*) eingesät. Nach 7 - 10 Jahren Anbau erfolgte eine Brache von 30 - 50 Jahren, während der sich das Moor regenerierte (Heidehumusbildung) und als Weidefläche diente. Die Erträge waren gering, Missernten keine Seltenheit, da es sich um ein bodenausbeutendes →Ackerbausystem handelte, das tief in den Naturhaushalt eingriff. Durch das generationenlange Moorbrennen wurde der vorher bis 2 m mächtige Weißtorf vielerorts fast vollständig heruntergebrannt, und staunasse ackerbaulich wertlose →Böden blieben zurück.
Die Moorbrandwirtschaft wird als extensive Vorstufe (→Wanderfeldbau) zur heutigen →Moorkultur angesehen.

MOORHUFENDORF: Planmäßig angelegte Reihensiedlung des 16. bis 18. Jh. Das Moorhufendorf hat in der Regel eine Breitstreifenflur mit Hofanschluss. Die Grenzen der Breitstreifen werden durch Entwässerungsgräben markiert.

MOORKOLONISATION: Vorgang der Landerschließung und -nutzung in Moorgebieten durch die →Moorkultur. Dabei wurden Moorkolonien angelegt. Erste Moorerschließungen setzten im Mittelalter (Niederlande) ein. Die Kerngebiete der →Moore blieben menschenleer bis in die Zeit des Merkantilismus. Durch die Peuplierungspolitik vermehrten die absolutistischen Fürsten die Zahl ihrer Untertanen und damit ihre Macht. Kolonisationen im 17. Jh. z.B. in den Hochmooren Ostfrieslands und des Emslandes wurden von erfahrenen Niederländern durchgeführt. Weitere Kolonisationen erfolgten im 18 Jh. z.B. in den Niedermooren des Havellandes, der Wartheniederung und des Rhinluch bei Rhinow. In Süddeutschland (Oberschwaben, bayerisches Voralpenland) wurden vor allem gegen Ende des 18. und zu Beginn des 19. Jh. weite Moorflächen entwässert. Große Flächen der Emslandmoore wurden erst im 20 Jh. zu Wirtschaftsland.

MOORKULTUR: Kulturtechnisches Verfahren zur Nutzung von →Mooren. Bei der Moorkultur wird eine systematische Entwässerung betrieben und durch →Melioration ein dauerhafter Kulturboden aufgebaut. (→FEHNKULTUR, →SANDDECKKULTUR, →SCHWARZKULTUR)

MOORSIEDLUNG: Hochmoorsiedlung, deren Existenz im Gegensatz zur →Fehnsiedlung von Beginn an auf →Landwirtschaft basierte und der deshalb ein schiffbarer Kanal für den Transport des Torfes fehlt. Siedlungsform der Moorsiedlungen ist zumeist die - im Vergleich zu den Fehnkolonien in der Regel lockere - Reihensiedlung mit hofanschließender →Streifenflur.

MORGEN: Dieses alte bäuerliche Feldmaß hat - je nach Region - viele Namen (z.B. Joch, Juchert, Tagewerk) und entspricht ebenso vielen Ackerflächen. Generell gilt heute, dass 1 Morgen 1/4 Hektar umfasst, also ca. 0,25 ha bzw. 25 a. Früher entsprach 1 Morgen derjenigen Ackerfläche, die mit dem regional üblichen Gespann bei den vorherrschenden Böden an einem Vormittag gepflügt wurde.
Beispiele: Baden: 0,36 ha; Bayern: 0,341 ha; Braunschweig: 0,25-0,33 ha; Hannover: 0,262 ha; Hamburg und Hessen-Nassau: 0,25 ha; Holstein: 1,0 ha; Oldenburg: 1,22 ha; Preußen: 0,255 ha; Sachsen: 0,277 ha; Vorpommern: 0,655 ha; Westfalen:0,255 ha; Württemberg: 0,315 ha; Wien: 0,576 ha.

MOSHAV: Genossenschaftlich organisierte →ländliche Siedlung in Israel, mit im Unterschied zum →Kibbuz höherem Anteil von persönlichem Privateigentum. Ihre Idee beruht auf dem Prinzip der Gleichheit in den Grundbedingungen - Eigenarbeit und gegenseitige Hilfe der Siedler - verbunden mit Entscheidungsfreiheit in der Wirtschaftsführung und Lebenshaltung. Moshavim übertreffen heutzutage die Kibbuzim nach Zahl der Siedlungen (400 : 280), wie auch der Einwohner (160.000 : 130.000). Mit der verbesserten Sicherheitssituation im Gefolge der Staatsgründung erfolgten die meisten Neugründungen von →ländlichen Siedlungen im Innern Israels in Form von Moshavim und nur entlang der Grenzen und im Negev als Kibbuzim. Insbesondere Einwanderer aus Osteuropa und aus den arabischen Ländern, die nach 1948 nach Israel kamen und im Gegensatz zu den ersten Pionieren nicht von der sozialistischen Idee beseelt waren, zogen meistens diese Siedlungsform vor.

MULCHEN: Das Belassen von Pflanzenresten auf der Bodenoberfläche. Dieser "Mulch" bricht die Aufschlagskraft der Regentropfen, erhöht die Wasserinfiltration in den Unterboden und verhindert damit den Wasserabfluss und die →Bodenerosion. Als Mulchmaterial kommen in Frage:
- Erntematerial (Stoppeln, Stroh, Spreu)
- abgestorbene oder abgetötete →Zwischenfrüchte
- aufgebrachte organische Stoffe, wie Rinden, Grasschnitt, →Stallmist, →Kompost.

MULCHSAAT: →Direktsaat in die abgestorbenen Pflanzenreste (Mulch) einer →Zwischenfrucht oder direkt in die Vorfrucht-Stoppeln ohne vorbereitetes Saatbett. Mulchsaat ist eine Möglichkeit, in hängigem Gelände die →Bodenerosion (z.B. bei Mais) zu verringern oder um das Auflaufen von →Unkraut durch Bodenbedeckung zu ver- bzw. behindern.

MUTTERKUHHALTUNG: Form der Rinderhaltung, bei der die Mutterkuh ihr Kalb bis zum Ende der →Laktationsperiode säugt. Mutterkuhhaltung wie auch →Ammenkuhhaltung dienen ausschließlich der Erzeugung von Rindfleisch. Weitere Kennzeichen der Mutterkuhhaltung:
- extensive Rinderhaltung mit geringem Arbeits- und Kapitalaufwand ohne gleichzeitige Milchproduktion
- gegenüber der Milchviehhaltung geringere Flächen→produktivität, aber höhere Arbeitsproduktivität
- geringe Anforderungen an Stallgebäude
- Nutzung von Restgrünland und Nebenprodukten aus dem →Ackerbau (z.B. Rübenblatt) oder von Brennereien (z.B. →Schlempe) möglich
- wesentlicher Beitrag zur Erhaltung der →Kulturlandschaft durch Nutzung von Grenzstandorten
- geeignet für große Grünlandbetriebe, große Ackerbaubetriebe mit Restgrünland und Altgebäuden, Sonderkulturbetriebe sowie Nebenerwerbsbetriebe zur Nutzung von Flächen, Arbeit und Gebäuden

N

NACHBAU - NUTZUNGSPARZELLE

NACHBAU: 1. Der Anbau von ➔Kulturpflanzen in der ➔Fruchtfolge im Anschluss an agrartechnische oder chemische Maßnahmen.
2. Der Anbau von ➔Saat- oder ➔Pflanzgut aus betriebseigener Vermehrung von zertifizierten Sorten. Während es in der Vergangenheit gestattet war, kostenfrei nachzubauen, ist dem Züchter (Sortenschutzinhaber) mit einer Novellierung des deutschen *Sortenschutzgesetzes* ab der Herbstaussaat 1997 die Möglichkeit eingeräumt, vom ➔Landwirt Nachbaugebühren zu verlangen, die auf der Basis von Vereinbarungen zwischen den Wirtschaftsverbänden der Züchter und ➔Landwirte erhoben werden können. Kleinerzeuger (Landwirte mit < 16 ha Getreide- und/oder < 5 ha Kartoffelanbaufläche) müssen keine Gebühren bezahlen. Die Regelung soll die steigenden Aufwendungen für Forschung und Entwicklung der vorwiegend mittelständischen deutschen Pflanzenzüchter besser honorieren und deren internationale Wettbewerbsfähigkeit erhöhen.

NACHHALTIGE ENTWICKLUNG: ➔SUSTAINABLE DEVELOPMENT

NACHHALTIGE LANDWIRTSCHAFT: Begriff mit einer Vielzahl von Definitionen unterschiedlicher Qualität und Provenienz für Konzepte von zukunftsfähiger ➔Landwirtschaft. Beispielsweise gilt Agrarproduktion dann als nachhaltig, wenn durch sie der Bestand an Ressourcen (Hydrosphäre, Pedosphäre, Atmosphäre, Biosphäre) nach Menge und Qualität nicht verringert wird.
Dem Begriff wird nur dann volle Berechtigung zugeschrieben, wenn alle Gesichtspunkte der Nachhaltigkeit (ökologische, ökonomische und soziale) berücksichtigt sind.
Danach umfasst nachhaltige Landwirtschaft in ganzheitlichem Sinne folgende Komponenten:

- Ethische Komponente, Zukunftsethik, intergenerationelle Gerechtigkeit
- Schonung der nicht erneuerbaren Ressourcen, Erhalt der Bodenfruchtbarkeit als Lebens- und Produktionsgrundlage sowie Vermeidung bzw. Verminderung der Umweltbelastung
- Erhalt der ➔biologischen Vielfalt, möglichst geringe Beeinträchtigung natürlicher ➔Ökosysteme durch die landwirtschaftliche Produktion
- Tier- und Artenschutz
- Sicherstellung der ökonomischen Existenzfähigkeit der landwirtschaftlichen Betriebe, Verbesserung der Beschäftigungsmöglichkeiten in der Landwirtschaft und Erhalt der ländlichen Struktur, Armutsbekämpfung
- Gesamtgesellschaftliche Verantwortung der Landwirtschaft für die Gewährleistung der Nahrungsversorgung und der Nahrungsqualität (Produktivitätsaspekt)
- Stärkere Berücksichtigung von Verbraucherinteressen
- Globale Komponente der nachhaltigen Entwicklung

Die Messung der Nachhaltigkeit als komplexe Größe bereitet noch Probleme. Es gilt aus einer Vielzahl von Parametern diejenigen herauszufinden, die mit vertretbarem finanziellen und organisatorischen Aufwand geeignete Indikatoren zur Beurteilung einer nachhaltigen Landwirtschaft darstellen. Dazu können gehören:
Maschineneinsatz, ➔Betriebsgröße, Einsatz von Agrarchemikalien, Nutzungsänderungen, Nährstoffbilanzen, Stoffflüsse, ➔Bodenerosion, Wasserbilanzen, Hecken- und Feldrainstrukturen, Lebensqualität der Landbevölkerung u.a.
Ungelöst ist bislang das Problem der Gewichtung der verschiedenen, z.T. miteinander im Konflikt stehenden Ziele.
Nach Auffassung des Umweltbundesamtes (1998) entspricht der ➔Ökologische Landbau nach den Rahmenrichtlinien der ➔AGÖL am ehesten dem ➔Leitbild einer nachhaltigen Nahrungsmittelproduktion.

Den Zielen einer nachhaltigen Entwicklung im Bereich der Landwirtschaft dienen z.Z. (auf noch unvollkommene Weise) mehrere *Rechtsvorschriften* auf europäischer und deutscher Ebene:

Rechtsvorschriften, die den Zielen einer nachhaltigen Landwirtschaft dienen

- Europäische Bodencharta des Europarates, 1972
- Bodenschutzkonzeption der Bundesregierung, 1985
- Maßnahmen zum Bodenschutz, Beschluss der Bundesregierung, 1987
- Bundesbodenschutzgesetz, 1998
- Bundesimmissionsschutzgesetz, 1974 m. Änd.
- Düngeverordnung, 1996
- Klärschlammverordnung, 1992
- Wasserhaushaltsgesetz, 1986 mit Änderungen
- EG-Nitratrichtlinie, 1991
- Trinkwasserverordnung, 1986
- Bundesnaturschutzgesetz, 1986 m. Änderungen
- Pflanzenschutzgesetz, 1986 mit Änderungen
- Pflanzenschutzmittelverordnung, 1987
- Pflanzenschutz-Sachkundeverordnung, 1987
- Pflanzenschutz-Anwendungsverordnung, 1988
- EU-Pflanzenschutzmittelrichtlinie, 1994
- Abfallgesetz, 1986 mit Änderungen
- Flurbereinigungsgesetz, 1976 mit Änderungen
- Düngemittelgesetz, 1977 mit Änderungen
- Fauna-Flora-Habitat-Richtlinie (EG), 1992
- EG-Artenschutzverordnung, 1997

Auf globaler Ebene ist vor allem der Landwirtschaftsteil des UN-Aktionsprogramms für nachhaltige Entwicklung ➔Agenda 21 von 1992 zu erwähnen. Die Agenda 21 besitzt allerdings einen nur schwachen völkerrechtlichen Status. Eine internationale Bodenschutzkonvention ist in Erarbeitung.

NACHHALTIGE LANDBEWIRTSCHAFTUNG: Von der Enquete-Kommission "Schutz der Erdatmosphäre" (1994) des Deutschen Bundestages wird folgende **Definition** für eine künftige, weltweit nachhaltige und damit auch gleichermaßen klima- und umweltverträgliche Landbewirtschaftung empfohlen:
"Eine dauerhaft umweltverträgliche Landbewirtschaftung arbeitet weitgehend in Kreisläufen bei Schonung und dauerhaftem Erhalt der natürlichen Lebensgrundlagen (➔Boden, Wasser, Luft, Artenvielfalt) und der knappen Ressourcen (fossile Energieträger, mineralische Rohstoffe). Voraussetzung hierfür ist die Wiederherstellung der natürlichen ökosystemaren Regelsysteme und Stoffkreisläufe und die Einbindung und Anpassung der Landbewirtschaftungsmethoden in den Naturhaushalt. Der Energiebedarf in der ➔Landwirtschaft und im ➔ländlichen Raum ist weitgehend mit Hilfe regenerativer Energiequellen zu decken. Ziele der Landbewirtschaftung sind sowohl eine auf die Region ausgerichtete Versorgung der Bevölkerung mit gesunden Nahrungsmitteln und Rohstoffen als auch gleichermaßen die Schaffung bzw. Wiederherstellung und der Erhalt einer abwechslungsreichen, vielfältig strukturierten, arten- und biotopreichen ➔Kulturlandschaft und die Sicherung und Entwicklung des ländlichen Raumes. Im Sinne einer ➔Kreislaufwirtschaft ist außerdem die möglichst vollständige Rückführung unbedenklicher biogener Abfälle und Reststoffe und deren Verwertung innerhalb der Landwirtschaft anzustreben."

<u>Zielvorgaben für eine nachhaltige Land- und Forstwirtschaft (nach *Linckh* 1997)</u>

1. Ökologisch ausgerichtete Zielvorgaben für eine schonende und effiziente Nutzung der natürlichen Ressourcen:

- Durchsetzung umweltschonender Bewirtschaftungsweisen in der Landwirtschaft
- Förderung einer naturnahen Waldbewirtschaftung
- Erzeugung gesunder und hochwertiger Nahrungs- und ➔Futtermittel
- Förderung der Nutz-, Schutz- und Erholungsfunktion der bäuerlich geprägten Kulturlandschaft
- Effiziente Nutzung der erneuerbaren Ressourcen (Wasser, Boden, Luft, ➔Biomasse), die deren Regenerationsfähigkeit nicht überschreitet und die Stabilität der Kreisläufe nicht gefährdet
- Beachtung kritischer Belastungsgrenzen (*critical loads*), besonders bei atmogenen Depositionen (➔critical loads-Konzept)
- Schonung der nicht erneuerbaren Ressourcen (Gefährdung durch die Zufuhr betriebsfremder Mittel)
- Sicherung der regionalen Wasserversorgung
- Weitgehender Erhalt und Förderung der Biotop- und Artenvielfalt

2. Ökonomische und soziale Zielvorgaben, die für die Erreichung der ökologischen Zielvorgaben dienlich sein können:

- Aufrechterhaltung einer weitgehend flächendeckenden Landbewirtschaftung
- Ausreichendes Einkommen für kosteneffizient und umweltschonend wirtschaftende Betriebe
- Erhalt und Förderung des unternehmerisch geprägten Familienbetriebs
- Schaffung von langfristig stabilen Rahmenbedingungen
- Sicherung der Nahrungsmittelversorgung durch eine umweltschonende Landbewirtschaftung innerhalb eines abgegrenzten Wirtschaftsraums (EU)
- Sicherung der Holzversorgung innerhalb eines abgegrenzten Wirtschaftsraums (EU)

Diese Ziele können einzeln nicht angestrebt werden, ohne andere Ziele zu verletzen. Für **Zielkonflikte** müssen noch Kompromisse gefunden oder auch neue Wege erprobt werden, auf denen durch ökologische, ökonomische und politische Maßnahmen ein Optimum für Land- und Forstwirtschaft, für die ➔Umwelt und für die Gesellschaft als Ganzes erreicht werden kann.
Die zentrale Rolle der Land- und Forstwirtschaft bei allen Überlegungen zur Nachhaltigkeit ist auffallend. Sie erklärt sich zum wenigsten aus deren ökonomischer Rolle als vielmehr aus ihrer Bedeutung für die natürlichen Ressourcen, insbesondere für Wasser und Boden.

NACHSIEDLER: (Teil)agrarisch tätige Bevölkerungsgruppe, die nicht mit den vollen Rechten der Bauern ausgestattet war und meist eine unzureichende Besitzgröße aufwies. Beispielsweise waren die seit dem späten Mittelalter in den Anerbengebieten Süddeutschlands auftretenden ➔*Seldner* und ➔*Köbler* durch geminderte Allmendrechte benachteiligt. Es war ihnen nur Teilselbstversorgung möglich, der Haupterwerb erwuchs aus Arbeit in bäuerlichen Betrieben, herrschaftlichen oder adligen ➔ Gütern, aus Dorfhandwerk oder gewerblicher Betätigung. Die Ländereien lagen zu einem großen Teil in den ➔Fluren ausgegangener Ortschaften.

NACHSORGENDER UMWELTSCHUTZ: Bezeichnung für Umweltschutzmaßnahmen, die nach der Entstehung von ➔Emissionen im weitesten Sinne (Abluft, Abwasser, Abfälle, usw.) ansetzen.
Eine Alternative ist der *produktionsintegrierte Umweltschutz*, bei dem durch Wahl der Einsatzstoffe und der Technologie Umweltbelastungen vermieden oder minimiert werden. Für die ➔Landwirtschaft bedeutet dies beispielsweise den Einsatz von Injektoren bei der Gülleausbringung, von Tunnelspritzgeräten bei der Applikation von ➔Pestiziden im ➔Obstbau, die Reduzierung des Pestizid- und Düngemitteleinsatzes u.w.

NACHWACHSENDE ROHSTOFFE: Nachwachsende Rohstoffe (NR) sind pflanzliche und tierische Rohstoffe aquatischer oder terrestrischer Herkunft, die außerhalb des Nahrungs- und Futtermittelsektors der gewerblichen und industriellen Weiterverarbeitung oder zur Eigenversorgung dienen. Dabei wird zwischen einer stofflichen und einer energetischen Nutzung unterschieden.
NR haben eine lange Tradition. Die in diesem Jahrhundert zu beobachtende abnehmende Bedeutung war vor allem eine Folge sinkender Ölpreise, großer Fortschritte in der synthetischen Chemie und der Förderung der Nahrungsmittelproduktion.
Chemische Produkte konnten bis vor wenigen Jahren nur aus einigen begrenzt vorhandenen Rohstoffen wie Kohle, Erdöl und Erdgas zu chemischen Produkten verarbeitet und so veredelt werden. Die Mehrzahl der chemischen Verfahren beansprucht hohe Temperaturen und hohe Drücke nötig. Die dazu nötige Energie wird ebenfalls überwiegend aus fossilen Quellen gewonnen. Im Gegensatz zu solchen chemischen Prozessen werden biochemische Prozesse üblicherweise bei Normaldruck in einem Temperaturbereich von 20 - 50 °C durchgeführt.
Die politische Wiederbelebung von NR hatte ihre Ursache in der Energiekrise, der Agrarkrise (u.a. Überproduktion) und neuerdings betonten Umweltvorteilen dieser Produkte.
Es handelt sich bei den NR nicht nur um eine Weiterführung oder den Wiederanbau bekannter Pflanzen zur Erzeugung von herkömmlichen Rohstoffen, sondern auch um die Entwicklung ganzer Produktlinien (*Designer-Pflanzen*). Für die ➔Landwirtschaft bedeutet dies, dass sie bei den einzelnen Pflanzen bestimmte Anforderungsprofile der Industrie berücksichtigen muss.
Zu den NR gehören u.a. Holz, Pflanzenfasern, Stärke, Zucker, Öle und Pflanzen mit hochwertigen Inhaltsstoffen, z.B. Farbstoffe (Waid, Saflor, Wau, Krapp), Gerbstoffe, Stoffe mit Heilwirkung, ätherische Öle sowie diverse tierische Produkte.
Nach den Verwertungsmöglichkeiten der organischen Stoffe aus land- und forstwirtschaftlichen ➔Kulturpflanzen ergibt sich folgende Unterscheidung:

- Werk-, Faser- und Gerüststoffe
- Chemieroh- und Chemiegrundstoffe
- Heiz- und Kraftstoffe

Werden die Substanzen zur Nutzung als Chemiegrundstoff oder Faser aus dem Pflanzengewebe separiert, spricht man von *Industriepflanzen*, werden die Pflanzen beziehungsweise Pflanzenteile ganzheitlich zur Energiegewinnung verbrannt oder vergoren, von ➔*Energiepflanzen*.
1997 wurden in Deutschland auf rund 500.000 ha ➔LF Pflanzen für die industrielle Verwendung angebaut, 200.000 ha mehr als 1993. Ursache für diese Flächenausweitung war vor allem die Regelung, dass auf stillgelegten Flächen unter Beibehaltung der vollen Stillegungsprämie NR angebaut werden dürfen.
1990 wurden in Deutschland alleine 440.000 t pflanzliche Öle und Fette industriell weiterverarbeitet, vor allem für die Produktion von Waschmittelrohstoffen. Aufgrund von spezifischen Anforderungen (Länge der Fettsäureketten) und von Preisvorteilen wurden 80 bis 90 % importiert, vor allem Palmöl, Palmkernöl und Kokosöl. Die züchterische Veränderung des Fettsäuregehaltes und -musters in hiesigen

Anbau nachwachsender Rohstoffe in Deutschland

Rohstoff	Anbau [ha][1] im Jahr 1995 auf Stillegungsflächen	übrigen Flächen	1996 auf Stillegungsflächen	übrigen Flächen	1997 auf Stillegungsflächen	übrigen Flächen
Stärke (Mais, Kartoffeln, Getreide)	2.700	130.000	62	130.100	0	135.000
Zucker	0	8.000	0	8.000	0	9.000
Rapsöl	331.000	5.000	240.600	5.000	112.000	90.000
Leinöl	3.200	54.000	1.400	54.000	1.300	96.000
Sonnenblumenöl	17.000	13.000	6.700	23.300	3.100	22.000
Flachs	10	3.370	3	4.500	0	1.300
Hanf	0	0	0	1.400	0	2.800
Heilstoffe u.a.	800	4.000	1.100	4.000	1.100	4.000
Sonstiges	7.100	0	5.900	0	6.000	0
Insgesamt	361.810	217.370	255.765	230.300	124.000	360.000
Zusammengefaßt	579.180		486.085		484.100	

[1] z. T. durch Umrechnung aus Mengenangaben
Quelle: Deutscher Bauernverband 1998

Kulturpflanzen könnte in Verbindung mit der anschließenden chemischen Veränderung der Substanzen neue Marktpotentiale erschließen.
Derzeit trägt Biomasse weltweit mit 15 bis 29 % zur Primärenergieversorgung bei. In den Industrieländern liegt der Anteil bei durchschnittlich 3 %, in den Entwicklungsländern bei durchschnittlich 38 % - in Einzelfällen bis über 90 %. Der Anteil in Deutschland liegt bei nur 1 %, vorwiegend aus der Müll- und Klärschlammverbrennung. Für die EU besteht das Ziel, bis zum Jahre 2020 15 bis 20 % des Primärenergieverbrauchs durch NR zu decken.
<u>Produktlinien nach einem Konzept des *Bundesministeriums für Forschung und Technologie* (ergänzt):</u>

- **Zucker** - Zucker (Rüben- und Rohrzucker = Saccharose) ist ein Disaccharid. *Rohstoffe*: wichtigste zuckerliefernde Pflanze in Europa ist die Zuckerrübe, weltweit dagegen das Zuckerrohr, Mengenverhältnis 60 % : 40 %; versuchsweise: Zuckerhirse, Topinambur, Zichorie. *Verwendung*: bedeutendster Einsatzbereich von Zucker und anderen Kohlenhydraten liegt in der Herstellung von Chemikalien via Fermentation; industrielle Produkte aus Zucker sind vor allem organische Säuren (Zitronensäure, Polyole), Aminosäuren und Antibiotika (Penicillin). Die besondere Eignung von Zucker für die chemische Industrie liegt in seiner hohen Reinheit.
- **Stärke** - Stärke gehört zu den wichtigsten Polysacchariden in der Stoffgruppe der Kohlenhydrate und ist aus Makromolekülen zusammengesetzt. In Deutschland wurden ca. 1,4 Mio. t Stärke (1995) im Nichtnahrungsbereich eingesetzt. *Rohstoffe* in der EG (Reihenfolge in abnehmender Bedeutung): Mais, Kartoffel, Weizen, Markerbsen. *Verwendung*: Papier- und Pappeherstellung, biologisch vollkommen abbaubare Kunststoffe für Verpackungen, Geschirr, Chemikalien, Pharmazeutika, Klebstoffe, Textilbereich, Mineralfaserplatten, Gips-Karton-Platten, Putz, Kosmetika, Wasch- und Reinigungsmittel.
- **Öle und Fette** - Diese setzen sich aus einem Alkohol (Glycerin) und drei daran angelagerten Fettsäuren zusammen; Fette und Öle sind Glyceride der Fettsäuren, d.h. Ester des Glycerins. Als chemisch-technische Grundstoffe sind Öle und Fette in vorzüglicher Weise geeignet, wegen
  - ihres hohen Energiegehaltes
  - der den petrochemischen Grundstoffen ähnlichen Baustruktur von Fettsäuren mit linearen Kohlenwasserstoffketten und einem geringen Sauerstoffgehalt,
  - ihrer vielseitigen chemischen Zusammensetzung und ihres Gehaltes an funktionellen Gruppen, die sich optimal für "*upgrading*"-Synthesen nutzen lassen

Rohstoffe: Sonnenblume, Raps, Lein, Leindotter, Saflor, Senf, Kreuzblättrige Wolfsmilch, Koriander, Crambe, Rizinus, Ölmadie, Mohn, Cuphea-Arten, künftig evtl. Hanf; als Importe: Ölpalme, Kokospalme, Soja, Olive; *Verwendung*: Farben, Lacke, Seifen, Detergentien, Emulgatoren, Weichmacher und Fließmittel in der Stahl- und Kunststoffindustrie, Pharmazeutika

Öle und Fette für den Nicht-Nahrungsbereich führt die deutsche Industrie zum überwiegenden Teil ein. Dies weist auf ein hohes Anbaupotential für die deutsche Landwirtschaft hin.

• **Holz/Cellulose** - Hauptbestandteil der Holzzellwand (Holzsubstanz) sind Cellulose, Hemicellulose und Lignin. Ihr Anteil macht bei Hölzern der gemäßigten Zonen in der Regel 97 - 99 % der Holzsubstanz aus; davon entfallen, wobei die Anteile in Laub- und Nadelhölzern unterschiedlich sind, auf Cellulose 30 - 35 %, auf Hemicellulose 20 - 40 % und auf Lignin ca. 10 - 30 %. *Rohstoffe*: Laub- und Nadelbäume. *Verwendung*: Massivholz im Bauwesen und in der Möbelindustrie, Holzwerkstoffe (Spanplatten, Faserplatten, Sperrholz, Verbundwerkstoffe), Chemierohstoff (Zellstoffe, Papier, Leime, Harze, Phenole u.a.), Energieerzeugung; neue bzw. wieder aufzugreifende Einsatzmöglichkeiten von Cellulose sind u.a. natürlich abbaubare Folien, Trägermoleküle für Arzneimittel und Farbstoffe, Chemiegrundstoffe.

• **Pflanzenfasern** - Flachs und Hanf zählen zu den klassischen Nichtnahrungspflanzen. Flachs war bis zu Beginn der maschinellen Verarbeitung von Baumwolle die bedeutendste Textilfaser überhaupt und ehemals wichtigstes Standbein der europäischen Textilindustrie. Durch die im Vergleich zu Baumwolle und synthetischen Fasern schwere Mechanisierbarkeit der Spinnverfahren, der aus ökologischen Gründen, Arbeits- und Energiekosten erzwungenen Umstellung des Faseraufschlusses von Wasser- auf Tauröste und der daraus resultierenden inhomogenen Faserqualität wurde der Flachsanteil am gesamten Textilfaserverbrauch in der EG immer weiter zurückgedrängt. *Rohstoffe*: Flachs (Faserlein); Fasern von Hanf, Nesseln, Getreide, Faserhirse und Chinaschilf haben in Deutschland z.Z. keine wirtschaftliche Bedeutung. *Verwendung* der Leinfaser: Bekleidung, Heimtextilien, künftig verstärkt als Dämmstoff, Asbestersatz (Fassadenplatten, Kupplungs- und Bremsbeläge), Formteile, Tapeten, Papierherstellung usw.

• **Heil- und Gewürzpflanzen** - Bislang ist der Anbau von Heil- und Gewürzpflanzen in der Bundesrepublik (alt) mit ca. 2.200 ha (1987) vergleichsweise gering. Die wichtigsten Ursachen: Nicht ausreichende Kenntnisse der Erzeuger, fehlende langfristige Anbau- und Lieferverträge, Beschaffung von Saatgut von einwandfreier Qualität und Homogenität schwierig, großes Anbaurisiko. *Rohstoffe*: Weltweit ca. 500 Pflanzenarten auf ihre Heilwirkungen näher untersucht, in Deutschland ca. 60 Heil- und Gewürzpflanzen anbaufähig, z.B.: Petersilie, Dill, Zitronenmelisse, Schnittsellerie, Kerbel, Baldrian, Fenchel, Pfefferminze. *Verwendung*: offensichtlich.

• **Bioethanol als Motorkraftstoff** - Kohlenhydrathaltige Biomasse kann wegen ihrer geringen Energiedichte und ihres festen Aggregatzustandes nur über die Vergärung zu Ethanol als Kraftstoff eingesetzt werden. *Rohstoffe*: Zuckerrübe, Futterrübe, Kartoffel, Mais, Weizen, später evtl. Topinambur, Zuckerhirse oder auch Chinaschilf. Die Erzeugung von Alkohol aus Biomasse weist eine sehr schlechte Energiebilanz auf. Lediglich 21 % (Zuckerrüben) bzw. 13 % (Winterweizen) des Bruttoenergieertrages an Ethanol verbleiben nach Abzug der energetischen Vorleistungen beim Anbau und bei der Verarbeitung als Nettoenergieertrag. Technisch bietet die Produktion von Bioethanol keine Probleme mehr. Ungelöst ist allerdings die Entsorgung der bei der Alkoholerzeugung in erheblichen Mengen anfallenden und umweltbelastenden ➔Schlempe (10 - 12 l/Liter Ethanol). Hinderlich wirkt ferner die Kostensituation. Im Gegensatz zu anderen Biomasseoptionen ist die Erzeugung von Bioalkohol in absehbarer Zeit vermutlich nicht in den Bereich der Wirtschaftlichkeit zu bringen. Die günstigste Verwendung für Ethanol ist vermutlich eine bis zu 5 %-ige Zumischung zu bleifreien wie auch bleihaltigen Treibstoffen für Ottomotoren. Dies würde aber einen Entsorgungsbedarf von ca. 20 Mio. m^3 Schlempe bedeuten, die ihrerseits den Abwassermengen einer 20-Millionen-Stadt entsprechen.

• **Pflanzenöle als Kraft- und Schmierstoffe** - Von den möglichen Energieträgern aus agrarischer Produktion zeichnen sich Pflanzenöle dadurch aus, dass sie sowohl in flüssiger Form als auch mit einer hohen Energiedichte leicht gewinnbar sind. Ferner sind Pflanzenöle regenerierbar, sie zeichnen sich durch ihre hohe biologische Abbaubarkeit und ihren sehr niedrigen Schwefelgehalt aus. Für Deutschland ist Winterraps die Ölpflanze mit dem höchsten Ertragspotential. Obwohl Raps im Prinzip auch als Ganzpflanze verfeuerbar wäre, werden i.d.R. nur das abgepresste Rapsöl der Samen oder Derivate davon energetisch genutzt. Die Koppelprodukte Rapsschrot bzw. Rapskuchen sind begehrte ➔Futtermittel.

Pflanzenöle als Kraftstoff konkurrieren direkt mit Dieselöl. Sie können unverändert in speziell entwickelten Motoren (Serienreife ca. 2005) oder verestert zu Rapsölmethylester (RME; Praxisreife erreicht) in herkömmlichen Dieselmotoren verbrannt werden. Bei der Umesterung ergibt sich u.a. ein Verlust an Gesamtwirkungsgrad.

Mit Rapsöltreibstoffen ist eine weit günstigere Nettoenergiebilanz als bei Bioethanol und kein Abwasserproblem verbunden. Der Subventionsbedarf pro Liter Rapsöl, das als Dieselsubstitut eingesetzt wird, liegt in der Größenordnung von etwa 1,43 DM/l; durch Veresterung steigen die Kosten noch einmal um 0,20 bis 0,50 DM/l.

Das *Umweltbundesamt* vertritt die Position, dass unter ökologischen Gesichtspunkten die Verwendung von Rapsöl oder RME nur für das Umweltmedium Wasser Vorteile bietet. Es befürwortet die Förderung des Einsatzes dieser Stoffe unter Umweltgesichtspunkten daher nicht. Mit gleichem finanziellem Aufwand ließe sich durch technische Maßnahmen (Energieeinsparungen) erheblich mehr CO_2 einsparen.

Dem Rapsanbau in Deutschland ist aus ökonomischen und politischen (Agrarkompromiss mit den USA) Gründen eine Obergrenze von 1,6 Mio. ha gesetzt, das sind 14 % der Ackerfläche. Mit der darauf produzierten Menge Raps ließen sich 3,2 Mio. t CO_2 netto einsparen und ca. 7 % der 1992 in Deutschland verbrauchten Dieselkraftstoffmenge substituieren. Allerdings werden gegenwärtig etwa 90 % des Rapsöls zur Lebensmittelherstellung verwendet, stehen also rein rechnerisch energetischen Zwecken nicht zur Verfügung. Bis zum Jahre 2005 könnten aus Rapsöl-Umlenkung und Rapsanbau für Treibstoffzwecke ca. 1 Mio. t RME gewonnen werden, d.h. etwas über 4 % der Anfang 90er Jahre in Deutschland verbrauchten Dieselmenge.

Rohstoffe: Prinzipiell jedes pflanzliche Öl. *Verwendung*: Treibstoff, Schmierstoff, z.B. Sägeketten-Schmiermittel, Hydrauliköle, vorteilhaft wegen der raschen Abbaubarkeit vor allem für den nicht-stationären Einsatz im Freien.

- **Wärme aus Biomasse** - Das Absatzpotential von Biomasse für die Wärmegewinnung ist nahezu unbegrenzt. Die derzeit maximal nutzbare Menge an Biomasse (Waldrestholz, Alt-, Schwach- und Industrierestholz, Stroh) könnte nur 2,46 % des Gesamtenergieverbrauchs der Bundesrepublik (alt) decken. Nachteilig ist der im Vergleich zu Kohle und Erdöl niedrige Energiegehalt, sowie nötige Umweltauflagen, die einzuhalten besonders dezentralen Kleinanlagen schwerfällt. Eine energetische Nutzung nachwachsender Rohstoffe erscheint nur sinnvoll, wenn:

- das Gesamtverfahren Rentabilität verspricht oder dadurch zumindest der bisherige Subventionsbedarf der Landwirtschaft vermindert wird
- die Produktion nachwachsender Rohstoffe umweltverträglich durchgeführt werden kann
- Emissionsgrenzwerte bei der Verbrennung eingehalten werden

Rohstoffe: Holz (abgelagertes Rest- und Abfallholz aus der Industrie, Waldrestholz) und Getreidestroh (in Dtld. bereits in geringem Umfang genutzt), daneben sind für unsere Breiten Getreideganzpflanzen (z.B. Triticale, ein Hybrid aus Weizen und Roggen), Elefantengras, Hanf und Schilfarten (z.B. Miscanthus sinensis, bekannt als Chinaschilf) denkbar. Anbauversuche mit Chinaschilf erbrachten in Deutschland in der ersten Hälfte der neunziger Jahre allerdings zu geringe Hektarerträge.

Überlegungen gehen auch dahin, Forstplantagen zu schaffen, deren alleiniger Zweck die Produktion von Holz (oder Biomasse) als Energieträger ist. Wie in der Vergangenheit eignen sich dazu ganz besonders Niederwälder, also Plantagenbestände, die in kurzen Umtrieben genutzt werden und sich dann vegetativ erneuern. Es kann sich hierbei eine Nutzungsform entwickeln, die zwischen Landbau und Waldbau angesiedelt ist. Man kann bei dieser Nutzungsweise Produktionsleistungen erwarten, die in unseren Breiten zwischen 10 und mehr als 20 t/ha/a Biomasse (trocken) liegen. Als schnellwachsende Baumarten bieten sich bei uns nur Pappeln und Weiden an. Es wird sehr genau zu prüfen sein, ob die ökologischen Gefahren von →Monokulturen, des Einsatzes von →Düngern und →Pflanzenschutzmitteln und die Auswirkungen auf das Landschaftsbild vertretbar sind und ob bei einer solchen Intensivnutzung der energetische Nettogewinn wegen des hohen Energieinputs wirklich ausreichend groß ist. Das Beispiel portugiesischer Eukalyptus-Plantagen wird zumindest nicht als Vorbild gesehen.

Die Betrachtung der Energiebilanzen zeigt, dass bei der direkten thermischen Verwertung von agrarischer Biomasse deutlich mehr an fossiler Energie eingespart werden kann als bei der Produktion von Rapsmethylester (RME) als Dieselkraftstoffersatz. Ähnlich überlegen sind die Festbrennstoffe auch in ihrem Beitrag zur Netto-CO_2-Minderung, d.h. der eingesparten CO_2-Menge, die bei der Verbrennung der verdrängten fossilen Energieträger sonst zusätzlich frei geworden wäre. Daneben spricht für sie ein logistisch-ökonomischer Grund: Ihre direkte thermische Verwertung kann einhergehen mit der von Reststoffen wie Stroh und Holz.

Die thermische Nutzung von Biomasse-Festbrennstoffen könnte sich vor allem in dezentral organisierten Biomasse-Heiz(kraft)werken in Leistungsbereichen von 1 - 30 MW liegen.

- **Tierische Produkte** - Ihr Einsatz im Nicht-Nahrungsbereich ist vielfältig und hat eine lange Tradition. Z.B. werden traditionell Wolle zu Textilien, Tierhäute zu Leder, Pelze zu Kleidung, Federn zu Kissen- und Bettdeckenfüllungen, Därme zu Wursthäuten, Horn zu Dünger, Knochen zu Leim, Bienenwachs zu Kerzen sowie Rosshaare zu Pinseln und Decken verarbeitet. Beispiele für neue Verwendungsmöglichkeiten: Milcheiweiß (Papier-, Textil-, Leder-, Pharmaindustrie), Milchzucker (Chemie- und Pharmaindustrie), Fischöl (Seifen, Lacke, Firnis), Talg (Waschmittel, Emulgatoren, Lacke, Schmiermittel), Wolle (Dämmstoff). Das →*Bio-Pharming* (die Gewinnung von Medikamenten aus Tieren) erfährt durch die →Gentechnologie eine neue Qualität, da sich erst mit ihrer Hilfe in tierischem Blut, Gewebe oder Milch menschliche Proteine herstellen lassen.

Wirtschaftlich bedeutungsvolle Industrie- und Energiepflanzen

Industriepflanzen
- Öle und Fette
  Raps, Sonnenblume, Lein, Senf, Rübsen, Crambe, Leindotter, Saflor, Mohn, Kreuzblättrige Wolfsmilch
- Stärke
  Mais, Kartoffeln, Weizen, Markerbsen
- Zucker
  Zuckerrüben, Topinambur, Zichorie, Zuckerhirse
- Heil- und Gewürzpflanzen
  Fenchel, Melisse, Pfefferminze, Petersilie, Dill, Baldrian, Mariendistel, Kerbel
- Fasern
  Faserlein (Flachs), Hanf
- Farbstoffe
  Waid, Saflor, Wau, Krapp

Energiepflanzen
- Zucker und Stärke für Ethanol
  Kartoffeln, Zuckerrüben, Topinambur, Zuckerhirse, Weizen, Mais
- Öle als Kraft- und Brennstoffe
  Raps
- Wärme und Strom aus Biomasse
  Schnellwachsende Hölzer, Chinaschilf, Getreide, Mais, Ölpflanzen

Quelle: Deutscher Bauernverband 1997

NR sind vor allem dann sinnvolle und zunehmend attraktive Alternativen zu den heute noch überwiegend eingesetzten Zwischenprodukten der Petrochemie, wenn es gelingt, die Biomassenutzung primär auf solche Verwendungsfelder auszurichten, die auf die chemische Spezifität der in der Biomasse enthaltenen, komplexen Grundbausteine, wie beispielsweise Zucker, Stärke, Lignocellulose, Öle, Fette und Eiweißstoffe aufbauen. Dabei ist zu berücksichtigen, dass die Biomasse nachwachsender Rohstoffe chemisch gesehen, im Vergleich zu den einfachen Strukturen petrochemischer Rohstoffe, durch die Syntheseleistung der Natur schon sehr hoch veredelt ist. Es macht deshalb wenig Sinn, die von der Natur vorgegebenen komplexen Zwischenprodukte zu zerbrechen, um daraus lediglich Heizenergie und Kraftstoffe zu erzeugen.
Chancen für eine intensivierte Nutzung von NR als industrielle Grundstoffe ergeben sich vor allem dann, wenn sie von Natur aus oder durch entsprechende Züchtung Merkmale tragen, die sich als Produktionsvorteile auswirken. Während bei Pflanzen für die Nahrungsmittelversorgung eine möglichst vielseitige stoffliche Zusammensetzung notwendig ist, wird für industrielle Rohstoffpflanzen eine homogene Zusammensetzung mit hohem Anteil einer bestimmten Stoffkomponente gefordert.
NR werden dann wirtschaftlich an Bedeutung gewinnen, wenn national und EU-weit eine Verbesserung der Rahmenbedingungen herbeigeführt wird, z.B. durch Verteuerung fossiler Energieträger über die Einführung einer CO_2-Energiesteuer und die Förderung der Markteinführung von NR.
Mögliche CO_2-Einsparpotentiale sind differenziert zu betrachten. Die Nutzung nachwachsender Energieträger führt nicht zu einem vollständig geschlossenen Kreislauf, da bei festen Energieträgern (Stroh, Holz) 5 bis 15%, bei flüssigen Energieträgern (z.B. Rapsöl) bereits 30 bis 50%, bei einer aufwendigen Nachbehandlung (Ethanol, Methanol, Rapsmethylester) sogar noch höhere Anteile des Gesamtenergieertrages des Erntegutes bzw. Energieträgers als Fremdenergie in Form von Betriebsmitteln für die Produktion und Weiterverarbeitung eingesetzt werden müssen. Wenn auch die CO_2-Bilanz i.a. positiv ist, kann dieser Vorteil je nach Anbauintensität durch die zusätzliche Freisetzung unter anderem von N_2O als Folge der Stickstoffdüngung teilweise oder vollständig kompensiert werden.
Vorteilhaft ist ein verstärkter Anbau von NR - wenn er wirtschaftlich betrieben werden kann - für die Sicherung der Versorgung der verarbeitenden Industrie und als innovativer Beitrag für den Umweltschutz. Pflanzliche Rohstoffe und aus ihnen hergestellte Produkte sind i. a. biologisch besser verträglich und abbaubar und daher in den ökologischen Kreislauf besser zu integrieren als Erdölprodukte.
Für die (konventionelle) Landwirtschaft selbst und den →ländlichen Raum allgemein bietet der Anbau eine Reihe von Vorteilen, er kann:
- den Landwirten ein Einkommen aus der Produktion bieten, nicht nur aus der "Dienstleistung →Kulturlandschaft" und deren Abgeltung durch Flächenprämien
- produktionskräftige Flächen in ihrer Ertragskraft bewahren und in einer vernünftigen Fruchtfolge halten
- ein Wegbereiter für eine extensivere Landbewirtschaftung sein
- den Agrarmarkt insbesondere bei Getreide von Überschüssen und den damit verbundenen Kosten entlasten
- dazu beitragen das Problem überschüssiger →Gülle, das bei Stillegung auftreten würde, wenigstens kurzfristig zu entschärfen
- helfen, eine funktionierende Landwirtschaft zu erhalten, ohne die der →ländliche Raum sein prägendes Element verlöre, ebenso wie seine Wirtschaftskraft. Ernährungsindustrie und Fremdenverkehr sind unmittelbar von den Vorleistungen

der Landwirtschaft abhängig, nicht zuletzt Agrarhandel und -technik.

Ein deutlich verstärkter oder gar flächendeckender ökologischer Landbau ist mit einer wesentlich erhöhten Bereitstellung von NR aus der Landwirtschaft wegen des erhöhten Flächenbedarfs und der sich dadurch ergebenden Flächenkonkurrenz nicht verträglich. Anbaufläche für verstärkte Erzeugung von NR steht nur dann zur Verfügung, wenn der Anbau von Nahrungsmitteln weiterhin mit hohem Chemie- und Energie-Input erfolgt und der Import großer Futtermittelmengen beibehalten wird. Auch Regelungen zur Flächenstillegung begünstigen den Anbau von NR.

Für die Forstwirtschaft würde die Bereitstellung von Holz als Brennstoff eine zusätzliche Einkommensquelle bedeuten und vor allem die angespannte Lage auf dem Restholzmarkt verbessern.

Bei liberalen Agrarmärkten wird die Preisbildung bei den NR über den Weltmarkt erfolgen, so dass die kleinstrukturierte europäische Landwirtschaft wenig Chancen besitzt, auf diesem Sektor längerfristig konkurrenzfähig zu bleiben, es sei denn, sie wird entsprechend den industriellen Erfordernissen umstrukturiert.

NAFTA: Abk. für *North American Free Trade Agreement*; ein 1994 rechtskräftig gewordenes Abkommen zwischen Kanada, den USA und Mexiko zur Schaffung einer Freihandelszone in Nord- und Mittelamerika mit ca. 370 Mio. Bewohnern und einem BIP von 6,5 Bio. US $. Der Agrarhandel zwischen den beteiligten Staaten erfuhr seit 1993 eine bedeutende Ausweitung. Beispielsweise erhöhte sich der amerikanische Import von Agrargütern aus Kanada und Mexiko von 25,6 % (1992) auf 38,4 % (1995) des Gesamtimportes.

NÄHRHUMUS: Die mikrobiell leicht abbaubare organische Substanz im und auf dem →Boden, deren Inhaltsstoffe, soweit sie Nährelemente betreffen, durch →Mineralisierung der Pflanzenernährung dienen. (→DAUERHUMUS, →HUMUS)

NÄHRSTOFF: Nährstoffe im weiteren Sinne sind lebensnotwendige Nährsalze für autotrophe Pflanzen und als solche ein →Wachstumsfaktor. Jede →Kulturpflanze hat eine ererbte Veranlagung, bestimmte Erträge, Nährwerte und Qualitäten zu bilden. Dieses Vermögen kann nur bei günstigem Wirken aller →Wachstumsfaktoren voll ausgeschöpft werden. Den Faktor Nährstoff bezieht die Pflanze hauptsächlich aus Bodenvorräten mineralischer und organischer Art sowie aus mineralischen und organischen →Düngern.

Man unterscheidet die *Makronährstoffe* (Kationen: K^+, Ca^{2+}, Mg^{2+}, Fe^{2+} und Anionen: NO_3^-, PO_4^{3-}, SO_4^{2-}) und die *Mikronährstoffe* oder *Spurenelemente* (z.B. Co^{2+}, Zn^{2+}, Molybdän usw.).

Fasst man den Begriff noch weiter, so ist auch das Wasser sowie das atmosphärische CO_2 dazuzurech-

Wichtige Nährstoffe und ihre Rolle im System Boden - Pflanze

Nährstoff	Vorrat, Aufnahme und Bedeutung
Stickstoff	Wasserlöslich und bewegt sich im Bodenprofil mit dem Sickerwasser (Auswaschungsgefahr). In den Pflanzen wird N zum Aufbau der Aminosäuren und der Proteine benötigt. Bei Mangel vergilben die Pflanzen und stellen ihr Wachstum ein.
Phosphor	Am Boden stark gebunden, eine Verlustgefahr besteht nicht, außer durch Erosion und bei extrem hohen Versorgungsstufen (z.B. in Südoldenburg). P ist Bestandteil der Zellkernproteine. P-Mangel zeigt sich oft an einer Rotverfärbung der Stengel und Blätter und an mangelndem Wuchs und Blühen.
Kali	An den Tonmineralen adsorbiert. Kalkreiche und stark saure Böden sind oft kaliarm, weil Ca^{2+} und H^+ das Kali leicht austauschen. Aride und semiaride Böden enthalten meistens viel Kali. Die Pflanze benötigt Kali beim Aufbau der Stützgewebe und der Zellwände und zur Regulierung des Zelldrucks. Bei Mangel zeigen sich braune Blattränder und Nekrosen.
Magnesium	An den Bodenteilchen mäßig stark adsorbiert. In stark sauren und kalireichen Böden kann Mangel eintreten. Mg wird im Chlorophyllmolekül eingebaut. Bei Mangel sind die Blätter fleckig aufgehellt.
Silizium	Stets im Boden vorhanden, seine Löslichkeit ist schwach. Die Pflanze benötigt es zum Aufbau ihrer Stützgewebe. Ob Mangel ertragslimitierend wirken kann, ist unsicher.

Schwefel	Mäßig löslich und im Boden adsorbiert. Aminosäuren, wie Cystin und Cystein, enthalten Schwefel. Kohlarten zeigen einen besonders hohen Bedarf.
Kalzium	Stets im Boden vorhanden, bei stark saurer Reaktion kann seine Konzentration zu gering sein. Die Pflanze benötigt Kalzium beim Aufbau der Zellwände. Leguminosen haben einen besonders großen Bedarf.
Wasser	Durch die Wurzeln in großen Mengen dem Boden entzogen. Der Wasserstoff ist Bestandteil aller organischer Verbindungen, OH-Gruppen sind in vielen organischen Molekülen eingebaut. Der Großteil des Wassers dient jedoch in molekularer Form der Quellung der Gewebe und als Bestandteil der kolloiden Zellinhalte sowie als Transportmittel im Saftstrom, der im Pflanzenkörper zirkuliert.

Folgende Elemente werden in sehr geringen Mengen benötigt. Das Angebot im Boden genügt fast immer.

Bor	Nach der Verwitterung borhaltiger Mineralien (z.B. Turmalin) am Boden adsorbiert. Trockene alkalische Böden enthalten nur wenig zugängliches Bor, andererseits treten zuweilen auch Überschüsse auf. Viel Bor benötigen Rüben, Spinat, Sellerie, Äpfel; bei Mangel entsteht Herzfäule, Trockenfäule, Absterben der Zentraltriebe.
Natrium	In geringen Mengen verbreitet und am Boden schwach adsorbiert. In der Pflanze hält es den Quellungszustand der kolloidalen Systeme aufrecht. Es kann teilweise durch Kali vertreten werden. Für Herbivoren ist der Na-Gehalt des Futters wichtig.
Mangan	Im Boden als Hydroxid oft zusammen mit Eisen gebunden, oder als Kation adsorbiert bzw. in komplexer Bindung mit Huminen. In alkalischen Humusböden tritt oft Mangel, in sauren Oxidböden Überschuss auf. Im Enzymstoffwechsel der Pflanzen spielt es eine wichtige Rolle bei der Atmung und beim Proteinaufbau. Mangel äußert sich in nekrotischen Blattflecken und fehlendem Wuchs.
Eisen	Im Boden stark verbreitet, besonders als Fe^{3+}-Oxid. Bei alkalischer Reaktion und hohem Redoxpotential kann seine Zugänglichkeit für die Pflanzen zu gering werden. Fe-Mangel zeigt sich an chlorotischen Blättern (Gelbwerden).
Kobalt	Kommt im Boden in nur geringen Mengen vor, sein Verhalten ist ähnlich wie das des Mangans. Dem Kobalt kommt eine besondere Rolle zu bei enzymatischen Vorgängen während der N-Fixierung und Eiweißbildung.
Kupfer	In alkalischen und stark humosen Böden fest gebunden, bei saurer Reaktion des Milieus kann es schädlich wirken. Auch Kupfer spielt bei enzymatischen Vorgängen in der Pflanze eine wichtige Rolle.
Zink	In Alkaliböden stark gebunden, weshalb dort Mangel an diesem Element auftreten kann. Dieser äußert sich mit Blattvergilbung und gelben Flecken zwischen den Blattrippen, besonders bei Pfirsich, Zitrus, Mais. Klärschlamm enthält oft giftig wirkende Zinkkonzentrationen.
Molybdän	In sauren Humusböden stark gebunden, in alkalischen Böden jedoch leichter zugänglich. Auch Molybdän steuert die N-Fixierung und den Proteinaufbau, wie das Kobalt. Molybdän-Mangel zeigt sich in Blattverkrümmung und Blattflecken besonders bei Blumenkohl und Zitruspflanzen. Molybdän im Klärschlamm kann giftig wirken.
Selen	Kommt nur in kleinen Mengen im Boden vor, oft zusammen mit den Sulfaten. Seine Bedeutung für die Pflanzen ist wenig bekannt. Für Herbivoren ist der Se-Gehalt des Futters wichtig, da sonst eine Degenerierung der Muskelzellen eintritt. Zu hohe Se-Gehalte sind toxisch.

Quelle: nach Frei u. Peyer 1990; geringfügig verändert

nen, aus dem im Prozess der Photosynthese Zucker entsteht, der seinerseits eine der Grundsubstanzen des organischen Lebens darstellt. Mit 0,035 % ist dieses Gas jedoch nicht in optimaler Konzentration in der Luft enthalten. Vergrößert sich der CO_2-Anteil am Gasgemisch Luft, so nimmt das Wachstum der meisten Pflanzen zu.
Im engeren Sinn versteht man in der ➔Landwirtschaft unter Nährstoff oft nur die Elemente N und P (bzw. ihre Verbindungen), da sie in den meisten ➔Ökosystemen die wachstumsbegrenzenden Elemente darstellen und da eine Zufuhr zu erhöhtem Pflanzenwachstum führt.
Unter natürlichen Bedingungen stehen Nährstoffe im ➔Boden den Pflanzen mit unterschiedlicher Mobilität zur Verfügung. Nur ca. 2 % der Nährstoffe sind in der ➔Bodenlösung oder an ➔Austauschern (➔Tonminerale, ➔Humus) mobil verfügbar. Etwa 98 % liegen als Reservenährstoffe in Mineralien oder Humus fest und sind nur allmählich durch Verwitterung und Humusabbau verfügbar. Die Mobilisierungsrate beträgt in gemäßigten Regionen etwa 0,1 % der Reserve pro Jahr, in tropischen Zonen 0,4 %.
Die *Nährstoffaufnahme* der Pflanzen vollzieht sich über die nur wenige mm langen und etwa 10 µm dicken Saug- und Haarwurzeln. Diese nehmen Wasser und die darin gelösten Nährstoffe aus dem Boden auf. Ein möglichst großes Wurzelsystem ist notwendig, um die ausreichende Ernährung der Pflanzen zu sichern. Die Beziehungen zwischen dem Boden und den Haarwurzeln spielen sich in einem sehr kleinen Radius ab. Der Kontakt zwischen der Haarwurzel und der Wasserhülle der Bodenteilchen wird durch von der Haarwurzel erzeugte Schleimstoffe ermöglicht. Diese Verbindung ist für den Austausch von Stoffen zwischen Boden und Wurzel nötig. Der osmotische Zelldruck (bis etwa 15 bar) erzeugt ein Wassertensionsgefälle zum feuchten Boden. Das Kapillarwasser in der nächsten Umgebung der Haarwurzel fließt nun auf diese zu und tritt in die Zelle ein. Ein Diffusionsgefälle für jedes Nährelement sorgt für eine selektive Ionenaufnahme. Die Aufnahme von zu großen Mineralstoffmengen oder von Giften bleibt jedoch möglich.
Die *Nährstoffeffizienz* setzt die in Agrarprodukten enthaltenen Nährstoffmengen ins Verhältnis zu den zur Produktion dieser Erzeugnisse notwendigen Nährstoffmengen. Für die gesamte Landwirtschaft hat man zu Beginn der neunziger Jahre eine N-Effizienz von rund 30 % und eine P-Effizienz von rund 50 % ermittelt. Somit werden während des Produktionsprozesses ca. 70 % der eingesetzten N-Mengen sowie die Hälfte der eingesetzten P-Mengen nicht in den Produkten festgelegt. Die geringe Nährstoffeffizienz ist verantwortlich für die Nährstoffausträge aus der Landwirtschaft. Vor allem das zeitlich und mengenmäßig nicht an den Bedarf der Pflanzen angepasste Düngen (vorwiegend mit ➔Wirtschaftsdüngern) führt zu den suboptimalen Nährstoffeffizienzen. (➔DÜNGER, ➔DÜNGUNG)

NAHRUNGSKETTE: Von Primärproduzenten (Pflanzen, Phytoplankton) gespeicherte Sonnenenergie wird in Nahrungsketten über Pflanzen, Fleischfresser und Zersetzer weitergegeben. Durch Atmung und Bestandesabfall entstehen auf jeder Stufe relativ hohe Verluste, so dass nur rund 10 % der Energie die jeweils nächste Stufe erreichen. Je mehr Glieder eine Nahrungskette besitzt, um so weniger Energie ist am Ende verfügbar. Im Verlauf der Nahrungskette aufgenommene Schadstoffe können sich beim Übergang zu folgenden Stufe anreichern und toxische Qualität erreichen.
<u>Nahrungsketten der menschlichen Ernährung:</u>
- Sonne ➔ Phytoplankton ➔ Zooplankton ➔ Friedfisch ➔ Raubfisch ➔ Mensch
- Sonne ➔ Gras ➔ Rind ➔ Mensch
- Sonne ➔ Getreide ➔ Mensch

Als Pflanzenfresser bzw. Fleischfresser erreichen den Menschen ein Tausendstel, bzw. ein Zehntausendstel der auf die Anbaufläche eingestrahlten Sonnenenergie. (➔TRAGFÄHIGKEIT)

NAHRUNGSMITTELPRODUKTION: Jene landwirtschaftliche Produktionsleistung, die nach Abzug der landwirtschaftlichen ➔Vorleistungen (Futter, ➔Saatgut) und der Verluste für die menschliche Ernährung, industrielle Verarbeitung, Lagerhaltung und Ausfuhren zur Verfügung steht. Die physische Aggregation der Produkte erfolgt über den Getreideeinheiten-Schlüssel.

NAHRUNGSPFLANZE: ➔Kulturpflanze, die ganz oder in Teilen direkt (Weintraube, Tomate) oder in veredelter Form (Wein, Tomatenmark) für die menschliche Ernährung verwendet wird, wobei der Umweg über die tierische Veredelung ausgeschlossen ist. Manche Pflanzen zählen je nach Verwendung sowohl zu den Nahrungs-, wie zu den ➔Futterpflanzen oder auch zu den ➔nachwachsenden Rohstoffen, z.B. die Kartoffel.
Die Nahrungsbasis der Menschheit ist schmal. Mehr als 90 % des menschlichen Nahrungsangebots stammt von weniger als einem Dutzend Kulturpflanzen, den sogenannten "Säulen" der Welternährung.

NASSFELDBAU: Vor allem in Monsungebieten vorkommende Form des ➔Bewässerungsfeldbaus. Dabei wird Wasser mit Hilfe von Terrassen und Dämmen aufgestaut, was bei ganzjähriger Vegetationszeit mehre Ernten pro Jahr erlaubt. (➔NASSREISANBAU)

Die 30 weltweit wichtigsten Nahrungspflanzen

Pflanze	Ernte 1990 [Mio. t]	Änderung [%] 1971/73-1990
1. Weizen	596	+66
2. Reis	520	+63
3. Mais	469	+56
4. Kartoffel	268	-11
5. Gerste	181	+6
6. Maniok	158	+58
7. Süßkartoffel	125	-4
8. Sojabohne	109	+82
9. Zuckerrohr	71	+42
10. Tomate	70	+100
11. Weintraube	61	+2
12. Sorghum	59	+18
13. Orange	51	+70
14. Banane	45	+29
15. Hafer	44	-12
16. Apfel	41	+105
17. Kokosnuss	40	+33
18. Kohl	38	+153
19. Roggen	37	+23
20. Baumwolle (Öl)	33	+32
21. Zuckerrübe	31	+3
22. Hirse	30	-33
23. Wassermelone	29	+45
24. Zwiebel	29	+93
25. Erdnuss	23	+15
26. Sonnenblume	22	+120
27. Yamswurzel	22	+10
28. Erbsen	17	+70
29. Bohnen	16	+60
30. Mango	15	+50

NASSREIS(AN)BAU: Ausgehend vom Wasserregime lässt sich Nassreisanbau folgendermaßen klassifizieren:

- *➔Regenfeldbau ohne ➔Bewässerung*, aber mit zeitweiligem, meist kurzfristigem Regenwasserstau. In Abhängigkeit von den Regenperioden und deren Ergiebigkeit erfolgt z.B. in Asien ein- oder zweimaliger Reisanbau innerhalb eines Jahres. Nach einmaligem Reisanbau können als zweite Kultur u.a. Mais, Weizen, Hülsenfrüchte, ➔Ölfrüchte oder Batate folgen.
- *➔Bewässerungsfeldbau* mit ausreichenden Wassermengen während der gesamten ➔Vegetationsperiode. Diese Bedingungen werden in den Tropen häufig mit den Folgen *Reis - Reis*, seltener mit dreimalig aufeinanderfolgendem Reisanbau oder einer Trockenkultur genutzt. Dieses ➔Bodennutzungssystem gilt als ökologisch stabilstes Bodennutzungssystem der Tropen und Subtropen. Die in Asien teilweise seit Jahrhunderten betriebene Reismonokultur erklärt sich aus der ➔Selbstverträglichkeit und Anpassungsfähigkeit der Reispflanze (z.B. Anbau in Europa bis Südfrankreich, Po-Ebene, Ungarn), aus dem Schutz des ➔Bodens durch eine Wasserschicht, durch die Nährstoffzufuhr mit dem Bewässerungswasser, den aus natürlichen Quellen stammenden Stickstoff (Blaualgen, Symbiose von Azolla-Arten und Blaualgen, heterotrophe Organismen inner- und außerhalb der Rhizosphäre, Niederschlag, Pflanzenrückstände) und durch den höheren Anteil von pflanzenverfügbarem N auf Grund der Reduktionsvorgänge im Boden bei Überstauung.
- *Tiefwasseranbau* von Reis ist auf Asien beschränkt (Indien, Bangladesh, Thailand, Kambodscha, Indonesien, Myanmar). Aussaat oder Auspflanzen erfolgen mit den ersten Monsunniederschlägen in größeren, jährlich überfluteten Geländevertiefungen oder vor Talverengungen. Die Reispflanzen wachsen mit dem Anstieg des Monsunhochwassers (zeitweilig >50 cm Wassertiefe) mit. Die Ernte erfolgt zwischen Oktober und Dezember nach dem Rückgang der Fluten. 1-2 weitere Kulturen in der trockenen Jahreszeit können folgen.
- *Gezeitenbewässerung* im Küstenbereich, an Flussmündungen und flussaufwärts bis zur Grenze des Gezeitenflusses (Süßwasserrückstau, aber auch Brackwassereinstau). Die Wasserzufuhr und die Wasserhöhe in den Reisfeldern wird direkt oder indirekt von Ebbe und Flut beeinflusst. An der Küste tragen häufig zusätzliche Bewässerungskanäle zur Wasserverteilung bei.

Die Expansion des Nassreisanbaus erbrachte eine Verstärkung des ➔Treibhauseffektes auf Grund der hohen CH_4-Abgabe der Nassreisfelder (90 % davon über die Reispflanze).

NASSWIESE: Durch einen hohen Anteil von Seggen, Binsen, Pfeifengras und anderen Feuchtezeigern gekennzeichnetes, gemähtes, beweidetes oder aufgelassenes ➔Grünland.

NATIONALPARK: Ein Nationalpark (NP) ist ein großräumiges ➔Naturschutzgebiet, das bestimmte Kriterien erfüllt. In Deutschland ist der Begriff Nationalpark nach dem ➔Bundesnaturschutzgesetz (§ 14 BNatSchG) die Bezeichnung für rechtsverbindlich festgesetzte einheitlich zu schützende Gebiete, die

1. großräumig und von besonderer Eigenart sind,
2. im überwiegenden Teil ihres Gebietes die Voraussetzungen eines Naturschutzgebietes erfüllen,
3. sich in einem vom Menschen nicht oder wenig beeinflussten Zustand befinden und
4. der Erhaltung eines möglichst artenreichen heimischen Tier- und Pflanzenbestandes dienen.

Nationalparke sollen im Prinzip wie Naturschutzgebiete geschützt und wenn möglich der Allgemeinheit zugänglich gemacht werden.
Probleme der 13 (1998) deutschen Nationalparke sind die im internationalen Vergleich relativ kleinen zusammenhängenden Flächen sowie die Freizeit- und Wirtschaftsnutzungen. Insgesamt nehmen sie mit 728.411 ha ca. 2 % der Fläche Deutschlands ein. 80 % davon sind Watt- und Wasserfläche der Nord- und Ostsee.

NATURA 2000: Im ➔Bundesnaturschutzgesetz (§ 19 a-19 f BNatSchG) verankerte Bezeichnung für das im Aufbau befindliche europäische ökologische Netz gleichen Namens. Es dient insbesondere dem Schutz der Gebiete von gemeinschaftlicher Bedeutung und der europäischen Vogelschutzgebiete.

NATURALLOHN: Bei betriebswirtschaftlichen Berechnungen die Zusammenfassung der Aufwendungen für die Beköstigung der fremden Arbeitskräfte und der entlohnten Familienangehörigen aus wirtschaftseigenen Erzeugnissen, die Lieferungen des Betriebes für Deputatzwecke sowie die Leistungen für freie Wohnung, für Viehhaltung und Deputatland. Der Naturallohn existiert in der ➔Landwirtschaft nach wie vor neben dem Barlohn, wenn auch mit rückläufiger Tendenz.
Ein Beispiel für Naturallohn innerhalb einer Misch-Entlohnung bieten saisonale Arbeitsverhältnisse von ausländischen Arbeitskräften während der Obsternte am Bodensee. Bei einem Stundenlohn von DM 10,50 (1998) und entsprechenden Versicherungsleistungen werden gleichzeitig freie Unterkunft, Getränke sowie punktuell die Benutzung eines Autos zur Erledigung von Einkäufen geboten.

NATURALPACHT: Überlassung von ➔Boden zur Nutzung auf Zeit gegen Zahlung eines bestimmten Bruchteils des Ernteertrags. (➔PACHT)

NATURDENKMAL: Nach der Definition im Bundesnaturschutzgesetz (§ 17 BNatSchG) eine rechtsverbindlich festgesetzte Einzelschöpfung der Natur, deren besonderer Schutz aus wissenschaftlichen, naturgeschichtlichen oder landeskundlichen Gründen oder wegen ihrer Seltenheit, Eigenart oder Schönheit erforderlich ist. Die Festsetzung kann auch die für den Schutz des Naturdenkmals notwendige Umgebung einbeziehen.

NATURDÜNGER: Aus organischen Substanzen bestehender ➔Dünger. Er dient vorrangig dem Ersatz oder der Anreicherung von ➔Humus. (➔MINERALDÜNGER)

NATUREGART: Alpenländischer Typ von ➔Wechselgrünland mit Naturbegrasung. Im Unterschied zum ➔Kunstegart ist die ackerbauliche Nutzung kurz, weil diese Flächen häufig zu einer starken Verunkrautung neigen. Im Anschluss an die einjährige ackerbauliche Nutzung des Naturegarts folgt eine vier- bis sechsjährige Grünlandnutzung.
(➔EGARTWIRTSCHAFT, ➔FELDGRASWIRTSCHAFT, ➔KUNSTEGART)

NATURLANDSCHAFT: Vom Menschen unbeeinflusster Landschaftstyp, der sich durch folgende Merkmale auszeichnet:

- Gefüge natürlicher ➔Ökosysteme von Wäldern, ➔Mooren, Fließ- und Stillgewässern, Dünen, küstennahen ➔Heiden, Watten, alpinen ➔Matten und Felsfluren
- Vorhandensein eines Gleichgewichts im biologischen Sinn, das sich in und zwischen den verschiedenen Teilbereichen der Ökosysteme herausgebildet hat
- Reale Vegetation identisch mit der potentiell natürlichen Vegetation
- Möglichkeit zu einer eigendynamischen Entwicklung (Sukzession)
- Als zusammenhängendes Gebiet nur mehr in schwer zugänglichen Regionen anzutreffen
- Innerhalb der ➔Kulturlandschaft lediglich als kleine Reste vorhanden

Die ehemalige Naturlandschaft, die anstelle einer gegenwärtigen Kulturlandschaft ursprünglich vorhanden war, nennt man *Urlandschaft*. Die theoretisch vorstellbare Naturlandschaft, die sich anstelle einer Kulturlandschaft einstellen würde, wenn kein menschlicher Einfluss mehr wirksam wäre, nennt man *potentielle Naturlandschaft*.
Als besonders schützens- und erhaltenswert betrachtet man *national bedeutsame natürliche und naturnahe Ökosysteme*.
(➔INDUSTRIELANDSCHAFT, ➔LANDSCHAFT)

NATÜRLICHE RESSOURCEN: Die von der Natur bereitgestellten Güter zur direkten oder indirekten Erfüllung menschlicher Bedürfnisse. Hierzu zählen zum einen die Rohstoffressourcen (z.B. Erdöl), zum anderen die Umweltgüter Wasser, ➔Boden, Luft, ➔Landschaft sowie Tier- und Pflanzenarten. Umweltgüter galten lange Zeit als sogenannte *freie Güter*. Demzufolge hatten sie auch keinen Preis. (➔EXTERNE EFFEKTE)

NATURPARK: Bezeichnung für großräumige Gebiete besonderen Charakters in Deutschland. Nach dem ➔*Bundesnaturschutzgesetz* (§ 16 BNatSchG) ist Naturpark die Bezeichnung für "einheitlich zu entwickelnde und zu pflegende Gebiete, die

National bedeutsame natürliche und naturnahe Ökosysteme

Ökosystem	Charakteristische Biotopkomplexe
Meere und Küsten	• Naturnaher Wattenmeerkomplex der Nordsee mit Flachwasserzonen, Wattflächen, Salzgrünland- und Küstendünenkomplex, Ästuarbereichen • Boddenküste, Moränen- und Kreidesteilküsten der Ostsee mit Flachwasserbereichen, Wattflächen, Steilküsten, Küstendünen- und Salzgrünlandkomplex
Fließgewässersysteme	• Oberläufe und Bäche des Flachlandes • Bergbachkomplexe • Flusstalsysteme des norddeutschen Tieflandes mit Durchströmungsmoorsystemen • Große Stromtäler mit Auenkomplexen, angrenzenden Trockenhängen und Binnendünensystemen • Durchbruchstäler der silikatischen Mittelgebirge und Juragebirgszüge
Seen und naturnahe Stillgewässersysteme	• Oligotrophe bis mesotrophe naturnahe Seen mit ihren Verlandungszonen (ohne bereits eutrophierte Seen) • Eutrophe naturnahe Seen mit ihren Verlandungszonen und Bruchwäldern (Seenplatten)
Moorlandschaften	• Hochmoorkomplexe (Hang- und Regenmoore) der Mittelgebirge und Alpen • Hochmoorkomplexe des Flachlandes • Durchströmungs- und Überflutungsmoorlandschaften • Kesselmoorlandschaften des norddeutschen Tieflandes • Versumpfungsmoorlandschaften inkl. Bruchwäldern
Großflächige Waldökosysteme	• Bodensaure Buchen-/Eichenwaldkomplexe des Tieflandes • Kalkreiche Buchenwälder des Tieflandes • Naturnahe Höhenzonationen von Kalk-Buchenwäldern u.a. der Jura-Gebirge und des Schichtstufenlandes • Naturnahe Höhenzonationen bodensaurer Buchenwälder der silikatischen Mittelgebirge • Naturnahe Nadelmischwaldkomplexe (Laub-, Misch-, Schluchtwälder) der Mittelgebirge • Naturnahe Nadelmischwaldkomplexe der Mittelgebirge • Waldzonationen der nördlichen Kalkalpen
Sonderkomplexe	• Binnenlandsalzstellen • Natürliche Schwermetallsonderstandorte • Natürliche waldfreie Zonationskomplexe der Hochlagen der Kalkalpen (Krummholz, Schneetälchen, alpine Heiden, Fels und Schutthaldenkomplexe)

1. großräumig sind,
2. überwiegend ➔Landschaftsschutzgebiete oder ➔Naturschutzgebiete sind,
3. sich wegen ihrer landschaftlichen Voraussetzungen für die Erholung besonders eignen und
4. nach den Grundsätzen und Zielen der ➔Raumordnung und ➔Landesplanung für die Erholung oder den Fremdenverkehr vorgesehen sind."

Sie "sollen entsprechend ihrem Erholungszweck geplant, gegliedert und erschlossen werden".
Die Naturparke dürfen weder mit den ➔Nationalparken noch mit den ➔Naturschutzgebieten verwechselt werden. 1998 bestanden in Deutschland 73 Naturparke, die 6,1 Mio. ha und somit 17,3 % der Landfläche Deutschlands umfassten.

NATURSCHUTZ: Alle Maßnahmen zur Erhaltung und Förderung der natürlichen Lebensgrundlagen (Naturgüter), von Pflanzen und Tieren wildlebender Arten und ihrer Lebensgemeinschaften, sowie zur Sicherung von ➔Landschaften in ihrer Vielfalt und Eigenart. Naturschutz und ➔Landschaftspflege sind in Deutschland durch Stagnation, teilweise auch durch deutliche Verschlechterung gekennzeichnet.
Die unterschiedliche Zielsetzung von Naturschutz und ➔Landwirtschaft - wissenschaftliche, ethische und ästhetische Ziele einerseits, ökonomische Ziele andererseits - führen insbesondere durch die konventionelle ➔Intensivlandwirtschaft zu bisher unauflösbaren Konflikten.
Bei der Verwirklichung von Naturschutzzielen kann räumlich einer integrativen oder einer segregativen

Räumliche Konzepte für das Verhältnis von Naturschutz und Landwirtschaft

Quelle: Erdmann u. Kastenholz 1995 (verändert)

Strategie gefolgt werden. Der Tendenz der Landnutzung der letzten Jahrzehnte liegt eindeutig das Segregationsmodell zugrunde, d.h. jeder Fläche wird eine einzelne Nutzungsfunktion zugewiesen. Die multifunktionale Sichtweise von Natur und ➔Landschaft geht aus der Sicht der Nutzer immer stärker verloren.

Succow (1995) nennt *zwölf Grundsätze für den Handlungsbedarf im Spannungsfeld Landnutzung und Naturschutz* (leicht verändert):

- Einkommenssichernde Transferzahlungen an die Landwirtschaft (➔Subventionen) sind generell an ökologische Leistungen zu binden.
- ➔Ökologischer Landbau, der sich am Prinzip einer ressourcenschonenden dauerhaft-umweltgerechten Wirtschaftsweise mit hoher Sozialverträglichkeit orientiert, ist bevorzugt zu fördern.
- Auf "nicht Gunst-Standorten" sind extensive Nutzungslandschaften mit naturverträglicher Erholungsnutzung zu erhalten bzw. zu entwickeln (insbesondere in Form von ➔Biosphärenreservaten, ➔Naturparken).
- Auf ausgewählten Flächen Erhalt/Rückführung historischer Formen der Nutzungslandschaft zur Sicherung artenreicher Halbkulturformationen (➔Naturschutzgebiete mit Pflegenutzung).
- Erhalt/Entwicklung nutzungsfreier Landschaften als Naturentwicklungsgebiete in Eigendynamik (Totalreservate, bei ausreichender Größe ➔Nationalparks),
- Grundsätzlich ist extensive agrarische Flächennutzung, insbesondere als ➔Weideland, einer ➔Flächenstillegung vorzuziehen. Wenn überhaupt, so ist sie auf ökologisch sensible Flächen zu lenken und für die Biotopvernetzung zu nutzen.
- Wiederbewaldungen sind generell für waldarme Landschaftsräume vorzuziehen, dabei sind insbesondere natürliche Sukzessionen zu fördern.
- Der Anbau ➔nachwachsender Rohstoffe, insbesondere als Energieträger, ist eine notwendige Entwicklungslinie. Eine Wirtschaftlichkeit ist aber erst mit steigenden Energiepreisen gegeben. Auch hier ist auf höchste Umweltverträglichkeit zu achten.
- Die Funktionalität einst akkumulierender Ökosysteme (➔Moore, Auen) ist zunehmend wiederherzustellen. Mit ihrer Speicherfunktion (Senken in der ➔Landschaft) sind sie für die Stabilisierung des Landschaftshaushaltes unabdingbar.
- Die Stabilisierung des Landschaftshaushaltes ist eine der Schlüsselaufgaben zur Vitalisierung der Landschaft, ein umfassender Rückbau von sogenannten Wasserregulierungsmaßnahmen ist unabdingbar. Semiaquatische Ökosysteme sind zu fördern.
- Die Neuorientierung der Agrarumweltpolitik verlangt einer Internalisierung ➔externer Effekte. Negative externe Effekte sind mit Abgaben zu belegen. Positive externe Effekte sind handlungs- und outputorientiert zu honorieren.
- Landnutzungspolitik, Naturschutzpolitik, Raumordnungspolitik und sozio-ökonomische Entwicklung des ➔ländlichen Raumes sind als Einheit zu sehen.

In Deutschland wurde dem Bund die Rahmenkompetenz für Naturschutz und Landschaftspflege zugewiesen, die 1976 durch das ➔Bundesnaturschutzgesetz ausgefüllt wurde. Für die Ausfüllung des gesetzten Rahmens haben die Länder eigene Naturschutzgesetze erlassen. Sie sind für den Vollzug und die Finanzierung des Naturschutzes im wesentlichen zuständig. Ferner nehmen auch die Landkreise und Kommunen Naturschutzaufgaben wahr.

Zu den Instrumenten der Naturschutzplanung gehören: ➔Landschaftsplan, landschaftspflegerischer Begleitplan, Umweltverträglichkeitsprüfung,

Biotopverbundplanung, →Flurbereinigung, Teile der →Regionalplanung.

NATURSCHUTZGEBIET: Gebiet in dem Flora und Fauna wegen ihres wissenschaftlichen Wertes, ihrer Seltenheit und/oder Schönheit zusammen mit ihrer unbelebten Umwelt in der Regel nicht verändert werden dürfen. In manchen Naturschutzgebieten (NSG) sind allerdings Eingriffe des Menschen (Pflegemaßnahmen) zur Erhaltung der als schützenswert erachteten Eigenschaft notwendig, z.B. in →Heiden oder →Halbtrockenrasen (z.B. Mähen, →Beweidung). Naturschutzgebiete kennt man in Deutschland seit 1836. Im →*Bundesnaturschutzgesetz* (§ 13 BNatSchG) sind Naturschutzgebiete definiert als rechtsverbindlich festgesetzte Gebiete, in denen ein besonderer Schutz von Natur und →Landschaft in ihrer Ganzheit oder in einzelnen Teilen

1. zur Erhaltung von Lebensgemeinschaften oder →Biotopen bestimmter wildlebender Tier- und Pflanzenarten,
2. aus wissenschaftlichen, naturgeschichtlichen oder landeskundlichen Gründen oder
3. wegen ihrer Seltenheit, besonderen Eigenart oder hervorragenden Schönheit erforderlich ist.

Naturschutzgebiete haben zusammen mit den →Nationalparken rechtlich den relativ strengsten Schutzstatus unter den nach dem Naturschutzrecht geschützten Flächen.

Naturschutzgebiete können der Allgemeinheit zugänglich gemacht werden, soweit es der Schutzzweck erlaubt. Alle Handlungen, die zu einer Zerstörung, Beschädigung oder Veränderung des Gebietes oder seiner Bestandteile führen, sind verboten.

In Deutschland waren 1998 insgesamt 6.042 Naturschutzgebiete ausgewiesen, die mit 821.478 ha 2,3 % des Bundesgebietes einnahmen. Der →Umweltrat fordert in seinem Gutachten von 1994, dass auf 10 % der Landesfläche dem Naturschutz Priorität eingeräumt werden, und dass davon etwa die Hälfte einem Totalschutz unterliegen solle.

NATURWEIDE: Natürliche Vegetationsformation, z.B. Savanne oder Steppe, die durch extensive →Weidewirtschaft genutzt wird.

NEBENERWERBSBETRIEB: →ERWERBSCHARAKTER

NEMATIZID: →Biozid gegen Fadenwürmer.

NEOLITHISCHE REVOLUTION: Übergang von der Lebensweise der Wildbeuter (Aneignungswirtschaft) zur sesshaften Lebensweise mit →Ackerbau und →Viehhaltung (Produktionswirtschaft). Der Übergang fand in den verschiedenen Kulturkreisen zu unterschiedlichen Zeiten statt, im →Fruchtbaren Halbmond vor ca. 10.000 Jahren.
(→AGRARGESCHICHTE)

NETTOEINKOMMEN: Die Entlohnung des Eigenkapitals und der Familienarbeitskräfte. Das Nettoeinkommen errechnet sich nach Abzug des Lohnaufwandes für Fremdarbeitskräfte, der Zinsen für investiertes Fremdkapital und des Pachtaufwandes aus der →Nettowertschöpfung. Der volkswirtschaftliche Begriff Nettoeinkommen kommt einzelbetrieblich dem Begriff Unternehmensgewinn nahe.

NETTOWERTSCHÖPFUNG: Die Nettowertschöpfung stellt die Entlohnung der →Produktionsfaktoren →Boden, Arbeit und Kapital dar. Sie ist damit betriebswirtschaftlich gesehen vergleichbar mit dem Betriebseinkommen.
(→BRUTTOWERTSCHÖPFUNG)

NEUBAUERNSTELLE: Auf dem Gebiet der neuen Bundesländer in den Jahren 1945/46 im Rahmen einer →Bodenreform geschaffenen landwirtschaftliche Kleinbetriebe. Die Eigentümer sollten persönlich wirtschaftende Besitzer sein. Um dies zu gewährleisten, bestanden hinsichtlich der Grundstücke vielfältige Beschränkungen. Diese durften weder verkauft noch verpachtet werden und auch nicht vererbt werden. Es handelte sich um ein (bewirtschaftungspflichtiges) Arbeitseigentum, das mit einem Eigentum im Sinne der bundesdeutschen Rechtsordnung nicht vergleichbar war.

Im Zuge der "Wende" wurden durch ein DDR-Gesetz die genannten Verfügungsbeschränkungen aufgehoben. Die Bodenreformgrundstücke sollten persönliches Volleigentum werden, das verkauft, beliehen und vererbt werden konnte. Diese Regelung wurde im Rahmen des Einigungsvertrages Bundesrecht.

Dennoch kam es häufig zu unklaren Eigentumsverhältnissen bedingt u.a. durch unterschiedliche Rechtspraxis in DDR und Bundesrepublik, Missachtung von Vorschriften beim Besitzwechsel schon zu DDR-Zeiten und unterlassene Eintragungen ins Grundbuch.

NEUEINRICHTER: →Landwirt der nach der Wiedervereinigung in den neuen Bundesländern einen landwirtschaftlichen Betrieb aufgebaut hat, ohne dass er dort vorher Landflächen oder Wirtschaftsgebäude besaß. Neueinrichter nutzten dabei einen freien Flächenmarkt, der in gewissem Umfang in Ostdeutschland unmittelbar nach den Wendeereignissen bestand, dazu auch Kaufmöglichkeiten bei staatlichen (VEG) kommunalen oder kirchlichen Ländereien. Neueinrichter kamen überwiegend aus den

alten Bundesländern, aber auch aus den Niederlanden, den USA, Dänemark und anderen Staaten. In der Regel bauten sie in kurzer Zeit und mit erheblichem Kapitaleinsatz moderne Agrarbetriebe auf (Kapital- und know how-Transfer), teils auch in Kooperation mit ostdeutschen Pächtern, Filialleitern usw.
In der ersten Phase prägte die einheimische Bevölkerung für viele von ihnen den abwertend gemeinten Begriff des "Autobahnbauern" oder des "Tiefladerbauern", weil sie als "reisende Manager" bzw. "fernsteuernde Bewirtschafter" zunächst wenig Ortsbindung in Ostdeutschland erkennen ließen. Die Einpassung in die regionale Wirtschaftsstruktur erfolgt noch immer langsam. Manche Betriebe realisieren fast ihren gesamten Bezugs- und Absatzbedarf gewohnheitsmäßig in den alten Bundesländern und operieren z.T. auch mit mitgebrachten Arbeitskräften.

NEULANDGEWINNUNG: →LANDGEWINNUNG

NITRATE: NO_3, Salze der Salpetersäure. Nitrate gehören zu den Hauptnährstoffen im →Boden (Bildung durch Mikroorganismen aus dem Luftstickstoff oder aus stickstoffhaltigen organischen Stoffen). Das von den Pflanzen aufgenommene Nitrat wird überwiegend zu Eiweiß und anderen organischen Stickstoffverbindungen umgewandelt. Ein mehr oder weniger großer Teil des Nitrats wird aber auch in Pflanzen gespeichert.
Nitrate kommen u.a. in Grünpflanzen vor. Nitrate finden sich auch in stickstoffhaltigen →Düngemitteln. Bei unsachgemäßer Anwendung in der →Landwirtschaft können Nitrate mit dem Niederschlagswasser in das →Grundwasser bzw. in Oberflächengewässer gelangen und dessen Nitratbelastung erhöhen. In Deutschland verursacht die Landwirtschaft zu 82 % (1994) die flächenhaften Einträge von Nitrat ins Grundwasser. Sehr hohe Nitratkonzentrationen sind oft in Gebieten mit →Sonderkulturen (Wein, Gemüse, Obst) nachzuweisen. Punktuelle Einträge von Nitrat aus der Landwirtschaft und anderen Verursacherbereichen sind bei lokaler Relevanz insgesamt von untergeordneter Bedeutung.
Problematisch können hohe Nitratgehalte in pflanzlichen Nahrungsmitteln (z.B. Spinat) aus überdüngten Kulturen oder aus belastetem Grundwasser für den menschlichen Organismus sein, da sich diese im Verdauungsbereich zu →Nitriten umwandeln können und letztere mit den Aminen aus eiweißhaltigen Lebensmitteln die krebsverdächtigen Nitrosamine und Nitrosamide bilden. Zuviel Nitrat im Trinkwasser kann in seltenen Fällen für Säuglinge wegen der teilweisen Umwandlung des Nitrats in →Nitrit im Körper gefährlich werden. Diese direkte toxische Wirkung des Nitrits beruht auf seiner Eigenschaft, den roten Blutfarbstoff, Hämoglobin, in Methämoglobin umzuwandeln. In dieser Form ist der Blutfarbstoff nicht mehr in der Lage, Sauerstoff zu transportieren. So kann Nitrit bei Babies bis zu einem Alter von drei Monaten zur "Blausucht" (Methämoglobinämie) führen.
Der Grenzwert für Nitrat im Trinkwasser beträgt in der Trinkwasserverordnung 50 mg/l. Da Nitrat mit den üblichen Trinkwasseraufbereitungsmethoden kaum entfernt werden kann, ist Rohwasser mit einem höheren Gehalt an Nitrat für die Trinkwasserversorgung ungeeignet.
Im Hinblick auf die *Nitratauswaschung* sind die →Wirtschaftsdünger →Gülle, →Jauche und →Stallmist kritischer zu betrachten als die →Mineraldünger, da sie sich nicht so gezielt zum optimalen Bedarfszeitpunkt der Pflanzen einsetzen lassen.
Die Auffassung, dass es auf Grünland kein, zumindest aber eine viel geringeres Risiko der Nitratauswaschung gäbe als auf Ackerland, ist überholt. Sie ist lediglich für →Wiesen zutreffend, nicht aber für →Weiden (Weidetierexkremente). Wenn Grünland großflächig umgebrochen wird, kann sich im Grundwasserraum eine Welle hoher Nitratbelastung ausbilden. Nach einigen Jahren fallen die Nitratwerte wie-

Stickstoffeintrag ins Grundwasser in Abhängigkeit von der Kulturart

Kulturart	Stickstoff-eintrag [kg/ha]
Weizen	37
Wintergerste	27
Sommergerste	20
Roggen	42
Hafer	23
Mais	131
Rüben, Kartoffeln	83
Raps	61
Erbsen, Ackerbohnen	39
Klee-, Luzernegras	25
Weidegras	40
Grünland	30
Streuobst mit Grünland	30
Reben	30
Obst	28
Spargel	413
Tabak	99
Gemüse	107
Beeren	93
Kleingärten	37
Ödland, Hecken, Feldgehölze	0
Wald	4-67

Quelle: Ministerium für Umwelt Baden-Württemberg (Hrsg.): Nitrat im Grundwasser, 1991

der, bleiben aber als Folge der neuen Nutzung über dem ursprünglichen Niveau.
Nach dem Umbruch von →Leguminosen vor der Winterruhe wird der organisch gebundene Stickstoff mineralisiert und kann dann in das Grundwasser ausgewaschen werden.
Bei der Drainierung und Ackernutzung von Moorböden wird die organische Torfsubstanz zunehmend abgebaut, was mit der Freisetzung des organisch gebundenen Stickstoffs und Phosphats verbunden ist.
Werden →Sonderkulturen angelegt, so kann die Nitratbelastung selbst bei geringen Flächenanteilen dieser Kulturen auf ein erheblich höheres Niveau als zuvor ansteigen. Der Grund ist meist Überdüngung.
Die Düngermenge wird um so entscheidender, je mehr der Anbau einer →Schwarzbrache ähnelt. Das gilt für viele →Sonderkulturen, aber auch für die erste Wachstumsperiode von Mais und →Hackfrüchten. Dort entscheidet auch der Düngezeitpunkt: je weniger die Pflanzen entwickelt sind und →Nährstoffe aufnehmen können, desto größer ist die Gefahr der Auswaschung. Diese Gefahr verschärft sich, wenn der Anbau auf leichten Böden stattfindet. Sie vermögen nur wenig Wasser zu speichern, entsprechend schnell kommt es zur Versickerung.
Durch Anbau von →Zwischenfrüchten im Winter, also in der Hauptsickerungsperiode, kann die Nitratauswaschung stark gesenkt werden.
Bis zur Grundwasseroberfläche wird Nitrat in nennenswertem Maße nur dann abgebaut, wenn die Böden schwer und sauerstoffarm sind und der Sickerwasserbereich genügend mächtig ist. Die →Denitrifikation im Aquifer hängt vor allem davon ab, ob das Wasser sauerstoffarm ist und den Bakterien genügend organische Substanz zur Verfügung steht.
Zivilisatorisch unbeeinflusstes Wasser enthält nur bis zu 8 mg/l Nitrat. Die beispielsweise in Baden-Württemberg gewonnenen Durchschnittswerte einzelner Trinkwasserquellen und des Grundwassers größerer Einzugsgebiete liegen mit 20-30 mg/l Nitrat weit über dem Bereich natürlicher Schwankungen. Als Folge davon wurden im Zeitraum 1980-1989 etwa 20 % der Trinkwassergewinnungsanlagen in Baden-Württemberg stillgelegt.
Zum Schutz der Gewässer vor Verunreinigungen durch Nitrat aus landwirtschaftlichen Quellen wurde im Dezember 1991 eine Richtlinie des *Rates der Europäischen Gemeinschaft* erlassen. Nach Artikel 1 hat diese Richtlinie zum Ziel,

- die durch Nitrat aus landwirtschaftlichen Quellen verursachte oder ausgelöste Gewässerverunreinigung zu verringern und
- weiterer Gewässerverunreinigungen dieser Art vorzubeugen.

Nitratgehalt verschiedener Nahrungspflanzen

Nitratgehalt	Pflanze
Hoch	Kopfsalat, Spinat, Feldsalat, Endivie, Rote Beete, Radies, Rettich, Stielmangold, Fenchel, Chinakohl
Mittel	Sellerie, Möhren, Kopfkohl, Kartoffel, Blumenkohl
Niedrig	Tomate, Gurke, Paprika, Melone, Rosenkohl, Erbse, Obst, Getreide

Quelle: AID-Heft Nr. 1136, 1991

Die Richtlinie schreibt u.a. Höchstmengen an Dung pro Hektar vor, und zwar bezogen auf die darin enthaltene Stickstoffmenge.
Bei Berücksichtigung der häufigsten Untersuchungsergebnisse lassen sich die Pflanzenarten hinsichtlich ihres Nitratgehaltes einteilen. Dabei spielen die zum Verzehr bestimmten Pflanzenteile eine besondere Rolle. Hohe Gehalte sind zu erwarten, wenn Blätter, Blattstiele und Hypokotylknollen verwendet werden. Im Gegensatz dazu sind alle Früchte (einschließlich →Obst) und Samen nitratarm. Genetisch bedingte Unterschiede sind vorhanden. Die Züchter sind daher bemüht, nitratarme Sorten zu schaffen.

NITRIFIKATION: Auch *Nitrifizierung* genannte Umwandlung von aus Eiweißzersetzung stammendem Ammonium-Stickstoff (NH_4^+) in leicht aufnehmbaren Nitrat-Stickstoff (NO_3^-) durch Bodenbakterien. Dieser Oxidationsprozess erfolgt in zwei Schritten:

1. $4\,NH_4^+ + 7\,O_2 \rightarrow 4\,NO_2^- + 4\,H_3O^+ + 2\,H_2O$
2. $2\,NO_2^- + O_2 \rightarrow 2\,NO_3^-$

Zusammen mit der →Denitrifikation ist die Nitrifikation für die gasförmigen Stickstoffverluste aus →Böden aber auch aus Gewässern verantwortlich und mithin für die Bildung von Distickstoffoxid (N_2O) und Stickstoffoxiden (NO_x). Die Nitrifikation führt zur →Bodenversauerung.
(→STICKSTOFFKREISLAUF)

NITRITE: Salze der salpetrigen Säure. Nitrite sind giftig, denn sie behindern den Sauerstofftransport im Blut. Beim Menschen können als Folgen Übelkeit, Magenbeschwerden und Atemnot (Blausucht) eintreten. Gefährdet sind insbesondere Säuglinge (z.B. durch Verzehr von aufgewärmtem Gemüse aus intensiv gedüngten Kulturen, da das enthaltene →Nitrat bakteriell zu Nitrit umgewandelt werden kann). Nitrite können sich unter Umständen im Magen-Darm-Trakt des Menschen mit Aminen der Nahrung zu Nitrosaminen umwandeln. Solche Verbindungen sind stark krebsverdächtig.

N_{min}-UNTERSUCHUNG: Labormethode zur Bestimmung des mineralisierten Stickstoffs im →Boden als Grundlage für die Ermittlung des Stickstoffbedarfs der Pflanze und für die Verabreichung gezielter, dem Bedarf der Pflanze angepasster Düngergaben.

NOMADISMUS: Wanderviehwirtschaft mit dem Nutzungssystem des →Weideflächenwechsels. Es handelt sich um die am weitesten in die Randbereiche der →Ökumene vorgeschobene agrarische Nutzform in enger Anpassung an die Naturgrundlagen (z.B. <100 mm N). Die Bevölkerung wandert mit den Herden und ihren Siedlungen (Zelte, Jurten, Hütten) zwischen den bis zu mehreren hundert Kilometern voneinander entfernten Weidegründen, deren Tragfähigkeit und auch Trinkwasserangebot mit dem Niederschlags- und Temperaturgang jahreszeitlich und von Jahr zu Jahr wechselt. Die Futterversorgung kann nur durch die Wanderung zwischen Winter- und Sommerregenzeit, Tiefland und Höhengebieten erfolgen, da keine Vorratshaltung besteht. Die Produktionsgrundlage der nomadischen →Viehwirtschaft bildet stets die Naturweide, eine Weidepflege findet nicht statt. Transporttiere, die neben den Herdentieren gehalten werden, befördern den gesamten Hausrat während des mehrmals pro Jahr erfolgenden Weidewechsels. Ein weiterer Grund für das Wanderungsverhalten ist das Bemühen standortspezifischen Tierkrankheiten auszuweichen.
Dieser *Vollnomadismus* ist in seiner Reinform heute selten geworden. Er unterscheidet sich vom *Halbnomadismus*, bei dem die Viehhalter über einen festen Wohnsitz verfügen. In dessen Nähe wird i.d.R. Anbauwirtschaft betrieben wird. Zeitweise wandert die gesamte Familie des Herdenbesitzers oder ein Teil davon mit der Herde in entfernte Weidegebiete. Marktwirtschaftliche Verflechtungen sind gering, Selbstversorgung und regionaler Tauschhandel herrschen vor. Oft besteht eine symbiotische Beziehung zwischen Weidenomaden und sesshaften Oasenbauern. Daneben spielen andere Tätigkeiten und zusätzliche Einkommen aus dem Handel, aus Transport- oder Geleitschutz für den Handel, aus handwerklicher Arbeit (Lederbearbeitung oder Teppichknüpferei) oder aus dem Grundbesitz, den man durch Pächter oder hörige Bauern bewirtschaften lässt, eine bedeutsame Rolle.
Während sich der Vollnomadismus gut an die ökologischen Bedingungen anpasst, verschärft sich im Halbnomadismus häufig die Futtersituation. Sind die Tiere im Einzeleigentum der Familien und ist die Fläche Gemeineigentum, versucht jede Familie die Anzahl der Tiere hoch zu halten. Eine →Überstockung kann dann zu →Überweidung führen.
Die Produktivität der nomadischen Herden, gemessen am Fleischzuwachs und an der Milchleistung, ist gering. Wachstum und Milchleistung sind sehr stark vom Vegetationsrhythmus abhängig.
Nomadismus gibt es als altweltliche Wirtschaftsform vor allem in den Trockenräumen Afrikas, des Mittleren und Fernen Ostens. Der Nomadismus in der arktischen Tundrenzone mit Rentieren ist selten geworden. In der Neuen Welt hat es dagegen nie einen Nomadismus gegeben, da die Weidetiere nicht vorhanden waren.
Stets ist der Nomadismus mit tribalistischen Gesellschaftsstrukturen verbunden.
Häufigste Nutzvieharten sind Schafe und Ziegen. Reinbestände einer Tierart sind selten, häufiger werden gemischte Herden gehalten (Verwertung verschiedener Pflanzen, Risikostreuung). Als Prestigetiere gelten in der Sahara und in der Arabischen Wüste das Kamel, in den Wüsten Turkestans und in der Mongolei das Pferd. Die Größe des Viehbestandes bestimmt den sozialen Rang und das Ansehen der Eigentümer der Gemeinschaft, so dass man sich nur selten zum Schlachten oder zum Verkauf eines Tieres entschließt. Aus der Wolle und dem Haar der Tiere werden Kleidungsstücke, Decken und Zeltplanen gefertigt.
Allen Nomaden gemeinsam ist, dass die Milch als Grundnahrungsmittel dient, wobei alle Tierarten gemolken werden: Kamele, Dromedare, Pferde, Esel, Kühe, Ziegen und Schafe.
Neben dem Grad der Mobilität dienen als weitere Differenzierungskriterien Futtergrundlage, Tierarten und Lebensformen wie Wüsten- oder Steppennomadismus.
Fehlende statistische Erhebungen erlauben nur vage numerische Aussagen über Bedeutung und Verbreitung des Nomadismus. Wahrscheinlich können z.Z. weniger als 10 Mio. Menschen als Nomaden bezeichnet werden. Als räumliche Schwerpunkte gelten vor allem der Sahel, Somalia, die ostafrikanischen Hochländer sowie die Hochländer Irans und Afghanistans. In Somalia machen die Nomaden z.B. noch 58 % der einheimischen Bevölkerung aus.
Generell ist aber seit langem von einem deutlichen Niedergang des Nomadismus auszugehen, auch wenn sich in ehemals sozialistischen Ländern eine gewisse Wiederbelebung anzubahnen scheint (Mongolei). *Arnold* (1997) trug folgende Hauptgründe für den Rückgang zusammen:

- Umwandlung der besten Weiden in →Ackerland
- Sesshaftmachungspolitik der Kolonialmächte und jungen Nationalstaaten
- striktes Grenzregime der Nationalstaaten, das die Fernwanderungen der Herden einschränkt
- genozidartige Repression der Nomaden durch die jeweilige Zentralregierung (z.B. Tuareg in Niger

und Mali, Raikas in Nordwest-Indien, Kurden in der Türkei, Sahrouis in der West-Sahara)
- Verlust der militärischen Überlegenheit gegen moderne Heere
- Verlust von Transport- und Handelsfunktionen (Karawanenhandel)
- Preisrückgang für Kamele und Pferde
- Wegfall von Schutzgebühren, Abgaben und Arbeitsleistungen abhängiger Gruppen
- attraktive ökonomische Alternativen (Bergbau, Industrie, Städte)
- höhere Konsumansprüche der Nomaden (Güterversorgung, Infrastruktur, Bildungswesen)
- Abstufung in der sozialen Rangposition gegenüber sesshaften Gruppen

NORIA: Auch *Saniya*; traditionelles Verfahren der Wasserzuführung in ➔Oasen. Es handelt sich um ein Göpelwerk, bei dem eine senkrecht verlaufende Eimerkette über eine zahnartig hiermit verbundene, mit einem Zugtier angetriebene waagrechte, kreisartige Laufstrecke bewegt wird und ➔Grundwasser an die Oberfläche fördert. Der Wasserspiegel kann bis in eine Tiefe von 50-60 m reichen. Bei hohem Wasserstand können die Fördergefäße auch direkt auf einem über dem Schacht senkrecht montierten Rad montiert sein. Durch die Konkurrenz der Pumpbewässerung besitzt die Technologie nur noch Reliktcharakter. (➔BEWÄSSERUNG)

NOVEL FOOD: Neuartige Lebensmittel, die aus Rohstoffen bestehen, die bislang in der menschlichen Ernährung nicht vorkommen oder die auf unkonventionelle Weise z.B. mit Hilfe der ➔Gentechnologie hergestellt oder synthetisiert werden.
Nach der Novel Food-Verordnung der EU (seit Mitte Mai 1997 in Kraft) gelten folgende Lebensmittel und Lebensmittelzutaten als Novel Food:
- Erzeugnis, das aus einer modifizierten molekularen Lebensmitteleinheit oder einer molekularen Einheit, deren unbedenkliche Verordnung in Lebensmitteln nicht schon seit langem nachweisbar ist, besteht oder eine solche enthält.
- Erzeugnis, das aus einem Organismus oder einem Teil eines Organismus, dessen unbedenkliche Verwendung in Lebensmitteln nicht schon seit langem nachweisbar ist, besteht oder einen solchen enthält.
- Erzeugnis, das aus einem für die Lebensmittelherstellung verwendeten Organismus oder einem Teil eines Organismus, der durch ➔Gentechnik modifiziert wurde, hergestellt worden ist, aus einem solchen besteht oder ihn enthält.
- Erzeugnis, bei dem kein übliches Verfahren der Lebensmittelherstellung angewandt wird oder das trotz der Anwendung eines solchen Verfahrens noch nicht in Verkehr gebracht worden ist und bei dem durch ein solches Verfahren die Zusammensetzung oder Struktur der Enderzeugnisse erheblich verändert wird, was sich auf den Nährwert und/oder die Verdaulichkeit und/oder den Stoffwechsel und/oder den Anteil an unerwünschten Stoffen auswirkt.

Neuartig im Sinne der Verordnung sind nicht nur Gentechnik-Produkte. Auch andere bisher nicht bekannte Lebensmittel, beispielsweise Fleisch-Ersatz aus Einzeller- oder Algeneiweiß oder die sogenannten 'Designer-Lipide' (künstliche kalorienfreie Fette), fallen darunter.
Die Verordnung enthält unklare Formulierungen, insbesondere hinsichtlich der Umsetzung der in ihr enthaltenen *Kennzeichnungspflicht*. Nachweisverfahren, ohne die eine Überwachung der Kennzeichnung nicht durchführbar ist, werden gegenwärtig entwickelt. Derartige Verfahren lassen sich nur mit genauer Kenntnis der jeweiligen gentechnischen Änderung schaffen. Unbekannte Veränderungen sind nur in sehr eingeschränktem Maße nachweisbar. Die technischen Details zur Durchführung und Kontrolle der Kennzeichnung sind weitgehend unklar.
Von Bedeutung ist eine Kennzeichnung und eine Überprüfung im Rahmen des Verbraucherschutzes z.B. für Allergiker, die sich darauf verlassen müssen, dass ein Lebensmittel die mit der Gentechnik erzielte Allergen-Freiheit auch tatsächlich besitzt, da ansonsten lebensbedrohliche Situationen (anaphylaktischer Schock) eintreten können.
Lebensmittel müssen gekennzeichnet werden, wenn sie
- selbst lebende gentechnisch veränderte Organismen sind (z.B. ➔Obst oder Getreide) bzw. solche Organismen enthalten (z.B. Bakterien in fermentierten Milchprodukten), oder
- gegenüber vergleichbaren konventionellen Lebensmitteln wissenschaftlich nachweisbar verändert sind.

Lebensmittel aus transgenen Pflanzen, die das veränderte Gen oder Genprodukt nicht enthalten (z.B. Zucker aus transgenen Zuckerrüben oder Sojaöl aus herbizidtoleranten Sojabohnen) entziehen sich prinzipiell einem Nachweis, folglich ist eine Kennzeichnung nicht vorgesehen. Demgegenüber muss z.B. Ketchup aus transgenen Tomaten gekennzeichnet werden, da es sich wissenschaftlich nachweisbar von gleichwertigen konventionellen Lebensmitteln unterscheidet.
Gentechnisch hergestellte Lebensmittelzusatzstoffe, Aromen, Enzyme u.a. fallen nicht unter die Novel Food-Verordnung. Auch bereits zugelassene Produkte wie Genmais, Gensoja und Genraps werden von der Verordnung ausgenommen, sollen aber nachträglich reguliert werden. Insgesamt sind rund

80 % der gentechnisch veränderten Lebensmittel von der Kennzeichnung befreit. Eine bewusste Verbraucherentscheidung für oder gegen Produkte, die auf gentechnischen Veränderungen beruhen, ist so nicht möglich.
Die Anwendung der Gentechnologie in der Nahrungsmittelverarbeitung erbringt einen Beschleunigungs- und Effizienzeffekt und ermöglicht, neue Nahrungsmittel, sogar auf molekulargenetischer Ebene definiert, zu kreieren. Sie verstärkt dabei auch die negativen Effekte des "food-design" und bringt zusätzlich das Risiko mit sich, dass die gegenseitige in evolutionären Zeiträumen entstandene Anpassung zwischen natürlichen Mikrofloren und Menschen aufs Spiel gesetzt wird.
Die Ernährung wird durch die moderne Lebensmittelindustrie und durch die Entwicklung von Novel Food von deren Grundlage ➔Landwirtschaft getrennt. Ernährung und Landwirtschaft ist nicht mehr ein System, wo der regionale Bedarf oder die Notwendigkeit nach Vielfältigkeit in der Ernährung zur regionalen und kleinräumigen Vielfältigkeit in der Landwirtschaft Anlass gibt oder diese Vielfältigkeit sich wechselseitig bedingt, was auch dem ökologischen Standpunkt entgegenkommt, sondern die vielfältige Ernährung ist nur mehr ein Transport- und Industrieproblem, während die Landwirtschaft lediglich ein Rohstofflieferant ist, der möglichst spezialisiert oder monokulturell, Nahrungsmittelgrundstoffe bereitstellt.

Wichtige Nützlinge und Beispiele ihrer Beute

Nützling	Beutebeispiel
Schlupfwespen	San-José-Schildlaus
Florfliegen	Schildläuse, Spinnmilben, Blattsauger, Insekteneier, Fliegenlarven, Schmetterlingsraupen
Schwebfliegen	Blattläuse, Spinnmilben, Blutläuse, Blattsaugerlarven
Raupenfliegen	Raupen, Kartoffelkäfer, Wanzen
Raubwanzen	Spinnmilben, Blattläuse, Raupen
Kurzflügler	Zwiebel- und Kohlfliege
Marienkäfer	Blattläuse, Blattsauger, Blutläuse, Zikaden, Schildläuse
Weichkäfer	Schnecken, Raupen, Blattläuse, Schmetterlingsraupen, Blattwespen, Fliegen
Gallmücken	Blattläuse
Spinnen	Blattsauger, Blattläuse, Zikaden, Fliegen, Mücken, Käfer, Schmetterlinge, Blattwespen
Laufkäfer	Gehäuse- und Nacktschnecken, Wespen, Kartoffelkäfer, Drahtwürmer, Engerlinge, Fliegen, Asseln, Blattwanzen, Blattläuse u. a.

Quelle: LBP: Integrierter Pflanzenschutz - Natürliche Feinde von Kulturschädlingen, München 1992

NUTZARTENVERHÄLTNIS: ➔KULTURARTENVERHÄLTNIS

NUTZBARE FELDKAPAZITÄT (nFK): Die Differenz aus dem Wassergehalt des ➔Bodens bei ➔Feldkapazität und dem Wassergehalt beim ➔permanenten Welkepunkt in mm Regenhöhe und bezogen auf eine bestimmte Bodentiefe. Somit ist nFK das in den Mittelporen (Ø 10 - 0,2 µm) gespeicherte, pflanzenverfügbare ➔Bodenwasser.

NÜTZLINGE: Organismen, die Kulturschädlinge angreifen (Räuber) oder im Innern ihrer Wirtstiere leben (Parasiten).

NUTZPFLANZE: Pflanze ohne systematischen Anbau in natürlichen Beständen (Beeren, Pilze, Früchte, Farbstoffe, Fasern, Blumen, Zierpflanzen, Holz, Drogen, Gummi usw.) im Gegensatz zur ➔Kulturpflanze. Ihre Nutzung erfolgt durch Sammeltätigkeit.

NUTZTIER: Tier, das als Nahrungsmittel, als Erzeuger von Nahrungsmitteln (z.B. Milch), als Trag- und Zugtier oder als Lieferant von Häuten, Fellen oder sonstwie verwertbarer Teile für die menschliche Wirtschaft und Kultur von Bedeutung ist.
Im Vergleich zu den ➔Kulturpflanzen ist die Vielfalt der vollständig domestizierten landwirtschaftlichen Nutztiere relativ gering. Obwohl ihre Individuenzahl etwa so groß ist wie die der Menschen, konsumieren landwirtschaftliche Nutztiere die vierfache Menge an Pflanzenmaterial. Tierische Lebensmittel (Fische und Schalentiere eingeschlossen) decken nur ein Zehntel des weltweiten Kalorienbedarfs, doch machen sie ein Drittel der gesamten menschlichen Proteinaufnahme aus.
Der Mittlere Osten gilt als Ursprungszentrum der Domestikation aller nahrungsproduzierenden Nutztiere. Die Anfänge der Domestikation liegen einige Jahrtausende vor unserer Zeitrechnung, und die Entstehung von Haustieren scheint der Entwicklung sesshafter, ➔Landwirtschaft betreibender Gesellschaften sowie der Kultivierung von Nahrungspflanzen parallel verlaufen zu sein.
Aufgrund bestimmter physiologischer Eigenschaften und/oder Verhaltensmuster waren und sind manche

Die weltweit wichtigsten landwirtschaftlichen Nutztiere

Tier	Weltpopulation 1970/71 [1.000]	Zuchtformen (etwa)
Rind	1.141.215	247
Schaf	1.074.677	230
Schwein	667.689	54
Ziege	383.025	62
Büffel	125.412	7
Pferd	66.312	124
Esel	41.914	12
Maultier	14.733	-

Quelle: Tivy, 1993

Tiergruppen zur Domestikation besser geeignet als andere. Vorteilhaft waren anfangs Tiere, die nicht nur wirklich nützliche und nachhaltige Nahrungsquellen darstellten, sondern die sich leicht züchten ließen und zudem einen Herdentrieb aufwiesen, der ihre Kontrolle erleichterte. Tiere, deren soziales Verhalten auf einer Dominanzhierarchie basiert, ließen sich leichter vom Menschen beherrschen. Einige entwickelten ihm gegenüber ein hohes Kommunikationsniveau.
Wie bei den Kulturpflanzen ging die Domestikation von Tieren mit physiologischen Änderungen einher, die vor allem den ökonomischen, kulturellen oder ästhetischen Bedürfnissen des Menschen entsprachen.
Entwicklungen in der modernen Nutztierzucht führen zu einer ständigen Abnahme der Anzahl ökonomisch wichtiger Zuchtrassen. Lokale Zuchtlinien werden entweder durch Tiere ersetzt, die an einen speziellen Verwendungszweck angepasst sind und aus einer vergleichsweise kleinen Zahl von Zentren stammen (z.B. Milchkühe), oder durch "maßgeschneiderte" Hybride (z.B. Schweine und Geflügel).

NUTZTIERHALTUNG: →VIEHHALTUNG, →VIEHWIRTSCHAFT

NUTZTIERHALTUNGSFORM: Art und Weise, in der Nutztiere in einem landwirtschaftlichen oder gewerblichen Tierhaltungsbetrieb gehalten werden.

NUTZUNGSPARZELLE: Kleinstes Flurstück einheitlicher Nutzung. (→ PARZELLE)

O

OASE - OZON

OASE: Inselhafter Landstrich mit gegenüber seiner wüsten- oder halbwüstenhaften Umgebung kontrastierender ökologischer Ausstattung, in dem offenes Wasser oder ➔Grundwasser eine üppigere Vegetation ermöglicht.
Naturbelassene Oasen sind mit Schilf, Dornsträuchern und Bäumen bestanden. Allerdings sind die meisten Oasen in ➔Kulturland verwandelt. In diesem Fall sind Oasen als bewässerungsgestützte, agrarwirtschaftliche Anpassungsformen menschlichen Lebens an Umweltbedingungen semi-arider und arider Gebiete anzusehen. Der Begriff Oase wird angesichts deren unterschiedlichster Ausprägung, Funktion, Genese und Verbreitung sehr vielseitig verwendet und kann sowohl traditionsreiche Oasen mit jahrtausendealter Technik - prototypisch im islamischen Kulturkreis -, wie auch moderne, künstlich angelegte High-Tech-Oasen umfassen. Verbreitungsgebiete sind die Alte, aber auch die Neue Welt (z.B. Peru, Chile, Argentinien).
Die Art der Wasserzuführung erlaubt folgende Unterscheidungen:

- *Flussoase* mit z.T. regelmäßigen Uferüberschwemmungen (Nil, Mesopotamien, Tafilalet)
- *Oase mit Grundwasseraustritt am Gebirgsfuß* (Atlasrand, Tibesti, Iran)
- *Quelloase* (häufig mit artesisch gespanntem Grundwasserkörper; auch künstliche Brunnenoasen), sowohl regellos in der Wüste verstreut auftretend, wie auch gereiht in Talfurchen
- *Grundwasseroase*, bei der ➔Bodenwasser von Pflanzenwurzeln erreicht werden kann
- *Oase mit der Nutzung von tiefliegenden fossilen oder regenerativen Grundwasserkörpern*

Durch künstliche Förderung und Verteilung des Wassers kann bei allen Oasenformen die bewässerte Fläche vergrößert oder das Maß und die Zeit der ➔Bewässerung geregelt werden. Traditionelle Oasen befinden sich wegen der gravitativen Wasserzuführung immer auf orographisch tief gelegenen Flächen. Tiefbohrungen machen die Anlage von Bewässerungsflächen dagegen unabhängig vom Relief.
Der Aufbau und die Organisation von Bewässerungsanlagen hat die frühe Entstehung höherer sozialer Organisationsformen und volkreicher Städte in den Trockenräumen gefördert.
Traditionellen Oasen der *Alten Welt* sind folgende Merkmale zu eigen:

- Aridität und weitgehend unbesiedeltes Umland, was zum Inselcharakter der Oasen führt
- Vorhandensein nutzbaren Wassers
- eng begrenzter, punkt-, linien- oder flächenhafter Bewuchs von ➔Kulturpflanzen, deren Anbau mit Hilfe von Bewässerung als Lebensgrundlage dient
- komplexe Anbaustruktur (Pflanzenvielfalt, ➔Stockwerkbau)
- Dominanz der Dattelpalme als Anbaukultur in Oasen des islamischen Orients (ausgenommen große Höhenlagen)
- an die Bewässerungsflur anschließende ländliche Siedlungen (Qsar)
- Komplexität hinsichtlich Bewirtschaftungsformen, Besitzgefüge, Wasser- und Nutzungsrechten, Sozialstruktur
- Verbreitung in dem vom südlichen Marokko bis nach Westsinkiang reichenden islamischen Orient
- eines der intensivsten traditionellen Anbausysteme der Welt
- bei optimaler Ausprägung von sozialer Ordnung, ökologischer Verträglichkeit und ökonomischer Effizienz gelten traditionelle Oasen manchem als Musterbeispiel für ➔nachhaltige Landwirtschaft.

Eigentlich handelt es sich bei der Oasenlandwirtschaft um eine Form des ➔Gartenbaus. Es überwiegt die menschliche Arbeitskraft mit der Hacke als Universalgerät zur ➔Bodenbearbeitung. Der Pflug mit Spanntieren oder Traktoren wird vor allem in großflächigen, offenen Stromoasen eingesetzt. Verallgemeinernde Aussagen zum *Strukturwandel* in

Oasen der Alten Welt sind schwierig zu treffen. Zumindest für die traditionellen saharischen Oasen gelten folgende Entwicklungen:

- Arbeitsemigration, aber auch Gastarbeiterrückwanderung mit folgender Investition in die Oasenwirtschaft
- Außenorientierung parallel zur Entwicklung des Autoverkehrs und zum Ausbau des Straßennetzes
- Öffnung für die Marktproduktion, z.T. mit neuen Produkten, u.a. Luzerne oder Alexandrinerklee als Viehfutter
- neue und marktorientierte Produktionsausrichtungen machen zusammen mit dem (scheinbar) unbeschränkt verfügbaren Tiefenwasser in neuen Bewässerungsflächen den Stockwerkbau unnötig
- Kommerzialisierung von alten, bislang unveräußerlichen Rechten (z.B. Verpachtung oder Verkauf von Wasserrechten)
- teilweise Ablösung des ➔Khammessats durch Lohnzahlungen
- teilweise Lösung von kollektiven Organisationsformen, z.B. durch private Pumpbewässerung (Gefahr der Grundwasserabsenkung)
- Erweiterung der Bewässerungsflächen als Folge des Einsatzes von Motorpumpen und z.T. der Erschließung von tiefen Aquiferen
- neue Nutzungskonflikte um Wasser als Folge der motorisierten Förderung und der Wasseransprüche aus nicht-landwirtschaftlichen Bereichen (z.B. Tourismus)
- Anlage neuer Siedlungen außerhalb der Oasenflur als Folge allgemeinen Bevölkerungswachstums, der Rückwanderung von Arbeitsmigranten, dem Entstehen außerlandwirtschaftlicher Berufsfelder (Verwaltung, Einzelhandel, Erdölwirtschaft)
- staatliche Entwicklungsprojekte missachten häufig die Bedürfnisse der Einheimischen und führen oft zu ökologischen Problemen (Grundwasserabsenkung, -erhöhung, Abwasserprobleme, ➔Bodenversalzung)

Die Oasen der *südamerikanischen Trockendiagonale* lassen sich nach Ratusny (1997) aufgrund kulturgenetischer Merkmale in drei Typen gliedern:

- Der Typus der alten indianischen Oasen, die durch spanische Eroberung und besonders durch den Bergbau im 19. Jh. überformt wurden und heute größtenteils in ihrer Entwicklung stagnieren, weil sie durch Nutzungskonkurrenzen und Abwanderung gekennzeichnet sind (z.B. Oasen im küstenfernen Großen Norden Chiles, peruanische Flussoasen, Gebirgsoasen in Nordwestargentinien).
- Der Typus der jungen Oasen (Mendoza, patagonische Flussoasen, Flussoasen im Kleinen Norden Chiles, peruanische Flussoasen u.w.) auf primär exportorientierter, landwirtschaftlicher Grundlage und z.T. mit stark überformten präkolonialen Kernen.
- Der Typus der nicht mehr primär auf landwirtschaftlicher Grundlage ruhenden Oasen. Sie sind allenfalls noch durch Gartenbau oder extensiven Feldbau gekennzeichnet (Peine, San Pedro de Atacama, Guatacondo u.a.), haben sonst aber neue Funktionen im Rahmen städtischer, montaner und touristischer Entwicklung übernommen.

High-Tech-Grundwasseroasen in Nordafrika sind in der Anfangsphase ihrer Einführung ein Abfallprodukt der Erdölexploration. Karusselbewässerung (➔center pivot) und Anlagen zur Tröpfchenbewässerung nutzen fossiles, und damit erschöpfbares Wasser aus bis über 2.000 m tiefen Aquiferen. Eine Beurteilung muss Einzelfallprüfungen vorbehalten bleiben.

OASENKULTUR: ➔Kulturpflanzen, die für das ➔Kulturland von ➔Oasen typisch sind. Für die nordafrikanischen und vorderasiatischen Oasen ist die Dattelpalme prägend. Daneben sind Öl- und Obstbäume sowie der Anbau von Getreide, Knollenpflanzen und Gemüse charakteristisch. Die gewöhnlich anzutreffende Stockwerkkultur ist weniger ein Ausdruck von Intensität des Anbaus, als vielmehr der Besitzverhältnisse. Der Besitzer reserviert nämlich den Großteil der Dattelernte im begünstigten oberen Stockwerk für sich, während er die ➔Unterkulturen seinem Teilpächter (Khammes) oder Tagelöhner überlässt. Auch sind die ökologischen Bedingungen keineswegs für alle Stockwerke gleichermaßen günstig. Zu geringer Lichteinfall sowie Feuchte mit Faulen der Blütenstände und Parasitenbefall als Folge beeinträchtigen die Erträge der Bodendeckerpflanzen.

OBERBODEN: Landwirtschaftliche Bezeichnung für den ständig unter ➔Pflug genommenen Teil des ➔Bodens (ca. 30 - 40 cm unter Flur), bzw. für den stark durchwurzelten Bereich unter ➔Grünland (ca. 10 cm unter Flur). (➔UNTERBODEN)

OBERFLÄCHENABFLUSS: Auf der Erde abfließendes Niederschlagswasser, z.B. nach einem Starkregen. Erscheinung des Wasserabflusses in Hanglage mit möglicher ➔Bodenerosion, wenn die aktuelle Infiltrationsrate bei zu geringer Wasserleitfähigkeit des ➔Bodens, z.B. wegen schwerer Benetzbarkeit der Bodenoberfläche oder durch ➔Bodenverdichtung mit Bildung von Stauwasser, geringer ist als die Niederschlagsintensität (mm/h).

OBERFLÄCHENWASSER: Über der Bodenoberfläche sich ansammelndes Wasser, dessen Infiltration, z.B. wegen Oberbodenverdichtung gehemmt ist und das in Hanglage zum ➔Oberflächenabfluss führt.

OBST: Früchte, deren Samen von Fruchtfleisch umhüllt sind. In Mitteleuropa kann das Obst eingeteilt werden in:

- *Kernobst*: Apfel, Birne, Quitte
- *Steinobst*: Kirsche, Pflaume, Zwetsche, Aprikose, Mirabelle, Pfirsich
- *Beerenobst*: Johannisbeere, Stachelbeere, Himbeere, Brombeere, Gartenheidelbeere, Erdbeere

Andere Klimagebiete haben viele andere Obstarten, z.B. Orangen, Feigen, Datteln, Ananas, Bananen u.a., die sich nicht alle diesen drei Gruppierungen zuordnen lassen.

Obst dient in Mitteleuropa eher dem menschlichen Genuss als der Grundernährung. Einige Früchte besitzen wie die Banane einen hohen Kohlehydratgehalt. Der ökonomische Erfolg der meisten Früchte ist auf ihren Geschmack und ihren hohen Vitamin-C-Gehalt zurückzuführen. (➔OBSTANLAGE, ➔OBSTBAU)

OBSTANLAGE: Ertragfähige und noch nicht ertragfähige Anlagen von Obstbäumen und -sträuchern ohne Unterkultur oder als Hauptnutzung mit Unterkultur. Eine Hauptnutzung mit Unterkultur (auf ➔Ackerland oder ➔Dauergrünland) liegt vor, wenn die Pflegemaßnahmen und die sonstigen Arbeiten hauptsächlich auf die Bedürfnisse der Obstkulturen ausgerichtet sind. (➔OBST, ➔OBSTBAU)

OBSTBAU: Der zur ➔Landwirtschaft oder auch zum ➔Gartenbau zählende Anbau von Baum-, Strauch- und Staudenkulturen, die je nach Art sehr unterschiedliche Standortansprüche stellen. Der Selbstversorger-Obstbau steht dem Erwerbs-Obstbau gegenüber. Obstbau kann als ➔Reinkultur oder als ➔Mischkultur erfolgen.

Traditionell waren bei den Baumkulturen *Hochstämme* sehr verbreitet. Heute werden aus arbeitsökonomischen und sicherheitsbedingten Gründen *Halbstämme* und vor allem *Niederstämme* bevorzugt. Auf den nach Zahl und Fläche abnehmenden ➔Streuobstwiesen mit Obst- und Weidenutzung sind weiterhin Hochstämme üblich.

Obstanlagen sind meist ➔Dauerkulturen mit gut durchwurzelten ➔Böden, so dass ➔Bodenerosion auch bei hängigem Gelände und anfälligen Böden kaum auftritt.

Landschaftsprägend sind häufig Reihenpflanzungen entlang von Verkehrswegen.

Die ersten Belege für bodenständige, einheimische Obstgehölze (Apfel, Birne, Pflaume, Süßkirsche) haben Ausgrabungen jungsteinzeitlicher Pfahldörfer (3.500 - 2.200 v.Chr.) im Bodenseeraum sowie an den oberösterreichischen und nordschweizerischen Seen gebracht. Von einer eigentlichen Obstkultur konnte dabei noch nicht gesprochen werden. Vermutlich pflanzten später die Römer auf den von ihnen im germanischen Dekumatenland gegründeten Gutshöfen planmäßig Obstbäume an. Gleichzeitig führten sie Gehölze ein, die bislang den Germanen unbekannt waren: Pfirsich, Aprikose, Quitte, Mandel, Maulbeere, Mispel.

Förderung und Schutz des Obstbaus durch Adel und Klerus (Karls des Gr. "Verordnung über die Krongüter", das Wirken der Zisterzienser z.B. in der "Goldenen Aue", Carl Eugens Baumschule beim Lustschloss Solitude usw.) entwickelten den Obstbau durch die Jahrhunderte. Bäuerliche Zucht- und Auslesemaßnahmen trugen zur Entstehung vieler ➔Landsorten bei. Intensivere Forschung im Bereich der Pomologie führte im 19. Jahrhundert zu gezielterer staatlicher und kommunaler Beratung.

Grundsätzlich ist davon auszugehen, dass zu Beginn des 20. Jahrhunderts in allen Feldfluren Mitteleuropas fast ausschließlich Obsthochstämme vorkamen. Die Ablösung des Hochstammes durch niedrigere Baumformen begann im deutschen Erwerbsobstbau ab 1900 nur langsam und verstärkte sich erst in den fünfziger Jahren.

ÖDLAND: Offene Landflächen wie Heide- oder Moorflächen, aber auch Kippen und Halden, die zwar kultivierbar und meliorierbar sind, aber wegen ihrer ökologischen Verhältnisse nicht bearbeitet werden. Ödland kann wie Gewässer, Wege, Geländeflächen oder ➔Unland zur landwirtschaftlichen Betriebsfläche gehören.

Im ökologischen Sinne meint "Ödland" alle brachliegenden Flächen. Der Begriff ist international unterschiedlich abgegrenzt.

ÖFFENTLICHE GÜTER: Solche Güter und Leistungen, die jeder, der an ihnen Interesse hat, in Anspruch nehmen kann (Prinzip der Nicht-Ausschließbarkeit) und durch deren Nutzung für andere Konsumenten keine Beeinträchtigung entsteht (Prinzip der Nicht-Rivalität). Beispiele für öffentliche Güter sind die innere und äußere Sicherheit eines Landes, die Rechtssicherheit, das bäuerliche Wegenetz, der Lawinenschutz, die Erholungsmöglichkeiten im Wald oder in einer schönen ➔Landschaft.

ÖKOBILANZ: Konzept, das helfen soll, Produkt- und Verfahrensoptionen sowohl innerhalb als auch außerhalb des land- und forstwirtschaftlichen Sektors ökologisch vergleichend zu bewerten sowie ökologische Prioritäten und Optimierungen in den Produktlinien zu identifizieren. Dabei wird die ökologische Belastung oder Überlastung der ➔Ökosysteme oder anderer definierter Zielgruppen (z.B. ➔*Grundwasser in Wasserschutzgebieten*) indirekt erfasst. Die Belastungen, die eine Produktion verursacht, werden anhand geeigneter Parameter (z.B. Aufwendungen an Energie, Rohstoffen je Produkteinheit) den erstellten Produkten anteilig zugeordnet. Auf diese Weise wird die Belastung von Ökosystemen nur indirekt und nicht in absoluten Größen beschrieben. Die ökologische Bewertung findet auf Produktebene statt. Ökobilanzen sind nur für den Vergleich gleicher oder ähnlicher Produkte geeignet (z.B. Fleisch unterschiedlicher Anbauverfahren und Produktionsstandorte, Produkte aus ➔nachwachsenden Rohstoffen im Vergleich mit solchen aus nicht erneuerbaren Ressourcen). Auch sind ökologische Bilanzierungen von Produktlebenswegen durchführbar. Diese beinhalten eine Identifizierung der Umweltbeeinflussungen und deren Priorisierung sowie eine Schwachstellenanalyse mit Vorschlägen zur ökologischen Optimierung (z.B. Joghurt, unter Einschluss der Transportwege).

Einbezogen sind auch Fragen der Ernährung, z.B. eine ökologische Bilanzierung des Konsums von Fleisch versus pflanzlicher Proteine. Hierbei spielt der Blickwinkel Klimaeffekt und Ressourcenverbrauch eine zunehmende Rolle.

Als Vergleichsebenen für Ökobilanzen sind vorstellbar: Betriebe, Betriebszweige (z.B. Milchwirtschaft, Ackerbaubetrieb), Produktionsverfahren und Regionen/Länder.

Ökobilanzen werden als besonders geeignet angesehen, globale und mit Einschränkungen regionale Wirkungspotentiale zu beschreiben.

Für Fragestellungen, bei denen Ökobilanzen zu problematischen Aussagen führen oder versagen, stehen eine Reihe leistungsfähiger Instrumente und Regelwerke zur Verfügung, die die lokalen und regionalen Problemfelder abdecken:

- das Risk Assessment (kompartimentbezogen, stoffbezogen, lokal/regional)
- Agrar-➔Umweltindikatoren
- die Umweltverträglichkeitsprüfung
- die Chemikaliengesetzgebung und
- Agrarkonventionen (verschiedene Standardannahmen, Vorschriften sowie sonstige Festlegungen, mit deren Hilfe das Risiko landwirtschaftlicher Aktivitäten gegenüber der ➔Umwelt verringert werden kann).

ÖKOLOGIE: Lehre vom Haushalt der Natur. Der Begriff wurde von *E. Haeckel* 1886 eingeführt für denjenigen Teilbereich der Biologie, der sich mit den Wechselwirkungen zwischen den Organismen und der unbelebten und belebten ➔Umwelt befasst.

Die Ökologie verbindet verschiedene Wissenschaften unter dem Aspekt ihrer Beiträge für das Wechselwirkungsgefüge der Existenzbedingungen von Lebewesen und erfüllt insofern die Funktion einer Brücke zwischen verschiedenen Fachdisziplinen. Ihre spezifische Bündelungskompetenz besteht darin, dass sie einen Rahmen für die Koordination der Beiträge verschiedener Disziplinen bietet und so der Isolierungstendenz empirischer Einzelwissenschaften entgegenwirkt.

Die Ökologie stellt das Basiswissen für einen sachgerechten Umgang mit den natürlichen Existenzgrundlagen des Menschen bereit. Die Kenntnis von Wirkungszusammenhängen, Grundstrukturen und Belastungsgrenzen der die menschliche Existenz tragenden ökologischen Systeme ist unverzichtbare Grundlage jeder Umweltpolitik. Ökologisch orientiertes Handeln ist nicht nur ➔Naturschutz, sondern Langzeitökonomie im Dienste des Menschen. Der Gefährdung der Umwelt kann nur durch ein besseres Ressourcen-Management begegnet werden, das ökonomische und ökologische Gesichtspunkte zugleich berücksichtigt.

Ebenso ist jede Umweltethik wesentlich auf ökologische Forschung angewiesen, weil die spezifisch ethische Frage nach dem, was sein soll, immer nur im Kontext konkreter, von sich aus wirkender empirischer Strukturzusammenhänge beantwortet werden kann. Auf dieser Ebene ist die Ökologie von hoher normativer Relevanz.

Die Ökologie der ➔Landwirtschaft untersucht im wesentlichen die Art der wechselseitigen Interaktionen zwischen den landwirtschaftlichen oder mit der Landwirtschaft assoziierten Organismen und ihrer abiotischen Umwelt.

ÖKOLOGISCHE AUSGLEICHSFLÄCHEN: Nicht oder extensiv genutzte Standorte (➔Magerwiese, ➔Feldraine, Böschungen, ➔Hecken, Reservate). Als Inseln und Netze in der ➔Agrarlandschaft sollen sie dem Überleben gefährdeter Arten dienen, eine reichhaltige Flora und Fauna beherbergen und ➔Nützlinge fördern.

ÖKOLOGISCHER AUSGLEICHSRAUM: Gering belastetes ➔Ökosystem, das wegen seiner ökologischen Leistungsfähigkeit für stark belastete Nachbarräume eine Ausgleichswirkung erzielen kann.

ÖKOLOGISCHER LANDBAU: Der ökologische Landbau bezeichnet ein Anbausystem mit dem Ziel, den Betrieb als *geschlossenes ökologisches System* zu führen. Seine Lebensprozesse vollziehen sich im Kreislauf und jedes Einzelgeschehen ist an das Ganze gebunden und darin rückgekoppelt. Der Betrieb, als ein Organismus höherer Ordnung verstanden, soll durch keine systemfremden Stoffe wie ➔Mineraldünger (insbesondere synthetisch hergestellte Nitrat- und Ammoniumdünger) und chemische ➔Pflanzenschutzmittel gestört werden.

Merkmale und Ziele des Ökologischen Landbaus:

- Ganzheitliches Denken, d.h. Betriebsgestaltung nach dem Vorbild eines lebendigen Organismus
- Möglichst weitgehend geschlossener Betriebskreislauf mit geringstmöglichem Verbrauch nichterneuerbarer Energie- und Rohstoffvorräte
- Förderung der natürlichen →Bodenfruchtbarkeit
- Schonende Bodenbearbeitung (z.B. flach pflügen, tief lockern)
- Versuch, die Nährstoffverluste aus dem →Ökosystem (→Bodenerosion, Auswaschung, permanente Fixierung, gasförmige Verluste) zu minimieren
- vielgliedrige Fruchtfolgen mit Leguminosenanteilen
- Zufuhr und Nutzung wirtschaftseigener organischer Substanz, z.T. als →Kompost
- Einsatz von natürlichen Mineraldüngern (Gesteinsmehle, Spurenelementdünger, Kalirohsalze), Hornmehl, Knochen- und Blutmehl
- Stärkung und Unterstützung der natürlichen Abwehrkräfte bei Pflanzen und Tieren gegen Krankheiten und Schädlinge
- Unkrautregulierung durch pflanzenbauliche, mechanische und thermische Verfahren
- Bekämpfung von Pilzkrankheiten mit Pflanzenauszügen, Gesteinsmehl, Wasserglas, Netzschwefel oder mit Kupferpräparaten
- Bekämpfung von tierischen Schädlingen mit biologischen Pflanzenschutzmitteln
- Verzicht auf chemisch-synthetische Dünger, Pflanzenbehandlungs-, Lagerschutz- und Nachreifemittel, →Hormone und Wuchsstoffe.
- flächengebundene →Viehhaltung mit nach Art und Menge begrenztem Futterzukauf
- Berücksichtigung artgemäßer Gesichtspunkte in der Tierhaltung
- Förderung bewährter Kultursorten und Zuchtrassen, insbesondere im Hinblick auf Schädlingsresistenz und Tiergesundheit
- Erzeugung ernährungsphysiologisch hochwertiger Lebensmittel in ausreichender Menge zu angemessenen Preisen
- Schaffung einer sicheren Existenz auf der Basis befriedigender Lebensbedingungen und die bewusste Vermeidung von Belastungen der Natur und Umwelt
- Vermeidung von Überproduktion
- Die Mitwirkung an der Lösung des Welthungerproblems und daher die Ablehnung von importierten →Futtermitteln aus der Dritten Welt, da deren Erzeugung dort das Angebot an Grundnahrungsmitteln verringert

Ökologischer Landbau wurde häufig auch als *Alternativer Landbau* (AL) oder *Biologischer Landbau* bezeichnet, wobei letzteres verwirrend ist, da in jeder Form von Landbau alle Wachstums- und Anbauprozesse biologisch ablaufen und nur die Rahmenbedingungen vom Menschen unterschiedlich gezielt durch künstliche Eingriffe gestaltet werden. Der öko-

Verbreitung und Bedeutung des ökologischen Landbaus nach Bundesländern 1998

Bundesland bzw. Gebiet	Betriebe mit ökologischem Landbau		Flächen unter ökologischem Landbau	
	Anzahl	Anteil [%] an landwirt. Betrieben insgesamt	[ha]	Anteil [%] an landwirt. Nutzfläche insgesamt
Baden-Württemberg	1.277	1,58	32.894	2,28
Bayern	2.572	1,47	69.476	2,06
Hessen	369	1,08	14.563	1,89
Niedersachsen	467	0,62	22.496	0,84
Nordrhein-Westfalen	541	0,81	16.209	1,05
Rheinland-Pfalz	330	0,95	8.193	1,15
Saarland	31	1,41	1.505	2,02
Schleswig-Holstein	283	1,17	19.616	1,88
Stadtstaaten	35	4,43	928	4,63
Alte Bundesländer	*5.905*	*1,50*	*185.880*	*1,97*
Brandenburg	185	2,48	46.052	3,42
Mecklenburg-Vorpommern	443	8,65	85.599	6,36
Sachsen	122	1,50	10.145	1,13
Sachsen-Anhalt	83	1,58	14.153	1,21
Thüringen	48	0,91	10.572	1,32
Neue Bundesländer	*881*	*3,02*	*166.521*	*2,68*
Bundesrepublik insgesamt	*6.786*	*2,26*	*352.401*	*2,32*

Quelle: AGÖL-Info 5/1998

Mitgliedsverbände der AGÖL mit Gründungsjahr (Stand 1998)

demeter 1924	Bioland 1971	Biokreis 1979
Naturland 1982	ANOG 1962	EcoVin 1985
Gäa 1989	Ökosiegel 1988	Biopark 1991

Quelle: AGÖL

logische Landbau steht im Gegensatz zum ➔*konventionellen Landbau*.
Von den verschiedenen nicht-konventionellen Landbaumethoden sind in Deutschland besonders die *biologisch-dynamische Wirtschaftsweise*, der *organisch-biologische Landbau* und der *naturnahe Anbau* bekannt geworden. Sechs Anbauverbände und die Stiftung Ökologischer Landbau schlossen sich 1988 zur *Arbeitsgemeinschaft Ökologischer Landbau* e.V. (➔AGÖL) zusammen.
Anfang 1998 hatte die Arbeitsgemeinschaft insgesamt ca. 6.800 Mitglieder, die eine Fläche von ca. 351.000 ha bewirtschafteten. Insgesamt entfallen in Deutschland nur 1,3 % der landwirtschaftlichen Betriebe und 2 % der ➔LF mit einem Marktanteil von knapp 2 % auf diese Bewirtschaftungsform.
Im Europa der 15 waren 1997 insgesamt 1,4 Mio. ha nach den Regeln des ökologischen Landbaus bewirtschaftet. Die Zahlen für die einzelnen Staaten sind noch nicht harmonisiert.
Seit 1991 ist in einer EG-Verordnung festgelegt, dass der Teilbereich der Landwirtschaft mit spezifischer und besonders umweltschonender Wirtschaftsweise als ökologischer Landbau bezeichnet und durch Mindestnormen für die landwirtschaftliche Produktion definiert wird (bisher nur im Pflanzenbau; in Bearbeitung für die Tierhaltung). So werden z.B. die erlaubten Dünge- und Pflanzenschutzmittel angegeben. Die VO gilt auch für Importe aus Drittländern. Der in erster Linie sprachbedingten Unterschiedlicheit der in den einzelnen Ländern verwendeten Terminologie wird im Gemeinschaftsrecht durch unterschiedliche Begriffe Rechnung getragen: "ökologisch" (D, E, DK), "biologisch" (F, I, P, GR, NL) und "organisch" (UK). Nach einer Lockerung der Verordnung im Jahre 1995 dürfen neben Erzeugnissen, deren landwirtschaftliche Zutaten zu mindestens 95 % aus ökologischem Landbau stammen, auch Erzeugnisse, bei denen der Öko-Anteil mindestens 70 % beträgt, mit einem gesonderten Hinweis auf den ökologischen Landbau gekennzeichnet werden. Seit 1997 muss bei allen Öko-Erzeugnissen die zuständige Kontrollstelle auf dem Etikett angegeben werden.
Die in der AGÖL zusammengeschlossenen Verbände haben verbandsübergreifende Rahmenrichtlinien zum ökologischen Landbau erarbeitet, die auf den weltweit geltenden Rahmenrichtlinien der IFOAM (International Federation of Organic Agriculture Movements) basieren. Diese Richtlinien werden als geeignetere Grundlage für die nationale und internationale Regelung des ökologischen Landbaus angesehen, da sie in Teilbereichen deutlich über die EG-Verordnung 2092/91 hinausgehen.
Da ökologisch wirtschaftende Betriebe, gemäß ihrer Anbauvorschriften, keine synthetischen Pflanzenschutzmittel anwenden, gehen von ihnen keine Pestizideinträge in Grund- und Oberflächengewässer aus. Allerdings sind Einträge von Nitrat in das Grund- und Oberflächenwasser auch im ökologischen Anbau nicht auszuschließen. Durch die Zufuhr von organisch gebundenen Stickstoffs mit ➔Wirtschaftsdünger sowie in Wurzelrückständen von ➔Leguminosen kann aufgrund der unkontrollierbaren Abbauprozesse der organischen Substanz Nitrat freigesetzt werden, das, wenn eine entsprechende Aufnahme durch Pflanzen nicht stattfindet, ausgewaschen werden kann. Zwar kann auch vom ökologischen Landbau nicht in jedem Fall eine positive Wirkung für den Artenschutz und damit auf die biotischen Ressourcen im traditionellen Sinn erwartet werden. So können z.B. Untersaaten mit Bodendeckern im ➔Weinbau mit der typischen Wildkrautflora in Konkurrenz treten. Die im allgemeinen vielfältigere Gestaltung der ➔Fruchtfolge und der Verzicht auf synthetische Agrarchemikalien führt jedoch zu einer höheren Diversität der Fauna und Flora im ➔Agrarökosystem.
Dieser Verzicht auf ➔Agrarchemikalien, also auf indirekten Energieeinsatz, führt auch zu einer deutlich besseren Energiebilanz der ökologischen gegenüber den konventionellen Methoden und damit auch zu einem geringeren CO_2-Ausstoß. Verbunden mit geringeren Emissionen an NH_3 und CH_4 infolge sorgfältiger Düngerwirtschaft und geringeren Tierbesatzdichten ist dies ein Beitrag zur Reinhaltung der Atmosphäre.
Die Tierproduktion des ökologischen Landbaus wird von der Rinderhaltung dominiert. Aufgrund begrenz-

Vergleich des Primärenergieverbrauchs bei ökologischen bzw. konventionellen Methoden zur Milch-, Rindfleisch-, und Schweinefleischerzeugung

Produkt	Energieverbrauch [MJ/kg] konventionell	ökologisch
Milch	6,56	2,86
Rindfleisch	22,50	12,28
Schweinefleisch	10,85	8,64

Quelle: Enquete-Kommission "Schutz der Erdatmosphäre" 1995

Betriebsergebnisse konventionell und ökologisch wirtschaftender Betriebe im Wirtschaftsjahr 1993/94

Bewirtschaftungsweise	Aufwand Düngemittel [DM/ha]	Pflanzenschutz [DM/ha]	Ertrag Milch [l/Kuh]	Weizen [dt/ha]	Preis Milch [DM/l]	Weizen [DM/kg]	Gewinn/Familien-Arbeitskraft-Einheit [DM/Jahr]
Konventioneller Landbau	151	70	4.886	61	0,62	0,26	26.226
Ökologischer Landbau	29	4	4.044	38	0,69	0,86	29.570

Quelle: Hemmer, 1996

ter Zukaufmöglichkeiten von Futtermitteln ist die maximale Anzahl von Wiederkäuern je Einheit betriebseigener Futterfläche auf vergleichsweise niedrigem Niveau (2 Milchkühe/Rinder je ha) begrenzt. Die Freisetzung von Methan und →Ammoniak ist im ökologischen Landbau aufgrund der dort üblichen Einstreu/Festmist-Stallhaltung geringer als bei den Flüssigmistsystemen im →konventionellen Landbau. Durch die Abschätzung der Folgen landwirtschaftlichen Handelns auf die Umwelt im weitesten Sinne und durch die selbst auferlegten und gesetzlich vorgeschriebenen Restriktionen ist der ökologische Landbau per se system- und umweltorientiert, obwohl er zu Anfang dieses Jahrhunderts nicht primär unter dem Aspekt des Umweltschutzes konzipiert wurde.

Der →Umweltrat betrachtet den am Prinzip einer dauerhaft-umweltgerechten Wirtschaftsweise orientierten ökologischen Landbau als Vorbild für eine umwelt- und ressourcenschonende Landbewirtschaftung. Er empfiehlt die nationale Förderung der Extensivierungsform "ökologischer Landbau" und vorübergehend die Vermarktung von Bio-Produkten im Rahmen der →Gemeinschaftsaufgabe "Verbesserung der Agrarstruktur und des Küstenschutzes" deutlich zu verbessern.

Schon aus landschaftsökologischen Gründen ist für viele Befürworter eine Ausweitung ökologisch wirtschaftender Landwirtschaft dringend geboten. Gegenwärtig liegen die meisten Betriebe wie kleine Inseln inmitten der intensiv bewirtschafteten →Agrarlandschaft. Der Isolationseffekt für Tiere und Pflanzen ist somit groß.

Gleichzeitig wird bei den verschiedenen Konzepten des ökologischen Landbaus die klare Beschreibung von →Biotop-Verbundnetzen vermisst, die die Basis für eine Nützlingsförderung darstellen. Daneben fehlt eine klare Empfehlung der Förderung bestimmter Nahrungs- und Habitatpflanzen für die Entwicklung optimaler Räuber-Beute-Beziehungen.

Ein (hypothetischer) flächendeckender ökologischer Anbau in Deutschland wird teilweise für möglich gehalten, wobei allerdings Fragen, die sich aus der vertraglichen Einbindung Deutschlands in das EU-Agrarsystem oder die →WTO nicht berücksichtigt werden. Hinsichtlich der Versorgungssicherheit Deutschlands träten lediglich in einzelnen Segmenten Versorgungslücken auf (Schweinefleisch, Geflügelfleisch, Eier), die man auf dem gesamteuropäischen Markt zu schließen können glaubt, sofern die EU insgesamt ökologisch produzierte. Auch die Finanzierung einer Umstellung der gesamten deutschen Landwirtschaft auf ökologischen Landbau wird bei Beibehaltung der heutigen Erzeugerpreise und bei sonst unveränderten Rahmenbedingungen allein durch die Umverteilung der Marktordnungsausgaben (→Subventionen für die Überschussverwaltung und -beseitigung) für möglich angesehen. Die Einkommensrückgänge in der Umstellungsphase meint man mit einer Technologiesubvention "Ökologischer Landbau" aus den freigewordenen Mitteln ausgleichen zu können.

Andererseits erscheint aber gerade aus ökologischen Gründen ein flächendeckender ökologischer Anbau in Deutschland nicht erstrebenswert: Infolge des Ertragsrückgangs von 35-47 % entstünde eine so landintensive Bewirtschaftung, dass nur wenig Raum für naturnahe Flächen bleibt, da je Produkteinheit mehr →landwirtschaftliche Nutzfläche benötigt wird. Eine Naturschutzfläche von 10 % der Staatsfläche wird aber als Teilziel für einen an Nachhaltigkeit orientierten Wirtschaftsraum angesehen. Gleichzeitig ist bei einer flächendeckenden Extensivierung eine Zunahme der Agrarimporte um etwa 30 % aufgrund der geringeren Erträge im Inland zu erwarten, wobei Deutschland bereits heute der weltweit größte Agrarimporteur ist.

Marktbeobachter schätzen das Marktpotential für Produkte aus dem ökologischen Landbau in Deutschland unter gegenwärtigen Rahmenbedingungen auf lediglich 5 %.

Hinsichtlich der gesellschaftspolitischen Bedeutung des ökologischen Landbaus sind folgende Anmerkungen zu machen:

- Der ökologische Landbau ist umweltverträglicher als die konventionelle Produktion (s.o.)
- Der ökologische Landbau weist keine ökonomischen Nachteile für den Einzelbetrieb auf.

- Der ökologische Landbau entlastet die Agrarmärkte durch geringere Erträge und tierische Leistungen. Dadurch sind weniger öffentliche Finanzmittel zur Überschussbeseitigung erforderlich.
- Die mit dem Übergang zur Ernährung mit Bio-Produkten in der Regel verbundene Umstellung in der Verbrauchsstruktur - z.B. weniger Genussmittel, Fleisch, Zucker, aber vermehrt ballaststoffreichere pflanzliche Produkte - wirkt sich positiv auf den Gesundheitszustand der Konsumenten aus.
- Die Unterschiede von ökologisch erzeugten Nahrungsmitteln gegenüber konventionellen Produkten sind hinsichtlich der Inhaltsstoffe gering; Vorteile bestehen u.a. in z.T. höheren Trockenmasse-Anteilen oder geringerem Nitratgehalt und damit verbunden höheren Vitamin C-Werten.
- Betrachtet man die Beschäftigung einer möglichst großen Zahl von Arbeitskräften in der Landwirtschaft als ein Ziel der Agrarpolitik, so erweist sich der ökologische Landbau ebenfalls als vorteilhaft. Die Wertschöpfung bei dieser Wirtschaftsweise ist größer als in vergleichbaren konventionellen Betrieben. Dies ergibt sich hauptsächlich daraus, dass die Betriebe des ökologischen Landbaus geringere Aufwendungen für Vorleistungen (z.B. Agrarchemikalien) haben und dass vermehrt Verarbeitungs- und Vermarktungsleistungen übernommen werden.

ÖKOLOGISIERUNG: Agrarpolitik, die eine flächendeckende (dem bisherigen Umfang entsprechende) Landbewirtschaftung mit einem möglichst hohen Niveau an Ressourcenschutz sicherstellt. Dieses Konzept soll mit der Einführung des ➔ökologischen Landbaus auf der gesamten landwirtschaftlich genutzten Fläche realisiert werden. Die fehlende Konkurrenzfähigkeit der hochpreisigen Lebensmittel aus ökologischem Landbau erzwänge entweder eine (illusorische) Anhebung des Außenschutzes oder die Abdeckung der Mehrkosten durch Direktzahlungen. Bei der Variante "Direktzahlung" könnte auf eine verpflichtende Einführung des ökologischen Landbaus verzichtet werden, wenn Direktzahlungen nur mehr für diese Form des Landbaus gewährt werden.
Als Vorteil der Ökologisierung wird gesehen, dass die erforderliche Rückführung der Produktionsmenge gleichzeitig mit einer Verringerung der Umweltbelastung bei Aufrechterhaltung einer flächendeckenden Landbewirtschaftung zu erreichen ist. Positiv wird ferner die Erhaltung einer relativ großen Zahl von landwirtschaftlichen Arbeitsplätzen gesehen.
Kritiker befürchten die Preisgabe einer am gemeinsamen Markt wettbewerbsfähigen ➔Landwirtschaft bei zudem starker Abhängigkeit von staatlichen Zahlungen und bezweifeln die Entlastungseffekte für die ➔Umwelt. Ein weiterer Einwand ist die vergleichsweise hohe Belastung entweder der Steuerzahler oder der Konsumenten. Ungeklärt ist die Konformität mit dem ➔GATT.

ÖKO-MARKETING: Konzeption einer Betriebs-/Unternehmensführung, bei der die Vermarktung von aus umweltpolitischer Sicht wünschenswerten Produkten, einhergeht mit dem Verzicht des Betriebes/Unternehmens, egoistische Ziele zu Lasten des ökologischen Systems zu verfolgen.

ÖKOSYSTEM: Räumlich definierte Struktur als Wirkungsgefüge aus Lebewesen, unbelebten natürlichen und vom Menschen geschaffenen Bestandteilen, die untereinander und mit ihrer ➔Umwelt in energetischen, stofflichen und informatorischen Wechselwirkungen (offenes System) stehen. Ökosysteme sind zur Selbstregulation und zur Selbstorganisation befähigt. Ein Ökosystem befindet sich in einem dynamischen Gleichgewicht und manifestiert sich als Ausschnitt aus der Biogeosphäre räumlich im Ökotop.
Ökosysteme können sich verändern und somit langsam in ein anderes Ökosystem übergehen (Sukzession). Sie können auf Störungen empfindlich reagieren ("umkippen") oder aber elastisch in den Aus-

Hauptökosystem-Typen der Erde

Natürliche/Naturnahe Ökosysteme
- Ausschließlich oder überwiegend geo-, hydro- und biologisch bestimmte Ökosysteme

Agrar- und Forst-Ökosysteme
- Grenze zwischen naturnahen und anthropogenen Ökosystemen
- Vom Menschen bewusst geschaffen und völlig von ihm abhängig
- Selbstregelung unerwünscht
- Steuerung von außerhalb

Techno-Ökosysteme
- Überwiegend aus technischen Bestandteilen zusammengesetzte und durch technische Vorgänge gekennzeichnete Ökosysteme
- Bewusst für kulturell-zivilisatorisch-technische Aktivitäten geschaffen
- Nicht selbstregelungsfähig
- Von Außensteuerung mit hoher Energiezufuhr abhängig
- Abhängig von umgebenden und sie durchdringenden Bio-Ökosystemen bzw. Agrar- und Forstökosystemen

Quelle: Knauer 1993 (verändert)

gangszustand zurückkommen (d.h. belastbar sein). Die Theorie der Ökosysteme ist in den Naturwissenschaften stark im Fluss. (➔AGRARÖKOSYSTEM)

ÖKOTYP: Ausprägung einer Grünlandpopulation als allmähliche Anpassung an die örtlichen Umweltbedingungen und die Bewirtschaftungsweise. Ökotypen sind entsprechend der ➔Landsorten im ackerbaulichen Bereich wichtiges Ausgangsmaterial für die Pflanzenzüchtung.

ÖKUMENE: Der Siedlungsraum des Menschen als der dauernd oder zeitweilig bewohnte Teil der Erde, der ihm Standort für eine Wohnstätte und - nach älterer Auffassung - die Möglichkeit der Versorgung mit Nahrung bietet. Die Ausdehnung nichtagrarischer Tätigkeiten (Bergbau, Tourismus) in landwirtschaftlich nicht nutzbare Räume brachte allerdings eine wachsende Divergenz von Siedlungsgrenzen und Anbaugrenzen mit sich. (➔SUBÖKUMENE, ➔ANÖKUMENE)

OLIGOTROPH: (gr. oligos = wenig, gering, schwach; trophe = Ernährung, Nahrung) nährstoffarm; Kennzeichnung von Gewässern oder ➔Böden mit geringem Nährstoffgehalt.

ÖLFRÜCHTE: ➔ÖLPFLANZEN

ÖLKUCHEN: Die Gewinnung von pflanzlichen Ölen und Fetten aus Früchten und Samen erfolgt nach drei verschiedenen Verfahren. Eines davon ist das diskontinuierliche Pressverfahren, wobei der zu verarbeitende, zerkleinerte Rohstoff in Presstüchern aufeinandergestapelt und dem Druck von hydraulischen Pressen ausgesetzt wird. Als Rückstand verbleiben runde oder quadratische, 1 - 2 cm dicke "Kuchen", die für Fütterungszwecke zerkleinert werden. Dieses Verfahren wird nur noch in wenig industrialisierten Ländern angewendet. (➔EXPELLER, ➔EXTRAKTIONSSCHROT)

ÖLPFLANZEN: Diese Bezeichnung fasst verschiedene ➔Kulturpflanzen zusammen, aus denen Öle gewonnen werden. Bei *Ölsaaten* stammt das Öl aus den Samen, z.B. bei Erdnuss, Lein, Mohn, Raps, Rübsen, Senf, Sojabohne, Sonnenblume. Von *Ölfrüchten* spricht man, wenn das Öl aus dem Fruchtfleisch der Pflanze gewonnen wird wie bei den Früchten des Ölbaums (Oliven) oder der Ölpalme.
Das Öl wird für die menschliche und tierische Ernährung verwendet, z.T. direkt (z.B. Sonnenblumenöl), z.T. verarbeitet (z.B. Margarine) oder in der Technik (z.B. Rapsöl als Treibstoff oder für Schmierfette), auch für medizinische und kosmetische Zwecke (z.B. Salben, Säfte). (➔NACHWACHSENDE ROHSTOFFE)

ÖLSAATEN: Saaten aus denen in Ölmühlen Pflanzenöle gewonnen werden. Diese finden im Lebensmittel- aber auch im technischen Bereich vielseitige Verwendung und werden darüber hinaus zur Staubbindung und Energieanreicherung in der Fütterung eingesetzt. Das zweite Hauptprodukt der Ölmühlen, die Schrote, sind die wichtigsten Eiweißfuttermittel in der Tierernährung.
Die gegenwärtig weltweit wichtigsten Ölsaaten und Ölfrüchte sind Sojabohnen, Raps, Lein, Sonnenblumen und Kopra (getrocknetes Fleisch der Kokosnuss).
Zu den traditionellen, heute aber - außer den eben genannten - bedeutungslosen Ölsaaten und -früchten in Mitteleuropa zählen Raps, Rübsen, Awehl, Biwitz, Mohn, Senf, Öllein, Leindotter, Bucheckern, Traubenkerne, Nüsse, Sonnenblumen, Lindensamen, Hanfsamen und Tabaksamen.
(➔ÖLPFLANZEN)

ÖLSCHROT: Als eiweißreiche ➔Futtermittel nutzbare Rückstände der extrahierten Ölsaaten, die im Fettgehalt bei 0,5 - 2 % liegen.

OPENFIELD: Englische Bezeichnung für offene ➔Agrarlandschaften (franz. *champagne*) im Gegensatz zu den durch Natursteinmauern oder ➔Hecken geprägten *enclosed country* (➔*Knick*, franz. ➔*bocage*). Dieser Landschaftstyp ist mit verschiedenen Varianten in Mitteleuropa vorherrschend.

ORDNUNGSGEMÄSSE LANDWIRTSCHAFT/ LANDBEWIRTSCHAFTUNG: Der Begriff der "ordnungsgemäßen ➔Landwirtschaft" ist ohne nähere Konkretisierung in verschiedenen Gesetzen (➔Bundesnaturschutzgesetz in der bis 1998 gültigen Fassung, ➔Wasserhaushaltsgesetz) enthalten und besitzt eine herausragende umweltpolitische Bedeutung. Außerdem tritt er in abgewandelter Form (➔*gute fachliche Praxis*) im ➔*Düngemittel*- und ➔*Pflanzenschutzgesetz* auf. Als unbestimmter Rechtsbegriff verschließt er sich einer abschließenden, allgemeinverbindlichen inhaltlichen Bestimmung.
Der Begriff geht wohl auf seine Erwähnung im novellierten Wasserhaushaltsgesetz von 1987 zurück. Dort wurde festgelegt, dass für Auflagen, die die ordnungsgemäße Landwirtschaft einschränken, ein Ausgleich durch das jeweilige Bundesland oder den Begünstigten (d.h. der Träger der Wasserversorgung) gezahlt werden müsse. Im Wasserrecht stehen sich beispielhaft zwei Extrempositionen bei der Interpretation der ordnungsgemäßen Landwirtschaft

gegenüber. Die *ökologische* billigt den Landwirten nur dann einen Anspruch auf Schadensausgleich zu, wenn ihre Landnutzung den ökologischen Grundsätzen des ➔Naturschutzes sowie des Gewässerschutzes voll entsprochen hat. Die *ökonomische* Interpretation sieht demgegenüber als zentrales Kriterium nur die Gewinnerzielung. Bei allen Lösungen ist aber unbestritten, dass Landwirte das Grundwasser in einem Wasserschutzgebiet nicht belasten dürfen. Es geht lediglich um die Frage, welches umweltrechtliche Prinzip (Verursacher- oder Gemeinlastprinzip) zur Anwendung kommt.
Aus der Sicht des ➔konventionellen Landbaus ist folgende Begriffsfüllung vorgeschlagen: "Ordnungsgemäß ist die ➔Landbewirtschaftung, die dem agrarwissenschaftlichen Kenntnisstand entspricht und vom maßgeblichen Teil der landbaulichen Praxis in Deutschland angewendet wird. Sie hat als Aufgabe die wirtschaftliche Erzeugung qualitativ hochwertiger und preiswerter Nahrungsmittel sowie gartenbaulicher Produkte, Futtermittel und Rohstoffe unter nachhaltiger Sicherung und Förderung der Bodenfruchtbarkeit zur langfristigen Existenzsicherung." Lebensmittelversorgung und Sicherung des Naturhaushalts sind in dem Begriff nicht gleichrangig.
Der *Zentralausschuss der Deutschen Landwirtschaft* sieht in dem Begriff eine dynamische Formulierung, die sich einer Legaldefinition verschließt, weil sie eine Vielzahl veränderlicher Größen Rechnung tragen müsste. Ordnungsgemäße Landwirtschaft lasse sich nur durch Grundsätze und Verhaltensregeln der Landwirte umschreiben. Unter deren Berücksichtigung könne der Begriff im Einzelfall inhaltlich ausgefüllt werden. Die Grundsätze und Verhaltensregeln bestimmen sich inhaltlich nach dem jeweiligen Entwicklungsstand der Landbewirtschaftung und Tierhaltung.
Nach Auffassung der Agrarminister der Länder (1993) hat die ordnungsgemäße Landbewirtschaftung zum Ziel, "gesundheitlich unbedenkliche und qualitativ hochwertige sowie kostengünstige landwirtschaftliche Produkte zu erzeugen. Dabei sind die Bodenfruchtbarkeit und Leistungsfähigkeit des ➔Bodens als natürliche Ressourcen nachhaltig zu sichern und gegebenenfalls zu verbessern." Die Zielformulierung wird mit Bewirtschaftungsgrundsätzen zu einzelnen Teilbereichen der Landwirtschaft ergänzt.
Der *Raumordnungsbericht 1993* formuliert rigider: "Den Landwirten wird hierbei abverlangt, dass sie ihre eigenen Produktionsgrundlagen (insbesondere den Boden, aber z.B. auch Selbstregulationsmechanismen der biologischen Schädlingsbekämpfung) langfristig und in ihrer vollen Leistungsfähigkeit erhalten bzw. wiederherstellen, auch wenn dies mit finanziellen Einbußen verbunden ist. Dazu gehören z. B. auch Nutzungseinschränkungen auf Klärschlammaufbringungsflächen."

Denkbar wäre die Festlegung des Begriffes in einer *TA Landwirtschaft*, analog zur *TA Luft* (Technische Anleitung Luft). Im Sinne einer wirklich umweltverträglichen und standortgerechten ➔Landwirtschaft oder besser *Land(schafts)bewirtschaftung* sollte eine Definition des Begriffs folgende Anforderungen beinhalten:

- Erzeugung rückstandsarmer Produkte
- Erhaltung der ➔Bodenfruchtbarkeit
- Verhinderung von ➔Bodenerosion und Stoffausträgen in Gewässer und Luft
- Erhaltung des Bestandes wildlebender standortgemäßer Pflanzen- und Tierarten sowie wertvoller ➔Biotope und Landschaftselemente.

Bereits eine buchstabengetreue Umsetzung der in der Zielstruktur des Bundesministeriums für Ernährung, Landwirtschaft und Forsten aufgelisteten Haupt- und Unterzielen mit den zugehörenden Erläuterungen (vgl. Agrarbericht 1994) würde diesen Anforderungen genügen.
Naturschutzverbände sehen in der bisherigen Formulierung und Auslegung des Begriffs ordnungsgemäße Landwirtschaft ein Defizit in der Gesetzgebung, da sie vor allem für die ➔Intensivlandwirtschaft eine Freistellung vom Verursacherprinzip darstellen. Stellvertretend für andere Verbände fordert der *Bund Naturschutz in Bayern e.V.* eine *Neudefinition* des Begriffs im Bundesnaturschutzgesetz wie folgt:
Abs. 1: "Die im Sinne dieses Gesetzes ordnungsgemäße land- und forstwirtschaftliche Bodennutzung und fischereiwirtschaftliche Flächennutzung sind nicht als Eingriff in Natur und Landschaft anzusehen."
Abs. 2: "Eine landwirtschaftliche Bodennutzung ist ordnungsgemäß im Sinne des Absatzes 1, wenn sie mit geeigneten Wirtschaftsweisen nachhaltig auf der Grundlage der natürlichen Standortfaktoren

- die Bodenstruktur, Bodenbiologie und naturnahe Bodenprozesse sichert,
- keine Belastung des Grundwassers und der Oberflächengewässer mit sich bringt,
- wildlebende, heimische Tier- und Pflanzenarten sowohl in ihrer nutzungsabhängigen, als auch in natürlichen Lebensstätten in ihrem Bestand sichert und entwickelt,
- Bodenerosion verhindert und typische Landschaftselemente erhält,
- Belästigungen durch Geruch und Lärm weitgehend vermeidet und die Luft nicht mit Schadstoffen belastet.

Geeignete Wirtschaftsweisen zielen auf die Erzeugung rückstandsarmer Produkte, betriebseigene schadstoffarme Kreisläufe sowie ausgeglichene Wasserhaushalte ab, die die Lebensraumfunktion des Bodens sichern und die Grundwasserzonen von

Schadstoffbelastungen freihalten."
(➔LANDWIRTSCHAFTSKLAUSEL)

ORIENTIERUNGSPREIS: Die ➔Marktorganisationen für Wein und Rindfleisch der ➔Gemeinsamen Agrarpolitik sehen Orientierungspreise vor, die alljährlich vom Ministerrat für ein Wirtschaftsjahr festgelegt werden. Hierbei handelt es sich nicht um ➔Garantie- oder ➔Mindestpreise, sondern um Preise, die die Grundlage zur Absicherung des Preisniveaus innerhalb der EU bilden.

ORPHAN CROPS: "Verwaiste Feldfrüchte"; Pflanzenarten, die vom Menschen in größerem Umfang genutzt werden könnten, aber aufgrund ihrer bislang ausschließlich regionalen bzw. lokalen Verwendung kaum bzw. gar nicht von der Agrarforschung beachtet wurden.

ORTSNAMEN: Hier als Oberbegriff für alle Bezeichnungen von Örtlichkeiten, also Siedlungen, ➔Fluren und Flurteilen, sowie für Gelände- und Gewässernamen verwendet. Ortsnamen können wichtige Hinweise auf Siedlungsgang, Flurentwicklung, wüstgefallene Siedlungen und Fluren liefern. Ihre Interpretation wird in den letzten Jahrzehnten mit großer Vorsicht betrieben, die früher verbreitete eindeutige stammesmäßige Zuordnung von Ortsnamen ("-ingen"-Endung an die alemannische, "-heim" -Endung an die fränkische Landnahme) ist beispielsweise widerlegt (vgl. Tabelle unten).

ORTSWÜSTUNG: Das Auflassen von Siedlungen, beispielsweise weil

- die Fruchtbarkeit der ➔Böden oder die Höhenlage nicht für dauerhaft angemessene Erträge ausreichen (Fehlsiedlungen)
- kleinere Ortschaften zu einer größeren Siedlung unter Beibehaltung der genutzten Äcker zusammengefasst wurden (Sicherheitsbedürfnis)
- kriegerische Einwirkungen die Gebäude zerstörten
- Bevölkerungsrückgänge als Folge von Hungersnöten oder Seuchen zu Entvölkerungen führen
- großflächig-zeitgenössischer Tagebau ein Entfernen der Deckschichten mit jeglicher Bodenbedeckung bedingt

Entsiedlungen traten in Mitteleuropa vor allem im späten Mittelalter auf. (➔FLURWÜSTUNG, ➔WÜSTUNG)

ÖSCH: Süddeutsch für ➔Zelge.

OSTKOLONISATION: Die im Mittelalter erfolgte, teils gewaltsame, teils friedliche Ausdehnung des deutschen Siedlungsraumes über die Elbe-Saale-Linie hinaus. Sie wird als Teil des allgemein in Europa in diesen Jahrhunderten zu findenden Landesausbaus eingeordnet. Der Begriff ist aus unterschiedlichen Gründen stark umstritten, der verschiedentlich vorgeschlagene Terminus *Ostsiedlung* soll die Probleme umgehen. Im Ergebnis wurde die gesamte Wirtschafts- und Sozialstruktur und damit auch der ➔Agrarraum des betroffenen Gebietes neu gestaltet.

OZON: Ozon, ein aus drei Sauerstoffatomen bestehendes Molekül (O_3), ist eines der wichtigsten Spurengase in der Atmosphäre. Es bewirkt, dass die gefährliche UV-B-Strahlung der Sonne nicht bis auf die Erdoberfläche vordringt, sondern bereits in der Lufthülle absorbiert wird. Diese Schutzwirkung wird vor allem durch das stratosphärische Ozon verursacht. Etwa 90 % der Gesamtmenge des Ozons befinden sich in der Stratosphäre und nur ca. 10 % in der Troposphäre.
Im Gegensatz zur nützlichen Wirkung des stratosphärischen Ozons als lebensnotwendigem UV-Filter manifestiert sich Ozon in der Troposphäre durch eine Reihe von schädlichen Eigenschaften, die negative Auswirkungen auf das Leben von Pflanzen, Tieren und Menschen haben:

- O_3 ist ein Phytotoxikum, in weiten Teilen der Nordhemisphäre das gegenwärtig bedeutsamste. Das Gas dringt durch die Spaltöffnungen der Blätter und Nadeln in das Pflanzeninnere ein. Geschädigt werden vor allem Zellmembranen, die die ganze Zelle auskleiden, ebenso wie solche, die die Chlorophyllkörper umgeben. Durch die geschädigte Membran tritt Wasser aus der Zelle aus, der Nährstoff-Kreislauf und die Photosynthese werden so gestört, dass äußerlich sichtbare Schädigungen auftreten. Auch der Kohlehydrattransport zu den Wurzeln wird beeinträchtigt. Das Wurzelwerk stirbt ab und schließlich die ganze Pflanze.
- Beim Überschreiten der Schwelle von 200 $\mu g/m^3$ ist nach Exposition von mehreren Stunden oft schon ein deutlicher Schaden feststellbar. Von der WHO wurden 60 $\mu g/m^3$ (Langzeitwert) und 80 $\mu g/m^3$ (10-Stunden-Mittelwerte) als Luftgüteleitwerte im Hinblick auf empfindliche Pflanzenarten definiert.
- Neben direkten Pflanzenschäden kann Ozon eine erhöhte Anfälligkeit der Pflanzen für weitere biotische (Krankheiten und Schädlinge) und abiotische (Wetterextrema) Stressfaktoren verursachen.
- Begasungsversuche in den USA ergaben bereits Ende der 80er Jahre einen geschätzten Ertragsverlust der US-Landwirtschaft von ca. drei Milliarden Dollar pro Jahr. Alleine für Weizen geht man von einer jährlichen Einbuße von 370 Millionen US-$ aus, bei den gesamten Ernteverlusten durch Ozon von zwei Mrd. US-$ jährlich. In Hessen wur-

Wichtige Ortsnamenendungen in Mitteleuropa

Epoche	Bedeutung und völkische Zuordnung	Raum (Hauptvorkommen)	Zeit [Jh.] (Hauptphasen der Verwend.)
Kelto-romanisch	-iacum →-ich, -ig, -ach,	romanisches Westdeutschland/	vor 3.
	-ie, -ey, -ay, -y, -er, -ez, -es	Frankreich	vor 3.
	-magus →-magen (= Feld)	romanisches Westdeutschland	vor 3.
	castellum →-kastel	romanisches Westdeutschland	vor 3.
	portus →-port	romanisches Westdeutschland	vor 3.
Altgermanisch	-ithi →-ede, -de, -te, -den	Thüringen bis Geldern	3.
	-lar (= Weide)	südl. Niedersachsen bis Hessen	3.
	-mar (= Sumpf)	Norddeutschland und Rhein. Schiefergeb.	3.
	-apa →-epe (= Wasser, Aue)	Belgien und Holland	3./4.
		Westdeutschland bis Hessen	5. - 8.
		Niedersachsen	8. - 10.
		Bergisches Land	11. - 14.
	-ah, -aha (= Wasser)	Bergisches Land	4. - 8.
Germanische	- ingen, -ungen, -ange	Südwestdeutschland (-ingen)	3. - 7.
Landnahmezeit	(= bei den Angehörigen ders.;	Hessen und Südniedersachsen (-ungen)	3. - 7.
(3. - 5. Jh.)	in Verbindung mit Personen-	Schweiz	4. - 11.
	namen)	Bayern (-ing)	4. - 9.
		Bayern zwischen Isar und Enns	10. - 13.
		Lüneburger Heide	13. - 15.
		Nordfrankreich (-ange)	5. - 8.
		Dänemark, Schweden	5.? - 7./8.
	-heim, -um (= -ham in England,	in altfränkischen Gebieten	3. - 9.
	-hjem in Dänemark)		
	(= Wohnort, Dorf, Gehöft)		
	-ingheim, igheim	alemann.-fränk. Grenze in Württemberg	3. - 7.
	-leben, -lev, -løsa (Dänemark,	Dänemark, Südskandinavien	5.? 7./8.
	Schweden) (= Erbe des ...)	Ostschleswig (alt), Thüringen (jünger)	3. - 9.
	-stadir (altnord. = Ort, Stätte,	Schleswig-Holstein (-stedt)	3./4.
	auch Handelsplatz), -stedt,	Süddeutschland (-stat, statt)	3. - 7.
	-stete, -stede, -stad, -statt, -stätt	Niedersachsen, Nordhessen (-stedt)	6. - 8.
	-(w)ang (= Feld, Garten)	Holstein	3. - 5.
Erste Ausbauzeit	-dorf	Mosel und Kölner Bucht	5. - 8.
= Merowingi-		Pfalz	7./8.
scher Ausbau		Niedersachsen, Nordhessen	6. - 9.
(6. - 8. Jh.)		Thüringen, Ober- und Mittelfranken	8. - 11.
		Bayern	7. - 10.
		Oberösterreich	9. - 13.
		Niederösterreich, Oberpfalz	9. - 11.
		östlich der Elbe-Saale-Linie	11. - 13.
		Dänemark (-thorp, -tarp, -trup)	9. - 13.
	-hausen, -husen, -sen, -huizen	Thüringen, Hessen, Niedersachs. (-husen,	7. - 10.
		-sen), SW-, Süddeutschland (-hausen)	
	-inghausen		6. - 8.
	-hofen (= eingehegter Raum)	bes. Süddeutschl., als Burgsiedlung jünger	7. - 10. 12. - 14.
	-inghofen, -ighofen, -ikon	(Nordschweiz), Hochrhein	8. - 10. 12. - 14.
	-furt	Niedersachsen, Nordhessen	6. - 8.

Wichtige Ortsnamenendungen in Mitteleuropa (Fortsetzung)

Epoche	Bedeutung und völkische Zuordnung	Raum (Hauptvorkommen)	Zeit [Jh.] (Hauptphasen der Verwend.)
Erste Ausbauzeit = Merowingischer Ausbau (6. - 8. Jh.)	-tun	Niedersachsen, Nordhessen	6. - 8.
	-bur, -beuren, -buren (= kleines Haus)	NW-Deutschland, Thüringen, Hessen, Süddeutschland	7. - 10.
	-sel, -selden	Belgien, Westfalen	6. - 9.
	-weiler, -weier, -wiler, -wil	Elsass	7./8.
		Baden, Nordschweiz, Württemberg	8. - 12.
	-wurt, -warf	Marschen Nord- und NW-Deutschlands	6. - 10.
Zweite Ausbauzeit = Karolingischer Ausbau = Erste Rodungsperiode (8. - 11. Jh.)	Zusammensetzungen mit Völkernamen. Nach Unterwerfung der Alemannen (Ende 5. Jh.), der Bayern und Thüringer (6. Jh.), planmäßige Umsiedlungen von Sachsen, Wenden, Hessen, Thüringern (Bad Dürkheim), romanischer Bevölkerung = Welschen (Welz-, Wal-, Walch-) z. B. durch die Franken in Merowingischer wie Karolingischer Zeit zur Festigung der Herrschaft; vor allem in Süddeutschland.		7. - 10.
	-zimmern (= Gewerbesiedlungen?)		8. - 10.
	-stetten (=Verkehrssiedlungen)	Württemberg, bes. Schwäbische Alb	8. - 10.
	-wangen	Süddeutschland	8. - 11.
	-by (= Bau)	Dänemark und Schweden	8. - 11.
	-au, -auel, -chl	Mittelrhein	8. - 13.
	-büttel (= Anwesen, Haus)	Bereich der Elbe; bes. Elbmündung	9. - 12.
	-borstel, -bostel (= bur-stal: Hausstelle)	Geest und Geestrand; Bremen - Holstein	9. - 13.
	-bach	Deutsche Mittelgebirge	10. - 13.
	-beck, -beke		10. - 13.
	-born	Nord- (älteste Verwendung) bis Süddeutschland und Schweizer Jura	9. - 11.
Hochmittelalterliche Rodungsperiode (12. - 14. Jh.) = Zweite Rodungsperiode	-bronn, -bronnen, -brunnen	Süd- (älteste Verwendung) bis Norddeutschland	11. - 14.
	-rode, -rade, -rath, -ert, -rott		8. - 13.
		Rheinisches und Belgisches Tiefland	11. - 14.
	-reut, -rieth, -gereuth, -rüti	Gebirgsland und übriges Norddeutschl.	9. - 14.
	-sang, -brand, -bränd,	Süddeutschland, Schweiz	10. - 14.
	-schwand, -schwend	Süddeutschland	
	-seif, -sief, -siep, -siepe (= Sumpf)	Rheinisches Schiefergebirge	11. - 14.
	-seich, -siek		11. - 14.
	-seifen (= Bach, Sumpf oder Abbau von erzhaltigem Sand)	Westfalen, Holstein	12. - 14.
	-büll		9. - 14.
	-hau, -gehäu	Friesland	12. - 14.
	-schneid	Erzgebirge bis Bayern	12. - 14.
	-bracht, -brecht, -bert, -breth (= aus Allmendwald ausgegliedertes Gelände)	Süddeutschland	12. - 14.
		Eifel, Niederrhein	
	-scheid		12. - 14.
	-holz, -loh (locus = Wäldchen)	Mittelrhein, Rheinisches Schiefergebirge	12. - 14.
	-hardt, -hart, -hard (Weidewald in Gemeinbesitz)		12. - 14.

	- grün (= Grüne Fläche)		12. - 14.
		Bayern, Oberfranken, Böhmen, Sach-	
	-hagen (durch besondere	sen, Thüringen	9. - 12.
	Rechte ausgezeichnete	Niedersachsen	10. - 14.
	Reihensiedlung)	Westfalen	12. - 14.
		Lippe, Mecklenburg	10. - 14.
	-deich, -damm		11. - 15.
	-berg, -burg, -fels, -stein,	Niedersachsen, Schleswig-Holstein,	
	-eck	allgemein, besonders Gebirge	8. - 12.
	Kirchliche Ortsnamen:	Elsass, später allgemein	8. - 14.
	-kirch	(Hessen ab 13. Jh.)	
	-münster (Kloster)		
	-zell (cella)		
	-kloster		10. - 14.
	-stift, -kappel, -klaus	allgemein	11. - 14.
	Heiligen- und Sankt-Orte		
	Mönch, Münch, Bisch-,		
	Pfappen, Pfäff-, Weih-		
	Zusammensetzungen mit		
	"wim, widum" = (Kirchengut)		
	Genitiv- und Lokativbildungen,	vor allem in grundherrlichen Rodungs-	
	z.B. Egloffs (-rod usw.)	gebieten Oberschwabens	
Frühneuzeitliche	-hof, -haus	Westfalen	
Nachsiedlungen	-mark		
14. - 17. Jh.	-kessel, -hag	(Geländebezeichnungen) vor allem im	
	-grund, -leite	Gebirge	14. - 17.
	-hütte (z.B. Glashütte), -berg	(Gewerbesiedlungen) vor allem im	
	(z.B. Kohlberg), -platz (z.B.	Gebirge	
	Aschenplatz)		
Spätsiedlungen	-berg, -gut, -bad, -hall	(mit Familien- oder Rufnamen im Suffix,	
des Absolutis-	-koog, -siel, -deich, -moor	häufig Herrschernamen, z.B. Sophien-,	
mus und des	-fehn,	Wilhelms-, Ludwigs-)	17. - 20.
jungen Ausbaus	-feld, -tal		
	-hof, -holz		

Quelle: Lienau 1995

den je nach Region, Kulturart und Jahr im Zeitraum 1984 bis 1992 potentielle Ertragsverluste zwischen 0,1 % (Gerste, 1984) und 32,6 % (Sommerweizen, 1992) errechnet.

- Eine solide ökonomische Bewertung O_3-bedingter Ernteverluste ist auf der Basis des gegenwärtigen naturwissenschaftlichen Kenntnisstandes kaum möglich.
- Als positive Wirkung vermag eine erhöhte Ozon-Konzentration auch bestimmte Pflanzenkrankheiten zurückzudrängen, z.B. Mehltau.
- Ozon absorbiert Infrarotstrahlung und ist so als troposphärisches Ozon ein starkes Treibhausgas.
- Ozon ist der Hauptbestandteil des photochemischen Smogs, der bei sommerlichen Hochdrucklagen oft weite Teile Zentraleuropas erfasst, für Los Angeles, Athen u.w. aber noch typischer ist.
- Als gering wasserlösliches Gas dringt Ozon über die Atemwege in die Lungenperipherie ein. Die oxidativen Eigenschaften des Ozons wirken sich unmittelbar auf die Zell-Biochemie der Lunge und des Bronchialsystems aus. Wirkungsrelevant sind bereits Ozonkonzentrationen von 60 - 80 ppb.
- Durch die Veränderungen, die Ozon auf den Zelloberflächen der Lunge hervorruft, kann die Aufnahme allergieauslösender Substanzen wie Hausstaub oder Pollen begünstigt werden.

Eine der Quellen des troposphärischen Ozons ist die Stratosphäre. Dort entsteht Ozon durch Photodissoziation des molekularen Sauerstoffs (O_2) und nachfolgender Reaktion der entstehenden Sauerstoffatome mit O_2. Hierzu ist kurzwelliges Sonnenlicht (hv) erforderlich. In der Troposphäre selbst kann Ozon nur entstehen, wenn die Luft Stickstoff enthält. Die entstehenden Sauerstoffatome reagieren danach sofort zu Ozon. Allerdings reagiert das ebenfalls entstehende Stickstoffmonoxid (NO) in einer Folgereaktion wieder mit Ozon, wobei Ozon zerstört und NO_2 zurückgebildet wird.

Zu einer Netto-Ozonbildung kommt es erst, wenn in der Luft, zusätzlich zu den Stickoxiden, Kohlenwasserstoffe (KW) oder Kohlenmonoxid (CO) vorhanden sind. Die Kohlenwasserstoffe und CO stellen sozusagen den Brennstoff für die Ozonbildung dar, während die Stickoxide (ebenso wie die OH und H_2O-Radikale) als Katalysator wirken, der bei dem Prozess selbst nicht verbraucht wird.

Da Bereiche besonders intensiver →Landwirtschaft auch Bereiche steigender NO_x-Emissionen sind, ist mit zunehmenden Ernteschäden durch Ozoneinwirkungen in den Sommermonaten zu rechnen. Möglicherweise werden bis 2025 zwischen 30 und 75 % der Welt-Getreideproduktion auf Gebiete entfallen, in denen Grenzwerte für das troposphärische Ozon für längere Zeit überschritten werden. Als Folge von Ernteausfällen wird mit einer dramatischen Verschlechterung der Ernährungssituation bei gleichzeitigem Bevölkerungszuwachs in Entwicklungsländern gerechnet. Andererseits nimmt man für einige →Kulturpflanzen eine zumindest teilweise Kompensation der Ozonschäden durch den Düngungseffekt der zunehmenden CO_2-Konzentration an.

Relative Empfindlichkeit von landwirtschaftlichen Kulturpflanzen gegenüber Ozon:

- *sehr empfindliche Pflanzenarten*: Zwiebel, Hafer, Buchweizen, Gerste, Tomate, Luzerne, Tabak, Bohne, Radieschen, Roggen, Kartoffel, Gemüse-Spinat, Rotklee, Weißklee, Weizen, Futterwicke, Weinrebe, Zuckermais
- *empfindliche Pflanzenarten*: Kohl, Rübsen/Stoppelrübe, Endivie, Gurke, Mohrrübe, Pastinak, Petersilie, Erbse, Ackerbohne, Mais
- *weniger empfindliche Pflanzenarten*: Sellerie, Rübe, Erdbeere, Garten-Lattich, Senf

PACHT - PUFFERZONE

P

PACHT: Der Pachtvertrag ist ein schuldrechtlicher gegenseitiger Vertrag, durch den sich der Verpächter gegen Zahlung des vereinbarten Pachtzinses verpflichtet, dem Pächter den Gebrauch des verpachteten Gegenstands (z.B. landwirtschaftlichen Betriebes oder Grundstückes) und den Genuss der bei ordnungsmäßiger Wirtschaft anfallenden Früchte zu gewähren. Auch die Überlassung eines Rechtes (z.B. Jagdrecht) kann Gegenstand eines Pachtvertrages sein. Von der Miete unterscheidet sich die Pacht dadurch, dass sie nicht allein den Gebrauch, sondern auch die Nutzung gewährt (z.B. Ernteertrag eines verpachteten Hofes). Pachtlandanteile sind vor allem in Gebieten mit ➔Realteilung stark vertreten.
Nach der Art des Gegenstandes unterscheidet man z.B. *Hofpacht*, *Parzellenpacht*, *Viehpacht* sowie einzelne Nutzungsrechte (an Obstbäumen, die Schafhut an abgeernteten Feldern, das Jagdrecht) und nach der Art der Gegenleistung z.B. *Geldpacht* und *Naturalpacht*. Die Pacht kann vererbt (*Erbpacht*) werden oder zeitlich begrenzt (*Zeitpacht*) sein. Neben der *direkten Pacht* gibt es vor allem im Orient Formen der *Unterverpachtung*. Durch sie entstehen hohe Belastungen für den Endpächter, da er Abgaben sowohl an den Eigentümer, wie auch an einen oder mehrere Zwischenpächter entrichten muss. Bei der *Teilpacht* (métayage, ➔mezzadria) ist der Zins nicht fest, sondern er wird als eine vereinbarte Quote vom Rohertrag erhoben. Diese kann zwischen 20 und 80 % variieren, je nachdem, welche ➔Produktionsfaktoren der Verpächter zur Verfügung stellt. Sie ist heute noch in den romanischen Ländern Europas und ihren ehemaligen Kolonialgebieten sowie im Orient verbreitet. Die *Arbeitspacht*, bei der der Zins durch festgelegte Arbeitsleistungen auf dem Hof des Verpächters abgeleistet wird, ist weltweit verbreitet. In Westfalen und Oldenburg war bis in die jüngste Vergangenheit das Heuerlingswesen anzutreffen.
In den alten Bundesländern gab es 1997 rund 5,573 Mio ha, 1991 rund 4,993 Mio. ha, 1989 rund 4,489 Mio. ha und 1979 rund 3,654 Mio. ha gepachtete ➔landwirtschaftlich genutzte Fläche in den landwirtschaftlichen Betrieben. Das entsprach einem Anteil an der gesamten ➔LF von 48,2 % (1997), 42,5 % (1991), 38,1 % (1989) und 30,4 % (1979). Der größte Teil der Betriebe bewirtschaftete sowohl eigene als auch zugepachtete Flächen.
In den neuen Ländern liegen die Pachtanteile jeweils um die 90 %. Insgesamt werden in Deutschland rd. 95 % der gesamten Pachtfläche von Nicht-Landwirten bereitgestellt. Im Verlauf des weiteren ➔Strukturwandels ist mit einer deutlichen Dominanz des Pächterbetriebes zu rechnen.

Anteil der Betriebe mit Pachtflächen an den Betrieben insgesamt in den Ländern der Bundesrepublik Deutschland 1997

Bundesland	Anteil der Betriebe mit Pachtflächen [%]
Baden-Württemberg	59,6
Bayern	58,4
Brandenburg	60,2
Bremen u. Hamburg	51,9
Hessen	64,0
Mecklenburg-Vorpommern	67,9
Niedersachsen	68,6
Nordrhein-Westfalen	59,5
Rheinland-Pfalz	66,1
Saarland	66,6
Sachsen	54,5
Sachsen-Anhalt	57,8
Schleswig-Holstein	75,2
Thüringen	64,3
Alte Bundesländer	61,5
Neue Bundesländer	61,9
Bundesrepublik insgesamt	61,6

Pachtflächenanteil an der landwirtschaftlich genutzten Fläche in den Ländern der Bundesrepublik Deutschland 1997

Bundesland	Pachtflächenanteil [%]
Baden-Württemberg	52,7
Bayern	37,4
Brandenburg	89,9
Bremen u. Hamburg	57,8
Hessen	56,8
Mecklenburg-Vorpommern	88,5
Niedersachsen	52,3
Nordrhein-Westfalen	49,4
Rheinland-Pfalz	63,4
Saarland	67,9
Sachsen	90,9
Sachsen-Anhalt	94,4
Schleswig-Holstein	93,4
Thüringen	45,6
Alte Bundesländer	48,2
Neue Bundesländer	91,1
Bundesrepublik insgesamt	62,1

Quelle: Agrarbericht 1998

Pachtflächenanteil an der landwirtschaftlich genutzten Fläche in den Staaten der Europäischen Union 1995

Staat	Pachtflächenanteil [%]
Belgien	67,3
Dänemark	22,6
Deutschland	61,9
Finnland	22,1
Frankreich	63,2
Griechenland	26,4
Großbritannien	36,3
Irland	12,5
Italien	21,9
Luxemburg	53,0
Niederlande	30,3
Österreich	22,0
Portugal	30,9
Schweden	45,2
Spanien	27,7
Europa (EU-15) insgesamt	40,6

Quelle: Deutscher Bauernverband (1998) nach Angaben des SAEG und des Statistischen Bundesamtes

Das durchschnittliche Pachtentgelt je ha (ohne Familienpachtungen) stieg von 326 DM im Mittel der Wirtschaftsjahre 1980/81 bis 1982/83 auf 485 DM im Wirtschaftsjahr 1991/92, 1995 betrug es 466 DM. (➔KHAMMESSAT)

PAMPA: Südamerikanische außertropische Graslandschaft (Steppe) mit mächtigen Schwarzerdeböden, die nur noch in ihrem Westteil ihre natürliche Vegetation aufweist, im Ostteil dagegen in ein Weizenanbaugebiet umgewandelt wurde und dort einer starken ➔Bodendegradation unterliegt. Die Niederschläge reichen von 500 - 1.000 mm, gleichzeitig besteht eine starke Verdunstung, bewirkt durch ein semiarides Klima mit negativer Wasserbilanz.

PARZELLE: Als Einheit vermessener Teil der Erdoberfläche, der im Grundbuch durch Nummern gekennzeichnet wird. Eine oder mehrere solcher *Katasterparzellen* bilden eine *Besitzparzelle*. Die Parzelle ist so die kleinste Besitzeinheit in der ➔Flur. Das gegenwärtige parzellare Gefüge einer Flur ist in Katasterkarten niedergelegt und auf Katasterämtern einzusehen. Diese Erfassung besteht nicht weltweit, insbesondere dort nicht, wo unter anderen Rechtsvorstellungen und kulturellen Traditionen ein Privateigentum an Grund und ➔Boden nicht existiert.
Als wesentliche Formen der Parzellen unterscheidet man Blöcke und Streifen. Parzellen ähnlicher Form und Lage bilden innerhalb einer Flur häufig Verbände (Blockverbände, Streifenverbände, Streifengemengeverbände) und Komplexe (z.B. von Streifengemengeverbänden).
Von den Besitzparzellen können die *Betriebsparzellen* (Nutzungs-, Wirtschaftsparzellen) unterschieden werden, die ihrerseits die kleinste Nutzungseinheit in der Flur bezeichnen. (➔FLURFORM)

PARZELLIERUNG: Die Aufteilung eines vormals zusammenhängenden Grundstückes in mehrere ➔Parzellen. Dieser Vorgang hat sich vor allem in Gebieten mit ➔Realteilung vollzogen oder bei der Umwandlung von ➔LF in Bauland.

PELLETS: Produkt der Verpressung von ➔Grünmehl mit Hilfe von Matrizenpressen.

PENSIONSVIEH: Vieh, vornehmlich Jungrinder, die auf einer (fremden) Pensionsweide (teilweise eingestallt) gegen Entgelt (Pension) gehalten werden. Pensionsviehhaltung dient insbesondere dem regionalen Futterausgleich zwischen futterknappen Herkunftsbetrieben, z.B. grünlandschwachen Ackerbaubetrieben oder Weidewirtschaften mit Futterengpässen während der Trockenzeit, und futterreichen Bestimmungsbetrieben, d.h. Betrieben mit zeitweili-

ger Futterschwemme, beispielsweise in niederschlagsreichen Mittel- und Hochgebirgen (➔Almwirtschaft) oder in ➔Marschen.
Fremdvieh wird entweder als Mitläufer zeitweilig in die eigene Herde integriert, oder die Übernahme von Fremdvieh eröffnet als arbeitsextensive Bewirtschaftungsform für Betreuer neue Möglichkeiten, freifallende Grünlandflächen in landwirtschaftlichen Nebenerwerbsbetrieben zu nutzen.
(➔FREMDTIERHALTUNG)

PERIPHERER RAUM: Nach einer Definition des *Deutschen Rates für Landespflege* ein Gebiet, in dem unter den aktuellen ökonomischen Bedingungen für die Mehrzahl landwirtschaftlicher Betriebe eine Bewirtschaftung unrentabel ist, somit ein landwirtschaftlicher Grenzstandort. In einem solchen Gebiet ist am ehesten mit Nutzungsänderungen oder Nutzungsaufgaben zu rechnen.
Für diesen ➔Strukturwandel sind verschiedene Faktoren entscheidend, die einzeln oder kombiniert auftreten:

- ungünstige klimatische und geomorphologische Ausgangssituation
- ungünstige Bodenverhältnisse (z.B. ➔Bodenzahl <30)
- ungünstige Betriebsstruktur (Nebenerwerbsbetrieb, geringe Betriebsgröße)
- große Entfernung zu Absatzmärkten
- schlechte Infrastruktur

Gleichzeitig sind dies Gebiete mit hoher Bedeutung für den ➔Naturschutz, d.h. sie sind reich an vom Verschwinden bedrohten artenreichen Kulturbiotopen (z.B. ➔Magerwiesen, ➔Feucht- und ➔Nasswiesen, flachgründige Kalkäcker usw.) und enthalten große Potentiale für die Entwicklung natürlicher und naturnaher ➔Biotope.
Mit Hilfe verschiedenster Kriterien und Indikatoren lassen sich in einer groben bundesweiten Übersicht folgende periphere Räume benennen:

- Deutsch-dänische Grenzregion (Naturräume Angeln, Nordfriesland)
- Große Teile des Emslandes, Teile der Ostfriesischen Marsch (Emsmarsch)
- Nordöstliches Niedersachsen (Lüneburger Heide, Wendland (Landkreis Lüchow-Dannenberg)
- Altmark im Norden von Sachsen-Anhalt
- Elbtalniederung
- große Teile der nordostdeutschen Tiefebene im Süden von Mecklenburg-Vorpommern (u.a. Mecklenburgische Seenplatte, nordost-mecklenburgisches Flachland, Rügen)
- große Bereiche Brandenburgs außerhalb der Agglomerationsräume Berlin/Potsdam und Cottbus (u.a. Odertal, Fläming, Brandenburgisches Heide- und Seengebiet, Lausitzer Becken, Spreewald)
- Oberlausitzer Heide- und Teichlandschaft (Sachen)
- Hochlagen des Erzgebirges
- Senne, Bergisches Land, Sauerland
- Solling, Harz
- West- und Osthessisches Bergland, Vogelsberg, Rhön
- Thüringisch-fränkisches Mittelgebirge
- Oberpfälzisches Hügelland (teilweise)
- Oberpfälzisch-bayerischer Wald
- Fränkische Alb
- Nördliche Kalkalpen
- Odenwald
- Teile der Schwäbischen Alb
- Hochschwarzwald
- Pfälzer Wald
- Rheinisches Schiefergebirge

PERKOLATION: Bewegung des der Schwerkraft folgenden ➔Sickerwassers in Grobporen durch den ➔Boden hindurch bis zum ➔Grund- oder ➔Stauwasser. Es ist der Bewegungsvorgang, der sich in vertikaler, manchmal auch lateraler Richtung an die ➔Infiltration anschließt.

PERLITE: Als ➔Substrate oder Substratbestandteile verwendete Silikate, die vulkanischen Ursprungs sind bzw. die durch starke Erhitzung gewonnen werden. Es sind poröse Materialien mit hoher Wasser- und Luftkapazität und mit sehr geringem Volumengewicht (40 bis 65 g/l). Perlite besitzen ein geringes Sorptionsvermögen und sind frei von Mikroorganismentätigkeit. Sie werden häufig als Vermehrungssubstrat im ➔Gartenbau verwendet.

PERMANENTER WELKEPUNKT: Abk. PWP; der PWP ist der Wassergehalt des ➔Bodens, bei dem die meisten Pflanzen (außer Trocken- und Salzpflanzen) permanent und irreversibel welken. Am PWP sind nur noch die Feinporen (Ø<0,2 µm) mit Wasser gefüllt, das nicht pflanzenverfügbar ist.
(➔FELDKAPAZITÄT)

PERSISTENZ: 1. Starke oder dauerhafte Widerstandsfähigkeit von Stoffen gegen chemischen und biologischen Abbau; persistente Stoffe reichern sich im ➔Boden bzw. in den ➔Nahrungsketten an. Zu den schwer abbaubaren Stoffen gehören z.B. die Chlorpestizide, wie das DDT und die polychlorierten Biphenyle (PCB). Die Persistenz kann mit der Halbwertzeit quantifiziert werden. Zu den nicht abbaubaren Stoffen rechnen die ➔Schwermetalle, insbesondere Blei, Quecksilber und Cadmium sowie radioaktive Stoffe, z.B. Strontium (^{90}Sr) und Cäsium (^{137}Cs).
2. Im wirtschaftsgeographischen Sinne das Beharrungsvermögen einer Produktion(srichtung) oder

eines Betriebes am einmal gewählten günstigen Standort trotz zwischenzeitlich eingetretener Ungunst. Persistenz kann bei ➔Dauerkulturen ausschlaggebend sein wegen deren räumlicher Immobilität, oder sie ist entscheidend, wenn es an attraktiven beruflichen Alternativen im primären, sekundären und tertiären Sektor mangelt.

PESTIZIDE: Industriell gefertigte, nicht in der Natur vorkommende organische Verbindungen, die gegen schädliche oder unerwünschte Mikroorganismen, Pflanzen, Pflanzenteile oder Tiere angewendet werden und die das Keimen bzw. Wachstum von Pflanzen oder Pflanzenteilen regeln oder Pflanzen pflegen (ausgenommen ➔Düngemittel). Als Pestizide werden alle ➔Pflanzenschutz- und Schädlingsbekämpfungsmittel und ➔Wachstumsregler, einschließlich der Zusatzstoffe, bezeichnet.
Weltweit werden jährlich Pestizide im Wert von rund 7 Mrd. US$ exportiert. Die Bundesrepublik Deutschland war Ende der achtziger Jahre mit einem Pestizidexport im Wert von rund 1,5 Mrd. US$ vor den USA (1,16 Mrd. US$) und Frankreich (1,0 Mrd. US$) der mit Abstand größte Pestizidexporteur.
Zur Beurteilung des Pestizid-Einsatzes:

- Etwa ein Drittel der Welternte wird durch biotische Einwirkungen vernichtet (ca. 14 % durch Schädlinge, ca. 12 % durch Krankheiten, ca. 9 % durch ➔Unkräuter).
- Bei Zuckerrohr und -rüben erreicht die Verlustrate 45 %, bei Reis 46 %.

Pestizid-Gruppen nach ihrer spezifischen Wirkung auf bestimmte Zielorganismen

Bezeichnung	Zielorganismen
Akarizide	Milben
Algizide	Algen
Aphizide	Blattläuse
Arborizide	Gehölze
Avizide	Vögel
Bakterizide	pflanzenparasitäre Bakterien
Beizmittel	Krankheitserreger auf Saatgut
Entlaubungsmittel	evident
Fungizide	pflanzenparasitäre Pilze
Graminizide	Gräser
Herbizide	allg. unerwünschte Pflanzen
Insektizide	Insekten
Molluskizide	Schnecken
Nematizide	Nematoden (Fadenwürmer)
Rodentizide	Nagetiere
Virizide	pflanzenparasitäre Viren

- Besonders in den tropischen Entwicklungsländern ist zusätzlich der Schadensbefall bei der Lagerung gravierend.
- Pestizide vernichten auch ➔Nützlinge; werden diese nicht direkt vom Gift getroffen, so wird ihnen doch die Nahrung entzogen oder sie verhungern, weil notwendige Blütenpflanzen fehlen. Beispielsweise haben sogenannte Schwebfliegen, deren Larven sich von Blattläusen ernähren, durch die Ausmerzung der Blütenpflanzen in den Weizenfeldern keine Lebenschance mehr. Um so höher ist der Blattlausbefall auf dem Weizen, eine früher eher seltene Plage. Mindestens die Hälfte des Nützlingsbesatzes ist schon von den Feldern Europas verschwunden. Kritiker meinen, der chemische Pflanzenschutz schaffe sich so seinen eigenen Markt.
- Schadinsekten entwickeln zunehmend Resistenzen.
- Ungeklärt sind die Wechselwirkungen (Synergismen) einzelner ➔Agrarchemikalien mit anderen Stoffen in ➔Boden und Pflanze.
- Ungeklärt ist der Verbleib der Stoffe in ➔Boden und Pflanze; das Prädikat "biologisch abbaubar" bedeutet nur, dass der Stoff nach einiger Zeit nicht mehr nachweisbar ist, Abbauprodukte können aber weiterhin ihre Wirkung entfalten oder gar giftiger sein als die Ausgangssubstanz.
- Ungeklärt sind die Gesundheitsrisiken der Bevölkerung bei der lebenslangen Aufnahme von kleinen und kleinsten Pestizidmengen. Entsprechend willkürlich sind die Rückstandsgrenzwerte in der sogenannten Höchstmengen-Verordnung.
- Bei der Pestizid-Applikation kommt es zur Abdrift eines Teils der Chemikalie, weitere Teile tropfen auf den Boden. Vorsichtige Schätzungen gehen von einem Bodeneintrag von 50 % der ausgebrachten Spritzmittel aus.
- Die Herstellung von Pestiziden trägt zum hohen Energieinput in das ➔Agrarsystem wesentlich bei.
- Nach Angaben der WHO kommt es wegen der starken Toxizität vieler Pestizide weltweit zu 500.000 bis 2 Mio. Vergiftungsfällen und zwischen 3.000 und 40.000 Todesfällen pro Jahr. Dabei sind die Langzeitschäden nicht berücksichtigt. Die Entwicklungsländer weisen 50 % aller Vergiftungsfälle und 75 % aller Todesfälle auf, obwohl sie nur zu 20 bis 25 % am globalen Pestizidverbrauch beteiligt sind.
- Teilweise werden Pestizide in Entwicklungsländer exportiert, deren Anwendung in Industrieländern wegen ihrer hohen Toxizität untersagt ist.
- Pestizide fließen als "Pestizid-Bumerang" in Form von Rückständen in Nahrungsmitteln und in Textilien in die Industrieländer zurück.

(➔PFLANZENSCHUTZ, ➔PFLANZENSCHUTZMITTEL, ➔UMWELTWIRKUNGEN)

PFERCH: Einhegung, eingezäunte Fläche. (➔FEED LOT)

PFLANZENBAU: Der systematische Anbau von Pflanzen zum Zwecke der direkten oder indirekten (➔Veredelung) Erzeugung von Nahrung für den Menschen und von ➔nachwachsenden Rohstoffen. Der Anbau erfolgt durch die Anpassung der ➔Kulturpflanzen an die Standortbedingungen, durch Auswahl bestimmter Pflanzenarten und durch den Einsatz der pflanzenbaulichen Produktionstechnik, die in die Umweltfaktoren eingreift und so die Prozesse der Ertragsbildung beeinflusst.

PFLANZENGENETISCHE RESSOURCEN: Generativ oder vegetativ vermehrungsfähiges Material von Pflanzen mit aktuellem oder potentiellem Wert für Ernährung, ➔Landwirtschaft und Forsten einschließlich ➔Landsorten, verwandten Wildarten und -formen und speziellem genetischem Material der ➔Kulturpflanzen.

PFLANZENHILFSMITTEL: Nach dem ➔*Düngemittelgesetz* sind dies "Stoffe ohne wesentlichen Nährstoffgehalt, die dazu bestimmt sind, auf die Pflanzen einzuwirken oder die Aufbereitung organischer Stoffe zu beeinflussen".

PFLANZENKLÄRANLAGE: Künstliche Feuchtgebiete, in denen das Zusammenspiel von biotischen und abiotischen Kräften zur dauerhaften Reinigung von (z.B. landwirtschaftlichen) Abwässern genutzt wird. Natürliche ➔Ökosysteme wie das Röhricht (Schilf, Rohrkolben, Binsen, Seggen u.a. Sumpfpflanzen) auf ➔Nasswiesen, an Gräben und an Ufersäumen sind das Vorbild für den planmäßigen Aufbau und Einsatz von Pflanzenkläranlagen.
<u>Folgende Prozesse tragen zur Reinigungswirkung bei:</u>
- biochemischer Nährstoffentzug durch Pflanzenwurzeln
- mechanische Siebwirkung des ➔Bodens
- Adsorption und Ionenaustausch an tonigen Bodenbestandteilen
- chemische Festlegung an reaktiven Bodeninhaltsstoffen
- mikrobieller Abbau

Unter Ausnutzung des Sonnenlichts stellen Pflanzenkläranlagen ein in den Betriebskosten minimiertes, nahezu wartungsfreies, selbständiges und damit dezentrales System dar. Mit der Ernte der Röhrichtbestände, die jährlich bis zu 40 t Biomasse pro Hektar produzieren, erscheint langfristig eine Verwertung als Baustoff und Biofestbrennstoff möglich.
Während Pflanzenkläranlagen zur Behandlung kommunaler Abwässer weite Verbreitung gefunden haben, liegen Erfahrungen mit der Behandlung stark belasteter, landwirtschaftlicher Abwässer (z.B. Melkhaus-, Käsereiabwasser) erst in Ansätzen vor. Ausgereift werden sich Pflanzenkläranlagen wahrscheinlich durch ihre ökologischen, wie auch ökonomischen Vorzüge auszeichnen.

PFLANZENSCHUTZ: 1. Die Gesamtheit der Maßnahmen zur Erhaltung von Wildpflanzen und ihren ➔Biotopen. Im deutschsprachigen Raum wird dieser Aspekt als *pflanzlicher Artenschutz* bezeichnet.
2. Die Gesamtheit der Maßnahmen, die Schäden an ➔Kulturpflanzen durch Krankheitserreger und andere "Schädlinge" niedrig halten oder verhindern sowie Beeinträchtigungen durch die unbelebte Umwelt abwehren. Zum Pflanzenschutz gehören sowohl vorbeugende Maßnahmen (Pflanzenhygiene), v.a. zum Schutz von ➔Kulturpflanzen vor Schadorganismen und vor abiotischen Schäden (z.B. Witterungseinflüsse), wie auch Bekämpfungsmaßnahmen mit ➔Pflanzenschutzmitteln und die ➔biologische Schädlingsbekämpfung. Ferner zählt zum Pflanzenschutz auch der Vorratsschutz der Ernteerzeugnisse.
<u>Man kann unterscheiden:</u>
- *Mechanische Methoden*
  - Umzäunen gegen Fraßfeinde
  - Aufstellen von Vogelscheuchen oder akustischen Geräten, von Fallen
  - mechanische und thermische Unkrautbekämpfung
- *Biologische Methoden*
  - Begünstigen natürlicher Feinde von Schadinsekten, z.B. durch die Anlage von Saumbiotopen
  - Einsatz räuberischer (z.B. Marienkäfer) oder parasitischer Insekten (z.B. Schlupfwespen)
  - Verwendung von Mikroorganismen (z.B. parasitierende Pilze gegen bodenlebende Insekten)
- *Biotechnische Methoden*
  - Anwendung von Sexuallockstoffen und Juvenilhormonen
  - Einsatz von Licht verschiedener Wellenlängen
- *Gentechnische Methoden*
  - Züchtung und Verwendung von gegen Schadeinflüsse resistente Pflanzen
  - Auslösung der Immunreaktion von Pflanzen mit schwach dosiertem Erregermaterial (Resistenzinduktion)
- *Chemische Methoden*
  - Einsatz synthetischer oder natürlicher Pflanzenschutzmittel (➔Pestizide) oder dem von Hormonen
- *Acker- und pflanzenbauliche Methoden*
  - standortgerechte und vielseitige ➔Fruchtfolge
  - optimale und termingerechte Bodenbearbeitung und -pflege

- Verwendung von gesundem, evtl. chemisch behandeltem →Saat- und →Pflanzgut
- Auswahl von widerstandsfähigen, marktgerechten Sorten
- Einhaltung der optimalen Saat- und Pflanztermine
- sorgfältige Saat und Pflanzung
- Einhaltung der standortbezogenen optimalen Bestandesdichte
- bedarfsgerechte Nährstoffversorgung
- besonders Stickstoffdüngung

• *Anwendung von Prognosen und Prognoseverfahren*
  - Kontrolle der Flugzeiten von Schadorganismen, beispielsweise durch Fallen
  - Empfehlung der Pflanzenschutzberatung und des Warndienstes beachten
  - Witterungsverlauf beobachten und Befallsrisiko abschätzen

• *Nutzung des Computer Aided Farming*
  - →precision farming unter Einsatz von →GPS und →GIS zur präzisen Verortung und Bekämpfung von Unkrautnestern (praxisreif)
  - optoelektronische Erkennung von Unkräutern und multispektrale Ermittlung von Pflanzenkrankheiten (mittelfristig praxisreif)

Agrarexperten gehen davon aus, dass weltweit mehr als ein Drittel der Pflanzenerträge durch Schädlinge, Krankheiten, Unkräuter sowie während Transport und Lagerung unbrauchbar werden. Dies entspricht der gesamten pflanzlichen Agrarproduktion der USA. Ohne wirksame Pflanzenschutzmittel würden die weltweiten Pflanzenerträge durchschnittlich um 30 bis 60 % sinken. Gleichfalls käme es zu großen Mengenschwankungen.
Drückt man das Ergebnis der intensiven Landwirtschaft in Hektarerträgen bei Winterweizen aus, so zeigt das Beispiel der Bundesrepublik (alt), dass einem Ertrag von 1,3 t/ha 1884 ein solcher von 3,3 t/ha 1962 und von 6,7 t/ha 1990 gegenübersteht, d.h. dass sich die Erträge in etwas über hundert Jahren verfünffacht und in den letzten knapp 30 Jahren des angegebenen Zeitraumes verdoppelt haben. Man schätzt, dass der Pflanzenschutz an diesem Fortschritt einen Anteil von 30 % hat.

PFLANZENSCHUTZGESETZ: Im März 1998 novelliertes Bundesgesetz. Neben dem Schutz von Pflanzenerzeugnissen vor Schadorganismen und nichtparasitären Beeinträchtigungen, bezweckt das PflSchG Deutschlands in erster Linie die Abwehr von Gefahren, die durch die Anwendung von →Pflanzenschutzmitteln oder durch andere Maßnahmen des →Pflanzenschutzes, insbesondere für die Gesundheit von Mensch und Tier und für den Naturhaushalt, entstehen können. Dazu gehört insbesondere, dass die Grenzwerte der Trinkwasserverordnung für chemische Stoffe zur Pflanzenbehandlung und Schädlingsbekämpfung einschließlich toxischer Hauptabbauprodukte (0,0001 mg/l für die einzelne Substanz, 0,0005 mg/l insgesamt) nicht überschritten werden. Das Gesetz regelt auch die Zulassung von Pflanzenschutzmitteln.
Die Novelle enthält erhebliche Erweiterungen im Bereich der →guten fachlichen Praxis.

PFLANZENSCHUTZMITTEL: Stoffe, die dazu bestimmt sind, Pflanzen und Pflanzenerzeugnisse wie z.B. Früchte und Samen vor Schadorganismen (Tiere, Pflanzen, Mikroorganismen) zu schützen oder die Lebensvorgänge von Pflanzen zu beeinflussen (→Wachstumsregler) ohne ihrer Ernährung zu dienen. Als Pflanzenschutzmittel (PSM) im Sinne des →*Pflanzenschutzmittelgesetzes* gelten auch Stoffe, die dazu bestimmt sind, Flächen von Pflanzenwuchs freizumachen oder freizuhalten.
Die Prüfung, Zulassung und Anwendung von PSM werden durch das Pflanzenschutzmittelgesetz geregelt. Im Zuge des Zulassungsverfahrens befindet das Bundesinstitut für gesundheitlichen Verbraucherschutz und Veterinärmedizin (BgVV) als Nachfolgerin des Bundesgesundheitsamts über die mögliche Gefährdung von Mensch und Tier und das Umweltbundesamt über die mögliche Belastung des Wassers und der Luft durch PSM bzw. dessen Abfälle. Die Biologische Bundesanstalt erteilt im Einvernehmen mit diesen beiden Behörden die Zulassung, wenn bei sachgerechter Anwendung keine Schäden für die Gesundheit von Mensch und Tier sowie keine schädlichen Auswirkungen auf das →Grundwasser und den Naturhaushalt zu erwarten sind, die nach dem Stande der wissenschaftlichen Erkenntnisse nicht vertretbar sind.
1995 waren in Deutschland ca. 1.000 PSM mit gut 200 Wirkstoffen zugelassen. Etwa 200 dieser PSM dürfen auch in Haus und Garten verwendet werden. Etwa 30.000 t PSM werden jährlich offiziell in Deutschland verkauft. Daten über die ausgebrachte Menge liegen im Gegensatz beispielsweise zu den USA nicht vor. In der Tatsache, dass in der EU außerhalb Deutschlands ca. 700 Wirkstoffe zugelassen sind, wird ein Wettbewerbsnachteil für die deutsche →Landwirtschaft gesehen.
PSM gelangen auf land- und forstwirtschaftlich genutzte Flächen oder angrenzende →Ökosysteme durch

• die Anwendung
• →Abdrift
• Abschwemmung oder
• Verflüchtigung

PSM dürfen nicht ins →Grund- und Trinkwasser gelangen. Die dennoch auftretenden Belastungen des

Einzelbetriebliche und externe Kosten des PSM-Einsatzes in den Alten Ländern der Bundesrepublik Deutschland

Kostenart	Kosten [Mio. DM/Jahr]
Einzelbetriebliche Kosten	
Mittelkosten	ca. 1.100
Lager- und Ausbringungskosten	ca. 589
Externe Kosten	
Kosten der Belastung von Trinkwasser	ca. 128 - 186
Giftschäden an Honigbienen	ca. 2 - 4
Rückgang der Biodiversität durch Herbizideinsatz	ca. 10
Kosten der Lebensmittelüberwachung	ca. 23
Kosten durch Gesundheitsbelastungen	ca. 23
Kosten der Tätigkeit staatl. Institutionen für chemische PSM	ca. 66

Quelle: Waibel u. Fleischer 1998

Grundwassers werden im wesentlichen durch ➔Herbizide und Wirkstoffe gegen bodenlebende Fadenwürmer (Nematizide) verursacht. Die Ursachen liegen nicht bei Anwendungsfehlern der ➔Landwirte (punktförmige Einträge), sondern in der flächenhaften Ausbringung im Rahmen einer "ordnungsgemäßen Anwendung". Nach Angaben der Wasserwirtschaft wurden bislang über 40 verschiedene pestizide Wirkstoffe im Grundwasser nachgewiesen. Daten aus den Grundwasserüberwachungsprogrammen einzelner Länder ergaben, dass Mitte der neunziger Jahre 27 % der Messstellen Kontaminationen mit Pflanzenschutzmitteln aufwiesen.
Seit 1989 gelten für Trinkwasser der Vorsorgegrenzwert von 0,1 µg/l pro PSM-Wirkstoff bzw. von 0,5 µg/l als Summe der PSM. Die Wirkungsschwelle für aquatische Organismen liegt allerdings z.T. noch deutlich unter diesem Vorsorgewert. 10 % aller deutschen Messstellen im oberflächennahen Grundwasser überschreiten den o.g. Grenzwert. Die deutschen Wasserwerke gaben 1992 260 Mio. DM dafür aus, diese Werte durch Reinigungsmaßnahmen einzuhalten.
PSM sind darüber hinaus auch für andere als die Zielorganismen mehr oder minder toxisch und können somit die Lebensgemeinschaften oder Teile der Lebensgemeinschaften der behandelten oder belasteten Flächen beeinflussen.
Verstärkt wird der ➔Technikfolgenabschätzung Bedeutung beigemessen als der Vorhersage und Bewertung der Folgen, die der Pflanzenschutz als Technologie der Gesunderhaltung von ➔Kulturpflanzen und Pflanzenerzeugnissen in den betroffenen Teilen des Gemeinwesens hervorruft.
Die quantifizierbaren und bewertbaren externen Kosten, die durch unbeabsichtigte Nebenwirkungen des PSM-Einsatzes verursacht werden, betragen nach *Waibel/Fleischer* (1998) für die alten Bundesländer ca. 252 Mio DM jährlich (Stand: 1996). Die tatsächlichen Kosten, mit denen die Gesellschaft langfristig belastet wird, liegt höher als dieser Wert, da sich eine Reihe von Effekten (u.a. chronische Effekte auf die menschliche Gesundheit, langfristige Auswirkungen auf die Nachhaltigkeit der Agrarproduktion und den ➔Boden) noch nicht quantifizieren lassen. Beim Verzicht auf den PSM-Einsatz in den alten Bundesländern wären Nutzeneinbußen in der Größenordnung von 1,15 Mrd DM pro Jahr zu erwarten. Als Ergebnis der Kosten-Nutzen-Relation ergäbe sich (ohne Berücksichtigung der o.g. nicht quantifizierbaren Effekte) ein Wohlfahrtsverlust von weniger als 900 Mio. DM pro Jahr oder etwa 5 % der Nettowertschöpfung des gesamten Agrarsektors. Der Wohlfahrtsgewinn des PSM-Einsatzes wird verschiedentlich auch höher eingeschätzt.

PFLANZENSTÄRKUNGSMITTEL: Nach dem ➔Pflanzenschutzgesetz "Stoffe, die ausschließlich dazu bestimmt sind, die Widerstandsfähigkeit von Pflanzen gegen Schadorganismen zu erhöhen, ohne dass diese Stoffe schädliche Auswirkungen auf die Gesundheit von Mensch und Tier oder auf den Naturhaushalt haben."

PFLANZGUT: Vegetative Teile von Pflanzen (Kartoffelknollen, Obststecklinge) oder aus ➔Saatgut erzeugte Jungpflanzen, die der Vermehrung einer bestimmten Art oder Sorte dienen.

PFLANZSTOCKBAU: In den Tropen noch von Naturvölkern betriebene einfache Form des ➔Ackerbaus. Der Pflanzstock, ein einfaches Handgerät, kann bis zu 2 m lang sein und ist von allen Seiten her zugespitzt. Mit dem kräftigen Stück Holz wird in den nicht umgebrochenen ➔Boden das Pflanzloch gebohrt.
Der Pflanzstockbau wird häufig in Zusammenhang mit Brandrodung betrieben. Wichtigste Kulturen sind

Knollenfrüchte (u.a. Maniok, Jams, Pfeilwurz), auch Getreide, Bananen und Gewürze. (➔SHIFTING CULTIVATION, ➔WANDERFELDBAU)

PFLANZUNG: Landwirtschaftlicher Betrieb mit (Binnen-)Marktorientierung, der i.d.R. vom Besitzer und seiner Familie selbst geleitet wird. Es erfolgt ein Anbau von mehrjährigen ➔Kulturpflanzen (bzw. ➔Dauerkulturen). Pflanzungen sind in den Außertropen (Wein, Äpfel, Hopfen), den Subtropen (Olive, Mandel) und den Tropen (Banane, Kaffee) anzutreffen und sie sind im Gegensatz zur ➔Plantage in allen Betriebsgrößenklassen vertreten. Auch schließt sich anders als in der Plantage keine größere Aufbereitung oder Verarbeitung der Produkte an. Entsprechend besitzen Pflanzungen eine geringere technische und kapitalmäßige Ausstattung. Insbesondere Kleinbetriebe weisen eine Vielfalt von Arten und Altersstufen der Fruchtbäume und Sträucher auf. Schwankungen der Nachfrage und der Marktpreise machen die gleichzeitige Beibehaltung eines Selbstversorgungsanbaus nötig.

PFLEGEMASSNAHMEN: Pflegemaßnahmen sind Eingriffe des Menschen in die natürlichen Abläufe in einem Gebiet zur Erhaltung eines geschützten ➔Ökosystems. Pflegemaßnahmen konzentrieren sich auf relativ wenige Ökosystemtypen, v.a. ➔Magerwiesen, ➔Heiden und ➔Feuchtgebiete. Häufig angewandte Pflegemaßnahmen sind ➔Mahd, Entbuschung, Gehölzschnitt und ➔Beweidung (meist durch Schafe). In Ausnahmefällen kann auch der gezielte Einsatz von Feuer eine Pflegemaßnahme darstellen.

PFLUG: Ackerbearbeitungsgerät, das je nach Ausgestaltung zum Lockern und/oder Wenden und/oder Mischen des ➔Bodens, zum Unterarbeiten von ➔Ernterückständen und organischen ➔Düngern sowie zum Vernichten von ➔Unkräutern dient. Folgende Untertypen lassen sich anführen:

- Hakenpflug als Frühform, aber noch heute im primitiven ➔Ackerbau gebräuchlicher Typ
- Scharpflug (Streichblechpflug) als in Mitteleuropa nach wie vor wichtigstes Gerät zur Grundbodenbearbeitung
- ➔Grubber
- Rotorpflug für extreme Bodenbedingungen

Moderne Pflüge lassen sich grundsätzlich nach folgenden Gesichtspunkten einteilen:

- Anlenkung am Traktor (Anbaupflüge, Aufsattelpflüge, Anhängepflüge)
- Bauform (➔Beetpflüge, ➔Kehrpflüge; als Sonderbauformen: Schwenkpflug, Rautenpflug, Lockerungspflug, Spatenpflug)
- Körperform und Zusatzausrüstungen (u.a. Universalkörper, Streifenpflugkörper)

PFLUGBAU: Hochentwickelte Form der Bodenbearbeitung mit Hilfe des ➔Pflugs. Der Pflugbau tritt sehr häufig in Verbindung mit der Großviehhaltung auf. Vor dem Maschinenzeitalter wurden Pferde und Rinder als Zugtiere eingesetzt. Der Pflugbau gehört zu den kultivierenden Formen der Bodennutzung. Er erfordert pflugfähigen und damit gerodeten ➔Boden. Pflugähnliche Geräte finden sich bereits bei den Babyloniern. Bei den Römern fand der von Rindern gezogene Hakenpflug Einsatz. Die verbreitetste Pflugform ist der Schar-Pflug. Eine moderne Form ist der am Traktor befestigte Volldreh-Pflug.

PFLUGSOHLE: Durch Druck von schweren Maschinen (früher durch ➔Tritt von Zugtieren) und durch das Schleifen der Pflugschar im feuchten, schluff- und tonreichen ➔Boden unmittelbar unter der bearbeiteten Krume von Ackerböden erzeugte Verdichtungszone, die die ➔Gründigkeit mechanisch einschränkt, das Wurzeltiefenwachstum behindert, die Bildung von ➔Stau- und ➔Oberflächenwasser und damit in Hanglagen die ➔Bodenerosion durch Wasser begünstigt. Je nach Bearbeitungsart und Bodenverhältnissen liegt die Pflugsohle in 15-35 cm Tiefe und tritt oft als scharfe Horizontgrenze zwischen dem humushaltigen Oberboden und dem Unterboden in Erscheinung. Das Ausmaß der Bodenverdichtung ist abhängig von Radlast, Flächendruck, Schlupf, ➔Bodenart, ➔Bodentyp, Bodenfeuchte und vom Anteil an organischer Substanz.

PHÄNOLOGIE: Teilgebiet der Klimatologie, das sich mit den Entwicklungsphasen der wildwachsenden Pflanzen, der ➔Kulturpflanzen (z.B. Blattentfaltung, Blühverlauf, Fruchtreife, Laubverfärbung), aber auch von Tieren (Paarungszeiten, Entwicklungszyklen von Insekten, Termine von Winterschlaf und Vogelzug) in Abhängigkeit von Witterung und Klima befasst.
Phänologische Beobachtungen werden in Deutschland von ca. 2.500 Beobachtern durchgeführt. Der phänologische Meldebogen enthält folgende Gruppen von Beobachtungsobjekten:

- Wildpflanzen, Forst- und Ziergehölze mit 30 Arten in 58 Phasen
- Landwirtschaftliche Kulturpflanzen mit 9 Arten in 58 Phasen
- Obstarten mit 6 Arten in 31 Phasen und
- Weinreben mit früh- und spätreifenden Sorten in 20 Phasen.

Die gewonnenen Daten (d.h. Feststellung des Datums, zu dem die verschiedenen phänologischen Phasen an einem bestimmten Ort eintreten) lassen sich in phänologischen Karten darstellen, aus denen sich beispielsweise regionale Wärmestufen ableiten lassen. Die Linien gleichen Phasenbeginns (Isophanen) markieren die vom Klima begünstigten oder benachteiligten Gebiete. (→AGRARMETEOROLOGIE)

PHEROMONE: Pheromone sind chemische Informationsträger, die zwischen Individuen der gleichen Art wirken, also z.B. Sexuallockstoffe oder Alarmstoffe bei Insekten. In der Schädlingsbekämpfung können Pheromone eingesetzt werden, um Insektenmännchen zu irritieren und am Kopulieren zu hindern oder um sie in Fallen zu locken.

PHYSIOKRATISMUS: Auf dem Modell des Nationalökonomen und Naturrechtsphilosophen François Quesnay (1694-1774) basierende französische Schule der Volkswirtschaftslehre. In dieses Modell eines natürlichen Wirtschaftskreislaufs waren drei soziale Klassen eingebunden (Grundeigentümer, →Landwirte, Handel- und Gewerbetreibende). Grund und →Boden und dessen Bewirtschaftung wurden als die Hauptquellen des Nationalreichtums angesehen. Nur die Landwirte galten als produktive Klasse. Zu den Forderungen der Physiokraten gehörte u.a. die Schaffung von landwirtschaftlichen Großbetrieben nach englischem Vorbild. Der Physiokratismus war nur in der 2. Hälfte des 18. Jh. von Bedeutung. Er wurde durch die von Adam Smith begründete klassische Schule der Nationalökonomie verdrängt.

pH-WERT: Potentia hydrogenii (lat.) - Potenz des Wasserstoffs; Maß für die Wasserstoffionenkonzentration und damit für die Säurekonzentration in wässrigen Lösungen (eine Säure ist ein Stoff, der in wässriger Lösung Wasserstoffionen zu bilden vermag). Der pH-Wert ist der negative dekadische Logarithmus der Wasserstoffionenkonzentration, die als mol H^+/l (identisch H^+/l) berechnet wird. Je kleiner der pH-Wert, um so saurer ist die Lösung. Die pH-Wert-Skala reicht von 0-14. Der Neutralpunkt liegt bei 7. Demnach zeigt ein Absinken um einen Punktwert z.B. von 5 auf 4 an, dass die Flüssigkeit um ein Zehnfaches saurer geworden ist. Der durchschnittliche Säuregehalt des Regenwassers mit pH 4 ist also 1000 mal saurer als neutrales Wasser.
Die Schadwirkung vieler Stoffe ist oft abhängig von ihrem pH-Wert. Die Toleranz von Wasser- und →Bodenlebewesen, wie auch von Pflanzen gegenüber pH-Schwankungen ist unterschiedlich ausgeprägt.
Der pH-Wert einer Lösung kontrolliert in entscheidender Weise die Ausfällung von Hydroxiden. Besonders bedeutsam ist das pH für die Beweglichkeit von Aluminium und Silizium in der →Bodenlösung und die anschließende Wiederausfällung. Bei einem pH kleiner 4 geht Al leicht in Lösung und wird weggeführt. Andererseits steigt mit zunehmender Alkalität die Löslichkeit des Siliziums, was durch das verbleibende Al zu Laterit- und Bauxitbildung führt.

pH-Werte ausgewählter Stoffe

Stoff	pH-Wert
sauer	
Batteriesäure	1,0
Magensaft	1,73
Saurer Nebel	1,9 - 2,0
Zitrone	2,3
Haushaltsessig	3,1
Saurer Regen	3,2 - 4,3
Tödlich für die meisten Fischarten	4,0 - 4,5
Theoretisch "reiner" Regen	5,6
Milch	6,5
neutral	
"Reines" Wasser	7,0
alkalisch	
Blut	7,32 - 7,35
Borax	9,2
Gesättigtes Kalkwasser	12,3
Seewasser	8,3
Ammoniak	11,8

Gemessen wird der pH-Wert mittels pH-Farbindikatoren oder elektrischem pH-Meter.
Der pH-Wert im Boden kann zeitlichen Schwankungen unterworfen sein. Oxidationsvorgänge und die Zersetzung organischen Materials sowie auch die Mineralstoffaufnahme durch die Wurzeln senken den pH-Wert. Reduktionsvorgänge, Mineralisierung organischer Substanzen sowie Düngung heben den pH-Wert an.
Die meisten landwirtschaftlichen Kulturen gedeihen gut bei pH 6 bis 7. Ein zu hoher Säuregrad wird mit berechneten Mengen Kalziumkarbonat in fein pulverisierter Mahlung neutralisiert. Einzelne Pflanzenarten, z.B. die Kartoffel, bevorzugen besonders saure, andere gedeihen besser in neutralen bis schwach alkalischen Böden. (→BODENREAKTION, →BODENVERSAUERUNG)

PLAGGEN: Ziegelartig ausgestochener mineralbodenhaltiger →Humus mit Heide- oder Grasbewuchs aus dem Allmendland ("Gemeinheiten"), der im Stall als →Einstreu verwendet wurde und nach der Anreicherung mit Kot und Harn auf eine dorfnahe Feldflur (→Esch) zur Steigerung der →Bodenfruchtbarkeit ausgebracht wurde (in NW-Deutschland, den Niederlanden, Irland). Die Plaggen können auch zusammen mit Viehmist kompostiert worden sein. Dort, wo die Plaggen gestochen wurden, verarmte der →Boden. Handelte es sich um Heidegebiete wie z.T. in Norddeutschland, wurde der Sand bloßgelegt und vom Wind zu Dünen zusammengeweht. Plaggendüngung wird seit vielen Jahrzehnten nicht mehr angewendet. Die durch sie geschaffenen Böden haben sich jedoch in ihren wesentlichen Merkmalen erhalten.(➔PLAGGENESCH)

PLAGGENESCH: ➔Anthropogener ➔Auftragsboden der mittelalterlichen bis neuzeitlichen, ortsnahen ➔Eschfluren NW-Deutschlands (bes. Emsland, Westfalen). Hier wurden arme Sandböden (oft Podsole) im Laufe der Zeit durch wiederholtes Aufbringen von Gras- und Heidesoden (➔Plaggen = Soden) sowie ➔Stallmist verbessert, so dass sich heute ein oft 1 m mächtiger E-Horizont über dem ursprünglichen ➔Boden befindet, der in starkem Maße einem A_h-Horizont ähnelt. Die Plaggenschicht kann 30-120 cm mächtig sein und zeigt je nach Art der Plaggen (Gras- oder Heideplaggen) unterschiedliche Gehalte an Ton, Eisen, organischer Substanz und an ➔Nährstoffen. Da die Eschfluren ohnehin bereits auf natürlichen Bodenwellen lagen, verstärkte der zusätzliche Plaggendungauftrag das vorhandene Feinrelief.
Um einen Hektar Ackerland mit genügend Dünger zu versorgen, waren je nach den Bodenverhältnissen zwischen 2 und 8 Hektar, z.T. noch deutlich mehr Heideflächen nötig. Die Regenerationszeit der abgeplaggten Heideflächen betrug je nach Tiefe und Häufigkeit des Plaggenhiebs 4-40 Jahre. Da sich Qualität und Menge der Plaggen bei jedem Zyklus verringerte, lag in ungünstigen Fällen der Flächenbedarf bei einem Vielfachen der genannten Zahlen. Die Folge war eine beträchtliche Vergrößerung der Heideflächen, vor allem auf Kosten des Waldes.
Die Zufuhr von organischem Material war nötig, da man "ewigen Roggenbau", meist auch ohne ➔Brache praktizierte und es noch keinen ➔Mineraldünger gab. Das Einfeldsystem des ewigen Roggenbaus ist als mehrjährige, ununterbrochene Aufeinanderfolge von Winterroggen zu verstehen, die im Extrem bis über 20 Jahre erreichen konnte. Seit etwa 50-100 Jahren wird keine Plaggendüngung mehr durchgeführt.
Geplaggte Böden treten in Europa ferner in Irland und in den Niederlanden auf. (➔ESCH)

PLANGEWANN: Primär entstandene ➔Gewanne, die mit ihren rechteckigen Gewannumrissen oder ihren gleichen Parzellenzahlen ein typisches Beispiel frühneuzeitlicher Landvergabe darstellen. Bei der Anlage von Plangewannfluren wurde meist eine den Bedürfnissen der Dreizelgenbrachwirtschaft entsprechende Gemengelage berücksichtigt. Sie bot eine übersichtliche, gerechte und nach früherem Empfinden ästhetische Landschaftsgliederung.

PLANTAGE: Großbetriebliche, arbeitsteilig organisierte ➔Pflanzung von Baum- und Strauchkulturen mit Lohnarbeitsverfassung, die häufig auch über eigene Aufbereitungsanlagen für ihre Ernteprodukte verfügt (Rohrzucker-, Sisal-, Teefabrik usw.). Die erzeugten pflanzlichen Produkte sind für den Binnen- und den Weltmarkt bestimmt. Eine Plantage wird mit hohem Kapitaleinsatz und zahlreichen Arbeitskräften betrieben und hebt sich von bäuerlichen Betrieben ab durch starke Rationalisierung, Technisierung und Spezialisierung. Die Zielsetzung ist in der Regel die Maximierung der Kapitalrendite und des Unternehmergewinns. Die Flexibilität der Entscheidungen über die Produktionsrichtung ist ein wichtiges Merkmal von Plantagen. Von gleicher Bedeutung kann die erforderliche oder vorhandene Verarbeitungsindustrie sein. Ausmaß der ➔vertikalen Integration (agrares Rohprodukt, Verarbeitung, Verpackung) sowie die Dauer der Investitionsperiode erlauben eine Differenzierung in verschiedene Plantagen-Betriebssysteme.
Die Plantage ist nicht an einen bestimmten Landschaftsgürtel gebunden, kommt aber vorwiegend in den Subtropen und Tropen vor. Hafennähe, aber Marktferne sind auch heute noch charakteristisch für die meisten Plantagen bzw. Plantagengebiete.
Obwohl gelegentlich schon Pflanzungen ab 100 ha zu den Plantagen gerechnet werden, sieht man als Minimum für eine rentable Aufbereitung 7.500 ha Zulieferfläche bei Ölpalmen, 6.000 ha bei Naturkautschuk und 600 ha bei Tee an.
<u>Rein ökonomisch sprechen folgende Punkte für diese Anbauform:</u>

- Anwendung moderner Arbeitsmethoden mit erprobten ➔Fruchtfolgen, optimierter ➔Düngung und Saatkontrolle, mit Schädlings- und Krankheitsbekämpfung; wesentlich höhere Produktivität gegenüber einheimischen Volkskulturen
- rationeller, industrieller Anbau verringert Kosten; leichtere Anlage von Verkehrswegen; bessere Qualitäten durch Kontrolle der Verarbeitungsindustrie
- Ausbildung einheimischer Arbeitskräfte auch im Bereich des Managements, Anlage von Schulen, Hospitälern; Ausgabe von Rationsverpflegung zur besseren Ernährung der Arbeitskräfte; entsprechende Übernahme im Plantagenumfeld
- Diffusion moderner Anbaumethoden, neuer Sorten, modernen Formen betrieblicher Logistik, der Betriebsorganisation, des Marketings usw.
- Plantagen sind Akzelerateure des Wandels, die zusammen mit Konkurrenten, Zulieferern und Subcontractors agieren. Sie sind Agenten zur Verbreitung von neuen Industrie- und Sozialstandards.
- Plantagen sind als Lieferanten und Bezieher von Standardgütern Beschleuniger in der Dynamik des Weltwirtschaftsgefüges.

Risiken der spezialisierten und häufig monokulturellen Plantagenwirtschaft bestehen in Marktunsicherheiten, Pflanzenkrankheiten und Bodenerschöpfung. Verstärkt wird mit Mischkulturen das Risiko gemindert. Nachteilig ist auch das Herausreißen vieler Lohnarbeiter aus ihren traditionellen Lebensformen, die Trennung der männlichen Arbeiter von ihren Familien, die Vernachlässigung der eigenen Nahrungsproduktion und die verstärkte Abhängigkeit vom monetären Einkommen bei gleichzeitig unzureichendem sozialen Netz. Teilweise beherrschen gewisse Plantagenbetriebe in bestimmten Ländern unter Verantwortung multinationaler Unternehmen weite Felder der jeweiligen Volkswirtschaft. Plantagenwirtschaft kann zu sozialer Differenzierung und damit einhergehenden Spannungen führen.

Die Alternative zu einer international organisierten Plantagenwirtschaft und einer erfolgreichen gemeinschaftlichen Organisation für die Aufbereitung und Vermarktung der betreffenden Produkte ist eine Ökonomie der Selbstversorgung und der Bündelung unzähliger agrarischer Kleinbetriebe.

Wichtige Produkte und Verbreitungsgebiete der Plantagenwirtschaft sind:

- *Zuckerrohr* (Westindien, Brasilien, Inseln im Indischen Ozean)
- *Bananen* (Mittel-, Südamerika, Westafrika)
- *Sisal* (Ostafrika, Indonesien)
- *Tee* (Sri Lanka, Indien, Ostafrika)
- *Kaffee* (Brasilien, Mittelamerika, Ostafrika)
- *Kakao* (Westafrika)
- *Kautschuk* (Liberia, Malaysia, Indonesien)
- *Ölpalmen* (Westafrika, Südostasien)
- *Kokospalmen* (Indien, Malaysia, Indonesien, Ozeanien)

Die meisten Plantagengebiete liegen transportgünstig in Küstennähe und besitzen eine gute Verkehrs- und Umschlagsinfrastruktur.

Historisch lassen sich folgende Etappen bis zur heutigen Situation aufzeigen:

- →Latifundien der Römer in Nordafrika zur Produktion von Öl und Weizen als Vorläufer
- Betriebe der Perser in Chusistan mit Zuckerrohranbau als zweite Wurzel
- Ausbreitung der Rohrzuckerproduktion im Mittelmeergebiet
- Ende des 15. Jh. Einführung der Rohrzuckererzeugung auf den Kanarischen Inseln, auf Madeira sowie in den Kerntropen durch die Portugiesen auf der Insel São Tomé
- Mitte 16. Jh. Ausweitung auf die Westindischen Inseln und nach Brasilien
- starker Aufschwung (Zucker, Kaffee) in den amerikanischen Tropen mit der Deportation von afrikanischen Sklaven
- Mitte 18. Jh. Zuckerrohrplantagen auf Mauritius und La Réunion
- bis Ende 19. Jh. Ausbreitung in Teilen Afrikas (Kamerun - Bananen, Tansania - Sisal und in portugiesischen Kolonien)
- in Asien erst im 19. Jh. bedeutsam, Anbau von Tee, Kaffee, Chinarinde, Tabak, Kautschuk (nach 1900); Entwicklung u.a. begünstigt durch die Sklavenbefreiung in Amerika und durch den Suezkanal (1869)
- Aufschwung des Plantagenwesens generell dadurch begünstigt, dass in Europa seit dem frühen Mittelalter die Naturalwirtschaft sukzessive von der Geldwirtschaft abgelöst wurde; besonders während des Merkantilismus fanden die europäischen Staaten in den kolonialen Plantagen gute Einnahmequellen; verstärkt einheimische Besitzer oder auch aussereuropäische Eigentümer im Zuge der liberalistischen Wirtschaftsentwicklung des 19. Jh.; vorübergehend eine starke Abhängigkeit einzelner Staaten von internationalen Großbetrieben (z.B. politische Einflussnahme des *Firestone-Konzerns* in Liberia); gegenwärtig nur noch vereinzelt (*United Fruit Company* in Mittelamerika) eine dominierende Rolle multinationaler Konzerne.
- Teilweise erfolgten Nationalisierungen von Plantagen im Gefolge der Entkolonialisierung, in jüngerer Zeit aber auch Joint Ventures unter Beiziehung von privatem Kapital aus den Entwicklungsländern und aus Industrieländern.
- Die Rolle von transnationalen Großunternehmen im Zusammenhang mit der Plantagenwirtschaft ist heute äußerst uneinheitlich und wird nach Ansicht von *Hottes* (1992) eher kleiner.
- Die häufige Parallelität von Kolonialisierung und Ausbreitung der Plantagenwirtschaft führte seit dem 19. Jh. zu einem zunehmenden Negativ-Image dieser Betriebsform. Wurden Plantagen zunächst mit Sklavenhaltung identifiziert, so sind sie in unserem Jahrhundert, besonders nach dem 2. WK, zum Ausdruck für (neo)koloniale kapitalistische Unterdrückung geworden. Kritisiert wurden sie vornehmlich im Zusammenhang mit der Rolle transnationaler Unternehmen. Bei der Bildung neuer Nationalstaaten und deren Entwurf neuer ordnungspolitischer Muster haben sich viele junge Staaten der Ideologien und Instrumente der Zentralverwaltungswirtschaften bedient und die "Plantage" als Ausdruck des Kapitalismus und des Kolonialismus zerschlagen oder verstaatlicht.
- Plantagen erweisen sich letztlich als betriebswirtschaftlich zu fassende Einheiten, die unter verschiedenartigen Wirtschaftsordnungen wie Merkantilismus, Privatkapitalismus, Staatskapitalis-

mus, unabhängig von Eigentumsverhältnissen funktionieren.

PLATZDORF: Gruppensiedlung mit polarer Anordnung der Hausstätten um eine Freifläche, durch die die Grundrissgestalt des Wohnplatzes bestimmt wird. Die Freiflächen der Platzdörfer befinden sich i.d.R. in Gemeindebesitz. Ihre ursprünglichen Funktionen können wirtschaftlicher (Nachtweide, Teich), politisch-sozialer (Versammlungsplatz, Rechtsprechung) Natur gewesen sein oder eine übersichtlich-repräsentative Ortsgestaltung bezweckt haben. Platzdörfer besitzen fast immer nur relativ kleine Gehöftzahlen. Man unterscheidet Rechteckformen und Rundformen. (➔FORTADORF, ➔LÄNDLICHE SIEDLUNGSFORM, ➔RUNDLING)

POLARGRENZE: Die Polargrenzen sind ➔Anbaugrenzen, die aufgrund eines unzureichenden Wärmeangebots die polwärtige Verbreitung des Anbaus markieren. Primärer Minimumfaktor ist die Wärme, ihr Defizit kann durch die erhöhte Einstrahlung während des langen Polartags nur bedingt ersetzt werden. Pionierpflanzen sind Gerste, Hafer und Kartoffeln.
Die Polargrenze des Getreidebaus wird auf der Südhalbkugel nur in Südamerika, und zwar bei etwa 43° S, erreicht. In Nordamerika endet der flächenhafte Anbau im westlichen Kanada bei etwa 55° N; weiter nördlich liegen einige Anbauinseln, deren Produktion wirtschaftlich unbedeutend ist. In der Alten Welt erreicht der großflächige Getreidebau in Norwegen seine Polargrenze bei 64° N, geht aber sonst kaum über 60° N hinaus - ausgenommen in Finnland, das als einziger Staat der Welt fast nur über Ackerflächen nördlich des 60. Breitengrades verfügt und aus Autarkiegründen seine Produktion trotz niedriger Erträge wenigstens teilweise aufrechtzuerhalten sucht.
Der Vergleich von Hektarerträgen Finnlands mit denen Dänemarks ist ein Beleg für die Auswirkungen des Wärmemangels.
(➔HÖHENGRENZE, ➔TROCKENGRENZE)

Vergleich der Hektarerträge von Feldfrüchten zwischen Finnland und Dänemark (Durchschnitt 1992 bis 1994)

Feldfrucht	Ertrag [dt/ha]		Verhältnis
	Finnland	Dänemark	Fin./Dän. [%]
Weizen	36,2	65,0	55,7
Gerste	36,8	49,2	74,8
Roggen	25,8	47,4	54,4

Quelle: FAO. Production Yearbook 1994

POLYKULTUR: Im Gegensatz zur ➔Monokultur ein zeitlich und räumlich gemischter Anbau mit u.a. folgenden Charakteristika:
- flexible Anpassung an u.a. Boden- und Expositionsverhältnisse
- flexible Nutzung der Arbeitskräfte
- bei Verbindung von ➔Feldbau und ➔Viehwirtschaft gegenseitige Ergänzung in der Futter- bzw. Düngerbeschaffung möglich
- geringere Abhängigkeit von Witterung und Markt
- Risikoausgleich möglich

PORTIONSWEIDE: Auch *Rationsweide*; eine Einzelkoppel wird mit einem Elektrozaun in Tagesportionsflächen unterteilt. Da die Tiere gezwungen sind, das Futter in sehr kurzer Zeit zu fressen (6-10 Stunden/Tag), wird eine bessere Ausnutzung erreicht, die Selektionsmöglichkeit ist geringer. Somit ist die Portionsweide eine Form der ➔Umtriebsweide mit schärfster Futterzuteilung nach Zeit und Raum und findet vor allem in der Form der ➔Mähweide ihre Vervollkommnung.
Die Portionsweide wird nur für Milchvieh betrieben. Sie setzt hofnahe Flächen voraus, denn sie ist arbeitsintensiv. (➔STANDWEIDE, ➔WEIDE)

PRÄRIE: Steppenlandschaft Nordamerikas, die sich von Kanada (ca. 55° N) bis zum Golf von Mexiko (ca. 30° N) erstreckt. Zu unterscheiden sind Langgrasprärie, gemischte Prärie und Kurzgrasprärie, die entsprechend der abnehmenden Niederschläge von Osten nach Westen aufeinander folgen.

PRECISION FARMING: Auch *Precision Agriculture* oder *Präzisionslandwirtschaft*; landwirtschaftliche Bestell- und Bearbeitungstechnik, bei der mit Hilfe von ➔GPS und Ackerschlagdateien eine teilflächenspezifische Aussaat sowie bedarfsorientierte Pestizidanwendung und ➔Düngung punktgenau ermöglicht wird. Das Verfahren trägt den schlaginternen Variationen von Wachstumsbedingungen und Erträgen der ➔Kulturpflanzen Rechnung. Beispielsweise ermittelt der ➔Landwirt mit Hilfe von Bodenproben (Rasterbeprobung) und einem GPS-Empfänger den differenzierten Nährstoffbedarf der unterschiedlichen Pedons (homogene Bodenkörper) eines Ackerschlages, speichert die geocodierten Werte auf einer Chip-Karte und überträgt sie auf dem Hofcomputer in eine digitale Nährstoffkarte. Dies geschieht mit Hilfe einer GIS-Software, die die Messdaten in Schlagdateien ablegt. Ein ➔GIS führt die notwendigen räumlichen Verknüpfungen und geostatistischen Bewertungen durch. So errechnet es die individuellen Düngermengen, die auf jeder Teilfläche des ➔Schlages ausgebracht werden müssen, um überall die gleiche Nährstoffmenge zu erreichen. Ein ebenfalls mit GPS-Empfänger und EDV ausgestatteter Traktor mit (Mehrkammer-) Düngerstreuer übernimmt den praktischen Teil. Die nötigen Informationen für eine bedarfsgenaue kleinräumige Düngung erhält der Traktor mit seinem Leitrechner vom Hofcomputer und gibt sie an den Düngerstreuer weiter. Bei der Ernte registriert der mit GPS-Technik bestückte Mähdrescher über Durchflussmessgeräte, wieviel Getreide jede Teilfläche des Ackers erbringt. Gleichzeitig kann der Feuchtegehalt des Druschgutes ermittelt werden. Zur Auswertung werden mit den Rohdaten (➔Bodenart, Nährstoffgehalte, Feuchtigkeit, ➔pH-Wert, Ernteertrag) Äquifertile erstellt, die in der Schlagdatenbank gespeichert und in der Ertragskarte dargestellt werden können. Die gewonnenen Daten dienen als Grundlage für die Düngung im kommenden Jahr.

Ferner können Feldauffälligkeiten aufgezeichnet und in einer Boniturkarte dokumentiert werden, z.B. Unkrautnester (Luftbilder, Feldbegehung), räumliche Häufungen von Schadorganismen und Krankheiten oder Hindernisse wie Brunnen, Felsen oder große Steine. Weitere mögliche Applikationskarten können so den ➔Pflanzenschutz (Spritzplan) oder die Aussaat beinhalten mit Informationen zur differenzierten Durchführung dieser Arbeitsgänge. Das terrestrische Monitoring von Agrarflächen kann mit ➔Fernerkundung durch Flugzeuge und Satelliten ergänzt werden, deren Bilder ebenfalls in einem GIS räumlich definierbar sind. Beispielsweise helfen Luftaufnahmen zu erkennen, wo Trassen alter Wege oder ehemaliger Feldgrenzen verlaufen, wo Scheunen, Dungstätten, Brunnen oder Bäume standen, die das Ergebnis von Bodenproben extrem verfälschen können.

GPS-Technologie kann zusätzlich zur Überwachung und Steuerung des Maschinenparks von agraren Großbetrieben oder ➔Lohnunternehmen bei Überlandfahrten eingesetzt werden.

Als Grundlage der thematischen Karten (Overlay-Technik) werden digitalisierte Rasterkarten verwendet, und zwar in Deutschland von drei verschiedenen Kartentypen:

- Topographische Karte 1:50.000 als Übersichtskarte z.B. zur Verfolgung von Fahrzeugen bei Straßenfahrt
- Deutsche Grundkarte 1:5.000 zur Orientierung innerhalb einer Gemarkung und Passpunktunterlage
- Katasterkarten in verschiedenen Maßstäben zur Lageinformation von Liegenschaften (Eigentumsverhältnisse)

Die Karten können zusätzlich mit einem Digitalen Höhenmodell hinterlegt werden.

Mit dem Precision Farming, also dem räumlich gezielten Einsatz von bestimmten pflanzenbaulichen Arbeitsgängen, erwartet man u.a. die *folgenden Effekte*:

- Ein günstiges Verhältnis von zusätzlichen Aufwendungen für Investitionen und Betriebskosten zu entstehenden Effekten durch Mitteleinsparungen und gegebenenfalls Mehrerträge bei ausgeglichenerer Qualität
- reduzierte Mengen an ➔Dünge- und ➔Pflanzenschutzmitteln für eine ➔nachhaltige Landbewirtschaftung
- Verringerung der Nitratverlagerung durch standortspezifische Nährstoffausbringung
- Einsparung von ➔Saatgut
- Optimierung des überbetrieblichen Maschineneinsatzes
- Managementunterstützung mit verbesserten Verwaltungs- und Abrechnungsmöglichkeiten
- sichere Abrechnung von Lohnunternehmen gegenüber ihren Kunden
- Nachweis über Art und Umfang der Nahrungsmittelproduktion gegenüber der Lebensmittelindustrie (➔Qualitätsmanagement im Rahmen von ISO 9000/9001)
- betriebsinterne Qualitätskontrolle; örtliche Aufdeckung von minderwertigeren Chargen, für die u.U. die Teilfläche aus der Produktion genommen werden muss
- Nachweis von (Umweltschutz-)Maßnahmen gegenüber Kontrollorganen
- leichtere Realisierung und Vereinbarkeit von Zielen der Umweltqualität und der Gewinnerwirtschaftung
- Transparenz der Bewirtschaftung und daraus folgende Akzeptanz durch die Öffentlichkeit
- die mit dem Precision Farming aus ökonomischen Gründen verbundenen großen Schläge oder deren Vergrößerung wirken tendenziell in Richtung einer Reduzierung der ➔Artenvielfalt und der Verarmung einer vielfältigen ➔Kulturlandschaft
- möglicher Einsatz von Maschinenbedienern, die mit den örtlichen Verhältnissen weniger vertraut sind, weniger umfangreiches pflanzenbauliches Wissen besitzen und nicht über die erforderliche Entscheidungskompetenz verfügen
- als volkswirtschaftlicher Nutzen der Aufbau einer geographischen Datenbank über die Boden- und Anbauressourcen

Eine *Weiterentwicklung* des Systems zielt zunächst auf eine Ausdehnung der lokalen Ertragsermittlung auf die Ernte weiterer Feldfrüchte (Zuckerrüben und Kartoffeln, Häckselgut wie Silomais, Halmgut wie ➔Heu und Grassilage sowie bedeutende ➔Sonderkulturen wie Baumwolle und Zuckerrohr), um damit die Ertragsverhältnisse ganzer ➔Fruchtfolgen aufzeichnen und analysieren zu können. Weiter entfernt liegt noch der Einsatz von Robotern, die unbemannt

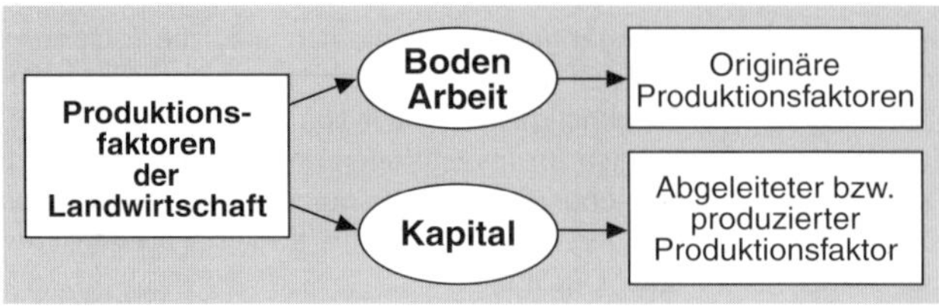

Die wichtigsten Produktionsfaktoren der Landwirtschaft

und vollautomatisch die Felder bearbeiten. Teilweise wird Precision Farming bereits jetzt eine agrarhistorische Bedeutung vom Range der Einführung von Mechanisierung und ➔Kunstdünger zugeschrieben. (➔LOKALES RESSOURCEN MANAGEMENT)

PRODUKTIONSFAKTOREN: Die Stoffe und Kräfte, welche Gütererzeugung bewirken.
Die zur Produktion erforderlichen und an Bedeutung zunehmenden unternehmerischen Fähigkeiten werden entweder dem Faktor "Arbeit" zugerechnet oder als eigenständiger, vierter Produktionsfaktor mit unterschiedlichen Bezeichnungen und Abgrenzungen (volkswirtschaftliche Begriffe wie "Dispositiver Faktor", "Humankapital") gewertet.
Zum Faktor ➔Boden gehört die ➔landwirtschaftliche Nutzfläche und damit vor allem deren natürliche Qualität, die durch Relief, Klima, ➔Bodenart, Bonität u.ä. bestimmt wird. Die Boden- oder Flächenintensität wird in der Regel durch den Mengenertrag je Hektar ausgedrückt. Der Boden nimmt unter den drei Faktoren eine Sonderstellung ein, da er überhaupt erst die Voraussetzung für den Einsatz von Kapital und Arbeit schafft. Der Faktor Arbeit umfasst den körperlichen und geistigen Einsatz des Menschen im Produktionsprozess. Die aufgewendeten Arbeitsstunden je Hektar kennzeichnen den Grad der Arbeitsintensität. Zum Produktionsfaktor Kapital gehören alle baulichen und technischen ➔Betriebsmittel wie Gebäude, Maschinen, Vieh, ➔Dünger, Geld u.a. Durch Kapital wird einmal die Bodenproduktivität verbessert und vor allem die menschliche Arbeit ersetzt. Dies führte in den Industrieländern zu einer hohen Kapitalintensität innerhalb der Landwirtschaft.
Einzelne Klimazonen sind durch unterschiedliche Kombinationen von Produktionsfaktoren gekennzeichnet, z.B. sind in ariden Regionen Arbeitskraft und Kapital teuer, der Boden demgegenüber billig. In gemäßigten Klimaten ist der Boden und die Arbeitskraft teuer, mit der Folge kleiner Betriebe, dem Ersatz von Arbeitskraft durch Kapital und höchster Flächenproduktivität.

PRODUKTIONSGEMEINSCHAFT: Kooperationsform mit zwei Typen: Bei *Betriebszweiggemeinschaften* werden die Produktion sowie vor- und nachgelagerte Funktionen ➔landwirtschaftlicher Unternehmen ganz oder teilweise zusammengeführt. Notwendige Investitionen werden gemeinsam getätigt; neben die alten individuellen Einheiten, die (teilweise) fortbestehen, tritt ein neuer selbständiger Gemeinschaftsbetrieb.
Eine *Betriebsgemeinschaft/-fusion* beinhaltet demgegenüber den Zusammenschluss von Wirtschaftseinheiten unter vollständiger Aufgabe der Selbständigkeit; die ursprünglichen Wirtschaftseinheiten werden dabei aufgelöst.

PRODUKTIONSINTENSITÄT: Höhe von Arbeits- und Sachaufwand plus Zinsanspruch je Hektar. (➔INTENSITÄT, ➔PRODUKTIVITÄT)

PRODUKTIONSTECHNIK: Landwirtschaftliche Produktionstechnik ist der geplante Einsatz von Maßnahmen der ➔Bodenbearbeitung, der Fruchtarten- und Sortenwahl, der Aussaat, der organischen und mineralischen ➔Düngung und des Einsatzes von mechanischen, biologischen und chemischen Pflegemaßnahmen im Acker- und Pflanzenbau mit dem Ziel,

- nachhaltige, wirtschaftliche Erträge zu erzeugen und
- die ➔Bodenfruchtbarkeit langfristig zu erhalten oder zu verbessern

Die Produktionstechnik wird durch den ➔Boden, die Witterung und die Zielsetzungen des ➔Landwirts bestimmt.

PRODUKTIONSWERT: Der Produktionswert (in EU-Veröffentlichungen auch *Endproduktion* genannt) der ➔Landwirtschaft umfasst alle mit durchschnittlichen Verkaufspreisen bewerteten Verkäufe von landwirtschaftlichen Erzeugnissen an andere Wirtschaftsbereiche, den Eigenverbrauch, die Vorratsveränderungen bei pflanzlichen und tierischen Produkten, die selbsterstellten Anlagen (z.B. zur ➔Viehhaltung) und die Dienstleistungen auf der landwirtschaftlichen Erzeugerstufe (u.a. Neuanpflanzungen von ➔Dauerkulturen). Die Warenströme innerhalb der Landwirtschaft (z.B. ➔Futtermittel, Saatgetreide) werden nur dann als Verkäufe im Produktionswert bzw. als Zukäufe in den ➔Vorleistungen berücksichtigt, wenn eine außerlandwirtschaftliche Stufe (z.B. Zwischenhandel, Mischfutterindustrie) eingeschaltet ist. Nicht enthalten sind die ➔Ausgleichszahlungen im Rahmen der EU-Agrarreform. Diese werden in der

→Landwirtschaftlichen Gesamtrechnung unter den →Subventionen verbucht.
In der Forstwirtschaft werden als Produktionswert der Rohholzeinschlag, Nebenprodukte und die Dienstleistungen auf der forstwirtschaftlichen Erzeugerstufe bewertet.
Im Wirtschaftsjahr 1996/97 betrug der Produktionswert der deutschen Landwirtschaft insgesamt 64,3 Mrd. DM. Die tierische Produktion trug mit rd. 63 % der Verkaufserlöse den größten Anteil bei. Die Vorleistungen beliefen sich auf 35,3 Mrd. DM.

PRODUKTIVITÄT: Eine Maßgröße für die Ergiebigkeit der in der Produktion eingesetzten →Produktionsfaktoren. Sie wird ausgedrückt im Verhältnis zwischen Produktionsertrag (Output) und einem Produktionsfaktor (Input). (→INTENSITÄT)

$$\text{Produktivität} = \frac{\text{Produktionsmenge}}{\text{Faktoreinsatzmenge}}$$

Man unterscheidet folgende Produktivitäten:
- *Flächenproduktivität:* Produktionsergebnis/Flächeneinheit; beim Vergleich verschiedener Produkte kann dieser Ertrag auch in Bezug zum Nährwert gesetzt werden (Nährwert von Banane > Reis > Weizen im durchschnittlichen Hektarertrag)
- *Arbeitsproduktivität*: Produktionsergebnis (Output)/Arbeitskräfte (Input)
- *Kapitalproduktivität*: Produktionsergebnis (Produktionsmenge abzüglich zugekaufter Vorleistungen)/Kapitaleinsatz
- *Energieproduktivität*: Energieertrag (Kcal)/Energieeinsatz
- *Globalproduktivität*: Produktionsergebnis/gesamter Faktoreinsatz

Produktivitäten dürfen nicht mit Kennziffern der *Rentabilität* (z.B. Ertrag/Aufwand, Leistung/Kosten) verwechselt werden, die die monetäre Effizienz des Faktoreinsatzes, d.h. die Wirtschaftlichkeit charakterisieren sollen.

PROTEKTIONISMUS: Maßnahmenkomplex, mit dem ein Staat inländische Produzenten vor der ausländischen Konkurrenz schützt oder sie begünstigt. Protektionistische Instrumente sind Zölle und mengenmäßige Einfuhrbeschränkungen, außerdem Vorschriften, die ausländische Wettbewerber diskriminieren und behindern oder sie bedeuten die Subventionierung der eigenen Produzenten. Mit der Einführung des Gemeinsamen Marktes geht unter Drittländern die Befürchtung einher, dass die →Europäische Union als "Festung Europa" den Freihandel zugunsten der eigenen Produzenten beschränken wird. Häufiger Gegenstand des Protektionismusvorwurfs ist die →Gemeinsame Agrarpolitik. (→GATT, →WTO)

PUFFERUNG: Fähigkeit des →Bodens, Stoffe zu binden und wieder abzugeben. Säuren und →Basen werden ausgeglichen (neutralisiert) und führen nicht zu schnellen Änderungen des →pH-Wertes.

PUFFERZONE: Fläche, die Areale mit besonderer Schutzwürdigkeit bzw. Schutzbedürftigkeit vor einer Gefährdung durch umgebende Nutzungen und den davon ausgehenden Belastungen schützen soll. Pufferzonen unterliegen meist bestimmten Nutzungsbeschränkungen.

Entwicklung der Produktivität des Nutzviehs und der pflanzlichen Erzeugung in der Bundesrepublik 1950 - 1995

Jahr	Milch/Kuh [kg/Jahr]	Eier/Henne [Stück]	Weizen [dt/ha]	Gerste [dt/ha]	Frühkartoffeln [dt/ha]
1950	2.498	120	25,8	24,0	184,1
1960	3.395	154	35,6	32,9	160,3
1970	3.800	220	37,9	32,2	206,9
1980	4.538	242	48,8	44,1	239,9
1990[1]	4.857	259	66,2	54,3	287,2
1995	5.427	264	72,9	54,6	305,8

[1] ohne Neue Bundesländer
Quelle: Klohn 1998

Q QUALITÄTSMANAGEMENT - QUOTENREGELUNG

QUALITÄTSMANAGEMENT: In nahezu alle Wirtschaftsbereiche eindringende kundenorientierte Unternehmensphilosophie mit einer konsequenten und systematischen Überwachung und Steuerung der Betriebsabläufe bzw. der Produktion (vorausschauende Fehlervermeidung). Qualität bedeutet in diesem Kontext nicht die Erfüllung extrem hoher Standards, sondern ergibt sich aus den zwischen Produzenten und Kunden abgestimmten Anforderungen an eine bestimmte Leistung.
Das Qualitätsmanagement tritt an die Stelle der Endproduktkontrolle und verhindert von vorneherein abfallende Qualitäten, kann exakte Anforderungen der Abnehmer und Verbraucher erfüllen und deckt Schwachstellen im Unternehmen auf. Eine Strategie zur Umsetzung des Qualitätsmanagements ist die Normenreihe DIN ISO EN 9000 ff. Spezielle Zertifizierungsstellen nehmen die auf freiwilliger Basis erfolgende Zertifizierung über sogenannte Audits (Befragung, Einsichtnahme in Unterlagen und Betrieb) vor, nachdem das Qualitätsmanagement in allen Ebenen des Unternehmens verstanden, verwirklicht und beständig aufrechterhalten wird. Zertifizierungen in der deutschen →Landwirtschaft erfolgen noch zögerlich, werden aber als wichtige Voraussetzung für die künftige Sicherung und Erschließung von (Export-) Absatzmärkten angesehen und sind insbesondere im Rahmen der →vertikalen Integration von Bedeutung. Im landwirtschaftlichen Umfeld sind bereits die meisten Abnehmer und Zulieferer zertifiziert, so Zuckerfabriken, Mühlen, Landhandelsbetriebe, Kartoffelverarbeiter sowie einige Betriebe im Landmaschinenhandel.
Naturgemäß sind in der Landwirtschaft viele Parameter vor der Ernte beeinflussbar, jedoch nicht beherrschbar, z.B. der Eiweißgehalt des Weizens oder der Zuckergehalt der Rübe. Insofern sind sie nicht normierungsfähig, können aber dokumentiert werden. Andere Parameter der landwirtschaftlichen Produktion sind auch schon vor der Ernte beherrschbar. Die Sorte, die →Düngung und die eingesetzten oder nicht eingesetzten →Pflanzenschutzmittel und manches andere Denkbare können in einem normierten Verfahren nachgewiesen und letztlich zertifiziert werden. Vom Zeitpunkt der Ernte an sind auch Parameter wie Eiweißgehalt, Feuchtigkeit u.ä. in dem Sinne beherrschbar, dass sie festgestellt und in dieser Qualität angeboten werden können.
Von der Qualitätssicherung in der landwirtschaftlichen Produktion werden auch positive Auswirkungen im Hinblick auf →Umwelt und →Bodenschutz erwartet.

QUARTER SECTION: 160 acres (65 ha) große Fläche als Ergebnis der ursprünglich auf *Th. Jefferson* und sein Landvermessungssystem zurückgehenden Flurparzellierung in den USA. Die →*land ordinance* von 1785 verlangte eine Vermessung der neuerworbenen Staatsländereien vor der Landvergabe. Die Vermessung erfolgte in einem quadratischen System mit den →*townships* (6 Meilen = 9,656 km Seitenlänge) als größten Einheiten. Die townships gliedern sich in 36 Quadrate von einer Meile Seitenlänge, die sogenannten →*sections*. Die sections wurden weiter in vier quadratische *quarter sections* unterteilt, deren Fläche der Größe einer →*homestead* entspricht.

QUERGETEILTES EINHAUS: Am häufigsten vorkommender Grundtyp der Ein(heits)häuser/höfe. Es handelt sich um einen Langbau, bei dem die Wohnung und die Wirtschaftsteile durch senkrecht zur Firstlinie verlaufende Innenwände getrennt und jeweils von außen her durch eigene Zugänge zu erreichen sind. Verbreitungsgebiete sind das nördliche Schleswig-Holstein, große Teile des Rheinischen Schiefergebirges, der Kraichgau, der Mittel- und Südschwarzwald und das Alpenvorland.

(➔GEHÖFT, ➔GESTELZTES EINHAUS, ➔GULF-(EIN)HAUS, ➔HOFFORMEN, ➔LÄNGSGETEILTES EINHAUS)

QUOTENREGELUNG: Eine rechnerische Vereinbarung, nach der ein Ganzes (z.B. eine Abliefermenge) auf verschiedene Einzelne (z.B. einzelne Länder, einzelne ➔Landwirte) aufgeteilt wird. Die Quotenregelung ist eine spezielle Maßnahme der EG-➔Marktorganisationen für Milch, Zuckerrüben, Agraralkohol, Kartoffelstärke sowie (nur in den alten Bundesländern) bei Mutterkühen und Schafen.

Mit ihrer Hilfe soll verhindert werden, dass das Angebot die Nachfrage in der ➔EG bei vorgegebenen, produktionskostenorientierten Preisen nicht in unangemessener Weise übersteigt. Nachdem beispielsweise der Milchmarkt beträchtliche (und teuer zu beseitigende) Überschüsse produzierte, wurde 1984 die Milch-Garantiemengen-Begrenzung (Milchkontingentierung) eingeführt. Ausgehend von den Produktionsmengen aus den früheren Jahren wurde für jeden Betrieb ein bestimmtes Kontingent festgelegt, das der ➔Bauer an die jeweilige Molkerei verkaufen darf. Sobald die Produktion die vereinbarte Garantiehöchstmenge (Stabilisator) überschreitet, werden die Beihilfezahlungen an die Landwirte nicht nur für die die Garantiehöchstmenge überschreitende Menge, sondern für die gesamte Produktion automatisch gekürzt. Die Molkerei kann die Milch und Milchprodukte auf dem freien Markt absetzen oder die Überschüsse - allerdings nur in Form von Butter und Milchpulver - an die *Bundesanstalt für Landwirtschaftliche Marktordnung* zum ➔Interventionspreis abgeben. Wirtschaftet die Molkerei gut, setzt sie also viele Milcherzeugnisse auf dem Markt ab, kann sie den Bauern auch gute Preise für deren Milch zahlen. Muss dagegen eine große Menge Butter und Milchpulver an den Staat verkauft werden, ist der Verdienst der Molkerei geringer, die sogenannten Milchauszahlungspreise an die Bauern rutschen ab.

Die Quotenregelung war ein erster Schritt, um den verhängnisvollen Kreislauf von Überschüssen und Subventionen im Rahmen der EG-➔Marktordnung zu stoppen.

Weitere Maßnahmen zur Begrenzung von Produktionsmengen sind *Höchstmengenbegrenzungen*, z.B. für Getreide, Raps, Sonnenblumen, Olivenöl, ferner ➔*Flächenstillegungen*, die ➔*Extensivierung*, also der Verzicht auf maximale Erträge. Bei Rindfleisch ist die Prämienvergabe an einen *Besatzdichtefaktor* gebunden, bei Qualitätswein gibt es eine *Hektarertragsregelung*.

Als Alternative zur Kontingentierung wird auch ein radikal anderer Weg zur Beseitigung der Überflüsse vorgeschlagen. Dabei soll die Produktion an die Ansprüche von ➔Umwelt und Tier gebunden werden. Dürfte jeder Landwirt nur so viele Tiere halten, wie sein ➔Boden den anfallenden ➔Wirtschaftsdünger ohne nachteilige Folgen vertragen kann, käme es zu einer raschen Reduzierung der Viehzahlen. Eine ernsthafte Anwendung des geltenden Tierschutzgesetzes könnte die wuchernde Produktion und intensive Haltung bei Rind, Schwein und Huhn so nachhaltig beschneiden, dass die Preise für tierisches Eiweiß wegen des knapper werdenden Angebots steigen würden. Abgeschottete Grenzen wären aber eine notwendige Begleitmaßnahme, Handelskonflikte die wahrscheinliche Folge. Eine Globalisierung solchen Verfahrens ist vorerst utopisch, eine Europäisierung wird dagegen für möglich und dringend geboten gehalten. (➔REFORM DER GEMEINSAMEN AGRARPOLITIK)

R

RADIAL(HUFEN)FLUR - RUNDLING

RADIAL(HUFEN)FLUR: Durch schematische Neuparzellierungen im Gefolge von ➔Verkoppelungen in Ostholstein und Mecklenburg entstandene ➔Fluren. Dabei reichen die ➔Parzellen fächerförmig von den ➔Gehöften zu den Gemarkungsrändern.

RADIALWALDHUFENDORF: Sonderform des ➔Waldhufendorfes, bei dem an Talenden aus der langgestreckten Gehöftreihe eine stark gebogene Gehöftzeile oder sogar ein ➔Angerdorf wurde und keine strenge Parallelität der Streifenparzellierung zu erreichen war. Die ➔Parzellen teilen die ➔Flur vielmehr segmentförmig.

RAIN: Auch ➔*Feldrain*, *Ackergrenze*, ➔*Ackerrain*; Bezeichnung für Feldgrenze. Man unterscheidet:

- *Längsrain* und *Querrain* bei streifenförmigen ➔Flurformen
- *Furchenrain* mit pflugbedingten Grenzfurchen
- *Stufenrain* mit in Pflugrichtung verlaufender Grenze einer ➔Acker(bau)terrasse
- *Steinwallrain*, *Blockrain*, *Gebüschheckenrain*, *Erdwallrain*, *Grasrain* als aufgeschüttete Raine
- *Pflugwendestreifen* (➔Anwand), oft in Gestalt hoher, mit Gras bestandener ➔Ackerberge, als Grenze am Kopfende von ➔Gewannen

Bei der Ausräumung der ➔Kulturlandschaft wurden die Raine großenteils beseitigt, was einen Verlust an morphologischer, biotischer, ökologischer und ästhetischer Vielfalt in der ➔Landschaft bedeutet und eine geringere ökologische Stabilität zur Folge hat.

RANCH: Betrieb mit extensiver ➔Weidewirtschaft (hauptsächlich Rinder, Schafe auf ➔Dauerweiden) auf natürlichen Futterflächen von zumeist beträchtlicher Größe und mit festen Betriebsgrenzen. Meist wird nur eine Tierart gehalten, wobei wie im Falle australischer Schafhalter noch eine weitere Spezialisierung in Fleisch- und Wollschafhaltung möglich ist. Man wählt i.d.R. anspruchslose Tierrassen, die futterknappe Zeiten gut überstehen, bzw. je nach Rentabilität des Betriebes wird Futter dazugekauft. Die Monostruktur hat ein sehr hohes Produktionsrisiko (naturbedingt wie auch marktbedingt) zur Folge. Die Eigentums- und Nutzungsrechte an Weideflächen und Vieh können sehr unterschiedlich sein (privat, ganz- oder halbstaatlich, genossenschaftlich).
Ranchbetriebe besitzen zwei hervorstechende Eigenschaften: Zum einen ermöglichen sie eine recht gute Arbeitsproduktivität, zum anderen dulden sie eine extrem niedrige Bodenproduktivität, die von keinem anderen ➔Betriebssystem unterschritten wird, mit Ausnahme des Nomadismus.
Viehbesatz, Arbeits- und Kapitaleinsatz sowie Betriebsertrag sind, bezogen auf die Fläche, extrem niedrig. Der Kapitalbedarf für die Einrichtung einer Ranch ist andererseits hoch.
Im Gegensatz zum ➔Nomadismus ist die Ranch eine Betriebsform zur Erschließung siedlungsleerer Savannen und Steppen (Prärie, Llanos, Sertão, Pampa, Chaco, Karoo). So ist Ranchwirtschaft besonders in Südamerika, Australien, den USA, Südafrika und in manchen Staaten Ostafrikas verbreitet. Moderne Ranches sind heute mit stationärer Infrastruktur ausgestattet und durch Zäune in ➔Kämpe bzw. ➔Koppeln unterteilt, so dass ein geregelter Weideumtrieb erfolgen und der Viehbestand in homogene Gruppen aufgeteilt werden kann. Lokal noch vorhandene Betriebe mit freiem Weidegang innerhalb der Betriebsfläche passen sich verstärkt an heutige Normen an. Dem Vieh stehen ausschließlich oder vorwiegend ➔Naturweiden zur Verfügung. Teilweise erfolgt eine Weideverbesserung durch Aussaat geeigneter Futtergräser. Moderne Verfahren der Tierzucht und Tierpflege (u.a. künstliche Besamung, Veterinärbetreuung) sind üblich.
Die Minimalgröße einer US-amerikanischen Ranch beträgt 500 ha. In den Great Plains und den intramontanen Becken werden über 100.000 ha erreicht, in Argentinien rd. 200.000 ha. Die größten Betriebe

liegen in den trockensten Regionen; dort überwiegt meist Schafhaltung, sonst Rinderhaltung.
Es sind zwei Standorttypen, auf denen sich der Ranchbetrieb gegenüber allen anderen Betriebsformen als überlegen erweist: Einmal Standorte mit sehr ungünstigen ökonomischen (unbefriedigende Marktpreise, Marktferne der Ranch) und zum anderen solche mit sehr ungünstigen ökologischen Produktionsbedingungen. Zumeist summieren sich beide Momente.
Eigentümer von Ranches können Privatleute, Familiengruppen, aber auch Kapitalgesellschaften sein. Letztere treten insbesondere in den USA, in Südamerika und in Australien auf. Häufig fließt außerlandwirtschaftliches Kapital als Folge von Steuervergünstigungen in diese Gesellschaften.
In Entwicklungsländern (hohe →Agrarquote) zeigen Regionen mit →Ranching eine Eigentumsverteilung, insbesondere an Fläche, bei der wenige Eigentümer vielen Landlosen, die im günstigsten Falle in diesen Ranches Arbeit gefunden haben, gegenüber stehen. Es gibt dort nur wenige Zonen, in denen dies nicht zu verteilungspolitischen und sozialen Problemen führt.
Analog zur Übernahme dieser Art der →Viehhaltung aus dem mexikanisch-spanischen Raum stammt auch der Name vom spanischen "rancho".

RANCHING: Moderne Form einer extensiven, stationär und kommerziell betriebenen →Weidewirtschaft, die von europäischen Siedlern in Amerika (Vermischung der traditionellen anglo-amerikanischen und spanisch-mexikanischen Rinderhaltungsformen in Texas und Louisiana) und Australien entwickelt und von dort in einige Gebiete der Alten Welt (z.B. südliches Afrika) übertragen wurde. Allerdings werden ihre Wurzeln im sommertrockenen Iberien angenommen, wo im Zuge der Reconquista menschenleere, semi-aride Räume durch große Herden von Merinoschafen und Rindern unter Aufsicht berittener Hirten genutzt wurden. Dieses Agrarsystem fand mit der spanisch-portugiesischen Eroberung im 16. Jh. Eingang in die menschenleeren Grasländer Amerikas, die Pampas, den Chaco, die Sertãos Brasiliens, die Llanos von Venezuela, die Trockengebiete des nördlichen Mexikos, Kaliforniens und von Texas.
Ähnlich wie der →Nomadismus ist das Ranching unter dem Druck feldbaulicher Interessen immer mehr in Gebiete jenseits der agronomischen →Trockengrenze abgedrängt worden. →Ranches treten vor allem in den Trockensteppen der mittleren Breiten und der Subtropen sowie den semiariden Savannen auf. Im Gegensatz zum Nomadismus ist das Ranching mit seinen hochspezialisierten Großbetrieben rentabilitäts- und marktorientiert. Die Betriebe waren zeitweise (Beginn des 20. Jh.) sogar vorwiegend auf den Weltmarkt ausgerichtet. Heute ist die weltwirtschaftliche Verflechtung des Ranching deutlich geringer, was u.a. auf den starken Bevölkerungsanstieg und die Verstädterung in den südamerikanischen Ländern sowie den Agrarprotektionismus der Industrieländer zurückzuführen ist.

RAUHFUTTER: Alle getrockneten Futterarten im Gegensatz zum →Saftfutter. Zum Rauhfutter zählen Grasheu, Feldfutterheu und Stroh. Rauhfutterfresser sind Pferde, Rindvieh, Schafe und Ziegen.

RAUHWEIDE: Eine extensive, ungepflegte Gebirgsweide oberhalb der Kultivierungsgrenze.

RAUMIS: Ein an der *Universität Bonn* im Auftrag des *Bundesministeriums für Ernährung, Landwirtschaft und Forsten* entwickeltes Politikinformationssystem, das den gesamten Agrarsektor der Bundesrepublik inhaltlich, methodisch und technisch einheitlich erfasst und abbildet. Mit Raumis steht ein Informationssystem zur differenzierten Analyse und Prognose der agrarischen Entwicklung und der landwirtschaftlich bedingten Umweltwirkungen unter alternativen Agrar- und Umweltpolitiken zur Verfügung.

RAUMORDNUNG: Die Raumordnung entwickelt übergeordnete und umfassende Leitvorstellungen für eine ausgewogene, dem Wesen des Menschen gemäße Raumstruktur des gesamten Staatsgebietes und schafft zugleich Instrumente für deren Verwirklichung; konkret und schwerpunktmäßig bemüht sie sich um eine Beseitigung bzw. Reduzierung räumlicher Disparitäten und strebt so eine gleichwertige Entwicklung der Teilräume an. Raumordnung beschränkt sich somit nicht auf eine Zustandsbeschreibung, sie ist auf Veränderungen und zielorientiertes Handeln ausgerichtet.
Als raumprägender und mit anderen Nutzern um Flächen konkurrierender Wirtschaftssektor hat die →Landwirtschaft vielfältige Beziehungen zur Raumordnung. Die →Landes- und →Regionalplanung entscheidet in dem Maße, in dem sie zur Lösung von Flächennutzungskonflikten beiträgt, auch über den Einfluss der Landwirtschaft auf die räumliche Entwicklung. (→BAU- UND RAUMORDNUNGSGESETZ)

RAUMPLANUNG: Oberbegriff für raum- bzw. flächenbezogene Planungen auf Bundes-, Landes-, Regions- und Gemeindeebene. Sie erfolgt durch Aufstellung von Plänen und Programmen, die darauf ausgerichtet sind, zweckmäßigste Maßnahmen zur Erreichung eines bestimmten Zieles innerhalb einer gegebenen Zeit einzusetzen.

REAL(ERB)TEILUNG: Auch *Freiteilbarkeit*; Vererbung des landwirtschaftlichen Betriebes an alle Erbberechtigten. Es muss daraus jedoch keine tatsächliche Aufsplitterung eines Betriebes erfolgen. In der Regel dient der Grund und ➔Boden als Teilungsmasse, während das eigentliche Gehöft von der Teilung ausgespart bleibt. Dennoch gibt es z.B. im südwestdeutschen Raum auch Hofgebäudeteilungen bis hin zum Stockwerkseigentum. Im Extrem kam es bei der Aufteilung von Stuben innerhalb von Häusern unter jeweils mehreren Eigentümern im Oberinntal und im Trentino zur Markierung der Zimmeranteile mit Kohlestrichen auf dem Boden.

Trotz notariell vollzogener Aufteilung des Erbgutes kann der Fortbestand des Betriebes gewahrt werden, wenn einer der Erben oder ein Pächter den Hof übernimmt, die anderen Erben in nichtlandwirtschaftlichen Berufen tätig sind und Pachtgeld beziehen. Die freie Teilbarkeit des Bodeneigentums ist den politisch-gesellschaftlichen Ideen des Liberalismus, der Gleichheit und Gerechtigkeit verpflichtet. Das Prinzip, allen Erbberechtigten die gleichen Startchancen zu bieten, hat Vorrang vor der Sicherung des Hofes, der sogenannten *Hofidee*, die das ➔Anerbenrecht prägt. Die Folge ist eine ständiger Auf- und Abbau der landwirtschaftlichen Betriebe.

Für die landwirtschaftliche Betriebsplanung auf lange Sicht bedeutet die Erbsitte der Freiteilbarkeit ohne Zweifel eine Erschwernis. Jede Generation muss neu disponieren und auch die Mühen des Betriebsaufbaus erneut auf sich nehmen. Nicht zuletzt führt die Mobilisierung des Bodens häufig zu überhöhten Bodenpreisen, die in keinem Verhältnis mehr zur Ertragsfähigkeit stehen und somit Überschuldungen zur Folge haben.

Auch wo jeder Erbe sein Erbteil für sich in Anspruch nimmt, bedeutet die Realteilung als vorherrschende Erbsitte nicht zwingend eine fortgesetzte Verkleinerung der landwirtschaftlichen Betriebe, weil durch Heirat und Zukauf sich die Betriebe auch wieder vergrößern lassen. Die Mobilität des Bodens ist in Realteilungsgebieten meist größer als in Gegenden mit vorherrschendem Anerbenrecht. Vor allem sind Stückelung und ➔Gemengelage des Grundbesitzes in den Realteilungsgebieten meist sehr beträchtlich (➔Flurform). Das bedeutet überdurchschnittlich lange Fahrtzeiten, Erschwerung des Maschineneinsatzes etc.

Zu den besonderen Vorzügen der Realteilung gehört neben der größeren Erbgerechtigkeit, dass für jeden Erben Anreize zu wirtschaftlichem und sozialem Aufstieg geschaffen sind, Tüchtigkeit und innovatives Handeln werden damit gefördert. Der Zwang zur Abwanderung großer Teile der jungen Generation ist daher in Realteilungsgebieten, die meist eine wachsende Bevölkerung aufweisen können, nicht so stark. Charakteristisch ist die berufliche Mischung von Landwirten und Nichtlandwirten. Viele Kleinbauern suchen eine Neben- oder Zuerwerbstätigkeit, so dass in den Realteilungsdörfern (z.B. in Süddeutschland) häufig ein reichhaltiges Handwerk und Gewerbe ausgebildet ist. Es erscheint fast konsequent, dass in diesem innovations- und gewerbefreundlichen Umfeld auch die Industrialisierung einen günstigen Ansatz fand.

<u>Als Beispiel die Verbreitung in Baden-Württemberg:</u>
Realteilung galt im mittleren Neckarraum von Heilbronn im N bis nach Tuttlingen im S und vom Ostrand des Schwarzwaldes bis zu einer östlichen Linie, die etwa von Mergentheim über Backnang, Göppingen, Münsingen, Sigmaringen bis Überlingen reicht. Sie galt außerdem im Oberrheintal und im Kraichgau. - Im größeren Teil des Schwarzwalds und im östlichen wie südlichen Teil des Landes wurden die landwirtschaftlichen Betriebe geschlossen vererbt. In den Randgebieten und in den früheren Kreisen Lörrach und Heidenheim waren Mischformen des Erbrechts maßgebend, die heute in weiten Teilen des früheren Realteilungsgebiets übernommen werden.

Die weite Verbreitung der Freiteilbarkeit bewirkte eine starke Zersplitterung der LN in Baden-Württemberg. Die Industrialisierung des Landes im 19. Jahrhundert hatte ihre Schwerpunkte in den Realteilungsgebieten: kleine Betriebsgrößen erzwangen den Zuerwerb. Die weite Streuung der Industrie ermöglichte die enge, für Baden-Württemberg charakteristische Symbiose von ➔Landwirtschaft und Industrie. Diese Verbindung gewährte einen wichtigen Rückhalt in Krisenzeiten. Im Hegau und dem Bodenseeraum beispielsweise liegt Realteilung insbesondere in Altsiedelgebieten wie dem Bodenseeuferstreifen vor (kleinparzellierte, schmalstreifige Fluren, fortgeschrittene Angleichung der Betriebsgrößen, dichtbebaute, z.T. ummauerte Dörfer). Bei Intensivkulturen warfen die immer kleiner werdenden Betriebseinheiten noch ausreichenden Lebensunterhalt ab (z.B. Hagnau, Sipplingen). (➔ERBRECHT)

RECHTSFORM: Die Rechtsform ist der allgemein rechtliche Rahmen eines Unternehmens zur Regelung von Personen- und Gruppeninteressen im Innen- und im Außenverhältnis:

- *Natürliche Personen* umfassen Einzelunternehmen und Personengesellschaften. Einzelunternehmen sind ➔bäuerliche Familienbetriebe, die im Haupt- oder Nebenerwerb bewirtschaftet werden. Als Personengesellschaften werden zusammengefasst Gesellschaften bürgerlichen Rechts (GbR) oder BGB-Gesellschaften, Offene Handelsgesellschaften (OHG), Kommanditgesellschaften (KG) und Stille Gesellschaften (Still). In der Regel handelt es sich hierbei um *nichtgewerbliche Betriebe*.

- *Juristische Personen* umfassen eingetragene Genossenschaften, Kapitalgesellschaften, eingetragene Vereine und Stiftungen. Auch die Mischformen, insbesondere die GmbH & Co. KG werden den juristischen Personen zugeordnet. Als Kapitalgesellschaften werden Gesellschaften mit beschränkter Haftung (GmbH) und Aktiengesellschaften (AG) zusammengefasst. Steuerrechtlich handelt es sich bei dieser Gruppe um *gewerbliche Unternehmen*.

Den landwirtschaftlichen Betrieben sind mit Rücksicht auf die Besonderheiten der landwirtschaftlichen Tätigkeit und der Agrar- und Unternehmensstruktur steuerliche Erleichterungen eingeräumt. Diese gelten für gewerbliche Unternehmen im Agrarsektor nicht oder nur eingeschränkt.

REDUZENTEN: Zweite Art von Zersetzern (s.a. ➔Destruenten), die die zerkleinerten organischen Überreste schließlich ganz in ihre anorganischen Ausgangsbestandteile zerlegt, d.h. zu pflanzenverfügbaren ➔Nährstoffen mineralisiert. Man bezeichnet die Reduzenten deshalb auch als Mineralisierer. Es sind heterotrophe Euglenen (Algen), Bakterien und Pilze, die dafür sorgen, dass sich nicht beliebig viel totes organisches Material ansammelt. Sie leben von diesem Material, bauen es um und ab. Auf diese Weise sorgen Zersetzer dafür, dass sich der Kreislauf der Nährstoffe schließt.

REFORM DER GEMEINSAMEN AGRARPOLITIK: Die umfassendste Reform in der 30-jährigen Geschichte der ➔Gemeinsamen Agrarpolitik (➔GAP) als Folge großer Überschüsse, extrem hoher Kosten sowie des Druckes der USA und anderer überseeischer Getreideexportländer angesichts der hohen europäischen Exportsubventionen. Die zwei Hauptziele der Reform von 1992 waren:

- die Drosselung der Erzeugung und des Angebots und
- die Steigerung des Verbrauchs insbesondere in der Tierernährung

Die Preisstützung bei den wichtigen Marktordnungsprodukten Getreide, ➔Ölsaaten, Eiweißpflanzen sowie Rind- und Schaffleisch wurde dabei schrittweise abgebaut und eine Annäherung an das Weltmarktniveau erreicht. Die Produktion von Obst und Gemüse, Wein, Tabak und Zucker sowie von Milch, Schweine- und Geflügelfleisch wurde weitgehend ausgeklammert.

Direkte Transferzahlungen an die ➔Landwirte dienen dem Ausgleich der Einkommensverluste. Damit wurde die Entkoppelung von Preis- und Einkommenspolitik ausgebaut. Im pflanzlichen Bereich soll die Preissenkung darüber hinaus die Wettbewerbskraft von Getreide gegenüber importierten ➔Futtermitteln stärken und damit zu einem höheren Getreideverbrauch in der EU führen. Die praktische Umsetzung der Agrarreform erfolgt über ein kompliziertes und aufwendiges Verwaltungs- und Kontrollsystem. Die Landwirte müssen jährlich umfangreiche Antragsunterlagen ausfüllen und vielfältige Materialien bereitstellen. Bei den abwickelnden Behörden werden erhebliche Arbeitskapazitäten gebunden, die nicht für Beratungsaufgaben zur Verfügung stehen.

Die drei Prinzipien der herkömmlichen GAP (*Gemeinschaftspräferenz - finanzielle Solidarität - Einheit des Marktes*) behalten ihre Gültigkeit. Damit wird auch die EG-Agrarmarktordnung mit staatlichen Ankaufgarantien (➔Intervention) sowie Außenschutz durch Importzölle und Exportsubventionen im Grundsatz beibehalten, unterliegt aber veränderten Rahmenbedingungen. Der planwirtschaftliche Dirigismus erfuhr eine deutliche Verstärkung.

Die ➔**Ausgleichszahlungen** werden im pflanzenbaulichen Bereich nach dem Umfang der Anbaufläche, der Auflage zur Stillegung von Teilflächen und dem Durchschnittsertrag in der jeweiligen Region bemessen. Insgesamt wurden in Deutschland von den Bundesländern 27 Ertragsregionen abgegrenzt. Eine flächendeckende ➔Extensivierung in einem solchen Ausmaß, dass die Mengenanpassung der Produktion im erforderlichen Umfang gelänge, war in der Gemeinschaft nicht durchsetzbar. Um aber den weitgehenden Rückgang der ➔Landwirtschaft aus ökologisch benachteiligten Regionen zu verhindern, wurde die Anpassungsnotwendigkeit in diejenigen Betriebe verlegt, die bestimmte Produktionsmengen überschreiten. Die Verminderung der Erzeugung der wichtigsten pflanzlichen Produkte erfolgt durch ➔Flächenstilllegung. Die Ausgleichszahlungen erhält nur, wer 15 % seiner ausgleichsberechtigten Anbauflächen innerhalb der ➔Fruchtfolge für eine ➔Vegetationsperiode stillegt (➔Rotationsbrache) und frühestens im sechsten Jahr darauf erneut stillegt.

Bei Verkürzung der Rotationsdauer oder dauerhafter Stilllegung (d.h. für mindestens fünf Jahre) müssen sogar 20 % der Fläche stillgelegt werden. Auf den stillgelegten Flächen muss eine Selbstbegrünung oder eine gezielte Begrünung erfolgen. Die Ausgleichszahlungen werden auch gewährt, wenn die pflanzlichen Erzeugnisse als Tierfutter im eigenen Betrieb verwertet werden. Auch der Anbau ➔nachwachsender Rohstoffe ist ohne Verlust der Stilllegungsprämie gestattet. Sogenannte *Kleinerzeuger* sind von der Stilllegungspflicht befreit. Das sind in Deutschland etwa 82 % aller Betriebe mit einem Anteil von ca. 42 % der Anbaufläche. Diese Kleinerzeuger erhalten für Getreide, Ölsaaten, und Eiweißpflanzen einen einheitlichen, vom Getreide abgeleiteten

Preisausgleich. Kleinerzeuger wird man durch Erklärung. Auch Erzeuger mit größerer Fläche können daher Behandlung als Kleinerzeuger beantragen, erhalten dann jedoch einen Preisausgleich lediglich für die "Kleinerzeugerfläche" (ca. 15 ha LF bei Getreide). Veredelungsbetriebe, die aufgrund von Umweltbestimmungen bei der Teilnahme an der Flächenstilllegung ihren Tierbestand reduzieren müssten, können ihre Stilllegungsverpflichtung auf andere Erzeuger übertragen.

Beispiel für die Einkommensstruktur eines Raps anbauenden Landwirts:

Vor der R.d.G.A. konnten die Landwirte ihren geernteten Raps zu einem festen Interventionspreis bei den Ölmühlen abliefern. Die Ölmühlen bekamen eine EG-➔Beihilfe, die an die Landwirte weitergegeben wurde, um den Interventionspreis zu erreichen, der wesentlich über dem schwankenden Weltmarktpreis lag. Für die Landwirte lautete die Rechnung: Die angelieferte Menge mal Interventionspreis war der Erlös. Auf den Hektar bezogen wurden z.B. 70,- DM für die dt bei einem Flächenertrag von 30 dt/ha gegeben. Das bedeutete ein Hektarerlös von 2.100,- DM.

Nach der R.d.G.A. zahlen die Ölmühlen oder die Aufkäufer für Ölmühlen (➔Genossenschaften, ➔Landhandel usw.) den jeweils aktuellen Weltmarktpreis an den Landwirt. Dieser schwankt meistens mit einiger Breite um 50 % des bisherigen Interventionspreises. Der Landwirt erhält nun neben dem von ihm ausgehandelten Preis noch eine Flächenbeihilfe von der EG. Diese Flächenbeihilfe wird nachträglich gezahlt, nachdem feststeht, wie sich der Weltmarktpreis im Laufe des Jahres entwickelt hat. Sie deckt in etwa die andere Hälfte des Erlöses. Die Rechnung lautet nun: Der Landwirt erhält einmal eine Flächenbeihilfe, die z.B. 1.100,- DM/ha ausmachen kann. Für seine 30 dt/ha kann er z.B. 30,- DM je dt bekommen, das sind 900,- DM und zusammen mit der Flächenbeihilfe DM 2.000,-/ha. Insgesamt muss der Anbauer von Raps heute Art, Ort und Zeitpunkt der Vermarktung zu den für ihn günstigsten Bedingungen wählen. Spekulation kann zusätzlichen Gewinn, aber auch Verlust mit sich bringen.

Im EU-Durchschnitt ist das landwirtschaftliche Pro-Kopf-Einkommen zwischen 1992 und 1996 jährlich um 4,5 Prozent gestiegen.

Der Bereich der **Tierhaltung** ist weiterhin problematisch. So wird die Schweine- und Geflügelhaltung von der Agrarreform überhaupt nicht erfasst. Die Ausgleichszahlungen für die Preissenkungen in der Rinderhaltung werden zwar an Höchstbestandsdichten gekoppelt, die jedoch keine Ausschlussgrenze, sondern nur eine Fördergrenze darstellen. Es gibt mithin keine Sanktionsmechanismen für höhere und somit umweltbelastende Tierbestandsdichten, außer dass für die überzähligen Tiere keine Prämien beantragt werden können. Es entstanden sogar relative Vorteile für die Intensivhaltung, die sich aus den niedrigeren Futtermittelpreisen und der Bezuschussung der ➔Silage ergeben.

Sogenannte **flankierende Maßnahmen** zur R.d.G.A. zielen durch Extensivierungsanreize mittelbar und durch staatliche Entgelte für die Bewirtschaftung von Flächen, die ansonsten brachfallen würden, unmittelbar auf eine sich auf viele Flächen erstreckende Landbewirtschaftung. So hofft man, eine *weitestgehend flächendeckende Landbewirtschaftung* aufrechtzuerhalten. Allerdings werden Betriebe in der Nähe von großen Verdichtungsräumen wegen ihrer Standortsituation den ➔Strukturwandel tendenziell leichter bewältigen können (außerlandwirtschaftliche Alternativen, Vermarktungsvorteile usw.). In den peripheren, ländlich geprägten Räumen wird der Agrarstrukturwandel zu verschärften Entwicklungsschwierigkeiten führen, wenn diese Regionen gleichzeitig einen Mangel an außerlandwirtschaftlichen Arbeitsplätzen aufweisen. Es ist daher geboten, neben der Schaffung gewerblicher Arbeitsplätze den landwirtschaftlichen Produktionsalternativen außerhalb der Nahrungsmittelproduktion mehr Aufmerksamkeit zu schenken. Stichworte hierzu sind: Aufforstungsprogramme, ➔nachwachsende Rohstoffe, ➔Landschaftspflege, Tourismus (Ferien auf dem Bauernhof).

➔Beihilfen sollen umweltgerechte und den natürlichen Lebensraum schützende landwirtschaftliche Produktionsverfahren fördern. Zu den förderungsfähigen Produktionsverfahren gehören:

- die Einführung oder Beibehaltung eines Verzichts auf den Einsatz chemisch-synthetischer ➔Dünge- und ➔Pflanzenschutzmittel bzw. ökologischer Anbauverfahren
- die Reduzierung der Besatzdichte an Rindern und Schafen auf Futterflächen
- die Umwandlung von ➔Ackerland in extensiv genutztes ➔Grünland
- die Stilllegung von Ackerflächen zwecks Nutzen für den Umwelt-, Biotop- und Gewässerschutz für die Dauer von mindestens 20 Jahren sowie
- die Pflege aufgegebener land- und forstwirtschaftlicher Flächen

In Deutschland werden die flankierenden Umwelt- und Sozialmaßnahmen entweder im Rahmen der ➔Gemeinschaftsaufgabe "Verbesserung der Agrarstruktur und des Küstenschutzes" oder durch ländereigene Programme umgesetzt.

Der Förderanteil für die flankierenden Maßnahmen, von denen man sich einen positiven Effekt auf Umwelt, Natur und ➔Landschaft verspricht, betrug Mitte der neunziger Jahre lediglich zwei Prozent der gesamten Agrarausgaben der EU. Auch bewirkt eine fehlende räumliche Lenkung (etwa auf sensible Gebiete) eine geringere ökologische Wirksamkeit. Nachteilig ist ferner, dass eine Ausnahmebestimmung für den Einsatz von ➔Pflanzenschutzmitteln auf extensivem ➔Dauergrünland nach behördlicher Genehmigung besteht.

Die quasi-obligatorische Flächenstilllegung dient zudem ausschließlich der Marktentlastung bzw. dem Abbau der Überschussproduktion und ist zumindest in Form der ➔Rotationsbrache eher umweltschädigend. Aus stillgelegten Flächen kann es zur verstärkten Nährstoffauswaschung und -ausgasung kommen.

Kritiker bemängeln an den Ausgleichszahlungen, dass sie an keinerlei umweltorientierte Auflagen gebunden sind. Dennoch hat der Einkommensausgleich den umweltpolitisch positiven Effekt, dass auch unrentable landwirtschaftliche Flächen (Grenzstandorte) vorerst in der Bewirtschaftung verbleiben, weil die Transferzahlungen an die weitere Bewirtschaftung gebunden sind. Da jedoch andererseits nur der Anbau bestimmter Kulturarten gefördert wird, werden die in mehrfacher Hinsicht problematischen monotonen Anbaustrukturen in einigen Regionen Deutschlands bzw. Europas beibehalten.

Eine weitere flankierende Maßnahme besteht in einer Vorruhestandsregelung, die die Zahlung eines Vorruhestandsgeldes an Landwirte vorsieht, die ihre landwirtschaftliche Tätigkeit nach dem 55. Lebensjahr einstellen.

Von Bauernvertretern wird kritisiert, dass dieser **totale Systemwechsel**, weg von einer Markt-Preis-Politik, hin zu einer Politik der versprochenen direkten Einkommensübertragungen falsch, leistungsfeindlich, bürokratisch und zu teuer sei. Für den Bauer sei nunmehr entscheidend, dass er sich an Antragsfristen hält und Formulare korrekt ausfüllt, um nicht Ausgleichszahlungen zu verlieren. Die Landwirte sehen sich am Gängelband staatlicher Direktzahlungen, sie werfen der Politik vor, den Grundkonsens mit den Bauern verlassen zu haben, dass die bäuerlichen Einkommen vor allem aus Produktionserlösen stammen müssten. Die europäische Landwirtschaft sei den US-Interessen geopfert worden.

Aus der Sicht der ➔Raumordnung ist hervorzuheben, dass bei der R.d.G.A. zu Recht auf die Belange gerade peripherer und von der Natur benachteiligter Regionen Rücksicht genommen wird.

Hinsichtlich einer **Ökologisierung** der Landwirtschaft fordert der *Rat von Sachverständigen für Umweltfragen* eine Korrektur der Reform: Für die Weiterentwicklung einer dauerhaft-umweltgerechten Landbewirtschaftung sind im Rahmen der europäischen Agrarpolitik einkommenssichernde Transferzahlungen an die Landwirte umfangreicher und zügiger an ökologische Leistungen zu binden. Auf Dauer dürfe es keine Einkommenstransfers ohne konkrete ökologische Gegenleistung geben, auch wenn der Vertrauensschutz gegenüber den Landwirten eine gewisse Übergangszeit bis zu diesem Zustand erzwingt. Die von der Landwirtschaft ausgehenden negativen ➔externen Effekte seien gemäß dem Verursacherprinzip mit Abgaben zu belegen. Dies betrifft vor allem den Einsatz von Dünge- und Pflanzenschutzmitteln.

Aus der Sicht des Umwelt- und Naturschutzes besteht die Sorge, dass eine **Aufspaltung der ➔Kulturlandschaft** in Produktionsflächen mit intensiver Landbewirtschaftung und Bracheflächen ohne jegliche Nutzung stattfindet, was beides zu einem Verlust an ➔Biodiversität führt.

Neben negativen ökologischen Wirkungen werden vor allem in peripheren Räumen auch soziale und wirtschaftliche Probleme aufgeworfen. Mit der völligen oder überwiegenden Aufgabe der Landwirtschaft verlieren die davon betroffenen ➔ländlichen Räume ein Stück ihrer sozialen und kulturellen Identität.

Die R.d.G.A. diente fast ausschließlich der Marktentlastung des Agrarmarktes und nicht der Neugestaltung einer umweltverträglichen und ➔nachhaltigen Landbewirtschaftung. Die flankierenden Maßnahmen der Reform unterstützen zwar umweltfreundliche Produktionsverfahren, jedoch nicht im erforderlichen Ausmaß.

Das Dumping bei Agrarexporten findet nicht mehr durch direkte ➔Subventionen für den Export statt, sondern durch das Herunterdrücken der Inlandpreise. Kleinbäuerliche Produzenten in der Dritten Welt haben so weiterhin einen schweren Stand gegenüber billigen Agrargütern aus den Überschussländern.

Auch die erhoffte Haushaltskonsolidierung stellte sich nicht ein. Die Kosten für die Getreidemarktordnung stiegen beispielsweise von 6,4 Mrd. ECU im Jahr 1992 auf 11,9 Mrd. ECU im Jahr 1995. Insgesamt haben sich die Kosten der reformierten Marktordnungen von 1992 bis 1995 um rd. 25 % erhöht.

Beim **Abbau der Produktionsüberschüsse** hingegen zeigen sich europaweit deutliche Erfolge:

- Die Interventionsbestände bei Getreide, die im Wirtschaftsjahr 1992/93 noch über 33 Mio. t lagen, sind auf derzeit rd. 4,8 Mio. t gesunken.
- Die Lagerbestände bei Rindfleisch verringerten sich innerhalb von 2 Jahren von über 1 Mio. t auf nur noch rd. 6.000 t. Größere Einlagerungen als Folge der BSE-bedingten Nachfrageflaute kehren diesen Trend 1996 aber wieder um.
- Die Bestände an Butter und Milchpulver sind deutlich abgebaut.

Gleichzeitig sind die durchschnittlichen landwirtschaftlichen Einkommen zwischen 1992 und 1996 um 4,5 % gestiegen.
Spätestens die Osterweiterung der EU wird eine weitere Reform der Agrarpolitik erzwingen. Vorschläge für ihre Ausgestaltung beinhalten u.a. die völlige Freigabe des regulierten Agrarmarktes und die Absicherung der bäuerlichen Einkommen durch direkte Hilfen aus den nationalen Budgets. (➔AGENDA 2000)

REGELFUNKTION DES BODENS: Fähigkeit des ➔Bodens, im Stoffkreislauf zwischen Abbau und Aufbau ein Gleichgewicht herzustellen.

REGELGEHÖFT: Zusammenfassender Begriff für alle Gehöftformen mit schematischer Anordnung der Einzelbauten. (➔EIN(HEITS)HAUS, ➔GEHÖFT, ➔HOFFORMEN, ➔REGELGEHÖFT)

REGELLOSES GEHÖFT: Grundtyp der Gehöftformen, der durch die unregelmäßige Anordnung der einzelnen Gehöftbauten gekennzeichnet ist. Wichtigster Einzeltyp ist das "Haufengehöft" mit seinem Schwerpunkt im mittleren Bayern.
(➔EIN(HEITS)HAUS, ➔GEHÖFT, ➔HOFFORMEN, ➔REGELGEHÖFT)

REGENERZEUGUNG: Auch *cloud seeding*; dabei werden vom Flugzeug aus Silberjodidkristalle oder Kohlensäureschneekristalle in bereits vorhandene Wolken gestreut. An ihnen können die Wassertröpfchen der Wolke anfrieren, so dass größere Eispartikel entstehen, die beim Ausfallen eine Chance haben, als Regen den Erdboden zu erreichen. Man rechnet nur bei der Hälfte der Einsätze mit tatsächlichem Regeneintritt.
Die Anwendung des Verfahrens ist besonders in den ausgedehnten Halbtrockengebieten der Erde, z.B. im Mittelwesten der USA, in Kalifornien, in Israel oder der Pampa Argentiniens sinnvoll. In diesen Regionen kommt es bei sommerlicher Einstrahlung zwar zur Bildung von Konvektionswolken, doch nicht zu Regen. In den Schönwetterkumuli bleiben die Wolkentröpfchen so klein, dass sie vom Aufwind in der Schwebe gehalten werden, oder beim Ausfallen in der ungesättigten Luft unter der Wolke restlos verdunsten.

REGENFELDBAU: Im Gegensatz zum ➔Bewässerungsfeldbau die Form des ➔Ackerbaus, bei der der zur Verfügung stehende Niederschlag alleiniger Feuchtigkeitsspender für das Wachstum der angebauten Feldfrüchte ist. Die Grenze des Regenfeldbaus ist die ➔Trockengrenze des Anbaus. Diese kann durch extensivere Anbaumethoden, z.B. durch ➔dry farming in Richtung der Trockengebiete verschoben werden.
Verbreitungsgebiete sind u.a. Feuchtsavannen (7 - 9 Monate humid), z.T. Trockensavannen (mindestens $5\,^1/_2$ - 6 Monate humid) und der tropische Regenwald (in der Regel zu feucht, mit 10 - 12 humiden Monaten).

REGENVERDAULICHKEIT: Regenmenge in mm (= l je m^2), die in einer festgelegten Zeit versickert bzw. gespeichert werden kann.

REGIONALPLANUNG: Übergeordnete, überörtliche und zusammenfassende Planung für das Gebiet einer Planungsregion.

REICHSBODENSCHÄTZUNG: ➔BODENBEWERTUNG

REIHENDORF: ➔ZEILENDORF

REINE FLUR: Eine ➔Flurform, bei der ein Parzellentyp vorherrschend ist.

REINERTRAG: ➔Roheinkommen minus Lohnanspruch der familieneigenen Arbeitskräfte = Verzinsung des Aktivkapitals plus Unternehmergewinn.

REINKULTUR: Der Anbau von nur einer Kulturpflanzenart, bezogen auf eine bestimmte ➔Fruchtfolge oder in Form einer ➔Monokultur.

REIN-RAUS-VERFAHREN: Haltungsform in der Tierproduktion, die häufig bei der Mast von Schweinen, Bullen oder Geflügel angewendet wird. Dabei sind alle Tiere beim Aufstallen ungefähr gleich alt und gleich schwer, erreichen etwa gleichzeitig das angestrebte Produktionsziel und verlassen somit gemeinsam den Stall wieder, z.B. zum Schlachten. Nach gründlichen Maßnahmen zur Stallhygiene erfolgt die Neubelegung mit einem ganzen, geschlossenen Bestand.
Dem Rein-Raus-Verfahren steht als gegensätzliche Methode das *kontinuierliche Verfahren* gegenüber, bei dem sich in einem Stall Tiergruppen verschiedener Mastabschnitte befinden und die Zu- und Abgänge laufend erfolgen.

REINSAAT: Aussaat einer einzigen Pflanzenart im Unterschied zur Gemengesaat.

REKULTIVIERUNG: Die morphologische und (boden-)ökologische Eingliederung von devastiertem Gelände in die umgebende ➔Landschaft während und nach einem Eingriff, einschließlich der Begründung angemessener Folgenutzung oder Fol-

gefunktion. Dazu dient ein Bündel von geotechnischen, landespflegerischen, wasserbaulichen, agrar- und forstökologischen Maßnahmen. Von Rekultivierungen betroffen sind ehemalige Bergbaugebiete mit ihren Halden und Tagebaulöchern, Steinbrüche, Kiesgruben, Müll- und Schutthalden, Deponien sowie jegliche Zerstörungen von →Ökosystemen auf Grund von technischen Eingriffen in die Landschaft. Bei Abgrabungen oberflächennaher Rohstoffe (Kies, Sand, Ton, Kieselgur, →Torf, Braunkohle) wird dem Erhalt der humus- und nährstoffhaltigen, belebten Krume besonderes Augenmerk gewidmet. Die horizontmäßige Zwischenlagerung von Deckböden bei Abgrabungen und ihr anschließend entsprechender Wiedereinbau verfolgt den Zweck, Verhältnisse zu schaffen, die der Umgebung möglichst ähnlich sind. Rekultivierungen werden heute als Schüttungen oder als Spülversatzflächen erstellt. Bei der Neuanlage muss ein Porensystem erzeugt werden, das die klimabedingt anfallende Wassermenge schnell genug so im Bodenvolumen verteilt, dass die durch Nässe hervorgerufene Stabilitätsminderung nicht zu unerwünschtem Zusammensacken führt. Außerdem muss festgelegt werden, wieviel Wasservorrat im durchwurzelbaren Bereich speicherbar sein muss, damit zu erwartende Trockenperioden nicht die Vegetation schädigen.
Bei der Kiesgewinnung beispielsweise stehen Abbau und Rekultivierung in Deutschland z.Z. im Gleichgewicht, es werden jährlich etwa ebenso viele Hektar rekultiviert wie abgegraben.
(→RENATURIERUNG)

RELAY CROPPING: →STAFFELANBAU

RENATURIERUNG: Überführung anthropogen veränderter Lebensräume in einen naturnäheren Zustand mit der Möglichkeit einer natürlichen, ungestörten Weiterentwicklung. Der angestrebte natürliche oder quasinatürliche Zustand (Regeneration) betrifft nicht nur Formenelemente (z.B. Bachmäander), Flora und Fauna, sondern auch den Stoff-, Wasser- und Energiehaushalt der jeweiligen Landschaftsausschnitte.
(→REKULTIVIERUNG)

RENTENKAPITALISMUS: Wirtschafts- und Sozialsystem, das im Orient spätestens 2.000 v. Chr. entstand und sich in vielen Entwicklungsländern in mehr oder weniger charakteristischer Form bis heute erhalten hat. <u>Typische Merkmale des Rentenkapitalismus:</u>

- Es existiert eine kleine elitäre, gewöhnlich stadtsässige Oberschicht.
- Die Oberschicht kapselt sich nach unten ab, daher ist vertikale Mobilität kaum möglich.
- Die Oberschicht hat die Verfügbarkeit über den →Boden und alle übrigen Produktionsmittel, die sie an die große Masse abhängiger Bauern vergibt.
- Die Bauern müssen als Gegenleistung jährliche Ertragsanteile von der Ernte (Renten) abliefern.
- Verschuldungsmechanismen und die Bindung der Bauern an den Boden verstärken die Abhängigkeit von der Oberschicht.
- Die Oberschicht verwendet die Renten primär für die Erweiterung der Macht und Repräsentation, sie hat kaum Interessen an produktiven Investitionen in die →Landwirtschaft.
- Die Bauern sind wegen der hohen Abgaben (1/4 bis 3/4 der Ernten) ebensowenig an Investitionen interessiert.
- Das ständige Abschöpfen der Erträge ohne produktive Investitionen führt zum Raubbau an den →Produktionsfaktoren und zur Stagnation der Produktion.
- Die Entwicklung des älteren Städtewesens ist untrennbar mit dem Rentenkapitalismus verbunden.

Die Eigentumsverhältnisse weisen die rentenkapitalistisch orientierten Verpächter als Groß(grund)*eigentümer* aus. Da ihre Lebensform keine Beziehung zum Agrarsektor erkennen lässt, sind sie nicht als Großagrarier oder Großgrund*besitzer* zu bezeichnen, da diese Begriffe eine mitverantwortliche Leitung bei der Landnutzung beinhalten. Der Rentenkapitalismus wurde in einigen Entwicklungsländern auf revolutionärem oder evolutionärem Wege beseitigt, besteht aber in anderen noch. Für eine soziale und wirtschaftliche Weiterentwicklung stellt er ein schweres Hindernis dar.

RENTIERWIRTSCHAFT: Extensive →Weidewirtschaft einheimischer Völker - Samen (Lappen), Nenzen u.a. - in der Waldtundra und Tundra Nordeuropas und Sibiriens. Saisonale Wanderungen führen die hirschähnlichen Tiere im Sommer in die Tundra oder Höhentundra, im Winter in Schutz und Nahrung (Rentierflechte) bietende Wälder. Das Management der Herden ist teils hochentwickelt, teils noch traditionell und dann weitgehend auf Selbstversorgung ausgerichtet. Die winterliche Überwachung der Herden wird inzwischen weithin mit Hilfe von Motorschlitten vorgenommen. Erschließungsmaßnahmen unterschiedlichster Art beeinträchtigen diese Wirtschaftsweise.
In Nordeuropa ist die (halb-)nomadische Rentierwirtschaft mit staatlicher Hilfe weitgehend einer stationären Form gewichen. Versuche, die Rentierhaltung in Nordamerika einzuführen misslangen wegen des Desinteresses der Eskimos. Mehr Hoffnung richtet sich auf die Nutzung des heimischen, nichtdomestizierten Karibus in Form eines →Game Ranching.

RENT SEEKING: Versuche der Erschließung, Sicherung oder Verbesserung von Chancen zur Erzielung von Einkommen im Marktbereich mit Hilfe politisch erwirkter Privilegien. Das Ziel ist eine dauerhafte Geldleistung (Rente) im Marktbereich. Als Beispiel gilt die Errichtung und Erhaltung von Zollschranken auf Betreiben inländischer Produzenten.
Erfolgreiches rent seeking zeitigt folgende Problematik:

- Die Verstetigung von Marktrenten erfordert ein Abschotten der betroffenen Märkte gegen Konkurrenz (Wettbewerbsfunktionen werden außer Kraft gesetzt, fehlende Anreize, die Produktion veränderten Marktbedingungen anzupassen, sinkende Wettbewerbsfähigkeit).
- Andere Interessengruppen werden zur Nachahmung animiert (Zunahme von ergebnisorientierten Eingriffen in Marktprozesse).
- Für rent seeking in Anspruch genommene Ressourcen stehen für produktive Verwendungen nicht mehr zur Verfügung.

(➔AGARPROTEKTIONISMUS, ➔GEMEINSAME AGRARPOLITIK)

REUTBERGWIRTSCHAFT: Regionale Bezeichnung der vornehmlich im Schwarzwald früher verbreiteten ➔Feldwald(wechsel)wirtschaft. Es war ein Brandfeldbau im Niederwald. Als begehrtes Hauptprodukt der Niederwaldjahre galt vor allem in der zweiten Hälfte des 19. Jahrhunderts die Rinde der Schäleichen, aus der man Gerberlohe bereitete. Die Brandwirtschaft erwies sich als gefährlicher Raubbau an der Bodensubstanz und -qualität. (➔HAUBERGWIRTSCHAFT)

RICHTPREIS: Richtpreise im Rahmen der ➔Gemeinsamen Agrarpolitik sind heute nur noch in den ➔Marktorganisationen für Zucker sowie Milch und Milcherzeugnisse vorgesehen. Sie werden jährlich vom Ministerrat für ein Wirtschaftsjahr einheitlich festgelegt. Richtpreise sind in keinem Falle einem ➔Garantiepreis oder Mindestpreis für die Erzeuger gleichzusetzen.
Der Richtpreis für Weißzucker wird für das Hauptüberschussgebiet der EU (Nordfrankreich) festgesetzt. Er liegt um rund 5 % über dem ➔Interventionspreis und gilt als Abgabepreis für unverpackten Zucker ab Fabrik einer bestimmten Standardqualität.
Um den Milcherzeugern angemessene Erlöse aus der Milcherzeugung zu gewährleisten, wird vom Ministerrat jährlich für ein Milchwirtschaftsjahr der Richtpreis für Milch mit 3,7 % Fettgehalt frei Molkerei festgesetzt. Dieser für die EU einheitliche Preis entspricht dem durchschnittlichen Milchpreis, den die Milcherzeuger im Milchwirtschaftsjahr unter Berücksichtigung der Absatzmöglichkeiten, die sich auf dem EU-Markt und auf den Märkten außerhalb der EU bieten, erzielen sollten.

RIED: Auch "Sumpf"; überwiegend baumfreie, teils gebüschreiche, von Sumpfpflanzen dominierte Lebensgemeinschaften auf mineralischen bis torfigen Nassböden, die durch Oberflächen-, Quell- oder hoch anstehendes ➔Grundwasser geprägt sind. Zum Teil sind sie natürlich, vielfach jedoch erst durch Waldrodung und nachfolgende Nutzung als ➔Streu- oder Futterwiese entstanden.

RIESELBEWÄSSERUNG: Bewässerungsform, die häufig auf leicht geneigten Grünlandflächen eingesetzt wird. Verteilerrinnen leiten das einem Vorfluter entnommene Wasser über den ➔Boden, Entwässerungsrinnen führen überschüssiges Wasser ab. (➔BEWÄSSERUNG)

RIESELFELD: Fläche, auf denen Abwässer nach mechanischer Vorreinigung über landwirtschaftliche Flächen geleitet wird. Rieselfelder können pro Jahr mit etwa 3 m^3/m^2 Abwasser beschickt werden. Der Hauptzweck sind Abwasserreinigung und manchmal Grundwasseranreicherung; die landwirtschaftliche Nutzung steht im Hintergrund. In Deutschland werden Rieselfelder in Berlin und Münster betrieben.

RIGOSOL: Anthropogene ➔Böden, die durch tiefgründige Bodenumschichtung entstanden sind. Dies trifft für die z.T. über 1.000 Jahre alten Weinbergböden zu, die früher alle 30 - 80 Jahre mit der Hand, heute alle 20 - 40 Jahre maschinell rigolt werden, und deren Rigolhorizont 50 - 80, selten bis 120 cm mächtig ist und unterschiedlich große Mengen an Fremdmaterial (Gesteinsschutt, Mergel, ➔Löß, Schlacken, Müll u.ä.) enthält. Auch bei Auen- und Marschböden wurden tiefreichende Rigolarbeiten zur Verbesserung des Oberbodens vorgenommen.

RINDERRASSEN: Rinderrassen gehen wie die anderen Haustiere auf ehemalige Wildtiere zurück. Als Stammform unserer heutigen Rinderrassen in Europa gilt der Auerochse oder Ur, der bereits im Mittelalter ausgestorben ist. Die Domestikation des Rindes hat schon 6.000 - 8.000 v. Chr. begonnen. Die Entwicklung über primitive, leistungsschwache Landrassen zu den Kultur- oder Zuchtrassen der Gegenwart begann erst im 18. und 19. Jahrhundert. Eine wichtige Zwischenstation auf dem Weg zum heutigen Leistungsstand war die Einführung der Herdbücher in der 2. Hälfte des 19. Jahrhunderts. Heute organisiert und betreut die *Arbeitsgemeinschaft Deutscher Rinderzüchter* als Dachorganisation die

Nutzungsrichtung der Rinderrassen

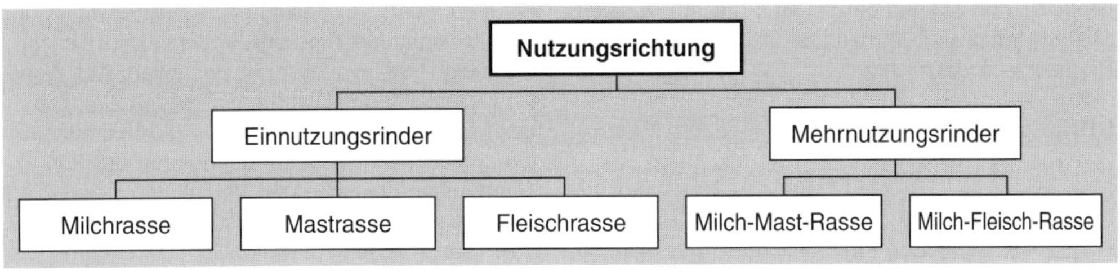

Zuchtarbeit in und zwischen den angeschlossenen Zuchtverbänden.

RINDER-SOMATOTROPIN: →BST

RINDENSUBSTRATE: Alternativprodukt zu Torfsubstraten vor allem für den Einsatz im →Gartenbau. Man unterscheidet drei Produktgruppen:

- Rindenmulch - in verschiedenen Körnungen; nur für Bodenabdeckungen
- Rindenhumus - in drei Körnungen; als Bodenhilfsstoff zur Substratherstellung, mit Nährstoffen
- Rindenkultursubstrate - Rindenhumus als Ausgangsprodukt

RODENTIZIDE: Rodentizide sind →Pestizide, die gegen Nagetiere eingesetzt werden. In der Praxis dienen sie bei uns v.a. der Bekämpfung von Mäusen sowie von Ratten. Neben eigentlich giftigen Stoffen werden zur Nagetierbekämpfung auch Repellents eingesetzt sowie Chemosterilantien zur Reduzierung der Fruchtbarkeit.

ROHEINKOMMEN: →Betriebseinkommen minus Fremdlöhne = Einkommen der bäuerlichen Familie aus →Boden, Arbeit, Kapital und Unternehmerleistung.

ROHERTRAG: Landwirtschaftliche Betriebseinnahmen plus Wert der Naturalentnahmen für Privat, Altenteil, Naturalpacht und →Naturallöhne plus Wert der Bestandsveränderungen an Vieh und selbsterzeugten Vorräten.

RÖMISCHE VERTRÄGE: 1957 in Rom auf dem Kapitol unterzeichnet, markieren die Verträge über die Gründung der Europäischen Wirtschaftsgemeinschaft (EWG) und der Europäischen Atom-Gemeinschaft (EURATOM), zusammen mit der bereits seit 1951 bestehenden sogenannten Montanunion (Europäische Gemeinschaft für Kohle und Stahl) den Beginn der heutigen →EU. Mit den Römischen Verträgen wurde der Grundstein für eine gemeinsame, europaweite Agrarpolitik gelegt. In Artikel 39 wurden die gleichberechtigten fünf Ziele der Agrarpolitik formuliert:

"Ziel der →gemeinsamen Agrarpolitik ist es,

a) die Produktivität der Landwirtschaft durch die Förderung des technischen Fortschritts, Rationalisierung der landwirtschaftlichen Erzeugung und den bestmöglichen Einsatz der Produktionsfaktoren, insbesondere der Arbeitskräfte, zu steigern;
b) auf diese Weise der landwirtschaftlichen Bevölkerung, insbesondere durch Erhöhung des Pro-Kopf-Einkommens der in der Landwirtschaft tätigen Personen, eine angemessene Lebenshaltung zu gewährleisten;
c) die Märkte zu stabilisieren;
d) die Versorgung sicherzustellen;
e) für die Belieferung der Verbraucher zu angemessenen Preisen Sorge zu tragen."

ROTATIONSBRACHE: In die →Fruchtfolge integrierte, meist nur ein- oder zweijährige Unterbrechung des Anbaus von →Kulturpflanzen auf dem Acker.

ROTTEMIST: Tierische Exkremente mit Stroh vermischt, die während ihrer Lagerung außerhalb des Stalles einen mehrere Monate dauernden Rotteprozess (mikrobielle Umwandlung) mit einem Substanzverlust bzw. Kohlenstoffverlust und der Bildung von Humusstoffen und anderen wertvollen Abbauprodukten erfahren.
(→GÜLLE, →TIEFSTALLHALTUNG)

RÜCKBAU: Vor allem die Aufhebung von →Bodenversiegelungen unterschiedlichster Art, aber auch die Renaturierung von begradigten oder betonierten Fließgewässern. Ziel von Rückbaumaßnahmen ist eine Verminderung des Landschaftsverbrauchs und eine Erhöhung der Vielfalt von →Ökosystemen in der →Kulturlandschaft.

RUDERALSTELLEN: Im engeren Sinne Bezeichnung für nährstoffreiche Standorte, die unter dauerndem menschlichen Einfluss stehen und denen gewöhnlich eine echte Horizontbildung des →Bodens fehlt. Ihr Untergrund zeichnet sich durch große Schwankungen der Temperatur und Feuchtigkeit aus. Beispiele sind Abfallhaufen, Müllplätze, unbebaute Grundstücke. Typische Pflanzen sind die Große Brennessel und der Sauerampfer. Im weiteren Sinne werden auch Wegränder und ➔Feldraine als Ruderalstellen bezeichnet.

RUN: Spezialschaffarm in Australien zum Zwecke der Wollgewinnung.

RUNDANGERDORF: Rundplatzdorf mit zentralem ➔Anger in Schleswig-Holstein. Alter und Genese sind unsicher, möglicherweise liegt eine Variante des ➔Fortadorfes vor.

RUNDLING: Rundplatzdorf mit sektorenförmig um einen in Gemeinbesitz befindlichen Innenraum angeordneten Hofstätten. Ursprünglich war nur ein Zugang vorhanden. Geringe Größe, Lage am Rande von Feuchtland, Seitenlage zu Verkehrswegen und abseits liegende Kirche sind weitere Kennzeichen. Rundlinge treten vor allem im Hannoverschen Wendland, Mecklenburg, Pommern, Brandenburg, Thüringen und Sachsen mit allerdings ungleich großen und geschlossenen Verbreitungsgebieten auf. Ein Zusammenhang zwischen der Verbreitung dieses Siedlungstyps mit der mittelalterlichen deutschen ➔Ostkolonisation scheint offensichtlich. Die Erklärung der Genese ist umstritten. Heute geht die Tendenz dahin, im Rundling eine Modeform zeitlicher und regionaler Art zu sehen, bei der in Anlehnung an das schleswigsche ➔Fortadorf der zentrale Dorfplatz auch als Einstellplatz für das Vieh während der Nacht diente.

SAATGUT - SUSTAINABLE DEVELOPMENT

S

SAATGUT: Samen und Früchte, die als generative Organe der Vermehrung einer bestimmten Art bzw. Sorte dienen.
Da die meisten Eigenschaften, die für die Leistungsfähigkeit des Saatgutes bestimmend sind, beim Kauf nicht unmittelbar beurteilt werden können, wurden mit dem Saatgutverkehrsgesetz (SaatG) Regelungen erlassen. Das SaatG definiert Saatgut als

a) Samen, der zur Erzeugung von Pflanzen bestimmt ist; ausgenommen sind Samen von Obst und Zierpflanzen
b) →Pflanzgut von Kartoffel
c) Pflanzgut von Rebe einschließlich Ruten und Rutenteilen

Dazu treten die als *Vermehrungsmaterial* bezeichneten Pflanzen und Pflanzenteile von Gemüse, Obst oder Zierpflanzen, die für die Erzeugung von Pflanzen und Pflanzenteilen oder sonst zum Anbau bestimmt sind. Das Saatgut wird nach dem SaatG nach verschiedenen Kategorien (*Basissaatgut, Zertifiziertes Saatgut, Standardsaatgut* u.w.) unterschieden, wobei entsprechende Begriffe für das Pflanzgut bestehen.
Pflanzenzüchtung zur Erzeugung von Saat- und Pflanzgut für →Landwirtschaft und →Gartenbau wird in Deutschland von etwa 100 vorwiegend mittelständisch organisierten Unternehmen betrieben. 70 Firmen mit eigenem Zuchtprogramm und 30 Vertriebsfirmen bewirtschaften zusammen ca. 3.450 ha Zuchtgärten und 60.000 m^2 Gewächshausfläche. Insgesamt sind 2.300 feste Mitarbeiter (darunter 300 Wissenschaftler) und zusätzlich Saisonarbeitskräfte in der Branche tätig.
Die private Pflanzenzüchtung konzentriert sich weitgehend auf die Bearbeitung der wirtschaftlich wichtigen Ackerkulturen (Getreide, Mais, Raps, Zuckerrübe, Kartoffel, →Futterpflanzen). Die Züchtung seltener, meist wirtschaftlich weniger bedeutender Arten sowie von →Dauer- und →Sonderkulturen wird weitgehend von staatlichen und universitären Institutionen getragen. Auch die Gemüsezüchtung wird nur noch von wenigen Züchtern abgedeckt. Die weltweite Arbeitsteilung und der internationale Handel haben für die deutsche Züchtungswirtschaft zu einer starken Konkurrenz aus dem Ausland geführt.
Voraussetzung für einen Sortenschutz ist, dass eine Sorte neu, unterscheidbar, homogen und beständig ist. Dies wird in mehrjährigen Verfahren durch das Bundessortenamt überprüft. Die Vermehrung von Saatgut erfolgt in ausgewählten landwirtschaftlichen Betrieben.
Der Ankauf von Saat- und Pflanzgut ist für die meisten landwirtschaftlichen Betriebe heute die Regel. Ihnen fehlen gewöhnlich die Möglichkeiten zur eigenen Saatgutaufbereitung. Die Qualität des eigenen Ernteproduktes ist zudem zu gering und zu heterogen. →Nachbau erhöht ferner die Gefahr von Krankheiten. Dennoch hat in den letzten Jahren meist aus Kostengründen das aus eigenem Erntegut gewonnene Saat- und Pflanzgut vor allem bei den Selbstbefruchtern an Bedeutung gewonnen. Im Gemüsebau ist ein Nachbau von Saatgut deutlich seltener. Zum einen werden die Arten in den meisten Fällen im vegetativen Zustand geerntet. Zum anderen sind viele Gemüsesorten Hybride, deren Nachbau deutliche Ertrags- und Homogenitätseinbußen erbringt. (→LANDWIRTEPRIVILEG)

SAATGUTBEHANDLUNG: Vorbeugende Behandlung v.a. von Getreide-, Rüben- und Gemüsesamen zum Schutz gegen Schädlinge (Pilze, Tiere). (→BEIZMITTEL)

SACHSENGÄNGER: In der zweiten Hälfte des 19. Jh. aufgekommene Bezeichnung für saisonale (April - November) Kolonnen von Wanderarbeitern, die nach der Aufnahme von Hackfrüchten in die Fruchtfolge zur Deckung des zusätzlichen Arbeitskräftebedarfs vor allem in die Zuckerrübenanbaugebiete zogen. Die Sachsengänger entstammten meist

Die weltweit bedeutendsten Saatgutfirmen

Firma	Sitz	Haupt-aktivitäten	Wichtigste Tochterfirmen	Umsatz 1992 [Mio. DM]
Pioneer	USA	Saatgut	Vertreten in über 40 Ländern	2.015
Sandoz	Schweiz	Chemie, Agrarchemie	Sandoz Seeds, Northrup King (USA), NK Argentinien, Kanada, Frankreich, Italien, Mexiko, Roger Brothers (USA), Zaadunie (NL), Sluis and Groot (NL), Ciallard (F), Hilleshög NK	1.200
Limagrain	Frankreich	Saatgut	Mais Angevin (F), Vilmorin (F), Tézier (F), Ferry Morse (USA), Shissier (USA), Nickerson, Force Limagrain	850
Upjohn	USA	Chemie	Asgrow (USA): Frankreich, Italien, Brasilien, Deutschland, Buisma (NL), Spanien, Mexiko	480
Sanofi (Elf Aquitaine)	Frankreich	Öl, Chemie	Rustica Europe, Dahlgren (USA), Barberet et Blanc (F), King Group, GAE, Cambler, Arlesa (E), Caussade, Prograin	420
Cebeco	Nieder-lande	Saatgut	Van Engelen Zaden (NL), Procosem (F), Cebeco Saaten (D), International Seeds (USA), Wibolt (DK), Seed Innovation (GB)	410
Cargill	USA	Nahrungsmit-telindustrie	Semences Cargill (F), Kanada, Mexiko, Brasilien, Argentinien, Spanien, Thailand, Pakistan, Indonesien, Australien, Japan, Türkei, Kolumbien, Venezuela	400
ICI	Groß-britannien	Agrarchemie	Zeneca Seeds, Zeneca Seeds UK, SES Tienen (B), SES Italien, SES Iberica, SES Frankreich, SES Deutschland, Pacific seeds, ICI Seeds (USA), ICI Seeds Argentinien, Brasilien, Chile	400
Dekalb Plant Gen.	USA	Saatgut	Argentinien, Australien, Kanada, Frankreich (RAGT), Italien, Spanien	375
Suiker Unie	Nieder-lande	Saatgut	Van der Have (NL): Frankreich, BRD, Belgien, Dänemark, Spanien, USA, Mommersteg Int., Sparpes Int.	310
Ciba	Schweiz	Agrarchemie	Funk Seeds (USA), Kanada, Mexiko, Sementes Germinal Ltd (Brasilien), Argentinien, Frankreich, BRD, Italien, Spanien, Thailand, Türkei ...	270
KWS	Deutsch-land	Saatgut	KWS Frankreich, Semenitala (I), Betaseed (USA), KWS Seeds (USA), Segenta (Chile), Tohum (Türkei), Indusem (BR), Vanwaveren	215
Lubrizol	USA	Erdöl	Mycogen Internationale, Agrigenetics (USA), Eurograin Semences (F), Agrigenetics (I), Agrigenetics (Argentinien)	205
Royal Sluis	Nieder-lande	Saatgut	Royal Sluis France, Tansania, Kenia, Italien, BRD, Belgien, Großbritannien, USA, Dänemark, Ungarn	190

Barenbrug	Niederlande	Saatgut	Barenbrug (Hol.), Barenbrug Belgien, Luxemburg, Großbritannien, Frankreich, USA, Barenbrug Saatzucht (BRD), New Zealand Agriseeds	165
Rhône Poulenc	Frankreich	Chemie, Agrarchemie	Ceres (F), Clause (F), Harris Moran (USA), Callahan Ent (USA), Kenogard (Schweden), Celpril (USA), Belloy (F)	155

kleinbäuerlichen Betrieben aus dem Netze-, Warthe- und Odergebiet, Schlesien, dem Eichsfeld u.a. Gebieten. (➔HOLLANDGÄNGER, ➔SCHWABENKINDER)

SACKGASSENDORF: Geschlossenes Dorf, das gekennzeichnet ist durch die Reduzierung des Wegenetzes auf eine oder mehrere blind endende Gassen, auf die - im Gegensatz zum ➔Rundling - das Hofreitengefüge jedoch nicht streng ausgerichtet ist.

SAFTFUTTER: Futterstoffe, die einen hohen Gehalt an Wasser haben. Zum Saftfutter zählen ➔Grünfutter, ➔Gärfutter und ➔Hackfrüchte.

SAHEL-SYNDROM: Bündel von Formen der ➔Bodendegradation und deren Ursachen bei der landwirtschaftlichen Inanspruchnahme marginaler Standorte. Der Begriff ist Teil einer Klassifikation von Syndromen der Bodendegradation.
Das Sahel-Syndrom umfasst die Überweidung und Übernutzung arider und semiarider Grasländer und die Erschließung steiler, strukturschwacher, erosionsanfälliger ➔Böden.
Ein weiterentwickeltes Konzept des Sahel-Syndroms berücksichtigt nicht nur bodenzentrierte Krankheitsbilder, sondern auch alle Elemente von Natur- und Anthroposphäre gleichzeitig.
Die Brennpunkte der Übernutzung solcher Agrarstandorte und damit die Überschreitung ökologischer Tragfähigkeit liegen neben der Sahelzone im Maghreb, in Ostafrika, Westarabien, Teilen Ost- und Zentralasiens, Indien, Mittelamerika und Teilen Ostbrasiliens.
Unangepasster Feldbau, Feuer und Überweidung bedingen eine verminderte Produktivität und besondere Anfälligkeit des Naturraums. Zusammen mit den oftmals stark fluktuierenden jährlichen Niederschlägen in ariden Gebieten führt dies zu einer Degradation von Steppen oder Savannen hin zu wüstenähnlichen ➔Landschaften.
<u>Die Symptome dieser ➔Desertifikation sind:</u>
- Degradation der Pflanzendecke, Rückgang der Biomasseproduktion sowohl der Primärvegetation als auch der landwirtschaftlichen Vegetation
- Veränderungen im Wasserhaushalt (➔Bodenwasser, ➔Grundwasser, Verdunstung, Oberflächenabfluss)
- Veränderte morphologische Prozesse wie verstärkte Wind- und Wassererosion und Reaktivierung von Dünenwanderungen und Dünenneubildung
- Degradation der Böden (Aridifizierung, verminderte ➔Bodenfruchtbarkeit, Bodenverkrustung, ➔Bodenversalzung, und -alkalinisierung, Bodenstrukturzerstörung)

Als eine Hauptursache ist die *Landnutzungsänderung*, von der ➔*Subsistenzwirtschaft* hin zu kapitalintensivem *Monokulturanbau* von ➔cash crops anzusehen. Dadurch ist die ländliche Bevölkerung verstärkt gezwungen, auf marginale Standorte auszuweichen. In Verbindung mit dem Bevölkerungswachstum führt das zu einer Ausdehnung der landwirtschaftlich genutzten Flächen und zur Intensivierung der Nutzung. Hinzu kommt die Brennholznutzung bei immer knapper werdenden Holzvorräten.
<u>Weitere Ursachen und ihre Folgen:</u>
- Der Einfluss westlicher Kulturen (Kolonialisierung, moderne Medien): Konsumbedürfnisse änderten sich, Entfremdung von natürlichen Lebensgrundlagen durch Abkehr von Tauschhandel und gegenseitiger Hilfeleistung, Individualisierung löste traditionelle Formen des Zusammenlebens in Stämmen, Clans und Dörfern (Solidarsysteme) ab, Verlust traditionellen Wissens um angepasste landwirtschaftliche Praktiken
- Innenpolitische Faktoren: Förderung moderner Intensivlandwirtschaften, geringe Partizipationsmöglichkeiten der ländlichen Bevölkerung, Bürokratismus, tendenzielle Geringschätzung der traditionellen Lebensweise, oft verbunden mit Repression (Sesshaftmachung von Nomaden)
- Außenwirtschaftliche Zwänge: verschlechterte ➔*terms of trade*, hohe internationale Verschuldung, Zwang zum Erwirtschaften von Devisen durch Anbau von cash crops
- Fehlkonzipierte Entwicklungshilfe: überhastete Modernisierung der ➔Landwirtschaft (Sesshaftmachung von Nomaden, Tiefbrunnenbau) statt lokaler, angepasster, kleinskaliger Projekte, Aufgabe von ursprünglich nachhaltigen Bodenbearbeitungsmethoden, wenig Berücksichtigung der Bedürfnisse und Traditionen der lokalen Bevölkerung
- Hohes Bevölkerungswachstum
- Wachsende Verarmung, Landflucht, steigende Anfälligkeit gegenüber Nahrungskrisen, zuneh-

mende Häufigkeit von politischen und sozialen Konflikten um knappe Ressourcen

SAISONSIEDLUNG: Jahreszeitlich bewohnte oder saisonal an unterschiedlichen Wohnplätzen errichtete Einzel- oder Gruppensiedlung. Die Behausungen können bodenfest oder bodenvag sein oder sie bilden eine Kombination aus bodenfestem Sockel und transportabler Bedachung. Saisonsiedlungen treten auf beim →Feldbau, der →Viehhaltung, der Fischerei sowie als Fremdenverkehrssiedlung oder Freizeitsiedlung.

SALZWIESE: Natürliches, beweidetes oder (seltener) gemähtes, tidenbeeinflusstes →Grünland am Wattenrand, landwärts an das Quellerwatt angrenzend. Pflanzen und Tiere der Salzwiesen sind an die Salzgehalte von Wasser und →Boden angepasst und verfügen oft über Mechanismen zur Salzregulation.
Salzwiesen können auch auf Salzböden des Binnenlandes auftreten.

SANDDECKKULTUR: Moorkulturform, bei der geringmächtige (<1 m) Niedermoortorfe über Talsand mit einer 15-30 cm mächtigen Sanddecke ohne Einmischung versehen werden. Die Sandschichten erhöhen die Tragfähigkeit der Moorböden auch bei höheren Grundwasserständen und konservieren die →Torfe im Untergrund, da sie nur beschränkt mineralisiert und bei Austrocknung nicht ausgeweht werden können.
Von der eigentlichen Niedermoor-Sanddeckkultur wird die →Tiefpflug-Sanddeckkultur unterschieden, bei der durch eine besondere Pflugtechnik der Niedermoortorf unter der Sanddecke in eine Schicht aus steil gestellten Sand- und Torfbalken (-schollen) verwandelt und der darüber liegende Sand nicht mit dem Torf vermischt wird.

SANDMISCHKULTUR: Kultivierungsform bei geringmächtigen Hochmooren, bei der durch →Tiefpflügen bis 1,8 m Tiefe Sand- und Torflagen überkippt werden und in einer schrägen Wechselschichtung vorliegen. Die als Folge entstehenden →Böden sind wegen ihrer Durchlässigkeit, Wasserhaltefähigkeit und Tiefgründigkeit für den →Ackerbau geeignet.

SÄTERWIRTSCHAFT: →Weidewirtschaft auf den Gebirgsflächen Skandinaviens, die mit der alpinen →Almwirtschaft vergleichbar ist.

SAWAHKULTUR: Hochentwickelte, intensive Form des →Nassreisbaus verbunden mit →Pflugbau und →Viehhaltung. Ihre Verbreitung hat sie vornehmlich auf Java und Bali sowie auf den Hochebenen Sumatras.

SCHADSCHWELLE: Auch *wirtschaftliche Schad(ens)schwelle*; Schwellenwert, bei dessen Überschreitung aufgrund der Zunahme von Schadorganismen unter Berücksichtigung der Kosten von Pflanzenschutzmaßnahmen ein wirtschaftlicher Schaden auftritt. Erst bei Überschreiten dieser Schwelle sind Behandlungsmaßnahmen sinnvoll. Solche Schadschwellen sind für viele potentielle Schaderreger wissenschaftlich berechnet worden: z.B. die Anzahl von Blattläusen je Weizenähre oder Rübenpflanze oder der Grad des Mehltaubefalls im Getreide je Bezugseinheit. Die Anwendung des Schadschwellenprinzips hängt von vielen wirtschaftlichen und biologisch-technischen Variablen ab: Auf der Schadensseite spielt der Preis für die Agrarprodukte eine wesentliche Rolle: Sinkt er, so erhöht sich die wirtschaftliche Schadschwelle, steigt er, so erniedrigt sie sich. Ferner setzt das Konzept ein gutes Prognosewesen voraus: Stellt sich feuchtwarme Witterung ein, kann sich Mehltau explosiv ausbreiten, wird es trockenwarm, wird die Blattlausvermehrung exponentiell erfolgen. Risiken durch Herbizidanwendungen spielen ebenso eine Rolle wie hohe Kosten für die Reinigung als Folge von Verunkrautung, ferner Art des →Unkrauts, Getreideart, →Düngung, →Fruchtfolge u.w.
Die Schadschwellenmethode kann zwar Bekämpfungsmaßnahmen einschränken, wirkt aber nicht selektiv. Mit den Unkräutern werden auch erwünschte seltene Arten vernichtet.
Die Ausnutzung der wirtschaftlichen Schadschwelle ist ein wichtiges Merkmal des →Integrierten Pflanzenschutzes.

SCHADSTOFF: Stoff, der von einer bestimmten Konzentration an die Gesundheit von Mensch, Tier und Pflanze gefährden oder die Nutzungs- und Leistungsfähigkeit von →Boden, Wasser und Luft beeinträchtigen kann.
Viele dieser Substanzen sind lebensnotwendig für den Organismus, eine zu geringe Aufnahme führt zu Mangelerscheinungen. Treten sie aber in zu hohen Konzentrationen auf, werden sie zum Schadstoff. Andere Substanzen wirken schon in geringen Konzentrationen toxisch, ohne dass positive physiologische Effekte bekannt wären.
Schadstoffe im Boden lassen sich in folgende Gruppen einteilen:

1. Säuren und Säurebildner (Verbindungen von N, S, F und Cl)
2. Schwermetalle (Cd, Hg, Pb, Co, Cr, Cu, Mo, Ni, Zn)
3. Radionuklide (^{90}Sr, ^{137}Cs)

4. Organische Moleküle (polyzyklische Kohlenwasserstoffe, perchlorierte Kohlenwasserstoffe)
5. weitere Schadstoffe (Verbindungen von Al, Sn, As, Se).

Das Auftreten von Schadstoffen im Boden kann verwitterungsbedingt sein, durch den Auftrag von ➔Dünger oder ➔Klärschlamm erfolgen sowie die Anwendung von ➔Pestiziden oder ➔atmosphärische Depositionen als Ursache haben.

SCHADUF: Ägyptischer Schwing- oder Hebelbrunnen. Zwei nebeneinanderliegende Säulen aus Lehm oder anderem Material tragen einen am kürzeren Ende durch einen Stein beschwerten Brunnenhebel. Am längeren Hebel ist der Eimer befestigt, der mit menschlicher Kraft in das Flusswasser oder in den Brunnen gesenkt wird. Durch das Gegengewicht am kürzeren Hebelende ist die Förderung des Eimers relativ leicht. Das Prinzip ist global verbreitet und besitzt u.a. auch die Bezeichnungen *Khottara* (ar. hattara = hin und her schwingen) und *Gounima*-Brunnen. (➔BEWÄSSERUNG, ➔BEWÄSSERUNGSWIRTSCHAFT)

SCHAFTRIFTEN: Gelände, das infolge geringer landwirtschaftlich verwertbarer Produktivität ausschließlich zur extensiven Schafweide genutzt wird. Oft handelt es sich um ➔Halbtrocken- und ➔Trockenrasen auf Kalkböden. Sie stehen heute aufgrund ihres botanischen und zoologischen Artenreichtums meist unter ➔Naturschutz. (➔TRIFTEN)

SCHEUER: Auch *Scheune, Schopf, Stadel*; separater Bau zum erdlastigen Stapeln der Getreide- und/oder Heuernte.

SCHIFFELWIRTSCHAFT: Der ➔Haubergwirtschaft ähnliche Wirtschaftsform vor allem in der Eifel als Wechselwirtschaft zwischen ➔Heide (hier offenes, waldfreies Allmendland) und ➔Ackerland.

SCHLAG: 1. Ein größeres Feld, bei der ➔Schlagflur eine von der Größe her gleiche Abfolge des Besitzgemenges, u.U. eine ➔Zelge oder das Außenfeld (Außenschläge) einer ➔Flur. Bei der ➔Fruchtwechselwirtschaft wird z.B. nach Getreideschlag oder Kartoffelschlag unterschieden.
2. Fruchtfolgeschlag, ein Ackerstück, das fruchtfolgemäßig einheitlich oder annähernd einheitlich behandelt bzw. bebaut wird. Es weicht oft von der ➔Parzelle als Eigentumsfläche ab.

Die Schlaggröße sollte 5 ha möglichst nicht überschreiten. Bei Größen oberhalb von 10 ha ergeben sich nur noch geringe Einsparungen im Arbeits- und Maschinenzeitbedarf. Großschläge von 100 ha und mehr, wie sie in den neuen Bundesländern, bzw. bereits in der DDR geschaffen wurden, sind aus wirtschaftlichen Gründen nachteilig. Selbst große Erntemaschinen müssen über die Schlaglänge mehrfach entleert und damit die Erntegüter unnötigerweise mit schweren Fahrzeugen über die Fläche transportiert werden. Beim Ausbringen von ➔Gülle und ➔Stallmist wird der ➔Boden mehrfach befahren, weil die Fahrzeuge nach einem Teil der Schlaglänge schon entleert sind. Derartige Großflächenbewirtschaftung erhöht zusätzlich die Gefahr von ➔Bodenerosion und hat gleichzeitig zur Folge, dass der Anteil an ökologisch wichtigen Landschaftselementen, wie ➔Hecken, Feldgehölzen, ➔Feldrainen und Wegen, abnimmt. Mit zunehmender Schlaggröße können die ausgleichenden Wirkungen dieser Flächen hinsichtlich Erosionsschutz, ➔Artenvielfalt und Nützlingsförderung immer weniger wirksam werden.

SCHLAGFLUR: Spezieller Typ von ➔Gewannflur, der meist nach 1700 in Mitteldeutschland durch Rodung, Umlegung oder Separation von Gutsland entstand. Die Parzellenstreifen waren in mehrere gleiche Abfolgen des Besitzgemenges (➔Schlag) untergliedert. Der Parzellierungsgrad wurde dabei durch die Gehöftzahl bestimmt.

SCHLAGWIRTSCHAFT: ➔Fruchtwechselwirtschaft, die sich unter dieser Bezeichnung auf den einstigen Mecklenburgischen Großbetrieben entwickelte. Charakteristisch ist die Aussonderung der Ackerweide aus der normalen Fruchtfolgerotation. ➔Koppeln werden dadurch überflüssig. Im Landschaftsbild stehen ausgedehnten Ackerfluren lediglich kleinere, eingefriedete Graskoppeln in den Niederungen gegenüber.

SCHLAGKARTEI: Eine auf den einzelnen Acker- oder Grünlandschlag bezogene, systematische und geordnete Aufzeichnung über produktionstechnische Maßnahmen und Ergebnisse in der Pflanzenproduktion. Sie bietet Planungs- und Entscheidungshilfen für den zukünftigen Anbau. Die Aufzeichnungen können auf Karteikarten oder mit Hilfe von EDV erfolgen.

SCHLEMPEN: Nebenprodukte der Alkoholgewinnung aus ➔Melasse, ➔Obst etc., die z.T. als ➔Futtermittel verwendet werden können. Es sind Destillationsrückstände der unter Hefezusatz vergorenen Maischen.

Charakteristika von Schlempen:

- Wassergehalt 92-96 %, damit ungeeignet für weite Transporte
- beinhaltet neben der Hefe vor allem Eiweiß von hoher biologischer Eiweißwertigkeit

- Verdaulichkeit der organischen Substanz von nur 60 %, nur geringe Nährstoffkonzentration, daher
- Verfütterung hauptsächlich an Rinder, weniger an Schweine

Bedeutung als Futtermittel haben nur Schlempen von Getreide, Kartoffeln, Mais, Milo oder Maniok. (➔NACHWACHSENDE ROHSTOFFE)

SCHMALSTREIFENFLUR: ➔Flurform, bei der sich aufgrund häufiger Teilungen die ursprüngliche Parzellenbreite nicht mehr erkennen lässt oder bei der durch bewusst schmal gehaltene Streifen eine stärkere ➔Gemengelage des Besitzes im Streifensystem angestrebt wird. In Mittel- und Westeuropa liegt die Grenze zur Breitstreifenflur bei ca. 40 m.

SCHNEITELWIRTSCHAFT: Auch *Schnaitelwirtschaft*; überwiegend obsolete Futter- und Streugewinnung in Laubwäldern durch Abschneiden von Ästen. Die Schneitelwirtschaft hielt sich bis ins 18. Jahrhundert in allen Laubwaldgebieten Europas. Vereinzelt ist sie noch in Südosteuropa und in den Pyrenäen anzutreffen.

SCHOPF: Auch *Schuppen*; Unterstellraum für Wagen usw., oder Stapelraum für Torf usw.; kann ans Haus angebaut sein. Regional auch synonym mit ➔Scheune gebraucht.

SCHREBERGARTEN: Bezeichnung für ➔Kleingärten, die auf den Leipziger Arzt Daniel Schreber (1808-1861) zurückgeht, der in seinem Einsatz für die Volksgesundheit gymnastische Erziehung, die Errichtung öffentlicher Spielplätze und auch die Einrichtung von Kleingärten propagierte. Die konkrete Umsetzung erfolgte aber durch seinen Schwiegersohn E.J. Hauschild, der nach 1864 von der Stadt Leipzig Gelände pachtete, um Kinderbeete anzulegen. Daraus entwickelten sich Familiengärten. Die Entwicklung griff nach einigen Jahren auf andere Städte über. Neben dem Leipziger Ansatz gab es auch weitere Keimzellen der Kleingartenbewegung, z.B. im Ruhrgebiet, wo für Hüttenarbeiter und Bergleute Industrie- und Werksgärten geschaffen wurden.

SCHWABENKINDER: Bezeichnung für jene Gruppen von Kindern aus Westtirol und Vorarlberg, die in vorindustrieller Zeit (belegt seit dem ersten Drittel des 17. Jh.) aus wirtschaftlicher Not von ihren Eltern nach Schwaben, vor allem ins Allgäu geschickt wurden, um sich dort saisonal als Hütekinder zu verdingen.
Die Herkunftsräume waren übervölkerte Realteilungsgebiete mit unzureichender ➔Ackernahrung. Die übliche Dauer der jährlichen Migration währte von März bis Ende Oktober. Nach etwa einwöchiger Fußreise wurden die Kinder auf den Gesindemärkten, z.B. in Kempten, Ravensburg, Weingarten und Tettnang einzeln von Bauern in Dienst genommen. Um 1830 wird von fast 5.000 solchen Wanderarbeitern pro Jahr berichtet. (➔HOLLANDGÄNGER)

SCHWAIGE: Von ahd. *Sweiga* = Rinderherde, Weideplatz; im Alpenvorland und im gesamten Alpenraum auftretende ➔Einzelhöfe, teils in Mischung mit ➔Weilern. Es waren Dauersiedlungen, mit dem Zweck, die Grundherrschaft mit den Produkten der ➔Viehwirtschaft zu beliefern.

SCHWAIGHOF: Auf reine ➔Viehwirtschaft spezialisierte ➔Betriebsform im Alpenvorland und im Alpenraum innerhalb einer Grundherrschaft, vor allem von Klöstern eingerichtet. Für die Schwaighöfe bestand eine Lieferverpflichtung (Käse, Lebendvieh) an den Grundherrn, der seinerseits die Versorgung mit Getreide, Stroh usw. garantierte. In den Urkunden hießen diese Höfe auch *vaccariae* (lat. vacca = Kuh) oder *armentariae* (lat. armentum = Acker- und Pflugvieh, insbesondere Ochsen). Schwaighöfe bestanden vom 12. Jahrhundert bis zum Beginn des Eisenbahnzeitalters.

SCHWAND(T)WIRTSCHAFT: Regionale Bezeichnung der ➔Feldwald(wechsel)wirtschaft.
(➔HAUBERGWIRTSCHAFT, ➔REUTBERGWIRTSCHAFT)

SCHWARMSIEDLUNG: Lockeres Dorf mit flächenhafter und nicht linearer Weitständigkeit von Gebäuden und ➔Hofreiten. Die Abstände zwischen den Hofstellen betragen ca. 100-300 m.

SCHWARZBRACHE: 1. Typ der ➔Brache, bei dem das Feld mehrfach umgepflügt wird, um das Erdreich zu durchlüften, die kapillare Verdunstung (Staubmulch) zu brechen und den Unkrautwuchs zu bekämpfen. In semihumiden Räumen (seit Jahrhunderten im Mittelmeerraum) versucht man mit der Schwarzbrache auch eine Anreicherung von Niederschlagsfeuchtigkeit zu erreichen. Dies wird durch die fehlenden Transpirationsabgaben durch Feldkulturen oder einer sonstigen Pflanzendecke erreicht. Die eingesparten Wassermengen sind allerdings gering. Messungen in den nördlichen Prärien der USA zeigen, dass von den 57,7 cm Niederschlag der 21monatigen Bracheperiode zehn bis 19 cm zurückgehalten wurden. Zudem kann Wasser nur unterhalb einer Tiefe von 20 cm gespeichert werden, da es direkt unter der Bodenoberfläche größtenteils durch Verdunstung verlorengeht. Die Schwarzbrache hat ihre Verbreitung in nicht-tropischen, halbariden Gebie-

ten, wo nicht bewässert werden kann, z.B. mediterrane Länder, kontinentale Gebiete Nordamerikas und Osteuropas. Die absolute Schwarzbrache hat sich nicht bewährt.
2. Nach der Methodologie der EU-Strukturerhebungen jene bearbeiteten oder nicht bearbeiteten Flächen, die in der Fruchtfolge stehen, aber während des ganzen Wirtschaftsjahres keine Ernte erbringen. Schwarzbrache kann in folgenden Formen vorkommen:

- Flächen ohne jede Vegetation
- Flächen mit zufälliger Vegetation; diese Vegetation kann in bestimmten Fällen als Viehfutter oder zum Unterpflügen verwendet werden
- eingesäte Flächen, die ausschließlich Gründüngungszwecken dienen (➔Grünbrache)

Schwarzbrache ist nicht mit Zwischenfruchtbau und nicht mit aus der landwirtschaftlichen Erzeugung ausgeschiedenen Flächen zu verwechseln. Wesentliches Merkmal der Schwarzbrache ist, dass die Flächen i.a. für eine Vegetationsperiode ruhen, um sie zu verbessern. (➔DRY FARMING)

SCHWARZKULTUR: Älteste Moorkulturform, bei der Niedermoore nach Entwässerung direkt als Acker oder ➔Grünland genutzt werden (syn.: Niedermoor-Schwarzkultur); sie ist weltweit verbreitet. Eine neuzeitliche Variante der Schwarzkultur ist bei Hochmooren die *Deutsche Hochmoorkultur*, bei der der (z.T. abgetorfte) Hochmoortorf nach Entwässerung durch Einmischung in die oberen 20 cm gedüngt wird.

SCHWEDENREUTER: Gerüst zur Trocknung von Grasschnitt aus mehreren in einer Reihe angeordneten Pfählen, die durch 4 - 6 übereinander gespannte Drähte oder Schnüre verbunden sind.

SCHWEINEPEST: Für Schweine gewöhnlich tödliche Viruserkrankung. Eine Bekämpfung der Schweinepest geschieht durch besondere Präventionsmaßnahmen im Hygienebereich, bei der weitestgehenden Unterbrechung von Übertragungswegen und bei akuten Ausbrüchen durch die komplette Vernichtung betroffener Bestände. Ausbrüche der Pest in EU-Ländern bedingten in den letzten Jahren die Keulung von mehreren Millionen Tieren mit der Elektrozange. Eine Impfung ist seit 1990 EU-weit wegen des Druckes von Importländern verboten. Denn Tiere können durch die Impfung zwar selbst nicht krank werden, die Krankheit aber übertragen. Das Virus ist für den Menschen harmlos.

SCHWELLENPREIS: Mindestpreise, zu denen Agrarprodukte bis zur Tarifierung der ➔Abschöpfungen in die ➔EU importiert werden durften. Bei Einfuhren wurde der niedrigere Weltmarktpreis durch ➔Abschöpfungen und/oder Zölle so stark verteuert, dass sie den Schwellenpreis erreichten. Der Schwellenpreis sicherte die Preisstabilität der Gemeinschaft und war so ein Schutz einheimischer ➔Landwirte vor billiger produzierenden Bauern aus Drittländern. Die Schwellenpreise bildeten vielfach die Grundlage für die Abschöpfungen.
Bei Getreide entspricht heute die Einfuhrschwelle dem früheren Schwellenpreis. (➔GEMEINSAME AGRARPOLITIK, ➔MARKTORDNUNG)

SCHWENDEN: Gezieltes Entfernen (Mähen, Ausgraben) von Weideunkräutern (z.B. Gelber Enzian, Germer), aufkommenden Zwergsträuchern und Fichten als wichtiger Teil der Almpflege. (➔ALM)

SCHWERMETALLE: Als Schwermetalle bezeichnet man jene metallischen Elemente, welche eine Dichte von mehr als 5,6 g/cm^3 aufweisen und die sich im Periodensystem als Übergangselemente in der 4. bis 6. Periode befinden. Ihre Verbreitung in der Erdkruste reicht von wenigen ppm (Cd, Hg, Mo) bis zu einigen Promillen (Mn, Ti, Fe). Für das pflanzliche Wachstum sind Fe, Zn, Mn, Cu, Mo, Co essentielle Spurenelemente, für den tierischen Organismus zusätzlich Cr, Sn und Ni. Von den übrigen Schwermetallen ist keine physiologische Notwendigkeit bekannt, manche wirken schon in sehr kleinen Konzentrationen toxisch, so vor allem Cd, Pb, Hg und Ti.
Jeder ➔Boden enthält, entsprechend seinem ➔Ausgangsgestein, von Natur aus einen bestimmten Gehalt an Schwermetallen, die bei der Verwitterung freigesetzt und teilweise pflanzenverfügbar werden. Wegen der globalen Verfrachtung von Industrie- und Verkehrsimmissionen gelangen heute nahezu überall zusätzliche Schwermetalle mit den Niederschlägen oder mit atmosphärischem Staub auf den ➔Boden. An naturbelassenen Standorten ist der Schwermetallentzug des Bodens durch die Pflanzen nur vorübergehend, da der exportierte Anteil mit der ➔Streu nahezu vollkommen wieder in den Boden zurückgelangt. Auf landwirtschaftlich genutzten Standorten kommt nur ein Teil in den Boden zurück, entweder direkt als Streu oder indirekt mit ➔Wirtschaftsdüngern. Mit ➔Klärschlamm und ➔Kompost fließen beträchtliche Mengen zusätzlicher Schwermetalle aus verschiedensten Quellen in den Kreislauf ein. Schließlich enthalten auch ➔Handelsdünger, vor allem verschiedene Phosphate Spuren von Schwermetallen.
In der Bodenmatrix können die Schwermetalle auf unterschiedliche Weise gebunden werden. Die Adsorptionskapazität der Sesquioxide (Eisen- und Aluminiumoxide und Hydroxide) für Kationen nimmt mit steigendem ➔pH-Wert zu. Neben der reinen Adsorp-

tion können Sesquioxide die Schwermetalle auch in ihre Struktur einbauen. So gebundene Metalle sind nicht mehr pflanzenverfügbar. Die Bindung der Schwermetalle an Tonmineralen folgt den Gesetzen des Kationenaustausches an negativ geladenen Tauschern. Mit den Humusstoffen bilden die Schwermetalle Komplexe und Chelate. Die Stabilität der Komplexe und die Bindungskapazität sinken mit abnehmendem →pH-Wert. In sauren Böden ist daher die relative Verfügbarkeit und die Mobilität der Schwermetalle größer als unter neutralen Bedingungen.
Die Aufnahme der Schadstoffe aus dem Boden und ihre Phytotoxizität hängen von Art und Konzentration des →Schadstoffs, von pflanzenspezifischen Faktoren und von Bodeneigenschaften ab. In der Regel akkumulieren zweikeimblättrige Pflanzen mehr Schwermetalle und reagieren ertragsmäßig empfindlicher als einkeimblättrige. Wurzeln wirken als Filter und reichern viel mehr Schwermetalle an als Sprossorgane (z.B. Blätter) und diese mehr als reproduktive Organe (z.B. Samen, Früchte).
Hohe Konzentrationen von Schwermetallen hemmen viele wichtige →Bodenlebewesen und Prozesse.

SECTION: Im US-amerikanischen Landvermessungssystem →*land ordinance* ein Quadrat von 1 Meile Kantenlänge. 36 sections bilden eine →*township*, 1 section ist selbst in 4 →*quarter sections* unterteilt.

SEGREGATION: Großräumige Funktionstrennung zwischen einer weiter intensivierten →Landwirtschaft einerseits und davon durch Pufferzonen abgeschirmtem Umwelt- und →Naturschutz auf 'stillgelegten' oder bislang agrarisch nicht genutzten Flächen andererseits. Im Hinblick auf den Erhalt bedrohter Arten sind solche Flächen in bestimmter Mindestgröße unerlässlich, um die für das langfristige Überleben nötigen Mindestpopulationsgrößen zu erreichen. Insgesamt können die Ziele des Naturschutzes nur mit einer Kombination aus Segregations- und Integrationskonzept erreicht werden. (→INSELLANDWIRTSCHAFT, →INTEGRATION)

SEGUIA: Auch *Targa*; traditionelle Wasserzuführung in →Oasen mit Hilfe eines kleinen Stauwehrs (Sedd, Ougoug) über einen Erdkanal, der Seguia. Souagi (pl.) werden zur Ableitung von Flusswasser eingesetzt, aber auch in Quelloasen oder Oasen mit artesisch gespanntem Wasser, das oberflächlich austritt. (→BEWÄSSERUNG)

SEIDENRAUPENZUCHT: Aufzucht des domestizierten Maulbeerspinners, vom Ei über die Metamorphosestadien der Raupen bis zum Kokon, dessen abspulfähiger Seidenfaden mit einer Länge von durchschnittlich 3.000 m das Rohmaterial für die Rohseidenerzeugung liefert.
Die Seidenraupenzucht ist abhängig vom Gedeihen des Maulbeerbaumes, dessen frische Blätter das Futter der Seidenraupe bilden. Traditionell ist die Seidenraupenzucht eine gute Einnahmequelle ostasiatischer Kleinbauern.

SELBSTVERSORGUNGSGRAD: Der prozentuale Anteil der Inlandserzeugung am Gesamtbedarf (landwirtschaftlicher) Produkte in einer Volkswirtschaft. In Deutschland betrug der Selbstversorgungsgrad an Nahrungsmitteln im Wirtschaftsjahr 1996/97 93 %, ohne die →Futtermittelimporte reduziert sich diese Quote allerdings auf 85 % (Agrarbericht 1998). Der Selbstversorgungsgrad der →EG liegt bei den meisten landwirtschaftlichen Erzeugnissen über 100 %. Trotz der hohen Selbstversorgungsquoten sind die meisten Industriestaaten auf Importe ernährungswirtschaftlicher Güter angewiesen. Ein gewisser nationaler Selbstversorgungsgrad der Bevölkerung mit Nahrungsmitteln gehört aus wirtschaftlichen und politischen Gründen (u.a. Krisenvorsorge) zu den klassischen Anliegen der →Agrarpolitik.

Selbstversorgungsgrad bei ausgewählten Agrarprodukten in Deutschland und in der Europäischen Union (EU-15)

Produkt	Selbstversorgungsgrad [%][1] Europäische Union		Deutschland	
	1994	1996	1994	1996
Milch	106	108	98	98
Butter	100	104	82	84
Rind- und Kalbfleisch	105	119	108	132
Schweinefleisch	106	104	77	76
Geflügelfleisch	107	109	61	59
Eier	102	103	75	72
	1994/ 1995	1996/ 1997	1994/ 1995	1996/ 1997
Getreide	108	120	106	119
Zucker	122	130	135	149

[1] teilweise geschätzt
Quelle: Agrarbericht1997

SELBSTVERTRÄGLICHKEIT: Begriff aus der →Fruchtfolge, der die Empfindlichkeit der einzelnen Arten von →Kulturpflanzen gegenüber Fruchtfolgekrankheiten bezeichnet, welche aufgrund des kontinuierlichen Anbaus einer Art auf dem gleichen ➔Schlag gehäuft auftreten. Mögliche negative Veränderungen ergeben sich aus bodenbürtigen, auf die jeweilige Frucht spezialisierten Krankheitserregern (z.B. Nematoden), Veränderungen im Humusgehalt und in der Bodenstruktur sowie durch Wurzelausscheidungen.

SELDNER: In SW-Deutschland ehemals verbreitete Bezeichnung für landwirtschaftliche Kleinstellenbesitzer, die im späten Mittelalter vor allem in Gebieten mit ➔Anerbenrecht als ➔Nachsiedler auftraten. Seldner waren gegenüber den Bauern durch eingeschränkte Allmendrechte benachteiligt. Ihre kleinen Betriebe erlaubten nur eine teilweise Selbstversorgung. Das Haupteinkommen entstammte aus Arbeit in vollbäuerlichen Betrieben, herrschaftlichen oder adeligen Gütern, aus Dorfhandwerk oder aus gewerblicher Betätigung. Bezeichnungen mit ähnlicher Bedeutung sind ➔Häusler, ➔Köbler und ➔Kötter.

SENNALPE: ➔Alm mit vorwiegender Milchviehhaltung und eigener ➔Sennerei.

SENNEREI: 1. Sommerliche Milchwirtschaft in den Alpen, Skandinavien und Island auf den ➔Almen.
2. Bezeichnung für die Gebäude der Alm (Sennhütte), in der die Milch zu Milchprodukten verarbeitet wird, und die dem Almpersonal als Unterkunft dienen.

SEPARATIONEN: An ➔Vereinödung und ➔Verkoppelung angelehnte Eingriffe in die ➔Agrarstruktur in Mitteldeutschland, die schon weitgehend den heutigen ➔Flurbereinigungen entsprachen: sie erbrachten die Aufhebung der ➔Weidegerechtsame, die Zusammenlegung von Streubesitz, Entwässerung des ➔Ackerlandes, Regulierung der Gewässer, Begradigung der Grenzen und Wege, Ablösung der Dreizelgenbrachwirtschaft durch freie ➔Fruchtfolgen und eine Parzellierung in Blockgewanne.

SHIFTING CULTIVATION: Auch *wandernde Brandrodewirtschaft*; Oberbegriff für eine Vielfalt von Formen tropischen Feldbaus mit Flächenwechsel. Es bestehen auch die Begriffe *Anbauflächenwechsel* oder *Urwechselwirtschaft*, letzterer weil shifting cultivation die älteste Form der Landnutzung darstellt. Sie ist heute noch in den feuchten südamerikanischen, südostasiatischen (starker Rückgang) und vor allem afrikanischen Tropen und Subtropen verbreitet. Die Abgrenzung ist nicht eindeutig, da sie mit den anderen Betriebsformen der Tropen vermischt auftritt. Die Nutzung beruht auf dem Wechsel zwischen mehrjährigem Anbau und langdauernder ➔Brache mit Sekundärvegetation. Somit dehnen sich die Nutzflächen nicht geschlossen aus, sondern verstreut im Übergang zwischen Regenwald und Feuchtsavanne oder inselförmig innerhalb des Waldes. Verstärkt wird in der englischsprachigen Literatur shifting cultivation strikt im Sinne von ➔Wanderfeldbau verwendet und damit von dem Begriff *bush fallow* (➔Landwechselwirtschaft) abgegrenzt.
Die Erschließung erfolgt durch Abbrennen der natürlichen Vegetation (Brandrodung). Der meist mit der Hacke auf kleinen ➔Parzellen betriebene Anbau umfasst ➔Mischkulturen mit Mais, Hirse, Batate, Yams, Taro, Bergreis, Maniok (Cassava), Bananen usw. und dient vorwiegend der Selbstversorgung. In feuchten Gebieten dominieren Knollenfrüchte, in trockeneren Körnerfrüchte. Baumwolle, Erdnüsse, Tabak u.w. gelangen auch zum Verkauf. Zur Bodenbearbeitung werden Pflanzstock, Grabstock und Hacke eingesetzt. ➔Fruchtwechsel und künstliche ➔Düngung fehlen gewöhnlich. Die Nutzfläche zeigt häufig eine ringförmige Anordnung mit intensiv und dauernd bestellten, z.T. auch gedüngten Innenfeldern und extensiv im Wechsel genutzten Außenfeldern. Diese werden jährlich neu verteilt und sind von sekundärem Wald, Busch oder Grasland durchsetzt.
Nach zwei bis vier Jahren lässt der Ertrag nach. Erschöpfung und häufig auch Abschwemmungen des ➔Bodens zwingen zur Verlagerung der Anbaufläche und zur Neurodung benachbarter Gebiete.
Der Anbauflächenwechsel kann mit einer Verlegung der Siedlung verbunden sein und wird dann *Wanderfeldbau* genannt. Bei der ➔*Landwechselwirtschaft* bleiben die Siedlungen stationär, und nur die Anbauflächen wandern in ihrem Umkreis.
Shifting cultivation ist mit Streusiedlung verbunden, da für größere Dörfer der Landvorrat in einer angemessenen Entfernung nicht ausreicht.
Bei genügender Dauer der Brache erbringt die shifting cultivation relativ hohe und sichere Erträge. Sie ist gut geeignet für dünnbesiedelte, kapitalarme Länder mit niedrigem Anspruchsniveau der Bevölkerung. Mit vorwiegender *Selbstversorgungswirtschaft* liegt die agrare ➔Tragfähigkeit je nach Bodenqualität bei ca. 20-40 Personen/km^2. Übersteigt die Bevölkerungsdichte diesen Wert oder wird versucht, verstärkt marktorientiert und mit größerer ➔Intensität zu wirtschaften, so gerät das System aus dem Gleichgewicht, die Erträge nehmen ab. Diese Situation einer unangepassten Nutzung ist erreicht im Stadium der Landwechselwirtschaft, die man als eine deformierte Form des Wanderfeldbaus ansehen kann.
Auch unter ökologischen Gesichtspunkten ist die traditionelle shifting cultivation eine angepasste und auf *Nachhaltigkeit* ausgerichtete Wirtschaftsweise. Dies trifft zu trotz ihres hohen Flächenaufwandes und ihrer verschwenderischen Anbauweise, bei der 300 t Biomasse geopfert werden um 1 t Getreide zu erzeugen. Demgegenüber lässt die Pflanzstocktech-

nik den empfindlichen Oberboden weitgehend unversehrt, die im Erdboden verbleibenden Baumstümpfe reduzieren die Bodenerosion und gewährleisten durch Stockausschlag einen raschen Wiederaufwuchs eines Sekundärwaldes.
Angaben über die aktuelle Verbreitung der Shifting cultivation streuen stark. Sie reichen von der Auffassung als "absolut dominierender Wirtschaftsform in den lateinamerikanischen und afrikanischen Tropen" (*Weischet/Caviedes*) bis zur Angabe "der Anteil der Wanderfeldbauern an der gesamten Tropenbevölkerung der Erde dürfte somit maximal fünf bis zehn Prozent betragen" (Brauns/Scholz).

SICKERWASSER: Wasser, das sich durch den Vorgang der ➔Perkolation, der Schwerkraft folgend, in Grobporen bis zum ➔Grund- oder ➔Stauwasser bewegt.

SIDEWALK FARMING: Auch *suitcase farming* oder im dt. gelegentlich *Stadt-Landwirtschaft*; Bezeichnung für ➔Landwirtschaft, bei der der ➔Landwirt in der Stadt wohnt und mit dem Auto nur zu bestimmten Zeiten, etwa zur Bestellung der Felder und zur Ernte auf das Land fährt. An die Stelle eines Wirtschaftshofes mit Viehhaltung tritt ein bloßer Maschinenpark, so z.B. in Zuckerrübenanbaugebieten.

SIEDLUNGSART: Oberbegriff für Wohnart, Benutzungsart und Bewohnungsweise einer Siedlung. *Wohnart* ist die Verbindung der Behausung mit dem Untergrund, bodenfest oder nicht bodenfest (= bodenvage). Die *Benutzungsart* beschreibt die Funktion einer Siedlung als Hauptsiedlung oder Nebensiedlung. Die *Bewohnungsweise* ergibt sich aus der Benutzungsdauer und der Benutzungsfolge. Nach der *Benutzungsdauer* werden die Siedlungen klassifiziert als *permanent*, *semipermanent* oder *temporär* (entweder ephemer = kurzfristig oder längerfristig). Die Benutzungsfolge unterscheidet zwischen episodisch (ohne erkennbaren Rhythmus) und periodisch (mit erkennbarem Rhythmus).

SIEDLUNGSFORM: ➔LÄNDLICHE SIEDLUNGSFORM

SIEDLUNGSGRUNDRISS: Der Siedlungsgrundriss setzt sich zusammen aus der Verkehrsfläche und der bebauten Fläche. Er beinhaltet das Liniengefüge von Straßen, Plätzen, Häusern und Hofstellen in ihrem Verlauf und ihrer Zuordnung. Der Siedlungsgrundriss gilt als das zentrale Kriterium ➔ländlicher Siedlungsformen.

SILAGE: Labiles Endprodukt der Futterkonservierung. Bei der Silierung wird organisches Material (Blätter, Rübenreste u.a.) unter Sauerstoffabschluss in Mieten oder in Silagetürme verbracht. Dadurch werden bestimmte anaerobe Mikroorganismen (Milchsäurebildner) so gefördert, dass der ➔pH-Wert auf <4 absinkt. Die Abbauprozesse werden durch die Säuerung weitgehend eingeschränkt, d.h. die Milchsäure wirkt auf die Nährstoffe konservierend durch die Abtötung von Colibakterien, Buttersäure- und Essigsäurebildnern, Fäulniserregern, Schimmelpilzen, Hefen u.a. Die Silierung von Grünfutter hat die früher übliche Bereitung großer Mengen ➔Heu stark zurückgedrängt. Gründe hierfür sind die größere Witterungsabhängigkeit der Heuproduktion und die bei ungünstiger Witterung wesentlich höheren Nährstoffverluste und schlechteren Qualitäten. (➔GÄRFUTTER)

SILOMAIS: Der Viehmast dienender Mais, bei dem die gesamte Pflanze mit einem Fahrhäcksler in etwa bohnengroße Stücke zerhackt werden, die unter Luftabschluss in säulenförmigen Hochsilos oder in flachen, mit Kunststoffolie bedeckten Fahrsilos durch Milchsäurebakterien vergoren werden. Das Silagematerial wird durch Bakterien aufgeschlossen, durch von ihnen ausgeschiedene Säuren konserviert und mit (Bakterien-)Eiweiß angereichert. Verglichen mit dem Körnermais hat der Silomais etwas geringere Wärmeansprüche.

SILVOPASTORALISMUS: ➔WALDWEIDE

SOMMERFELDBAU: Bezeichnung für den Jahreszeitenfeldbau der gemäßigten Zone mit Beschränkung auf die N-Halbkugel. Ausnahmen sind kleine Gebiete in SO-Australien, Tasmanien, Neuseeland, Südafrika und Südchile. Dem Sommerfeldbau vergleichbar sind die Winterregenfeldbaugebiete der Subtropen und die Sommerregenfeldbaugebiete der äußeren Zenitalregenzone.

SOMMERGETREIDE: Getreideformen, die ohne einen Kältereiz schossen (Beginn des Höhenwachstums) und somit im Frühjahr gesät werden. Sie sind in unseren Breiten den relativ früh einsetzenden Langtagbedingungen ausgesetzt, wodurch ihre vegetative Entwicklung, besonders die Bestockung (Fähigkeit von Gräsern und Getreidepflanzen, mehrere Seitensprosse - Halme - hervorzubringen), stark verkürzt wird. Die dadurch bedingte Ertragsminderung muss über eine erhöhte Saatmenge ausgeglichen werden. Außerdem sollte Sommergetreide möglichst früh ausgesät werden, um eine möglichst lange ➔Vegetationsperiode zu erreichen.

SOMMERUNG: Auch *Sömmerung*; 1. In der ➔Landwirtschaft gebräuchliche Bezeichnung für die im

Frühjahr ausgebrachte Saat von ➔Sommergetreide. (Gegensatz: ➔Winterung).
2. Eine mit Sommergetreide bestellte ➔Zelge.
3. Der ununterbrochene Aufenthalt des Viehs auf der Sommerweide. (➔ALMWIRTSCHAFT)

SONDERKULTUR: Gruppe von Früchten, denen gemeinsam ist, dass sie in die übrige Einteilung des ➔Bodennutzungssystems "Hackfrüchte", "Getreide", "Futterpflanzen" nicht hineinpassen, mit besonders großer Sorgfalt und häufig mit großem Arbeitsaufwand kultiviert werden sowie zum großen Teil außerhalb der sonst üblichen ➔Fruchtfolge stehen. Zumeist handelt es sich um ➔Dauerkulturen wie ➔Obst, Wein, Hopfen, Dauer-Gemüsekulturen (Rhabarber, Spargel), Tabak, Farb-, Arznei-, Gewürz- und Aromapflanzen. Oft wird auch der Feldgemüseanbau dazugerechnet.
Beispiele für Sonderkulturgebiete in Deutschland sind u.a.:

- die Marsch- und Vierlande im SO Hamburgs zuzüglich der Winsener Marsch für Gemüse und Zierpflanzen
- die Niederelbe, insbesondere das Alte Land mit ➔Obstanbau
- der Raum Bodensee mit Obstanbau und einigem Weinbau
- die Pinneburger Geest mit Baumschulen
- das Nürnberger "Knoblauchland"
- der Kaiserstuhl, Rheinhessen, das Moseltal beispielhaft für den ➔Weinbau
- die Hallertau und der Raum Tettnang mit Hopfenanbau
- die Insel Reichenau mit Gemüseanbau

Kennzeichnend für Sonderkulturen ist häufig ihre hohe räumliche Dichte und ihr hoher Arbeits- und Kapitaleinsatz. Sonderkulturen können in den Kernbereichen der Sonderkulturgebiete Anteile von nahezu 90 % der LN erreichen, während sie im Bundesdurchschnitt nur wenige Prozent der ➔LN in Anspruch nehmen. Beim Obstanbau rechnet man beispielsweise mit einem Kapitalaufwand von 250.000 bis 400.000 DM pro Arbeitskraft, einem Wert, der durchaus im industriellen Maßstab liegt. Der durchschnittliche Arbeitskräftebesatz beträgt für Gemüsebau 0,9, Obstbau 0,25, Baumschulen um 1, Zierpflanzen 1,4 AK pro ha LN. Die gesamte Agrarwirtschaft benötigt im Schnitt 0,042 AK/ha LN.
Zur Erklärung der Standorte von Sonderkultur-Agglomerationen ist wie im sekundären Sektor zu unterscheiden nach den standortbestimmenden Faktoren der Entstehungsphase und jenen der aktuellen Situation. In der Regel wird ein unterschiedlich gemischtes Faktorenbündel für konkrete Standorte verantwortlich sein. Physisch-geographische Faktoren sind dabei nur gelegentlich dominant.
Zu den Einflussgrößen auf Standorte von Sonderkulturen gehören unter anderen:

- physisch-geographische Faktoren (Klima, ➔Boden, Exposition, Orographie)
- das Vorhandensein eines nachfragenden Marktes im Thünenschen Sinne mit entsprechender Bedeutung der Transportkosten (wirksam vor allem in der historischen Entstehungsphase)
- die Erscheinung der Freizeitlandwirtschaft neben einem Haupterwerb außerhalb der ➔Landwirtschaft
- ➔Realteilung mit Besitzzersplitterung, bei der lediglich Sonderkulturen ein ausreichendes Einkommen ermöglichen
- ➔Persistenz als Folge der sachkapitalintensiven Produktion bzw. des Dauerkulturanbaus (Hemmung der räumlichen Mobilität und der kurzfristigen Produktionsumstellung)
- ➔Anbautradition, auch mit der Herausbildung eines Herkunfts-Goodwills
- ➔Agglomerationsvorteile

(➔STANDORTFAKTOREN DER AGRARWIRTSCHAFT)

SONDERKULTURBETRIEB: Landwirtschaftlicher Betrieb, der auf mindestens 10 % seiner ➔LF ➔Sonderkulturen anbaut.

SORPTION: Auch *Adsorption* oder *Sorptionskraft*; Fähigkeit des ➔Bodens, Pflanzennährstoffe an die Oberfläche der festen Teilchen (➔Tonminerale und ➔Humus) zu binden (Adsorption) und wieder abzugeben (Desorption).

SORPTIONSKOMPLEX: Verbindung von Ton und ➔Humus in stabilen Feinkrümeln, die ➔Nährstoffe binden und wieder an die ➔Bodenlösung und Pflanzenwurzeln abgeben.

SORPTIONSTRÄGER: ➔Tonminerale und ➔Huminstoffe, die als Bodenpartikel in der Lage sind, ➔Nährstoffe an ihrer Oberfläche zu binden und wieder abzugeben. (➔SORPTION)

SOWCHOSE: Von der russischen Bezeichnung für Sowjetwirtschaft - *sovetskoe chozjajstvo*; eine von drei landwirtschaftlichen Betriebsformen (neben den ➔Kolchosen und den sog. individuellen Nebenwirtschaften) der früheren UdSSR, die z. T. noch heute weiterbestehen, allerdings in anderer Rechtsform. Die Sowchose ist ein juristisch selbständiges, jedoch mit allen Produktionsmitteln in Staatsbesitz befindliches Unternehmen. Die Beschäftigten der Sowchose waren Lohnarbeiter, im Gegensatz zu den Genossenschaftsbauern der Kolchose. Die Sowchosen erreichten teilweise über 100.000 ha. Ca. 60 %

der landwirtschaftlich genutzten Fläche wurden durch Sowchosen bewirtschaftet. (➔VOLKSEIGENES GUT)

SOZIALBRACHE: Unter Sozialbrache versteht man eine längerfristig nicht genutzte landwirtschaftliche Nutzfläche, die keiner anderen Verwendung zugeführt wurde wie etwa einer Bebauung. Die Bezeichnung Sozialbrache für solche ➔Brache besagt, dass die Aufgabe der Flächennutzung aus gesamtwirtschaftlichen und sozialen Gründen wegen Wirtschaftswandel erfolgte, wenn z.B. Flächen ungenutzt bleiben, weil der Besitzer seine wirtschaftliche Lage durch eine außer-landwirtschaftliche Beschäftigung aufbessert. Entsprechend der Bezeichnung finden die vom früheren Bewirtschafter aufgelassenen Flächen nicht sofort einen Nachnutzer. Die Sozialbrache gilt als Übergangserscheinung, die prinzipiell nichts mit agrarökonomischer Unrentabilität einer Flächennutzung zu tun hat, wie dies bei der Aufgabe von Grenzertragsboden zutrifft. Sozialbrache ist auch keine ➔Flächenstillegung.
Nicht selten verbirgt sich hinter einer Sozialbrache die Spekulation auf Verkaufsmöglichkeit als Bauland.
Verbreitet ist die Sozialbrache in Gebieten mit ➔Realteilung (besonders im Stadtumland) und damit zusammenhängender Kleinbetriebsstruktur und Besitzzersplitterung.
Die Sozialbrache kennzeichnet ein landschaftlich sichtbar werdendes Stadium innerhalb einer *Kausalkette sozialer Umschichtungsprozesse*. Sie gibt einen sicheren Hinweis auf das Vorliegen von sozialen Entmischungsvorgängen.
Die Sozialbrache ist begleitet von einer wirklichen oder scheinbaren Hebung des Lebensstandards der früheren Bewirtschafter der betroffenen Flächen und ist keinesfalls durch eine Verminderung der Bevölkerungszahl bedingt. Insofern ist die Sozialbrache keinesfalls vergleichbar mit den spätmittelalterlichen ➔Wüstungen von Siedlungen und ➔Fluren.

SPÄTSIEDLER: In der frühen Neuzeit in Anerbengebieten auftretende Gruppe der Agrarbevölkerung mit stark eingeschränkten Rechten und Entwicklungsmöglichkeiten. Im Unterschied zu den ➔Nachsiedlern besaßen sie nur wenig oder kein Land, lediglich Haus und Garten. Allmendnutzung wurde ihnen weitgehend verweigert. Häufig wurde Pachtland bewirtschaftet, wobei durch Arbeitsleistung bei den Besitzern der Pachtzins erbracht werden musste.

SPEICHER: Oft kunstvoll gestaltetes kleines Nebengebäude für die brand- und rauch- sowie überschwemmungssichere Aufbewahrung von ➔Saatgut und anderer wertvoller Habe.

SPEZIALISIERUNG: 1. Die Reduktion der Produktionsvielfalt in einem ➔Agrarbetrieb bzw. in einer ➔Agrarregion.
2. Die Funktionsausgliederung von Produktions- und Verwaltungsbereichen an Dritte zur Vereinfachung der Betriebsorganisation und zur Kostensenkung. Dazu gehören der Lohnunternehmereinsatz, die Ausgliederung von Verwaltungsaufgaben (Buchführung), die Beteiligung an ➔Erzeugergemeinschaften (Ein- und Verkauf) und die Verkürzung der übernommenen Produktionsabschnitte und Aufteilung der Erzeugung auf mehrere Betriebe (im Gartenbau z.B. Jungpflanzen - Halbfertigpflanzen - Rohware - Treiberei). Häufig erfolgen 1. und 2. gemeinsam.
3. Die innerbetriebliche Spezialisierung der einzelnen Arbeitskräfte auf bestimmte Aufgaben oder Kulturen (nur in Großbetrieben konsequent durchführbar).
<u>Gründe für eine Spezialisierung von Unternehmen:</u>
1. Standortvorteile für bestimmte Produktionsverfahren, die eine bessere Konkurrenzfähigkeit für das jeweilige Verfahren garantieren, z.B.
   - gute Ackerbaustandorte (Zuckerrüben, Weizen)
   - Klimaverhältnisse (➔Weinbau, Tabak etc.)
   - Bezugs- und Absatzmärkte - Verarbeiter (Gemüse etc.)
   - Lieferanten für Vorleistungen (Schweinemast)
   - örtliche Personalqualifikation - Neigungen, Fähigkeiten
2. Kostendegressionseffekte, z.B.
   - stark sinkende Investitionskosten bei größeren Einheiten führen zu geringerer Festkostenbelastung und konkurrieren mit steigenden Umweltauflagen
   - im Ein- und Verkauf helfen große Liefermengen die Dispositions- und Transportkosten senken
   - wesentliche Vereinfachung von Management und Verwaltung bei sinkenden Kosten
   - möglicher Einsatz leistungsfähiger Technik zur Senkung der Arbeitskosten
   - hohe Auslastung von Spezialmaschinen und moderner Technik
3. Verbesserung der Marktsituation
   - größere Angebotsmengen einheitlicher Qualität
   - mehr Anbieter für Vorleistungen
   - geringere Lagerhaltungskosten bezogen auf den Umsatz
4. Fachliche Spezialisierung und Qualifikation der Betriebsleitung
   - der Weiterbildungsaufwand für die Betriebsleitung sinkt stark und ist im nötigen Umfang realisierbar
   - besserer Überblick und Kontrolle durch mehr Nähe des Unternehmers zum Produktionsverfahren
   - die Bewältigung der Informationsflut und die Umsetzung neuer Informationen ist eher möglich

- Entscheidungen werden sachgerechter und zeitnäher getroffen
5. Geringerer Organisations- und Verwaltungsaufwand
   - einfachere Betriebsführung durch geringeren Dispositions- und Abstimmungsaufwand
   - weniger Reibungsverluste durch Abstimmung und Interessenausgleich zwischen unterschiedlichen Bereichen
   - Überblick des Betriebsleiters ohne großen Hilfsmitteleinsatz
   - keine konkurrierenden Ziele zwischen mehreren Betriebszweigen im Unternehmen

<u>Mögliche Nachteile einer hohen Spezialisierung</u>
1. Arbeitsplatz im Einzelunternehmen mit einseitigeren Anforderungen, Wegfall von abwechselnden Tätigkeiten, Verlust von Lebensqualität bei der Arbeit
2. Mögliche Zahlungsunfähigkeit bei schwacher Eigenkapitalbasis im Falle von starken Marktveränderungen und Preisschwankungen
3. Zunahme der Abhängigkeit von Lieferanten, Abnehmern und agrarpolitischen Entscheidungen
4. Erhöhung der Produktionsausfallrisiken
5. verstärkte Ausprägung von Arbeitsspitzen und Fruchtfolgeproblemen
6. mögliche Umweltbelastungen bei der Güllverwertung bei regional hoher Konzentration spezialisierter Viehhaltungsbetriebe
7. Trennung von ➔Viehwirtschaft und ➔Ackerbau aus ökologischen Gründen vermutlich das größte Vergehen der modernen Agrarwirtschaft

(➔AGRARÖKOSYSTEM, ➔AGRARSTRUKTUR, ➔LANDWIRTSCHAFT, ➔SPEZIALISIERUNGSGRAD)

SPEZIALISIERUNGSGRAD: Das Ausmaß der Produktionsvielfalt (Diversifizierung) und der organisatorischen Verknüpfung verschiedener Produktionsrichtungen im Agrarbetrieb. Der Spezialisierungsgrad kann durch folgende Begriffe und Kriterien bestimmt werden:
- <u>Monoproduktbetrieb:</u>
  a) ein einziges Produkt wird erzeugt oder
  b) ein Verkaufsprodukt erzielt über 90 % des Verkaufserlöses
- <u>Mischbetriebe</u> (diversifizierte Produktion):
  a) Angaben über die Zahl aller Produkte
  b) Angaben über die Zahl oder Bedeutung der Verkaufsprodukte:
     - *Spezialbetriebe*: Anteil des wichtigsten Produktionszweiges am Verkaufserlös 50 - 90 %
     - *Vielseitige Betriebe*: Anteil des wichtigsten Produktionszweigs am Verkaufserlös unter 50 %
  c) Angaben über betriebsorganisatorische Merkmale:
     - *Betriebe mit Parallelproduktion*: Produktionsrichtungen bzw. -zweige sind im Betrieb nicht verknüpft
     - *Verbundbetriebe, Integrierte Betriebe*: verschiedene Produktionsrichtungen bzw. -zweige sind organisatorisch eng verknüpft (Futterbau und ➔Viehhaltung mit betriebseigenem Futter).

Trotz eines fast globalen Trends zur ➔Spezialisierung, herrschen noch immer Mischbetriebe vor. Die Gründe liegen in den Vorteilen von Mischbetrieben:
- Produktionsvielfalt ermöglicht Selbstversorgung
- Unterschiedliche Produkte haben einen zeitlich gestaffelten Arbeitsbedarf
- Diversifizierung ist ökologisch angepasst
- Risikominderung

SPS-ÜBEREINKOMMEN: Den internationalen Handel betreffendes *Übereinkommen über die Anwendung von sanitären und phytosanitären Maßnahmen* im Rahmen des ➔GATT. Es befasst sich mit den von den Regierungen im Bereich der Lebensmittelsicherheit sowie zum Schutz der Gesundheit von Pflanzen und Tieren ergriffenen Maßnahmen. Sein Ziel ist es, die Hoheitsrechte jeder Regierung zu wahren, den von ihr für angemessen erachteten Grad an Gesundheitsschutz zu bieten, aber andererseits zu gewährleisten, dass diese Hoheitsrechte nicht zu protektionistischen Zwecken missbraucht werden und zu unnötigen Hemmnissen im internationalen Handel führen. Falls eine Regierung aufgrund ihrer nationalen Anforderungen größere Handelsbeschränkungen herbeiführt, kann von ihr verlangt werden, eine wissenschaftliche Begründung vorzubringen, aus der hervorgeht, dass der betreffende internationale Standard nicht in dem Maß zu gesundheitlichem Schutz führen würde, wie er von dem Land für angemessen erachtet wird. Im Streitfall wird ein - bei Bedarf wissenschaftlich beratenes - Schlichtungspanel eingesetzt, das seine Empfehlung dem entscheidungsbefugten Streitbeilegungsgremium der ➔WTO unterbreitet.

Im Sinne des Übereinkommens versteht man unter sanitären und phytosanitären Maßnahmen solche, die angewandt werden,
- um den Menschen und das Tier vor Gefahren zu schützen, die von in ihrer Nahrung vorkommenden Zusatzstoffen, Kontaminaten, Toxinen oder Krankheitserregern ausgehen
- um das Leben des Menschen vor Krankheiten zu schützen, die durch Pflanzen oder Tiere übertragen werden (Zoonosen)
- um das Leben von Pflanze und Tier vor Schädlingen, Krankheiten oder Krankheitserregern zu schützen

- um den Schaden zu verhüten oder zu begrenzen, der vom Einschleppen, Ansiedeln oder Ausbreiten von Seuchen ausgeht

Einbezogen sind die Maßnahmen, die ergriffen werden, um die Gesundheit der Fische und der Wildfauna sowie der ➔Wälder und der Wildflora zu schützen.
Das SPS-Übereinkommen stützt sich auf die Errungenschaften der ➔Codex-Alimentarius-Kommission bei der Entwicklung von internationalen Standards, die die Unbedenklichkeit von Lebensmitteln gewährleisten sollen. Im Bereich des ➔Pflanzenschutzes lehnt es sich an die internationalen Standards, Richtlinien und Empfehlungen an, die im Rahmen des Internationalen FAO-Abkommens über Pflanzenschutz erarbeitet wurde. Für die Tiergesundheit sind entsprechende Regularien des *Internationalen Seuchenamtes* relevant. (➔TBT-ÜBEREINKOMMEN)

SPURENNÄHRSTOFFE: Auch *Spurenelemente* oder *Mikronährstoffe*; ➔Nährstoffe, die von den Pflanzen nur in geringen Mengen benötigt werden, aber für den normalen Ablauf von Lebensvorgängen unentbehrlich sind. Dazu gehören Bor, Mangan, Kupfer, Eisen, Molybdän und Zink. Bei Bormangel z.B. entsteht die Herz- und Trockenfäule der Rüben, bei Kupfermangel die Dörrfleckenkrankheit des Hafers. Spurennährstoffe besitzen einen höheren Wirkungs- und Schädigungsgrad als die Makronährstoffe Stickstoff, Phosphat, Kali, Magnesium und Kalk. Überdosierungen sind daher ebenso schädlich wie Mangel.

SQUATTER: Kolonist, der, ohne einen Besitztitel zu haben, staatliches oder privates Land kultiviert und dieses im Hinblick auf die geleistete Inwertsetzung als Eigentum beansprucht oder Vorkaufsrecht verlangt. Squatter treten häufig in Gruppen auf, um ihre Eigentumsansprüche leichter durchsetzen zu können. Squatter waren beispielsweise bei der Erschließung des nordamerikanischen Binnenraumes weit verbreitet. Um ihre Zahl einzuschränken, verbot ein Gesetz des Jahres 1807, sich auf nicht vermessenen Staatsländereien (*public domain*) niederzulassen. Generell sind diese wilden Siedler eng an Großgrund- (Latifundien-) und Staatseigentum gebunden, im weitesten Sinne an ausgedehnte bisher ungenutzte Flächen, die von den Eigentümern nicht mehr überschaut und wirkungsvoll kontrolliert werden (können). Folgende mit Squatter synonyme Begriffe werden im besonders betroffenen lateinamerikanischen Raum häufig gebraucht: Posseiro, Intruso (Brasilien), Tolerado (Bolivien), Ocupante (Brasilien, Venezuela, Costa Rica, Guatemala, Honduras), Precario (Chile), Conuquero (Venezuela), Colono (Kolumbien).
In Afrika werden wilde Siedler am Stadtrand ebenfalls als Squatter bezeichnet.

STADTDORF: Agrarsiedlung mit städtischem Aussehen und einer Größe zwischen 2.000 und 15.000 Einwohnern, z.T. deutlich darüber. Ihre Bewohner sind vorwiegend als ländliche Tagelöhner oder als Kleinbauern tätig. Das Auftreten von Stadtdörfern ist besonders an die Verbreitung von ➔Latifundien gebunden. Der Begriff wird aber auch für große, ehemals befestigte Rebbausiedlungen Mittel- und Westeuropas, sowie für befestigte, große Oasensiedlungen Nordafrikas verwendet.

STÄDTISCHE LANDWIRTSCHAFT: Innerhalb eines Stadtgebietes betriebene ➔Landwirtschaft, gewöhnlich zur Nahrungsmittelproduktion. Derartige Produktion wird in Hinterhöfen, auf Dächern, in Gemeinschaftsgärten und auf ansonsten ungenutzten oder öffentlichen Flächen betrieben. Sie umfasst neben der häufigeren kleinstrukturierten Selbstversorgung auch marktorientierten Anbau, z.B. in Gewächshäusern.
Städtische Landwirtschaft, die eine lange Tradition vor allem in Europa und Asien aufweist, tritt heute sowohl in entwickelten wie auch in Entwicklungsländern auf. Befürworter der städtischen Landwirtschaft sehen in ihr einen Beitrag zur Verbesserung der Lebensbedingungen in den Städten vor allem in Entwicklungsländern und zu einer nachhaltigen Lebensweise.

Vor- und Nachteile der städtischen Landwirtschaft

Vorteile
- Einkommen für die Produzenten
- Arbeit für wenig qualifizierte oder arbeitslose Bewohner
- Erhöhung der Umweltqualität (Luft, verringerter Abfluss)
- Verringerte Belastung der städtisch-ländlichen Handelsinfrastruktur

Nachteile
- Verbrauch von Ressourcen (Land, Wasser, Boden)
- Gesundheitsrisiken (Trinkwasser, Bleibelastung)
- Umweltbelastung (Grundwasserkontamination, Boden)
- soziale Konflikte als Folge der Mischnutzung von Land

STAFFELANBAU: Auch *relay cropping*; Methode des zeitlich versetzten Anbaus von (verschiedenartigen) Feldfrüchten zur Aufrechterhaltung eines ständigen Pflanzenwuchses, z.B. im Rahmen des tropischen ➔Ecofarming.

STALLDÜNGERWIRTSCHAFT: Betriebstyp, der zur Agrarproduktion den bei der ➔Stallhaltung des Viehs anfallenden ➔Stallmist als ➔Dünger einsetzt.

STALLHALTUNG: Die zeitweise (saisonale) oder ständige Haltung von ➔Nutztieren in überdachten Stallungen. Die Stallhaltung hängt ab von den Möglichkeiten bzw. den klimatischen Bedingungen eines Weidegangs, ferner vom vorliegenden ➔Betriebssystem.

STALLMIST: Wichtiger ➔Wirtschaftsdünger, der durch Verrotten von ➔Einstreu (z.B. Stroh) und Exkrementen der Haustiere entsteht. Seine Zusammensetzung ist abhängig von der Art der Tiere, die ihn liefern, ihrem Futter und dem verwendeten Einstreumaterial. Stallmist verbessert die Bodenstruktur, und bei häufiger Anwendung erhöht er den Gehalt des ➔Bodens an organischem Material. Einseitige Stallmistdüngung erschöpft den ➔Boden rasch, was ➔Mangelerscheinungen, Krankheiten und Mindererträge zur Folge hat, wenn nicht mit ausgewogener Mineraldüngung abgeholfen wird.

STANDARDBETRIEBSEINKOMMEN: Das StBE ist ein kalkuliertes ➔Betriebseinkommen, von dem das tatsächlich erzielte abweichen kann. Es gibt an, welches Betriebseinkommen bei ordnungsgemäßer und standortgerechter Bewirtschaftung erzielt werden kann, und gilt als Kennziffer für die wirtschaftliche Größe eines Betriebes. Das StBE wird aus Flächenkapazität, Nutzungsart und Umfang der ➔Viehhaltung mittels ➔Standarddeckungsbeiträgen und Fixkosten berechnet.

STANDARDDECKUNGSBEITRAG: Der StDB ist eine Maßzahl für wirtschaftliche Größe und bezieht sich auf eine Flächen- oder Tiereinheit. Unter Verwendung statistischer Quellen gibt er Auskunft über die geldliche Bruttoleistung der einzelnen Betriebszweige (z.B. Zuckerrübenanbau oder Milchkuhhaltung) abzüglich der entsprechenden variablen Spezialkosten (z.B. der Ausgaben für ➔Saatgut, ➔Agrarchemikalien). Der StDB eines Betriebes ist die Grundlage zur Berechnung des ➔Standardbetriebseinkommens und zur Einstufung der Betriebe nach ➔Betriebsformen.

STANDORTFAKTOREN IN DER AGRARWIRTSCHAFT: Die Kräfte, die für den konkreten Standort eines landwirtschaftlichen Betriebes oder für das Entstehen unterschiedlicher Erzeugungs- und Absatzgebiete bestimmend sind. Durch ihre ausgeprägte Flächenbindung ist die ➔Landwirtschaft stark mit Standortfragen verbunden. Agrarbezogene Standortfaktoren lassen sich unterscheiden in physische (u.a. Klima, ➔Boden, Exposition, Morphologie, Wasserdargebot) und in anthropogene Faktoren (u.a. Markt, Infrastruktur, ➔Agglomerationsvorteile, politi-

Regionallandwirtschaftliche Standortfaktoren (ohne Unterscheidung nach gesamtwirtschaftlicher und betriebswirtschaftlicher Wirkung)

- Geographische Lage
  - Lage im Gradnetz, Lage über NN usw.
  - Lage zu politischen und sozioökonomischen Grenzen
- Klimatische Bedingungen (u.a. Temperatur, Niederschlag, Evapotranspiration)
- Exposition
- Bodenverhältnisse
- Pflanzen- und Tierbestände (u.a. unerwünschte Spezies)
- Geländegestalt
- Verkehrslage
  - Transportentfernung beim Bezug von Gütern
  - Transportentfernung beim Absatz von Gütern
  - Transportkosten
- Haltbarkeit der Produkte
- Vermarktungsstrukturen
- Strukturelle Ausstattung
- Kapitalausstattung
- Bevölkerungsstand allgemein:
  - Bevölkerungsdichte
  - Zahl der Arbeitskräfte
  - Qualifikation und Arbeitsethik der Arbeitskräfte
- Bevölkerungsstand landwirtschaftlich:
  - Zahl der landwirtschaftlichen Arbeitskräfte
  - Landwirtschaftliche Arbeitsverfassung
  - Qualifikation und Arbeitsethik der landwirtschaftlichen Arbeitskräfte
  - Arbeitskosten
- Leistungsstand allgemein:
  Stand des naturwissenschaftlichen, technischen und ökonomischen Wissens und seine Übertragung in die Praxis (z.B. Stand der Konservierungs- und Transporttechnik, der Nahrungsmitteltechnik usw.)
- Leistungsstand landwirtschaftlich:
  Stand in Pflanzenzüchtung und Pflanzenbau, Tierzüchtung und Tierhaltung, Bauwesen und Landtechnik
- Gesamtheit der politischen Einflussnahme (z.B. Bewirtschaftungsauflagen aus Umweltgründen, Quoten, Förderung der Forschung, Beratung)

Quelle: Spitzer 1975 (verändert)

scher Rahmen, Elemente der ➔Agrarverfassung). Während die ersteren weitgehend stabil sind, unterliegen die meisten anthropogenen Faktoren der Veränderung, und es ist von Bedeutung, dass diese von der Länge des Betrachtungszeitraumes abhängt.

Als einer der ersten hat sich der deutsche Volkswirtschaftler *Johann Heinrich von Thünen* (1783-1850) systematisch mit Fragen landwirtschaftlicher Standorte auseinandergesetzt. Von Thünen wies mit empirischen Untersuchungen auf seinem Gut Tellow in Mecklenburg 1826 nach, dass die Intensität der Bodennutzung infolge der Ertrags- und Aufwandrelationen auch räumlich einer gesetzmäßigen Anordnung folgt. In einem deduktiven Raummodell (**➔Thünensche Ringe**), das von der verwirrenden Vielfalt der Faktoren abstrahiert, isoliert er einen wesentlichen ökonomischen Tatbestand, nämlich die Entfernung des Produktionsortes vom Konsumort. Damit gelingt Thünen erstmals der Nachweis, dass die Art der landwirtschaftlichen Produktion nicht nur von Naturfaktoren abhängt. Sein Prinzip der rigorosen Vereinfachung und isolierenden Abstraktion erscheint noch heute am besten geeignet, um generelle inhaltliche Aussagen über die räumliche Verteilung der Agrarproduktion zu machen.

Während das Modell von Thünens nur einen einzigen zentralen Marktort enthält, befasst sich das Modell von *W. Christaller* (1933) mit der Anordnung einer Vielzahl von **Zentralen Orten**. Er suchte nach der optimalen Marktverteilung, die eine gleichmäßige Versorgung des Umlandes gewährleistet und bei der die Entfernungen zwischen den Marktorten sowohl die Versorgungswege und Transportkosten für den Käufer minimieren als auch die Absatzgebiete für den Verkäufer maximieren. Für die Agrarwirtschaft hat dieses Modell insofern Bedeutung gewonnen, als es die kostenoptimalen Distanzen zu den Marktorten für Verkauf und Kauf von Gütern aufzeigt. Moderne Verkehrs- und Logistiksysteme sowie weltweiter Agrarhandel schränken heute aber die Verwendbarkeit des ursprünglichen Modells stark ein.

Auch die **Industriestandortlehre** von *A. Weber* hat Berührungspunkte mit der ➔Landwirtschaft. Nach Weber (1922) bestimmen die Kosten für den Materialtransport, die Arbeitskosten und ➔Agglomerationsvorteil den Standort eines Industriebetriebs. Viele Betriebe, die transportsensible Agrarprodukte verarbeiten, wählen ihren Standort vorzugsweise in der Nähe der Produktionsgebiete, insbesondere wenn es sich um schwere Güter handelt und um solche, die bei der Verarbeitung stark an Gewicht verlieren (Gewichtsverlustmaterialien); das gleiche gilt für leicht verderbliche Güter. So liegen beispielsweise Zuckerraffinerien, Konservenfabriken, Brennereien, Molkereien, Mühlen, Mischfutterwerke oder Tabak verarbeitende Betriebe häufig inmitten der entsprechenden Produktionsräume oder aber weisen eine ausgesprochene Verkehrsgunst auf (z.B. Hafenstandort). Andererseits können auch verstärkende Rückkoppelungseffekte entstehen, indem die Zahl der entsprechend spezialisierten Agrarbetriebe infolge der günstigen Absatzmöglichkeit oder aufgrund der Nähe zu Zulieferbetrieben (z.B. Mischfutterwerken) zunimmt (*Agglomerationswirkungen*).

Die gegenseitige Information über Anbaumethoden und Marktentwicklungen, der gemeinsame Maschineneinsatz, die Organisation von Einkauf und Verkauf, kohärente Werbestrategien sowie die bessere Ausnutzung der Infrastruktur sind *Fühlungsvorteile* einer organisierten Konzentration. Beispiele dafür liefern Milchwirtschaftsbetriebe in den Niederlanden, Weizen- und Erdnussfarmen in den USA und auch die Obst-Sonderkulturen am Bodensee, im Alten Land oder im Vinschgau.

Naturgemäß lassen sich in verbrauchs- bzw. transportgünstig, bei Getreide insbesondere wassernah gelegenen Agrarstandorten höhere Erzeugerpreise erzielen, als an Standorten bei denen auf dem Absatzwege ein mehrmaliger Umschlag nötig ist.

Eine moderne Erweiterung der Thünenschen Fragestellung erfolgte durch die Berücksichtigung von ➔externen Effekten, speziell des Landschafts- und Freizeitnutzens, als Bestimmungsfaktor für die räumliche Verteilung der landwirtschaftlichen Produktion. Allerdings ist auch der internationale Markt nach wie vor nicht in der Lage, die externen Effekte über die Preisbildung zu erfassen und besitzt so keinen Anspruch als alleiniges Allokationsprinzip: Der Verbrauch an freien Gütern, bzw. Gütern, die nicht in die volkswirtschaftliche Gesamtrechnung eingehen (insbesondere der nicht vom Markt erfasste Verbrauch an Naturgütern), führt zu Verzerrungen in der internationalen Arbeitsteilung und Handelsstruktur. Vorbedingung für die wünschenswerte *Internalisierung der externen Effekte* in den Preis, ist eine erheblich genauere Kenntnis und Erfassung der ➔Umweltwirkungen, wie auch der Wirkungen von Auflagen und Regelungen.

In einem weiteren Ansatz versuchen *Geographische Informations-Systeme* (➔GIS) mit einer kontinuierlichen Raumbetrachtung die verschiedenen Standortfaktoren, Ausprägungen der regionalen Wirtschaftsstruktur und Umweltaspekte in regionaler Differenzierung rastermäßig zu erfassen. Der Schritt von der quantitativ-deskriptiven Merkmalserfassung zur Berücksichtigung von ökonomischen Wirkungszusammenhängen fehlt dabei noch weitgehend.

Bei den **politischen Standortfaktoren** der Agrarproduktion kann zwischen zwei Gruppen unterschieden werden:

- Politiken, die keine regionalpolitischen Ziele anstreben, jedoch räumliche Nebenwirkungen haben (Maßnahmen der allgemeinen Wirtschafts- und ➔Agrarpolitik, insbesondere die EU-Markt- und Preispolitik). Auch eine strikt marktwirtschaftlich ausgerichtete, liberalisierte Agrarpolitik, in der die Steuerung von Faktoreinsatz und räumlicher Verteilung der Agrarproduktion im wesentlichen durch Marktmechanismen erfolgt, gehören in diese Gruppe. Bei einem solchen Spiel der freien Kräfte, in dem ➔Agrarstruktur und ➔Agrarlandschaft kein "Wert an sich" sind, würde sich die landwirtschaftliche Produktion in den wettbewerbsstarken Räumen konzentrieren und aus den wettbewerbsschwachen Gebieten zurückziehen.
- Politiken, die bewusst auf regionalpolitische Ziele ausgerichtet sind (Beeinflussung der regionalen Verteilung der landwirtschaftlichen Produktion zur Stärkung bestimmter ländlicher Regionen, etwa durch ein Bergbauernprogramm). Hierher gehört auch die Position, nach der die gewachsene Agrarstruktur und die Agrarlandschaft eigenständige Werte darstellen, die es in ihrer Gesamtheit zu schützen gelte; demgegenüber müsse der Vorrang des Effizienzgebotes zurückstehen.

Natürliche und anthropogene Standortfaktoren können im Laufe der Agrargeschichte eine - z.T. mehrfache - Umwertung erfahren. Diese wird häufig von wissenschaftlich-technischen und politisch-wirtschaftlichen Entwicklungen angestoßen.

STANDWEIDE: Nutzungsform traditioneller Weidegebiete hauptsächlich im wintermilden, durch lange Vegetationsperioden gekennzeichneten Klima küstennaher Niederungen oder Talauen, auf nährstoffreichen Böden hohen Nährstoffnachlieferungsvermögens und zumeist günstiger, vorwiegend aus Grundwasser gespeister Wasserversorgung. Standweiden sind typisch für ein reichliches Flächenangebot.
Die Tiere befinden sich bei diesem Weideverfahren während der gesamten Weidezeit auf einer Fläche. Es findet ein ständiger Verbiss der Grasnarbe statt. Der Viehbesatz ist gering, die ➔Düngung extensiv. Trotzdem wächst soviel Gras auf, dass es von den Tieren nicht vollständig gefressen werden kann. Es wird daher überständig und alt, so dass es mehr und mehr verschmäht wird. Gleichzeitig werden die Stellen mit jungem Gras scharf verbissen. Beides führt auf Dauer zu einer Verunkrautung. (➔PORTIONSWEIDE, ➔UMTRIEBSWEIDE, ➔WEIDE)

STAUWASSER: Das die Bodenhohlräume ausfüllende, der Schwerkraft folgende Wasser, das sich über einem undurchlässigen oder wenig durchlässigen Staukörper (dichte geologische Schicht oder verdichteter ➔Bodenhorizont) ansammelt und in diesem Stauraum nicht ganzjährig angetroffen wird. Unter mitteleuropäischen Klimabedingungen ist das dann der Fall, wenn der Stauraum 1,3 m Mächtigkeit nicht überschreitet.

STEPPENHEIDE: Ein strauch- und baumarmer ➔Trockenrasen an niederschlagsarmen, oft kalkreichen Standorten Mitteleuropas, z.B. in der Schwäbischen Alb.

STICKSTOFFDYNAMIK: Umsetzungsvorgänge zwischen den gebundenen und pflanzenverfügbaren Stickstoffverbindungen im Stoffkreislauf des ➔Bodens.

STICKSTOFFKREISLAUF: Stickstoff ist in Biomolekülen wie DNA, RNA sowie in Proteinen enthalten, die bei allen Organismen lebenswichtige Funktionen übernehmen. Wichtigste Stickstoffquelle ist die Atmosphäre (78 Vol% in trockener Luft). Von dort ist er nicht direkt für die Pflanzen verwertbar. Dazu ist der Umweg über den ➔Boden als "Stickstofflabor" vonnöten.
Der atmosphärische Stickstoff wird im Boden auf zweierlei Weise gebunden: durch freilebende Cyano-Bakterien und durch Knöllchenbakterien, die mit Schmetterlingsblütlern in Symbiose zusammenarbeiten. Auch die Chemieindustrie verwendet Luftstickstoff zur Düngerproduktion, erreicht aber nur rund 25 % der weltweiten N-Bindung.

Stickstoffbilanz der deutschen Landwirtschaft

Input- bzw. Outputkomponente	Stickstoff/Landw. genutzte Fläche [kg/ha x Jahr]
Input	
Futtermittel aus Inlandsproduktion und Nettoeinfuhren	163
Mineraldünger	105
Atmosphärische Deposition	22
Einträge durch symbiontische Stickstoffixierung	16
Einträge durch Klärschlamm- und Kompostaufbringung	1
Summe Input	*307*
Output	
Tierische Erzeugnisse	24
Pflanzliche Erzeugnisse	166
Summe Output	*190*
Überschuss (Input - Output)	*117*

Quelle: Umweltbundesamt, Jahresbericht 1993

Stickstoffbilanz im Bodenbereich

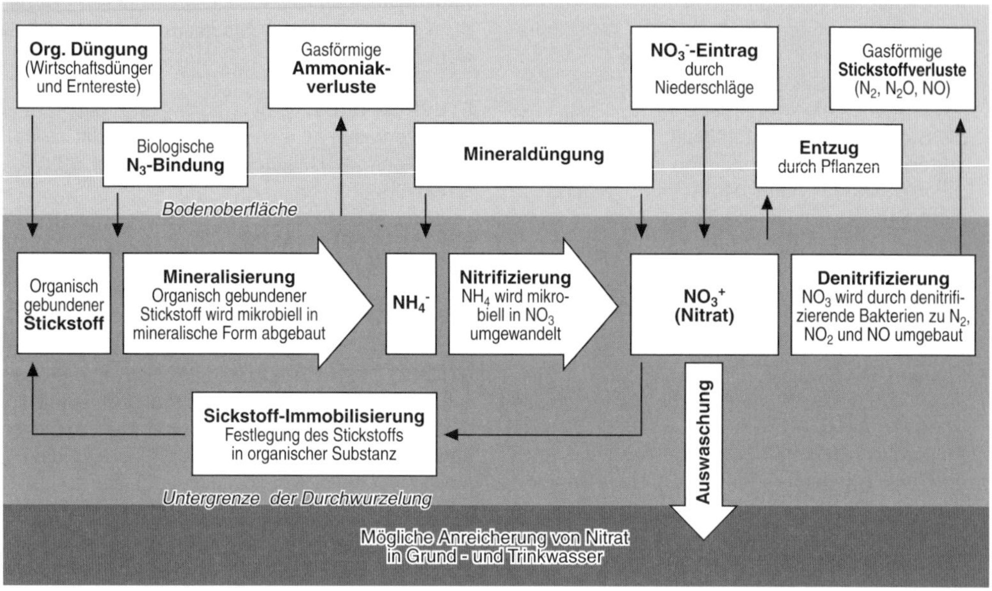

Quelle: Enquete-Kommission "Schutz der Erdatmosphäre" 1994

Im Stickstoffkreislauf werden die Überreste der Ernährung von Tier und Mensch zusammen mit Ernterückständen und den Resten der Nicht-Nutzpflanzen von den →Bodenlebewesen wieder für die Pflanzen aufbereitet. Auch der Stickstoffeintrag aus der Luft darf nicht unberücksichtigt bleiben; er stammt vor allem aus den Abgasen der Industrie, des Hausbrandes und des Verkehrs. Je Hektar und Jahr erreicht er durchschnittlich 25 kg N. Zusätzliche Fixierung von pflanzenverfügbarem Stickstoff ergibt sich aus Blitzschlag und Vulkaneruption.

Der Stickstoffkreislauf besteht eigentlich aus zahlreichen Einzelkreisläufen. Einige davon spielen sich im Boden ab: Bakterien zerlegen Eiweiß und andere organische Abfälle zu →Ammoniak, das andere Bakterien zu →Nitrit und →Nitrat umbauen. Wieder andere Mikroorganismen machen durch die →Denitrifikation einen Teil der Arbeit zunichte: Sie bauen die Produkte ihrer Nachbarn zu gasförmigem Stickstoff ab oder zu Stickoxiden (darunter weltweit viele Millionen Tonnen des treibhauswirksamen N_2O, dem Lachgas) um, die in die Atmosphäre emittiert werden. Ein Teil des Stickstoffdüngers - und auch der bakteriell erzeugten Pflanzennährstoffe - wird ausgewaschen und gelangt in Gewässer. Hier setzen denitrifizierende Bakterien Stickstoff frei, und der Kreislauf beginnt von neuem.

Die bevorzugten Formen der Stickstoffaufnahme bei Pflanzen und Mikroorganismen stellen das Nitrat und das Ammoniak dar. Die meisten Mikroorganismen - in geringerem Umfang auch die höheren Pflanzen - können neben N-Salzen auch organische Stickstoffverbindungen wie Eiweiße und Aminosäuren aufnehmen. Für die meisten der im Boden lebenden Pilze und Bakterien ist die Aufnahme bestimmter N-Verbindungen wie Aminosäuren und Vitamine lebenswichtig für das Wachstum, da sie diese Verbindungen nicht selbst synthetisieren können.

Die Differenz zwischen der Stickstoffzuführung durch →Düngung und dem Stickstoffentzug durch das Erntegut ergibt die Stickstoffbilanz landwirtschaftlicher Flächen. Für Deutschland ergaben sich Anfang der neunziger Jahre durchschnittliche Bilanzüberschüsse von gut 100 kg N/ha bewirtschafteter Fläche. Hohe Bilanzüberschüsse treten vor allem in den alten Bundesländern in Gebieten mit konzentrierter Veredlungswirtschaft (z.B. im Weser-Ems-Gebiet und in Westfalen), bei →Sonderkulturen wie Hopfen, Gemüse, →Obst, Wein (z.B. am Kaiserstuhl, im Alten Land und in der Goldenen Aue) sowie in den neuen Bundesländern in Regionen mit intensivem →Ackerbau (z.B. in der Leipziger Tieflandsbucht) auf.

Daraus ergeben sich drei ökologische Teilprobleme:

- Wasserschutz (Nitratauswaschungen ins Grundwasser, →Eutrophierung der Oberflächengewässer)
- →Arten- und Landschaftsschutz (negative Wirkungen auf die →Artenvielfalt)
- Klimaschutz (Stickstoffverbindungen als Treibhausgase, wie auch als Mitverursacher der Zerstörung des Ozonmantels)

(➔UMWELTWIRKUNGEN, ➔ÜBERDÜNGUNG, ➔TREIBHAUSEFFEKT)

STOCKWERKKULTUR: Intensive landwirtschaftliche Bodennutzung, bei der verschiedene ➔Kulturpflanzen unterschiedlicher Wuchshöhe in unmittelbarer räumlicher Nähe angebaut werden.
(➔COLTURA MISTA, ➔MISCHKULTUR)

STRASSENDORF: Lineare Ortsform aus zwei relativ dichten Zeilen, bei der sich der überwiegende Teil der ➔Hofreiten auf eine breite Gasse orientiert. Mit dem Begriff "Straße" ist bei Straßendörfern zumindest historisch kein überörtlicher Verkehrsweg gemeint. Die "Straße" geht oder ging an den Ortsausgängen oft in Feldwege über.

STREICHBLECHPFLUG: Die heute überwiegend verwendete Pflugbauform. Der Pflugkörper schneidet einen rechteckigen Erdbalken aus dem ➔Boden. Das Verhältnis von Breite : Arbeitstiefe beträgt etwa 1,2 : 1. Durch die Vorwärtsbewegung wird der Erdbalken über das Streichblech geschoben und dabei zur Seite transportiert (Furchenräumung), gewendet (normal ca. 135°), in sich verschoben und gebröckelt. (➔PFLUG)

STREIFENANBAU: Kulturtechnische Erosionsschutzmaßnahme, bei der sich im Abstand von 15 bis 100 m Streifen von unterschiedlich hoch wachsenden ➔Kulturpflanzen abwechseln. Die Streifen sind quer zur vorherrschenden Windrichtung bzw. hangparallel angeordnet. Streifenanbau lässt keine großen ungeschützten Flächen entstehen, und er unterbricht den Oberflächenabfluss bzw. den Luftstrom.
(➔BODENEROSION, ➔KONTURPFLÜGEN)

STREIFENFLUR: ➔Flurform, die von einem oder mehreren parallelen Liniensystemen der Parzellenlängsgrenzen geprägt wird. Das Breiten-Längen-Verhältnis der ➔Parzellen geht über 1 : 2,5 hinaus, liegt meist über 1 : 10 und erreicht oft sogar über 1 : 50 oder mehr. Die Länge der einzelnen Streifen beträgt zwischen 50 und 2.000 m. Extremfälle erreichen über 10 km Länge. Charakteristisch ist das gruppenweise parallele Nebeneinander der Streifen. Bei der Typisierung von Streifenfluren in Lang-, Kurz-, Breit- und Schmalstreifen sollten relative Einstufungen vorgenommen werden. Den Verlauf der Streifen im Gelände erläutern Zusätze wie "hangsenkrecht" oder "hangparallel".
(➔BREITSTREIFENFLUR, ➔GEWANNFLUR, ➔KURZSTREIFENFLUR, ➔LANGSTREIFENFLUR, ➔SCHMALSTREIFENFLUR)

STREIFENGEMENGEFLUR: ➔Streifenflur mit ➔Gemengelage der Besitzparzellen. Einem breiten Spektrum der Streifengemengefluren (auch außereuropäischer) steht ein ebenso breites von Erklärungsansätzen gegenüber: genossenschaftliche Organisation, Messverfahren (Umverteilung, Prinzip der einfachen Breitenmessung), Landwirtschaftstechnik (➔Bewässerung), Mittel der ➔Bodenbearbeitung (schollenwendender Scharpflug), Gleichverteilung der ➔Parzellen auf die unterschiedlichen Bodenqualitäten (Gerechtigkeitsprinzip) bzw. auf verschiedene Abschnitte der ➔Flur (Zelgenwirtschaft) und ➔Erbrecht (➔Realteilung).

STREIFENGEWANNFLUR: Aus Schmalstreifen-Parzellenverbänden bestehender ➔Flurformentyp, dessen ➔Parzellen in der Längsrichtung parallel zueinander verlaufen.

STREU: Abgestorbene Pflanzenreste, auch Reste tierischer ➔Bodenlebewesen auf der Bodenoberfläche, die nicht oder nur schwach zersetzt sind und deren Gewebestruktur großenteils noch morphologisch sichtbar sind. Besonders deutlich kommt Streu auf Waldböden vor. Im ➔Bodenprofil bildet Streu eine L-Lage, von engl. *litter* (Streu). In biologisch aktiven ➔Böden wird die Streu sehr rasch abgebaut. Je nach Herkunft werden verschiedene Streuarten unterschieden (Halm-, Blatt-, Nadel-, Laub-Streu usw.). Die Streuart ist wegen ihrer unterschiedlichen Abbaubarkeit für die Ausbildung der ➔Humusformen mitbestimmend.

STREUNUTZUNG: Obsolete bäuerliche Bewirtschaftungsmaßnahme zu Lasten der Waldökosysteme Mitteleuropas. Sie bestand in der jährlichen oder periodischen Entnahme der Bodenvegetation, der Humusauflage und von Teilen des ➔Mineralbodens für Einstreuzwecke; sie entstand beim Übergang zur Stallhaltung des Viehs um etwa 1750 und dauerte z.T. bis nach dem 2. WK an. Streunutzung bedeutete einen gravierenden Nährstoff- und Humusexport aus dem ➔Walde.

STREUOBSTWIESEN: Streuobstwiesen sind traditionelle Formen des ➔Obstanbaus mit starkwüchsigen und großkronigen Bäumen (überwiegend Hochstämme) unterschiedlicher Obstarten auf ➔Grünland, die wie zufällig über die Wiese oder Weide "verstreut" wirken. Dabei kann es durchaus auch zu Block- oder Reihenpflanzungen kommen. Die Bestände werden extensiv bewirtschaftet, d.h. nicht regelmäßig nach Spritz-, Dünge- und Schnittplänen behandelt. Als Stockwerkbau spart diese Bewirtschaftungsweise Platz, lässt aber keine intensive Nutzung zu. Häufig finden sich die Bestände an

Steillagen, wo kein →Ackerbau betrieben werden kann. Von den geschlossenen Blöcken moderner Niederstamm-Dichtpflanzungen unterscheiden sich die Streuobstwiesen alleine schon physiognomisch. Die Bezeichnung hat nichts mit den für Obstbäume meist viel zu feuchten →Streuwiesen zu tun, bei denen der Name mit dem von ihnen gewonnenen Mähgut zusammenhängt, das wegen seiner schlechten Futterqualität nur zur →Einstreu verwendet werden konnte.

Im 18. und 19. Jh. wurde die Ausdehnung der Obstbaumbestände durch Landesherren gefördert, so beispielsweise in Württemberg. Diese erließen Vorschriften über die Zahl der von ansässigen Bürgern auf →Allmenden und an Straßenrändern zu pflanzenden und zu pflegenden Obstbäume. Für diese Entwicklung waren natürlich nicht landschaftsästhetische, sondern vorrangig wirtschaftliche Überlegungen ausschlaggebend ("Auf jeden Raum pflanz' einen Baum, und pflege sein, er trägt's Dir ein"). Die Baumpflanzungen wurden allmählich in größerem Umfang auch auf die landbaulich wertvolleren Grundstücke ausgedehnt. Eine besondere Massierung erfolgte im Bereich ehemaliger Weinberge. In der Regel erfolgte die Umstellung nicht direkt zu den Streuobstwiesen, sondern es entstanden Baumäcker mit wechselnden Unterkulturen. Später wurden sie aufgrund ihrer meist beschwerlichen Nutzung durch Hanglage oder schwere →Böden in Baumwiesen umgewandelt.

Die Ablösung der Hochstammkulturen begann in den überwiegend kleinbäuerlichen Betrieben Südwestdeutschlands ansatzweise erst in den 30er Jahren. Demgegenüber leiteten einige Spezialbetriebe die Ablösung des Hochstammes durch niedrige Baumformen im Rheinland schon ab 1900, im Magdeburger, Berliner und Dresdner Raum nach dem 1. WK ein. Viele Quellen weisen aber darauf hin, dass noch bis kurz vor dem Zweiten Weltkrieg ein Höhepunkt in der Ausdehnung von Streuobst erreicht wurde, andere Quellen sprechen sogar von einem Maximum kurz nach dem 2. WK.

Als sich diese alten Strukturen als unwirtschaftlich zu erweisen begannen (u.a. aufgrund moderner Obstproduktionsverfahren), kam es ab Mitte der fünfziger Jahre zu Rodungen dort, wo moderne Niederstamm-Dichtpflanzungen oder andere Intensivnutzungen möglich waren. Gefördert wurden die Rodungen durch EG-Prämien auf der Grundlage des Generalobstbauplans von 1957. Im *Alten Land* bei Hamburg waren noch 1965 über die Hälfte der Apfel- und Birnbäume hoch- oder halbstämmige Bäume. Heute sind es nur noch etwa 5 %.

Neben den aus Landesmitteln und EG-Zuschüssen finanzierten Rodungen wurden Flurbereinigungsverfahren zum Anlass genommen, die Beseitigung hochstämmiger Obstwiesen voranzutreiben. Mit gleicher Wirkung folgenreich war auch die rege Bautätigkeit der letzten Jahrzehnte.

<u>Merkmale von Streuobstwiesen:</u>

- Meist mehrere Obstarten innerhalb eines Streuobstbestandes mit einer breiten Sortenpalette: Apfel, Birne, Süßkirsche, Pflaume/Zwetschge und Walnuss, gelegentlich auch Reneklode, Mirabelle und Sauerkirsche
- Viele alte, robuste Obstsorten, die zur Züchtung standortangepasster Sorten und zur Verbesserung der Widerstandskraft anfälliger Hochleistungssorten sowie zur Aromaverbesserung herangezogen werden können
- Lebensraum für zahlreiche, darunter viele vom Aussterben bedrohte Tier- und Pflanzenarten in den ausladenden Kronen der Bäume und in der Krautschicht der Wiese, begünstigt durch die extensive Wirtschaftsweise
- Ökologische Mittelstellung zwischen Wald und offener Feldflur
- Wichtige Vernetzungselemente zwischen verschiedenen Lebensräumen
- Je nach Standort Ausbildung von Grünlandgesellschaften, wie beispielsweise die Glatthaferwiesen, in denen Glatthafer, Knaulgras, Wiesenrispe, Margerite, Wiesenstorchschnabel, Löwenzahn, Kerbel, Wiesenbocksbart und Schafgarbe als Hauptarten vorkommen; auf trockenen Standorten können sich Wiesensalbei, Aufrechte Trespe, Wilde Möhre, Klappertopf u.a. dazugesellen, die zu den Pflanzengesellschaften der →Halbtrockenrasen überleiten.
- Ganzjähriger Lebensraum für die Tierwelt durch das Nebeneinander von verschieden alten Hochstämmen und die Vielfalt der Obstarten und -sorten zusammen mit einem artenreichen Unterwuchs
- Auftreten von bis zu 50 Brutvogelarten, beispielsweise verschiedene Spechtarten, Kernbeißer, Gartenrotschwanz und Gartenbaumläufer; Greifvögeln und Würgerarten dienen die Obstbäume als Ansitz, Baumpieper und Drosselarten dagegen als Singwarte; Säugetiere wie verschiedene Fledermausarten, Marder, Garten- und Siebenschläfer oder die Haselmaus finden in den weit ausladenden Baumkronen Nahrung und Unterschlupf.
- Große Artenvielfalt der in den Streuobstwiesen vorkommenden Insekten; die Blüten der Bäume als ergiebige Nahrungsquellen für blütenbesuchende Hautflügler wie Bienen, Hummelarten, Florfliege etc. und nektarsaugende Schmetterlinge; die Bäume als Brutplatz und Unterschlupf; Spinnen, Käfer, Ameisen u.a. bevölkern den krautigen Unterbewuchs.

- Wohlfahrtswirkungen der Streuobstwiesen, dazu gehören die Erholungsfunktion, der Windschutz, luftreinigende Effekte und der Schutz vor ➔Bodenerosion in Hanglagen
- Heute durch Überalterung und völlige Auflassung bedroht
- Als Kulturbiotop, als Relikt einer historischen Landnutzung, als prägendes Element der ➔Kulturlandschaft sowie als unverzichtbares Kulturgut sind sie aus der Sicht der ➔Landeskultur, des Umwelt- und Naturschutzes sowie der Erholungsvorsorge erhaltenswert und schutzwürdig.

Der stetige Rückgang der Streuobstwiesen führt zu einer Verknappung von aromatischem, säurereichem Mostobst, für das die Fruchtsaftindustrie neuerdings wieder steigendes Interesse zeigt. Für die Verwertungsindustrie insgesamt bildet der Streuobstbau mit Abstand die wichtigste Produktionsgrundlage.
Für den Erhalt der Streuobstwiesen sind aufwendige Pflegemaßnahmen durch die Grundeigentümer unerlässlich. Vereinzelt helfen Naturschutzverbände durch den Verkauf von Obstsäften aus ungespritzten Streuobstanlagen, dieses kulturlandschaftliche Element zu erhalten und leisten damit gleichzeitig eine *on farm*-Erhaltung pflanzengenetischer Ressourcen.

STREURECHT: Altüberkommenes Recht zur Entnahme von ➔Streu aus grundherrschaftlichen bzw. staatlichen Wäldern.

STREUSIEDLUNG: Von einer Streusiedlung wird gesprochen, wenn ➔Einzelsiedlungen und kleine ➔Gruppensiedlungen vermischt auftreten (*Born*, 1977). Die ➔Einzelhöfe einer Streusiedlung unterscheiden sich kaum hinsichtlich der Wohnplatzanordnung, dagegen aber als Wirtschafts- und Rechtsverband von der eigentlichen Einzelsiedlung. Streusiedlung mit gemeinsamer Flurnutzung finden sich besonders bei nordwestdeutschen Eschsiedlungen. Hierher gehören die ➔Drubbel, nach *Müller-Wille* (1944), Gruppen von 3 - 15 Hofstellen am Rande von ➔Eschen.

STREUWIESEN: Streuwiesen sind eine besondere Nutzungsform des ➔Grünlandes. Im Gegensatz zu Futterwiesen werden sie nicht für die Futtergewinnung gemäht, sondern wegen ihrer schlechten Futterqualität für die Gewinnung von Stalleinstreu. Die ➔Mahd erfolgt im Spätjahr, wenn die oberirdischen Teile der Pflanzen abgestorben und dadurch saugfähiger geworden sind. Deshalb wurden sie in manchen Gegenden auch "Herbstwiesen" genannt.
Da die Pflanzen der Streuwiesen stehend absterben und bis in den Winter hinein aufrecht stehen bleiben, erfordert die Ernte trockener ➔Streu auch im Spätherbst nur wenige Stunden Sonnenschein. Die Ernte erfolgte früher durch Rupfen mit der Hand, durch Abhacken mit der Sensenhacke, bei Ernte im Frühjahr durch Abbrechen der dann liegenden Streu. Heute werden die wenigen verbliebenen Streuwiesen meist mit dem Kreiselmäher oder einem Doppelmesserbalkenmäher gemäht.
Der Höhepunkt der Streukultur war in den zwanziger und dreißiger Jahren unseres Jahrhunderts erreicht. Heute hat die ➔Landwirtschaft aber seit langem auf Ställe mit Spaltenböden und Güllebereitung umgestellt. Durch die modernen strohlosen Aufstallungsformen ist das Mähen der ➔Einstreu nicht mehr nötig. Allenfalls für den Jungviehstall besteht gelegentlich noch Bedarf an Einstreu, der aber leicht mit Stroh gedeckt werden kann.
➔Meliorationen, unter anderem im Rahmen des Reichsarbeitsdienstes, Mechanisierung und Arbeitskräftemangel taten ein übriges, dass die Streuwiesen aus dem Betriebsablauf ausgegliedert wurden.
Als Streuwiesen wurden und werden vor allem wechselfeuchte bis staunasse Standorte bewirtschaftet, da deren Pflanzenaufwuchs wegen seiner Zusammensetzung nicht als Futter geeignet ist. Zu den Standorten gehören sowohl mineralische Feucht- und Nassböden (z.B. Aueböden, Grundwasserböden, Stauwasserböden) wie auch die organischen Nieder- und Hochmoorböden. Die heute noch verbliebenen Streuwiesen haben nährstoffarme Standorte. Sie wurden nie gedüngt, da für solche Flächen kein ➔Dünger übrig war. Nährstoffzufuhr bekamen sie nur durch gelegentliche Überschwemmungen, wenn die Wiese in Bachnähe lag. Auch sonst wurden und werden Streuwiesen nur sehr extensiv gepflegt, wenn überhaupt. Auf sehr nassen Standorten wurden gelegentlich spatentiefe Entwässerungsgräben auf der Parzellengrenze zur Verbesserung der Befahrbarkeit gezogen.
Streuwiesen sind für den ➔Naturschutz sehr bedeutungsvoll, da sie ausgesprochen artenreich sind (Orchideen, Schwertlilien, Mehlprimeln, Enzianarten, Falterarten wie Heufalter, Dukatenfalter, Vogelarten wie Sumpfohreule, Wiesenweihe). Bleibt die jährliche Mahd aus, verbuschen die Streuwiesen. Durch den damit verbundenen Lichtmangel werden die niedrig wachsenden Pflanzenarten verdrängt und eine Artenverarmung ist die Folge.
Die Verwertung oder Verwendung des anfallenden Mähguts bereitet heute große Probleme, da der ursprüngliche Verwendungszweck i.d.R. nicht mehr gegeben ist. Alle bisherigen Lösungen (Einstreu in der Pferdehaltung, Abdeckmaterial im Gemüsebau, Mieten- und Flächenkompostierung mit Ausbringen des Kompostes auf Ackerland) sind allenfalls lokal umsetzbar. Eine neue Lösung scheint die staubfeine Zermahlung der Streu mit Hilfe von Strohmühlen zu sein. Das dabei gewonnene Streu-Mehl kann als Ein-

streu auch in Ställen mit Spaltenböden und Güllebereitung verwendet werden, da die →Gülle trotz der Beimengung des Streumehls noch pumpfähig ist. Eine widersinnige Alternative stellt die Deponierung dar.

STRIP FARMING: Auch *Streifenanbau*, *Streifenkultur*; der streifenförmiger Anbau von →Kulturpflanzen unterschiedlichen Nährstoffbedarfs, unterschiedlicher Wuchshöhe und Erntezeit. Um Winderosion zu vermeiden, werden die Streifen quer zur Hauptwindrichtung angelegt. In hängigem Gelände soll hangparalleles Strip Farming →Bodenerosion verhindern. Es stellt ferner eine Gegenmaßnahme zur →Monokultur dar.

STRUKTURFONDS: Die Strukturfonds sind die wichtigsten Förderinstrumente der EU. Beim wirtschaftlichen und sozialen Zusammenhalt der EU-Länder, der Kohäsion, sollen sie das Ziel verwirklichen helfen "..., die Unterschiede im Entwicklungsstand der verschiedenen Regionen und den Rückstand der am stärksten benachteiligten Gebiete einschließlich ländlicher Gebiete, zu verringern" (Art. 130 a EWG-Vertrag). Die vier Strukturfonds sind:

- *Der Europäische Fonds für Regionale Entwicklung* (EFRE)
  - Förderung von Regionen mit wirtschaftlichem Aufholbedarf durch Unterstützung von Investitionen zur Schaffung und Erhaltung dauerhafter Arbeitsplätze sowie von Projekten zur Verbesserung der Infrastruktur
  - Förderung des regionalen Entwicklungspotentials durch die Unterstützung lokaler Initiativen vor allem kleiner und mittlerer Unternehmen
- *Der Europäische Sozialfonds* (ESF)
  - Bekämpfung der Arbeitslosigkeit, z.B. durch die Entwicklung beruflicher Kenntnisse, Fähigkeiten und Qualifikationen zur Eingliederung von Langzeitarbeitslosen und Jugendlichen
  - Förderung der Chancengleichheit von Frauen und Männern auf dem Arbeitsmarkt
- *Der Europäische Ausrichtungs- und Garantiefonds für die Landwirtschaft* (→EAGFL, Abteilung Ausrichtung)
  - Unterstützung für die Anpassung der Agrarstrukturen in den Mitgliedstaaten im Rahmen der →GAP, z.B. durch Investitionshilfen zur Senkung der Produktionskosten und Steigerung der Effizienz der Betriebe sowie zur besseren Vermarktung land- und forstwirtschaftlicher Erzeugnisse.
  - Förderung der Entwicklung des →ländlichen Raumes, z.B. durch die Verbesserung der ländlichen Infrastruktur, die Sanierung der Dörfer sowie die Entwicklung des Fremdenverkehrs und des Handwerks
- *Das Finanzierungsinstrument für die Ausrichtung der Fischerei* (FIAF)
  - Zuschüsse für die Finanzierung von Investitionen zur Umstrukturierung und Modernisierung der Fischereiflotte sowie zur Verbesserung der Vermarktungs- und Verarbeitungsbedingungen

Ein wesentliches Prinzip der Förderung aus Mitteln der EU-Strukturfonds ist, dass sie nur als eine Ergänzung (*Additionalität*) zu den nationalen und regionalen Förderprogrammen der Mitgliedstaaten konzipiert sind (Eigenleistung mindestens 25 %, i.d.R. 50 %). Zudem findet das Prinzip der *Subsidiarität* Anwendung: Die Verantwortung für die Umsetzung wird von einer möglichst bürgernahen Verwaltungsebene wahrgenommen.

Einen ergänzenden fünften Strukturfonds stellt der *Kohäsionsfonds* dar, der den vier ärmeren Gemeinschaftsländern Portugal, Spanien, Griechenland und Irland zusätzliche Mittel zukommen lässt. Die Mittel fördern Vorhaben in den Bereichen →Umwelt und transeuropäische Verkehrsnetze.

Bislang erfolgt die EU-Strukturförderung über insgesamt sieben *Zielkategorien*. Darunter berühren drei Kategorien die →Landwirtschaft und den ländlichen Raum unmittelbar. Dies sind

- Ziel 1-Gebiete (Förderung der Entwicklung und der strukturellen Anpassung der Regionen mit Entwicklungsrückstand)
- Ziel 5 a (flächendeckende Anpassung der Agrarstrukturen, z.B. durch einzelbetriebliche Investitionsförderung, Junglandwirteförderung)
- Ziel 5 b-Gebiete (Förderung der Entwicklung benachteiligter ländlicher Räume)

Bei den übrigen Zielen, wie Ziel 2-Gebieten (Umstellung von Gebieten mit rückläufiger industrieller Entwicklung) und Zielen 3 und 4 (Bekämpfung der Arbeitslosigkeit und andere Begleitmaßnahmen auf dem Arbeitsmarkt) ist der Agrarsektor und der ländliche Raum nur mittelbar berührt. Ziel 6 fördert die Entwicklung in besonders dünn besiedelten Gebieten Finnlands und Schwedens.

Nach den Vorstellungen der Europäischen Kommission in der →Agenda 2000 soll die Förderung ländlicher Räume als eigenständiges Ziel der Strukturpolitik und damit die Ziel 5 b-Förderung künftig aufgegeben werden.

STRUKTURWANDEL: Änderungen der →Agrarstruktur eines landschaftlichen (z.B. Schwarzwald), politischen oder wirtschaftlichen (z.B. EU) Bezugsraumes aufgrund sich ändernder ökonomischer, historischer, politischer, technologischer oder ökologischer Einflussgrößen. Agrarstrukturentwicklungen und -anpassungen innerhalb der EU vollziehen sich -

z.T. sogar durch agrarpolitische Maßnahmen gedämpft - vergleichsweise langsam. In den sogenannten Transformationsländern des ehemaligen Ostblocks erfolgen diese Änderungen abrupt.

Der Strukturwandel betrifft u.a. folgende Größen:

- Anzahl der Betriebe
- Größenstruktur
- Flurgestaltung
- Arbeitskräftestruktur
- Maschinenbesatz
- Anbau-/Produktions-/Aufgabenstruktur
- Auslagerung von Funktionen aus der ➔Landwirtschaft in spezialisierte gewerbliche Unternehmen
- ➔Spezialisierung
- ➔Fruchtfolgen
- ➔Selbstversorgungsgrad
- Export-/Importstruktur

STRUKTURWANDEL IN DER DEUTSCHEN LANDWIRTSCHAFT: In den letzten Jahren haben der Wettbewerb auf den nationalen und internationalen Agrarmärkten, die Herstellung der staatlichen Einheit Deutschlands, die ➔Reform der Gemeinsamen Agrarpolitik sowie der Ablauf und Abschluss der Verhandlungen im *Allgemeinen Zoll- und Handelsabkommen* (➔GATT) den ➔Strukturwandel geprägt und werden die künftige Entwicklung auch weiterhin beeinflussen.

Durch die anhaltende Verschärfung der Wettbewerbssituation, sinkende Produktpreise und steigende Produktionsmittelpreise wird verstärkt bei den Produktionsmitteln gespart. Zum einen wird die Anwendung von ➔Pflanzenschutz- und ➔Düngemitteln reduziert und optimiert (➔Extensivierung, ➔Integrierter und ➔Ökologischer Landbau). Zum anderen nehmen die ➔Maschinengemeinschaften und gemeinschaftlichen Lagerkapazitäten zu. Die Verwendung von zertifiziertem ➔Saat- und Pflanzgut nimmt seit längerer Zeit ab. Marginale Standorte (➔Trockenrasen, Feuchtgrünland, Steil- und Hochlagen) werden aus der Bewirtschaftung genommen. Diesem Trend wirken aber die zahlreichen Landschaftspflegeprogramme der Länder (z.B. (MEKAT) entgegen.

Lieferverträge mit Firmen des verarbeitenden Sektors sollen dazu beitragen, qualitätsbezogene Preise für die landwirtschaftlichen Produkte zu erzielen (➔Vertragslandwirtschaft). Dies betrifft Lebensmittel

Landwirtschaftliche Betriebe (≥ 1 ha landwirtschaftlich genutzte Fläche) und ihre Flächenausstattung in Deutschland 1949-1996

Jahr	Anzahl der Betriebe [1.000]	Landwirtschaftlich genutzte Fläche [1.000 ha]	Mittlere Betriebsgröße [ha] (Landw. gen. Fläche/Betrieb)
Alte Bundesländer			
1949	1.646,8	13.279,6	8,06
1960	1.385,3	12.934,8	9,34
1970	1.083,1	12.644,7	11,67
1980	797,4	12.172,5	15,27
1990	629,7	11.773,4	18,70
1995	524,8	11.710,5	22,31
1996	509,1	11.672,3	22,93
Neue Bundesländer			
1949	618,6	5.918,2	9,6
1960	32,8	5.512,9	168,3
1970	9,5	5.835,1	612,5
1980	2,4	5.832,1	2.388,2
1991	18,6	5.281,4	283,9
1995	30,2	5.520,6	182,5
1996	30,8	5.555,9	180,4
Deutschland insgesamt			
1949	2.265,4	19.197,8	8,5
1991	617,3	17.029,1	27,6
1995	555,1	17.231,1	31,0
1996	539,9	17.228,2	31,9

Quelle: Deutscher Bauernverband (1998) nach Angaben des Statistischen Bundesamtes

ebenso wie →nachwachsende Rohstoffe. Die zunehmende Gründung von →Erzeugergemeinschaften dient dem Risikoausgleich der Vertragspartner.
Betriebe mit →Direktvermarktung schalten den Zwischenhandel aus und können so höhere Gewinne für ihre Produkte erzielen oder zusätzliche Mengen absetzen. In vielen Fällen wirtschaften die Betriebe mit Direktvermarktung nach den Richtlinien eines der ökologischen Anbauverbände.
Im Gegensatz zu den meisten Agrarprodukten steht einer zunehmenden Nachfrage nach Gartenbauerzeugnissen eine abnehmende inländische Produktion gegenüber. Ein Trend zu umweltfreundlicheren Anbau- und Erzeugungsverfahren ist zu verzeichnen.
Im **früheren Bundesgebiet** sinkt infolge des strukturellen Anpassungsprozesses die Zahl der Beschäftigten in der →Landwirtschaft. Die Anzahl der Auszubildenden ist in den letzten Jahren deutlich zurückgegangen. Viele Betriebe haben keinen Hofnachfolger. Dadurch erfährt das für eine effiziente Gesellschaft wichtige Element der Selbständigkeit eine deutliche Schwächung. Die Zahl der landwirtschaftlichen Betriebe sank zwischen 1992 und 1997 um 3,2 % im jährlichen Durchschnitt. Gleichzeitig ist der Rückgang der Hofstellen in den alten Ländern verbunden mit einer Zunahme der durchschnittlichen Flächenausstattung sowie mit einem weiteren Anstieg des Anteils der →Nebenerwerbsbetriebe. Für die Mitte des kommenden Jahrhunderts wird mit 200.000 landwirtschaftlichen Betrieben in Deutschland gerechnet, davon sind mehr als die Hälfte Nebenerwerbsbetriebe.
Der in den alten Bundesländern abgelaufene Strukturwandel vollzog sich im wesentlichen nur in den unteren Betriebsgrößenklassen. Die Zahl der Betriebe mit ≥ 20 ha LF ist seit 1949 um 56.000 Betriebe angestiegen, während die Zahl der Betriebe mit 1 bis 20 ha LF um 1,221 Mio zurückging.
Zwischen Flächenausstattung und Entwicklung der Zahl der Betriebe im Zeitablauf besteht ein enger Zusammenhang. Wirtschaftlich stärkere Betriebe wechseln meist in eine höhere Größenklasse. Die sogenannte →Wachstumsschwelle, unterhalb derer die Zahl der Betriebe ab- und oberhalb derer die Zahl der Betriebe zunimmt, steigt im früheren Bundesgebiet kontinuierlich. Lag sie 1970 noch bei 20 ha, 1980 bei 30 ha und 1990 bei 40 ha, so nahm 1996 nur noch die Zahl der Betriebe mit mehr als 50 ha zu.
Als eine Folge der erwarteten Fortsetzung der Markt- und Strukturentwicklung wird der typische *Eigentümerbetrieb* der Vergangenheit angehören. Dies ist nicht gleichbedeutend mit dem Ende des Familienbetriebes, aber es wird zu einem Vorherrschen des *Pächterbetriebes* kommen. Bereits heute bewirtschaftet der durchschnittliche Vollerwerbsbetrieb rd. 62 % seiner Flächen in Pacht.
In den **neuen Bundesländern** waren die Umstrukturierungen am gravierendsten.
Die Ablösung der →*Landwirtschaftlichen Produktionsgenossenschaften* (LPG) und →*Volkseigenen Güter* (VEG) erfolgte durch die nach 1991 generell verbindlichen →Rechtsformen. Beide Betriebsformen verfügten 1989 zusammen über 99,2 % der →landwirtschaftlichen Nutzfläche der DDR. Bei der (Re-)Privatisierung standen diese Flächen zur Verfügung. Grundprinzipien waren die Auflösung der übergroßen Betriebseinheiten und die Wiederherstellung der bäuerlichen Mischwirtschaft.
Aus der verfügbaren Masse erhielten vier Interessengruppen Land:

- die illegal enteigneten →Landwirte und Gutsherren der →Bodenreform (1945-49)
- die ortsansässigen →Wiedereinrichter, die ihre Anteile aus den →Genossenschaften zurückerhalten
- die orts- und nichtortsansässigen →Neueinrichter, die aus der Bestandsmasse Grund und →Boden käuflich erwerben und neue →bäuerliche Familienbetriebe aufbauen können
- die privaten Nachfolgegesellschaften der LPG

Rund 90 % der ostdeutschen Agrarbetriebe gelten als "natürliche Personen", worunter vor allem bäuerliche und gärtnerische Familienbetriebe ("Einzelunternehmen") und sogenannte "Personengesellschaften" zu verstehen sind. Die andere große, oft pauschal als "LPG-Nachfolgeunternehmen" bezeichnete Gruppe sind die sogenannten privat- und öffentlich-rechtlichen "juristischen Personen" (z.B. eingetragene Genossenschaften, Gesellschaften mit beschränkter Haftung, seltener Aktiengesellschaften u.ä.)
Weniger als erwartet entstanden Einzelunternehmen (sogenannte →Wiedereinrichter), mehr als die Hälfte der alten Betriebe wandelte sich in eingetragene Genossenschaften, 20-30 % in Kapitalgesellschaften um, in denen mehrere Landwirte kooperativ den größten Teil der Flächen und Viehbestände in den neuen Ländern bewirtschaften. Diese Betriebe erreichen bisher im früheren Bundesgebiet nicht gekannte *Betriebsgrößen*. Die durchschnittlichen Betriebsgrößen von rd. 48 ha in den landwirtschaftlichen Einzelunternehmen, von rd. 470 ha in den Personengesellschaften und von über 1.000 ha in den juristischen Personen lässt die Betriebsstruktur in den neuen Bundesländern auch im europäischen Vergleich als konkurrenzfähig erscheinen. Die tatsächliche Flächengröße der Unternehmen ist allerdings aus der amtlichen Agrarstatistik nicht zu entnehmen, da eine große Zahl von GmbH Tochterunternehmen anderer GmbH oder von e.G. oder AG sind!
Mit rund 90 % ist der größte Teil der landwirtschaftlich genutzten Flächen in den neuen Ländern *Pacht-*

land. Damit ist der Pachtlandanteil fast doppelt so hoch wie im früheren Bundesgebiet.
Die *Zahl der Unternehmen* hat durch Neugründungen und Unternehmensteilungen bislang stark zugenommen, von rd. 5.000 im Jahr 1990 auf rd. 31.000 im Jahr 1997. Allerdings gilt mittlerweile (1998) die Umstrukturierung in den neuen Ländern als abgeschlossen.
Es lassen sich regional unterschiedliche Entwicklungen erkennen. Die Bedeutung der juristischen Personen nimmt in der Tendenz von Norden nach Süden her zu. Die Rechtsform der Genossenschaft dominiert in den südlicheren Ländern (Thüringen, Sachsen, Sachsen-Anhalt und südliches Brandenburg), während nach Norden hin die Kapitalgesellschaften an Bedeutung gewinnen. Der Anteil der Einzelunternehmen nimmt von Norden nach Süden zu, gleichzeitig nimmt ihr Anteil an der Fläche in der Tendenz ab. In Mecklenburg-Vorpommern und Sachsen-Anhalt und der Leipziger Tieflandbucht sind zumeist größere landwirtschaftliche Einzelunternehmen entstanden. Gleichzeitig finden sich dort auch eine große Zahl von Personengesellschaften. Demgegenüber finden sich in den südlicheren Regionen (mit Ausnahme der Leipziger Tieflandbucht) eher kleinere Haupt- und Nebenerwerbsbetriebe. Mehr als die Hälfte der Einzelunternehmen sind als Nebenerwerbsbetriebe gemeldet. Sie prägen insbesondere die Landwirtschaft in Mittelgebirgslagen und der Lausitz.
Die derzeitige Bewirtschaftung durch eine größere Anzahl von Landwirtschaftsbetrieben im Haupt- und Nebenerwerb und die dadurch bedingte Teilung der LPG-Schläge beeinflusst weder die von der Großflächenwirtschaft geprägte Physiognomie der →Agrarlandschaft noch das Nutzflächenmosaik merklich. Dazu trägt die Beschränkung auf wenige Fruchtarten wie auch das fortbestehende Fehlen eines angemessen dichten Wegenetzes und von ökologischen Strukturelementen des →Agrarraums bei.
Im Zuge des Übergangs von einer auf *Selbstversorgung* ausgerichteten *Planwirtschaft* zur *Marktwirtschaft* erfolgte ein enormer Produktionsrückgang insbesondere im tierischen Bereich und damit verbunden ein nachhaltiger Abbau des überhöhten Arbeitskräftebesatzes in der Pflanzen- und Tierproduktion sowie bei den der Landwirtschaft vor- und nachgelagerten Bereichen. Gleichzeitig änderten sich die Anbau- und Produktionsstrukturen. Flächen fielen aus der Produktion, Tierbestände wurden in erheblichem Umfang abgebaut, Futterflächen wurden frei für den Marktfruchtanbau, und die Nutzung spezifischer Standortfaktoren gewann an Bedeutung. In den neuen Ländern waren 1997 noch 150.000 Personen - gegenüber 850.000 Beschäftigten 1989 - in der Landwirtschaft tätig.

Zukünftig wird mit einer weiteren Abnahme landwirtschaftlich genutzter Flächen zu rechnen sein. Die Umwidmung solcher Flächen in Siedlungs- und Verkehrsflächen wird dabei durch den erhöhten Nachholbedarf in einem stärkeren Umfang in den neuen Ländern zur Wirkung kommen.
Die im Umstrukturierungs- und Anpassungsprozess in den neuen Ländern notwendige Konzentration der landwirtschaftlichen Betriebe auf ihre eigentlichen Funktionen stellt zugleich die →Dörfer vor erhebliche raumordnerische Probleme. Durch die ehemaligen LPG wurden wichtige Investitionen und Tätigkeiten in infrastrukturellen, sozialen und kulturellen Bereichen der ländlichen Gemeinden wahrgenommen. Mit dem Wegfall dieser finanziellen und personellen Ressourcen erfolgten Störungen dörflicher Strukturen. Sie sind mit erheblichen wirtschaftlichen, demographischen, infrastrukturellen und sozialen Auswirkungen auf die peripher gelegenen →ländlichen Räume verbunden.
Dabei gibt es einige Betriebe, die sich Flächengrößen von 5.000 oder 10.000 ha LF erhalten haben, wie auch solche, die ihr früheres Produktions- und Infrastrukturspektrum weiter betreiben.
Bei einer Umbildung der Betriebe erfolgte eine Entflechtung einerseits und eine Wiederzusammenführung der hochspezialisierten Pflanzen- und Tierproduktion andererseits. Die Ausgliederung häufig unwirtschaftlicher Betriebsteile wie Bauabteilungen, Werkstätten, aber auch Gärtnereien, Baumschulen usw. und der Kultur- und Sozialbereiche verringerte die Kosten in der Agrarwirtschaft erheblich, und die daraus entstandenen Betriebsneugründungen beleben gleichzeitig Handwerk und den Dienstleistungssektor im ländlichen Raum.
<u>Spezifische Probleme beim Strukturwandel in den neuen Bundesländern:</u>
- hoher Pachtlandanteil
- unzureichende Infrastruktur für Produktweiterverarbeitung und Vermarktung
- teilweise hohe Altschuldenbelastung
- geringe Liquidität vieler Betriebe
- überaltertes, ineffizientes Anlagevermögen
- ungeklärte Eigentumsansprüche am →Boden und am Eigenkapital der ehemaligen LPG
- fehlende marktwirtschaftliche Erfahrung
- niedrige Veredlungsdichte und
- →ausgeräumte Landschaften.

Ein Strukturwandel in Deutschland vollzieht sich in Ansätzen auch hinsichtlich der Funktionen von Land- und auch Forstwirtschaft. Die einseitige Ausrichtung auf die Produktionsfunktion scheint überholt. Vielfach wird angestrebt, die ökonomischen, ökologischen und sozialen Funktionen und Aufgaben der Landbewirtschaftung im Kontext eines

nachhaltigen Wirtschaftens als gleichberechtigt anzuerkennen und zu vergüten.
(➔AGRARPOLITIK, ➔AGRARSTRUKTUR, ➔AGRARSTRUKTUR IN DEUTSCHLAND)

STUFENRAIN: 1. Im Gefolge des Pflügens an Hängen ungewollte Begleitform der ➔Bodenbearbeitung. Dabei wird durch dem Pflügen folgendes Abspülen der Bodenkrume dieses Bodenmaterial am unteren ➔Ackerrain akkumuliert.
2. In Pflugrichtung verlaufende Begrenzung von terrassierten Ackerparzellen. Die Dichte der Stufenraine und natürlich auch die Breite der ➔Ackerterrassen richten sich nach der Hangneigung. Eine Besitzparzelle kann demnach durch mehrere Stufenraine gegliedert sein.

STURZ(WASSER)BEWÄSSERUNG: In ariden und semiariden Regionen auftretende Form der ➔Bewässerung, bei der oft flutartig abströmendes Regenwasser von einem größeren Einzugsgebiet oberflächlich aufgefangen und unmittelbar auf eine wesentlich kleinere Bewässerungsfläche geleitet wird. Das Flächenverhältnis liegt bei 25 : 1. Der schichtflutartige Abfluss hat seine Ursache vor allem in der dünnen Kruste tropischer Oberböden, welche die Wasserinfiltration reduzieren.
Es können mit diesem Verfahren auch in vollariden Gebieten hohe Erträge (bis zu 60 dt/ha Weizen) erzielt werden. Im Vergleich zur Bewässerung mit Fluss- oder ➔Grundwasser ist die Sturzbewässerung wenig versalzungsanfällig, und für die Wasserbringung ist keine Energie notwendig.

SUBÖKUMENE: Extensiv bewirtschafteter, sehr dünn und z.T. temporär bewohnter Randsaum der ➔Ökumene. Er umfasst große Teile der Trockengebiete und der äußerst dünn von Jägern und Sammlern bewohnten tropischen und subpolaren Wälder. Als Grenze zwischen Vollökumene und Subökumene kann die agrare Siedlungsgrenze gelten, wobei "agrar" die planmäßige Bewirtschaftung des ➔Bodens meint. (➔ANÖKUMENE, ➔HÖHENGRENZE, ➔KÄLTEGRENZE, ➔POLARGRENZE, ➔TROCKENGRENZE)

SUBSISTENZWIRTSCHAFT: Wirtschaftsweise vorwiegend im Bereich der ➔Landwirtschaft, deren Produktionsziel ganz oder nahezu ausschließlich die Selbstversorgung der Besitzer und deren Familien ist. Subsistenzwirtschaft umfasst auch die Erträge aus Jagen und Sammeln. Sie stellt ein geschlossenes, autarkes System dar, in dem ohne Marktorientierung und Gewinn produziert wird. Subsistenzwirtschaft ist nicht arbeitsteilig organisiert im Vergleich zum absatzorientierten, kommerzialisierten Betrieb. Reine Subsistenzwirtschaft findet sich heute höchstens noch in entlegenen Rückzugsgebieten der Gebirge, Regenwälder oder Trockenräume.
In einem weiteren Sinne wird auch bei einem Marktanteil bis zu 25 % des ➔Rohertrages noch von Subsistenzwirtschaft gesprochen. So definiert ist sie in vielen Entwicklungsländern bis heute weit verbreitet und umfasst schätzungsweise in Lateinamerika noch 30-40 %, in Afrika über 50 %, in Äthiopien sogar 82 % der Agrarproduktion. Dort hat sie beim gleichzeitigen Fehlen sozialer Sicherungsnetze weiterhin eine große Bedeutung und auch Berechtigung. In Industrieländern ist der von den Produzenten selbst verbrauchte Anteil der Agrarproduktion sehr gering (Bundesrepublik 11 %, USA 3 %, UK 1 %).
Mögliche weitere *Kennzeichen der Subsistenzwirtschaft*:
- Meist Beschränkung auf den Anbau weniger Grundnahrungsmittel (z.B. Getreidearten, Maniok, Süßkartoffeln), z.T. verbunden mit ➔Viehhaltung
- Lebensstandard und technische Entwicklung i.a. niedrig
- ungünstige Naturgrundlagen, Kleinbetriebe mit unzureichender Nutzfläche und Kapitalausstattung
- mangelhafte Verkehrsverbindungen zu Marktzentren
- Furcht vor dem Marktrisiko
- hemmende Bindungen an traditionelle Wirtschaftsformen
- Vorteile: Sicherung der Existenzgrundlage großer Teile der Bevölkerung mit geringer Kaufkraft, geminderte Abhängigkeit von der Markt- und Preisentwicklung, Gewinnstreben und Einkommensunterschiede bleiben gering, soziale Stabilität als Folge
- Nachteile: Oft einseitige und ungenügende Ernährung, völlige Abhängigkeit von den örtlichen Naturgrundlagen, unelastische, durch Marktkonkurrenz wenig oder nicht stimulierte Bodennutzung; Gefahr der Unterversorgung der städtischen Bevölkerung

SUBSTRAT: Im Gegensatz zu (gärtnerischen) ➔Erden bestehen Substrate überwiegend aus betriebsfremden Stoffen wie Ton, ➔Torf, Schaumstoff (Flocken aus Harnstoff-Formaldehyd-Schaum) oder Perliten (durch Erhitzen aufgeschlossener und sterilisierter Magnesiumglimmer) aber auch Rinde, Holzfasern oder ➔Komposten. Zu den Spezialsubstraten, die entweder rein oder in Mischung mit anderen Stoffen Verwendung finden, gehören u.a. Bimskies, Blähton, Steinwolle und Strohkomposte. Substrate finden vorwiegend im ➔Gartenbau und in Bereichen der ➔Intensivlandwirtschaft ihren Einsatz.

Wie die Erden erfüllen Substrate folgende Aufgaben in der Kultur:

- Sie geben der Pflanze durch Verankerungsmöglichkeit der Wurzeln Halt.
- Sie speichern und spenden →Nährstoffe für das Wachstum.
- Sie stellen die Luft- und Wasserversorgung der Pflanze sicher.

SUBSTRATKULTUR: Pflanzenkulturen auf einem Bodenersatzstoff, häufig ein Geflecht aus hochporöser Basaltsteinwolle. Substratkulturen treten vornehmlich in der Intensivlandwirtschaft bzw. im →Gartenbau in Kombination mit Glashausflächen auf. Das Substrat wird von Warmluft umströmt und ständig von Wasser und Nährlösung durchströmt. Treibhausgemüse aus Holland wuchs bereits Mitte der 80er Jahre zu rund zwei Dritteln auf Substratkulturflächen. Substratwolle erspart die Bodenbearbeitung, →Unkraut und Ungeziefer können sich in ihr nicht festsetzen und die Wachstumsfaktoren lassen sich in ihr leichter beeinflussen. Die Zufuhr von Warmluft und der flüssigen Betriebsmittel, auch deren Mischungsverhältnis, lassen sich über EDV steuern. Die Wolle muss alle drei bis vier Jahre ausgewechselt werden, entsprechende Entsorgungsprobleme bestehen.
Neuere Entwicklungen gehen in Richtung einer Art Kanülenkultur, die ganz ohne stützendes Medium auskommt. Die Frucht bezieht das Wasser und die →Nährstoffe direkt aus einer Kanüle - intravenös sozusagen.

SUBVENTION: Finanzhilfe oder Steuervergünstigung, die vorrangig auf die Unterstützung wirtschaftlicher Tätigkeiten ausgerichtet ist, und die eine lenkende, korrigierende und strukturumschichtende Wirkung hat. Sowohl Unternehmen auf der Produktions- als auch Haushalte auf der Konsumseite berücksichtigen die Subventionszahlungen bei ihren Produktions- und Konsumentscheidungen wie Änderungen der Marktpreise, so dass die Produktions-, Faktoreinsatz- oder Konsumstruktur beeinflusst wird. Subventionsleistungen können von Seiten des Bundes, der Länder, Gemeinden und der EU erfolgen. Der Subventionsbegriff wird von unterschiedlichen Gremien verschieden definiert.
Häufig wird vom Subventionsbegriff der die sozialen Leistungen umfassende Bergriff der →*Transferzahlungen* unterschieden.
Nach Auffassung der Bundesregierung helfen die Agrarsubventionen das Leitbild einer leistungs- und wettbewerbsfähigen, marktorientierten und umweltverträglichen Land-, Forst- und Ernährungswirtschaft zu realisieren, da die Einkommen landbewirtschaftender Familien nur z.T. durch eine Ausweitung von Produktionskapazitäten verbessert werden kann.
Nach einer - umstrittenen - OECD-Definition von Agrarbeihilfen weist die EU 1996 einen Subventionsanteil von 43 % aus. In den USA betragen die Agrarbeihilfen 16 %. Am stärksten subventioniert werden die →Landwirtschaft Japans (71 %), Norwegens (71 %) und der Schweiz (78 %). Den geringsten Subventionsanteil weisen Australien mit 9 % und Neuseeland mit 3 % auf, auch Kanada liegt mit einem Anteil von 22 % unter dem Wert der EU.
In mehr oder weniger großem Umfang unterstützen alle Staaten ihre Landwirtschaft. Nach einer OECD-

Höhe des Subventionsbetruges im Rahmen des EAGFL

Staat	Betrag [1.000 ECU] im Jahr					
	1989	1990	1991	1992	1993[1]	1989-1993
Belgien	24	0	710	2.551	23	3.308
Dänemark	13.231	3.429	1.369	1.076	1.447	20.552
Deutschland	18.710	28.735	4.322	7.956	1.414	61.137
Frankreich	7.856	2.802	6.130	4.797	11.478	33.063
Griechenland	32	619	151	1.467	13.546	15.815
Großbritannien	6.908	3.409	5.255	7.347	1.469	24.388
Irland	3.222	4	163	1.270	833	5.492
Italien	86.321	83.417	109.080	79.494	4.026	362.338
Luxemburg	0	-	-	-	-	0
Niederlande	13.150	7.233	4.147	7.482	466	32.478
Portugal	-	1.104	168	857	1.481	3.610
Spanien	319	2.068	1.442	4.508	532	8.869
Insgesamt	149.773	132.820	132.937	118.805	36.715	571.050

[1] bis 30.9.1993
Quelle: AgrarBündnis 1994

Statistik entfielen 1994 in den USA auf einen Hektar 310 DM Agrarbeihilfen gegenüber 1.400 DM in der EU. In der Differenz spiegelt sich die kleinstrukturierte Landwirtschaft der EU wider. Umgerechnet auf eine Vollarbeitskraft fällt bei den flächenstarken US-Farmen mit 51.900 DM allerdings fast doppelt so viel Unterstützung an als in der EU mit entsprechend 27.000 DM.

Die ➔Nettowertschöpfung der Landwirtschaft in der EU lag 1991 bei 110 Mrd. ECU. Nach Angaben der OECD betrug der Wert der Transfers von Seiten der EU und der Einzelstaaten 118 Mrd. ECU. Dies bedeutet, dass es einen direkten Beitrag der Landwirtschaft zur Nettowertschöpfung nicht gibt, wobei zu berücksichtigen bleibt, dass die Nettowertschöpfung die positiven und negativen ➔externen Effekte der Landwirtschaft nicht beachtet.

(➔AGRARHAUSHALT)

SUBVENTIONSBETRUG: Erschleichung von öffentlichen Fördermitteln. Auf EU-Ebene wird die Verfolgung, Fahndung und Verfolgung von Betrug gemäß dem Subsidiaritätsprinzip von den einzelnen Mitgliedsstaaten vorgenommen. Allerdings gibt es den Straftatbestand des Subventionsbetrugs nur in Deutschland, Italien und Portugal. Eine spezielle EU-Einheit zur Betrugsbekämpfung (UCLAF) besitzt nur beschränkte Kompetenzen. Insbesondere darf sie in den Mitgliedstaaten nicht unangemeldet vor Ort kontrollieren.

Im Bereich der ➔Landwirtschaft rechnet man mit Schäden durch Subventionsbetrug von knapp 1 % der EU-Agrarausgaben. Mafiose Strukturen sollen dabei keine wesentliche Rolle spielen.

Verschiedene neue und sicherere Technologien werden künftig die Kontrolleure unterstützen. Dazu gehört ein in den Rindermagen einzuführender Transponder, der die wesentlichen Daten über das Tier speichert und mit einem Lesegerät von außen abfragbar ist. Fernerkundungsmethoden mit künftig EU-eigenen Satelliten werden z.B. die Kontrolle von ➔Flächenstillegungen oder die Erfassung aller Olivenbäume erlauben.

SUSTAINABLE DEVELOPMENT: Ein von der *UN-Kommission für Umwelt und Entwicklung* im Jahre 1987 mit dem sogenannten Brundtland-Bericht "Unsere gemeinsame Zukunft" eingeführter und danach weiterentwickelter Begriff für eine auf Dauer sich selbst tragende Wirtschaft. Die Wirtschaft sollte so beschaffen sein, dass sie die Bedürfnisse der Gegenwart erfüllt, ohne dass die Möglichkeiten künftiger Generationen, ihre Bedürfnisse nach einer menschenwürdigen Existenz zu befriedigen, beeinträchtigt werden. Dazu gehört u.a., dass die Freisetzung von Stoffen und Energie nicht größer sein darf als es die Tragfähigkeit der Umweltmedien bzw. ihre Assimilationsfähigkeit zulassen. Eine unter dem Umweltaspekt nachhaltige Wirtschaft erhält den natürlichen Kapitalvorrat - eben das Naturvermögen - intakt und macht damit einen Raum *zukunftsfähig*.

Sustainable development ist ein nicht endgültig gefasster Begriff, für den es verschiedene Definitionen, Übersetzungen und Interpretationen gibt. Kontrapunktisch gegenüber stehen sich beispielsweise die Auffassung von der Natur als alleinig normativer Instanz und die Deutung, die das Leitbild der "nachhaltigen Entwicklung" primär auf die Systemgesetze der Wirtschaft bezieht und es als tragendes Prinzip zur Rechtfertigung ökonomischer Wachstumsprozesse in Anspruch nimmt.

Durch die *Konferenz der Vereinten Nationen für Umwelt und Entwicklung* im Juni 1992 in Rio de Janeiro ist die umfassende politische Zielbestimmung der sustainable development als wegweisende Programmatik für die Bewältigung der gemeinsamen Zukunft der Menschheit für die internationale Völkergemeinschaft verbindlich geworden. Mit diesem Leitbegriff wird kenntlich gemacht, dass ökonomische, soziale und ökologische Entwicklung notwendig als eine innere Einheit zu sehen sind. Die drei Elemente dürfen nicht voneinander abgespalten und gegeneinander ausgespielt werden. Soziale Not kann einem verantwortungslosen Umgang mit den Ressourcen der Natur ebenso Vorschub leisten, wie rücksichtsloses wirtschaftliches Wachstumsdenken oder ein Fortschritt, der gegen grundlegende Bedingungen der Natur verläuft. Als Fortschritt kann nur bezeichnet werden, was von den Bedingungen der Natur mitgetragen wird. Dauerhafte Entwicklung schließt sonach eine umweltgerechte, an der ➔Tragfähigkeit der ökologischen Systeme ausgerichtete Koordination der ökonomischen Prozesse ebenso ein, wie entsprechende soziale Ausgleichsprozesse zwischen den in ihrer Leistungskraft immer weiter divergierenden Volkswirtschaften.

Ein sustainability-Konzept sollte nach einer Studie des *Wuppertal-Instituts* eine zweifache Verantwortungskomponente beinhalten: Verantwortung für künftige Generationen und Verantwortung für die Dritte Welt. Diese Verantwortung lässt sich in einem doppelten Gleichheitsgrundsatz ausdrücken: 1. Die künftigen Generationen sollen gleiche Rechte auf eine intakte Natur erheben dürfen. 2. Jeder Mensch hat das gleiche Recht, global zugängliche Ressourcen in Anspruch zu nehmen, solange die Umwelt nicht übernutzt wird.

Gefordert ist nach Auffassung des ➔Umweltrates die Einbindung der Zivilisationssysteme in das sie tragende Netzwerk der Natur, und damit die dauerhafte Ausrichtung der sich fortschreitend entwickelnden Ökonomien an der Tragekapazität der ökologischen Systeme. Die hier maßgebliche ethische Kategorie heißt "Gesamtvernetzung" (Retinitätsprinzip, lat. "rete", das Netz). Das Konzept der sustainable development stellt mit seiner auf die innere Einheit der wirtschaftlichen, der sozialen und der ökologischen Entwicklung gerichteten Grundoption die notwendige und konsequente Operationalisierung des Retinitätsprinzips dar.

Soll die Wirtschaft zukunftsfähig sein, muss sie als zirkuläre Ökonomie so ausgelegt werden, dass die Produktionsprozesse von Anfang an in die natürlichen Kreisläufe eingebunden bleiben. Eine nicht umweltverträgliche Form des Wirtschaftens handelt letztlich ihrer eigenen Vernunft zuwider, indem sie das zerstört, wovon sie lebt. Vorrangig geht es also darum, die Umweltfunktionen zu erhalten. Das Naturkapital muss soweit geschont werden, wie es für die dauerhafte Aufrechterhaltung dieser Umweltfunktionen notwendig ist. Der Kapitalstock an natürlichen Ressourcen muss soweit erhalten bleiben, dass das Wohlfahrtsniveau zukünftiger Generationen mindestens dem Wohlfahrtsniveau der gegenwärtigen Generation entsprechen kann. Daraus ergeben sich folgende *Managementregeln* der *Nachhaltigkeit*:

1. *Regeneration*: Erneuerbare Naturgüter wie z.B. Holz oder Fischbestände dürfen auf Dauer nur im Rahmen ihrer Regenerationsfähigkeit genutzt werden, andernfalls gingen sie zukünftigen Generationen verloren.
2. *Substitution*: Nicht-erneuerbare Naturgüter wie z.B. Mineralien und fossile Energieträger dürfen auf Dauer nur in dem Maße genutzt werden, wie ihre Funktionen durch andere Materialien oder durch andere Energieträger ersetzt werden können.
3. *Anpassungsfähigkeit*: Die Freisetzung von Stoffen oder Energie darf auf Dauer nicht größer sein als die Anpassungsfähigkeit der ➔Ökosysteme - z.B. des Klimas, der ➔Böden oder der ➔Wälder.

Eine auf nachhaltige Entwicklung zielende Politik benötigt eine Messgröße, die das gesamtgesellschaftliche Nutzenniveau abbildet. Die Modifikation des herkömmlichen Konzepts zur Wohlfahrtsmessung in Richtung eines "nachhaltigen Nettoinlandsprodukts" ist nach dem Urteil der Ökonomen allerdings noch nicht praxisreif.

(➔NACHHALTIGE ENTWICKLUNG IM BEREICH DER LAND- UND FORSTWIRTSCHAFT)

T

TAG(E)WERK - TURBATION

TAG(E)WERK: Das Tagwerk ist ein altes deutsches, bäuerliches Flächenmaß für Felder. Es war besonders im süddeutschen Raum verbreitet und umfasste wie der ➔Morgen regional sehr unterschiedliche Flächen. In Baden und Bayern z.B. war 1 Tagwerk 0,34-0,36 ha, in Hannover und Nassau 0,25-0,26 ha.

TAMBO: In Argentinien ein Milchviehhaltungsbetrieb mit Weiterverarbeitung der Milch zu Butter, Käse, Trockenmilch.

TASSKIMT: Auch *Gounima*, *Agroun*, *Saïlal*, *Schaduf*; traditionelle Wasserzuführung in ➔Oasen. Das System besteht aus einem Hebelarm mit Gegengewicht und einem über ein Seil mit dem Arm verbundenen Eimer. Durch eine Kippbewegung des Hebelarms wird der Eimer in den Grundwasserkörper gesenkt und durch gegenläufiges Ziehen am Seil wieder gehoben. Die Technik ist weitgehend verschwunden.

TBT-ÜBEREINKOMMEN: Übereinkommen über technische Handelshemmnisse (engl. *Agreement on **T**echnical **B**arriers to **T**rade*) im internationalen Handel, das sich innerhalb von ➔GATT bzw. ➔WTO auf technische Handelshemmnisse bei allen Waren einschließlich Industrieprodukte und landwirtschaftliche Erzeugnisse bezieht. Der Anwendungsbereich kann sich auf die Beschaffenheit des Produkts und die Verfahren und Produktionsmethoden beziehen, als auch auf alle Regelungen über die Bezeichnung, Kennzeichnung und Verpackung. Wie mit dem ➔SPS-Übereinkommen soll u.a. der Grundsatz der Nichtdiskriminierung und der Verhältnismäßigkeitsgrundsatz durchgesetzt, die Rechtsharmonisierung gefördert und die Transparenz einzelstaatlicher Maßnahmen, die zu Handelshemmnissen führen können, sichergestellt werden.
(➔CODEX ALIMENTARIUS KOMMISSION)

TECHNIKFOLGENABSCHÄTZUNG: Analyse, in der Aus- und Nebenwirkungen einer Technologie bestimmt, bewertet und bemessen und zugleich die Ursachen-Folge-Verhältnisse festgestellt und alternative Problemlösungen angeboten werden. Technikfolgenabschätzungen mit Bezug zur ➔Landwirtschaft können beispielsweise in den Bereichen ➔nachwachsende Rohstoffe, ➔Gentechnologie (u.a. Klonen von Tieren), ➔Bio-Pharming und ➔Massentierhaltung durchgeführt werden.

TECHNISCHE KULTUREN: Pflanzliche Produkte für technisch-industrielle Zwecke, z.B. zur Produktion von Schmierstoffen (Rapsöl). (➔NACHWACHSENDE ROHSTOFFE)

TECHNOLOGISCHE GRENZE DES ANBAUS: Diejenige ➔Anbaugrenze, bis zu der die Landbewirtschaftung nach dem jeweiligen Stand der Technik getrieben werden könnte, wenn auf Wirtschaftlichkeitserwägungen verzichtet würde.

TEICHLANDWIRTSCHAFT: Einbeziehung künstlicher Teiche in die ➔Landwirtschaft zur Schaffung weitgehend geschlossener Nährstoffkreisläufe. Dabei werden Abfälle von Mensch und Tier im Teich zersetzt und dadurch ➔Nährstoffe für Wasserpflanzen (z.B. Wasserhyazinthen) verfügbar, die ihrerseits als Fisch- und Tierfutter dienen. Der nährstoffreiche Schlamm wird als ➔Dünger auf die Felder verteilt. Das System ist vor allem in Südostasien verbreitet.

TEICHWIRTSCHAFT: Die Aufzucht, Haltung und Nutzung von Speisefischen in künstlichen oder natürlichen füll- und ablassbaren, räumlich begrenzten Gewässern. Die Teichwirtschaft wird häufig im Nebenerwerb zur ➔Landwirtschaft betrieben. Gelegentlich erfolgt während des Sommers die Bebauung des Teichbodens mit Getreide. Teichwirtschaft

zählt wie die gesamte Binnenfischerei und die diesbezügliche Fischzucht in Deutschland steuerrechtlich zur sonstigen land- und forstwirtschaftlichen Nutzung.
Im mittelalterlichen Europa bewirkten christliche Fastengebote die Ausbreitung der Teichwirtschaft. (➔AQUAKULTUR, ➔LIMNOTHERM)

TEILAUSSIEDLUNG: Verlegung meist nur eines Wirtschaftsteils eines landwirtschaftlichen Betriebes aus in der Regel beengter Dorflage in die freie ➔Feldmark. Eine solche Teilaussiedlung mag ihre Ursache haben im verstärkten Übergang zu größeren Tierbeständen mit entsprechenden Geruchsemissionen und dem gleichzeitigen Funktionswandel der dörflichen Siedlungen hin zu Wohnsiedlung. Werden nur Betriebszweige (z.B. Mastschweinehaltung) aus dem Dorf verlegt, so spricht man von *Betriebszweigaussiedlung*. (➔AUSSIEDLUNG)

TENNE: Mittel- und oberdeutsche Bezeichnung für ➔Diele (Dreschdiele); der Raum, auf dessen mit Bohlen gedieltem oder mit Lehm festgestampftem Boden früher das Getreide von Hand gedroschen wurde.

TERMS OF TRADE: Im internationalen Handel das Preisverhältnis zwischen Export- und Importgütern, sinngemäß die "Austauschverhältnisse des Handels". Zur Berechnung des realen Austauschverhältnisses werden Durchschnittswertindizes der Ausfuhr und der Einfuhr zueinander ins Verhältnis gesetzt: T.o.T. = Exportpreis-Index : Importpreis-Index. Ist ein so berechneter Wert größer als 1, besagt er, dass beim Export "bessere" Preise erzielt werden können, als für Importgüter bezahlt werden müssen. Wenn also die Exportpreise steigen und/oder die Importpreise sinken, "verbessern" sich die Terms of Trade, im umgekehrten Fall "verschlechtern" sie sich. Veränderungen der Terms of Trade drücken somit aus, ob mit denselben Exportmengen (beispielsweise Reis) mehr oder weniger Importgüter (beispielsweise Traktoren) "bezahlt" werden können.

TERRASSE: ➔ACKERTERRASSE

TERRASSIERUNG: Kulturtechnische Erosionsschutzmaßnahme, bei der (meist hangparallele) Bodenwellen oder -stufen errichtet werden. Damit können große Mengen abfließenden Wassers aufgefangen, die Einsickerungsleistung vergrößert und das Abfließen des Wassers geregelt werden.
(➔BODENEROSION)

THOMASPHOSPHAT: Als feingemahlene Thomasschlacke (Thomasmehl) verwendeter Phosphatdünger, der bei der Stahlerzeugung aus phosphorhaltigem Roheisen anfällt.

THÜNENSCHE RINGE: Nach *J. H. von Thünen* (1783-1850) benannte Ringe eines Kreismodells, die den Zusammenhang von Grundrente und Standort der landwirtschaftlichen Produktion verdeutlichen sollen. Generelles Merkmal der Thünenschen Ringe ist die abnehmende Intensität der Nutzungsweise vom Marktzentrum aus. Zu berücksichtigen ist, dass Thünen seine Theorie noch vor dem Bahnbau und vor der Verbreitung der Dampfschiffe konzipierte, also in einer Zeit extrem hoher Transportkosten. Dies verbietet es, in der Gegenwart zu buchstäblich nach Beweisen für die empirische Brauchbarkeit des Modells zu suchen.
Thünen macht für sein Modell zudem folgende restriktiven Annahmen, die es selbst zu seiner Zeit müßig gemacht hätten, die Thünenschen Standortstrukturen im Umkreis einer vorgegebenen Stadt exakt nachzuweisen:

- Existenz eines von der übrigen Welt abgeschlossenen Staates
- keine natur- und anthropogeographische Differenzierung dieser Fläche
- Staat wird von einer einzigen großen Stadt dominiert, auf die die Agrarwirtschaft ausgerichtet ist
- ➔Landwirte streben Gewinnmaximierung an
- Transportkosten steigen proportional zur (Luftlinien-)entfernung zwischen Produktionsstandort und Absatzort und zum Gewicht des Produkts

Thünen sucht aufgrund dieses abstrahierenden Modells nach der optimalen Ordnung der Bodennutzung, die den höchstmöglichen Reinertrag (Lagerente) abwirft. Dieser ergibt sich aus dem Marktpreis abzüglich der Produktions- und Transportkosten.

Thünens Formel zur Berechnung der Lagerente

$$R = E \cdot (p - a) - E \cdot f \cdot k$$

R = Lagerente je Flächeneinheit
E = Produktionsmenge je Flächeneinheit
p = Marktpreis pro Produkteinheit
a = Produktionskosten je Produkteinheit
f = Transportkosten pro Produkt- und Entfernungseinheit
k = Distanz zwischen Produktionsstandort und Markt

Aus dieser Formel ergibt sich, dass in Marktnähe infolge geringer Transportkosten ein höherer Gewinn erzielt wird als in Marktferne. Der marktnahe Landwirt kann somit seinen Betrieb durch erhöhten Kapital- und Arbeitseinsatz mehr intensivieren als der marktferne, der seine Produktionskosten infolge

hoher Transportkosten senken und demnach extensiver wirtschaften muss. Die höhere →Intensität der marktnahen Bewirtschaftung ergibt sich auch zwangsweise aus den höheren Löhnen, Boden- und Pachtpreisen.
Wendet man dieses Prinzip auf mehrere Nutzungsarten an, so ergeben sich je nach Transporteigenschaften der Produkte unterschiedliche Standortbereiche. Im Modell Thünens entstehen auf diese Weise um das Marktzentrum **konzentrische Ringe** (oft auch "Kreise") verschiedener Nutzung.
Die einzelnen Ringe sind wie folgt gekennzeichnet (von innen nach außen):
1. Ring: *Freie Wirtschaft*. Produktion von leichtverderblichen, auch aufwands- und ertragsintensiven Produkten (Trinkmilch, Gartenbauerzeugnisse) sowie von transportkostenempfindlichen Gütern (→Heu, Stroh, Speisekartoffeln, Rüben).
2. Ring: *Forstwirtschaft*. Der Transport des schweren und sperrigen Holzes ist teuer, der Marktpreis aber niedrig, somit lohnt eine marktferne Produktion nicht.
3. Ring: →*Fruchtwechselwirtschaft*. Ackerbau in der intensiven Form des →Fruchtwechsels zwischen →Halm- und →Blattfrüchten.
4. Ring: *Koppelwirtschaft*. In diesem breitesten Ring dominiert eine Form der →Feldgraswirtschaft, bei der das Land abwechselnd als Acker und →Weide benutzt wird.
5. Ring: →*Dreifelderwirtschaft*. Eine sehr extensive Form des Getreidebaus mit →Brache.
6. Ring: *Viehzucht*. Es handelt sich um extensive →Weidewirtschaft, bei der die Transportkosten durch hohe Marktpreise für Viehprodukte (Fleisch, Butter, Häute) und geringe Produktionskosten aufgewogen werden, bzw. die Transportkosten durch Viehtrieb zum Marktort niedrig gehalten wurden (geringe Treiberkosten, allerdings Gewichtsverlust).
Am Außenrand des 6. Ringes, der bei Thünen einer konkreten Entfernung von 50 deutschen Meilen (ca. 350 km) vom Marktzentrum entspricht, beginnt die kultivierbare Wildnis. Dort ist jede Nutzung unrentabel, obwohl noch der gleiche fruchtbare Boden vorhanden ist.
Diese ringförmige Nutzungsanordnung ist nach Thünen ebenso auf der Wirtschaftsfläche der einzelnen Betriebe zu beobachten. So folgen in mitteleuropäischen Betrieben häufig von innen nach außen Gartenland und Weiden für das Milchvieh, Feldland und Wald. In subtropischen Gebieten werden Agrumen-, Wein- und Olivenkulturen von extensiverem Weizenbau und ortsfernen Weiden umgeben. In wechselfeucht-tropischen Räumen folgen ortsnaher intensiver Bewässerungsreisbau, extensiver →Regenfeldbau und periphere Naturweiden einander.
Allgemein lässt sich aus dem Thünenschen Modell die Intensitätsregel ableiten, nach der extensive Betriebszweige mit zunehmender Marktentfernung der Betriebe um so überlegener sind und umgekehrt die intensiven Betriebszweige an Überlegenheit mit zunehmender Marktnähe gewinnen.
Als Sonderfall behandelt schon Thünen die Beschränkungen der Marktbelieferung durch zu hohe Transportkosten. Eine Lösung des Problems stellt die →Veredelung von Agrarprodukten dar (Milchprodukte, Trockenfrüchte, Branntwein). Klassische Beispiele im Thünenschen Sinne sind die Erzeugung von Bourbon-Whiskey in Kentucky und Tennessee, die schottischen Whisky-Standorte um Inverness und auf der Insel Islay oder auch die Branntweinherstellung im emsländischen Haselünne. Besonders in der zweiten Hälfte des 19. Jh. findet die normative Aussage der Thünenschen Theorie ihre faktische Bestätigung: Im Umland der Großstädte gewinnen die landwirtschaftlichen Betriebe durch Spezialisierung auf Milchproduktion, Anbau von Feldgemüse, Kartoffeln und →Obst (Altes Land) eine besonders hohe Intensität. Dazu kommt es zur Ausbildung besonderer Gartenbaugebiete. Diese Entwicklung erklärt sich aus den rasch wachsenden städtischen Absatzmärkten und aus der Tatsache, dass noch keine Technologie für den Transport verderblicher Güter über weite Strecken bestand. Verschiedene Faktoren bewirkten für Jahrzehnte eine Persistenz dieser Standorte, auch nachdem eine verbesserte Verkehrs- und Konservierungstechnik vorhanden war. Begründet ist die Dauerhaftigkeit in den persönlichen Absatzkontakten, in der Lebensdauer von Baum- und Strauchkulturen und in den Zwängen, die sich im Erwerbsgartenbau aus der geringen Betriebsfläche, dem hohen Fixkapital (Glashäuser usw.) und der beruflichen Spezialisierung ergeben.
Wenn andererseits heute – im Gegensatz zu einer jahrhundertelangen Tradition – in Wien keine Milchkühe mehr stehen, so liegt dies zumindest zum Teil am System der österreichischen Milchmarktordnung. Diese nimmt eine bewusste Verzerrung der Verhältnisse über den sogenannten Transportkostenausgleich vor, um den auf Grünlandwirtschaft angewiesenen Berggebieten Einkommenschancen zu erhalten und um damit den landschaftlichen Reiz dieser Gegenden zu bewahren.
Die **Kritik an Thünen** zielt vor allem auf die Realitätsferne seines abstrahierenden und isolierenden Modells, wobei häufig die Grundsätze und die Ziele abstrakter Modellbildung nicht verstanden sind, oder es wird irrtümlicherweise von der Annahme ausgegangen, das Modell lasse sich zur Erklärung der agrarräumlichen Gesamtstruktur heranziehen. Bereits Thünen wies auf die naturräumliche Differen-

ziertheit realer Staaten, auf die Vielfalt des Städtewesens und besonders auf die Auswirkungen von Wasserstraßen mit ihren billigen Frachtraten hin.

Zur heutigen Bedeutung der Thünenschen Theorien:

- Die Bedeutung räumlicher Distanzen hat sich in vielen Teilen des Agrarraums durch technologische Fortschritte (Geschwindigkeit, Kapazität, Kühlmöglichkeit), gestaffelte Frachtraten und durch eine komplexe Agrarpolitik u.a. mit Zollbarrieren und dirigistischer Preissteuerung verändert.
- Der zahlenmäßige Anstieg der Weltbevölkerung und die Steigerung der Nachfrage nach Nahrungsgütern hat die unbebauten Landreserven (kultivierbare Wildnis) ausgezehrt. Der Getreidebau endet heute an seinen klimatischen Grenzen und nicht mehr an einem Lagerrenten-Nullpunkt.
- Die Gültigkeit der Theorien ist vornehmlich in Entwicklungsländern mit mangelhafter (Verkehrs-)Infrastruktur zu belegen.
- In Entwicklungsländern mit starker →Subsistenzwirtschaft (vornehmlich in Afrika) ist eine Anbauzonierung aber nur bei →cash crops zu finden. Dabei erfolgt die Zonierung nicht zwingend, denn die Bauern gewichten hinsichtlich der Standortwahl für den Anbau von Agrarprodukten die Versorgungssicherheit höher als die Erzielung einer maximalen Bodenrente. Erstere ist von Bodenqualität und der Reduzierung von Naturrisiken abhängig, letztere von niedrigen Transportkosten. Dieses Verhalten kann i.d.R. nicht zu einem Ringmuster führen.
- Vereinzelt kann das räumliche Ordnungsmuster wiedergefunden werden bei der Anordnung der agraren Nutzung um einen alleinstehenden Bauernhof oder ein →Dorf (hausnahe Gemüse-, Obst- und Blumengärten - intensive →Portionsweiden und →Wiesen - Ackernutzung - Wald).
- In Industrieländern haben Reste Thünenscher Ringe oft fossilen Charakter, sie verdanken ihr Fortbestehen nicht aktuellen Distanzeinflüssen sondern anderen Ursachen (z.B. hat der stadtnahe Wald des 2. Ringes heute Naherholungsfunktion, der marktnahe Dauerkulturbau, auch manche intensiven Glashauskulturen - z.B. in Simmering bei Wien - besitzen eine hohe Persistenz, möglicherweise verbunden mit einem *Herkunfts-Goodwill*).
- Die Bedeutung der Transportkosten zeigt sich selbst in der Bundesrepublik mit ihrem effizienten Verkehrssystem, z.B. bei der Massierung von Veredelungsbetrieben im Südoldenburgischen, also im unmittelbaren Hinterland von Einfuhrhäfen und in der Nähe von Absatzgebieten.
- Allgemeine Gültigkeit behalten hat das Grundprinzip Thünens, dass aus ökonomischer Sicht die optimale räumliche Anordnung der landwirtschaftlichen Bodennutzung von der jeweils günstigsten Aufwand-, Kosten- und Ertragsrelation bestimmt wird.

(→STANDORTFAKTOREN IN DER AGRARWIRTSCHAFT)

TIEFKULTUR: Mechanische Bodenbearbeitung, die tiefer als der übliche →Pflug in den →Boden eindringt. Ziel der Tiefkultur ist es, für den Pflanzenwuchs nachteilige (Bodenverdichtungen, wie Ortstein in Podsolen, aufzubrechen. (→SANDMISCHKULTUR, →TIEFPFLÜGEN)

TIEFPFLÜGEN: Eine Maßnahme der →Bodenmelioration bei der der →Boden mit Hilfe von Spezialpflügen bis maximal 2 m Tiefe umgebrochen wird. Zur Erzielung einer Bodenverbesserung werden wasserstauende Horizonte oder Schichten aufgebrochen oder tiefliegender Mineralboden in moorig-organische Deckschichten aufwärtig verlagert. (→TIEFKULTUR)

TIEFPFLUGSANDDECKKULTUR: Künstlicher Moorboden, bei dem Niedermoore entwässert und durch Stufenpflügung eine steilstehende Wechsellagerung aus Sand- und Torflagen erzeugt wird. Darüber wird eine 20-30 cm mächtige Sanddecke als Schutz gegen Austrocknung und Deflation aufgebracht. Sie wird nicht mit dem Unterboden vermischt. Der →Boden ist gekennzeichnet durch eine tiefe Durchwurzelung, einen günstigen Nährstoff- und Wasserhaushalt und dient so als Ackerstandort.

TIEFSTALLHALTUNG: Auch *Tiefstallmistwirtschaft*; Tierhaltungssystem, bei dem die Exkremente der Tiere zusammen mit reicher Stroheinstreu mehrere Monate im Stall verbleiben.

TON-HUMUS-KOMPLEX: Organisch-mineralische Verbindung, in der →Tonminerale über mehrwertige Kationen (Ca^{2+}, Mg^{2+}) oder Wasser- und organische Dipole (mit O- und OH-Brücken) mit →Huminstoffen und Zwischenprodukten der Humifizierung gekoppelt sind. Sie finden sich als sehr stabile Gebilde in tonreicheren →Böden mit hoher biotischer Aktivität, einem Krümelgefüge und der →Humusform Mull. Ton-Humus-Komplexe sind wesentlich größer als die ursprünglichen Tonpartikel. Dadurch entstehen größere Hohlräume zwischen den neu entstandenen Partikeln, die der Durchlüftung des Bodens wesentlich weniger Widerstand entgegensetzen als die feinen Bodenporen. Von der leichteren Durchlüftung profitieren sowohl das →Edaphon als auch die Pflanzenwurzeln, weil sie nun intensiver atmen können. Die erhöhte Atmungsaktivität des Edaphons trägt dazu bei, dass die Bodenmineralien in oxidierter und

nicht in der für Pflanzen oftmals nachteiligen reduzierten Form vorliegen.
Die Ton-Humus-Komplexe entstehen im Verdauungstrakt der Bodentiere, insbesondere der Regenwürmer und sind besonders günstig für die Nährstoffaufnahme der Pflanzen. Sie sind wesentlich für die →Bodenfruchtbarkeit und die Krümelstabilität.

TONMINERALE: Tonminerale sind mehrschichtig aufgebaute Kriställchen, die größenmäßig der Tonfraktion angehören. Sie sind entweder durch Mineralumwandlung aus Schichtsilikaten (z.B. Biotit) des →Ausgangsgesteins entstanden oder durch Mineralneubildung aus den bei der chemischen Verwitterung freigesetzten Zerfallsprodukten der Feldspäte. Tonminerale besitzen eine spezifisch große Oberfläche (vielfach größer als die der primären Silikate, z.B. der Feldspäte), sind plastisch, können durch Aufnahme oder Abgabe von Wassermolekülen quellen bzw. schrumpfen und bestimmte Ionen wie Kalium-, Magnesium- und Calciumionen gegen Wasserstoffionen austauschen. So sind die Tonminerale gemeinsam mit der organischen Substanz entscheidend für die Nährstoffbindung und Gefügebildung (Bodenstruktur).
Nach ihrem Bau und ihren Eigenschaften unterscheidet man

- *Zweischicht*-(Si-Tetraeder:Al-Oktaeder = 1:1)Tonminerale; Hauptvertreter: *Kaolinit* ($Al_2Si_2O_5(OH)_4$); sie sind nicht aufweitbar, deshalb ist →Sorption nur an den Oberflächen und an Bruchstücken möglich.
- *Dreischicht*-(Si-Tetraeder:Al-Oktaeder = 2:1)Tonminerale; Hauptvertreter: *Illit, Montmorillonit* und *Vermikulit*; Der Zwischenraum zwischen den 2:1-Schichten ist variabel und größer als beim Kaolinit. In diese Zwischenräume können Wassermoleküle und Ionen sorbiert, aber aus ihnen auch wieder abgegeben werden. Zusätzlich steht die Oberfläche für die →Sorption zur Verfügung. Böden mit einem hohen Anteil an Dreischicht-Tonmineralen sind wegen der Anlagerung und Abgabe von für den Pflanzenbau wichtigen Ionen sehr fruchtbar.
- *Vierschicht*-Tonminerale enthalten zusätzlich zu den drei Schichten der Dreischicht-Tonminerale eine vierte Schicht von Al-OH-Fe-OH- oder Mg-OH-Oktaedern. Hauptvertreter sind die *Chlorite*. Ihre Sorptionsfähigkeit liegt leicht über der der Kaolinite.

Welche Tonminerale entstehen, hängt vom jeweiligen Verwitterungsmilieu und vom Ausgangsgestein ab. Im gemäßigt warmen, humiden Klima Mitteleuropas herrscht die Bildung von Illit vor. Das feucht-tropische Klima mit seiner starken Auswaschungstendenz ist für die Bildung des Kaolinits günstig.
Generell bestimmen Art und Menge der Tonminerale in hohem Maße die Bodeneigenschaften wie Körnung, Bodengefüge, Porenvolumen, Durchlüftung, Wasserhaltevermögen, Wasserleitfähigkeit, Kationen-Austausch-Kapazität, Puffereigenschaften, Filtereigenschaften, Konsistenz, Plastizität, Gefügestabilität u.a. und damit die →Bodenfruchtbarkeit.

TORF: Eine unter Luftabschluss gebildete →Humusform aus überwiegend pflanzlichen Substanzen, in der nur eine geringe Tieraktivität auftritt. Torf ist faserig bis bröckelig, enthält noch freie Cellulose und im frischen Zustand 75-90 % Wasser. Er entsteht insbesondere in →Mooren im Verlaufe mehrerer Jahrtausende (Faustregel: 1 m Schichtdicke in 1.000 Jahren).
Torf wurde und wird im Land- und →Gartenbau verwendet, ferner zu Heizzwecken (als Torfbriketts) und durch Verschwelung als Gas, Teer und Koks. Diese Nutzungen (durch Stechen und maschinelles Gewinnen) haben zu einem starken Abbau und Rückgang der Torflagen und zu einer Zerstörung der Moorbiotope geführt. (→RINDENSUBSTRATE, →TORF-KULTUR-SUBSTRATE)

TORF-KULTUR-SUBSTRATE: Bodenersatzstoffe zum Einsatz im →Gartenbau aus Hochmoor-Weißtorf unter Zusatz von Kalk, mineralischen Nährsalzen und Spurenelementen. (→RINDENSUBSTRATE, →TORF)

TOWNSHIP: Quadratische Landaufteilungseinheit mit einer Kantenlänge von 6 Meilen (9,656 km). Sie ist die größte Einheit des auf *Th. Jefferson* zurückgehenden →*land ordinance*-Vermessungssystems in den USA. Dieses konsequent umgesetzte System besitzt als Untereinheiten →*sections* und →*quarter sections*. Township als Vermessungseinheit ist zu unterscheiden vom gleichnamigen Begriff für eine Verwaltungseinheit, die vorwiegend im NO und im nördlichen Zentrum der USA als Untergliederung einer *county* anzutreffen ist.
Schachbrettartige Vermessungssysteme haben sich u.a. auch in Australien und in Teilen Skandinaviens durchgesetzt. (→JO-RI-SYSTEM, →ZENTURIATSFLUR)

TRAGFÄHIGKEIT: 1. Nach *Borcherdt/Mahnke* (1973) gibt die *agrarische* (auch: *agrare*) Tragfähigkeit eines Raumes diejenige Menschenmenge an, die von diesem Raum unter Berücksichtigung eines dort in naher Zukunft erreichbaren Kultur- und Zivilisationsstandes und bei herrschendem Klima auf überwiegend agrarischer Grundlage langfristig mit Nahrungsmitteln und →nachwachsenden Rohstoffen versorgt werden kann, ohne dass der Naturhaushalt

Agrarische Tragfähigkeit in Entwicklungsländern in Abhängigkeit vom Nutzungstyp

Nutzungstyp	Agrarbevölkerung [Personen/km²]
Stationäre Weidewirtschaft	0,5
Nomadische Weidewirtschaft	1,4
Shifting cultivation	30,0
Stationärer kleinbäuerlicher Regenfeldbau (Mais, Reis, Bohnen) mit Nutzungswechsel	125,0
Kleinbäuerlicher Kaffeeanbau	500,0
Nassreisanbau	750,0

Quelle: Spielmann 1989

nachteilig beeinflusst wird. Zur Sicherung der Langfristigkeit der Bodenbewirtschaftung sollte die Produktion mit einem Minimum an externer Energie und an Rohstoffen erfolgen.
Schon früh enthält diese Definition den Gedanken der ➔*sustainable development*.
Die agrarische Tragfähigkeit ist zudem davon abhängig, welche Nahrungszusammensetzung (pflanzlich/tierisch) in einem Raum vorherrscht. Bei der in vielen Industrieländern heute üblichen Ernährungsweise mit hohem Anteil an tierischen Produkten (Fleisch, Milchprodukte, Eier) und Kraftfutter-Mast liegt der Getreide- und Futtermittelbedarf beim Zehnfachen des Bedarfs für eine abgestimmte, auf pflanzlicher Nahrung und Weideviehhaltung basierenden Versorgung. Bei einer solchen Ernährung würde die heutige Anbaufläche ausreichen, um global mindestens die doppelte Zahl von Menschen zu ernähren.
Eine quantitative Betrachtung für den Zeitraum 1980-1990 zeigt, dass die Nahrungsmittelproduktion pro Kopf in einigen Großregionen gestiegen ist, in den meisten Ländern Afrikas südlich der Sahara aber abgenommen hat. Es sind gleichzeitig Staaten, die nicht hinreichend in der Lage sind, Lebensmittelimporte mit eigenen Exportgütern zu bezahlen. Daraus ergibt sich die Notwendigkeit zur Beschäftigung mit einerseits den Kenntnissen über eine regionale ➔Landwirtschaft, die zur Eigenernährung und zur Importsubstitution fähig ist, andererseits mit umfassenderen Tragfähigkeitsbegriffen.
2. Die (*allgemeine*) Tragfähigkeit eines Raumes gibt diejenige Menschenmenge an, die in diesem Raum unter Berücksichtigung des hier erreichten Kultur- und Zivilisationsstandes auf agrarischer, natürlicher, gesamtwirtschaftlicher Basis ohne/mit Handel mit anderen Räumen unter Wahrung eines bestimmten Lebensstandards bzw. des Existenzminimums auf längere Sicht leben kann. (Borcherdt/Mahnke, 1973)

3. Ähnlich definieren auch Ökologen den synonymen Begriff der *Tragekapazität* als die Eigenschaft eines Wirtschaftsraumes, eine bestimmte Bevölkerung nachhaltig zu tragen. Tragekapazität ist eine Funktion der Ressourcen (Biomasse, Wasser, Luft, ➔Boden, Kreisläufe, Klima, Schadstoffsenken), des Handels, der menschlichen Bedürfnisse/Ansprüche, der Ressourceneffizienz, der Produktivität sowie des Humankapitals. (Mohr, 1996)
Die Berechnung der *allgemeinen* Tragfähigkeit der Erde hat bis heute keine befriedigende Lösung gefunden, weil dabei eine sehr große Zahl von Faktoren zu berücksichtigen ist:

- Ermittlung der natürlichen Produktionskraft in ihrer regionalen Differenzierung
- Festlegung eines vergleichbaren Indikators, der sich auf die Mengenerträge oder auf den Nährwert der Produktion stützt
- Berücksichtigung der Intensität der heutigen und der künftig zu erwartenden Agrarproduktion mit ihren Unterschieden zwischen Industrieländern und Entwicklungsländern
- Einbeziehung der gesamten Wirtschaftsstruktur und der Kapitalkraft (Die "innenbedingte", nur auf der Produktion des eigenen Raumes beruhende Tragfähigkeit, kann ja durch die "außenbedingte", d.h. mit Einfuhr von Nahrungsmitteln, erweitert werden)
- Berücksichtigung der Ernährungsbedürfnisse der Räume nach Lebensstandard und Nahrungsgewohnheiten
- Unterscheidung, ob die Tragfähigkeit nur nach dem Existenzminimum oder nach einem anzustrebenden, "angemessenen" Lebensstandard berechnet wird
- Berücksichtigung der Nachhaltigkeit menschlichen Wirtschaftens, d.h. dessen Verträglichkeit

Ungefähre globale Tragfähigkeit zu unterschiedlichen Kulturstufen

Epoche/Jahr (zirka)	Weltbevölkerung [Mio.]	Kulturstufe
10.000 v. Chr.	5	Sammler und Jäger
Christi Geburt	200	Sammler und Jäger, einfache Landwirtsch.
1780	750	Vorindustrielle Agrargesellschaft
1830	1.000	Anfänge der Industriegesellschaft
2000	6.000	Moderne Industriegesellschaft

Quelle: Mohr 1996

mit den ökologischen, sozialen und ökonomischen Rahmenbedingungen

Die Steigerung der globalen Tragfähigkeit in historischer Zeit spiegelt vorrangig die Änderung der Produktionsbedingungen wieder.

Man geht davon aus, dass die Produktionskapazität der Erde rechnerisch groß genug ist, um die derzeitige Erdbevölkerung "ausreichend" zu ernähren, d.h. dass bei entsprechender Verteilung der Nahrungsmittel niemand hungern oder unterernährt sein müsste. Eine Ernährung der Erdbevölkerung gemäß US-amerikanischen Ansprüchen ist allerdings schon heute nicht mehr möglich, da die Bevölkerungszahl in diesem Fall ca. 3 Mrd. nicht überschreiten dürfte. Auch bedeutet die rechnerische Deckung des Globalbedarfs nicht, dass alle Teilräume des ➔Agrarraums in der Lage wären, ihre Bevölkerung zu ernähren. Nur ein Teil der "kritischen" Länder mit einem Nahrungsmitteldefizit hat durch außerlandwirtschaftliche Aktivitäten (z.B. Bergbau) genug Geld zur Finanzierung erforderlicher Nahrungsimporte. Dies verstärkt Abhängigkeitsstrukturen zwischen Industrie- und Entwicklungsländern. Dazu kommt, dass rd. 95 % des Weltgetreidehandels von nur 5 Agrokonzernen kontrolliert werden.

TRANSFAIR: Verein zur Förderung des fairen Handels mit Produkten aus der Dritten Welt. Kaffee, Tee, Honig, Süßigkeiten und Bananen gehören zu den Produkten, die der Verein, der selbst nicht als Händler auftritt, mit seinem TransFair-Siegel in Deutschland eingeführt hat. Zusammen mit Produzentenorganisationen, die einen bestimmten Kriterienkatalog erfüllen müssen, setzt sich Transfair für eine nachhaltige Entwicklung des ➔Agrarraums ein und berücksichtigt dabei besonders:

- eine soziale Entwicklung zur Verbesserung der Lebensbedingungen der Organisationsmitglieder, ihrer Familien und ihrer Gemeinden
- die Einbeziehung aller Organisationsmitglieder in Grundsatzfragen und in Fragen, die zur aktuellen und zukünftigen Verbesserung der Arbeit von Geschäftsführung und Verwaltung beitragen
- die Förderung von Frauen im Hinblick auf ihre Beteiligung an Entscheidungsprozessen
- eine ökonomische Entwicklung, die einerseits eine vielfältige Produktion unterschiedlicher Agrarprodukte für den Eigenbedarf und weitere Märkte fördert und gleichzeitig die Abhängigkeit von nur einem Produkt mindert, und andererseits durch die Verbesserung der Produktqualität zur Erhöhung der Absatzmöglichkeiten auf Fair-Handels- und Normalmärkten beiträgt
- landwirtschaftliche Maßnahmen, die das ➔Ökosystem schützen und die zur Erhaltung der natürlichen Umwelt beitragen (insbesondere die Verminderung des Einsatzes von ➔Agrarchemikalien oder der vollständige Verzicht darauf)

Über das Konzept von TransFair gehen Vertreter des *Alternativen Handels* im engeren Sinne noch hinaus, indem diese zusätzlich Entwicklungs- und Bildungsarbeit leisten und Ansätze zu sozialem Fortschritt und politischer Emanzipation der Primärproduzenten unterstützen (➔EFTA 2.).

TRANSFERZAHLUNGEN: Zuwendungen, die im Gegensatz zu den ➔Subventionen von den laufenden wirtschaftlichen Entscheidungen der Empfänger unabhängig sind, und die i.d.R. als soziale Leistungen nicht Unternehmen sondern Haushalte erreichen.

TRANSFORMATIONSPROZESS: Prozess der ordnungspolitischen Neugestaltung einer Volkswirtschaft, z.B. beim Übergang von Planwirtschaft zu Marktwirtschaft in der GUS oder den neuen Bundesländern. Die Teilbereiche dieser aktuellen Umstrukturierung lassen sich mit folgenden Gruppierungen ausdrücken:

- Privatisierung
- Preisliberalisierung
- Wettbewerbspolitik/Liberalisierung der Märkte
- Liberalisierung des Handels und internationale Integration
- Umstrukturierung der Unternehmen
- Aufbau von marktorientierten Institutionen

Einen aktuellen Stand der Umstrukturierung in diesen Teilbereichen bieten *Frohberg/Glauch* (1998). *Begleiterscheinungen* des Transformationsprozesses sind in unterschiedlichem Ausmaß:

- Anstieg der in Armut lebenden Menschen
- Teilweise über Monate verzögerte und schließlich ausbleibende Lohnzahlungen
- Teilweise Verschlechterung der Versorgung mit Nahrung und anderen Gütern
- Absinken der Lebenserwartung in einigen Regionen
- organisierte Kriminalität, Korruption
- Verstärkung der Einkommensungleichheit und sozialen Ungleichheit durch die Umverteilung von Vermögen vor allem in der GUS
- Vergrößerung der Disparitäten zwischen Regionen hinsichtlich der wirtschaftlichen Entwicklung, der Versorgung der Bevölkerung mit öffentlichen Gütern und durch Ausgabenkürzungen infolge budgetärer Engpässe
- mangelhafter Auf- und Umbau adäquater Institutionen sowohl im Bereich der Märkte als auch der öffentlichen Verwaltung, z.B. Teile der Gesetzgebung, Steuerbehörden, Kartellämter, Konkursverwalter

Gegenüberstellung der Agrarstrukturen der DDR und der BRD 1988

Strukturmerkmal	DDR	BRD
Leitbild	Sozialistischer landwirtschaftlicher Großbetrieb	Landwirtschaftlicher Familienbetrieb
Eigentumsordnung	Staatseigentum, Genossenschaftliches Eigentum	Privateigentum
Arbeitsverfassung	Genossenschaftlich	Familienarbeitsverfassung
Faktorallokation	Gemäß staatlichen Planauflagen	Gemäß der durch agrarpolitische Eingriffe verzerrten Knappheitsgrade
Betriebsgröße		
LF/Betrieb [ha]	4.544 (LPG-Pflanzenproduktion) 30 (LPG-Tierprod. mit 1.607 GV)	27
AK/Betrieb [AK]	266 (LPG-Pflanzenproduktion) 124 (LPG-Tierproduktion)	1,5
LF/AK [ha/AK]	12	18
Besatzkapital [TDM/AK]	? (Bewertungsproblematik)	214
Flächenproduktivität GE/LF [dt/ha]	45,7	74,5
Arbeitsproduktivität GE/AK [dt/AK]	30,4	78,6

Quelle: Schulenburg 1994

- reformbedürftiges Bildungswesen, hinsichtlich der agraren Aus- und Weiterbildung ein zentrales Entwicklungshemmnis für die Agrarwirtschaft

Eingebunden in die allgemeine Transformation ist auch ein tiefgreifender Wandel der ➔Agrarstruktur und des Verarbeitungssektors. In Deutschland standen sich zu Beginn dieses Wandels zwei konträre Strukturen gegenüber.

Swain unterscheidet für die ehemaligen europäischen sozialistischen Länder (ohne UdSSR) vier verschiedene Muster der ➔Kollektivierung:

- Die abgebrochene Kollektivierung (Polen, Jugoslawien):

duale Struktur von wenig effizienten Großbetrieben und von Bauernwirtschaften, die allerdings in ihrer strukturellen Entwicklung weitgehend auf dem Niveau der 40er Jahre dieses Jh. stehenblieben.

- Die stalinistische Kollektivierung (Albanien, Rumänien):

Zwangskollektivierung, bei der die Bauernschaft einem starken politischen und wirtschaftlichen Druck ausgesetzt war, um sich dem Zusammenschluss zu beugen. Die Preise für Agrarprodukte blieben niedrig. Die Einkommen aus den Kollektivbetrieben waren gering, Hauswirtschaften waren geduldet (in der UdSSR erst nach anfänglichen Versorgungsengpässen).

- Die neostalinistische Kollektivierung (DDR, Tschechoslowakei, Bulgarien):

verminderter wirtschaftlicher und politischer Druck nach der Kollektivierung. Die Agrarpreise stiegen an, die Genossenschaftsbauern und Landarbeiter erzielten ein reguläres Einkommen, das sich dem in der Industrie annäherte. Es bestand eine hohe soziale Sicherheit. Die Diversifikation der Landwirtschaft wurde unterstützt, die Hauswirtschaften wurden in das gesamte Versorgungssystem eingeordnet und gefördert.

- Die ungarische Kollektivierung:

mit ähnlichen Merkmalen wie zuvor genannt. Darüber hinaus bewegten sich die Betriebe in einem marktwirtschaftlich orientierten Umfeld, wenn auch unter sozialistischen Rahmenbedingungen.

Die beschriebenen Muster der Kollektivierung, Verschiedenheiten von Kulturen und historischen Erfahrungen und somit unterschiedliche Ausgangsbedingungen für die Transformation besitzen einen Einfluss auf die Privatisierung und Umstrukturierung sowie die sich in diesem Zusammenhang ergebenden Unternehmens- und Betriebsstrukturen in den einzelnen "Mittel- und Osteuropäischen Ländern (MOEL)".

Die Auflösung der Großbetriebe fand vor allem in den Ländern statt, wo

- aus nationalen Gründen die Auswirkungen der sowjetischen Okkupation beseitigt werden sollten (Baltikum)
- politische Parteien die Entwicklung der sozialistischen Periode unter dem Gesichtspunkt, dass es sich um eine völlige Fehlentwicklung handele, aus ideologischen Gründen rückgängig machen wollten, wie in Albanien, Bulgarien, Ungarn und Rumänien

Die Bewirtschaftung der landwirtschaftlich genutzten Fläche von Transformationsländern nach der Rechtsform der Betriebe

Staat	Datenerfassungs-Zeitpunkt	Bewirtschaftungsanteil [%] Bauernwirtschaft[1]	Nebenwirtschaft/ Garten	Personengesellschaft	Genossenschaft	Kapitalgesellschaft	Staats- u. andere Betriebe
Estland	1.1.1997	26,3	17,9		28,3		27,5
Lettland	1.1.1996	46,7	37,5			13,3	2,5
Litauen	1.1.1997	38,0	22,1	17,7[2]			22,2
Polen	1996	82,1			2,7		6,7[6]
Tschechien	1.1.1997	22,2	1,6		43,2	31,3	1,7
Slowakei	1.1.1996	5,2			69,9	4,6	20,3
Ungarn	31.5.1996	56,0			29,3	14,7[3]	
Slowenien	1.1.1997	85,1				14,9	
Rumänien	1.1.1996	54,4		22,2[4]	11,7[5]		11,7
Bulgarien	1995	43,0		9,9	39,0	6,1	2,0
Albanien	06.1996	95,0[6]					
Russland	1.1.1997	6,2	6,4		52,9		34,5
Weißrussland	1.1.1996	0,6	16,1		61,0		22,3
Ukraine	30.6.1996	1,8	13,1		69,7	4,4	11,0
Moldawien	1.1.1997	7,4		1,6	52,1	34,9	4,0

[1] Die Abgrenzung zu den Nebenwirtschaften wird in den Ländern unterschiedlich gehandhabt. In den aus der UdSSR hervorgegangenen Ländern handelt es sich bei den Nebenwirtschaften um die ehemaligen Hauswirtschaften,

[2] Landwirtschaftliche Partnerschaften und Gärtnerische Assoziationen

[3] Einschließlich Aktiengesellschaften mit staatlichem Kapital

[4] Freiwillige Familienvereinigungen und einfache Familienvereine

[5] Juristische Personen

[6] Differenz zu 100 nicht ausgewiesen

Quelle: Tillack u. Schulze 1998

- wenig mechanisierte Großbetriebe (gekennzeichnet durch niedrige spezifische Investitionen) keine Vorteile gegenüber individueller Wirtschaft boten, d.h. aus betriebswirtschaftlichen Gründen (vor allem in Albanien, z.T. aber auch in Rumänien und Bulgarien)

Eine Umwandlung in marktwirtschaftlich orientierte Großbetriebe erfolgte vor allem dort, wo

- die ökonomischen Vorzüge der Mechanisierung offensichtlich waren (verbunden mit hohen spezifischen Investitionen in das Sach- und Humankapital), d.h. aus betriebswirtschaftlichen Gründen (neue Bundesländer, Tschechien, z.T. Slowakei, z.T. Ungarn),
- das Management der Großbetriebe soviel Einfluss gewinnen konnte, dass es sich gegen Tendenzen der Auflösung dieser Betriebe durchsetzen konnte, d.h. aus ideologischen Gründen (z.T. in den vorher genannten Ländern, in Russland, der Ukraine und Weißrussland - auch wenn bei diesen Ländern noch kaum von marktorientierten Unternehmen gesprochen werden kann)
- die kollektive Tradition (z.B. russische Dorfgemeinde) sehr stark entwickelt ist (Russland, Ukraine, Weißrussland). Die letztgenannten Länder gelten als ausgesprochen reformträge. Kollektivbetriebe existieren dort ihrem Wesen nach trotz veränderter Namen noch in großer Zahl. In Russland und der Ukraine ist der →Boden den Betrieben übertragen worden, wobei i.a. die Arbeiter und weitere Dorfbewohner Boden- und Vermögensanteile erhielten, in Weißrussland verblieb der Boden in Staatsbesitz.

Der Zusammenbruch des alten Systems führte in den einzelnen Ländern zu einem Streit zwischen den unterschiedlichen politischen und wirtschaftlichen Strömungen. Diese reichten von einer angestrebten Erneuerung des bisherigen Gesellschaftsmodells über die Einführung einer sozialistischen Marktwirtschaft bis hin zur Übernahme des westlichen marktwirtschaftlichen Systems. Der bisherige Verlauf der Umstrukturierung verdeutlicht einen hohen Grad der Akzeptanz des westlichen Systems der Wirtschaftsordnung.

Nach der ersten Phase einer rasanten wirtschaftlichen Talfahrt befinden sich alle aus der Planwirtschaft entlassenen Transformationsländer in einer

Anteil der in der Landwirtschaft Beschäftigten[1] an den Erwerbstätigen insgesamt in Transformationsländern

Staat	Beschäftigtenanteil [%] im Jahr 1990	1991	1992	1993	1994	1995	1996[2]
Bulgarien	17,9	19,1	20,7	21,7	22,8	23,3	24,2
Estland	12,7	12,6	-	14,3	12,6	11,2	-
Lettland	16,5	16,9	19,5	18,9	17,4	16,9	17,0
Litauen	18,9	17,8	19,5	22,5	23,3	23,7	24,5
Polen	26,6	26,8	25,6	25,7	26,9	26,9	-
Rumänien	28,2	28,9	32,2	35,2	36,3	35,7	32,0
Slowakei	12,2	12,6	11,8	9,4	7,2	7,1	7,0
Slowenien	-	-	-	10,7	11,5	10,4	10,0
Tschechien	11,8	10,0	8,6	6,8	6,9	6,2	6,0
Ungarn	15,8	13,5	11,3	9,1	8,7	8,0	8,3
Russland	13,2	13,5	14,4	14,6	15,4	15,7	14,8
Ukraine	19,4	20,4	20,7	20,7	21,0	20,4	21,4
Weißrussland	19,1	18,7	20,0	19,6	19,0	19,1	18,6

1 Die Daten sind nicht immer voll kompatibel, da teilweise auch Beschäftigte in der Jagd-, Forst- und/oder Fischwirtschaft enthalten sind; zeitlich beziehen sich einige Werte auf Jahresdurchschnitte, andere auf Jahresenddaten

2 Vorläufig

Quelle: Frohberg u. Glauch 1998

Konsolidierungsphase, die durch Stabilität, in einigen Ländern bereits durch Aufschwung, allerdings noch auf niedrigem Niveau, gekennzeichnet ist. Die Revitalisierung der ➔Landwirtschaft bleibt aber hinter der gesamtwirtschaftlichen Stabilisierung zurück. Die Bedeutung des Agrarsektors für das Wirtschaftsgeschehen liegt in den Transformationsländern im Vergleich zu den meisten westlichen Ländern noch sehr hoch. Das ist sowohl an dem Anteil, den er zusammen mit Forstwirtschaft und Fischerei am BIP als auch an der Beschäftigung aufweist, ersichtlich.

In den Transformationsländern Mittel- und Osteuropas läuft der Prozess der Umstrukturierung i.a. ähnlich wie in den neuen Bundesländern (nBl) ab (➔Strukturwandel in der deutschen Landwirtschaft), allerdings über einen mehr als doppelt so langen Zeitraum. Während die Rezessionsphase in den nBl nach etwa drei Jahren abgeschlossen war, dauerte sie in den mitteleuropäischen Ländern vier bis fünf und in der GUS sogar acht und mehr Jahre. Strukturdaten belegen die noch bestehenden Produktivitätsunterschiede der Transformationsländer zur ➔Europäischen Union. Die EU erzeugt auf knapp 140 Mio. ha ➔LF Nahrungsmittel für ca. 370 Mio. Menschen mit deutlich höherem Pro-Kopf-Verbrauch und beträchtlichen Überschüssen bei einigen Produkten. Die zehn mit der EU assoziierten MOEL produzieren auf rund 60 Mio. ha LF Nahrungsmittel für gut 100 Mio. Menschen, und die Russische Föderation erzeugt auf etwa 210 Mio ha LF Nahrungsmittel für eine Bevölkerung von rd. 150 Mio., wobei die Inlandsnachfrage bei niedrigerem Pro-Kopf-Verbrauch im Durchschnitt nur zu weniger als 80 % gedeckt werden kann.

Die unterschiedlichen Fortschritte im Transformationsprozess erklären sich nicht zuletzt daraus, dass die MOEL nur einen Bruchteil der Agrarfördermittel erhalten haben, die seit der Wende bis 1997 in die nBl flossen (ca. 30 Mrd. DM), und häufig unter dramatischem Kapitalmangel leiden.

Daneben sind beispielsweise für die russische Landwirtschaft als weitere Gründe für die Schwierigkeiten beim Transformationsprozess zu nennen:

- stärkerer Anstieg der Faktorpreise als der der Produktpreise
- geringe Liquidität erlaubt häufig nicht den Einsatz von ➔Mineraldünger und ➔Kraftfutter
- ausbleibende Ersatzinvestitionen
- Stand der Agrartechnik auf dem Niveau der 60er Jahre in Deutschland mit der Folge von hohem Saatgutaufwand, inhomogenen Beständen, großen Ernteverlusten usw.
- wenig qualifizierte Mitarbeiter an verantwortlichen Stellen, zu viele Leitungsebenen
- Beratungsempfehlungen werden aus psychologischen Gründen und mangels Fachkenntnissen und Vorstellungskraft häufig nicht angenommen
- schwach ausgebildete Unternehmermentalität
- vor- und nachgelagerter Bereich mit ähnlichen Problemen

Die Handelsbilanz von Agrarprodukten ist sowohl bei unverarbeiteten Produkten wie auch bei Produkten mit niedriger Verarbeitungstiefe in den meisten

Transformationsländern stark negativ, z.T. mit sich verschlechternder Tendenz.

TRANSGENE ORGANISMEN: Lebewesen, die mit Hilfe der →Gentechnik artfremde Gene in ihren vegetativen Zellen und in der Keimbahn tragen, so dass die so erworbenen Merkmale vererbbar sind.

TRANSHUMANZ: Dem →Nomadismus ähnliche Fernweidewirtschaft, doch bleiben die Herdenbesitzer sesshaft und betreiben →Ackerbau; die →Viehhaltung ist nicht der einzige Erwerbszweig. Der meist ganzjährige Weidegang mit Hirten oder Viehpächtern führt ohne Bindung an den Landbesitz der Herdeneigentümer über die →Gemarkungs- und oft über Staatsgrenzen hinweg (trans humus = jenseits der bebauten Erde) in saisonal wechselnde Weidegebiete. Dieser Wechsel ist bedingt durch die unterschiedliche Lage der Weiden nach Meereshöhe, thermischen, hygrischen oder auch agrarwirtschaftlichen Verhältnissen. Transhumanz ist in den winterkalten Gebieten nicht möglich. Besitzer transhumanter Herden können Ackerbauern, reine Viehzüchter oder auch nichtagrare Berufsgruppen sein.
In Europa ist diese Form extensiver Viehwirtschaft fast in allen ihren Verbreitungsgebieten im Schwinden begriffen.
Bei der traditionellen Transhumanz ist wie beim Nomadismus ein ganzjähriger Weidegang gegeben. Bei modernen und intensiveren Formen der Transhumanz ist eine Einstallung des Viehs während der ungünstigen Jahreszeit aus agrarwirtschaftlichen und für kurze Zeit auch aus klimatischen Gründen möglich.
Die Siedlungen sind im Gegensatz zum Nomadismus bei der Transhumanz zumindest am Hauptbetriebsort immer bodenstet. An den übrigen Betriebsorten können die Hirten außer in festen Behausungen auch in Zelten, bodenvagen Hütten oder mitgeführten Karren leben. Am Hauptbetriebsort, an dem auch Anbau betrieben werden kann, sind die Siedlungen meist permanent und an entfernteren Weideplätzen dagegen saisonal bewohnt.
Mit der →Almwirtschaft hat die Transhumanz gemeinsam, dass sie im wesentlichen auf die Alte Welt beschränkt ist und genetisch mit dem hier entwickelten →Pflugbau zusammenhängt. Ferner sind beide für Hochgebirge und höhere Mittelgebirge charakteristisch, und beide nutzen die Gebirgshöhen über der oberen Grenze des Ackerbaus bzw. der Waldwirtschaft als Weideland. Während jedoch bei der Almwirtschaft das Vieh im Winter in den Taldörfern eingestallt wird, benutzt man bei der Transhumanz die benachbarten Ebenen als winterliche Weidegebiete. Beispielsweise waren in Südfrankreich drei Gebiete besonders stark durch die Transhumanz geprägt: die Provence, das Languedoc und das südliche Aquitanien. Die jeweiligen Ergänzungsräume sind die Alpen, das südliche Zentralmassiv (Cevennen) und die Pyrenäen. Im mediterranen Raum und von hier aus einerseits über Vorderasien bis nach Zentralasien, andererseits von Südosteuropa in den karpatischen Raum übergreifend, kommen beide Formen nebeneinander vor, die Almwirtschaft als die intensivere, die Transhumanz als die extensivere. In Ost- und Südostasien fehlen beide Formen der Hochgebirgsweidewirtschaft. In Latein- und Nordamerika stellte sich die Transhumanz in beschränktem Umfang nach der europäischen Kolonisation und Erschließung ein.
Man unterscheidet die normale oder *aufsteigende Transhumanz*, bei der die Vieheigentümer beispielsweise am südlichen Alpenrand wohnen und die Tiere (meist Schafe) unter Aufsicht von bezahlten Hirten im Sommer auf die Almen und im Winter auf Weiden in tiefen Lagen schicken von der inversen oder *absteigenden Transhumanz*. Dabei leben die Besitzer der Tiere in einem Bergdorf und die Wanderung der Tiere vollzieht sich gegenläufig.

TRANSPIRATION: Wasserverdunstung der Pflanzen über ihre Blätter bzw. Nadeln, die durch Wasseraufnahme aus dem →Boden kompensiert werden muss. Ihr Ausmaß ist abhängig von Lufttemperatur, Sättigungsdefizit der Luft und Luftmassentransport (Wind).

TREIBHAUSEFFEKT: Erscheinung, die aufgrund der Rückstreuung der terrestrischen Ausstrahlung zu einem Wärmegewinn für die Erdoberfläche führt.
Die Erde erfährt eine fortgesetzte Zufuhr von Energie mit der Sonnenstrahlung - hauptsächlich im sichtbaren Wellenlängenbereich. Voraussetzung für ein energetisches Gleichgewicht ist die Abgabe einer der zugeführten entsprechenden Energiemenge an den Weltraum. Dies erfolgt durch die Abstrahlung von längerwelligen Wärmestrahlen, wie sie allen warmen Körpern zu eigen ist. Der Treibhauseffekt beruht darauf, dass das Absorptionsverhalten von Bestandteilen der Atmosphäre, insbesondere bei den Spurengasen, in den verschiedenen Spektralbereichen nicht gleich ist. Das einfallende sichtbare Licht wird dabei praktisch nicht, die abgegebene Wärmestrahlung von einer Reihe von Spurengasen hingegen mehr oder weniger stark absorbiert, d.h. die Abstrahlung wird gewissermaßen durch eine isolierende Schicht behindert. Damit die vorgegebene Energiemenge dennoch abgestrahlt werden kann, muss der strahlende Körper eine entsprechend höhere Temperatur aufweisen. Dieses ist - verkürzt ausgedrückt - die physikalische Natur des Treibhauseffektes.

Der tatsächliche Energiehaushalt der Erde gestaltet sich komplizierter als hier skizziert, weil z.B. Teile der einfallenden Strahlung an Luftmolekülen gestreut, an Wolken oder der Erdoberfläche reflektiert oder die Wärmestrahlung absorbiert und reemittiert werden.
Bilanziert man die energetischen Verhältnisse zwischen einfallender und abgegebener Strahlung ohne Berücksichtigung dieses Treibhauseffektes, dann gelangt man zu einer mittleren Temperatur von -18 °C. Dass wir statt dessen (unter den Bedingungen der natürlichen Atmosphäre) +15 °C als mittlere Temperatur vorfinden, verdanken wir dem **natürlichen Treibhauseffekt**, ausgelöst von den Atmosphärenbestandteilen Wasserdampf, →Kohlendioxid, →Methan, Lachgas und →Ozon in ihren natürlichen Gehalten.
Anlass zur Sorge bietet der Sachverhalt, dass wir durch unsere Tätigkeit die Gehalte dieser und weiterer, in der natürlichen Atmosphäre nicht enthaltener, treibhauswirksamer Gase permanent steigern. Hierdurch wird zusätzlich zu dem geschilderten natürlichen ein **anthropogener Treibhauseffekt** ausgelöst, der einen generellen Anstieg der Temperaturen bewirkt.
Die Atmosphäre besitzt gegenwärtig noch den Charakter eines Allmendegutes und wird als solches als Deponie für Treibhausgase genutzt. Alleine der CO_2-Gehalt der Atmosphäre hat seit Beginn der Industrialisierung vor etwa 200 Jahren von 280 auf ca. 360 ppm zugenommen. Besonders problematisch ist dabei der Umstand, dass diese Veränderung in einer für erdgeschichtliche Dimensionen äußerst schnellen Geschwindigkeit abläuft. In der Folge erhöhte sich seit dem Ende des 19. Jh. die mittlere globale Lufttemperatur um 0,3-0,6 °C und der globale Meeresspiegel um 10-25 cm. Es ändern sich aber nicht nur die Temperaturen selbst, sondern auch die Niederschlagsverhältnisse, Klimazonen und die Häufigkeit von Klimaanomalien usw. Die Adaptation an die sich schnell ändernden klimatischen Umweltverhältnisse wirft vor allem für die natürlichen oder naturnahen →Ökosysteme große Probleme auf.
Klimamodellrechnungen lassen bei aller Unsicherheit im Bereich regionaler Klimavorhersagen u.a. folgende Aussagen zu, die auch für die *landwirtschaftliche Nutzung* von Räumen große Bedeutung haben:

- Die mit einer Verdoppelung des äquivalenten CO_2-Gehalts (CO_2 und alle übrigen klimarelevanten Spurengase) nach Erreichen des Gleichgewichtszustands verbundene globale Erwärmung beträgt etwa 2,5 °C, bei einem Unsicherheitsbereich von 1,5 bis 4,5 °C.
- Gekoppelte Ozean-Atmosphäre-Modelle prognostizieren einen mittleren Anstieg der global und jahreszeitlich gemittelten Lufttemperatur in Bodennähe von 0,2-0,3 °C pro Jahrzehnt.
- Der Meeresspiegel wird im Mittel um 4,8 cm pro Jahrzehnt steigen (Schätzungen für den Anstieg bis zum Jahre 2100 schwanken zwischen 15 und 95 cm).
- Der Anstieg der oberflächennahen Lufttemperatur wird über den Landflächen stärker ausfallen als über den Ozeanen.
- Die Erwärmung ist in höheren Breitengraden im Winter größer und im Sommer kleiner als im globalen Mittel.
- Die Erwärmung der bodennahen Luftschichten und deren saisonale Variationen sind in den Tropen am geringsten.
- Durch die mit der Erwärmung verbundene, höhere Verdunstung von Oberflächenwasser entsteht eine Tendenz zu allgemein zunehmenden Niederschlägen. Dies gilt vornehmlich für die höheren Breiten beider Hemisphären, in der Nordhemisphäre im Winter auch für die mittleren Breiten. Im Sommer der nördlichen mittleren Breiten wird allgemein eine Abnahme der Niederschläge erwartet.
- Fehlende Sommerniederschläge werden nur selten durch die vorausgesagte Zunahme von Winterniederschlägen in den mittleren Breiten kompensiert werden können, zumal die Niederschläge im Winter verstärkt als Regen fallen, der im Gegensatz zu Schnee rasch oberflächlich abgeführt wird.
- Für die subtropischen Trockengebiete werden geringe Änderungen im Niederschlagsgeschehen erwartet.
- Die Bodenfeuchte nimmt in den höheren Breitengraden im Winter zu, in den mittleren Breitengraden der Nordhemisphäre im Sommer ab.
- Zwischen einem Drittel und der Hälfte der bestehenden Gebirgsgletscher wird möglicherweise innerhalb der kommenden einhundert Jahre verschwinden.
- Klimaänderungen könnten zur Unterbrechung der Tiefenwasserbildung im Nordatlantik führen, mit möglicherweise fatalen (kühlenden) Auswirkungen auf Europa.
- In Abhängigkeit von unterschiedlichen Klimaszenarien ergeben sich Verschiebungen terrestrischer Vegetationszonen, die zu einer Veränderung des Vegetationstyps auf 40 bis 55 % der Landfläche führen. Dabei wird eine Verschiebung der Vegetationszonen mit horizontaler Bewegung in Richtung auf die Pole sowie in vertikaler Bewegung in höhere Gebirgslagen angenommen. Theoretisch kann eine Temperaturerhöhung um 1 K nordwärts eine Verschiebung der Vegetationszonen um etwa 200 km und in höhere Gebirgslagen um ca. 180 m verursachen.

<u>Mögliche direkte und indirekte Wirkungen erhöhter Temperaturen auf die Vegetation</u>

- Beschleunigung von Keimungsprozessen

- Beschleunigung von Licht- und Dunkelatmung auf Kosten der Photosynthese
- Verschiebung phänologischer Prozesse
- Verlängerung von Wachstumszeiten bzw. Vegetationsperioden
- Beschleunigung von Wachstums- und Entwicklungsverläufen (u.U. auf Kosten der wirtschaftlich verwertbaren Erträge)
- Erhöhung der Evapotranspiration bei höheren Sommertemperaturen
- Zunahme von Ernteerträgen (bei ausreichender Wasserversorgung)
- Abnahme von Ernteerträgen bei unveränderten Niederschlägen
- Zunahme von Erträgen bei zunehmenden Niederschlägen
- Verlängerung frostfreier Vegetationsperioden
- höhere Spätfrostgefährdung durch früheren Austrieb
- Verschiebung von Temperaturoptima
- Beschleunigung von Bodenprozessen (Zersetzung, Mineralisation, Bodenatmung, Humusabbau); eine verstärkte C-Mineralisierung ist mit einer zusätzlichen CO_2-Belastung der Atmosphäre verbunden
- Entkopplung synchronisierter Lebenszyklen zwischen Pflanzen, Tieren und Mikroorganismen
- raschere Anpassungsfähigkeit von Pathogenen aufgrund der i.d.R. häufigeren Zahl der Generationen im Vergleich zu ➔Kulturpflanzen; konkrete Aussagen über einen veränderten Befall sind erst nach Langzeitstudien möglich; gleiches gilt für den Einfluss der globalen Erwärmung auf Schädlinge und ➔Unkräuter

Für die Landwirtschaft werden u.a. folgende Konsequenzen angenommen:

- Insgesamt gesehen kann die landwirtschaftliche Produktion aufrecht erhalten werden, bei gleichzeitig starken regionalen Veränderungen.
- Einige der ärmsten Nationen, besonders jene, die in tropisch-subtropischen Gebieten liegen, und die von isolierten ➔Agrarsystemen in semiariden und ariden Regionen abhängig sind, werden am ehesten einem verstärkten Hungerrisiko ausgesetzt sein.
- In Zentral- und Südeuropa werden für Winterfrüchte Ertragssteigerungen und in Zentral- und Osteuropa für Sommerfrüchte eine Ausdehnung der Anbaugebiete und Ertragssteigerungen erwartet, sofern die notwendige Wasserverfügbarkeit nicht begrenzend wirkt.
- Anpassungen hinsichtlich der Anbaufrüchte, des Wassermanagements, der Bewässerungssysteme, des Pflanzkalenders und der Bestellungspraktiken werden nötig. Für Entwicklungsländer können solche Anpassungsstrategien eine erhebliche Belastung darstellen.
- Es bestehen genetische Grenzen hinsichtlich des Zuchtpotentials von Pflanzen, um diese an die zukünftigen Klimabedingungen anzupassen (z.B. gibt es nur geringen Spielraum um die Trockenheitsresistenz von Mais zu erhöhen).

Charakteristische Merkmale wichtiger klimawirksamer Spurengase

Merkmal	Kohlendioxid	Methan	FCKW 11	FCKW 12	Distickstoffoxid	Ozon[1]
Konzentration	[ppmv]	[ppmv]	[pptv]	[pptv]	[ppbv]	[ppbv]
vorindustrielle Zeit (1750-1800)	280	0,7	0	0	288	5-15
1991	355	1,74	280	484	311	30-50
Anstieg pro Jahr (absolut)	1,8	0,015	9,5	17	0,8	0,15
(relativ) [%]	0,5	0,75	4	4	0,25	0,5
Verweilzeit [Jahre]	50-200	1065	130	130-150	0,1	
Relatives Treibhauspotential						
[mol][2]	1	21	12400	15800	206	2000
[kg][3]	1	58	3970	5750	206	1800
Anteil am anthropogenen Treibhauseffekt [%][4]	50	13[5]	5	12	5	7

[1] sehr grobe, über 10 Jahre gemittelte Werte, da die Ozonkonzentration in der Troposphäre räumlich und zeitlich sehr variabel ist

[2] bezogen auf das gleiche Volumen CO_2

[3] bezogen auf die gleiche Masse CO_2

[4] Anteil der einzelnen Treibhausgase am zusätzlichen Treibhauseffekt in den achtziger Jahren dieses Jahrhunderts. Die CO_2-Äquivalenzfaktoren sind teilweise mit erheblichen wissenschaftlichen Unsicherheiten behaftet.

[5] nur direkte Einflüsse enthalten

Quelle: Nach Enquête-Kommission "Schutz der Erdatmosphäre" des Deutschen Bundestages, Bonn 1992 und 1994

Möglichkeiten zur unmittelbaren oder mittelbaren Reduktion der landwirtschaftsbedingten Treibhausgasemissionen

Maßnahme	Treibhausgas[1] Kohlendioxid	Methan	Distickstoffoxid
1. Ende der Brandrodung und Nutzungsänderung	xxx	xx	xx
2. Bodenbearbeitung und Humuswirtschaft	xx	-	x
3. Tierernährung und -haltung			
- Verminderung des Futtereiweißes	x	-	xx
- Verbesserte Futterqualität	x	xx	x
- Produktionssteigernde Futterzusätze	x	xx	x
- Leistungsteigerung durch Züchtung	x	xx	x
4. Düngung (Art, Menge und Applikation)			
- Minderung der Nährstoffüberschüsse	x	-	xx
- Nährstoffzufuhren entsprechender -entzug	x	-	xx
- Verbesserte Applikationstechniken	x	-	xx
- Berücksichtigung der Bodenvorräte	x	-	xx
5. Minderung der Stickstoffverluste			
- durch Nitratauswaschung	-	-	xx
- durch Bodenerosion	-	-	x
- durch NH_3-Entgasung	-	xx	xx
6. Betriebsorganisatorische Maßnahmen			
- Integration von Ackerbau und Viehhaltung	x	x	xx
- Berücksichtigung der Nährstoffe im Stalldung	x	-	xx
- Weitestmögliche Nährstoffrückführung	-	-	xx
7. Produktion CO_2-neutraler Rohstoffe			
- Energiepflanzen	x	-	x
- Industriepflanzen	x	-	x
8. Bedarfsorientierte menschliche Ernährung			
- Viel weniger Protein	x	xx	xx
- Weniger Kohlenhydrate	x	-	x
- Weniger Fett	x	x	x

[1] xxx: hohes Reduktionspotential; xx: mittleres Reduktionspotential;
x: geringes Reduktionspotential; -: kein Reduktionspotential

Quelle: Sauerbeck u. Isermann 1994

- Die Viehzucht kann durch Veränderungen der Futtermittelpreise und durch Änderungen der Produktivität von Weiden betroffen sein.
- Die Erhöhung der atmosphärischen CO_2-Konzentration kann das Kohlenstoff : Stickstoff-Verhältnis der Futterpflanzen verändern und so den Nährwert vermindern.

Es gilt als sicher, dass neben den klimatischen und hydrologischen Folgen auch die Ausbreitung von Parasiten und Krankheitserregern bei Menschen, Tieren und Pflanzen Probleme schafft. Ungewiss ist allerdings Ort, Zeit und Art dieser Krankheiten ebenso wie die Folgen für den Ernährungssektor insgesamt. Bedingt durch die Verschiebung von Anbauzonen sind Fluchtbewegungen zu erwarten.

Klimawirksame Spurengase

Die wichtigsten Gase, die den zusätzlichen Treibhauseffekt verursachen, sind Kohlendioxid (CO_2), Methan (CH_4), Distickstoffoxid (Lachgas, N_2O), Fluorchlorkohlenwasserstoffe (FCKW), und Ozon (O_3). Wasserdampf ist vor allem dadurch beteiligt, dass dessen Gehalt in der Atmosphäre mit steigender Temperatur wächst und dadurch eine weitere Temperaturerhöhung bewirkt.

Bei einigen Spurengasen ist die Emission nicht die einzige Quelle. Sie entstehen auch aus Vorläufern durch chemische Reaktion. Im Zusammenhang mit der Bildung von O_3 sind auch VOC (Volatile Organic Components, flüchtige organische Verbindungen), NO_x und CO zu erwähnen, die somit ein indirektes Treibhauspotential besitzen.

Von den verschiedenen Verursacherbereichen ist die →Landwirtschaft mit ca. 15 % am globalen und mit 8 % am nationalen anthropogenen Treibhauseffekt beteiligt, überwiegend durch die Emissionen der Spurengase CH_4, N_2O und CO_2. Die Rodung von

Wäldern ist ebenfalls mit ca. 15 % beteiligt (überwiegend durch die Emissionen von CH_4, N_2O und CO_2). Die landwirtschaftlich bedingten CH_4- und N_2O-Emissionen in Deutschland haben einen Anteil von ca. 5 % an den gesamten anthropogenen klimawirksamen Spurengasen in diesem Staat. Im einzelnen trägt die Landwirtschaft folgende Anteile an den Gesamtemissionen der drei wichtigsten Spurengase in Deutschland bei: Methan 25-35 % (ca. 2 Mt/a bzw. 110 Mt/a CO_2-Äquivalenten), Lachgas 32-38 % (ca. 75 kt/a bzw. 20 Mt/a CO_2-Äquivalenten) und Kohlendioxid infolge direkter und indirekter Energieaufwendungen ca. 4-6 % (ca. 40-65 Mt/a CO_2, je nach Autor).
Die Nahrungserzeugung und -verarbeitung verursacht in Deutschland klimarelevante Emissionen in Höhe von mindestens 150 Mio. t CO_2-Äquivalenten, wovon etwa 85 % auf die Erzeugung und Verarbeitung tierischer Nahrungsmittel entfallen.
Ein Vergleich der konventionellen mit der ökologischen Produktion zeigt, dass sich der direkte flächen- bzw. produktionsbezogene Energieeinsatz kaum unterscheidet. Der wesentlich geringere Energieeinsatz ökologischer Verfahren ist maßgeblich auf den deutlich geringeren indirekten Energieeinsatz, also auf den weitgehenden oder vollständigen Verzicht auf energieintensive →Vorleistungen (→Mineraldünger, Zukauf- und Importfutter, →Pflanzenschutzmittel usw.) zurückzuführen.
Die Landwirtschaft ist nicht nur ein Emittent klimawirksamer Spurengase. Sie könnte durch den Anbau von →Energiepflanzen auf freiwerdenden Ackerflächen und die thermische Nutzung von Reststoffen (Stroh, Holz) einen erheblichen Beitrag von fast 1/4 zum CO_2-Minderungsziel der Bundesregierung (Reduktion der CO_2-Emissionen um 25 % bis zum Jahr 2005) leisten.
(→KLIMASZENARIO (WESTEUROPA) UND LANDWIRTSCHAFT, →UMWELTWIRKUNGEN)

TREPOSOL: →Anthropogener →Boden, der zur Verbesserung des Wasser- und Lufthaushaltes 0,7-1,2 m tief umgebrochen wurde. Als morphologische Besonderheit hat dieser Boden schräg liegende Balken der früheren Horizonte. Gleiches gilt für die bei der Moorkultivierung entstandenen Böden, die als Sandgemischte →Moore bezeichnet werden sowie für die nach Tiefumbruch von Podsolen zur Zerteilung einer Ortsteinschicht (z.B. Emsland, Lüneburger Heide, Niederlande) gebildeten Böden.

TREUHANDFLÄCHEN: Ehemals volkseigene land- und forstwirtschaftlich genutzte Flächen in den neuen Bundesländern, die von der *Bodenverwertungs- und -verwaltungsgesellschaft* (BVVG), der Funktionalgesellschaft der früheren *Treuhandanstalt*, verwaltet und verwertet werden. Der BVVG obliegt die Vermögenserfassung und -sicherung, der Liegenschaftsdienst, der Verkauf von land- und forstwirtschaftlichen Flächen nach dem Entschädigungs- und Ausgleichsgesetz und der Flächenerwerbsverordnung, der Verkauf von Flächen für investive Zwecke sowie die Reprivatisierung und das Vertragsmanagement.

TRIFTEN: Auch *Trittweiden* oder *Huten*; nicht eingezäunte, unregelmäßig beweidete Flächen, die oft gemeinsam genutzt werden. Beispielsweise wurden →Halbtrockenrasen und lichte Wälder in Triften überführt. Aufgrund des selektiven Weidefraßes werden bestimmte Pflanzen (Futterpflanzen) dezimiert, sogenannte Weideunkräuter, wie der Wacholder, nehmen überhand. Durch →Düngung und →Umtriebsweide wurden oder werden Triften in Intensivweiden überführt.

TRITT: Das Auftreten von Großtieren oder Menschen auf die Bodenoberfläche mit der Folge der →Bodenverdichtung. Dies führt zur Auslese trittfester Pflanzenarten, so z.B. des Breit-Wegerichs und des Einjährigen Rispengrases. Der Verlust an Hohlräumen im →Boden führt zu einer Verarmung der Bodenfauna.

TROCKENBRACHE: Eine im Konzept des →dry farming eingelegte 1-2-jährige →Brache, bei der die spärlichen, und für kontinuierlichen Anbau nicht ausreichenden Niederschläge semiarider Gebiete für die nächste Anbauphase gespeichert werden.

TROCKENFARMSYSTEM: →DRY FARMING

TROCKENFELDBAU: →DRY FARMING

TROCKENGRENZE: Grenzsaum, über den hinaus der Anbau von Feldfrüchten infolge zu großer Trockenheit im →Regenfeldbau nicht möglich ist. Trockengrenzen liegen jenseits der *klimatischen Trockengrenze* (Trennlinie, welche Gebiete mit Niederschlagsüberschuss von Gebieten mit Niederschlagsdefizit im Vergleich zur jährlichen Gesamtverdunstung abgrenzt; an der klimatischen Trockengrenze ist N = V) und dürfen nicht mit dieser verwechselt werden. Zur Unterscheidung wird die Grenze des Regenfeldbaus als *agronomische Trockengrenze* bezeichnet. Da sie in allen Klimazonen auftritt, ist sie nicht bloß durch Niederschlagswerte definierbar, sondern sie ergibt sich aus einem komplexen Wechselspiel zwischen Wasserangebot und Wassernachfrage.
Die agronomische Trockengrenze verläuft in den Tropen zwischen Trocken- und Dornbuschsavanne bei etwa 8 $^1/_2$ ariden Monaten und in den Subtropen zwi-

schen der Hartlaubgehölzzone und der Dornbuschsteppe bei etwa 8 ariden Monaten. Wenn man die Norm-Niederschlagshöhen mit den Niederschlagsansprüchen der →Kulturpflanzen im Bereich der agronomischen Trockengrenze vergleicht, wird die Artenarmut der Kulturpflanzengemeinschaft besonders deutlich. Die Trockengrenze unterliegt in allen Kontinenten unterschiedlichen ökologischen und ökonomischen Bedingungen. Für Weizen liegt die agronomische Trockengrenze bei einem Niederschlag von ca. 500 mm. Spezielle Züchtungen, Bewässerungsmaßnahmen und →dry-farming haben die Grenze hinausschieben können.
Ist vor Erreichen der Trockengrenze im Regenfeldbau noch das *dry farming* vorherrschend, so gewinnt mit der Annäherung an die agronomische Trockengrenze die extensive Rinderweidewirtschaft (→Ranch) an Bedeutung. Bei noch größerer Trockenheit (ca. unter 200 mm) wird das *ranching system* durch die extensive Schafweidewirtschaft ersetzt. Sie gilt als extensivstes →Betriebssystem mit Marktorientierung. (→ANBAUGRENZEN, →HÖHENGRENZE, →LANDNUTZUNG, GRENZEN DER)

TROCKENRASEN: Natürliches und anthropozoogenes →Grünland trockenwarmer Standorte im gemäßigten Klima außerhalb des Steppen-Bioms mit oft lückenhafter Vegetation. Trockenrasen können auf flachgründigen Felsböden, auf trockenen Sandböden, aber auch vor allem in südexponierter Lage und bei subkontinentalem Klima auf tiefgründigen Schluff- und Lehmböden vorkommen. Der weitaus größte Teil des trockenen Grünlandes sind Halbtrockenrasen, d.h. durch extensive →Mahd oder →Beweidung entstandene Kulturformationen. Bei extensiver Beweidung findet man oft typische Weidegebüsche wie z.B. Wacholder ("Wacholderheiden" Süddeutschlands) Weißdorn und Rosen. Trockenrasen sind außerordentlich artenreich, Lebensraum zahlreicher geschützter und gefährdeter Pflanzen- und Tierarten und durch Nutzungsaufgabe oder Intensivierung stark zurückgegangen. (→MAGERWIESE)

TURBATION: Bezeichnung für alle den Aufbau von →Bodenprofilen bzw. eine Differenzierung in →Bodenhorizonte störenden physikalischen, biologischen und anthropogenen, periodisch oder episodisch wiederkehrenden Vorgänge.
Man unterscheidet:

- *Bioturbation*: Bodendurchmischung durch Organismen, besonders durch Bodentiere (Regenwürmer, bodenbewohnende Säuger). Sie ist Ursache der A_h-Horizont-Bildung und der →Humusform Mull.
- *Technoturbation*: Alle Bodenbearbeitungsmaßnahmen des Menschen unter Einsatz technischer Hilfsmittel, meist auf den Oberboden beschränkt.
- *Peloturbation*: Quellungs- und schrumpfungsbedingte Bodendurchmischung bei tonreichen Böden des wechselfeuchten tropisch-subtropischen Klimas mit hohem Gehalt an quellfähigen →Tonmineralen.
- *Kryoturbation*: Frostbedingte Bodendurchmischung in polaren bis subpolaren Bereichen innerhalb der sommerlichen Auftauzone durch Volumenvergrößerung bei Bodeneisbildung und Sackungsvorgänge beim Auftauen.

U ÜBERDÜNGUNG - UV-STRAHLUNG

ÜBERDÜNGUNG: Begriff zur Beschreibung des Überangebots an pflanzlichen →Nährstoffen gegenüber dem aktuellen Bedarf der Kulturen. Folge von Überdüngung ist, dass etwa Stickstoff- oder Phosphorverbindungen mit dem Niederschlag ausgewaschen werden. Dadurch werden die Gewässer überdüngt (→Eutrophierung), auch das →Grundwasser wird belastet. Überdüngung kann obendrein zu Mindererträgen und zu stärkerer Krankheitsanfälligkeit der überdüngten Pflanzen sowie des davon fressenden Viehs (Fruchtbarkeitsstörungen beim Rind) führen. Des weiteren wird angenommen, dass →Böden nach einer Zufuhr von Stickstoff nur noch über ein vermindertes Potential zur Methanoxidation verfügen und somit zur Erhöhung der Konzentration des klimarelevanten →Methans in der Atmosphäre beitragen.
Häufig müssen als Folge von Überdüngungen Halmverkürzungsmittel eingesetzt werden, um die Bestände zu stabilisieren.
→Massentierhaltung ohne ausreichendes Land sowie auch zu kleine Jauchegruben, die zur Unzeit entleert werden müssen, etwa auf gefrorenem →Boden, sind eine Ursache der Überdüngung. Aber auch →Mineraldünger wird oft "vorsorglich" in zu großer Menge aufgebracht. Bereits 1981 hat die *Bundesforschungsanstalt für Landwirtschaft* in Braunschweig mitgeteilt, dass zum Beispiel beim Zuckerrübenanbau in Deutschland eine Überdüngung von 40 kg Stickstoff pro ha zu verzeichnen sei. Ferner spielt der Versuch, die weniger gute, natürliche Ertragsleistung mancher Standorte mit einer überhöhten →Düngung zu kompensieren, eine wesentliche Rolle.
(→DÜNGEMITTELVERORDNUNG, →GEWÄSSERBELASTUNG, →UMWELTWIRKUNGEN)

ÜBERPRODUKTION: Marktsituation, in der das Angebot die Nachfrage übersteigt, gewöhnlich verbunden mit einem Preisverfall. Die Beseitigung von langfristiger Überproduktion führt häufig zu administrativ (Verordnungsinstrumentarium), logistisch (Lagerhäuser, Transporte, Vernichtung) und finanziell (u.a. Ausgaben für Preisstützungsmaßnahmen) aufwendigen Eingriffen in das Marktgeschehen. Überproduktion kann entstehen durch

- eine über den Bedarf hinausgehende Intensivierung der Landwirtschaft (EU)
- subventionsbedingte und damit marktmissachtende Anreize
- die Substitution von Agrarprodukten durch synthetische Erzeugnisse (Vanille, Gummi, Kunstfasern)
- veränderte Ernährungsgewohnheiten
- die Konkurrenz zu subventionierten, billigeren Erzeugnissen (z.B. von Beihilfe-verbilligten EU-Agrarexporten in Entwicklungsländern)
- den Verlust von Märkten aufgrund politischen (Zusammenbruch eines Systems) oder kriegerischen Ereignissen

Vorbeugend kann Überproduktion begegnet werden durch:

- Anbaubeschränkungen, →Flächenstillegungen und →Extensivierung
- Abbau von →Subventionen
- präzise Marktbeobachtung
- neue Verwertungsmöglichkeiten, z.B. als →nachwachsende Rohstoffe
- Erschließung neuer Märkte
- →Vertragslandwirtschaft

ÜBERSCHWEMMUNGSFELDBAU: Form des →Bewässerungsfeldbaus, bei der das über die Ufer tretende Wasser eines Flusses auf die Felder geleitet wird bzw. selbsttätig die Felder kurzzeitig überflutet. Als prominentestes Beispiel gilt die früher jahrtausendelang genutzte, periodische Hochwasserführung des Nil mit ihrer gleichzeitigen Schlammgabe.
(→BEWÄSSERUNG)

ÜBERSTAUBEWÄSSERUNG: Form der →Bewässerung, bei der eingedämmte, polderartige Flächen mit an Sinkstoffen reichem Hochwasser zeitweilig überflutet werden.

ÜBERSTOCKUNG: Übermäßiges Besetzen von Weideland mit Vieh und →Überweidung als Folge.

ÜBERWEIDUNG: Folge der →Überstockung auf Weiden semihumider bis arider →Ökosysteme. Um Wasserstellen bildet sich häufig eine konzentrische Vegetationszonierung infolge negativer Auslese durch das Weidevieh. So entsteht eine anthropogen verursachte →Bodenerosion und/oder →Desertifikation (→Desertifikationsringe).

UMBRUCH: Das Umpflügen des →Bodens. Üblicherweise ist damit das Umbrechen seitherigen →Dauergrünlandes bzw. des im Rahmen der →Feldgraswirtschaft periodisch genutzten →Grünlandes gemeint.

UMLEGUNG: Im Rahmen der →Flurbereinigung die Zusammenfassung und Neuverteilung von landwirtschaftlichem Grundbesitz.

UMTRIEBSDAUER: 1. In der →Landwirtschaft die Nutzungsdauer von Pflanzen- und Viehbeständen.
2. Die Länge des Fruchtumlaufes (Rotation) bei der →Fruchtfolge.
3. In der Forstwirtschaft die Dauer vom Pflanzen eines Jungbaumes bis zum Zeitpunkt des Schlagens.

UMTRIEBSSYSTEME: Formen des zeitlich-räumlichen Wechsels bzw. der Permanenz der landwirtschaftlichen Bodennutzung auf der Fläche.

Formen und Merkmale von Umtriebssystemen

1. Stationäre Anbauwirtschaft
Dauerkultursysteme
Bodennutzung durch Anbau von →Dauerkulturen, d. h. Pflanzen mit mehr- bis langjähriger Lebens- bzw. Nutzungsdauer, die nicht jedes Jahr neu gesät oder gepflanzt werden müssen wie die Feldkulturen. Zu ihnen zählen insbesondere die Baum- und Strauchkulturen, aber auch Pflanzen anderer Wuchsform wie Ananas, Sisal oder Bananen.
Nutzungswechselsysteme
Verschiedene Bodennutzungen wechseln sich in mehr oder weniger regelmäßiger Form auf festliegenden und klar begrenzten →Parzellen ab. Nutzungswechsel dient der Regeneration der →Bodenfruchtbarkeit sowie der Unkraut- und Schädlingsbekämpfung.
Unterformen: →Feldgraswirtschaft: Vorwiegend in Gebieten mit hohen Niederschlägen und kurzer Vegetationszeit verbreiteter Nutzungswechsel zwischen Anbau annueller →Kulturpflanzen (Feldkulturen) und mehrjähriger Grünlandnutzung.
Felderwirtschaft: →Ackerbau folgt auf Ackerbau, gewöhnlich in Form regelhafter Rotationen von Feldkulturen bzw. von Feldkulturen und →Brache.

2. Mobile Anbauwirtschaft
Flächenwechselsysteme
Kein Nutzungswechsel auf festliegender →Parzelle, sondern Verlegung der Anbaufläche, sobald die Ertragsfähigkeit so weit abgesunken ist, dass keine befriedigenden Erträge mehr erzielt werden; vor allem in der 3. Welt verbreitet.
Unterformen: →Wanderfeldbau: Anbaufläche und Siedlungen wandern.
→Landwechselwirtschaft: Siedlungen festliegend, Anbaufläche wandert. Beide Formen werden oft unter dem englischen Begriff →shifting cultivation zusammengefasst.

UMTRIEBSWEIDE: Wie die →Koppelweide und die →Portionsweide eine →Weide mit räumlicher Begrenzung des täglichen Weidegangs. Bei der Umtriebsweide wird durch Unterteilung der Weidefläche in 10-20 umzäunte Felder (→Koppeln) eine rationelle Bestandesausnutzung und Wuchserneuerung ermöglicht. Die kurzfristig erhöhte Beweidungsintensität schränkt das selektive Fressen ein und fördert die Allgemeinnutzung. Die übrig bleibenden Weideunkräuter werden nach Abschluss der Beweidung beseitigt. Danach wird eine nicht-beweidete Ruhephase eingeschaltet, während der sich die Futterpflanzen bis zum nächsten Umtrieb erholen können. Zusätzlich erfolgt eine Nachdüngung.
Der Grasüberschuss im Frühjahr und Frühsommer wird als →Silage oder →Heu konserviert. Im Sommer und Herbst werden diese Koppeln mitbeweidet. Die Mähnutzung ist gleichbedeutend mit einem Reinigungsschnitt. Umtriebsweiden finden sich bevorzugt bei Flächenknappheit und ungünstigeren Standortvoraussetzungen. (→STANDWEIDE)

UMWELT: 1. Die Gesamtheit der den Menschen umgebenden Medien Lithosphäre, Pedosphäre, Atmosphäre, Hydrosphäre, einschließlich der mit diesen, der Anthroposphäre und untereinander über Wechselbeziehungen verbundenen Organismen.
2. Aus betriebswirtschaftlicher Sicht häufig die weitgefasste Bezeichnung für das Umfeld eines Betriebes. Im Falle eines landwirtschaftlichen Betriebes gliedert sich Umwelt in eine natürlich-technische,

eine wirtschaftliche, eine politische und eine soziale Komponente.
3. In der betrieblichen Umweltökonomie gilt Umwelt als die Gesamtheit aller Faktoren, die in Form von Luft, Wasser, →Boden, Lärm und Erschütterungen sowie als sonstige standortfaktorbestimmende flächen- oder raumbezogene Determinanten auf das Betriebsgeschehen einwirken bzw. auf die der Betrieb seinerseits einwirkt. Folglich lässt sich die Funktion der Umwelt für den Betrieb folgendermaßen beschreiben:

- Für die Herstellung von Produkten stellt sie Ressourcen in Form von Energie und Materie bereit.
- Sie dient als Aufnahmemedium für Emissionen und Abfälle, die bei Produktion und Konsum anfallen, und
- sie stellt darüber hinaus Raum für wirtschaftliche Tätigkeit zur Verfügung.

UMWELTINDIKATOREN: Parameter, die auf der Basis statistischer Daten über den Zustand der →Umwelt und über menschliche Produktions- sowie Konsumaktivitäten entwickelt werden. Mit Hilfe von Indikatoren werden Daten in politikrelevante Informationen transformiert. (Agrar-) Umweltindikatoren sind wichtige Instrumente beim Umwelt-Monitoring, beim Umwelt-Controlling, bei der Formulierung geeigneter politischer Maßnahmen, bei der Beurteilung des Erfolgs von Programmen und bei der Evaluierung von Politiken hinsichtlich ihrer Umwelteffekte.
Die unzulängliche volkswirtschaftliche Gesamtrechnung berücksichtigt gegenwärtig noch nicht die Kosten der Umweltbelastungen und den Nutzen des Umweltschutzes. Daher sind Umweltindikatorensysteme als ein wesentlicher Faktor in die Beurteilung von Wohlstand einzubeziehen. Darüber hinaus besteht die Forderung an Umweltindikatorensysteme nach Früherkennung von potentiellen Umweltschäden.
Indikatoren müssen an umweltpolitischen Zielen orientiert sein. Solche Ziele lassen sich aus dem →Leitbild einer dauerhaft-umweltgerechten Entwicklung ableiten, das über Handlungsweisen bzw. Leitlinien, Umweltqualitätsziele und entsprechende Umweltqualitätsstandards allerdings weiter operationalisiert und konkretisiert werden muss. Hierzu ist es erforderlich, die Ressourceneffizienz, die Leistungsfähigkeit des Naturhaushaltes sowie die menschliche Gesundheit einzubeziehen.
Bisher liegt kein befriedigendes Konzept zur Indikation von strukturellen, die →Arten- und Lebensraumvielfalt beeinträchtigenden Veränderungen der →Landschaft vor. Einen Ansatz zur Bewertung struktureller Veränderungen bietet die Erfassung der Bodenbedeckung und -nutzung nach dem Grad des menschlichen Einflusses. Von Seiten des →Umweltrates wird angeregt, als Weiterentwicklung und Differenzierung des Natürlichkeitskonzeptes einen Bewertungsrahmen für die Erfassung struktureller Veränderungen zu schaffen, der vom Leitbild einer vielfältig genutzten →Kulturlandschaft ausgeht und der Bedeutung der historischen und extensiven Nutzungsformen für die →Arten- und Lebensraumvielfalt gerecht wird.
Die Bemühungen um die hierfür erforderliche flächendeckende Bodennutzungs- und Biotopkartierung sollen verstärkt werden und die Kartierung um weitere Indikatoren, wie u.a. Zerschneidungs-, Versiegelungs- und Erosionsgrad erweitert werden.

UMWELTLEISTUNG: Auch *ökologische Leistung*; eine Umweltleistung liegt dann vor, wenn der gesamtgesellschaftliche Nutzen einer landwirtschaftlichen Tätigkeit und der private Nutzen des →Landwirtes nicht übereinstimmen, d.h. die Landbewirtschaftung im Umweltbereich Vorteile bringt, die die Gesellschaft kostenlos nutzen kann. Danach erbringen →Landwirte eine ökologische Leistung, wenn sie die biologische Vielfalt bzw. die Qualität der Naturgüter erhöhen.

UMWELTRAT: Genauer: *Rat von Sachverständigen für Umweltfragen* (SRU) beim Bundesminister für Umwelt, Naturschutz und Reaktorsicherheit. Der Umweltrat wurde im August 1990 neukonstituiert, nachdem bereits im Jahre 1971 sein Vorläufer beim *Bundesministerium des Innern* geschaffen worden war.
Der Umweltrat hat alle zwei Jahre der Bundesregierung ein Umweltgutachten zu übergeben. Zusätzliche Gutachten oder Stellungnahmen zu umweltpolitischen Themen können auf Eigeninitiative des Umweltrates erstellt werden. Darüber hinaus kann der zuständige Bundesminister den Umweltrat mit weiteren Gutachten und Stellungnahmen beauftragen.

UMWELTSCHUTZ: Überwiegend technische Vermeidung und Sanierung von Umweltbelastungen. In Bezug auf die →Kulturlandschaft kann es beispielsweise um deren Wiederherstellung gehen, damit sie allen erforderlichen Umweltfunktionen einschließlich der Erholungsfunktion gerecht wird.
(→NATURSCHUTZ)

UMWELTVERTRÄGLICHKEITSPRÜFUNG: Die antizipatorische Beurteilung der Umweltverträglichkeit von geplanten Vorhaben wie z.B. wasserwirtschaftliche Projekte in der →Landwirtschaft, Anlagen in der Tierhaltung, Anlagen zur Gewinnung von Kohle oder der Bau von Straßen.

UMWELTWIRKUNGEN: Auswirkungen menschlicher Tätigkeit auf terrestrische Systeme unterschiedlicher Art, Größe und darin lebende Organismen. In einer allein aus natürlichen →Ökosystemen bestehenden →Umwelt konnte der Mensch nur als Jäger und Sammler existieren. Erst der Übergang zu →Pflanzenbau und →Viehhaltung ermöglichte den Menschen sich vom Zwang der eigenständigen Nahrungsbeschaffung zu befreien. Die zuverlässige Sicherung der Ernährung auch der nicht in der →Landwirtschaft tätigen Bevölkerung durch die Landwirtschaft stellte die Grundlage unserer heutigen arbeitsteiligen Gesellschaft dar. Die wachsende Produktion in Pflanzenbau und Tierhaltung ermöglichte die Ansammlung und Aufbewahrung größerer Nahrungsmittelvorräte und schuf damit die Voraussetzung für die räumliche Differenzierung in Stadt und Land sowie die Versorgung der immer stärker wachsenden Bevölkerung.

Die Befriedigung des elementaren Grundbedürfnisses der Nahrungsmittelversorgung besitzt daher einen hohen ökonomischen Stellenwert. Gleichzeitig ist sie von großer ökologischer Bedeutung, da die Nahrung nur durch mehr oder weniger starke Eingriffe in die natürliche Umwelt erzeugt werden kann.

Während die ökonomische Rolle der Landwirtschaft im Vergleich zum sekundären und tertiären Sektor in jüngerer Zeit zunehmend an Bedeutung verloren hat, ist die ökologische Sonderstellung jedoch geblieben. Die →Landwirte haben seit dem Beginn der landwirtschaftlichen Bodennutzung maßgeblich die Entwicklung und Gestalt des Raumes und der →Landschaft bestimmt. Dadurch war und ist die Landbewirtschaftung zwangsläufig zugleich *Umweltgestaltung*. In Deutschland beispielsweise nutzt die Landwirtschaft ca. die Hälfte der Landesfläche. Dies kann zur Erhaltung der Natur, zur Schaffung und Entwicklung einer →Kulturlandschaft, zur Erhöhung der Artenvielfalt, aber auch zur Beeinträchtigung der Natur und zur Umweltbelastung führen.

Neben diesen augenfälligen Wirkungen ist auch der Beitrag der Landwirtschaft zu *globalen Klimaänderungen* zu sehen: Von der Gesamtbelastung durch Spurengase in Höhe von 260 Mio. t CO_2-Äquivalenten, verursacht durch den gesamten Komplex Ernährung in Deutschland, entfallen ca. 52 % auf das Konto der landwirtschaftlichen Produktion, ca. 6 % auf die industrielle und handwerkliche Weiterverarbeitung, 13 % auf die Distribution und 29 % auf die Verbraucheraktivitäten.

Andererseits ist die Landwirtschaft durch ihre raumintensive Wirtschaftsweise unvergleichbar mehr als andere Wirtschaftszweige möglichen Umweltbelastungen oder Veränderungen der natürlichen Umwelt gegenüber exponiert.

Die Landwirtschaft ist somit gleichzeitig *Verursacher von negativen →externen Effekten* (insbesondere die moderne Intensivlandwirtschaft), wie auch *Opfer von Umweltbelastungen*, und sie ist zusätzlich *Produzent von positiven externen Effekten*.

1. Umweltbelastungen durch die moderne Landwirtschaft (negative externe Effekte):

- →Grund- und Trinkwasserbelastung durch den Eintrag von →Nitrat, →Nitrit und →Pestiziden
- →Eutrophierung der Binnengewässer durch Anreicherung mit Phosphat, →Ammoniak und Nitrat (in Deutschland 40-45 % aller Einträge aus der Landwirtschaft)
- Nährstoffeinträge in Meere mit der Folge übermäßigen Algenwachstums in den Küstengewässern (Fischsterben wegen massivem Sauerstoffmangel)
- Einschränkung der Puffer- und Filterwirkung des →Bodens infolge einer Immobilisierung von Nitrat und Phosphat
- →Bodenverdichtungen
- →Bodenversauerung (die Deposition stickstoffhaltiger Spurengase aus der Landwirtschaft, vor allem NH_3, aber auch NO_x, trägt in Deutschland zu ca. einem Drittel zu der Bodenversauerung bei)
- →Bodenerosion (beispielsweise wird in Bayern der maximal tolerierbare Bodenabtrag von 8 t/ha/a auf 43 % der Ackerfläche überschritten)
- →Emissionen von Ammoniak und Schwefelwasserstoff
- Abgabe von direkt wie indirekt treibhauswirksamen Spurengasen wie Distickstoffoxid, Stickoxiden, →Methan, Ammoniak und Kohlendioxid, auch durch die intensiven Vorleistungen (Produktion und Transport von →Düngemitteln, →Biozíden etc., Transport von →Futtermitteln etc.)
- Abgabe der Ozonvorläufergase CO und NO_x in der Troposphäre
- Emission von Gasen, die direkt oder indirekt zum Abbau stratosphärischen →Ozons beitragen (N_2O, NO_2, CH_4)
- Reduzierung und Nivellierung der →Arten- und Biotopvielfalt durch Einträge von Ammonium, Nitrat, Ammoniak und Phosphat sowie durch Nutzungsänderungen (Grünlandumbruch), Vergrößerung der Schläge und Entwässerung
- indirekte Beeinträchtigungen nährstoffarmer Landschaftsteile (z.B. die Randbereiche von →Streuwiesen, →Mooren und Stillwässern, die in Senken liegen und von Intensivgrünland umgeben sind)
- Gesundheitliche Gefährdung und Beeinträchtigung der Menschen durch Emissionen von Ammoniak, Schwefelwasserstoff, ferner von pathogenen Bakterien, Pilzen, Sporen, Viren, Endotoxinen und eiweißhaltigen und damit Allergien und Asthma verursachenden Stäuben aus →Massentierhaltungen (farmer's disease), →Abdrift von Pflanzenschutzmitteln sowie Rückstände von

Medikamenten in Fleisch und von anderen Stoffen in pflanzlichen Nahrungsmitteln

- Geruchsbelästigung aus der Tierhaltung und der Güllewirtschaft
- ➔ausgeräumte Landschaften durch Begradigung von Wasserläufen und Flurstücken, Innutzungnahme von ➔Ödland, Entfernung von Gehölzen usw.
- Beseitigung geomorphologischer Vielfalt (z.B. Verfüllung von kaltzeitlichen Söllen)
- Beeinträchtigung des Lebensraums bodenbewohnender Tiere durch tiefere und häufigere Bodenbearbeitung
- Waldvernichtung in den Tropen und Subtropen

Zu diesen von der Landwirtschaft direkt zu verantwortenden Umweltbelastungen treten jene, die durch Weiterverarbeitung und Transport von Nahrungsmitteln sowie das Verbraucherverhalten (z.B. Überkonsumption, Nachfrage nach veredelten Produkten) verursacht werden.

Wesentliche Triebkräfte der Veränderungen sind die Entwicklung und Übernahme mechanischer biologischer und chemisch-technischer Fortschritte, begünstigt durch eine ➔Agrarpolitik, die lange Zeit durch vielfältige Maßnahmen Intensitätssteigerungen in der Landwirtschaft gefördert und durch die Agrarpreispolitik beschleunigt hat. Zudem steht die Landwirtschaft in einer starken Flächenkonkurrenz gegenüber den Ansprüchen von Siedlungen und Verkehr.

Die Folgen der intensiv-konventionellen Landwirtschaft (Lagerung und Vernichtung von Überschüssen, Reparatur von Umweltschäden) werden sozialisiert, d.h. sie sind über Steuern oder z.B. über höhere Preise für aufzubereitendes Trinkwasser zu finanzieren.

Ursache dieser Entwicklungen ist vielfach die Auffassung, die Landwirtschaft unterläge den gleichen betriebswirtschaftlichen Grundsätzen wie die Industrie. Dem steht die Position gegenüber, dass die Erhaltung von Bodenfruchtbarkeit oder die Nachhaltigkeit der Produktionsmethoden mit bloßer Gewinnmaximierung und kurzfristigen Wirtschaftlichkeitsüberlegungen nicht vereinbar sind. Schließlich gelten Nachhaltigkeit und das Ausmaß der Störung fremder Ökosysteme als die wichtigsten ökologischen Kriterien der landwirtschaftlichen Produktion.

<u>2. Belastungen der Landwirtschaft durch Umwelteinflüsse:</u>

- Hohe Konzentrationen von Photooxidantien (vor allem Ozon) besonders im Sommer
- Saure Niederschläge durch die Oxidation von Schwefeldioxid, Stickoxiden und Ammoniak (jährlicher Aufwand von ca. 300 Mio. DM für die zur Neutralisation teilweise nötige Bodenkalkung von landwirtschaftlichen Flächen in Deutschland)
- Pflanzen können Schadstoffe (auch ohne eigene Schäden) einlagern und an Konsumenten weitergeben
- Verstärkte ➔UV-B-Strahlung als Folge des stratosphärischen Ozon-Abbaus (mögliche Ertragsverluste gegenwärtig nicht abschätzbar)
- Radioaktive Niederschläge als Folge von Unfällen in kerntechnischen Anlagen (Three Mile Island, Windscale, Tschernobyl)
- Verlust von Agrarland durch Versiegelung und seine Zerschneidung durch Infrastruktureinrichtungen (Straßen, Pipelines u.a.)

<u>3. Positive Wirkungen der Landwirtschaft auf die Umwelt (positive externe Effekte):</u>

- Schaffung und Offenhaltung der heutigen ➔Kulturlandschaft
- Ermöglichung einer gegenüber der natürlichen Vegetationsbedeckung größeren Arten- und Biotopvielfalt
- Entwicklung einer großen Rassen- und Sortenvielfalt mit entsprechendem genetischem Reichtum
- Landschaftspflege im ökologischen Sinn als kostenloses ➔Koppelprodukt der Nahrungs- und Rohstofferzeugung durch die extensive Landwirtschaft im 18., 19. und in der ersten Hälfte des 20. Jahrhunderts
- Schutz-, Filter- und Reinigungswirkungen für Wasser, Luft und Böden
- Durch den Einsatz von ➔Klärschlämmen und Bio➔komposten Beitrag zur Schließung von Stoffkreisläufen
- Erhalt der sozialen Funktionen des ländlichen Lebensraumes für die Menschen
- Freizeit- und Erholungswert für die ländliche Bevölkerung, vor allem aber für die Menschen in den Städten und Ballungsräumen
- Beitrag zur Erhaltung bzw. Schaffung einer regionalen Identität und spezifischen Regionalkultur (z.B. Prägung der umgebenden ➔Kulturlandschaft, des Dorfbildes und eines ortsnahen Handels).

Wirtschaftliche, gesellschaftspolitische und ökologische Funktionen waren in der traditionellen Wirtschaftsweise durch das langfristige und intuitive Denken der ➔Bauern miteinander verbunden (systemimmanente Leistungen) und wurden von der Gesellschaft wie selbstverständlich angenommen. Erst die Einschränkung oder der Verlust der positiven Funktionen der Landwirtschaft hat in der Gesellschaft ein Bewusstsein für die Notwendigkeit einer umweltverträglichen Landschaftsbewirtschaftung entstehen lassen. Zum Erhalt der genannten positiven Funktionen der Landwirtschaft und der Kulturlandschaft ist eine weitgehend flächendeckende Landbewirtschaftung unabdingbar. Hierzu müssen eigenständige, regionalspezifische, umwelt- und naturschutzpoliti-

sche Leitbilder entwickelt werden und in sozioökonomische Erfordernisse eingebunden werden. Beispielsweise sollten Wege gefunden werden, die *Wohlfahrtswirkungen* der Landwirtschaft über die Marktpreise zu honorieren und somit einkommenswirksam zu machen.
Entscheidungen im komplexen Konfliktfeld Landwirtschaft-Umwelt setzen verlässliche quantitative Informationen voraus. Diese können durch zu entwickelnde *Agrar-Umwelt-Informationssysteme* und deren ➔Umweltindikatoren geliefert werden.

UNGRÄSER: Einkeimblättrige, in gärtnerisch oder landwirtschaftlich genutzten Flächen unerwünschte Bedecktsamer mit fließendem Übergang zu den ➔Unkräutern.

UNKRÄUTER: Unter diesem Begriff versteht man aus der Sicht des Nutzers (z.B. ➔Landwirt) jeglichen unerwünschten Pflanzenwuchs wie Wildgräser und -kräuter, Moose oder auch zufällig wachsende ➔Kulturpflanzen (Durchwuchs) in einem Kulturpflanzenbestand.
Unkräuter treten dabei als Konkurrenten um Licht, Wasser, Nährstoffe und Standplatz auf, sind Zwischenstationen z.B. für Schädlinge, Krankheiten, vermögen die Qualität von Produkten der Pflanzen- und Tierproduktion zu mindern und können Giftstoffe enthalten oder die Ernte bzw. Pflege der ➔Kulturpflanzen behindern. Parasitische Unkräuter - insbesondere in wärmeren Regionen - greifen die Wirtspflanzen gar direkt an. Der von Unkräutern verursachte Schaden besteht letztlich darin, dass sie den Funktionswert von Flächen beeinträchtigen, wobei es sich dabei sowohl um Ackerflächen, ➔Grünland, stillgelegte Flächen, forstwirtschaftlich genutzte Flächen als auch um Wasserflächen, Rasenflächen aller Art, befestigte Flächen, Verkehrsflächen, Böschungen oder gar geschützte Flächen handeln kann. Die aufgezählten Areale haben für den Menschen jeweils eine ganz bestimmte Funktion, für die sie bewusst entwickelt oder in ihrem aktuellen Zustand erhalten werden sollen.
Unkräuter besitzen häufig eine große Vitalität, ausgedrückt in langjähriger Keimfähigkeit der Samen, rascher Vermehrungsfähigkeit, raschem Keimen usw. Sie beherbergen häufig tatsächliche oder potentielle Pflanzenschädlinge, sie sind auch Nahrungsquelle für Schädlinge, besonders wenn die Anbauperiode kürzer ist als die Nahrungssaison der Insekten.
Besonders prekär ist die Ertragsminderung durch Unkräuter in den feucht-heißen Tropen. Die neun Unkräuter, die man für die weltweit schlimmsten hält, kommen alle in den Tropen vor. Als Folge muss in den Tropen die Hälfte der Arbeitsleistung, die man für den Anbau von Kulturpflanzen aufwendet, auf das Unkrautjäten entfallen. Die Ertragsminderungen durch Konkurrenz um Wachstumsfaktoren erreichen hier durchschnittlich 35 bis 60 %.
Die angeführte Definition betont vorwiegend die wirtschaftlich negativen Wirkungen, lässt aber die aus ökologischer Sicht nötige Stabilität von Agrophytozönosen unberücksichtigt. Diesem Aspekt werden die Begriffe *Beikraut* oder *Ackerwildkraut* besser gerecht. Der Begriff Un-Kraut wird in diesem Zusammenhang häufig als verbale Entgleisung gesehen.
Im Gegensatz zu den negativen Aspekten vermag eine Pflanzenart, welche als Unkraut vorkommen kann, unter Umständen durchaus *positive Funktionen* erfüllen:

- Als Bodenbedecker gibt sie Schutz vor zu starker Sonneneinstrahlung und vor Erosionen durch zu starke Niederschläge.
- Unkräuter können die Nährstoffauswaschung mindern.
- Ein Unkraut kann kleinen und größeren Lebewesen (Nützlingen) Unterschlupf und Nahrung bieten.
- Eine noch so lästige Unkrautart kann an einem anderen Standort der Begrünung dienen oder als Zierpflanze eine Augenweide sein.
- Unkräuter können, nachdem sie untergepflügt worden sind, als ➔Gründüngung dienen, d.h. ihr organisches Material kann abgebaut und verwertet werden.
- Unkräuter können Funktionen als Heilkräuter, Tees oder Gewürze besitzen.
- In ➔Subsistenzwirtschaften können sie traditionelles Gemüse oder Grundnahrungsmittel sein.
- Ihr Auftreten trägt zur Erhaltung der ➔Biodiversität der Pflanzenwelt und der Verlangsamung der Generosion bei.

UNKRAUTFLUR: Pflanzengesellschaft aus ➔Unkräutern und ➔Ungräsern, die auf ➔Acker- und ➔Grünland, ➔Rainen, in Weinbergen, Forsten sowie auf Wegen, Straßen und Plätzen usw. zusammen mit ➔Kulturpflanzen auftritt und die eine Folge menschlichen Wirkens darstellt. In ihrer Ausprägung stellt eine Unkrautflur das Ergebnis aus den angebotenen ökologischen Bedingungen und einer möglichen Unkrautbekämpfung dar.

UNLAND: Der Begriff ist verwandt dem ➔Ödland und steht für jene Bodenflächen, die aus natürlichen Gründen keine land- oder forstwirtschaftliche Nutzung zulassen, weil sie nicht (mehr) kultivierbar sind, oder die keinen land- oder forstwirtschaftlichen Ertrag liefern. Die deutsche Agrarstatistik rechnet Felsen, Steinriegel, größere Böschungen, Dünen und stillgelegtes Abbauland dazu.

UNTERBODEN: Der Bereich des →Bodenprofils, der sich unterhalb der Bearbeitungszone von Bodenbearbeitungsgeräten (→Pflug) befindet. Er umfasst gewöhnlich die B-Horizonte.

UNTERBODENVERDICHTUNG: Eine Unterbodenverdichtung ist eine Schädigung der Bodenstruktur im →Ackerbau, die wie die Pflugsohlenverdichtung durch die Bodenpressung durch Zug- und Erntemaschinen sowie Transportfahrzeuge hervorgerufen wird. Besonders gravierend wirken Bearbeitung und Transporte bei zu feuchtem →Boden.
(→BODENVERDICHTUNG)

UNTERERNÄHRUNG: Längerfristiger Mangel an Grundnahrungsmitteln, d.h. eine Ernährungssituation mit einer dauernd mangelhaften Versorgung unterhalb des Minimums, wodurch Beeinträchtigungen der Lebensfunktionen hervorgerufen werden.
(→MANGELERNÄHRUNG)

UNTERFLURBEWÄSSERUNG: Eine wassersparende Form der →Bewässerung, bei der die Wasserzufuhr über Rohrleitungen unterhalb der Bodenoberfläche direkt an den Wurzelbereich erfolgt. Verdunstung und →Bodenversalzung werden so stark gemindert. (→BEWÄSSERUNGSWIRTSCHAFT)

UNTERGLASKULTUR: Pflanzen, die in Gewächshäusern (Hochglas) und Frühbeeten (Niederglas) mit großer Flächen→produktivität herangezogen werden. Unterglaskulturen, im wesentlichen Gemüse, Salate und Zierpflanzen werden häufig marktnah (am Rande von Verdichtungsräumen) produziert. Moderne Transport- und Lagertechnologien erlauben aber auch die Überwindung größerer Entfernungen ("Gemüse aus Holland").

UNTERKULTUR: Der platzsparende Anbau von niedrigen →Kulturpflanzen unter hochwüchsigen Kulturen (meist →Dauerkulturen), z.B. Obstbäumen oder Rebstöcken. Weite Verbreitung besitzt die Unterkultur im Mittelmeerraum (→coltura mista) oder in →Oasen.
(→MISCHKULTUR, →STOCKWERKKULTUR)

UNTERSAAT: Das Einsäen von →Kulturpflanzen in eine andere Kultur. Häufig dient Klee oder Kleegras als Untersaat bei Getreide, der sogenannten Deckfrucht. Erst nach der Ernte der Deckfrucht kommt die Untersaat voll zur Entfaltung. Eine Klee-Untersaat erfolgte häufig bei der →verbesserten →Dreifelderwirtschaft in Zusammenhang mit dem Sommergetreidebau.

URFLUR: 1. Die →Parzellierung einer →Flur, wie sie zur Zeit der Landnahme vorgenommen wurde.
2. Bezeichnung für alte Fluren, deren Zustand sich bis in jüngere Zeit erhalten hat.

URPRODUKTION: Die Gewinnung materieller Güter unmittelbar aus der Natur. Zur Urproduktion zählen diejenigen Bereiche der →Land- und Forstwirtschaft, Fischerei und des Bergbaus, die sich mit der Gewinnung der Rohstoffe befassen. Oft ist noch eine gewisse Aufbereitung der Rohstoffe einbegriffen.

URWECHSELWIRTSCHAFT: Ein →Ackerbausystem, bei dem eine Umlage des →Ackerlandes in der Urvegetation erfolgt. Beispiele für diese exploitierende Form der Bodennutzung sind u.a. die Steppen-Umlagewirtschaft, die →Waldbrandwirtschaft, die →Haubergwirtschaft oder die →Moorbrandwirtschaft.

U.S. FARM BILL: US-Farmgesetz, in dem für einen jeweils fünfjährigen Zeitraum die Grundzüge der US-Agrarpolitik festgelegt werden. Das aktuelle 1995er Gesetz wurde im März 1996 verabschiedet.
Die Agrarpolitik der USA hat ihre Wurzeln in der Agrarkrise der 20er Jahre dieses Jahrhunderts. 1924 wurden für die US-Landwirtschaft erstmals "Paritätspreise" definiert. Landwirte erhielten diese Paritätspreise für den Teil der Produktion, der im Inland konsumiert wurde, während die darüber hinaus gehende Erzeugung auf dem Weltmarkt abgesetzt wurde. Dieses Grundprinzip blieb, bei allem Wandel im Detail, erhalten. Wie in anderen Industrieländern wurden die landwirtschaftlichen Einkommen durch staatliche Eingriffe in die Agrarmärkte gestützt.
Als wichtige Änderung wurde Anfang der 60er Jahre der Mindestpreis, der den Farmern für viele Agrarprodukte garantiert war, die sogenannte *loan rate*, gesenkt (meist bis auf ein Niveau in der Nähe des →Weltmarktpreises). Zusätzlich wurde ein *target price* definiert, der über der loan rate liegt. Die Differenz zwischen dem target price einerseits und dem Weltmarktpreis oder der loan rate andererseits (die immer höher war) wurde den Farmern als →*deficiency payment* direkt vom Staat bezahlt.
In den 80er Jahren kam es zu produktionsmindernden Maßnahmen, so zu →Flächenstillegungen und zu einem ersten Schritt in Richtung auf eine Abkoppelung der direkten Zahlungen von der tatsächlichen Produktion.
Das Farmgesetz von 1995 schließlich bricht mit der Tradition der US-Landwirtschaftspolitik auf vielen wichtigen Märkten einschließlich Mais, Weizen, sonstige Futtergetreide, Reis und Baumwolle. Der target price und die damit verbundenen Preisausgleichszahlungen werden abgeschafft. Die Farmer erhalten nunmehr direkte Zahlungen, die vollkommen unabhängig von den individuellen Produktionsentscheidungen

sind. Allerdings ist vorgesehen, die direkten Zahlungen bis zum Jahr 2002 schrittweise um 50 % zu reduzieren. Die Anbauflächenbeschränkungen werden aufgehoben. Eine Ausnahme stellen ca. 15 Mio. ha stark erosionsgefährdete ➔landwirtschaftliche Nutzflächen dar, die auch weiterhin unter dem *Conservation Reserve Program* für Ausgleichszahlungen anspruchsberechtigt bleiben und für deren Stillegung jährlich US$ 2 Mrd. zur Verfügung stehen sollen.

Andere wichtige Märkte bleiben auch weiterhin z.T. stark reguliert. Dies gilt u.a. für Zucker, Tabak und Erdnüsse.

Für die ➔Landwirtschaft der EU hat das neue US-Farmgesetz große Bedeutung. Hatte die vorherige amerikanische Agrarpolitik die Produktion noch deutlich gezügelt, so können die US-Farmer nach dem neuen Gesetz und angesichts gestiegener Weltmarktpreise die Produktion ausweiten. Andererseits hatten sich aber die Europäer 1992 unter dem Druck der USA zu produktionsbeschränkenden Reformen durchgerungen. Diese Situation versetzt die amerikanischen Landwirte in die Lage, ihre Stellung auf den Weltmärkten auf Kosten der Europäer zu stärken.

(➔GATT, ➔ WTO)

UV-STRAHLUNG: Ultraviolette Strahlung ist der Teil des Sonnenspektrums zwischen einer Wellenlänge von 100 und 400 nm, also zwischen der Röntgenstrahlung (< 100 nm) und dem sichtbaren Licht (400-780 nm). Das Band der UV-Strahlung wird wiederum in die drei Teilbereiche *UV-A* (320-400 nm), *UV-B* (280 - 320 nm) und UV-C (100-280 nm) unterteilt. *UV-C* Strahlung hat die höchste Energie und birgt potentiell die größte Gefahr für biologische Systeme, da es stark mit Proteinen und dem Erbgut (DNA) von lebenden Zellen wechselwirken kann. Diese Strahlungsart hat aber nur eine untergeordnete Bedeutung für die ➔Umwelt, da sie bereits vollständig von der Atmosphäre absorbiert wird und nicht zur Erdoberfläche vordringen kann. Die energieärmere UV-A Strahlung wird nur zu einem geringen Teil durch die Atmosphäre herausgefiltert und erreicht nahezu vollständig die Erdoberfläche.

Die UV-B Strahlung, die lebenden Systemen ebenfalls potentiell gefährlich sein kann, wird aufgrund der Absorption durch ➔Ozon in der Stratosphäre stark geschwächt. Die aktuelle Reduktion der stratosphärischen Ozonschicht verursacht eine Zunahme der die Erdoberfläche erreichenden UV-B Strahlung (nachgewiesen für die Südhemisphäre, für die Nordhemisphäre durch Modellrechnungen angenommen). Die schädigende *Wirkung* der UV-B Strahlung für lebende Systeme beruht darauf, dass viele biologische Moleküle (Nukleinsäuren, Strukturproteine, Enzyme, Pigmente etc.) die Strahlung in diesem Spektralbereich absorbieren und dadurch Veränderungen an diesen Molekülen hervorgerufen werden. Die schädliche Wirkung ist dabei abhängig von der Wellenlänge: Bei 300 nm z.B. ist die Wirkung 1.000 mal stärker als bei 310 nm und 10.000 mal stärker als bei 320 nm.

Die *Folgen* sind negative Auswirkungen auf Wachstum, Morphologie und auch Reproduktion der betroffenen Pflanzen. Hinzu kommen Indizien, dass die Konkurrenzfähigkeit gegenüber Unkräutern, die Pollenreifung und die Blühinduktion abnehmen können. Bisherige Versuche mit ➔Kulturpflanzen ergaben eine UV-B-Empfindlichkeit bei mehr als der Hälfte, mit je nach Pflanzenart unterschiedlichen Schäden. Eine Verminderung der Ernteerträge ist demnach wahrscheinlich. Auch die Qualität der Pflanzen wird - meist negativ - verändert.

Die Zunahme der UV-B Strahlung hat nicht nur Auswirkungen auf terrestrische Ökosysteme. Da UV-B Strahlung etwa bis zu einer Tiefe von 25 m in Wasser eindringt, wird nach Modellrechnungen ein Rückgang von 6 % bis 12 % der Phytoplanktonproduktion erwartet, wenn über der Antarktis das Gesamtozon von 300 DU (Dobson Unit) auf 200 DU abnimmt und dadurch die UV-B Strahlung zunimmt. Damit wird eine wichtige Senke für ➔Kohlendioxid (Bindung von CO_2 durch Assimilation) beeinträchtigt und der anthropogene Anteil des ➔Treibhauseffekts verstärkt mit entsprechenden Konsequenzen für Klima und Landbau(zonen).

Die gesamten Konsequenzen können z.Z. nicht annähernd abgeschätzt werden.

V

VAVILOV-ZENTREN - VORZEITFLUR

VAVILOV-ZENTREN: Nach der Theorie des russischen Pflanzenzüchters und Genetikers Nikolai-Iwanowitsch Vavilov die Entstehungszentren unserer ➔Kulturpflanzen. Die Wildformen unserer Kulturpflanzen stammen aus geographisch eng umgrenzten Gebieten, die fast immer identisch mit den alten Kulturzentren der Menschheit sind. Allerdings dürfen die Vavilov-Zentren nicht generell mit den Domestikationsgebieten gleichgesetzt werden, sie sind vor allem Zentren der Diversität. So ist für die Gerste der ➔Fruchtbare Halbmond als Domestikationsgebiet anzusehen, obwohl in Äthiopien eine viel größere Variabilität besteht.

Für Pflanzenzüchter sind die Vavilov-Zentren auch heute noch eine ganz wichtige Quelle für Pflanzen mit nutzbaren Eigenschaften. Die zur Zeit schnell fortschreitende Flächenreduzierung dieser ➔Biotope durch verstärkten Anbau von Zuchtsorten droht jedoch diese Pflanzenquelle in naher Zukunft auszulöschen.

VEGETATIONSPERIODE: Zeitabschnitt, in dem die Pflanzen wachsen, blühen bzw. fruchten und aktiv sind. Die Vegetationsperiode wird oft schematisch festgelegt, z.B. von April bis September (vom Blattaustrieb im Frühjahr bis zum Blattabfall im Herbst). Die Wärme ist ein entscheidendes Klimaelement für

Ursprungsgebiete der heutigen Kulturpflanzen nach Vavilov, ergänzt nach anderen Autoren

Ursprungsgebiet	Kulturpflanzenart
1. Chinesisches Zentrum	Hafer, Gerste, Hirse, Soja, Bohnenarten, Bambus, Zuckerrohr, verschiedene Kohlarten, Orange, Zitrone, Pfirsich, Aprikose, Birne, Pflaume, Kirsche, Tee, Mohn
2. Malaiisches Zentrum	Banane, Brotfrucht, Kokosnuss, Ingwer, Grapefruit
3. Indisches Zentrum	Reis, Hirse, verschiedene Bohnenarten, Eierfrucht, Gurke, Hanf, Jute, Mango, Taro, Yams, Zuckerrohr, diploide Baumwolle, Pfeffer, Limone
4. Mittelasiatisches Zentrum	Weichweizen, mehrere Bohnenarten, Melone, Zwiebel, Spinat, Aprikose, Walnuss, Apfel, Birne, Mandel, Weintraube, Senf
5. Westasiatisches Zentrum/ Kleinasien	Hart- und Weichweizen, Roggen, Hafer, Linse, Erbse, Lein, Mohn, Melone, Kürbis, Möhre, Birne, Kirsche, Dattel, Granatapfel, Mandel, Weintraube, Feige
6. Mittelmeerländer	Einkorn, Erbse, Runkelrübe, Lein, Kohlformen, Spargel, Olive, Chicoree, Hopfen, Salat, Pastinak, Rhabarber
7. Äthiopisches Zentrum	Hartweizen, Gerste, Hirse, Lein, Kaffee, Okra, Sesam
8. Zentralamerikanisches Zentrum	Mais, Bohnenarten, Guave, Hochlandbaumwolle, Pfeffer, Papaya, Sisal, Süßkartoffel, Cashew-Nuss
9. Andines Zentrum	Mais, Baumwolle, Kartoffel, Kakao, Tomate, Tabak, Kürbis, Quinoa, Chinarinde, Gummibaum
10. Brasilien/Paraguay	Cassava, Mate, Gummibaum, Erdnuss, Ananas

Quelle: Nentwig 1995

alle Lebensvorgänge der Pflanzen. Sie setzt Grenzen für Anbaumöglichkeiten, die kaum überschritten werden können. Jahresdurchschnittstemperaturen sagen wenig aus, viel entscheidender ist der Temperaturgang während der Vegetationsperiode. Die Periode, in der die Tagesmitteltemperaturen den Wert von 5 °C übersteigen, wird allgemein für die Kulturen der gemäßigten Breiten als *thermische Vegetationszeit* angenommen.
Die Dauer der Vegetationsperiode ist aus agrargeographischer Sicht eine der wichtigsten Klimagrößen. Unterschreitet sie den Wert von 90-100 Tagen, so wird die Rentabilitätsgrenze des ➔Ackerbaus erreicht, selbst wenn moderne vierzeilige Gerstensorten mit 60-65 Vegetationstagen auskommen.
Eine kurze Vegetationsperiode ist nachteilig, weil sie

- den Anbau auf wenige kurzlebige Pflanzen (Gerste, Kartoffel) beschränkt
- die Zeiten für Feldbestellung und Ernte einengt
- während der langen Arbeitsruhe Kapital bindet und so die Kapitaleffizienz verringert.

Eine hinreichend lange Vegetationsperiode ermöglicht dagegen u.U. zwei Ernten im Jahr; sie ist Voraussetzung für den Zwischenfruchtanbau, wenn nach der Hauptfrucht noch mindestens 40 - 60 Tage Vegetationszeit zur Verfügung stehen. Die Dauer der Vegetationsperiode ist allerdings nur ein grobes Kriterium für die möglichen Nutzungsweisen. Maritime Klimate haben lange Vegetationsperioden, doch ist die Reifezeit wegen der niedrigeren Sommertemperaturen und der reduzierten Einstrahlung länger. So liegen beispielsweise zwischen Blüte und Schnittreife des Roggens im Oberrheintal 51 Tage, im Wiener Becken dagegen nur 40 Tage. Die kürzere Reifezeit im kontinentaleren Klima hat allerdings niedrigere Hektarerträge zu Folge.
Gegensatz: Die nicht zur Vegetationsperiode zählende Phase des Jahres wird als *Vegetationsruhe bezeichnet.*

VEGETATIVE PHASE: Im Unterschied zur ➔Vegetationsperiode bei höheren Pflanzen jener Zeitraum, in welchem Sprosse, Blätter und Wurzeln gebildet werden. Die vegetative Phase ist artspezifisch und kann je nach Art wenige Wochen bis mehrere Jahre dauern. Auf sie folgt eine reproduktive Phase, in welcher sich die Blüten- und Fruchtbildung abspielt.

VERBESSERTE DREIFELDERWIRTSCHAFT:
➔DREIFELDERWIRTSCHAFT

VERBUNDSYSTEM: Das systemartige Zusammenwirken der an einem Produktionsprozess beteiligten Elemente. Organisationsstruktur und räumliche Realisierung sind die wichtigen Aspekte der Betrachtung eines Verbundsystems. In der ➔Landwirtschaft sind Verbundsysteme im Gefolge der Industrialisierung der agrarischen Produktion entstanden. Sie treten sowohl im ➔Pflanzenbau als auch in der Nutztierhaltung auf.
Verbundsysteme bestehen in der Zuckerproduktion, dem Brauereiwesen und in der tropischen Plantagenwirtschaft seit längerem, sie haben aber erst nach dem 2. WK ihr Reifestadium erreicht. ➔Standortfaktoren für Verbundsysteme sind zum einen traditionelle Steuerungsfaktoren wie die Verfügbarkeit von Rohstoffen, die günstige Lage zu den wichtigsten Märkten und das Vorhandensein billiger Arbeitskräfte, zum anderen mikro- und makroökonomische Gesichtspunkte.

<u>Steuerungsfaktoren auf der Mikroebene</u>

- Abstimmung einzelner Produktionsschritte zur optimalen Auslastung der einzelnen Betriebe
- Kostenreduktion durch kurze Transportentfernungen zwischen den Betriebsstätten
- Rasche Rückmeldungen über ökonomischen Erfolg oder Misserfolg ermöglichen Anpassung des Gesamtsystems
- Agglomerationsvorteilen stehen Agglomerationsnachteile gegenüber (gehäuft auftretende Krankheiten, Überversorgung der Märkte, Probleme bei der umweltverträglichen Verwendung der tierischen Exkremente)
- Aus den Agglomerationsnachteilen entstehende Folgekosten können die aus einer Vergrößerung der Tierbestände oder der Anbauflächen erwachsenden Kostenvorteile aufzehren (begrenzende Faktoren für die regionale Konzentration).

<u>Steuerungsfaktoren auf der Makroebene</u>

- Sektorale Konzentration im Lebensmitteleinzelhandel führt zur Nachfrage immer größerer Partien eines bestimmten Produktes mit definierten Qualitätsmerkmalen.
- Solche Nachfrage ist für kleinere Erzeuger hinsichtlich Qualitätsstandard und Menge nur durch veränderte Organisationsstrukturen erfüllbar.
- Erst ➔horizontale Integration kombiniert mit einer vertraglichen Bindung der Betriebe an die nachgelagerte Industrie oder den Handel leistet dies.
- Beim Ausbleiben solcher ➔Vertragslandwirtschaft können an ihre Stelle rasch vertikal integrierte agrarindustrielle Unternehmen treten, unter Einbeziehung der Primärproduktion (Beispiele vor allem in der Eierproduktion, der Rindermast, weniger in der Pflanzenproduktion).

VERBUNDWIRTSCHAFT: Zusammenschluss von zwei oder mehreren Wirtschaftseinheiten in Form einer ➔horizontalen oder ➔vertikalen Integration.

VERED(E)LUNG: 1. Die Umwandlung von bereits in verkaufsfähiger Form gewonnener Agrarprodukte in

Pro-Kopf-Verbrauch an höherwertigen und veredelten Agrarprodukten in der Bundesrepublik Deutschland

Agrarprodukt	Verbrauch [kg/Jahr] 1950/51	1989
Brotgetreidemehl	96,9	74,6
Geflügelfleisch	1,2	11,4
Kartoffeln	186,0	72,6
Trinkvollmilch	111,2	88,2
Gemüse	49,9	82,9
Rindfleisch	11,7	21,7
Frischobst	40,7	102,6
Butter	6,4	7,4
Schweinefleisch	19,9	58,9

Quelle: Sick 1993

Flächenbedarf zur Ernährung von 100 Erwachsenen/Jahr bei verschiedenen Agrarproduktionen[1]

Agrarproduktion	Flächenbedarf [ha]
Maniok	1,2
Kartoffeln	2,2
Mais	2,3
Soja	2,4
Milchwirtschaft	5,3
Schweine- und Geflügelhaltung	10,0
Rinderhaltung (Fütterungswirtschaft)	18,2
Rinderhaltung (Weidewirtschaft)	35,7

[1] Angaben resultieren aus der Gegenüberstellung des Kalorien- und Proteinertrags verschiedener Produktionszweige und des Kalorien- und Proteinbedarfs je Person und Jahr. Trotz des fiktiven Charakters der Berechnung lässt sie deutlich den Einfluss verschiedener Ernährungsweisen auf den landwirtschaftlichen Flächenbedarf erkennen.

Produkte von größerer Haltbarkeit (z.B. Getreide in Branntwein, Obst zu Süßmost) oder höherer Wertigkeit (z.B. Kartoffeln in Schweinefleisch).
2. Die Gewinnung von tierischen Erzeugnissen aus pflanzlichen Produkten (z.B. Fleisch, Fett, Milch, Eier, Wolle), obwohl sie sich z.T. auf sonst unverwertbare Stoffe wie Weidegras usw. stützt.
In der Bundesrepublik ist die Nachfrage nach höherwertigen und veredelten Produkten zu Lasten der Grundnahrungsmittel gestiegen.
"Höherwertig" und "veredelt" bedeutet *nicht*, dass entsprechende Produkte für den Organismus des Konsumenten ein gesünderes Nahrungsmittel darstellen. Wesentliche Varianten der Veredelung werden aus Gründen der Gesundheitsvorsorge, der Ökologie, der Energieeffizienz und der gefährdeten globalen Nahrungsmittelversorgung zunehmend *kritisch gesehen*:

- Der Umweg über eine verlängerte Nahrungskette führt zu Energieverlusten (ineffiziente Nährstoff- und Energieverwertung).
- Der Flächenbedarf bei vorwiegend auf tierischen Produkten basierender Ernährung ist wesentlich höher als bei direktem Verzehr pflanzlicher Produkte.
- Die Tierproduktion wird mit Hilfe von →Futtermittelimporten aus der Dritten Welt gesteigert (rd. 50% der Futtermittelimporte der Bundesrepublik-alt stammen aus der Dritten Welt).
- Weiterverarbeitung zerstört Vitamine und Spurenelemente.
- Mehr Lebensmittelindustrie bedeutet mehr Standardisierung im →Obst- und Gemüseanbau.
- Künstliche Geschmackskompositionen verfälschen die Geschmacksnerven.
- Auf die Erfordernisse der industriellen Verarbeitung wird vorrangig Rücksicht genommen.

Wie erwähnt, kommt nur ein geringer Teil des Energie- und Proteingehalts von Futtermitteln bei der Umwandlung in tierische Erzeugnisse der menschlichen Ernährung zugute. 100 kg pflanzliches Eiweiß werden durch eine Milchkuh nur in 20-40 kg (je nach Viehrasse), durch ein Mastschwein in 4-13 kg tierisches Eiweiß umgesetzt.
Rund 40 % der Weltgetreideproduktion (bzw. rd. 17% der Getreideproduktion der Entwicklungsländer), 30% aller Fischfänge (als Fischmehl und -öl), 60-70% der Ölsaaten und ca. ein Drittel der Milchprodukte werden in viehwirtschaftlicher Veredelung eingesetzt, deren Erzeugnisse vor allem in Industrieländern verzehrt werden. Deren Bevölkerung (rd. 25% der Erdbevölkerung) konsumiert über viehwirtschaftliche Produkte etwa so viel Getreide wie der Rest der Menschheit.

VEREINÖDUNG: Zusammenlegung von landwirtschaftlich genutzten Grundstücken und die →Aussiedlung von Hofstellen in die arrondierten Besitzflächen (→Einödfluren) und damit eine Auflockerung der oft beengten Ortslagen. In Deutschland fanden solche Maßnahmen zur systematischen Neuordnung von Siedlung und →Flur im Raum Oberschwaben/Allgäu vom 16. bis zum 19. Jahrhundert statt. Die Vereinödung geschah hier weitgehend unabhängig von landesherrlicher Lenkung. Ausgangspunkt war das Gebiet der Abtei Kempten. Gründe waren die ausgeprägte Gemengelage und Kleinparzellierung sowie die oft abgeschiedene Lage der Allmendweiden. Mit Hilfe eines Landvermessers wurden Flu-

ren und Allmendweiden neu unterteilt, wobei eine →Arrondierung oft mit Aussiedlung verbunden war. Zwischen Hegau, Lech und Bodensee lösten →Blockfluren die Gewanneinteilungen ab, zu den →Dörfern trat die →Einzelsiedlung. Die Ersparnis an Zug- und Arbeitskräften war enorm. Sie führte auf indirektem Wege zu einer Verbesserung der Ernährungsleistung dieser Betriebe, die den Nichtlandwirten zugute kam.
Der Vorgang der Vereinödung endete dort, wo infolge von Sonderkulturen und dem Auftreten von großen Dörfern die Vereinödung zu schwierig wurde. Ähnliche Maßnahmen der Dorfauflockerung und z.T. auch Dorfauflösung zugunsten arrondierter →Einzelhöfe in die Flur fanden in England und Irland seit dem 15. Jahrhundert als →*enclosure* (Einhegung), in Skandinavien seit dem 18. Jahrhundert als *enskifte, storskifte, laga skifte* (Schweden), *Jordskifte* (Norwegen) und als *udskifte* in Dänemark statt. Ebenso entsprechen die norddeutschen →Verkoppelungen dem Prozess der Vereinödung.

VERERBUNGSSITTE: →ANERBENRECHT, →ERBRECHT, →REALTEILUNG

VERGETREIDUNG: Vorgang der Ausdehnung des Getreidebaus im Hochmittelalter und in der frühen Neuzeit. Die agrare →Tragfähigkeit wurde dadurch vergrößert. Im Erscheinungsbild der →Flur brachte die Vergetreidung eine Ausweitung der Langstreifen durch zusätzliche Streifensysteme oder Blöcke mit sich. Regional gibt es auch heute Vergetreidung, z.B. durch Markterfordernisse.

VERGRÜNLANDUNG: Zunahme des →Grünlandes zuungunsten des →Ackerlandes. Die Vergrünlandung hat in Mitteleuropa vor allem in der zweiten Hälfte des 19. Jh. zugenommen. Durch die Verwendung von chemischen →Düngemitteln auf den besseren →Böden und die damit verbundenen Ertragssteigerungen konnten in der →Landwirtschaft zunehmend geringwertige Ackerflächen in Grünland umgewandelt werden. Die Vergrünlandung stellte auch vielfach eine →Extensivierung der landwirtschaftlichen Nutzung dar, die durch den Industrialisierungsprozess bedingt war. Anpassungen an die Arbeitskräftesituation und den EG-Markt sind weitere Ursachen für diesen Vorgang, beispielsweise im Alpenvorland.

VERGÜTERUNG: Vorgang der Bildung adliger →Güter. Diese erfolgte seit dem Anstieg der Preise für landwirtschaftliche Produkte im 16. Jh. Bei der Vergüterung wurden die Notlagen der ländlichen Bevölkerung im Dreißigjährigen Krieg ausgenutzt (Unfähigkeit, Abgaben zu leisten oder Spanndienste zu erbringen). In verschiedenen Gebieten erfuhr sie erst im 19. Jahrhundert ihren Höhepunkt. Den Inhabern von Herrengütern standen in der frühen Neuzeit im wesentlichen drei Möglichkeiten zur Erweiterung ihrer Ländereien offen: Zunächst konnten nichtbewirtschaftete und keine Zinsen liefernde, d.h. wüste bäuerliche →Hufen eingezogen werden, auf →Allmenden und →Flurwüstungen ließen sich neue Ländereien roden, schließlich konnten Bauern zur Herausgabe ihrer Hufen gezwungen werden. Erst als in der zweiten Hälfte des 16. Jh. der Landbedarf durch die Inwertsetzung von Flurwüstungen und Außenfeldern nicht mehr gedeckt werden konnte, begann die Gutsbildung die vorhandenen bäuerlichen Strukturen zu beeinträchtigen. Durch das sogenannte →Bauernlegen wurde das Herrenland arrondiert und vergrößert.
Die Veränderung der Flurstruktur ebenso wie die der Siedlungsmerkmale vollzog sich phasenhaft über längere Zeiträume hinweg. Letztere umfasste beispielsweise den Ausbau eines Adelshofes zum Gut, das Ausdünnen von →Dörfern, das Entstehen von kleinen Katenhäusern landlos gewordener Bauern in meist schematisch gestalteten Siedlungen oder das Wüstfallen des bäuerlichen Ortsbereiches.
Vor allem auf fruchtbaren Grundmoränenböden des östlichen Schleswig-Holsteins, Mecklenburgs, Pommerns, in der Dresdener Ackerebene und in der Niederlausitz entstanden sogenannte Gutslandschaften nach Ablösung der Dorfsiedlung mit Besitzgemenge durch →Einzelsiedlung mit →Einödlage in Großblöcken.

VERINSELUNG: Aufsplitterung der einst kompakten Lebensräume vieler Pflanzen- und Tierarten durch Waldrodung, Agrarproduktion und Urbanisierung.

VERKOPPELUNG: Zusammenlegung der →Parzellen eines Besitzes oder einer →Gemarkung zu größeren Einheiten. Umfassende Verkoppelungen in verschiedenen Teilen Europas führten in der Neuzeit zum Prozess der →Vereinödung. Die →Flurbereinigung ist die moderne Form der Verkoppelung.
Zu den ersten Verkoppelungen bäuerlichen Landes ist es im nördlichen Niedersachsen und in Schleswig-Holstein im 16. Jh. gekommen. Eine Koppel bestand i.d.R. aus blockförmigem Privatland, das von einer dauerhaften Grabenziehung oder Umzäunung begrenzt wurde. Ihre Errichtung bedeutete ein Ausscheiden aus →Flurzwang und gemeinsamem Weideauftrieb und damit eine Hinwendung zur Individualwirtschaft. Im strengen Sinne ist der Begriff Verkoppelung jener Umformung des Flurgefüges vorbehalten, bei der anschließend die →Koppelwirtschaft eingeführt wurde. Dazu kam es häufig, aber nicht durchgängig in Schleswig-Holstein, dem Herzogtum Lauenburg und in Mecklenburg.

Den norddeutschen Verkoppelungen entsprach weitgehend die ➔Vereinödung in Süddeutschland. (➔ARRONDIERUNG)

VERLEHNTSLEUTE: ➔ALTENTEILER

VERMARKTUNG: Mit Vermarktung wird der gesamte Wirtschaftsbereich zwischen Erzeugern und Verbrauchern von Gütern bezeichnet. Sie ist somit eine dem Produzenten (hier dem ➔Landwirt) nachgelagerter Bereich. Die Vermarktung hat die grundsätzliche Aufgabe, Divergenzen zwischen Produktion und Verwendung auszugleichen, d.h. die Produkte in der richtigen Menge (quantitativer Ausgleich), zur richtigen Zeit (zeitlicher Ausgleich), am richtigen Ort (räumlicher Ausgleich) und in der gewünschten Beschaffenheit (qualitativer Ausgleich) bereitzustellen.
Wichtige Vermarktungswege für Agrarprodukte sind ➔Direktvermarktung und indirekte oder mehrstufige Vermarktung über ➔Erzeugergemeinschaften, Privathandelsfirmen und ➔Genossenschaften. Es ist häufige Praxis, dass Landwirte gleichzeitig den direkten und den indirekten Absatzweg wahrnehmen.
Die einzelnen Funktionen der Absatzwirtschaft können nach technischen und ökonomischen Aufgaben unterschieden werden.

Funktionen der Absatzwirtschaft

Funktionen	
Technische	Ökonomische
• Erfassen • Sortieren • Klassifizieren • Kennzeichnen • Transportieren • Lagern • Verarbeiten • Konservieren • Verpacken • Sortimentieren	• Kaufen • Verkaufen • Verteilen • Beraten • Informieren • Werben • Verkaufsförderung • Kreditieren

Die Vermarktung von Gütern der Agrar- und Ernährungswirtschaft unterliegt aus technischen und ökonomischen Gründen erheblichen Veränderungen. Zur Verringerung oder Vermeidung von Reibungsverlusten bei diesem ➔Strukturwandel nimmt der Staat in vielfältiger Weise Einfluss.
(➔VERTRAGSLANDWIRTSCHAFT)

VERTIKALE INTEGRATION: 1. Die planmäßige Zusammenarbeit zwischen zwei oder mehr nachgeordneten Wirtschaftseinheiten, die an der Lieferung landwirtschaftlicher ➔Betriebsmittel, an Erzeugung, Be- und Verarbeitung sowie an Sammlung, Transport, Lagerung und Verteilung von agrarischen Urprodukten oder ihren Verarbeitungserzeugnissen mitwirken (strategische Allianz zwischen ➔Landwirtschaft sowie vor- und vor allem nachgelagerten Marktpartnern). Auf diese Weise können neue Märkte mit homogenen Endprodukten erschlossen werden. Die Marktpartner (Inputproduzenten, Landwirtschaft, Handel, Industrie) konzentrieren sich jeweils auf ihre Kernkompetenzen. Mehr als bisher ist die Landwirtschaft somit als Glied einer Wertschöpfungskette zu begreifen, auf die der Begriff ➔Agribusiness zu beziehen ist.
Als Klammer zwischen Landwirtschaft und Ernährungsindustrie kann künftig ein ➔Qualitätsmanagement auf der Grundlage der EU-Normenfamilie ISO 9000ff dienen.
Beispiel für vertikale Integration sind Verträge zwischen Milcherzeugern und Molkereien, zwischen Gemüsebauern und Konservenfabriken, zwischen Braugersteerzeugern und Mälzereien bzw. Brauereien, zwischen Zuckerrübenerzeugern und Zuckerfabriken oder zwischen Hähnchenmästern und Geflügelschlachtereien. Mehrgliedriger ist eine Allianz beispielsweise aus Zuchtunternehmen, Futtermittelproduzent, Fleischverarbeiter und Einzelhandelskette.
Weltweit nimmt der Trend zu, dass ganze Nahrungsketten im Wettbewerb gegeneinander antreten. Als besonders erfolgreiche Beispiele für gut funktionierende Partnerschaften und optimale Produktions- und Handelsstrukturen gelten die holländische Milchwirtschaft, die dänische Fleischwirtschaft sowie der US-Lebensmitteleinzelhandel.
Die Zusammenarbeit ist angesichts des gewandelten Absatzes von Agrarprodukten und geänderter Ansprüche an Agrarprodukte (90 % der landwirtschaftlichen Erzeugnisse werden heute in Deutschland be- oder verarbeitet) wesentlich bedeutsamer als früher, als die ➔Direktvermarktung noch im Vordergrund stand. Diese ➔Integration wird vielfach in feste Verträge gekleidet (➔Vertragslandwirtschaft). Das Preisrisiko solcher Zulieferverträge kann über die Nutzung einer Warenterminbörse abgesichert werden.
Die vertikale Integration führt für die beteiligten landwirtschaftlichen Erzeuger und Vermarkter zu einer Verbesserung ihrer Marktstellung durch

- Sicherheit beim Rohstoffabsatz
- Kosteneinsparungen
- Qualitätsvorsprung
- Vertrauen der Abnehmer als Folge von durch Zertifizierung gewährleistete Produktsicherheit

Für die Realisierung von vertikalen Integrationen wird verschiedentlich ein in den USA bereits praktiziertes Werkzeug propagiert, das *Supply Chain Management System*. Hierbei handelt es sich um ein unternehmensübergreifendes Logistik-Konzept.

Agrarprodukte als Wirtschaftsbasis in der Bundesrepublik Deutschland

Wirtschaftszweig	Beschäftigte [Tsd.]	Betriebe [Tsd.]	Umsatz [Mrd. DM]
Produzierendes Ernährungsgewerbe	1996: 518,2	1996: 5,0	1996: 223
Ernährungshandwerk	9/1994: 599,6	1995: 50,1	1994: 69
Ernährungsgroßhandel	1995: 1.295,7	1995: 85,4	1995: 1.084
Ernährungseinzelhandel	1993: 2.866,0	1993: 388,4	1993: 685
Handelsvermittlung	1992: 135,3	1992: 60,2	1992: 16
Gastgewerbe	1993: 1.228,1	1993: 222,7	1992: 90

Quelle: Schmitz 1998

Sein Ziel ist die zeitliche und mengenmäßige Optimierung des Warenflusses vom Hersteller über den Händler bis zum Verbraucher, wobei alle per EDV miteinander vernetzt sind.
Historisch traten vertikal integrierte agrarindustrielle Unternehmen zuerst in der Hähnchenmast in den USA auf. Gesteuert wurde der Industrialisierungsprozess durch die kontinuierlich steigende Nachfrage nach Geflügelfleisch, niedrige Lohnkosten im Südosten der USA, günstige Frachttarife für ➔Futtermittel aus dem Mittelwesten und die vorteilhafte klimatische Ausstattung der Staaten am südlichen Atlantik und am Golf von Mexiko.
Auch die frühere UdSSR und andere sozialistische Staaten hatten eine agrarindustrielle Integration entwickelt, welche die Agrarproduktion mit der vor- und nachgelagerten Industrieproduktion koordinierte. Das Ziel dieser vertikalen Integration bestand nicht nur darin, den Leerlauf zu verringern und die Transportkosten zu senken, sondern auch, industrielle Arbeitsplätze im ➔Agrarraum zu schaffen und damit die Disparitäten zwischen Stadt und Land abzubauen.
2. Die Einbeziehung von Funktionen einer oder mehrerer nachgelagerter Wirtschaftsstufen in die Tätigkeit eines Einzelunternehmens. Insofern kann vertikale Integration neben organisatorischer auch rechtliche Zusammenfassung von Betrieben bedeuten.
Diese Zusammenfassung kann durch den eigenständigen Aufbau der zusätzlichen Aktivitäten oder durch Übernahme eines bisher selbständigen Unternehmens erfolgen. Für landwirtschaftliche Unternehmen handelt es sich dabei vor allem um den Handel mit Agrarprodukten oder die Be- und Verarbeitung. Sie erreichen so eine Teilhabe an der Wertschöpfung dieser Stufen.
Erfolgt eine Integration von Seiten der Landwirtschaft (Erzeugergemeinschaft übernimmt einen Schlachthof und produziert Markenware, Bspl.: Erzeugergemeinschaft Osnabrück) wird dies als *vertikale Integration von unten* bezeichnet. Übernimmt ein Betrieb aus dem nachgelagerten Bereich die agrare Produktionsstufe (Geflügelschlachterei integriert Zucht, Fütterung, Mast und Vermarktung, Bspl.: Wiesenhof-Hähnchen) so liegt eine *vertikale Integration von oben* vor.
Vertikale Integration um den Agrarbereich schafft häufig Unternehmen, die nicht mehr eindeutig dem primären oder sekundären Produktionssektor zugeordnet werden können, sondern Mischformen darstellen. (➔HORIZONTALE INTEGRATION)

VERTRAGSHALTUNG: Form der ➔Nutztierhaltung auf Vertragsbasis. Sie tritt auf bei allen Zweigen der tierischen Veredelungswirtschaft, z.B. der Geflügel- und Schweinehaltung oder der Kälbermast. Die wichtigsten Vertragspartner für den ➔Landwirt oder den gewerblichen Tiereigentümer sind Futtermittelfabriken, Schlachtereien und, bei stark arbeitsteiliger Produktion wie in der Geflügelhaltung, vor- oder nachgeschaltete Wirtschaftseinheiten des Produktionsablaufes, z.B. Brütereien und Aufzuchtbetriebe. Zweck der Kontrakte ist die Risikoverteilung, insbesondere des Produktionsrisikos und des Marktrisikos.

VERTRAGSLANDWIRTSCHAFT: Die im Zusammenhang mit der ➔vertikalen Integration zu sehende, vertraglich abgesicherte enge Zusammenarbeit zwischen ➔Landwirt und Abnehmer (z.B. Zucker-, Konserven- und Tiefkühlkostfabrik oder Schlachterei). Dabei muss der Landwirt die vereinbarte Menge eines Produktes in der festgelegten Qualität zum bestimmten Termin liefern und der Vertragspartner die Ware (oft zu einem vorher vereinbarten Preis) abnehmen. Es ergänzen sich im Idealfall so Absatzsicherheit und die Garantie über Menge, Qualität und Frische.
Die Systeme der Lebensmittelhersteller zur Qualitätssicherung, die neben der Kontrolle der eigenen Produktionsverfahren auch die Kontrolle der angebauten Rohstoffe umfassen, schreiben den landwirtschaftlichen Erzeugern von der Standort- und Sortenwahl über die ➔Bodenbearbeitung, Saat, ➔Düngung, ➔Pflanzenschutz bis zur Ernte im Detail vor, welche Standards einzuhalten sind.
Als Vertragspartner gewinnen die ➔Erzeugergemeinschaften mehr und mehr an Bedeutung, zu

denen sich die Landwirte zusammenschließen, um ihre Position gegenüber den Abnehmern zu verbessern. Zwischen den Landwirten und ihren Erzeugergemeinschaften bestehen ebenfalls feste vertragliche Bindungen.
Die enge Abstimmung zwischen Erzeuger und Verarbeiter kann einen Vorsprung bei Kosten, Flexibilität, Hygiene und Vermarktung bedeuten und damit Vorteile bei den Preisen bieten.
Kritisch kann die Vertragslandwirtschaft beispielsweise im Bereich der Lohnmästerei gesehen werden, wo fremdes Vieh in den Produktionsanlagen (Ställen) ehemals selbständiger →Bauern gemästet wird. Die Landwirte mussten sich aufgrund von Kapitalmangel in die Lohnabhängigkeit von Futtermittelhändlern, Schlachthöfen oder Kaufleuten begeben. Diese liefern dem Bauern die Jungtiere und nehmen ihm das schlachtreife Tier wieder ab. Einerseits sind die "Bauern" bei geringerem Verdienst vom Vermarktungsrisiko befreit, andererseits verlagern die Großmäster Verantwortung und Kosten auf fremde Ställe. Bietet der Markt keine Gewinnchancen, so liefern die Großmast-Unternehmer den lohnabhängigen Landwirten keine Jungtiere mehr.
Vertragliche Bindungen können auch auf horizontaler Ebene, also innerhalb der →Landwirtschaft bestehen.
Wesentliche Bedingungen für eine Kooperationsbereitschaft auf Seiten der Landwirtschaft:

- Hohes natürliches Erzeugungsrisiko
- Starke Preisschwankungen auf dem Markt, die das Erlösrisiko erhöhen
- Geringe Transport- und Lagerfähigkeit der Produkte, so dass sie schnell einen Abnehmer finden müssen
- Geringe Eignung zur Standardisierung der Produkte und daraus resultierend eine geringe Markttransparenz
- Geringe Anzahl von Absatzalternativen. Diese kann auf mangelnde innerbetriebliche Verwertungsmöglichkeiten, eine geringe Konsumreife, eine starke Konzentration auf der Abnehmerseite oder auf eine große Marktentfernung zurückzuführen sein
- Das Fehlen von →Marktordnungen mit Interventionssystem. Zu vertraglichen Beziehungen kommt es bei Marktordnungsprodukten nur, wenn die Bemühungen um besondere Qualität vom potentiellen Marktpartner (preislich) honoriert werden.

Wesentliche Bedingungen für eine Kooperationsbereitschaft auf Seiten der Abnehmer:

- Je stärker ein Verarbeitungsbetrieb spezialisiert ist und je höher seine Kapital- und Arbeitsintensität sowie seine Fixkostenbelastung sind, um so stärker ist er auf eine kontinuierliche Auslastung der Produktionskapazitäten angewiesen.
- Hohe Preisschwankungen auf den Beschaffungsmärkten für Rohware. Diese führen zur Planungsunsicherheit, die durch vertragliche Bindungen abgebaut werden kann.
- Eine große Anzahl von Absatzalternativen der Landwirte und eine geringe Zahl an Beschaffungsalternativen der Verarbeiter erhöhen die Bereitschaft letzterer, vertragliche Bindungen zu knüpfen.

In Deutschland ist die Vertragslandwirtschaft noch vergleichsweise schwach ausgeprägt. Beispielsweise werden nur 15 % aller Schlachtschweine über die vertragliche Bindung an die Schlachtbetriebe geliefert, in Dänemark hingegen 95 %.

VERTRAGSNATURSCHUTZ: Bezeichnung für Bewirtschaftungsverträge, Biotopsicherungsverträge, Entschädigungsverträge und ähnlich bezeichnete Abkommen zwischen einzelnen →Landwirten und Naturschutzbehörden der einzelnen Bundesländer zur Realisierung von Naturschutzprogrammen.

VERTRIEBSSYSTEME: Die Nachfrager auf dem Markt für Agrarprodukte lassen sich in 5 Gruppen einteilen, wobei die Anteile der fünf Gruppen am Agrarmarkt von Land zu Land, je nach wirtschaftlichem Entwicklungsstand und Gesellschaftssystem variieren:

- *Direktkonsumenten* - Der direkte Güterfluss vom Produzenten zum Konsumenten spielt auf den Lokalmärkten der Entwicklungsländer noch eine große Rolle, während er in den Industrieländern auf Ausnahmeformen wie den städtischen Wochenmarkt oder auf Teilmärkte - z.B. für Wein, Einkellerungskartoffeln, Eier, Spargel oder den wachsenden Markt für Produkte aus dem →Ökologischen Landbau - beschränkt ist. In den Zentralverwaltungswirtschaften bildete der direkte Güterfluss zwischen Erzeuger und Konsument - etwa auf den *Kolchosmärkten* der früheren UdSSR - einen der wenigen Sektoren mit freiem Spiel der Marktelemente.
- *Agrarhandel*
- Landwirte (→Saatgut, Vieh)
- *Absatzgenossenschaften der Erzeuger* - Das seit dem 19. Jh. von Deutschland ausgehende Genossenschaftswesen (F.W. Raiffeisen 1818-1888) ist heute in allen Gesellschaftssystemen weit verbreitet.
- *Handwerkliche und industrielle Be- und Verarbeiter* - In den Industrieländern dominiert unter den Nachfragern diese Gruppe. Hier hat sich im Gefolge der Arbeitsteilung zwischen Produzenten und Konsumenten ein komplexes Verarbeitungs- und Distributorensystem eingeschaltet. Es bewirkte, dass sich die Aufbereitung der Agrarprodukte für den menschlichen Verzehr aus den Haushalten in das Nahrungsmittelhandwerk oder die Nahrungs-

mittelindustrie verlagerte. Diese Entwicklung begann gegen Ende des 19. Jahrhunderts mit der Errichtung von Zuckerfabriken und Molkereien; sie scheint gegenwärtig mit dem Vordringen von Fabriken für komplexe Fertiggerichte ein Endstadium zu erreichen. In Deutschland wurden bereits in der ersten Hälfte der 70er Jahre etwa 85 % aller landwirtschaftlichen Erzeugnisse in den Betrieben des produzierenden Ernährungsgewerbes be- oder verarbeitet. Die starke Marktposition großer Betriebseinheiten in den Distributionssystemen der Industriestaaten (be- und verarbeitende Gewerbebetriebe, Kaufhäuser und große Handelsketten) führt zwangsläufig zu einer Standardisierung der Sorten und Produkte, da diese Vertriebsformen große Partien von gleichbleibender Qualität in kontinuierlicher Lieferung benötigen. Von den mehr als 100 Apfelsorten, die im 19. Jahrhundert in Deutschland kultiviert wurden, sind heute nur etwa ein Dutzend mit wirtschaftlicher Bedeutung übriggeblieben. (➔ARTENVERARMUNG, ➔VERMARKTUNG)

VERWESUNG: Abbau der abgestorbenen organischen Ausgangsstoffe der Bodenbildung durch Organismen der Bodenflora und -fauna bis zu ionaren und molekularen Endprodukten (➔Mineralisierung).

VIEHBESATZ: Der Viehbesatz wird, bezogen auf 100 ha landwirtschaftlich genutzter Fläche, in Anlehnung an den Vieheinheitenschlüssel des Bewertungsgesetzes in ➔Vieheinheiten (VE) ermittelt.

VIEHEINHEIT: Der Viehbestand eines Betriebes wird nicht nur nach Vieharten (gegebenenfalls Alters-, Gewichts- und Nutzungsklassen getrennt) in Stück, sondern vielfach in Vieheinheiten angegeben. Grundlage ist der Futterbedarf der Tierarten. Die Größe "VE" dient der Angabe des auf 100 ha bezogenen Viehbesatzes.
Die VE ist das zentrale Instrument zur Erfassung und Bewertung sowie Abgrenzung der landwirtschaftlichen Tierhaltungen.
Kuh = 1 VE; Mastkalb = 0,3 VE; Zuchtschwein = 0,33 VE; Mutterschaf = 0,10 VE; Legehenne (einschließlich einer normalen Aufzucht zur Ergänzung des Bestandes) = 0,02 VE.
(➔GROSSVIEHEINHEIT)

VIEHGANGELN: ➔VIEHTRITTE

VIEHHALTUNG: Betriebszweig, innerhalb landwirtschaftlicher oder gewerblicher Betriebe zur Produktion tierischer Nahrungsmittel, von Rohstoffen oder zur Bereitstellung von Arbeitsleistung. Dabei wird der Viehbestand durch eigene Nachzucht oder durch Zukauf ergänzt, die ➔Viehzucht steht aber nicht im Vordergrund. Viehhaltung ist gewöhnlich synonym zu *(Nutz)Tierhaltung*, oft auch zu ➔Viehwirtschaft.

Entwicklung der Leistung bei Milchkühen und Legehennen in Deutschland

Jahr	Milchleistung Kuh/Jahr [kg]	Legeleistung Henne/Jahr [Stück]
1935/38	2.480	108
1950	2.473	120
1960	3.395	157
1970	3.812	216
1980	4.527	242
1990	4.884	259
1996	5.510	266

Quelle: Fachverband der Futtermittelindustrie 1998

VIEHHALTUNGSSYSTEM: 1. Art und Produktionsrichtung der Nutzviehhaltung.
2. Die Bildung einer Kette aus bestimmten Haltungsformen von ➔Nutztieren nach verschiedenen Lebensabschnitten. Es werden unterschieden:
- *offene Viehhaltungssysteme*, bei der die in einem Betrieb gehaltenen Nutztiere aus fremden Vermehrungsbetrieben bzw. Aufzuchtbetrieben entstammen
- *geschlossene Viehhaltungssysteme*, bei denen die gehaltenen Nutztiere betriebsintern vermehrt und gezüchtet wurden. Diese Systeme erfordern hohe Investitionskosten, verringern jedoch die Gefahr der Krankheitsübertragung.

VIEHSTAPEL: Der Bestand an lebenden ➔Nutztieren in einem landwirtschaftlichen Betrieb.

VIEHTRIEB: 1. Der in den Alpen im Rahmen der ➔Almwirtschaft Ende Mai erfolgende Almauftrieb und Ende September stattfindende Almabtrieb des Viehs. 2. Wanderbewegungen des Viehs im Rahmen der ➔Transhumanz.

VIEHTRITTE: Auch *Viehgangeln*; Kleinstform an steilgeneigten Hängen, die als hangparallele, treppenförmige schmale Grasstufen auftreten. Sie entstehen dadurch, dass das Vieh beim Weiden langsam hangparallel vorwärts geht und dabei mit dem Kopf bergwärts frisst. Ihre Trittfläche ist meist erdig, der Außenrand und der Stufenabfall aber grasbedeckt. Einerseits können Viehtritte die Hangstabilität erhöhen, weil sie Schneekriechen verhindern, andererseits können sie Auslöser von ➔Bodenerosion oder Rasenwälzen sein. Sie treten dort besonders häufig auf, wo die Hänge infolge Quell-, Hang- oder

Grundwasseraustritt feucht sind. Die Ausprägung und damit die erosive Wirksamkeit von Viehtritten kann ferner durch die Nutzung von für die Hangneigung zu schweren Rinderrassen verstärkt werden.

VIEHWIRTSCHAFT: Komplexe Nutzung von in der Regel domestizierten Tieren. Die Viehwirtschaft ist in vielen Teilen der Erde aufgrund nachteiliger klimatischer Bedingungen die einzig mögliche Form der Bodennutzung (z.B. →Weidewirtschaft im Sahel oder in Tundren).
Die Viehwirtschaft kann nach folgenden Kriterien gegliedert werden:
- dem *Nutzungsziel*: Viehzucht, Arbeitstierhaltung (Zug- und Tragkraft), Kampf- und Sporttierhaltung, →Milchtierhaltung, Fleischtierhaltung, Wolltierhaltung, Nutztierhaltung zur Gewinnung von Fellen, Federn, Haaren und Häuten oder von Eiern, Tierhaltung mit außer- und semiökonomischen Zielen (Kult, Religion, Sozialprestige, soziale Kontakte, Daseinssicherung, Freizeitgestaltung)
- der *Nutztierart*: Rinderhaltung, Pferdehaltung, Maultierhaltung, Eselhaltung, Schweinehaltung, Schafhaltung, Ziegenhaltung, Geflügelhaltung, Rentierhaltung, Pelztierhaltung, Wildtierhaltung, Kaninchenhaltung, →Imkerei, Seidenraupenzucht, Reptilienhaltung
- nach dem *Grad der betrieblichen →Integration*:
  - nichtintegrierte Nutztierhaltung, bei der →Ackerbau und Viehhaltung keine Verbindung haben
  - vollintegrierte Nutztierhaltung (→Verbundwirtschaft) mit Ertragsveredelung und Einsatz von Wirtschaftsdünger
  - nicht mehr integrierte Nutztierhaltung, d.h. unabhängige Nutztierhaltung auf der Basis des Fremdfutterbezugs; Auflösung der Verbundwirtschaft durch Spezialisierung
- der *Größe des Nutztierbestandes*, wie Einzeltierhaltung, Herdenhaltung, →Massentierhaltung

Zusätzlich bieten die *Organisationsformen* eine Klassifizierungsmöglichkeit. Sie orientieren sich vornehmlich am Grad der Sesshaftigkeit bzw. der (Weide-)Flächenkonstanz:
- *Stationäre Viehwirtschaft*
  mit regelhafter Viehrotation auf abgezäunten →Weiden, mit freiem Weidegang innerhalb der Betriebsfläche
- *Semistationäre Viehwirtschaft*

→Almwirtschaft
- *Mobile Viehwirtschaft*
  →Nomadismus, →Transhumanz

Die Viehwirtschaft konzentriert sich auf wenige Tierarten, von denen nur fünf (Rind, Schaf, Ziege, Huhn) eine weltweite Bedeutung haben. An Standorten mit extremen Klimaverhältnissen können hochspezialisierte Tierarten (z.B. Kamel, Büffel, Lama, Yak) eine wesentliche Rolle spielen. Produktivitätsunterschiede erklären, weshalb von der tierischen Nahrungsproduktion der Erde über vier Fünftel auf die gemäßigten Klimazonen und etwa 50 % auf die Industrieländer entfallen, obwohl die Entwicklungsländer über bedeutende Tierpopulationen verfügen. In nahezu allen Industrieländern sind die Verkaufserlöse aus den tierischen Produkten für die Landwirtschaft weit wichtiger als die pflanzlichen Produkte.
Die Bewirtschaftung von Wildtieren (→Game Ranching) ist global noch unbedeutend.
(→BODENUNABHÄNGIGE VIEHHALTUNG, →MASSENTIERHALTUNG)

VIEHZUCHT: Betriebszweig, der der zielgerichteten Auslese des Zuchtviehs gewidmet ist. (→VIEHHALTUNG, →VIEHWIRTSCHAFT)

VIERFELDERWIRTSCHAFT: Ein System der →Fruchtfolge, mit stark betontem Getreidebau (→Blattfrucht - Getreide - Getreide - Getreide).

VIERKANTHOF: →Vierseithof, dessen Gebäude mit durchlaufender Firstlinie lückenlos miteinander zusammenschließen. Verbreitungsgebiete sind Dänemark, der Nordwesten Schleswigs sowie Oberösterreich.

VIERSEITHOF: Hoftyp aus vier Häusern mit getrennten Firstlinien, der unabhängig voneinander in verschiedenen Bereichen Mitteleuropas entstand. Zu den Verbreitungsgebieten gehören die Lößbörden westlich von Köln und das benachbarte niederländische Limburg, der Dungau, das Isar-Inn-Hügelland, sich in Österreich fortsetzend, die Altmark, ein Streifen südöstlich Braunschweigs sowie das lößbedeckte Vorland des Erzgebirges. Gemeinsam ist diesen Gebieten großbäuerliche Wohlhabenheit und ertragreicher →Ackerbau.

VIERSTÄNDERHAUS: Dreischiffiges Mittellängsdielenhaus, dessen Wandständer das Dachgebälk mittragen.

VILLIKATIONSSYSTEM: System der Grundherrschaft zur Karolingerzeit. Die Villikation (lat. vilicus = Verwalter eines Landgutes, *Meier*) eines Feudalherrn (Adel, Stift, Kloster, Domkapitel) wurde verwaltet von *Fronhöfen* (Salhöfen) mit jeweils einem Meier, der mit Dienstleistungen der Hintersassen das Herrenland (Salland, terra salica) bewirtschaftete. Zentrum jeder Villikation war die *villa* (oder palatium), d.h. der Wohnsitz und die Haushaltung des Feudalherrn. Bei größeren Villikationen bestand eine hierarchische Gliederung mit dem Oberhof des Feudalherrn und einer Vielzahl von Haupt- sowie Nebenhöfen der Meier. Die fehlende Freizügigkeit der Hintersassen führte zur Fixierung der Siedlungsstandorte, auch

Kapellen- und Kirchenbauten trugen vermutlich dazu bei. Die großen Fronhöfe lassen sich heute noch in zahlreichen Dörfern des deutschen →Altsiedellandes gut erkennen, da sie sich durch ihre Größe und bauliche Gestaltung, z.B. als große →Vierseithöfe, von den Kleinbauernstellen abheben.
Vom 12. bis 13. Jahrhundert vollzog sich die Auflösung der Villikationen, auch wenn vereinzelt Villikationen noch im 14. Jahrhundert bestanden. Die Auflösung ist als organisatorische Anpassung an veränderte Verhältnisse, insbesondere an die zunehmenden Änderungen der ländlichen Machtpositionen und an die Entwicklung der Märkte im Zusammenhang mit der Entwicklung der städtischen Wirtschaft zu sehen.

VOLKSEIGENES GUT: Abk. VEG; landwirtschaftlicher Großbetrieb in der ehemaligen DDR nach dem Vorbild der sowjetischen →Sowchosen. Das VEG stellte die zweite wichtige Betriebsform neben der →Landwirtschaftlichen Produktionsgenossenschaft dar. Ihr Anteil an der bewirtschafteten →LN betrug Ende der achtziger Jahre nur etwa 7 Prozent, ihre faktische Bedeutung für die Versorgung der LPG war aber sehr viel höher, da die VEG vornehmlich spezialisiert tätig waren auf den Gebieten der →Viehzucht sowie der →Saat- und Pflanzguterzeugung.
Die VEG hielten gut 12 % des Viehbestandes der DDR, erzeugten 20 % des →Saat- und Pflanzgutes und 18 % des Zucht- und Nutzviehs. (→AGRARPOLITIK, →STRUKTURWANDEL IN DER DEUTSCHEN LANDWIRTSCHAFT)

VOLKSKOMMUNE: 1983 im Rahmen des →Transformationsprozesses abgelöste wirtschaftliche, soziale und administrative Gemeinschaft im →ländlichen Raum der Volksrepublik China mit einem sehr hohen Vergesellschaftungsgrad. Volkskommunen entstanden 1958 durch den Zusammenschluss kleinerer Produktionsgenossenschaften, welche nach der Revolution (1949) entsprechend sowjetischem Vorbild geschaffen wurden. Die Volkskommunen versuchten alle wichtigen Wirtschafts- und Lebensbereiche kollektiv zu steuern. So sollten sie die Umsetzung der staatlichen Planungsvorgaben im Agrarbereich erleichtern, da sie gleichzeitig Wirtschaftsverwaltungs- und Regierungsaufgaben wahrnahmen. Zudem sicherte das staatliche Handelsmonopol für Agrarprodukte den Transfer agrarischer Überschüsse für den Aufbau des städtischen Industriesektors. Gleichzeitig sollte mit dieser Struktur das Problem der Unterbeschäftigung auf dem Lande (Masseneinsätze beim Bau von Bewässerungssystemen oder bei der Urbarmachung von Agrarland) gelöst werden. Eine Wohnsitzkontrolle verhinderte die Abwanderung überschüssiger Arbeitskräfte auf die städtischen Arbeitsmärkte.
Die →Landwirtschaft sollte sich in ihrer Entwicklung nicht an "unkalkulierbaren" wirtschaftlichen Marktgesichtspunkten orientieren, sondern durch bewusst "politische" Zielsetzungen den Sozialismus direkt ansteuern - und dies in möglichst kurzer Zeit. Dabei gingen Mao Zedong und andere Vertreter des (heute so genannten) "linken" Kurses davon aus, dass die Bauern diesen Sozialisierungskurs als Befreiungsweg begreifen und ihn in "schöpferischem Enthusiasmus" sowie unter Verzicht auf materielle Anreize beschreiten würden. Die Reaktion war Passivität und Beschränkung auf das Nötigste.
Die Einkommen der Bauern stagnierten auch aufgrund der staatlichen Preispolitik mit relativ niedrigen Preisen für Agrarprodukte gegenüber den vergleichsweise hohen Preisen für industrielle Produkte. Während der Kulturrevolution wurden zudem die in geringem Umfange mögliche privatwirtschaftliche Nebengewerbeproduktion sowie die Bauernmärkte verboten.
Die Nachteile der Zentralisierung und Bürokratisierung in den zunächst 10.000 - 60.000 Einwohner umfassenden Kommunen zwangen zur Revision des Konzepts und zur Schaffung kleinerer, relativ selbständig arbeitender "Produktionsgruppen" innerhalb der Kollektive. 1979 wurde das "Eigenverantwortungssystem" eingeführt und damit die weitgehende Reprivatisierung in der →Landwirtschaft eingeleitet. Gestützt wurde die neue Strategie durch staatliche Hilfen, z.B. die Reduzierung der Landwirtschaftssteuer, die gleichzeitige Erhöhung der Aufkaufpreise für landwirtschaftliche Produkte, Vergabe von Investitionshilfen an die Landwirtschaft und das Verbot, bäuerliche Haushalte oder Kollektive ohne Entgelt zur Erledigung staatlicher Aufgaben abzukommandieren. Mittlerweile existieren Volkskommunen de facto nicht mehr. An ihre Stelle traten:

- Kleinbäuerliche Familienbetriebe als weitgehend eigenverantwortliche Produktions- und Entscheidungseinheiten, die aber in ein System von leistungsorientierten Verträgen eingebunden sind; der →Boden ist weiterhin im Besitz des Staates, die Bauern sind Pächter auf Staatsland
- Ländliche Produktionsgenossenschaften unterschiedlichen Typs, z.B. hinsichtlich der Produktionsausrichtung
- Gemeinden und Kleinstädte als unterste staatliche Verwaltungseinheiten (ab 1983)
- Dörfer anstelle der Untereinheit *Produktionsbrigaden* (ab 1985)

VOLLBAUER: Dem →Vollerwerbslandwirt eng verwandter Begriff für ein Mitglied der ländlichen Mittelschicht, bei dem allerdings das "Bäuerliche" als Lebensform stärker betont ist.

VOLLDÜNGER: Auch *Mehrnährstoffdüngemittel*; unterschiedliche Nährstoff-Kombinationen vor allem aus den mineralischen Komponenten Stickstoff (N), Phosphorsäure (P_2O_5) und Kali (K_2O).

VOLLERNTEGERÄT: Landmaschine, die alle bei der Ernte anfallenden Arbeitsschritte ausführt, wie z.B. Mähdrescher, Kartoffel- und Rübenvollernter oder Baumwollpflückmaschine.

VOLLERWERBSBETRIEB: Veralteter Begriff der Agrarstatistik zur Kennzeichnung des ➔Erwerbscharakters einzelner Betriebe. Danach war ein Vollerwerbsbetrieb ein landwirtschaftlicher Betrieb, der hauptberuflich bewirtschaftet wird, in dem die Familie aufgrund der betrieblichen und persönlichen Verhältnisse voll tätig ist und ihren Lebensunterhalt in der Regel ausschließlich aus dem landwirtschaftlichen Betrieb bezieht. (➔BAUER, ➔BÄUERLICHER FAMILIENBETRIEB)

VOLLERWERBSLANDWIRT: Angehöriger der agrarsozialen Mittelschicht, der selbständig ein genügend großes Bodeneigentum bewirtschaftet, das einer Familie mit mindestens 1 - 2 mitarbeitenden Vollarbeitskräften (Familienarbeitsverfassung) ein angemessenes, an der allgemeinen Entwicklung orientiertes Einkommen garantiert. (➔FARMER, ➔VOLLBAUER)

VORLEISTUNGEN: In den Vorleistungen sind der ertragsteigernde Aufwand (Zukaufsfuttermittel, ➔Handelsdünger, ➔Pflanzenschutzmittel, zugekauftes ➔Saat- und Pflanzgut und eingeführtes Nutzvieh), die Aufwendungen für die Unterhaltung der Wirtschaftsgebäude und der Maschinen, die Ausgaben für Brenn- und Treibstoffe sowie für elektrischen Strom und die allgemeinen Wirtschaftsausgaben zusammengefasst. Nicht in den Vorleistungen sind die Löhne für fremde Arbeitskräfte, Beiträge für Sozial- und Unfallversicherungen, Pachten und Zinsen enthalten. Diese Positionen sind zusammen mit den Lohnansprüchen der Familienarbeitskräfte und der Verzinsung des eingesetzten Eigenkapitals Bestandteile der ➔Wertschöpfung.

VORSÄSS: Auch *Maiensäß*; den eigentlichen (Hoch-)Almweiden vorgelagerte Nutzflächen, die im Frühjahr als Vor- und im Herbst als Nachweide genutzt werden. (➔ALM, ➔ALMWIRTSCHAFT)

VORWERK: Wirtschaftshof, der zugunsten einer rationelleren Bewirtschaftung der Anbauflächen (verkürzte Wege) vom Haupthof eines landwirtschaftlichen ➔Gutes räumlich getrennt liegt. Vorwerke wurden z.B. durch die ostelbischen Großgrundbesitzer angelegt oder aus aufgekauften Gütern umgewandelt. Nach dem Zweiten Weltkrieg entstanden aus vielen Vorwerken selbständige Betriebe.

VORZEITFLUR: Die bäuerliche Wirtschaftsfläche aus einer vergangenen ➔Kulturlandschaft. Die Vorzeitflur kann als totale oder partielle ➔Wüstung in der gegenwärtigen ➔Landschaft erscheinen. Mögliche Merkmale sind: gehäufte oder gereihte ➔Lesesteine, durch früheres Pflügen oder Hacken verursachte kleinförmige Reliefstrukturen, Spuren von Stufenrainen, Furchen und Beeten, die bei Luftaufnahmen durch streifenförmige Verfärbungen des ➔Bodens oder der Vegetation auffallen. (➔FLURNAMEN)

Entwicklung der Vorleistungen für die Landwirtschaft in der Bundesrepublik Deutschland

Vorleistungen für	Vorleistungen [Mio. DM] im Jahr[1]					
	1960/61	1965/66	1975/76	1985/86	1995/96[2]	Anteil [%]
Futtermittel	3.164	6.213	8.163	11.801	9.318	27,0
Düngemittel	1.485	2.149	3.397	4.638	3.050	8,8
Energie	987	1.326	3.266	5.401	5.575	16,1
Unterhaltung Maschinen	1.640	2.150	2.725	3.880	4.210	12,2
Unterhaltung Wirtschaftsgebäude	510	715	760	1.120	1.260	3,6
Allgemeine Wirtschaftsausgaben	1.265	1.591	2.265	3.820	7.040	20,4
Saatgut	153	207	715	1.288	1.420	4,1
Pflanzenschutzmittel und Schädlingsbekämpfungsmittel	160	173	655	1.190	1.840	5,3
Vieh	6	7	137	224	166	0,5
Sonstiges	179	276	210	466	665	1,9
Insgesamt	9.549	14.807	22.293	33.828	34.544	100,0

[1] ab 1978/79 ohne Mehrwertsteuer; [2] vorläufig
Quelle: Fachverband der Futtermittelindustrie 1998

WACHSEN ODER WEICHEN - WÜSTUNG

W

WACHSEN ODER WEICHEN: Populäre Formulierung für den ökonomischen Zwang auf die einzelnen landwirtschaftlichen Betriebe, sich der Produktivitätsentwicklung im Agrarsektor anzupassen oder aus der Produktion auszuscheiden. Als Folgen des Prinzips 'Wachsen oder Weichen' sind ein drastischer Verlust von Arbeitsplätzen sowie eine hohe →Überproduktion zu sehen, verbunden mit erheblichen negativen →Umweltwirkungen. (→AGRARSTRUKTUR, →STRUKTURWANDEL)

WACHHOLDERHEIDE: Heidegesellschaft mit inselartigen Wacholderpflanzen. Wacholder ist ein typisches Gehölz auf extensiv genutzten Schaf- oder Ziegenweiden und kommt deshalb in unterschiedlichsten Gebieten vor (Sand- und Bergheiden, →Trocken- und Halbtrockenrasen).

WACHSTUMSFAKTOREN: Faktoren biologischer, chemischer und physikalischer Natur, die das pflanzliche Wachstum beeinflussen. Dazu zählen Licht, Temperatur, Wasser, →Nährstoffe und die für die Atmung und Assimilation notwendigen Gase Sauerstoff und →Kohlendioxid.

WACHSTUMSREGLER: Auch *Wachstumsregulatoren*; Stoffe, die Lebensvorgänge bzw. die Morphologie von Pflanzen beeinflussen, ohne ihrer Ernährung zu dienen. Sie tragen z.B. zur Standfestigkeit der Getreidehalme bei und verhüten damit das "Lagern" (Umkippen) der Getreidehalme, das häufig kurz vor der Ernte bei schweren Ähren und zusätzlicher Belastung durch Nässe und Wind stattfindet. Andere Wachstumsregler können den Zeitpunkt der Fruchtablösung von der Pflanze synchronisieren, ein z.B. bei der Olivenernte wichtiger Gesichtspunkt. Die Baumwollernte wird erleichtert, wenn das Absterben der Blätter gleichzeitig erfolgt, so dass die Erntemaschinen nur noch die reifen Kapseln zu pflücken brauchen. (→PFLANZENSCHUTZMITTEL)

WACHSTUMSSCHWELLE: Bezeichnung für die durchschnittliche Flächenausstattung der Agrarbetriebe eines Staates, unterhalb derer die Zahl der Betriebe ab- und oberhalb derer die Zahl der Betriebe zunimmt. Im Gebiet der früheren Bundesrepublik hat sich die Wachstumsschwelle in der Vergangenheit generell nach oben verschoben. Sie betrug *1970* 20 ha →LF und 50 ha LF *1996*.

WALD: 1. Nach dem →*Bundeswaldgesetz* jede mit Forstpflanzen bestockte Grundfläche. Als Wald gelten hier auch kahlgeschlagene oder verlichtete Grundflächen, Waldwege, Waldeinteilungs- und Sicherungsstreifen, Waldblößen und Lichtungen, Waldwiesen, Wildäsungsplätze, Holzlagerplätze sowie weitere mit dem Wald verbundene und ihm dienende Flächen.
2. Jede Pflanzengesellschaft, in der "Bäume", d.h. Pflanzen mit verholzendem Stamm, vorherrschend sind, die eine Endgröße von mindestens 5 m erreichen können, sofern diese Bäume im Reifezustand Bestände bilden, deren Schlussgrad bewirkt, dass ein Baum den Nachbarbaum im Luft- und Bodenraum noch eindeutig ökologisch beeinflusst. Der angelegte Baumhöhenwert kann im polaren und oberen Waldgrenzbereich unterschritten werden.
Die *Waldfläche* Deutschlands betrug 1996 10,7 Mio. ha, was rd. 30% der Landesfläche entspricht. Dabei nahm der Wald seit 1960 um 500.000 ha zu.
Das *Waldeigentum* in Deutschland setzt sich aus 46% Privatwald (hiervon rd. 600.000 ha Treuhandwaldflächen), 20% Körperschaftswald und 34% Staatswald zusammen (→Waldbesitzarten).
Bei den Baumartengruppen besitzen Fichte und sonstige Nadelhölzer 35% Anteil, Kiefer und Lärche 31%, Buche und sonstige Laubhölzer 25% und Eiche 9%.
Die Flächenanteile nach Rein- und Mischbeständen betragen für reine Nadelwälder 44%, für Nadelmischwälder (Beimischung > 10%) 25%, für Laub-

Gesamtholzbilanz Deutschlands 1996

Aufkommen [Mio. m³ (r)]		Verbleib [Mio. m³ (r)]	
Einschlag	37,0	Ausfuhr	60,1
Altpapier (Inlandsaufkommen)	31,6	Verbrauch	89,8
Altholz zur stofflichen Verwertung	1,0		
Einfuhr	79,4		
Lagerbestände Abnahme	0,9		
Insgesamt	149,9	Insgesamt	149,9

Quelle: AID Forst / Holz 1997/1998

Multifunktionale Bedeutung des Waldes

- Lebensraum für Tiere und Pflanzen
- Bioindikator
- Boden- und Erosionsschutz
- Schutz vor Geröll- und Schneelawinen
- Wasserschutz (Filter- und Rückhaltewirkung)
- Klimafunktionen (z.B. CO_2-Speicher, Milderung von Klimaextremen)
- Immissionsschutz gegen Luftschadstoffe u. Lärm
- Erholung
- Einkommens- und Reservefunktion
- Arbeitsplatz
- Nachwachsende Rohstoffe
- Kulturobjekt
- Standort von Kulturdenkmälern

mischwälder (Beimischung > 10 %) 18 % und für reine Laubmischwälder (Beimischung 0 bis 10 %) 13 %. Das Holzeinschlagspotential wird in Deutschland nur zu 70 % ausgeschöpft, was u.a. am oft schwierigen Absatz liegt. Der Produktionswert der deutschen Forstwirtschaft lag im Forstwirtschaftsjahr 1996 bei rd. 3,2 Mrd. DM. Nach Abzug der Vorleistungen, Abschreibungen und Produktionssteuern ergab sich daraus eine Nettowertschöpfung von 1,36 Mrd. DM. In der Forstwirtschaft sind rd. 75.000, in der Holzwirtschaft 475.000 Arbeitskräfte beschäftigt.

WALDBESITZARTEN: Sie sind nach dem ➔*Bundeswaldgesetz* wie folgt definiert:

- Staatswald ist ➔Wald, der im Alleineigentum des Bundes oder eines Landes steht sowie Wald im Miteigentum eines Landes, soweit er nach landesrechtlichen Vorschriften als Staatswald angesehen wird.
- Körperschaftswald ist Wald, der im Alleineigentum der Gemeinden, der Gemeindeverbände, der Zweckverbände sowie sonstiger Körperschaften, Anstalten und Stiftungen des öffentlichen Rechts steht; ausgenommen ist der Wald von Religionsgemeinschaften und deren Einrichtungen sowie von Realverbänden, Hauberggenossenschaften, Markgenossenschaften, Gehöferschaften und ähnlichen Gemeinschaften (Gemeinschaftsforsten), soweit er nicht nach landesrechtlichen Vorschriften als Körperschaftswald angesehen wird.
- Privatwald ist Wald, der weder Staatswald noch Körperschaftswald ist. (➔BAUERNWALD)

WALDBETRIEBSARTEN: Die Betriebsarten sind bestimmte Bewirtschaftungsformen des ➔Waldes, die sich vor allem in der Verjüngungsmethode unterscheiden:

- Hochwald ist ein aus Kernwüchsen (natürliche Ansamung, Saat und Pflanzung) hervorgegangener Wald. Das Wirtschaftsziel ist die Erzeugung von starkem, ausgewachsenem Nutzholz; die Produktionszeit ist mit 80-200 Jahren erheblich länger als beim Nieder- oder Mittelwald, entsprechend weisen die Bäume eine größere Höhe auf. Heute macht der Hochwald 98 % der Bestände aus. *Schlagweiser Hochwald* ist Hochwald, in dem Pflege-, Ernte- und Verjüngungsmaßnahmen räumlich getrennt ganze Bestände bzw. deren Teilflächen erfassen.

Plenterwald ist ein stufig aufgebauter, ungleichaltriger, gemischter Hochwald, in dem Pflege- und Erntemaßnahmen nicht flächenweise getrennt, sondern einzelstammweise durchgeführt werden und der sich in einer - der einzelstammweisen Nutzung folgenden - stetigen Verjüngung befindet.

- Mittelwald ist Wald, der aus Stockausschlag, Wurzelbrut und Kernwuchs hervorgegangen ist. Stockausschlag bzw. Wurzelbrut bilden den Unterstand/Unterholz (Schlagholz), Kernwüchse und Stockausschläge den Oberstand/Oberholz (Baumholz). Die Umtriebszeiten des Unterstandes liegen bei 15-20 Jahren, die des Oberstandes betragen das Drei- bis Achtfache.
- Niederwald (Stockausschlagwald) ist ein aus Stockausschlag oder Wurzelbrut hervorgegangener Wald. Als Unterformen kann man den *Kopfholzwald* (z.B. Korbweiden) und *Schneitelwald* (für Futterlaub und ➔Einstreu) ansehen. Die Umtriebszeiten des Niederwaldes schwanken zwischen 5 und 40 Jahren.

WALDBRANDWIRTSCHAFT: ➔Betriebsform der feuchten Tropen unter dem Oberbegriff ➔shifting cultivation. Die sogenannte *wilde* Waldbrandwirtschaft beinhaltet die Rodung kleiner ➔Parzellen, die gemäß den eigenen Bedürfnissen, dem speziellen Bodenchemismus der inneren Tropen und mit den vorhandenen technischen Möglichkeiten nur eine

Nutzung von 2 bis 4 Jahren zulässt und danach der Wiederbewaldung und Entwicklung von Sekundärwäldern überlassen wird.
Davon ist die geregelte Waldbrandwirtschaft mit planmäßiger Einteilung und regelmäßiger Wiederholung des Anbaus auf derselben Fläche zur gezielten Verwertung der ➔Bodenfruchtbarkeit zu unterscheiden. Während einer Regenerierungsphase werden die Brachflächen künstlich bewaldet. Die Parzellen sind planmäßig eingeteilt und können von Straßen aus genutzt werden.

WALDHUFENDORF: Auch *Waldhufensiedlung*; Reihendorf mit hofanschließenden Breitstreifenparzellen in ➔Einödlage. Die Hofstellen ordnen sich an einer vorgegebenen oder geschaffenen Leitlinie (Bach, Weg) an, die zugehörigen Streifenparzellen verlaufen mehr oder weniger senkrecht zur Gehöftleitlinie. Durch die Reihung der ➔Parzellen wird gewährleistet, dass die Siedler annähernd gleiche Anteile an den verschiedenen ➔Böden der ➔Flur erhalten.
Gelenkte Rodungen nach dem Waldhufenprinzip geschahen seit dem frühen Mittelalter und sind zunächst für den Odenwald mit dem Kloster Lorsch als Ausgang belegt. Im Osten reicht die Ausdehnung bis in die Karpaten. (➔RADIALWALDHUFENDORF)

WALDHUFENFLUR: Eine Form der ➔Hufenflur, die sich aus der Aufteilung von Waldland mit ➔Hufe als Grundform gebildet hat. Waldhufen wurden während der mittelalterlichen Rodungsperiode in freier Erbleihe vergeben. Die Anlage von ➔Waldhufendörfern bedingte die Waldhufenflur als ➔Breitstreifenflur.

WALDWEIDE: In früheren Jahrhunderten u.a. in Deutschland übliche Form der Wald-Nebennutzung mit dem Eintrieb von Schweinen, Rindern, Schafen und Ziegen in den ➔Wald, vor allem in den Allmendwald. Dem Weidevieh dienten Eicheln, Bucheckern, Haselnüsse, trockenes und frisches Laub, Jungwuchs und sonstige Triebe sowie die Bodenvegetation als Nahrung.
Zusammen mit anderen Nutzungen (planlose Entnahme von Brenn- und Bauholz, Köhlerei, Glasbläserei, Pottaschegewinnung, Entnahme von ➔Einstreu für die Ställe und von ➔Plaggen für die ➔Düngung) führte die Waldweide zu einem Raubbau am Wald. Während der Eintrieb von Schweinen in den Eichen- und Buchenwäldern geringeren Schaden anrichtete, vernichteten Rinder, Schafe und Ziegen den jungen Baumwuchs, der von Ersatzgesellschaften (➔Trockenrasen, Callunaheide, Triftweiden) verdrängt wurde. Die Waldweide ist mit den ➔Agrarreformen des 18. und 19. Jahrhunderts praktisch abgelöst bzw. aufgehoben worden. Waldweide ist weder forstwirtschaftlich erwünscht noch landwirtschaftlich ertragreich. In Mitteleuropa beschränkt sie sich heute überwiegend auf höhere Lagen, und zwar auf die Übergangszonen von der Almweide zum Wald. Dem Weidetier vermag sie hier zugleich als Schutzzone gegenüber Witterungseinwirkungen dienen.
Neuerdings wird eine Wiederbelebung der Waldweide im Rahmen von Extensivierungskonzepten für die ➔Landwirtschaft erwogen, die in manchen Gebieten wieder zu einer attraktiven beweideten Parklandschaft führen könnte. Zumindest teilweise wird sie aber ökonomisch nicht tragfähig sein und wie andere Arten der ➔Landschaftspflege und -offenhaltung einer zusätzlichen Finanzierung bedürfen.
Auch in den Tropen und Subtropen sind traditionelle silvopastorale Betriebssysteme mit einer ungeregelten Nutzung von Waldgebieten nur noch selten. Größere Bedeutung erlangen moderne silvopastorale Betriebssysteme, die durch eine geregelte Weidewirtschaft, vor allem aber durch die systematische Doppelnutzung von Wäldern zur Holz- und Tierproduktion, gekennzeichnet ist.

WALLHECKE: Heckentyp, bei dem Bäume und Sträucher auf einen Erd- oder Steinwall gepflanzt sind. Er findet sich in einem breiten Gürtel am Saum Nordwesteuropas von Dänemark bis zur Iberischen Halbinsel. (➔KNICK)

WALZE: Gerätetyp mit der Aufgabe, Kluten (ndt. für Klumpen) durch Druck zu zerkleinern, Hohlräume zusammenzudrücken (z.B. Andrücken ausgewinterter Saaten nach Frosthebung), zu lockere Ackerkrumen zu komprimieren (➔Moor) und verkrustete Bodenoberflächen aufzubrechen. Walzen kommen in glatter, gezähnter und gerillter Ausführung vor.

WANDERFELDBAU: Anbauflächenwechsel in tropischen Entwicklungsländern (vornehmlich in Afrika, auch in Südamerika und SO-Asien) verbunden mit einer Verlegung der Siedlung. Die Anbaufläche wird nach kurzer Nutzung (ca. 2 Jahre) aufgegeben. Eine erneute Inkulturnahme erfolgt erst nach langer ➔Brache. Die Verlegung der Felder führt zu einer zunehmenden Entfernung der Felder von den Wohnsiedlungen, was schließlich bei zu großen Distanzen eine Verlagerung der Siedlungen bedingt. Die Verlegung der Wohnplätze ist häufig nicht nur durch das Bodennutzungssystem bedingt, sondern kann auch andere Ursachen haben: religiöse Gründe, Zauberei, Häufung von Krankheiten, Streit mit Nachbarn, ständige Wildschäden.
Die Mobilität der Flächennutzung verhindert die Entstehung fester Wegenutzung und fester landwirtschaftlicher Infrastrukturen. Tribalistische Bodenbesitzformen sind kennzeichnend. Wahrscheinlich wer-

den in den Tropen circa 30 % der kultivierbaren →Böden auf diese Weise genutzt. Das Landwechselprinzip gilt als erster Schritt vom natürlichen →Ökosystem zu landwirtschaftlichen Bodennutzung auf kleinbäuerlicher Ebene.

Weitere Merkmale sind:

- Abschlagen der Bäume oder ringförmiges Abschälen der Rinde (Ringeln)
- Brandrodung gegen Ende der Trockenzeit (Nährstoffe in Form von Aschedünger, Aschelieferung hebt pH-Wert, Bodenlockerung, Vernichtung von →Unkraut und Schädlingen)
- Aussaat zu Beginn der Regenzeit
- Geräte: Hacke, Pflanzstock, Grabstock; pfluglos wegen fehlender Zugtiere und störender Wurzelstöcke
- →Düngung nicht üblich (Ausnahme ist das *Chitimene*-System in Afrika, bei dem brennbare Materialien herbeigeschafft und auf den Feldern verbrannt werden)
- kleine Felder mit unregelmäßiger Form und unscharfer Begrenzung gegenüber der Naturvegetation
- hohe Arbeitsintensität
- Anbau von Knollenfrüchten (Taro, Yams, Maniok) und Körnerfrüchten (Mais, Hirse, Trockenreis)
- →Mischkulturen
- Vieharmut; Großviehhaltung unbedeutend

Bei geringen Bevölkerungsdichten und großen Landreserven stellt der Wanderfeldbau eine optimale Anpassung an die ökologischen Möglichkeiten dar. Nicht der Wanderfeldbau gilt als Hauptzerstörer der Tropenwälder, sondern vielmehr die moderne Agrarkolonisation.

Wanderfeldbau wird nicht nur in den Tropenregionen praktiziert, sondern wurde als agrarhistorischer Entwicklungsschritt auch von den meisten →Landwirtschaften der Außertropen durchgemacht. Die Böden, auf denen auch heute noch der Wanderfeldbau betrieben wird, weisen einige Besonderheiten auf, die für die Gebiete der Außertropen, in denen der Wanderfeldbau überwunden wurde, nicht gelten. Es sind dies Faktoren, die limitierend auf das Pflanzenwachstum wirken und nur schwer vom Menschen verändert werden können (geringe Restmineralgehalte, rascher Abbau organischer Substanz, geringe Kationenaustauschkapazität).

(→LANDWECHSELWIRTSCHAFT, →SHIFTING CULTIVATION, →WALDBRANDWIRTSCHAFT)

WANDERSCHÄFEREI: Eine Form mitteleuropäischer →Transhumanz. Die Wanderschäferei tritt mit ihren Herdenwanderungen bevorzugt in SW-Deutschland, insbesondere im Gebiet der Schwäbischen Alb, des Schwarzwaldes und des Oberrheinischen Tieflandes auf.

Kennzeichen der Wanderschäferei ist die Haltung einer relativ großen Schafherde mit meist deutlich über 100 Muttertieren unter ständiger Aufsicht eines Schäfers und die Ernährung dieser Herde zum überwiegenden Teil des Jahres oder sogar ausschließlich auf ständig wechselnden fremden Flächen.

WASSERBEDARF: Die Pflanze benötigt Wasser zur Erhaltung des Quellungszustandes ihres Zellplasmas, für die Assimilation, zum weitaus größten Teil aber für die Aufrechterhaltung eines Transportstroms aus dem Wurzelbereich zu den transpirierenden Blättern. Der Wasserverbrauch einer Kultur ist höchst unterschiedlich, je nach Pflanzenart und Klimazone. Er setzt sich aus der Verdunstung des →Bodens und der Pflanze zusammen. Der Wasserbedarf der Pflanze schwankt mit ihrer Wachstumsphase. Die meisten Kulturen benötigen hohe Wassergaben in der Hauptwachstumszeit und vor dem Fruchtansatz, während der Reifezeit geht der Wasserbedarf rapide zurück. Für manche Pflanzen, wie Baumwolle oder Dattelpalme sind Regenfälle während der Reifezeit sogar höchst schädlich.

Für die Bewertung des Niederschlags für das Pflanzenwachstum ist weniger die Jahressumme, als vielmehr das Verhältnis vom Jahresgang zu den Vegetationszeiten der wichtigsten →Kulturpflanzen von Bedeutung. Das gilt vor allem für wechselfeuchte Tropen mit klar abgegrenzten Regenzeiten, die hier die hygrisch gesteuerten Vegetationszeiten darstellen. Von großer Bedeutung ist auch die Art des Niederschlags: Schnee ist für das Pflanzenwachstum von geringem Wert, eine Schneedecke kann allerdings als Frostschutz wertvoll sein. Leichte Regenfälle erreichen kaum den Wurzelbereich, bei Starkregen ist der Oberflächenabfluss oft höher als die in den Boden eindringende Menge. Am wirksamsten sind anhaltende Landregen.

WASSERHAUSHALTSGESETZ: Zweck des deutschen *Wasserhaushaltsgesetzes* (WHG) von 1957, zuletzt geändert 1996, ist der Schutz des Wassers im allgemeinen bzw. die Wiederherstellung einer bestimmten Wasserqualität. Nach § 1a Abs. 1 sind die Gewässer "als Bestandteil des Naturhaushaltes und als Lebensraum für Tiere und Pflanzen zu sichern. Sie sind so zu bewirtschaften, dass sie dem Wohl der Allgemeinheit und im Einklang mit ihm auch dem Nutzen einzelner dienen und vermeidbare Beeinträchtigungen ihrer ökologischen Funktionen unterbleiben."

Die Betroffenheit der →Landwirtschaft durch das WHG ergibt sich aus ihrer Rolle als Gebraucher bzw. Verbraucher von Wasser, durch Aufgaben im Rahmen der Gewässerunterhaltung sowie der Beachtung der Gewässer bei →Bodenbearbeitung, →Dün-

gung und →Pflanzenschutz. Besondere Bedeutung hat das WHG für Betriebe, die in Wasserschutzgebieten gelegen sind.
Im WHG taucht wie im bisherigen →Bundesnaturschutzgesetz der auslegungsanfällige und deshalb kontrovers diskutierte Begriff der →ordnungsgemäßen Landwirtschaft auf:
§19 Abs.4 S.1 WHG: "Setzt eine Anordnung nach Absatz 2 erhöhte Anforderungen fest, die die ordnungsgemäße land- und forstwirtschaftliche Nutzung eines Grundstücks beschränken, so ist für die dadurch verursachten wirtschaftlichen Nachteile ein angemessener Ausgleich nach Maßgabe des Landesrechts zu leisten, soweit nicht eine Entschädigungspflicht nach Absatz 3 besteht."
(→UMWELTWIRKUNGEN)

WASSERLEITFÄHIGKEIT: Durchlässigkeitsvermögen des →Bodens für Wasser. Sie wird für den Zustand voller Wassersättigung (Füllung aller Poren, verwirklicht in Stau- und Grundwasserhorizonten) und für den ungesättigten Zustand (häufigster Zustand des durchwurzelten Bodenraumes) beschrieben.
Im Zustand voller Wassersättigung (maximaler leitender Fließquerschnitt senkrecht zur Fließrichtung) ist sie vom Porenvolumen, von der Porengrößenverteilung (vor allem vom Anteil der Grobporen) und der Porenkontinuität abhängig und damit auch von der Körnung und vom →Bodengefüge. Je größer der Grobporenanteil und je besser deren Kontinuität, desto größer die Wasserleitfähigkeit im gesättigten Zustand.
Die Wasserleitfähigkeit nimmt bei ungesättigten Zuständen mit abnehmendem Wassergehalt (Entleerung der Poren, bei den Grobporen beginnend) wegen des abnehmenden leitenden Fließquerschnitts ebenfalls ab.

WATER HARVESTING: Auch *rainwater harvesting*; Gesamtheit der wassersammelnden Maßnahmen mit dem Pflanzenbau als wichtigster Anwendung, vorwiegend in Halbwüstenregionen mit 100-300mm, evtl. bis 500 mm N/a. Dabei wird der abfließende Niederschlag einer größeren Fläche, der *Wassererntefläche*, gesammelt und einer kleineren Fläche, der *Anbaufläche*, zugeführt. Häufig leiten zielgerichtet im Gelände angeordnete Strukturen aus Erde oder Steinen das Wasser zur Anbaufläche oder in einen Speicher.
In Abhängigkeit vor allem vom Grad der Aridität kann das Größenverhältnis von Wasserernte- zu Anbaufläche von 1:1 bis zu 10.000:1 reichen.
Erste Formen des water harvesting lassen sich bis 7.000 v.Chr. (Jordantal) zurückverfolgen. Allerdings nahm das überkommene Wissen über diese Techniken in vielen Ländern ab:

Beispiele für traditionelles und auch heute praktiziertes water harvesting:

- Tank-System in Indien - Bei dieser jahrhundertealten Methode wird Wasser mit Hilfe von Wällen in Speicher geleitet.
- Meskats in Tunesien - Dabei wird eine Anbaufläche von ca. 250 m^2, die meist Olivenbäume trägt, von einer doppelt so großen Wassererntefläche gespeist.
- Diguettes in Burkina Faso - Die mit diesem französischen Ausdruck belegten durchlässigen Steinwälle dienen zur Abflussrückhaltung und als Sedimentfang.

Die Formen des water harvesting lassen sich nach Form und Größe unterscheiden:

- →Micro catchments - Bei diesen kleinen Wassersammel-Parzellen sind Wasserernte- und Anbaufläche direkt benachbart. Ihre durch Wälle rund, dreieckig, halbmondförmig oder quadratisch ausgeformten Strukturen besitzen eine Vertiefung an ihrem topographisch tiefsten Punkt, in den die Pflanzen gesetzt werden. Micro catchments treten oft vergesellschaftet über einen ganzen Hang hinweg auf.
- Macro catchments - Beim Wassersammeln von großen, hängigen Einzugsgebieten wird der Anbaufläche benachbartes →Ödland mit einem Netz von genau nivellierten Ablaufgräben versehen. Das dazwischen liegende Land wird häufig ausgeebnet, komprimiert und eventuell beschichtet (Plastikfolien, Asphalt, Wachs u.ä.). Die Wassererntefläche kann eine Hangneigung von 5-50% aufweisen. Das bei Niederschlägen auftretende Oberflächenwasser fließt in die Gräben und in ein Sammelbecken. An dieses schließt sich ein Bewässerungssystem an.
- Flutwasser-Nutzung - Hierbei wird der saisonale Abfluss im Flussbett (z.B. Wadis) selbst oder - nach Ableitung - in nahegelegenen Gebieten genutzt. Werden Dämme über die gesamte Talbreite gebaut, erfolgt neben der aktuellen Wasserrückhaltung und -ableitung eine Akkumulation von Sedimenten und eine Grundwasseranreicherung.
- Water harvesting von Dach- und Hofflächen - Das abgeleitete und in Tonnen oder Tanks gespeicherte Wasser dient vor allem der Trinkwasserversorgung.

Negative Aspekte des water harvesting ergeben sich daraus, dass die hygrischen Risiken nur abgemildert und nicht ausgeschlossen werden, dass Konflikte zwischen Ober- und Unterliegern an einem Trockenfluss oder einem längeren Hang entstehen oder dass traditionelle Bodenbesitzrechte Probleme bereiten.
(→BEWÄSSERUNG)

Systematik der Nutzungsformen des Wechselgrünlandes

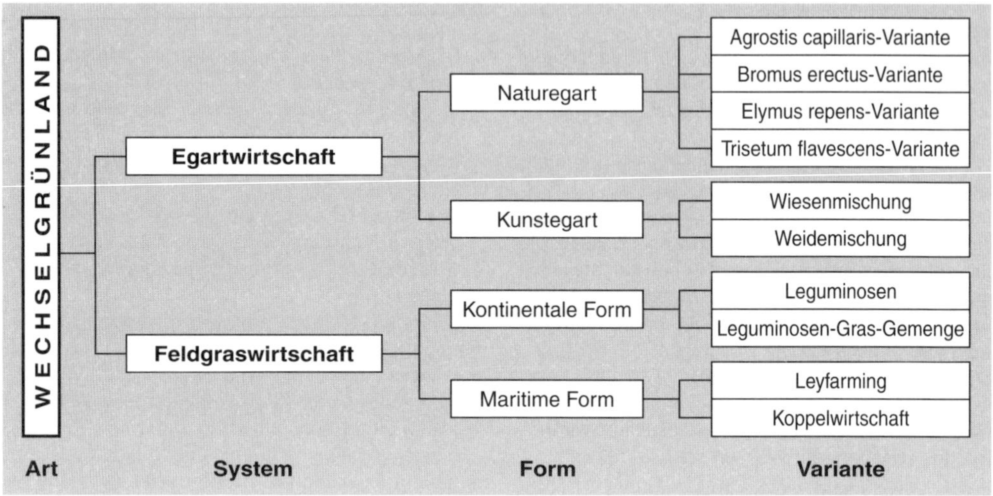

Quelle: Voigtländer 1987

WECHSELGRÜNLAND: Auch *Wechselwirtschaft*; Fruchtfolgesysteme, bei denen mehr- oder langjährig genutztes →Grünland, im Wechsel mit ein- oder mehrjährigem Ackerbau kombiniert wird. In feuchten oder höheren Lagen ist der Unterbruch durch Ackernutzung kurz, in günstigeren Gebieten länger. Gemeinsam haben die Systeme und Formen des Wechselgrünlandes, dass keine örtliche Trennung zwischen →Acker- und Grünland besteht.
Bei der →*Egartwirtschaft*, der in der Regel alpenländischen Form der Wechselwirtschaft, wird das Ackerland innerhalb der Grünlandfläche umgelegt. Demgegenüber wird bei der →*Feldgraswirtschaft*, der eher kontinentalen Ausprägung der Wechselwirtschaft, das Grün- bzw. Grasland innerhalb der Ackerfläche umgelegt. Bei der Egartwirtschaft steht die Grünlandnutzung im Vordergrund, bei der Feldgraswirtschaft die Ackernutzung. Für beide Systeme sind ackerfähige Standorte, d.h. nicht zu flachgründige →Böden mit nicht zu starker Hangneigung, erforderlich.

WECHSELWEIDEWIRTSCHAFT: Form der →Weidewirtschaft, bei der wegen Futterknappheit ein jahreszeitlicher Wechsel der Weidegebiete erfolgt. (→ALMWIRTSCHAFT, →NOMADISMUS, →TRANSHUMANZ)

WEGRAIN: Auch *Wegrand*; der in der →Agrarlandschaft vielfach gehölzfreie oder nur streckenweise mit einzelnen Bäumen bestandene Grenzstreifen zwischen der für den Fahrzeugverkehr ausgewiesenen und gewöhnlich künstlich befestigten Trasse und den benachbarten, teils ackerbaulich, teils anderweitig genutzten Flächen. Sie dienen manchmal zum Abstellen von landwirtschaftlichen Geräten, als Wendeplatz bei der Feldbearbeitung sowie gelegentlich als Ablageplatz für →Lesesteine und organische Abfälle. Oft bilden sie auch Grenzlinie und Fußpfad. Diese vielfältigen Nutzungen bedingen zusammen mit naturgegebenen Bedingungen vielfältige Strukturen insbesondere von pflanzlichen und tierischen Lebensgemeinschaften sowie unterschiedlichste Feuchte- und Nährstoffverhältnisse.
Wegraine sind bei standortgerechter Anlage und behutsamer Pflege ein wichtiges Element der Vernetzungstrukturen innerhalb der Agrarlandschaft. Die früher übliche Ausbringung von →Herbiziden auf den Wegrainen wird immer seltener praktiziert.

WEIDE: Derjenige Teil der →landwirtschaftlichen Nutzfläche, der im Unterschied zur →Wiese von →Nutztieren beweidet wird. Unterscheiden lassen sich Weiden in private Weiden und Gemein-Weiden (u.a. auch →Hutungen, →Almen). Man unterscheidet ferner die →Dauerweide von der Wechselweide, die im Rahmen der →Feldgraswirtschaft betrieben wird. Als Unterform der Dauerweide kann die →Umtriebsweide angesehen werden. Zwischen Weide und Wiese steht die →Mähweide.

WEIDEFLÄCHENWECHSEL: Der Weideflächenwechsel wird erforderlich, wenn die Futtergrundlage infolge mangelnder Niederschläge oder →Überweidung nicht mehr ausreicht und weit entfernte Weidegründe aufgesucht werden müssen. Beim →Nomadismus verbindet sich der Flächenwechsel, vergleichbar dem →Wanderfeldbau, mit einer Verlegung der Siedlungen, während bei der →Transhumanz die Siedlungen wie bei der →Landwechselwirtschaft ortsfest bleiben.

WEIDEGERECHTSAME: Auch *Weidegerechtigkeit, Weideservitut, Weidedienstbarkeit, Hutungsrecht, Weiderecht*; das Recht, Vieh auf staatlichem, gemeindeeigenem oder privatem Land weiden zu lassen. Es wurde früher von den Dorfbewohnern als Weidegemeinschaft der Markgenossen auf den →Allmenden wahrgenommen. Heute spielt das Weiderecht noch in der →Almwirtschaft Tirols und der Schweiz eine Rolle.

WEIDEWIRTSCHAFT: Formen der →Viehhaltung, bei denen keine monatelange Einstallung des Viehs erfolgt, dieses vielmehr auf umfangreichem Weideland gehalten wird. Dennoch können einfache Hütten vorhanden sein, die dem Vieh als Schutz vor Unwettern dienen oder dem Aufenthalt von Jungtieren sowie von kranken Tieren. Verschiedentlich sind die Hütten auch mit technischen Einrichtungen versehen und dienen dem Melkbetrieb. Grob können folgende Weidewirtschaftssysteme unterschieden werden:

- →Dauerweidewirtschaft
- Weidewirtschaft mit saisonalem Flächenwechsel (→Transhumanz)
- Weidewirtschaft mit Wanderherden (→Nomadismus)

Fleisch- und Milchproduktion durch standortgemäße Weidehaltung von Rauhfutterfressern (Rinder, Schafe, Ziegen) konkurriert nicht mit dem Getreideanbau um Ackerfläche und liefert vor allem in Entwicklungsregionen einen Großteil tierischer Produkte. Unter den Gesichtspunkten Energieeffizienz, →Tragfähigkeit und →Ökologie ist die Weidehaltung wegen ihrer Schonung ackerbaulicher Flächen zugunsten der Produktion von pflanzlichen Nahrungsmitteln und dem Verzicht auf →Futtermittelimporte aus Übersee vorteilhaft.
Durch die beispielsweise in Mitteleuropa seit Jahrtausenden betriebene Weidewirtschaft wurde ebenso wie durch den →Ackerbau entscheidender Einfluss auf die Entstehung der →Kulturlandschaft genommen. Die Beweidung mit Rindern, Pferden, Schweinen, Ziegen, Schafen sowie Holzeinschlag und Brand drängten den →Wald immer mehr zurück. In den Wäldern, in denen das Vieh (meist frei) weidete, kam es kaum noch zu einer Naturverjüngung der Waldbäume, da die Tiere sowohl die schmackhaften Samen und Früchte (Eicheln, Nüsse, Bucheckern usw.) als auch die frischen Triebe der meisten Jungbäume den teilweise bitteren Waldkräutern vorzogen. Auch ältere Bäume wurden so weit geschädigt, dass sie abstarben, weil ihre Rinde vor allem von Ziegen und Pferden abgeschält wurde. So wurden besonders auf ärmeren →Böden innerhalb weniger Baumgenerationen aus dichtgeschlossenen Wäldern aufgelockerte Parklandschaften oder weitgehend gehölzfreie →Triften.
Die hierdurch ausgelösten Veränderungen der Lichtverhältnisse, des Kleinklimas und des →Bodens ermöglichten es, dass sich die ursprünglich auf Waldlichtungen und lichte Wälder beschränkten Pflanzenarten und -gesellschaften ausbreiteten und für den Wald nichttypische Dünen- und Steppenpflanzen vordringen konnten. So entstanden neue, artenreiche Lebensräume. (→ALMWIRTSCHAFT)

WEILER: Kleine, meist landwirtschaftlich geprägte Gruppensiedlung mit drei bis zwanzig Haus- und Hofstätten, die keine eigene Verwaltung, Schule, Kirche oder sonstige Versorgungseinrichtungen besitzt. Verbreitungsgebiete sind große Teile der deutschen Mittelgebirge.

WEINBAU: Der zu den →Sonderkulturen zählende systematische und vorwiegend zu Erwerbszwecken dienende Anbau der Kulturrebe. Reben können auf fast allen Böden und unter unterschiedlichen Klimabedingungen angebaut werden. Für einen wirtschaftlichen Anbau werden Jahresdurchschnittstemperaturen zwischen 12 und 18 °C oder ein günstiges Lokalklima mit hoher Temperatursumme während der Vegetationsperiode sowie eine gute Nährstoffversorgung benötigt.
Die Hauptanbaugebiete liegen in der subtropischen und in der gemäßigten Zone.
Der größte Teil der globalen Traubenernte wird zu Wein, Schaumwein und Weinbrand verarbeitet. Ein kleinerer Teil gelangt als Frischobst oder nach Trocknung als Rosinen, Sultaninen oder Korinthen auf den Markt. Geringere Bedeutung besitzt die Herstellung von Traubensaft, Marmeladen oder Konfitüren.

WELTMARKTPREIS: Auf den Weltmärkten gezahlte Preise für verschiedene Agrarprodukte. Es handelt sich i.d.R. um manipulierte Preise, die sich z.T. unabhängig von den Produktionskosten bilden. Sie werden meist von den Produktionsmengen bestimmt, die von den Ländern mit agrarischer Überproduktion auf den Weltmarkt geworfen werden, und die großenteils direkt oder indirekt mit Exportsubventionen verbilligt sind. Kurzfristige Angebotsschwankungen widerspiegelnd, stellen Weltmarktpreise somit keinen verlässlichen Maßstab für die tatsächliche Marktlage oder die Produktionskosten dar. Zudem erfassen diese Preise nicht den Verbrauch an 'freien' Gütern, insbesondere an Naturgütern. Die Berück-

sichtigung ihrer Kosten würde zu relativen Preisverschiebungen entsprechend der Umweltfreundlichkeit der agrarischen Produktion in einzelnen Ländern führen. Um ungleiche Marktbedingungen zu vermeiden bieten sich zwei Lösungsansätze an: Entweder es kommen in allen Agrarhandelsländern dieselben Umweltschutzvorschriften in der landwirtschaftlichen Produktion, in Verarbeitung und Handel zur Anwendung oder den Ländern mit dem strikteren Umweltschutz wird ein angemessener Außenschutz zugestanden.
Die auf dem Weltmarkt angebotenen Mengen sind im Vergleich zur gesamten Erzeugung häufig unbedeutend, z.B. bei Zucker, Getreide und Milcherzeugnissen. Bei anderen Erzeugnissen wie Rindfleisch, Wein und Tabak gibt es praktisch keinen Weltmarkt, und die Preise sind je nach Bestimmungsland der Ausfuhren unterschiedlich. Grund hierfür sind feste Handelsvereinbarungen. Die Erzeugerpreise für Agrargüter in der EU liegen i.a. über dem Weltmarktpreisniveau.

WENDENDE BODENBEARBEITUNG: Der Einsatz des →Pfluges bei der →Bodenbearbeitung, bei dem in das bestehende →Bodenprofil mehr oder weniger stark eingegriffen wird. (→KONSERVIERENDE BODENBEARBEITUNG)

WERTSCHÖPFUNG: Die *Bruttowertschöpfung* (BWS) zu Marktpreisen ergibt sich als Differenz von →Produktionswert und →Vorleistungen. Aus der BWS wird nach Abzug der verbrauchsbedingten und zu Wiederbeschaffungspreisen bewerteten Abschreibungen und der Produktionssteuern sowie durch Addition der für die laufende Produktion gezahlten →Subventionen die *Nettowertschöpfung* zu Faktorkosten. Die Nettowertschöpfung umfasst die Entlohnung der →Produktionsfaktoren →Boden, Arbeit und Kapital. Im Wirtschaftsjahr 1996/97 betrug in Deutschland die landwirtschaftliche Bruttowertschöpfung zu Marktpreisen 29 Mrd. DM, die Nettowertschöpfung zu Faktorkosten 24,5 Mrd. DM.

WIEDEREINRICHTER: Mit Wiedereinrichter werden Eigentümer landwirtschaftlicher Immobilien (Grund, Gebäude) in den neuen Bundesländern bezeichnet, die nach der Wiedervereinigung und dem Inkrafttreten eines entsprechenden →Landwirtschaftsanpassungsgesetzes wieder frei über ihr Vermögen verfügen können (z.B. nach Auflösung einer →LPG). Der Begriff Wiedereinrichter trifft eigentlich nur in wenigen Fällen zu (wenn der Wiedereinrichter auch während der Kollektivierungsphase der DDR-Landwirtschaft seine Immobilien behielt), da in der Regel der landwirtschaftliche Betrieb neu eingerichtet wird. Wiedereinrichter werden nicht nur von der Bundesregierung sondern auch von der →Europäischen Union finanziell gefördert. Sie erhalten zunächst eine Starthilfe von 23.500 DM. Für förderungsfähige Investitionen kann ein Betrieb dann noch bis zu 800.000 DM zinsverbilligte Darlehen bekommen. Die Finanzhilfen erklären sich aus der i.d.R. dünnen Eigenkapitaldecke der Wiedereinrichter, die sie z.B. oft hindert, Flächenkäufe, bauliche Investitionen oder moderne Landtechnik zur Stabilisierung und langfristigen Wettbewerbsfähigkeit ihres Unternehmens zu beschaffen. Immerhin wies 1992 ein land- und forstwirtschaftlicher Arbeitsplatz im Durchschnitt der alten Bundesländer eine Kapitalausstattung von 411.400 DM auf, eine Zahl, die für Gesamt-Deutschland bis 1997 auf ca. 503.000 DM gestiegen ist.
Häufig verbergen sich hinter dem Begriff Wiedereinrichter flächenstarke Marktfruchtbetriebe mit geringstem Arbeitskräftebesatz, ohne Tierhaltung und ohne bäuerlichen Charakter. Die Extremform ist der *Tiefladerbauer* aus dem Westen, der im Frühjahr zur Bestellung mit dem Tieflader nach Osten rollt und im Herbst zum Ernten kommt.

WIESE: Ein Begriff, der für natürliche und künstliche, holzpflanzenfreie Graslandgemeinschaften verwendet wird. Natürliches Grasland findet sich in Mitteleuropa etwa an Gewässerufern, während künstliches Grasland durch Mähen der Heugewinnung dient. Weidenutzung wird nur gelegentlich als *Nachweide* vor Ende der Vegetationszeit praktiziert.
Mähwiesen entstanden in Mitteleuropa erst vor ca. 1.000 Jahren. Sie waren zunächst einschurig und wurden als →Streuwiesen genutzt. Allmählich ging man zu zwei- und mehrschurigen *Futterwiesen* über, wie sie bis in die Mitte des 20. Jh. vorherrschten.
In der →Intensivlandwirtschaft wurden die artenreichen Futterwiesen durch artenarmes Intensivgrünland ersetzt. Die beispielsweise im Alpenvorland in den vierziger Jahren genutzten Futterwiesen wurden damals zu 94 % zweischnittig geführt, heute werden sie vier- bis sechsschnittig genutzt und bieten dadurch nur noch 20 - 30 % der früher vorkommenden Wiesenflora Lebensraum.

WIESEN-ALP-BETRIEB: Volkskundlicher Begriff für die traditionelle →Agrarstruktur des feuchten Alpennordsaumes bzw. der Alpenregionen mit germanischer Sprache und Kultur.
<u>Hauptmerkmale der Wiesen-Alp-Betriebe:</u>
- zentrale Stellung der →Viehwirtschaft mit dem →Ackerbau in ergänzender Funktion zur Selbstversorgung
- nahezu alle Kulturflächen im Dauersiedlungsraum als →Fettwiesen genutzt
- kleinflächiger Ackerbau als →Egartwirtschaft betrieben

- relativ große Besitzeinheiten mit wenig zersplittertem Besitz

Wiesen-Alp-Betriebe haben vor allem mit der arbeitsextensiven Ausrichtung auf Schlacht- und Zuchtviehproduktion auch im Rahmen der EU eine deutlich bessere wirtschaftliche Position als die ➔Acker-Alp-Betriebe.

WIESENBAU: Bezeichnung für die Techniken der ➔Be- und Entwässerung von ➔Wiesen.

WIESENBEWÄSSERUNG: Vor allem in europäischen Mittel- und Hochgebirgen praktizierte ➔Bewässerung zur Steigerung der Erträge auf ➔Grünland in Hochlagen.

WILDACKER: Feldflurstück, das mit Nahrungspflanzen für das Wild bebaut wird und/oder dem Wild als Schutz dient.

WILDFELD: Auch *Wildland* oder *Willerungsland*; früher die Bezeichnung für eine wenig ertragreiche Fläche in dorfferner Lage. Das Wildfeld wurde nicht gedüngt und nur in der Form einer meist ungeregelten ➔Feldgraswirtschaft genutzt. Nach bis zu drei Ernten erfolgte eine Selbstberasung. Nach 8-20 Jahren wurde das Wildfeld wieder umgebrochen. Wildfelder waren vornehmlich in W- und SW-Deutschland weit verbreitet. In der zweiten Hälfte des 19. Jh. erfolgte die Umwandlung in Dauerackerland bzw. ➔Dauergrünland. Wo Ertragsverbesserungen nicht möglich waren, erfolgte Aufforstung.

WINDBARRIEREN: Auch *Windschutzstreifen*; kulturtechnische Erosionsschutzmaßnahme, bei der Barrieren aus Bäumen und Sträuchern oder aus hohen Gräsern rechtwinklig zur Hauptwindrichtung angelegt werden. Sie dienen zum Unterbrechen und Bremsen des Luftstroms und mindern so die Transportkraft des Windes.

WINGERT: Von ahd. *wingarte* - Weingarten, im Sinne von Weinberg

WINKELGEHÖFT: Ein Regelgehöft (geregelter Mehrbauhof), bei dem die zwei bis vier Einzelbauten einen rechteckigen Hofplatz bilden, der an zwei, drei oder allen Seiten nach außen abgeschlossen ist. Man unterscheidet Zwei-, Drei- und Vierseitgehöfte (-höfe) mit nicht durchlaufender Firstlinie und Zwei-, Drei- und Vierkanter mit durchlaufender Firstlinie. Das Zweiseitgehöft (Zweiseithof) wird auch als *Hakenhof* bezeichnet.
(➔EIN(HEITS)HOF, ➔HOFFORMEN, ➔MEHRBAUHOF)

WINKELHOF: Auch als *Hakenhof* bezeichneter *Zweiseithof*, häufig als Erweiterungsform der ➔Einfirsthäuser entstanden. Wird der Erweiterungsbau beidseitig vorgenommen, ergibt sich ein *T-Hof*. Winkelhöfe treten häufig in Gebieten mit Einfirsthäusern auf und sind wie diese mehr oder minder stark auf Großviehhaltung eingestellt.
Der Begriff deckt sich in der Literatur teilweise mit dem des ➔Winkelgehöfts.

WINTERGETREIDE: Eine Getreideform, die zum Schossen und Ährenbilden einen Kältereiz braucht. Wintergetreide wird im Herbst ausgesät. Es ist normalerweise der jeweiligen Sommergetreideform in Bestockung, Frühreife und Ertragssicherheit überlegen.

WINTERSAAT: Bestand von ➔Kulturpflanzen, deren ➔Saatgut im Herbst aufs Feld gebracht wurde. (➔WINTERUNG)

WINTERUNG: In der ➔Landwirtschaft gebräuchliche Bezeichnung für die im Herbst ausgebrachte Saat von ➔Wintergetreide. (Gegensatz: ➔SOMMERUNG).

WINZER: Sammelbegriff für die Berufsgruppe der Weinbautreibenden. In Baden und Württemberg bestehen auch die Begriffe *Hacker* oder *Häcker*, in Österreich die Bezeichnung *Hauer*.

WINZERGENOSSENSCHAFT: Gewöhnlich lokale bis regionale Vereinigung von ➔Winzern auf genossenschaftlicher Grundlage zur gemeinsamen Verwertung ihrer Erzeugnisse (Weinbereitung, Weinverkauf) oder zur gemeinschaftlichen Herstellung und Abgabe von Pfropfreben. Winzergenossenschaften gibt es heute in allen Weinbaunationen mit unterschiedlichsten Strukturen. Die Winzer entscheiden autonom über Satzung sowie Rechte und Pflichten ihrer ➔Genossenschaft. Die Pflege des Reblandes obliegt grundsätzlich dem Winzer, die Weinbereitung und i.d.R. die Vermarktung der Genossenschaft.
Die erste deutsche Winzergenossenschaft wurde 1834 in Neckarsulm gegründet.

WIRTSCHAFTSBAUTEN: Gebäude eines landwirtschaftlichen Betriebes mit spezifischen Funktionen. Dazu gehören:

- *Stall* für die Unterbringung des Viehs
- *Großpferch* mit Fütterungseinrichtungen (➔feed lot)
- *Scheune* (Heuscheune, Stadel, Bargen u.a.) zur Lagerung von ➔Heu, Stroh, Hülsenfrüchten, Getreide, Kartoffeln und für Druscharbeiten
- *Speicher* (*Spieker*) zur Aufbewahrung von gedroschenem Getreide und anderen Nahrungsmitteln

- *Reuter* (unterschiedlicher Form) sind Gestelle zum Trocknen der →Mahd
- *Schuppen* zur Unterbringung von Gerätschaften
- *Sennhütte*
- *Dörrhaus*, z.B. für Kastanien
- *Silageturm*
- *Güllebehälter*
- *Tenne* (Dreschplatz)
- *Waschhaus*
- *Backhaus*

WIRTSCHAFTSDÜNGER: Bei der Haltung landwirtschaftlicher →Nutztiere fallen je nach Aufstallungsart, Einstreumenge und Entmistungsverfahren Festmist und →Jauche oder →Gülle an.
Festmist, Jauche: Festmist entsteht durch Vermischung von Kot und Harn mit →Einstreu. Der von der Einstreu nicht aufnehmbare Harn fließt als Jauche ab.
Gülle: Gülle, auch Flüssigmist genannt, ist ein Kot-Harn-Gemisch. Die im Stall anfallende Gülle läuft von dort entweder stetig in einen außerhalb des Stalles befindlichen Lagerbehälter ab oder wird vorübergehend aufgestaut.
Der Anfall von Kot und Harn hängt im wesentlichen von der Art und dem Lebendgewicht der aufgestallten Nutztiere ab. Der Anfall an Festmist wird zudem von der Einstreumenge mitbestimmt.

Anfall an Festmist und Jauche bei verschiedenen Nutztierarten

Tierart	Festmist [dt/Mon.]	[m^3/Mon.]	Jauche [m^3/Mon.]
Rind [1 GV]	5,5 - 10,5	0,75 - 1,0	0,5 - 0,6
Schwein [1 GV]	5,5 - 10,5	0,75 - 1,0	0,5 - 0,6
Legehenne [1000 St.]	18	2,25	-

Eigenschaften von Wirtschaftsdünger:
- *Hoher Sauerstoffbedarf* (unbehandeltes Hausabwasser - rd. 300 mg BSB_5/l, Gülle - rd. 25.000 mg BSB_5/l)
- *Hoher Nährstoffgehalt* (der Nährstoffgehalt von Rinder- und Schweinegülle liegt für Stickstoff 60-75 mal, für Phosphat 50-100 mal höher als im unbehandelten Hausabwasser.)
- *Neutraler pH-Wert* (pH-Wert von Jauche und Gülle liegt bei 7 - 8, somit neutral bis leicht alkalisch)

Auswirkungen auf das →Grundwasser:
Gelangen Jauche, Gülle oder deren Abbauprodukte in das Grundwasser, so wird dies verunreinigt. Von den in das Grundwasser gelangenden →Nährstoffen beeinträchtigt insbesondere das leicht lösliche →Nitrat (NO_3) die Güte des Grundwassers und schränkt seine Verwendung als Trinkwasser ein. Der derzeit gültige Höchstwert für Trinkwasser beträgt 50 mg Nitrat pro Liter. Für die menschliche Gesundheit ist nicht das Nitrat an sich gefährlich, sondern die Bildung von Nitrosaminen, die zu den krebserregenden Stoffen zählen, oder von →Nitrit, das zur Blausucht bei Säuglingen führen kann. Daneben entzieht der Abbau der organischen Bestandteile auch dem Grundwasser Sauerstoff. Schließlich können mit Jauche und Gülle auch Keime und Krankheitserreger in das Grundwasser gelangen.
Ausbringung von Festmist:
Im Gegensatz zur Gülle werden mit dem Festmist relativ große Mengen an organischer Substanz ausgebracht. Festmist entfaltet seine volle Wirkung erst nach Einarbeitung und intensiver Vermischung mit dem →Boden. Die Einarbeitungstiefe ist von der →Bodenart abhängig, wobei auf Sandböden 15 - 20 cm, auf schweren Böden 10 - 15 cm zu empfehlen sind. Die Festmistgabe beträgt i.a. 200 - 400 dt/ha im Abstand von 2 - 3 Jahren. Im Fassungsbereich von Trinkwasserschutzgebieten ist die Ausbringung von Festmist verboten.
Festmist erhöht die Wasserspeicherfähigkeit leichter Böden, lockert schwere Böden (bessere Bodenstruktur und Durchlüftung sowie schnellere Erwärmung) und er hilft, Nährstoffe zu binden.
Ausbringung von Gülle:
Die Begüllung von Agrarflächen muss geschehen in Abhängigkeit von Vegetationszeit, Fruchtart, Relief, Wassersättigung des Bodens, Abstand von Oberflächengewässern und unter Beachtung des Trinkwasserschutzes. (→DÜNGEMITTELVERORDNUNG)

WIRTSCHAFTSFORMEN: Unscharfer Begriff für die Zweige der →Agrarwirtschaft und die Methoden der Bodenbearbeitung:
- Jagd- und Sammelwirtschaft
- Bodennutzung:
  - →Ackerbau mit
  - →Pflanzstock-, →Grabstockbau
  - Hackbau
    →Pflugbau
    →Gartenbau
  - Grünlandwirtschaft
  - Baum- und Strauchkulturen
  - →Viehwirtschaft
  - Waldwirtschaft (im Rahmen der Agrarwirtschaft)

WIRTSCHAFTSWALD: Alle Holzbodenflächen, die regelmäßig bewirtschaftet und von der Forsteinrichtung als "W.i.r.B." (Wirtschaftswald in regelmäßigem Betrieb) ausgeschieden werden. Wirtschaftswald außer regelmäßigem Betrieb umfasst alle Holzbodenflächen, die nicht regelmäßig bewirtschaftet werden (z.B. Bannwald, unbegehbare Steilhänge, Wildparke) und/oder deren nachhaltige Nutzungsmöglichkeit für absehbare Zeit unter 1 m^3 je Jahr und Hektar liegt.

WÖLBACKER: Auch *Hoch-* oder *Hügelacker* genannter, reliktförmig auftretender Ackerstreifen aus der Frühzeit oder dem Mittelalter. Er ist ein i.d.R. 5 bis 20 Meter breites Beet mit einer Scheitelhöhe bis zu 1 Meter. Üblicherweise gehören mehrere nebeneinander liegende Wölbäcker zu einer ➔Parzelle. Die gewölbte Form ergab sich aus Gründen der besseren ➔Drainage - ihre Scheitel hatten der Gefällsrichtung zu folgen - oder durch die Art des Pflügens, nämlich dann, wenn die Schollen in Richtung der fiktiven Mittellinie des Pflugstreifens zusammengepflügt wurden. Der einzelne Wölbacker braucht weder eine Nutzungs- noch eine Besitzparzelle zu sein. Diese Form der Bodennutzung brachte eine Risikostreuung. In trockenen Jahren waren die Erträge auf den niedrigeren Teilen noch recht günstig, in feuchten Jahren dagegen auf den höheren Teilen. (➔BIFANG, ➔FLURWÜSTUNG)

WTO: Englische Abk. für "World Trade Organization", Welthandelsorganisation. Sie ist eine mit eigener Rechtspersönlichkeit ausgestattete Organisation mit ständigem Sitz in Genf. Mitglieder sind u.a. alle OECD/EU-Staaten, nicht aber China. Jedes Mitgliedsland hat eine Stimme in den Gremien. In der internationalen Handels- und Wirtschaftspolitik ist die WTO die dritte Säule neben *Weltbank* und *Internationalem Währungsfonds*.

Das WTO-Abkommen trat am 1. Januar 1995 in Kraft und umfasst drei Bereiche: das 1948 als Provisorium geschaffene *Zoll- und Handelsabkommen* (➔GATT), das *Allgemeine Abkommen über den Handel mit Dienstleistungen* (GATS - General Agreement on Trade and Service) und das *Rahmenabkommen über den Schutz geistiger Eigentumsrechte* (TRIPS - Agreement on Trade-Related Aspects of Intellectual Property Rights). Integriert ist auch ein neues umfassend geregeltes Streitschlichtungsverfahren von allerdings demokratisch fragwürdigem und wenig transparentem Charakter. Die WTO besitzt weit mehr Kompetenzen als ihre Vorläuferin, das GATT. Viele GATT-Übereinkommen wurden in das WTO-Abkommen integriert. Hierzu gehören insbesondere die für das Lebensmittelrecht maßgebenden "Übereinkommen über technische Handelshemmnisse" (Agreement on Technical Barriers to Trade, ➔TBT-Übereinkommen) und das "Übereinkommen über die Anwendung gesundheitspolizeilicher und pflanzenschutzrechtlicher Maßnahmen" (Agreement on the Application of Sanitary and Phytosanitary Measures, ➔SPS-Übereinkommen).

Experten versprechen sich durch die im Rahmen der WTO getroffenen Vereinbarungen weltweite Einkommenszuwächse von mehr als 200 Mrd. $ jährlich ab der Jahrtausendwende.

In der Präambel der WTO ist das Prinzip der ➔*sustainable development* als Ziel formuliert, ferner u.a. der Abbau produktionsgebundener ➔Subventionen für die ➔Landwirtschaft.

Wegen der Besonderheiten der Weltagrarmärkte wurden besondere Regeln für den Agrarhandel eingeführt.

WTO-Beschlüsse im Agrarbereich:

- Abbau der internen produktgebundenen Agrarstützung (preis- und absatzsichernde Maßnahmen sowie produktgebundene Direktzahlungen) um 20%
- Senkung des Außenschutzes (Handelshemmnisse) um 36% (mengenmäßige Restriktionen, Abschöpfungen, Mindestpreisbedingungen, freiwillige Beschränkungen, Staatshandelsvorschriften)
- ➔"Green Box"-Bestimmungen, wonach die Vertragspartner die Landwirtschaft aus regional-, sozial- und umweltpolitischen Erwägungen unterstützen dürfen
- Umwandlung der bisherigen Handelshemmnisse in Zölle (Tarifizierung)
- Mindestmarktzugang für Agrareinfuhren
- Kürzung der direkten Exportsubventionen mengenmäßig um 21% und haushaltsmäßig um 36%

Hintergrund der Maßnahmen sind die besonderen Merkmale der Landwirtschaft der Industriestaaten mit ihrem hohen Grenzschutzniveau und dem zunehmenden Einsatz von nichttarifären Handelshemmnissen. Mit der Industrialisierung hatten sich die Einkommensunterschiede zwischen Landwirtschaft und Nichtlandwirtschaft vergrößert. Die einzelnen Länder reagierten auf diese Entwicklung mit Einkommensbeihilfen an die Landwirtschaft, teils über Preisstützungen und Grenzschutzmaßnahmen, teils über direkte Beiträge. In den Entwicklungsländern liegen die Verhältnisse anders. Die Landwirtschaft wird vom Staat nicht unterstützt. Im Gegenteil, der Staat besteuert die Landwirtschaft über Exportabgaben. 1988 lagen die Exportpreise von 19 Entwicklungsländern um fast 30% unter den Weltmarktpreisen.

Ab 1.1.1997 sind neue Zollpräferenzen für Agrarprodukte aus Entwicklungsländern wirksam. Bestimmte Entwicklungsländer können nunmehr je nach Produkt zu reduzierten, geringen oder sogar Null-Zollsätzen in die EU einführen. Die Präferenzzölle stehen in unmittelbarer Verbindung mit dem im Rahmen des WTO-Abkommens vorgesehenen Abbau der WTO-Zölle.

Unterschiedlichste Gruppierungen streben die Aufnahme einer Sozialklausel in die WTO-Vereinbarungen an, um Sozial-Dumping zu verhindern. Defizite bestehen auch hinsichtlich der Einbeziehung der Umweltkosten (➔externe Kosten) des aufwendigen

Transportes von Millionen Tonnen von →Futtermitteln über Tausende von Kilometern in die Regularien der stark freihandelsorientierten WTO-Vereinbarungen. Generell wird der GATT/WTO-Ansatz über erhöhtes Wachstum das Potential für vermehrten Umweltschutz zu schaffen, als Versuch einer ex post-Reparatur von Umweltschäden gesehen.
Bislang hatten die WTO-Vereinbarungen noch keine gravierenden Folgen für die EU-Landwirtschaft. Die im Abkommen geforderte Abbauverpflichtung der Agrarstützungsmaßnahmen war durch die 92er →Reform der →GAP schon vor 1995 so weit umgesetzt, dass die festgesetzte Zielmarke voraussichtlich deutlich unterschritten wird.
Das WTO-Agrarabkommen enthält eine Fortsetzungsklausel mit dem Ziel, "die Anstrengungen für ein faires und marktorientiertes Agrarhandelssystem fortzusetzen". Die Verhandlungen sollen im Jahr 1999/2000 beginnen. (→BLUE BOX, →CODEX-ALIMENTARIUS-KOMMISSION, →GREEN BOX)

WURZELKNÖLLCHEN: Durch das symbiontische Zusammenleben von bestimmten Bakterien (Rhizobium, Bradyrhizobium) mit den Wurzeln von Pflanzen der →Leguminosen entstehen Wurzelknöllchen, in denen die Umwandlung von atmosphärischem Stickstoff (N_2) zu Ammonium (NH_4^+) stattfindet. Die Stickstofffixierung ist weder den freilebenden Rhizobien noch den Leguminosen allein, sondern nur durch das symbiontische Zusammenleben beider Partner möglich. Eine besonders effiziente Stickstoffbindung findet in stickstoffarmen Böden statt.
Durchschnittlich fixieren Sojabohnen, Buschbohnen und Erdnüsse etwa 100 kg Stickstoff pro Hektar und Jahr, Erbsen und Lupinen etwa 150 kg und Ackerbohnen, Luzerne und Klee etwa 200-250 kg. Die drei genannten Pflanzengruppen decken mit der symbiontischen Stickstofffixierung etwa 50 %, 70 %, respektive 90 % ihres Gesamtstickstoffbedarfs.

WÜSTENKONVENTION: "Konvention zur Bekämpfung der Wüstenbildung und der Dürrefolgen insbesondere in Afrika" (*UN Convention to Combat Desertification in Countries Experiencing Serious Drought and/or Desertification, Particularly in Africa*); eine am 26.12.1996 in Kraft getretene Vereinbarung mit vorwiegend programmatischem Charakter, in der verbindliche operationelle und konkrete finanzielle Konsequenzen nicht festgeschrieben wurden. Als völkerrechtlich innovatives Vorgehen ist der *bottom-up*-Ansatz zu sehen, der bei der Desertifikationsbekämpfung die lokale Bevölkerung aktiv in Entwicklung und Umsetzung von Aktionsplänen einbezieht.
(→BODENDEGRADATION, →DESERTIFIKATION, →LANDDEGRADATION)

WÜSTUNG: Bezeichnung für eine aufgegebene Siedlung (→Ortswüstung), Wirtschaftsfläche (→Flurwüstung) oder Industrieanlage (Industriewüstung). Man unterscheidet nach totalen und partiellen Wüstungen. Ursachen für Wüstungen können Bevölkerungsverluste (durch Krieg, Seuchen, Landflucht, Verstädterung oder natürlich bedingt) sein oder auch rein wirtschaftliche Gründe (nachlassende Ertragsfähigkeit des →Bodens, Agrarkrise mit sinkenden Preise/steigenden Löhnen, Erschöpfung von Lagerstätten usw.).
Die mitteleuropäischen Entsiedlungen im späten Mittelalter hatten ihre Ursache vornehmlich im Rückgang der Bevölkerungszahlen, hervorgerufen seit 1309/17 durch Hungersnöte und vor allem durch die 1347/51 erstmals stärker auftretenden Pestepidemien. Ausgedehnte Wüstungsfluren, die man nicht der Bewaldung überlassen wollte, verblieben in nur noch extensiver Nutzung. Vor allem in natürlich benachteiligten Gebieten wurde früheres →Ackerland den →Allmenden angegliedert und als genossenschaftliches Weideland gebraucht. In SW-Deutschland sind herrschaftliche und bäuerliche Schäfereien auf Wüstungsland gegründet worden, die →Wanderschäferei der Schwäbischen Alb erhielt wahrscheinlich erst durch die spätmittelalterliche Entsiedlung die notwendigen Weideareale.

ZEIGERPFLANZEN - ZWISCHENKULTUR

Z

ZEIGERPFLANZEN: Pflanzen, die aufgrund ihres standorttypischen Vorkommens Aussagen über die Beschaffenheit und den Zustand des ➔Bodens erlauben.

Zeigerpflanzen für Wiesentypen und Waldlichtungen

Stickstoffliebende Schlagpflanzen
- Wald-Weidenröschen
- Große Brennessel
- Tollkirsche
- Schwarzer Hollunder
- Wald-Geiskraut
- Hain-Klette
- Himbeere
- Trauben-Hollunder u.a.

Fettwiesen (regelmäßig gedüngt, zweimal jährlich gemäht, hoher Stickstoffgehalt)
- Glatthafer
- Wiesen-Schwingel
- Wiesenlieschgras
- Wiesen-Kerbel
- Wiesen-Schaumkraut
- Bärenklau
- Weiche Trespe
- Englisches Raygras
- Goldhafer
- Wiesen-Glockenblume
- Wiesen-Pippau
- Wiesen-Fuchsschwanz

Feuchte Fettwiesen (enthalten zusätzlich folgende Pflanzen)
- Wolliges Honiggras
- Sumpfdotterblume
- Sumpf-Kratzdistel
- Blutweiderich
- Wald-Storchschnabel
- Wiesen-Knöterich
- Engelwurz
- Kohldistel
- Bach-Nelkenwurz
- Acker-Schachtelhalm
- Kuckuckslichtnelke
- Scharbockskraut

Trockene Fettwiesen
- Aufrechte Trespe
- Wiesen-Salbei
- Echtes Labkraut
- Taubenskabiose

Magerwiesen (ohne regelmäßige Düngung, jährlich nur einmal gemäht)
- Wiesen-Hafer
- Berg-Segge
- Fiederzwenke
- Küchenschelle
- Wundklee
- Berg-Aster
- Große Brunelle
- Warzenwolfsmilch
- Hufeisenklee
- Weiden-Alant
- Kleiner Wiesenkopf
- Berg-Klee
- Großer Ehrenpreis
- Akelei
- Betonie
- Ochsenauge
- Knollige Spierstaude
- Sparriger Alant
- Purgier-Lein
- Berg-Leinblatt
- Blassgelber Klee
- Doldige Wucherblume
- Gewöhnliche Kugelblume
- Sichelblättriges Hasenohr u.a.

ZEILENDORF: ➔Ländliche Siedlungsform, bei der die Gehöfte linear angeordnet sind. Die Siedlung besteht nur aus einer Zeile, die sich entlang eines Weges oder eines Gewässers erstreckt. Ein Zeilendorf wirkt wie ein in der Längsrichtung halbiertes ➔Angerdorf oder ➔Straßendorf. Ein Synonym ist *Reihendorf*. Wird eine Differenzierung zwischen Reihendorf und Zeilendorf vorgenommen, so ist das Unterscheidungsmerkmal die dichte Anordnung der ➔Hofreiten bei den Zeilendörfern, die bis zu Bauweisen mit geschlossenen Fassaden führen kann und die lockere Verteilung der Gehöfte bei den Reihendörfern. Als Gemeinsamkeit wird von manchen Autoren bei beiden Formen eine ein- oder zweizeilige Anordnung angegeben. (➔STRASSENDORF)

ZELGE: Der oberdeutsche Ausdruck für einen Komplex von Ackerparzellen in ➔Gemengelage, der nach einem durch die Nutzungsberechtigten vereinbarten Modus (➔Flurzwang) einheitlich bewirtschaftet wird, genauer: wurde. Eine Zelge umfasste meist mehrere Gewanne. Kennzeichnend ist der einheitliche Anbau innerhalb einer Zelge, der im Rahmen der ➔Fruchtfolge wechselt. Bei der früher weit verbreiteten ➔Dreifelderwirtschaft war eine Unterteilung der Feldflur in drei Zelgen die Regel, Zwei-, Vier- und Mehrzelgenwirtschaften waren auch möglich.

Vor der Mitte des 19. Jh. waren es in Mitteleuropa vor allem zwei Gründe, die einen geregelten, zelgengebundenen Anbau bedingten: die gemeinsame Weidenutzung und die unzulängliche Erschließung der Ackerfluren mit Feldwegen.
Synonyme Begriffe sind *Feld*, →*Ösch*, →*Flur*, →*Schlag*. Die dem regionalen Sprachgebrauch entlehnten Begriffe sind jedoch mehrdeutig.

ZELLENHAUFENDORF: Aus einer Sippensiedlung mit einzelnen Zellen durch Verdichtung hervorgegangenes →Haufendorf mit Verbreitung in Bulgarien.

ZENTURIATSFLUR: Zenturie ist die Bezeichnung für die Grundeinheit der römischen Flureinteilung (Zenturiation; von centum = 100), eine quadratische Fläche von 100 heredia (römische Maßeinheit; ca. 710 m) im Geviert. (→LAND ORDINANCE)

ZERO TILLAGE: Der Verzicht auf jegliche Bodenbearbeitung, eingeführt im nordamerikanischen Trockenfeldbau. Er ist verbunden mit dem Einsatz eines Breitbandherbizids.
Kennzeichen dieses Verfahrens sind:
- Erträge vergleichbar denen aus konventioneller Bewirtschaftung
- Stoppeln und pflanzliche Abfälle halten doppelt so viel Schnee zurück wie normales Brachland
- Rückgang der Bodenversalzung und der annuellen →Unkräuter
- besserer Erhalt organischer Materialien
- ausdauernde →Unkräuter schwieriger zu bekämpfen
- schwierigere Düngerausbringung
- Bodentemperaturen zur Saatzeit niedriger als auf bearbeiteten Feldern
- Zeit- und Kostenersparnis

ZUERWERBSBETRIEB: Landwirtschaftlicher Betrieb, der die wirtschaftliche Existenz der Familie aufgrund der aktuellen betrieblichen Verhältnisse grundsätzlich nicht voll gewährleisten und die deshalb einen außerbetrieblichen Zuerwerb erfordern. Die Betriebe stehen in der alten Gliederung zwischen den →Vollerwerbsbetrieben und den →Nebenerwerbsbetrieben.
Seit 1995 werden die Zuerwerbsbetriebe in der deutschen Agrarstatistik nicht mehr gesondert ausgewiesen, sondern erscheinen zusammen mit den Vollerwerbsbetrieben als Haupterwerbsbetriebe. (→ERWERBSCHARAKTER)

ZUSATZFUTTERSTOFFE: Im Futtermittelrecht ist festgelegt, welche Stoffe in welchen Mengen und Formen dem Futter beigemischt werden dürfen. Dazu gehören beispielsweise in der Rinderzucht
- →*Antibiotika* - sie führen zu geringeren Aufzuchtverlusten bei Jungtieren.
- *Leistungsförderer* - sie verbessern die Futterverwertung.
- *Futterhilfsstoffe* - z.B. verbessern Emulgatoren die Verteilung der Futterwerte, färbende Stoffe werden u.a. Geflügelfutter beigemischt, ferner gehören Fließ-, Press-, Gerinnungs- und Konservierungsstoffe in diese Gruppe.

Schließlich gelten noch synthetisch hergestellte Vitamine und Pro-Vitamine sowie z.B. Aluminiumsulfat, Schwefelblüte, Antioxidantien und weißer Ton zu den erlaubten Zusätzen.

ZWEISEITGEHÖFT/-HOF: Auch *Hakenhof*; geregelter →Mehrbauhof dessen Hofplatz an zwei Seiten von Hofgebäuden umrahmt wird, und der häufig durch eine Torwand von der Straße abgeschlossen wird. Er stellt eine Ausprägung des →*mitteldeutschen Gehöftes* dar.

ZWIEHOF: Auch *Paarhof*; Übergangsform vom →Einzelhof zur →Gruppensiedlung. In Teilen Mitteleuropas besteht der Zwiehof aus einem Viehhof und einem Wohnhof. Der Übergang zum →Doppelhof ist fließend.

ZWISCHENFRÜCHTE: Auch *Zweitfrüchte*; Pflanzen, die, nach einer Hauptfrucht angebaut, im gleichen Jahr kein marktfähiges Erzeugnis mehr liefern. Sie dienen der Futtererzeugung und der →Gründüngung (jeweils etwa zur Hälfte). Unter ökologischen Gesichtspunkten dienen sie dem Erosionsschutz. Insbesondere vor dem Anbau von Kulturen, die eine späte Bodenbedeckung erreichen wie Mais und Zuckerrübe, ist die vorherige Aussaat von abfrierenden Zwischenfrüchten angebracht. Zudem binden sie den durch die Vorfrucht nicht verbrauchten sowie den durch die Verrottungs- und Mineralisierungsprozesse im →Boden freigesetzten →Stickstoff und sie lockern einseitige Getreidefruchtfolgen auf und beugen dadurch Pflanzenkrankheiten vor. Durch ihren Wasserverbrauch vermindern sie auch die Sickerwassermenge.
Bei großen Mengen ausgebrachter →Gülle auf den Betriebsflächen viehintensiver Betriebe dienen Zwischenfrüchte als Puffer. Sie legen den ausgebrachten oder durch Mineralisation freigesetzten Stickstoff organisch fest und stellen ihn langsam der Haupt- oder Folgefrucht zur Verfügung. Als Zwischenfrüchte kommen beispielsweise zum Einsatz: Phacelia, Senf, Alexandrinerklee, Weidelgras, Winterrübsen, Winterroggen. (→MULCHEN)

ZWISCHENKULTUR: In Mischkulturen diejenigen, meist 1jährigen →Kulturpflanzen, die zwischen weitständigen mehrjährigen Kulturen angebaut werden.

Literaturnachweis

ABEL, HANSJÖRG u. a.: Nutztierernährung, Jena und Stuttgart 1995
ACHILLES, WALTER: Deutsche Agrargeschichte im Zeitalter der Reformen und der Industrialisierung, Stuttgart 1993
AGÖL-INFO Nr. 5, Darmstadt 1998
Agra-Europe Nr. 25/1996, 28/1996, 36/1997, 39/1997
AgrarBündnis (Hrsg.): Landwirtschaft 94 - Der kritische Agrarbericht, Bonn 1994
dass.: Landwirtschaft 96 - Der kritische Agrarbericht, Bonn 1996
dass.: Landwirtschaft 98 - Der kritische Agrarbericht, Bonn 1998
AGRARMARKT 8/1997
AGROCOM, AGRO-MET online, Internet: http://www.claas.com/claas_de/agromet.html, 29.6.1998
AID (Hrsg.): Ernährung, Pflege und Schutz von Kulturpflanzen, Bonn 1985
ders.: Flurbereinigung - Landwirtschaft und Naturschutz, AID-Heft 1190, Bonn 1991
ders.: Mineraldüngung gezielt, AID-Heft 1167, Bonn 1991
ders.: Nitrat in Grundwasser und Nahrungspflanzen, AID-Heft 1136, Bonn 1991
ders.: Biotope pflegen mit Schafen, AID-Heft 1197, Bonn 1992
ders.: Bodenschutz und Landwirtschaft, AID-Heft 1174, Bonn 1992
ders.: Erosionsschäden vermeiden, AID-Heft 1108, Bonn 1993
ders.: Gewässerrenaturierung und Landwirtschaft, AID-Heft 1111, Bonn 1993
ders.: Umweltschutz - Was kann der Landwirt tun? AID-Heft 1068, Bonn 1993
ders.: Direktvermarktung - Voraussetzungen und Möglichkeiten, AID-Heft 1121, Bonn 1994
ders.: Technik der Bodenbearbeitung, AID-Heft 1026, Bonn 1995
ders.: Hofübergabe, AID-Heft 1186, Bonn 1995
ders.: Landentwicklung, AID-Heft 1190, Bonn 1995
ders.: Behandlung und Ausbringung von Flüssigmist, AID-Heft 1201, Bonn 1995
ders.: Technik der Bodenbearbeitung, AID-Heft 1026, Bonn 1995
ders.: Wegränder - Bedeutung - Schutz - Pflege, AID-Heft 1261, Bonn 1995
ders.: Streuobstwiesen schützen, AID-Heft 2545, Bonn 1995
ders.: Bodenbearbeitung und Bodenstruktur, AID-Heft 3162, Bonn 1996
Akademie für Raumforschung und Landesplanung (Hrsg.): Entwicklungsperspektiven für ländliche Räume, Thesen und Strategien zu veränderten Rahmenbedingungen, Hannover 1993
dies. (Hrsg.): Die regionalplanerische Bedeutung der Landwirtschaft, Arbeitsmaterial Nr. 243, Hannover 1998
ALSING, INGRID: Lexikon Landwirtschaft, München 1992
ALTEMÜLLER, HANS-JÜRGEN: Der morphologische Bau des Bodens in Abhängigkeit vom Bodentyp und der Bodennutzung; in: Berichte über Landwirtschaft, Sonderheft 204, Hamburg und Berlin 1991
ALTMANN, JÖRN: Außenwirtschaft für Unternehmen, Stuttgart und Jena 1993
Amt für amtliche Veröffentlichungen der Europäischen Gemeinschaften (Hrsg.): Die Zukunft unserer Landwirtschaft, Luxemburg 1993
anon.: Fast Food ist kein Thema - Wie Amerikaner Milchvieh füttern, in dlz agrarmagazin 5/98
ANDREAE, BERND: Naturfaserproduktion in der Weltlandwirtschaft, in: GR 8/1974
ders.: Agrargeographie, Berlin und New York 1977 und 1983
ders.: Weltwirtschaftspflanzen im Wettbewerb, Berlin und New York 1980
ders.: Allgemeine Agrargeographie, Berlin und New York 1985
ARNOLD, ADOLF: Agrargeographie, Paderborn 1985
ders.: Allgemeine Agrargeographie, Gotha 1997
ARNOLD, KLAUS: Wirtschaftsgeographie in Stichworten, Berlin und Stuttgart 1992

BAEUMER, KORD und KELLER, E. R.: Bodenfruchtbarkeit als wissenschaftliches und gesellschaftliches Problem; in: Berichte über Landwirtschaft, Sonderheft 203, Hamburg und Berlin 1991
BASEDOW, T.: Zum Einfluss von Feldrainen und Hecken auf Blattlausräuber, Blattlausbefall und die Notwendigkeit von Insektizideinsätzen im Zuckerrübenanbau; in: Gesunde Pflanzen 42, 1990
BASLER, ALOIS: Entwicklungen im Weltagrarhandel und Implikationen für die Entwicklungsländer; in: Agrarwirtschaft 44 (1995), Heft 11
BASTIAN, OLAF: Landschaftsplanung - Wegweiser für eine ökologisch orientierte Raumentwicklung, in: Zeitschrift für den Erdkunde-Unterricht 1/1997
BASTIAN, OLAF und SCHREIBER, KARL-FRIEDRICH: Analyse und ökologische Bewertung der Landschaft, Jena 1994
BÄTZING, WERNER: Kleines Alpenlexikon - Umwelt, Wirtschaft, Kultur; München 1997

BAUER, SIEGFRIED: Politik zur nachhaltigen Entwicklung ländlicher Räume, in: Agrarwirtschaft 46, Heft 7, 1997
Bayerische Landesanstalt für Bodenkultur und Pflanzenbau (LBP): Bodenfruchtbarkeit erhalten - Das Bodenleben schonen, München 1992
dies. (Hrsg.): Bodenfruchtbarkeit erhalten - Mulchsaat als Erosionsschutz im Mais- und Zuckerrübenbau, München 1991
dies. (Hrsg.): Bodenfruchtbarkeit erhalten - Umweltgerechter Einsatz der Gülle im Ackerbau, Freising 1991
dies. (Hrsg.): Integrierter Pflanzenschutz - Natürliche Feinde von Kulturschädlingen, München 1992
dies. (Hrsg.): Merkblätter für Bodenkultur Nr. 3, München 1991
dies. (Hrsg.): Merkblatt für die Landwirtschaft zur Verminderung der Nitratbelastung des Trinkwassers, München 1983
Bayerisches Staatsministerium für Ernährung, Landwirtschaft und Forsten: Wirtschaftsdünger und Gewässerschutz, München 1989
dass. (Hrsg.): Gärsaft und Gewässerschutz, München 1991
dass.: Bayerischer Agrarbericht 1996, München 1996
dass.: Agrarpolitische Informationen Nr. 18, München 1997
BECHMANN, ARNIM und MEIER, REINHARD: Zukunftsfähige Landwirtschaft - Ökologischer Landbau flächendeckend, Kurzfassung, Barsinghausen 1996
BECKER, CHRISTOPH u.a.: Tourismus und nachhaltige Entwicklung, Darmstadt 1996
BECKER, HANS: Allgemeine Historische Agrargeographie, Stuttgart 1998
Beirat "Umweltökonomische Gesamtrechnung" beim BuMi für Umwelt, Naturschutz und Reaktorsicherheit: Zweite Stellungnahme zu den Umsetzungskonzepten des Statistischen Bundesamtes, Wiesbaden 1995
BENZ, MONIKA und ORTMAIER, ERICH: Biomasse als Energieträger, in: Praxis der Naturwissenschaften Biologie, Heft 3, 1997
VAN BETTERAY, KLEMENS: Vertikale Integration im Agribusiness, Bonn 1991
BEUSMANN, VOLKER: Betriebs- und volkswirtschaftliche Aspekte des Einsatzes herbizidresistenter Nutzpflanzen (HR-Technik), Heft 15, FS II 94-315, Berlin 1994
BINDER JOHNSON, HILDEGARD: Towards a national landscape, in: Conzen, Michael P.: The Making of the American Landscape, Boston 1990
BINE - Projekt Info Service Nr. 7, 23, Karlsruhe 1992
BISSON, JEAN: Technologie und Landwirtschaft in den Oasen der Sahara, in: Geographische Rundschau 2/1997
BLANCKENBURG, PETER von (Hrsg.): Handbuch der Landwirtschaft und Ernährung in den Entwicklungsländern, Bd. 1, Sozialökonomie der ländlichen Entwicklung, Stuttgart 1982
BLEIMSCHEIN, ELISABETH: Besuch auf einer Alm; in: Praxis Geographie 5/1995
BLUME, HELMUT: USA Band I, Darmstadt 1975
BÖCKENHOFF, E.: Extensivierung der Agrarproduktion als Folge steigender Qualitätsanforderungen an die Produkte, in: Universität des Saarlandes, Vizepräsident für Lehre und Studium (Hrsg.): Extensivierung der landwirtschaftlichen Produktion, Saarbrücken 1990
BORCHERDT, CHRISTOPH: Agrargeographie, Stuttgart 1996
BORCHERDT, CH. und MAHNKE, H. P.: Das Problem der agraren Tragfähigkeit mit Beispielen aus Venezuela; in: Stuttgarter Geographische Studien 85, 1973
BORN, MARTIN: Die Entwicklung der deutschen Agrarlandschaft, Darmstadt 1974
ders.: Geographie der ländlichen Siedlungen 1, Stuttgart 1977
BOSCH, CHRISTOF: Bodenfruchtbarkeit und Bodenschutz im Konzept der ökologischen Landwirtschaft, in: Berichte über Landwirtschaft, Sonderheft 203, Hamburg und Berlin 1991
BOSSEL, HARTMUT: Umweltwissen, Berlin 1990
BRACKER, JOCHEN und BRECKWOLDT, JÜRGEN: Das schleswig-holsteinische Freilichtmuseum als Lernort, Kiel 1984
BRAUNREITER, HUBERT MICHAEL: Bauer sein - heute und morgen, Wien 1994
BRAUNS, THORSTEN und SCHOLZ, ULRICH: Shifting Cultivation - Krebsschaden aller Tropenländer? in: Geographische Rundschau 49, Heft 1, 1997
BREITFELD, KLAUS: Das vereinte Deutschland - Eine kleine Geographie, Leipzig 1995
BRINK, ANTJE und BAUMGARTNER, MONIKA: Wachstumslandwirtschaft und Umweltzerstörung Band I, Rheda-Wiedenbrück 1989
BRUCKER, GERD und KALUSCHE, DIETMAR: Boden und Umwelt, Heidelberg 1990
BRUGGER, OSWALD und WOHLFARTER, RICHARD: Alpwirtschaft heute, Graz 1983
BRÜNE, HEINRICH: Bodenschutz und Landwirtschaft, AID Heft 1174, Bonn 1992
BRUNNERT, HANS: Der Stellenwert von Land- und Forstwirtschaft im Kohlenstoff-Kreislauf. Welchen Beitrag können sie zur Minderung des CO_2-Anstiegs in der Atmosphäre leisten? in: Berichte über Landwirtschaft Heft 74 (1), Münster-Hiltrup 1996

BRYDEN, JOHN: Neue Herausforderungen an die Politik für die ländlichen Räume, in: BBR (Hrsg.): Entwicklungsperspektiven für die ländlichen Räume Deutschlands, Bonn 1998

BÜCHTING, ANDREAS J.: Zukunftstechnologien für Landwirtschaft und Gesellschaft - Herausforderungen in der Pflanzenproduktion: Heute und morgen. In: Archiv der DLG Band 91, Frankfurt 1997

BUKO Agrar Koordination (Hrsg.): BUKO Agrar Dossier Bd. 18, Welthandel, Hamburg 1996

BUND, Misereor (Hrsg.): Zukunftsfähiges Deutschland, Basel, Boston, Berlin 1996

BUND Ravensburg (Hrsg.): Ökologische Landwirtschaft, Ravensburg, 1990

BUND: Landwirtschaft 2000 - für eine ökologisch und sozial zukunftsfähige EU-Agrarpolitik, Bonn 1998

Bundesamt für Naturschutz (Hrsg.): Rote Liste gefährdeter Pflanzen Deutschlands, Bonn-Bad-Godesberg 1996

Bundesgesetzblatt Jahrgang 1996 Teil I, Nr. 58 Wasserhaushaltsgesetz, Bonn 1996

Bundesgesetzblatt Jahrgang 1997 Teil I, Bau- und Raumordnungsgesetz, Bonn 1997

Bundesgesetzblatt Jahrgang 1998 Teil I Nr. 16, Gesetz zum Schutz des Bodens, Bonn 1998

Bundesgesetzblatt Jahrgang 1998 Teil I Nr. 30 Tierschutzgesetz, Bonn 1998

Bundesministerium der Finanzen (Hrsg.): Bericht der Bundesregierung über die Entwicklung der Finanzhilfen des Bundes und der Steuervergünstigungen für die Jahre 1995 bis 1998 (Sechzehnter Subventionsbericht), Bonn 1997

Bundesministerium für Ernährung, Landwirtschaft und Forsten (Hrsg.): Biotechnologie in der Agrar- und Ernährungswissenschaft, Berichte über Landwirtschaft, Neue Folge, 201. Sonderheft, Hamburg und Berlin 1989

dass. (Hrsg.): Die FAO und die Mitwirkung der Bundesrepublik Deutschland, Schriftenreihe des Bundesministeriums für Ernährung, Landwirtschaft und Forsten, Reihe A: Angewandte Wissenschaft, Heft 446, Münster 1995

dass. (Hrsg.): Die Verbesserung der Agrarstruktur in der Bundesrepublik Deutschland 1991 bis 1993, Bonn o.J.

dass. (Hrsg.): Symposium Nachwachsende Rohstoffe - Perspektiven für die Chemie, Schriftenreihe des BML, Reihe A, Münster 1993

dass. (Hrsg.): Strukturelle und rechtliche Rahmenbedingungen der deutschen Landwirtschaft, Bonn 1994

dass. (Hrsg.): Agrarbericht der Bundesregierung 1994/1995/1996/1997/1998, Bonn 1994, 1995, 1996, 1997, 1998

dass. (Hrsg.): Nahrung für alle, Bonn 1996

dass. (Hrsg.): Landwirtschaft heute - Die Grüne Gentechnik, Bonn 1997

dass. (Hrsg.): Waldbericht der Bundesregierung, Bonn 1997

dass. (Hrsg.): Die Vielfalt der Nutzpflanzen - Unser genetisches Kapital, Bonn 1997

dass., Pressestelle: Mitteilung für die Presse (AGENDA 2000) vom 17.7.1997

dass., Pressestelle (Hrsg.): Mitteilung für die Presse, Pressekonferenz "Agraraußenhandel der Bundesrepublik und der EU", Bonn 1997, 1998

dass., Referat Öffentlichkeitsarbeit (Hrsg.): Fragen zur Agrarpolitik, Bonn 1994

dass., Referat Öffentlichkeitsarbeit (Hrsg.): Klärung des Eigentums an ehemaligen Neubauernstellen, Bonn 1995

dass., Referat Öffentlichkeitsarbeit (Hrsg.): Nutzpflanzen - Vielfalt für die Zukunft, Bonn 1996

dass., Referat Öffentlichkeitsarbeit (Hrsg.): Steuerliche Regelungen für die Landwirtschaft, Bonn 1996

dass., Referat Öffentlichkeitsarbeit (Hrsg.): Die neue Düngeverordnung, Bonn 1996

dass., Referat Öffentlichkeitsarbeit (Hrsg.): Bundeswaldgesetz, Bonn 1997

Bundesministerium für Forschung und Technologie: Genforschung - Gentechnik, Bonn 1994

Bundesministerium für Raumordnung, Bauwesen und Städtebau (Hrsg.): Raumordnungsbericht 1993, Bonn 1994

dass.: Strategien für strukturschwache ländliche Räume, Bonn 1997

Bundesministerium für Umwelt, Naturschutz und Reaktorsicherheit (Hrsg.): Klimaschutz in Deutschland - Nationalbericht der Bundesregierung für die Bundesrepublik Deutschland im Vorgriff auf Artikel 12 des Rahmenübereinkommens der Vereinten Nationen über Klimaänderungen, Bonn o.J.

dass. (Hrsg.): Umwelt Nr. 3/1995, 3/1996, 7-8/1996

dass.: Umweltpolitik - Synopse von CO_2-Minderungs-Maßnahmen und -Potentialen in Deutschland, Bonn 1993

dass.: Umweltpolitik - Wasserwirtschaft in Deutschland, Bonn 1994

dass.: Bericht der Bundesregierung zur Umsetzung des Übereinkommens über die biologische Vielfalt in der Bundesrepublik Deutschland, Bonn 1995

dass.: Gesetz zum Schutz des Bodens - Referentenentwurf, Bonn 1996

dass.: Bundesnaturschutzgesetz - Ressortentwurf, Bonn 1996

dass.: Landschaftsplanung - Inhalte und Verfahrensweisen, Bonn 1997
dass.: Schritte zu einer nachhaltigen, umweltgerechten Entwicklung, Bonn 1997
dass.: Informationen zum neuen Bundes-Bodenschutzgesetz, Bonn 1998
Bundesministerium für wirtschaftliche Zusammenarbeit und Entwicklung (Hrsg.): BMZ aktuell, Biotechnologie und Entwicklungsländer - Erfahrungen und Perspektiven, Bonn 1994
dass.: Überlebensfrage Wasser- eine Ressource wird knapp, Materialien Nr. 94, Bonn 1995
Bundeszentrale für politische Bildung (Hrsg.): Informationen zur politischen Bildung Nr. 226, Lateinamerika I, Bonn 1997
BUNTZEL, RUDOLF: Die Internationale Harmonisierung des Lebensmittelrechts durch GATT-Handlungsfreiheit oder Verbraucherschutz? In: AgrarBündnis: Landwirtschaft 94 - Der kritische Agrarbericht, Bonn 1994
Büro für Technikfolgenabschätzung beim Deutschen Bundestag (Hrsg.): Auswirkungen moderner Biotechnologien auf Entwicklungsländer und Folgen für die zukünftige Zusammenarbeit zwischen Industrie- und Entwicklungsländern, Arbeitsbericht Nr. 34, Bonn 1995
BURSCHEL, PETER und WEBER, MICHAEL: Wald und Treibhauseffekt - Wird die Rolle von Forst- und Holzwirtschaft unterschätzt? In: Stiftung Wald in Not (Hrsg.): Treibhauseffekt und Wald, o.O. 1990
Bodenverwertungs- und -verwaltungs GmbH: Boden-Verkauf in den fünf neuen Bundesländern, Berlin 1997

Council on Environmental Quality (Hrsg.): Global 2000 - Der Bericht an den Präsidenten, Frankfurt 1981
Centrale Marketing-Gesellschaft der deutschen Agrarwirtschaft (Hrsg.): Nachwachsende Rohstoffe, Bonn o.J.
CHRISTEN, OLAF: Nachhaltige Landwirtschaft ("sustainable agriculture"), in: Berichte über Landwirtschaft Heft 74 (1), Münster-Hiltrup 1996
CLAAS (Hrsg.): AGROCOM - Future Farming, Harsewinkel 1997

DAMBROTH, M.: Pflanzenbauliche Ansätze zur Minderung des Nährstoffaustrags aus Agrarökosystemen, in: Schriftenreihe des BML, Reihe A: Angewandte Wissenschaft, Heft 426, Nährstoffe und Pflanzenschutzmittel in Agrarökosystemen, Münster 1993
DANIEL, ULRICH: Der Landwirt Bd. 3, Prüfungsfragen für Landwirte, Stuttgart 1989
DARIN-DRABKIN, H.: Der Kibbuz, Stuttgart 1967
Das Zeitbild - LANDWIRTSCHAFT IN DEUTSCHLAND; Bonn 1992
Der Bundesminister für Forschung und Technologie (Hrsg.): Nachwachsende Rohstoffe, Bonn 1991
Der Rat von Sachverständigen für Umweltfragen: Umweltprobleme der Landwirtschaft. Sondergutachten, Bonn 1985
ders.: Kurzfassung des Umweltgutachtens 1994, Bonn 1994
ders.: Umweltgutachten 1996, Bonn 1996
ders.: Konzepte einer dauerhaft-umweltgerechten Nutzung ländlicher Räume; Sondergutachten, Stuttgart 1996
ders.: Flächendeckend wirksamer Grundwasserschutz; Sondergutachten, Stuttgart 1998
Der Ausschuss für Forschung, Technologie und Technikfolgenabschätzung (20. Ausschuss) des Deutschen Bundestages (Hrsg.): Bericht zur Technikfolgenabschätzung (TA) "Grundwasserschutz und Wasserversorgung", Bonn 1994
Deutsche Welthungerhilfe (Hrsg.): Europäisches Rindfleisch für Südafrika, in: Welternährung 3/1997
Deutscher Bauernverband e.V. (Hrsg.): Argumente - Situationsbericht 1995/1996/1998, Bonn 1996, 1997
Deutscher Rat für Landespflege: Leitbilder für Landschaften in "peripheren Räumen", Bonn 1997
Deutscher Verband für Landschaftspflege (Hrsg.): Landschaft als Lebensraum, Ansbach 1993
DIE GRÜNEN: Mahlzeit! - Reihe Umwelt konkret, Stuttgart o. J.
DIEMANN, ROLF: Agrarraumgestaltung in Sachsen-Anhalt - Fallbeispiele und Konzepte; in: Kühn-Archiv 89, 1, Münster-Hiltrup 1995
DIFF (Hrsg.): Veränderung von Böden durch anthropogene Einflüsse, Berlin u.a. Orte 1997
dlz agrarmagazin Sonderheft 10, Per Satellit Erträge steigern, München 1997
DOPPLER, WERNER: Landwirtschaftliche Betriebssysteme in den Tropen und Subtropen, Stuttgart 1991
DÖRFLER, HILDEGARD: Der praktische Landwirt, München 1985
DOUGLAS, IAN u.a. (Hrsg.): Companion encyclopedia of geography: The environment and humankind, London und New York 1996

ECKART, KARL: Die Entwicklung der Landwirtschaft im hochindustrialisierten Raum, Paderborn, 1982
ders.: Agrargeographie Deutschlands, Gotha und Stuttgart 1998
ECKART, KARL u. a.: Landwirtschaft in Deutschland, Beiträge zur Regionalen Geographie Bd. 36, Leipzig 1994

ECKERT, DIETER: Die neue Welthandelsordnung und ihre Bedeutung für den internationalen Verkehr mit Lebensmitteln; in: ZLR Heft 4, Frankfurt 1995

EGGER, KURT: Ökolandbau in den Tropen; in: ÖKOLOGIE+LANDBAU 70/1989

ELLENBERG, HEINZ: Bauernhaus und Landschaft, Stuttgart 1990

ENGEL, ELMAR: Landwirtschaft oder Gewerbe - Die steuerliche Abgrenzung, Sankt Augustin 1998

ENGELS, RAINER: Die Codex Alimentarius Kommission und der Einsatz von Hormonen in der Tierernährung, Bonn, 1996

ENNEN, EDITH und JANSSEN, WALTER: Deutsche Agrargeschichte - Vom Neolithikum bis zur Schwelle des Industriezeitalters, Wiesbaden 1979

Enquete-Kommission "Chancen und Risiken der Gentechnologie" des Deutschen Bundestages: Bericht, Bonn 1987

Enquete-Kommission "Schutz der Erdatmosphäre" des Deutschen Bundestages (Hrsg.): Schutz der Grünen Erde, Bonn 1994

dies.: Mehr Zukunft für die Erde - Nachhaltige Energiepolitik für dauerhaften Klimaschutz, Bonn 1995

Enquete-Kommission "Schutz des Menschen und der Umwelt" des Deutschen Bundestages (Hrsg.): Die Industriegesellschaft gestalten, Bonn 1994

dies.: Abschlussbericht, Konzept Nachhaltigkeit - Vom Leitbild zur Umsetzung, Bundestagsdrucksache 13/11200, Bonn 1998

ERDMANN, KARL-HEINZ und KASTENHOLZ, HANS G. (Hrsg.): Umwelt- und Naturschutz am Ende des 20. Jahrhunderts, Berlin u.a.O. 1995

ESSER, J.: Direkte Wirkungen erhöhter UV-B-Strahlung auf Pflanzen, in: Landbauforschung Völkenrode, Sonderheft 148, Klimaveränderungen und Landbewirtschaftung Teil II, Braunschweig 1994

ETTL, GÜNTHER: EU-ABC - Lexikon für Politik, Recht, Wirtschaft, Steuern, Finanzen, Institutionen, Bonn 1996

Europäische Kommission (Hrsg.): Grünes Europa 2/94, Der ökologische Landbau, Luxemburg 1994

Eurostat: Eurostat Statistik kurzgefasst, Bevölkerung und soziale Bedingungen 1997/8, Luxemburg 1997

dies. (Hrsg.): Die Lage der Landwirtschaft in der Europäischen Union, Bericht 1994, Brüssel und Luxemburg 1995

dies. (Hrsg.): Die gemeinsame Agrarpolitik im Wandel, Luxemburg 1996

dies. (Hrsg.): Hefte zur GAP, Sonderheft, Landwirtschaft und Umwelt, Brüssel und Luxemburg 1997

European Commission: European Economy - Reports and Studies - No. 4, 1994, EC agricultural policy for the 21st century, Brussels 1994

EWALD, KLAUS C.: Traditionelle Kulturlandschaften, in: Landeszentrale für politische Bildung Baden-Württemberg: Der Bürger im Staat, Heft 1, 1994, Naturlandschaft - Kulturlandschaft, Stuttgart 1994

Fachverband der Futtermittelindustrie e.V.: Folienserie Mischfutter, Begleitheft, Bonn 1996

ders.: Mischfutter-Tabellarium Ausgabe 1998, Bonn 1998

FAO: Production Yearbook 45, Rom 1992

dies.: Production Yearbook 47, Rom 1994

dies.: Trade Yearbook 1995, Rom 1996

dies.: Assessment of the World Food Security Situation, Rom 1998

FAO-aktuell Nr. 32, 38-39, Bonn 1998

FELLENBERG, GÜNTER: Boden in Not: vergiftet, verdichtet, verbraucht, Stuttgart 1994

FISCHLER, FRANZ: Gemeinsame Agrarpolitik 2000: Ein neues Konzept für die Zukunft der europäischen Landwirtschaft, in: Agrarwirtschaft 46, Heft 8/9 1997

FLAIG, H., LINCKH, G., MOHR, H: Die energetische Nutzung von Biomasse aus der Land- und Forstwirtschaft, Arbeitsbericht Nr. 16 der Akademie für Technikfolgenabschätzung in Baden-Württemberg, Stuttgart 1995

FLAIG, H., VON LÜNEBURG, E., ORTMAIER, E., SEEGER, CH.: Energiegewinnung aus Biomasse - agrarische, technische und wirtschaftliche Aspekte, Arbeitsbericht Nr. 43 der Akademie für Technikfolgenabschätzung in Baden-Württemberg, Stuttgart 1995

FLAIG, H., LINCKH, G., MOHR, H., SPRICH, H.: Voraussetzungen einer nachhaltigen Land- und Forstwirtschaft, Arbeitsbericht Nr. 41 der Akademie für Technikfolgenabschätzung in Baden-Württemberg, Stuttgart 1995

FLEMMING, GÜNTHER: Einführung in die Angewandte Meteorologie, Berlin 1991

Fonds der Chemischen Industrie (Hrsg.): Folienserie des F.d.C.I., Nr. 10 Pflanzenschutz, Textheft, Frankfurt 1992

ders.: Folienserie des F.d.C.I., Nr. 20 Biotechnologie/Gentechnik, Textheft, Frankfurt 1996

FORSTNER, BERNHARD und ISERMEYER, FOLKHARD: Zwischenergebnisse zur Umstrukturierung der Landwirtschaft in den neuen Ländern, in: Berichte über Landwirtschaft Band 76 (2), Münster 1998

FRAHM, BODO (Hrsg.): BGJ Agrarwirtschaft, Stuttgart 1984

ders.: Der Landwirt 1 - Pflanzenbau, Grünland, Landtechnik, Stuttgart 1985 ders.: Der Landwirt 2 - Tierhaltung, Wirtschaftskunde, Stuttgart 1985

FRANKE, GUNTHER: Nutzpflanzen der Tropen und Subtropen, Band 1 Allgemeiner Pflanzenbau, Stuttgart 1995

FRANZ, GÜNTHER: Deutsche Agrargeschichte, Bd. 6, Geschichte des deutschen Gartenbaues, Stuttgart 1984

FREDE, HANS-GEORG: Stoffeinträge aus der Landwirtschaft in die Gewässer, in: Meinungen zur Agrar- und Umweltpolitik Heft 30, Bonn 1996

FREI, ERWIN und PEYER, KARL: Boden - Agrarpedologie, Bern und Stuttgart 1990

FREUND, BODO: Landwirtschaft in Ballungsgebieten, in: Geographische Rundschau Heft 3, 1989

FROHBERG, KLAUS und GLAUCH, LYDIA: Stand der Transformationsbestrebungen in den mittel- und osteuropäischen Ländern; in: Agrarwirtschaft 67 Heft 3/4, Braunschweig 1998

FROST & SULLIVAN (Hrsg.): Profiles of Leading European Biotechnology Companies, Executive Summary, Silicon Valley 1996

Gabler Wirtschafts-Lexikon, 14. Aufl., Wiesbaden 1997

GANZERT, CHRISTIAN: Die Landwirtschaft zwischen Natur und Markt, in: Landeszentrale für politische Bildung Baden-Württemberg: Der Bürger im Staat, Heft 1, 1994, Naturlandschaft - Kulturlandschaft, Stuttgart 1994

GASSEN, HANS GÜNTER: Gentechnik und Lebensmittel - eine besondere Herausforderung im 'Standort Deutschland', in: Schriftenreihe des Bund für Lebensmittelrecht und Lebensmittelkunde e.V., Heft 119, Bonn 1993

GASSEN, HANS GÜNTER u. a.: Der Einsatz der Gentechnik in der Lebensmittelproduktion - Eine Risikobewertung, in: Bund für Lebensmittelrecht und Lebensmittelkunde: BLL-Kolloqium Gentechnik im Lebensmittelbereich, Bonn 1994

GEBHARD, H. u. a.: Umweltgestaltung im ländlichen Raum; KTBL-Schrift 80, Münster-Hiltrup 1974

GEBHARD, H. u. a.: Besser bauen im Alltag, München 1982

GEISLER, GERHARD: Farbatlas Landwirtschaftliche Kulturpflanzen, Stuttgart, 1991

ders.: Pflanzenbau, Berlin, Hamburg 1988

ders.: Pflanzenbau in Stichworten, I. Die Kulturpflanzen, Kiel 1970

ders.: Pflanzenbau in Stichworten, II. Die Ertragsbildung, Kiel 1971

GEO Nr. 5, 1996

GISI, ULRICH u. a.: Bodenökologie, Stuttgart 1990

GOMMES, RENÉ: An El Niño Primer, 1998; Internet: http://www.fao.org/WAICENT/FAOINFO/SUSTDEV/Eldirect/Elan0008.htm

GOTTSCHEWSKI, RENATE: Landwirtschaft und Umwelt - Zielproklamationen in zwei Jahrzehnten, Kiel 1994

GÖTZ, AUGUST und KONRAD, JULIUS: Landwirtschaftliches Lehrbuch 1 - Pflanzenbau, Stuttgart 1987

GÖTZ, REINHARD und HIMMIGHOFEN, WILBERT: Biotechnologie für den Agrar- und Ernährungsbereich, in: Berichte über Landwirtschaft Band 76 (2), Münster 1998

GOUDIE, ANDREW: Mensch und Umwelt, Heidelberg, Berlin, Oxford 1994

GRABSKI-KIERON, ULRIKE: Leitziele der Landschaftspflege für die Agrarlandschaft Brandenburgs, Bochumer Geographische Arbeiten Heft 60, Bochum 1995

GROSCHUP, MARTIN H. und Mettenleiter, Thomas C.: Prionen-Proteine auf Abwegen? in: Forschungs-Report 1/1997

GRÜNHAGE, LUDGER u. a.: Schädigungen von Pflanzen durch Ozon, in: Praxis der Naturwissenschaften - Chemie, 2/1996

HÄDRICH, FRIEDHELM: Die Pedosphäre, in: Nolzen, Heinz: Handbuch des Geographieunterrichts, Bd. 10 Physische Geofaktoren, Köln 1989

HAMM, ULRICH: Landwirtschaftliches Marketing, Stuttgart 1991

HAMPICKE, ULRICH: Der Preis einer vielfältigen Kulturlandschaft, in: Landeszentrale für politische Bildung Baden-Württemberg: Der Bürger im Staat, Heft 1, 1994, Naturlandschaft - Kulturlandschaft, Stuttgart 1994

HARTKE, WOLFGANG: Sozialbrache; in: RUPPERT, KARL (Hrsg.): Agrargeographie, Darmstadt 1973

HAVERSATH, JOHANN-BERNHARD: Deutschland - Der Norden, Braunschweig 1997

FRHR. HEEREMANN VON ZUYDTWYCK, CONSTANTIN: Landwirtschaft und "nachhaltige Entwicklung" in Deutschland, in: Bundesministerium für Umwelt, Naturschutz und Reaktorsicherheit (Hrsg.): 5 Jahre nach Rio: Die Aktivitäten der gesellschaftlichen Gruppen für eine nachhaltige Entwicklung in Deutschland, Bonn 1997

FRHR. VON DEM BUSSCHE, PHILIP: Starke Partner im Verbund; in: DLG Mitteilungen 4/1998

HEIDHUES, FRANZ: Probleme internationaler Arbeitsteilung in der Agrarwirtschaft, in: Agrarwirtschaft 43, Heft 4/5, 1994

HEIßENHUBER, ALOIS: Landwirtschaft und Umwelt, Bonn 1994

ders.: Künftige Landbewirtschaftung flächendeckend oder nur mehr auf Agrarinseln? in: Laufener Seminarbeiträge Bd. 4, Laufen/Salzach 1995

HELLEBRAND, H. J. und MUNACK, A.: Beiträge der Agrartechnik zur Emissionsminderung, in: Schriftenreihe des BML, Reihe A: Angewandte Wissenschaft, Heft 442, Klimawirkungsforschung im Bereich des BML, Münster 1995

HELLER, KNUT und LICK, SONJA: Nachweis gentechnischer Veränderungen in Lebensmitteln, in: ForschungsReport 1/1997

HEMMER, INGRID: Ökologischer Landbau, in: geographie heute 138/1996

HENDL, MANFRED und LIEDTKE, HERBERT (Hrsg.): Lehrbuch der Allgemeinen Physischen Geographie, Gotha 1997

HENKEL, GERHARD: Der ländliche Raum, Stuttgart 1993

ders.: Der ländliche Raum zwischen Fremdbestimmung und endogener Entwicklung - Trends und Prognosen bis zum Jahre 2010, in: Mainzer Kontaktstudium Geographie Band 2, Mainz 1996

ders.: Kann die überlieferte Kulturlandschaft ein Leitbild für die Planung sein? In: Berichte zur deutschen Landeskunde, Bd. 71, H.1, Trier 1997

HENNING, FRIEDRICH-WILHELM: Deutsche Agrargeschichte des Mittelalters: 9. bis 15. Jahrhundert, Stuttgart 1994

HENRICHSMEYER, WILHELM: Räumliche Verteilung der Agrarproduktion, in: Agrarwirtschaft 43, Heft 4/5, 1994

HENRICHSMEYER, WILHELM und WITZKE, HEINZ PETER: Agrarpolitik Band 1, Agrarökonomische Grundlagen, Stuttgart 1991

dies.: Agrarpolitik Band 2, Bewertung und Willensbildung, Stuttgart 1994

HENZE, ARNO: Verzicht auf ein strukturelles betriebliches Leitbild - mehr Chancen für wettbewerbsfähige, marktorientierte, umweltverträgliche Unternehmen; in: Agrarwirtschaft 45 (1996), Heft 8/9

HEUER, ADOLF: Landwirtschaft und Wirtschaftsordnung, Braunschweig 1984

HEYLAND, KLAUS-ULRICH: Allgemeiner Pflanzenbau, Stuttgart 1996

ders.: Spezieller Pflanzenbau, Stuttgart 1997

HINTERMEYER-ERHARD, GERD und ZECH, WOLFGANG: Wörterbuch der Bodenkunde, Stuttgart 1997

HIRCHE, WALTER: Das neue Bodenschutzgesetz und seine Auswirkungen auf die Landwirtschaft, in: Umwelt Nr. 7-8/1997

HOFFMANN, J.: Auswirkungen von Klimaänderungen auf die Vegetation terrestrischer Ökosysteme, in: Landbauforschung Völkenrode, Sonderheft 148, Klimaveränderungen und Landbewirtschaftung Teil II, Braunschweig 1994

HOFMANN, HERBERT u. a.: Umweltleistungen der Landwirtschaft, Stuttgart 1995

HOPPICHLER, JOSEF: Das Prinzip Verantwortungslosigkeit - Die Folgen der Gen- und Biotechnologie für die Landwirtschaft, Wien 1991

HOTTES, KARL HEINZ: Die Plantagenwirtschaft in der Weltwirtschaft. Innovationskraft und heutige Strukturen des Plantagensystems, in: Bochumer Schriften zur Entwicklungsforschung und Entwicklungspolitik Band 29, Frankfurt a.M. 1992

HULPKE, HERWIG u. a.: Römpp Lexikon "Umwelt"

HURLE, KARL: Mögliche Veränderungen in der landwirtschaftlichen Praxis durch die HR-Technik, Heft FS II 94-312 des Wissenschaftszentrums für Sozialforschung Berlin, Berlin 1994

IMA: Agrilexikon, Hannover 1991

dies.: Landwirtschaft, Eine Zusammenstellung von Aufsätzen und Beiträgen - Reihe Landwirtschaft im Unterricht, Hannover 1993

dies.: LPG, VEG, ACZ ..., Hannover 1990

Institut für Europäische Integrationsforschung e.V. (Hrsg.): Entwicklung von Zielsetzungen und Maßnahmen für den Politikbereich Landwirtschaft und Ländlicher Raum - Natur und Umwelt, Bonn 1994

Intergovernmental Panel on Climate Change (Hrsg.): Summary for policymakers: Impacts adaptation and mitigation options, IPCC Working Group II , Second Assessment Report, Genf 1995

dass.: Climate Change 1995 - Impacts, Adaptations and Mitigation of Climate Change: Scientific-Technical Analyses, Cambridge 1996

IPS Journal 13, o.J.

ISERMEYER, F.: Umweltpolitische Ansätze zur Verbesserung des Ressourcenschutzes in der Landwirtschaft - dargestellt am Beispiel der Stickstoffproblematik, in: Schriftenreihe des BML, Reihe A: Angewandte Wissenschaft, Heft 426, Nährstoffe und Pflanzenschutzmittel in Agrarökosystemen, Münster 1993

JÄGER, HELMUT: Entwicklungsprobleme europäischer Kulturlandschaften, Darmstadt 1987

JAHREIS, G.: Gentechnik in der Land- und Ernährungswirtschaft in: Agribiological Research, Band 48, Heft 3-4, 1995

JANSEN, HEINZ u. a.: Gärtnerischer Pflanzenbau, Stuttgart 1989

JANTZEN, WOLFGANG: Heide, Heidschnucke, Biene ..., in: Unterricht Biologie Heft 215, Juni 1996

JENKIS, HELMUT W. (Hrsg.): Raumordnung und Raumordnungspolitik, München 1996

JEROCH, HEINZ u.a.: Futtermittelkunde, Jena und Stuttgart 1993

KARMON, YEHUDA: Israel, Darmstadt 1994

KATTLER, FRANZ: Dorferneuerung in Rheinland-Pfalz -Ziele, Förderinstrumente, Probleme, in: SCHÜRMANN, H. (Hrsg.): Ländlicher Raum im Umbruch.

(Mainzer Kontaktstudium Geographie, Bd. 2) Mainz 1996
KELLER, ERNST ROBERT: Grundlagen der Pflanzenproduktion (Handbuch des Pflanzenbaues, Bd. 1) Stuttgart 1997
KERN, JÜRGEN: Pflanzenkläranlagen zur Behandlung landwirtschaftlicher Abwässer; in: LANDTECHNIK 3/1997
KLOHN, WERNER: Landwirtschaft in Europa, in: Praxis Geographie 5/1995
ders.: Strukturen in der Landwirtschaft Deutschlands, in: Praxis Geographie 3/1998
KLOHN, WERNER und WINDHORST, HANS-WILHELM: Bewässerungslandwirtschaft in Kalifornien unter Dürrestress, in: Vechtaer Studien zur Angewandten Geographie und Regionalwissenschaft Band 12, Vechta 1994
dies.: Die Landwirtschaft in Deutschland, Vechtaer Materialien zum Geographieunterricht Heft 3, Vechta 1996
dies.: Die Landwirtschaft der USA, Vechtaer Materialien zum Geographieunterricht Heft 1, 2. Auflage, Vechta 1997
KNAUBER, RAFFAEL: Rechtliche Aspekte der Agrarstrukturellen Entwicklungsplanung im Verhältnis der Regionalplanung, in: BML: Agrarstrukturverbesserung, Bonn 1996
KNAUER, NORBERT: Landschaft und Landwirtschaft, Hannover 1997
ders.: Ökologie und Landwirtschaft, Stuttgart 1993
KNIERIM, ANDREA: Agrarlandschaft - ein wissenschaftlicher Begriff? in: Berichte über Landwirtschaft, Band 72 (2), Münster-Hiltrup 1994
KOESTER, ULRICH: Die europäische Agrarpolitik - Eine Reform ohne Ende? in: Aus Politik und Zeitgeschichte B 33-34, Bonn 1995
KOLLOGE, SABINE: Nachhaltige Landwirtschaft in der Agenda 21, in: Berichte über Landwirtschaft , Heft 4, 1996
Kommission der Europäischen Gemeinschaften: Den ländlichen Raum bewahren, Luxemburg 1992
KONOLD, WERNER: Von der Dynamik einer Kulturlandschaft, in: Landeszentrale für politische Bildung Baden-Württemberg: Der Bürger im Staat, Heft 1, 1994, Naturlandschaft - Kulturlandschaft, Stuttgart 1994
ders.: Streuwiesen, ebd.
KREUL, WALTER: Die Ernte der Agronomen: Landwirtschaft und Bauernstand, Zürich 1997
KÜHBAUCH, WALTER: Intensität der Landnutzung im Wandel der Zeit; in: Die Geowissenschaften, 4/1993
KUHNEN, FRITHJOF: Agrarreform, ein Weltproblem. Deutsche Welthungerhilfe 1980
KUNTZE, HERBERT u. a.: Bodenkunde, Stuttgart 1988
KUTTLER, WILHELM (Hrsg.): Handbuch zur Ökologie, Berlin 1993

LAMMEN-EWERS, ANNE u.a.: Produktion und Wertschöpfung der Landwirtschaft in Deutschland, in: Agrarwirtschaft 47 (Heft 5), 1998
LAMMERS, HEINRICH SCHULZE: Ohne ISO keine Kooperation? in: DLG-Mitteilungen 4/1998
Landesanstalt für Umweltschutz Baden-Württemberg: Umweltdaten 91/92, Biotopvernetzung, Internet: http://www.faw.uniulm.de:9876/Umweltdaten/ lud/cv/cv/-02_8.html
Landwirtschaftliche Rentenbank (Hrsg.): Fallbeispiele zu Umstrukturierungen von ehemaligen LPGen - Schriftenreihe Bd. 11, Frankfurt 1992
dies.: Landwirtschaft im ländlichen Raum - Funktionen, Formen, Konflikte - Schriftenreihe Bd. 11, Frankfurt 1997
dies.: Kombination landwirtschaftlicher und gewerblicher Tätigkeit - Formen, Chancen, Hemmnisse - Schriftenreihe Bd. 12, Frankfurt 1998
LASKE, DOROTHEA: Obstwiesen - wertvolle Landschaftselemente, gefährdeter Lebensraum für Pflanzen und Tiere; in: Praxis der Naturwissenschaften - Biologie, 4/1994
LENK, EGON: Agrarstrukturelle Entwicklungsplanung, in: aid: Informationen für die Agrarberatung Nr. 5, Bonn 1996
LESER, HARTMUT: Landschaftsökologie, Stuttgart 1976
ders. (Hrsg.): DIERCKE-Wörterbuch Allgemeine Geographie, Braunschweig und München 1997
LICHTENBERGER, ELISABETH: Österreich, Darmstadt 1997
LIENAU, CAY: Geographie der ländlichen Siedlungen, in: Geographische Rundschau Heft 3, 1989
ders.: Die Siedlungen des ländlichen Raumes, Braunschweig 1995
LINCKH, GÜNTHER u.a.: Nachhaltige Land- und Forstwirtschaft: Voraussetzungen, Möglichkeiten, Maßnahmen, Berlin, Heidelberg 1997
LINDNER-EFFLAND, MARTIN: Maisanbau, in: Praxis der Naturwissenschaften - Biologie 7/1993
LÖLF-Mitteilungen 3/90, 9/91, 3/93
LUCKE, RUPPRECHT u.a.: Obstbäume in der Landschaft, Stuttgart 1992
LÜNING, JENS u.a.: Deutsche Agrargeschichte - Vor- und Frühgeschichte, Stuttgart 1997

MAHN, ERNST-GERHARD: Zu den Auswirkungen der Einführung herbizidresistenter Kulturpflanzen auf Ökosysteme, Heft 10, FS II 94-310, Berlin 1994
MALBERG, HORST: Meteorologie und Klimatologie, Berlin, Heidelberg 1985

MANN, KARL HEINZ: Betriebsorganisation vielseitig oder hochspezialisiert? In: Archiv der DLG Band 87, Frankfurt 1993

MANSHARD, WALTHER und MÄCKEL, RÜDIGER: Umwelt und Entwicklung in den Tropen, Darmstadt 1995

MARTINY, R.: Hof und Dorf in Altwestfalen, in: Forschungen z. dt. Landes- und Volkskunde 24, 5; Stuttgart 1926

Max-Planck-Institut für Züchtungsforschung (Hrsg.): Pflanzenzüchtung aus der Nähe gesehen, Köln 1991

MERKEL, K. und SCHUHANS, E.: Die Agrarwirtschaft in Mitteldeutschland - "Sozialisierung" und Produktionsergebnisse, in: Bonner Berichte aus Mittel- und Ostdeutschland, 1963

VON MEYER, HEINO und KNICKEL, KARLHEINZ: Konzeptionelle Grundlagen und praktische Ansätze zur Förderung bodenschonender Landbewirtschaftung, Jülich 1992

Meyers Kleines Lexikon Meteorologie, Mannheim, Wien, Zürich 1987

MEYNEN, EMIL (Hrsg.): Internationales Geographisches Glossarium, Stuttgart 1985

MICHEL, IMKE: Vom Winde verweht, vom Wasser zerfressen? in: Praxis Geographie 4/1997

MIKUS, WERNER: Wirtschaftsgeographie der Entwicklungsländer, Stuttgart 1994

Ministerium für Ernährung, Landwirtschaft und Forsten des Landes Brandenburg (Hrsg.): Grünland in Brandenburg, Potsdam 1994

Ministerium für Landwirtschaft und Naturschutz des Landes Mecklenburg-Vorpommern (Hrsg.): Agrarbericht 1996 des Landes Mecklenburg-Vorpommern, Schwerin 1996

Ministerium für Umwelt Baden-Württemberg (Hrsg.): Nitrat im Grundwasser, Stuttgart 1991

MITTELBACH, HANS: Zur Lage der Landwirtschaft in den neuen Bundesländern, in: Aus Politik und Zeitgeschichte B 33-34, Bonn 1995

MOSE, INGO: Ökologischer Landbau und Direktvermarktung - eine erfolgreiche Alternative, in: Praxis Geographie 5/1995

MOSE, INGO und Weixlbaumer, Norbert: Ländliche Räume in Europa; in: geographie heute, Heft 164, 1998

MOHR, HANS: Wieviel Erde braucht der Mensch? Untersuchungen zur globalen und regionalen Tragekapazität, in: KASTENHOLZ, HANS G.: Nachhaltige Entwicklung: Zukunftschance für Mensch und Umwelt, Berlin, Heidelberg, New York 1996

MÜLLER-WILLE, W.: Langstreifenflur und Drubbel, in: Dt. Archiv für Landes- und Volksforschung 8, 1944

ders.: Blöcke, Streifen und Hufen, in: Berichte zur deutschen Landeskunde 29 (1962)

MUNCH, CH.: Spurengasemissionen aus Land- und Forstwirtschaft, in: Schriftenreihe des BML, Reihe A: Angewandte Wissenschaft, Heft 442, Klimawirkungsforschung im Bereich des BML, Münster 1995

FRHR. VON MÜNCHHAUSEN, H.: Agrar-Umweltindikatoren: Grundlagen, Verwendungsmöglichkeiten und Ergebnisse einer Expertenbefragung; Vortrag anl. der Fachtagung "Umweltverträgliche Pflanzenproduktion" in Wittenberg 1996

NEITZEL, HARALD: Ökobilanzen - Konzeptionelle Grundlagen und Einbindung zu ökologischen Fragestellungen in der Landwirtschaft, Vortrag anl. der Fachtagung "Umweltverträgliche Pflanzenproduktion" in Wittenberg 1996

NENTWIG, WOLFGANG: Humanökologie, Berlin, Heidelberg, New York 1995

NEVERS, PATRICIA (MPI für Züchtungsforschung): Pflanzenzüchtung aus der Nähe gesehen, Köln 1991

NIEBERG, HILTRUD: Umweltwirkungen der Agrarproduktion unter dem Einfluss von Betriebsgröße und Erwerbsform, Münster 1994

NISBET, EUAN G.: Globale Umweltveränderungen, Heidelberg, Berlin, Oxford 1994

NISCHWITZ, GUIDO: Die Entwicklung der deutschen Landwirtschaft im langfristigen Prozess der europäischen Zivilisation, in: Geographische Zeitschrift, Heft 4, 1991

ders.: Umweltgesetze und Landwirtschaft, in: Praxis Geographie 5/1995

NOLZEN, HEINZ (Hrsg.): Handbuch des Geographie-Unterrichts, Band 12/II, Geozonen, Köln 1996

NOLTEN, RALF: Landwirtschaft: Selbstverständlicher Dorfbestandteil und Konfliktquelle? in: Berichte über Landwirtschaft, Band 76 (1), Münster-Hiltrup 1998

NORDMEYER, H. und NIEMANN, P.: Teilflächenbezogene Unkrautbekämpfung zur Reduzierung des Herbizideinsatzes; in: Mitteilungen aus der Biologischen Bundesanstalt für Land- und Forstwirtschaft Berlin-Dahlem, H. 328, Berlin 1997

NOTTBOHM, GERD: Flurnamen und Landschaftsgeschichte; in: Unterricht Biologie, Juni 1994

Novartis: Agribusiness, Internet: http://www.novartis.com

NUHN, HELMUT: Konzepte zur Beschreibung und Analyse des Produktionssystems unter besonderer Berücksichtigung der Nahrungsmittelindustrie, in: Zeitschrift für Wirtschaftsgeographie Heft 3-4, Frankfurt 1993

ders.: Auflösung regionaler Marktsysteme und Konzentrationsprozesse in der Milchwirtschaft der Bundesrepublik a.a.O.

ODENWALD, MICHAEL: Das wahnsinnige Geschäft, in: natur 8/1994
OETMANN, ANJA u. a.: Erhaltung und nachhaltige Nutzung pflanzengenetischer Ressourcen, in: Schriftenreihe des BML, Reihe A: Angewandte Wissenschaft, Heft 441, Münster 1995
OLDEMAN, J.R.: Global Extent of Soil Degradation. ISRIC Bi-Annual Report 1991-1992, Wageningen 1992
OLSSON, MICHAEL und PIEKENBROCK, DIRK: Kompakt-Lexikon Umwelt- und Wirtschaftspolitik, Wiesbaden 1993
OLTERSDORF, ULRICH und WEINGÄRTNER, LIOBA: Handbuch der Welternährung, Bonn 1996
OTREMBA, E.: Atlas der deutschen Agrarlandschaft, Wiesbaden 1962

PACYNA, HASSO: Agrilexikon, Hannover 1991
PAUL, FRANZ XAVER: "Ordnungsgemäße Landwirtschaft" - Stand der Diskussion, in: Berichte über Landwirtschaft Band 75 (4), Münster 1997
PEZ, PETER: Die Sonderkulturen im Umland von Hamburg in standortanalytischer Sicht, in: Zeitschrift für Wirtschaftsgeographie Heft 3/4, 1990
PHILIPP, HANS-JÜRGEN: Abfolge und Bewertung von Agrarlandschaftswandlungen in Ostdeutschland seit 1945, in: Berichte über Landwirtschaft Band 75 (1), Münster 1997
PINGALI, P.L. u.a.: Asian rice bowls - the returning crisis?, Manila 1997
PLANCK, ULRICH und ZICHE, JOACHIM: Land- und Agrarsoziologie, Stuttgart 1979
PLANKL, REINER: Synopse zu den Agrarumweltprogrammen der Länder in der Bundesrepublik Deutschland, Arbeitsbericht 1/1996 des Instituts für Strukturforschung der FAL, Braunschweig 1996
PLETSCH, ALFRED: Traditionelle Landwirtschaft in Marokko, in: Geographische Rundschau 4/1977
ders.: Frankreich, Darmstadt 1997
POMPL, OSWALD: Natur- und Landschaftsschutzgebiete, Biosphärenreservate. In: Verband der Landwirtschaftskammern in der Bundesrepublik (Hrsg.): Verantwortung für den Umweltschutz in der Landwirtschaft und im ländlichen Raum, Bonn 1995
POPP, HERBERT: Oasen - ein altes Thema in neuer Sicht, in: Geographische Rundschau 2/1997
Presse- und Informationsamt der Bundesregierung: ALMANACH der Bundesregierung 1993/94, Bonn 1993
dass.: Europa 2000, Bonn 1995
dass.: Europa in 100 Stichworten, Bonn 1994
dass.: Unsere Landwirtschaft, gestern - heute - morgen, Bonn 1992
PRINZ, DIETER und WOLFER, SUSANNE: Water Harvesting in Trockengebieten, in: GR 50 (1998), Heft 7-8
Projektträger Biologie, Energie, Ökologie des Bundesministeriums für Forschung und Technologie, Forschungszentrum Jülich GmbH: Biotechnologie in der Pflanzenzüchtung, Jülich 1994

QUADFLIEG, FRIEDRICH: Flankierung des Agrarstrukturwandels aus gesamtwirtschaftlicher Sicht; in: Berichte über Landwirtschaft Heft 4, Münster-Hiltrup 1997

RAUSCHELBACH, BURGHARD und KLECKER, PETER M.: Regionale Leitbilder - Vermarktung oder Ressourcensicherung?, Bonn 1997
REICHELT, HANS: Die Landwirtschaft in der ehemaligen DDR - Probleme, Erkenntnisse, Entwicklungen - in: Berichte über Landwirtschaft Band 70, Münster-Hiltrup 1992
REINECKE, INGRID und THORBRIETZ, PETRA: Lügen, Lobbies, Lebensmittel, München 1997
RELIN, AXEL: Kontrolle flächengestützter Beihilfen in der Landwirtschaft durch Satellitenfernerkundung; Informationsmanagement in den Agrarwissenschaften Band 8, Bonn o.J.
RIBBE, LUTZ und HUTTER, CLAUS-PETER: Milliardengrab Europa, Bonn und Brüssel 1995
RIEDER, PETER und ANWANDER PHAN-HUY, SIBYL: Grundlagen der Agrarmarktpolitik, Zürich 1994
RIEGLER, JOSEF u. a.: Aufstand oder Aufbruch? - Wohin gehen Europas Bauern? Graz und Stuttgart 1996
RIESS, KONRAD und SAJAK, DIETER: Agrargeographie, Köln 1988
RÖSCH, CHRISTINE und MEYER, ROLF: Nachwachsende Rohstoffe, in: Büro für Technikfolgen-Abschätzung beim Deutschen Bundestag: TAB-Brief Nr. 11, Bonn 1996
ROST, DIETHARD: Großbetriebe contra bäuerliche Landwirtschaft: Das Bessere setzt sich durch - was aber ist das Bessere? in: Schriftenreihe für ländliche Sozialfragen Heft 122, Göttingen 1995
ROST, DIETHARD u. a.: Landwirtschaft im ländlichen Raum - Funktionen, Formen, Konflikte. In: Schriftenreihe der Landwirtschaftlichen Rentenbank Band 11, Frankfurt 1997
ROTH, DIETER u.a.: Ökologische Vorrangflächen und Vielfalt der Flächennutzung im Agrarraum - Kriterien für eine umweltverträgliche Landwirtschaft, in: Natur und Landschaft 71 Nr. 5, 1996
ROTHER, KLAUS: Deutschland - Die östliche Mitte, Braunschweig 1997
ROTHSTEIN, HERBERT: Ökologischer Landschaftsbau, Stuttgart 1995

RWE Energie AG: Abwärmenutzung - eine preiswerte und umweltgerechte Beheizung für den Unterglas-Gartenbau, Essen o.J.

SANDERMANN, HEINRICH und OHNESORGE, FRIEDRICH KARL: Nutzpflanzen mit künstlicher Herbizidresistenz: Verbessert sich die Rückstandssituation? Heft 6, FS II 94-306, Berlin 1994

SAUERBECK, D.: Landbewirtschaftung und Treibhauseffekt, in: Verbindungsstelle Landwirtschaft-Industrie e.V. (Hrsg.): Produktionsfaktor Umwelt - "Klima/Luft", Düsseldorf 1992

SAUERBECK, D. und ISERMANN, K.: Herkunft und Strategien zur Verminderung der Emission von klimarelevanten Spurengasen, Mühlheim 1994

SCHEFFER, FRITZ u. a.: Lehrbuch der Bodenkunde, 14. Auflage, Stuttgart 1998

SCHELLNHUBER, HANS JOACHIM und REUSSWIG, FRITZ: Vom Winde verweht, in: Bild der wissenschaft 2/1996

SCHIER, PETER: Volksrepublik China im Wandel, Bonn 1988

SCHLAGHECK, HERMANN: Ausgleichszahlungen für die Landwirtschaft - Risiken und Perspektiven - in: Berichte über Landwirtschaft Band 75 (2), Münster 1997

SCHMIDT-RUHE, BERNHARD: Entwicklung nachhaltiger Bodennutzungssysteme durch Agrarforstwirtschaft, Kiel 1996

SCHMITZ, P. MICHAEL: Zur gemeinsamen europäischen Agrarpolitik - aus Sicht der wissenschaftlichen Agrarpolitik, in: Archiv der DLG Band 90, Frankfurt 1996

ders.: Die Chancen in der Nahrungskette nutzen (Interview); in: DLG-Mitteilungen 4/1998

ders.: Das EU-Agribusiness im Globalisierungs- und Transformationsprozess; in: Sonderheft der Agrarwirtschaft, Band 158, Frankfurt 1998

SCHOLZ, ULRICH: "Grüne Revolution" im Reisbau Südostasiens, in: Geographische Rundschau 50 (1998) Heft 9

SCHÖN, KARL: Vertragslandwirtschaft - eine lohnende Alternative. In: Archiv der DLG Band 87, Frankfurt 1993

SCHÖNBERGER, H. und WIESE, J.: Forschungsbedarf im Zusammenhang mit den Zielvorstellungen, der Mess- und Voraussagbarkeit von Elementen und Prozessen der Bodenfruchtbarkeit: Produktionstechnik und Produktionsverfahren; in: Berichte über Landwirtschaft, Sonderheft 203, Hamburg, Berlin 1991

SCHRADER, JÖRG-VOLKER: Nachwachsende Rohstoffe - eine teure Alternative? In: Meinungen zur Agrar- und Umweltpolitik Heft 29, Bonn 1995

ders.: Agrarumweltpolitik in einer osterweiterten EU; unveröffentlichtes Referat anlässlich der 38. Jahrestagung der Gesellschaft für Wirtschafts- und Sozialwissenschaften des Landbaues, Kiel 1997

SCHREINER, ALBERT: Einführung in die Quartärgeologie, Stuttgart 1992

SCHRÖDER, DIRK und SCHNUG, EWALD: Precision Agriculture: Anforderungen an das Management raumbezogener Daten; in: Berichte der Gesellschaft für Informatik in der Land-, Forst- und Ernährungswirtschaft Bd. 9

SCHRÖDER, K. H.: Das bäuerliche Anwesen in Mitteleuropa, in: Geographische Zeitschrift 62, H.4/1974

SCHRÖDER, K. H. und SCHWARZ, G.: Die ländlichen Siedlungsformen von Mitteleuropa, 2. Auflage, Trier 1978

SCHUG, WALTER: Agrarpolitik der Europäischen Union und Dritte Welt, in: Aus Politik und Zeitgeschichte B 33-34, Bonn 1995

SCHUG, WALTER u. a.: Welternährung, Darmstadt 1996

SCHULENBURG, KERSTIN: Landwirtschaftliche Unternehmensentwicklung im Transformationsprozess, Kiel 1994

SCHÜLLER, MARGOT: Wirtschaftspolitik und Wirtschaftswachstum; in: Informationen zur politischen Bildung 198, Bonn 1997

SCHULTZ, JÜRGEN: Die Ökozonen der Erde, Stuttgart 1995

SCHULZ, DIETRICH: Aktivitäten des Umweltbundesamtes mit Bezug auf den ländlichen Raum. In: Verband der Landwirtschaftskammern in der Bundesrepublik (Hrsg.): Verantwortung für den Umweltschutz in der Landwirtschaft und im ländlichen Raum, Bonn 1995

SCHÜTTLER, KLAUS: Beitrag der Landwirtschaft zur ländlichen Regionalplanung, in: BML: Agrarstrukturverbesserung, Bonn 1996

SCHWARZ, GABRIELE: Allgemeine Siedlungsgeographie, Teil 1, Berlin, New York 1989

SEEDORF, HANS HEINRICH und MEYER, HANS-HEINRICH: Landeskunde Niedersachsen Bd.1, Neumünster 1992

SEETH, HARM THO und WEHRHEIM, PETER: Agrarstrukturentwicklung in Russland - Analyse des Agrarsektors im gesamtwirtschaftlichen Transformationsprozess, in: Schriften der Gesellschaft für Wirtschafts- und Sozialwissenschaften des Landbaues e.V. Bd. 32, Agrarstrukturentwicklungen und Agrarpolitik, Münster 1996

SENTI, RICHARD: Auswirkungen des WTO-Landwirtschaftsabkommens auf die Agrarwirtschaft der Industriestaaten, in: Schriften der Gesellschaft für Wirtschafts- und Sozialwissenschaften des Landbaues e.V. Bd. 32, Agrarstrukturentwicklungen und Agrarpolitik, Münster 1996

SICK, WOLF-DIETER: Agrargeographie, Braunschweig 1997

Siebter Bericht über die Lage der schweizerischen Landwirtschaft und die Agrarpolitik des Bundes, Bern 1992
Skorupinski, Barbara: Gentechnik und ethische Verantwortung; unveröffentlichtes Manuskript, Tübingen 1995
SMITH, JOEL B. u. a. (Hrsg.): Adapting to climate change: An international perspective, New York u.a.O. 1996
SOMMER, HEINER: Ist ein Bauer ein Bauer? - in: DIE ZEIT 45/1985
SPANGENBERG, JOACHIM H.: Ein zukunftsfähiges Europa, Wuppertal Papers Nr. 42, Wuppertal 1995
SPEDDING, COLIN RYMOND WILLIAM: An introduction to agricultural systems, London 1979
SPIELMANN, HANS O.: Agrargeographie in Stichworten, Unterägeri 1989
SPINDLER, EDMUND A. (Hrsg.): Agrar-Öko-Audit, Berlin u.a.O. 1998
SPITZER, HARTWIG: Regionale Landwirtschaft, Hamburg und Berlin 1975
STACHE, NORBERT und DRECHSEL, PAY: Ökologischer Landbau in der ländlichen Entwicklung Ruandas, in: Geographische Rundschau 49, Heft 1, 1997
STANGER, ANDREA: Kommentar zum Gutachten: Altner, Günter: Ethische Aspekte der gentechnischen Veränderung von Pflanzen, Heft 17, FS II 94-317, Berlin 1994
STANTON, GRETCHEN H.: Bedeutung des GATT-Abkommens 'Übereinkommen über die Anwendung von sanitären und phytosanitären Maßnahmen'; in: FAO: Food, Nutrition and Agriculture, Rom 1994
Statistisches Bundesamt: Definitionskatalog zur Datenbank STATIS-BUND, in: http://www.statistik-bund.de
dass.: Flächenerhebung für den Zeitraum 1993 - 1997. Veröffentlichung in Vorbereitung
STEINER, KURT G. u.a.: Nachhaltiges Management der Bodenressourcen durch Verzicht auf Bodenbearbeitung, in: entwicklung + ländlicher raum Heft 4/1997
STEINHAUSER, H. u.a.: Einführung in die landwirtschaftliche Betriebslehre Bd. 1, Stuttgart 1992
STEUBING, LORE (Hrsg.): Natur- und Umweltschutz, Jena 1995
Stiftung Europäisches Naturerbe (Hrsg.): EU-Agrarpolitik, Rheinbach 1995
STORCK, HARMEN (Hrsg.): Taschenbuch des Gartenbaues, Stuttgart 1994
STORM, PETER-CHRISTOPH: Zur gemeinsamen europäischen Agrarpolitik - aus Sicht der Umweltpolitik, in: Archiv der DLG Band 90, Frankfurt 1996
STRECKER, OTTO u.a.: Die Landwirtschaft und ihre Marktpartner - Neue Formen der Zusammenarbeit, Landwirtschaft - Angewandte Wissenschaft Heft 118, Münster 1962
STRECKER, OTTO u.a.: Marketing in der Agrar- und Ernährungswirtschaft, Münster-Hiltrup 1996
STREIT, BRUNO: Umweltlexikon, Freiburg 1992
STROTHE, ALFRED (Hrsg.): Lexikon für die Agrarwirtschaft, Frankfurt/M. 1989
SUCCOW, M.: Zur Situation unserer Landnutzung - Chancen für mehr Umweltverträglichkeit? In: Verband der Landwirtschaftskammern in der Bundesrepublik (Hrsg.): Verantwortung für den Umweltschutz in der Landwirtschaft und im ländlichen Raum, Bonn 1995
SUKOPP, ULRICH und SUKOPP, HERBERT: Ökologische Langzeit-Effekte der Verwilderung von Kulturpflanzen, Heft 4, FS II 94-304, Berlin 1994
SWAIN, J.: Patterns of Rural Restructuring in Central and Eastern Europe and their Implications for the Common Agricultural Policy; Vortrag im IAMO, Halle 21.1.1998

TATUSNY, ARMIN: Oasen zwischen Peru und Patagonien, in: Geographische Rundschau 2/1997
terre des hommes 5/92
THEIßEN, ULRICH: Bewässerung, in: geographie heute 101/1992
TIETZE, WOLF u. a.: Geographie Deutschlands - Bundesrepublik Deutschland, Stuttgart 1990
TILLACK, PETER und SCHULZE, EBERHARD: Unternehmens- und Betriebsstrukturen in der Landwirtschaft Mittel- und Osteuropas; in: Agrarwirtschaft 67 Heft 3/4, Braunschweig 1998
dies.: Umstrukturierung der landwirtschaftlichen Betriebe in Mittel- und Osteuropa; in: Forschungs-Report Heft 1, Braunschweig 1998
TIVY, JOY: Landwirtschaft und Umwelt - Agrarökosysteme in der Biosphäre, Heidelberg, Berlin, Oxford 1993
Toepfer International (Hrsg.): Statistische Informationen zum Getreide- und Futtermittelmarkt, Edition 1996/97, Hamburg 1996
TOPHOVEN, IRMGARD: Grundzüge der israelischen Gesellschaft; in: Informationen zur politischen Bildung 247, Bonn 1995
TRANSFAIR (Hrsg.): Schokolade, Materialien zu Kakao und Zucker aus fairem Handel, Köln 1996
TREPL, LUDWIG: Was ist "Landschaft"? in: Landeszentrale für politische Bildung Baden-Württemberg: Der Bürger im Staat, Heft 1, 1994, Naturlandschaft - Kulturlandschaft, Stuttgart 1994
TREYER, EGON: Marktstrukturpolitik in der Agrar- und Ernährungswirtschaft, Stuttgart 1996
TURNER, GEORGE: Agrarrecht, Stuttgart 1994

Umweltberatung Bayern (Hrsg.): UV-B Strahlung - Wirkung auf Pflanzen (Merkblatt), München 1995

Umweltbundesamt (Hrsg.): Was Sie schon immer über Wasser und Umwelt wissen wollten, Stuttgart 1993
dass.: Jahresbericht 1994, Berlin o.J.
dass.: Auswirkungen von Güllehochlastflächen, Texte 17/95, Berlin 1995
dass.: Literaturstudie "Bodenverdichtung", Texte 55/95, Berlin 1995
dass.: Ökologischer Landbau - Eine klimaverträgliche Alternative, Texte 68/95, Berlin 1995
dass.: Jahresbericht 1995, Berlin o.J.
dass.: Aktivitäten des Umweltbundesamtes mit Bezug zur Landwirtschaft, Berlin 1997
dass.: Nachhaltiges Deutschland - Wege zu einer dauerhaft umweltgerechten Entwicklung, 2. Auflage, Berlin 1998
UNEP - United Nations Environment Programme (Hrsg.): Environmental Data Report, New York, Oxford 1991

Vahlens Großes Wirtschaftslexikon, München 1994
VDI nachrichten, 33/1990
Verband Deutscher Oelmühlen (Hrsg.): Warum der 00-Raps so interessant für uns ist, Bonn o.J.
VOIGTLÄNDER, GERHARD und JACOB, HELMUT: Grünlandwirtschaft und Futterbau, Stuttgart 1987
WAGNER, HORST-GÜNTER: Wirtschaftsgeographie, Braunschweig 1994
WAHL VON, ANDREA A.: Multinationale Unternehmen in der Agroindustrie, Kiel 1982
WAIBEL, HERMANN und FLEISCHER, GERD: Kosten und Nutzen des chemischen Pflanzenschutzes in der deutschen Landwirtschaft aus gesamtwirtschaftlicher Sicht, Kiel 1998
WAYDELIN, CARL-WOLTER: Die Fragen der Praktiker, in: DLG-Mitteilungen 6/1997
WEBER, CARINA und KNIRSCH, JÜRGEN: Zum Beispiel Pestizide, Göttingen 1991
WEGGEL, OSKAR: China, München 1994
WEIDENFELD, WERNER / WESSELS, WOLFGANG (Hrsg.): Europa von A-Z, Bonn 1995
WEIGEL, H. J.: Belastung und Belastbarkeit von Agrarökosystemen durch Fremdstoffe, in: Schriftenreihe des BML, Reihe A: Angewandte Wissenschaft, Heft 426, Nährstoffe und Pflanzenschutzmittel in Agrarökosystemen, Münster 1993
WEIGEL, H. J. und KREIBITSCH, W. U.: Wirkungen von Klimaänderungen auf Agrar- und Forstökosysteme, in: Schriftenreihe des BML, Reihe A: Angewandte Wissenschaft, Heft 442, Klimawirkungsforschung im Bereich des BML, Münster 1995
WEINSCHENCK, G.: Besonderheiten einer These der landwirtschaftlichen Betriebsgröße, in: Agrarwirtschaft 38, 1989
WEIZSÄCKER VON, ERNST ULRICH: Der falsch verstandene Darwin, in: Bild der wissenschaft, 2/1996
WEIZSÄCKER VON, ERNST ULRICH u. a.: Faktor vier, München 1995
WELLER, FRIEDRICH: Obstwiesen, in: Landeszentrale für politische Bildung Baden-Württemberg: Der Bürger im Staat, Heft 1, 1994, Naturlandschaft - Kulturlandschaft, Stuttgart 1994
WELLING, MICHAEL: Gentechnik - Ein HighTech-Bereich der Ressortforschung, in: ForschungsReport 1/1997
WENZEL, HANS-JOACHIM: Die ländliche Bevölkerung, Materialien zur Terminologie der Agrarlandschaft, Band 3, Giessen 1974
WERSCHNITZKY, ULRICH: Anmerkungen zum Beitrag "Die Landwirtschaft in der ehemaligen DDR", in Berichte über Landwirtschaft 1993
WIESE, BERND: Afrika - Ressourcen, Wirtschaft, Entwicklung, Stuttgart 1997
WIESE, BERND u. a.: Deutsche Kulturgeographie, Herford 1987
WILD, ALAN: Umweltorientierte Bodenkunde, Heidelberg, Berlin, Oxford 1995
WINDHORST, HANS-WILHELM: Die Rolle der Großfarmen in der US-amerikanischen Agrarwirtschaft, in: Geographische Zeitschrift 4/1987
ders.: Die Industrialisierung der Agrarwirtschaft: Ein Vergleich ablaufender Prozesse in den USA und der Bundesrepublik Deutschland, Frankfurt 1989
ders.: Schweine aus dem Rinderland, in: Praxis Geographie 4/1997
WINKLER, WOLFGANG: Das landwirtschaftliche Erbrecht im westlichen Europa; in: Berichte über Landwirtschaft, Hamburg und Berlin 1991
Wissenschaftlicher Beirat der Bundesregierung Globale Umweltveränderungen: Welt im Wandel: Grundstruktur globaler Mensch-Umwelt-Beziehungen - Jahresgutachten 1993, Bonn 1994
ders.: Welt im Wandel: Die Gefährdung der Böden - Jahresgutachten 1994, Bonn 1994
ders.: Welt im Wandel: Wege zur Lösung globaler Umweltprobleme - Jahresgutachten 1995, Bonn 1995
ders.: Welt im Wandel: Herausforderung für die deutsche Wissenschaft - Jahresgutachten 1996, Bonn 1996
WITZKE VON, HARALD: Das 1995er US-Farmgesetz: Ein Vorbild für die Reform der gemeinsamen Agrarpolitik, in: Agrarwirtschaft 45, Heft 6, 1996
Woche im Bundestag, 4/1992
WOHLRAB, BOTHO u. a.: Oberflächennahe Rohstoffe - Abbau, Rekultivierung, Folgenutzung -, Jena und Stuttgart 1995
WOLLKOPF, HANS-FRIEDRICH: Von LPG zu Wiedereinrichtern und "Autobahnbauern": Grundzüge des agrarwirtschaftlichen Umbruchs, in: Mainzer Kontaktstudium Geographie Band 3, Mainz 1997

WOLFF, PETER und STEIN, THOMAS-M.: Effiziente und sparsame Wassernutzung in der Landwirtschaft – Möglichkeiten und Grenzen, in: entwicklung + ländlicher raum 5/1997

Worldwatch Institute Report: Zur Lage der Welt 1997, Frankfurt 1997

WYTRZENS, HANS KARL: Agrarplanung: Grundzüge der landwirtschaftlichen Raumplanung in Österreich; Wien, Köln, Weimar 1994

ZECH, WOLFGANG: Tropen - Lebensraum der Zukunft? in: Geographische Rundschau 49, Heft 1, 1997

ZEDDIES, JÜRGEN: Die Situation der Landwirtschaft in der Bundesrepublik Deutschland, in: Aus Politik und Zeitgeschichte B 33-34, Bonn 1995

ders.: Der Transformationsprozess der russischen Landwirtschaft; in: Agrarwirtschaft 45 Heft 10, 1996

ders.: Umgestaltung der Landwirtschaft in Mittel- und Osteuropa; in: Agrarwirtschaft 67 Heft 3/4, Braunschweig 1998

ZIERDT, MICHAEL: Umweltmonitoring mit natürlichen Indikatoren: Pflanzen - Boden - Wasser - Luft, Berlin u.a.O. 1997

ZUREK, ERNST C.: Vertragslandwirtschaft in der Nahrungswirtschaft der Bundesrepublik Deutschland, in: Berichte über Landwirtschaft 1993

ZWERGER, PETER: Unkräuter - Pflanzen mit zwei Seiten, in: ForschungsReport 1/1997

Adressat	**Postanschrift**
AGOEL, Arbeitsgemeinschaft Ökologischer Landbau	Brandschneise 1, 64295 Darmstadt
AID, Auswertungs- und Informationsdienst für Ernährung, Landwirtschaft und Forsten e.V.	Friedrich-Ebert-Str. 3, 53177 Bonn
Biologische Bundesanstalt für Land- und Forstwirtschaft (BBA)	Messeweg 11/12, 38104 Braunschweig
Bundesamt für Landwirtschaft	Mattenhofstraße 5, 3003 Bern, Schweiz
Bundesamt für Naturschutz	Konstantinstraße 110, 53179 Bonn
Bundesamt für Umwelt, Wald und Landschaft	Hallwylstrasse 4, 3003 Bern, Schweiz
Bundesforschungsanstalt für Landwirtschaft	Bundesallee 50, 38116 Braunschweig
Bundesministerium für Ernährung, Landwirtschaft und Forsten	Postfach 140270, 53107 Bonn
Bundesministerium für Land- und Forstwirtschaft	Stubenring 1, 1012 Wien
CEA, Verband der Europäischen Landwirtschaft	23/25, rue de la Science, Bte 23, 1040 Brüssel, Belgien
Deutsche Zentralbibliothek für Landbauwissenschaften	Nußallee 15a, 53113 Bonn
Deutscher Bauernverband e.V.	Postfach 200454, 53134 Bonn
Deutscher Raiffeisenverband e.V.	Adenauerallee 127, 53113 Bonn
Deutscher Wetterdienst, Geschäftsfeld Landwirtschaft	Frankfurter Straße 135, 63067 Offenbach
Deutsches Agrarinformationsnetz (DAINet)	s. ZADI
Eidgenössische Forschungsanstalt für Agrarökologie und Landbau	Reckenholzstraße 191, 8046 Zürich, Schweiz
EU-Rechtsdatenbank (gratis-Zugriff)	
Europäische Kommission, DG VI - Landwirtschaft	Rue de la Loi/Weststraat 130, 1049 Brüssel, Belgien
EUROSTAT, Statistisches Amt der Europäischen Gemeinschaften	Bâtiment Jean Monnet, Rue Alcide De Gasperi, 2920 Luxembourg, Luxemburg
Fachhochschule Weihenstephan	85350 Weihenstephan
Food and Agriculture Organization of The United Nations (FAO)	Viale delle Terme di Caracalla, 00100 Rome, Italien
IMA, Information. Medien. Agrar e.V.	Auerberger Allee 1, 53117 Bonn
Universität Gesamthochschule Kassel FB 11	Steinstraße 19, 37213 Witzenhausen
Schweizerischer Bauernverband	Laurstrasse 10, 5200 Brugg, Schweiz
Statistisches Bundesamt, Zweigstelle Berlin (Land- und Forstwirtschaft, Fischerei)	Otto-Braun-Straße 70-72, 10178 Berlin
TU München, Freising-Weihenstephan	85350 Freising-Weihenstephan
U.S. Department of Agriculture (USDA)	14th & Independence Ave. SW, Washington D.C. 20250
Universität Hohenheim	70593 Stuttgart
ZADI, Zentralstelle für Agrardokumentation und -information	Postfach 201415, 53144 Bonn

Änderungshinweise an den Autor freundlichst erbeten

Fon	Fax	e-mail	Internet
06155-2081	06155-2083	AGOEL@t-online.de	http://home.t-online.de/home/agoel
0228-8499-0	0228-8499-177	aid@aid.de	http://www.aid-online.de
0531-299-3230	0531-299-3000	Pressestelle@bba.de	http://www.bba.de
+41(0)31-322-2511	+41(0)31-322-2634		http://www.evd.admin.ch/ de/quiquoiou/offices/ofag-f.html
0228-8491-0	0228-8491-299	pbox-presse@bfn.de	http://www.bfn.de
+41(0)31-322-9311	+41(0)31-322-9244	Steiger.Urs@buwal.admin.ch	http://www.admin.ch/buwal
0531-596-1	0531-596-814		http://www.fal.de
0228-529-0	0228-529-4262	bn4492@bml.bund400.de	http://www.bml.de
+43(1)71100-6703	+43(1)71100-2127	Gerhard.Popp.@bmfl.gv.at	http://www.bmlf.gv.at
00322/230-4380	00322-230-4677	cea@pophost-eunet.de	
0228-73-3402	0228-73-3281	zbl@ulb.uni-bonn.de	http://www.dainet.de/zbl/zbl.htm
0228-8198-0	0228-8198-231	DeutscherBauernver band@t-online.de	http://www.bauernverband.de
0228-106-0	0228-106-266	info@drv.raiffeisen.de	http://www.agranet.de/drv
069-8062-0	069-8062-2482	dwd-lw@dwd.d400.de	http://www.dwd.de
			http://www.dainet.de
+41(0)1-377-7111	+41(0)1-377-7201	Marianne.Bodenmann @fal.admin.ch	http://www.admin.ch/sar/fal
			http://europa.eu.int/eur-lex/de/index.html
00322-295-1111	00322-295-0130	http://europa.eu.int/en/ comm.html	http://europa.eu.int/comm/dg06/ index_de.htm
(+352)4301-34567	(+352)4301-32594	info.desk@eurostat. cec.be	http://europa.eu.int/en/comm/ eurostat/index.htm
08161-71-5286	08161-71-4428	info@fh-weihenstephan.de	http://www.fh-weihenstephan.de
+39(6)57051	+39(6)57053152		http://www.fao.org
0228-55979-0	0228-55979-20	agriinform@aol.com	http://www.ima-agrar.de
05542-981211	05542-981309	@wiz.uni-kassel.de	http://www.wiz.uni-kassel.de
+41(0)56-325111	+41(0)56-415348	info@agri.ch	http://www.agri.ch
030-2324-6500	030-2324-6400	stba-Berlin.agri@t-online.de	http://www.statistik-bund.de
08161-71-3258	08161-71-3900	andrea.huter@weihen stephan.de	http://www.edv.agrar.tu- muenchen.de/lwga/fakseit.html
(202)720-2791	(202)720-5043	sedelta.verble@usda.gov	http://www.usda.gov
0711-459-0	0711-459-3289	presse@uni-hohenheim.de	http://www.uni-hohenheim.de
0228-9548-0	0228-9548-111	zadi@zadi.de	http://www.zadi.de

Das Thema Agrargeographie

PERTHES GEOGRAPHIEKOLLEG

Karl Eckart

Agrargeographie Deutschlands

1. Auflage 1998
440 Seiten, 109 Abbildungen,
275 Grafiken / Karten

ISBN 3-623-00832-X

Umfassende Strukturveränderungen haben im Deutschland des 20. Jahrhunderts alle Wirtschaftsbereiche erfasst. Besonders gravierend traten sie im Agrarsektor auf. Der Autor zeigt in diesem Buch die räumlichen und strukturellen Entwicklungen in der Agrarwirtschaft unseres Landes – von der vor dem Ersten Weltkrieg vorhandenen Ausgangssituation über die von einem zivilen Zwischenspiel voneinander getrennten Kriegswirtschaften und das völlige Auseinanderdriften in den unterschiedlichen gesellschaftlichen Systemen beider deutscher Staaten bis zur durch die EU-Richtlinien bestimmten Entwicklung im wiedervereinigten Deutschland. Er schafft damit einen unverzichtbaren Überblick zum Verständnis zukünftiger Entwicklungen im beginnenden Jahrtausend.

Zahlreiche Karten, Diagramme, Übersichten und Tabellen veranschaulichen den Text und machen das Buch zu einem umfassenden Grundlagen- und Nachschlagewerk für alle, die sich mit Fragen der Wirtschafts- und Agrarwissenschaften befassen.

bei KLETT-PERTHES

PERTHES GEOGRAPHIEKOLLEG

Adolf Arnold

Allgemeine Agrargeographie

1. Auflage 1997
248 Seiten, 36 Abbildungen,
47 Grafiken / Karten

ISBN 3-623-00846-X

Agrargeographische Themen beschäftigen immer wieder die Öffentlichkeit und sind nach wie vor Gegenstand von Lehre und Forschung. Die prekäre Welternährungssituation ist ein Hauptproblem der Menschheit – der Überproduktion in einigen Regionen steht der Mangel in den Ländern der Dritten Welt gegenüber. Zudem ist die landwirtschaftliche Produktion heute oft mit ökologischen Problemen verbunden. Die räumliche Situation der Landwirtschaft auf der Erde ist Ergebnis des vielfältigen Zusammenwirkens von Faktoren aus Natur, Wirtschaft, Gesellschaft und mit ihr verbundener Politik – ihr Zusammenspiel prägt und gliedert der Agrarraum der Erde.

Unter Berücksichtigung dieser Gesichtspunkte setzt der Autor die Schwerpunkte seines Buches: Der erste Teil analysiert die allgemeinen Einflussfaktoren des Agrarraums. Der anschließende regionale Teil gibt – gegliedert nach den großen Agrarregionen – einen Überblick über den Agrarraum der Erde. Ein abschließendes Kapitel umreißt die aktuelle Welternährungssituation.